누구나 쉽게 예제로 배우는

솔리드웍스
쉽게 따라하기

이봉구 · 이상준 공저

본서의 구성

도서
출판 건기원

솔리드웍스 쉽게 따라하기

정가 | 32,000원

지은이 | 이봉구 · 이상준
펴낸이 | 차승녀
펴낸곳 | 도서출판 건기원

2012년 6월 14일 제1판 발행
2014년 2월 20일 제2판 발행

주소 | 경기도 파주시 산남로 141번길 59 (산남동)
전화 | (02)2662-1874~5
팩스 | (02)2665-8281
등록 | 제11-162호, 1998. 11. 24

ISBN 979-11-85490-26-7 13560

■ 머 리 말 ■

SolidWorks는 기계, 전지, 건축, 토목, 디자인 등 모든 공하 분야의 제품 설계에 필요한 프로그램으로 3D CAD 소프트웨어의 한 종류입니다. 현재 SolidWorks와 NX, CATIA, PRO-E, Solid-Edge, Autodesk Inventor 등 설계 목적과 용도에 따라 다양한 3D 모델링 패키지가 상용화되고 있습니다. 이 중에서 SolidWorks가 초보 사용자의 요구를 충족시켜주는 소프트웨어로 많은 기업체, 학교 등에서 널리 이용되고 있습니다.

본 교재 'SolidWorks 따라하기'는 2D CAD를 처음 접하는 초보 사용자와 3차원 솔리드 모델링(Solid modeling)에 어려움을 느끼는 사용자를 대상으로 집필되었습니다. 국내의 SolidWorks 교재들을 비교 분석하고, 수년 동안 SolidWorks를 사용한 경험과 강의를 토대로 다양한 따라하기 예제를 수록하였기 때문에 누구나 쉽게 3D 모델링 작업을 따라할 수 있도록 하였고, 솔리드 웍스의 기능 역시 배우기 쉽게 기술하였습니다.

시중에 나와 있는 교재들은 이전 버전의 모델 형상 업데이트가 없을뿐더러 다양한 예제도 접하기 어려워 본 교재는 다양한 기계요소 부품의 따라하기 모델을 예제로 구성하였습니다. 하나의 파트모델을 생성하는 모든 과정이 SolidWorks에서는 간단한 마우스 클릭과 드래그를 통하여 이루어지므로 2차원 AUTO CAD에 익숙한 사용자는 거의 동일한 명령어를 사용하여 아주 쉽게 접근할 수 있습니다.

본 교재는 최신 SolidWorks 2011 버전을 토대로 파트 모델링 예제를 수록하여 3차원 feature

모델링을 연습할 수 있도록 구성하였습니다. 단일부품을 모델링하는 작업 구성을 순서대로 한 눈에 파악할 수 있는 장점이 있습니다.

끝으로, 본 교재의 쉽게 따라하기 예제를 통하여 SolidWorks를 사용하여 제품 개발을 하는 모든 분들에게 유익한 도움이 되기를 진심으로 바랍니다. 짧은 기간 동안 방대한 내용을 기록한 것이기에 잘못되거나, 독자님들의 마음에 들지 않는 부분도 있으리라 생각됩니다. 앞으로 독자님들의 의견을 들어 수정, 보완하여 더운 좋은 책으로 만들 것을 약속드립니다.

이 책이 나오기까지 내가 힘들고 지쳐 있을 때, 언제나 내 곁에서 위로 해주고 용기를 북돋아 준 사랑스런 아내와 내가 왜 열심히 살아가야 하는 가를 옆에서 말없이 깨닫게 하는 사랑스런 서안이와 수안이에게 이 책을 바칩니다.

2012년 3월
저 자 씀
E-mail: grimbee@hanmail.net

CONTENTS

제2장 SolidWorks 2011 Sketch 따라잡기

제3장 파트 모델링(Part modeling) 따라잡기

제4장 도면 템플릿(Drawing template) 작업하기

제5장 도면(Drawing)배치 및 3D 출력 작업하기

제1장

Solidworks 2011 시작하기

1 SolidWorks 2011 시작하기

방법 1 Windows 시작 ➡ 모든 프로그램(P) ➡ 📁 SolidWorks 2011 ➡ 🅂🅆 SolidWorks 2011 클릭한다.

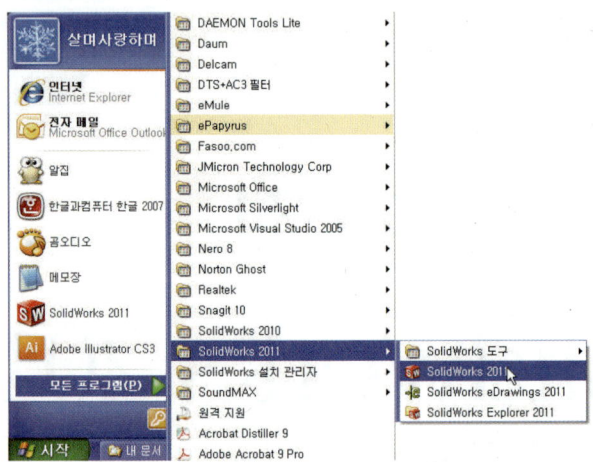

방법 2 윈도우 바탕화면에서 SolidWorks 2011 아이콘 더블 클릭한다.

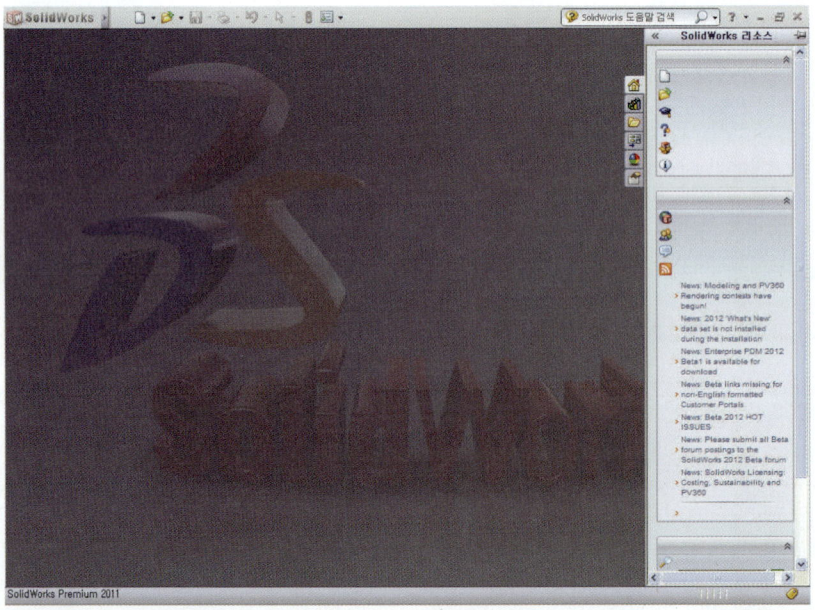

2 SolidWorks 2011 새문서

2-1 메뉴바 보이기

방법 1 SolidWorks 초기 실행 상단 화면에서 ➡ 화살표[▶] 클릭 하면 메뉴바가 나타난다.

메뉴바 ➡ 고정핀[📌]을 클릭 ➡ 고정핀[📍] 고정되면서 메뉴바 항상 나타난다.

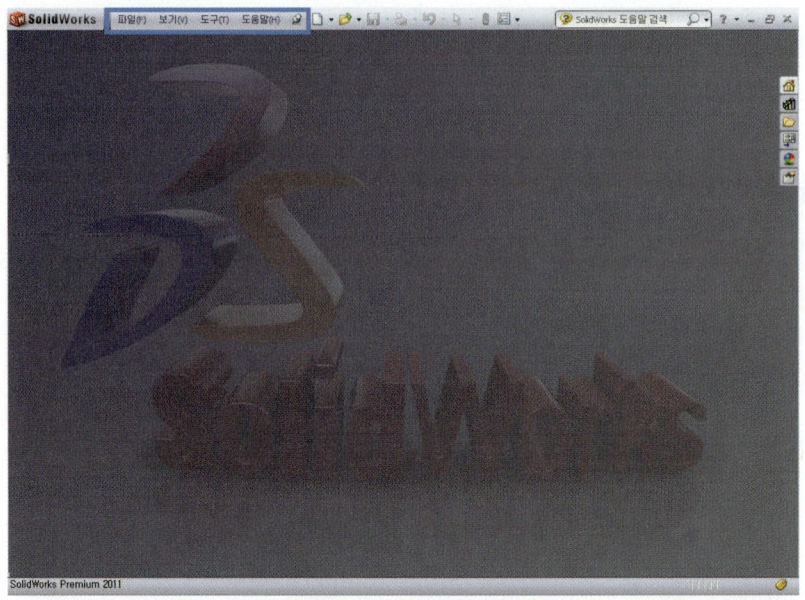

[그림 1-1] 메뉴바 실행 화면

2-2 새문서[🗋▾]

방법 1 메뉴 표시줄에 파일(F) ➡ 🗋 새 파일(N)...   Ctrl+N   클릭한다.

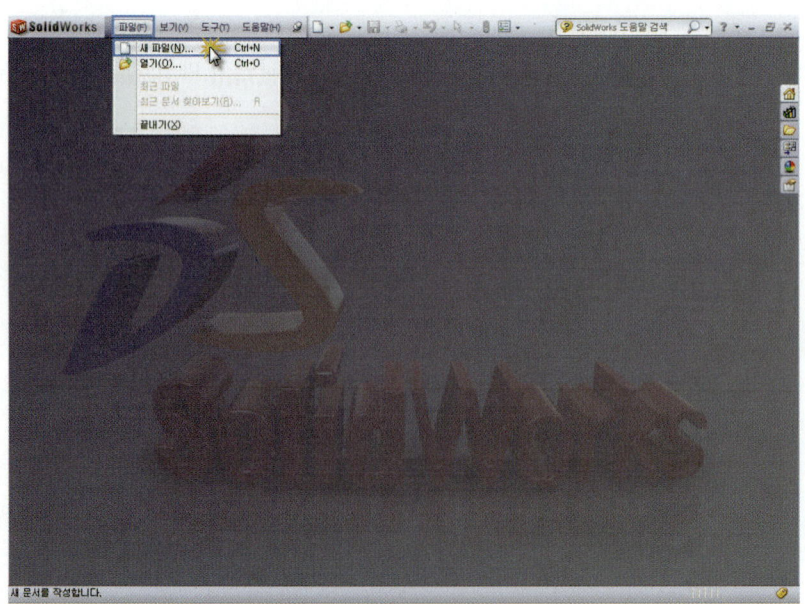

방법 2 표준도구 모음에서 새문서 아이콘[🗋 새 문서]을 클릭한다.

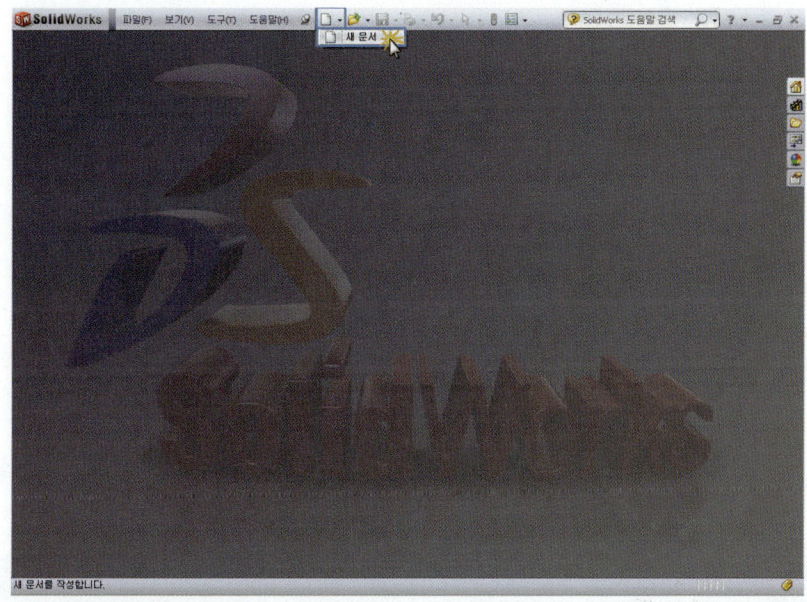

방법 3 단축키로는 Ctrl + N 누르면 파트[🔶], 어셈블리[🔷], 도면[🔳] 대화상자가 나타난다.

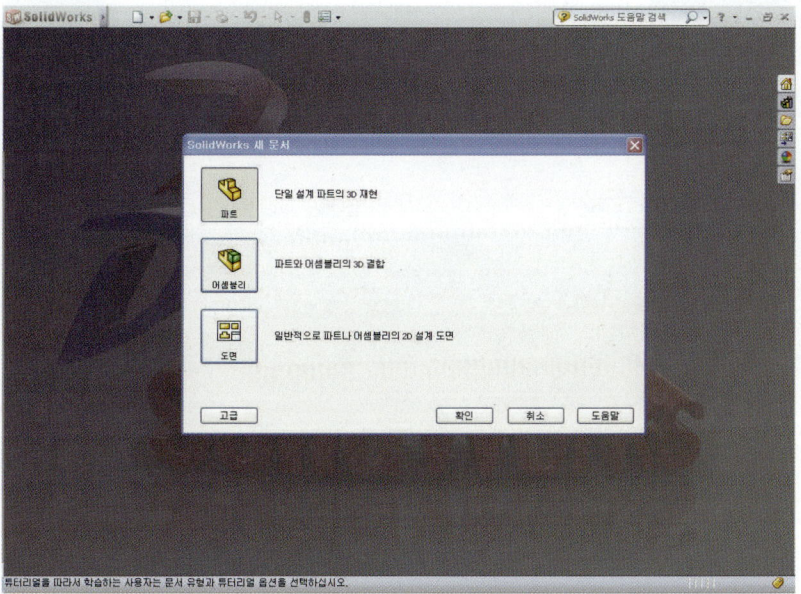

작업창	아이콘 모양	특징 및 용도	파일 형식	템플릿 형식
파트(Part)	파트	단일 설계 파트의 3D 재현	*. sldprt	*. prtdot
어셈블리 (Assembly)	어셈블리	파트와 어셈블리의 3D 결합	*. sldasm	*. asmdot
도면 (Drawing)	도면	일반적으로 파트나 어셈블리의 2D 설계도면 생성	*. slddrw	*. drwdot

■ 　초보　 : 단순한 대화상자를 사용하고 문서[파트, 어셈블리, 도면]에 대한 설명을 표시함.

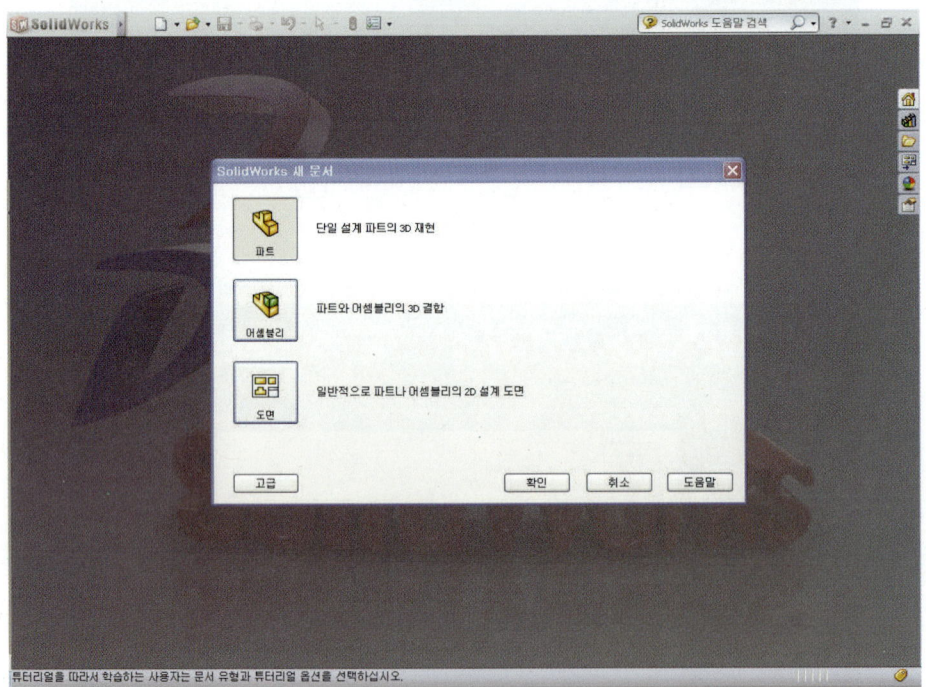

■ [고급] : 템플릿 아이콘을 표시하는 대화상자를 표시한다.

- 사용자가 원하는 폴더를 템플릿 탭으로 등록 할 수 있다.
- 템플릿 파일을 선택하면 미리 보기창에 미리보기를 할 수 있다.
- 각 탭에 들어있는 모든 템플릿 파일이 표시된다.

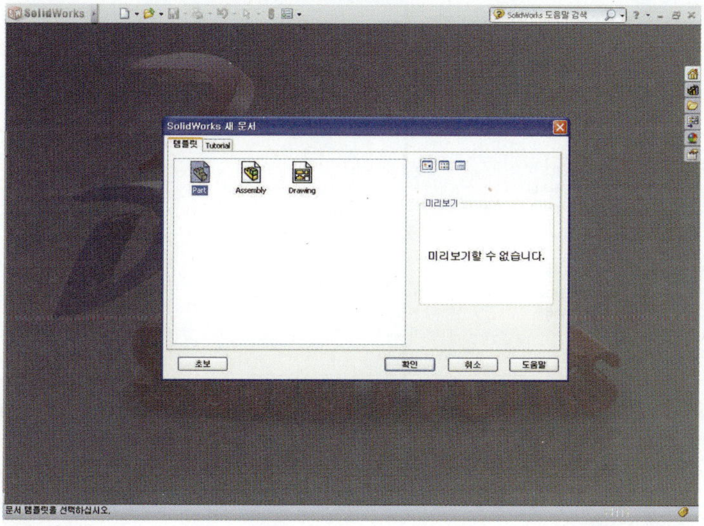

2-3 파트 작업창[파트] 열기

방법 1 새문서(N) 아이콘 을 클릭 → [파트] → [확인] 클릭한다.

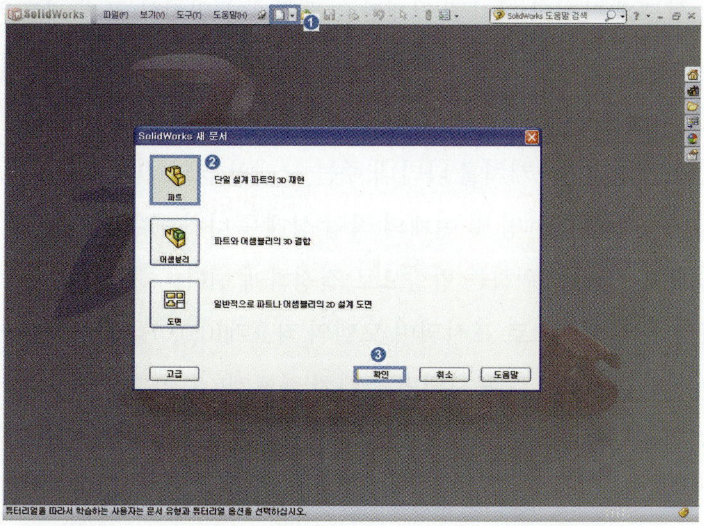

선택된 파트창을 아래와 같은 파트[ ] 창이 열리게 된다.

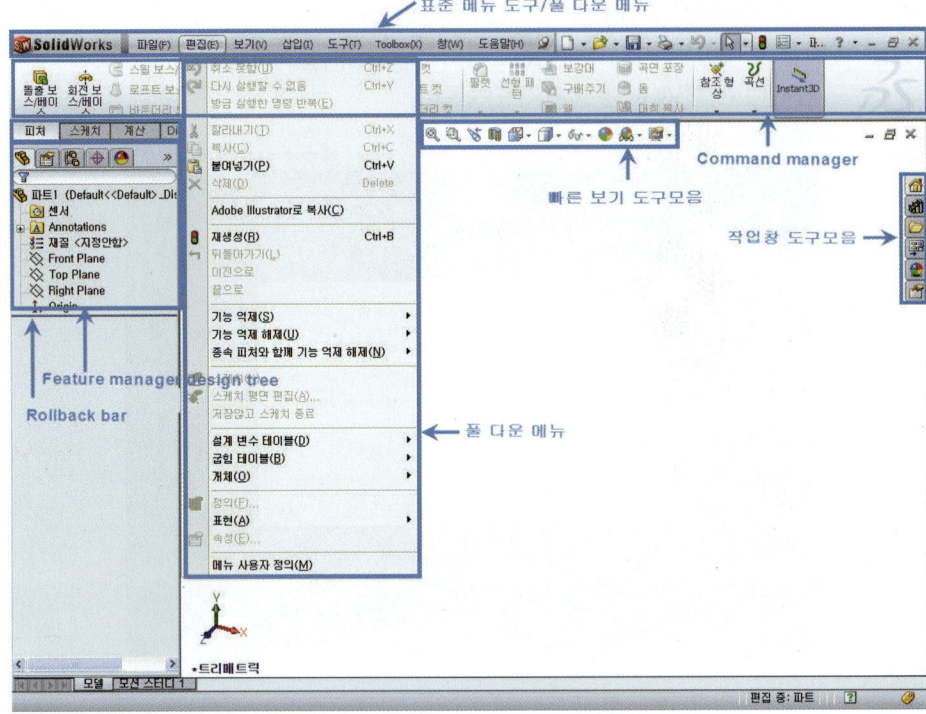

- 도구모음: 모델링할 때 편리하게 사용할 수 있는 도구모음 아이콘이다.

- Command Manager: 사용자가 사용하려는 도구 모음을 기반으로 동적으로 업데이트 되는 작업별 도구모음 아이콘이다.

- Rollback Bar: 최근에 작성된 피처를 억제하고 롤백바가 위치한 곳에 새로운 피처를 삽입하거나 기존의 작업을 수정 할 수 있다. 바를 마우스 왼쪽버튼으로 드래그하여 원하는 곳에 놓으면 된다.(Drag and Drop)

- 작업화면: 완성된 모델이나 스케치를 나타내 주는 그래픽 영역이다.

- 상태 표시줄: 아이콘에 대한 설명 및 현재의 작업 상태를 나타낸다.

- 뷰 방향: 피처의 보는 방향을 원하는 방향으로 결정하게 된다.

- 원점: 모델의 원점은 파랑색으로 표시되며 모델의 좌표계(0,0,0)를 보여주며 스케치작업이 진행중 일때는 원점이 빨간색으로 표시되면 스케치 좌표계(0,0,0)를 보여준다.

- 빠른 도구모음: 각 시점의 투명 도구 모음으로 뷰 조정에 필요한 모든 공통 도구를 제공한다.

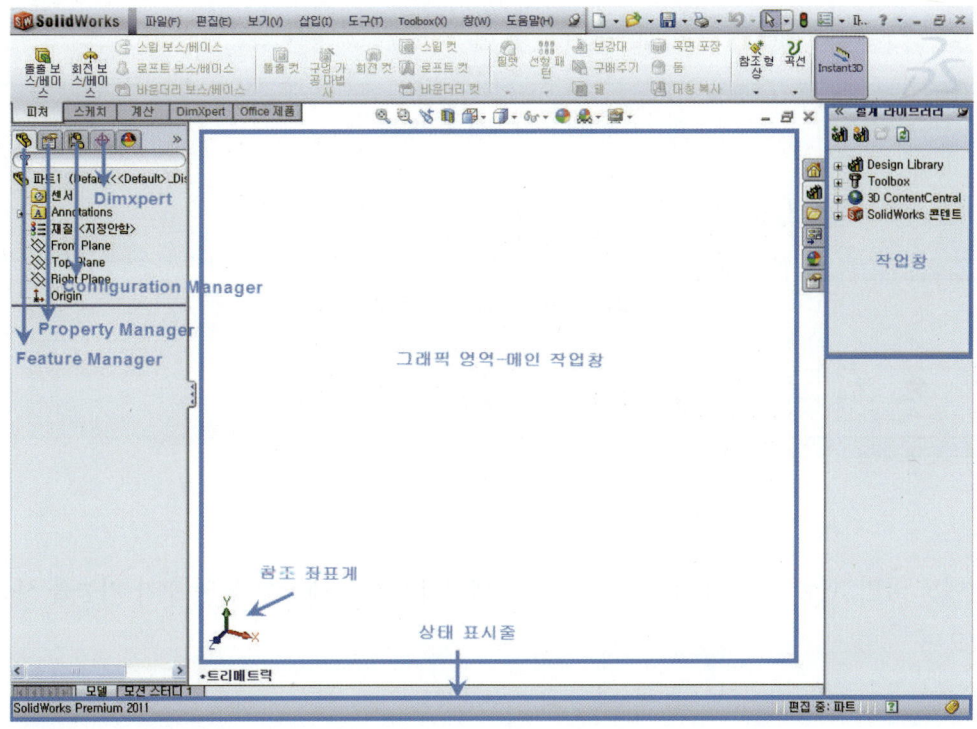

- Feature Manager: 스케치를 기반으로 생성된 형상의 정보를 관리한다.
- Property Manager: 각 피처의 속성을 관리한다.
- Configuration Manager: 파트 및 어셈블리의 여러 설정을 작성, 선택하여 볼 수 있다.
- 참조 좌표계: 파트(part)와 어셈블리(Assembly) 모델링에 표시되는 좌표계는 모델을 볼 때 방향을 참조 할 수 있으며 이 좌표계는 표시 목적으로만 사용된다.
- 상태 표시줄: 아이콘에 대한 설명 및 현재의 작업 상태를 나타낸다.

■ 파트 작업창에서 사용되는 도구모음(Tool bar)은 아래 그림과 같다.

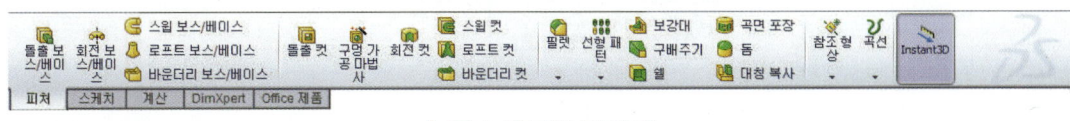

[그림 1-2] 피처 도구모음

[그림 1-3] 스케치 도구모음

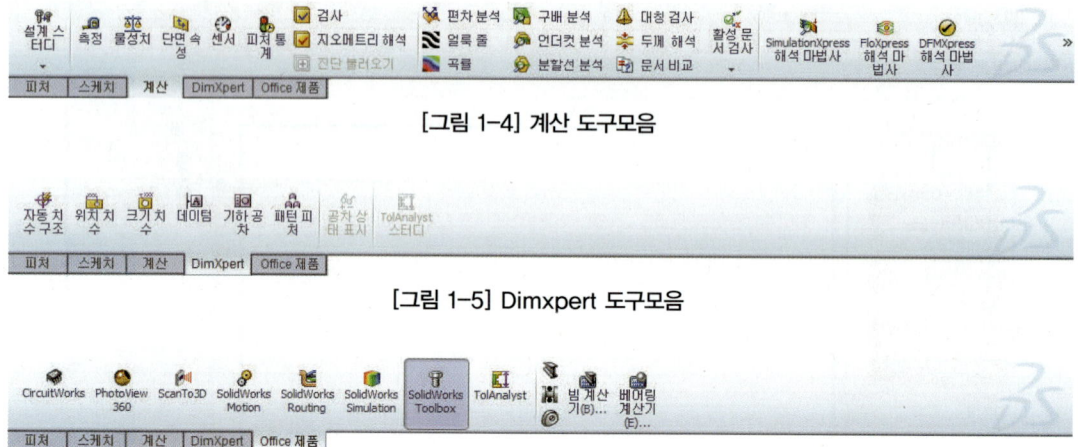

[그림 1-4] 계산 도구모음

[그림 1-5] Dimxpert 도구모음

[그림 1-6] Office 도구모음

이 외에도 곡면, 판금, 용접 구조물, 몰드 도구, 데이터 마이그레이션 등의 추가 기능을 사용할 수 있으며

■ 파트 도구모음 추가하기

방법 1 파트 도구모음 탭에 마우스 커서 위치 ➡ 마우스 오른쪽 버튼 클릭 ➡ 필요한 도구모음 추가

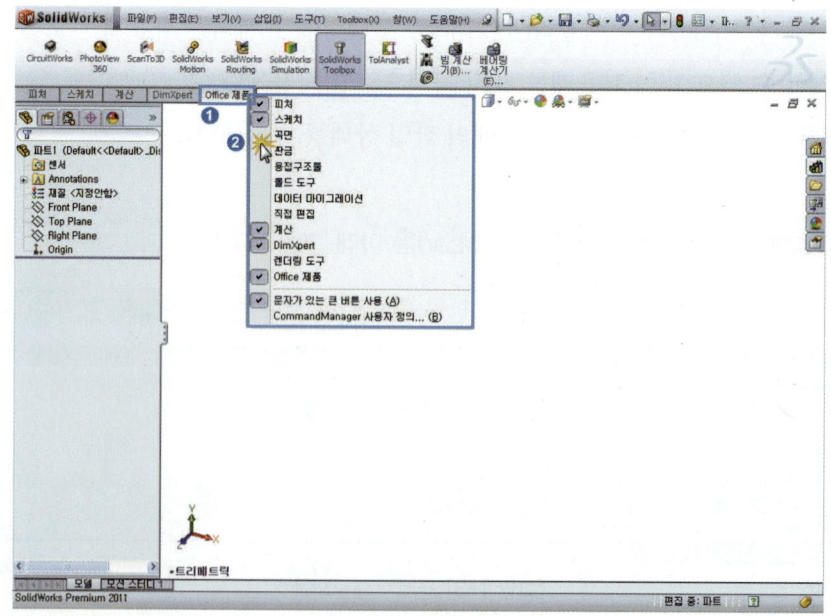

2-4 어셈블리(Assembly) 작업창[ ] 열기

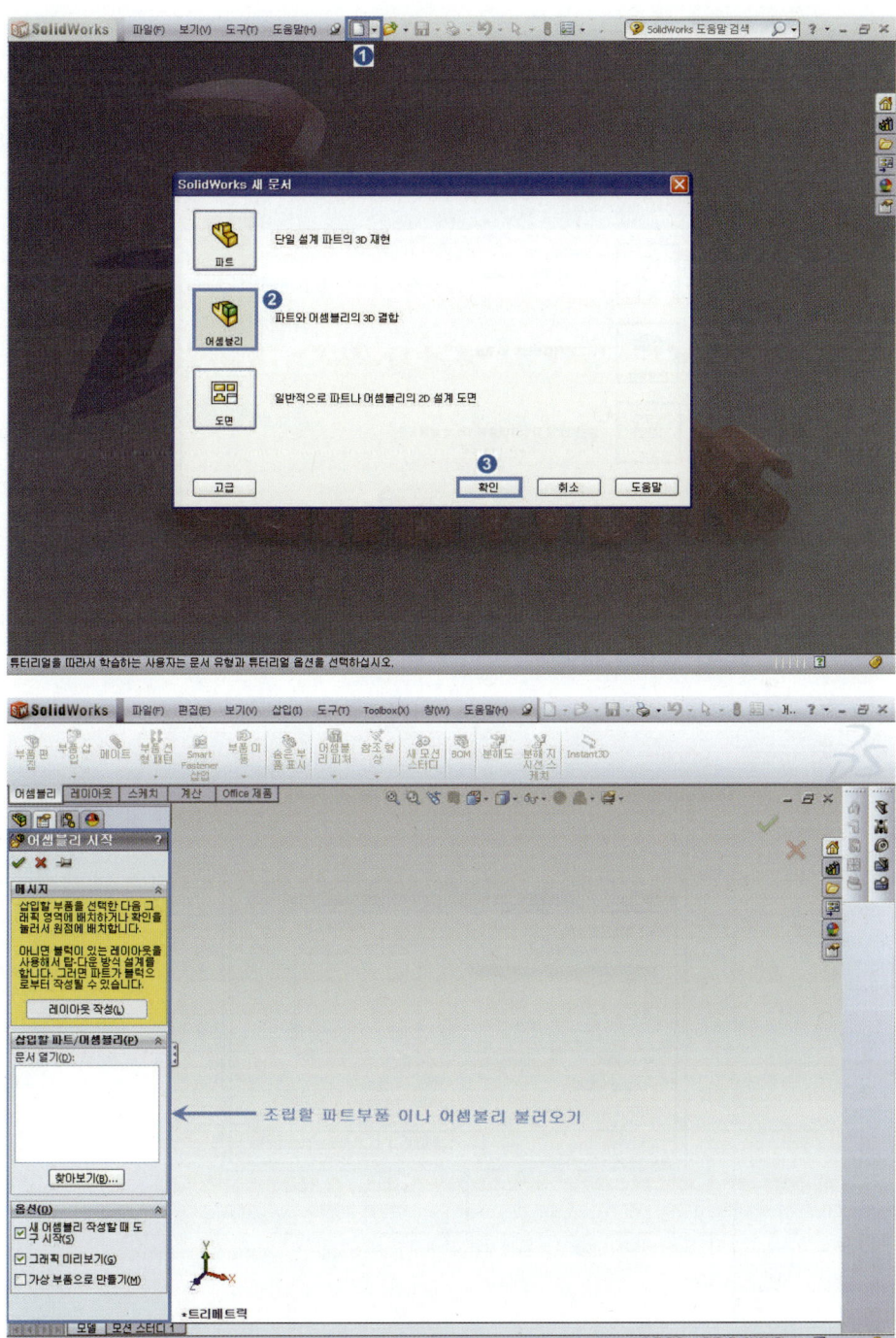

조립할 파트부품 이나 어셈블리 불러오기

2-5 도면(Draw) 작업창[ ] 열기

도면시트 선택창

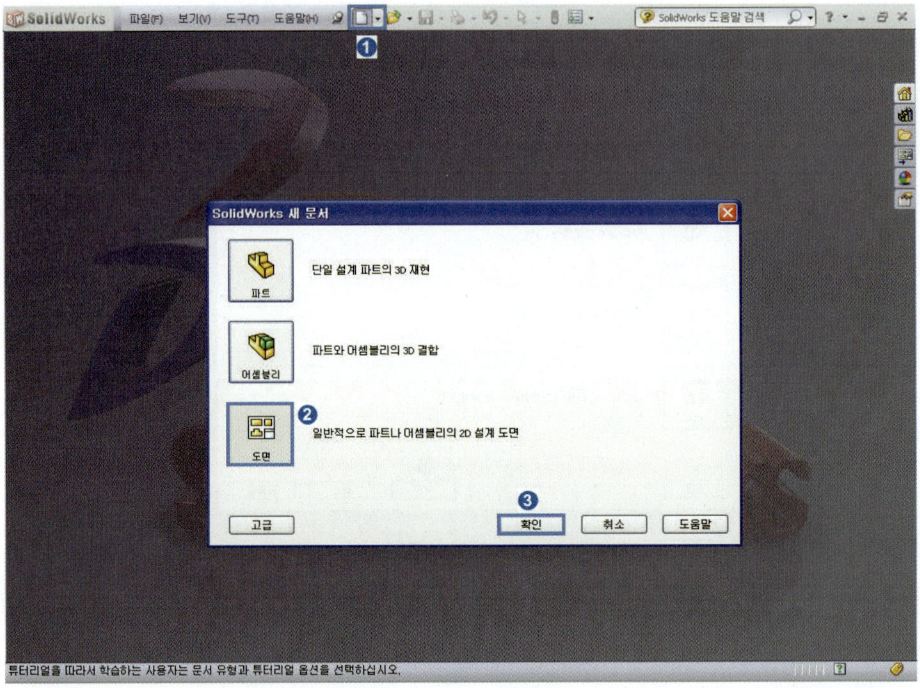

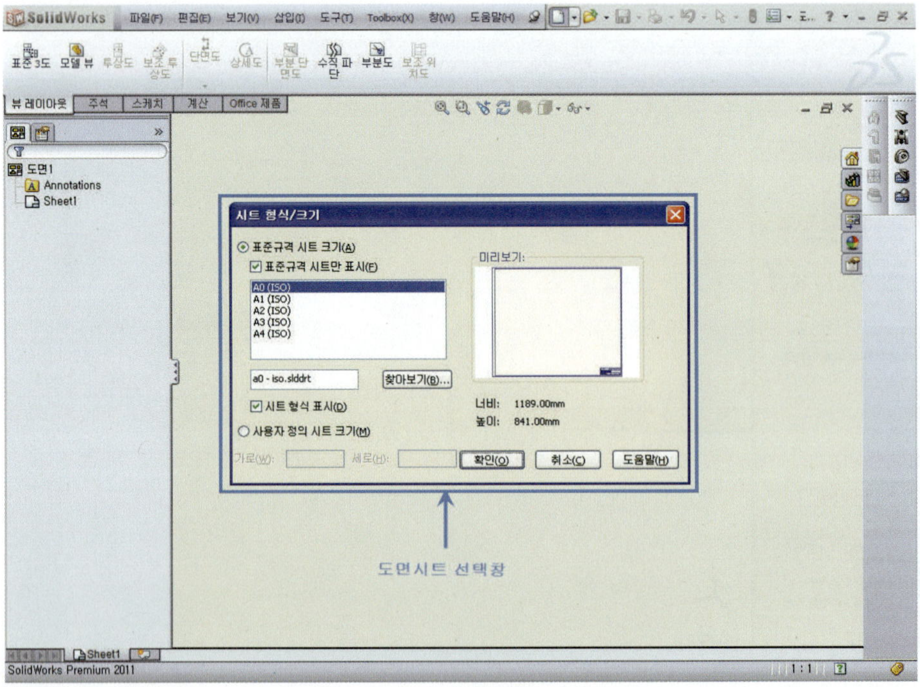

2-6 Command Manager 알기

사용자가 컨트롤 영역에서 사용하려는 명령 도구모음을 대표하는 명령탭을 클릭하면, Command Manager가 그 도구모음에 속하는 도구들을 보여주는 것이다. 작업 유형에 따라 기본적으로 포함된 도구모음이 들어 있다. 컨트롤 영역에서 해당 명령탭을 클릭하면 Command Manager가 업데이트 되어 도구모음이 나타난다.

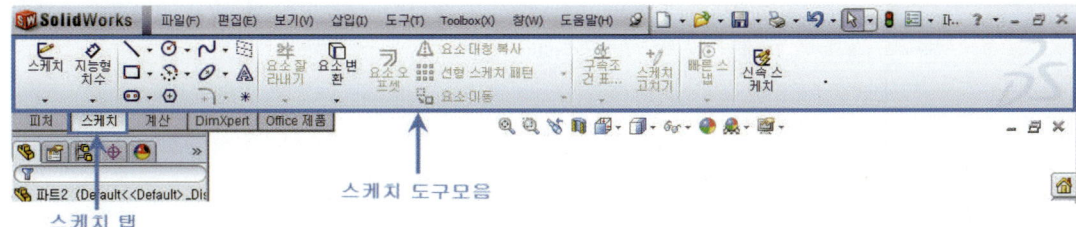

[그림 1-7] 스케치 도구모음

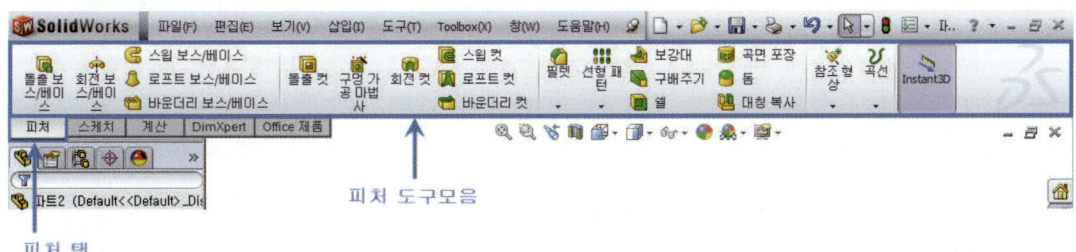

[그림 1-8] 피처 도구모음

> **! 스케치와 피처**
>
> 3차원 형상을 만들기 위한 기본적인 윤곽을 스케치라 하고, 3차원 형상정보를 가진 물체를 피처라고 한다.
>
> **스케치(Sketch)-2차원 도면요소(라인, 선, 원 등등)**
>
> 피처(Feature)를 생성하기 위한 2차원이나 3차원으로 생성할 형상의 기초윤곽을 그리는 것을 말한다. 솔리드 웍스 에서는 3차원 형상을 생성하는데 필요한 대략적인 윤곽 하나하나가 치수와 구속조건을 갖지 않더라도 스케치로 인식된다.
>
> **피처(Feature)-3차원 형상**
>
> 스케치는 일반적인 기능으로 3차원 구현정보를 갖는 형상을 말한다. 여기서 스케치를 바탕으로 3차원으로 구현한 형상을 스케치 피처라고 하고, 스케치를 이용하지 않는 피처를 Non Sketch Feature(예를 들면 필렛, 모따기)라 한다.

■ Command Manager 사용하기전 화면

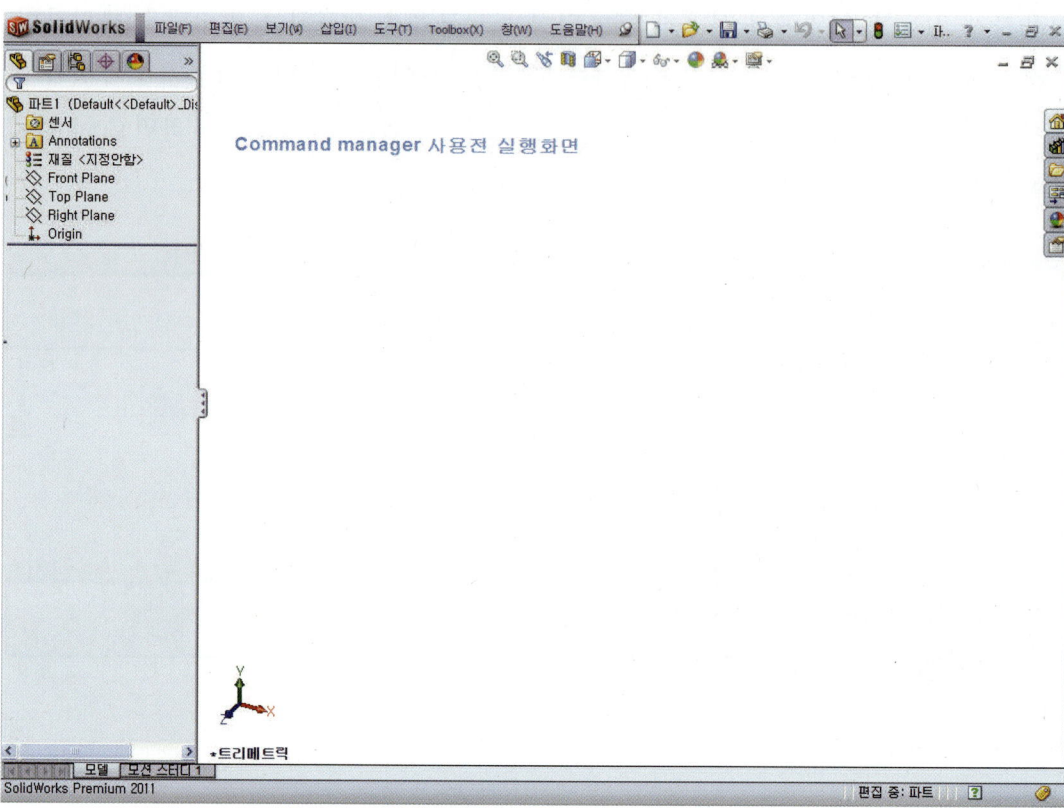

■ Command Manager 사용하기

방법 1 메뉴 바에서 [도구(T) ➔ 사용자 정의(Z) ➔ Command Manager 사용] 선택 한다.

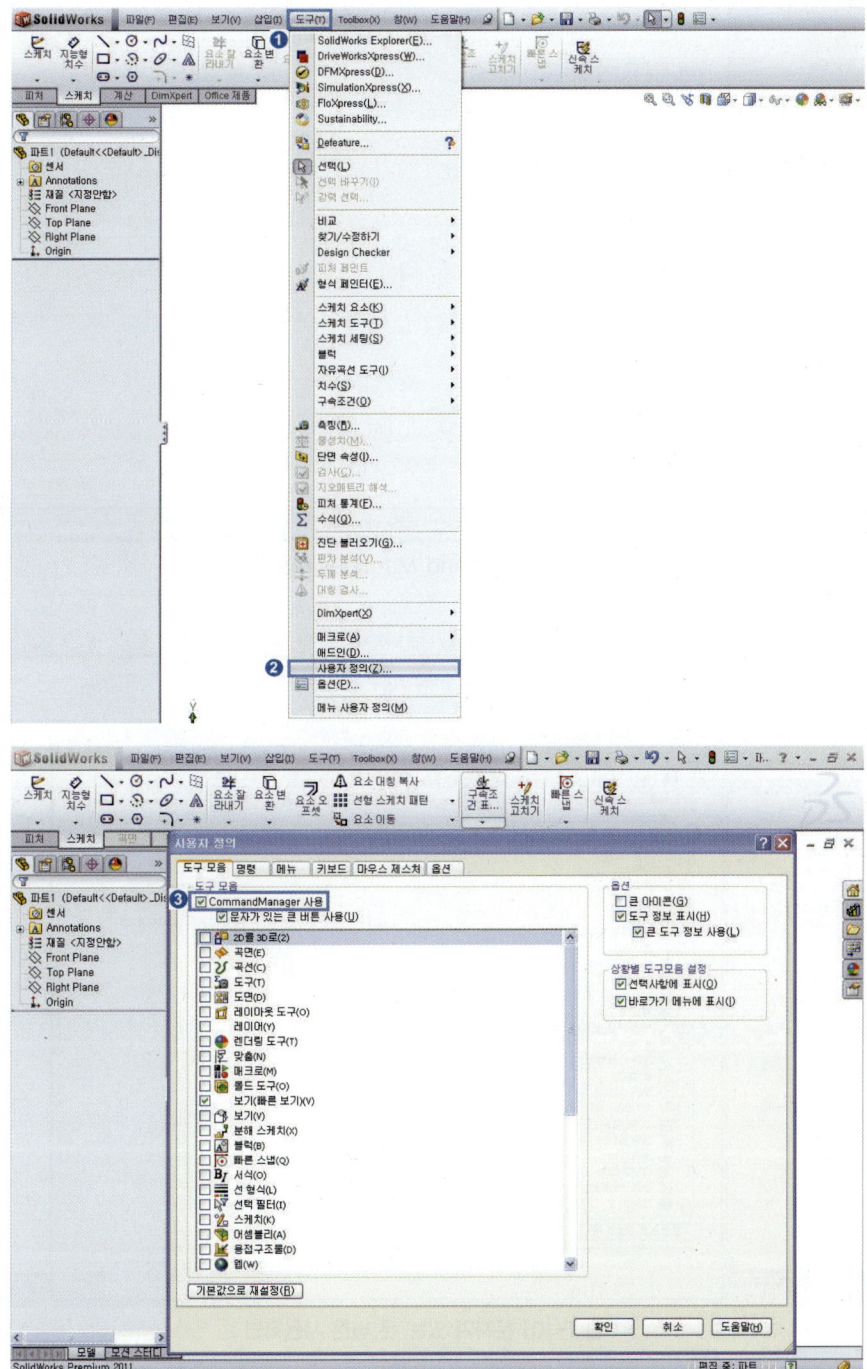

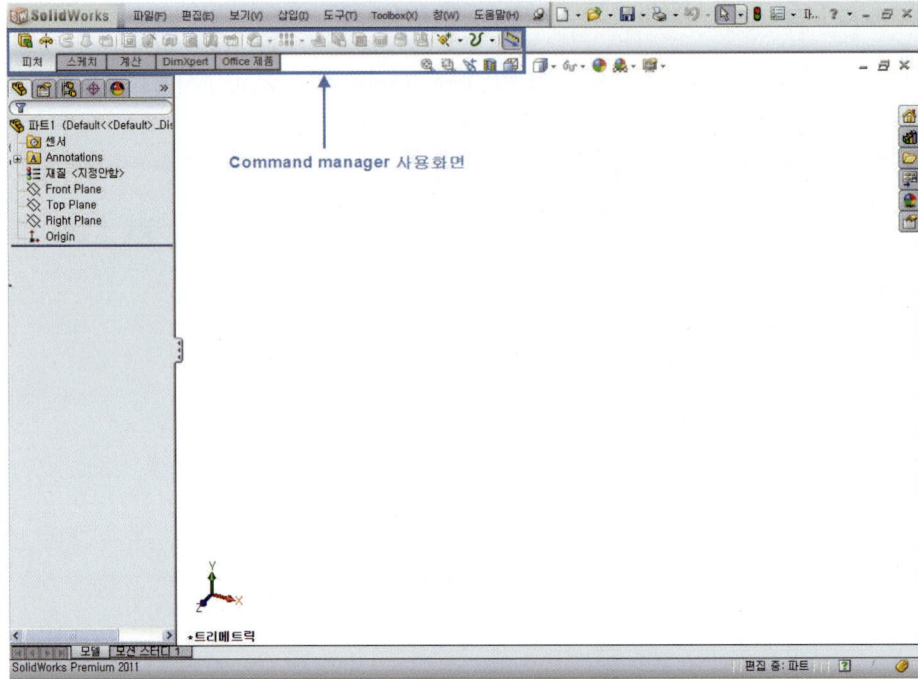

[그림 1-9] Command Manager 사용화면

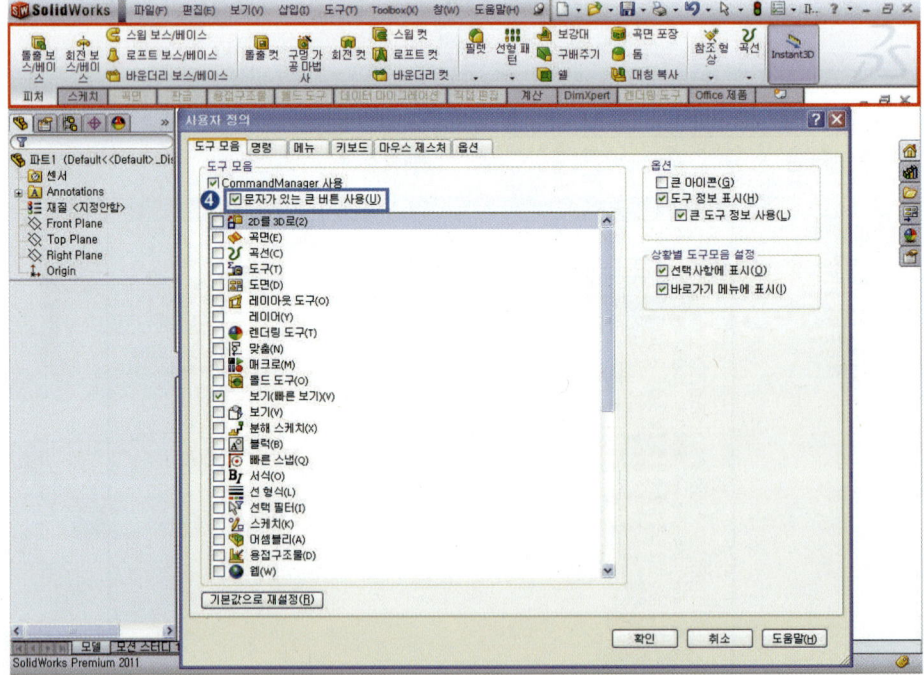

[그림 1-10] 문자가 있는 큰 버튼 사용화면

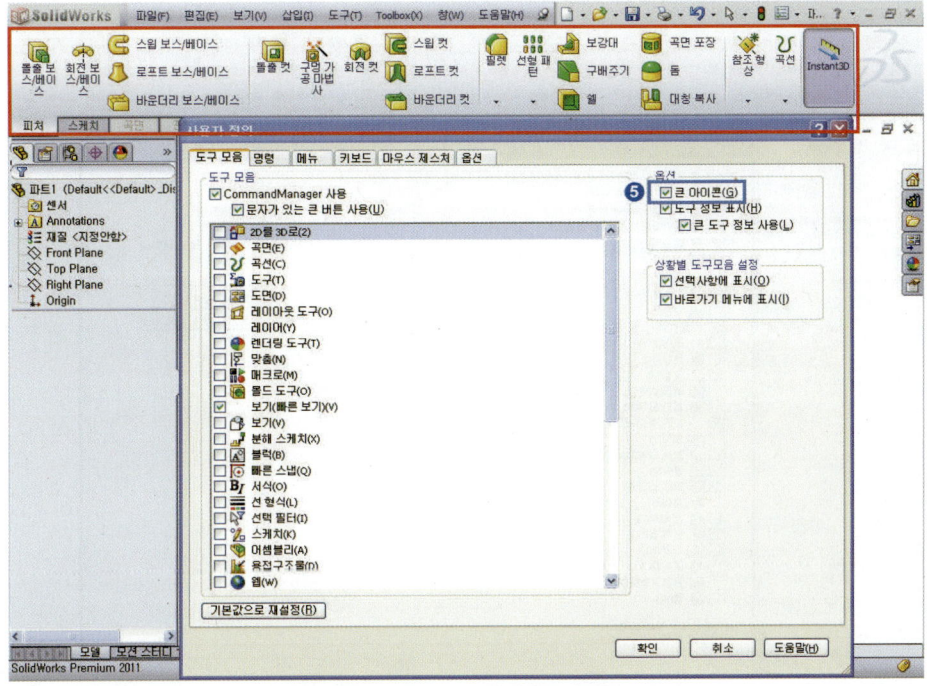

[그림 1-11] 큰 아이콘 사용후 화면

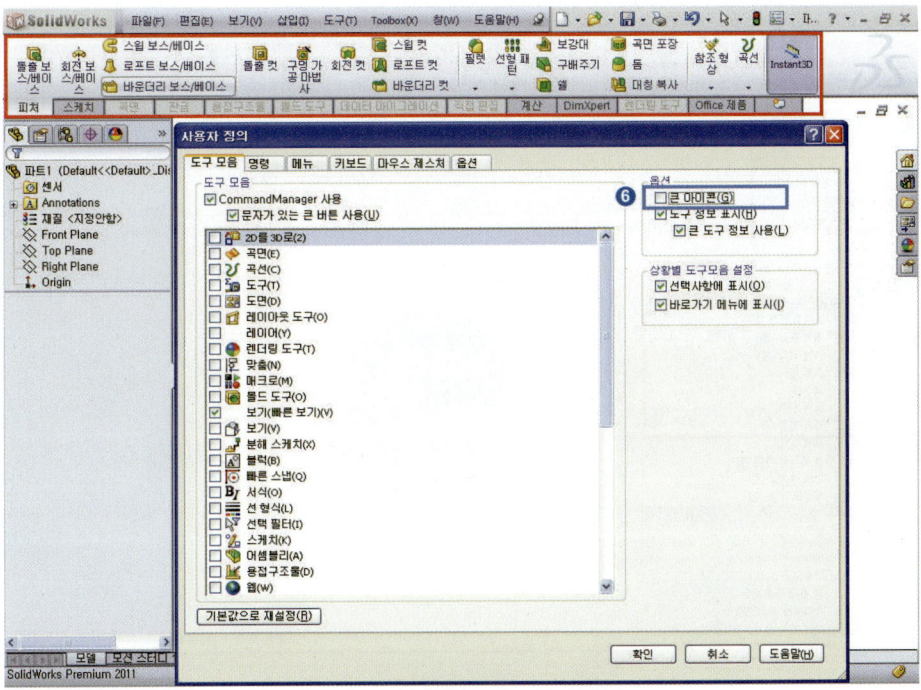

[그림 1-12] 큰 아이콘 사용전 화면

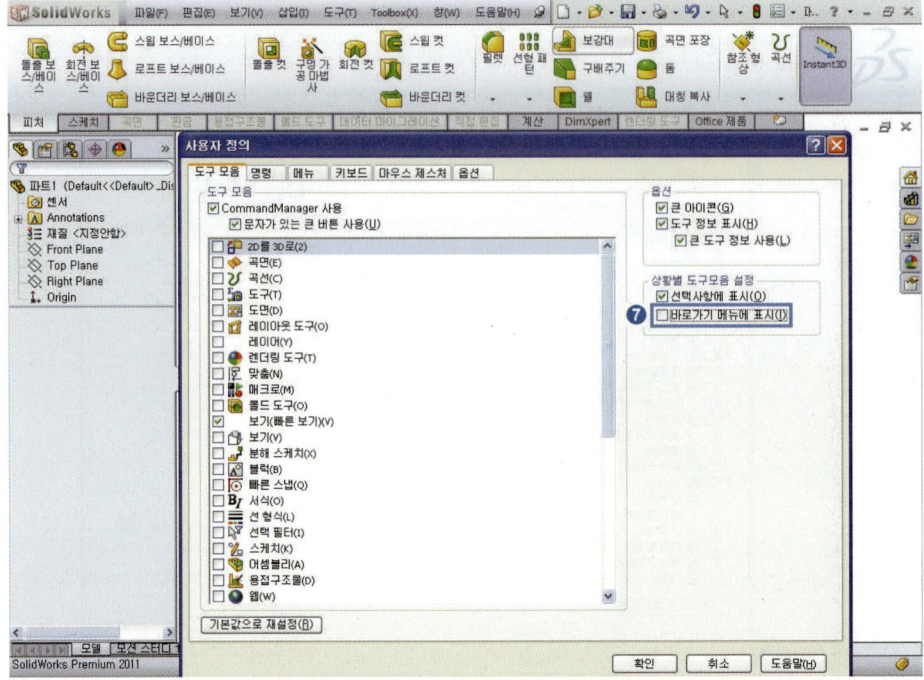

[그림 1-13] 상황별 도구모음-바로가기 메뉴에 표시 선택 전 화면

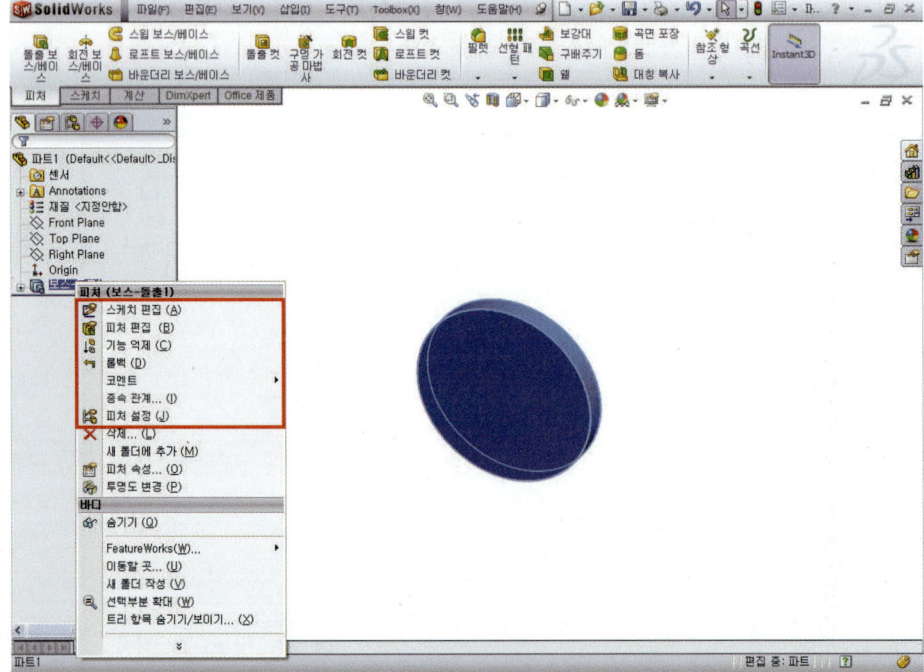

[그림 1-14] 상황별 도구모음-바로가기 메뉴에 표시 선택 전 작업 화면

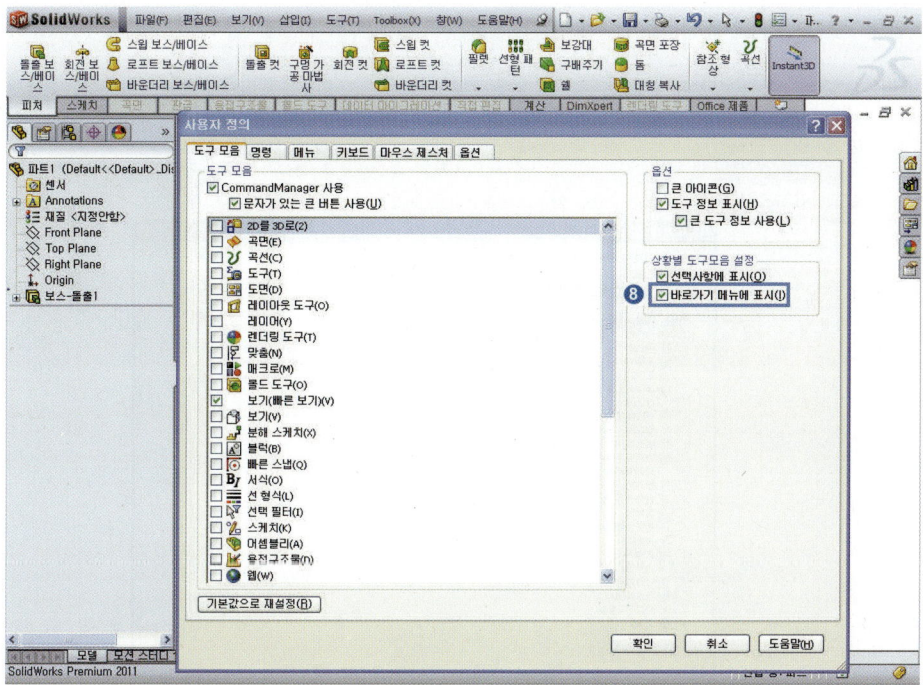

[그림 1-15] 상황별 도구모음–바로가기 메뉴에 표시 선택 후 화면

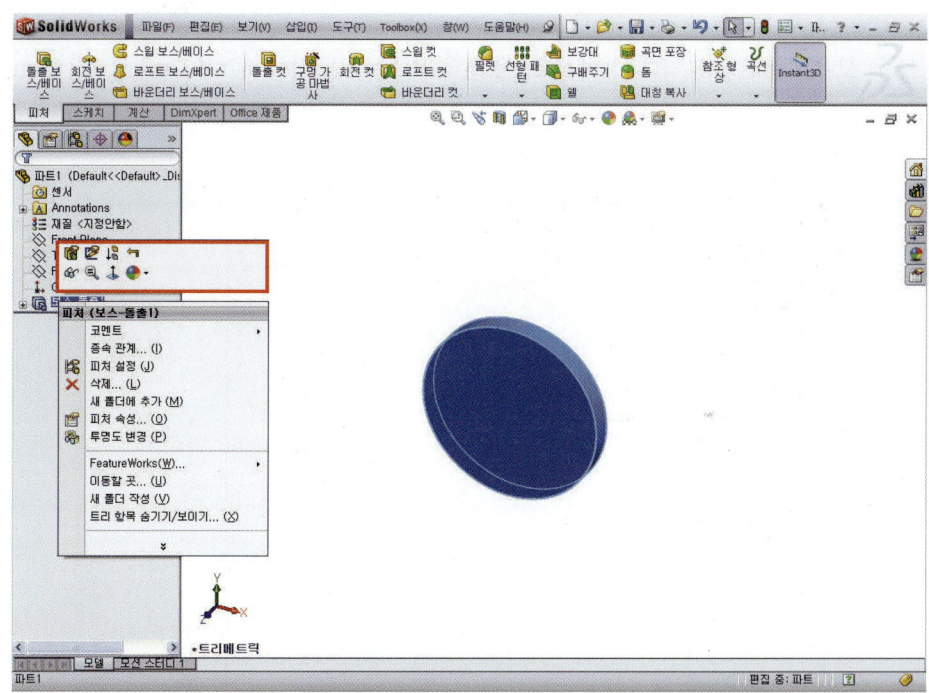

[그림 1-16] 상황별 도구모음–바로가기 메뉴에 표시 선택 후 화면

방법2 도구 모음 영역에서 옵션 아이콘 ▦▾을 클릭한 후 ➡ 사용자 정의 ➡ Command Manager를 선택한다.

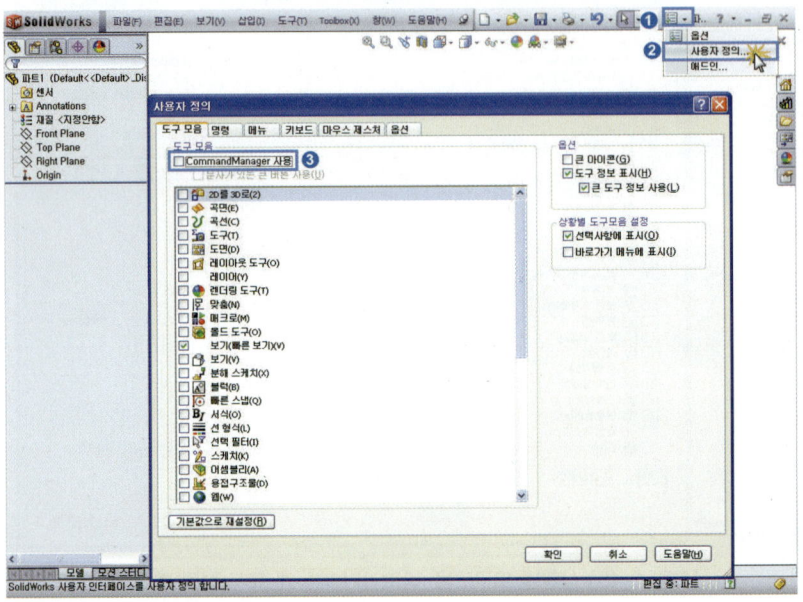

방법3 도구 모음 아이콘 영역에서 마우스 오른쪽 버튼을 클릭한 후 ➡ Command Manager를 선택한다.

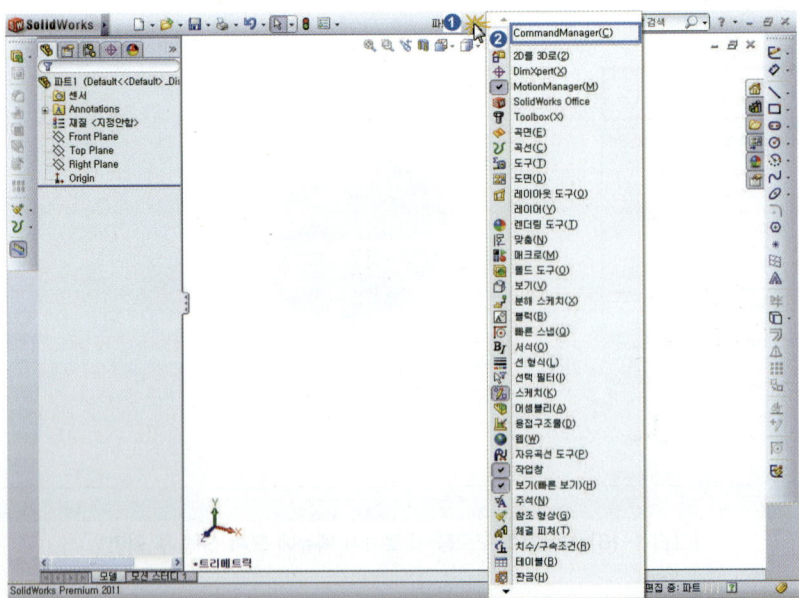

2-7 Command Manager 사용하지 않는 작업 화면

일반적으로 오른쪽 창은 스케치 도구모음 있고 왼쪽은 피처와 관련된 도구 모음을 위치하게 되는데 이 작업 화면은 작업자의 따라 달라질 수 있다.

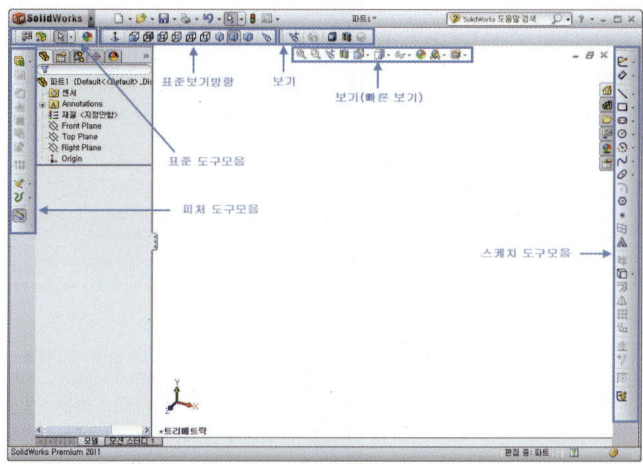

2-8 도구모음(Tool bar) 보이기/숨기기

방법 1 메뉴에서에서 보기(V) ➡ 도구모음(T)을 클릭 ➡ 원하는 도구모음 선택한다.

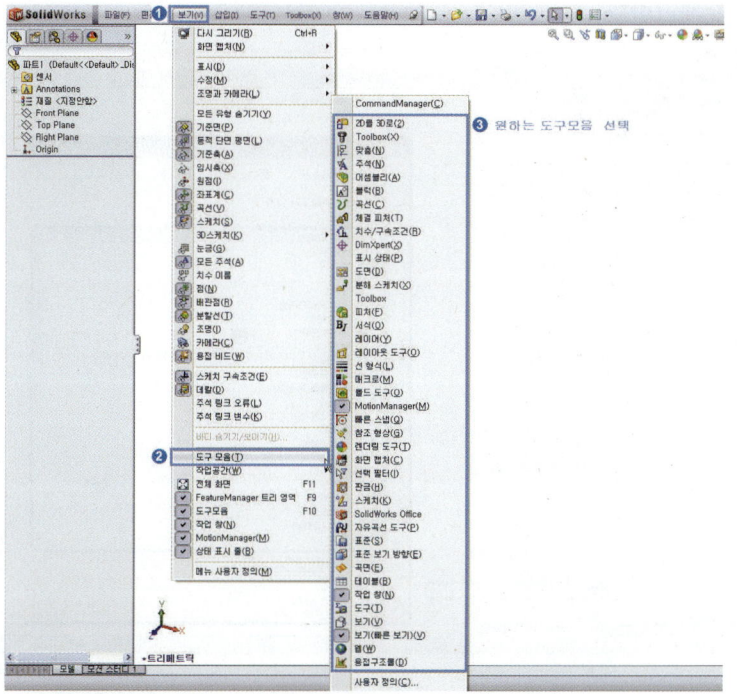

방법2 도구 모음 아이콘 영역에서 마우스 오른쪽 버튼을 클릭한 후 ➡ 필요한 도구모음을 선택한다.

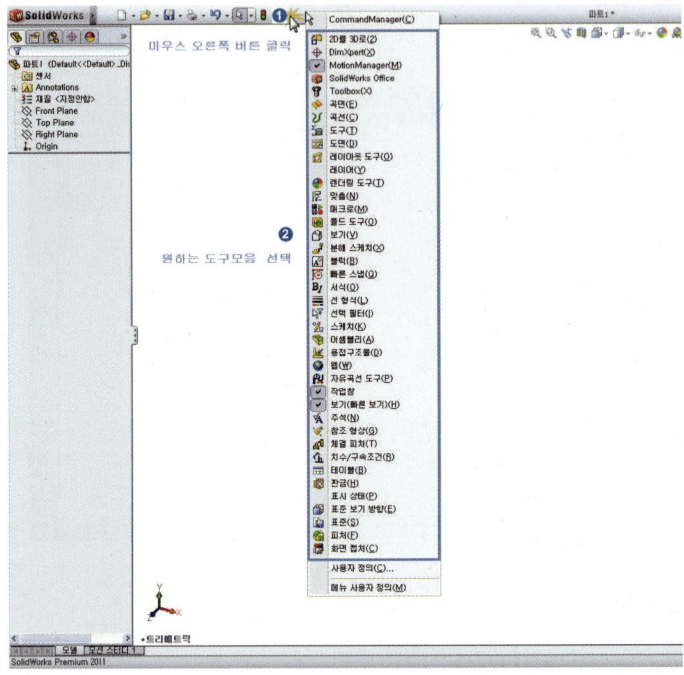

방법3 메뉴 바에서 [도구(T) ➡ 사용자 정의(Z) 클릭 ➡ 왼쪽 창 "도구모음" 영역에서 원하는 도구모음 체크한다.

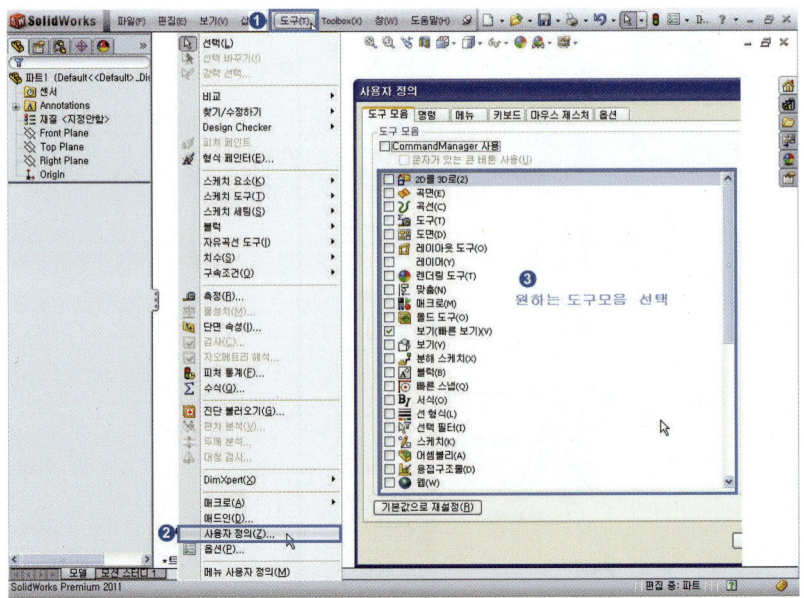

2-9 도구모음 아이콘 추가/삭제하기

도구모음에는 모든 명령아이콘이 표시되어 있지 않기 때문에 기본적으로 필요한 아이콘들이 보여지고, 나머지 명령들은[메뉴바]를 이용하거나 자주 사용하는 명령 아이콘은 도구모음을 추가하여 사용해야 된다.

1. 도구모음 아이콘 추가하기

방법 1 메뉴 바에서 [도구(T) ➜ 사용자 정의(Z) 클릭 ➜ "명령탭" 선택 ➜ 해당 카테고리 영역에서 원하는 명령 아이콘 선택 드래그 앤 드롭(Drag and Drop)하여 해당 도구모음에 놓는다.

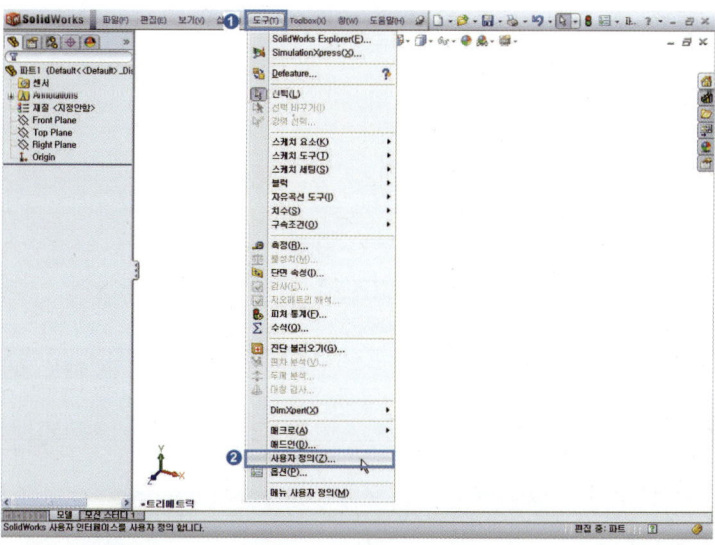

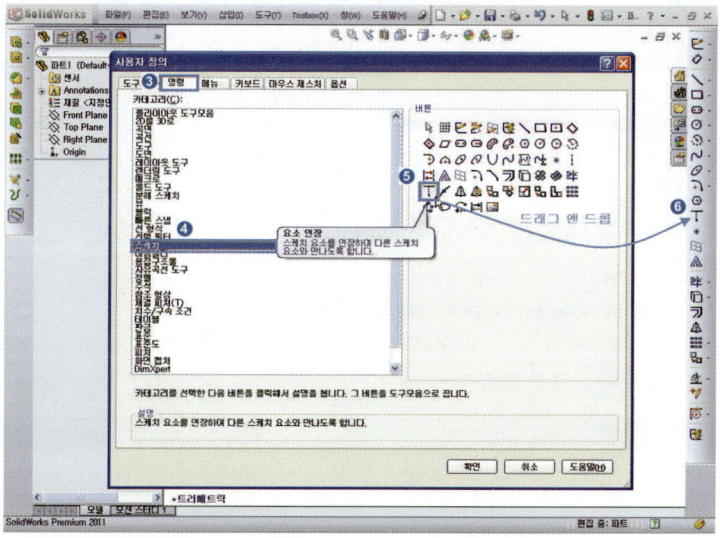

2. 도구모음 아이콘 삭제하기

방법 1 메뉴 바에서 [도구(T) ➡ 사용자 정의(Z) 클릭 ➡ "명령탭" 선택 ➡ 해당 카테고리 영역
에서 원하는 명령 아이콘 선택 작업창에 드래그 앤 드롭(Drag and Drop)하면 해당 도구
모음에서 삭제가 된다.

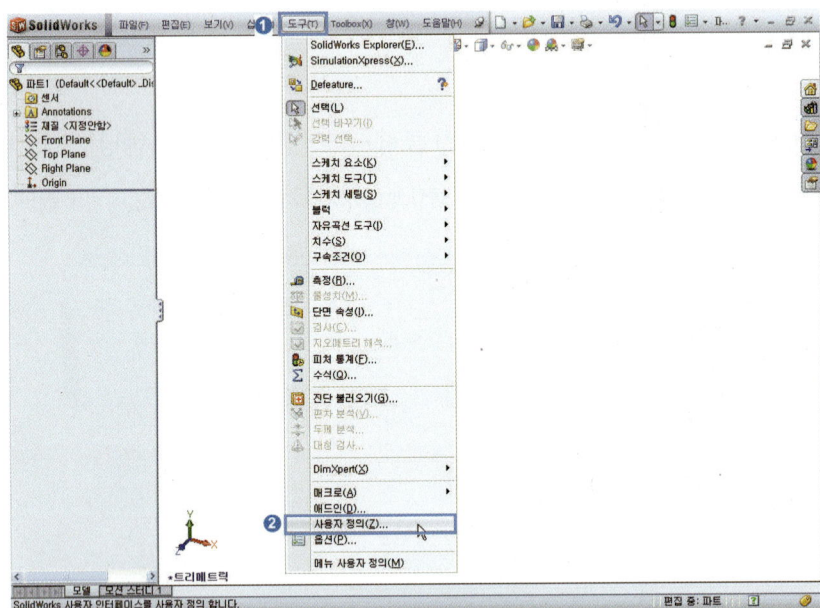

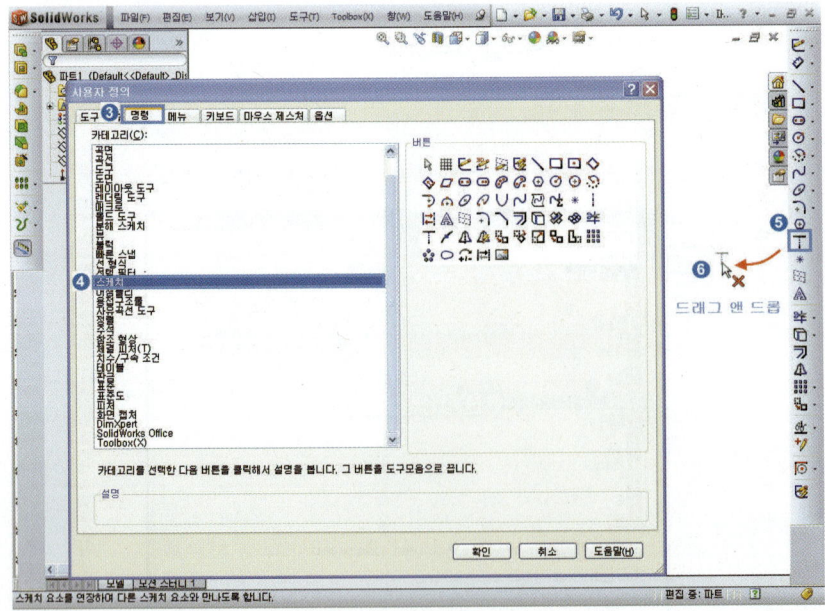

3. 풀다운 메뉴 항목 표시/숨기기

방법 1 메뉴 바에서 [도구(T) ➡ 메뉴 사용자 정의(M) 클릭 ➡ 왼쪽에 있는 박스에 체크[☑]하면 그 메뉴항목이 표시되고, 박스에 체크해제[☐]하면 그 메뉴항목은 숨기게 됩니다.

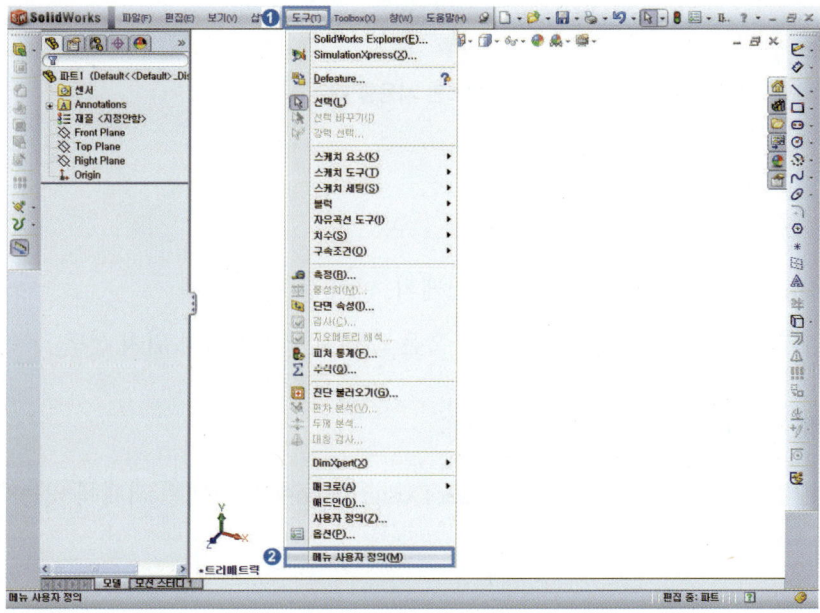

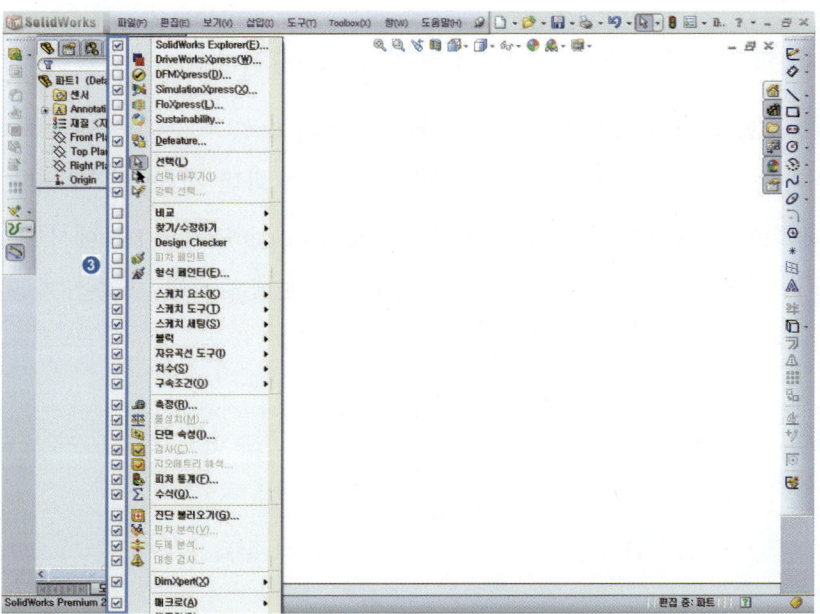

2-10 SolidWorks의 키보드/마우스 사용법

마우스만 사용할 때

1. 왼쪽 버튼

- 메뉴 및 도구 호출
- Feature Manager Design Tree에서 폴더, 스케치, 피처 등 객체 선택
- 그래픽 영역(작업창)에서 모델 객체 선택 혹은 스케치 평면에서의 위치 선택

2. 오른쪽 버튼

- 그래픽 영역(작업창) 혹은 Feature Manager Design Tree에서 선택된 객체에 맞는 "바로가기" 메뉴 호출

3. 휠 버튼

- (뷰 회전): 휠을 누른 상태에서 움직이면 회전(Rotate) 한다.
- (화면 이동): 그래픽 영역(작업창) 혹은 Feature Manager Design Tree에서 모델을 선택하고, Ctrl 키와 동시에 휠을 누른 상태에서 움직이면 모델을 화면 이동할 수 가 된다.
- (확대/축소): 그래픽 영역(작업창) 혹은 Feature Manager Design Tree에서 모델을 선택하고, Shift 키와 동시에 휠을 누른 상태에서 움직이면 모델을 확대 및 축소(Zoom in/out)가 된다.

> ⚠️ 휠 마우스를 사용하게 될 경우엔 Zoom in/out 기능 또한 shift 키를 이용하지 않고 오로지 휠 하나만으로도 제어가 가능하다.

4. 키보드만 사용할 경우

키보드(keyboard)	설 명
Ctrl + 방향키	좌우상하 방향으로 화면 이동
Alt + ← 방향키	생성된 모델의 중심을 기준으로 시계방향으로 15도씩 회전
Alt + → 방향키	생성된 모델의 중심을 기준으로 반시계방향으로 15도씩 회전
Shift + ← 방향키	생성된 모델의 중심을 기준으로 왼쪽으로 90도씩 회전
Shift + → 방향키	생성된 모델의 중심을 기준으로 오른쪽으로 90도씩 회전

5. 뷰 방향 변경하기

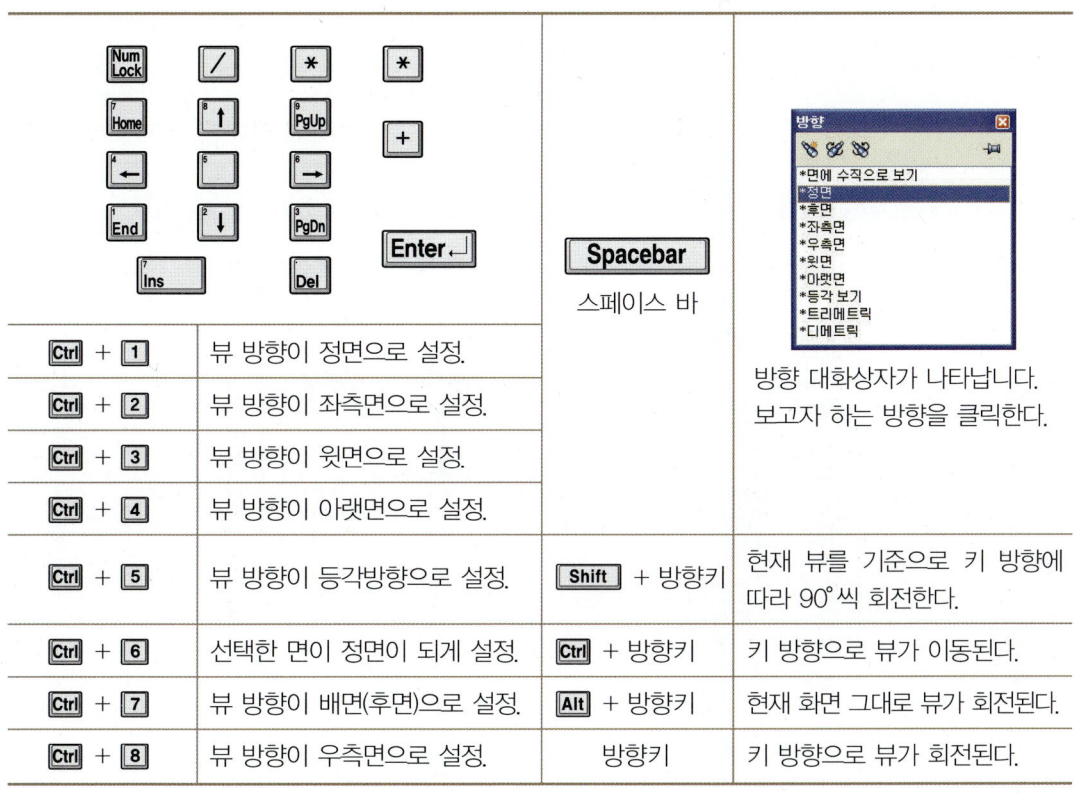

Ctrl + 1	뷰 방향이 정면으로 설정.	
Ctrl + 2	뷰 방향이 좌측면으로 설정.	
Ctrl + 3	뷰 방향이 윗면으로 설정.	
Ctrl + 4	뷰 방향이 아랫면으로 설정.	
Ctrl + 5	뷰 방향이 등각방향으로 설정.	Shift + 방향키 · 현재 뷰를 기준으로 키 방향에 따라 90° 씩 회전한다.
Ctrl + 6	선택한 면이 정면이 되게 설정.	Ctrl + 방향키 · 키 방향으로 뷰가 이동된다.
Ctrl + 7	뷰 방향이 배면(후면)으로 설정.	Alt + 방향키 · 현재 화면 그대로 뷰가 회전된다.
Ctrl + 8	뷰 방향이 우측면으로 설정.	방향키 · 키 방향으로 뷰가 회전된다.

Spacebar
스페이스 바

방향 대화상자가 나타납니다.
보고자 하는 방향을 클릭한다.

6. 단축키

방법 1 메뉴 바에서 [도구(T) ➡ 메뉴 사용자 정의(M) 클릭 ➡ [키보드 탭] ➡ [바로가기=단축키 입력창]에서 설정할 수 있다.

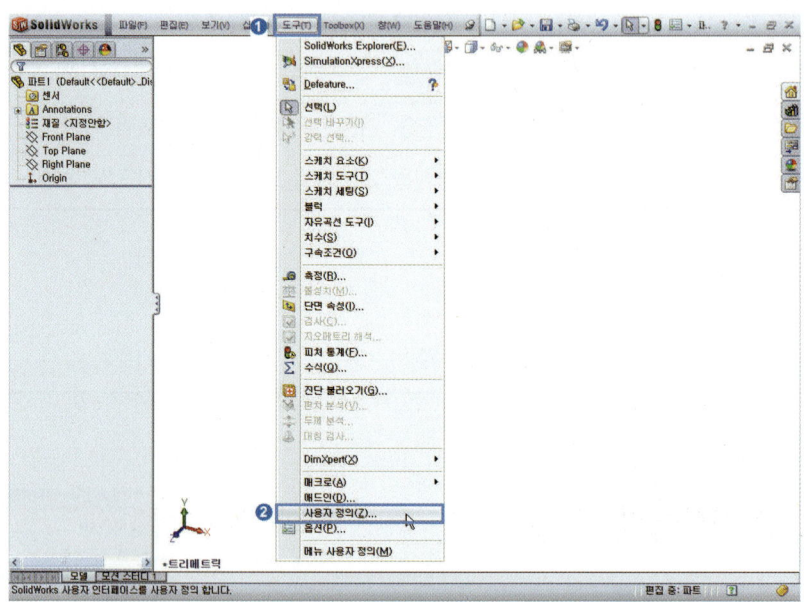

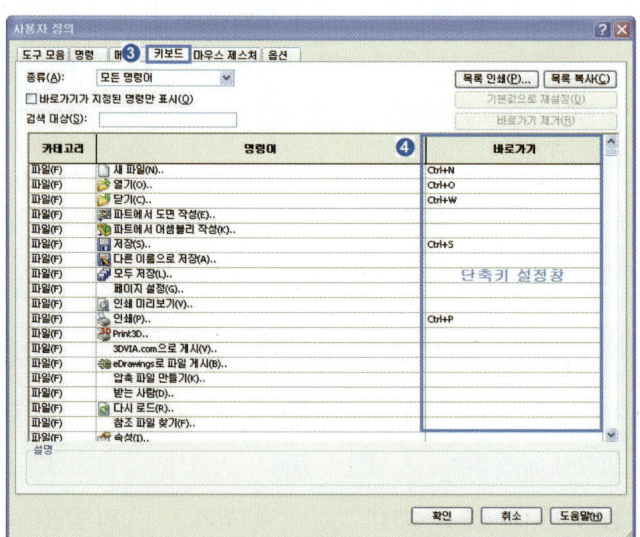

※ SolidWorks 초보자의 경우 기본기능을 잘 모르고 있으므로 단축키를 편집하지 않고 기본 설정된 단축키를 사용하는 것이 좋다. 중급 사용자 이상 SolidWorks 에 익숙한 사용자는 본인에게 맞는 새로운 단축키를 편집하는 것이 좋다.

2-11 옵션 설정하기

사용자 환경에 맞게 시스템 환경을 정의할 수 있으며 모델링 작업시 중요한 옵션에 대하여 알아보고 이를 적용 시키는 방법에 대하여 알아보자. Solidworks 에서 문서라는 의미는 [파트, 어셈블리, 도면을 의미하고 있으며 하나의 문서[파트, 어셈블리, 도면]가 열려 있어야 시스템 옵션과 문서속성을 동시에 설정할 수 있다.

시스템 옵션	문서 속성
– Solidworks의 기본 환경 설정에 관한 내용. – 시스템 옵션은 레지스트리에 저장되고 문서의 일부가 아니다. – 변경 내용이 이후 모든 문서에 반영된다.	– 각 모델링 파일에 대한 환경설정. – 문서 속성은 현재 문서만 적용되며 열려있는 문서에 대해서만 문서 속성 탭을 사용할 수 있음. – 새문서는 템플릿의 문서 속성에서 가져온다.

1. 시스템 옵션 설정하기

방법 1 도구 모음 아이콘 영역에서 옵션 아이콘[ ]을 클릭 ➡ 시스템 옵션 ➡ 일반을 클릭한다.

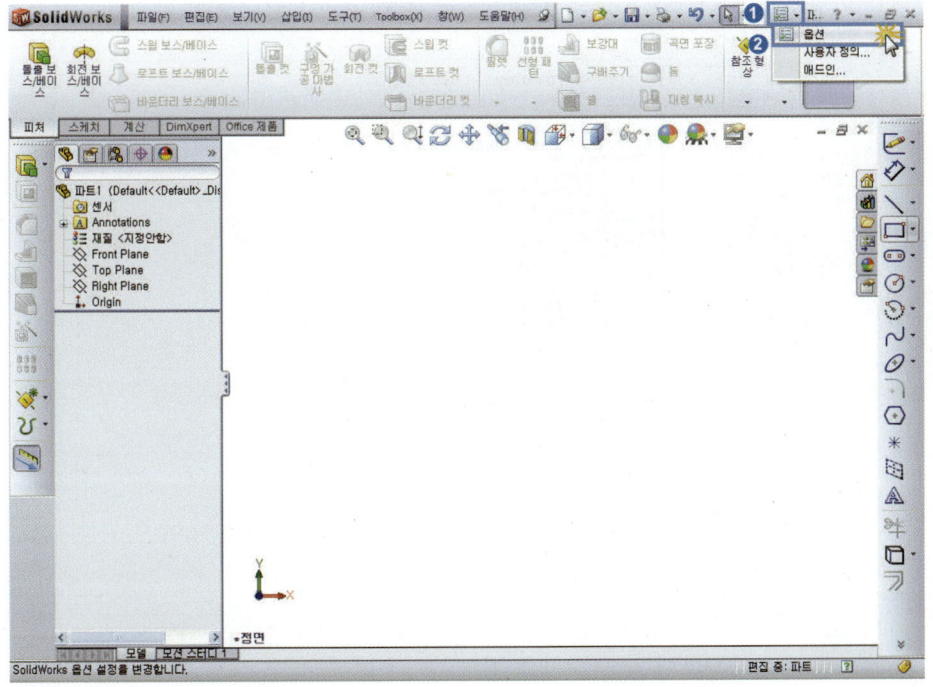

방법 2 메뉴 바에서 [도구(T) ➡ 옵션 ➡ 시스템 옵션 ➡ 일반을 클릭한다.

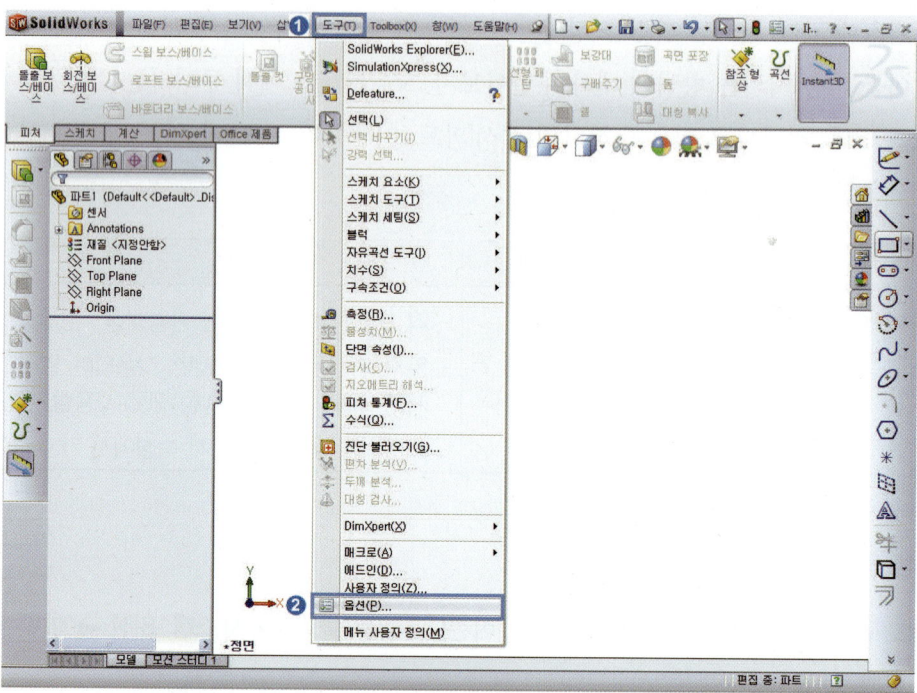

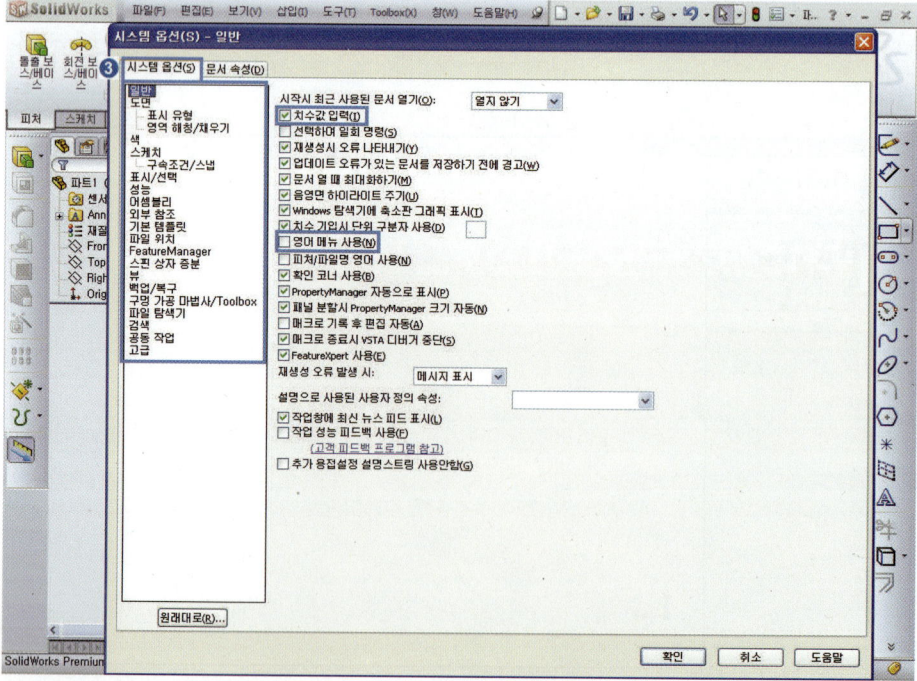

▶▶ [일반] 항목을 클릭한 후 [☑ 치수값 입력(I)] 선택되고 [☐ 선택하여 일회명령(S)]이 선택해
제 되었는지 확인한다. 만일 [치수값 입력(I)] 체크[☑]되어 있지 않으면 모델링 작업시 치
수 및 형상 수정 작업시에 나타나는 아래와 같은 수정 대화상자가 나타나지 않는다.

▶▶ [☑ 영어 메뉴 사용(N)] 선택하면 솔리드 웍스의 모든 메뉴가 영어로 바뀌게 되는데 영어메
뉴 사용을 선택하면 아래와 같은 대화창이 나타나고 솔리드 웍스를 종료한 뒤 다시 시작하
면 모든 메뉴가 영어로 바뀐 것을 확인 할 수 있다.

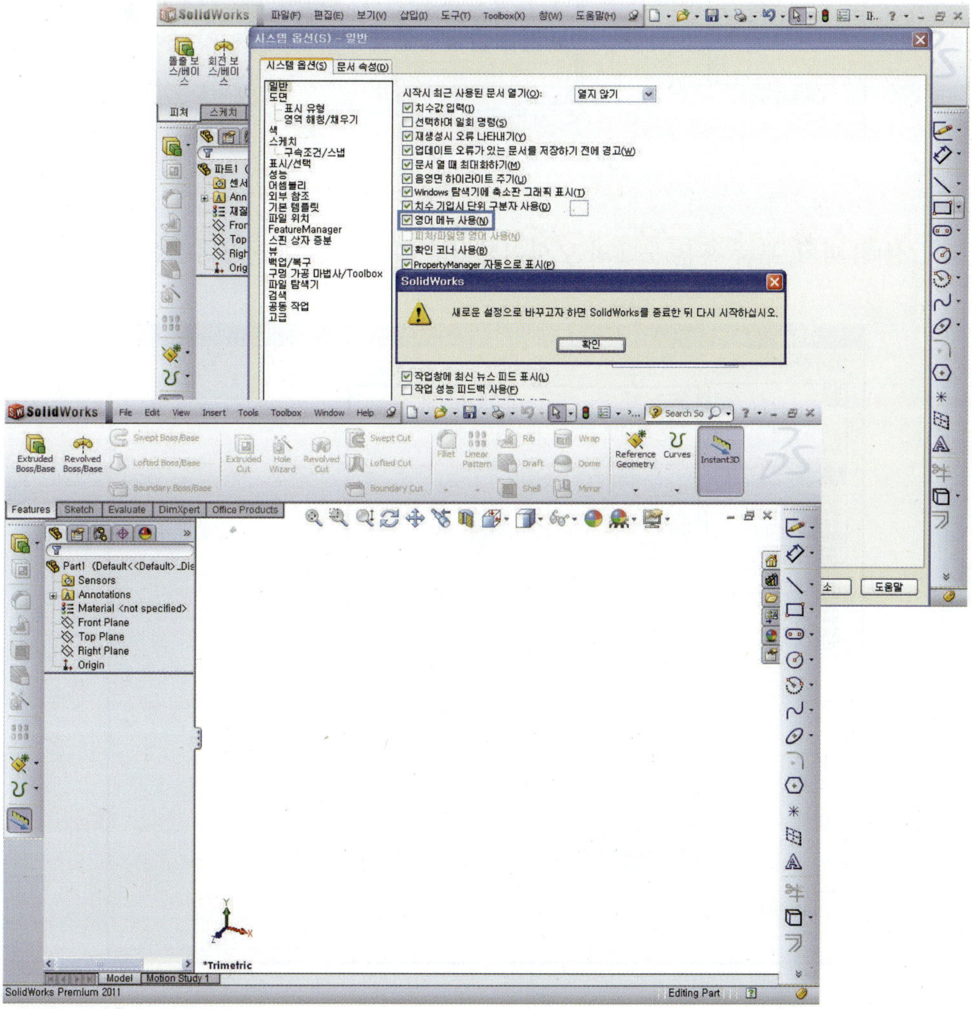

▶▶ [색(Color)] 솔리드 웍스의 각각의 메뉴화면을 원하는 색상으로 설정할 수 있다.

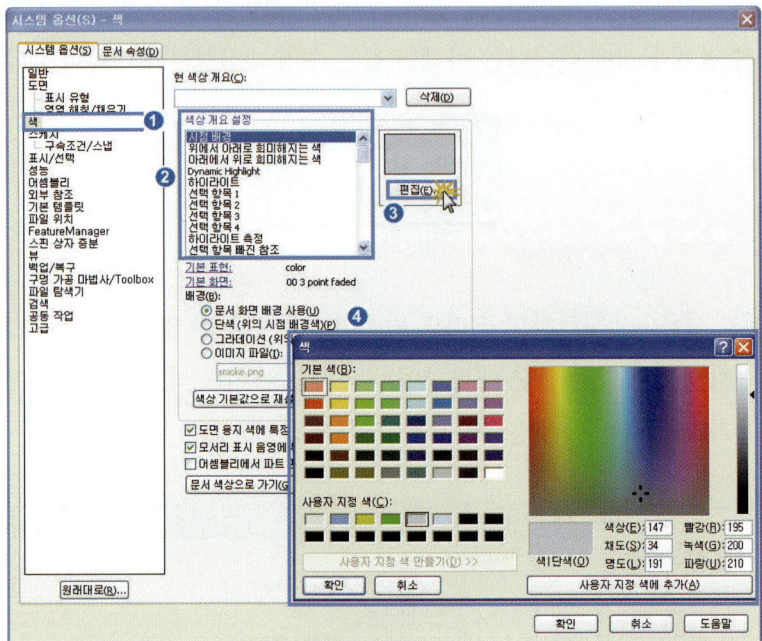

▶▶ [표시/선택] 피처, 부품 혹은 모델의 모서리선이나 평면의 표시, 선택옵션을 설정한다.

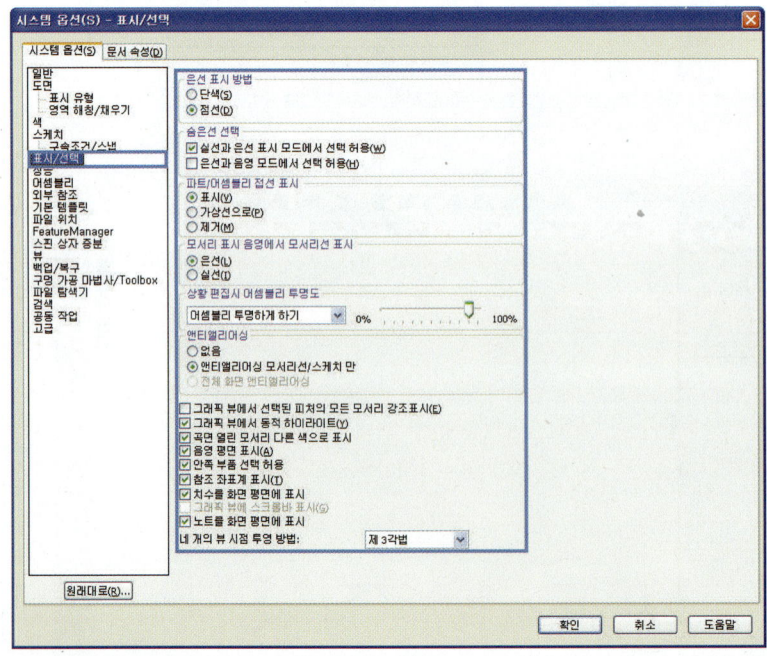

▶▶ [성능] 하단부 3가지 사항을 모두 선택[✔]한다. 프로그램 구동 속도와 그래픽 구현 속도가 개선된다.

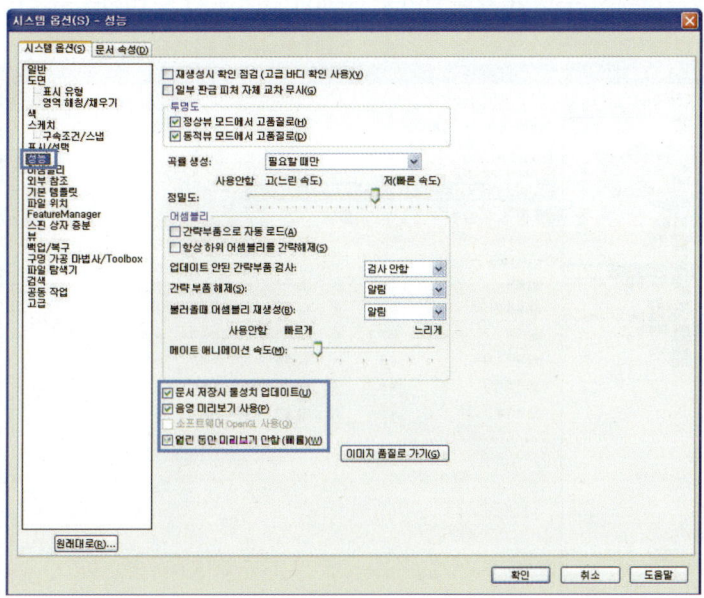

▶▶ [뷰] 항목을 클릭한 후 뷰회전, 마우스 속도등을 [사용안함], [느리게] 또는 [빠르게] 필요에 따라 선택한다.

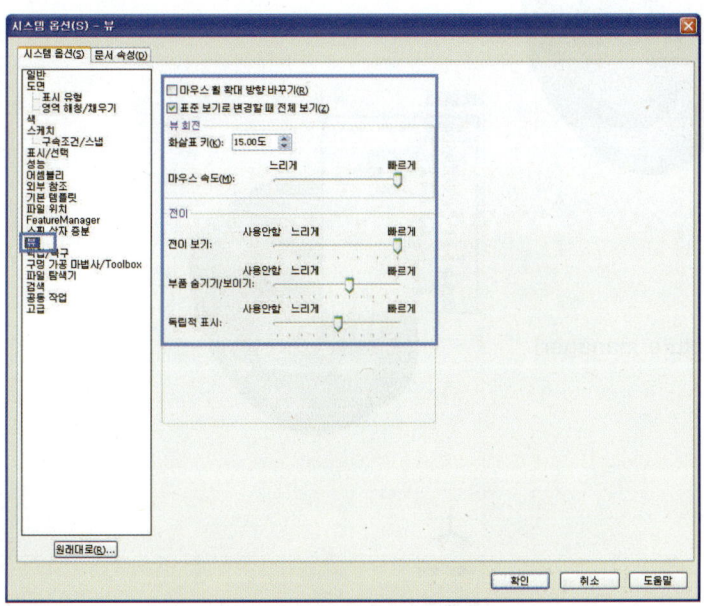

▶▶ [Feature manager 옵션] Feature manager design tree 에 관련된 옵션을 설정할 수 있다.

☑ 파트/어셈블리에서 투명한 플라이아웃 Feature manager 트리사용을 선택하면 ➡ 투명

☐ 파트/어셈블리에서 투명한 플라이아웃 Feature manager 트리사용을 선택해제 ➡ 불투명

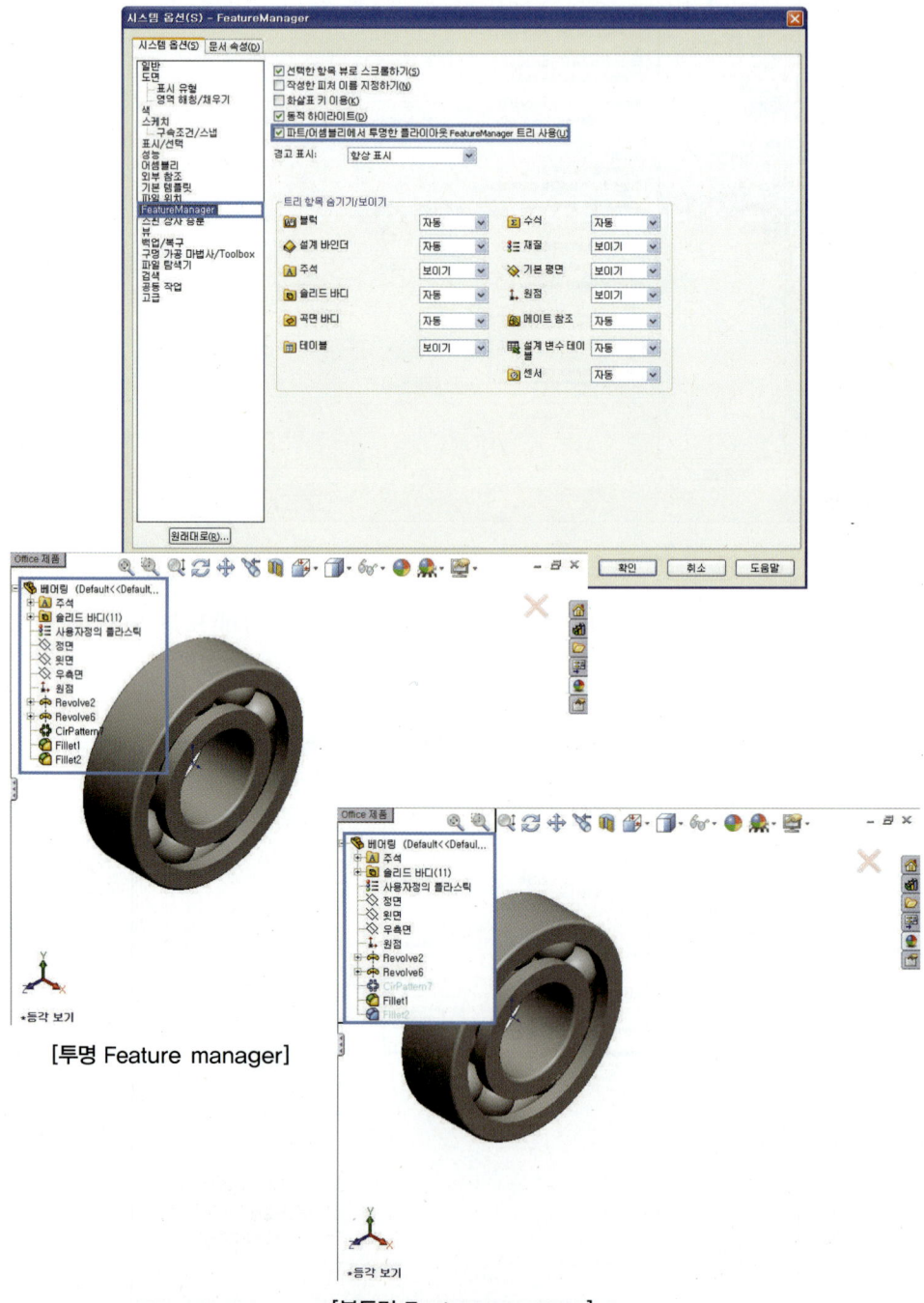

[투명 Feature manager]

[불투명 Feature manager]

2. 문서[파트, 어셈블리, 도면] 속성 설정하기

현재 작업할 문서[파트, 어셈블리, 도면]에 대한 옵션을 설정한다. SolidWorks의 기능을 빠르고 효율적으로 사용하려면 문서 속성을 잘 활용하면 된다.

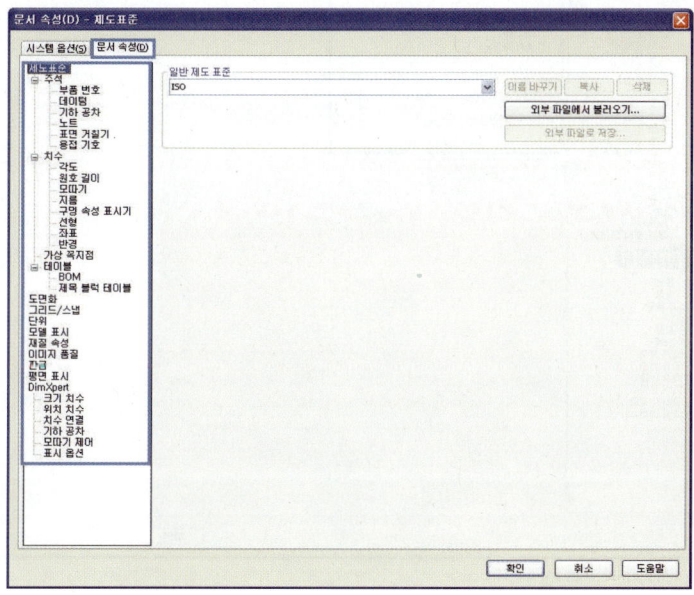

▶ [단위] 문서 속성탭에서 [단위]를 클릭한 후 단위계를 선택한다. KS 규격에서는 MMGS(mm, g, s)를 기본 단위계로 사용한다.

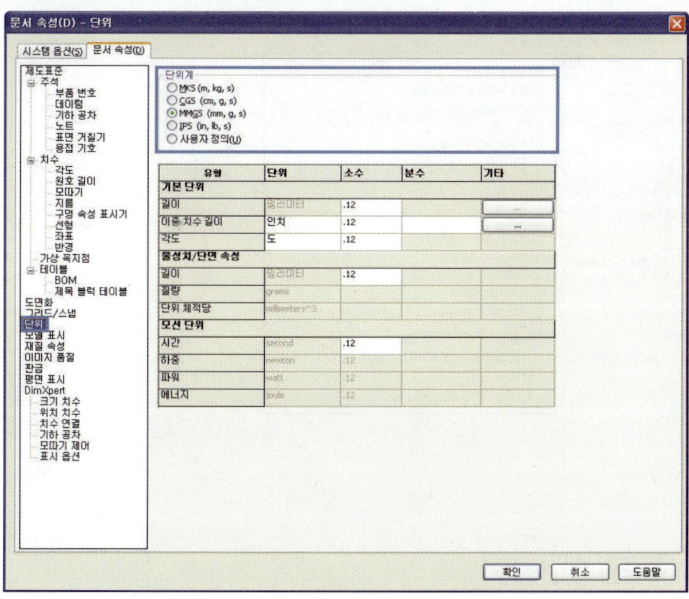

▶▶ [그리드/스냅] 그리드(grid)는 작업창에 눈금 모양의 점들이 보여지는 기능이고 스냅(Snap)
은 마우스 커서의 한번 움직이는 이동 거리를 의미한다.

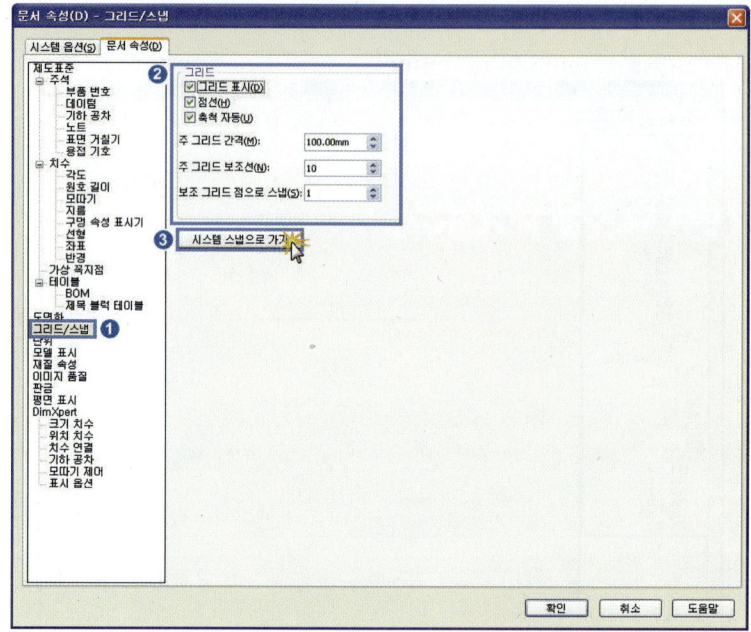

▶▶ [시스템 스냅] 시스템 스냅으로 가기를 클릭해서 필요한 설정을 한다. AUTOCAD의 Object
Snap의 기능과 같다.

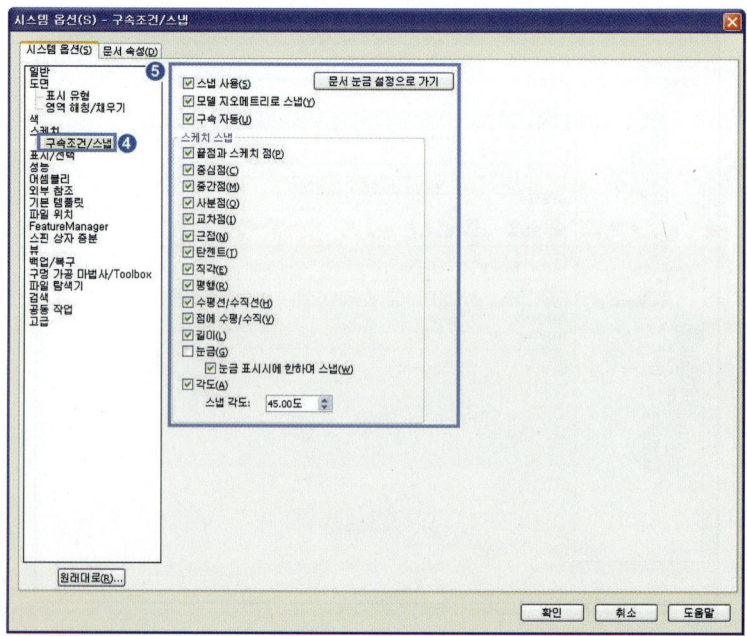

▶▶ [이미지 품질] 항목을 클릭

부품 모델링 작업시 나타나는 이미지 품질이며 음영 및 구배 품질 은선 해상도를 높일수록
이미지는 선명하게 보이지만 실제 작업속도는 감소한다.

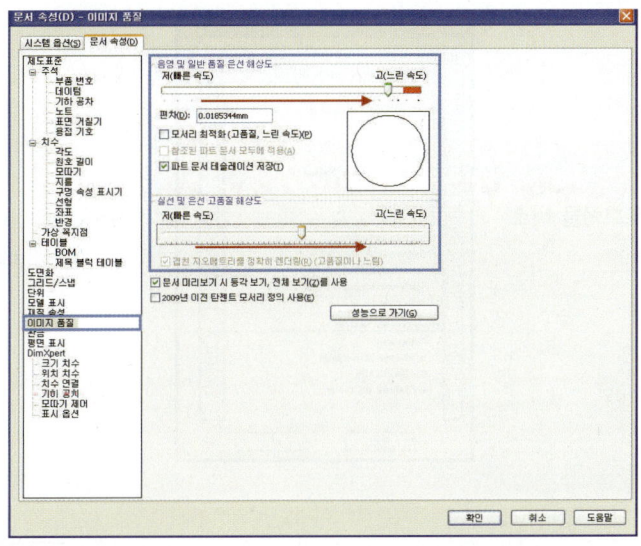

확인 버튼을 클릭한다. 지금까지 시스템 옵션 및 문서 옵션을 설정하였다. 여기까지 설
정한 옵션사항들을 계속 사용하기 위해서는 Part Templates File(*.prtdot)으로 저장을 해야 한
다. 저장하지 않는다면 새 파트 창을 열면 설정한 옵션들이 모두 초기화되기 때문이다.

3. 애드인[Add-insert]

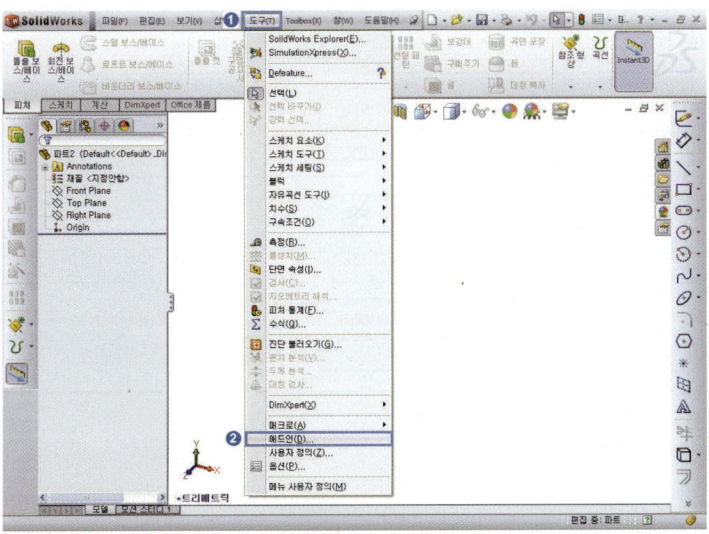

SolidWorks와 함께 사용할 수 있는 기타 프로그램을 연결시켜주는 작업이다. 초기에 옵션을 설정하면 SolidWorks를 실행할 때마다 특별한 설정없이 기타 프로그램을 사용할 수 있고 필요시 프로그램을 연결하여 사용할 수 있다.

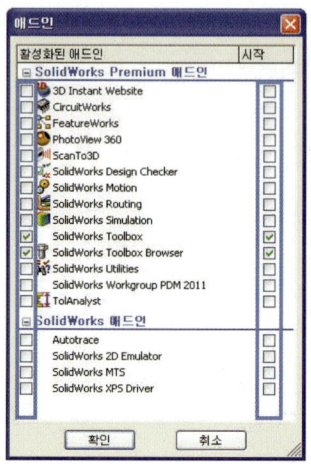

왼쪽 ☑ : 활성화된 프로그램을 바로 실행한다.

오른쪽 ☑ : 솔리드 웍스를 시작할 때마다 함께 실행된다

> ⓘ 일반적으로 가장 많이 사용하는 Photoworks, Toolbox, Toolbox Browser 프로그램은 양쪽 모두 선택하여 항상 사용할 수 있도록 설정한다.

4. 템플릿(Templates) 저장하기

문서[파트, 어셈블리, 도면] 속성의 선택사항을 매번 변경할 필요 없이 선택한 작업 환경을 저장하였다가 저장된 작업환경을 불러올 수 있다.

작업창	아이콘 모양	템플릿 파일 확장자
파트(Part)	파트	*. prtdot
어셈블리 (Assembly)	어셈블리	*. asmdot
도면 (Drawing)	도면	*. drwdot

① 메뉴 바에서 [도구 ➜ 옵션 ➜ 문서속성] 에서 필요한 작업환경을 설정한다.

② [파일 ➜ 다른 이름으로 저장]을 클릭한다.

③ 파일 형식을 Part Templates(*.prtdot) 으로 선택하고 파일 이름을 입력하고 저장한다.

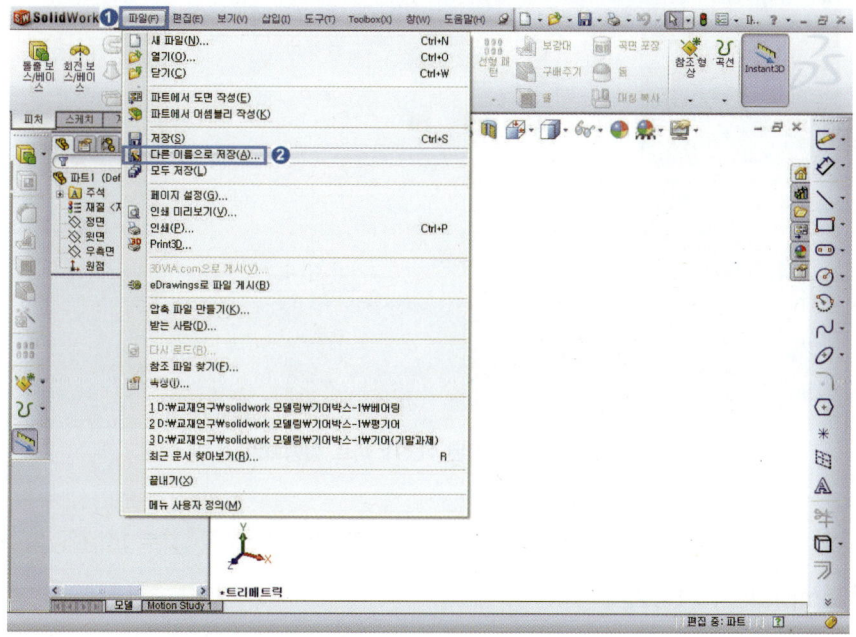

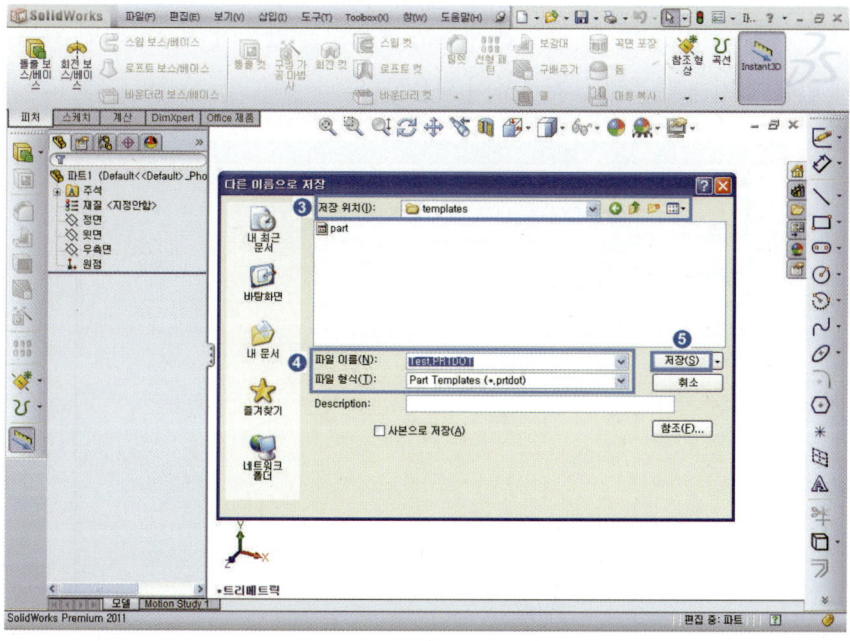

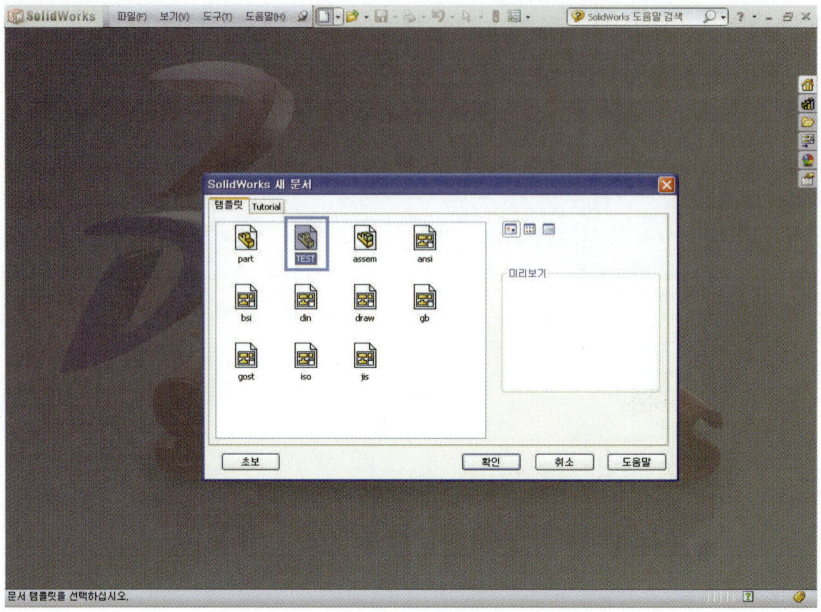

[그림 1-17] 저장된 TEST 파트 실행화면

5. 템플릿(Templates) 저장위치

템플릿이 저장되는 폴더는 [도구 ➡ 옵션 ➡ 시스템 옵션 ➡ 기본템플릿] 에 파트, 어셈블리, 도면의 기본 저장 폴더 위치를 알 수 있으면 새로운 템플릿을 만들어 저장하려면 기본 템플릿 위치에 새롭게 만들어 지는 템플릿을 저장하여 사용한다.

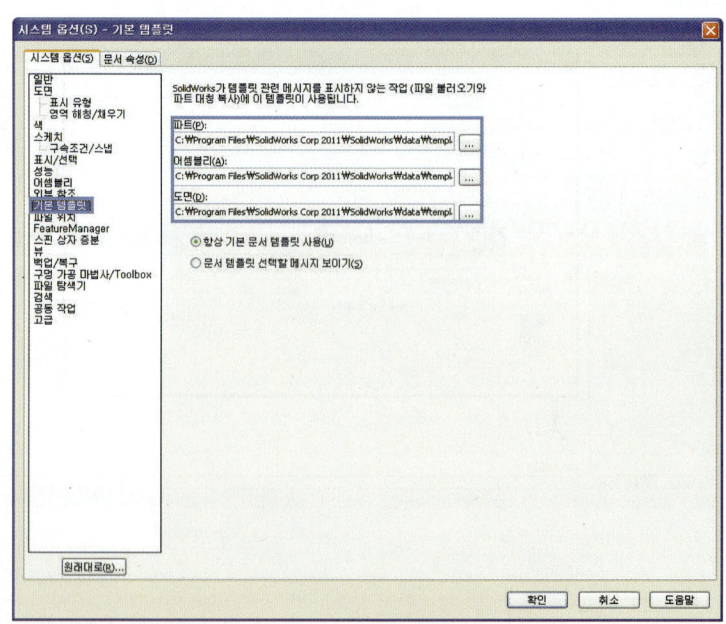

6. 새로운 폴더에 템플릿(Templates) 파일 저장하기

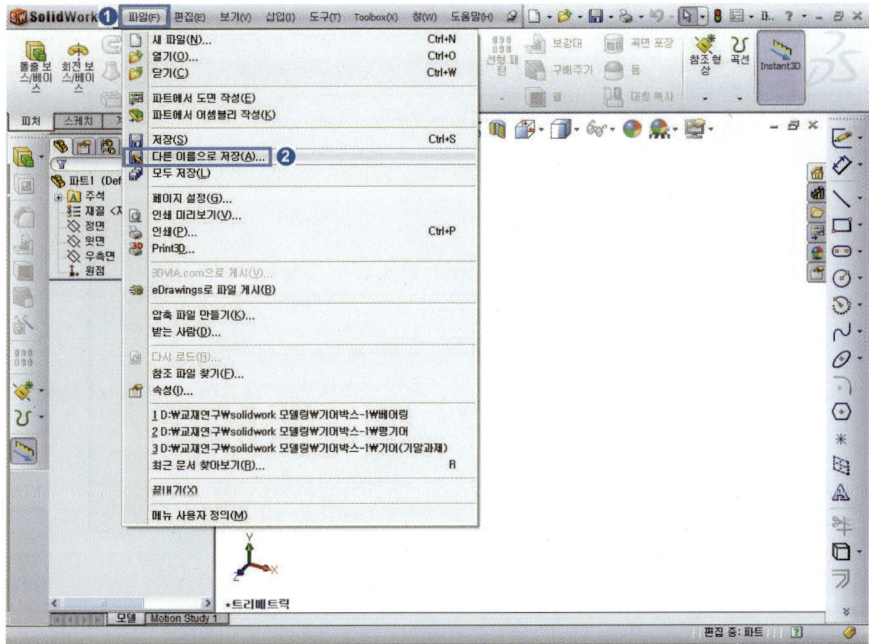

④ 새폴더 클릭하여 ⑤ Sample 폴더를 만든다.

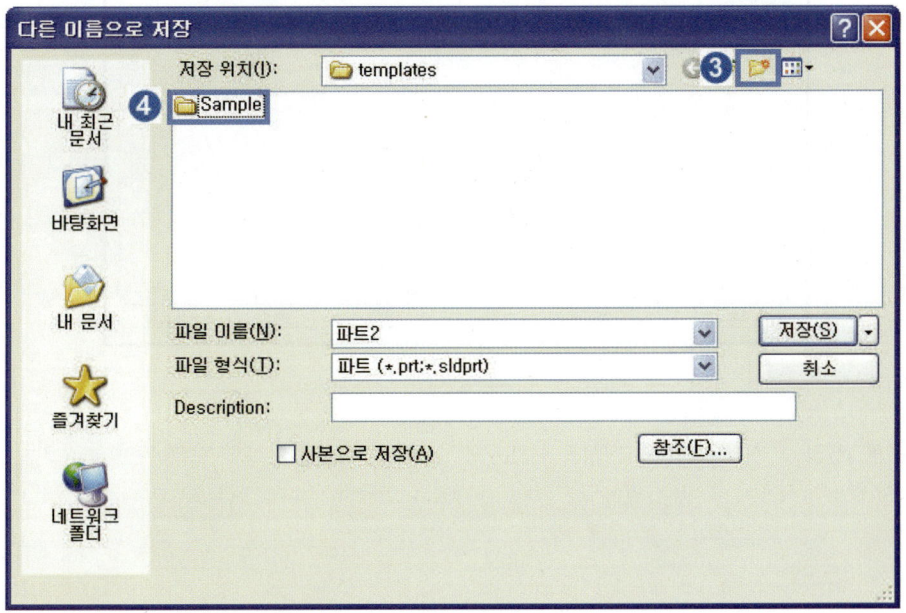

⑥ 저장위치를 Sample 폴더 선택 ➡ ⑦ 파일형식 Part Templates (*. prtdot) 선택 ➡ ⑧ 파일명
입력(Sample. prtdot)

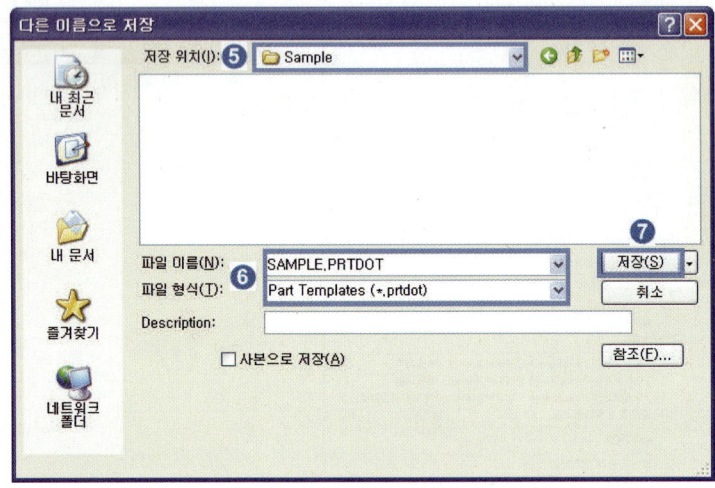

⑨ [파일 ➡ 새문서]를 클릭하면 Sample 폴더 안에 Sample 템플릿 파일이 있는 것을 볼 수 있다.

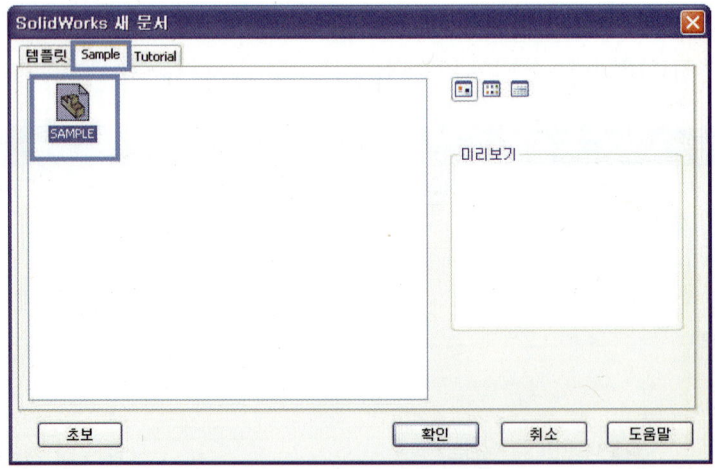

※ 템플릿 환경설정 후 저장은 파트만 한정되어 있는 것이 아니라 어셈블리, 도면 모두 위와 같은 방법으로 템플
릿파일을 만들어 사용할 수 있다. 확장자는 파트(*.prtdot), 어셈블리(*.asmdot), 도면(*.drwdot)가 지원된다.

제2장

SolidWorks 2011 Sketch 따라잡기

✓ SolidWorks 모델링 순서
✓ SolidWorks 스케치(Sketch) 따라하기
✓ SolidWorks의 스케치 편집 도구

1 SolidWorks 모델링 순서(꼭 기억하세요!)

① 스케치(Sketch) 작업평면[정면, 윗면, 측면] ➡ 반드시 하나의 작업 평면만 선택.

② 스케치 도구[✏️▾] 선택 ➡ 스케치 명령을 사용할 수 있는 준비단계.

③ 스케치 그리기 ➡ 작업 평면상에 2D 스케치 명령을 사용하여 도면 작업.

④ 도면 치수 변경[◈▾] ➡ 도면 치수 편집 단계.

⑤ 스케치 검토하기 ➡ 2D 도면이 원하는 작업평면과 치수에 맞게 되었는지 검증단계.

⑥ 3D 피처(Feature) 생성[🔳▾] ➡ 3D 모델링 생성

■ 스케치와 피처의 구분

● 스케치(Sketch): 2D 평면상에 그려지는 모든 명령어(AUTOCAD 2D 명령어와 같음)

● 피처(Feature) : 2D 스케치를 기초로하여 생성되는 3D 모델

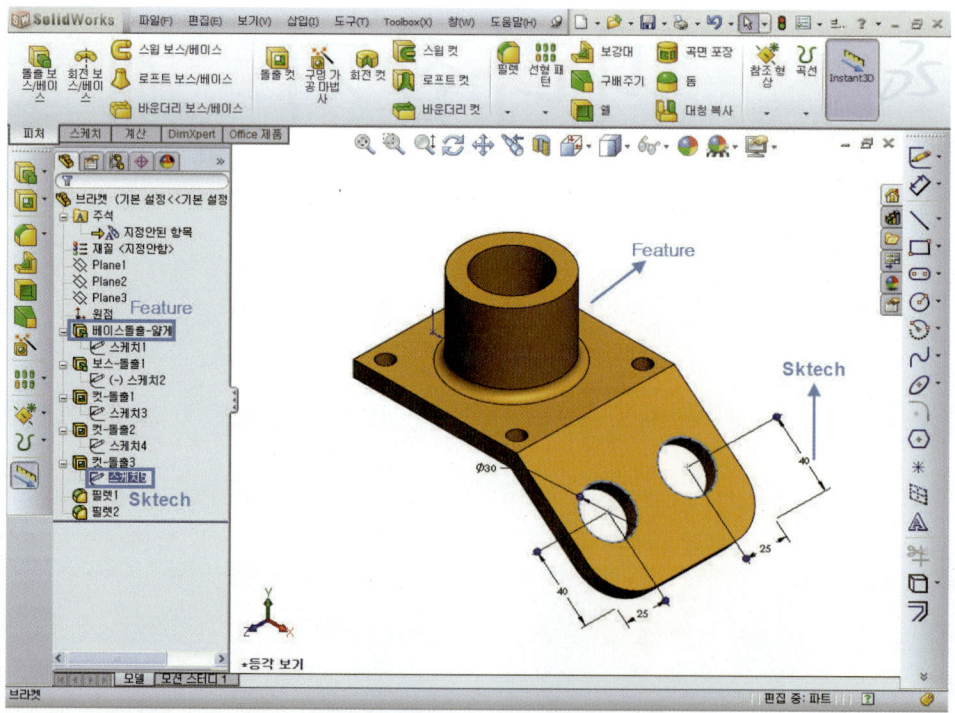

[그림 2-1] 스케치(Sketch) 와 피처(feature)의 구분

1-1 2D Sketch[✏️ ▾]

2차원 평면상에 작업하는 스케치로 대부분의 스케치 명령어가 이에 해당되며 AUTOCAD 평면 작업에 해당되는 거의 모든 명령어가 동일하게 중복되는 경우가 많기 때문에 CAD 작업에 익숙한 사용자들은 쉽게 배우기 쉬운 작업이 바로 스케치 작업이다. 스케치를 생성하기 위해서는 반드시 원하는 작업평면이 있어야 한다. 작업평면으로는 투상법의 3각법을 기초로 정면도(정면), 평면도(윗면), 측면도(우측면) 이 기준이 되는 면과, 기존 피처의 면, 또는 사용자가 임의로 생성하는 평면 등을 이용한다.

[그림 2-2] 스케치(Sketch) 도구 모음

1-2 스케치(Sketch) 시작하기 [✏️ ▾]

방법1 새문서(N)[🗔 ▾] ➡ 파트[🗐 part] ➡ [확인] 클릭 ➡ 작업평면[정면] 선택 ➡ 도구모음에서 스케치 도구[✏️ ▾] ➡ 정면 상단 구석에 [✏️ₓ] 스케치 상태 ➡ 스케치 하고자 하는 도면요소(선, 원, 사각형)를 스케치 한다.

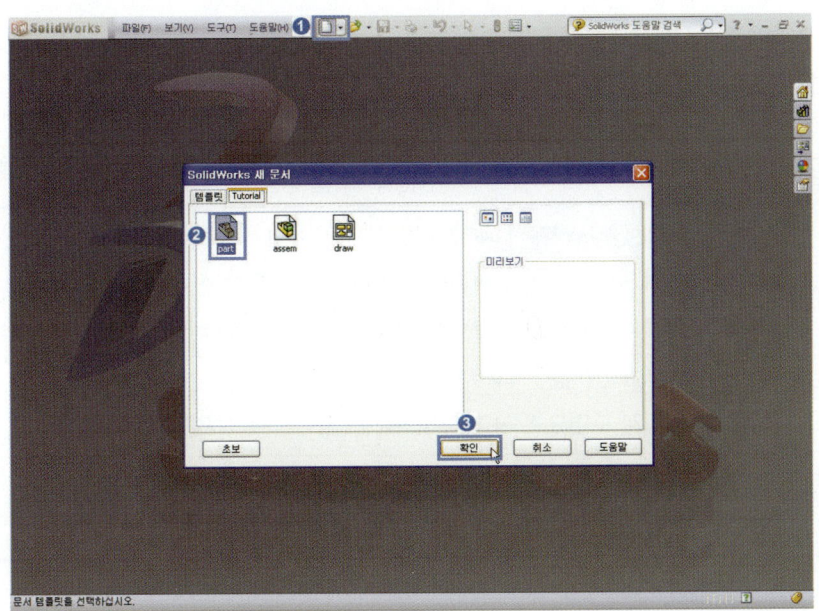

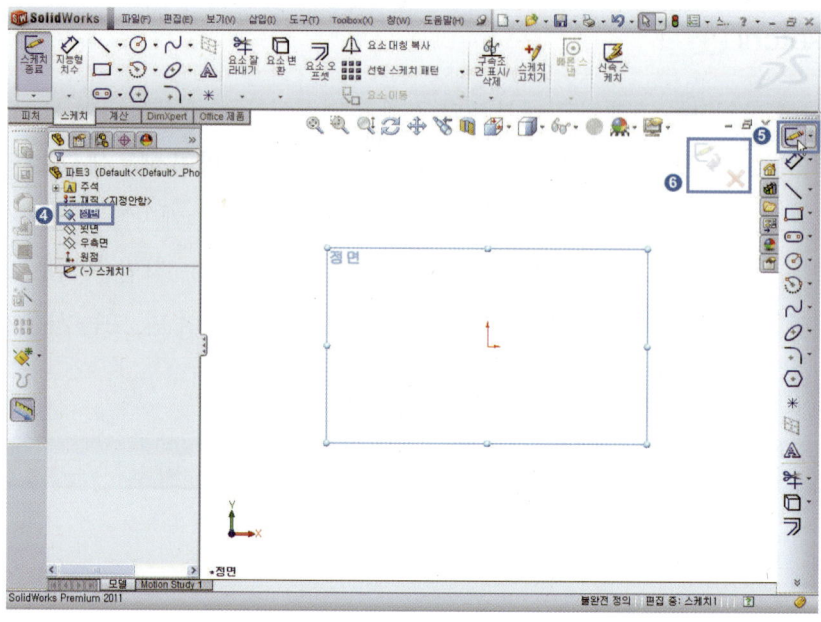

1-3 3D 스케치(Sketch)[🖉]

3D 스케치는 라인, 원호, 자유곡선(spline), 포인트(점)으로 구성되며 스윕(Sweep) 경로, 로프트
나 스윕의 안내 곡선, 로프트 중심선, 또는 배관 시스템의 주요 요소 중 하나로 사용할 수 있다.

1-4 스케치 요소의 선택과 삭제

스케치 편집	단축 키 및 명령
스케치 요소 선택(Select)	**[방법1]** 선택(Select)[ ] → 도면요소 선택–개별 선택기능
	[방법2] 선택(Select)[ ] → 마우스 윈도우 기능으로 선택–다중 선택 기능
	[방법3] 선택(Select)[ ] → Ctrl 키나, Shift 키를 누른상태에서 선택–다중 선택 기능
스케치 요소 삭제(Delete)	**[방법1]** 선택된 도면요소 → 키보드 Delete 누름
	[방법2] 선택된 도면요소 → 메뉴바 → 편집(Edit) → 삭제[✕] 누름
삭제 복원 (Undo)	**[방법1]** 삭제된 도면요소 → 메뉴바 → 실행취소(Undo) [ ] 누름
	[방법2] 삭제된 도면요소 → 단축키 [Ctrl+Z] 누름

1-5 마우스 커서 포인터 표시

스케치 작업중 현재 작업, 위치, 자동으로 추론되는 기하 구속조건 등에 따라 바뀌는 포인터 모양으로 좀더 정확한 위치를 선택하거나 스케치 작업을 하는데 도움을 준다.

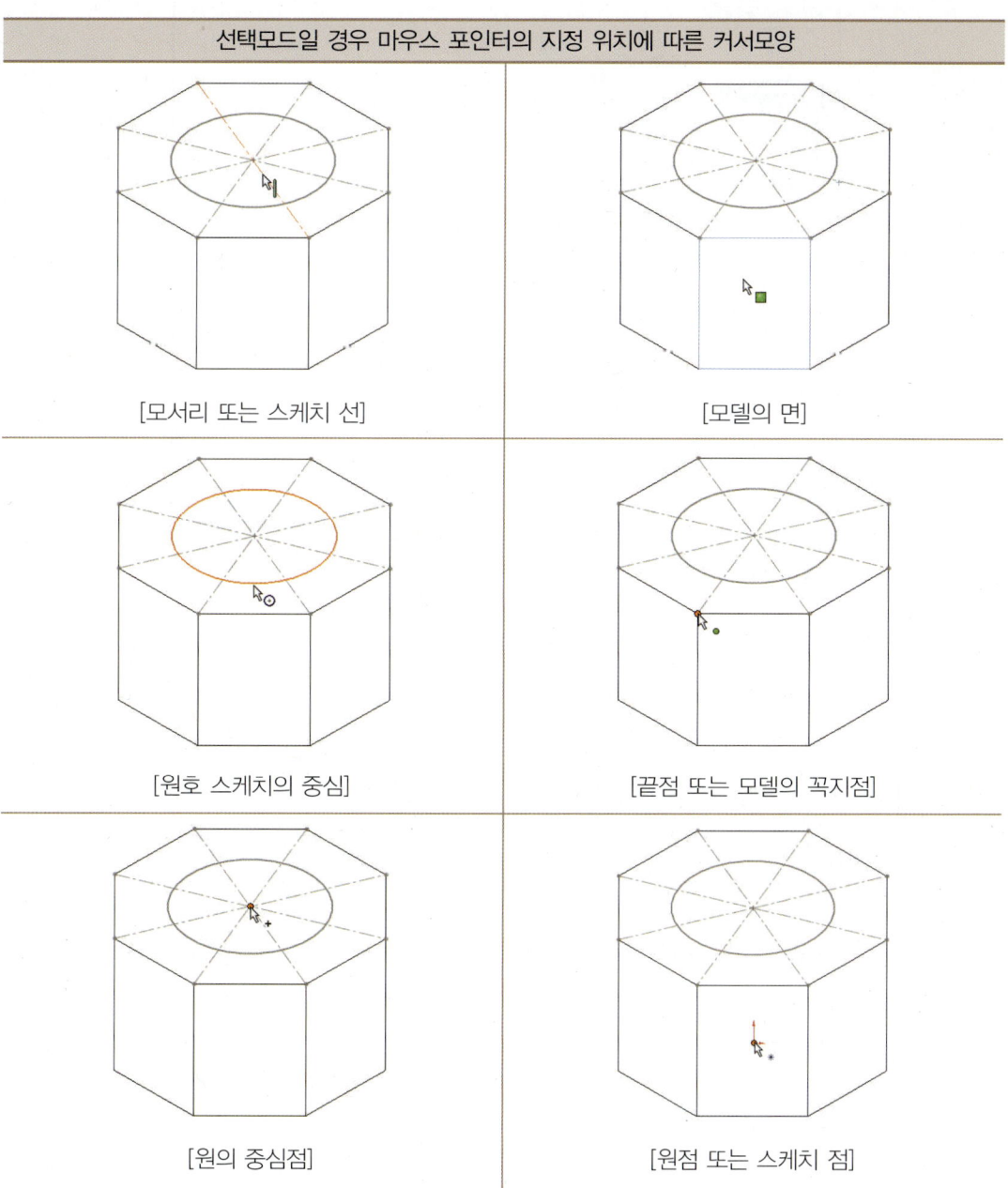

선택모드일 경우 마우스 포인터의 지정 위치에 따른 커서모양	
[모서리 또는 스케치 선]	[모델의 면]
[원호 스케치의 중심]	[끝점 또는 모델의 꼭지점]
[원의 중심점]	[원점 또는 스케치 점]

스케치 작업중 자동으로 생성되는 기하 구속조건 등을 스케치에 삽입하지 않게 하고자 할 경우

[방법1] 메뉴바 ➡ 도구(T) ➡ 시스템 옵션탭 ➡ 스케치-[구속조건/스냅] ➡ ☐ 구속자동 해제 한다.

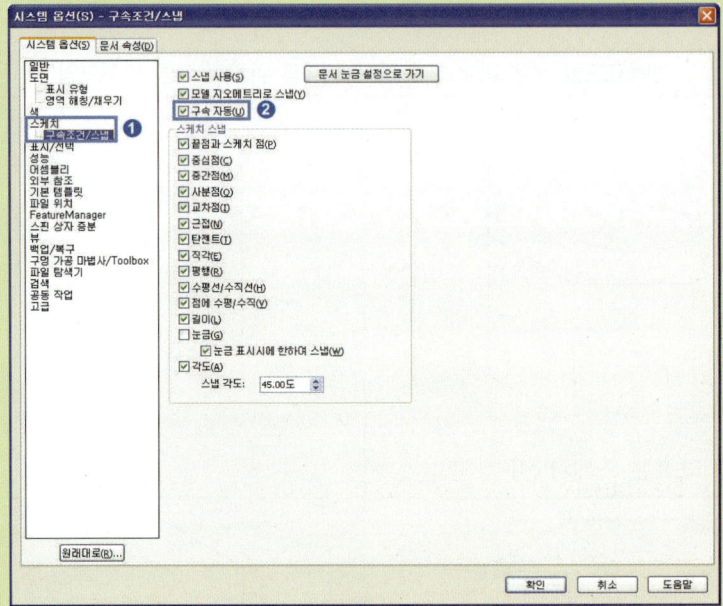

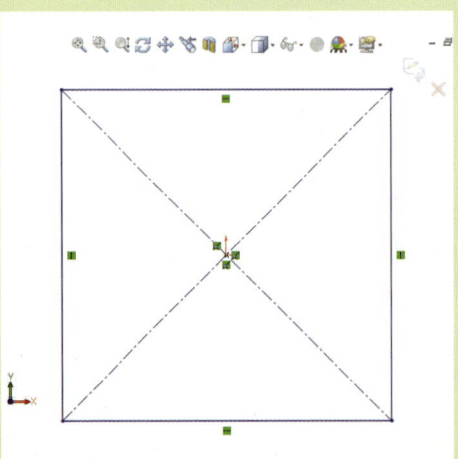

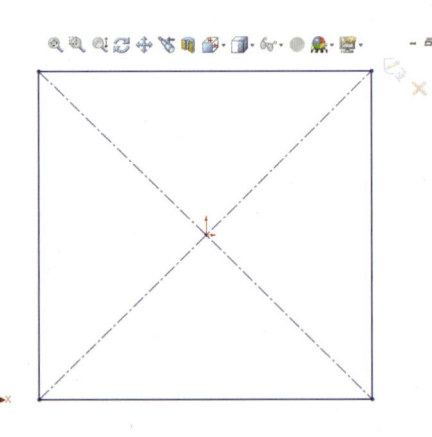

☑ 구속자동 체크상태=자동생성　　☐ 구속자동 해제=자동생성이 안됨

1-6 스케치 상태 표시

SolidWorks 색깔로서 스케치 요소 상태를 표현한다. 스케치는 다음 3가지 상태중의 하나로 표현되는데 3가지 상태는 기하형상 간의 구속조건과 치수에 의해 결정된다.

1. 불완전 정의(Under Defined)

불완전 정의는 기본적으로 파란색으로 표시되고 스케치의 치수나 관계가 정의되지 않았거나 변경 여지가 있음을 의미한다. 마우스로 끝점, 선, 또는 곡선을 잡고 드래그 하면 상하 좌우로 움직이게 된다. 이는 스케치상의 기하형상의 모든 치수 및 관계가 정의 된 것이 아니라는 의미이다.

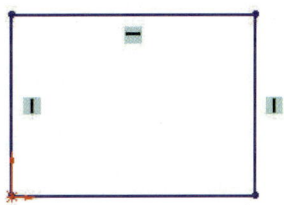

2. 완전정의(Fully Defined)

완전정의는 검은색으로 표시되고 스케치상의 기하형상 모든 치수 및 관계가 완전하게 정의된 상태를 나타내다.

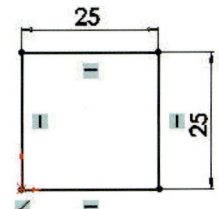

3.중복정의(Over Defined)

초과정의는 노란색이며 스케치가 이중치수 또는 구속조건이 중복되거나 서로 상이한 상태이다. Undo(취소)를 사용하거나 중복 또는 과구속된 요소를 찾아 property manager에서 구속을 삭제하면 된다.

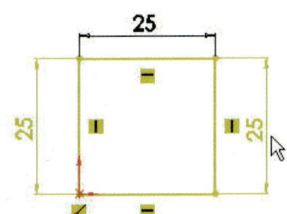

⊘ **생성할 작업평면 만들기**

생성할 작업평면 만들기 선택 순서는 바뀌어도 상관없다.

[방법1] 스케치(Sketch)[✏ ▾] 클릭 ➡ 생성할 작업 평면[정면, 윗면, 우측면] 선택

[방법2] 생성할 작업 평면[정면, 윗면, 우측면] 선택 ➡ 스케치(Sketch) 아이콘[✏ ▾] 클릭

2 SolidWorks 스케치(Sketch) 따라하기

피처(Feature)의 단면을 그리는 스케치 요소와 스케치 도구에 대하여 알아본다. 스케치 요소에는 선, 원, 호, 직사각형, 타원 및 다각형 있으며 그려진 스케치 도구를 이용하여 복사, 회전, 이동, 선을 자르거나 잘린 선을 이어 줄 수 있다. 사용자가 원하는 피처에 맞게 스케치 기능를 사용하여 작성하고 편집할 수 있다. 여기서는 스케치를 그리는데 사용되는 스케치 요소들의 사용법에 대해 알아보고 직접 연습하여 스케치 요소의 정확한 사용법을 알아보자 항상 SolidWorks 모델링 순서는 기본적으로 작업평면[정면, 윗면, 우측면]을 설정이 되어야 스케치(Sketch)나 피처(Feature)의 생성이 가능하다.

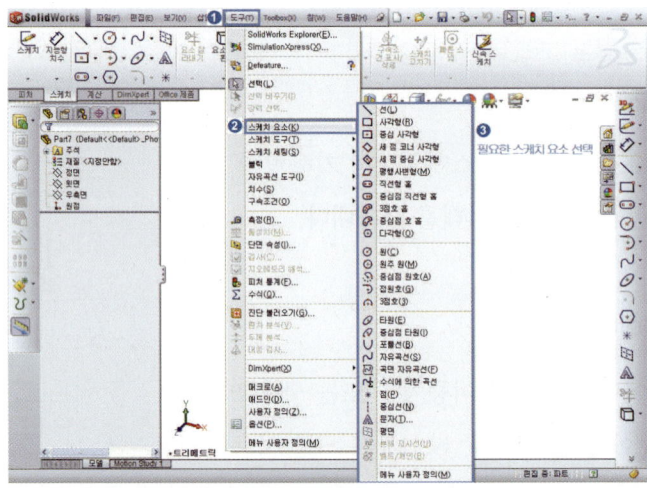

[그림 2-3] 스케치(Sketch) 요소

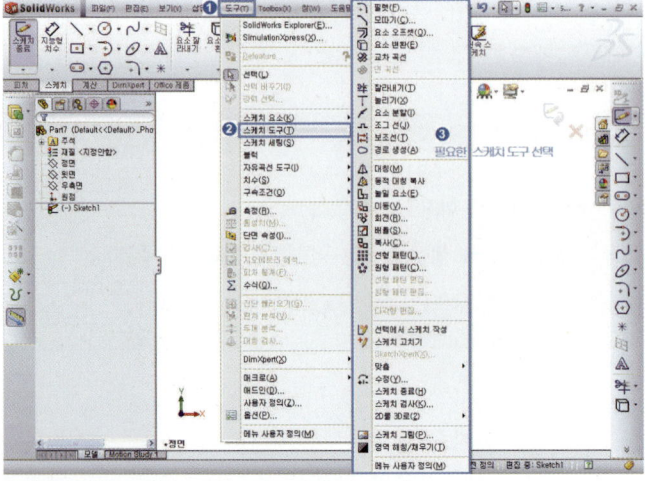

[그림 2-4] 스케치(Sketch) 도구

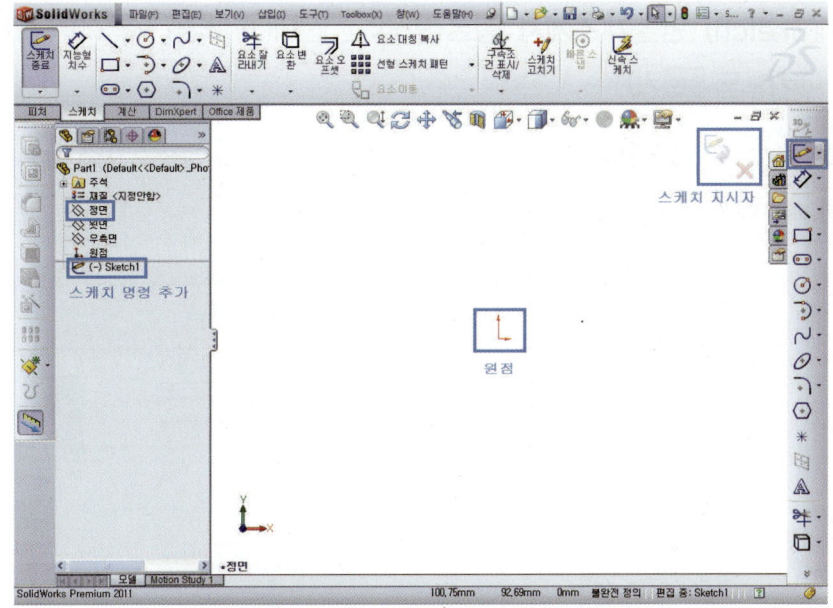

[그림 2-5] 정면을 기초로 한 스케치 모드상태 화면

스케치 모드에서는 그래픽 영역에 원점[　]과 스케치 지시자(Indicator)[　]가 오른쪽 상단에 표시됨.

[스케치 지시자]	스케치 모드에 있음을 알려주는 역할을 하는 지시자(Indicator) 입니다. 스케치 종료[　] 버튼과 취소[✖]버튼으로 구성되어 있습니다.
[원점(Origin)]	원점(Origin)을 나타내는 표시자입니다. 일반적으로 긴축(Y축)과 짧은축(X축)으로 구성되어 있으며, 긴 축 은 수직 방향을 짧은 축은 수평 방향을 나타냅니다.

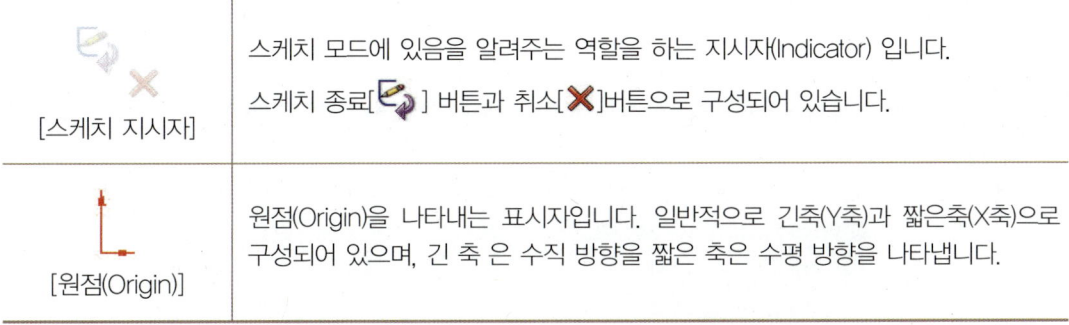

작업평면 선택

스케치는 선정된 2D 작업 평면상에서 진행되게 됩니다(3D 스케치는 예외). 따라서 사용자가 스케치를 하고자 하는 평면이라면 어디 작업 평면이든 스케치 작업이 가능합니다. 하지만 처음으로 피처를 모델링할 경우에는 기본적으로는 작업 평면을 정면, 윗면, 우측면에서 선택하여야 된다.

2-1 스케치(Sketch) 만들기(스케치 종료 방법: ①선택(J) 버튼[▷ | 선택 (J)] ②확인 [✓] ③키보드 Esc 키)

방법 1 [정면] ➔ 스케치[✐ ▾] ➔ 직사각형(Rectangle)[☐ ▾] ➔ 마우스 오른쪽 버튼 클릭 후 나타낸 메뉴에서 선택(J) 버튼을[▷ | 선택 (J)] 클릭한다.

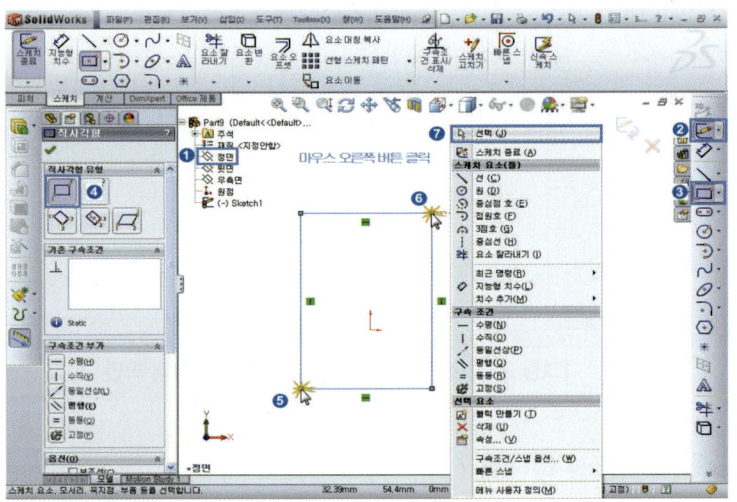

방법 2 [정면] ➔ 스케치[✐ ▾] ➔ 직사각형(Rectangle)[☐ ▾] ➔ Feature manager에서 확인[✓] 클릭한다.

방법 3 [정면] ➔ 스케치[✐ ▾] ➔ 직사각형(Rectangle)[☐ ▾] ➔ 키보드 Esc 키를 눌러 스케치를 종료한다.

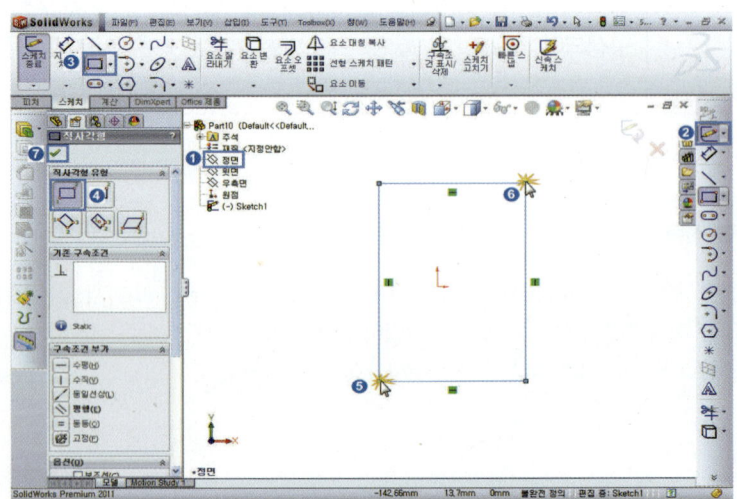

> **⚠ 스케치 모드와 스케치 종료상태 구분**
>
> SolidWorks를 처음 접하는 초보자의 경우 스케치 모드상태와 스케치 종료상태를 구별하기 어렵습니다. 따라서 원점[⌐]과 스케치 지시자(Indicator)[🖉]를 확인하여 스케치 모드상태, 종료상태를 구분하여야 합니다. 실수로 스케치 모드상태에서 빠져나온 경우 마우스 오른쪽 버튼을 클릭하여 바로가기 메뉴에서 스케치 편집을 실행하여 다시 스케치 상태로 전환할 수 있습니다.

2-2 치수(Dimension)[🖉] 기입/수정하기

방법 1 지능형 치수(Smart dimension)[🖉] 클릭 ➡ 치수 기입하고 도면요소[라인] 클릭 ➡ 원하는 위치에 마우스 드래그 앤 드롭(Drag and drop) 한다.

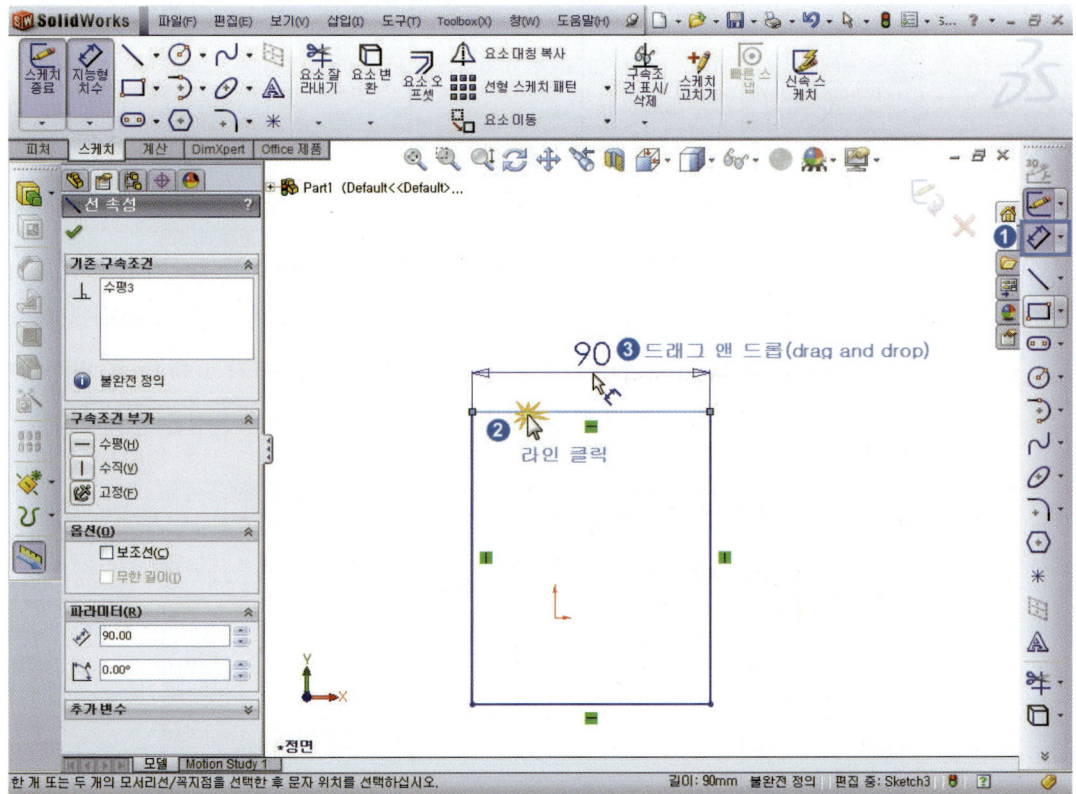

[그림 2-6] 치수기입 순서

2-3 치수(Dimension)[✎ ▾] 수정하기

방법 1 지능형 치수(Smart dimension)[✎ ▾]아이콘 클릭 ➡ 변경하고 싶은 치수문자[90]에 마우스 더블 클릭 ➡ 변경치수[100mm] 입력 ➡ 재생성 아이콘 클릭[🚦](치수가 100mm로 변경됨) ➡ 확인[✔] 클릭한다.

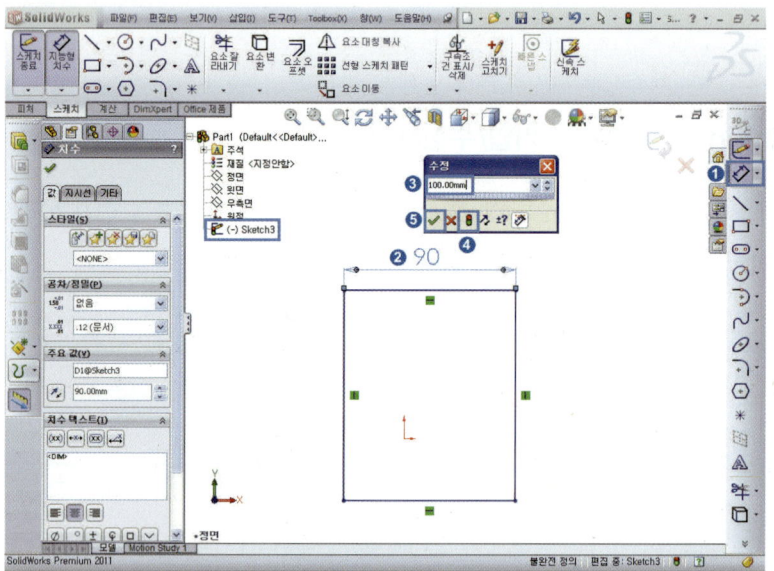

방법 2 지능형 치수(Smart dimension)[✎ ▾]아이콘 클릭 ➡ 변경하고 싶은 치수문자[90]에 마우스 더블 클릭 ➡ 변경 치수[100mm]입력하고, 키보드 **Enter** (치수가 100mm로 변경됨) ➡ 치수가 변경되면 재생성 버튼이 활성화 되며 클릭[🚦]하여 치수변경을 종료한다.

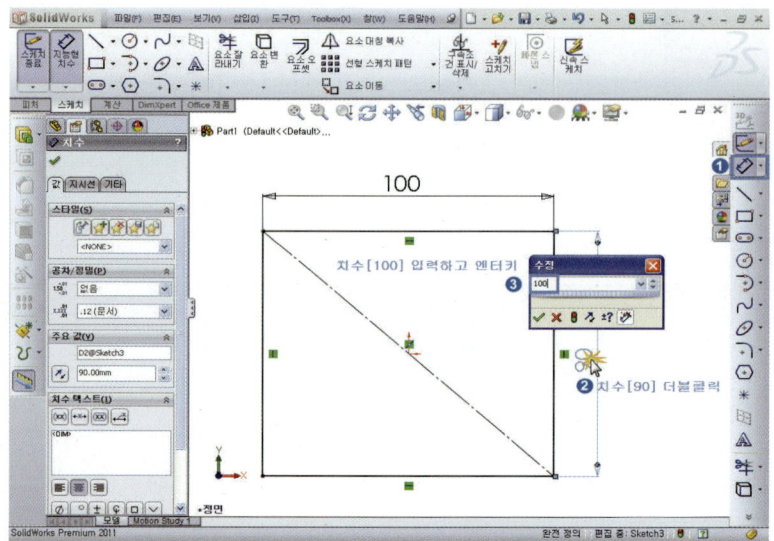

2-4 구속조건(Add relation)[◇ -]

스케치에 구속조건을 부여하는 도구로 부가 명령을 실행하고 대상을 선택하여 구속조건을 부여한다. 대상을 선택하고 부가 명령을 실행하면 두 대상에 관계되는 구속조건이 나타나며 이중에 선택하여 구속조건을 부여할 수 있다.

1. 구속 자동 설정

방법 1 도구(T) 클릭 ➡ 스케치 세팅(S) ➡ [🔧 구속 자동(U)] 선택 ➡ 스케치[✏ -] ➡ 작업평면 [정면] ➡ 직사각형 (Rectangle)[□ -] ➡ 지능형 치수(Smart dimension)[◇ -]변경 후 화면

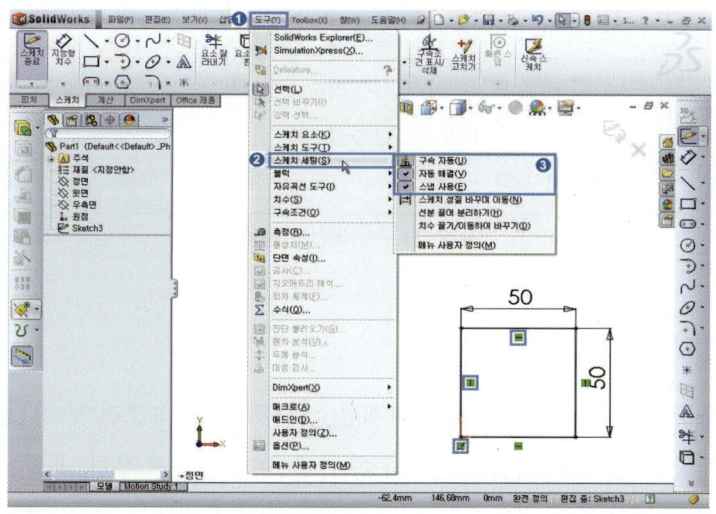

방법 2 옵션[🖼 -] 클릭 ➡ 스케치[✏ -] ➡ 정면 ➡ 직사각형(Rectangle)[□ -] ➡ 지능형 치수 [◇ -]변경 후 화면

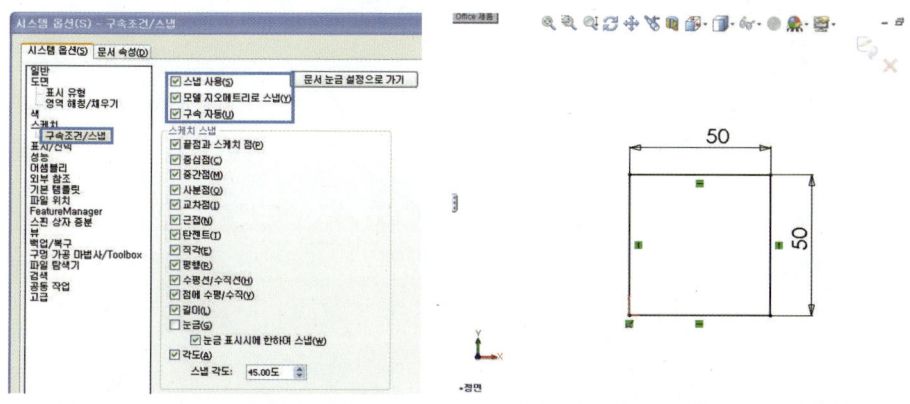

[그림 2-7] 시스템 옵션 설정화면   [그림 2-8] 옵션 설정후 스케치 화면

2. 구속 조건의 종류

두 개 이상의 요소들의 관계를 다음 [표 2-1] 나타내었다. 두 요소간의 관계는 사용자가 결정하는 것이 아니고 솔리드 웍스 프로그램 내에서 자동으로 계산하여 사용자 화면에 알려준다.

[수평]	두 개의 요소가 수평관계를 나타냄.
[수직]	두 개의 요소가 수직관계를 나타냄.
[평행]	두 개의 선이 평행함을 나타냄.
[직각]	두 개의 선이 직각임을 나타냄.
[동등]	선(원 등)의 크기가 같음을 나타냄.
[탄젠트]	하나의 요소와 다른 요소가 서로 접하게 연결되어 있음을 나타냄.
[동심]	원(호)과 원(호)의 중심이 같음을 나타냄.
[일치]	점(선의 끝점 등)과 점이 일치함을 나타냄.
[동일원]	원(호)의 크기 및 위치가 같음을 나타냄.
[동일선상]	선과 선이 같은 선상에 놓여 있음을 나타냄.

[표 2-1] 구속 조건의 종류

3. 구속조건[ ] 부가 방법

방법1 스케치 도구모음에 구속조건 표시/삭제 클릭 ➜ 구속조건 부가[ ] 클릭 ➜ 구속
조건 부여할 스케치 요소(선3, 선4) 다중 선택 ➜ 구속조건 부가 내용 표시됨(프로그램
이 계산하여 나타냄) ➜ 필요한 구속 조건[평행(E)] 클릭 ➜ 확인[ ]버튼 누른다.

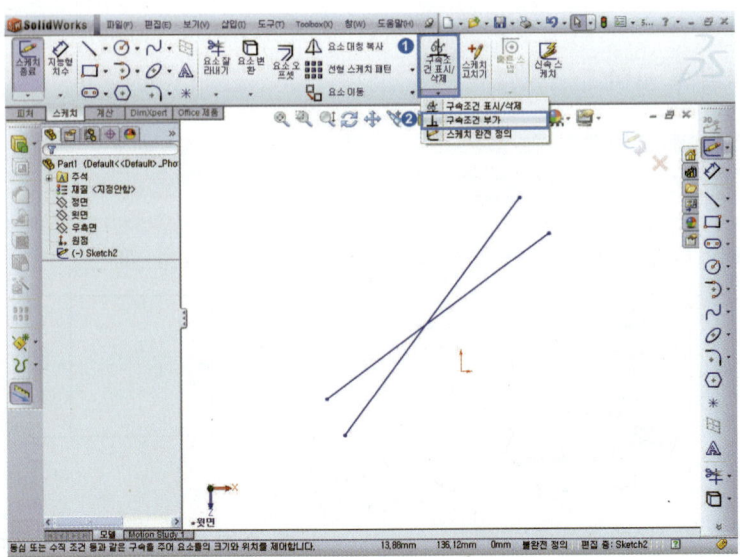

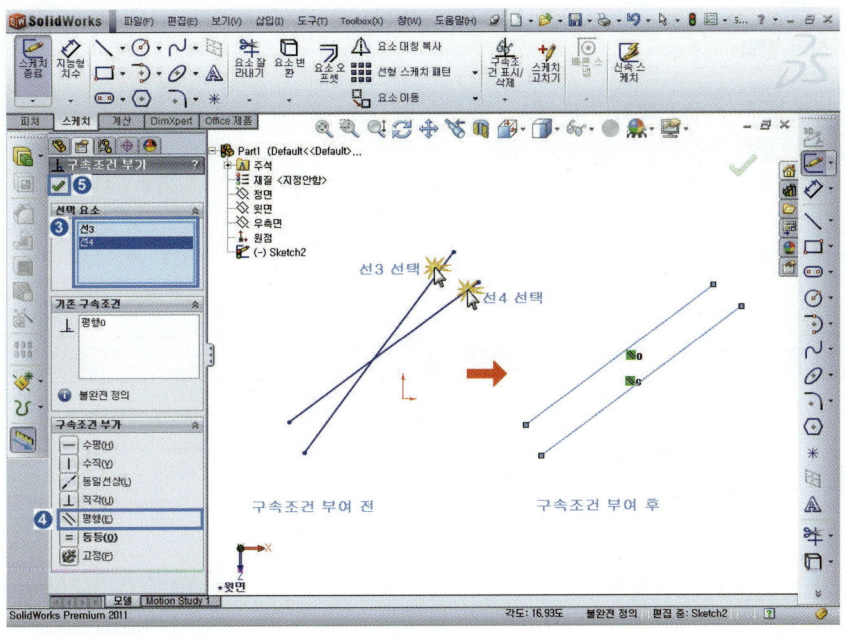

방법 2 구속조건 부여할 스케치 요소(원호 4, 5, 6) 다중 선택 ➡ 구속조건 부가 내용 표시됨(프로그램이 계산하여 나타냄) ➡ 구속조건 부가[= 동등(Q)] 클릭 ➡ 확인[✔] 버튼 누른다.

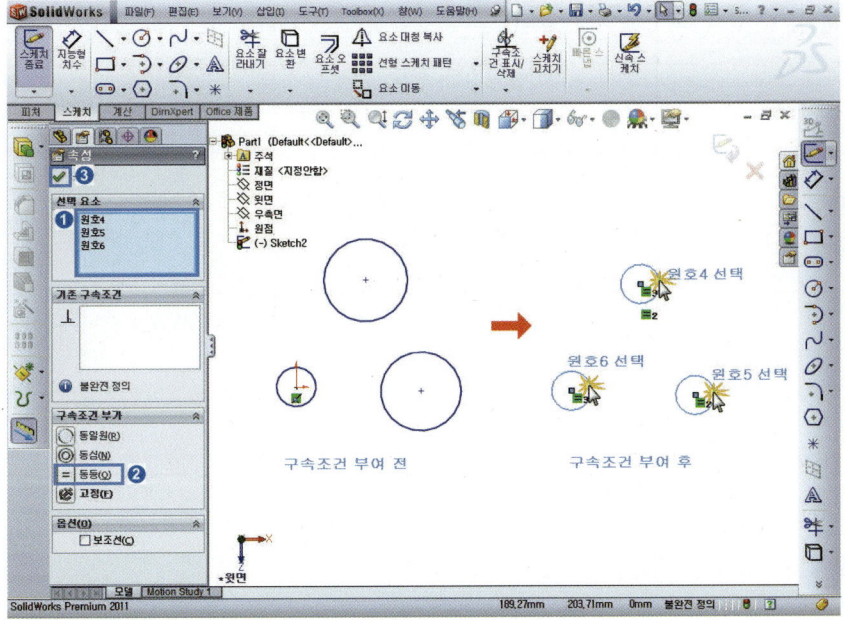

> ⓘ **다중 선택 방법**
>
> [방법1] 키보드 Ctrl +스케치, 피처 요소 선택
> [방법2] 키보드 Shift +스케치, 피처 요소 선택

4. 구속조건[⊥]의 적용 예

구 속 조 건	적용 전	적용 후
─ 수평(H)		
⟋ 동일선상(L)		
⊥ 직각(U)		
= 동등(Q)		
⊥ 직각(U)		
= 동등(Q)		

구 속 조 건	적용 전	적용 후
평행(E)		
동심(N)		
동일원(R)		
탄젠트(A)		
중간점(M)		
일치(D)		
병합(G)		

5. 구속조건 표시/삭제[⚓]

방법1 도구모음에서 구속조건 표시/삭제[⚓] ➡ 항목을 선택하여 구속조건[표시, 삭제, 기능 억제] 지정 ➡ 확인[✔]버튼 누른다.

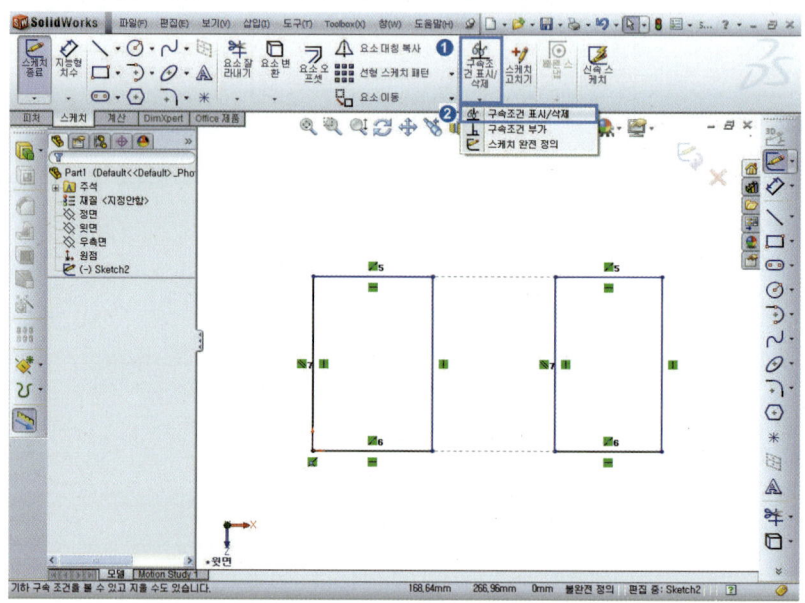

방법2 도구[T] ➡ 구속조건 ➡ 표시/삭제[⚓]를 클릭 ➡ 항목을 선택하여 구속조건[표시, 삭제, 기능 억제] 지정 ➡ 확인[✔]버튼 누른다.

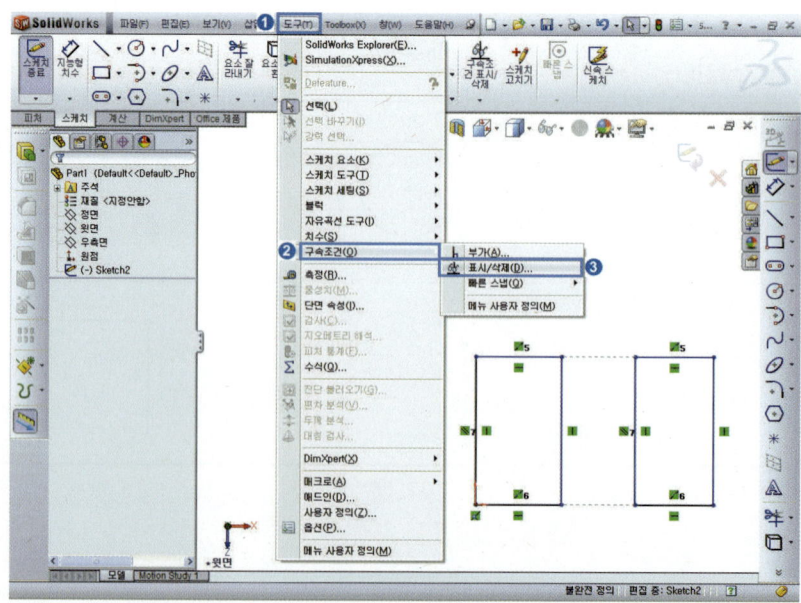

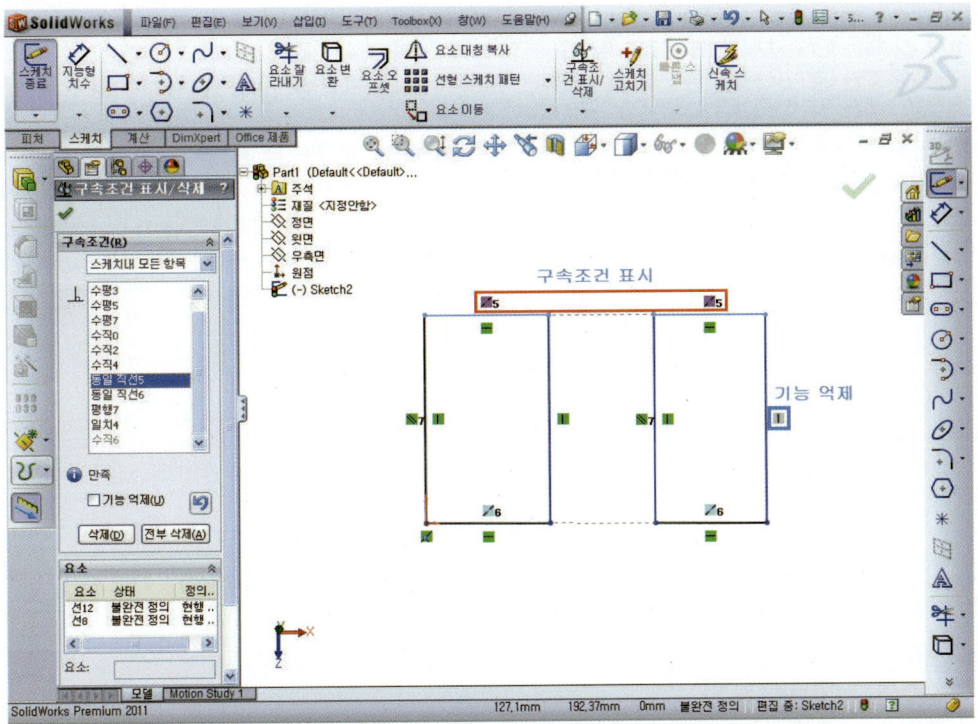

[그림 2-9] 방법1,2를 통하여 열린 구속조건 표시/삭제 화면 기능 선택

2-5 선(Line)[＼ ・]

방법 1 작업평면[정면, 윗면, 우측면] 선택 ➡ 스케치 도구[✎ ・]를 클릭 ➡ 선[＼ ・] 선택하면

마우스 커서 모양[✎ =현재 실행중인 명령 보여줌] ➡ 시작점과 끝점을 선택하면 선이

생성 ➡ 확인[✔]누르거나, 키보드 Esc 를 누르거나, 마우스 오른쪽 버튼 클릭 후

[▷ | 선택 (J)]을 눌러 스케치 종료한다.

71

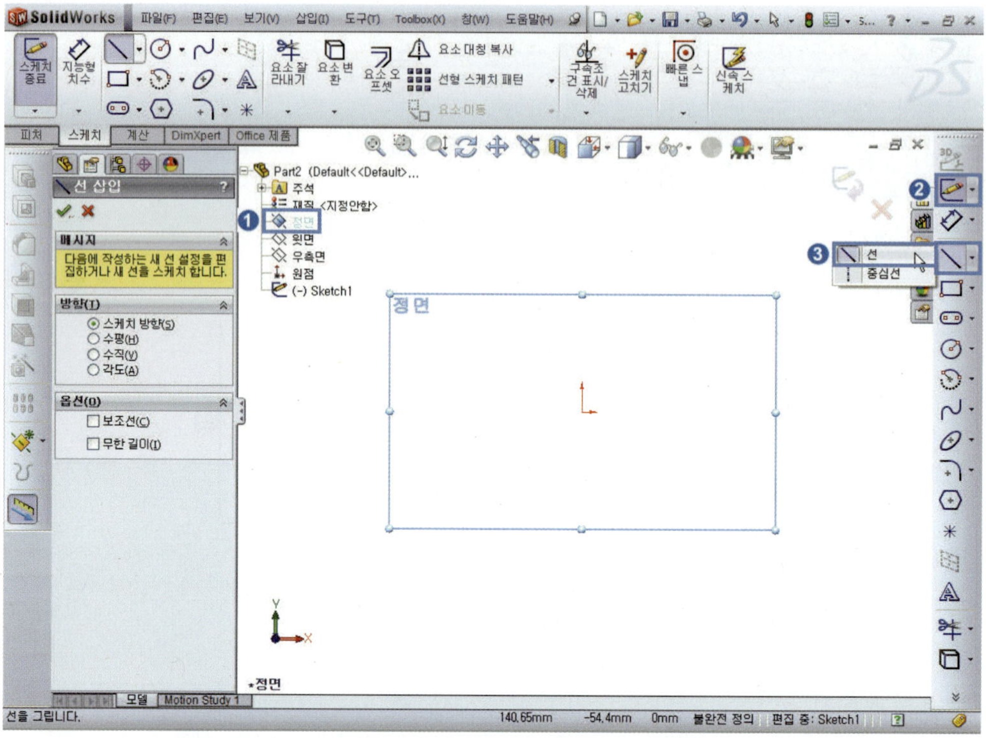

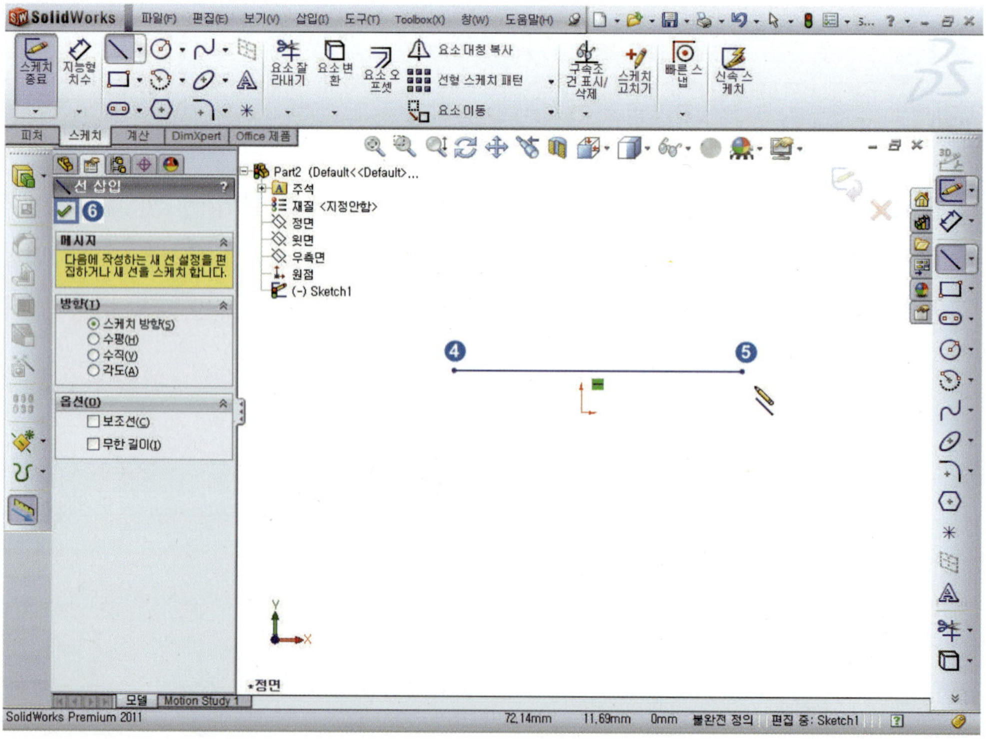

2-6 중심선(Centerline)[┆] 그리기

방법 1 작업평면[정면, 윗면, 우측면] 선택 ➡ 스케치 도구[✏ ▾]를 클릭 ➡ 중심선 아이콘[┆] 선택 ➡ 시작점과 끝점을 선택하면 중심선 생성 ➡ 확인[✔]누르거나, 스케치 종료[🔄] 버튼을 클릭한다.

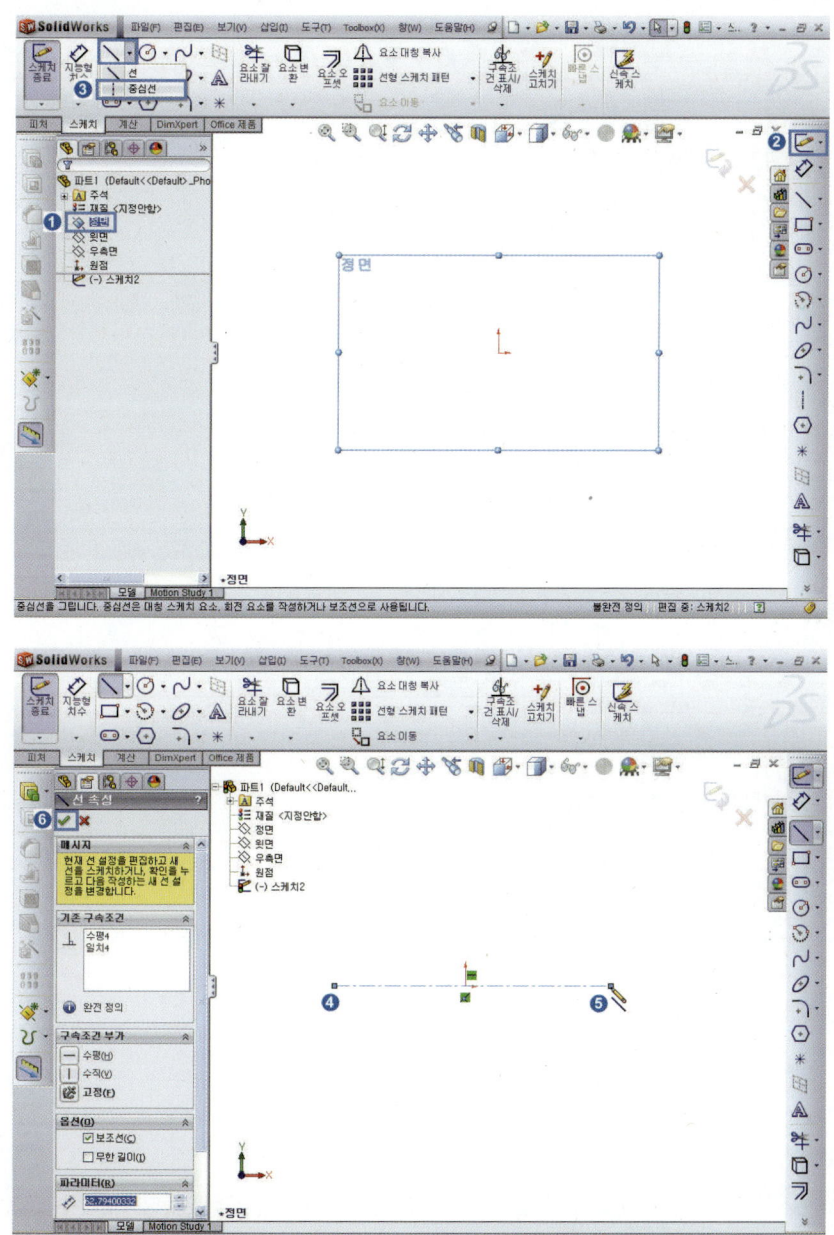

방법 2 작업평면[정면, 윗면, 우측면] 선택 ➡ 스케치 도구[✏]를 클릭 ➡ 선[\ ] 선택하여
시작점과 끝점을 선택하여 선을 생성한 후 ➡ 생성된 선을 선택 ➡ 옵션에 보조선(c) 선
택하면 중심선으로 생성 ➡ 확인[✔]누르거나, 스케치 종료[🔄]버튼을 클릭한다.

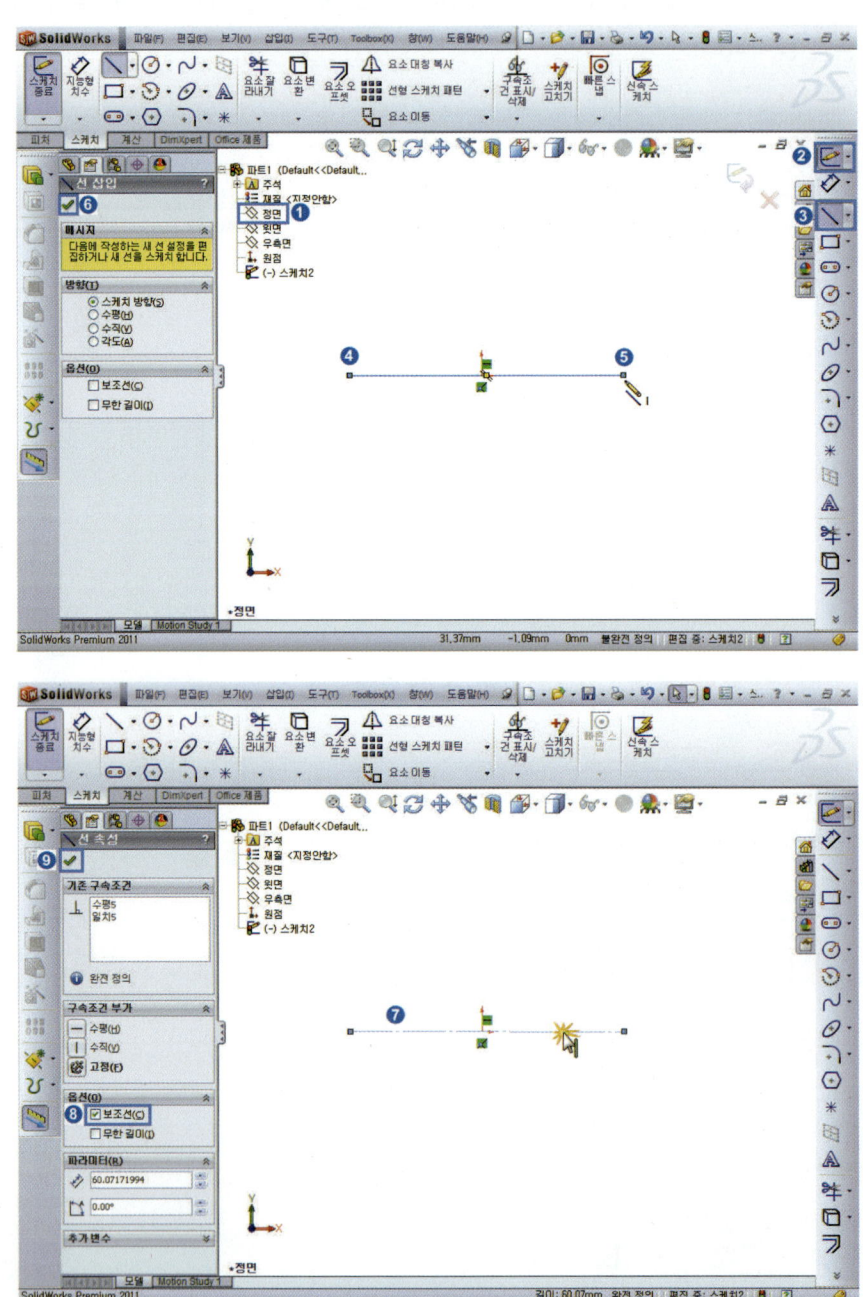

방법 3 작업평면[정면, 윗면, 우측면] 선택 ➡ 스케치 도구[✏️·]를 클릭 ➡ 선[＼·] 선택하여 시작점과 끝점을 선택하여 선을 생성한 후 ➡ 생성된 선을 선택 ➡ 옵션에 보조선(c) 선택하면 중심선으로 생성 ➡ 확인[✔️]누르거나, 스케치 종료[↩️]버튼을 클릭한다.

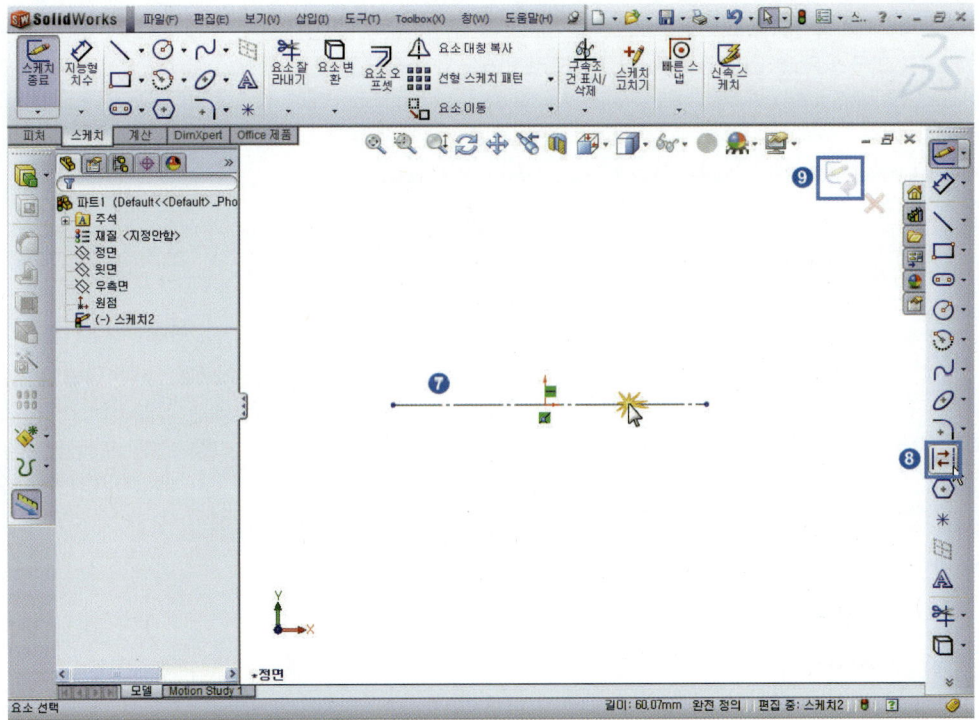

작업 History

작업 히스토리(History)로 표현되는 피처매니저 디자인트리(Feature Manager Design Tree)는 사용자가 작업한 모델링 순서대로 기억하게 되며, 보통 상위폴더 는 피처명령, 하위폴더에는 스케치 명령이 저장되게 된다. 3D 프로그램의 가장 강 점 중 하나로 바로 작업 히스토리 부분입니다. 생성된 히스토리를 마우스 Rollback bar[ ] 기능으로 언제든지 수정할 수 있습니다.

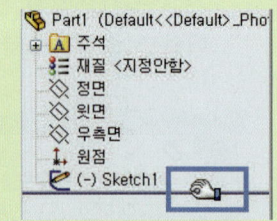

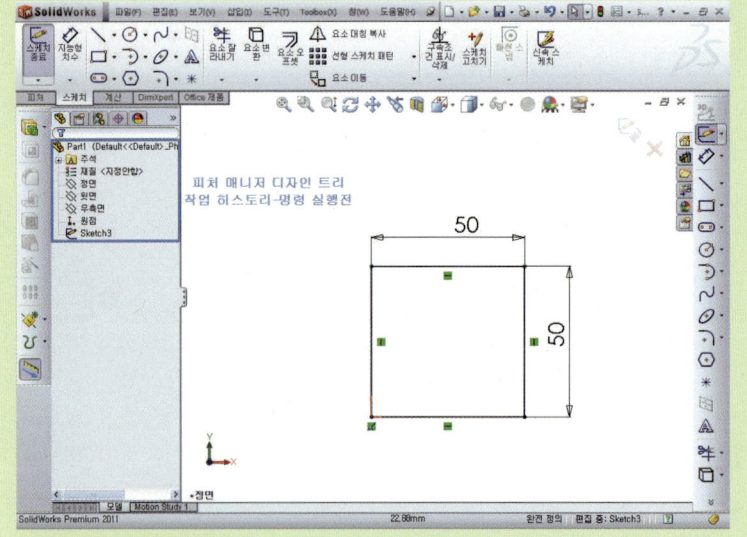

작업 History 위치

스케치, 피처 명령 실행 전 에는 작업 History가 프로 그램 왼쪽 프레임인 원래 피처 매니저 디자인 트리 에 위치.

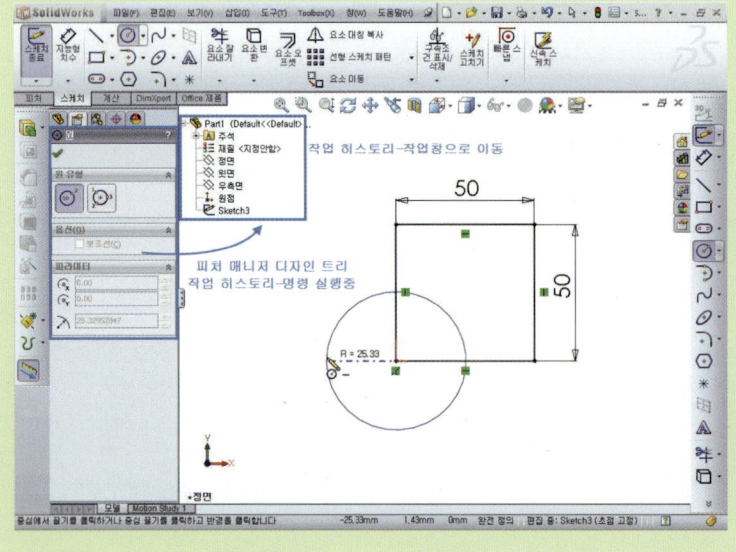

작업 History 위치

스케치, 피처 명령 실행 후 에는 작업 History가 프로 그램 오른쪽 그래픽 영역 (작업창)에 위치를 이동하 면서 스케치나 피처 명령어 가 수행중이더라도 복잡한 모델링 작업시에 그래픽 영 역에서도 스케치나 피처요 소를 선택이 쉽게 하기 위 해 작업 히스토리가 작업창 으로 이동을 한다.

2-7 사각형(Rectangle)[□ ·]

방법 1 작업평면[정면, 윗면, 우측면] 선택 ➡ 스케치 도구[✏·]를 클릭 ➡ 코너 사각형[□·] 선택하면 커서 모양 ✎ =현재 실행중인 명령 보여줌] ➡ □ 사각형의 첫번째 꼭지점과 마지막 꼭지점을 클릭하면 사각형이 생성 ➡ 확인[✔]누르거나, 키보드 [Esc]를 누르거나, 작업창 오른쪽 상단에 [✖] 클릭해서 사각형 스케치 작업을 마친다. 마우스 오른쪽 버튼 클릭 후 🔍 선택 (J) 눌러 스케치 종료한다.

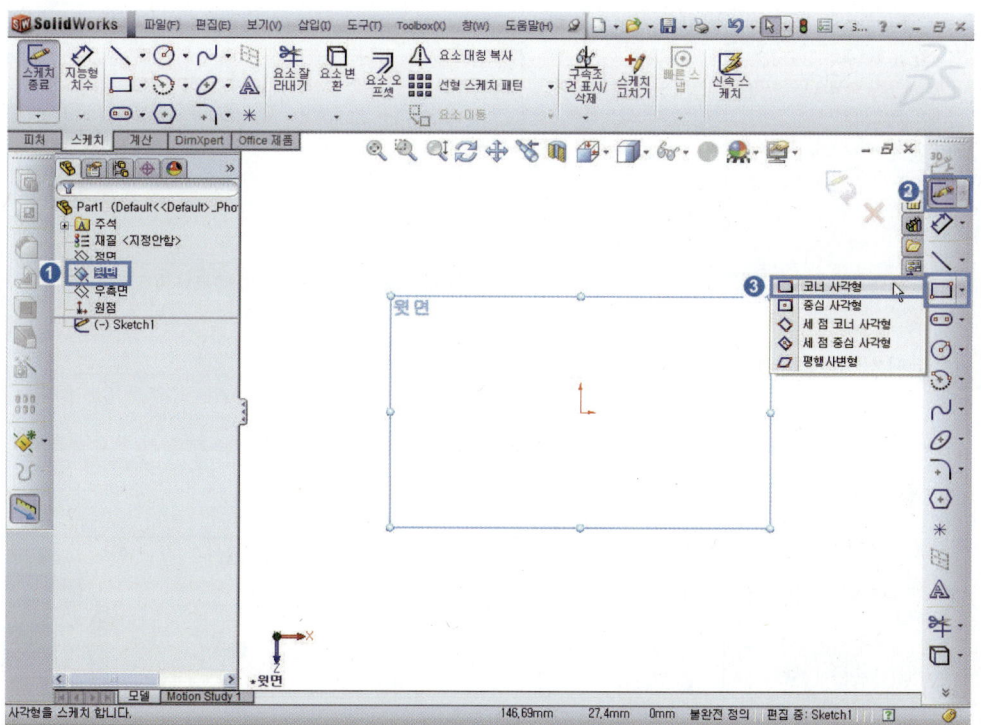

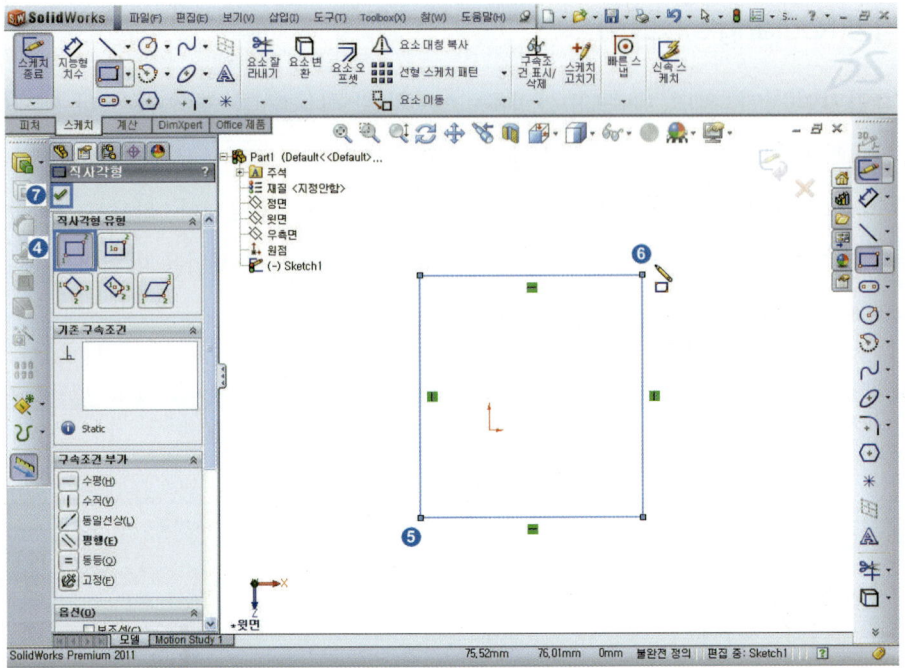

방법2 중심점 사각형[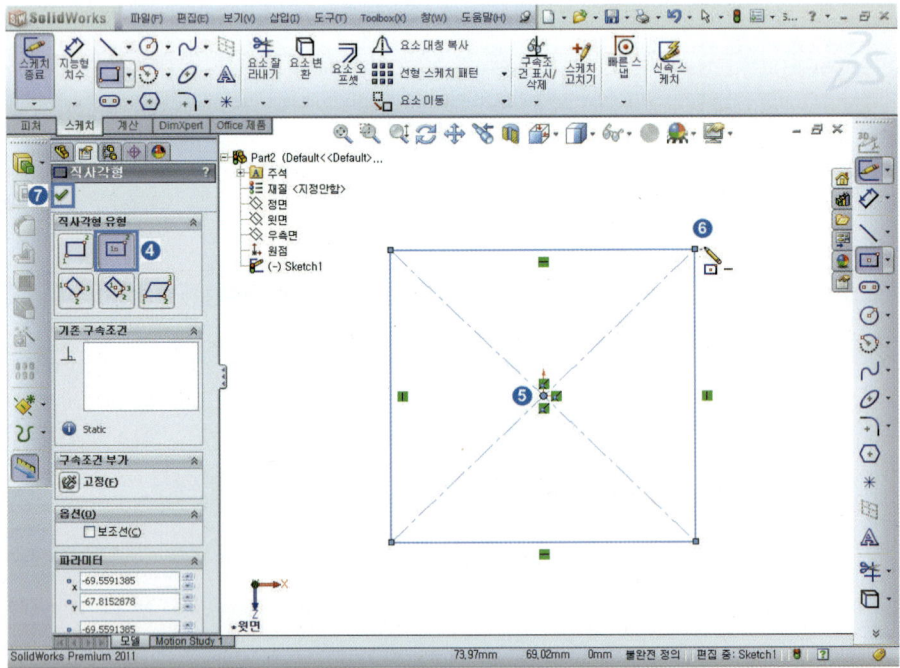] 그리기

방법 3 3점 코너 사각형(Solidworks 2008 이하 :평행 사변형)[ ] 그리기

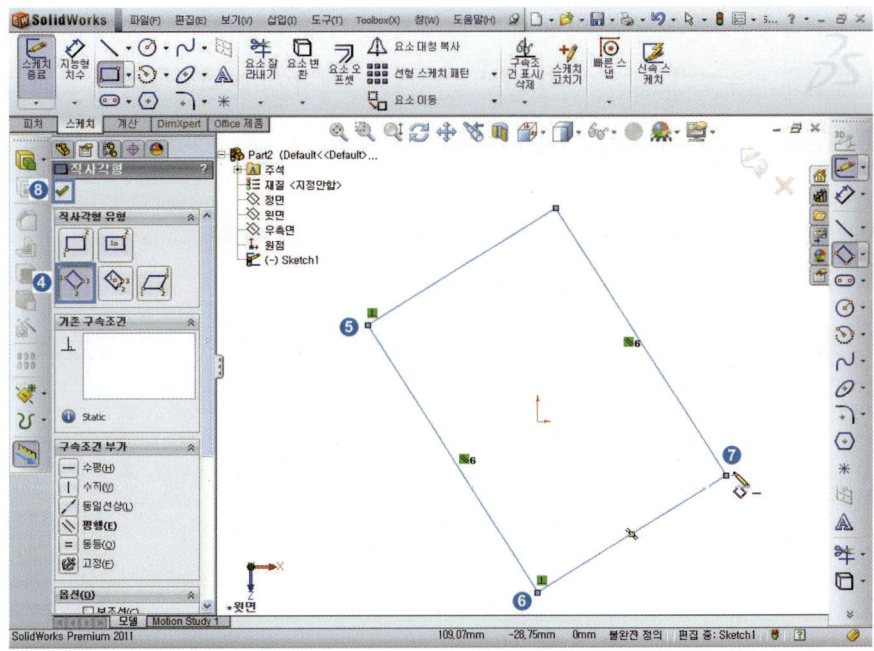

방법 4 3점 중심 사각형[ ] 그리기

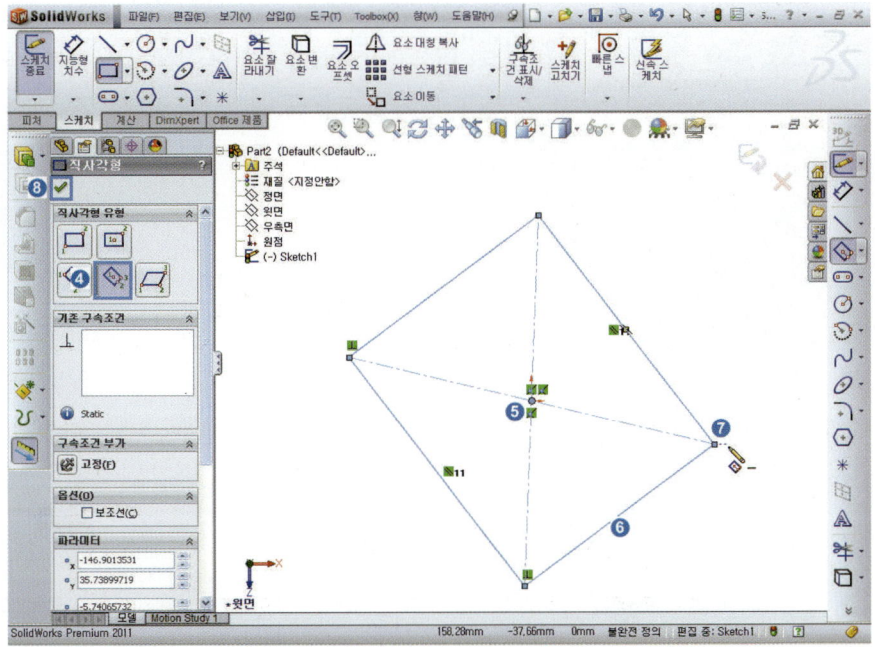

2-8 직선 홈[●●·]

방법1 작업평면[정면, 윗면, 우측면] 선택 ➡ 스케치 도구[✏·] 클릭 ➡ 직선홈 유형[●●] 선택
➡ 옵션에 치수부가(D) 선택 ➡ 번호 순서대로 2개의 점을 찍고 마우스 드래그 하면 직
선홈 생성 ➡ 확인[✔]누르 거나, 스케치 종료 버튼을[스케치 종료] 클릭한다.

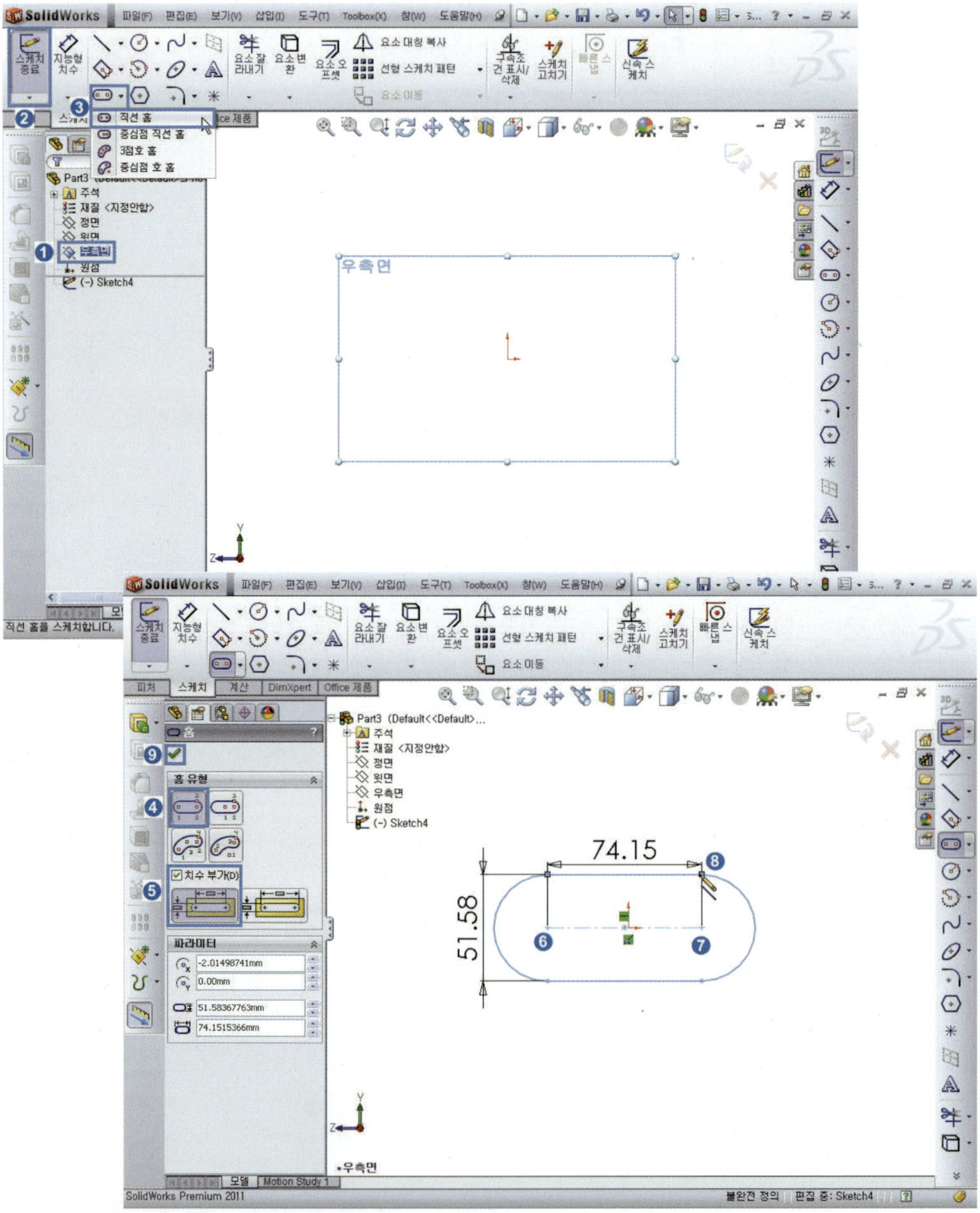

방법 2 중심점 직선 홈 [⊏⊐] 그리기

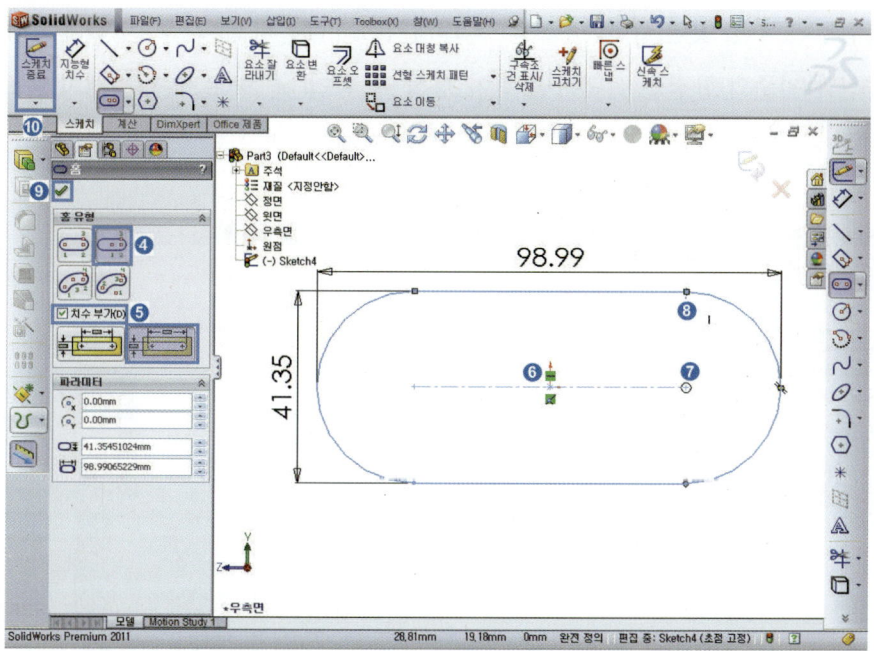

방법 3 3점 호 홈 [⊏⊐] 그리기

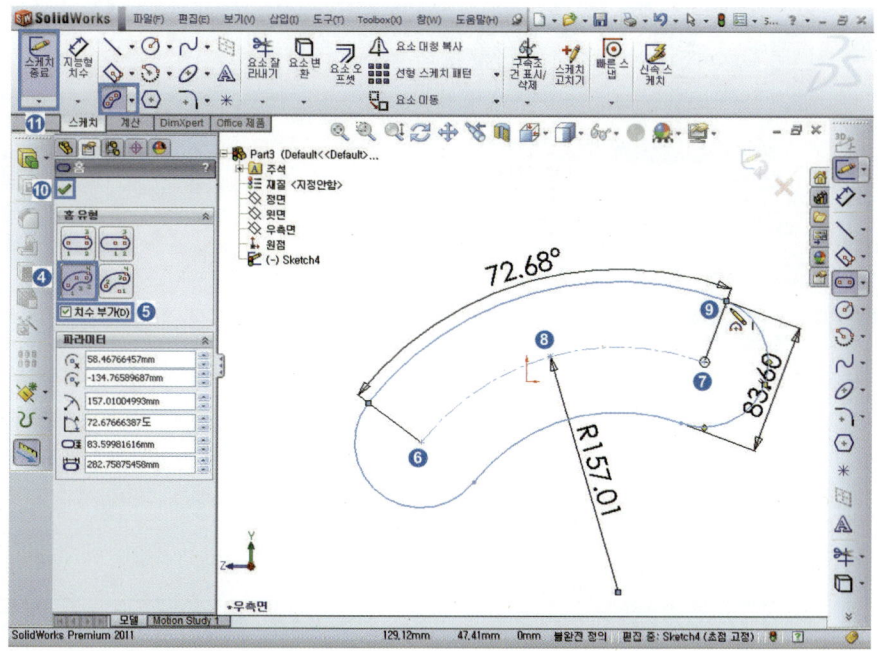

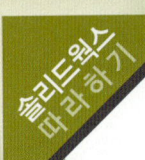

2-9 원(Circle)[ ]

방법 1 작업평면[정면, 윗면, 우측면] 선택 ➡ 스케치 도구[ ] 클릭 ➡ 원[ ] 선택 ➡ 원의 중심과 원주의 한점을 선택하면 원이 생성 ➡ 확인[✔]누르거나, 스케치 종료 버튼을 [스케치 종료] 클릭한다.

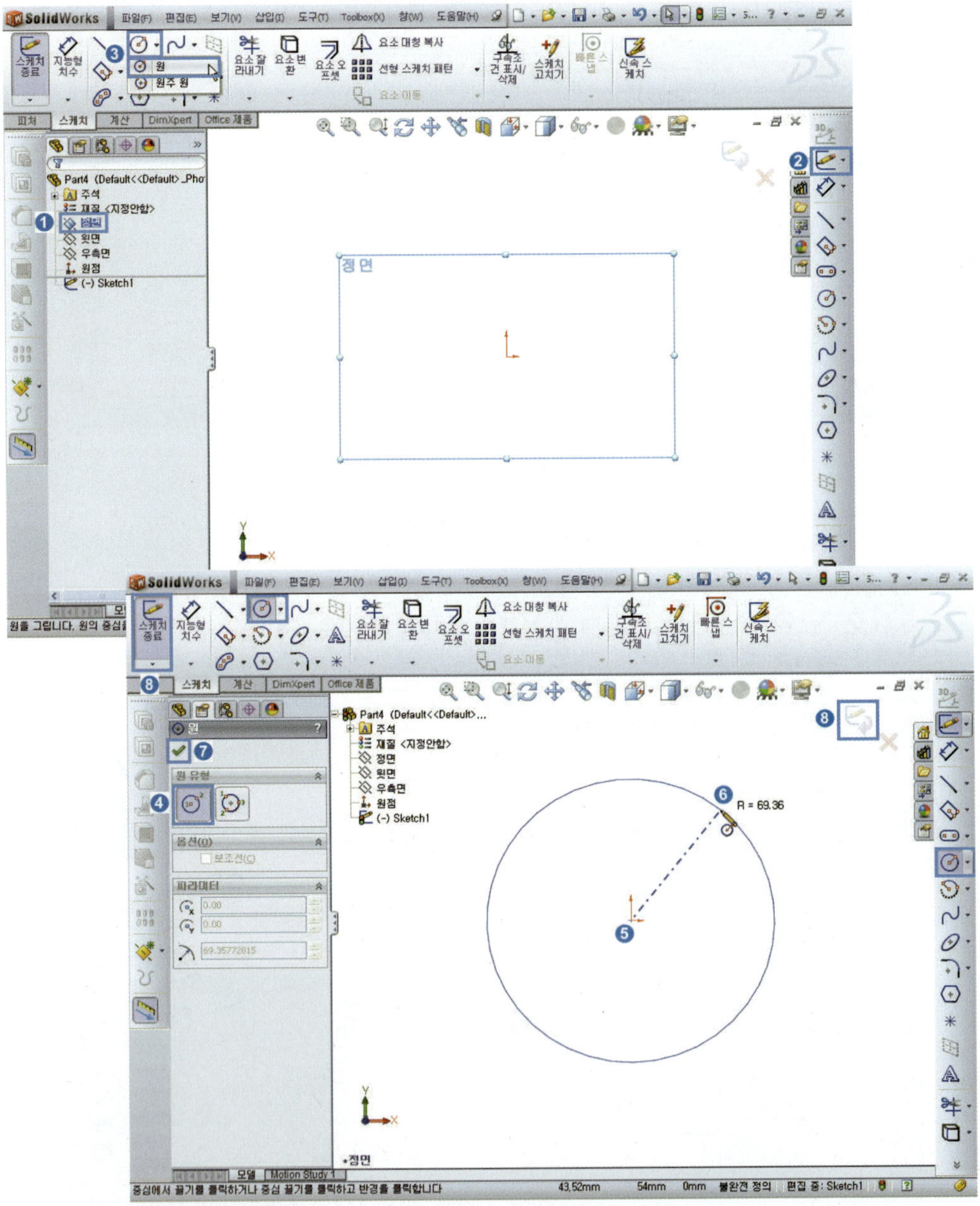

방법 2 원주 원[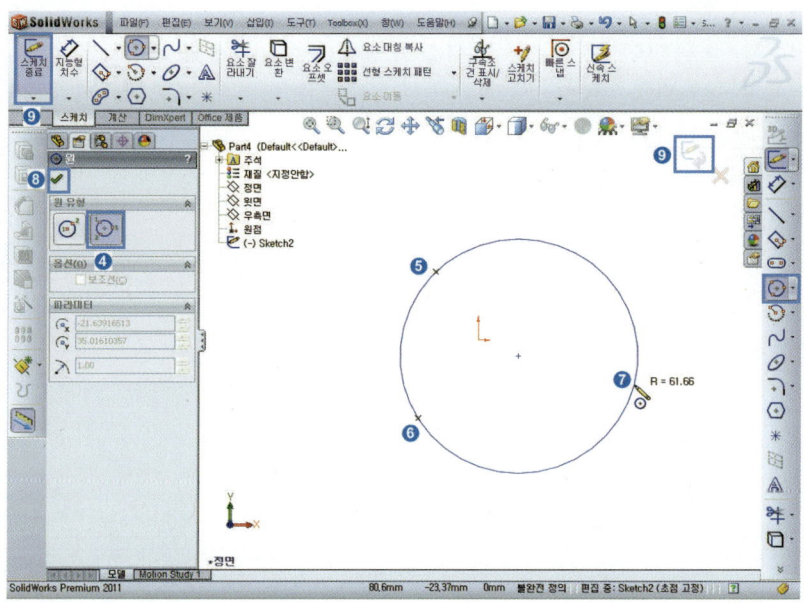 빈자리] 그리기

2-10 중심점 호(Arc)[🌙 ▾]

방법 1 작업평면[정면, 윗면, 우측면] 선택 ➜ 스케치 도구[✏ ▾] 클릭 ➜ 원[⊙] 선택 ➜ 원의 중심과 원주의 한점을 선택하면 원이 생성 ➜ 확인[✔]누르거나, 스케치 종료 버튼을 [↩] 클릭한다.

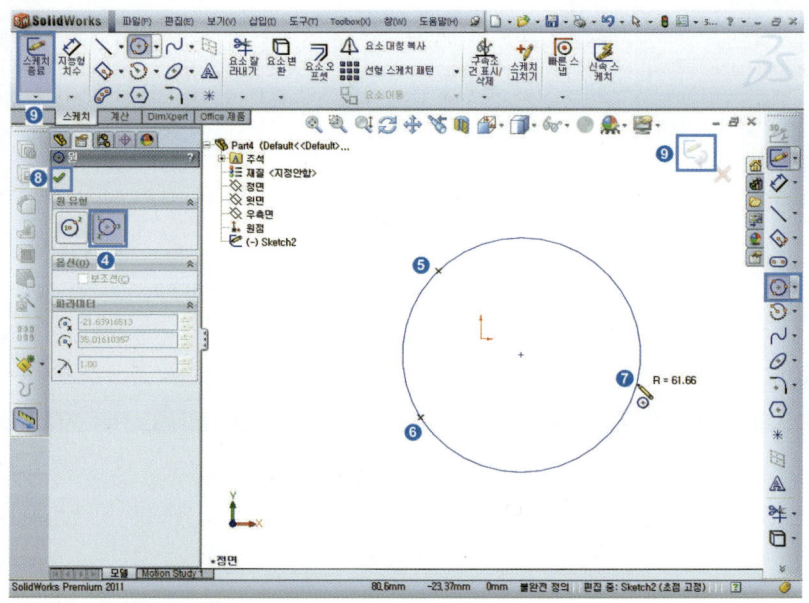

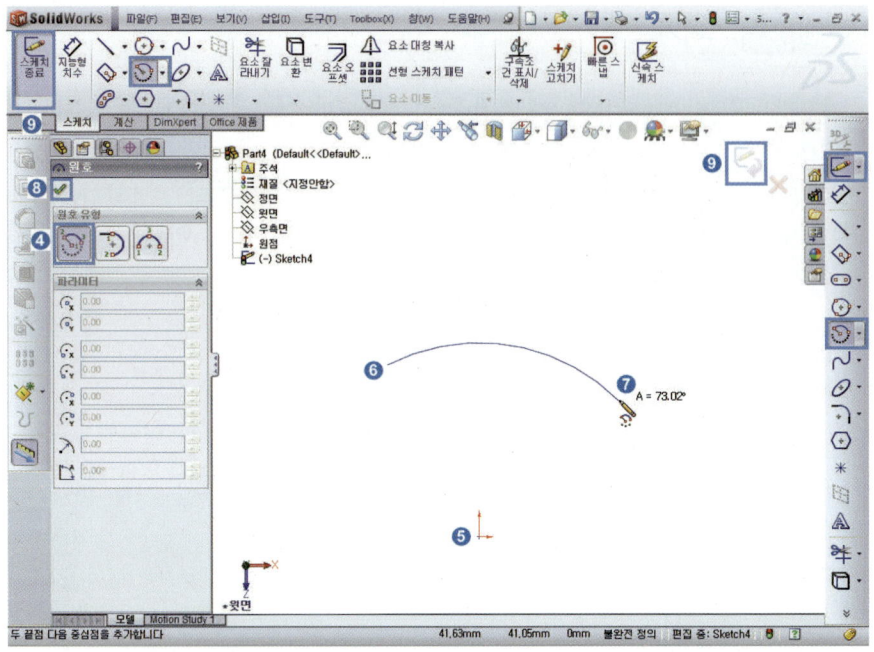

방법 2 접원 호[ ] 그리기

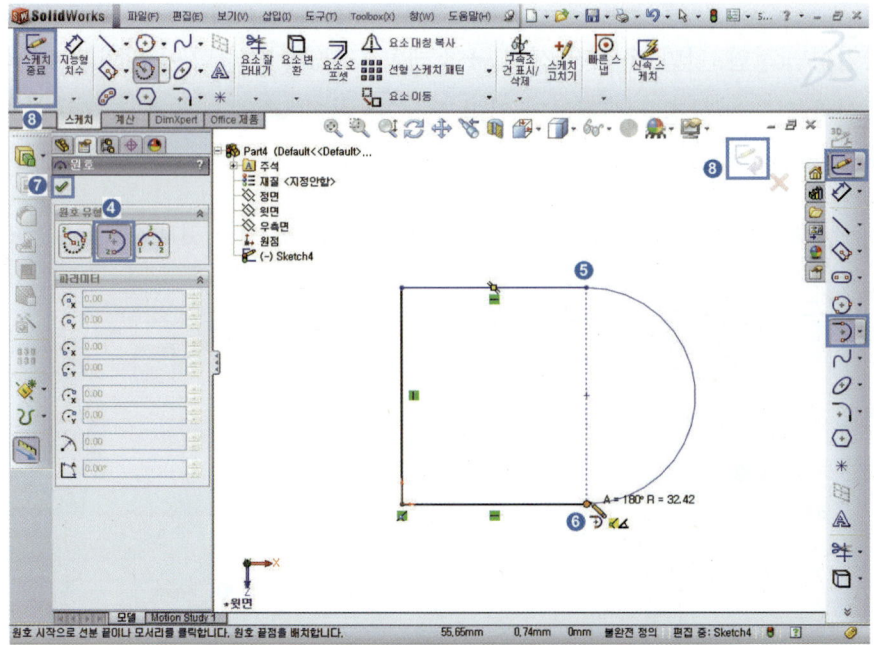

방법 3 3점 호[🔘] 그리기

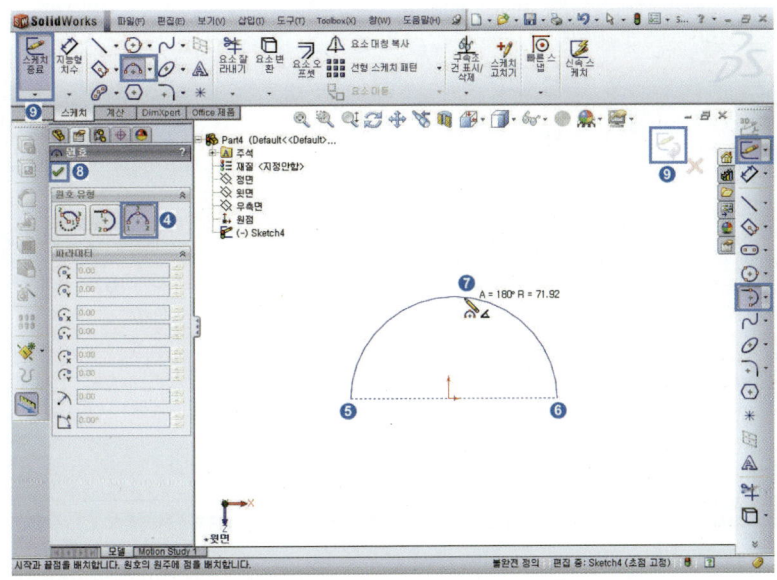

2-11 자유곡선(Spline)[〰️ ▾]

방법 1 작업평면[정면, 윗면, 우측면] 선택 ➡ 스케치 도구[✏️ ▾] 클릭 ➡ 자유곡선[〰️ ▾] 선택
➡ 클릭 하면서 선을 그으면 자유곡선이 생성 ➡ 확인[✅]누르거나, 스케치 종료 버튼
을[🔄] 클릭한다.

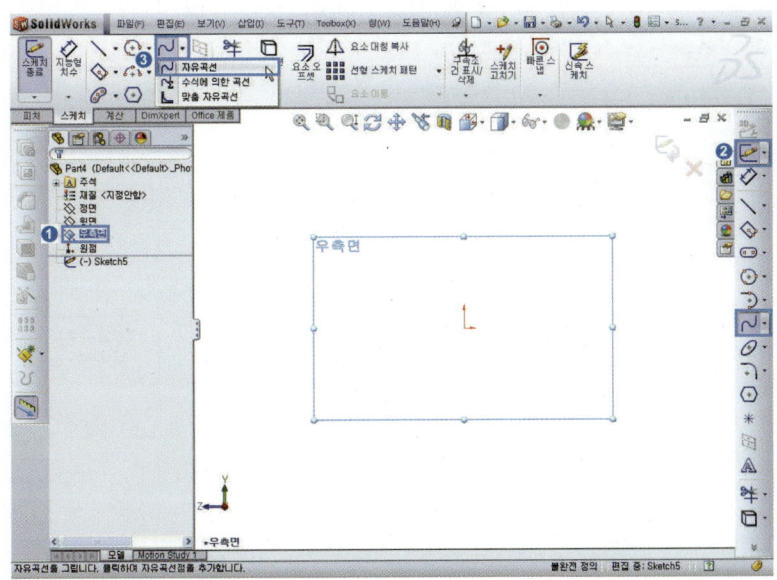

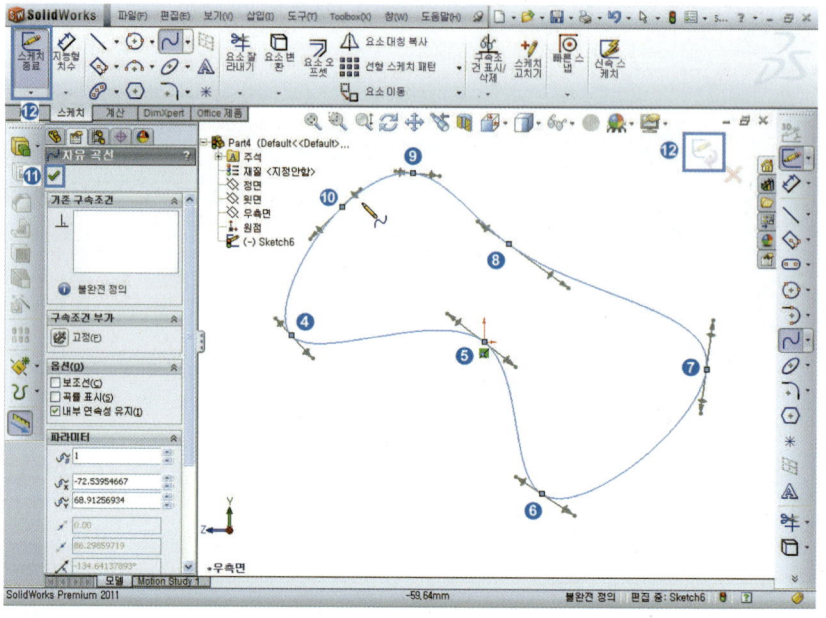

2-12 타원(Ellipse)[]

방법 1 작업평면[정면, 윗면, 우측면] 선택 ➡ 스케치 도구[✏] 클릭 ➡ 타원[⬮] 선택 ➡ 타원의 중심점 클릭, 타원의 가로길이 끝점, 세로길이 끝점을 선택하여 드래그하면 타원 생성 ➡ 확인[✔]누르거나, 스케치 종료 버튼을[↩] 클릭한다.

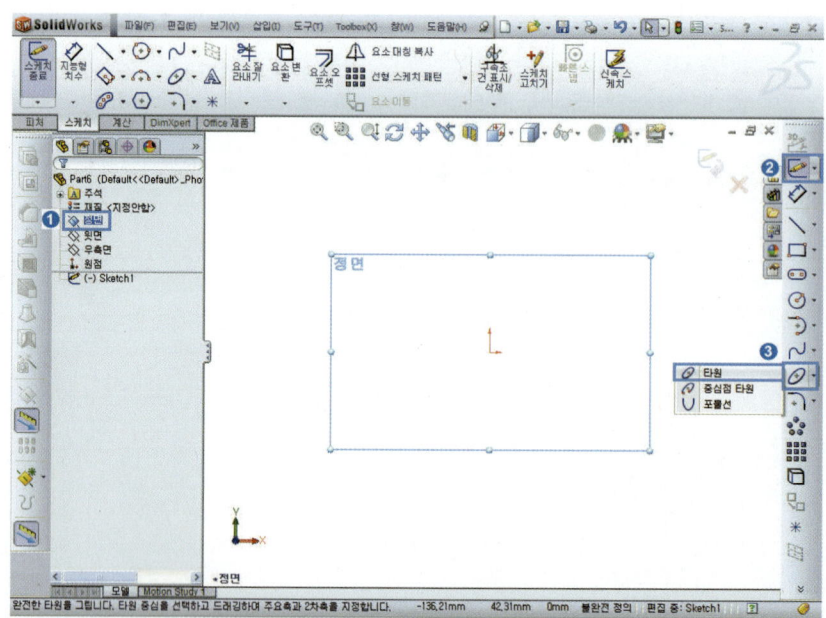

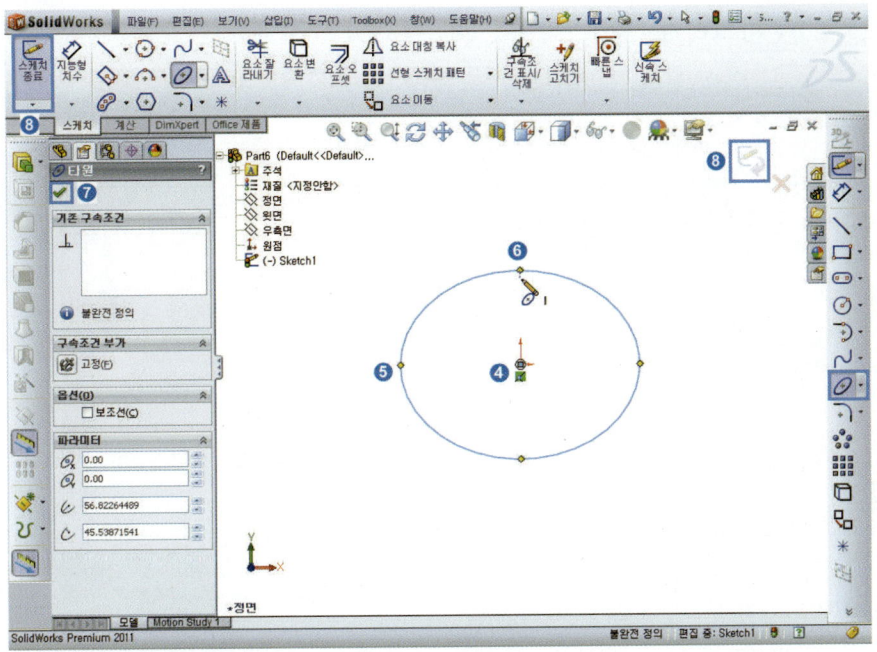

방법 2 중심점 타원[⬭] 그리기

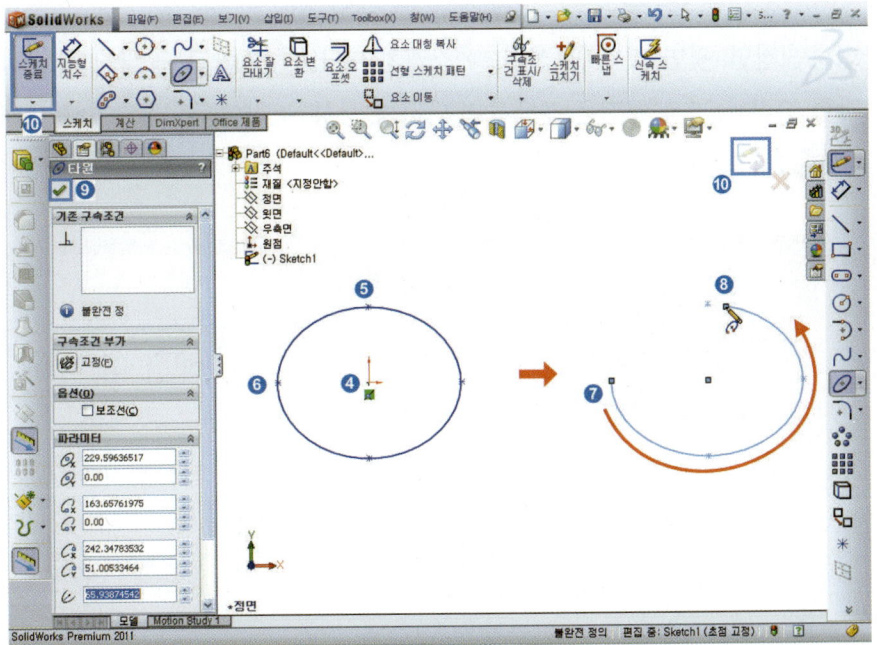

방법 3 포물선 [∪] 그리기

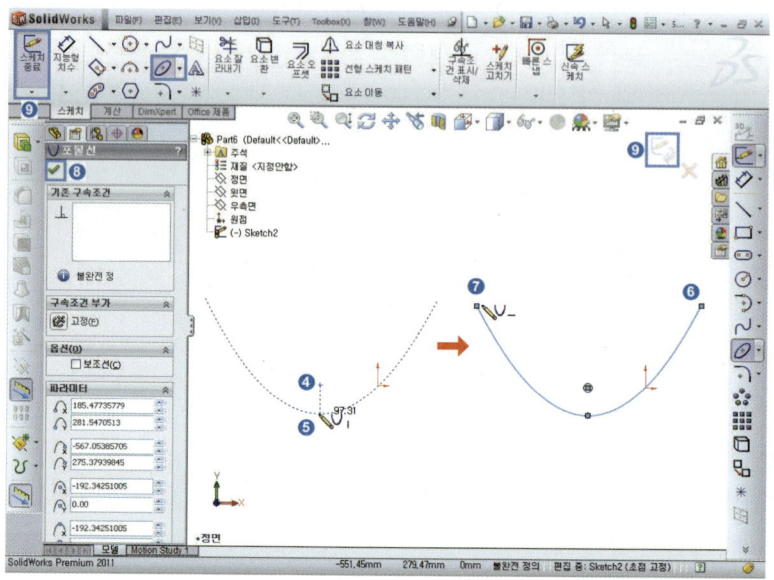

2-13 다각형(Polygon)[⬡]

방법 1 작업평면[정면, 윗면, 우측면] 선택 ➡ 스케치 도구[✏] 클릭 ➡ 다각형[⬡] 선택 ➡
다각형 중심점, 가로 끝점을 선택하면 다각형 생성 ➡ 확인[✔]누르거나, 스케치 종료
버튼[⤴] 클릭한다.

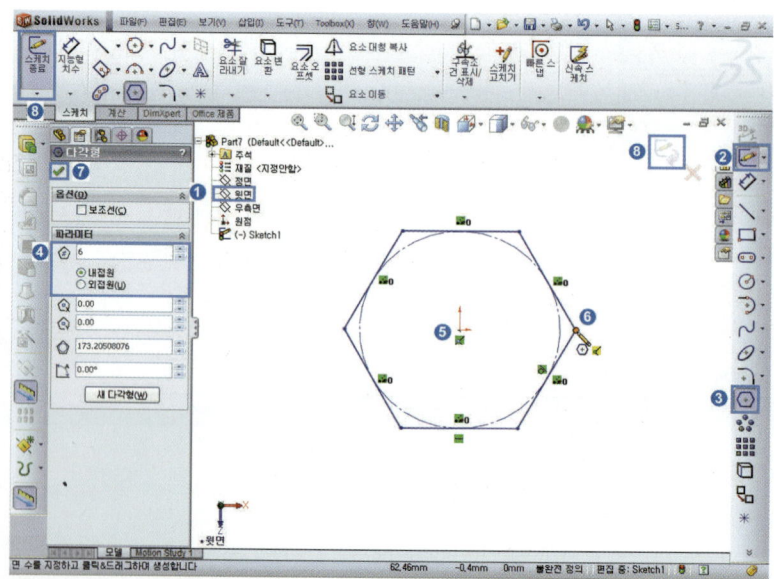

2-14 문자(Text)[A]

방법 1 │ 작업평면[정면, 윗면, 우측면] 선택 → 스케치 도구[✏ ▾] 클릭 → 문자를 정열에 필요한
스케치(원, 호, 선, 자유곡선등)를 그린다 → 문자 아이콘[A] 클릭 → 스케치 선택 →
문자입력 → 원하는 글꼴과 크기 선택 → 확인 아이콘을 [✔] 클릭한다.

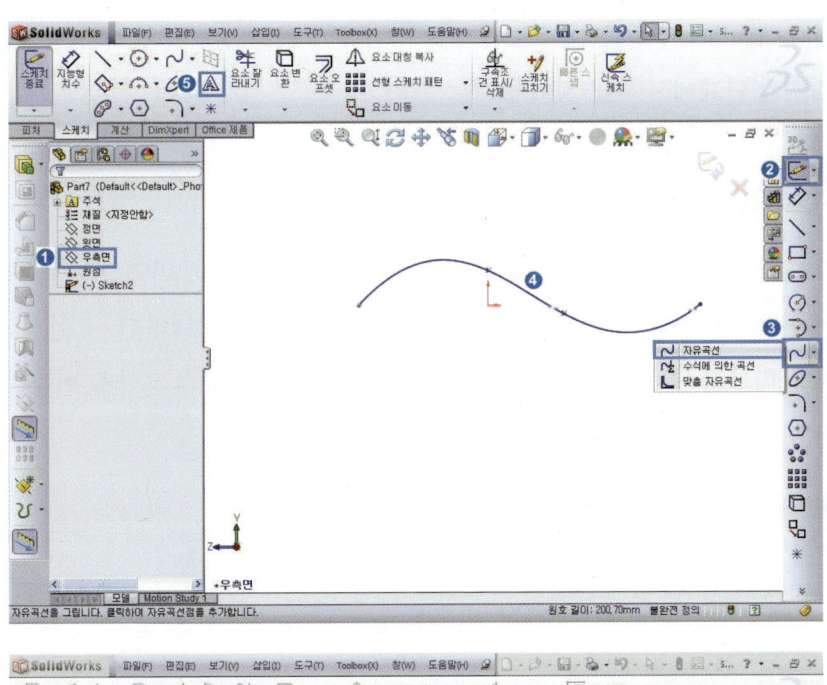

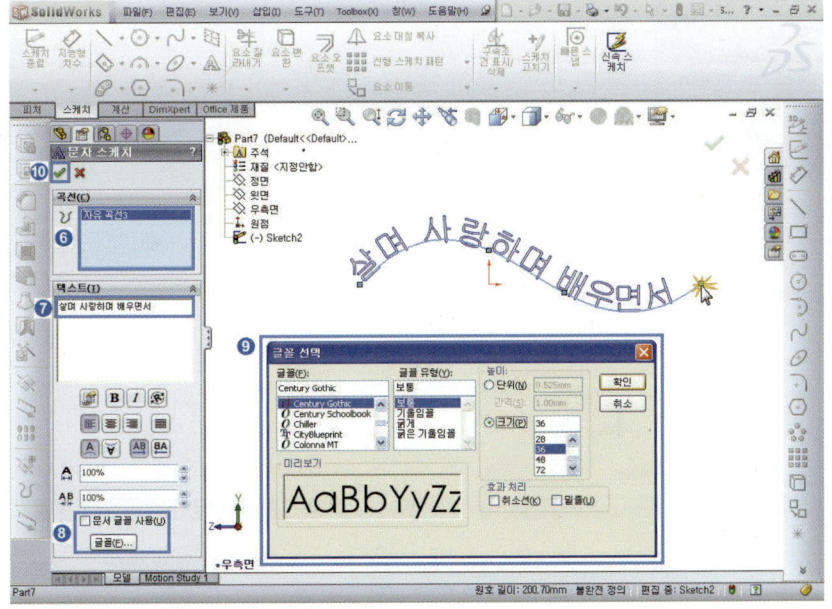

3 SolidWorks의 스케치 편집 도구

스케치 요소로 작성한 스케치를 원하는 모양대로 편집하는 사용법에 대해 알아보자. 스케치가 정확한 구속조건을 만족할 때 빠르게 편집할 수 있으며 피처를 작업할 때도 마찬가지이다. Fillet 명령이나 Chamfer 명령과 같이 모서리를 절단/추가 하는 명령들은 스케치 작업보다 모델링 작업의 마지막 단계에서 하는 것이 좋다.

3-1 스케치 필렛(Fillet)[　]

방법 1 사각형 스케치 생성 후 ➡ 도구모음에서 [　] 클릭 ➡ 필렛 반경값 입력 ➡ 필렛을 주기위한 2개의 선을 선택하거나, 2선이 만나난 꼭지점을 선택하면 ➡ 설정된 반경값에 따라 미리보기 나타남 ➡ 확인버튼 [✔] 클릭하거나, 마우스 오른쪽 버튼[🖱]을 클릭한다.

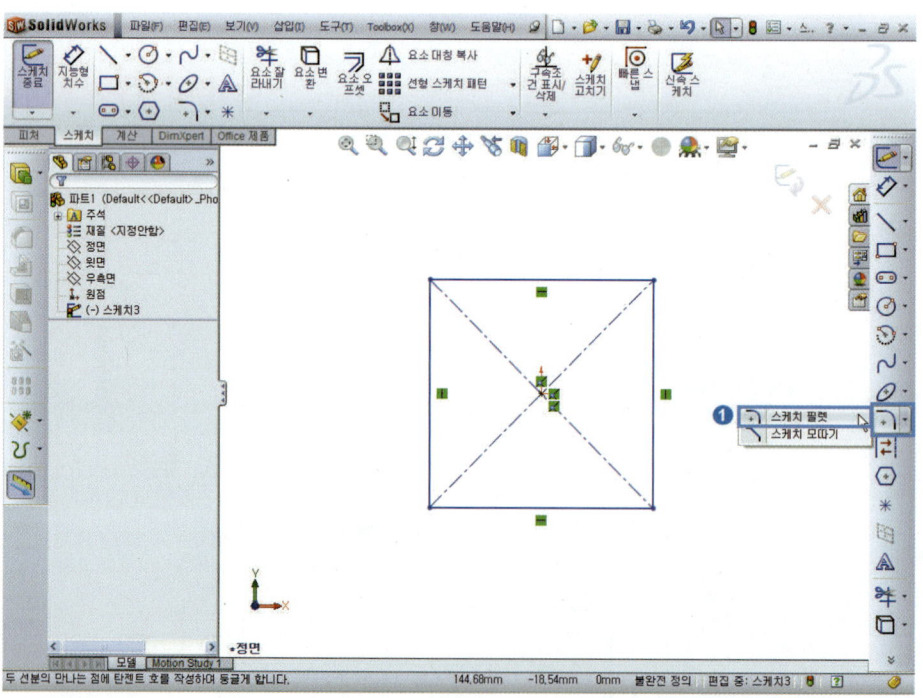

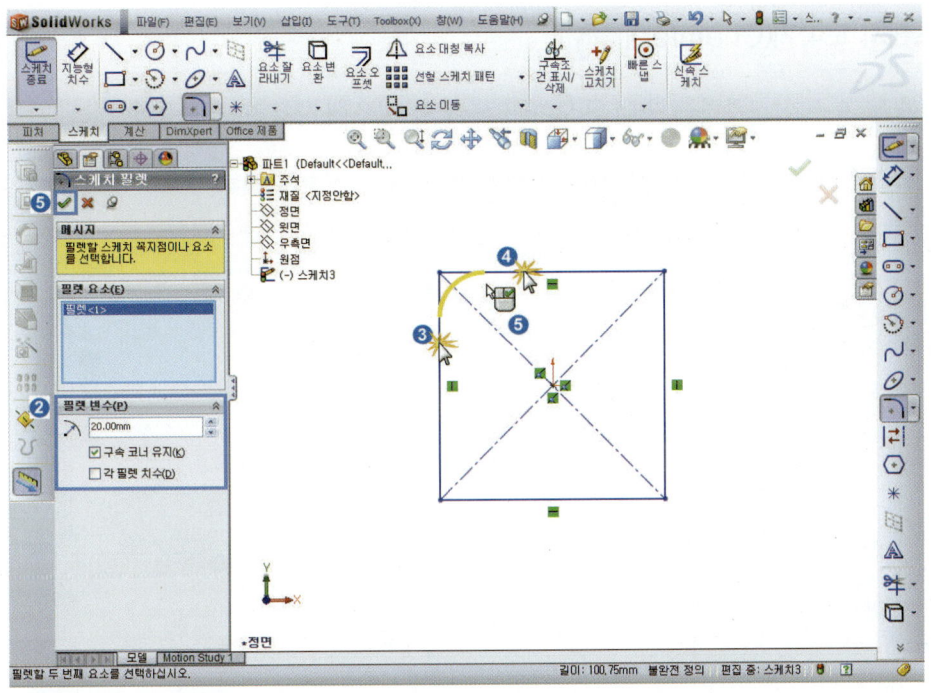

방법 2 스케치 필렛 [⌐]하기

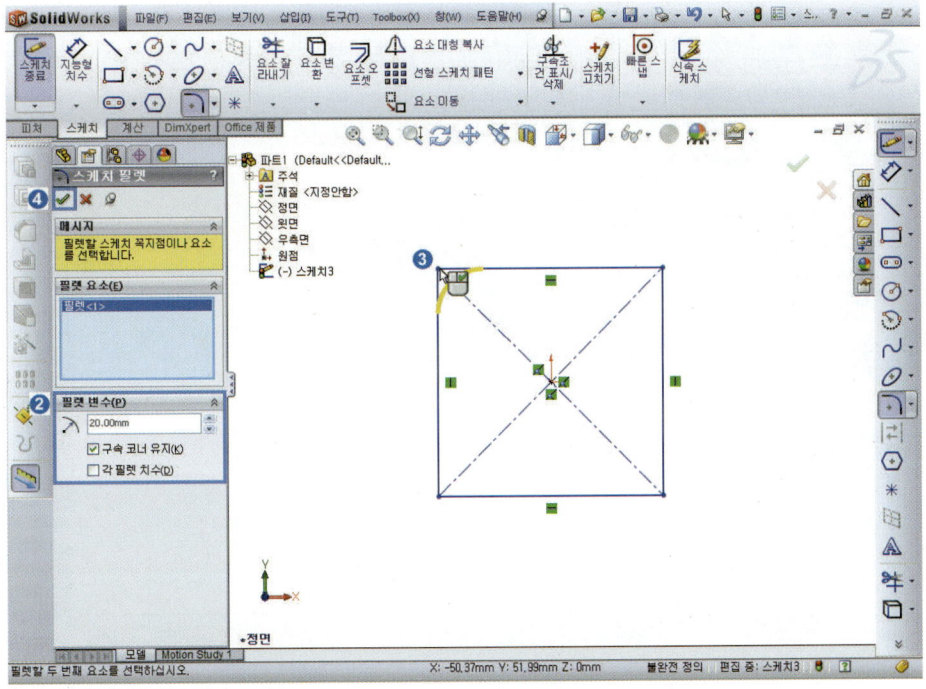

3-2 스케치 모따기(Chamfer)[⟍]

스케치한 두 요소가 교차하는 코너를 모따기 해야 할 경우에 사용하는 명령이다.

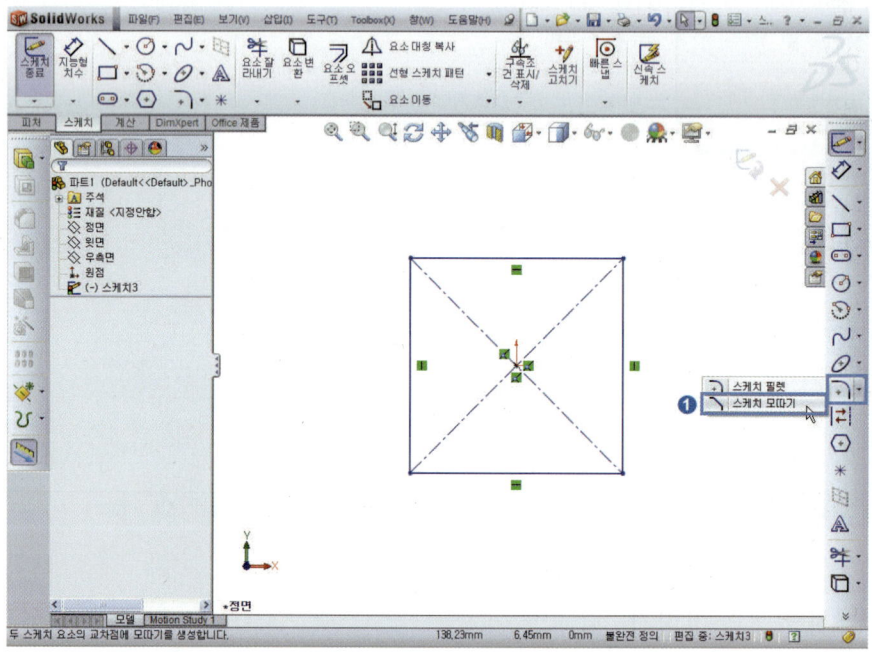

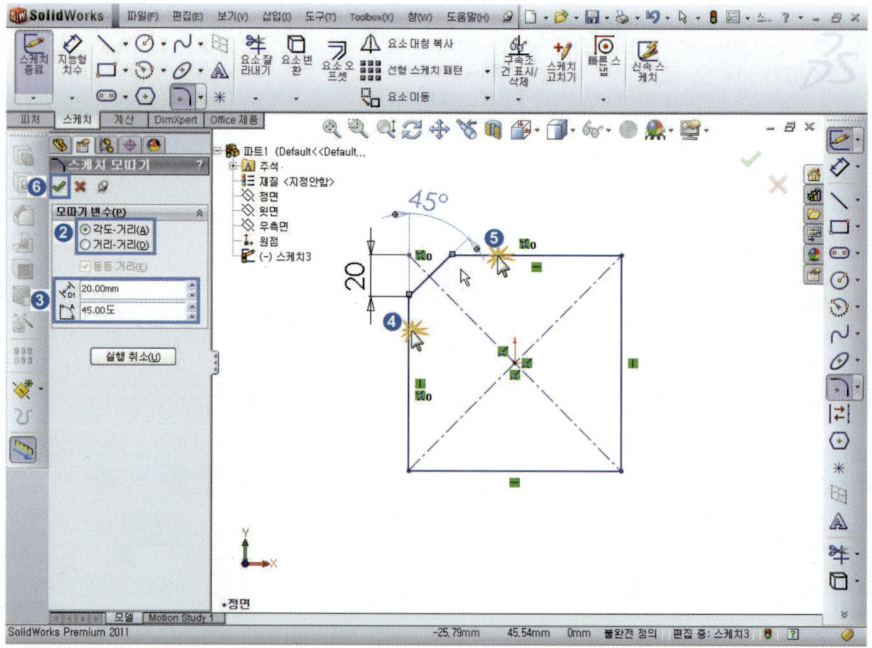

방법 1 동등 거리값으로 스케치 필렛[ ]하기

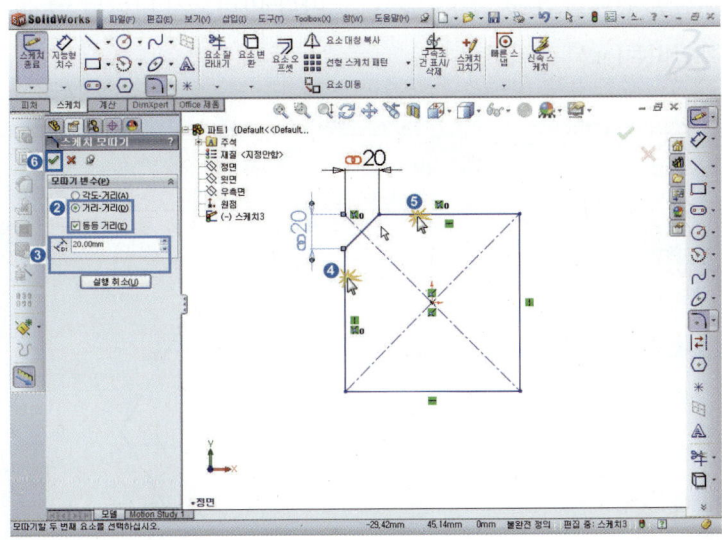

3-3 오프셋(Offset)[ ]

원이나 사각형, 다각형들을 Offset할 때는 선택하는 방향에 따라 크기가 커지거나 작아진다.

방법 1 다각형 스케치 생성 후 ➡ 도구모음에서 [ ] 클릭 ➡ 오프셋 거리값 입력 ➡ 오프셋 주기 위한 선을 선택하면 ➡ 설정된 거리값 따라 미리보기 나타남 ➡ 필요 옵션 선택 ➡ 확인버튼[ ] 클릭한다.

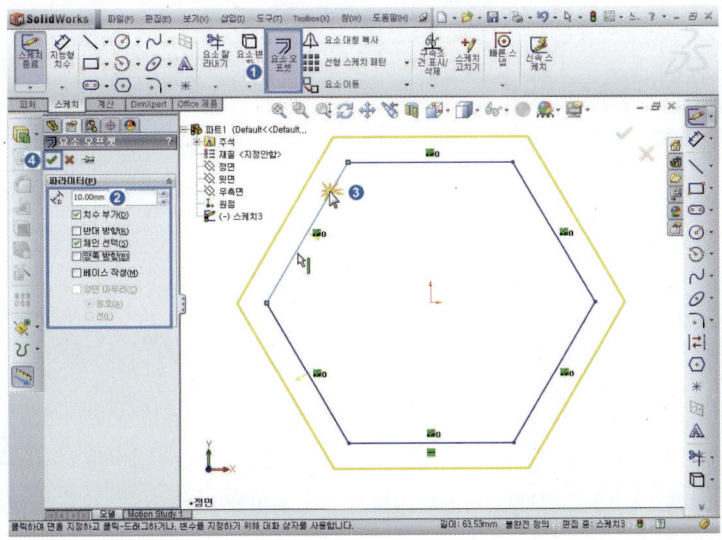

방법 2 다각형 스케치 생성 후 ➡ 도구모음에서 [⌐] 클릭 ➡ 오프셋 거리값 입력 ➡ 오프셋 주기 위한 선을 선택하면 ➡ 설정된 거리값 따라 미리보기 나타남 ➡ 옵션–반대방향(R) 선택 ➡ 확인버튼[✔] 클릭한다.

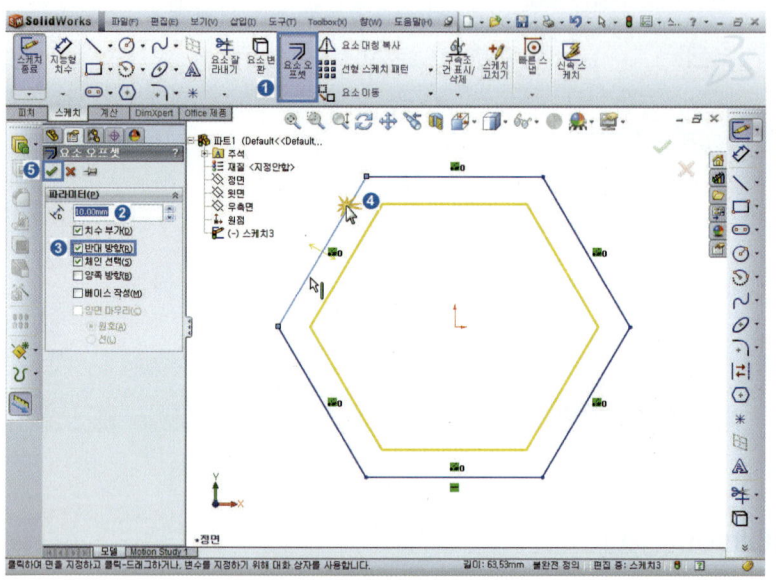

방법 3 다각형 스케치 생성 후 ➡ 도구모음에서 [⌐] 클릭 ➡ 오프셋 거리값 입력 ➡ 선을 선택 ➡ 설정된 거리값 따라 미리보기 나타남 ➡ 옵션–양쪽 방향(R) 선택 ➡ 확인버튼[✔] 클릭한다.

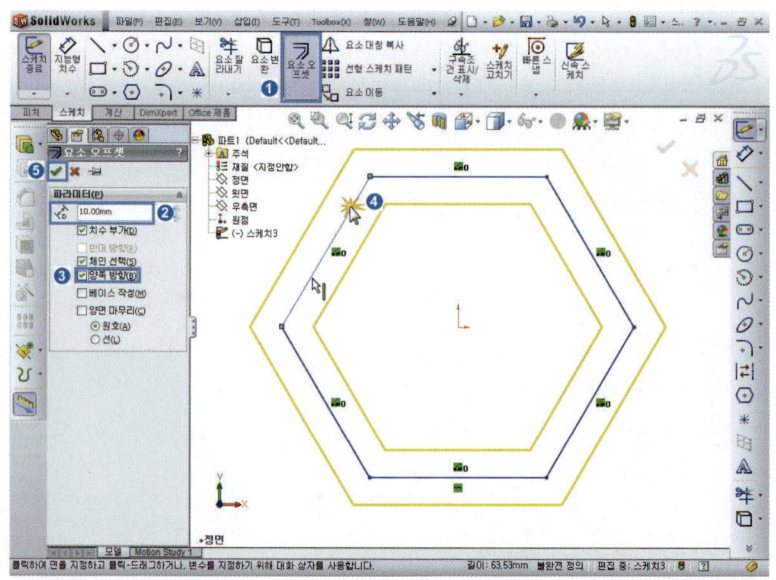

3-4 요소 변환(Convert entities)[ ]

피처의 모서리선, 면의 외곽선, 곡선, 외부 스케치 등을 스케치 평면에 투영하는 명령어로 복잡한 모델링 하거나 치수를 모르는 경우에 같은 스케치 요소을 생성해야 할 경우에 유용하게 사용된다.

방법1 피처 생성 후 ➡ 작업평면(피처의 윗면 선택) ➡ 스케치 도구[ ] 선택 ➡ 피처의 모서리 선택한 후 ➡ 요소변환[ ]을 클릭 ➡ 선택된 모서리와 같은 스케치 생성 ➡ 확인버튼[ ] 클릭한다.

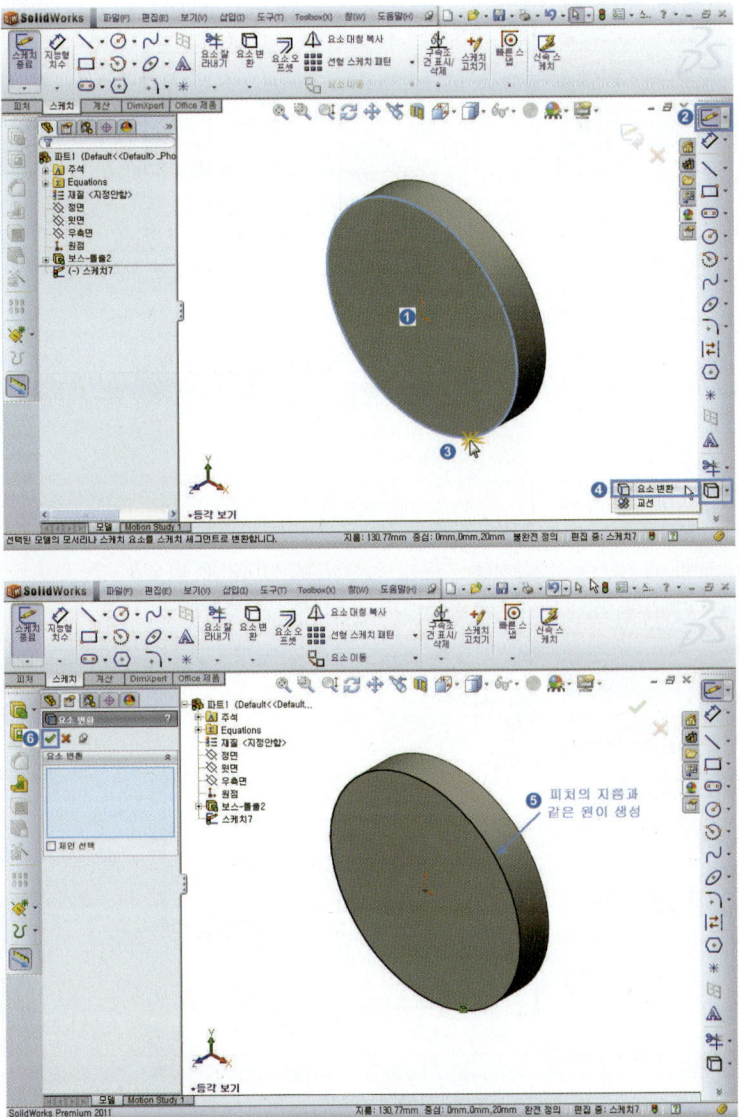

3-5 스케치 요소 잘라내기(Trim)[ ]

선, 호, 원, 타원, 자유곡선, 중심선등 서로 교차하는 부분을 잘라내는 명령어 이다.

방법 1 스케치 생성 ➡ 도구모음에서 [ ] 선택 ➡ 옵션-지능형(P)[지능형(P)] 선택 ➡ 마우스 커서를 드래그 하면 자유 곡선이 그려지고 인접 스케치 요소가 잘려진다. ➡ 확인버튼[ ] 클릭한다.

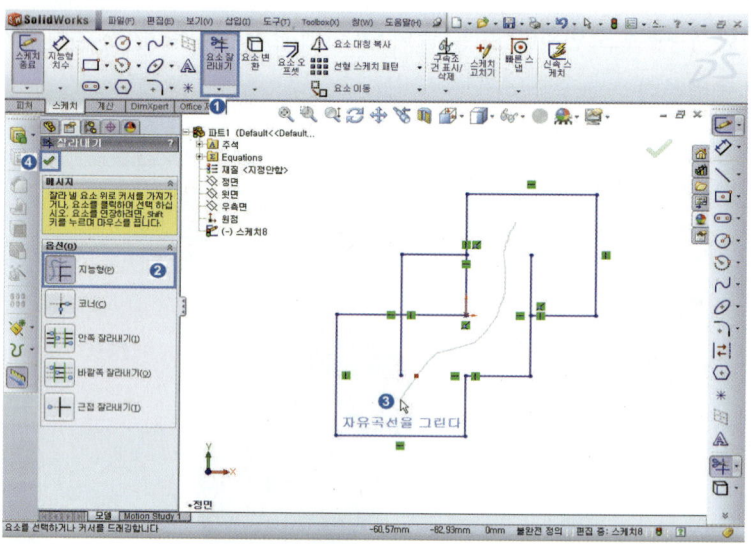

방법 2 옵션-코너(C)[코너(C)]

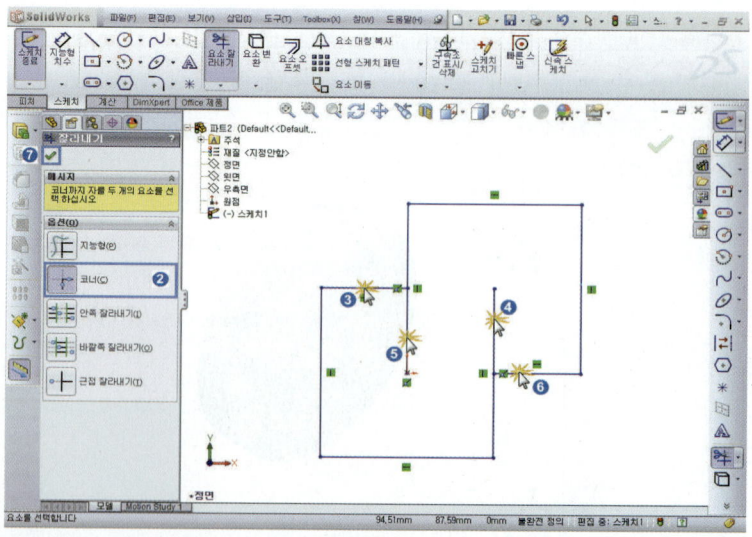

[코너 선택]

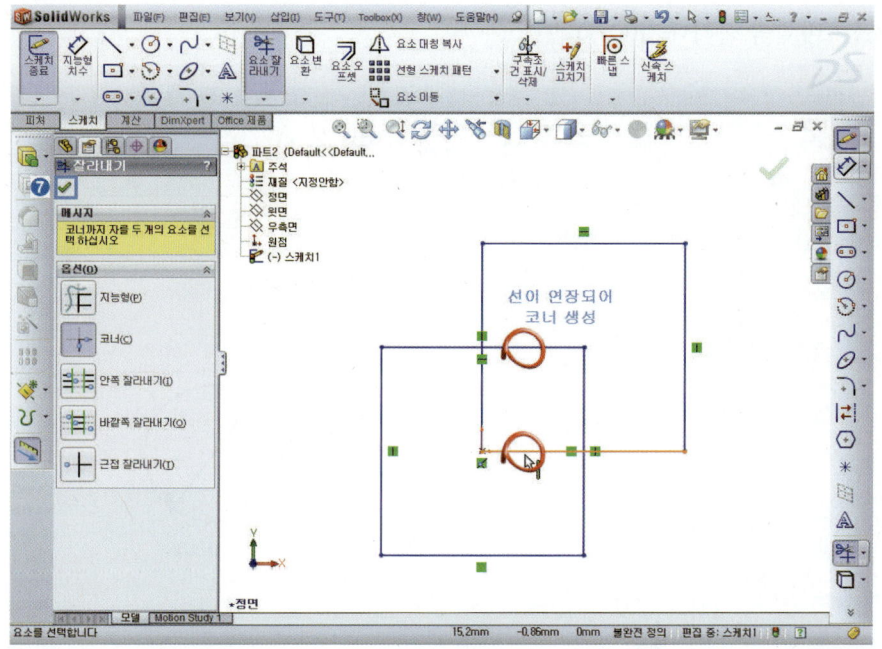

[코너 선택 결과]

방법 3 옵션-안쪽 잘라내기(I)[안쪽 잘라내기(I)]

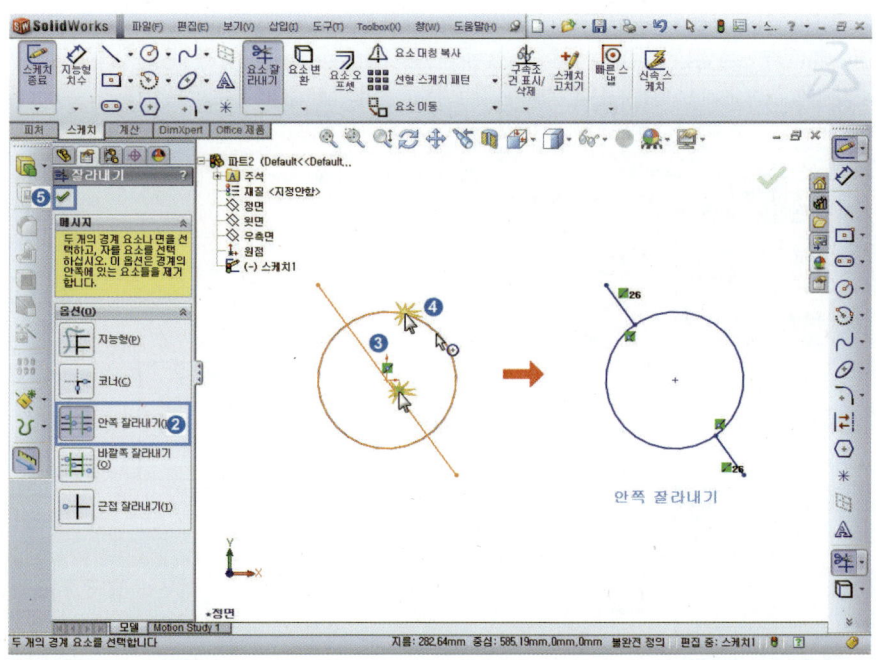

방법 4 옵션-바깥쪽 잘라내기(O □ □ 바깥쪽 잘라내기(O)

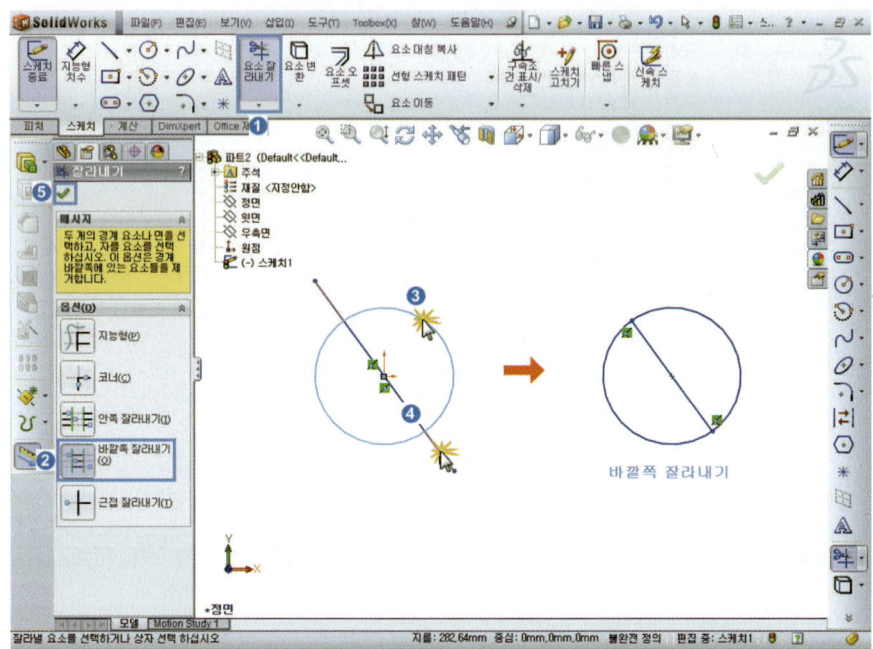

방법 5 옵션-근접 잘라내기(T)[□ 근접 잘라내기(T)]

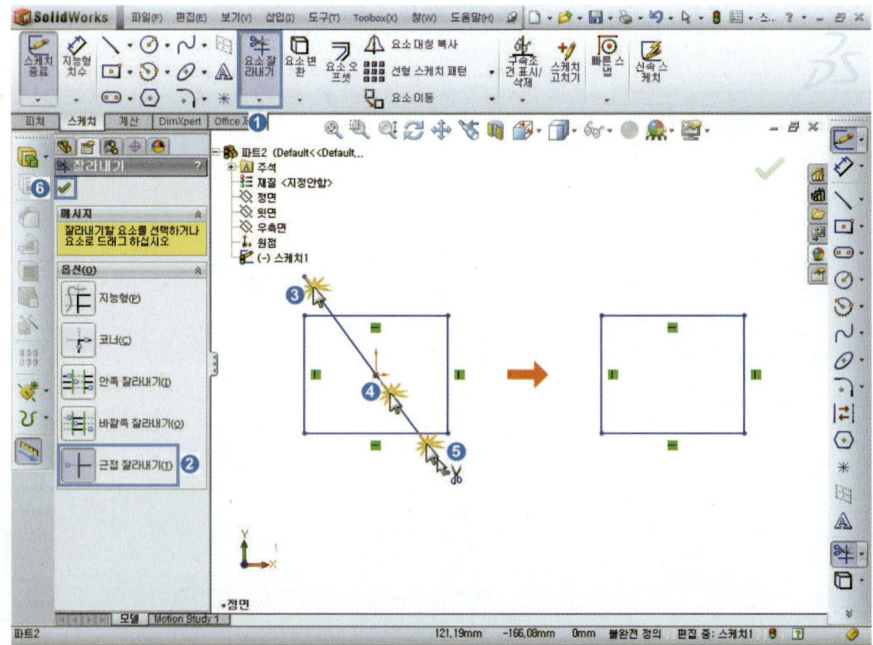

3-6 스케치 요소 늘리기[T]

방법 1 스케치 생성 ➡ 도구모음에서 요소 연장[T] 선택하면 마우스 커서[ᐱT]모양 ➡ 연장할 스케치 요소 선택 ➡ 선택된 요소가 빨간색으로 표시 연장 미리보기가 표시 ➡ 미리보기 대로 스케치가 연장된다.

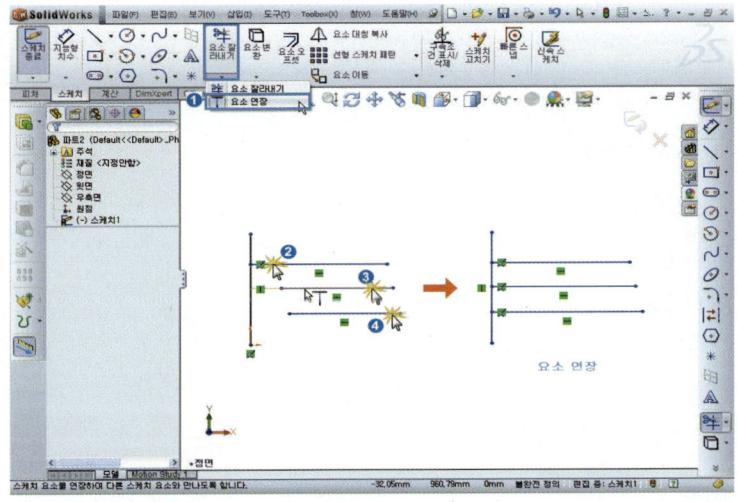

3-7 요소 분할[✎]

원, 타원, 닫힌 자유 곡선을 분할하기위해서는 2개의 분할점이 필요로 한다.

방법 1 스케치 생성 ➡ 도구모음에서 요소 분할[✎] 선택 마우스 커서[✎]모양 ➡ 분할할 요소 선택 ➡ 선택된 요소가 2개의 요소로 나누어지며 선택된 요소사이에 분할점이 추가된다.

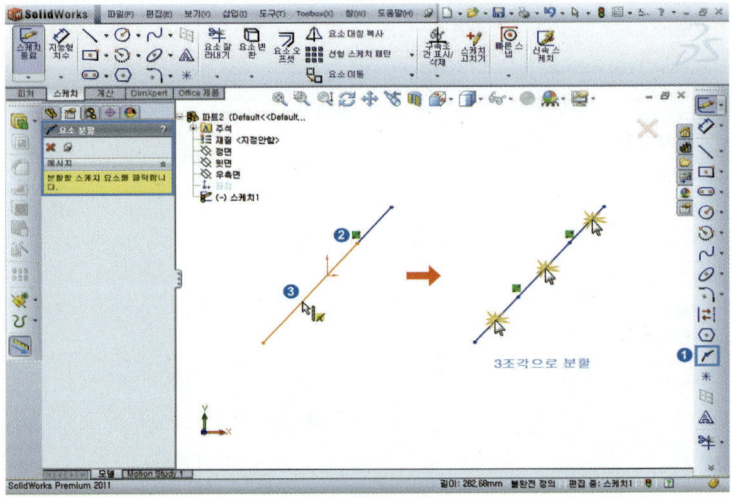

3-8 요소 대칭복사(Mirror)[🔺]

생성된 스케치 대칭 복사할 경우에 사용한다.

방법 1 스케치 생성 ➡ 도구모음에서 요소 대칭 복사[🔺] ➡ 대칭 기준[ ] 선택 ➡ 복사할 요소 선택[🔺] ➡ 확인버튼[✔] 클릭한다.

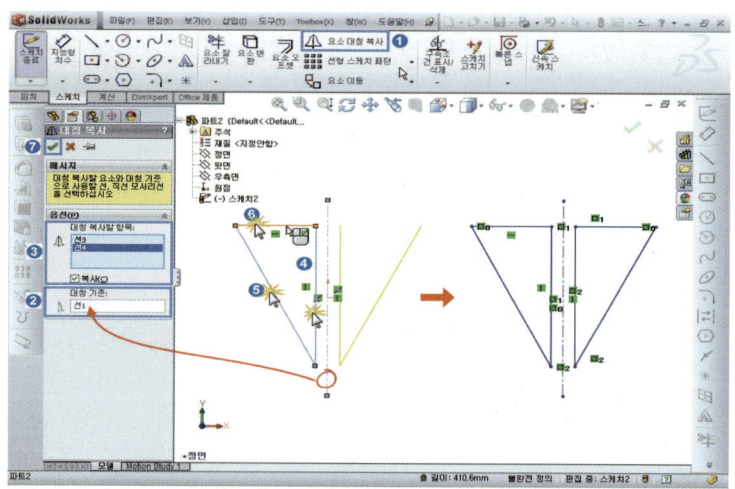

3-9 동적 대칭복사(Dynamic mirror)[🔺]

복사할 요소를 실시간으로 생성하면서 대칭 복사할 경우에 사용한다.

방법 1 대칭 기준(중심선) 생성 ➡ 동적 대칭 복사[🔺] 선택 ➡ 중심선에 대칭표시 ➡ 선[\] 선택 ➡ 선을 스케치하면 실시간으로 대칭 복사가 일어남 ➡ 확인버튼[✔] 클릭한다.

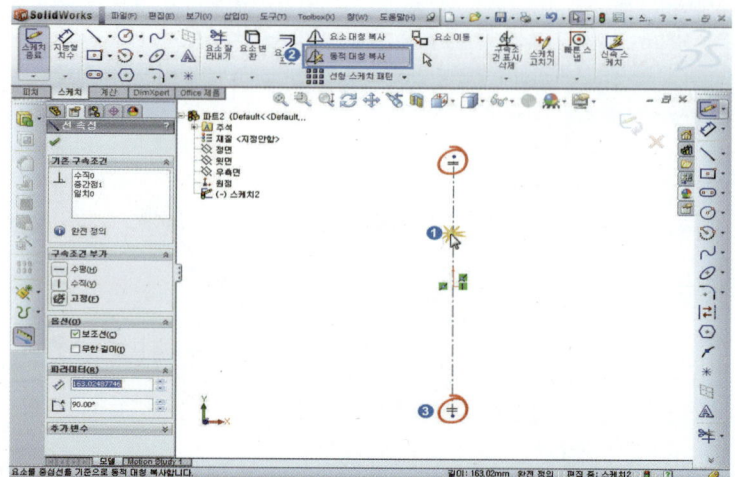

3-10 요소 이동[ ]

방법 1 스케치 생성 ➡ 요소 이동[ ] 선택 ➡ 마우스 기능으로 이동할 요소 선택 ➡ 이동 기준점[ ] 선택 ➡ 마우스로 드래그(Drag)하여 원하는 위치 선정 ➡ 확인버튼[ ] 클릭한다.

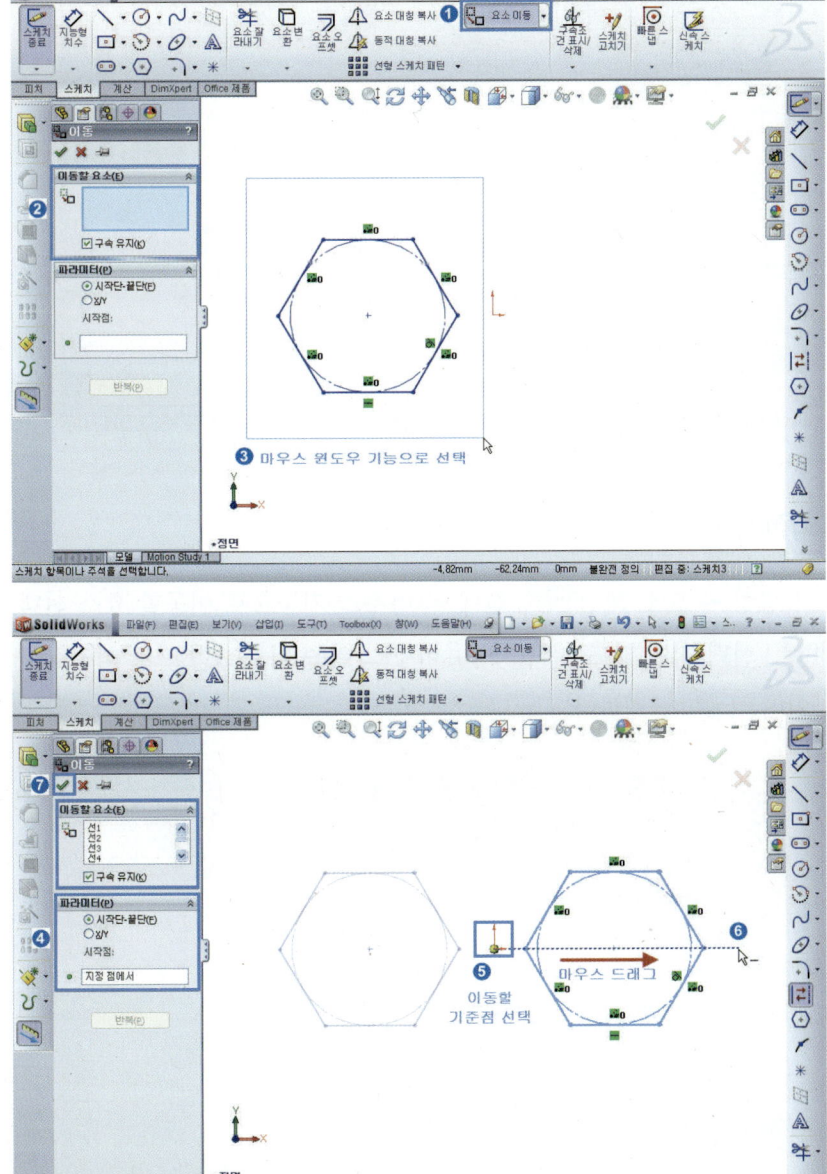

3-11 요소 복사[🔳]

방법 1 스케치 생성 ➡ 요소 이동[🔳] 선택 ➡ 마우스 기능으로 이동할 요소 선택 ➡ 복사할 기준
점[⦿] 선택 ➡ 마우스로 드래그(Drag)하여 원하는 위치 선정 ➡ 확인버튼[✅] 클릭한다.

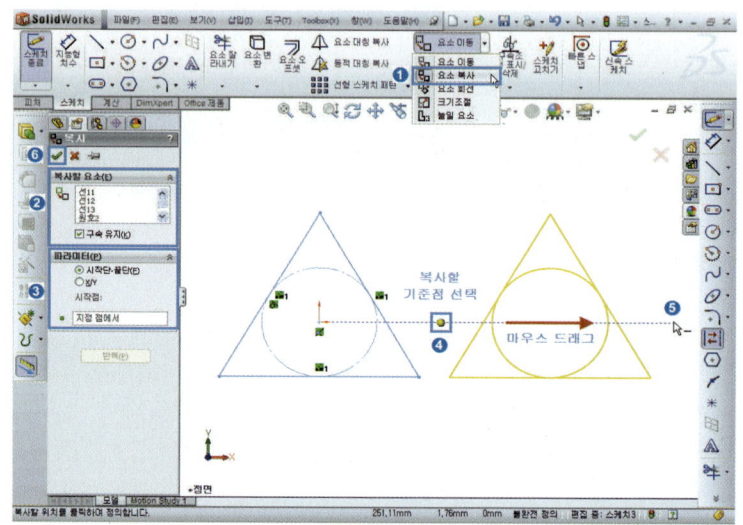

3-12 요소 회전[🔳]

방법 1 스케치 생성 ➡ 요소 회전[🔳] 선택 ➡ 마우스 기능으로 이동할 요소 선택 ➡ 회전 기
준점[⦿] 선택 회전 각도 입력(자동), 마우스 왼쪽 버튼[🖱️]으로 회전각도 지정(수동)
➡ 확인버튼[✅] 클릭한다.

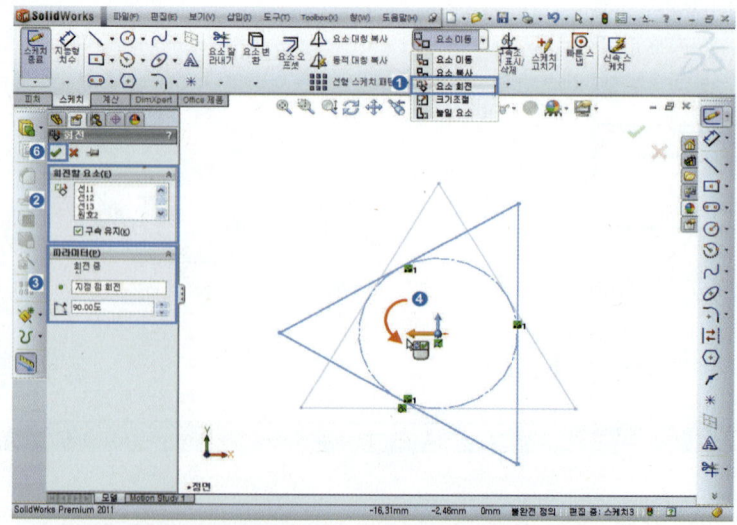

3-13 크기 조절[ ]

방법 1 스케치 생성 ➡ 크기 조절[ ] 선택 ➡ 크기 조절할 요소 선택 ➡ 크기조절의 기준점
[ ] 선택, 축척(배 율) 입력, 복사할 개수 입력 ➡ 확인버튼[✔] 클릭하거나 오른쪽 버
튼[ ] 클릭한다.

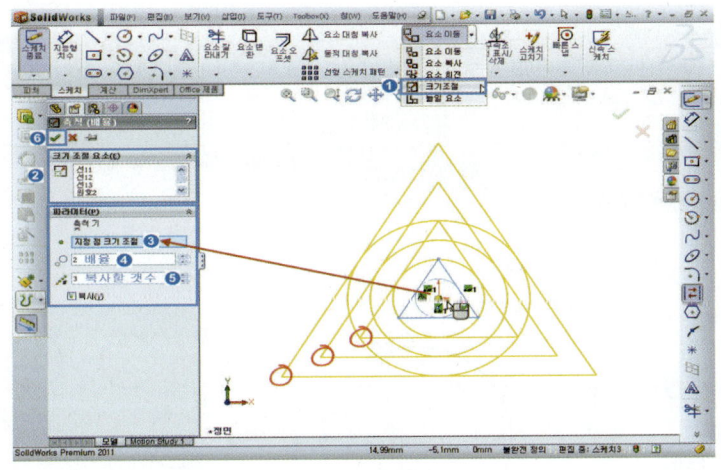

3-14 선형 스케치 패턴(Linear Sketch Pattern)[ ]

스케치 요소를 방향과 거리를 지정하여 복사하는 기능으로 AUTOCAD에서 Array 명령과 같은
기능 수행한다.

방법 1 스케치 생성 ➡ 도구모음에서 선형 스케치 패턴[ ] 선택 ➡ 방향 1(가로)[ ], 방향
2(세로)[ ], D1(거리)[ ], # (개수)[ ], 각도[ ]를 입력 ➡ 패턴할 요소[ ] 선택
➡ 확인버튼[✔] 클릭한다.

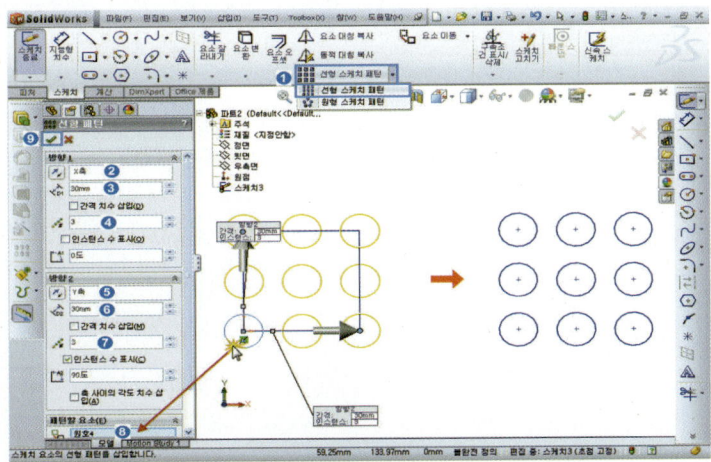

3-15 원형 스케치(Circular Sketch Pattern)[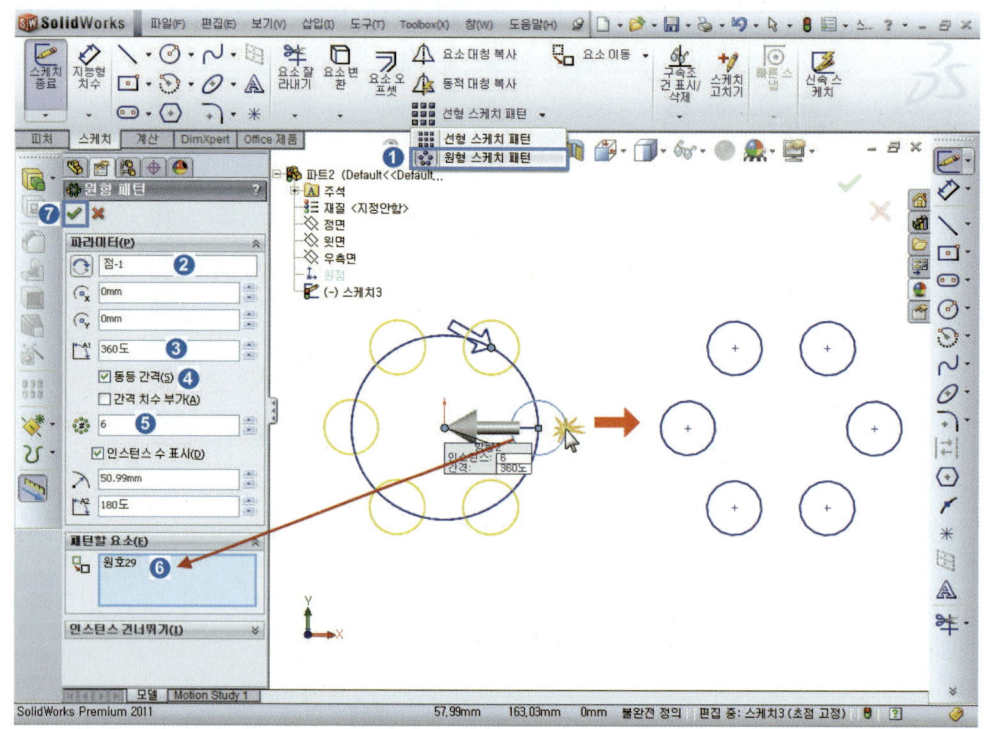]

방법 1 스케치 생성 ➡ 도구모음에서 원형 스케치 패턴[ ] 선택 ➡ 기준축[ ], 각도[ ],
  ☑ 동등 간격(S) #(개수)[ ] 등을 입력 ➡ 패턴할 요소[ ] 선택 ➡ 확인버튼[✔] 클
릭한다.

ⓘ 선형 스케치 패턴/원형 스케치 패턴 편집하는 방법

선형 패턴/원평 패턴된 스케치 요소를 선택 ➡ 마우스 오른쪽 버튼을 누르면 팝업창에서 원형패턴/선형패턴 편집 항목을 클릭 ➡ 선형 스케치 패턴/ 원형 스케치 패턴의 Property manager가 나타난다.

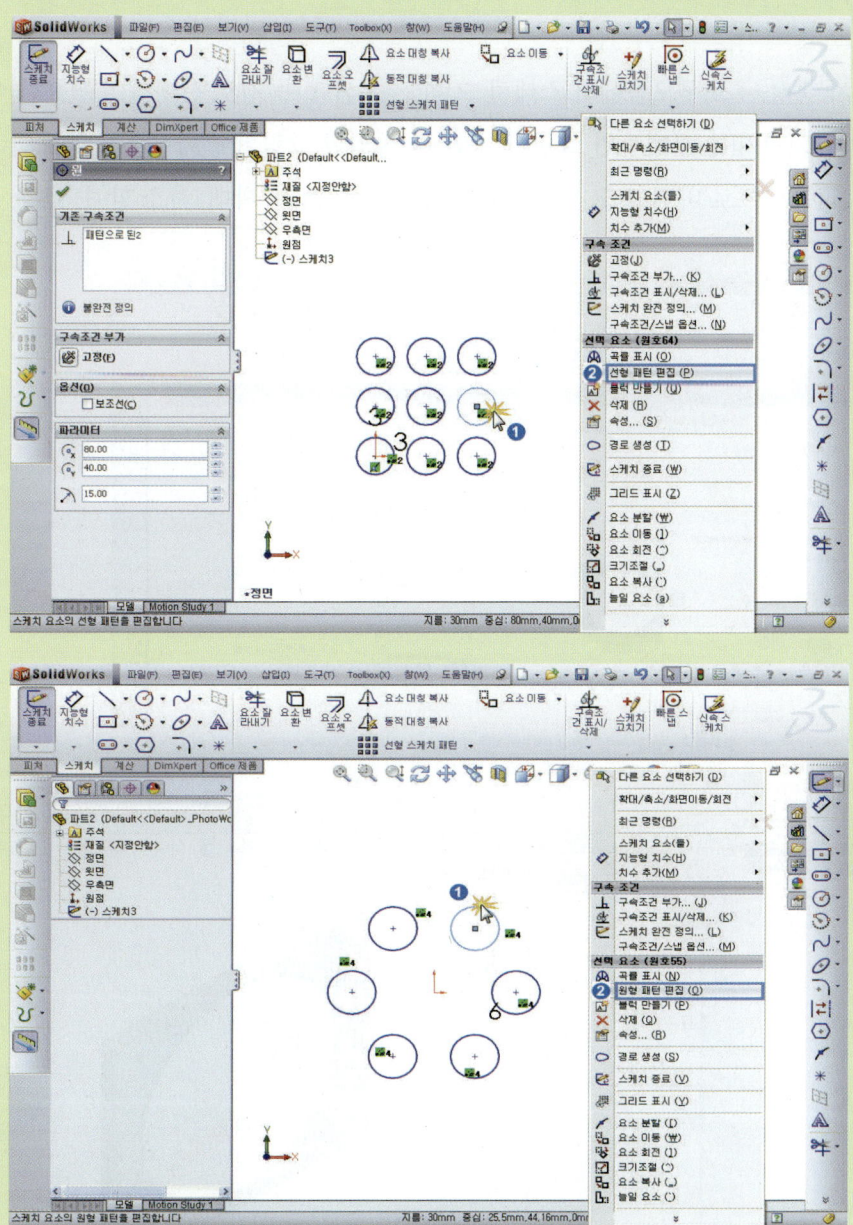

3-16 스케치 그림(배경 그림 삽입)[ ]

작업 평면에 배경으로 사용할 수 있는 그림(BMP, GIF, JPG, TIF, WMF 형식)을 삽입할 수 있다.
삽입되는 이미지 는 문서에 삽입되는 것이므로 원래 이미지를 변경해도 업데이트 되지 않는다.

방법 1 피처 생성 ➡ 도구모음에서 스케치 그림[ ] 선택 ➡ 경로 선택하여 필요한 이미지 지
정하고 [열기]를 선택하면 그림이 삽입 ➡ 삽입된 그림위에 마우스를 놓으면 포인터가
[ ] 모양으로 바뀌고 크기를 바꾸지 않고 이동, 회전, 확대, 축소 할 수 있다.

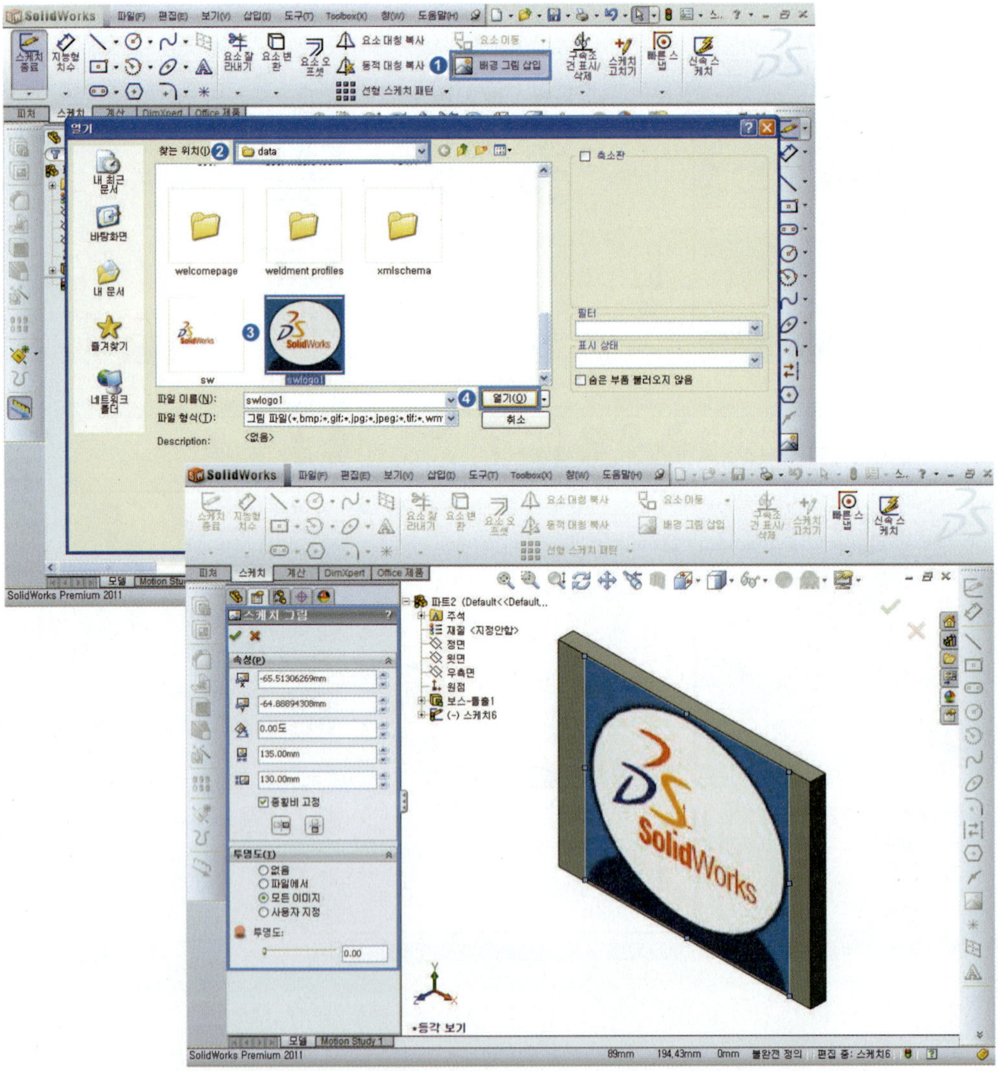

스케치 그림[] Property manager

- 속성(P)

  : 그림 왼쪽 끝의 X 좌표

  : 그림 왼쪽 끝의 Y 좌표

  : 각도를 입력하면 그림이 시계방향으로 회전

  : 그림 가로크기(종횡비 고정=세로크기 자동으로 지정)

  : 그림 세로크기(종횡비 고정=가로크기 자동으로 지정)

- 종횡비 고정: 가로, 세로 비율을 고정시킬 경우 사용함.

  : 그림을 수평으로 뒤집을 경우 사용

  : 그림을 수직으로 뒤집을 경우 사용

- 투명도(T)

  없음: 투명도 속성 사용하지 않음

  파일에서 : 파일에 있는 투명도를 그대로 사용

  모든 이미지 : 이미지 전체의 투명도 부여

  사용자 지정 : 사용자가 지정한 색만 투명도 부여

제3장

파트 모델링
(Part modeling)
따라잡기

브라켓(Bracket) 모델링

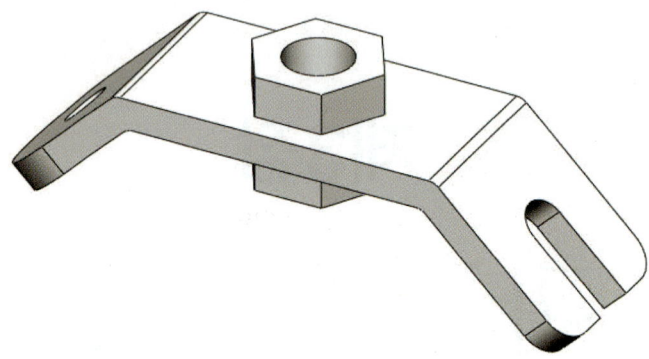

[그림 3-1] 브라켓(Bracket) 모델링

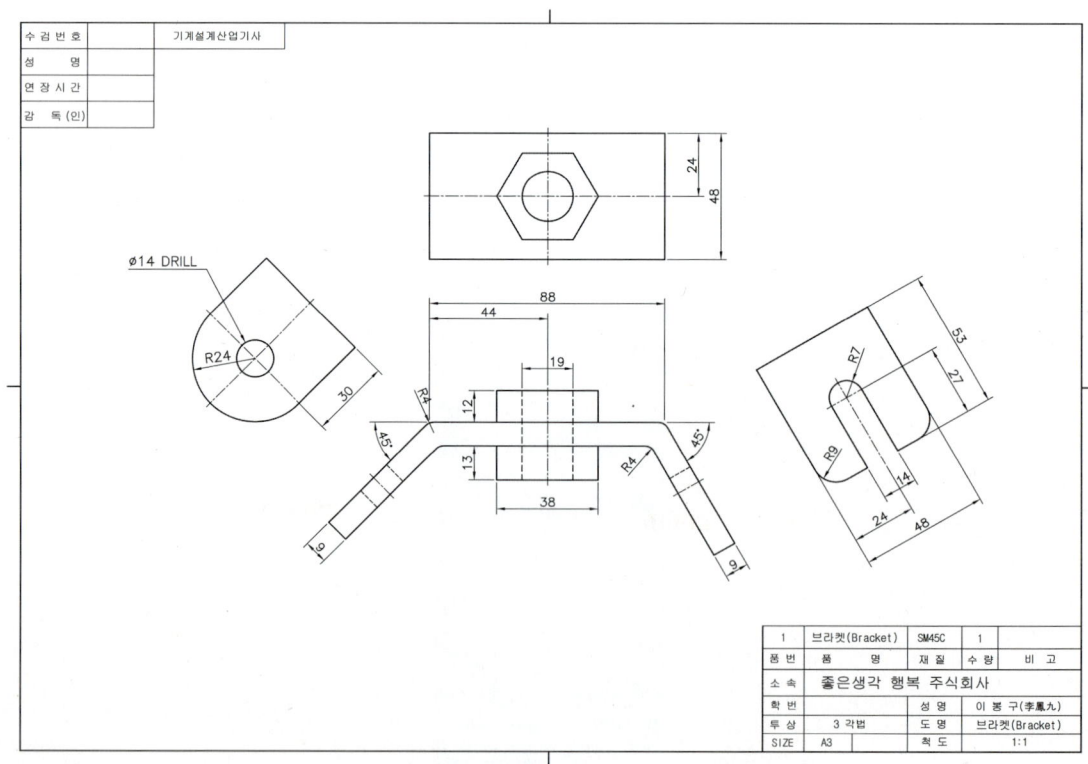

수 검 번 호		기계설계산업기사	
성 명			
연 장 시 간			
감 독 (인)			

1	브라켓(Bracket)	SM45C	1	
품 번	품 명	재 질	수 량	비 고
소 속	좋은생각 행복 주식회사			
학 번		성 명	이 봉 구(李鳳九)	
투 상	3 각법	도 명	브라켓(Bracket)	
SIZE	A3	척 도	1:1	

[그림 3-2] 브라켓(Bracket) 모델 도면

■ Bracket(브라켓) 모델링 순서

① 우측면 → [✏️] → 선[＼]

② 지능형 치수[◇]

③ 돌출─얇게[🗔]

④ 중심선[┆] → 원[⊙] → 선[＼] → 돌출─컷[🔲]

⑤ 중심선[┆] → 원[⊙] → 선[＼] → 돌출─컷[🔲]

⑥ 다각형[⬡] → 돌출[🗔] → 원[⊙] → 돌출─컷[🔲] → 필렛[🟩]

1 파일 ➡ 새문서(N)[새 문서]를
클릭한다.

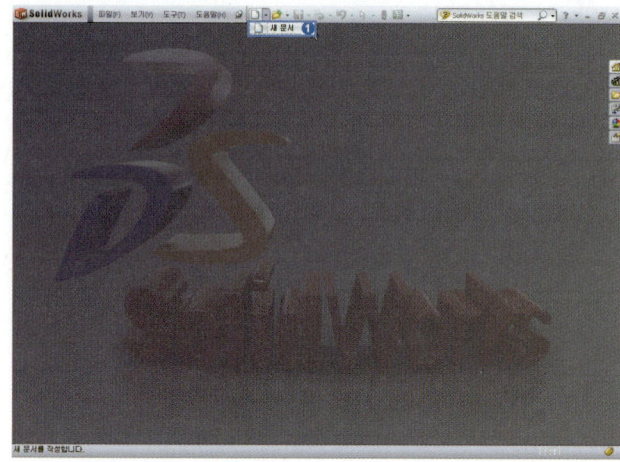

2 새문서 창에서 파트[Part] 선택 ➡
[확인] 버튼을 누른다.

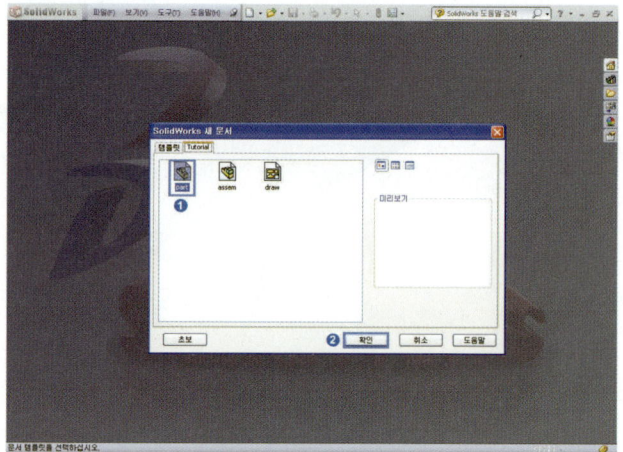

3 스케치를 생성할 작업평면[정면]
을 선택 ➡ 스케치 도구[ ]
선택한다.

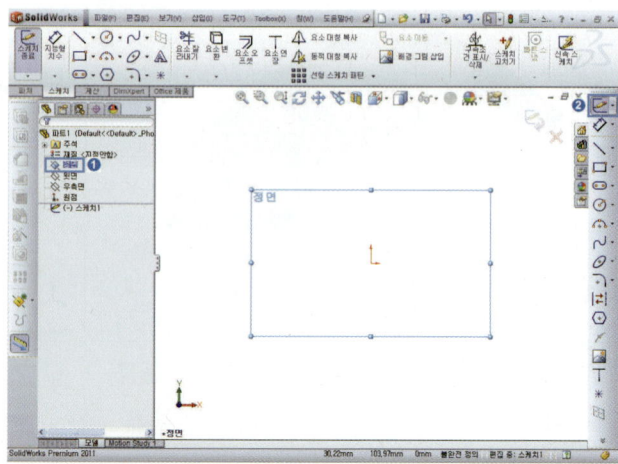

4 도구모음에서 선(Line)[\] 클릭하여 아래 그림처럼 스케치한다.

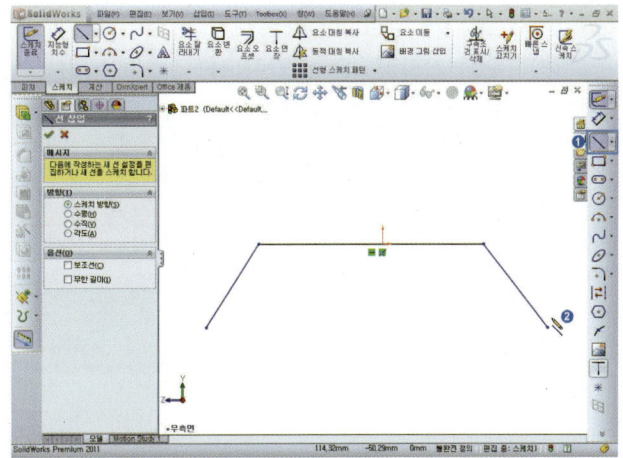

5 도구모음에서 지능형 치수(Smart dimension)[◇▾] 클릭하여 치수 기입(그림 3-2 참고)한다.

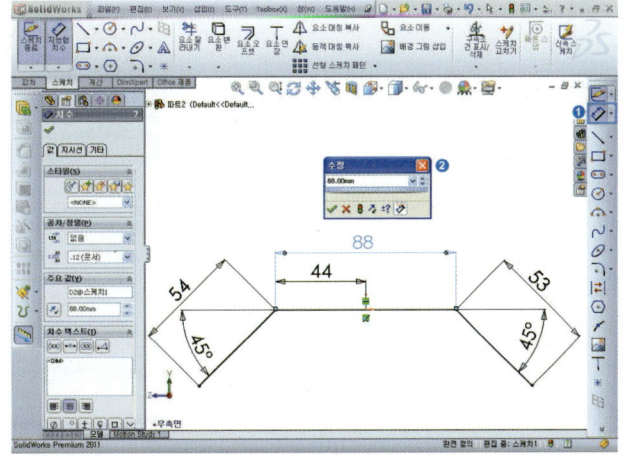

6 2D 스케치가 완전정의(검은색) 되면 ➡ 돌출 보스/베이스[🔲] 클릭하면 미리보기 화면이 나온다.

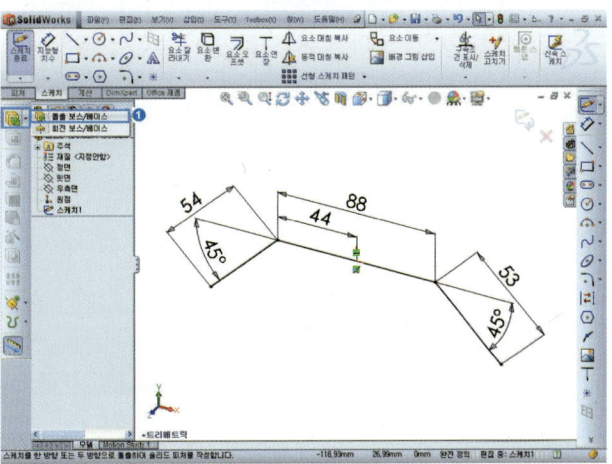

7 돌출[ ] ➡ 방향1 [ ][중간평
면], [ ] 거리값 48mm입력 ➡
[ ] 얇은 피처(T) 체크, [중간평
면][ ]두께 9mm 입력 ➡ 확인
[ ]을 누른다.

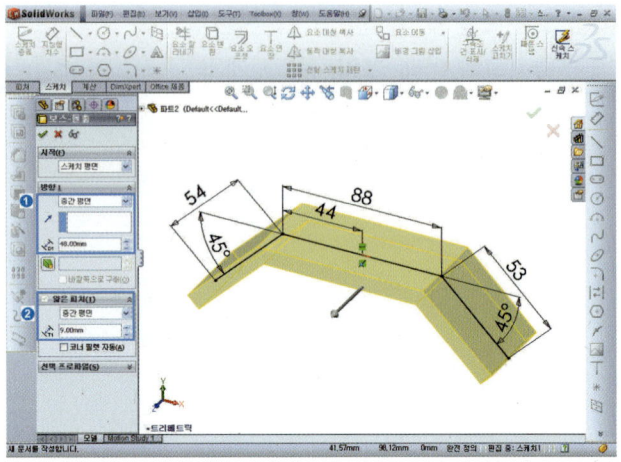

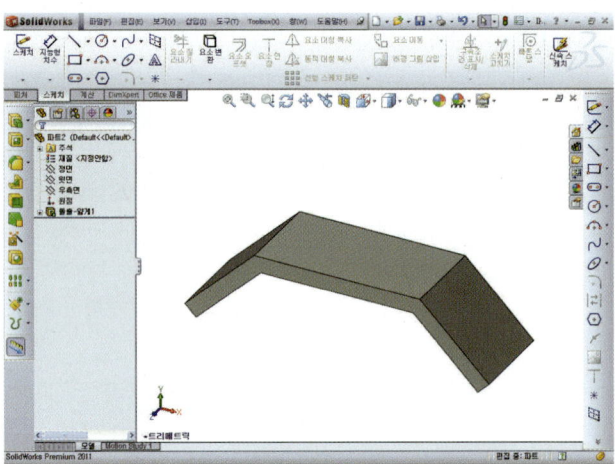

8 피처의 윗면 선택 ➡ 스케치 도
구[ ] 선택 ➡ [Spacebar] 누
르면 방향창 [면에 수직으로 보
기] 더블클릭 ➡ 스케치 작업이
편하도록 수직하게 위치한다.

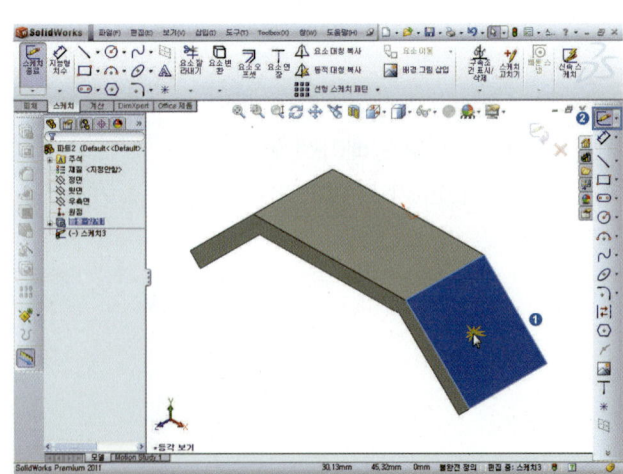

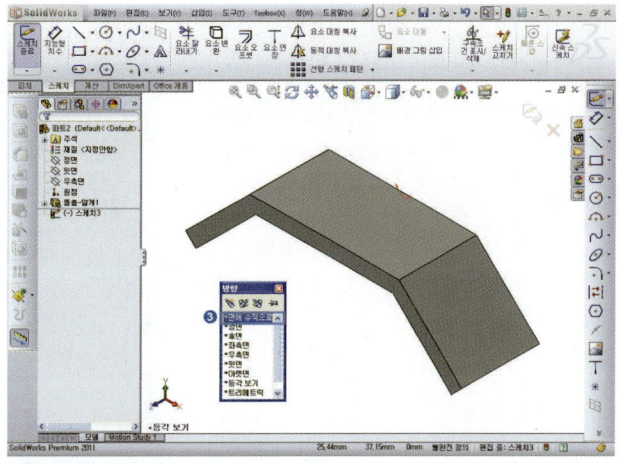

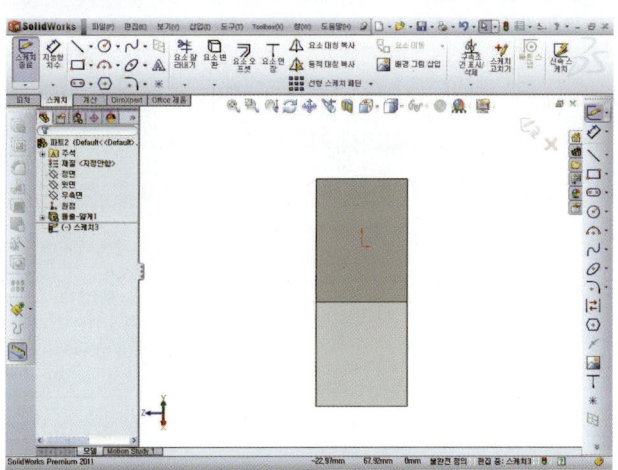

9 중심선[|] 선택, 중심선을 스
케치 ➡ 원[⊙] 선택, 원 스케치
➡ 선[\ ] 으로 원의 사분점에
선을 연결하고 아래 모서리에 라
인을 스케치하여 닫혀있는 스케
치(폐곡선)가 되도록 한다.

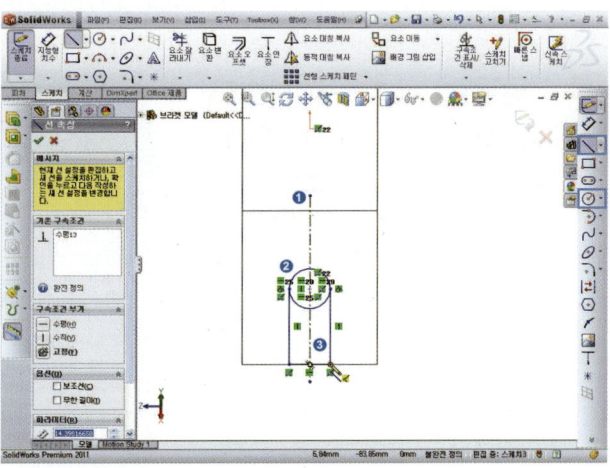

10 지능형 치수(Smart dimension) [✏️] 선택, 지름 14mm, 거리 27mm 아래 그림처럼 치수입력한다.

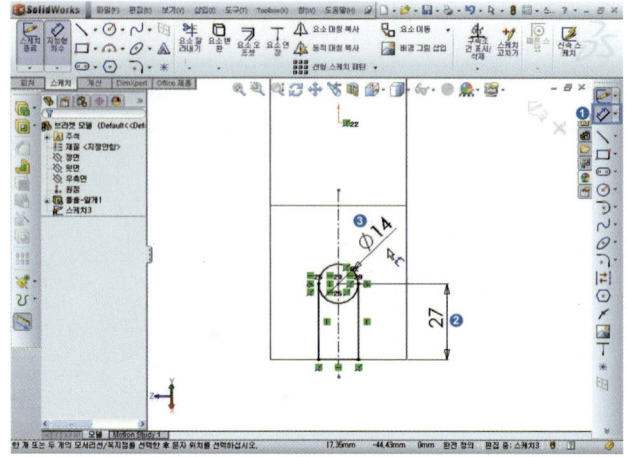

11 요소 잘라내기(Trim)[✂️] 선택, [┼] [근접 잘라내기(T)] 원과 선이 겹치는 부분을 잘라낸다.

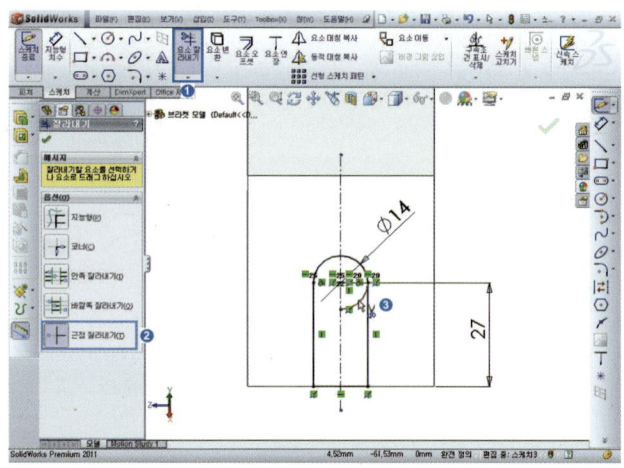

12 **Spacebar** 누르면 방향 창에서 [등각보기] 더블클릭 ➜ 원하는 작업평면에 스케치 작업이 되었는지 확인한다.

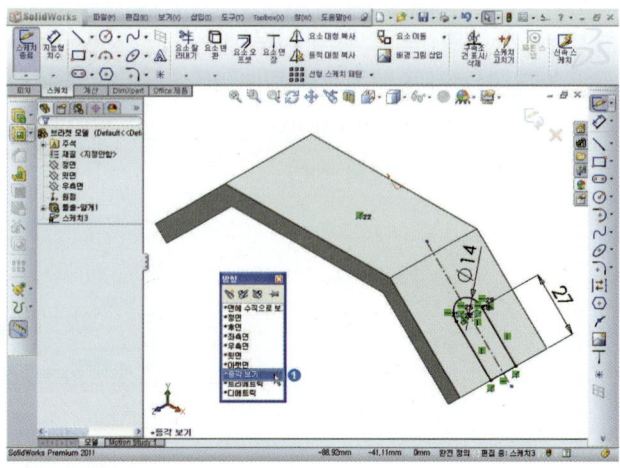

13 돌출−컷[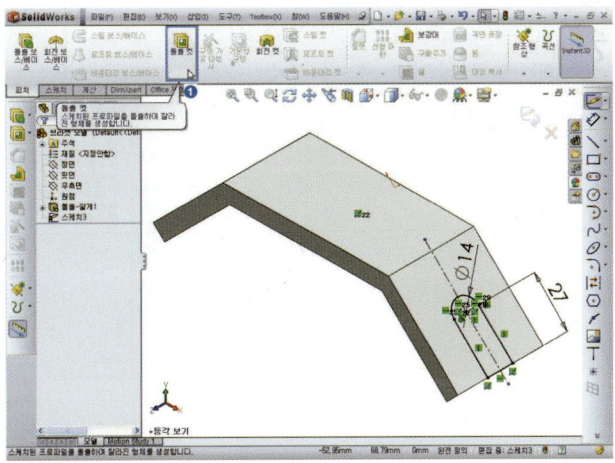] 선택한다.

14 방향1[], [블라인드 형태] 선택
→ [] 입력창에 거리값 9mm
입력 → 확인[]을 누른다.

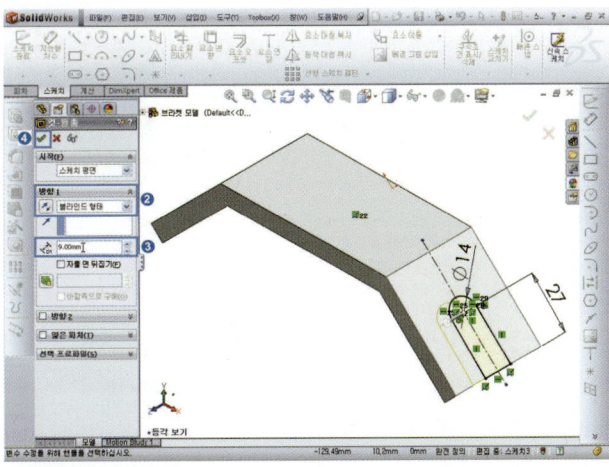

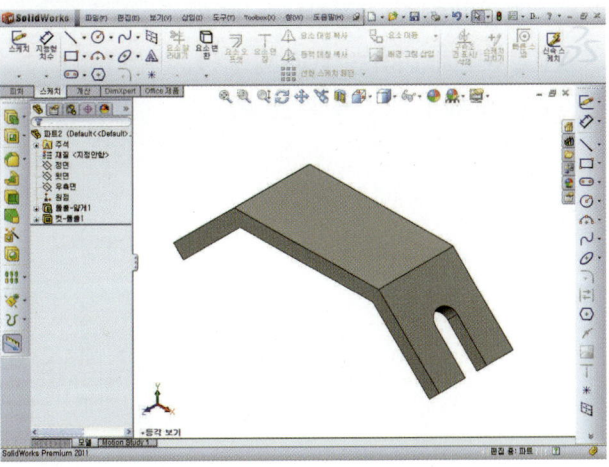

15 뷰 회전[🔄] 선택, 마우스 가운
데 휠로 회전한 후 ➡ 필렛[🟠]
을 누른다.

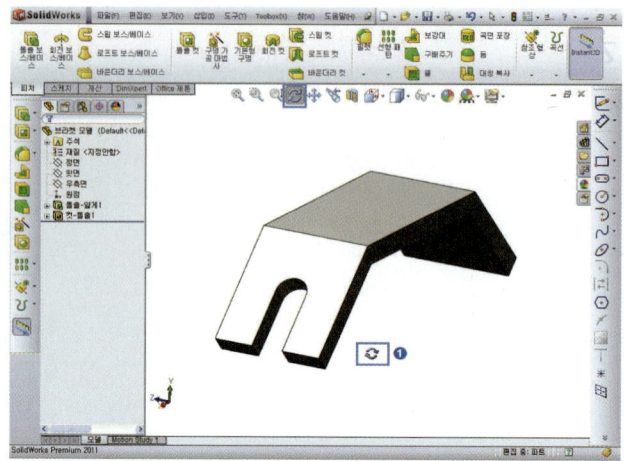

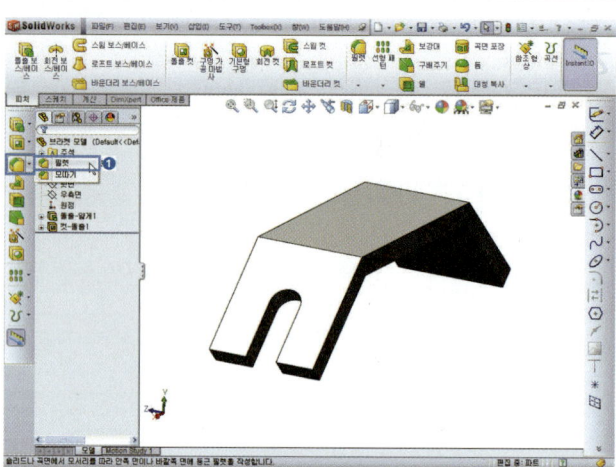

16 부동반경(C) ➡ ☑탄젠트 파급
(G), ◉전체 미리보기(W) 체크 ➡
③,④모서리 선택 ➡ 확인[✅]을
누른다.

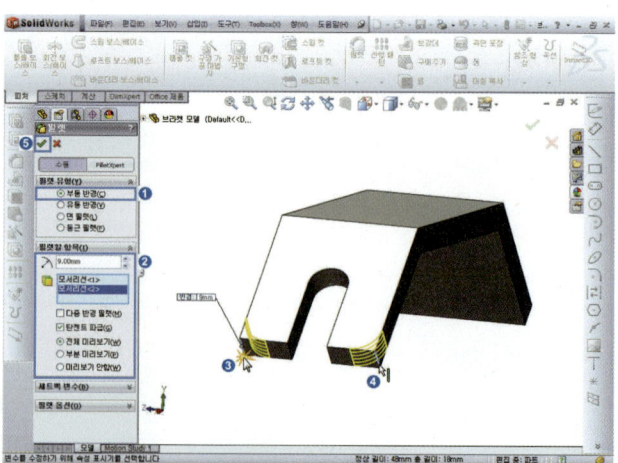

17 뷰 회전[🔄] 선택하여 아래 그림처럼 회전한다.

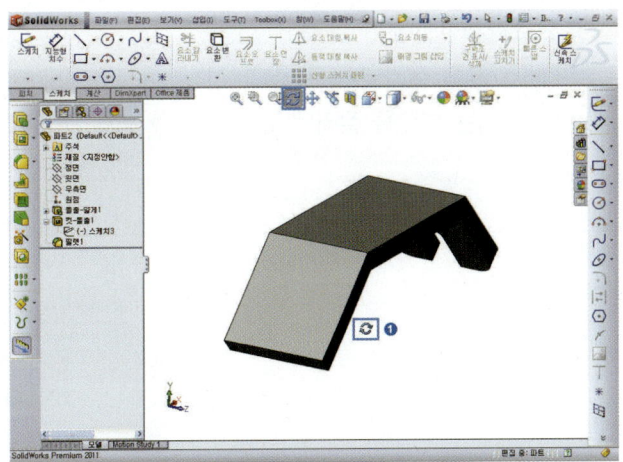

18 피처 윗면 선택 ➡ 스케치 도구 [✏️ ▾] 선택 ➡ **Spacebar** 누르면 방향창 [면에 수직으로 보기] 더블클릭 ➡ 스케치 작업이 편하도록 수직하게 위치한다.

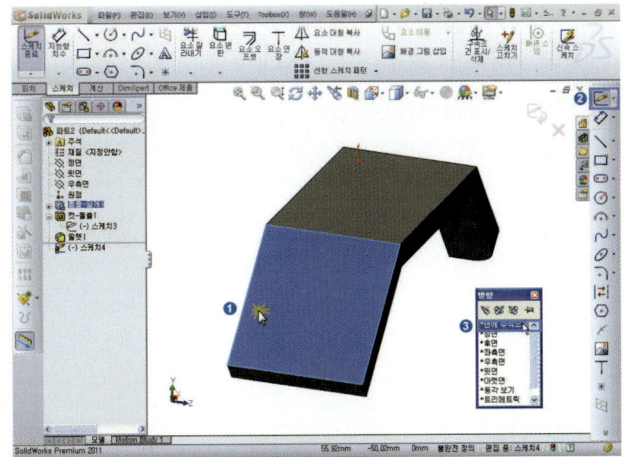

19 중심선[┃] 스케치 ➡ 원[⊙²] 지름 48mm 원 스케치 ➡ 선[＼▾]을 아래 그림처럼 스케치한다.

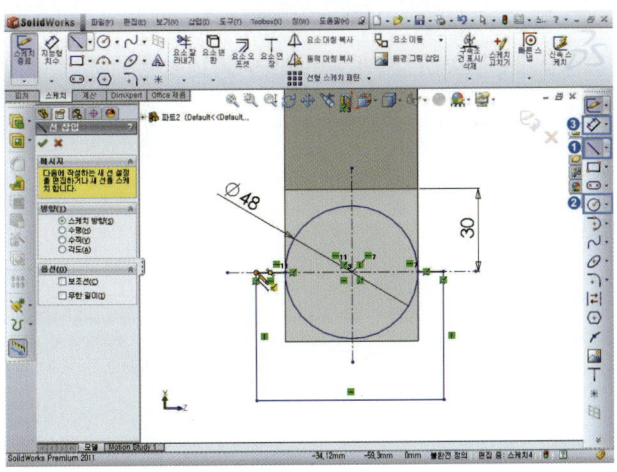

20 요소 잘라내기(Trim)[✂] 선택, [┼] 근접 잘라내기(T), 원과 선이 겹치는 부분을 잘라낸다.

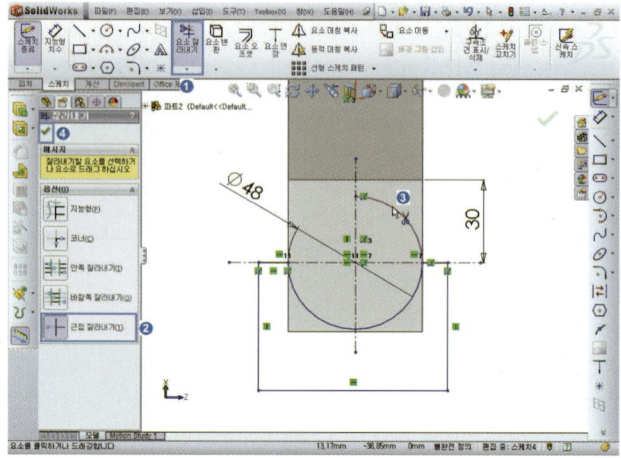

21 뷰 회전[🔄] 선택하거나, 가운데 마우스 휠을 누른 상태에서 드래그하면 회전이 된다.

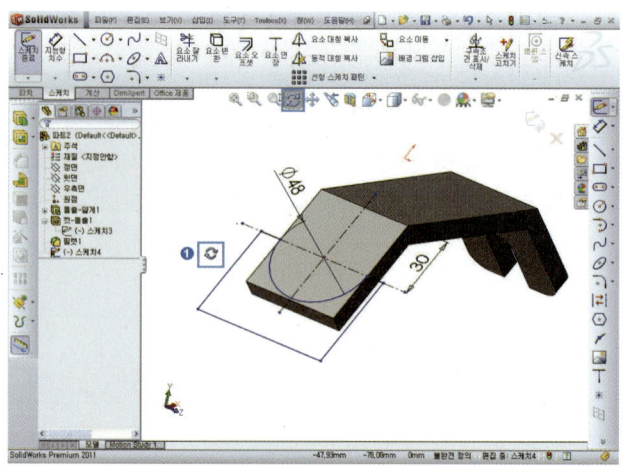

22 돌출─컷[▣] 선택 ➡ 방향 1 [↗], [관통] 선택 ➡ 확인[✔]을 누른다.

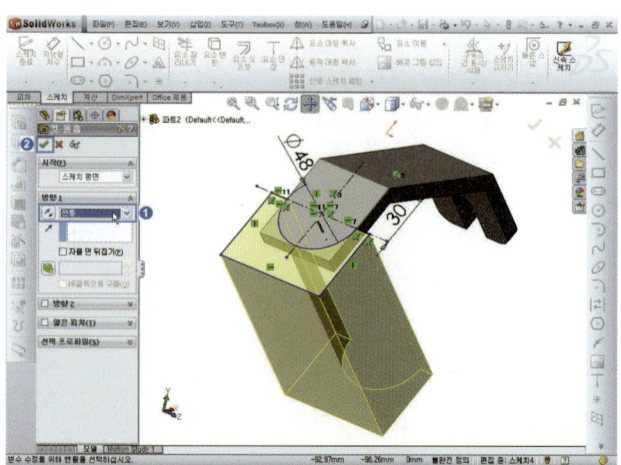

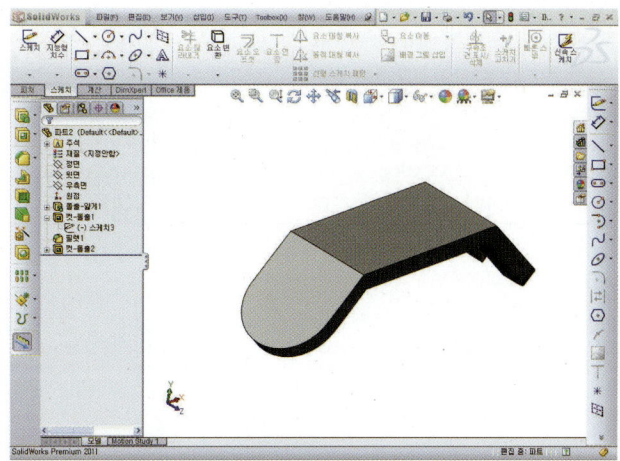

23 피처 윗면 선택 ➡ 스케치 도구
[✎▾] 선택 ➡ **Spacebar** 누르
면 방향창 [면에 수직으로 보기]
더블클릭 ➡ 스케치 작업이 편하
도록 수직하게 위치한다.

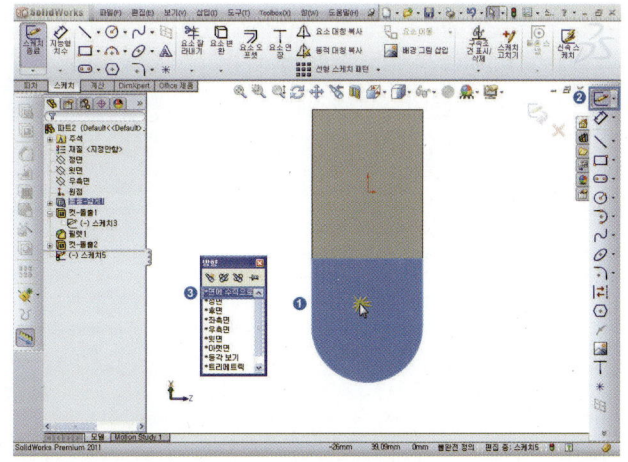

24 원[⊙²] 선택 ➡ 모서리 선택하
면 호(Arc)의 모서리에 중심이
나타남 ➡ 지름 14mm 원 스케
치한다.

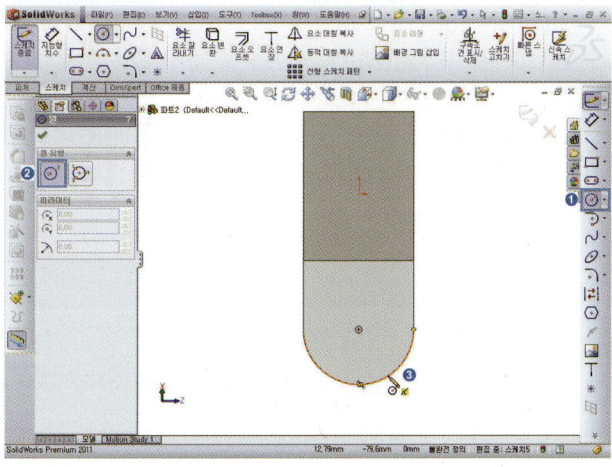

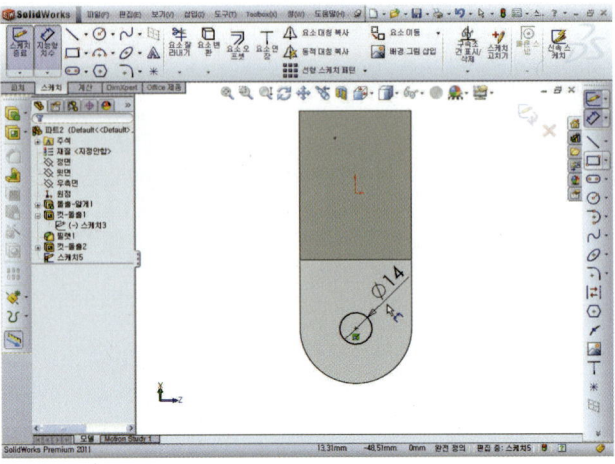

25 돌출-컷[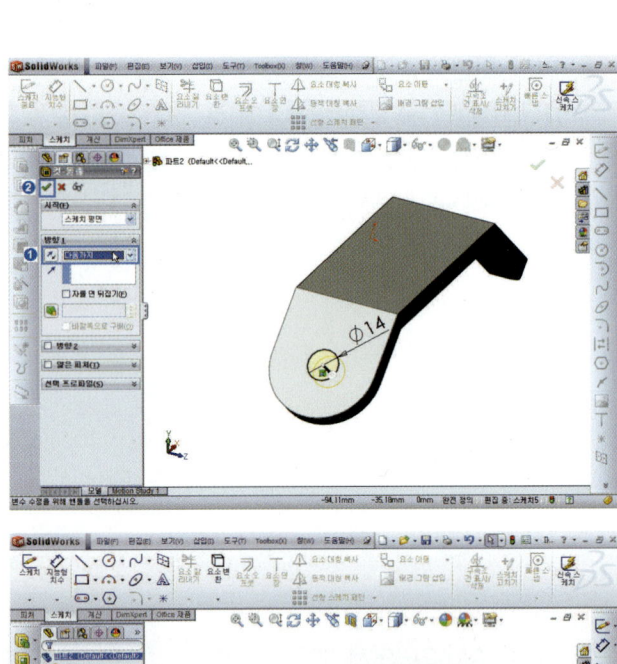] 선택 ➡ 방향 1
[ ] [다음까지] 선택 ➡ 확인
[ ]을 누른다.

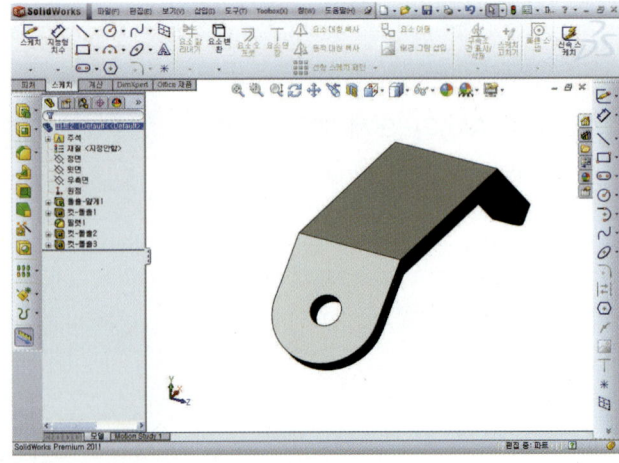

26 피처 윗면 선택 ➡ 스케치 도구 [✏️▾] 선택 ➡ **Spacebar** 누르면 방향창 [면에 수직으로 보기] 더블클릭 ➡ 스케치 작업이 편하도록 수직하게 위치한다.

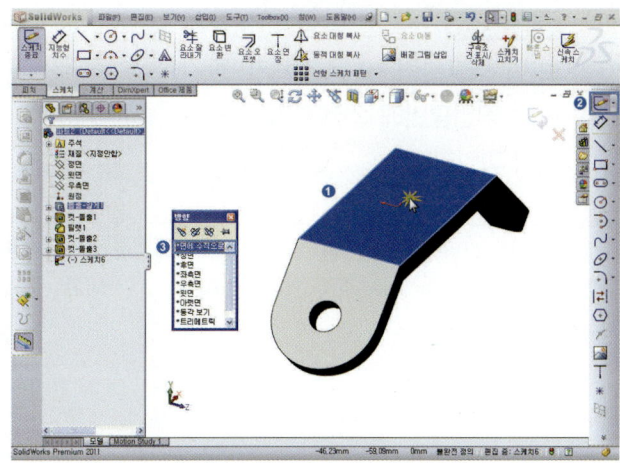

27 다각형[⬡] 선택, 6각형 스케치 ➡ 6각형 한변 선택 ➡ 구속조건 부가 [수평] 선택한다.

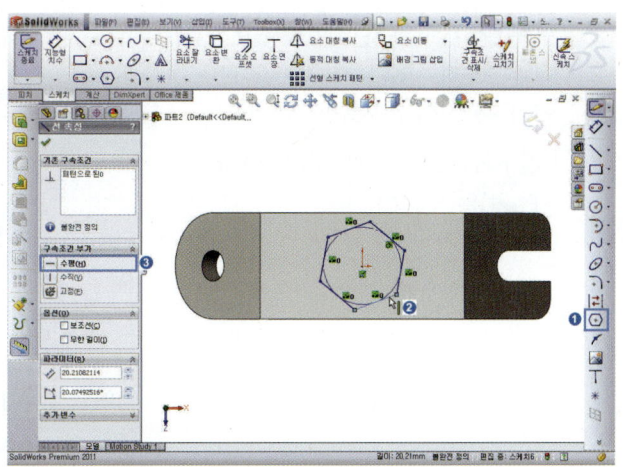

28 지능형 치수(Smart dimension) [✏️▾] 선택, 다각형 길이 38mm 치수입력한다.

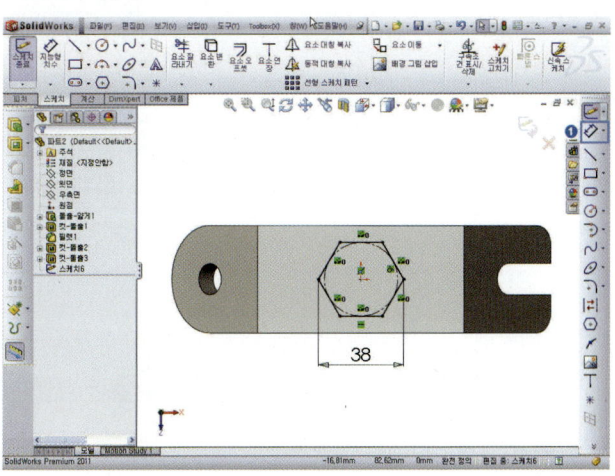

29 **Spacebar** 누르면 방향창 [등각 보기] 더블클릭 ➡ 스케치가 원하는 작업평면에 스케치되어 있는지 확인한다.

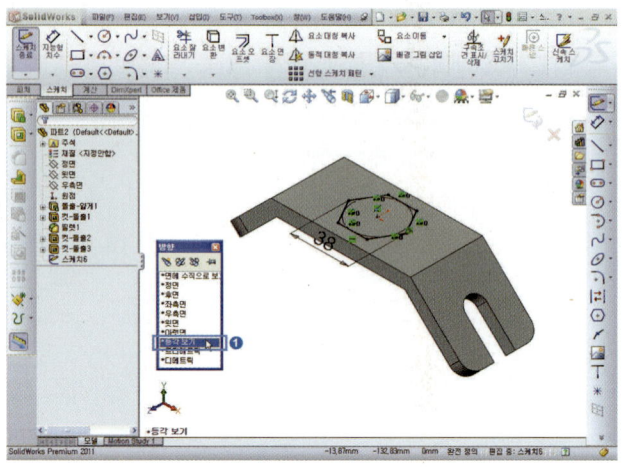

30 돌출[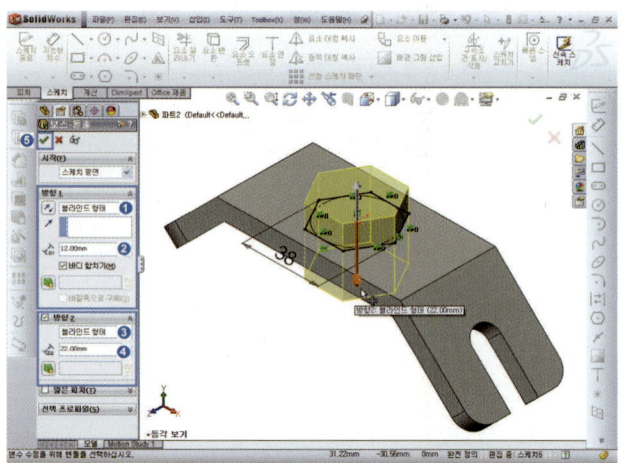] ➡ 방향 1[] [블라인드 형태], [] 거리값 12mm 입력 ➡ 방향 2 [블라인드 형태], [] 거리값 22mm 입력 ➡ 확인[]을 누른다.

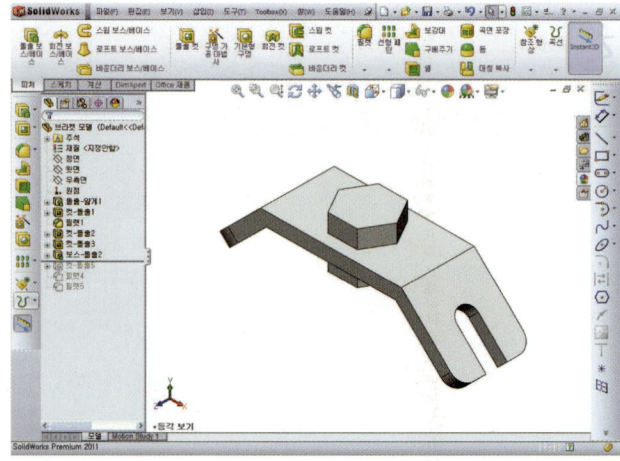

31 피처 윗면 선택 ➡ 스케치 도구 [✏️▾] 선택 ➡ Spacebar 누르면 방향창 [면에 수직으로 보기] 더블클릭 ➡ 스케치 작업이 편하도록 수직하게 위치한다.

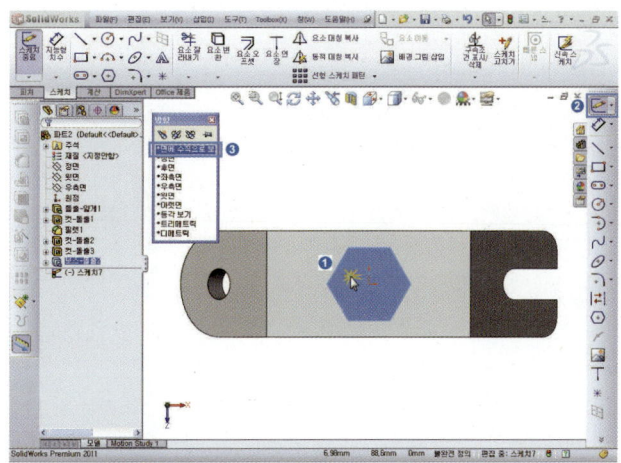

32 원[⊙] 신덱, 원 스케치 ➡ 지능형 치수(Smart dimension)[✏️▾] 선택, 지름 19mm 치수입력한다.

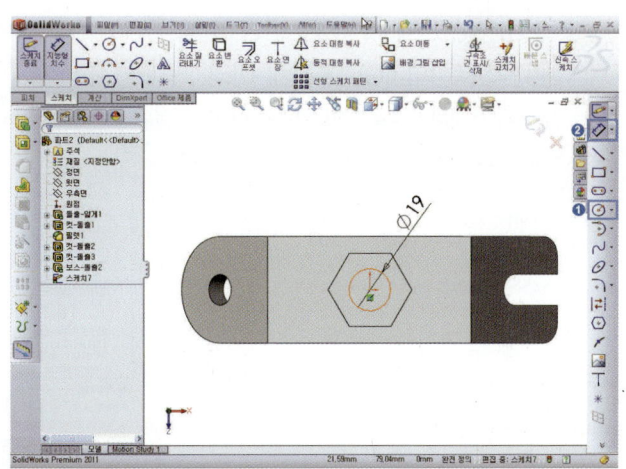

33 돌출-컷[▣] 선택 ➡ 방향 1 [↗] [관통] 선택 ➡ 확인[✅]을 누른다.

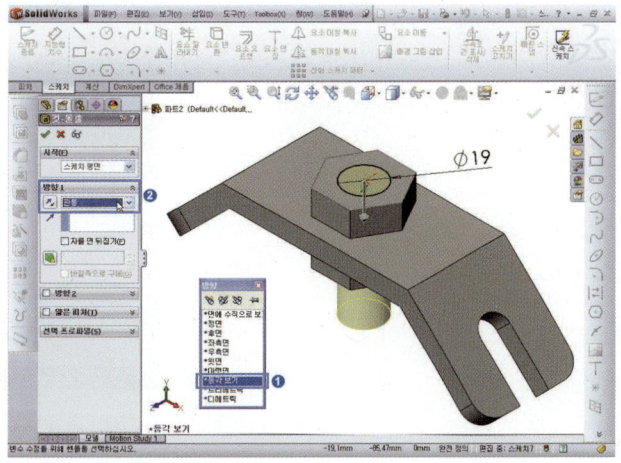

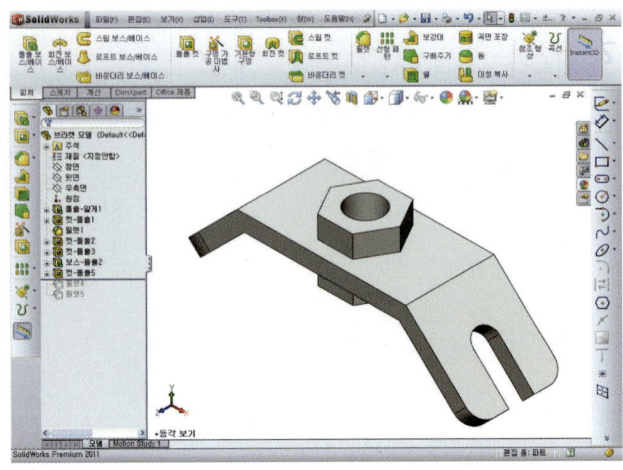

34 필렛[] 선택 ➡ 부동 반경(C),
☑ 탄젠트 파급(G), ⊙전체 미리
보기(W) 선택 ➡ 2개의 모서리
선택 ➡ 확인[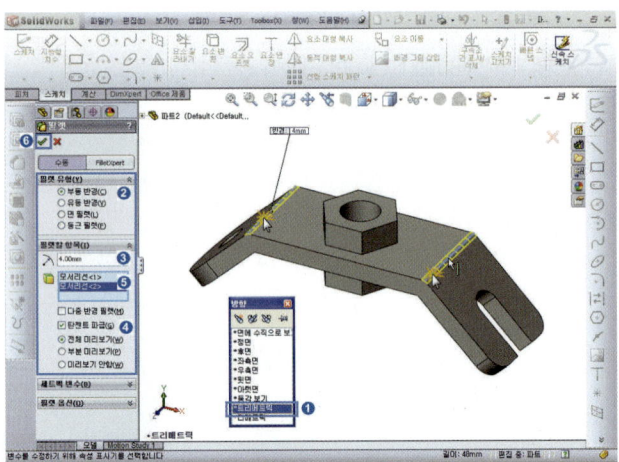]을 누른다.

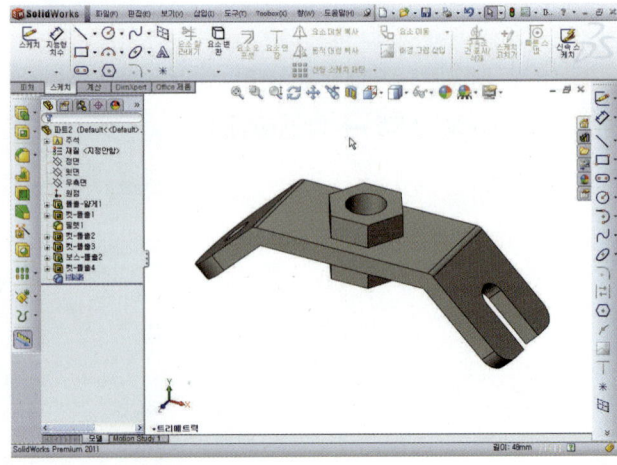

35 Spacebar 누르면 방향창 [아랫면] 더블클릭 ➡ 필렛[🔲] 선택 ➡ 2개의 모서리 선택 ➡ 확인 [✅] 누른다.

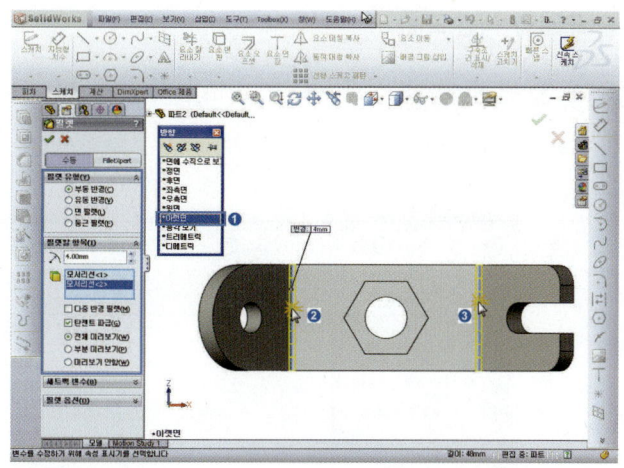

36 [그림 3-1] 도면에 따른 브라켓 모델링(Bracket modeling) 완성한다.

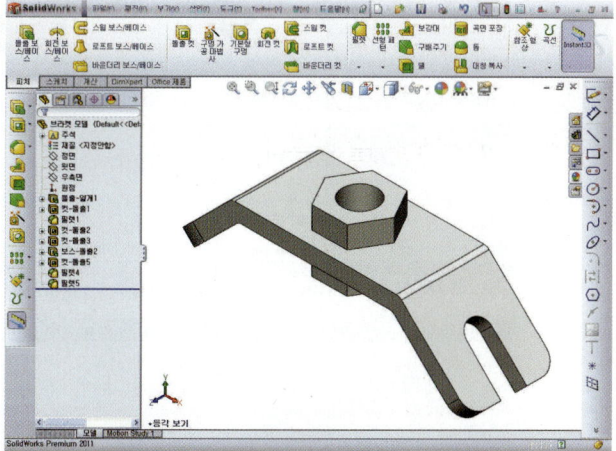

■ **모델의 색상 표현**

표현 편집[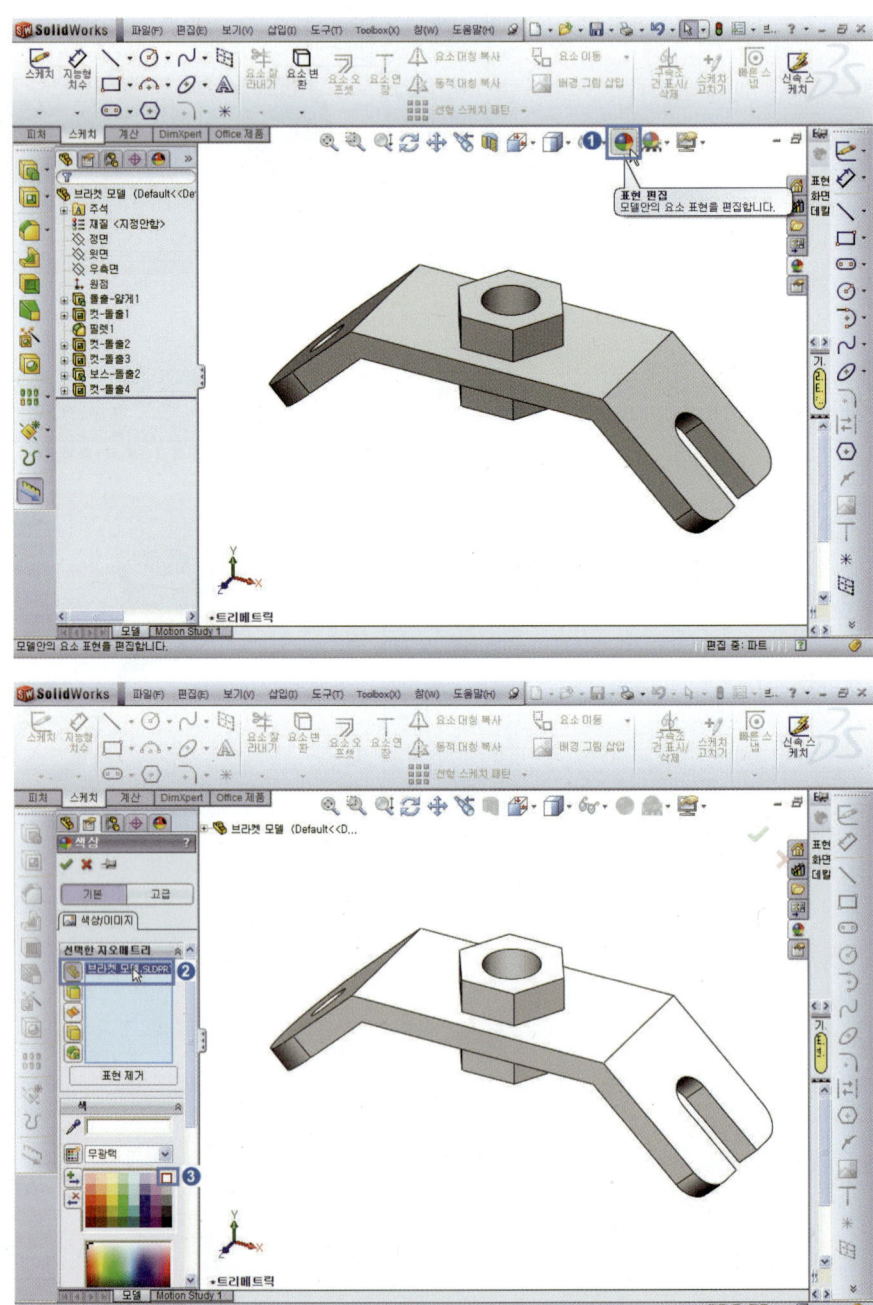] 선택 ➡ 파트[ ] 지정 ➡ 파트[브라켓 모델] 선택 ➡ 색상 선택 ➡ 확인
[ ]을 누른다.

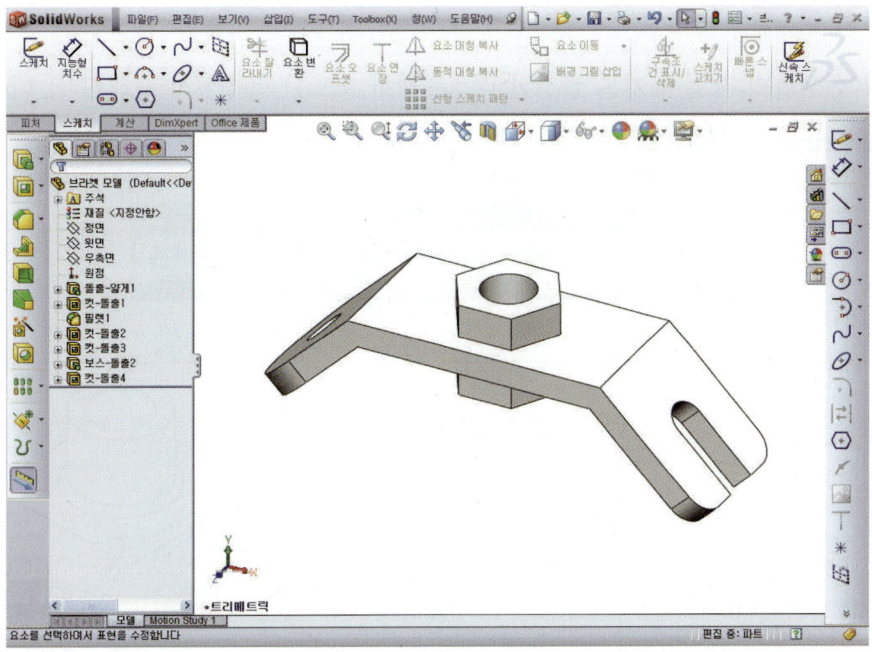

■ 모델의 표준 보기 방향 도구 모음

면에 수직하게 보기	등각 보기		
정면보기	트리메트릭		
후면보기	디메트릭		
좌측면 보기	뷰 회전	마우스 버튼 기능과 동일	
우측면 보기	화면 이동		
윗면 보기	확대/축소		
아랫면 보기	뷰 방향 = 키보드 Spacebar 버튼기능		

■ 모델의 뷰 디스플레이

파트나 어셈블리 작업시 기본 설정된 디스플레이 모드는 음영처리 상태이다. 디스플레이 모드는 사용자의 작업의도에 따라 바꿀 수 있다.

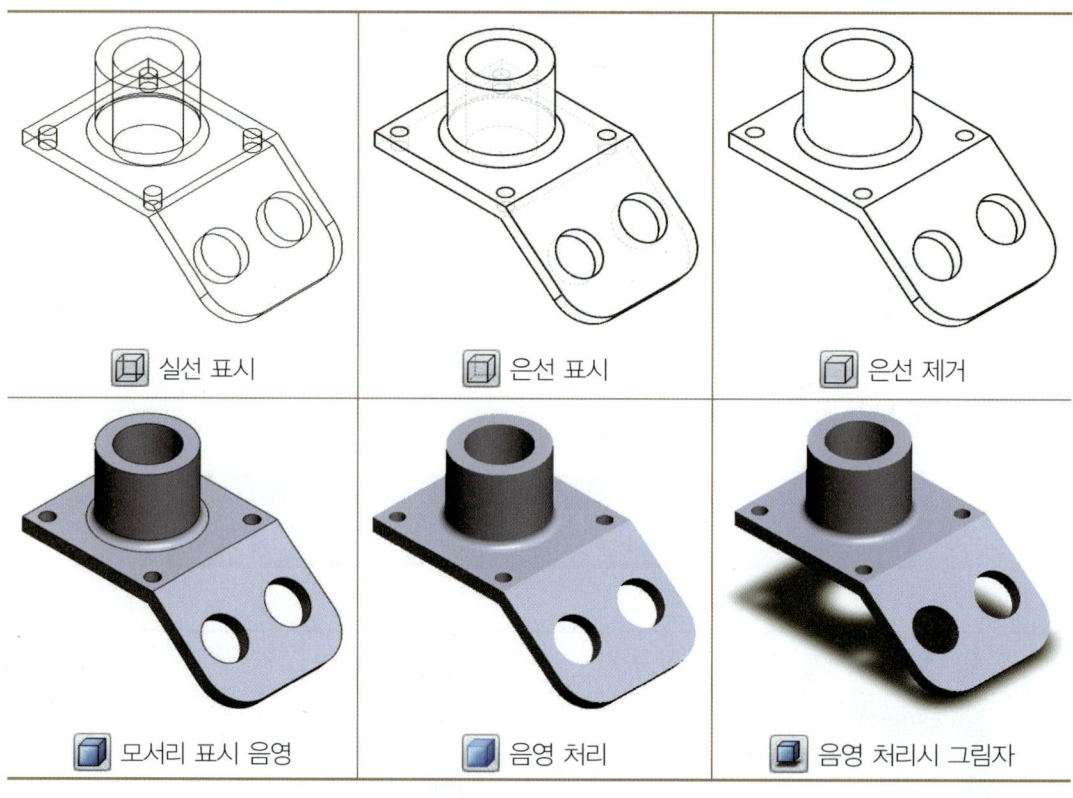

| 실선 표시 | 은선 표시 | 은선 제거 |
| 모서리 표시 음영 | 음영 처리 | 음영 처리시 그림자 |

브라켓(Bracket) 모델링

[그림 3-3] 브라켓(Bracket) 모델링

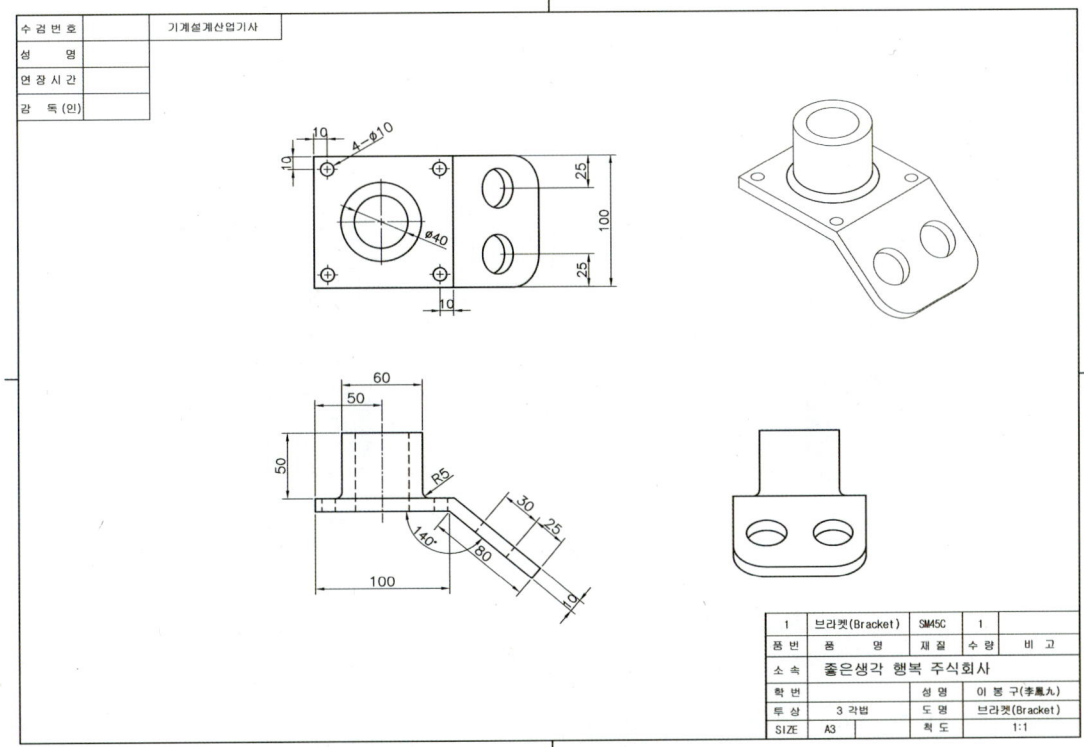

[그림 3-4] 브라켓(Bracket) 모델 도면

■ 브라켓(Bracket) 모델링 순서

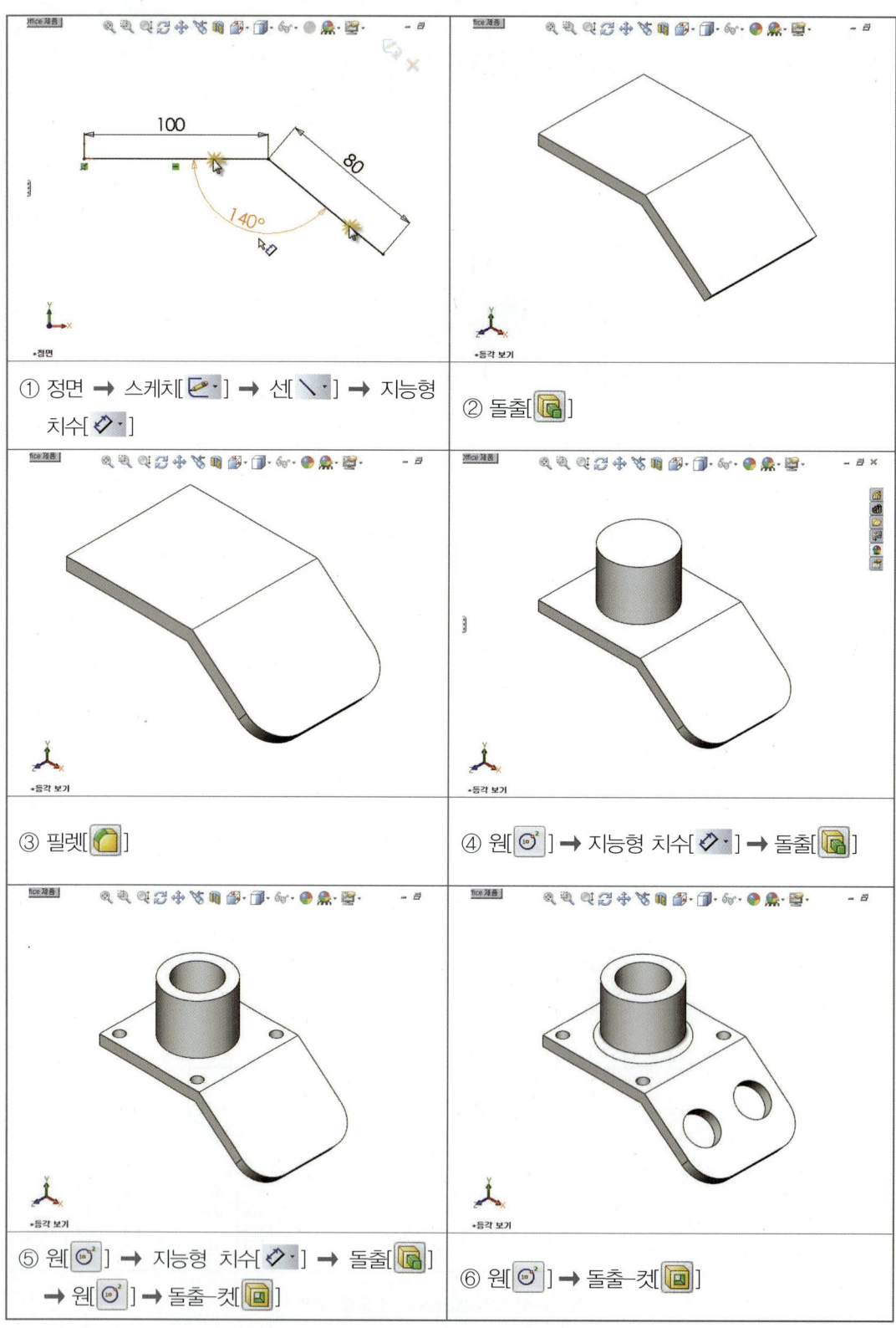

① 정면 → 스케치[] → 선[] → 지능형 치수[]	② 돌출[]
③ 필렛[]	④ 원[] → 지능형 치수[] → 돌출[]
⑤ 원[] → 지능형 치수[] → 돌출[] → 원[] → 돌출-컷[]	⑥ 원[] → 돌출-컷[]

1 파일 ➡ 새문서(N)[📄 새 문서]를 클릭한다.

2 새문서 창에서 파트[📦 Part] 선택 ➡ [확인] 버튼을 누른다.

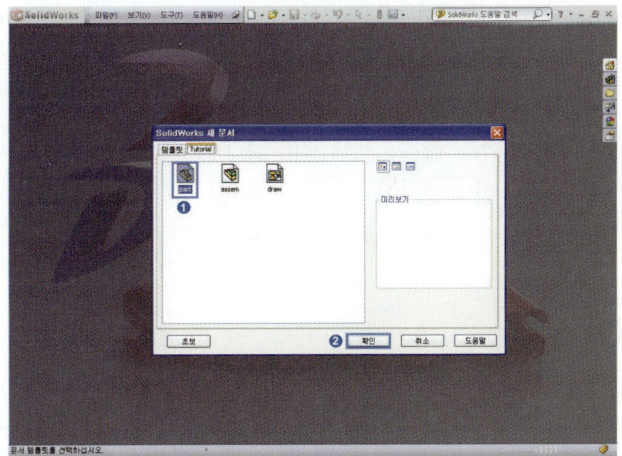

3 스케치를 생성할 작업평면[정면]을 선택 ➡ 스케치 도구[✏️] 선택한다.

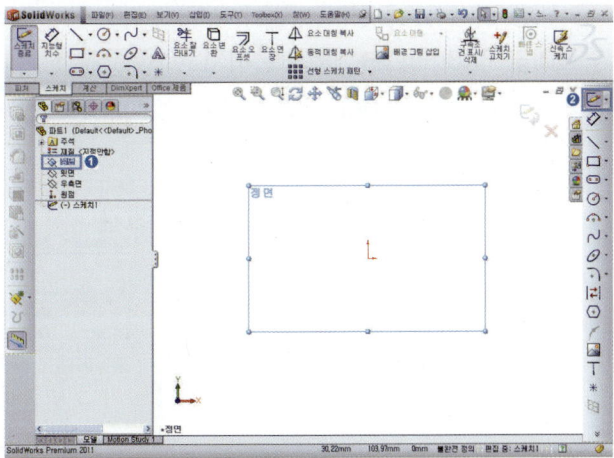

4 선(Line)[\] 클릭하여 원점[L]
기준으로 아래 그림과 같이 선
(Line)을 스케치한다.

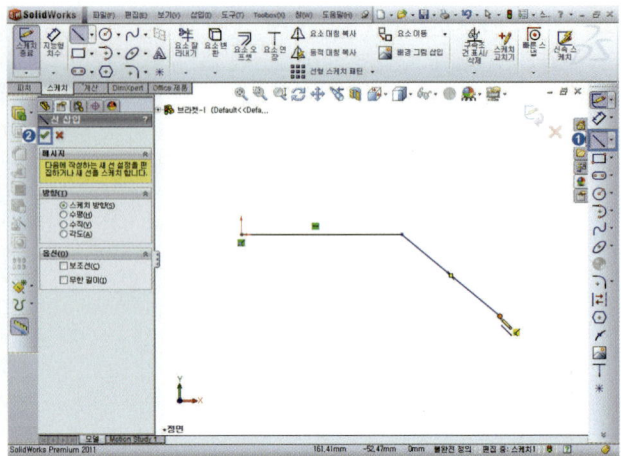

5 도구모음에서 지능형 치수(Smart
dimension)[◇] 클릭 ➡ 치수
를 기입(그림 3-4 참고)한다. (각
도 치수 기입의 경우 각도를 이
루고 있는 2개의 선을 선택하면
각도 치수기입이 가능)

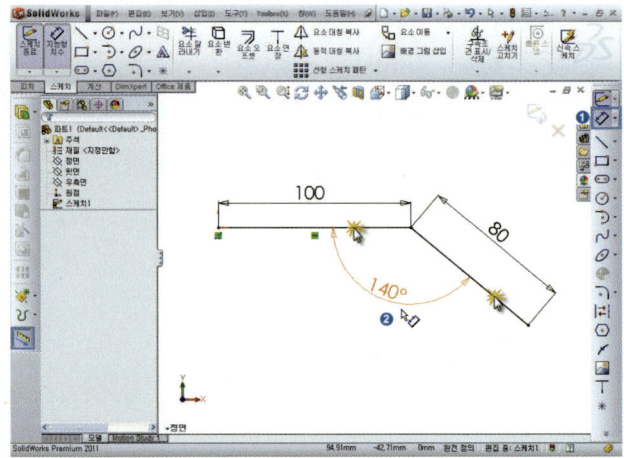

6 방향 1[⟋][중간평면], [⟋D1] 거
리값 100mm ➡ ☑ 얇은피처
(T), [중간평면], [⟋T1] 10mm 입
력한다.

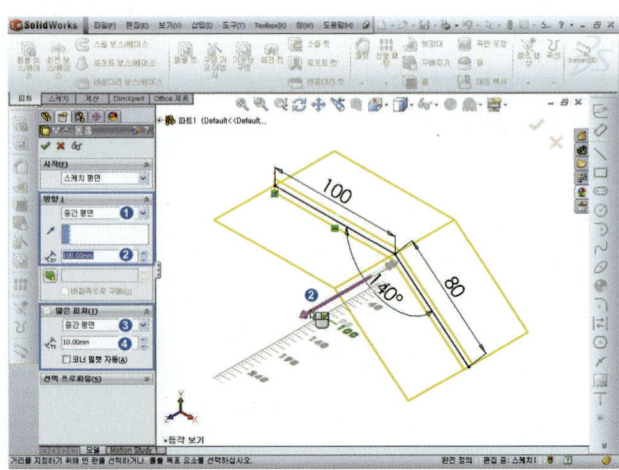

7 인스탄트 3D[ ]가 선택되어
있으면 돌출 보스/베이스에 눈금
자가 나옴(솔리드 웍스 2008 이
후 버전).

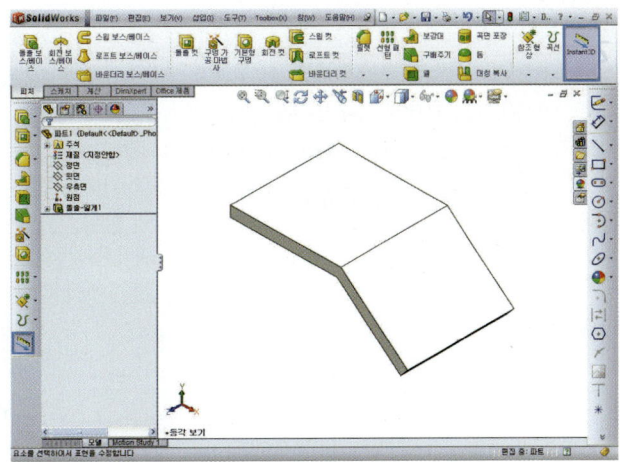

8 필렛[ ] 선택 ➡ 반지름
R25mm 입력 ➡ ③, ④ 모서리
선택 ➡ 확인[ ]을 누른다.

방향창을 계속화면에 나타나게 하
려면 고정핀 아이콘[ ]을 한번 클
릭하면 아이콘 모양[ ]이 바뀌면
서 화면창에 항상 표시가 된다.

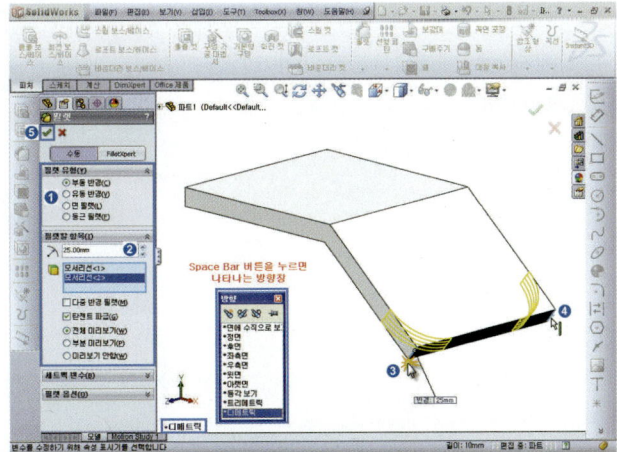

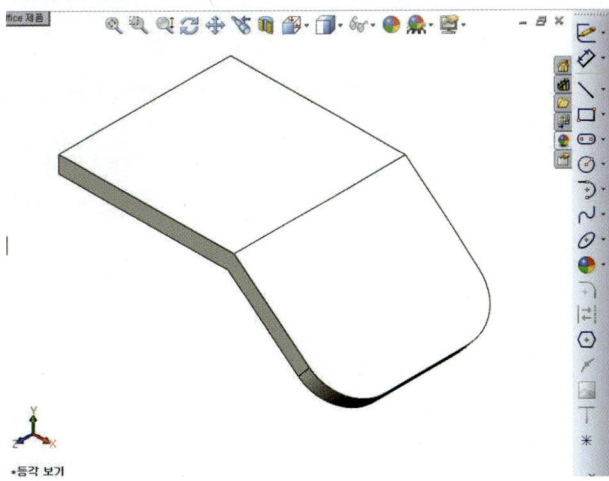

9 피처 윗면 선택 ➡ 스케치 도구 [✎▾] 선택 ➡ Spacebar 누르면 방향창 [면에 수직으로 보기] 더블클릭 ➡ 스케치 작업이 편하도록 수직하게 위치한다.

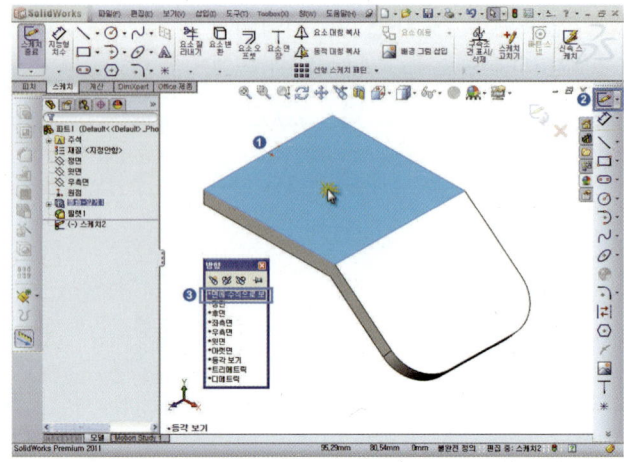

10 중심선[┃] 선택, 중심선을 스케치 ➡ 원[⊙] 선택하여 원 스케치한다.

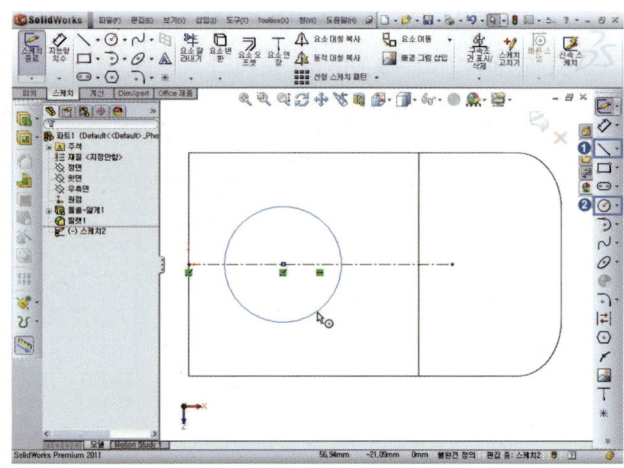

11 지능형 치수(Smart dimension) [◇▾] 선택, 지름 60mm, 길이 50mm 치수입력(그림 3-4 참고)한다.

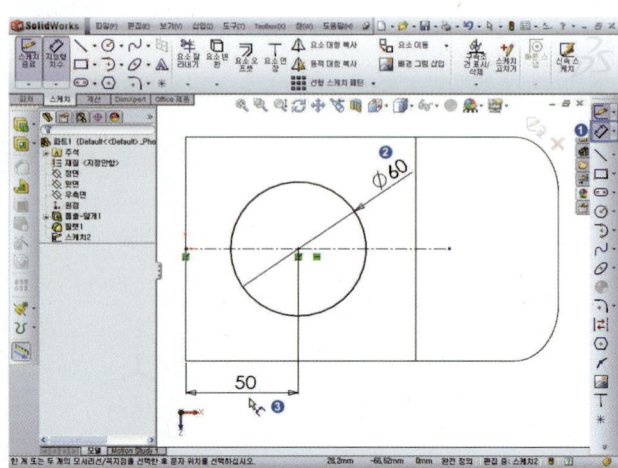

12 **Spacebar** 누르면 방향창 [등각 보기] 더블클릭 ➡ 원하는 작업 평면에 스케치 작업이 되었는지 확인한다.

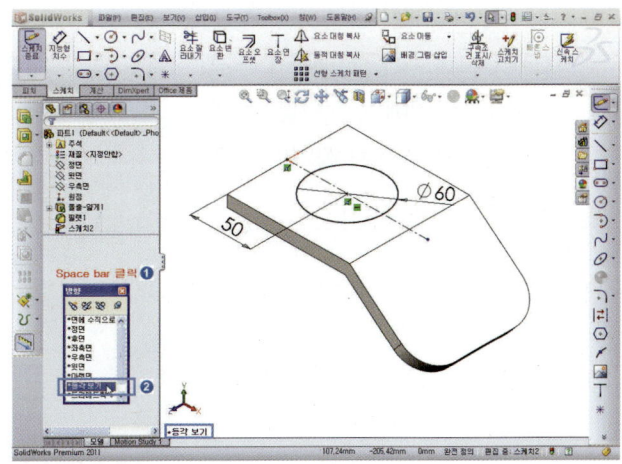

13 돌출[🗔] ➡ 방향 1[📐] [블라인드 형태], [📏] 높이 50mm를 입력 ➡ 확인[✅]을 누른다.

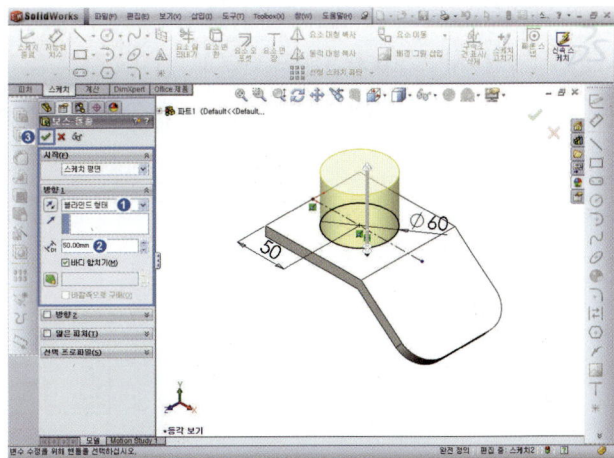

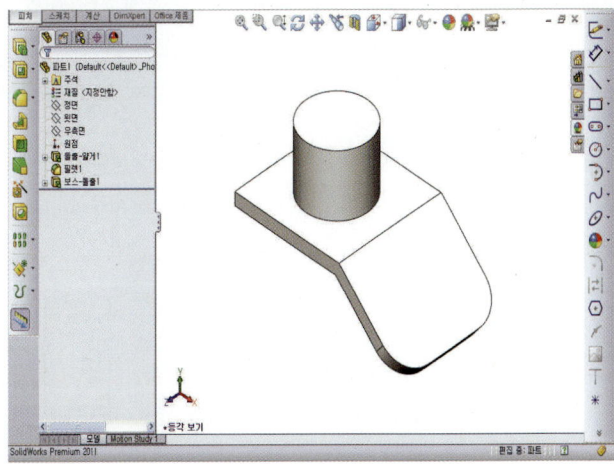

14 피처 윗면 선택 ➡ 스케치 도구
[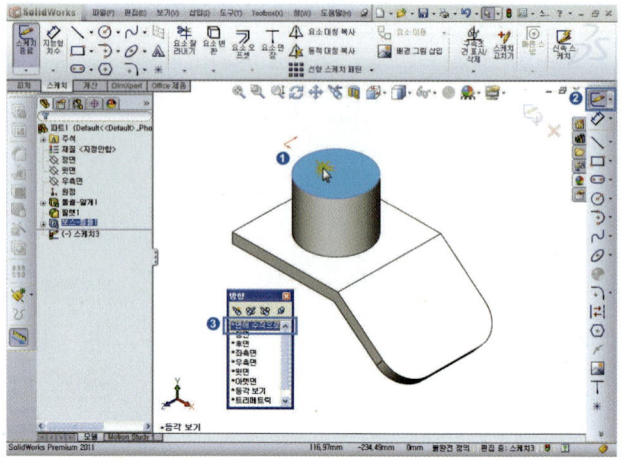] 선택 ➡ **Spacebar** 누르
면 방향창 [면에 수직으로 보기]
더블클릭 ➡ 스케치 작업이 편하
도록 수직하게 위치한다.

15 원[ ] 선택하여 원 스케치 ➡
지능형 치수(Smart dimension)
[ ] 지름 40mm 입력한다.

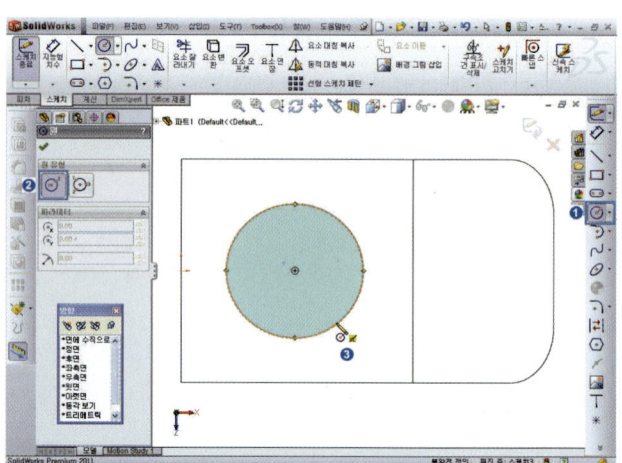

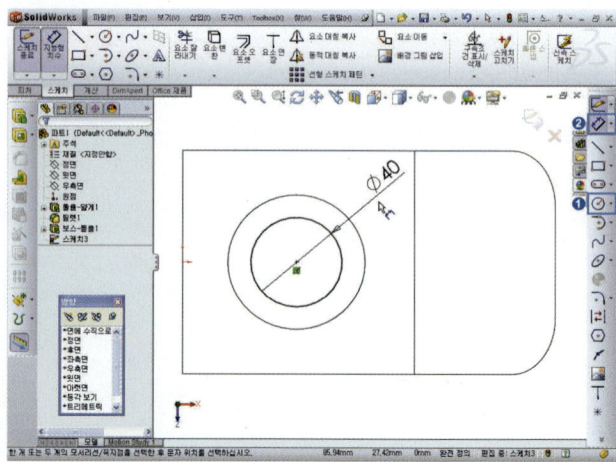

16 **Spacebar** 누르면 방향창 [등각
보기] 더블클릭 ➡ 원하는 작업
평면에 스케치 작업이 되었는지
확인한다.

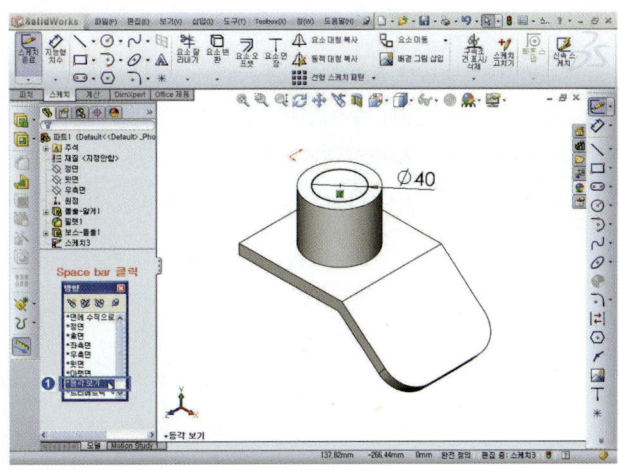

17 돌출−컷[⬛] 선택 ➡ 방향 1
[⤢] [관통] 선택 ➡ 확인[✓]을
누른다.

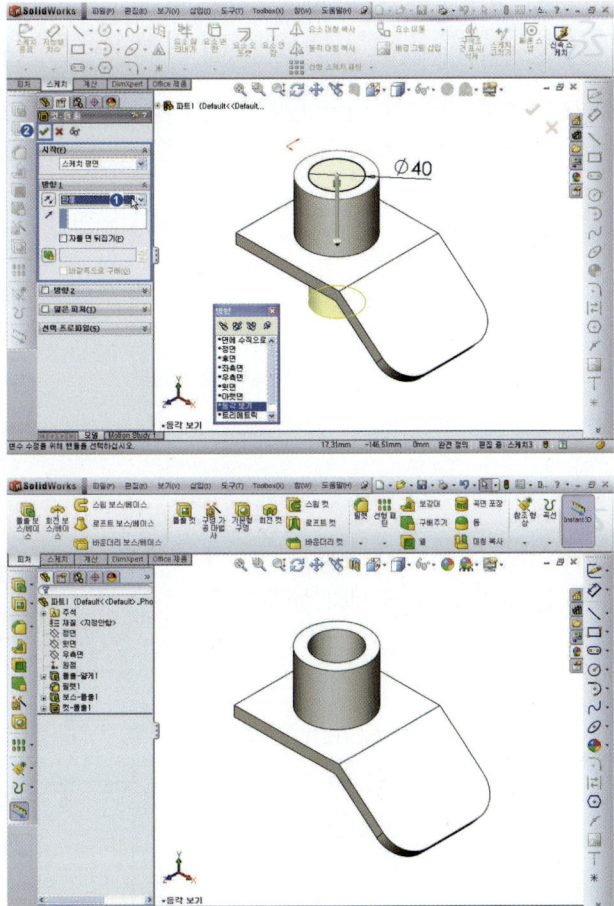

🔓18 피처 윗면 선택 ➡ 스케치 도구
[🖉▾] 선택 ➡ **Spacebar** 누르
면 방향창 [면에 수직으로 보기]
더블클릭 ➡ 스케치 작업이 편하
도록 수직하게 위치한다.

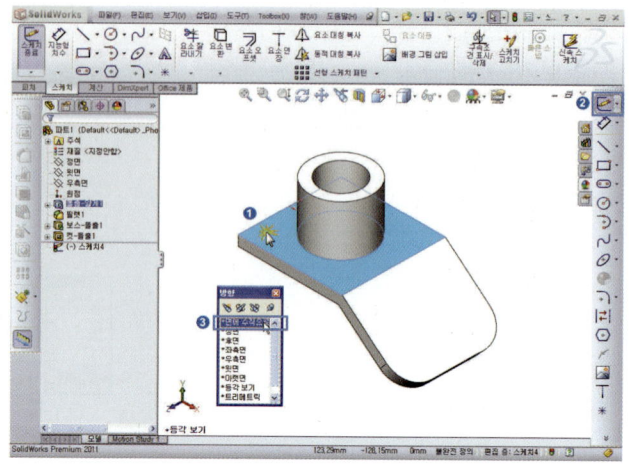

🔓19 원[⊙▾] 선택 ➡ 지능형 치수
(Smart dimension)[⟡▾] 선택
➡ 지름 10mm, 거리 10mm 치
수입력한다.

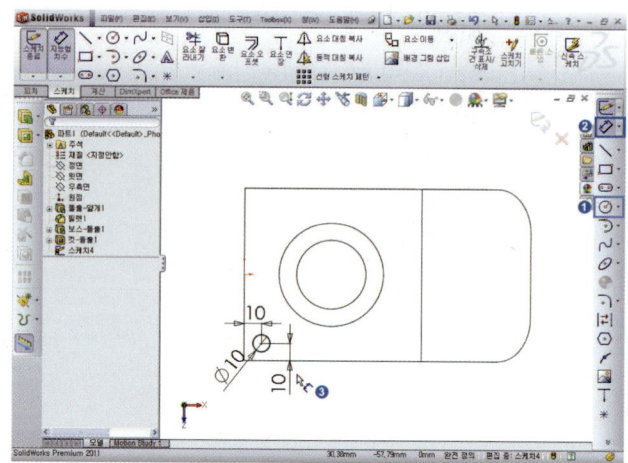

🔓20 선형 스케치 패턴[⊞] 선택 ➡
방향 1[↗], ②모서리 선택, 거리
[↙_D1] 80mm 입력, 개수[⊙#] 2
개 입력 방향 2[↗], ⑤모서리
선택, 거리[↙_D2] 80mm 입력, 개
수[⊙#] 2개 입력 ➡ 패턴한 요
소 선택(원호 선택)한다.

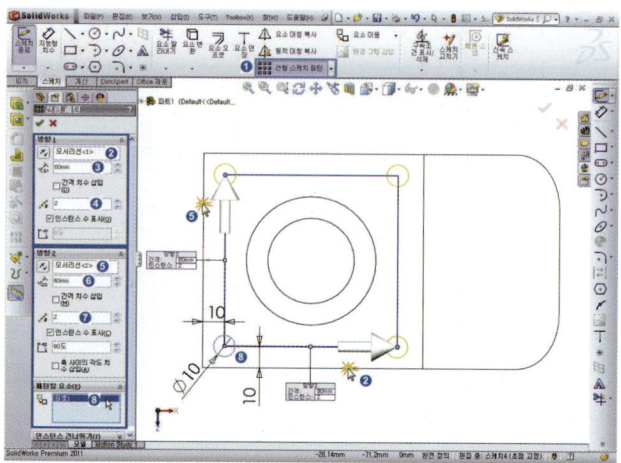

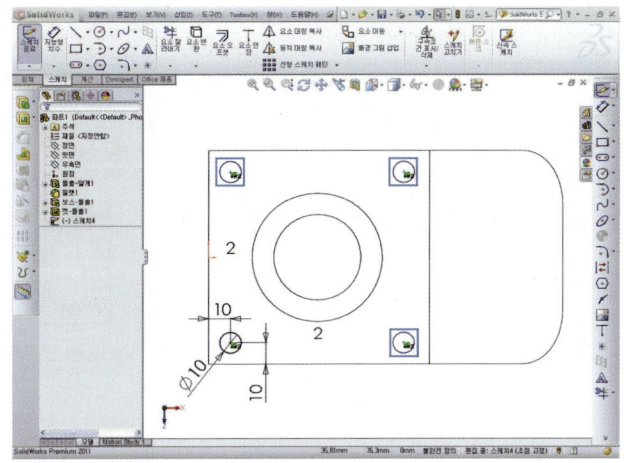

21 **Spacebar** 누르면 방향창 [등각 보기] 더블클릭 ➡ 선형 스케치 패턴 작업이 완성되었는지 확인 한다.

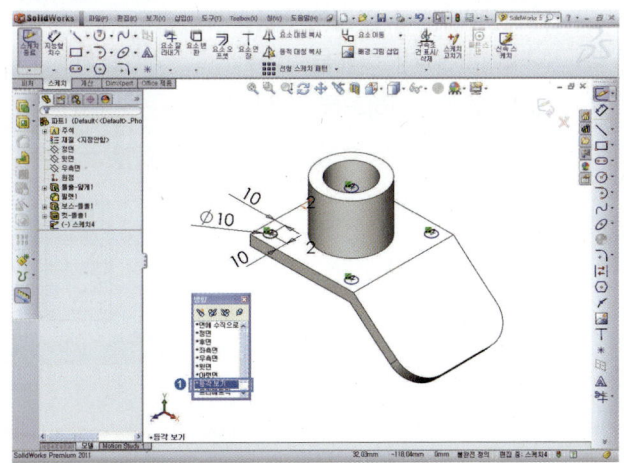

22 돌출–컷[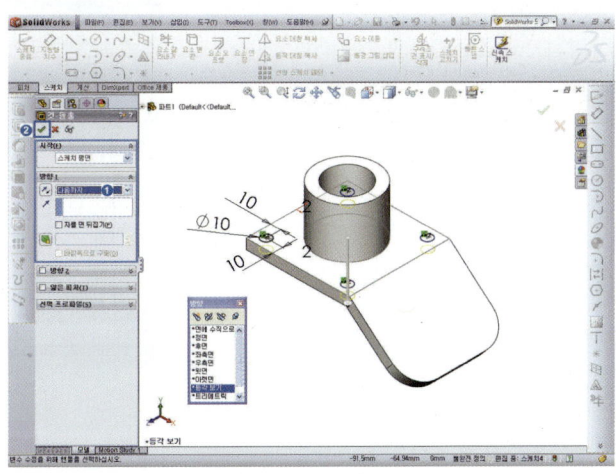] ➡ 방향1[], [다 음까지] 선택 ➡ 확인[]을 누 른다.

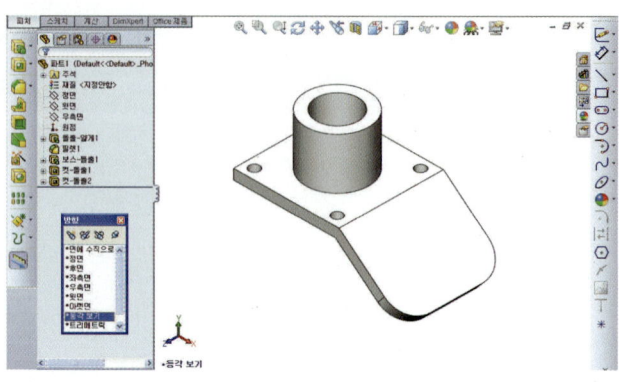

23 생성된 피처에 스케치면 선택 ➡
스케치 도구[✏️] 선택 ➡
Spacebar 누르면 방향창 [면에
수직으로 보기] 더블클릭 ➡ 스
케치 작업이 편하도록 수직하게
위치한다.

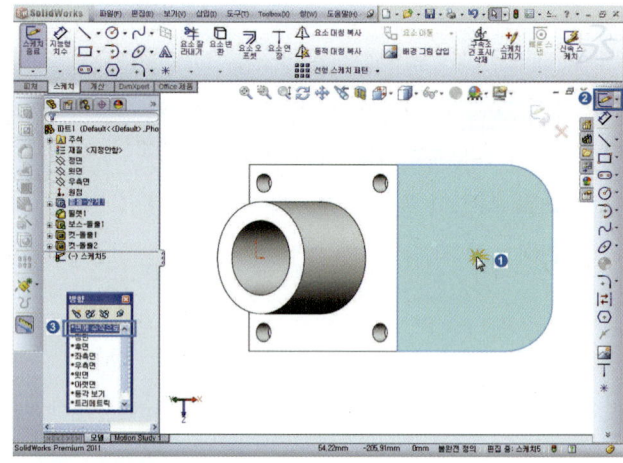

24 원[⊙] 선택 서로 다른 원 스케
치한다.

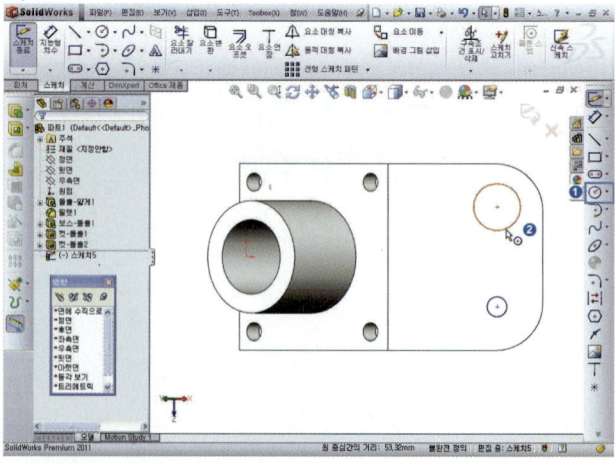

25 키보드 Ctrl 누른 상태에서 스케치한 서로 다른 2 개의 원(①,②) 선택 ➡ 구속조건[= 동등(Q)] 선택하면 서로 다른 2개의 원의 크기가 같아진다.

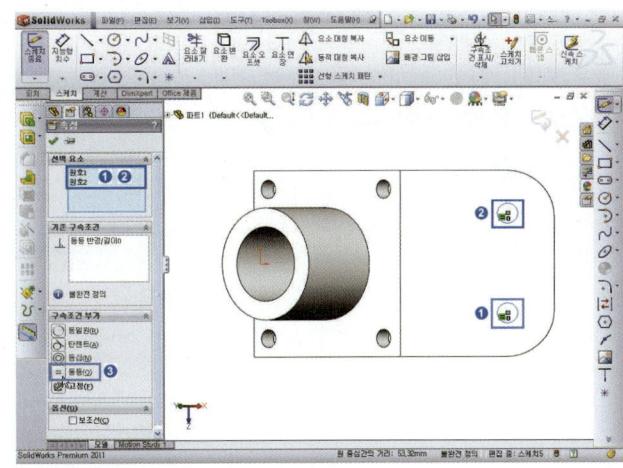

26 지능형 치수(Smart dimension) [⬦] 선택 치수입력(그림 3-3 참고)한다.

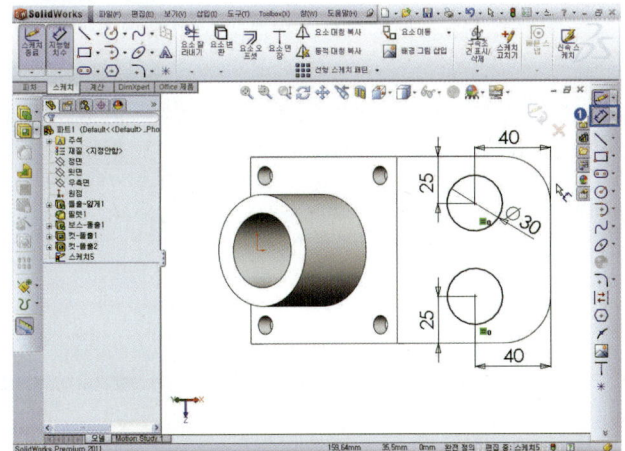

27 Spacebar 누르면 방향창에서 [등각 보기] 더블클릭 ➡ 스케치 작업[완전정의]이 완성되었는지 확인한다.

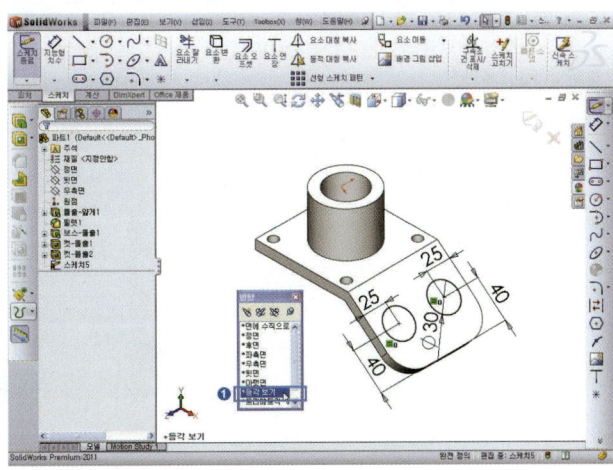

28 돌출-컷[] ➡ 뷰 회전[]
선택하여 그림처럼 회전 ➡ 모델
의 바닥면 선택 ➡ 확인[]을
누른다.

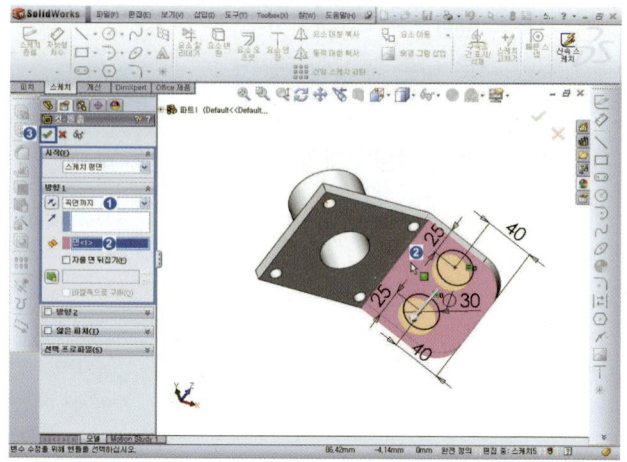

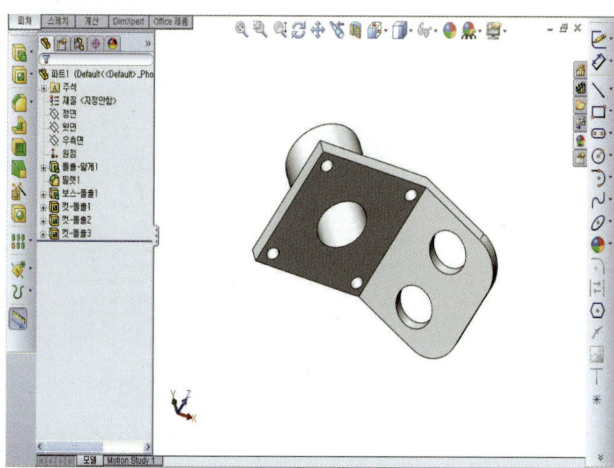

29 뷰 회전[] 선택하여 그림처
럼 회전 ➡ 필렛[] 선택 ➡
③모서리 선택, 반지름 5mm 입
력한다.

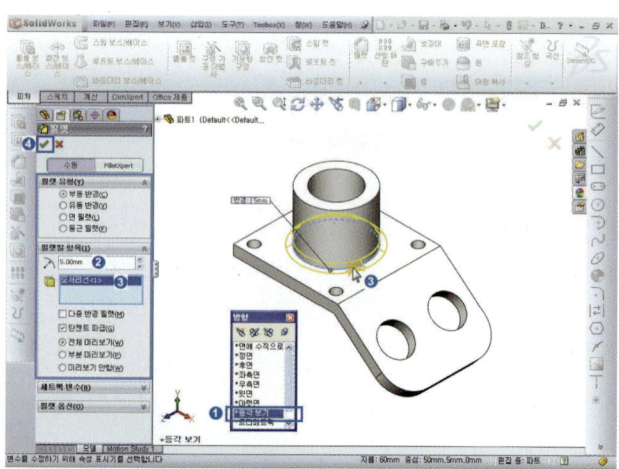

30 브라켓 모델링 완성한다.

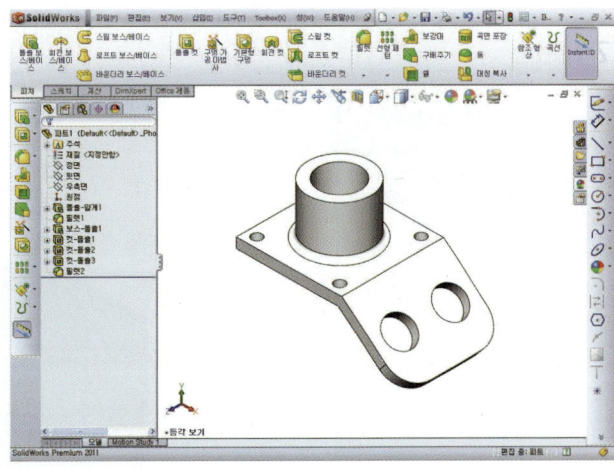

■ 모델 피처 편집하기

3D 피처형상을 모델링하고 난 후에도 쉽게 형상을 수정할 수 있다. 형상수정하는 방법에는 3가지 방법으로 나눌 수 있다.

● 모델링한 형상에 수정하고자 하는 치수를 수정하는 방법

방법1 1. 피처 매니저에서 피처를 마우스 더블 클릭하면 입력한 치수가 화면에 표시

방법2 1. 그래픽 영역(작업창)에 구현된 피처를 더블 클릭하면 입력한 치수가 화면에 표시

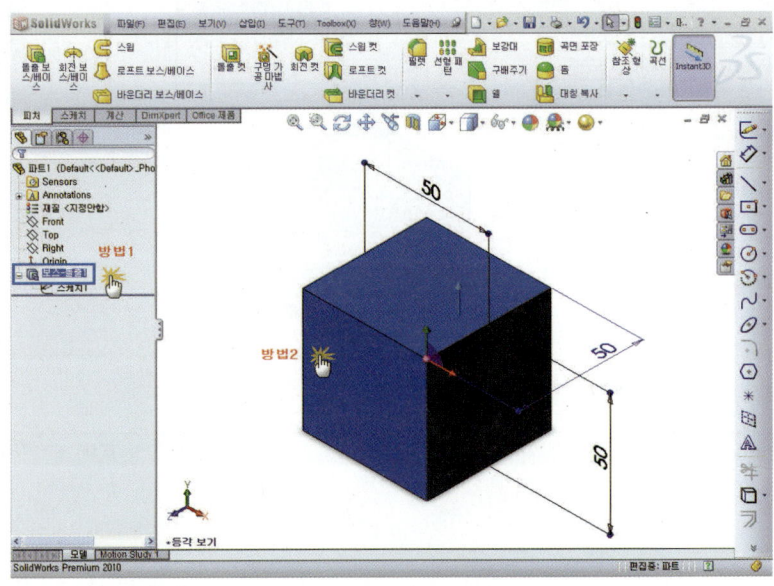

2. 편집하고자 하는 치수문자 더블 클릭하면 수정 대화상자가 나타난다.

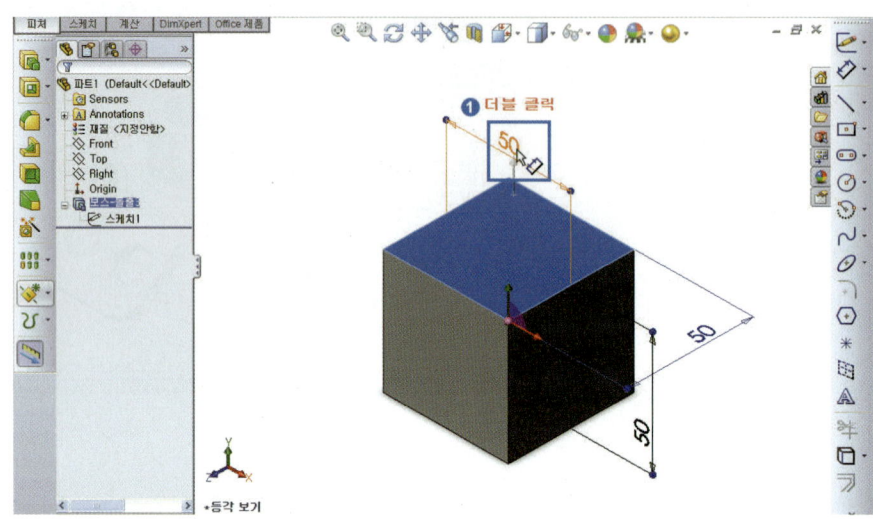

3. 수정 입력창에서 치수 100mm로 입력 ➡ 치수는 100mm로 수정되었으나 작업창에는
   모델의 변화가 나타나지 않는다. 도구모음에서 재생성[🚦] 아이콘을 선택하면 수정
   된 치수로 모델의 형상이 변한다.

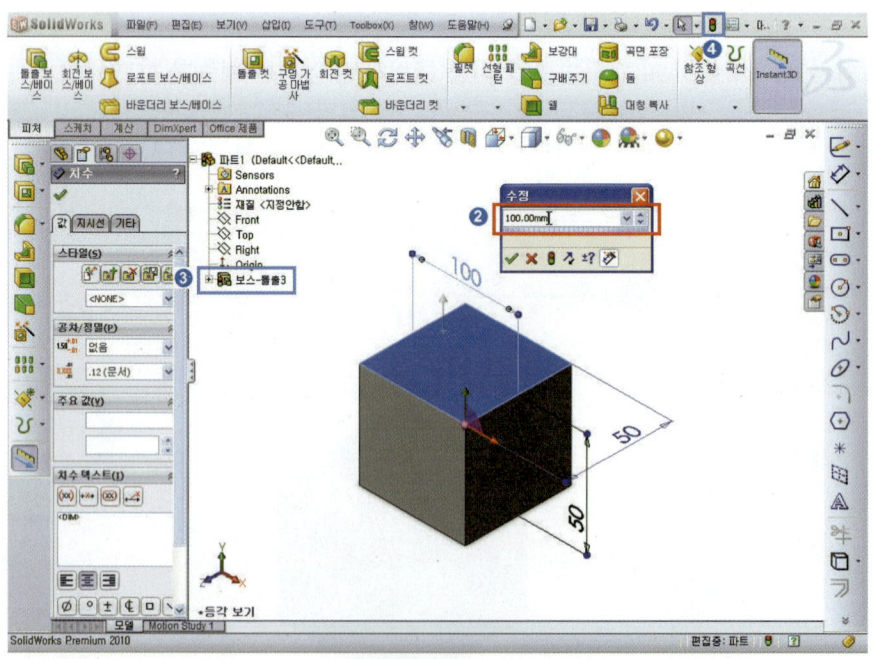

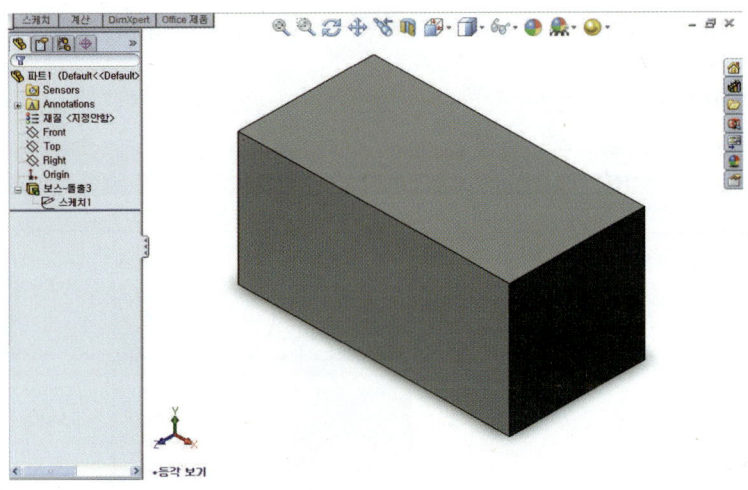

■ 스케치 형상을 수정하는 스케치 편집방법

스케치 편집모드에서 수정하는 방법으로 모두 3가지 선택방법이 있는데 사용자의 편의에 맞게 선택해서 사용하면 된다.

방법 1 1. 피처 매니저 ➡ ①피처 명령어를 마우스 커서 지정 ➡ ②마우스 오른쪽 버튼 클릭 ➡
③스케치 편집

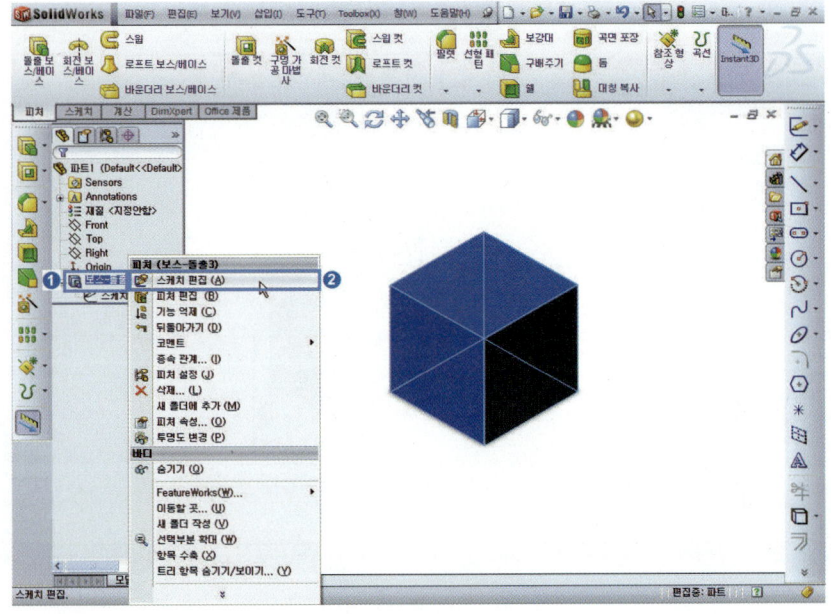

방법 2 1. 피처 선택 ➡ ①마우스 오른쪽 버튼 클릭 ➡ ②스케치 편집 ➡ 스케치 편집하기

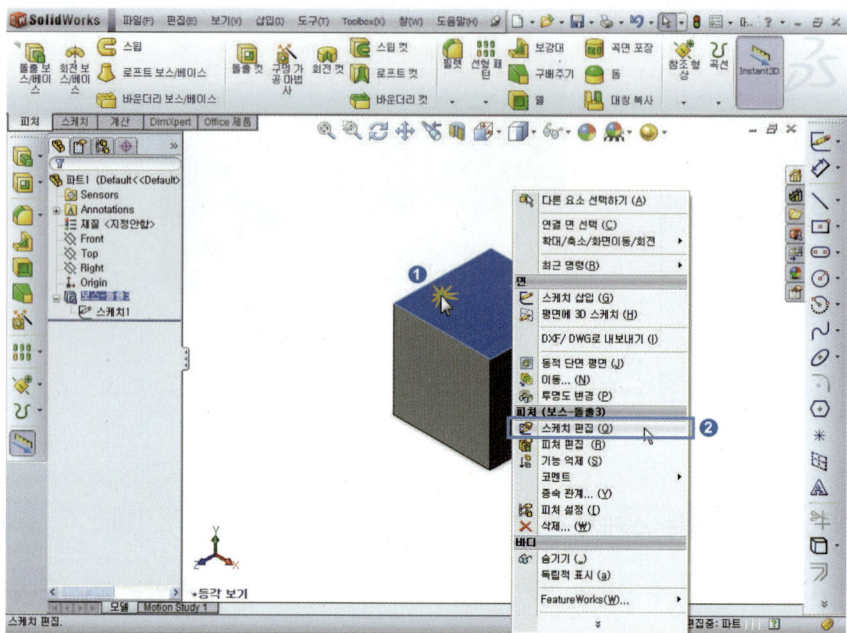

2. 편집하고자 하는 스케치 편집하기

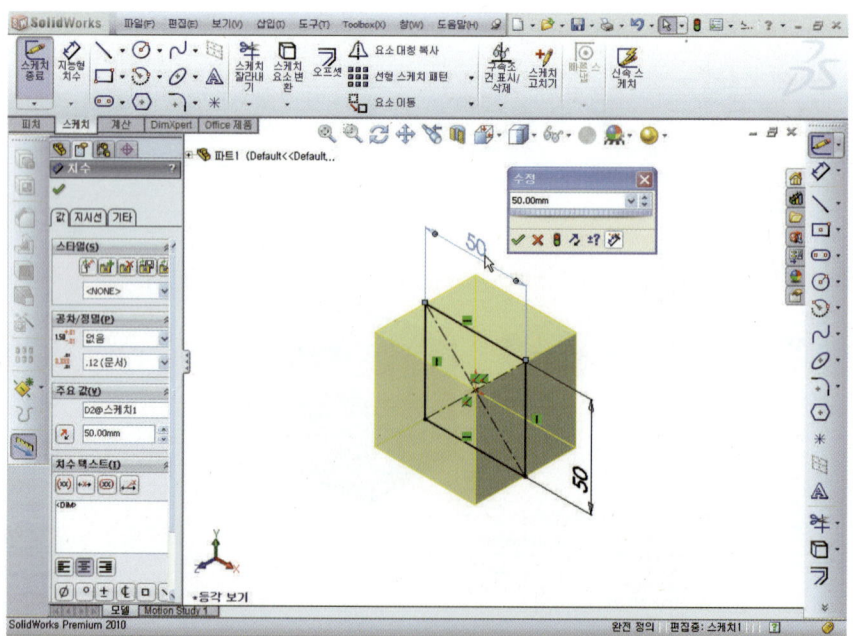

3. 편집된 피처 형상

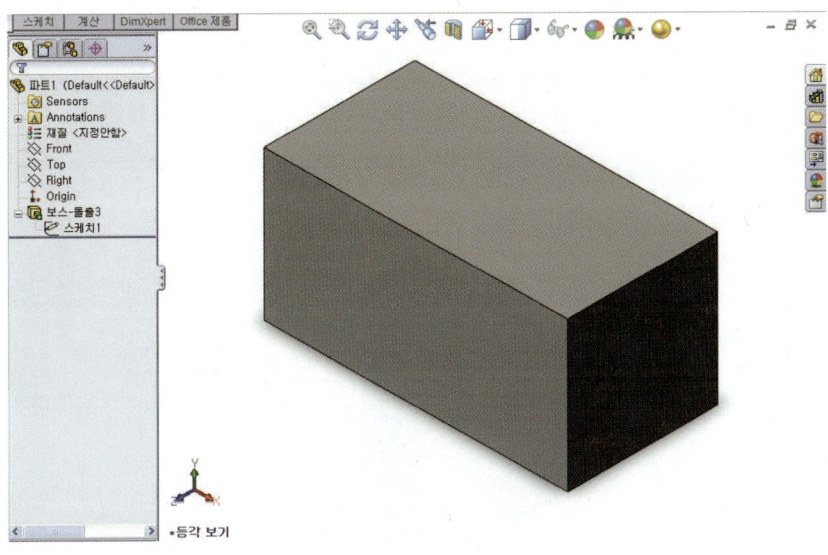

■ **모델 피처 편집하기**

방법 1 1. 피처위에 마우스 오른쪽 버튼 클릭 ➡ 피처 편집 ➡ 피처 명령 수정.

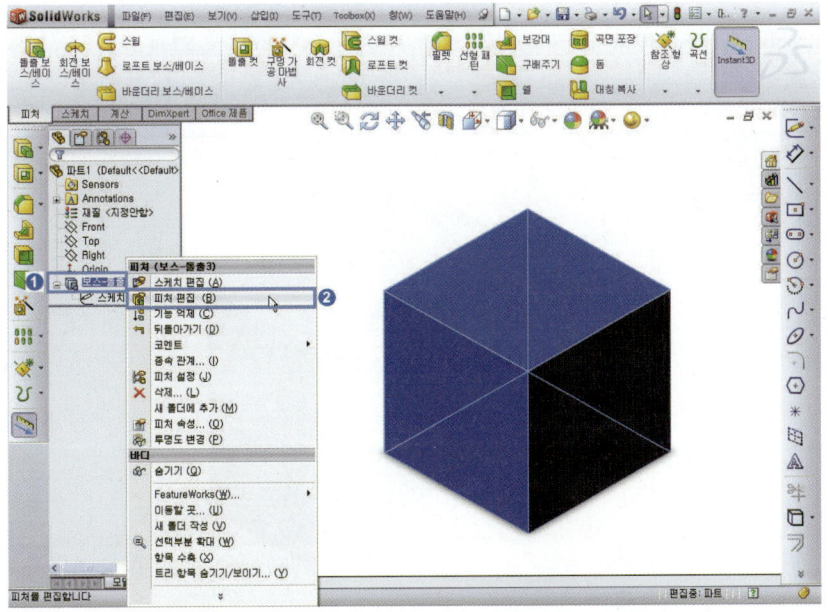

방법 2 1. 작업창에 생성된 피처 형상 위에 마우스 오른쪽 버튼 클릭 ➡ 피처 편집 ➡ 피처 명령 수정.

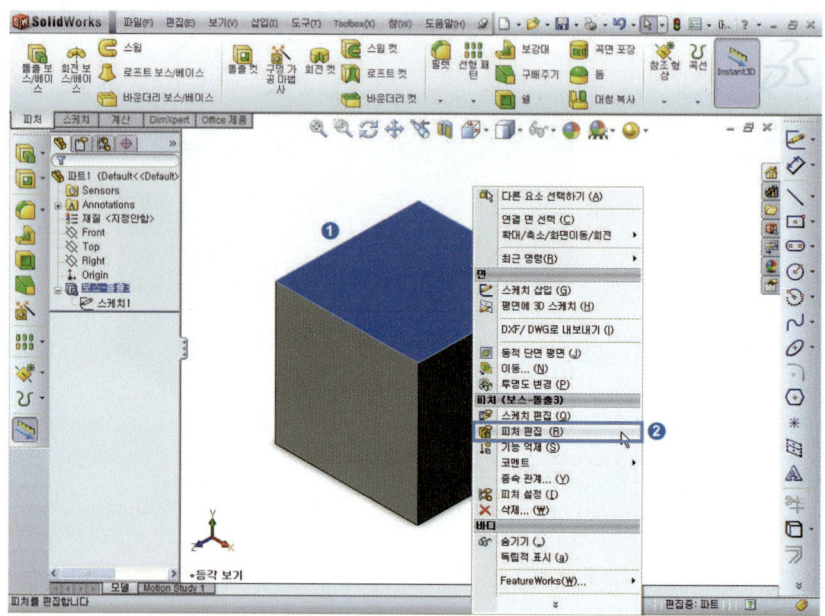

2. 편집된 피처 형상

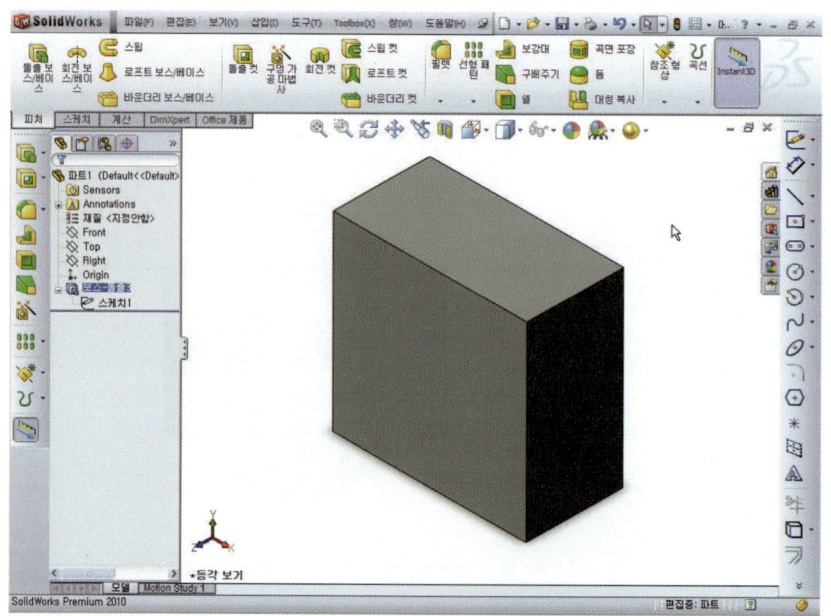

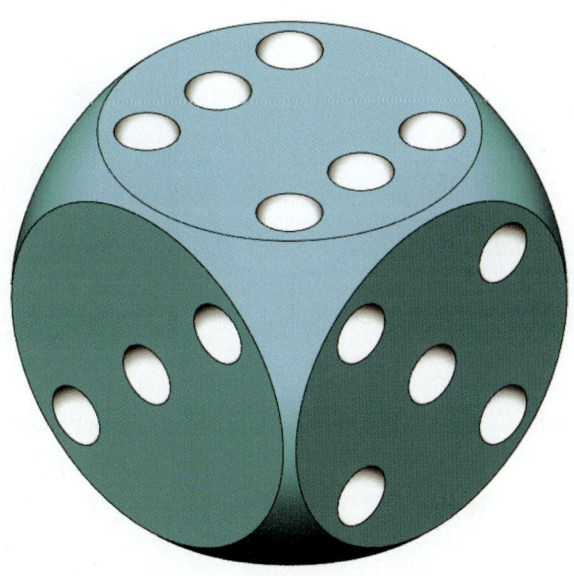

[그림 3-5] 주사위(Dice) 모델링

■ 주사위(Dice) 모델링 순서

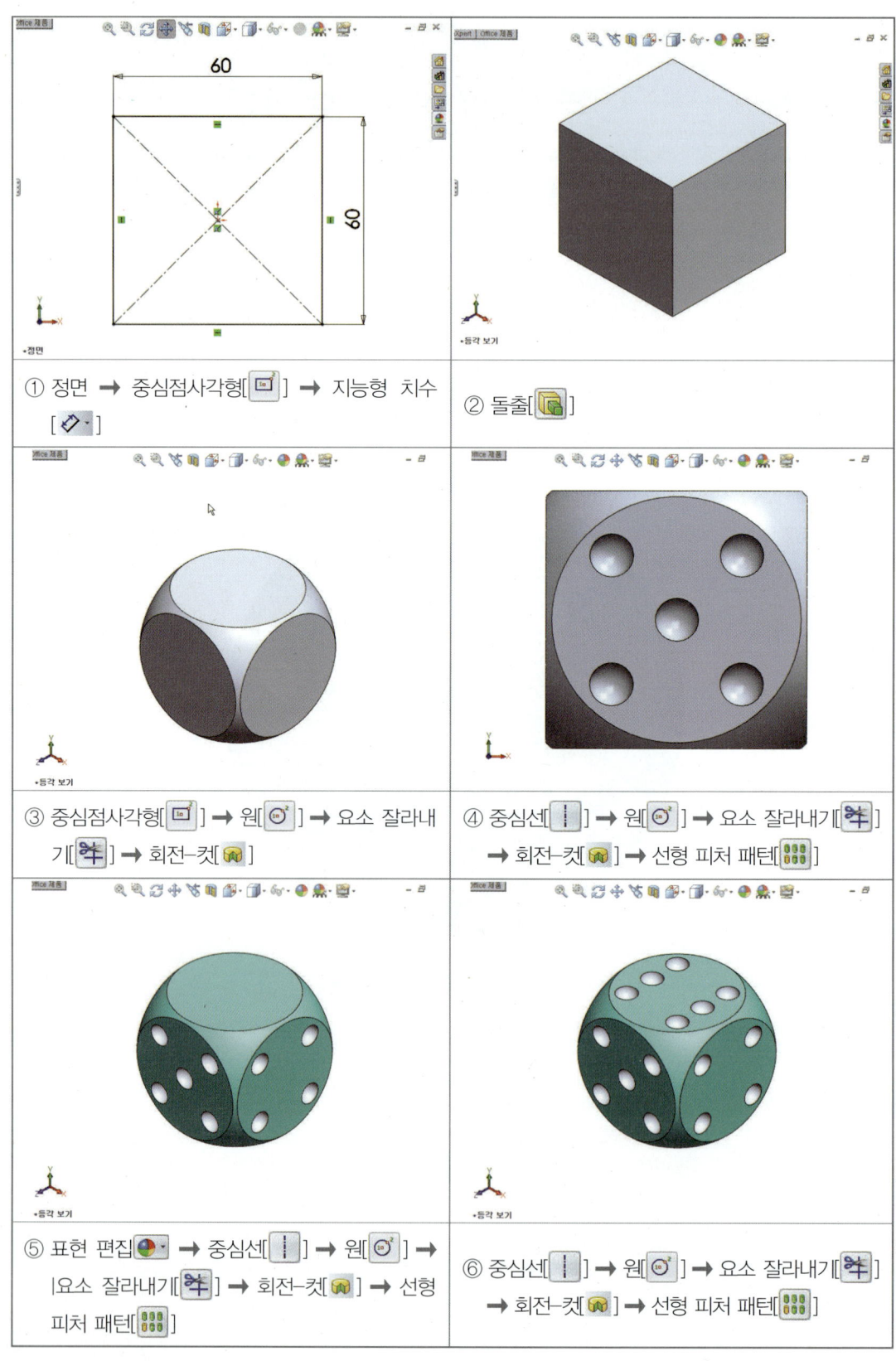

① 정면 ➡ 중심점사각형[□] ➡ 지능형 치수 [◇·]

② 돌출[ ]

③ 중심점사각형[□] ➡ 원[○²] ➡ 요소 잘라내기[✂] ➡ 회전–컷[ ]

④ 중심선[|] ➡ 원[○²] ➡ 요소 잘라내기[✂] ➡ 회전–컷[ ] ➡ 선형 피처 패턴[ ]

⑤ 표현 편집[·] ➡ 중심선[|] ➡ 원[○¹] ➡ |요소 잘라내기[✂] ➡ 회전–컷[ ] ➡ 선형 피처 패턴[ ]

⑥ 중심선[|] ➡ 원[○¹] ➡ 요소 잘라내기[✂] ➡ 회전–컷[ ] ➡ 선형 피처 패턴[ ]

1 파일 ➡ 새문서(N)[🗋 새 문서]를
클릭한다.

2 새문서 창에서 파트[🗐] 선택
➡ [확인]버튼을 누른다.

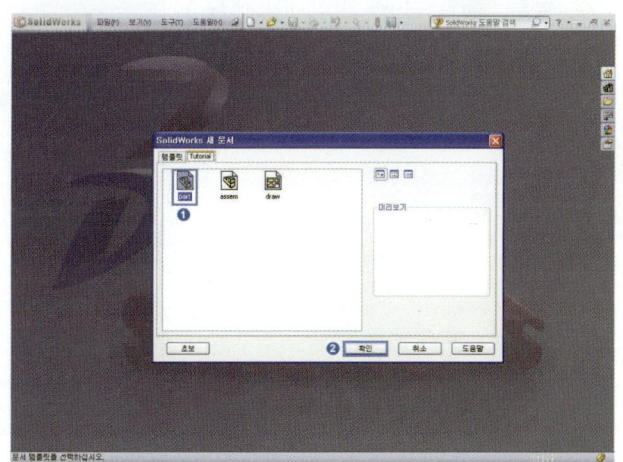

3 스케치를 생성할 작업평면[정면]
을 선택 ➡ 스케치 도구[🖉▾]
선택한다.

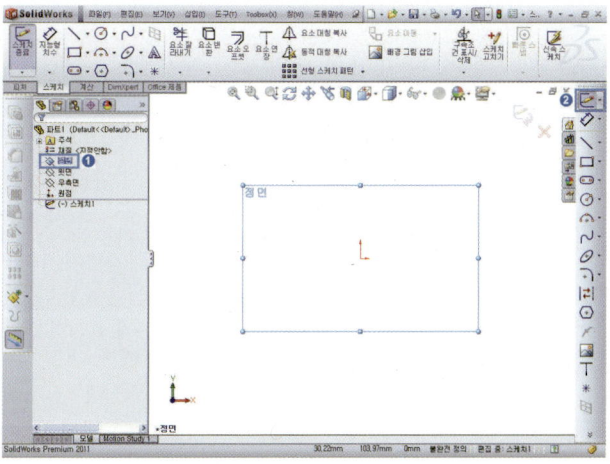

153

4 중심점 사각형[⬜]을 선택 ➡ 지능형 치수[◈▾] 선택, 가로 60mm×세로 60mm 치수 입력 한다.

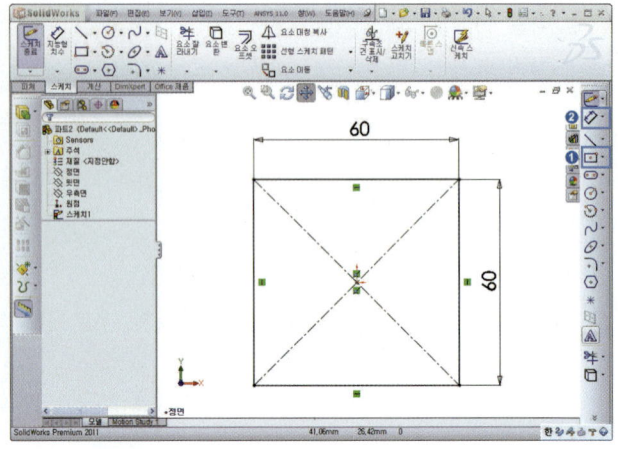

5 돌출[🗔]클릭 ➡ 방향 1[↗][중 간평면], [⬆D1] 거리값 60mm입 력 ➡ 확인[✅]을 누른다.

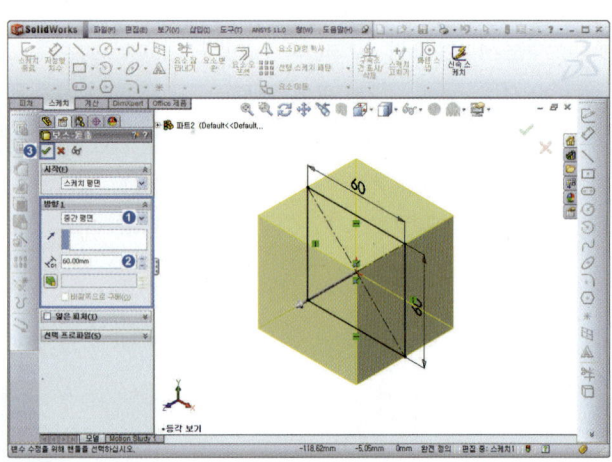

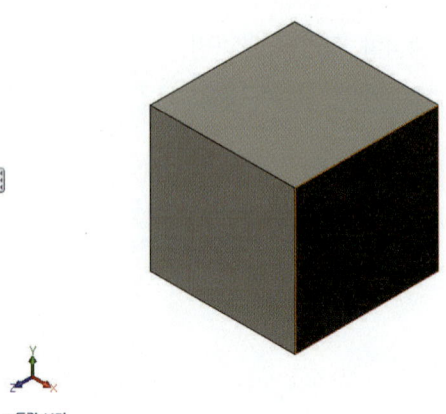

🔓 6 작업평면[정면] 선택 ➜ 스케치
도구[✏️] 선택 ➜ **Spacebar**
누르면 방향창 [면에 수직으로
보기] 더블클릭 ➜ 스케치 작업
이 편하도록 수직하게 위치한다.

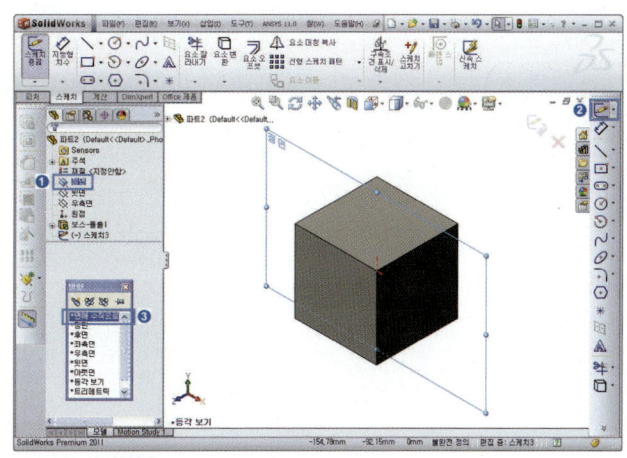

🔓 7 중심선[┃] 선택, 중심선 스케
치 ➜ 원[⊙] 선택하여 원 스케
치 ➜ 중심점 사각형[□] 선택
➜ 지능형 치수[◇] 선택 ➜
지름 83mm, 가로 90mm×세로
90mm 치수입력한다.

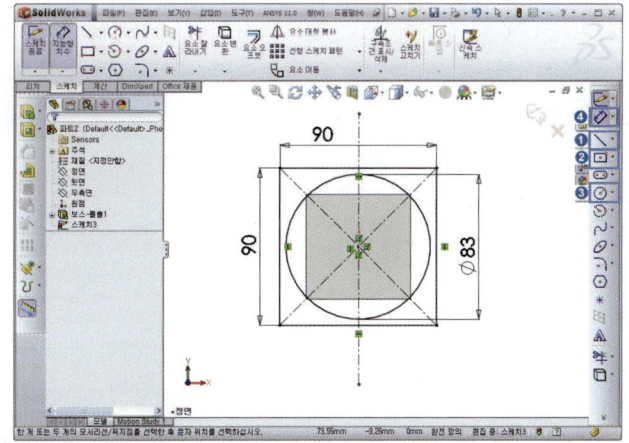

🔓 8 요소 잘라내기(Trim)[✂️] 선택
➜ 지능형[╪] ➜ ③자유곡선을
그리면서 선이 겹치는 부분을 잘
라낸다.

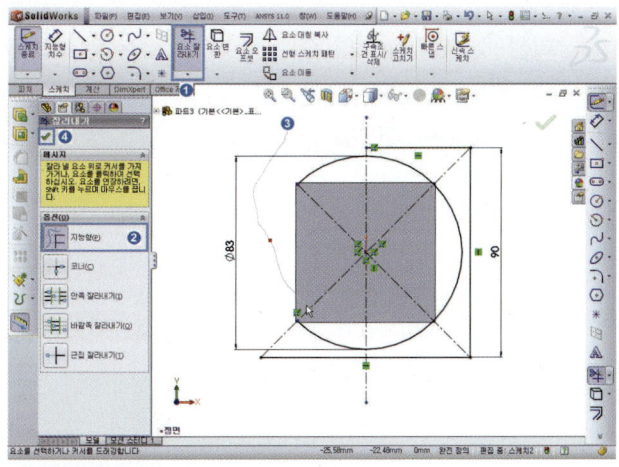

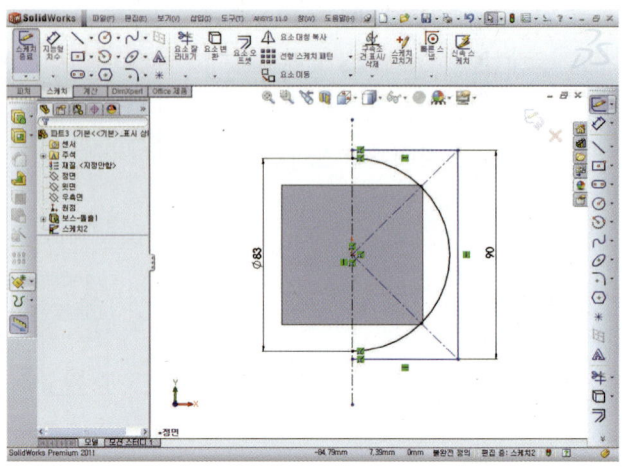

🔓 9 선[＼▾] 선택 ➡ 선을 그려서
①, ②사각형과 원을 윤곽선으로
연결한다.

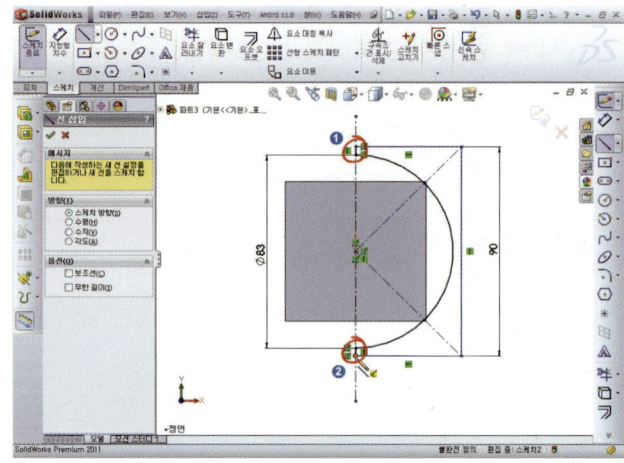

🔓 10 회전−컷[🗃] ➡ 회전축[＼] 선
택, [🔄][블라인드 형태], [📐][각
도]−360도 ➡ 확인[✅]을 누른다.

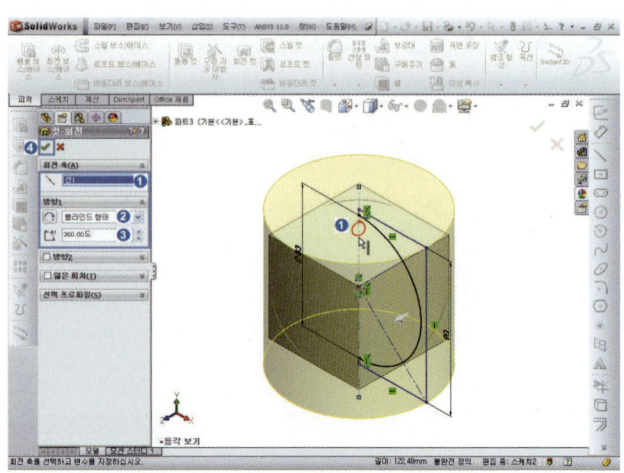

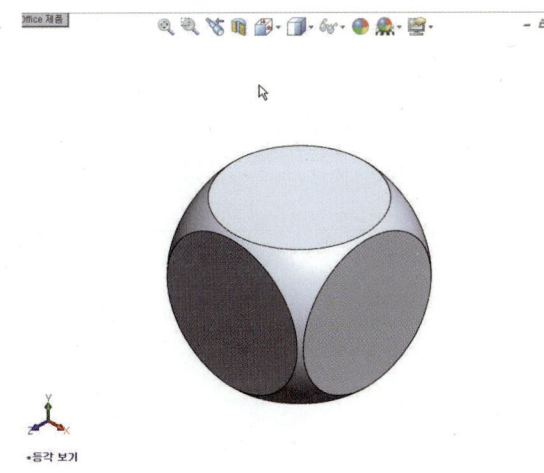

11 키보드 **Spacebar** 방향창 [정면] 더블클릭 ➡ 피처 앞 정면 선택 ➡ 스케치 도구[✏️] 선택 ➡ 중심선[┃] 스케치 ➡ 원 [⬤] 선택, 원 스케치 ➡ 확인 [✔️]을 누른다.

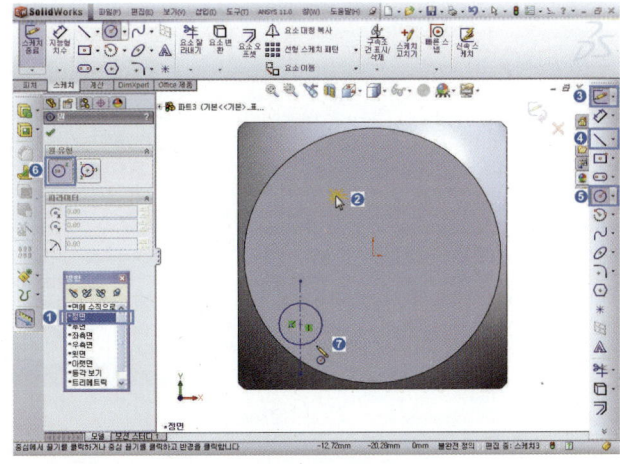

12 지능형 치수[◇] 선택, 지름 10mm, 가로, 세로 거리값 15mm 치수입력한다.

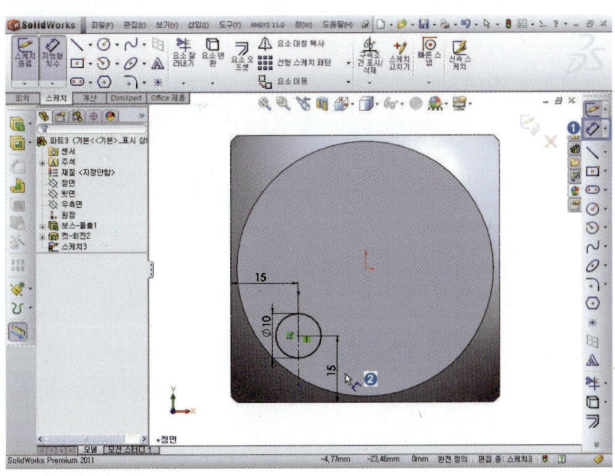

13 요소 잘라내기(Trim)[✂] 선택
→ [┼] [근접 잘라내기(T)] →
반원 모양으로 잘라낸다.

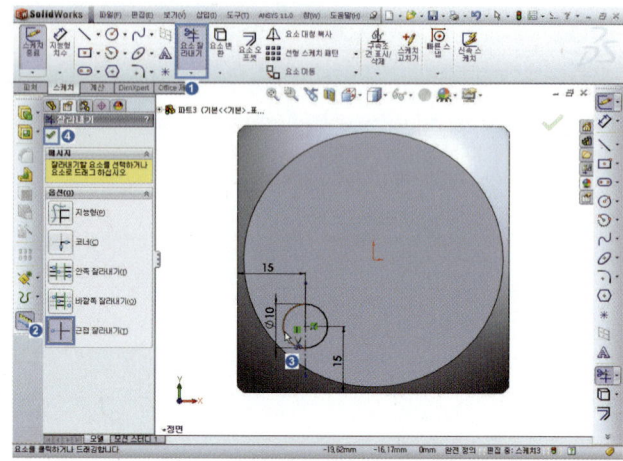

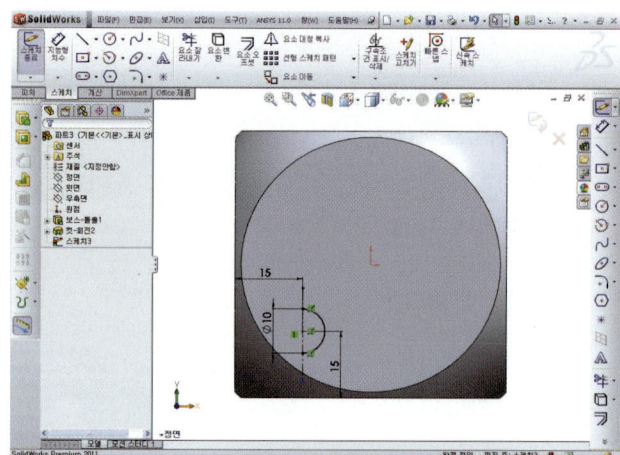

14 회전-컷[🔩] 선택한다.

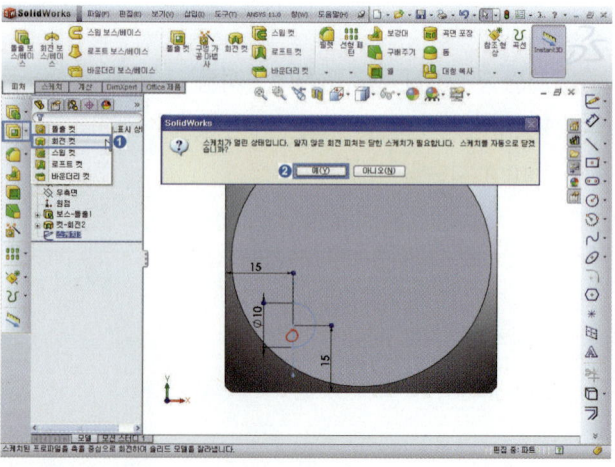

원을 반원으로 잘라냈기 때문에
원은 폐곡선이 아니고 스케치가
열린 상태에서 피처명령을 수행
하려 했을 경우에 나타나는 알림
창이다 여기서 예(Y)를 눌러서
스케치가 닫혀있는(폐곡선)으로
만들어 명령어를 수행한다.

15 회전-컷[🐌] 선택 ➡ 회전축(중
심선[⟍] 선택 ➡ [🔄][블라인
드 형태], 각도[⤢]=360도 입력
한다.

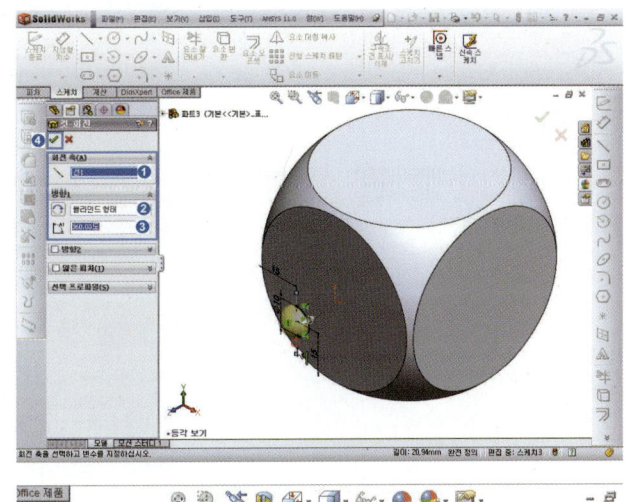

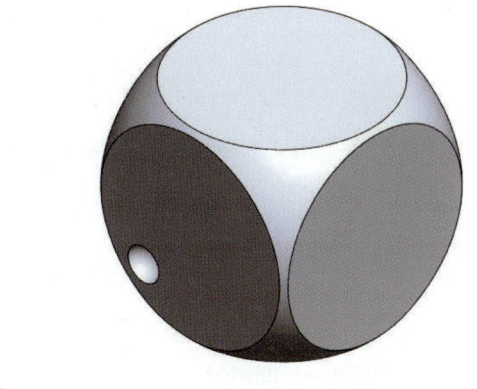

16 피처면 선택 ➡ **Spacebar** 방향
창 [면에 수직으로 보기] 더블클
릭 ➡ 작업이 편하도록 수직하게
위치한다.

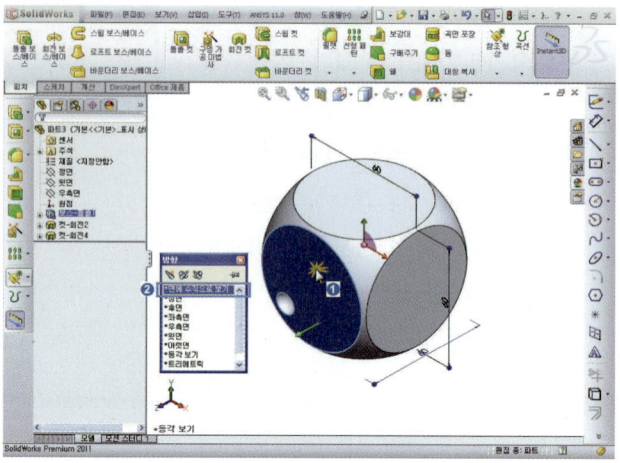

17 선형 피처 패턴[ ] 선택한다.

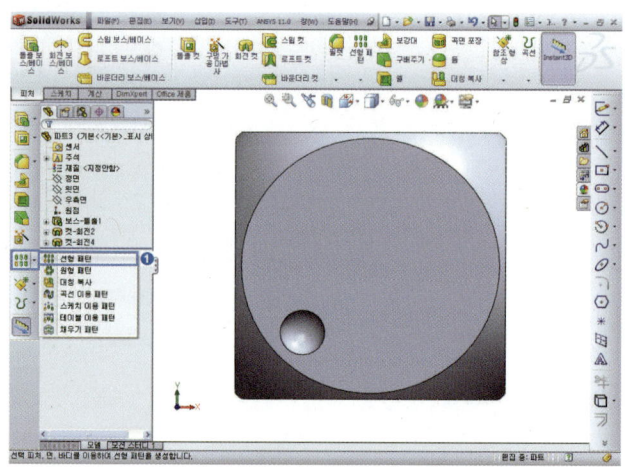

18 선형 피처 패턴[ ] 선택 ➡ 방
향 1[ ], ①모서리 선택, 거리
[ ] 15mm 입력, 개수[ ] 3개
입력 방향 2[ ], ④모서리 선
택, 거리[ ] 15mm 입력, 개수
[ ] 3개 입력 ➡ 패턴할 피처
(컷-회전) 선택 ➡ 인스턴스 건
너뛰기 선택 ➡ 삭제하고자 하는
요소(원의 중심점) 선택 ➡ 확인
[ ]을 누른다.

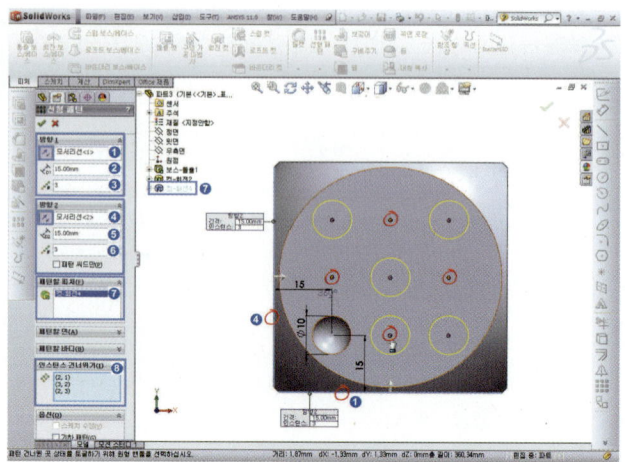

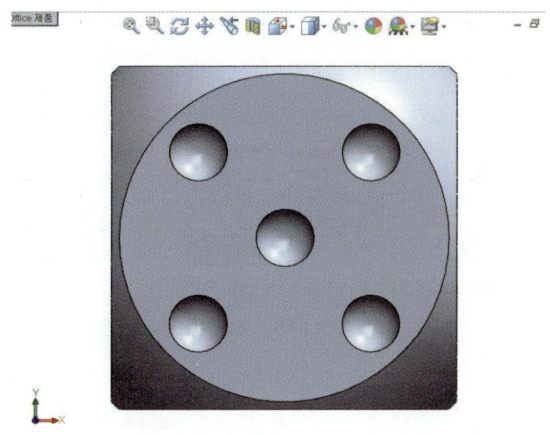

19 표현 편집[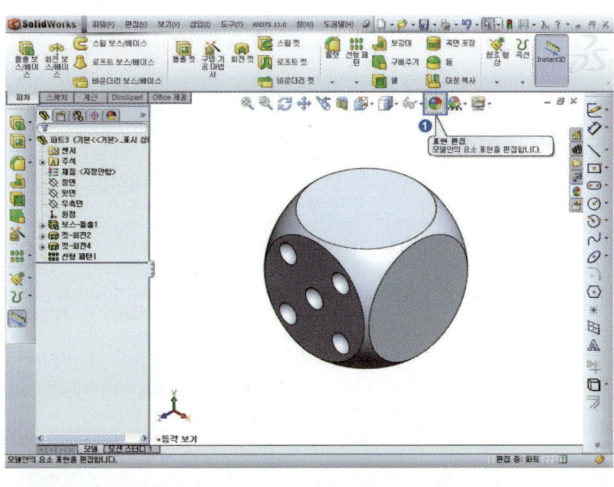] ➡ 색을 바꾸고
자 하는 면[] 선택 ➡ 색상을
선택 ➡ 확인[]을 누른다.

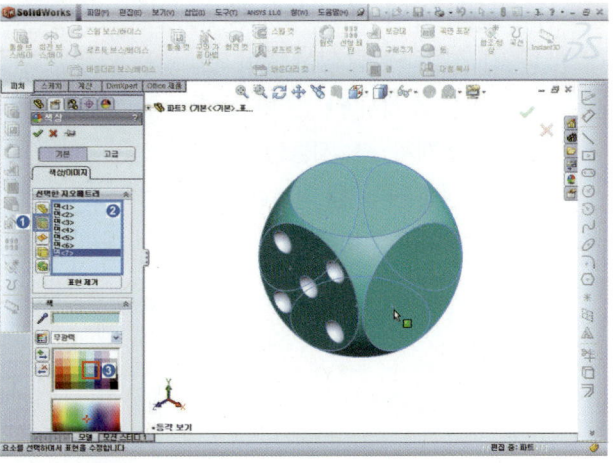

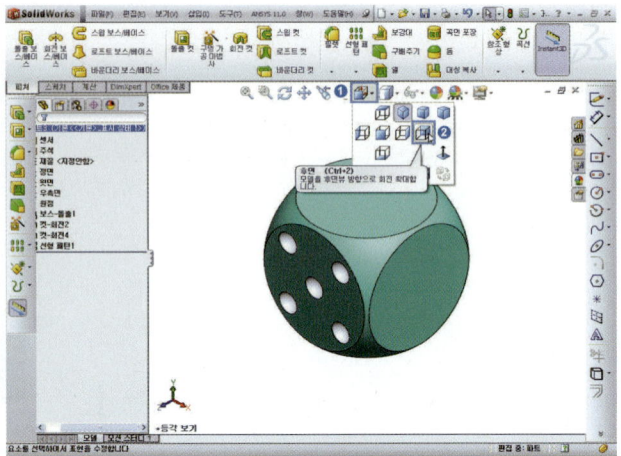

20 주사위는 양면의 숫자의 합이 7 이 되어야 한다. 그러므로 모델 링한 면과 대칭되는 면은 2개의 원이 되면 된다. **[방법 1]** 표준보 기 방향창 후면[ ] 선택 하거 나, **[방법 2]** 키보드 `Spacebar` 방향창 [후면] 더블클릭하다.

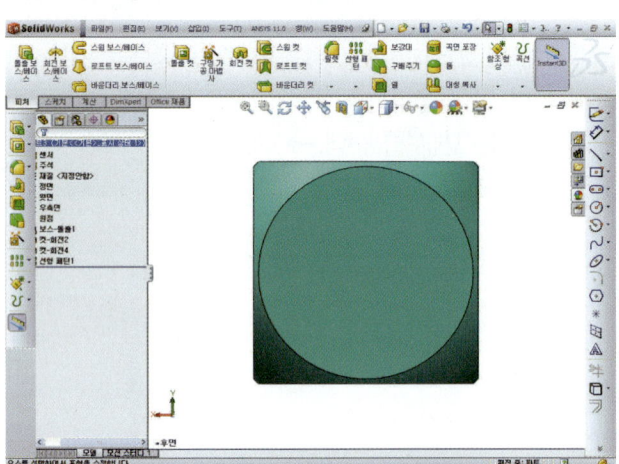

21 후면[ ] 선택 ➡ 스케치 도구 [ ] 선택 ➡ 중심선[ ] 선 택, 중심선 스케치 ➡ 원[ ] 선 택, 원 스케치 ➡ 지능형 치수 [ ] 선택 ➡ 지름 10mm, 거 리 15mm 치수입력한다.

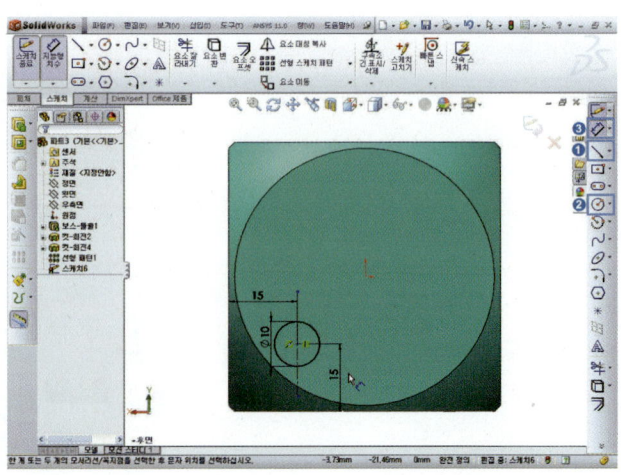

22 요소 잘라내기(Trim)[✂] 선택
→ [┼] 근접 잘라내기(T) → 반
원 모양으로 잘라낸다.

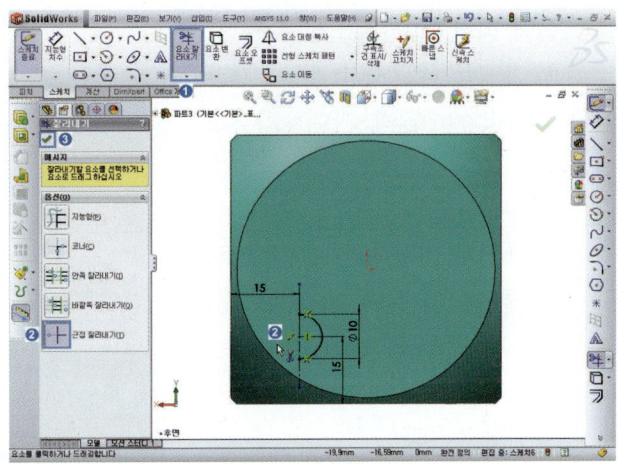

23 회전-컷[🔩] 선택 → 회전축(중
심선)[✎] 선택 → [🔄][블라인
드 형태], 각도[📐]=360도 입력
한다.

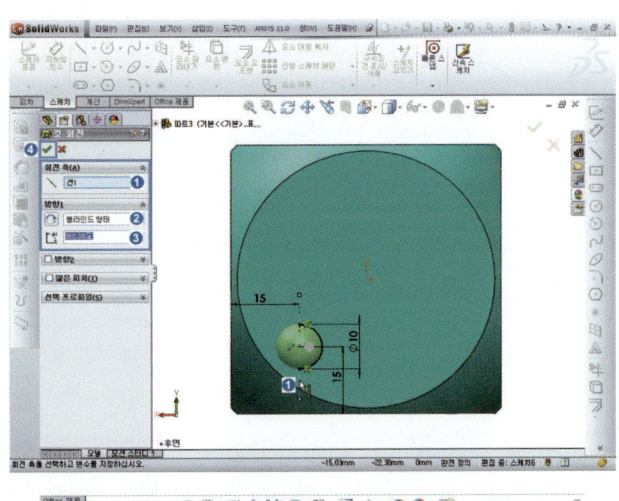

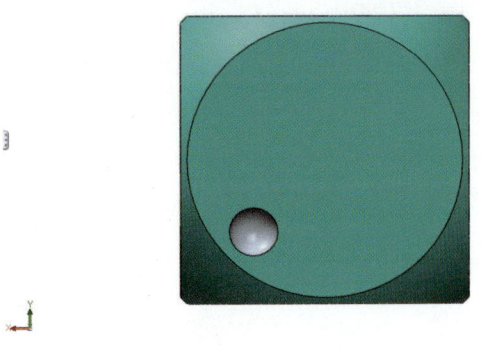

24 선형 피처 패턴[⊞] 선택 ➡ 방
향 1[↗], ①모서리 선택, 거리
[⟋] 15mm 입력, 개수[⚬⚬⚬] 3개
입력 방향 2 [↗], ④모서리 선
택, 거리[⟋] 15mm 입력, 개수
[⚬⚬⚬] 3개 입력 ➡ 패턴할 피처
(컷-회전) 선택 ➡ 인스턴스 건
너뛰기 선택 ➡ 삭제하고자 하는
요소(원의 중심점) 선택 ➡ 확인
[✓]을 누른다.

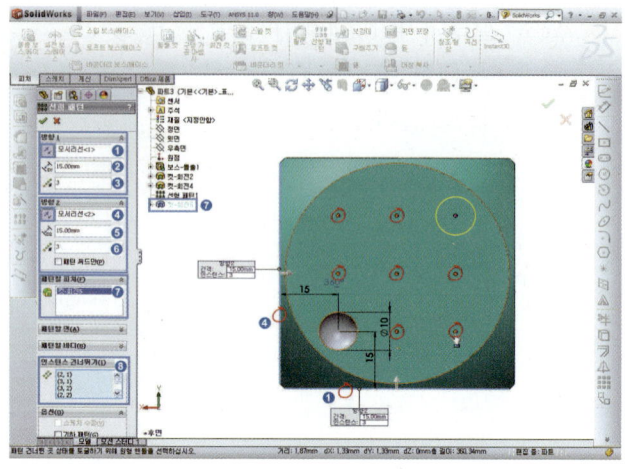

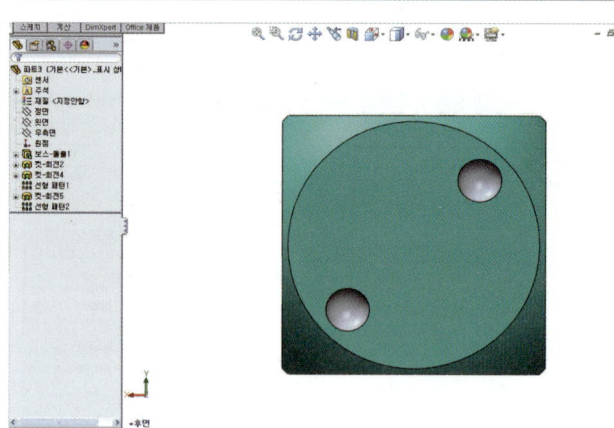

25 [방법 1] 표준보기 방향창 [우측
면][⊟] 선택 하거나, [방법 2]
키보드 [Spacebar] 방향창[우측
면] 더블클릭한다.

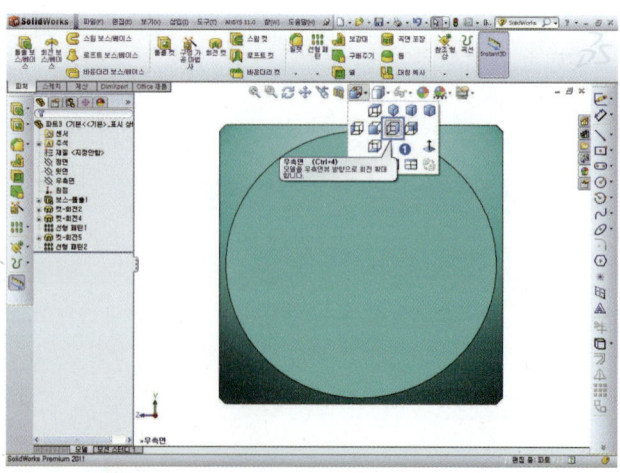

26 우측면[□] 선택 ➡ 스케치 도구[✏-] 선택 ➡ 중심선[│] 스케치 ➡ 원[⊙] 스케치한다.

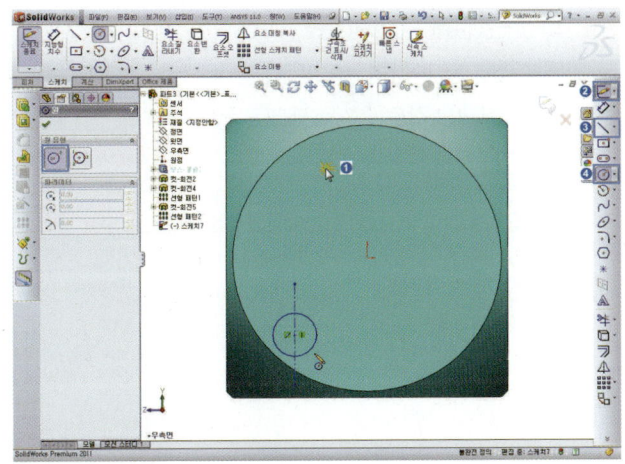

27 우측면[□] 선택 ➡ 스케치 도구[✏-] 선택 ➡ 중심선[│], 중심선 스케치 ➡ 원[⊙], 원 스케치 지능형 치수[◇-] ➡ 지름 10mm, 거리 15mm 치수 입력한다.

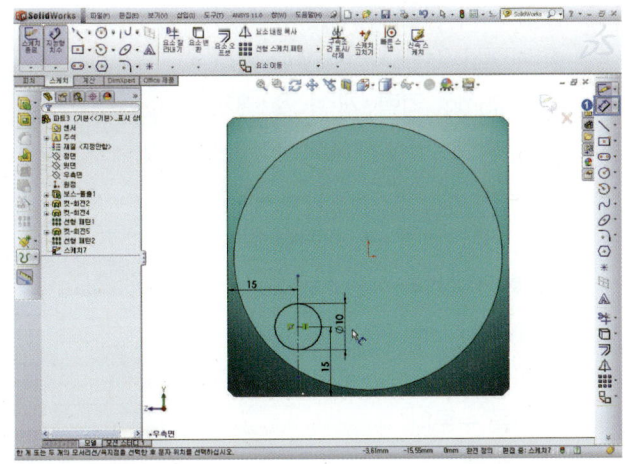

28 요소 잘라내기(Trim)[✂] 선택 ➡ [┼] 근접 잘라내기(T) ➡ 반원 모양으로 잘라낸다.

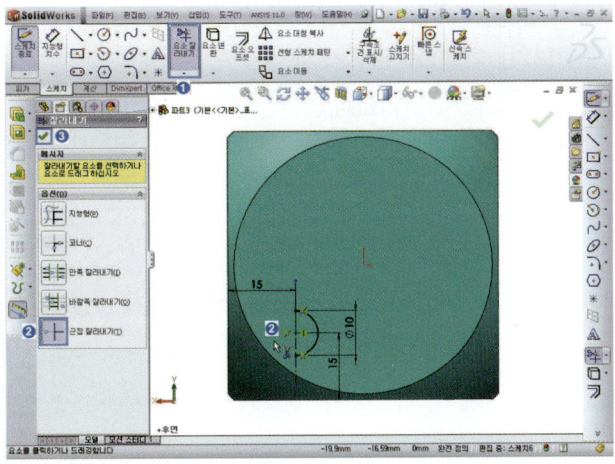

29 회전-컷[　] 선택 ➡ 회전축
(중심선)[＼] 선택 ➡ [　][블라
인드 형태], 각도[　]=360도 입
력한다.

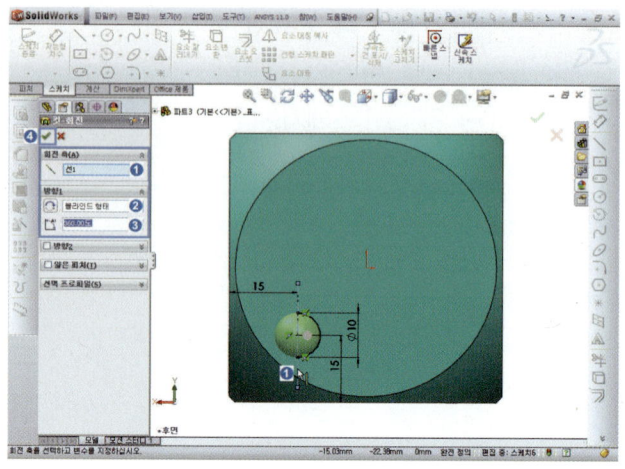

30 선형 피처 패턴[　] 선택 ➡ 방
향 1[　], ①모서리 선택, 거리
[　] 15mm 입력, 개수[　] 3개
입력 방향 2[　], ④모서리 선
택, 거리[　] 15mm 입력, 개수
[　] 3개 입력 ➡ 패턴할 피처
(컷 회전) 선택 ➡ 인스턴스 건너
뛰기 선택 ➡ 삭제하고자 하는
요소(원의 중심점) 선택 ➡ 확인
[　]을 누른다.

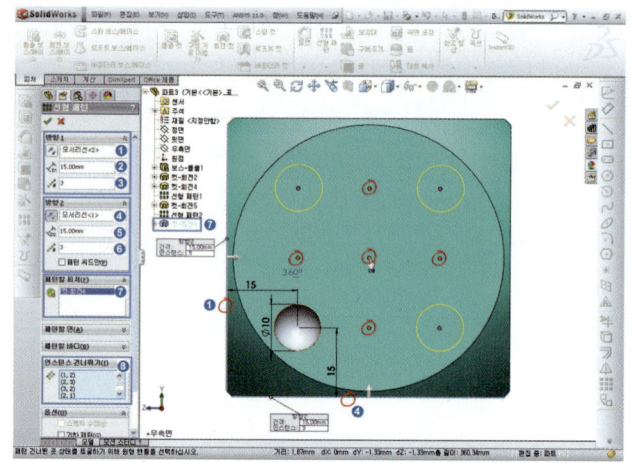

31 **Spacebar** 누르면 방향창 [등각
보기] 더블클릭 ➡ 숫자 4가 완
성되었는지 확인한다.

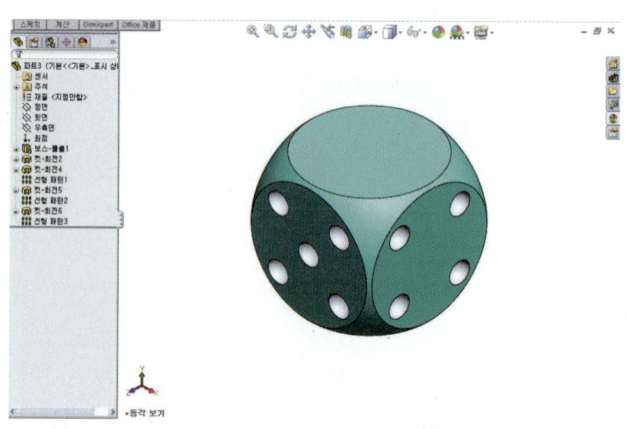

32 **[방법 1]** 표준 보기 [좌측면][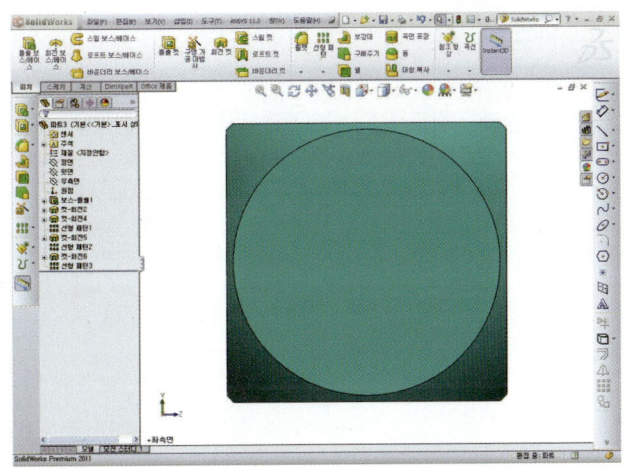] 선택 하거나, **[방법 2]** 키보드 **Spacebar** 방향창 [좌측면] 더블클릭하다.

33 좌측면[⊞] 선택 ➡ 스케치 도구[✏ ▾] 선택 ➡ 중심선[│] 중심선 스케치 ➡ 원[⊙²] 원 스케치 ➡ 지능형 치수[✦ ▾] ➡ 지름 10mm, 거리 15mm 치수입력한다.

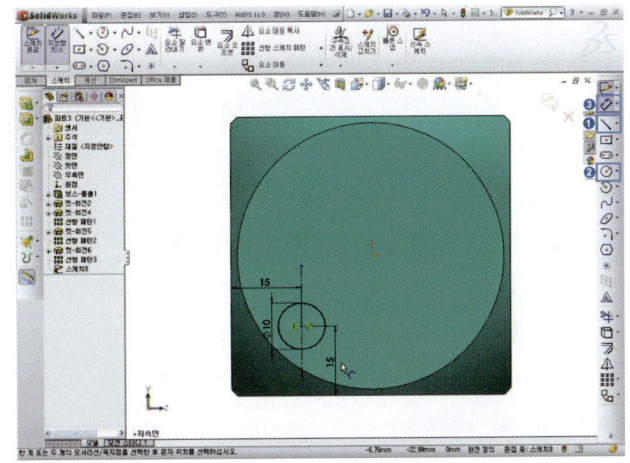

34 요소 잘라내기(Trim)[✄] 선택 ➡ [┼] [근접 잘라내기(T)] ➡ 반원 모양으로 잘라낸다.

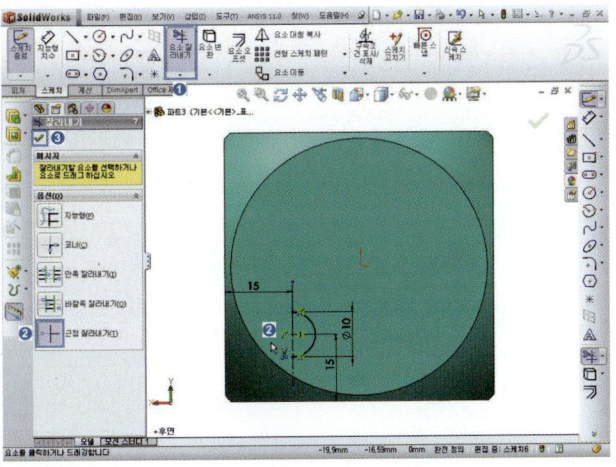

35 회전-컷[🐌] 선택 ➡ 회전축(중심선)[✏] 선택 ➡ [🔄][블라인드 형태], 각도[⬛]=360도 입력한다.

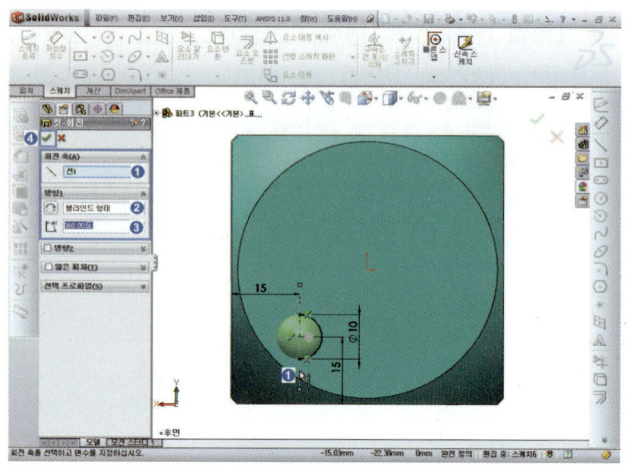

36 선형 피처 패턴[▦] 선택 ➡ 방향 1[➚], ①모서리 선택, 거리[🔧] 15mm 입력, 개수[🔢] 3개 입력 방향 2[➚], ④모서리 선택, 거리[🔧] 15mm 입력, 개수[🔢] 3개 입력 ➡ 패턴할 피처(컷-회전) 선택 ➡ 인스턴스 건너뛰기 선택 ➡ 삭제하고자 하는 요소(원의 중심점) 선택 ➡ 확인[✅]을 누른다.

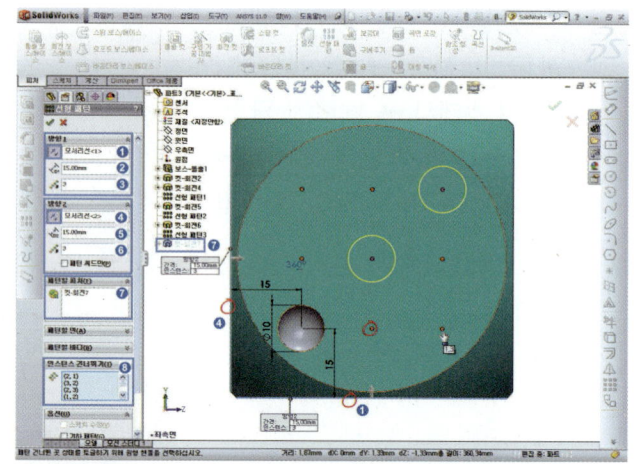

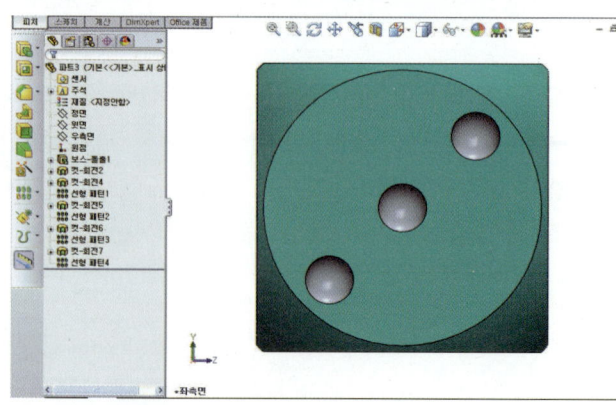

37 **[방법 1]** 표준보기 [윗면][🗗] 선택하거나, **[방법 2]** 키보드 **Spacebar** 방향창 [윗면] 더블 클릭하다.

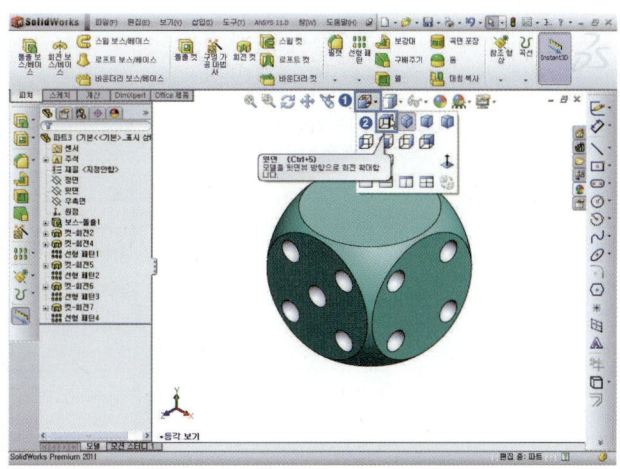

38 윗면[🗗] 선택 ➡ 스케치 도구 [✏] 선택 ➡ 중심선[│] 중심선 스케치 ➡ 원[⊙] 원 스케치 ➡ 지능형 치수[⊘] ➡ 지름 10mm, 거리 15mm 치수입력 한다.

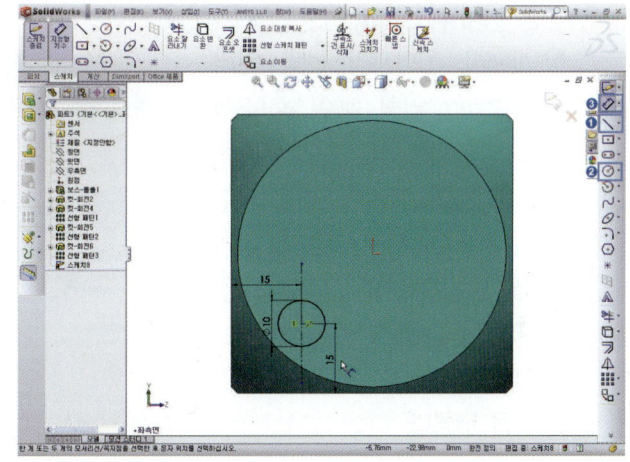

39 요소 잘라내기(Trim)[✂] 선택 ➡ [┼] [근접 잘라내기(T)] ➡ 반원 모양으로 잘라낸다.

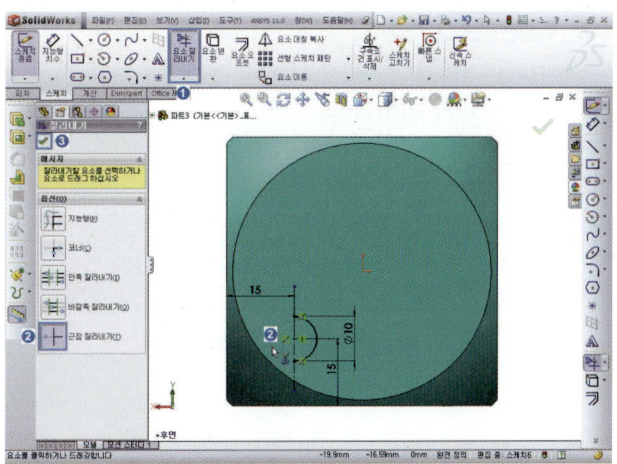

40 회전–컷[🔩] 선택 ➡ 회전축(중심선)[⟋] 선택 ➡ [⟳][블라인드 형태], 각도[⊿]=360도 입력한다.

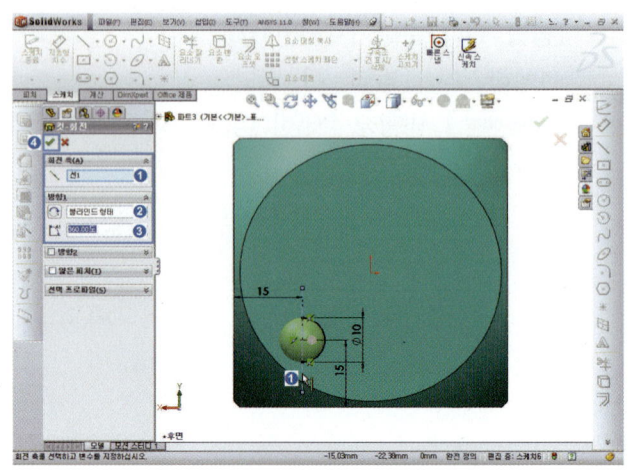

41 선형 피처 패턴[⬚] 선택 ➡ 방향 1[↗], ①모서리 선택, 거리[⟋] 15mm 입력, 개수[⬚] 3개 입력 방향 2[↗], ④모서리 선택, 거리[⟋] 15mm 입력, 개수[⬚] 3개 입력 ➡ 패턴할 피처(컷–회전) 선택 ➡ 인스턴스 건너뛰기 선택 ➡ 삭제하고자 하는 요소(원의 중심점) 선택 ➡ 확인[✓]을 누른다.

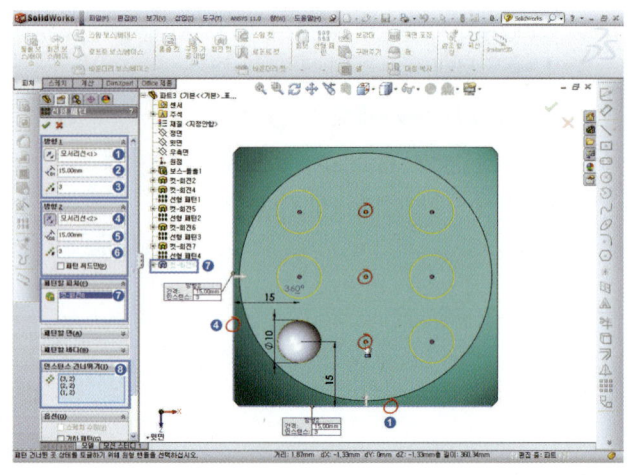

42 **Spacebar** 누르면 방향창 [등각보기] 더블클릭 ➡ 숫자 6이 완성되었는지 확인한다.

43 아랫면[　] 선택 ➡ 스케치 도구[　] 선택 ➡ 중심선[　], 중심선 스케치 ➡ 원[　], 원 스케치 ➡ 지능형 치수[　] ➡ 지름 10mm 치수입력한다.

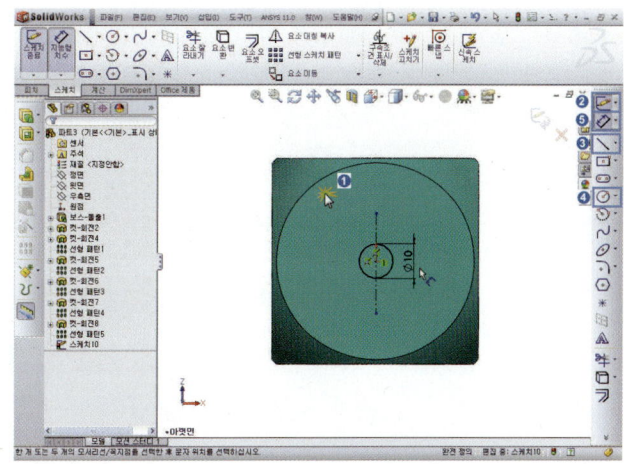

44 요소 잘라내기(Trim)[　] 선택 ➡ [　] [근접 잘라내기(T)] ➡ 반원 모양으로 잘라낸다.

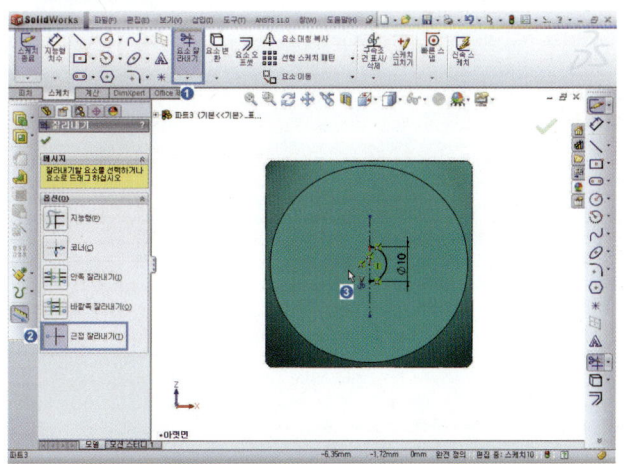

45 회전-컷[　] 선택 ➡ 회전축(중심선)[　] 선택 ➡ [　][블라인드 형태], 각도[　]=360도 입력한다.

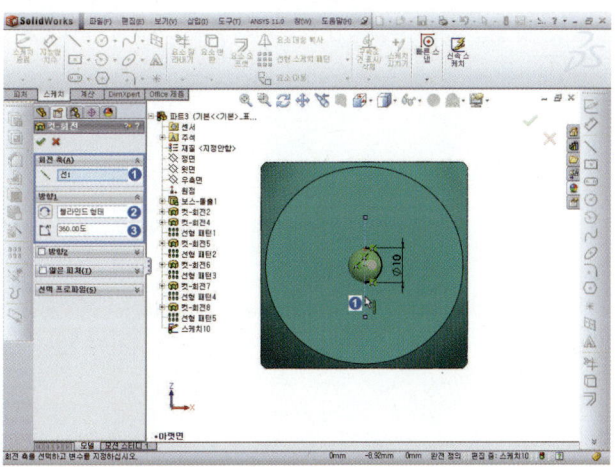

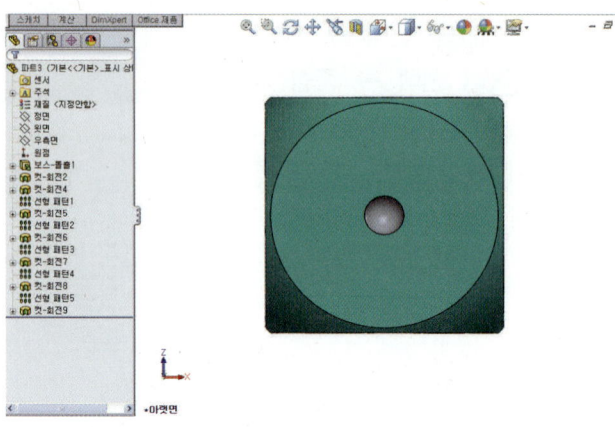

 46 주사위 모델링을 완성한다.

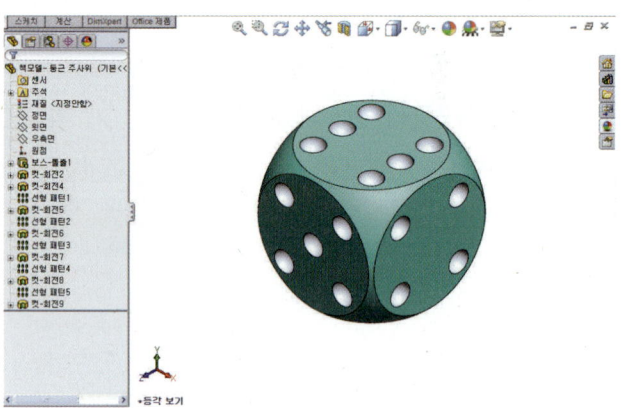

■ 재료의 중량 구하기

앞에서 모델링한 주사위를 가지고 물성치[⚖]를 구하는 방법을 알아보자.

방법 1 1. 도구(T) ➜ [⚖] 물성치(M)를 선택하거나,

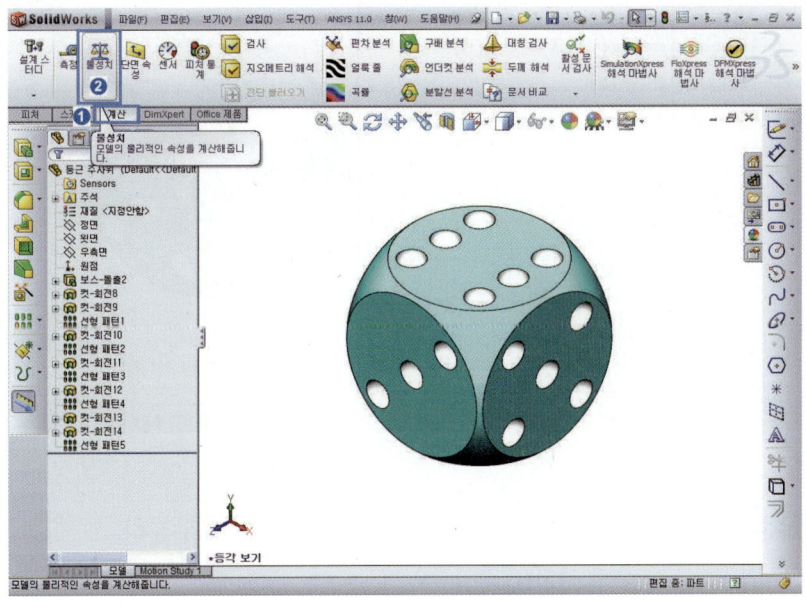

2. 도구모음에서 물성치[⚖]를 선택한다.

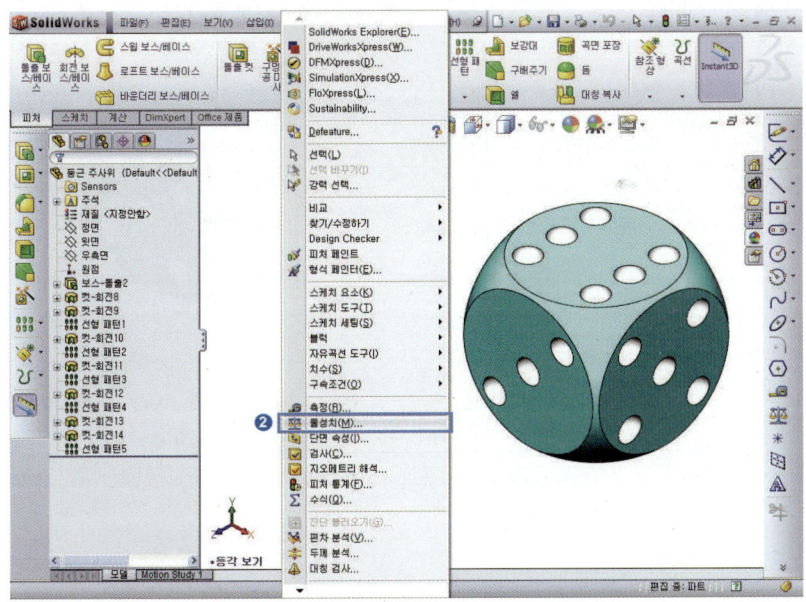

방법 2 2. 물성치[⚖]를 선택하게 되면 기본 물성값이 대화창이 아래 그림과 같이 나타난다.

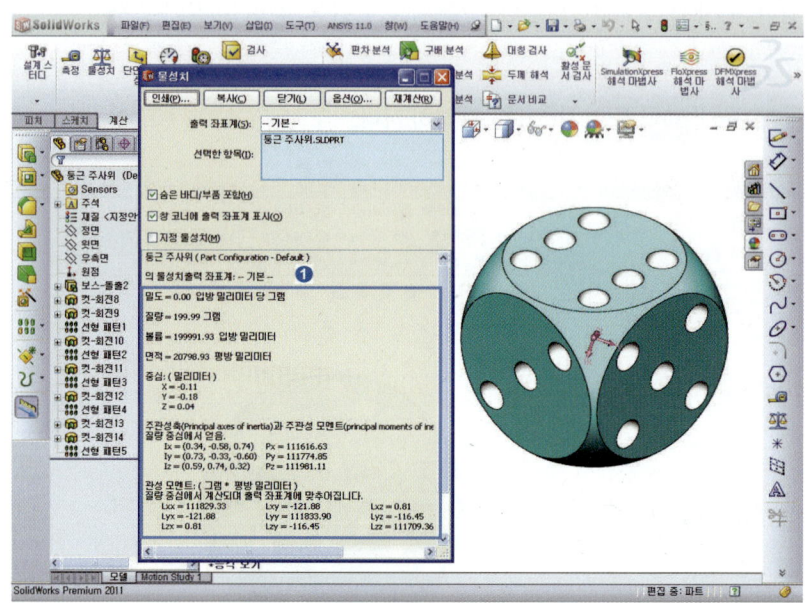

방법 3 활성화된 대화창에서 옵션(O)을 선택한 후 ➡ 확인[✅]을 누른다.
(밀도: 0.001g/mm³은 물의 밀도값)

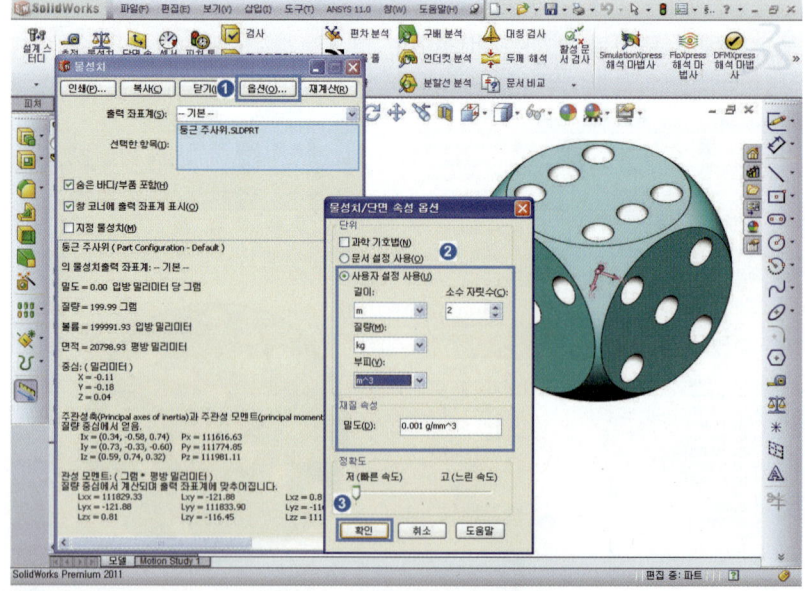

방법 4 재계산(R) 버튼을 눌러 변경한 옵션의 내용들을 적용 ➡ 변경한 옵션의 내용들을 화면
에 출력된다.

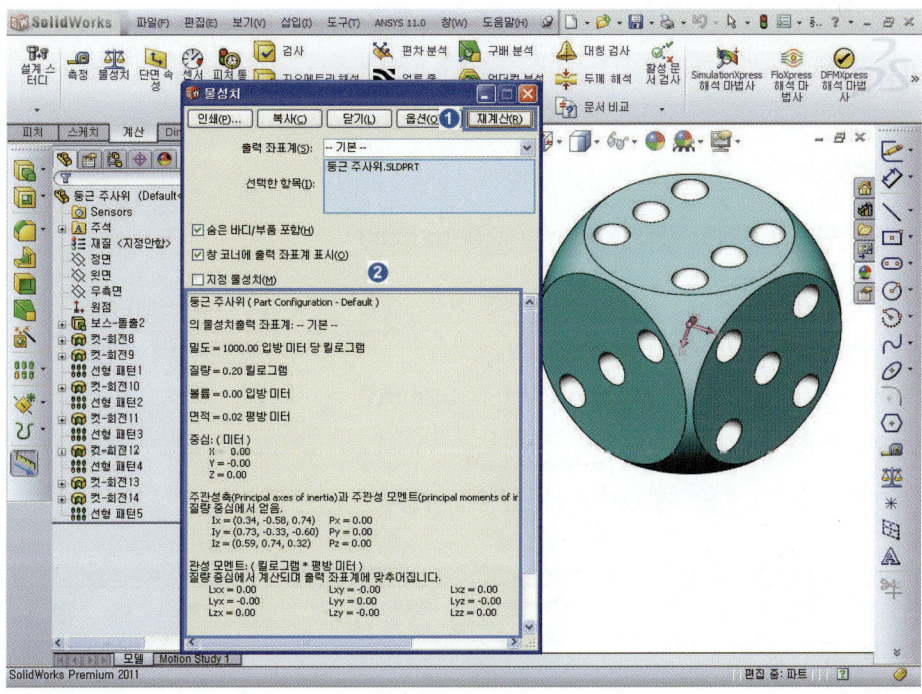

옵션화면에서 물의 밀도를 입력하고 재계산을 클릭하여 적용시켰을 경우에 계산된 값을 확인
하면 무게는 206g 이면 볼륨은 206021.0mm³ 이며 관성모멘트, 표면적 값을 알 수 있다.

■ Solidworks에서 질량(mass) 계산법

비중(specific gravity): 어떤 물체의 단위중량과 순수한 물 4℃ 일때 단위중량의 비를 말하며, 순수한 물 4℃ 일 때 물의 비중은 1.0이다. 즉, 물을 기준으로 하여 다른 물체와 비교한 것이 비중이다.

- 비중 $= \dfrac{\text{대상물체}}{\text{물}} = \dfrac{\gamma}{\gamma_w} = \dfrac{\rho}{\rho_w}$
  (물의 비중량은 4°C에서 약1,000kg/m³ = 0.001g/mm³)

- 밀도(Density): 단위 체적당 질량
  (물의 밀도는 20°C에서 약1,000kg/m3 = 0.001g/mm3)
  Ex) 비중 = 7.86

  　　 0.001g/mm³ × 7.86 = 0.00786g/mm³ (Mass질량)

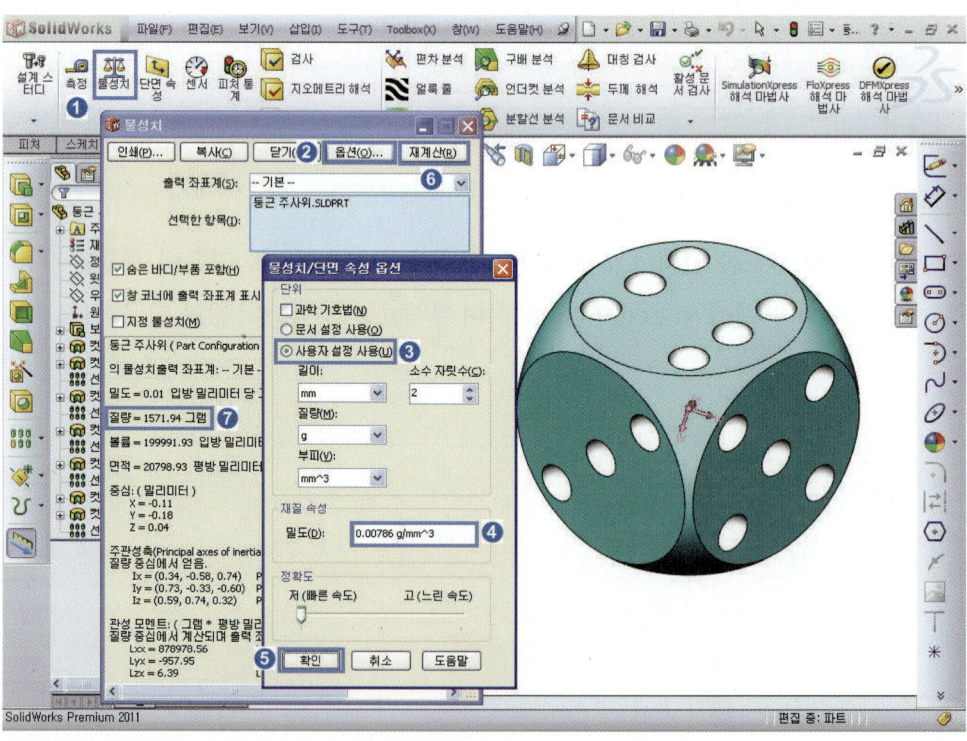

■ 길이 측정하기

방법 1 1. 도구(T) ➡ 측정(R)[🔘]을 선택하거나, 2. 도구모음에서 측정(R)[🔘]을 선택한다.

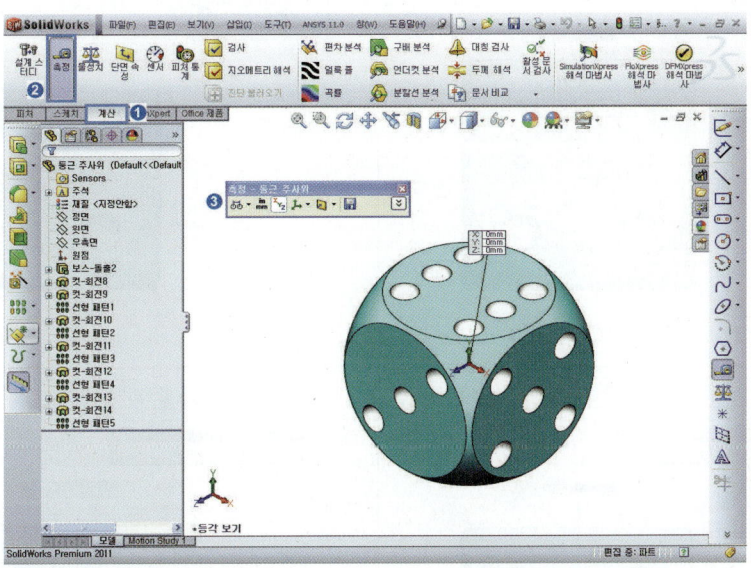

방법 2 측정을 선택하면 아래 그림과 같은 대화창이 나타난다. 측정하고자 하는 모서리 선택한다.

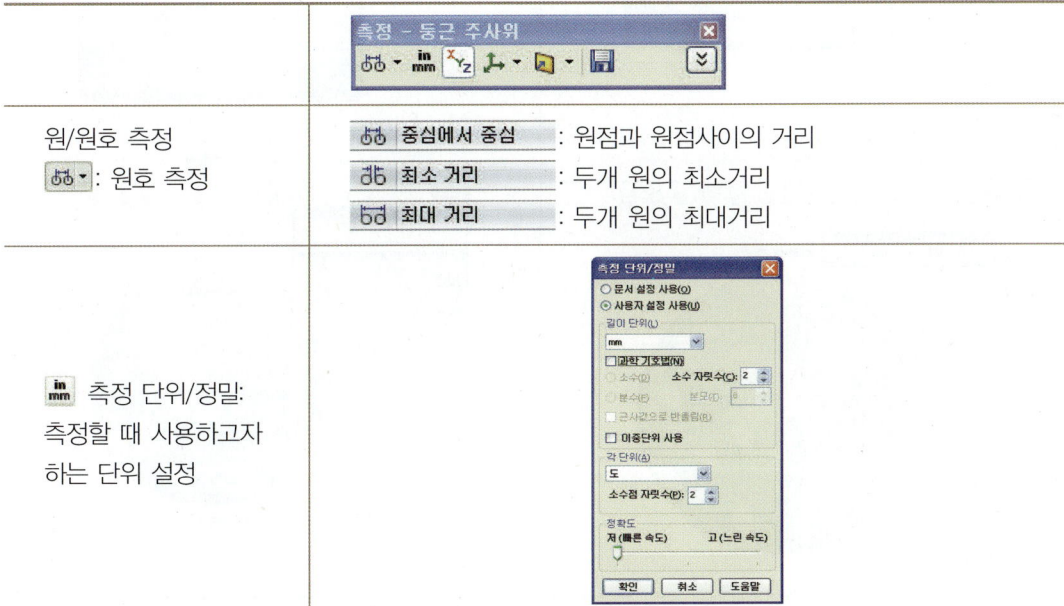

원/원호 측정 🔘▾: 원호 측정	🔘 중심에서 중심	: 원점과 원점사이의 거리
	🔘 최소 거리	: 두개 원의 최소거리
	🔘 최대 거리	: 두개 원의 최대거리
🔘 측정 단위/정밀: 측정할 때 사용하고자 하는 단위 설정		

🔘: X, Y, Z 각축의 거리 측정 또는 각축간의 상대 거리 측정,

🔘▾: 파트 원점 표시

🔘▾: 측정투영대상, 🔘 **화면**: 화면에 표시, 🔘 **면/평면 선택**: 투영할 면이나 평면 선택

방법 3 측정(R)[📷] ➡ 원/원호 측정

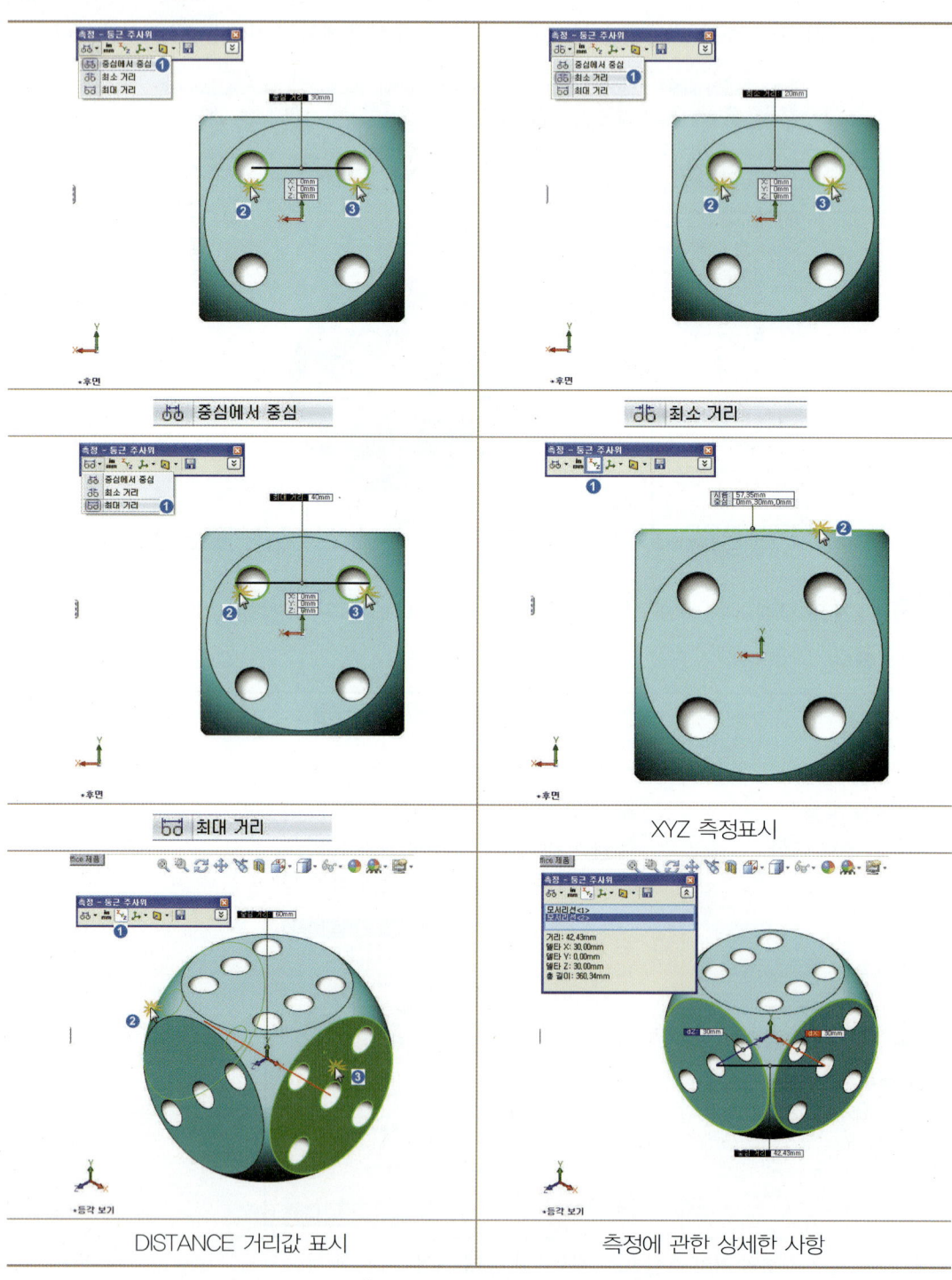

중심에서 중심	최소 거리
최대 거리	XYZ 측정표시
DISTANCE 거리값 표시	측정에 관한 상세한 사항

십자 드라이버(Screw driver) 모델링

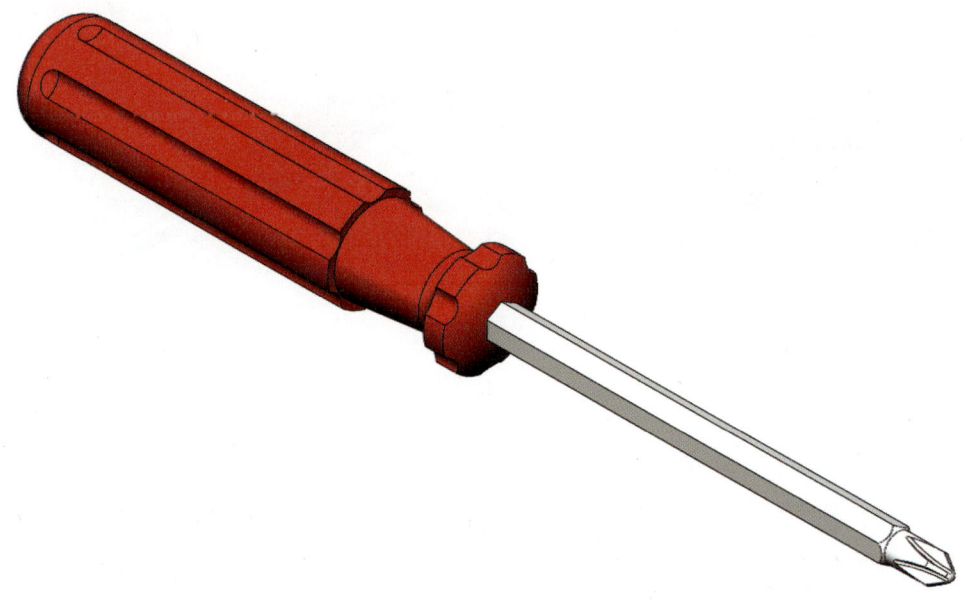

[그림 3-6] 드라이버(Screw driver) 모델링

■ 드라이버(Screw driver) 모델링 순서

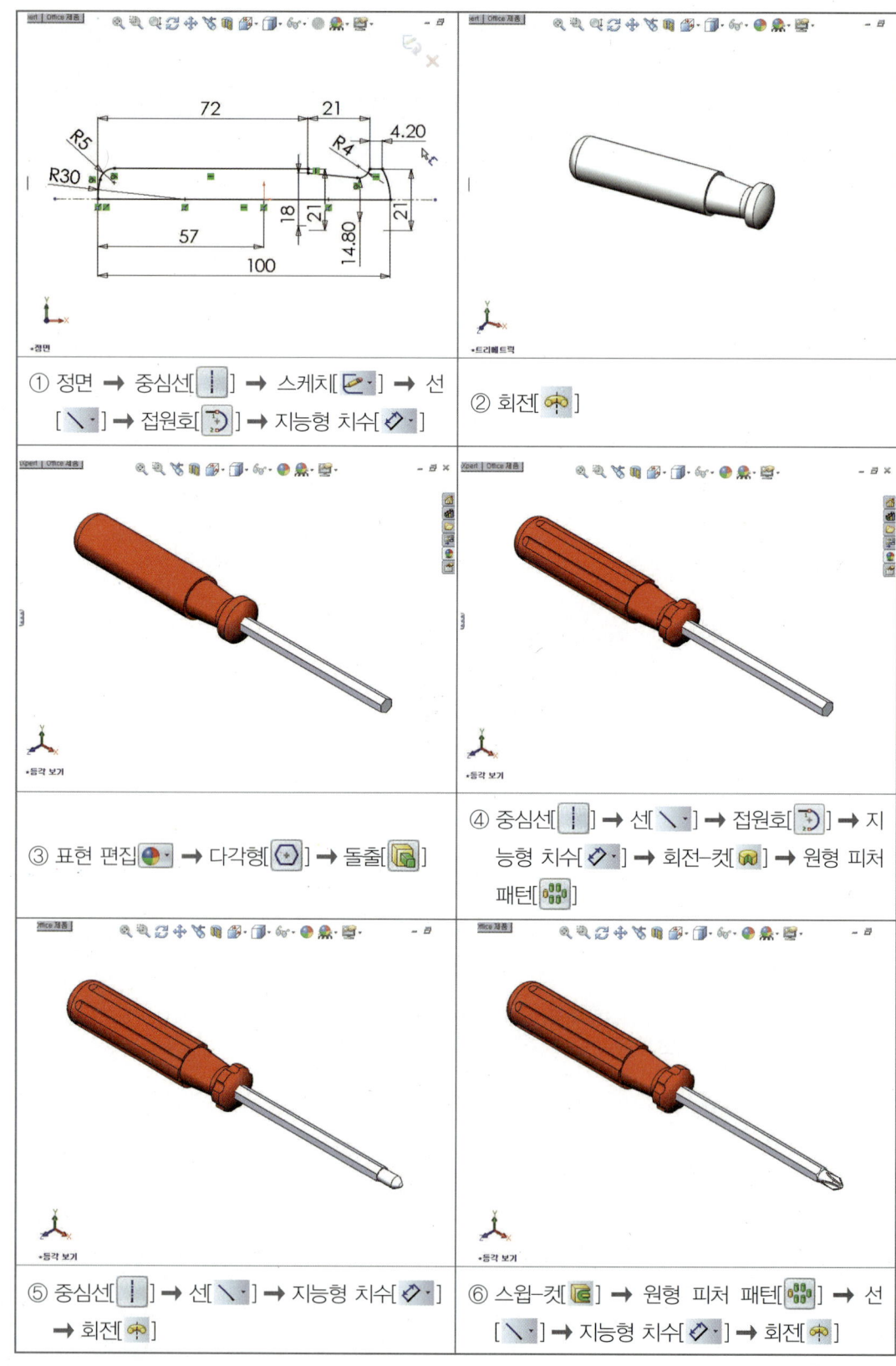

① 정면 ➡ 중심선[ ] ➡ 스케치[ ] ➡ 선 [ ] ➡ 접원호[ ] ➡ 지능형 치수[ ]

② 회전[ ]

③ 표현 편집[ ] ➡ 다각형[ ] ➡ 돌출[ ]

④ 중심선[ ] ➡ 선[ ] ➡ 접원호[ ] ➡ 지능형 치수[ ] ➡ 회전-컷[ ] ➡ 원형 피처 패턴[ ]

⑤ 중심선[ ] ➡ 선[ ] ➡ 지능형 치수[ ] ➡ 회전[ ]

⑥ 스윕-컷[ ] ➡ 원형 피처 패턴[ ] ➡ 선 [ ] ➡ 지능형 치수[ ] ➡ 회전[ ]

1 파일 ➡ 새문서(N) [🗋 새 문서]
을 클릭한다.

2 새문서 창에서 파트 아이콘[📄Part]
선택 ➡ [확인]을 누른다.

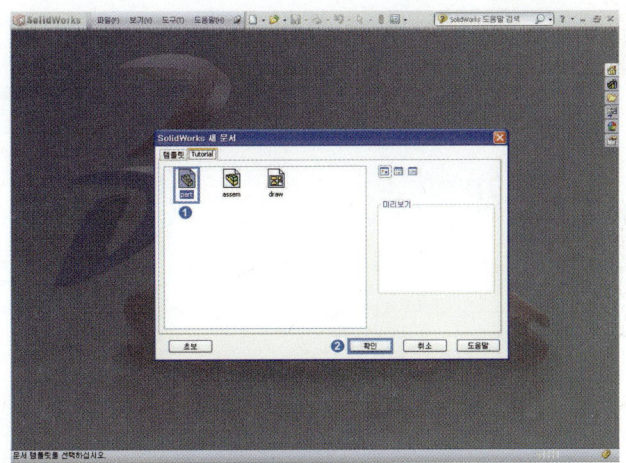

3 스케치를 생성할 작업평면[정면]
을 선택 ➡ 스케치 도구[✏️ ▾]
선택한다.

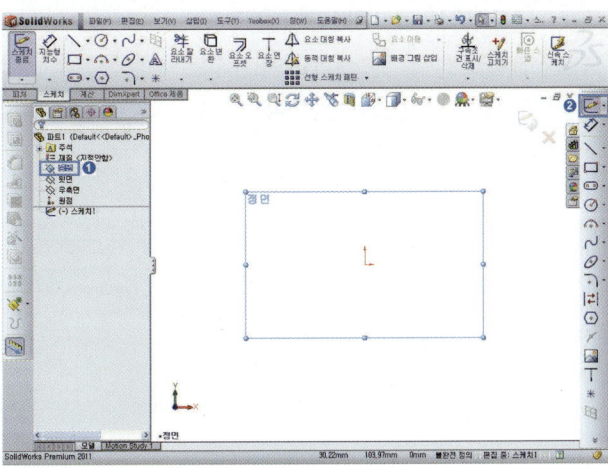

4 중심선[│] 선택, 중심선 스케
치 ➡ 선[＼], 접원호[⊃] 아
래 그림처럼 스케치한다.

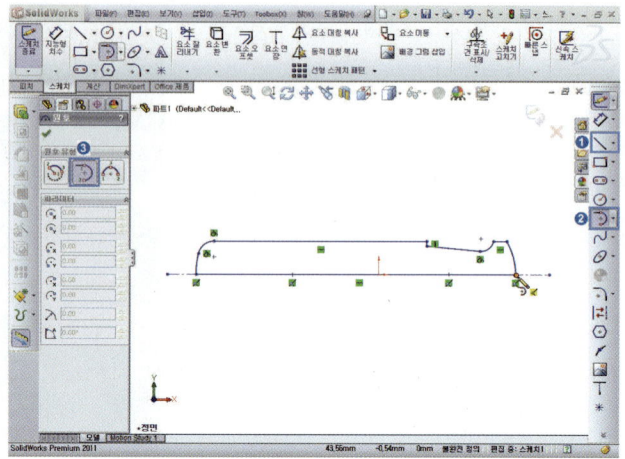

5 지능형 치수[◇▾] 선택, 아래
그림처럼 치수입력한다.

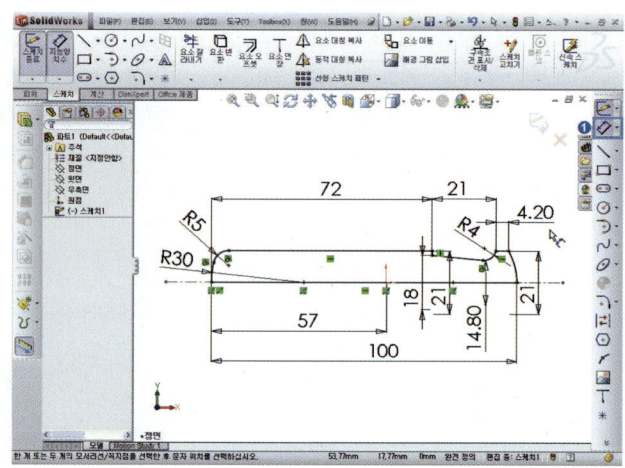

6 회전[◈] ➡ 회전축(①중심
선)[＼] 선택, [◉][블라인드 형
태], [◢] 각도=360도 ➡ 확인
[✔]을 누른다.

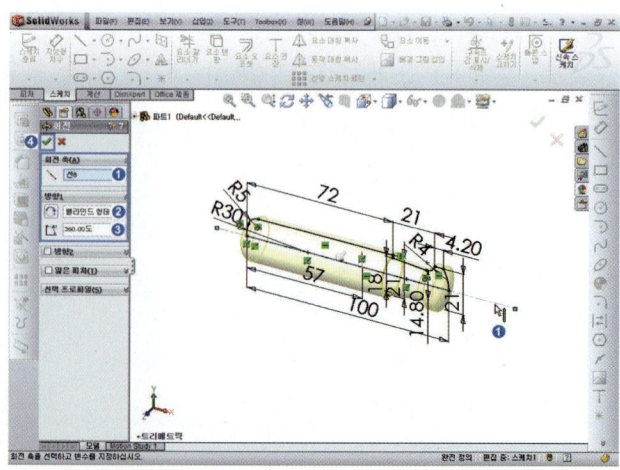

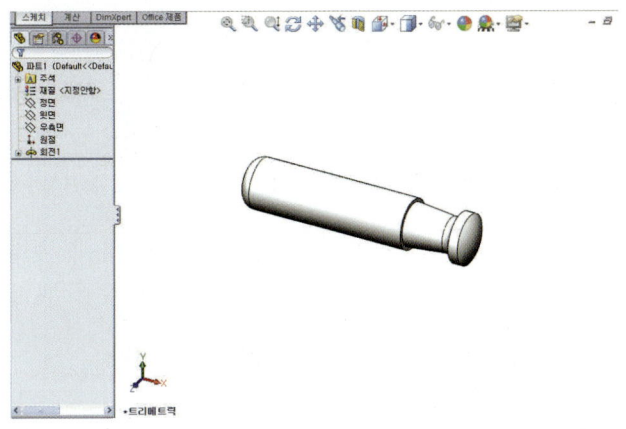

7 우측면[⊞] ➡ 스케치 도구
[🖉] 선택 ➡ **Spacebar** 누르
면 방향창 [면에 수직으로 보기]
더블클릭 ➡ 스케치 작업이 편하
도록 수직하게 위치한다.

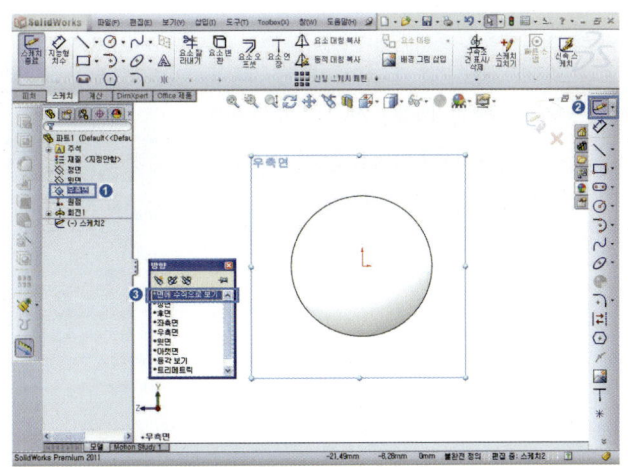

8 다각형[⬡] 선택 6각형 스케치
➡ 6각형 한변 선택 ➡ 구속조건
[수직(v)] 선택 ➡ 확인[✓]을 누
른다.

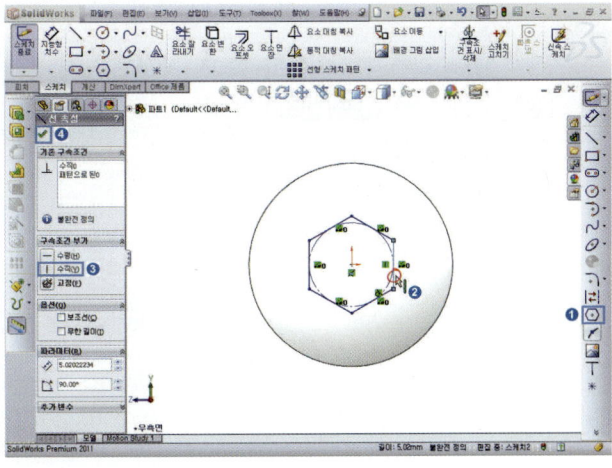

9 지능형 치수[ ] 선택 ➡ 한변
의 길이 6.5mm 치수입력한다.

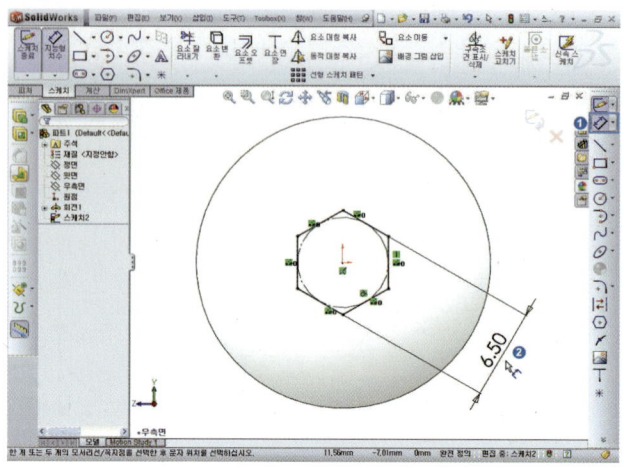

10 돌출[ ] ➡ 방향 1 [ ][블라
인드 형태], [ ] 거리값 130mm
입력 ➡ [ ]바디 합치기 해제
➡ 확인[ ]을 누른다.

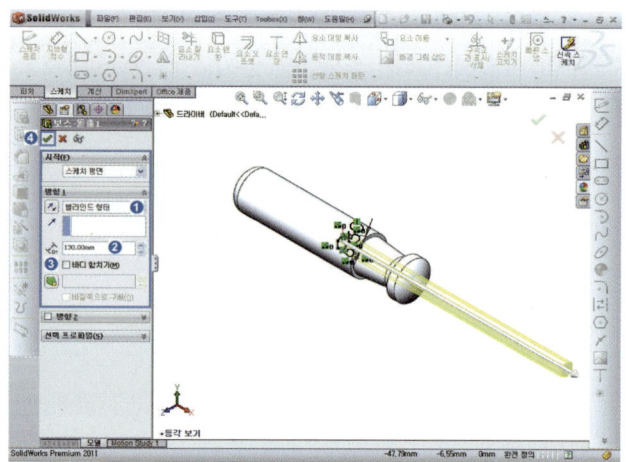

11 정면[ ] 선택 ➡ 스케치 도구
[ ] 선택 ➡ Spacebar 누르
면 방향창 [면에 수직으로 보기]
더블클릭 ➡ 스케치 작업이 편하
도록 수직하게 위치한다.

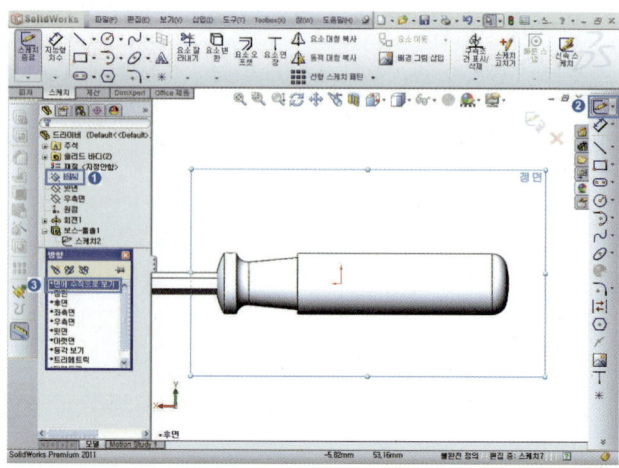

12 지능형 치수[◇ ▾] 선택 ➡ 아래
그림과 같이 치수입력한다.

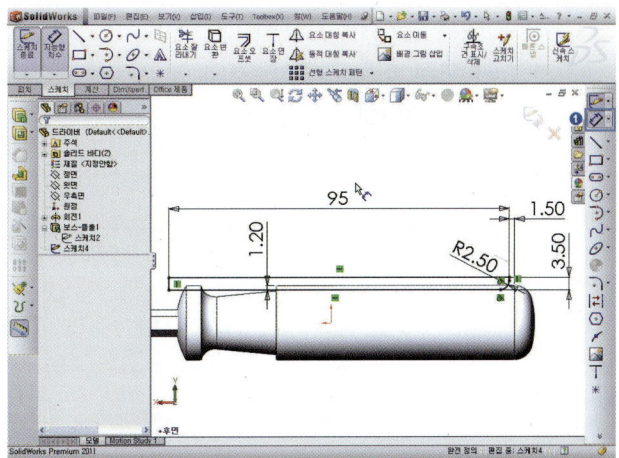

13 히전–컷[🎲] 선택 ➡ 히전축(①
중심선)[╲] 선택, [🔄] [블라인
드 형태], [🔼]각도=360도 ➡
확인[✔]을 누른다.

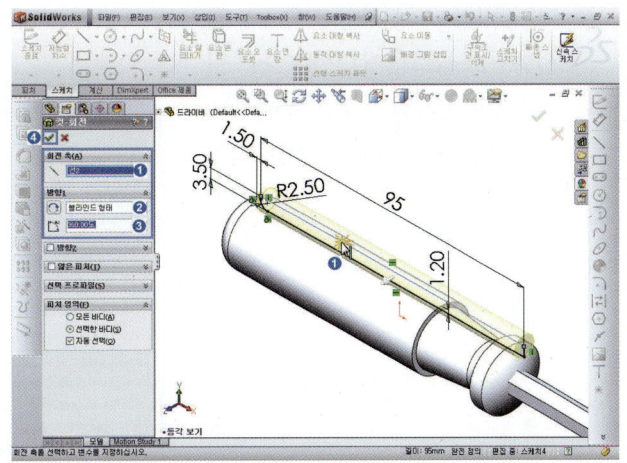

14 표현 편집[🎨 ▾] ➡ 바디[🔲] 선
택 ➡ 바디(컷회전) 선택 ➡ 색상
선정 ➡ 확인[✔]을 누른다.

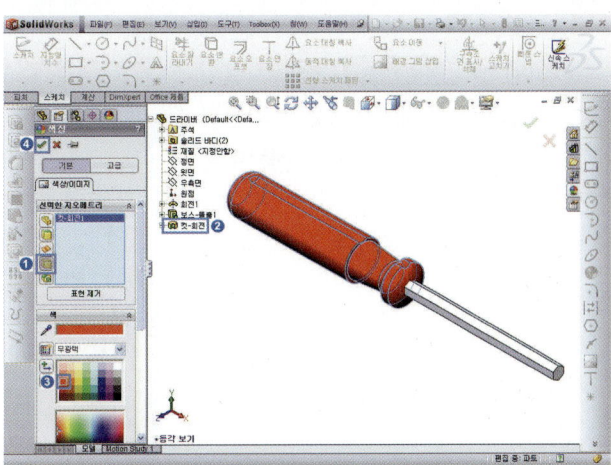

15 메뉴바에서 보기 ➡ 임시축[🔶]
선택 ➡ 모든 피처에 원, 원호의
중심선이 나타난다.

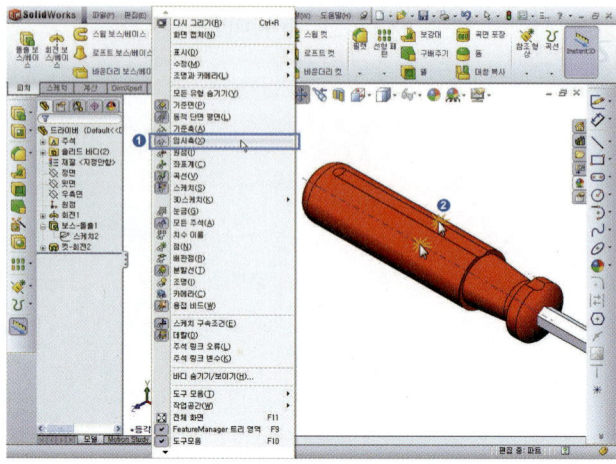

16 피처 원형 패턴[🔘] 선택 ➡ 회
전축(①중심축)[🔘] 선택 ➡ 원
형 패턴 갯수[🔢] 6 입력 ➡ ☑
동등간격 체크 ➡ 패턴할 피처
(컷-회전) ➡ 확인[✅]을 누른다.

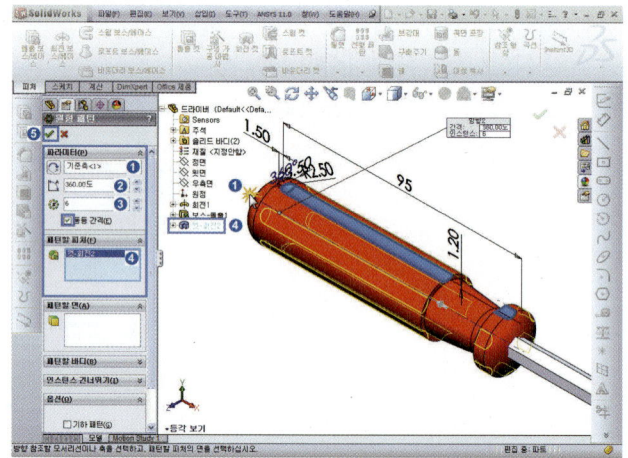

17 정면 선택 ➡ 스케치 도구[✏️]
선택 ➡ [Spacebar] 누르면 방향
창 [면에 수직으로 보기] 더블클
릭 ➡ 스케치 작업이 편하도록
수직하게 위치한다.

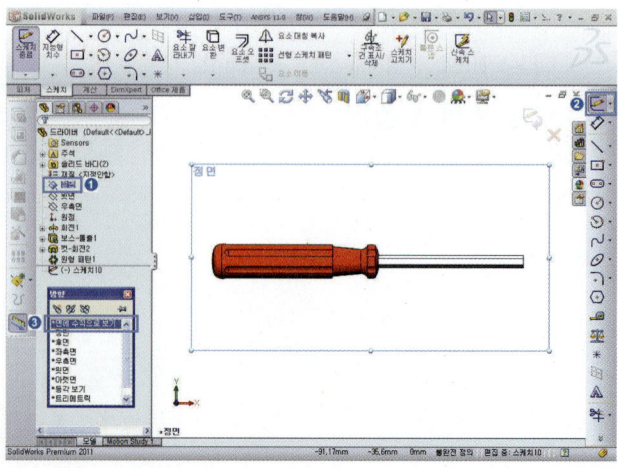

18 중심선[ ] 선택, 중심선을 스케치 ➡ 선[ ], 접원회[ ] 아래 그림과 같이 스케치 ➡ 지능형 치수[ ] 선택 ➡ 치수입력한다.

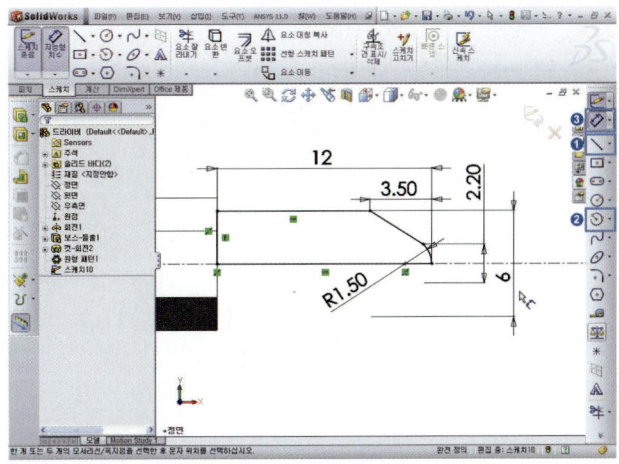

19 회전[ ] ➡ 회전축(①중심선)[ ] 선택, [ ][블라인드 형태], [ ]각도=360도 ➡ 확인[ ]을 누른다.

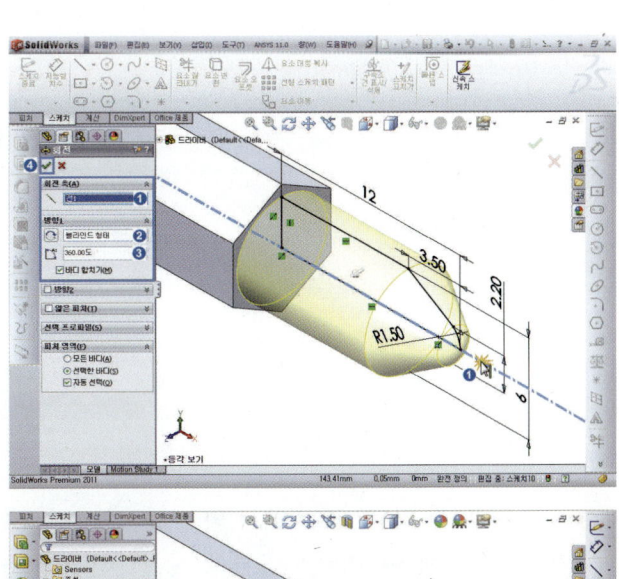

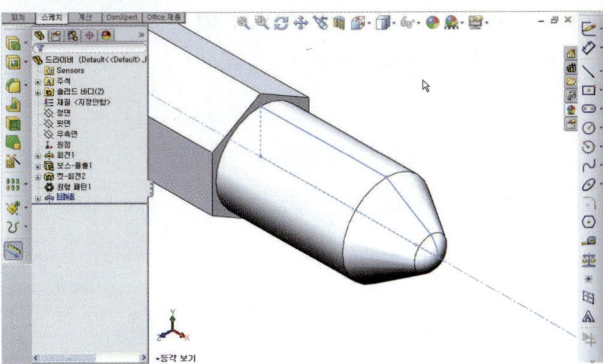

20 우측면 선택 ➡ 기준면[🔷] 선택 ➡ 기준면 대화창 우측면이 선택됨 ➡ 옵셋 거리값[⬚] =142mm 입력, 생성되는 면의 개수[⬚#] 1개 입력 ➡ 확인[✅]을 누른다.

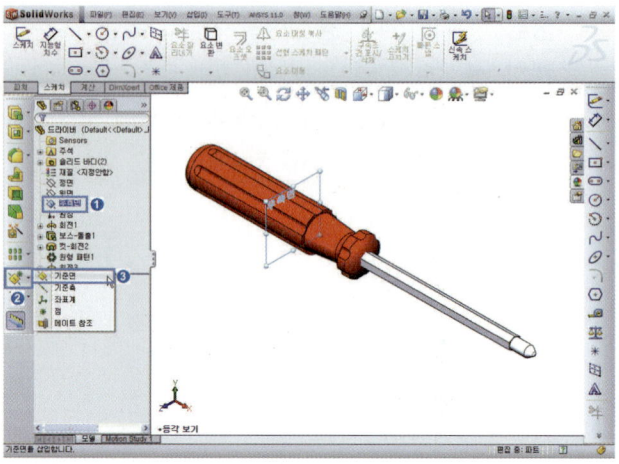

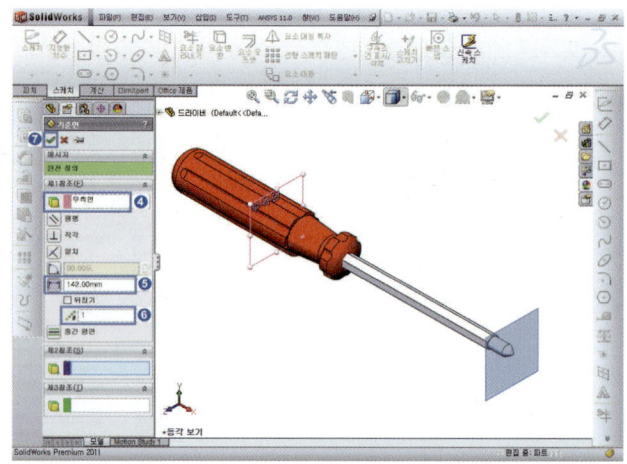

21 피처 매니저 디자인 트리에서 평면[🔷] 선택 ➡ 마우스 오른쪽 버튼 클릭 ➡ 숨기기(B)[👓▾] 클릭하면 생성된 평면이 숨겨지고 다시 표시(B)[👓▾]을 누르면 다시 나타난다.

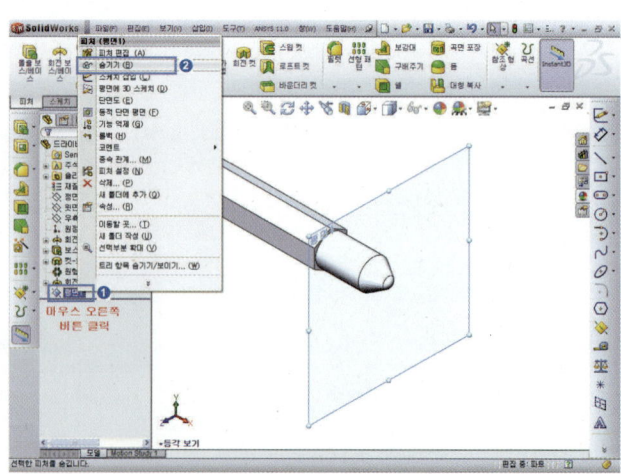

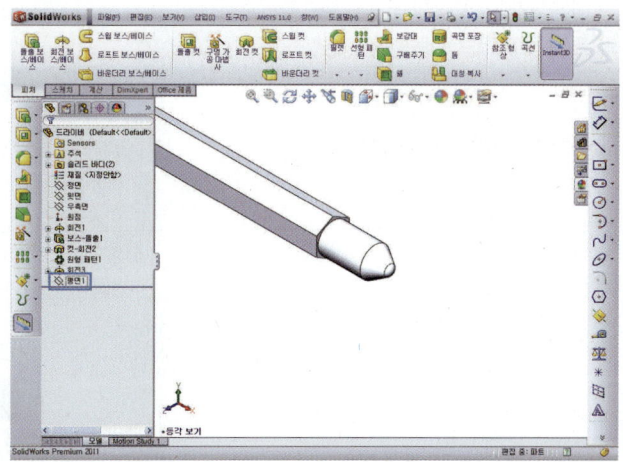

22 정면 선택 → 스케치 도구[ ] 선택 → **Spacebar** 누르면 방향 창 [면에 수직으로 보기] 더블클릭 → 스케치 작업이 편하도록 수직하게 위치한다.

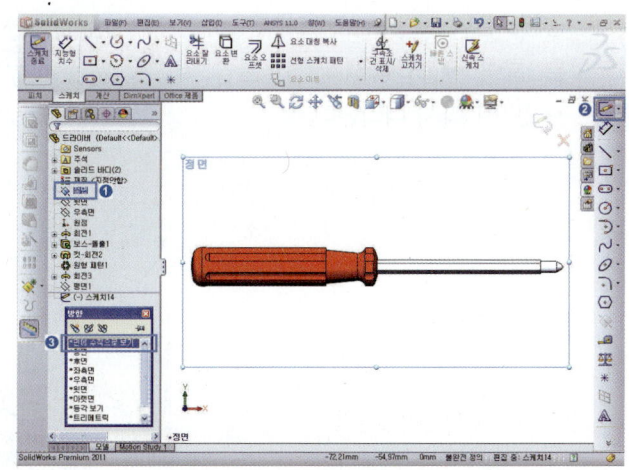

23 정면 선택 → 중심선[ ] 선택 중심선 스케치 → 지능형 치수 [ ] 1.50mm 입력 → 접원호 [ ] → 지능형 치수[ ] 선택 반지름 22mm 입력한다.

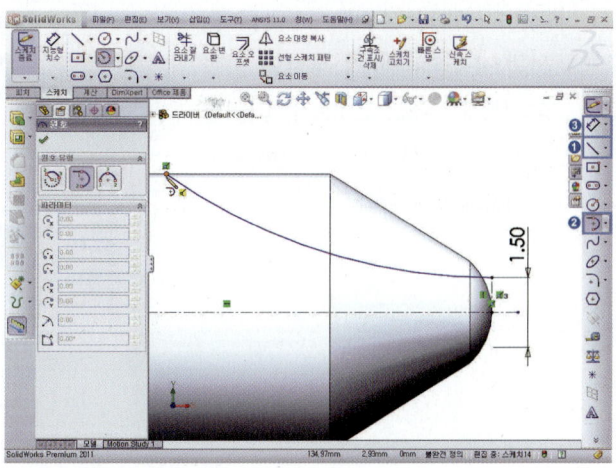

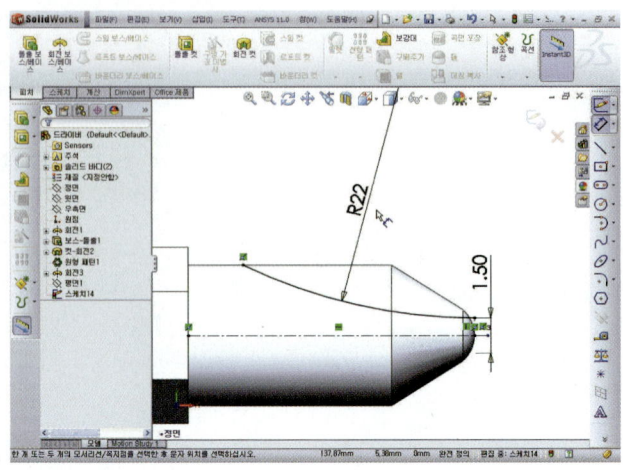

24 평면1 선택 ➡ 마우스 오른쪽 버튼 클릭 ➡ 표시(B)[] 클릭 ➡ 평면1 다시 나타난다.

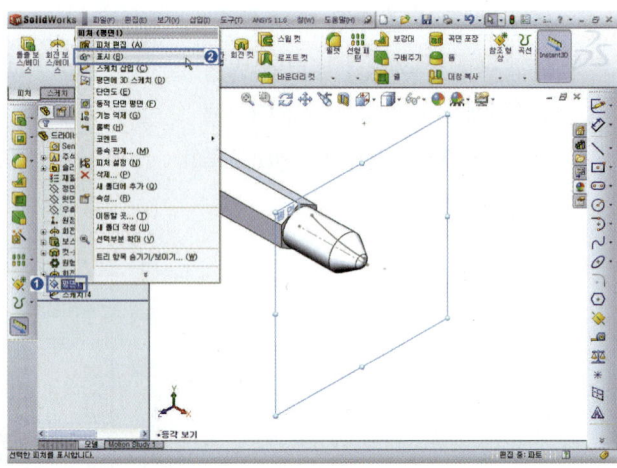

25 평면1 선택 ➡ 스케치 도구[] 선택 ➡ Spacebar 누르면 방향 창 [면에 수직으로 보기] 더블클릭 ➡ 스케치 작업이 편하도록 수직하게 위치한다.

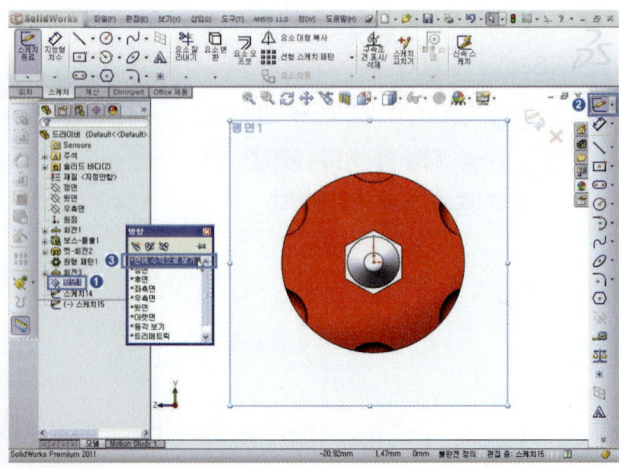

26 중심선[│] 선택하여 중심선을 스케치 ➡ 선[╲▾]을 이용하여 삼각형 스케치한다.

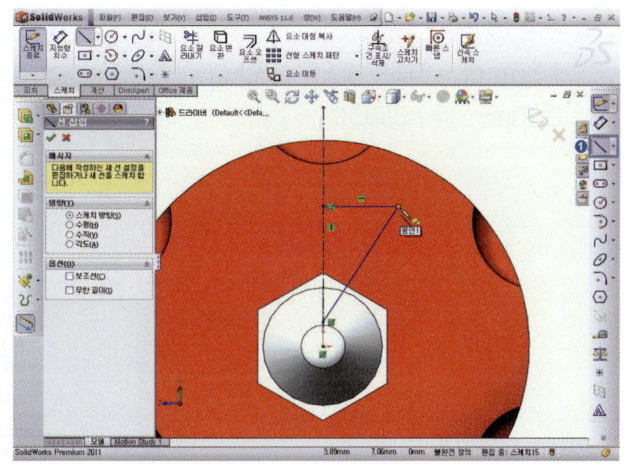

27 대칭복사[⚠] ➡ 대칭기준(①중심선)[│], 대칭 복사할 요소(②, ③선) 선택[⚠], ☑ 복사(c) 체크 ➡ 확인[✓]을 누른다.

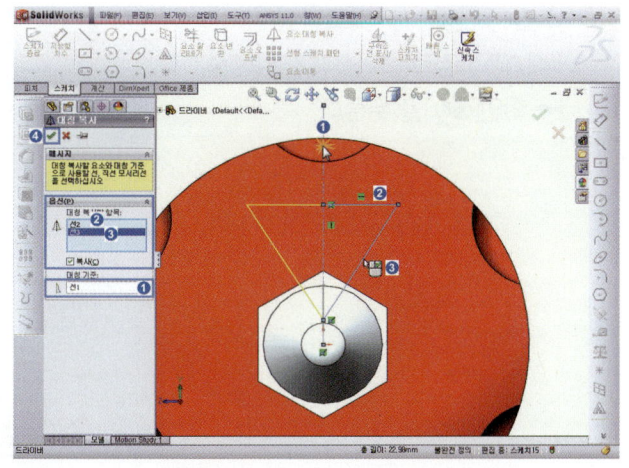

28 스케치 필렛[◠] ➡ 필렛 변수[✕] 반지름 0.5mm 입력 ➡ ☑ 구석 코너 유지 ➡ 확인[✓]을 누른다.

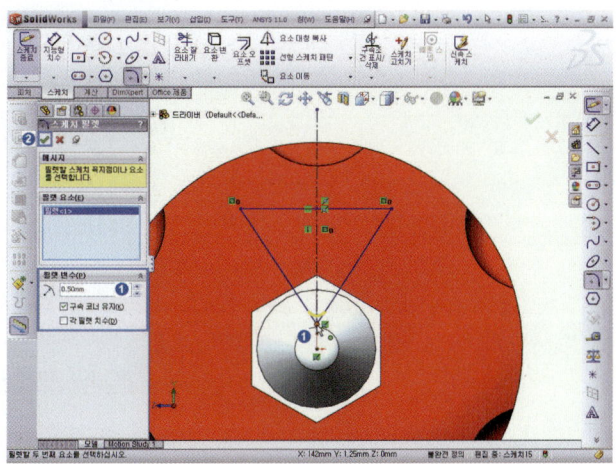

29 지능형 치수[✏] 선택 ➡ 길이 1.25mm, 각도 45도, 반경 0.50mm 치수입력한다.

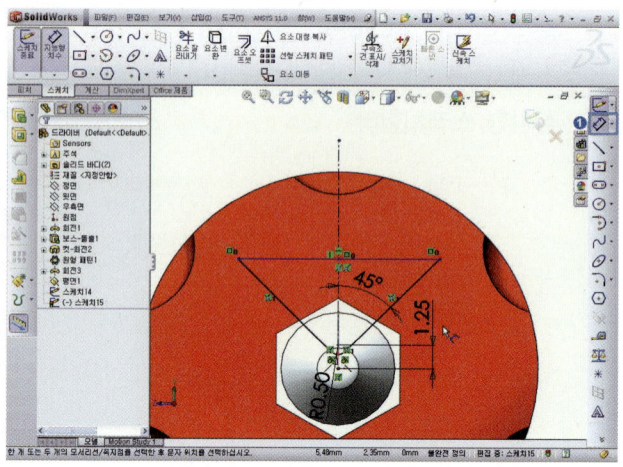

30 스웝-컷[🔃] ➡ 프로파일(① 선택)[◔], 경로(② 선택)[◔]선정 ➡ 확인[✅]을 누른다.

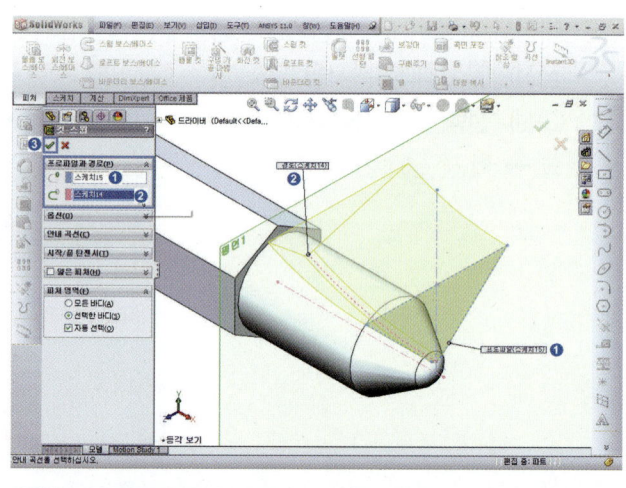

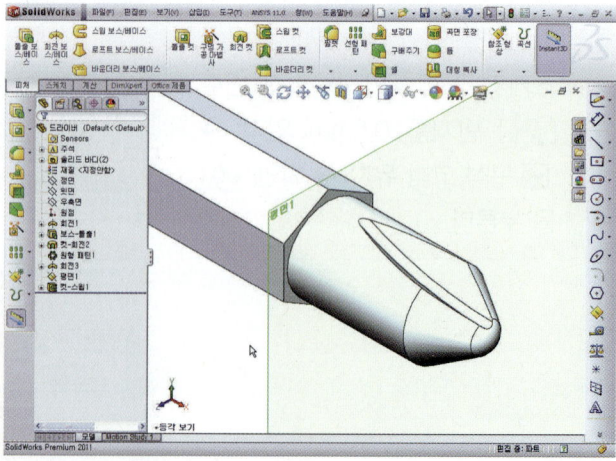

31 메뉴바에서 보기 ➡ 임시축[🔫] 선택 ➡ 모든 피처에 원, 원호의 중심선이 나타난다.

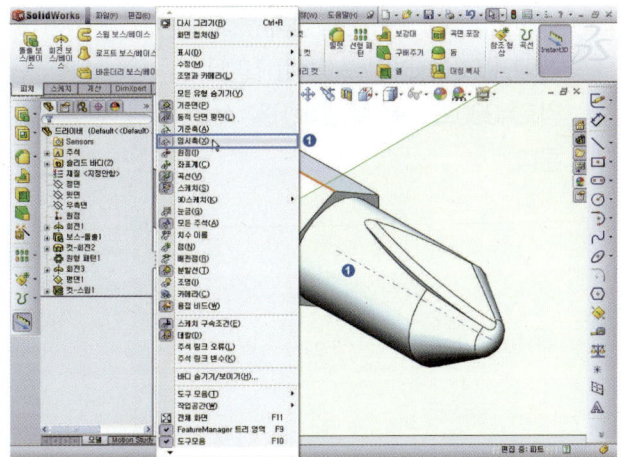

32 피처 원형 패턴[🔳] 선택 ➡ 회전축)[🔄] 선택 ➡ 원형 패턴 갯수[🔳] 4 입력 ➡ ☑ 동등간격 체크 ➡ 패턴할 피처(컷-회전) ➡ 확인[✅]을 누른다.

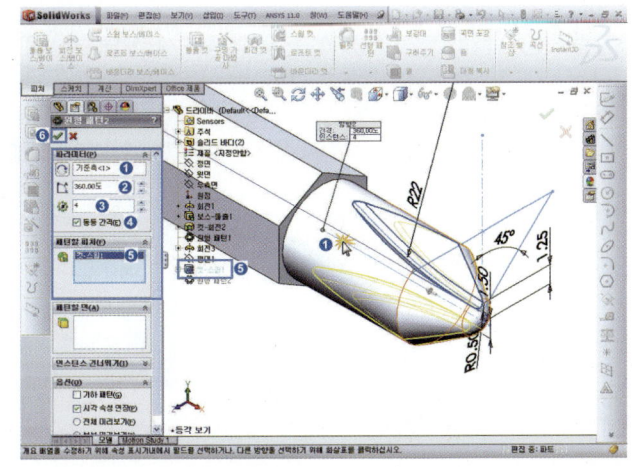

33 정면 선택 ➡ 스케치 도구[📝] 선택 ➡ 선[✏] 선택, 삼각형 스케치 ➡ 지능형 치수[📐] 선택 ➡ 치수입력한다.

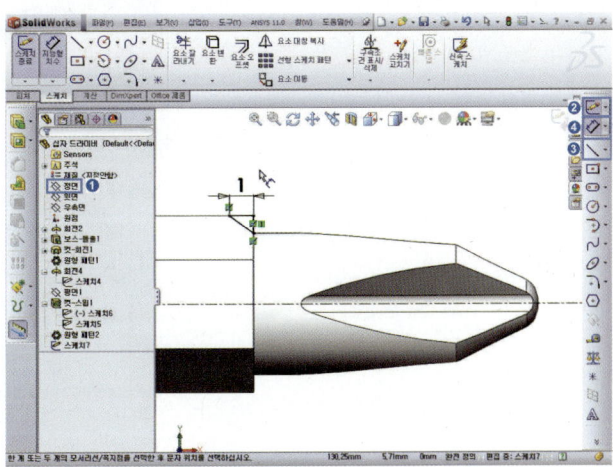

34 회전-컷[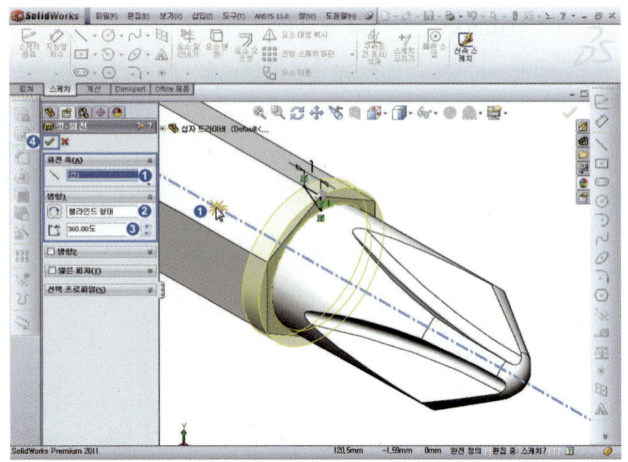] ➡ ①중심축[ ] 선택, [ ][블라인드 형태], [ ] 각도=360도 ➡ 확인[ ]을 누른다.

35 드라이버 모델링 완성

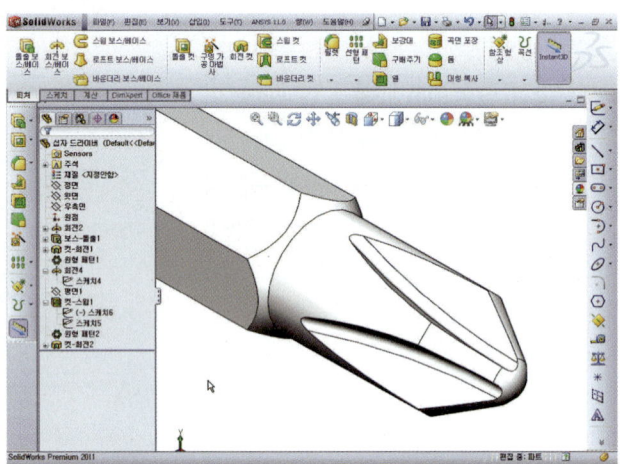

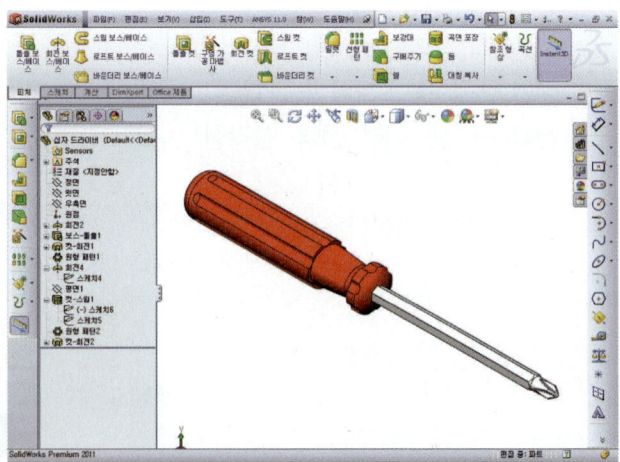

■ 새로운 작업평면 만들기

평면[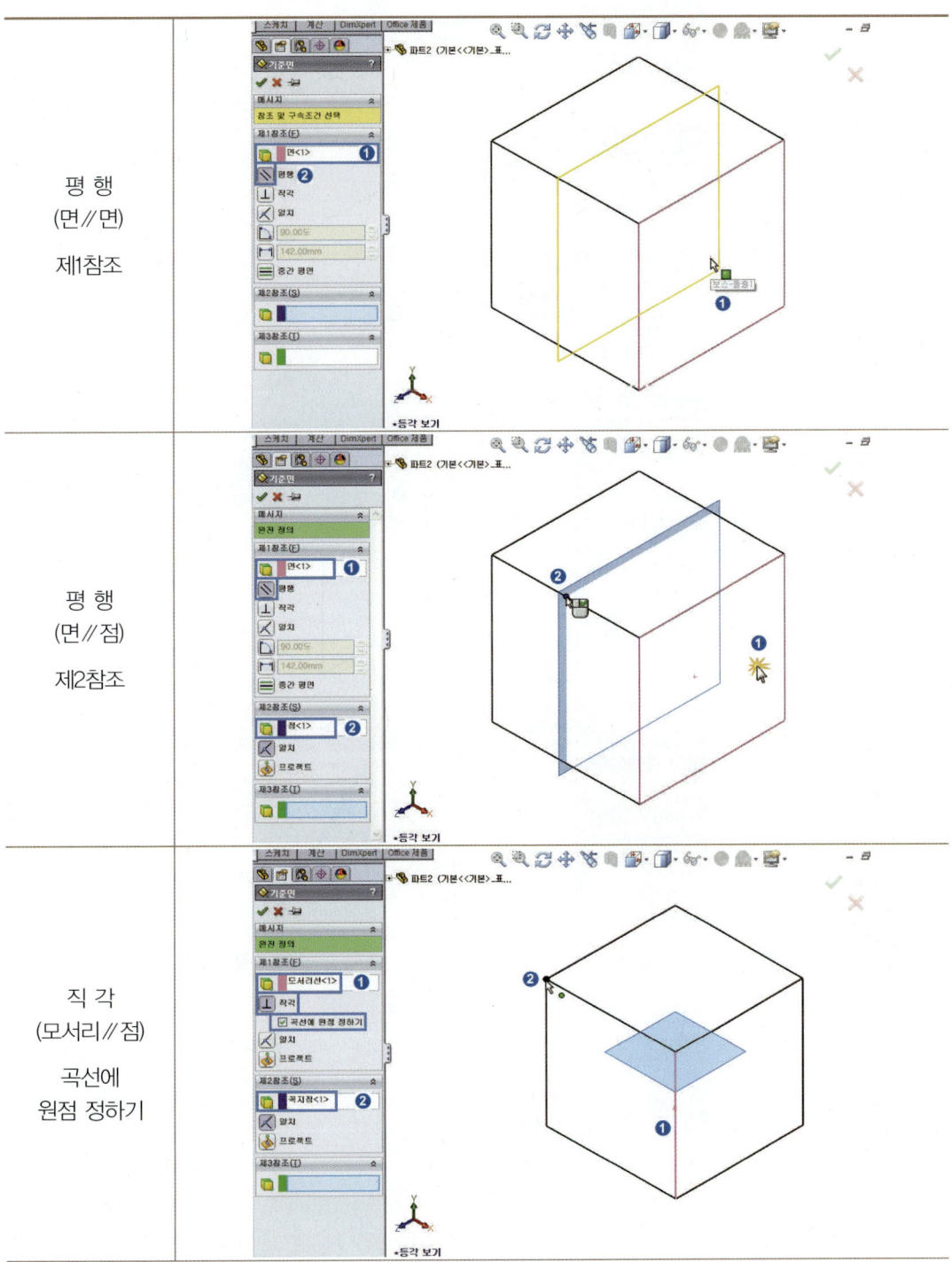] : 파트, 어셈블리, 스케치나 모델의 단면도 작성에 필요한 새로운 작업평면을 만든다.

평 행 (면∥면) 제1참조	
평 행 (면∥점) 제2참조	
직 각 (모서리∥점) 곡선에 원점 정하기	

직 각 (모서리∥점) 곡선에 원점 정하지 않기	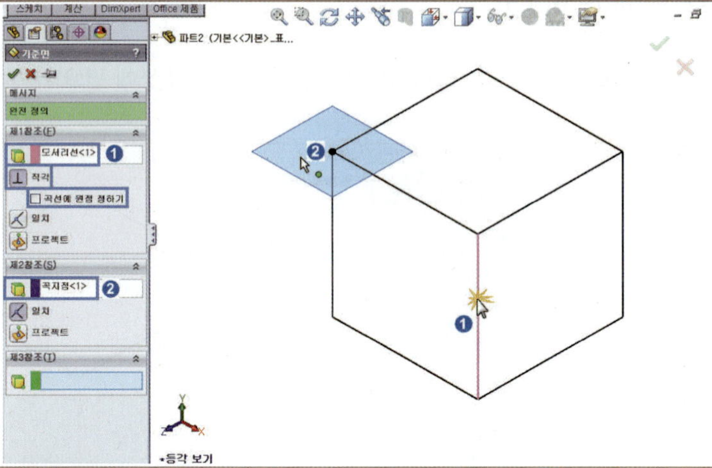
각 도 (면∥모서리) 제2참조	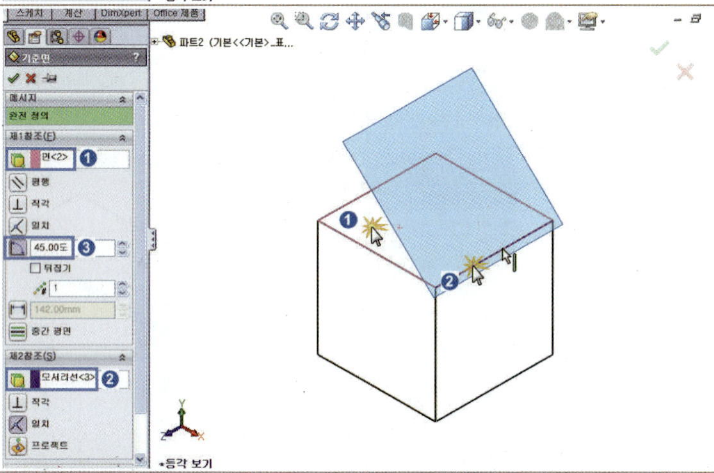
중간 평면 (면∥면) 제2참조	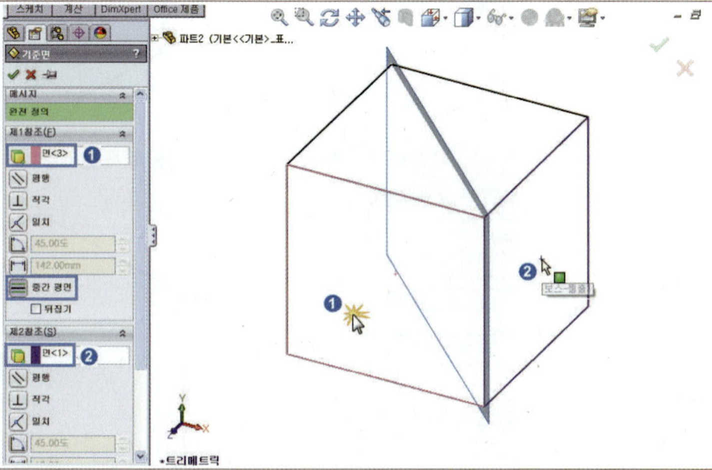

오프셋 거리	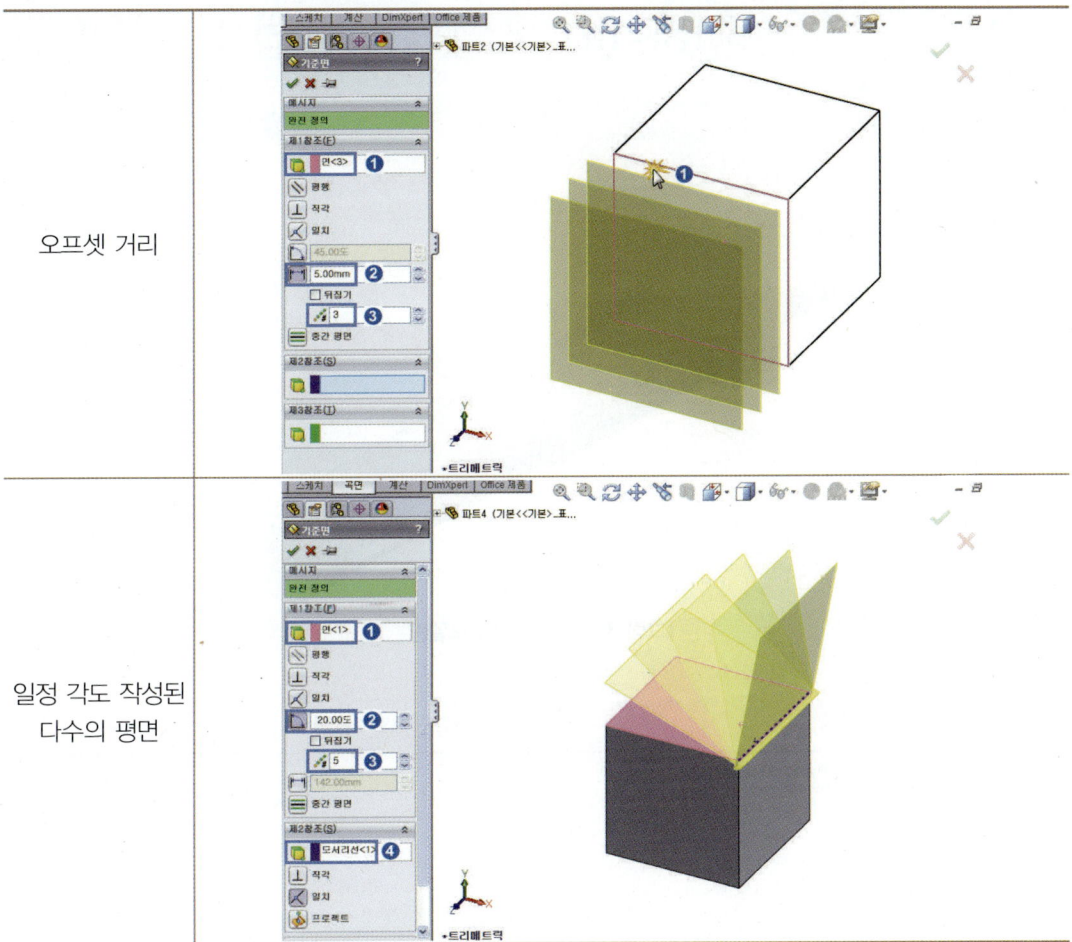
일정 각도 작성된 다수의 평면	

축(Shaft) 모델링 – 방법 1

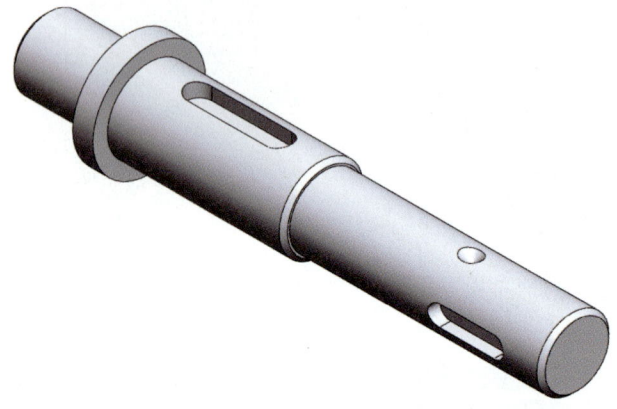

[그림 3-7] 축(Shaft) 모델링

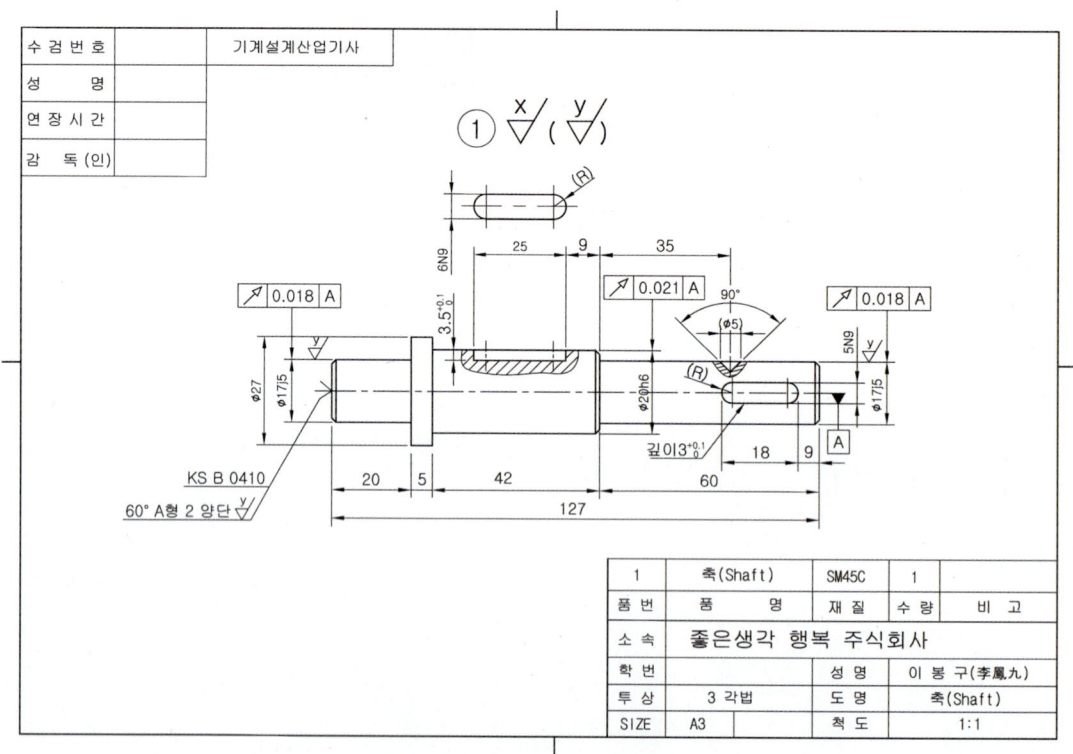

[그림 3-8] 축(Shaft) 모델 도면

■ 축(Shaft) 모델링 순서

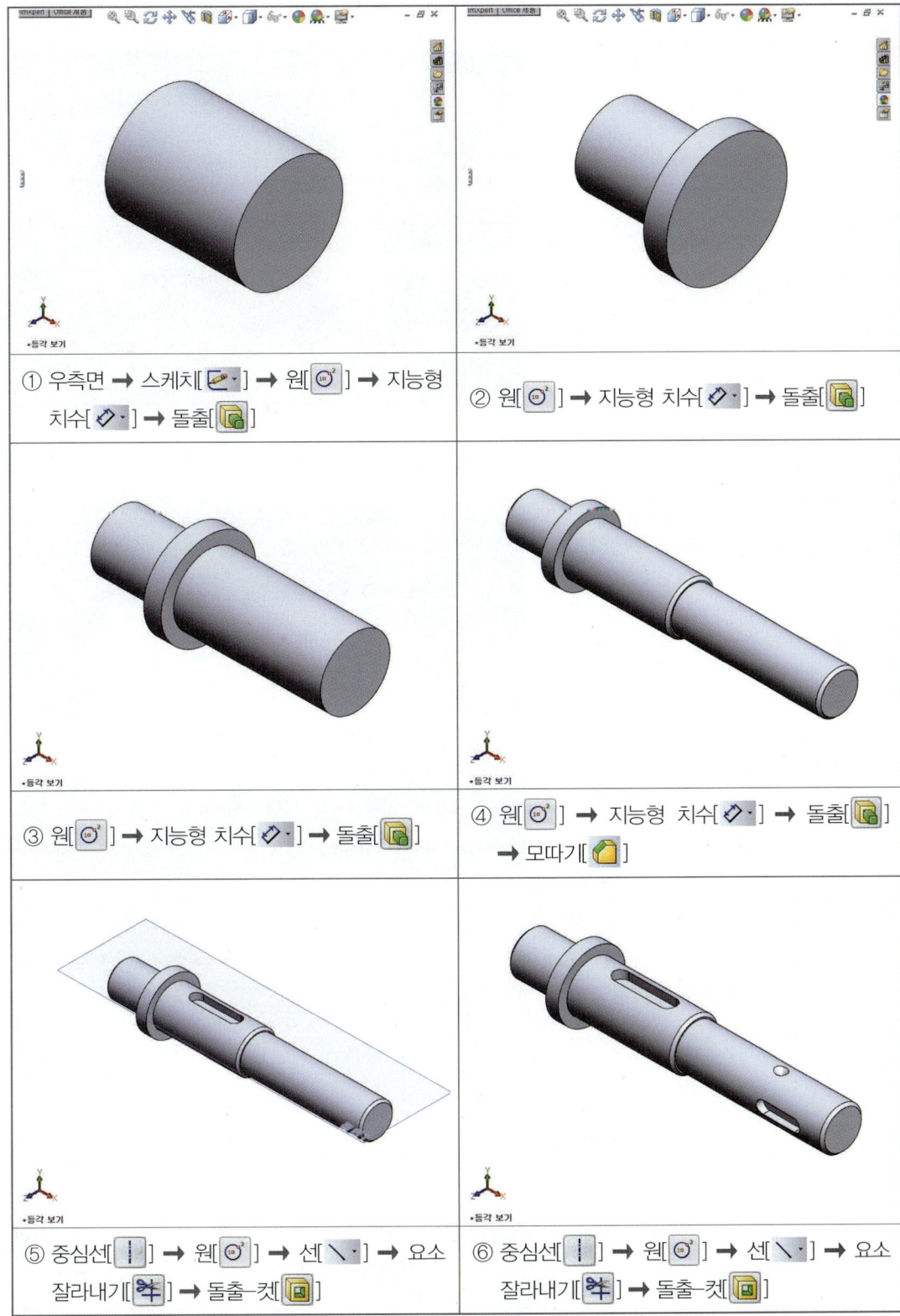

① 우측면 ➡ 스케치[✏️] ➡ 원[⊙] ➡ 지능형 치수[✐] ➡ 돌출[🗂️]	② 원[⊙] ➡ 지능형 치수[✐] ➡ 돌출[🗂️]
③ 원[⊙] ➡ 지능형 치수[✐] ➡ 돌출[🗂️]	④ 원[⊙] ➡ 지능형 치수[✐] ➡ 돌출[🗂️] ➡ 모따기[🔷]
⑤ 중심선[┃] ➡ 원[⊙] ➡ 선[╲] ➡ 요소 잘라내기[✂️] ➡ 돌출-컷[▣]	⑥ 중심선[┃] ➡ 원[⊙] ➡ 선[╲] ➡ 요소 잘라내기[✂️] ➡ 돌출-컷[▣]

1 파일 ➡ 새문서(N)[📄 새 문서]를 클릭한다.

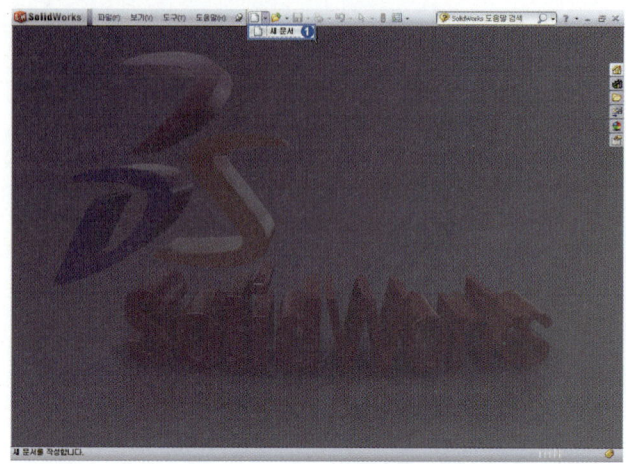

2 새문서 창에서 파트[📄] 선택 ➡ [확인] 버튼을 누른다.

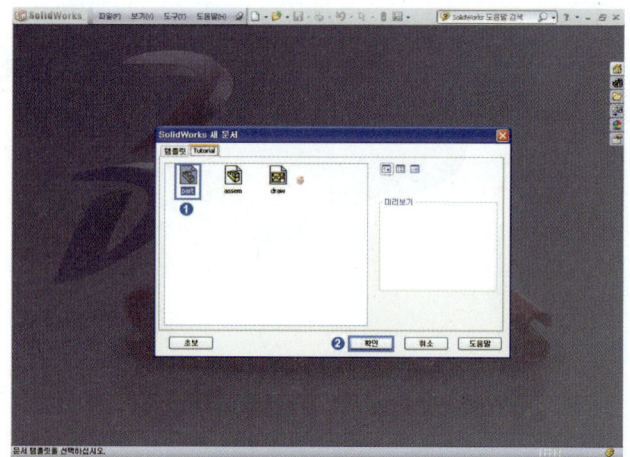

3 스케치를 생성할 작업평면[우측면]을 선택 ➡ 스케치 도구 아이콘[🖊] 선택한다.

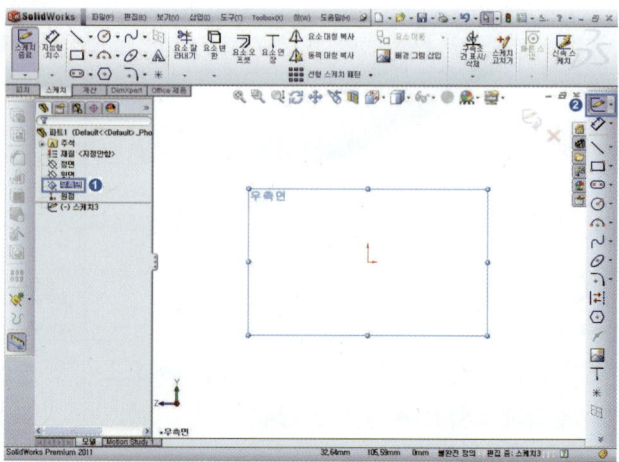

4 원[⊙] 원점을 중심으로 원 스케치 ➡ 지능형 치수[◇ ·] 지름 17mm 치수입력한다.

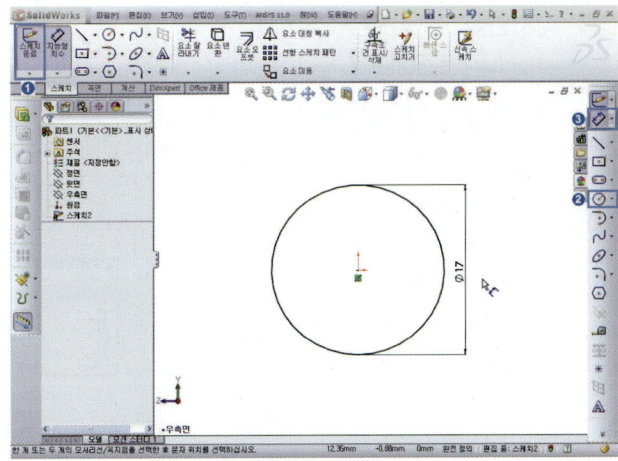

5 [Spacebar] 누르면 방향창 [등각보기] ➡ 돌출[🗔] ➡ 방향 1 [⬈] [블라인드 형태], [⬈] 거리값 20mm ➡ 확인[✔]을 누른다.

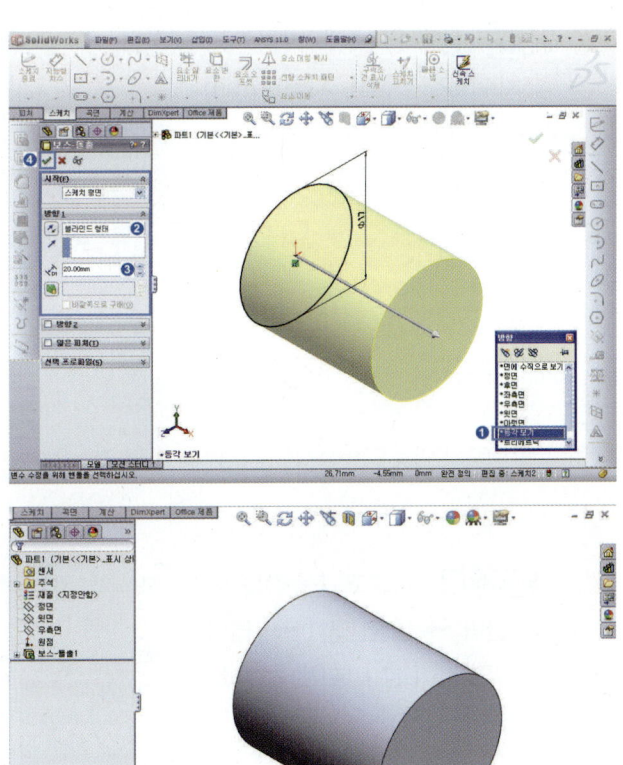

6 피처면을 선택 ➡ 스케치[✏️▾] 선택 ➡ Spacebar 누르면 방향 창 [면에 수직으로 보기] 더블클릭 ➡ 스케치 작업이 편하도록 수직하게 위치한다.

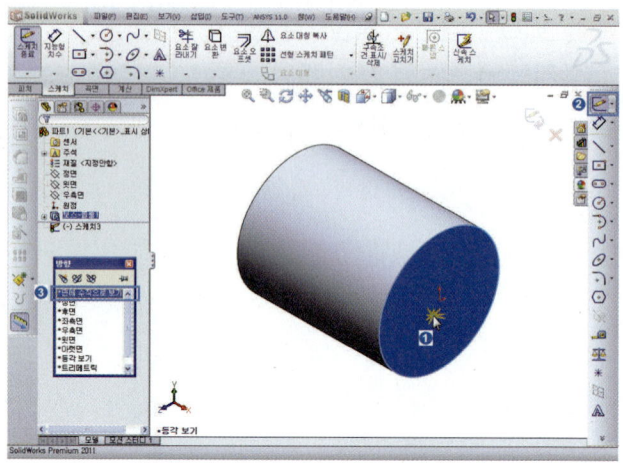

7 원[⊙▾] 선택 원 스케치 ➡ 지능형 치수[◇▾] 선택, 지름 27mm 치수입력한다.

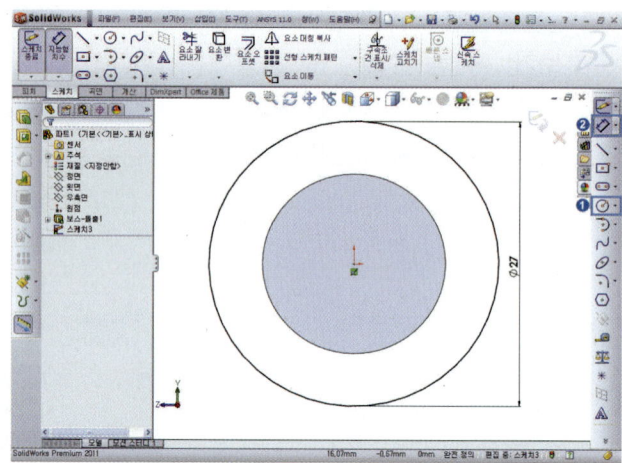

8 Spacebar 누르고 [등각보기] 더블클릭 ➡ 돌출[📦] ➡ [블라인드 형태], [📐] 높이 5mm를 입력한다.

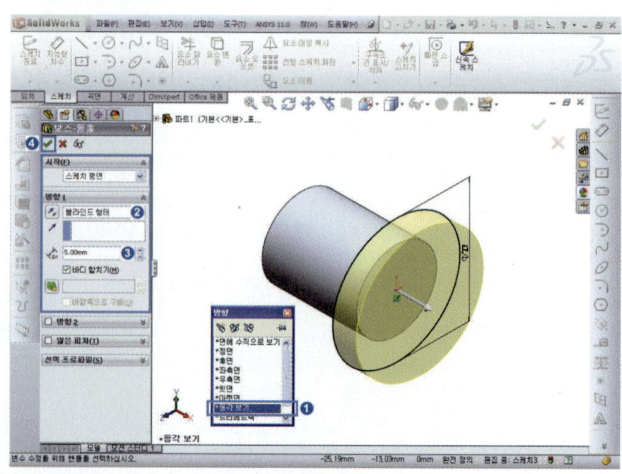

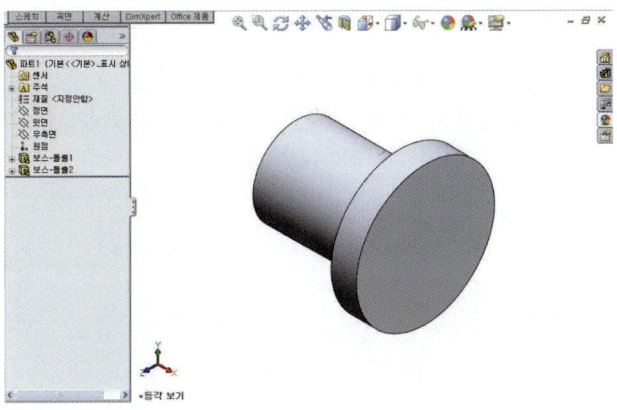

9 피처면을 선택 ➡ 스케치[✎ ▾]
선택 ➡ Spacebar 누르면 방향
창 [면에 수직으로 보기] 더블클
릭 ➡ 스케치 작업이 편하도록
수직하게 위치한다.

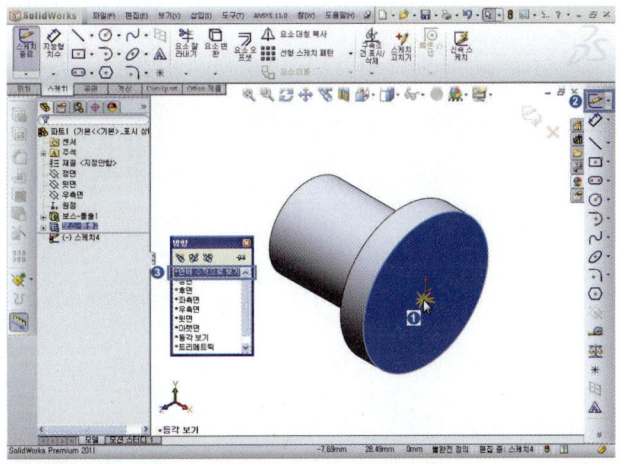

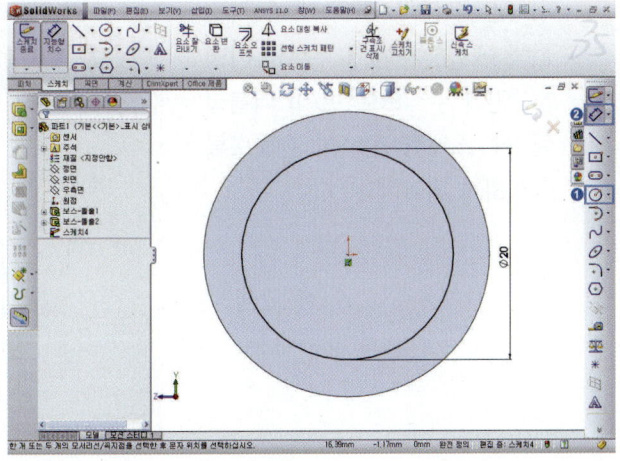

10 **Spacebar** 누르면 방향창 [등각
보기] ➡ 돌출[ ] ➡ 방향 1
[블라인드 형태], [ ] 길이
42mm 입력 ➡ 확인[ ]을 누
른다.

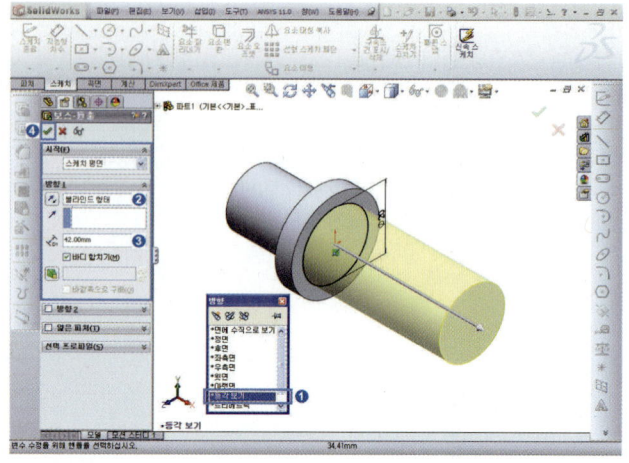

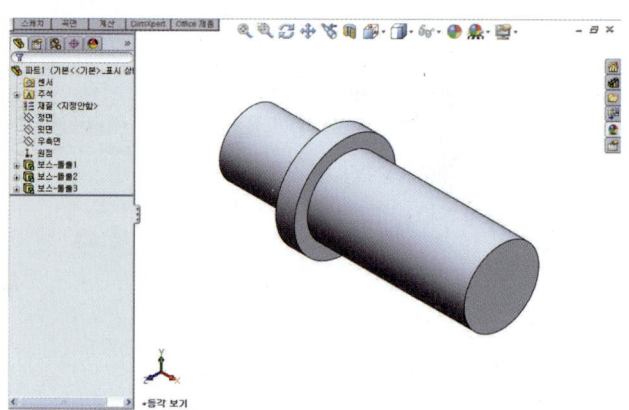

11 피처면을 선택 ➡ 스케치[ ]
선택 ➡ **Spacebar** 누르면 방향
창 [면에 수직으로 보기] 더블클
릭 ➡ 스케치 작업이 편하도록
수직하게 위치한다.

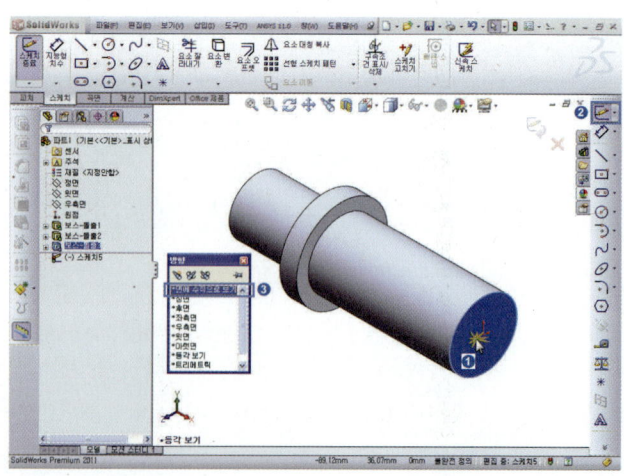

12 원[⊙²] 선택 ➡ 원점을 중심으로 원 스케치 ➡ 지능형 치수 [◆▾] 지름 17mm 입력한다.

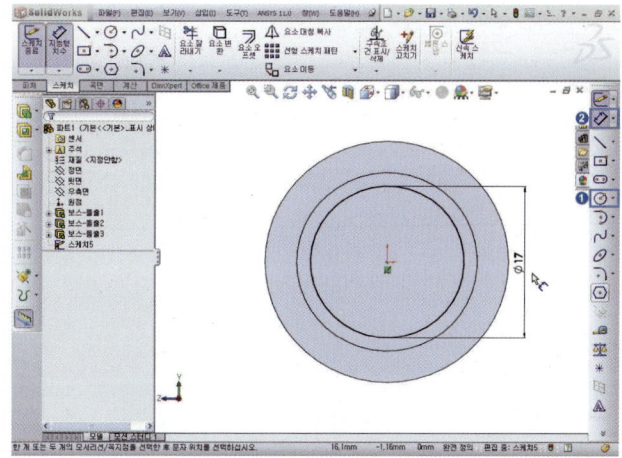

13 **Spacebar** 누르면 방향창 [등각보기] ➡ 돌출[�)] ➡ 방향 1 [블라인드 형태], [◆] 길이 60mm 입력 ➡ 확인[✓]을 누른다.

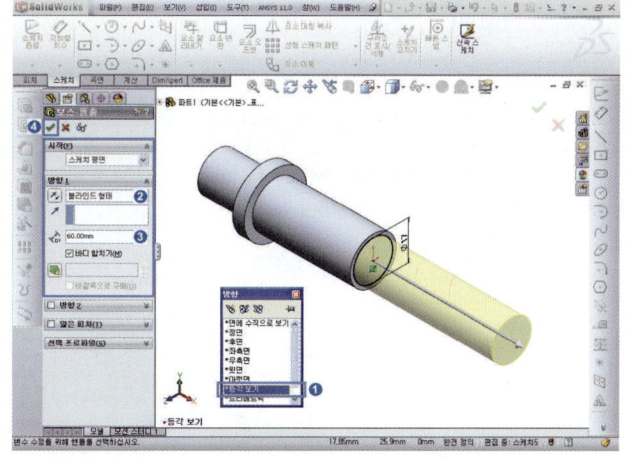

14 모따기[◇] 선택 ➡ 거리 1mm, 각도 45도 입력 ➡ ④, ⑤, ⑥ 모서리 선택 ➡ 확인[✓]을 누른다.

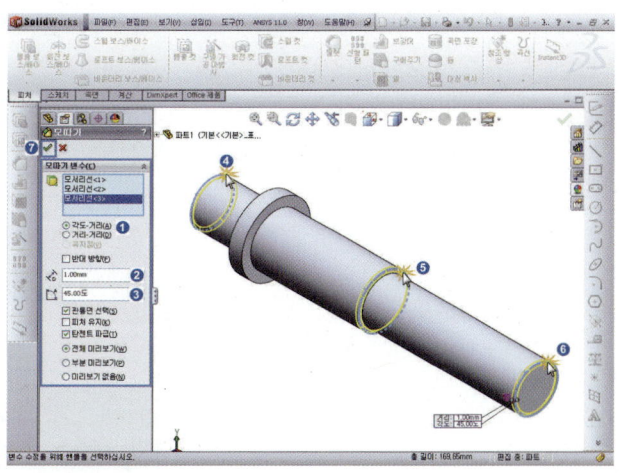

15 축(shaft) 모델링 완성한다.

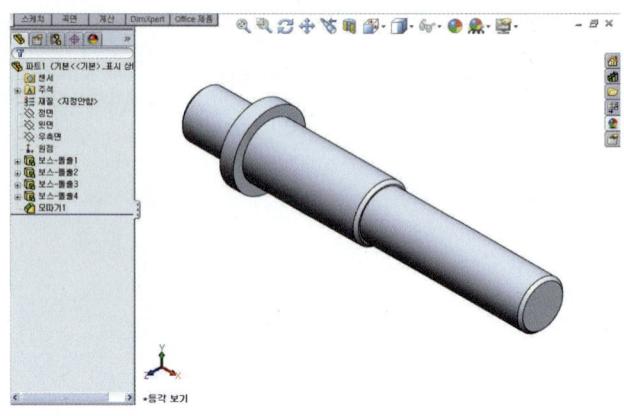

■ 축에 키 홈 추가하기

1 윗면 선택 ➡ 기준면[◈] 선택
➡ 축 직경 20mm 이므로 반지
름 10mm 입력 ➡ 확인[✅]을
누른다.

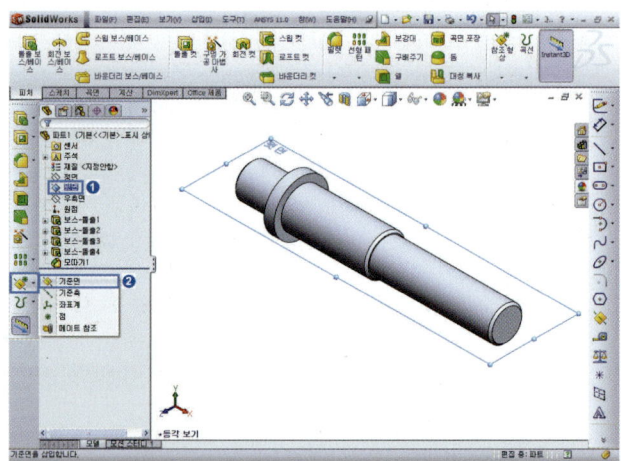

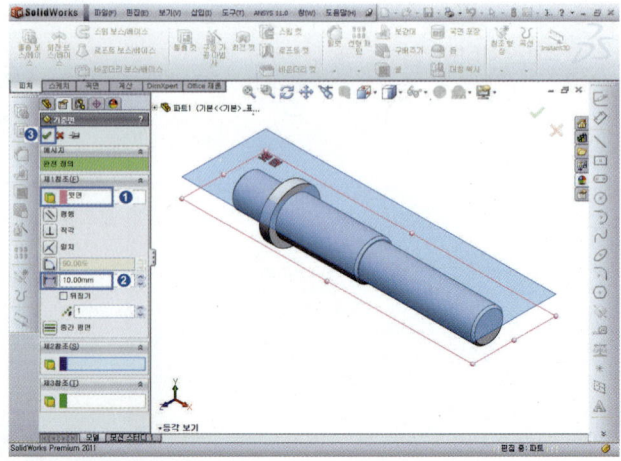

2 방향창 ➡ 우측면을 더블 클릭
➡ 생성된 [ ]평면1 축직경과
접선이 되어있는지 확인한다.

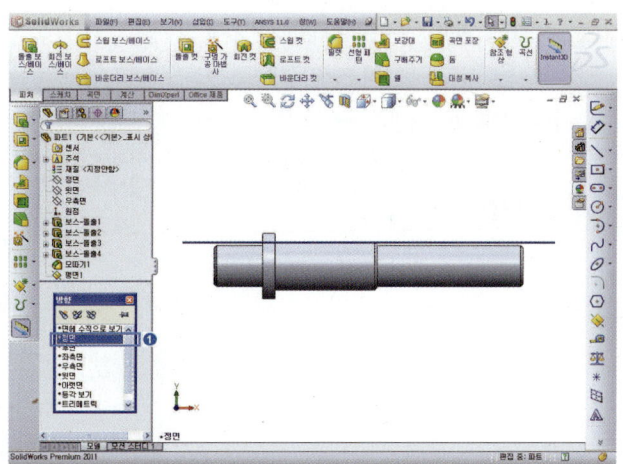

3 평면1[ ] 선택 ➡ 방향창 [면에
수직으로 보기]를 더블 클릭 ➡
스케치 도구[ ] 선택한다.

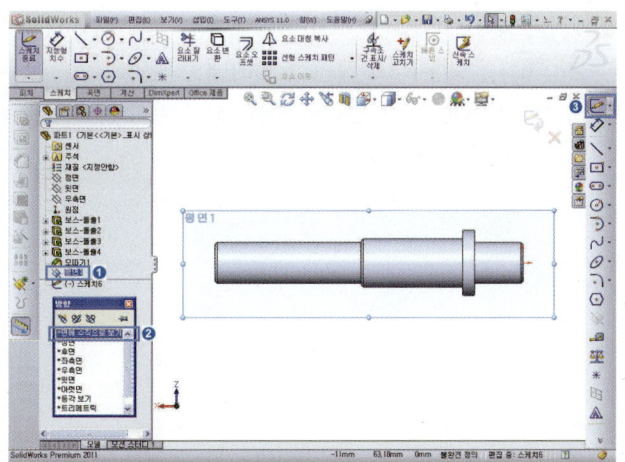

4 중심선[ ] 선택하여 중심선을
스케치 ➡ 원[ ] 선택하여 원
스케치한다.

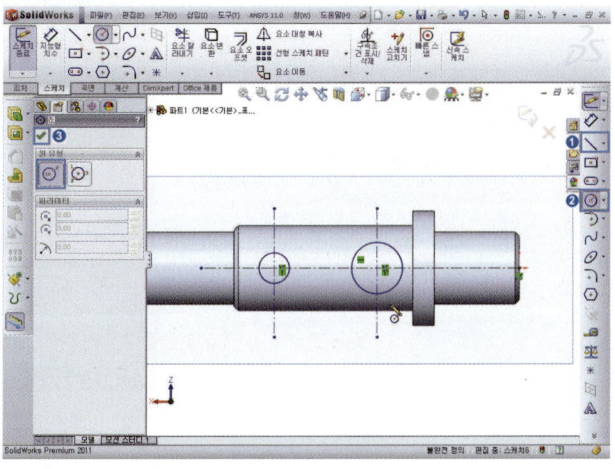

5 키보드 **Ctrl** 누른 상태에서 2개
의 원(①,②) 선택 ➡ 구속조건
[= **동등(Q)**] 선택 ➡ 동일한 크
기의 원으로 구속 ➡ 확인[✅]
을 누른다.

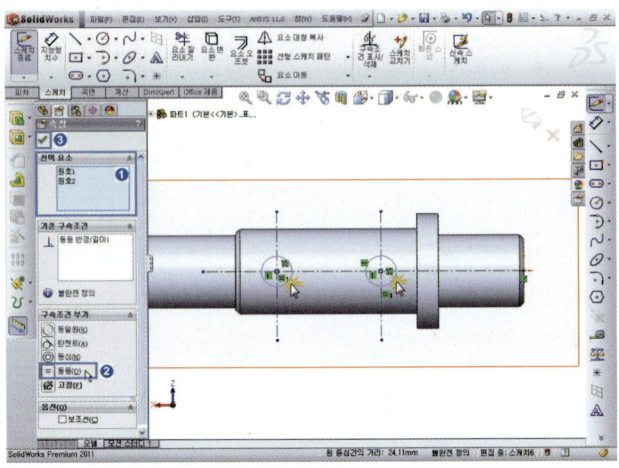

6 선[⟍]스케치 ➡ 요소잘라내기
[✂] 선택 ➡ [✚][근접 잘라내
기(T)] 원과 선이 겹치는 선을 잘
라낸다.

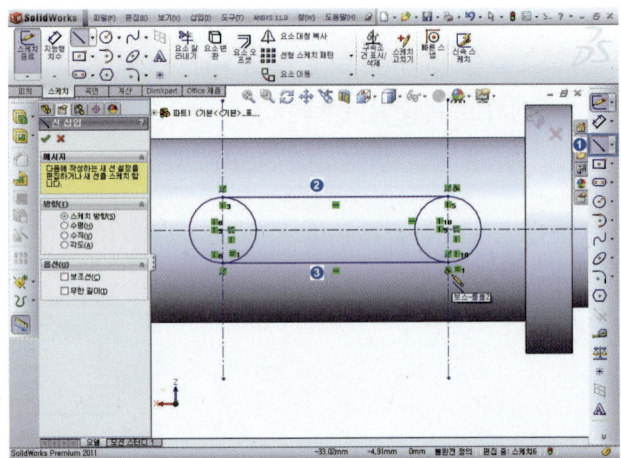

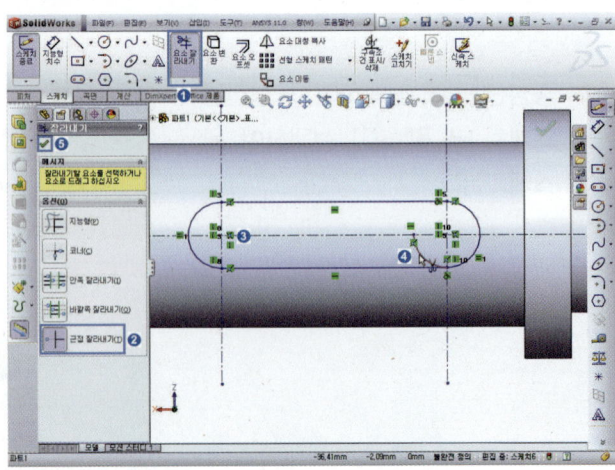

7 지능형 치수[◇ ▾] 선택 ➜ 키홈 길이 25mm, 위치 9mm, 폭 6mm 치수기입을 완성한다.

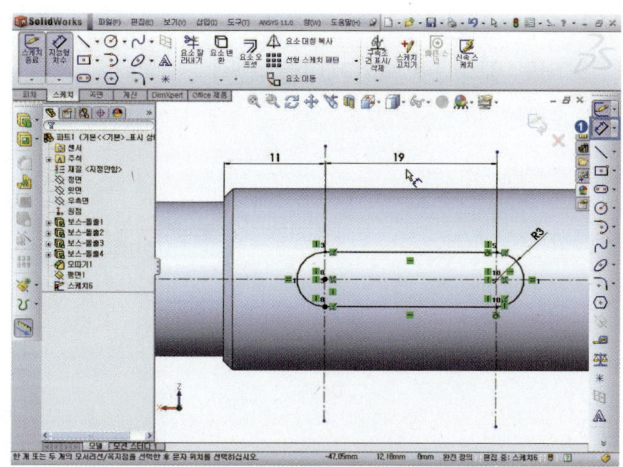

8 방향창 ➜ [등각보기] 더블클릭 ➜ 돌출컷[▣] ➜ 키홈 깊이 3.5mm 입력 ➜ 확인[✓]을 누른다.

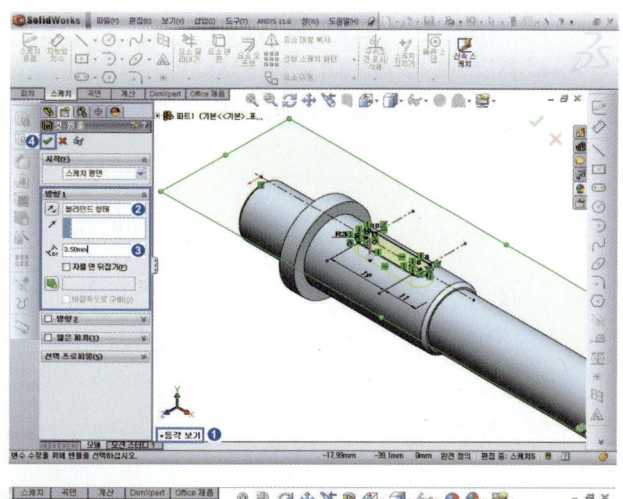

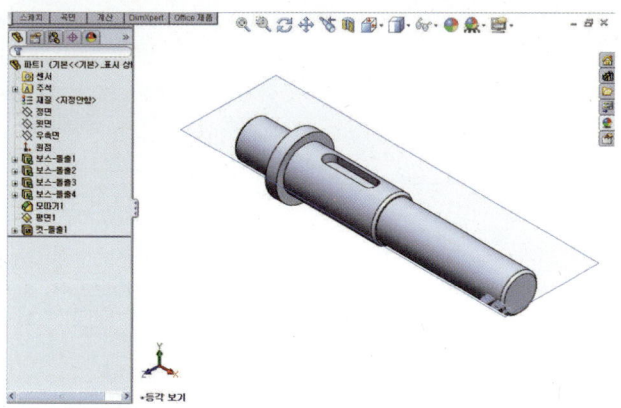

9 평면1을 선택 ➡ 마우스 오른쪽
버튼 클릭 ➡ 숨기기(G)를 선택
한다.

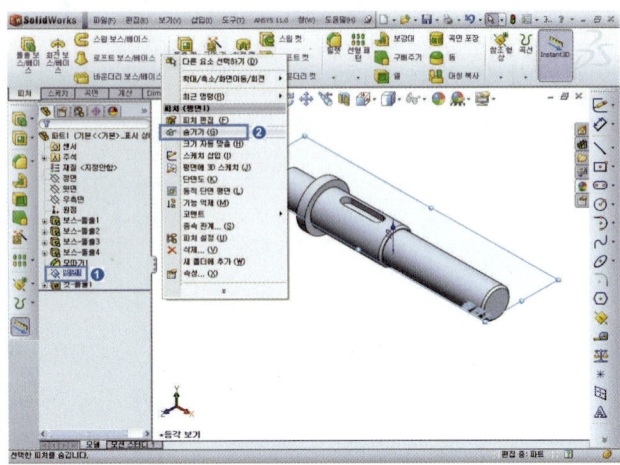

10 정면 선택 ➡ 기준면[⬙] 선택
➡ 축 직경 17mm 이므로 반지
름 8.5mm 입력 ➡ 확인[✅]을
누른다.

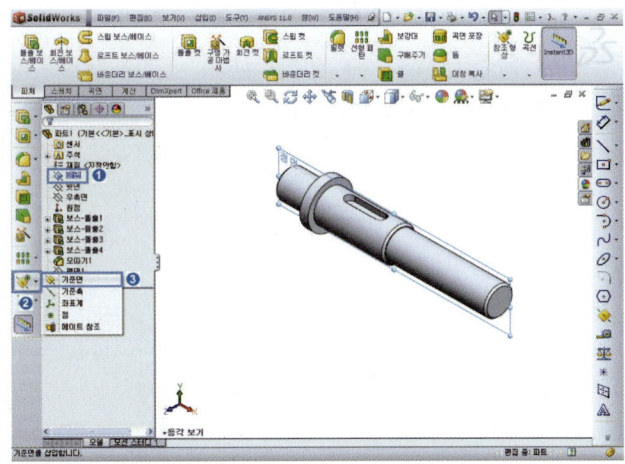

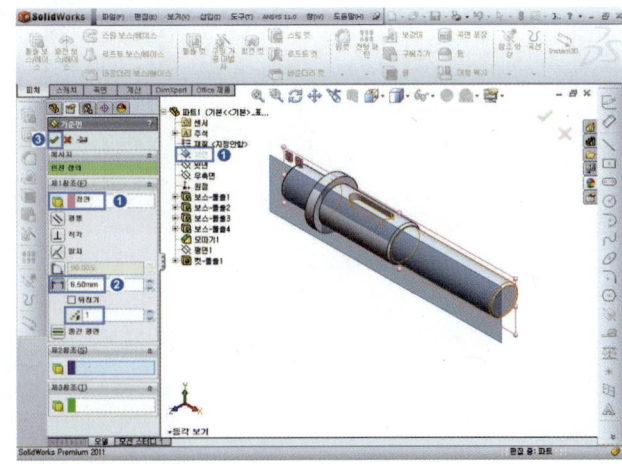

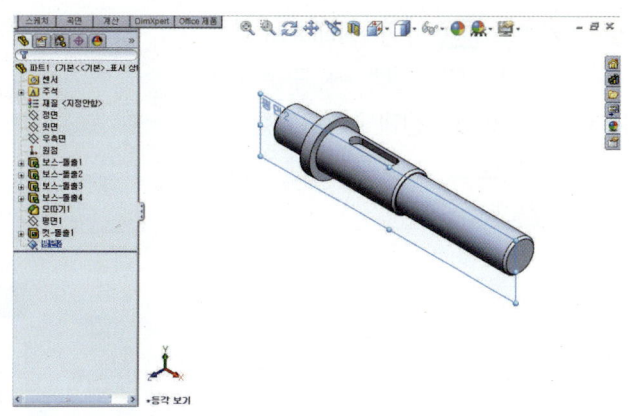

11 생성된 평면2[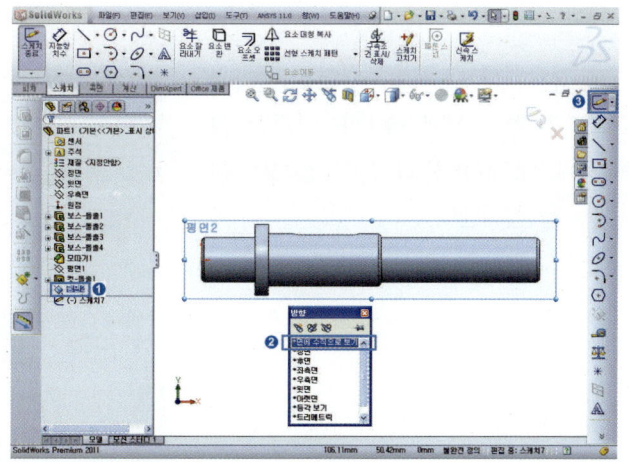] 선택 ➡ 방향
창 [면에 수직으로 보기] 더블클
릭 ➡ 스케치 도구[ ] 선택
한다.

12 중심선[ ] 선택하여 중심선을
스케치 ➡ 원[ ] 선택하여 원
스케치한다.

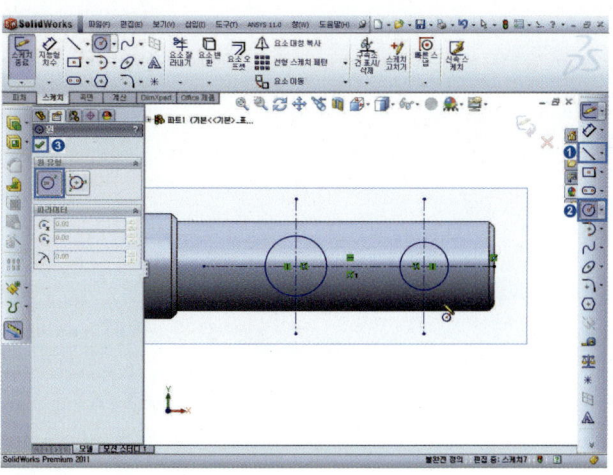

13 키보드 **Ctrl** 누른 상태에서 2개
의 원(①,②) 선택 ➡ 구속조건
[= **동등(Q)**] 선택 ➡ 동일한 크
기 원으로 구속 ➡ 확인[✓]을
누른다.

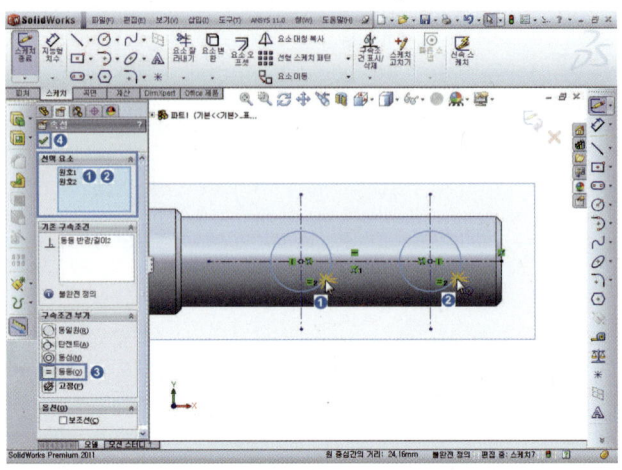

14 선[＼] 스케치 ➡ 요소 잘라내
기[✂] 선택 ➡ [十] [근접 잘
라내기(T)] 원과 선이 겹치는 선
을 잘라낸다.

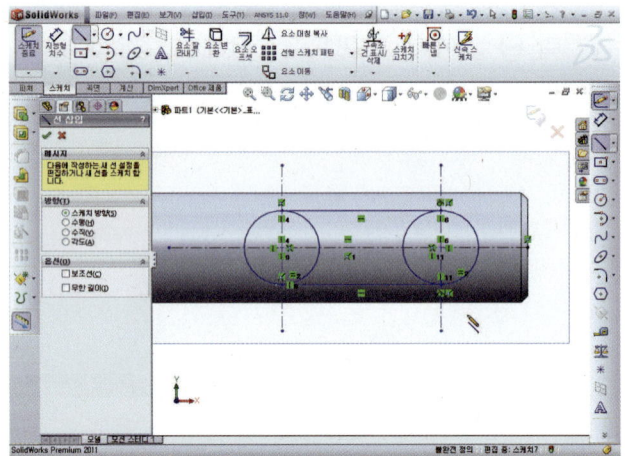

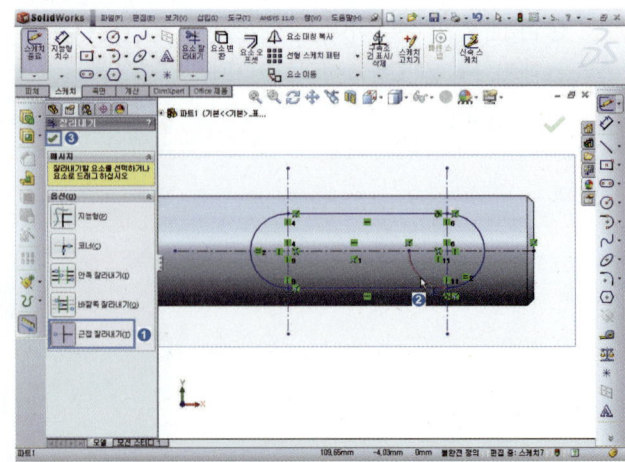

15 지능형 치수[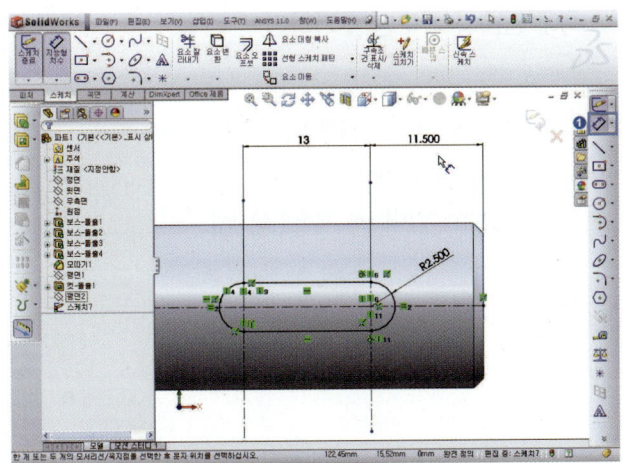] 선택 ➡ 키홈 길이 18mm, 위치 9mm, 폭 5mm 치수기입(도면참고 계산)을 완성한다.

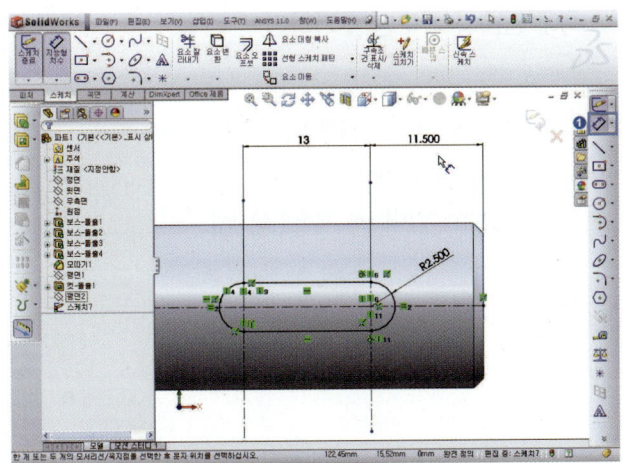

16 방향창 ➡ [등각보기] 더블클릭 ➡ 돌출 컷[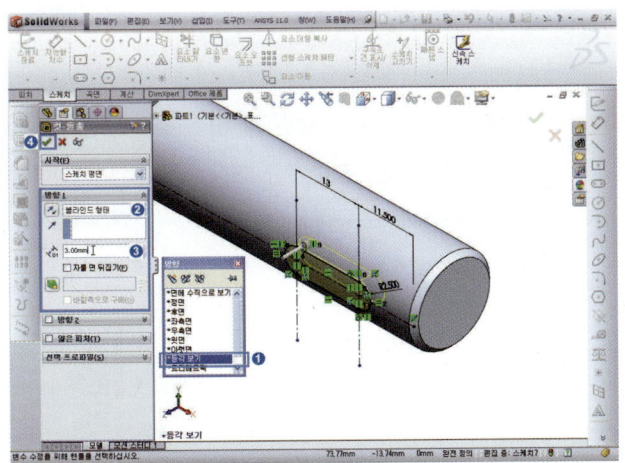] ➡ 키홈 깊이 3mm 입력 ➡ 확인[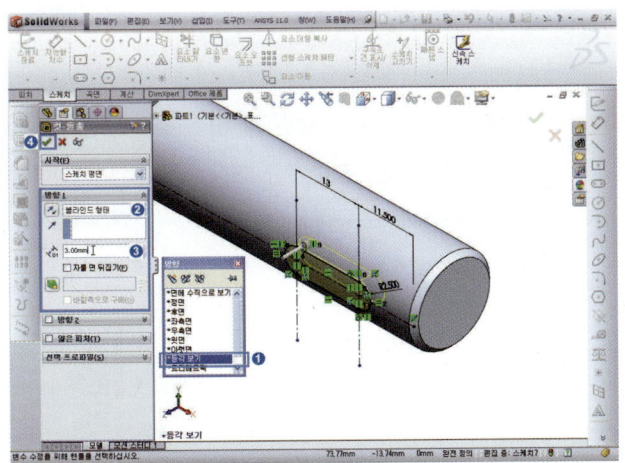]을 누른다.

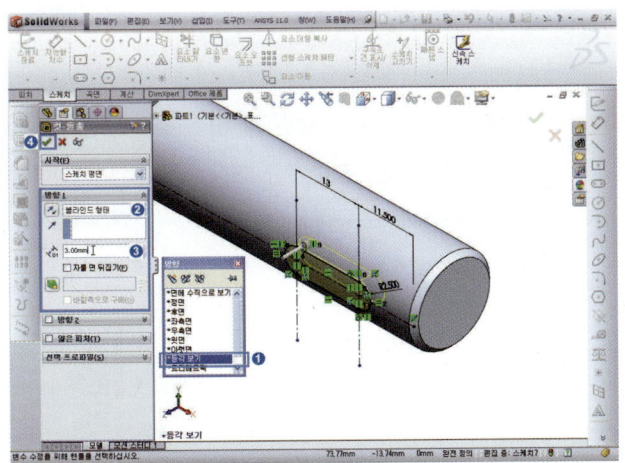

17 2개의 키 홈을 생성하고 축 모델링을 완성한다.

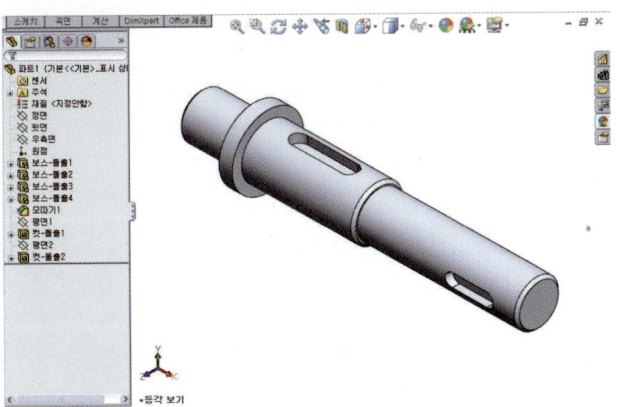

■ **축에 멈춤나사 구멍 추가하기**

1 윗면 선택 ➡ 기준면[🔶] 선택 ➡ 축 직경 17mm 이므로 반지름 8.5mm 입력 ➡ 확인[✅]을 누른다.

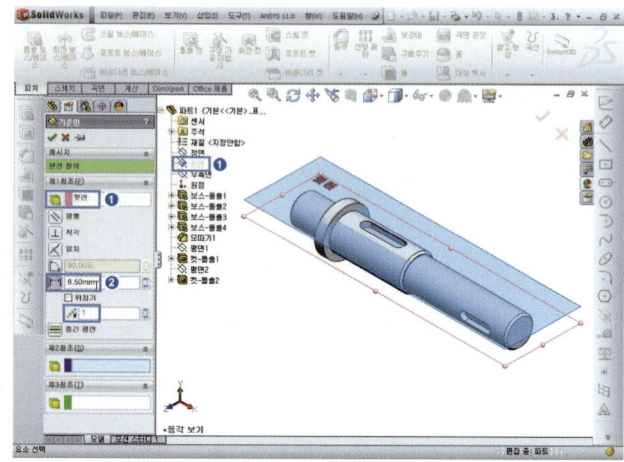

2 생성된 평면 3[🔶] 선택 ➡ 방향창 [면에 수직으로 보기] 더블클릭 ➡ 스케치 도구[✏️] 선택한다.

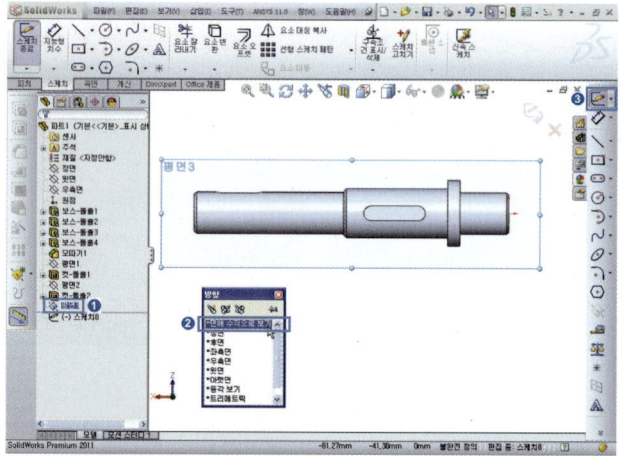

3 중심선[ ] 선택하여 중심선을 스케치 ➡ 원[ ] 선택하여 원 스케치 ➡ 지능형 치수[ ] 선택 ➡ 멈춤나사 구멍 지름 5mm, 거리35mm 치수입력한다.

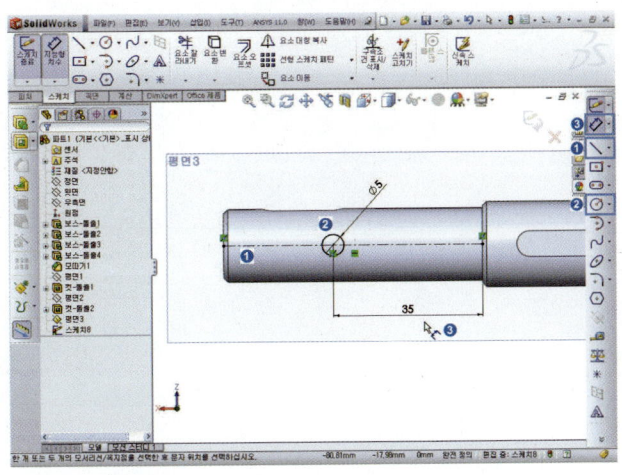

4 방향창 ➡ [등각보기] 더블클릭 ➡ 돌출_컷[ ] 선택 ➡ 방향 1 [ ] [블라인드 형태], [ ] 높이3mm 선택 ➡ 구배켜기[ ] ➡ 각도 45도 입력 ➡ 확인[ ] 을 누른다.

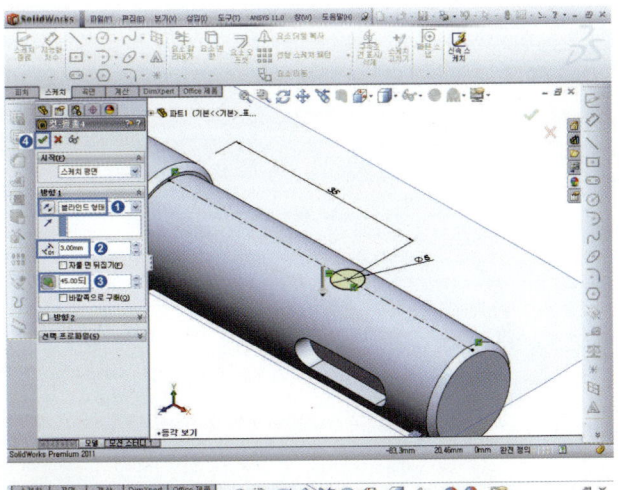

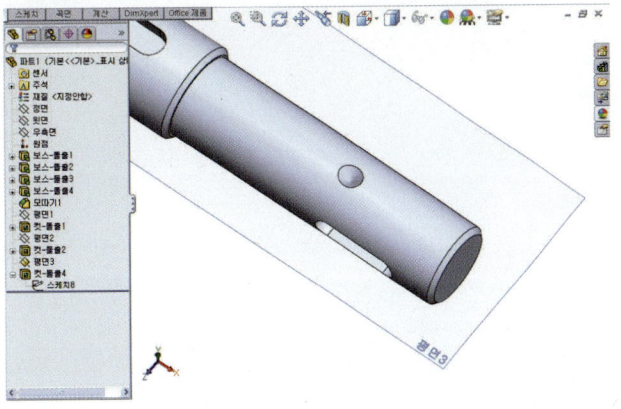

5 축(Shaft) 모델링 완성한다.

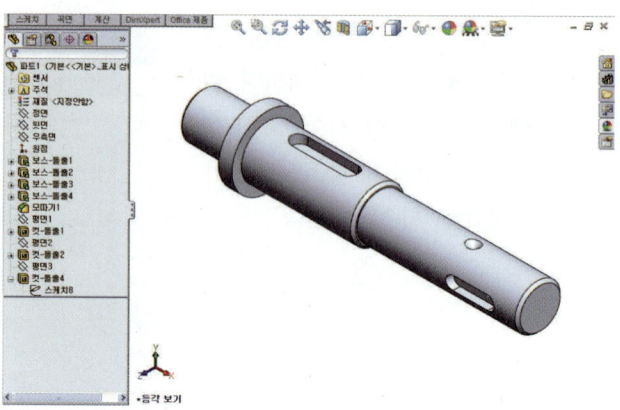

축(Shaft) 모델링 – 방법 2

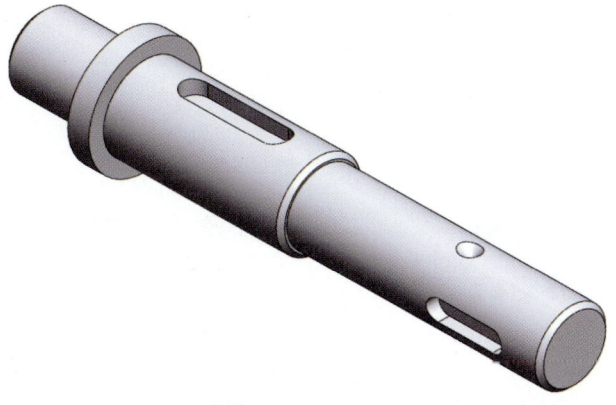

[그림 3-9] [축(Shaft) 모델링]

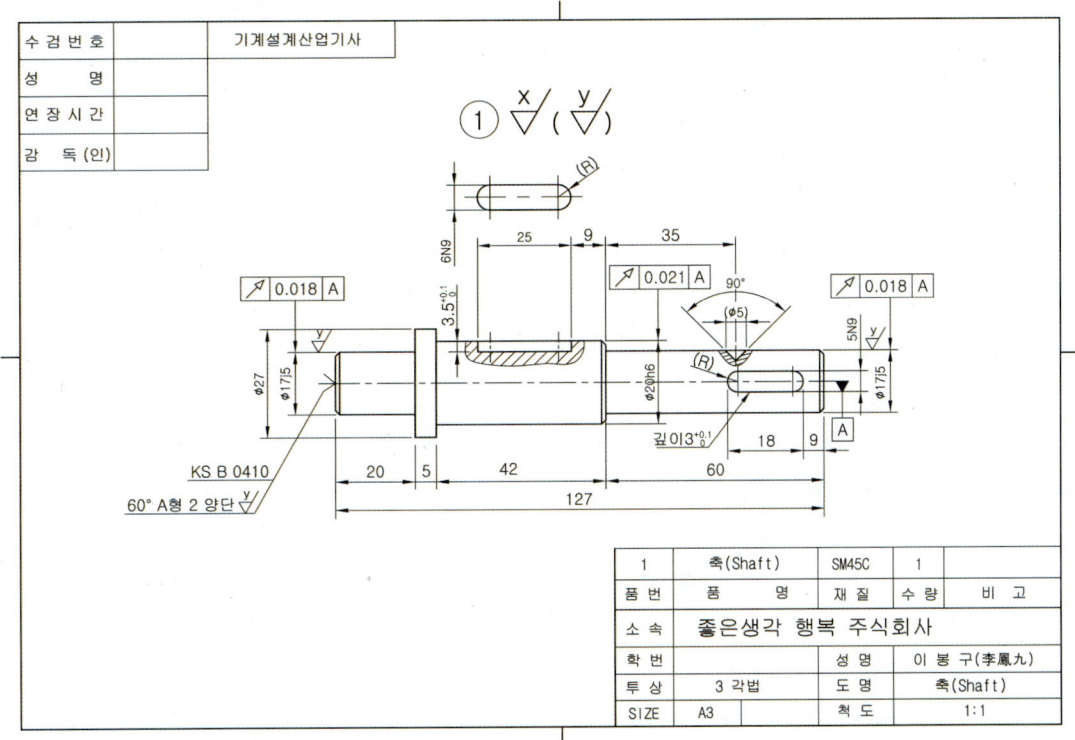

수 검 번 호		기계설계산업기사
성 명		
연 장 시 간		
감 독 (인)		

1	축(Shaft)	SM45C	1	
품 번	품 명	재 질	수 량	비 고
소 속	좋은생각 행복 주식회사			
학 번		성 명	이 봉 구(李鳳九)	
투 상	3 각법	도 명	축(Shaft)	
SIZE	A3	척 도	1:1	

[그림 3-10] 축(Shaft) 모델 도면

■ 축(Shaft) 모델링 순서

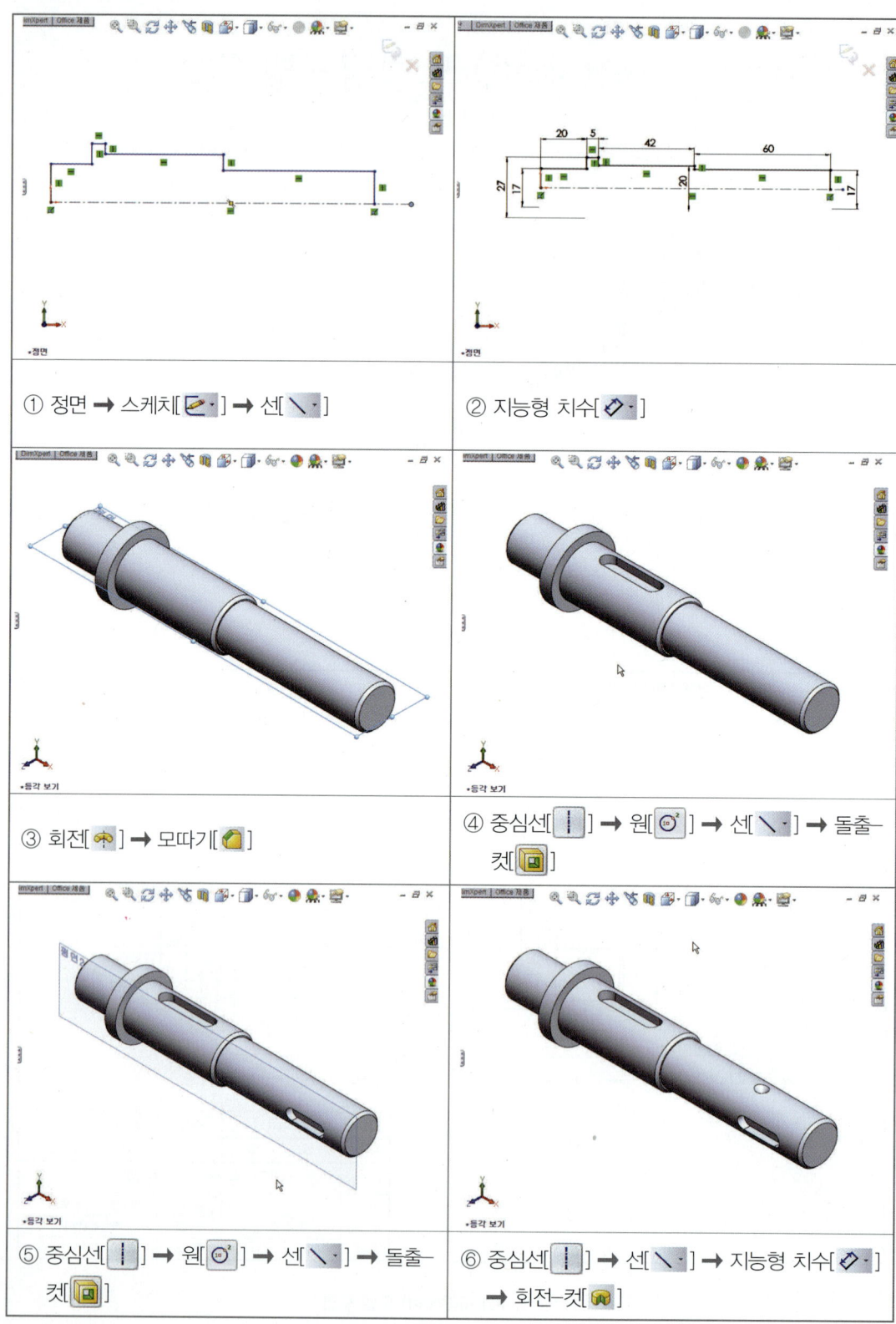

① 정면 ➡ 스케치[✏️▾] ➡ 선[◥▾]

② 지능형 치수[⬦▾]

③ 회전[🔩] ➡ 모따기[🔶]

④ 중심선[┃] ➡ 원[◎²] ➡ 선[◥▾] ➡ 돌출—
컷[🔲]

⑤ 중심선[┃] ➡ 원[◎²] ➡ 선[◥▾] ➡ 돌출—
컷[🔲]

⑥ 중심선[┃] ➡ 선[◥▾] ➡ 지능형 치수[⬦▾]
➡ 회전–컷[🔩]

1 파일 ➡ 새문서(N)[🗋 새 문서]를
  클릭한다.

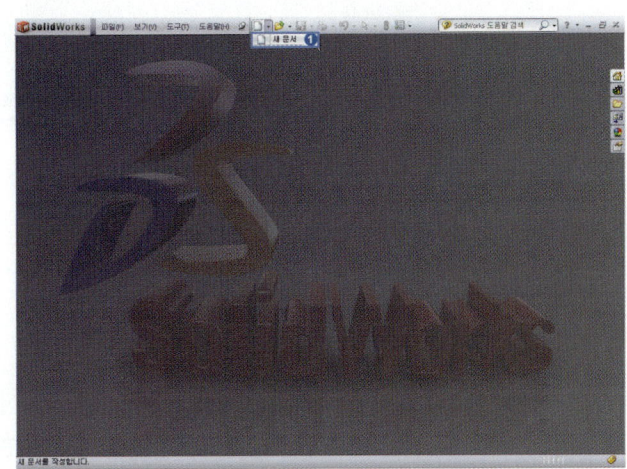

2 새문서 창에서 파트[🖼] 선택
  ➡ [확인]을 누른다.

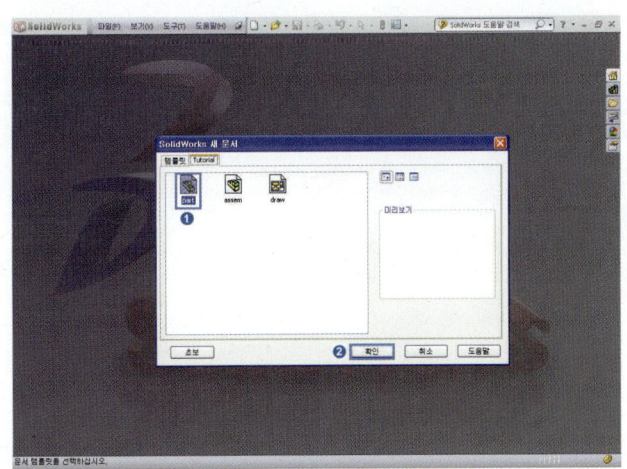

3 스케치를 생성할 작업평면[정면]
  을 선택 ➡ 스케치 도구[✏]
  선택한다.

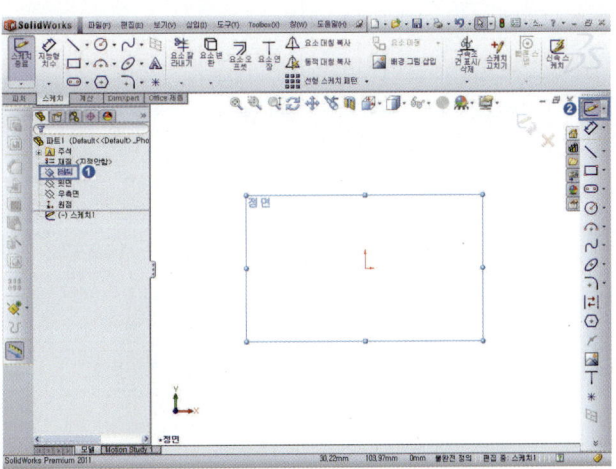

4 중심선[┆] 선택 중심선을 스케
치 ➡ 선[\ ] 클릭 ➡ 원점[ㄴ]
기준으로 축의 외형선 스케치
한다.

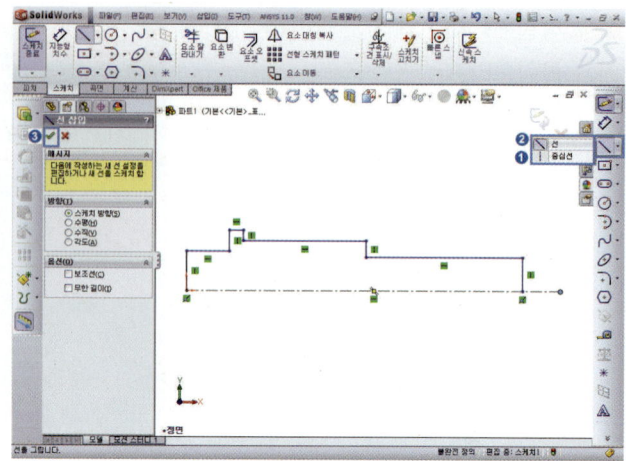

5 지능형 치수[◇] 클릭 ➡ 치수
를 기입(도면 참고)한다.

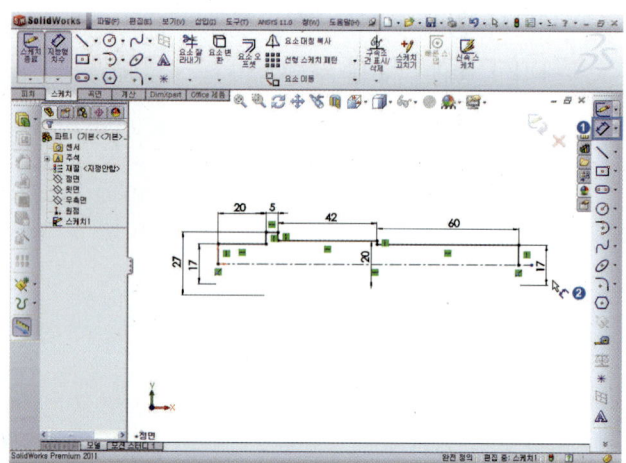

6 회전[⊗] 선택 ➡ 회전축[\ ]
선택, [⟳][블라인드 형태], [A1]
[각도]=360도 ➡ 확인[✓]을 누
른다.

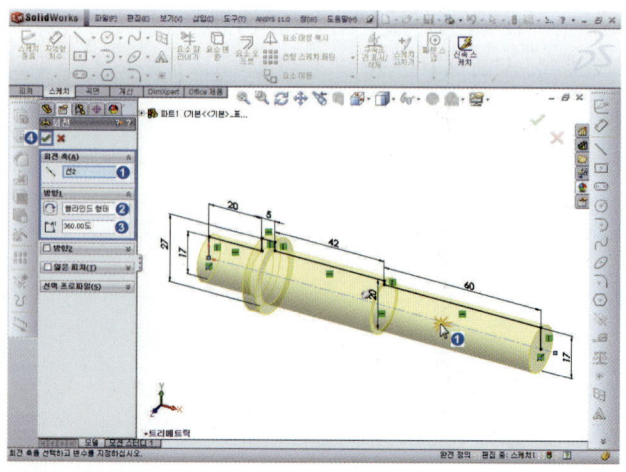

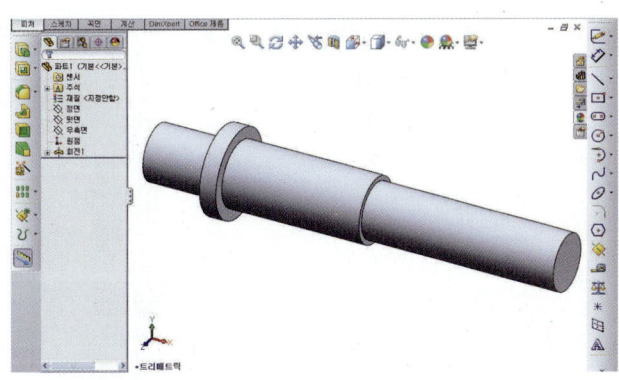

7 모따기[🟢] ➡ [⚙] 거리 1mm,
[🔲] 각도 45도 입력 ➡ ①,②,
③ 모서리 선택 ➡ 확인[✅]을
누른다.

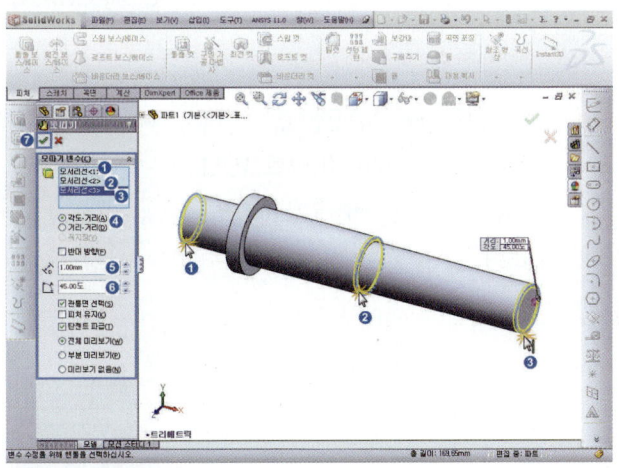

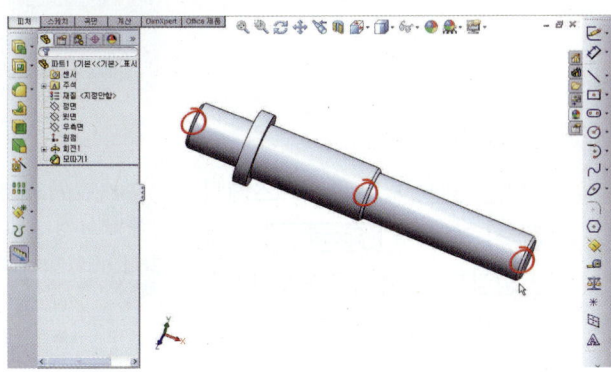

8 윗면 선택 ➡ 참조형상[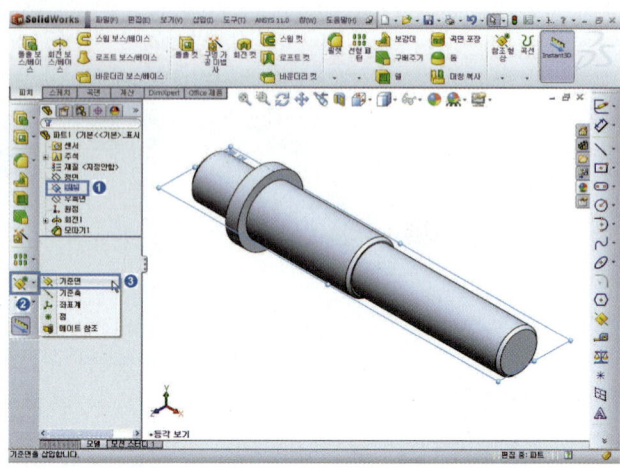] ➡ 기준면[ ] 선택한다.

9 윗면 선택 ➡ 기준면[ ] 선택 ➡ 축 직경 20mm 이므로 반지름 10mm 입력 ➡ 확인[ ]을 누른다.

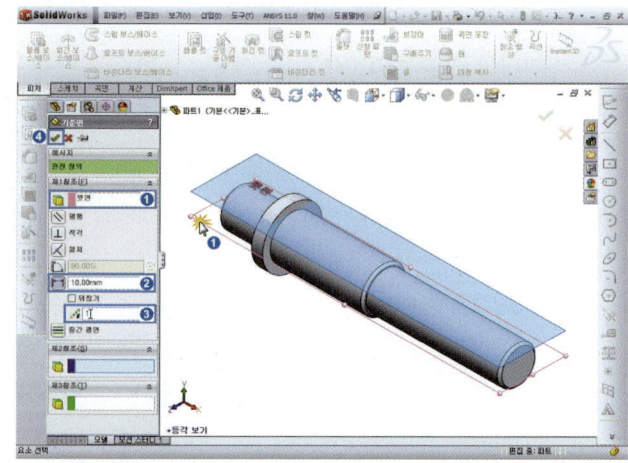

10 생성된 평면 1 선택 ➡ 스케치 [ ] 선택 ➡ **Spacebar** 누르면 방향창 [면에 수직으로 보기] 더블클릭 ➡ 스케치 작업이 편하도록 수직하게 위치한다.

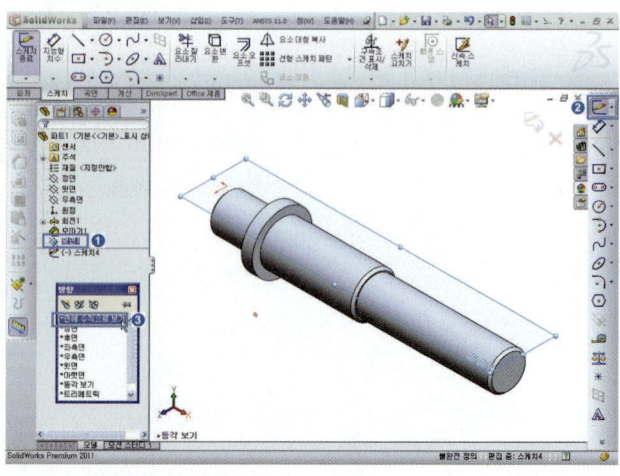

11 중심선[│] 선택 중심선 스케치 → 직선홈[⬭] 선택 → 치수부가(D) 선택 → 번호 순서대로 2개의 점을 찍고, 마우스 드래그하면 직선홈 생성 → 스케치된 임의 치수가 나타난다.

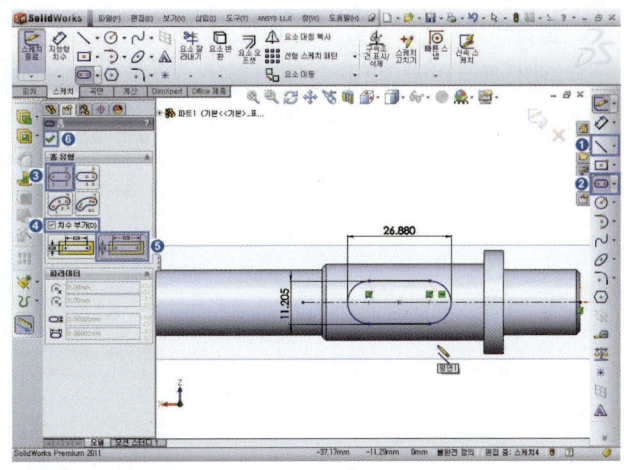

12 지능형 치수[⬦] 선택 → 치수 입력(도면 참고)한다.

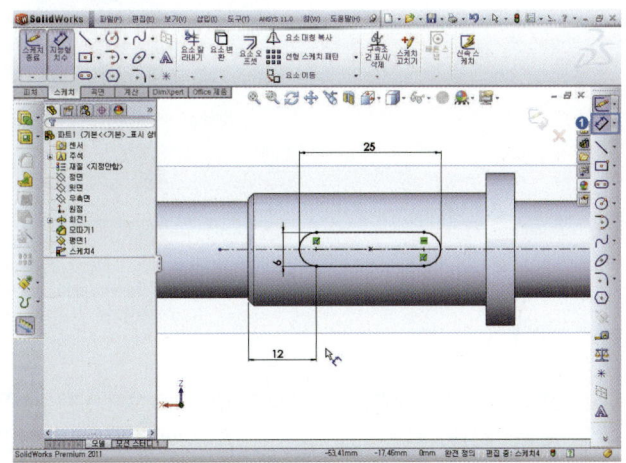

13 **Spacebar** 누르면 방향창 [등각보기] 더블클릭 → 스케치 작업이 완성되었는지 확인한다.

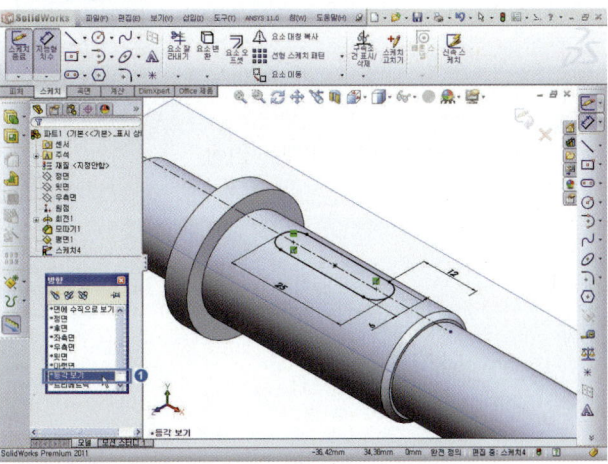

14 돌출-컷[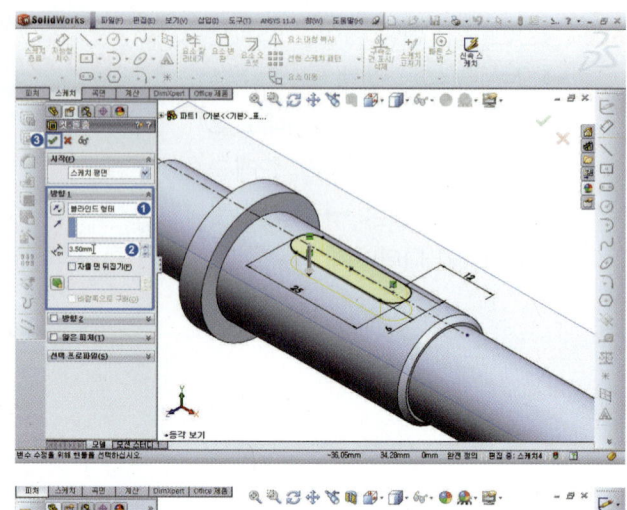] 선택 ➡ 방향 1
[ ][블라인드 형태] 선택, [ ]
거리 3.50mm 입력 ➡ 확인[ ]
을 누른다.

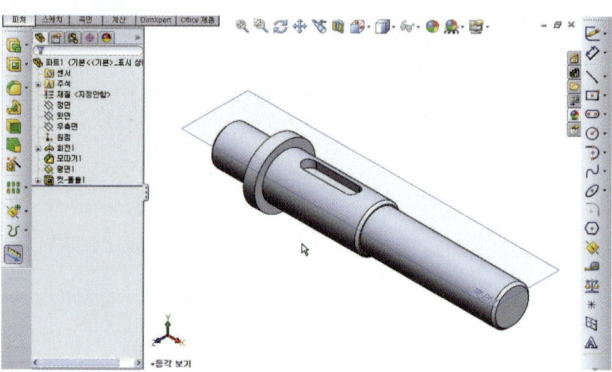

15 생성된 평면 1 선택 ➡ 마우스 오
른쪽 버튼 클릭 ➡ 숨기기(B)
[ ] 선택 ➡ 평면 1 숨겨진다.

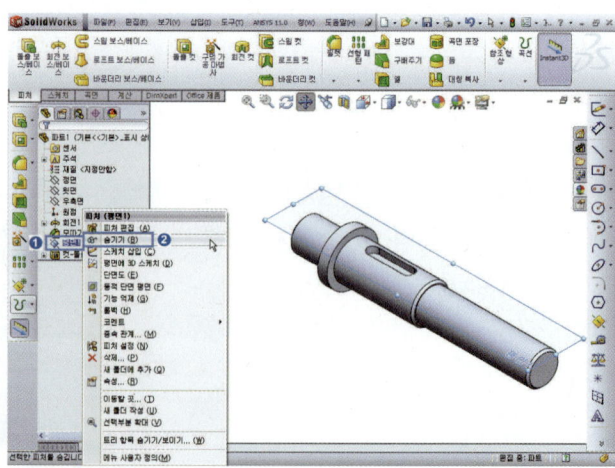

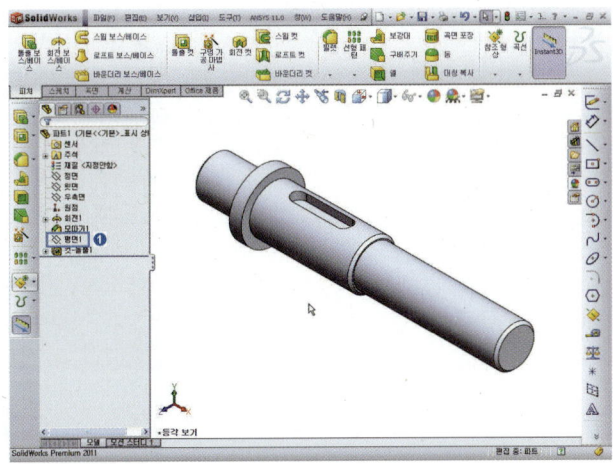

16 정면 선택 ➡ 참조형상[🔧] ➡
   기준면[◈] 선택한다.

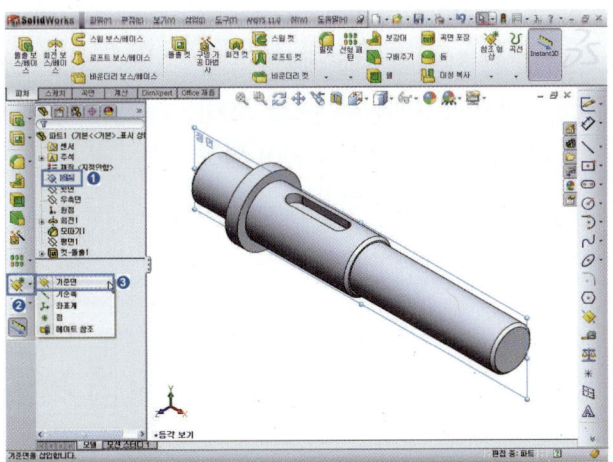

17 정면 선택 ➡ 기준면[◈] 선택
   ➡ 축 직경 17mm 이므로 반지
   름 8.50mm 입력 ➡ 확인[✅]
   을 누른다.

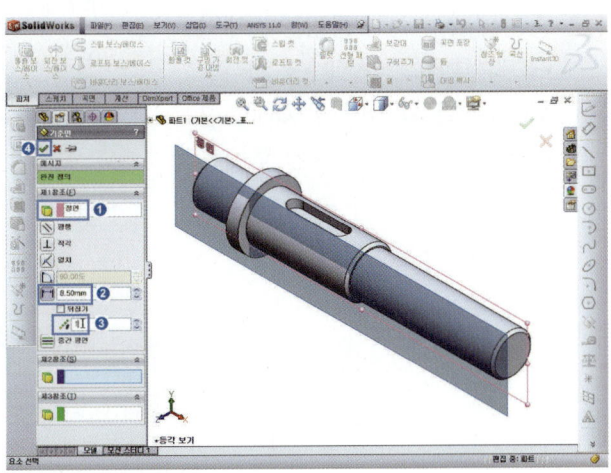

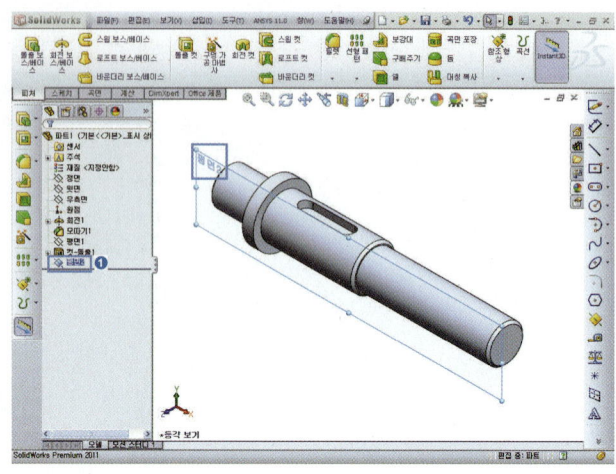

 생성된 [평면 2] 선택 ➡ 스케치
[✏️] 선택 ➡ **Spacebar** 누르
면 방향창 [면에 수직으로 보기]]
더블클릭 ➡ 스케치 작업이 편하
도록 수직하게 위치한다.

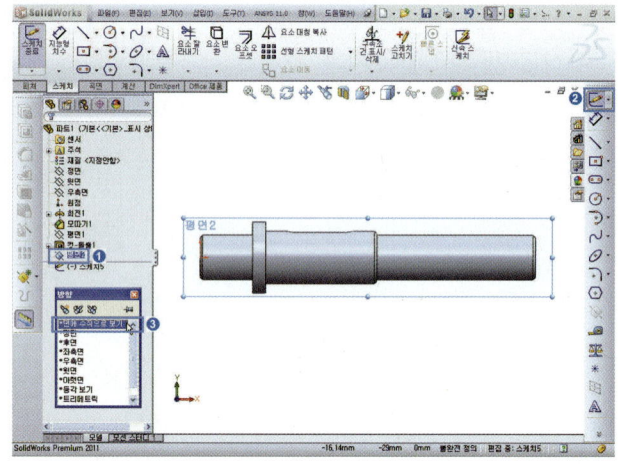

 중심선[┃] 선택 중심선 스케치
➡ 직선홈[⬭] 선택 ➡ 치수부
가(D) 선택 ➡ 번호 순서대로 2
개의 점을 찍고, 마우스 드래그
하면 직선홈 생성 ➡ 스케치된
임의 치수가 나타난다.

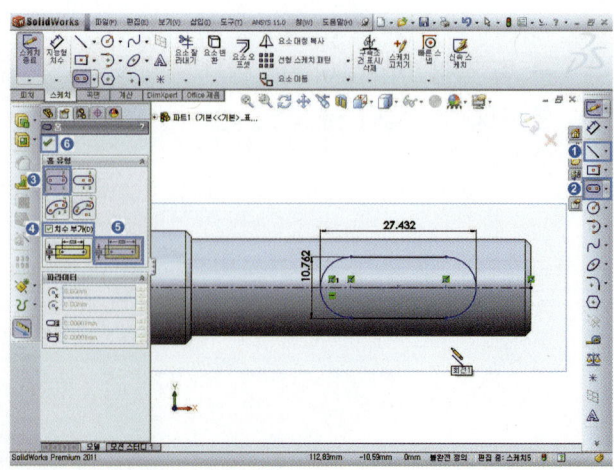

20 지능형 치수[] 선택 ➡ 치수 입력(도면 참고)한다.

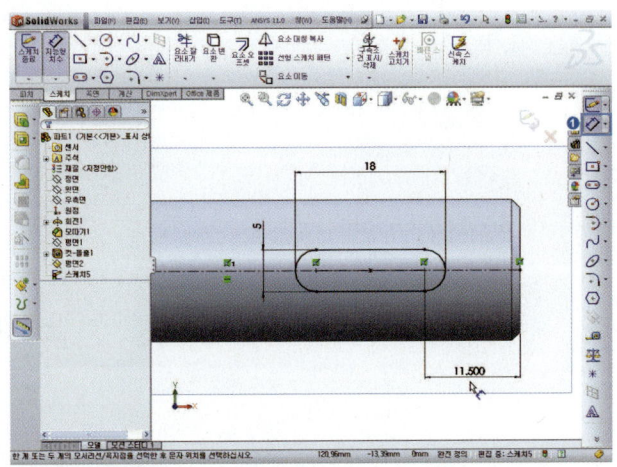

21 **Spacebar** 누르면 방향장 [등각 보기] 더블클릭 ➡ 스케치 작업이 완성되었는지 확인한다.

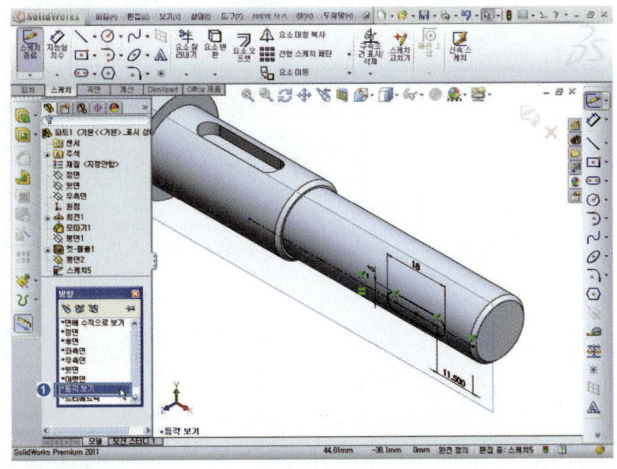

22 돌출–컷[] 선택 ➡ 방향 1 [][블라인드 형태] 선택, [] 거리 3.00mm 입력 ➡ 확인[]을 누른다.

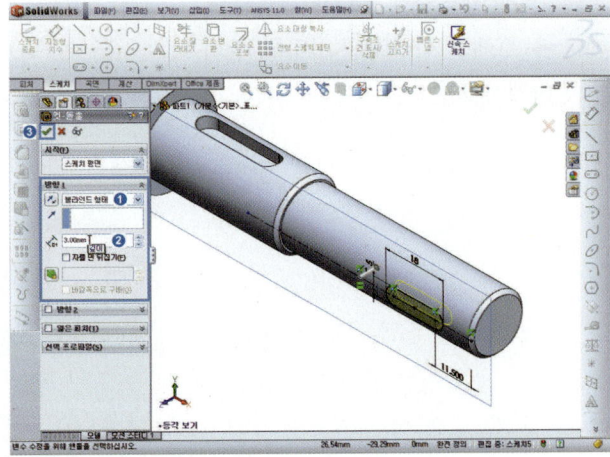

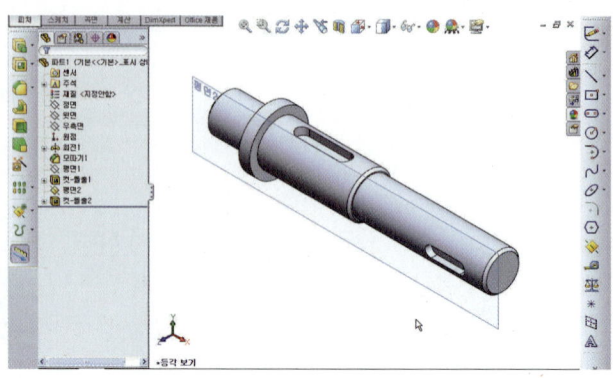

23 생성된 평면 2 선택 ➡ 마우스 오른쪽 버튼 클릭 ➡ 숨기기(B) [🔍 ▾] 선택 ➡ 평면 2 숨겨진다.

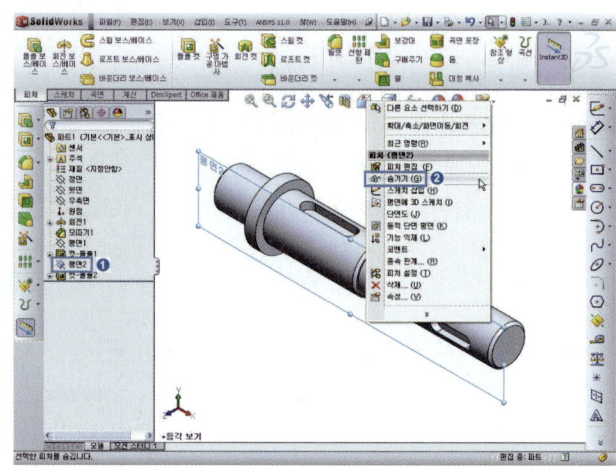

24 [정면] 선택 ➡ 스케치[✏ ▾] 선택 ➡ Spacebar 누르면 방향창 [면에 수직으로 보기] 더블클릭 ➡ 스케치 작업이 편하도록 수직하게 위치한다.

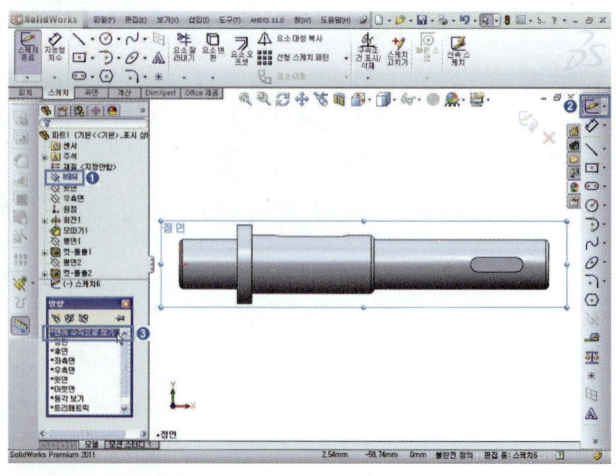

25 중심선[│] 선택 중심선 스케치 → 지능형 치수[⬧▾] 선택 거리 35mm 입력 → 선[＼▾] 스케치한다.

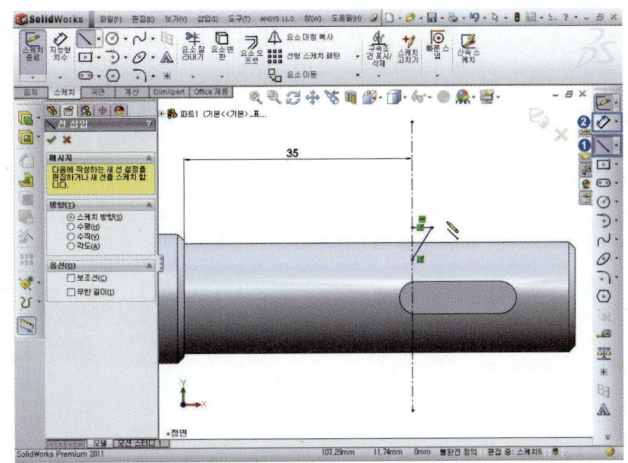

26 키보드 **Ctrl** 누른 상태에서 스케치한 2 개의 선(①,②) 선택 → 구속조건[⬧ 동일선상(L)] 선택 → 2개의 선이 동일선상에 놓여진다.

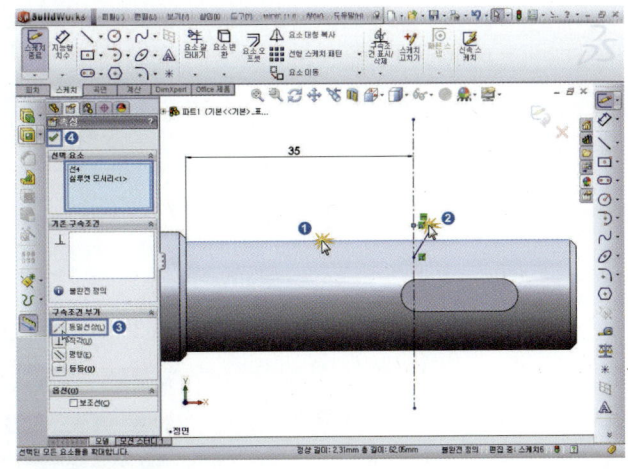

27 지능형 치수[⬧▾] 선택 치수입력(도면 참고)한다.

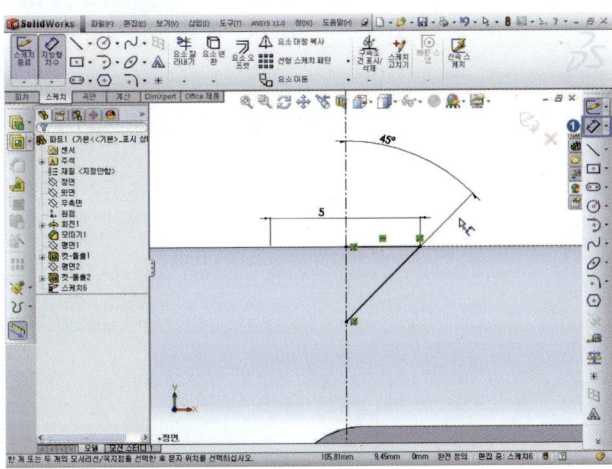

28 회전-컷[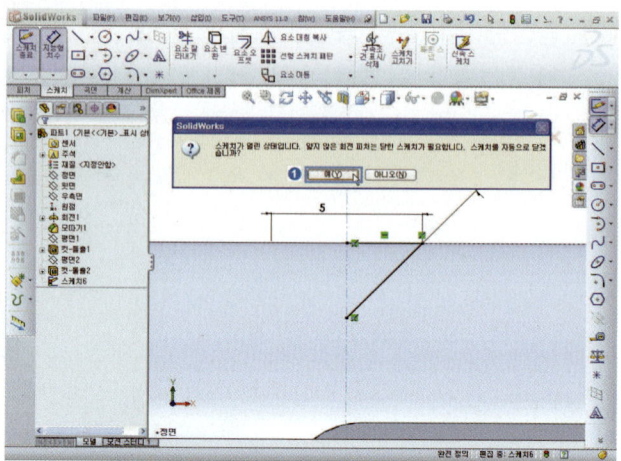] 선택 ➡ 회전축
[　] 선택, [　][블라인드 형태],
각도[　]=360도 ➡ 확인[　]을
누른다.

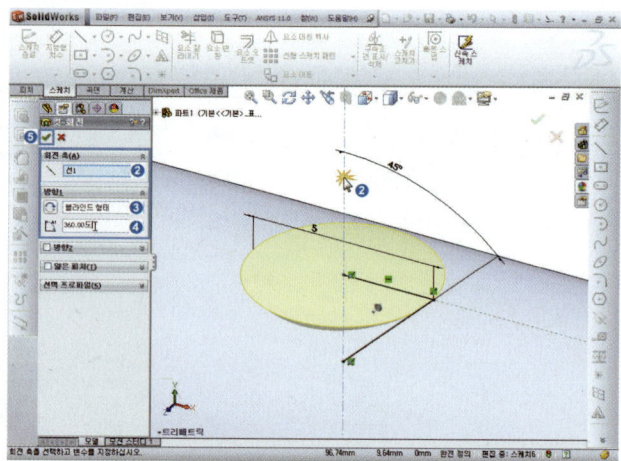

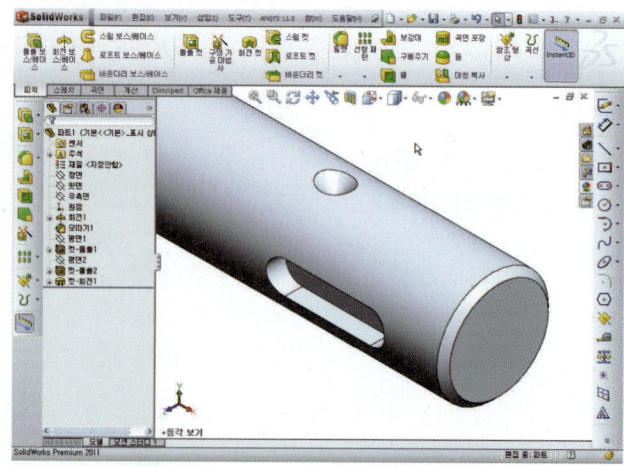

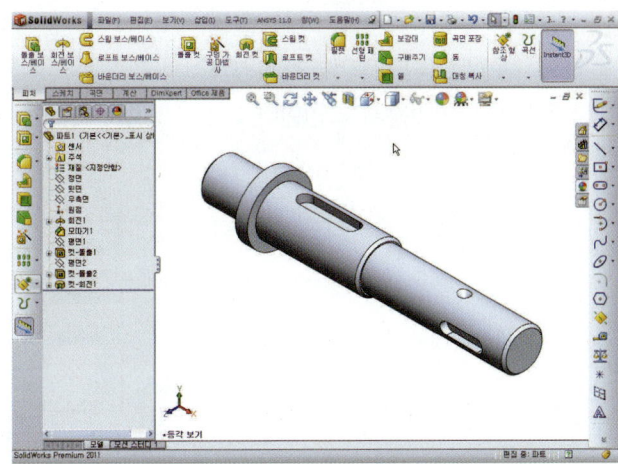

■ 축에 키 홈 추가하기

1 윗면 선택 ➜ 기준면[◈] 선택 ➜ 축 직경 20mm 이므로 반지름 10mm 입력 ➜ 확인[✔]을 누른다.

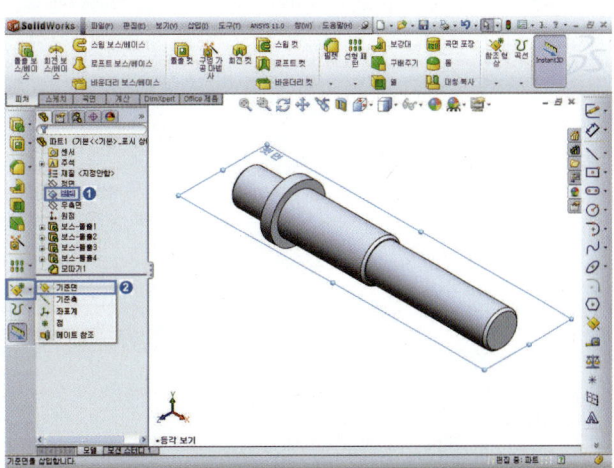

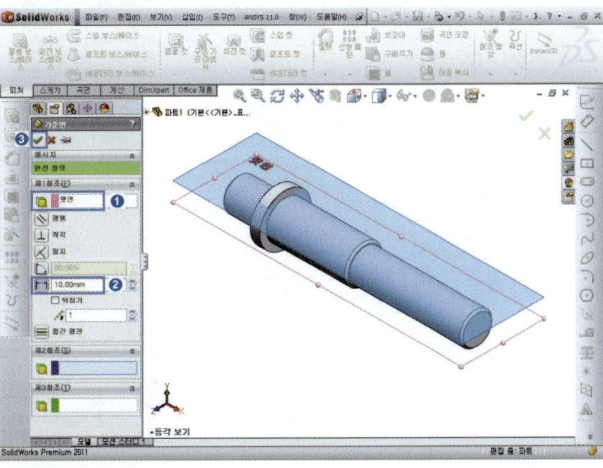

2 방향창 ➡ 우측면을 더블 클릭
➡ 생성된 [◆]평면1 축직경과
접선이 되어있는지 확인한다.

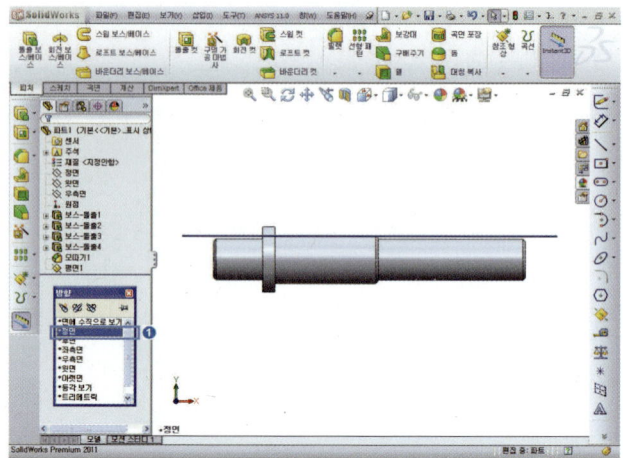

3 평면 1[◆] 선택 ➡ 방향창 [면
에 수직으로 보기]를 더블 클릭
➡ 스케치 도구[✎] 선택한다.

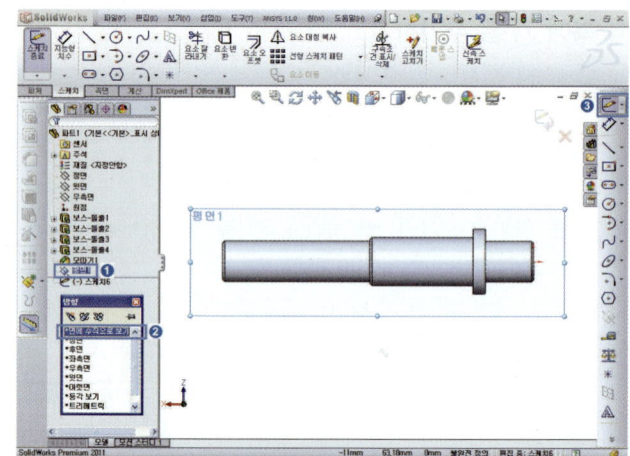

4 중심선[│] 선택하여 중심선을
스케치 ➡ 원[⊙] 선택하여 원
스케치한다.

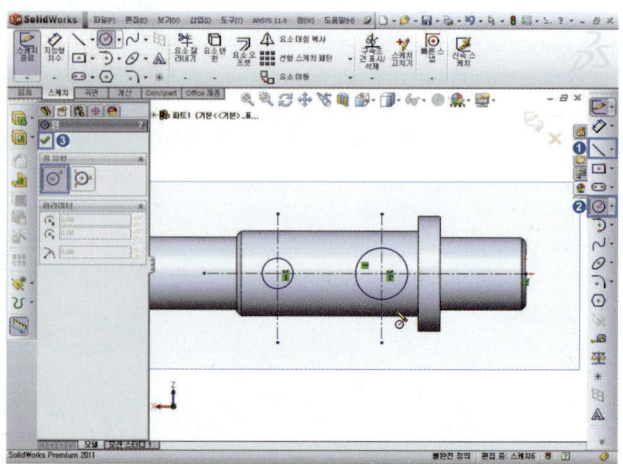

5 키보드 **Ctrl** 누른 상태에서 2개의 원(①,②) 선택 ➡ 구속조건 [**= 동등(Q)**] 선택 ➡ 동일한 크기의 원으로 구속 ➡ 확인[✔]을 누른다.

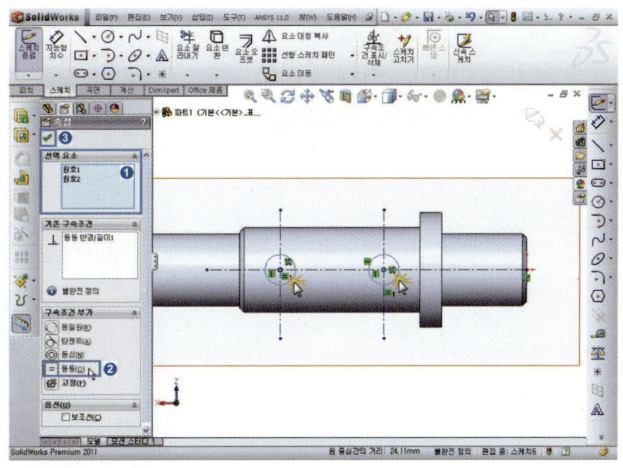

6 선[＼ ·]스케치 ➡ 요소잘라내기 [✄] 선택 ➡ [·┼][근접 잘라내기(T)] 원과 선이 겹치는 선을 잘라낸다.

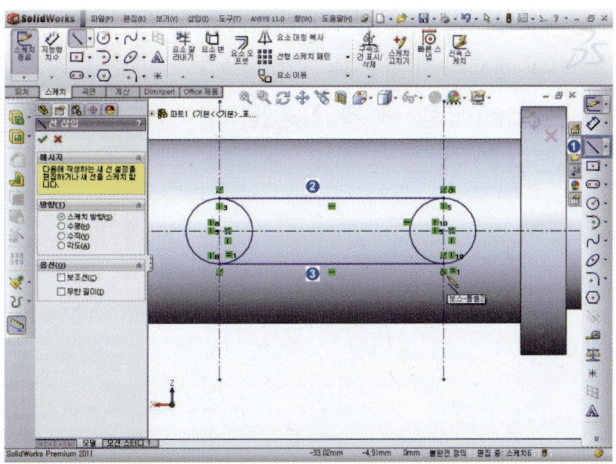

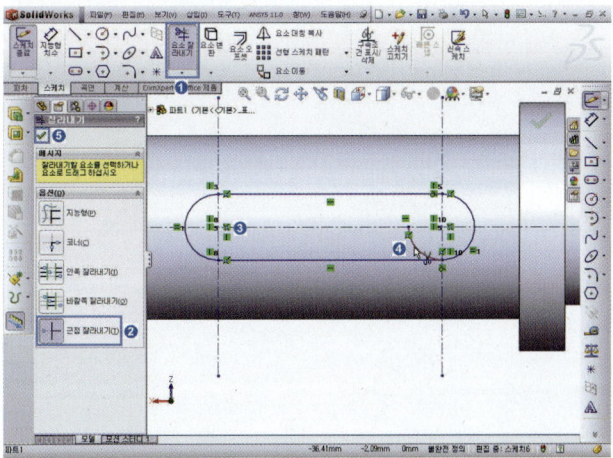

7 지능형 치수[✏️▾] 선택 ➡ 키홈 길이 25mm, 위치 9mm, 폭 6mm 치수기입을 완성한다.

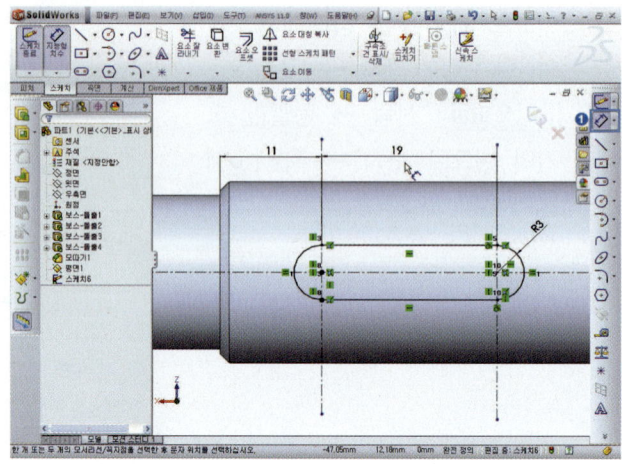

8 방향창 ➡ [등각보기] 더블클릭 ➡ 돌출–컷[▣] ➡ 키홈 깊이 3.5mm 입력 ➡ 확인[✅]을 누른다.

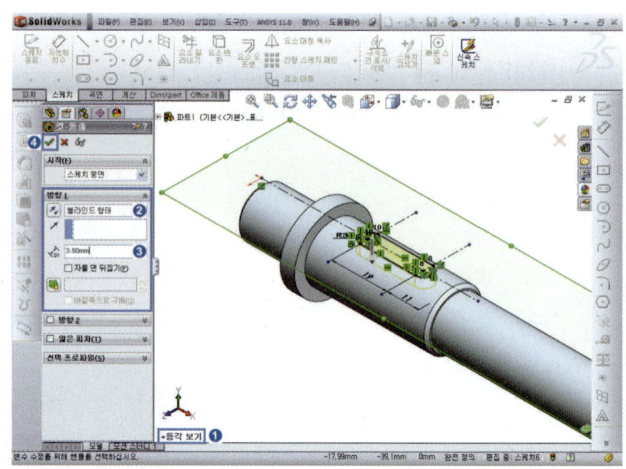

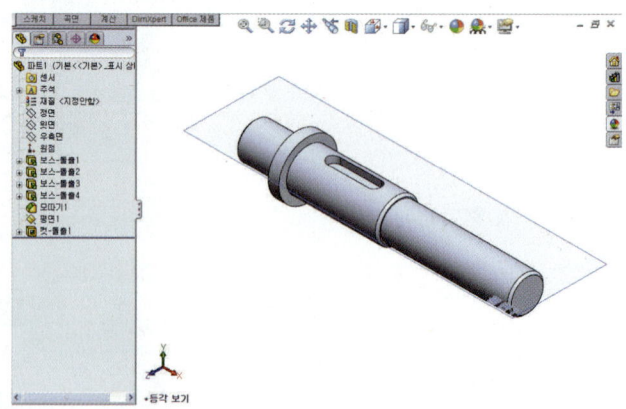

9 평면 1을 선택 ➡ 마우스 오른쪽 버튼 클릭 ➡ 숨기기(G)를 선택한다.

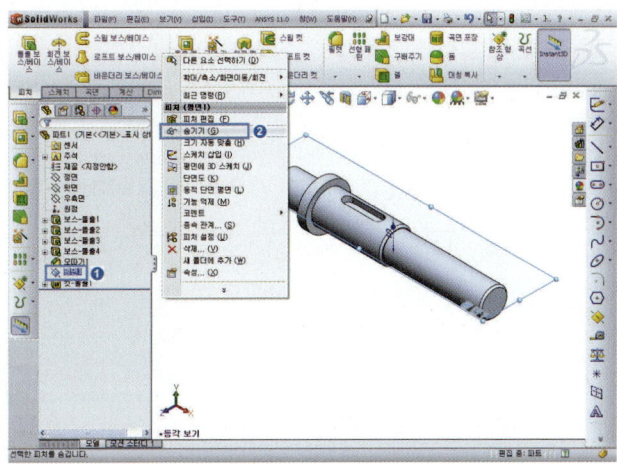

10 정면 선택 ➡ 기준면[◇] 선택 ➡ 축 직경 17mm 이므로 반지름 8.5mm 입력 ➡ 확인[✔]을 누른다.

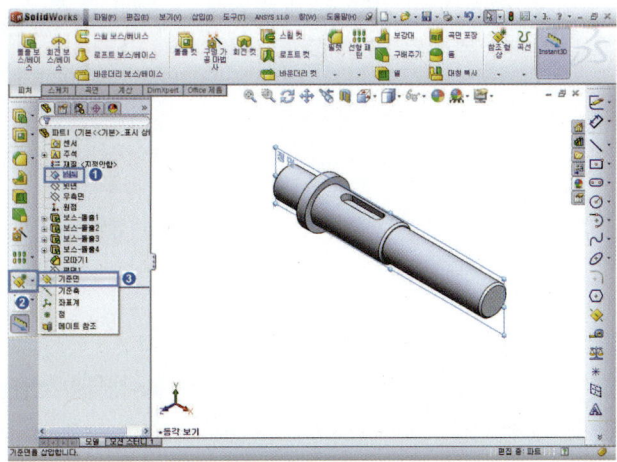

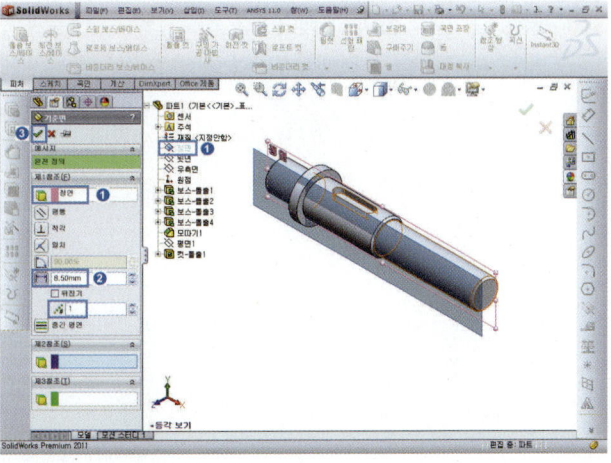

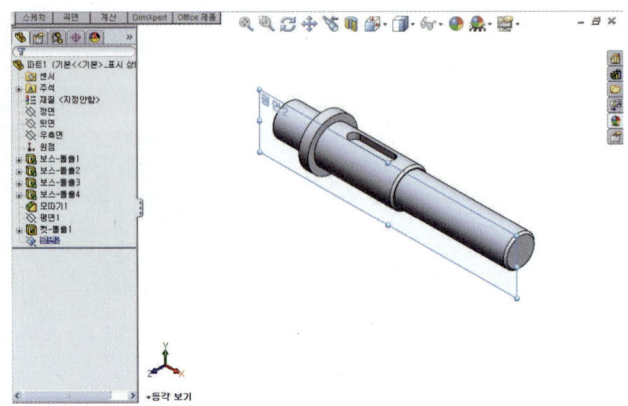

11 생성된 평면2[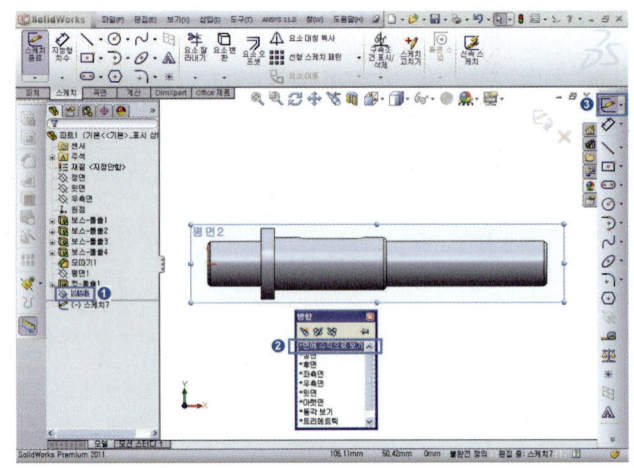] 선택 ➡ 방향
창 [면에 수직으로 보기] 더블클
릭 ➡ 스케치 도구[   ] 선택
한다.

12 중심선[   ] 선택, 중심선을 스
케치 ➡ 원[   ] 선택하여 원 스
케치한다.

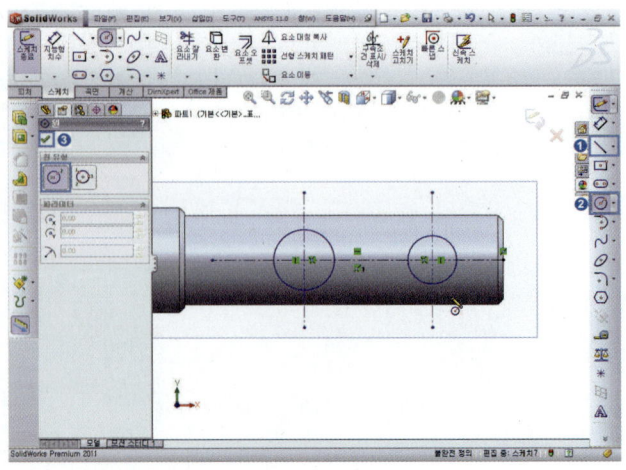

13 키보드 **Ctrl** 누른 상태에서 2개의 원(①,②) 선택 ➡ 구속조건 [= 동등(Q)] 선택 ➡ 동일한 크기 원으로 구속 ➡ 확인(✅)을 누른다.

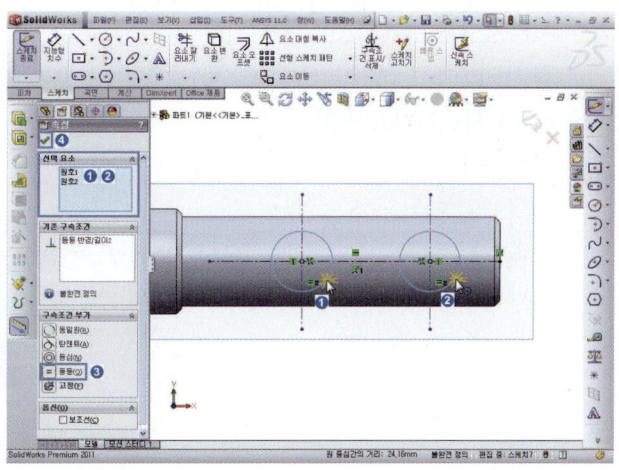

14 선[＼] 스케치 ➡ 요소 잘라내기[✂] 선택 ➡ [┼]근접 잘라내기(T) 원과 선이 겹치는 선을 잘라낸다.

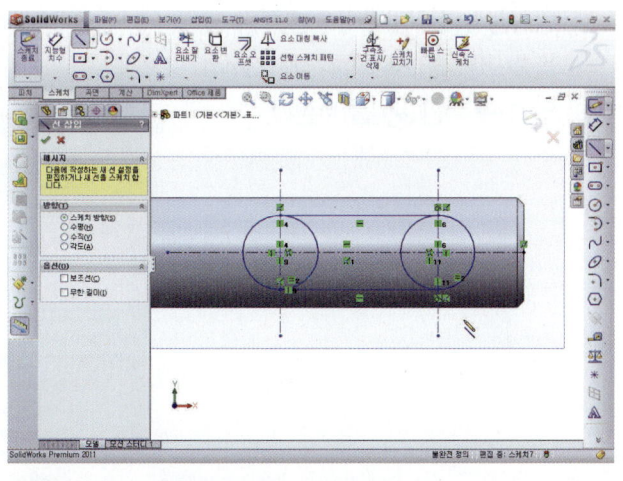

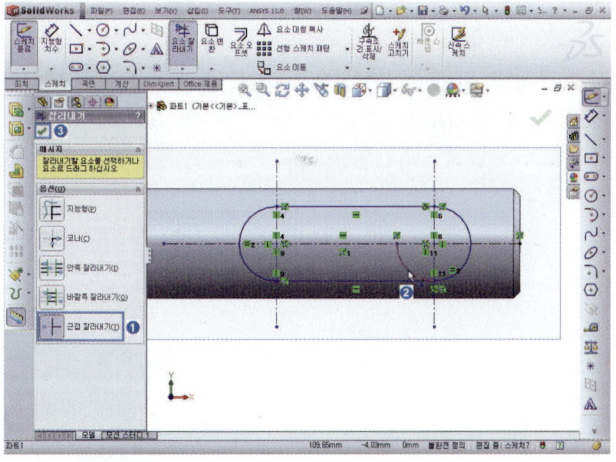

15 지능형 치수[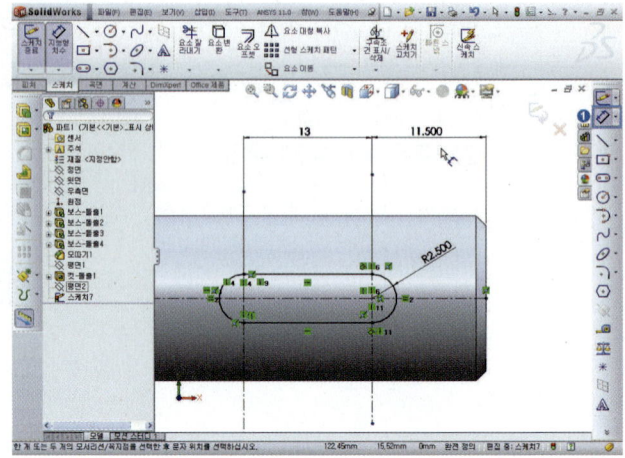] 선택 ➡ 키홈
길이 18mm, 위치 9mm, 폭
5mm 치수기입(도면참고 계산)을
완성한다.

16 방향창 ➡ [등각보기] 더블클릭 ➡
돌출-컷[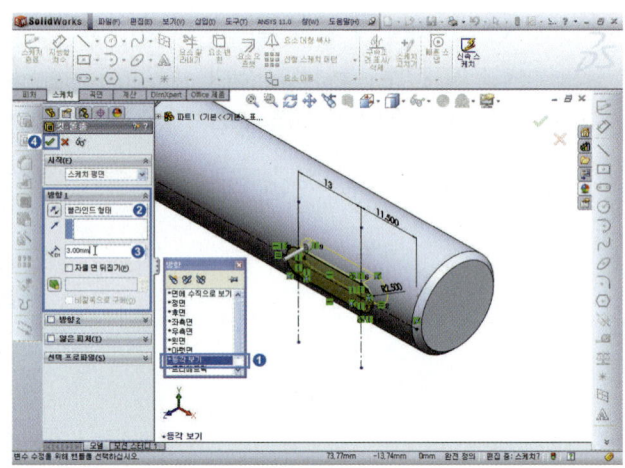] ➡ 키홈 깊이 3mm
입력 ➡ 확인[✔]을 누른다.

17 2개의 키 홈을 생성하고 축 모델
링을 완성한다.

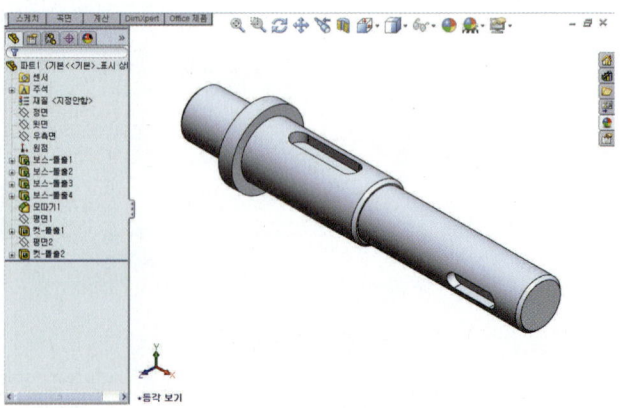

■ 축에 멈춤나사 구멍 추가하기

1 윗면 선택 ➡ 기준면[◆] 선택
➡ 축 직경 17mm 이므로 반지
름 8.5mm 입력 ➡ 확인[✓]을
누른다.

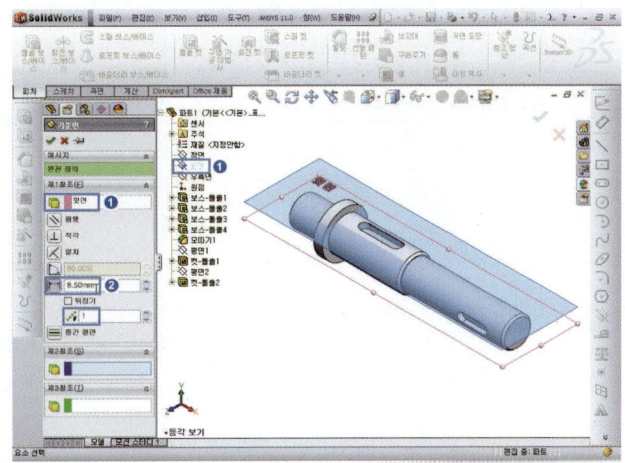

2 생성된 평면 3[◆] 선택 ➡ 방
향창 [면에 수직으로 보기] 더블
클릭 ➡ 스케치 도구[✏] 선택
한다.

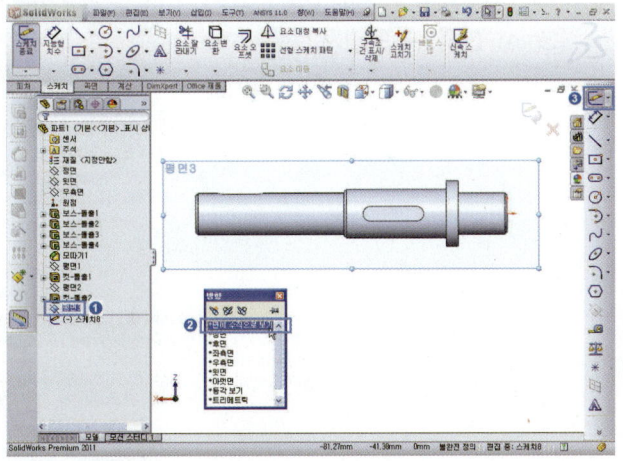

3 중심선[|] 선택하여 중심선을
스케치 ➡ 원[◎] 선택하여 원
스케치 ➡ 지능형 치수[◇] 선
택 ➡ 멈춤나사 구멍 지름 5mm,
거리35mm 치수입력한다.

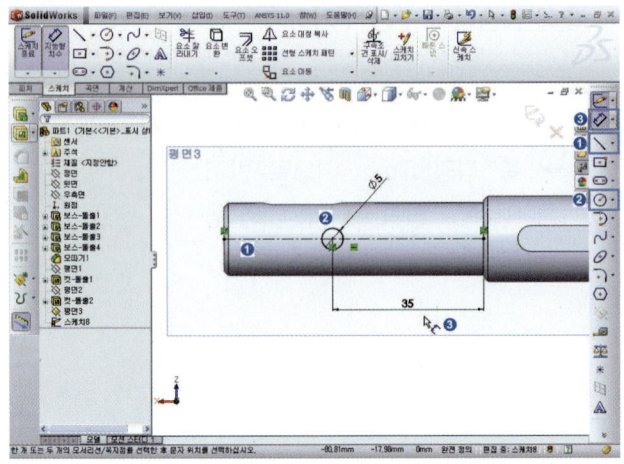

4 방향창 ➡ [등각보기] 더블클릭
➡ 돌출-컷[◫] 선택 ➡ 방향 1
에 [블라인드 형태], [◈] 높이
3mm 선택 ➡ 구배켜기[◨] ➡
각도 45도 입력 ➡ 확인[✔]을
누른다.

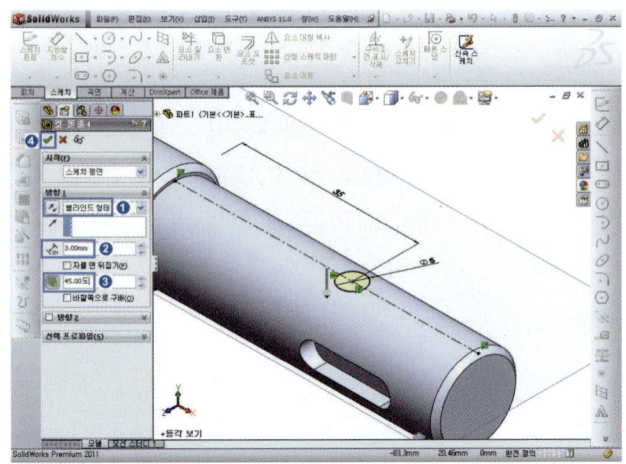

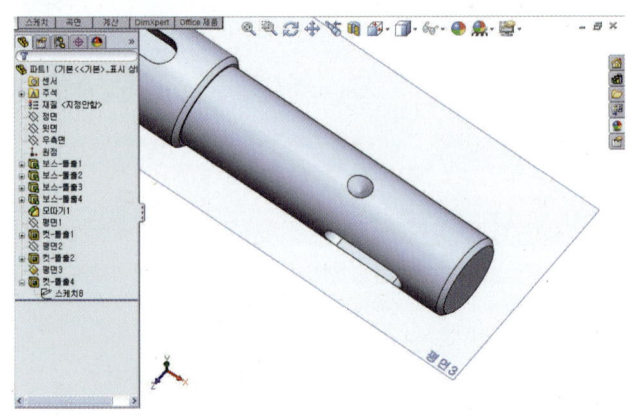

 축(Shaft) 모델링 완성

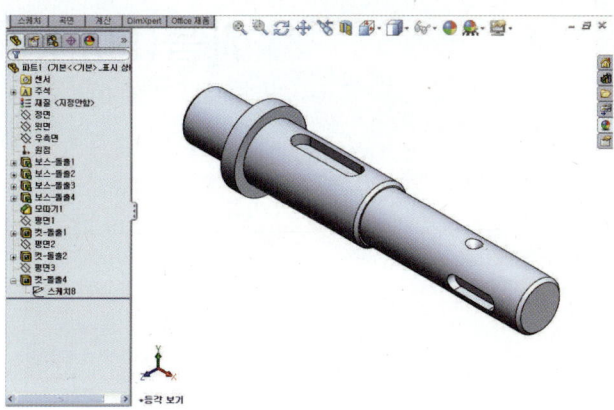

핸들(Handle) 모델링

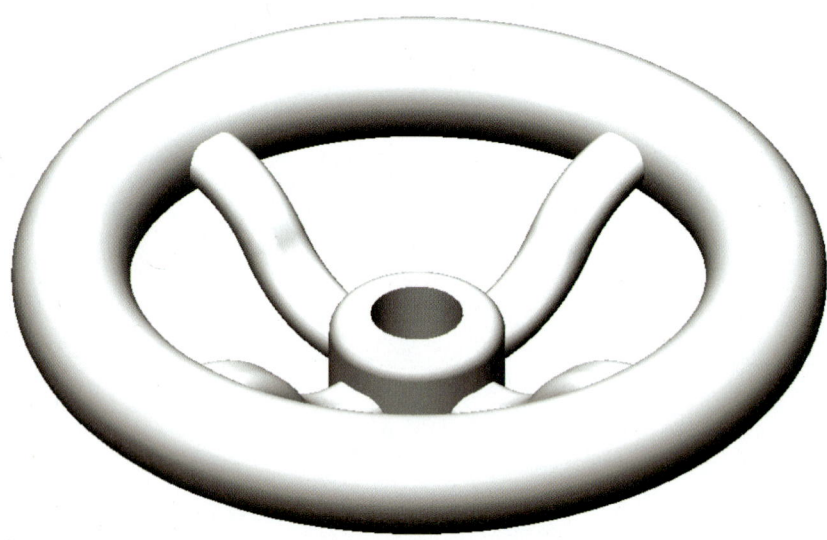

[그림 3-11] 핸들(Handle) 모델링

■ 핸들(Handle) 모델링 순서

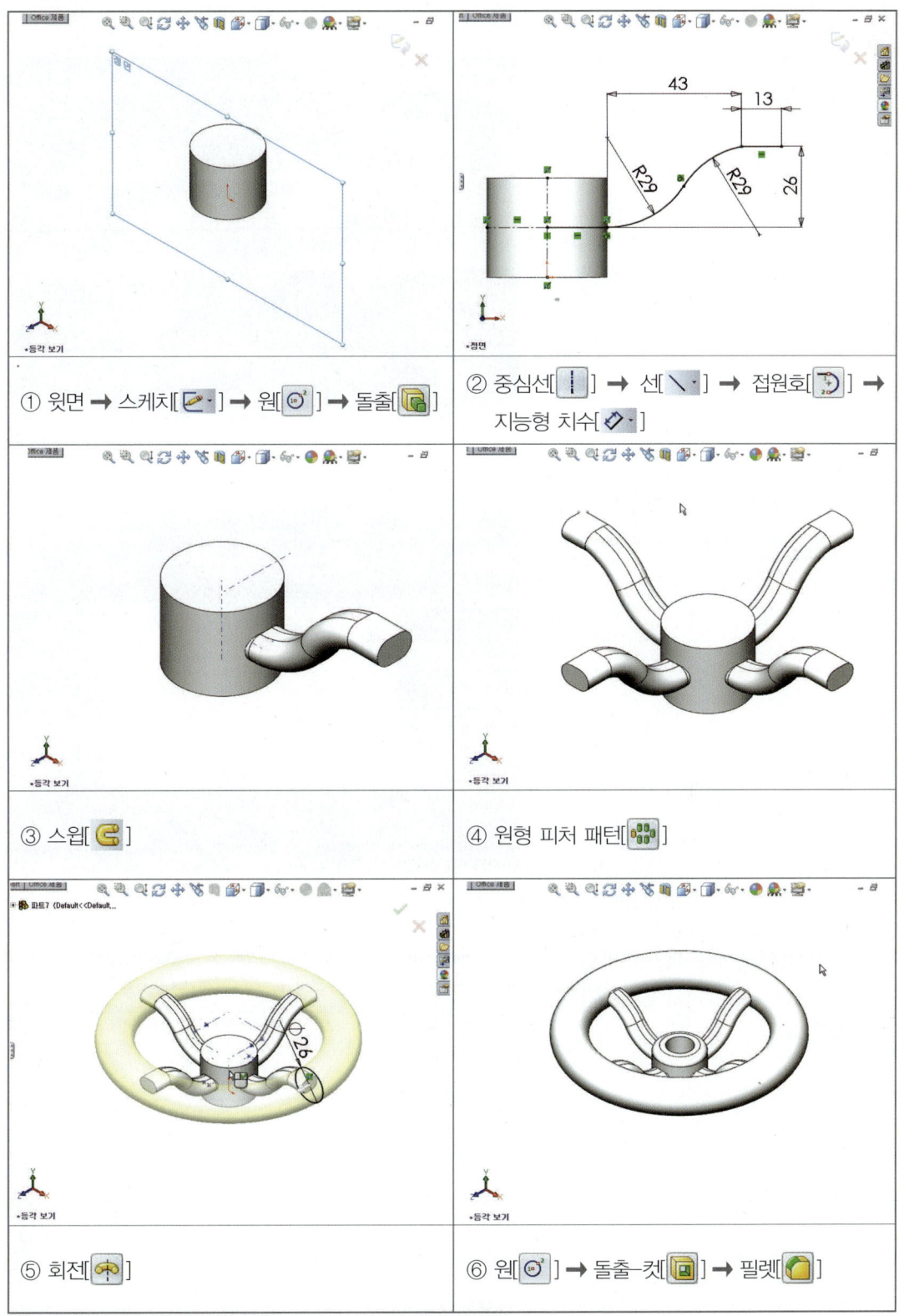

① 윗면 ➡ 스케치[✏️] ➡ 원[⭕] ➡ 돌출[📥]

② 중심선[┃] ➡ 선[✏️] ➡ 접원호[⌓] ➡ 지능형 치수[◇]

③ 스윕[〰️]

④ 원형 피처 패턴[🔆]

⑤ 회전[🔄]

⑥ 원[⭕] ➡ 돌출-컷[📥] ➡ 필렛[🟡]

1 파일 ➡ 새문서(N)[🗋 새 문서]를
클릭한다.

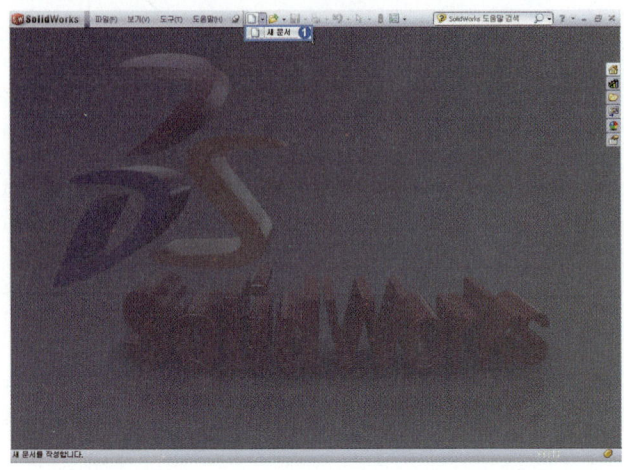

2 새문서 창에서 파트[📄] 선택 ➡
[확인] 버튼을 누른다.

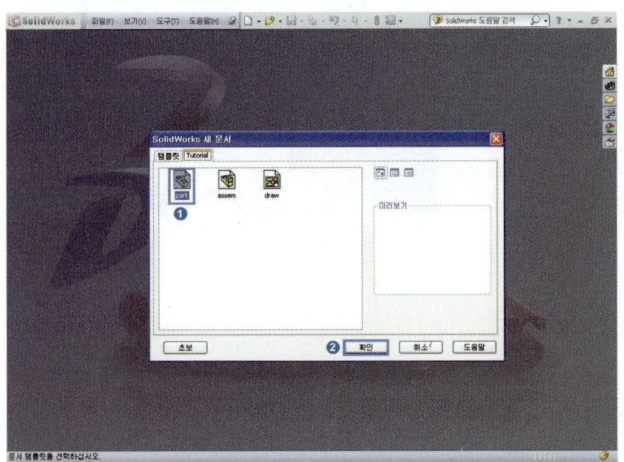

3 스케치를 생성할 작업평면[윗면]
을 선택 ➡ 스케치 도구[✏️]
선택한다.

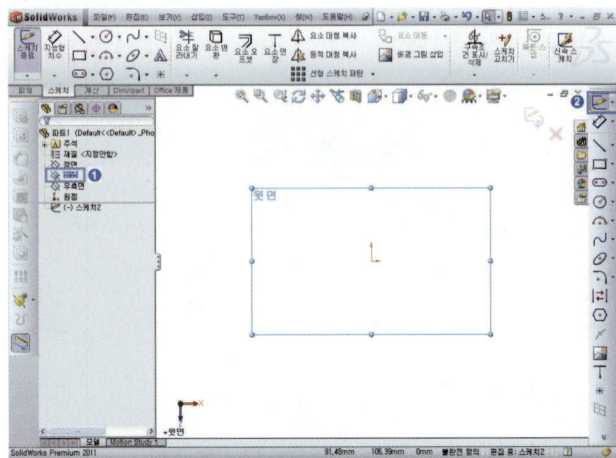

4 원[ ] 선택하여 원점을 중심으로 원 스케치 ➡ 지능형 치수 [ ] 선택, 지름 38mm 치수 입력한다.

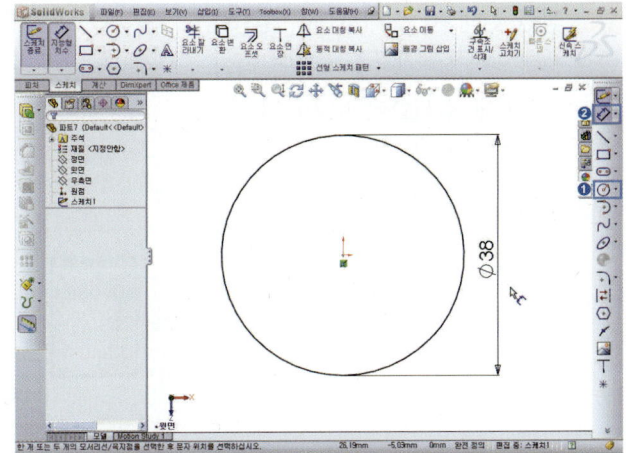

5 **Spacebar** 누르면 방향창 [등각 보기] 더블클릭 ➡ 스케치 작업[완전정의] 완성되었는지 확인한다.

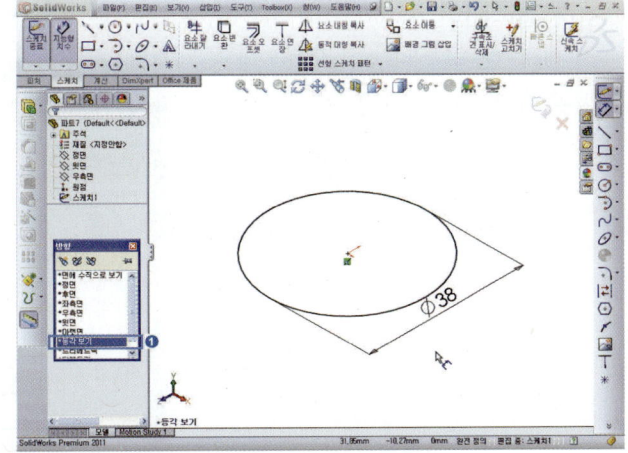

6 돌출[ ] ➡ 방향 1[ ] [블라인드 형태], [ ] 높이 32mm 치수입력한다.

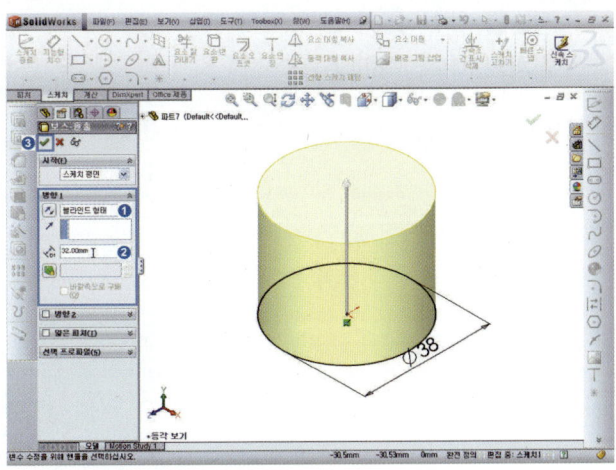

7 정면 선택 ➡ 스케치 도구[✏️] 선택 ➡ **Spacebar** 누르면 방향창 [면에 수직으로 보기] 더블클릭 ➡ 스케치 작업이 편하도록 수직하게 위치한다.

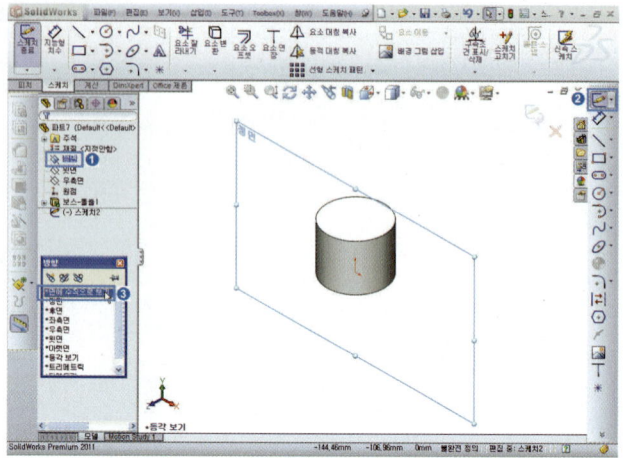

8 중심선[│] 선택하여 중심선 스케치 ➡ 접원호[⟳] 선택, 원호 스케치한다.

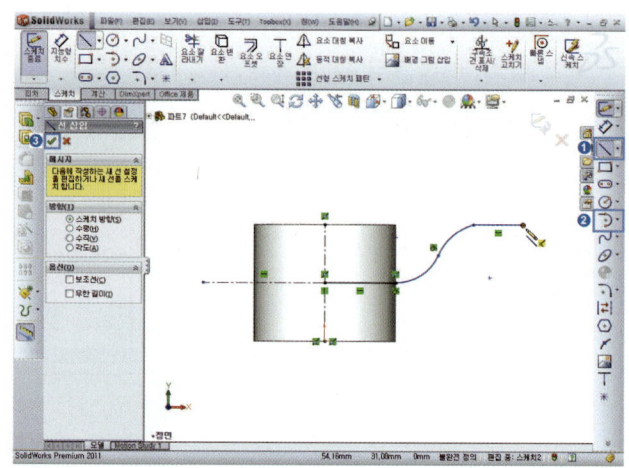

9 지능형 치수[◇] 선택 아래 그림처럼 치수입력한다.

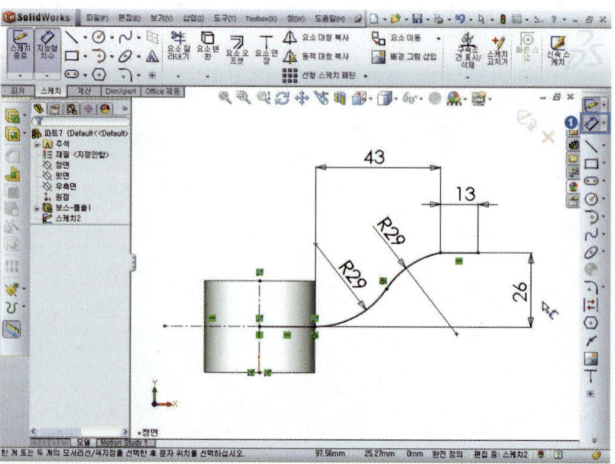

10 **Spacebar** 누르면 방향창 [등각 보기] 더블클릭 ➡ 스케치 작업[완전정의] 완성되었는지 확인한다.

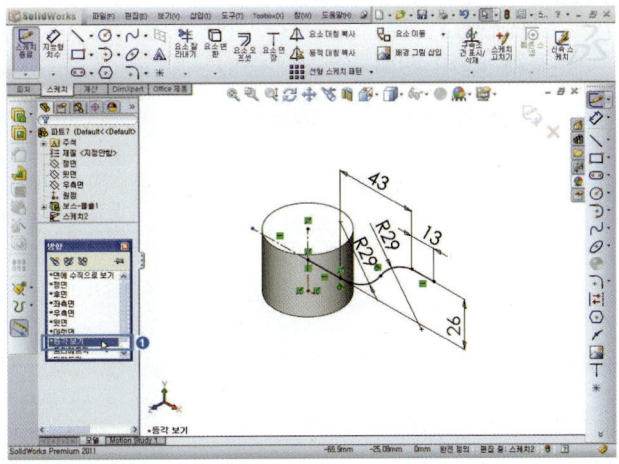

11 치수가 변경되면 재생성[**8**]이 나타남 ➡ 재생성[**8**] 선택하여 스케치 작업을 완료한다.

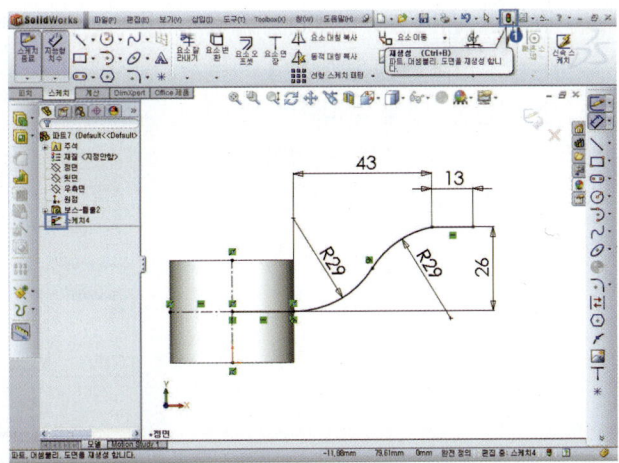

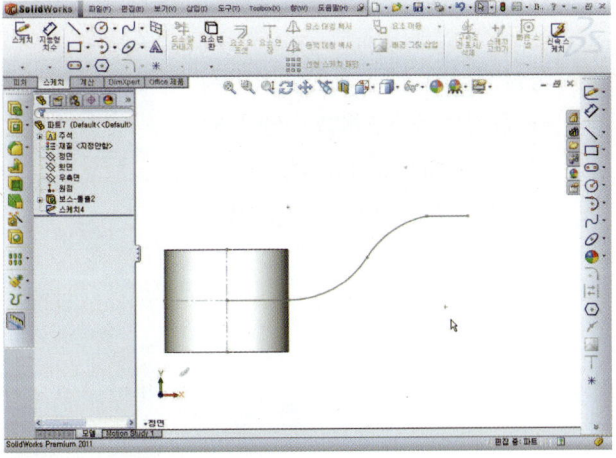

12 **Spacebar** 누르면 방향창에서 [등각 보기] 더블클릭 ➡ 스케치 작업[완전정의] 완성되었는지 확인한다.

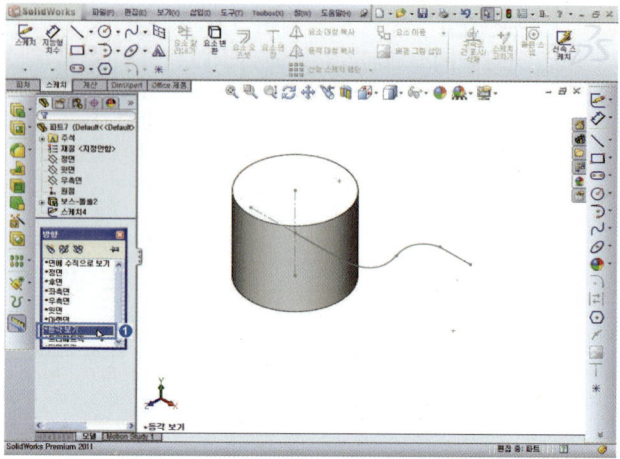

13 우측면 선택 ➡ 스케치 도구 [✏️] 선택 ➡ **Spacebar** 누르면 방향창 [면에 수직으로 보기] 더블클릭 ➡ 스케치 작업이 편하도록 수직하게 위치한다.

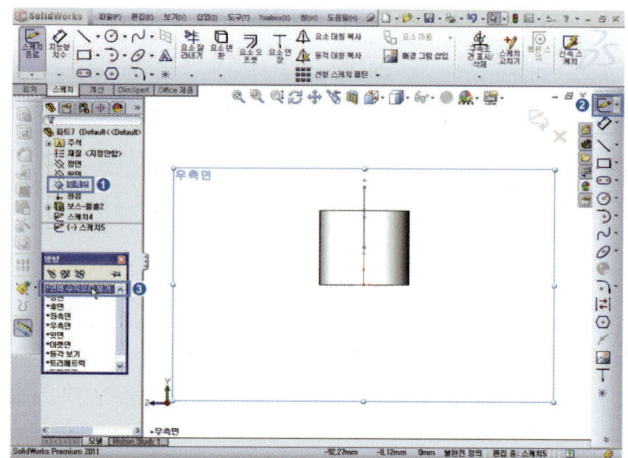

14 중심선[┃] 선택 중심선 스케치 ➡ 중심점 직선홈[⬭] 선택 ➡ 번호 순서대로 2개의 점을 찍고, 마우스 드래그하면 직선홈 생성된다.

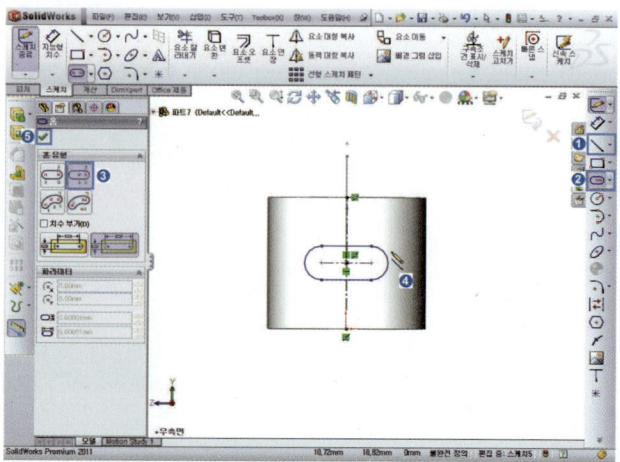

15 지능형 치수[✐▾] 선택 치수입
력한다.

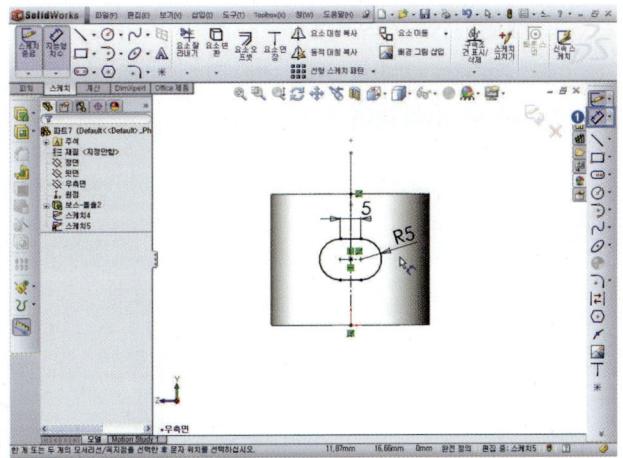

16 치수가 변경되면 재생성[🚦]이
나타남 ➡ 재생성[🚦] 선택하여
스케치 작업을 완료한다.

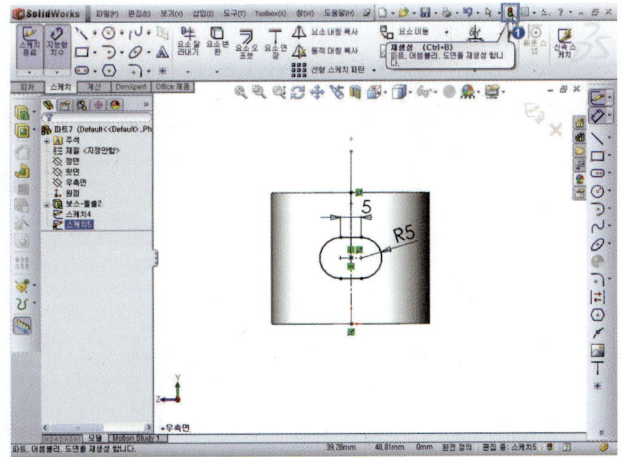

17 **Spacebar** 누르면 방향창에서
[등각 보기] 더블클릭 ➡ 스케치
작업[완전정의]이 완성되었는지
확인한다.

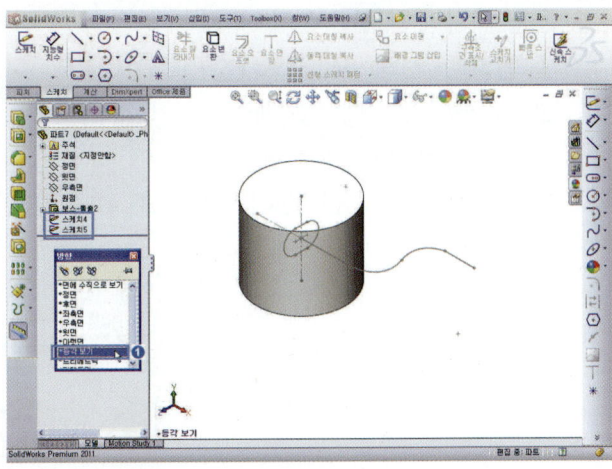

18 스윕[ⓒ] ➡ 프로파일(스케치5)
과 경로(스케치4)를 지정 ➡ 확
인[✓]을 선택하여 지지대를 완
성한다.

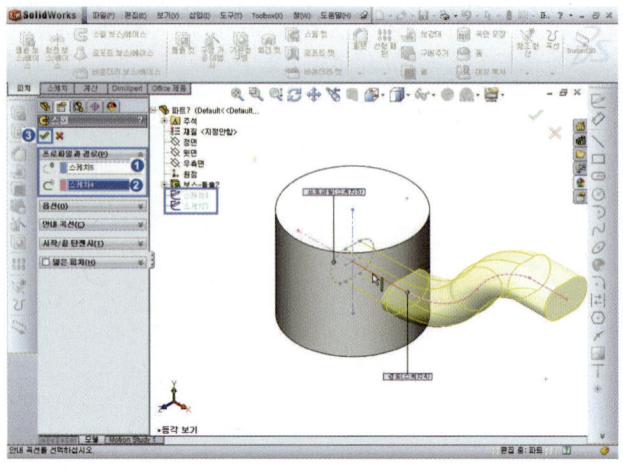

19 도구모음 보기(V) ➡ 임시축[⚙]
선택하여 가상의 임시축이 나타
나게 한다.

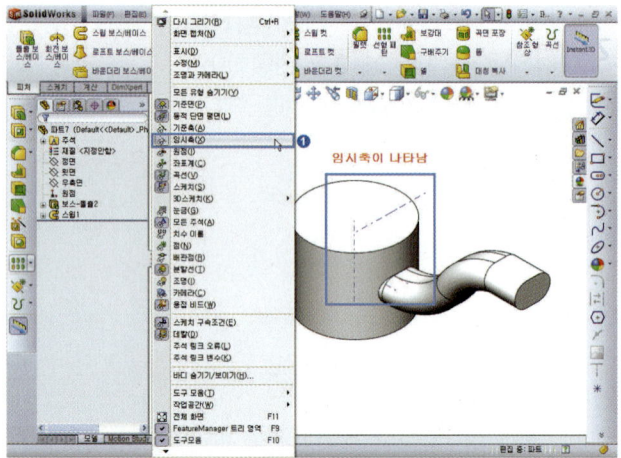

20 원형 피처 패턴[🔳] 선택 ➡ 기
준축[🔄] 선택 ➡ 각도[📐]
360도 ➡ [🔳] 패턴할 개수 4
개 입력, ☑ 동등 간격 체크 ➡
패턴할 피처(스윕1) 선택한다.

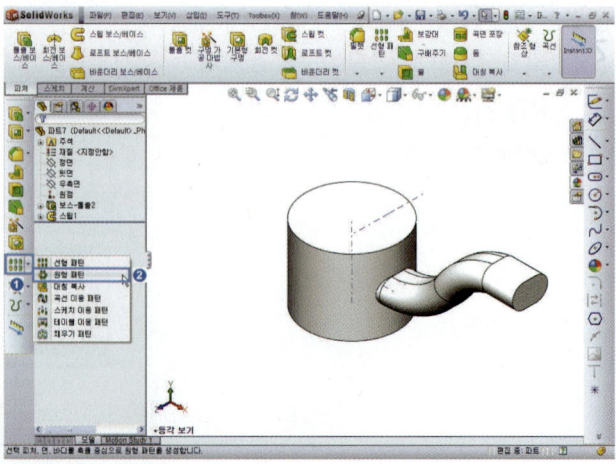

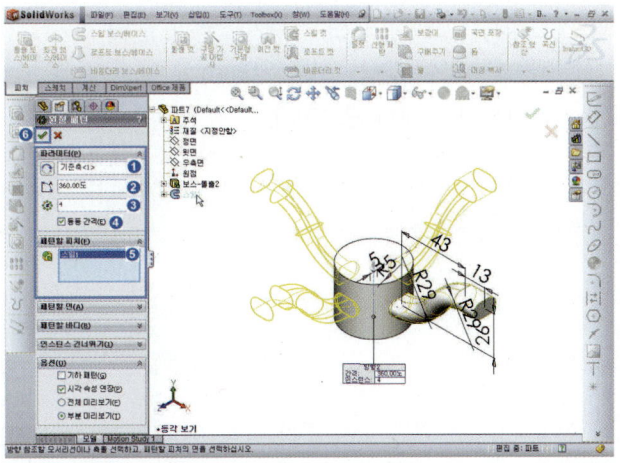

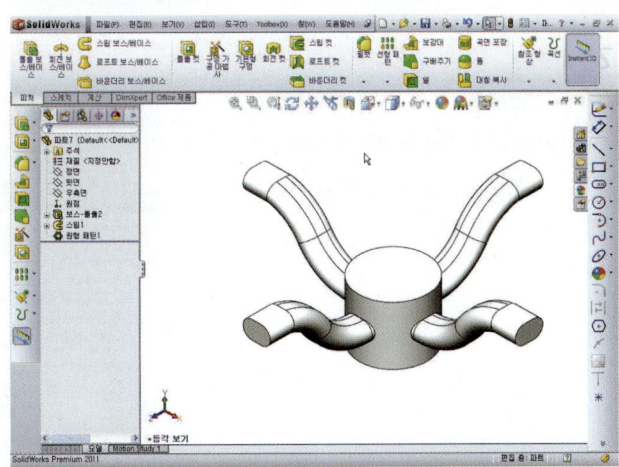

21 정면 선택 ➡ 스케치 도구[✏️] 선택 ➡ **Spacebar** 누르면 방향 창 [면에 수직으로 보기] 더블클릭 ➡ 스케치 작업이 편하도록 수직하게 위치한다.

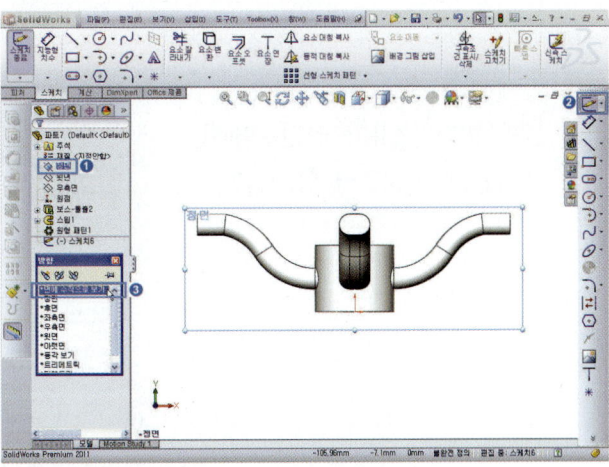

22 원[○] 선택하여 원 스케치 ➡ 지능형 치수[✎] 지름 26mm 입력하여 스케치 완료한다.

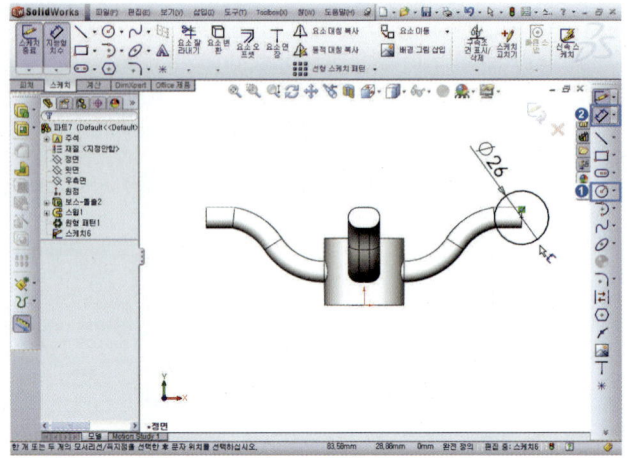

23 Spacebar 누르면 방향창 [등각 보기] 더블클릭 ➡ 보기(V) ➡ 임시축[⟋⟍] 선택 임시축이 나타나게 한다.

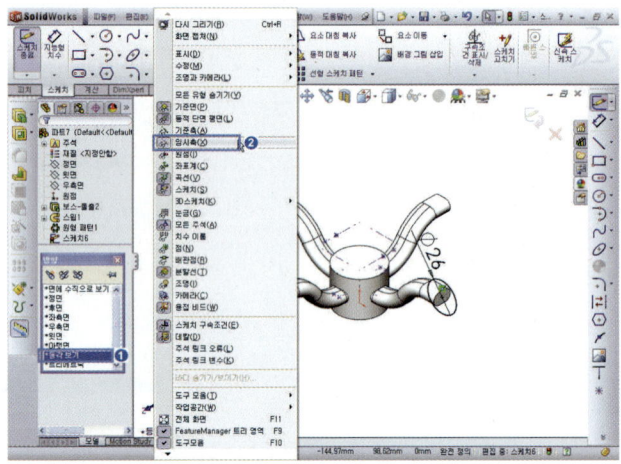

24 회전[⟲] 선택 ➡ 회전축[✎] 선택, 방향1[⟋] [블라인드형태], 각도[⟍]=360도 ➡ 확인[✓]을 누른다.

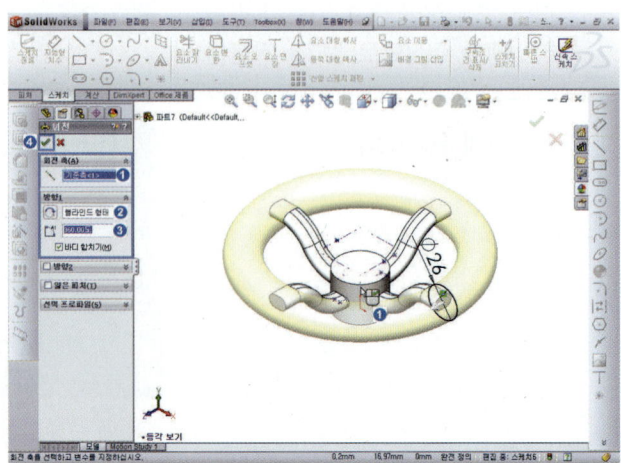

25 생성된 피처에 스케치면 선택 ➡
스케치 도구[🖉▼] 선택 ➡
Spacebar 누르면 방향창 [면에
수직으로 보기] 더블클릭 ➡ 스
케치 작업이 편하도록 수직하게
위치한다.

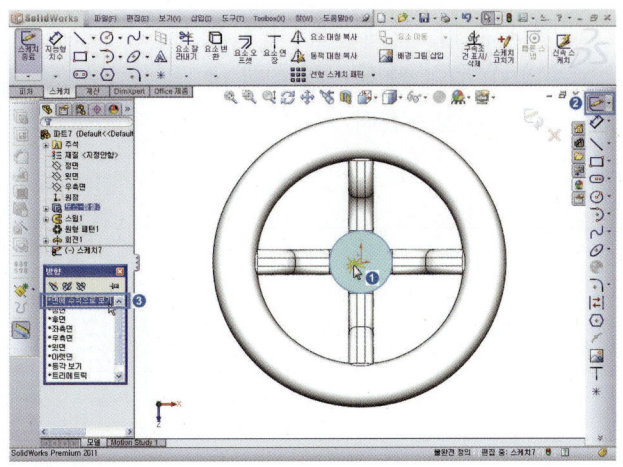

26 원[⊙²] 선택, 원 스케치 ➡ 지능
형 치수[◇▼] 지름 20mm 치수
입력한다.

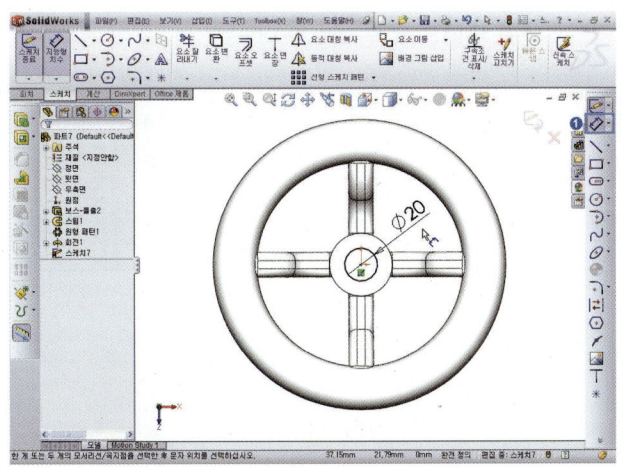

27 **Spacebar** 누르면 방향창 [등각
보기] ➡ 돌출-컷[🔲] 선택 ➡
방향 1[⬈], [관통] ➡ 확인[✅]
을 누른다.

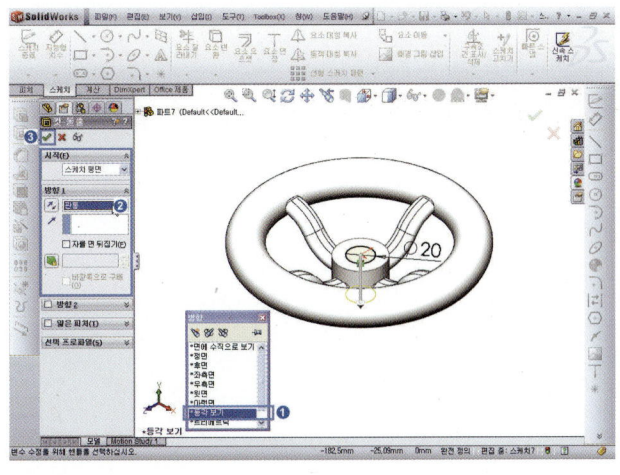

28 필렛[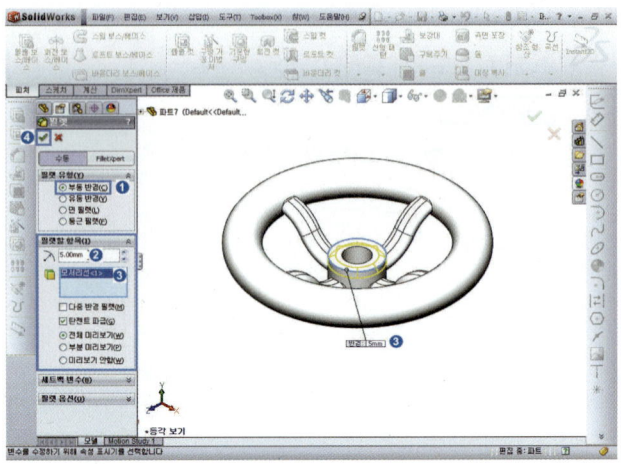] 선택 ➡ 반지름 R5mm 입력 ➡ 모서리 선택 ➡ 확인[✔]을 누른다.

29 핸들(Handle) 모델링을 완성한다.

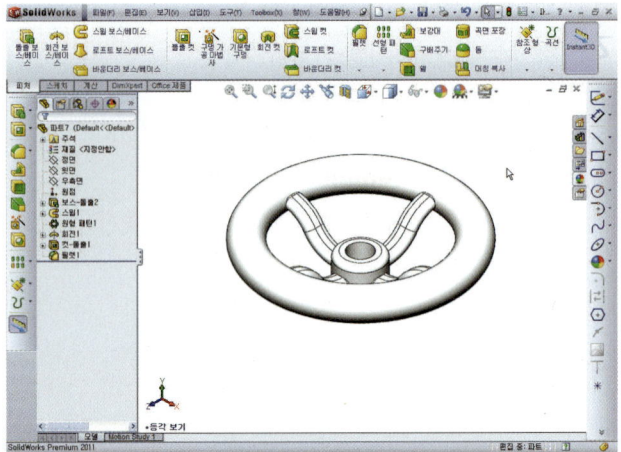

볼트(Bolt) 모델링

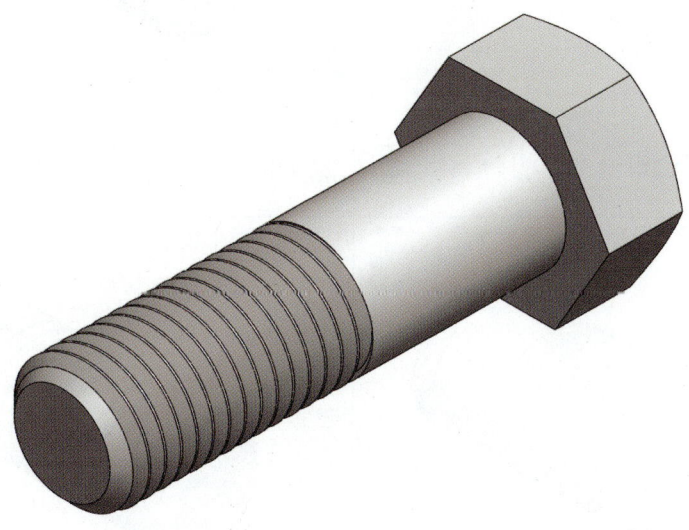

[그림 3-12] 볼트 모델링

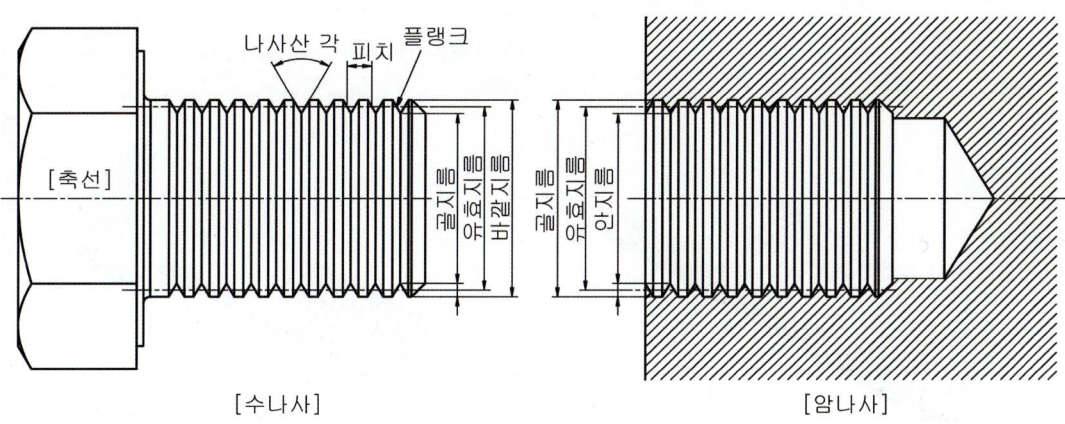

나사산 각   피치   플랭크

[축선]

골지름
유효지름
바깥지름

골지름
유효지름
안지름

[수나사]   [암나사]

[그림 3-13] 나사의 각부 명칭

■ 볼트(Bolt) 모델링 순서

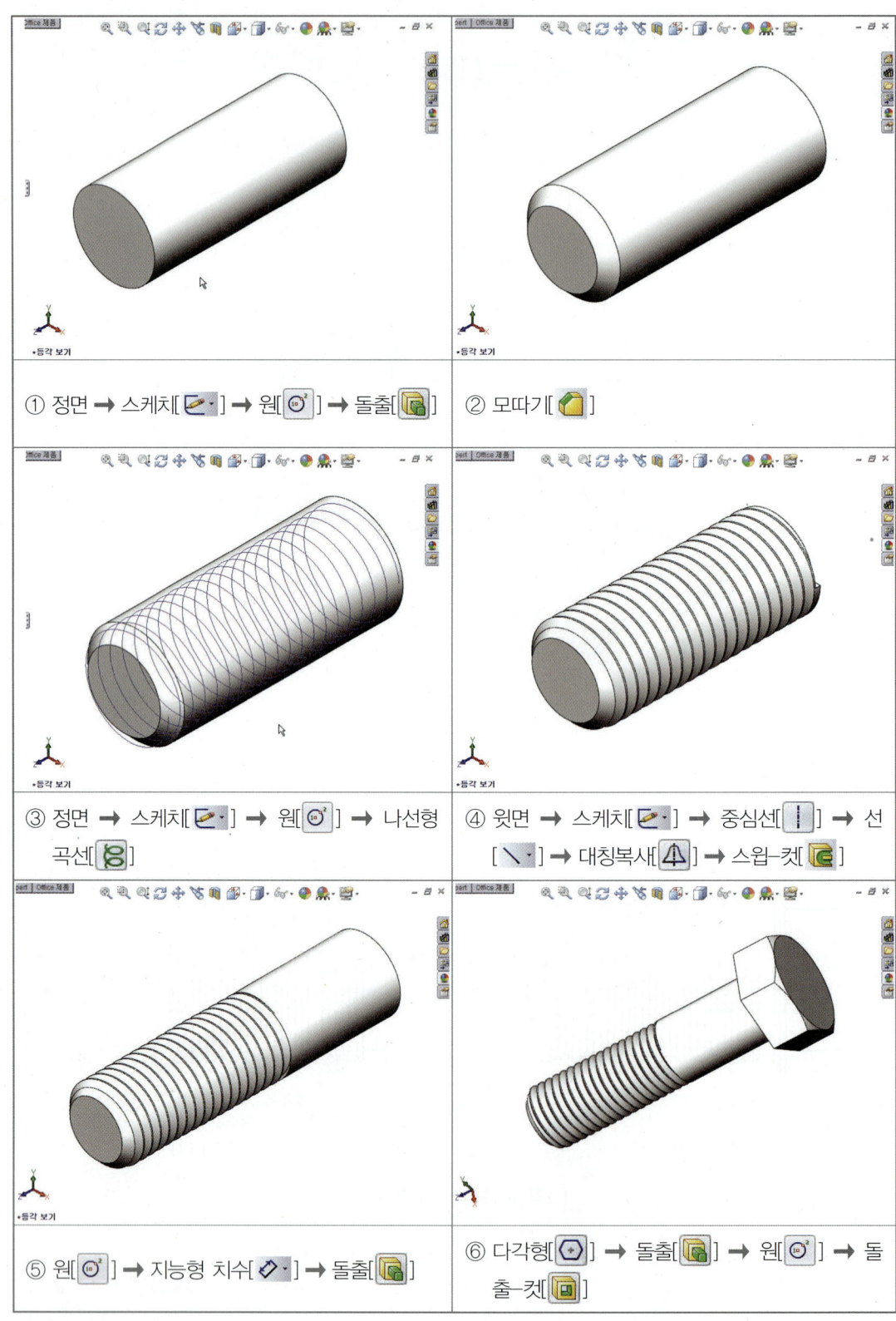

① 정면 ➡ 스케치[　] ➡ 원[　] ➡ 돌출[　]

② 모따기[　]

③ 정면 ➡ 스케치[　] ➡ 원[　] ➡ 나선형 곡선[　]

④ 윗면 ➡ 스케치[　] ➡ 중심선[　] ➡ 선 [　] ➡ 대칭복사[　] ➡ 스윕-컷[　]

⑤ 원[　] ➡ 지능형 치수[　] ➡ 돌출[　]

⑥ 다각형[　] ➡ 돌출[　] ➡ 원[　] ➡ 돌출-컷[　]

미터 보통 나사   [KS B 0201 → 관련 규격 ISO 68, 261, 724]

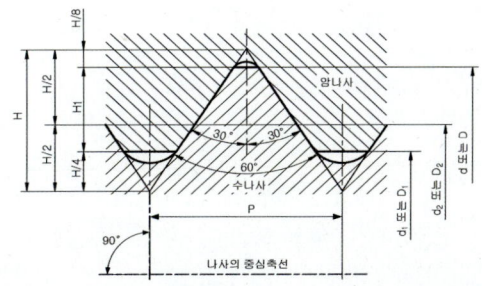

■ 기본치수의 계산식

$$H = 0.866025 \times P(\text{피치}) \qquad D = d$$
$$H_1 = 0.541266 \times P(\text{피치}) \qquad D_2 = d_2$$
$$d_2 = d - 0.649519 \times P(\text{피치}) \qquad D_1 = d_1$$
$$d_1 = d - 1.082532 \times P(\text{피치})$$

※ 미터 보통 나사의 호칭은 수나사의 바깥지름(d)으로 정함

[미터 보통 나사의 기준 산 모양]

[미터 보통 나사의 기본 치수]   (단위: mm)

나사의 호칭[1]			피치 P	접촉높이 H₁	암 나 사		
					골지름 D	유효지름 D₂	안지름 D₁
1	2	3			수 나 사		
					바깥지름 d	유효지름 d₂	골 지 름 d₁
M1			0.25	0.135	1.000	0.838	0.729
	M1.1		0.25	0.135	1.100	0.938	0.829
M1.2			0.25	0.135	1.200	1.038	0.929
	M1.4		0.3	0.162	1.400	1.205	1.075
M1.6			0.35	0.189	1.600	1.373	1.221
	M1.8		0.35	0.189	1.800	1.573	1.421
M2			0.4	0.217	2.000	1.740	1.567
	M2.2		0.45	0.244	2.200	1.908	1.713
M2.5			0.45	0.244	2.500	2.208	2.023
M3			0.5	0.271	3.000	2.675	2.459
	M3.5		0.6	0.325	3.500	3.110	2.850
M4			0.7	0.379	4.000	3.545	3.242
	M4.5		0.75	0.406	4.500	4.013	3.688
M5			0.8	0.433	5.000	4.480	4.134
M6			1	0.541	6.000	5.350	4.917
		M7	1	0.541	7.000	6.350	5.917
M8			1.25	0.677	8.000	7.188	6.647
		M9	1.25	0.677	9.000	8.188	7.647
M10			1.5	0.812	10.000	9.026	8.376
		M11	1.5	0.812	11.000	10.026	9.376
M12			1.75	0.947	12.000	10.863	10.106
	M14		2	1.083	14.000	12.701	11.835
M16			2	1.083	16.000	14.701	13.835
	M18		2.5	1.353	18.000	16.376	15.294
M20			2.5	1.353	20.000	18.376	17.294
	M22		2.5	1.353	22.000	20.376	20.294
M24			3	1.624	24.000	22.051	20.752
	M27		3	1.624	27.000	25.051	23.752
M30			3.5	1.894	30.000	27.727	26.211
	M33		3.5	1.894	33.000	30.727	29.211
M36			4	2.165	36.000	33.402	31.670
	M39		4	2.165	39.000	36.402	34.670
M42			4.5	2.436	42.000	39.077	37.129
	M45		4.5	2.436	45.000	42.077	40.129
M48			5	2.706	48.000	44.752	42.587
	M52		5	2.706	52.000	48.752	46.587
M56			5.5	2.977	56.000	52.428	50.046
	M60		5.5	3.977	60.000	56.428	54.046
M64			6	3.248	64.000	60.103	57.505
	M68		6	3.248	68.000	64.103	61.505

주 (1) 1란을 우선적으로 선택하고, 필요에 따라 2란, 3란, 4란의 순서로 선택한다.

1 파일 ➡ 새문서(N)[☐ 새 문서]를
   클릭한다.

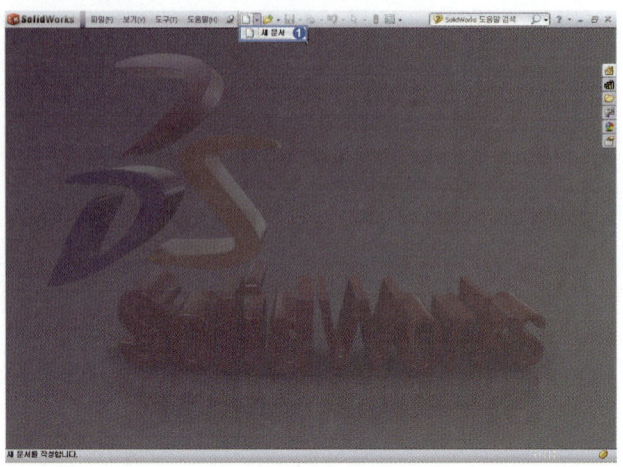

2 새문서 창에서 파트[ ] 선택
   ➡ [확인]버튼을 누른다.

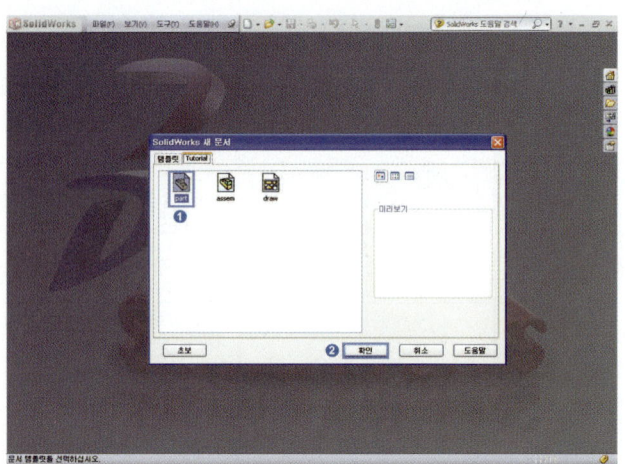

3 스케치를 생성할 작업평면[정면]
   을 선택 ➡ 스케치 도구[ ]
   선택한다.

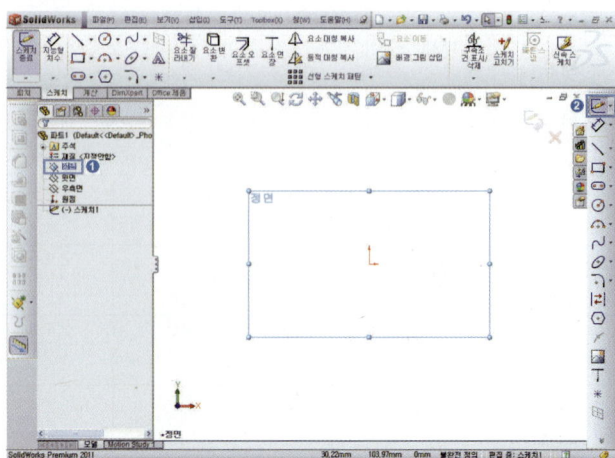

4 원[◎] 선택 ➡ 지능형 치수
   [◇·] 선택 ➡ 지름 20mm 치
   수입력한다.

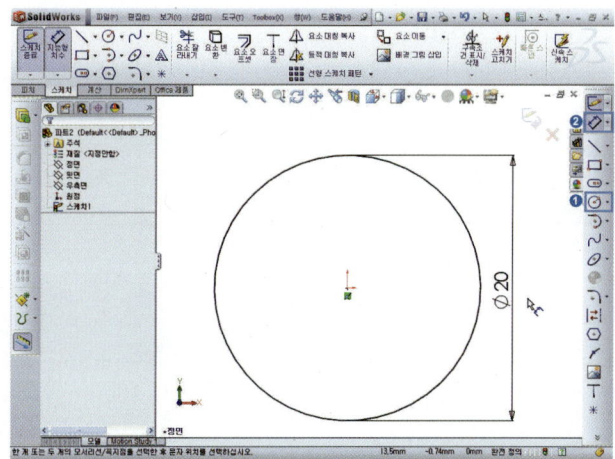

5 Spacebar 누르면 방향창 [등각
   보기] 더블클릭 ➡ 원하는 작업
   평면에 스케치 작업이 되었는지
   확인한다.

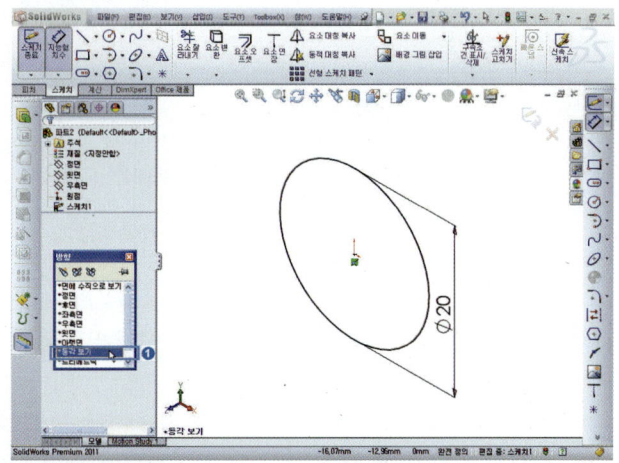

6 돌출[🗔] ➡ 방향 1[⬇] [블라인
   드 형태], [↕] 높이 47.5mm를
   입력 ➡ 확인[✔]을 누른다.

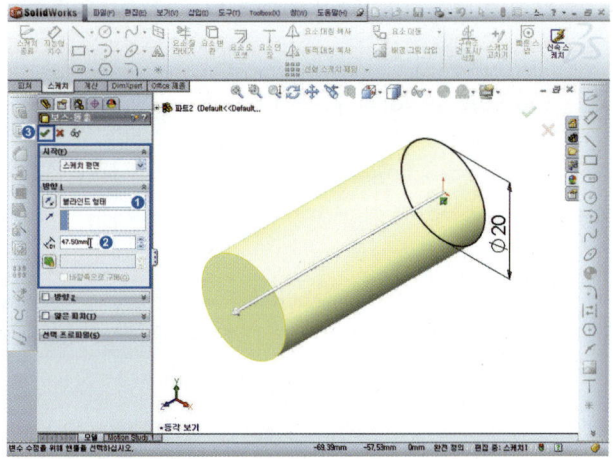

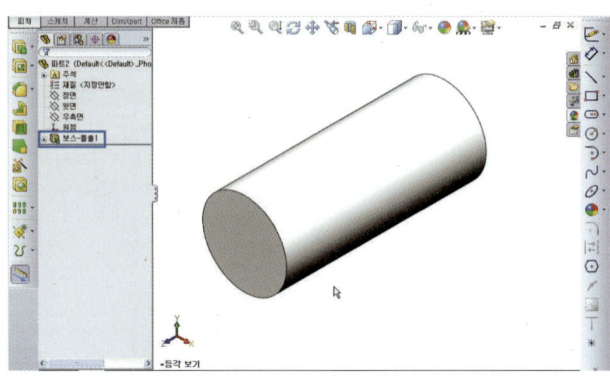

 모따기[] 선택 ➡ 거리[📐]
2.5mm, 각도[📐] 45도 입력 ➡
모서리 선택 ➡ 확인[✅]을 누
른다.

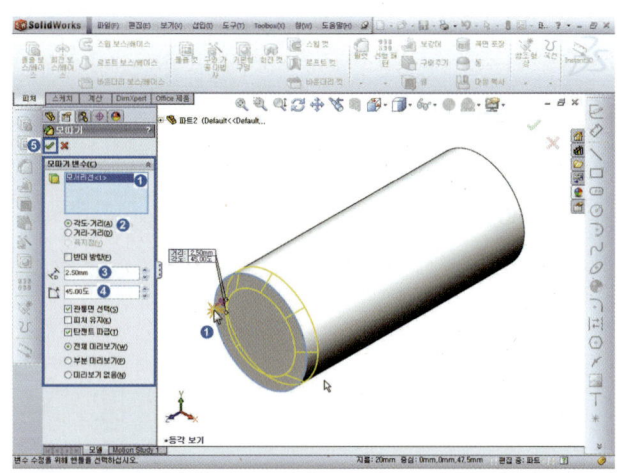

 생성된 피처 앞면 선택 ➡ 스케치
도구[✏️] 선택 ➡ **Spacebar**
누르면 방향창 [면에 수직으로 보
기] 더블클릭 ➡ 스케치 작업이
편하도록 수직하게 위치한다.

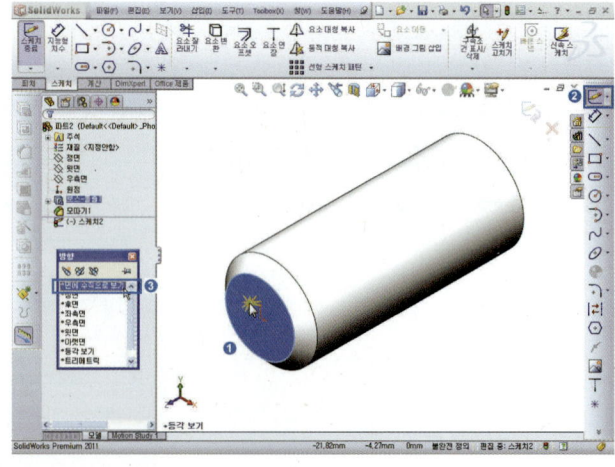

9 원[◎] 선택 원 스케치 ➡ 지능
형 치수[✏] 선택 M20 미터
보통 나사 유효지름인 18.376mm
입력한다.

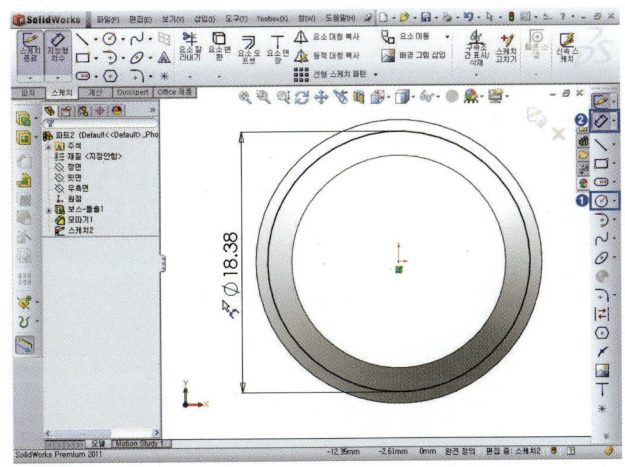

10 메뉴 삽입(I) ➡ 곡선 ➡ [나선형
곡선][🔩] 선택 ➡ 높이
(47.5mm)와 피치(2.5mm), 반대
방향, 시작각도(0도), 시계방향(오
른나사) 지정 ➡ 확인[✔]을 누
른다.

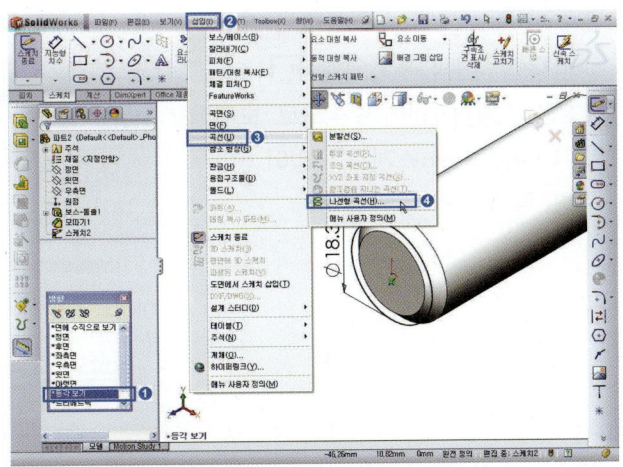

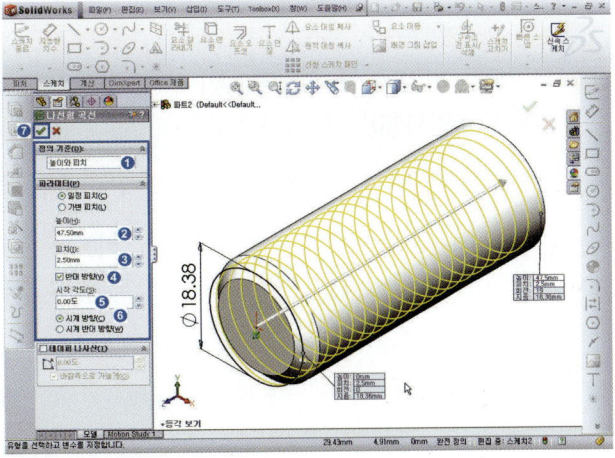

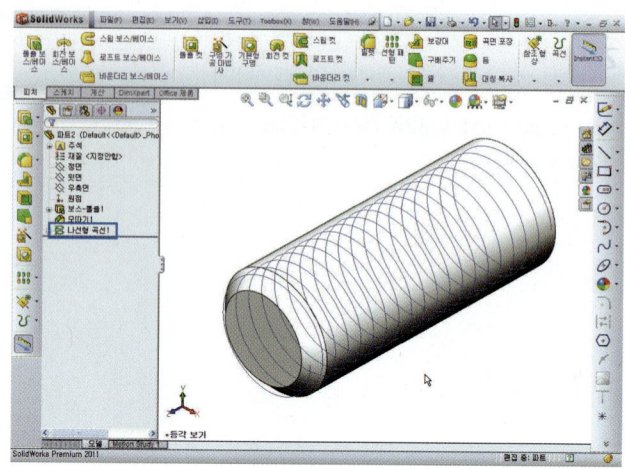

11 윗면을 선택 ➡ 스케치 도구
[✏️] 선택 ➡ **Spacebar** 누르
면 방향창 [면에 수직으로 보기]
더블클릭 ➡ 스케치 작업이 편하
도록 수직하게 위치한다.

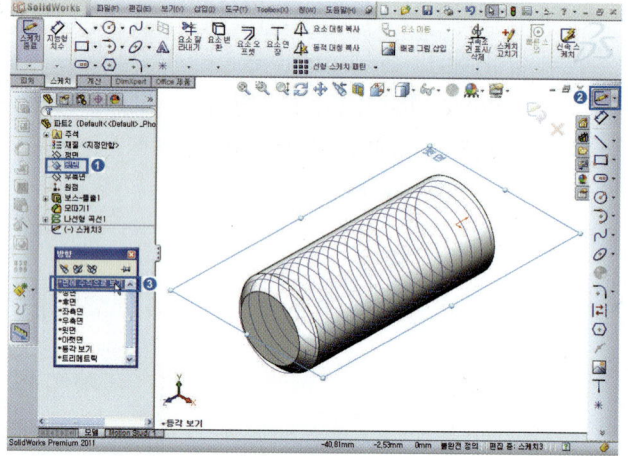

12 도구모음 보기(V) ➡ 임시축[🔘]
선택하여 임시축이 나타나게 한다.

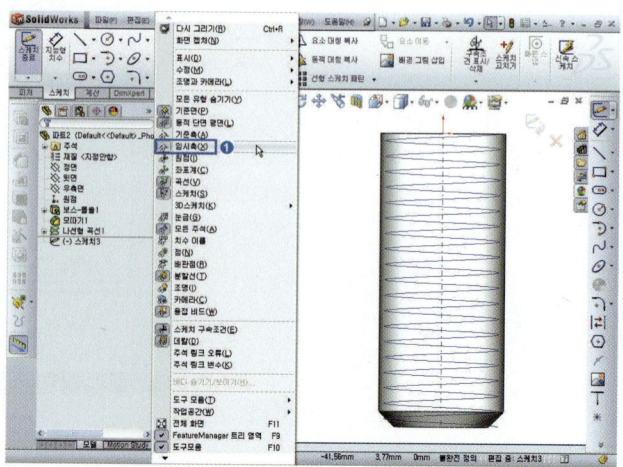

13 중심선[ ] 선택 중심선을 스케치한다.

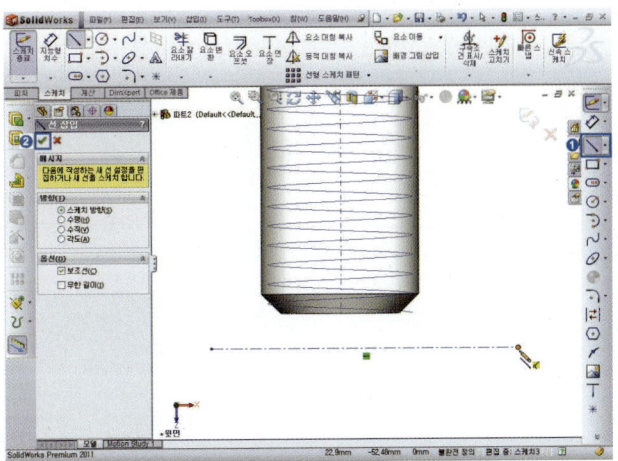

14 키보느 Ctrl 누른 상태에서 중심선, 모따기 모서리 선 선택 ➡ 구속조건[동일선상(L)] 선택 ➡ 확인[✓]을 누른다.

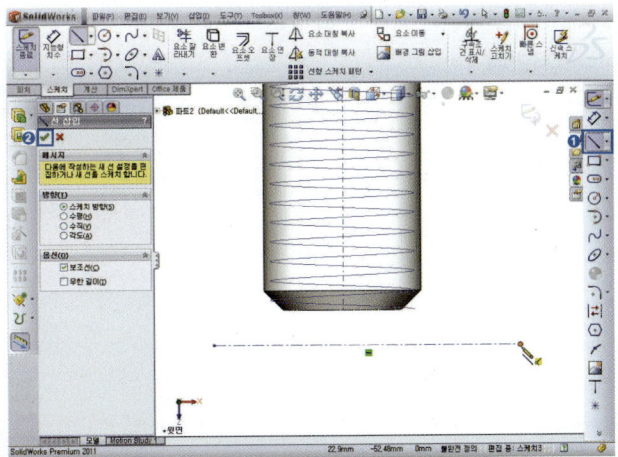

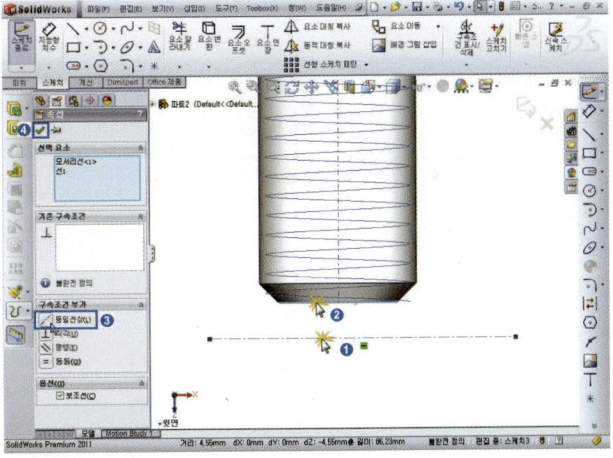

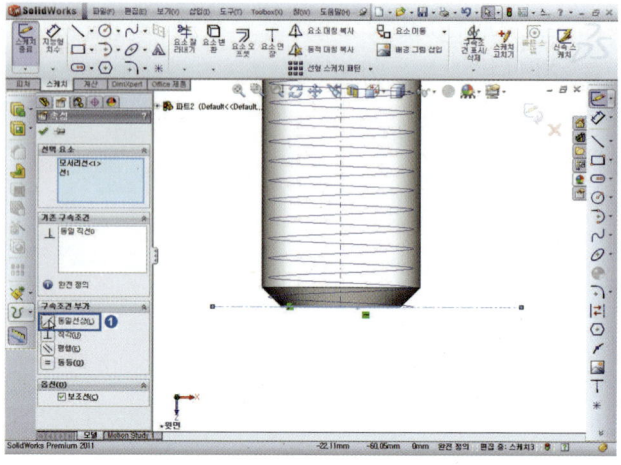

15 선[＼▼]을 아래 그림처럼 스케치한다.

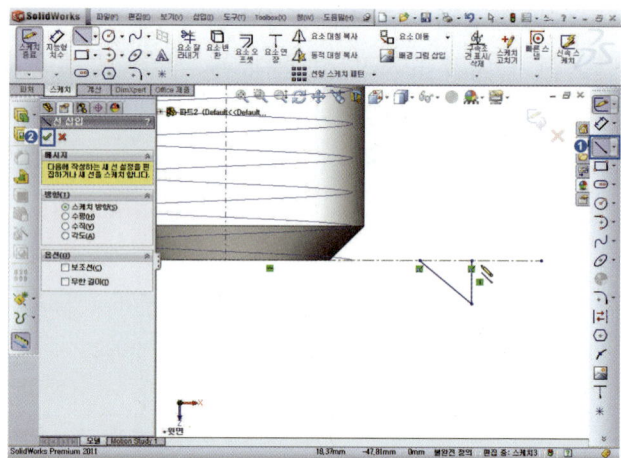

16 대칭복사[△] 선택 ➡ 대칭복사기준[↓] ➡ 대칭 복사할 요소[△] 선택 ➡ 확인[✅]을 누른다.

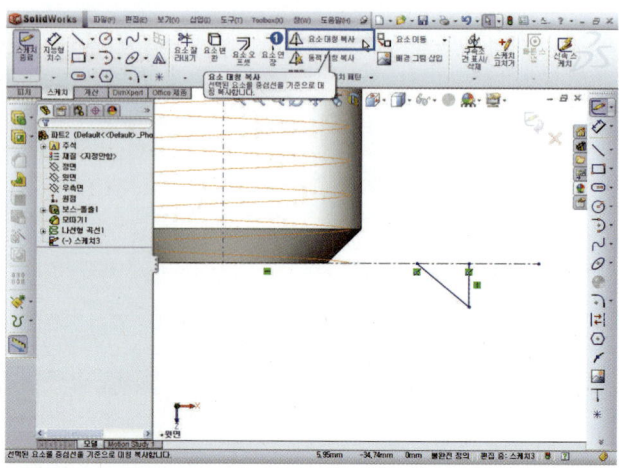

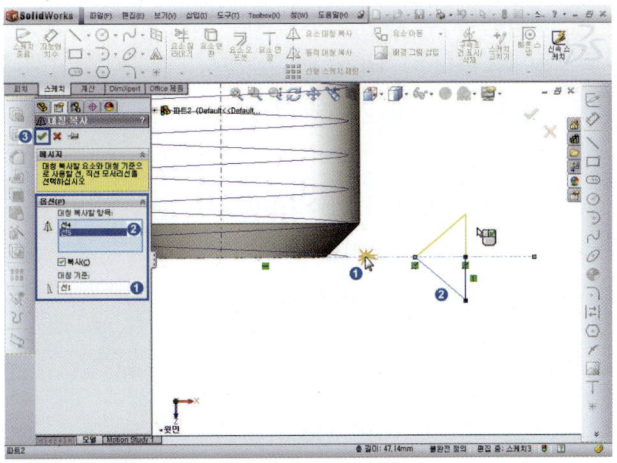

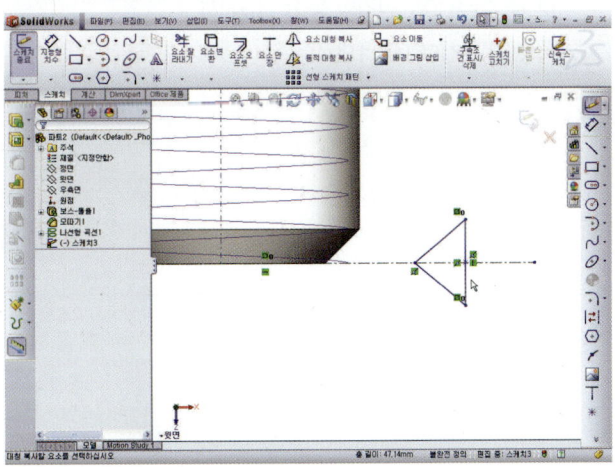

17 도구 ➡ 옵션 ➡ 문서 속성 ➡
단위 ➡ 길이 속성을 소수점 이
하 3자리 설정 ➡ 확인[ ]을
누른다.

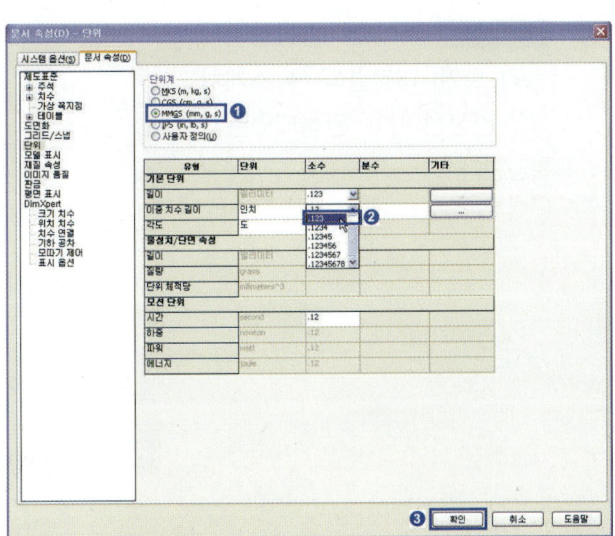

18 지능형 치수[⟋ ▾] 선택 치수입력 ➡ 치수가 변경되면 재생성 [🚦] 선택하여 스케치 작업 완료한다.

계산식 H=0.866025×P(피치)=0.866×2.5(M20피치)=2.165, H1=0.541266×P(피치)=0.541×2.5)=1.353

(KS 규격을 참고 원점과의 거리 계산: (유효지름/2)−(H/2)=(18.376/2)−(2.165/2)=8.106, 삼각형 높이: H1+H/4=(1.353)+(2.165/4)= 1.894)

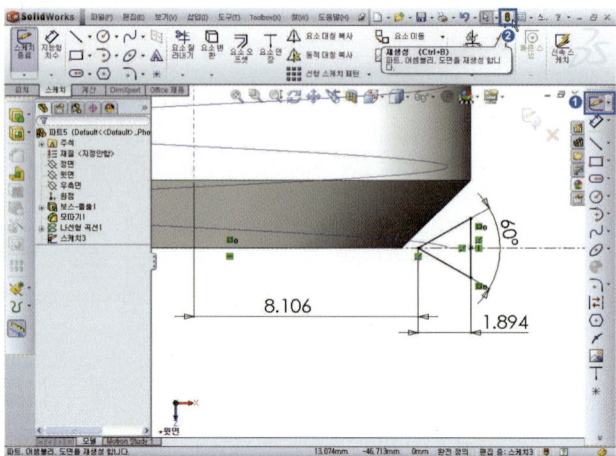

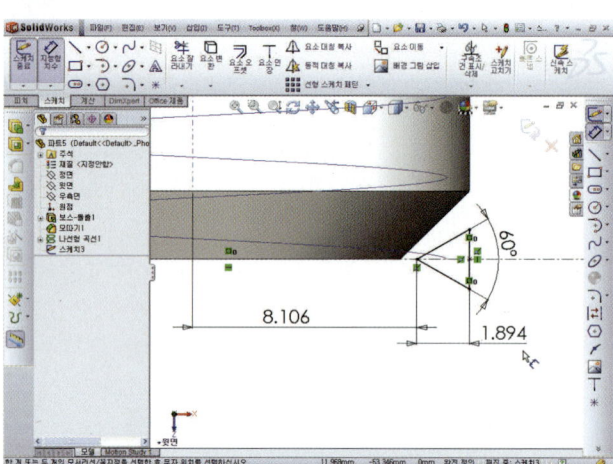

19 [Spacebar] 누르면 방향창에서 [등각 보기] 더블클릭 ➡ 스케치 작업[완전정의]이 완성되었는지 확인한다.

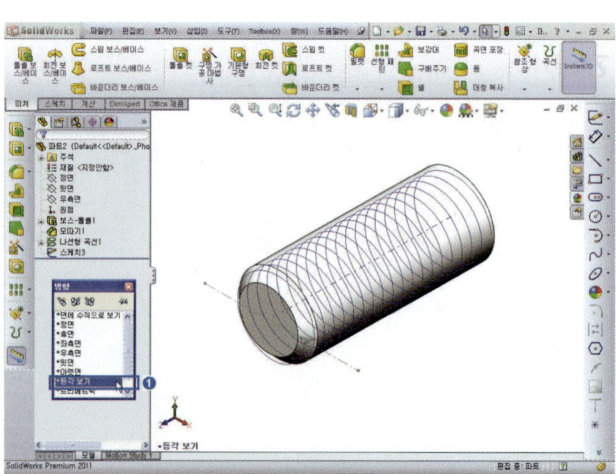

20 스웝-컷[ ] → 스케치 프로파
일[ ]=삼각형, 경로[ ](=나선
형 곡선) 선택 → 확인[ ]을 누
른다.

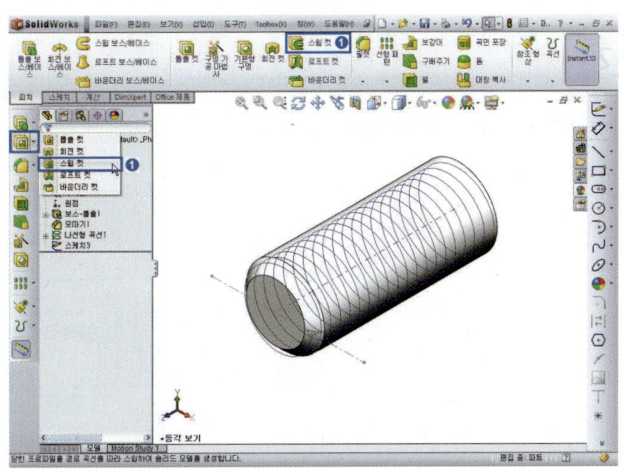

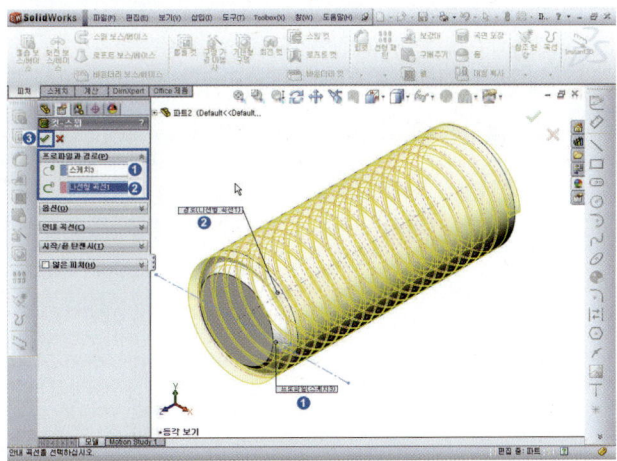

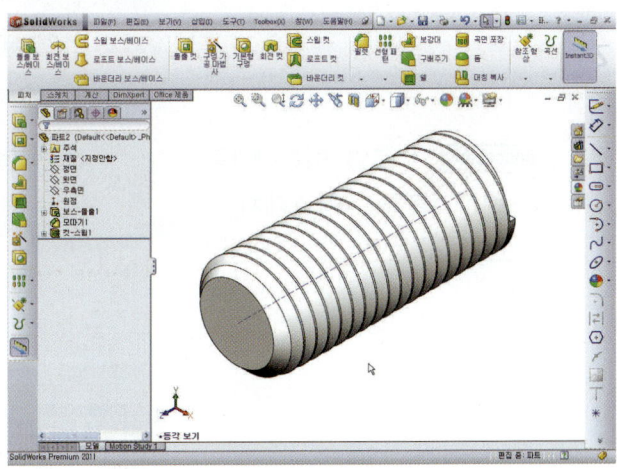

21 **Spacebar** 누르면 방향창 [후면] 더블클릭 ➡ 스케치면 선택 ➡ 스케치 도구[✏️ ▾] 선택한다.

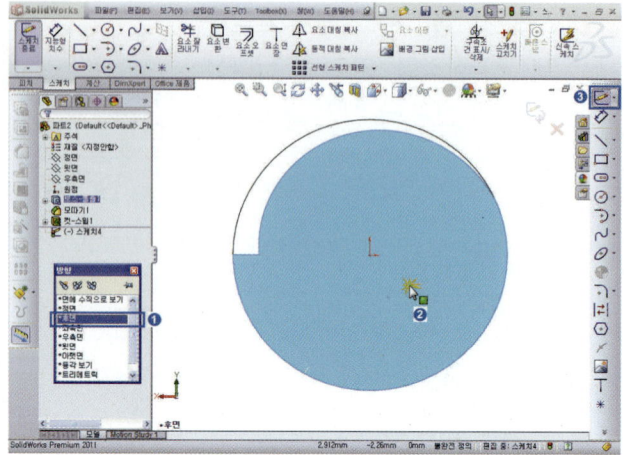

22 원[⊙(●)] 선택 ➡ 치수 입력없이 끝점을 선택하여 원 스케치한다.

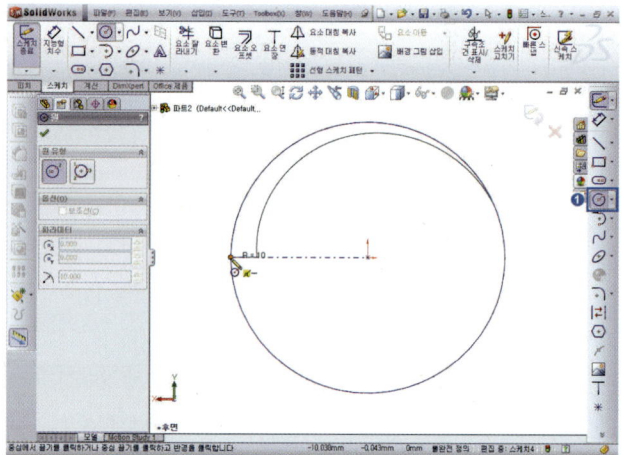

23 **Spacebar** 누르면 방향창 [등각 보기] 더블클릭 ➡ 스케치 작업[완전정의] 완성되었는지 확인한다.

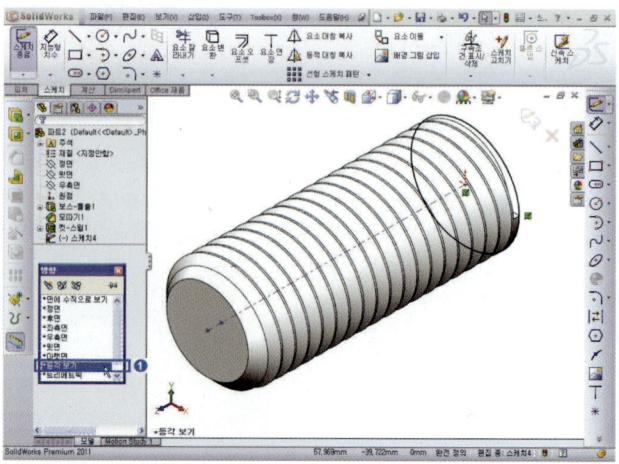

24 돌출[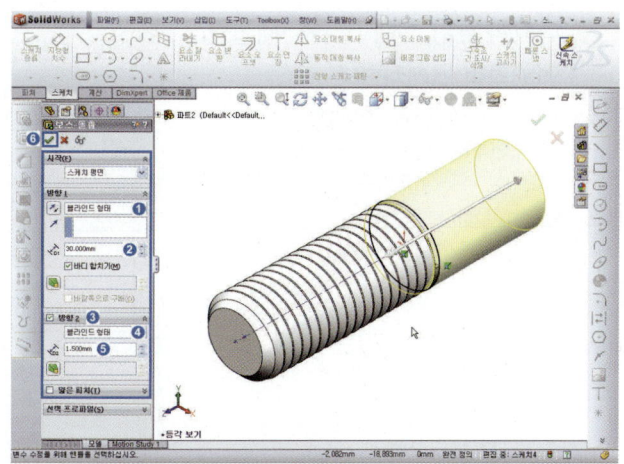] 선택 ➡ 방향 1[ ]
[블라인드 형태], [ ] 높이
30mm, 방향 2[ ] [블라인드
형태], [ ] 높이 1.5mm 입력
➡ 확인[ ]을 누른다.

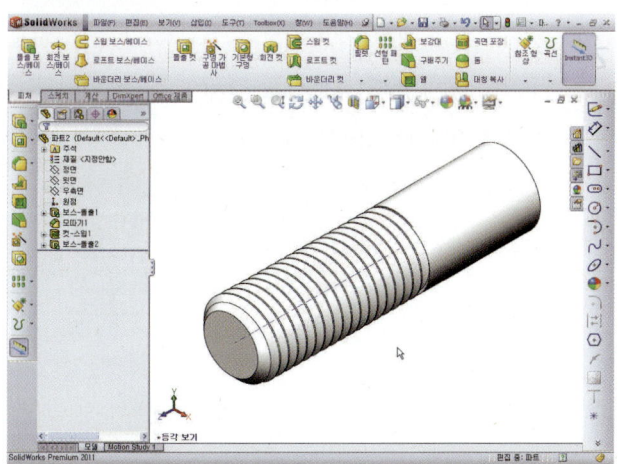

25 **Spacebar** 누르면 방향은 나타
내는 입력창에서 [후면] 더블클
릭 선택 ➡ 스케치 도구[ ]
선택 ➡ 스케치 작업이 편하도록
수직하게 위치한다.

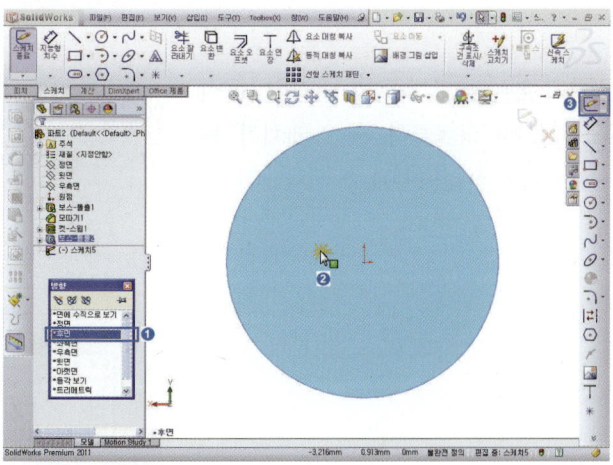

26 다각형[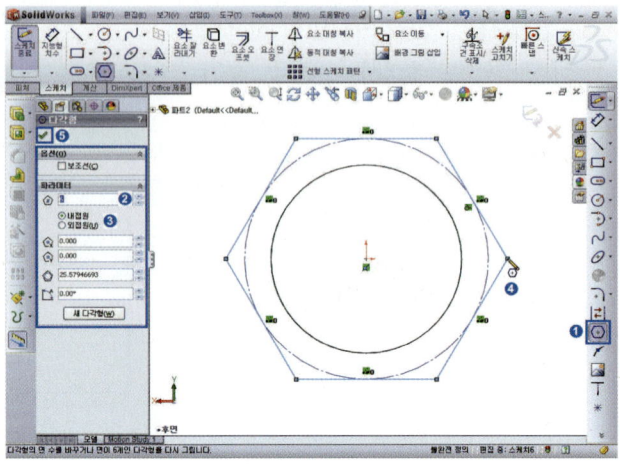] 선택 6각형, 내접원
인 6각형 스케치한다.

27 지능형 치수[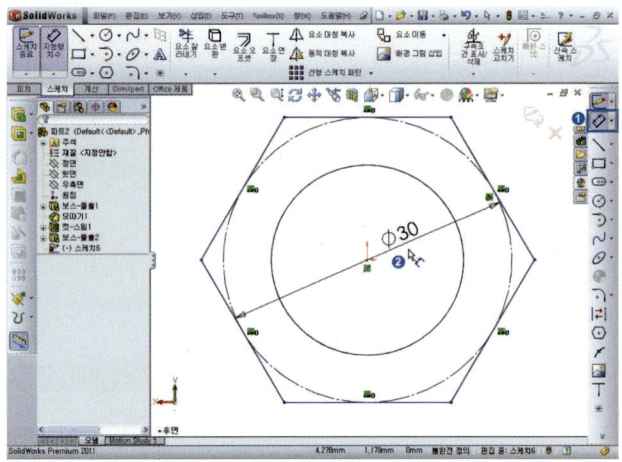] 선택 ➡ 내접
원 직경 30mm 치수입력한다.

28 Spacebar 누르면 방향창 [등각
보기] 더블클릭 ➡ 스케치가 원
하는 작업평면에 스케치되어 있
는지 확인한다.

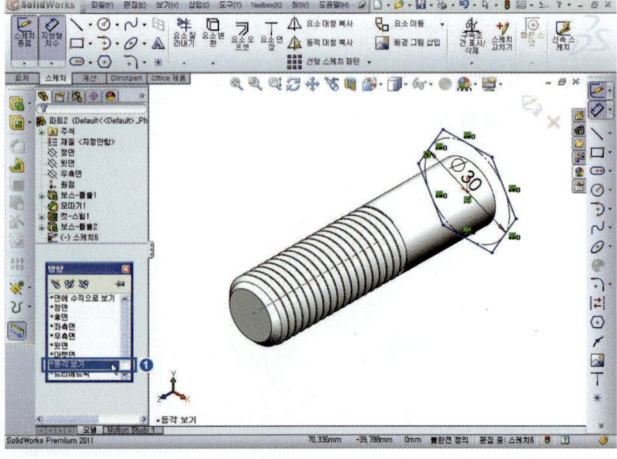

29 돌출[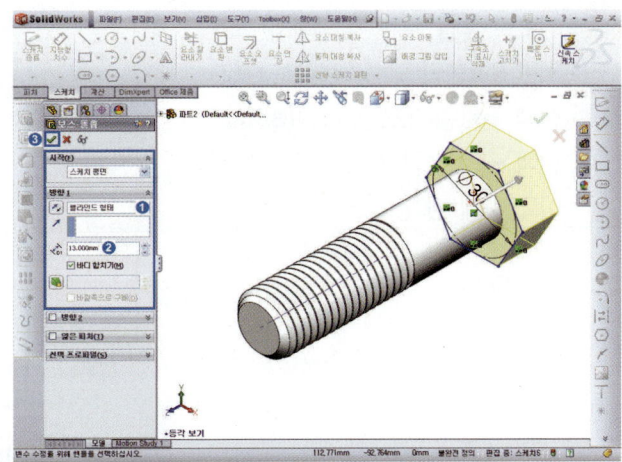] ➡ 방향 1[ ] [블라인드 형태], [ ] 두께값 13mm 입력 ➡ 확인[ ]을 누른다.

30 **Spacebar** 누르면 방향창 [후면] 더블클릭 ➡ 스케치 도구[ ] 선택 ➡ 수직하게 위치한다.

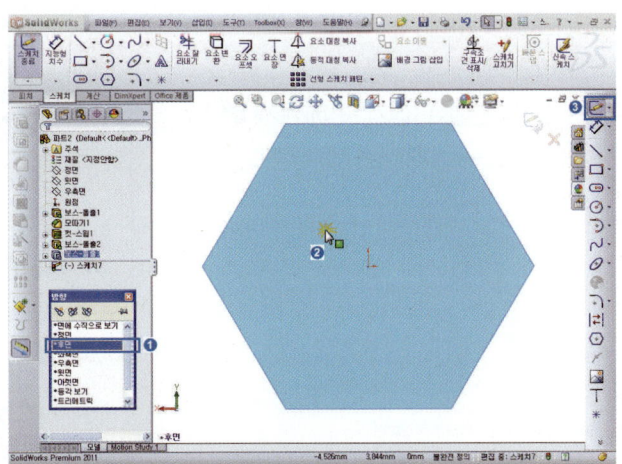

31 원[ ] 선택 원 스케치한다.

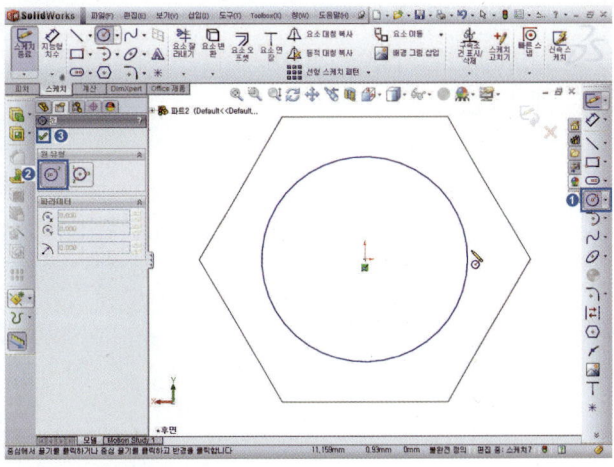

32 키보드 [Ctrl] 누른 상태에서 스케
치한 6각형의 모서리선(①), 원(②)
선택 ➡ 구속조건[🔗 **탄젠트(A)**]
선택 ➡ 6각형의 모서리선과 원
이 접하게 된다.

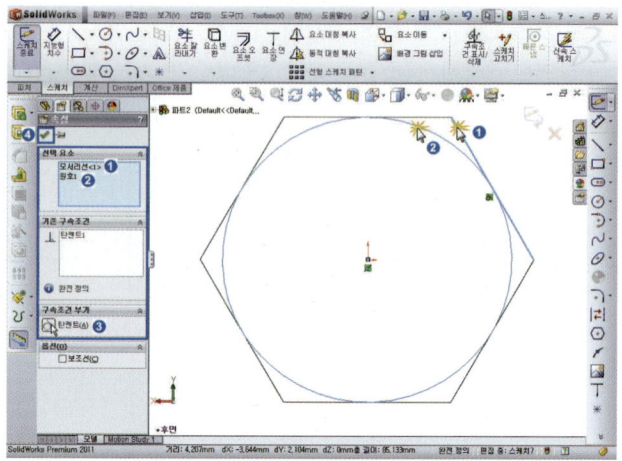

33 돌출—컷[🔲] ➡ 방향 1[↗] [블
라인드 형태] [🔽] 높이 10mm,
☑ 자를면 뒤집기, 구배켜기[🟩]
=60도 ➡ 확인[✅]을 누른다.

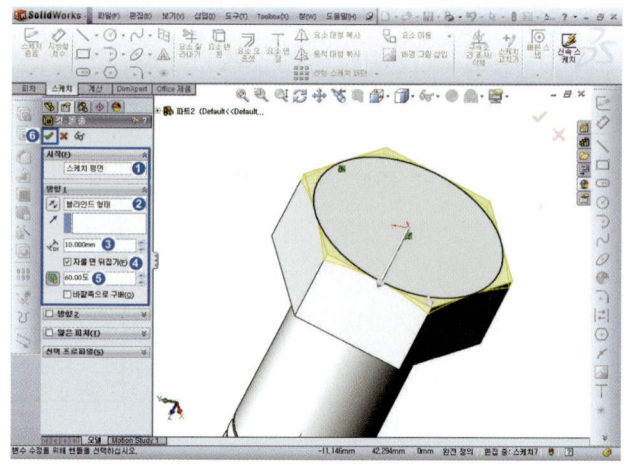

34 도구모음 보기(V) ➡ 임시축[🔩]
선택하여 임시축이 나타나지 않
게 한다.

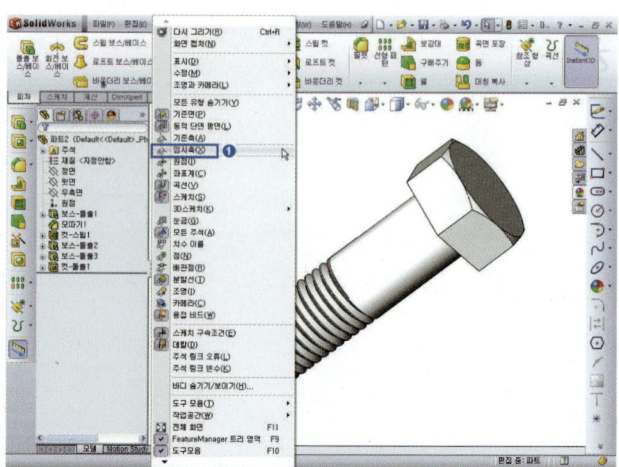

35 M20 미터 보통 나사 모델링을
완성한다.

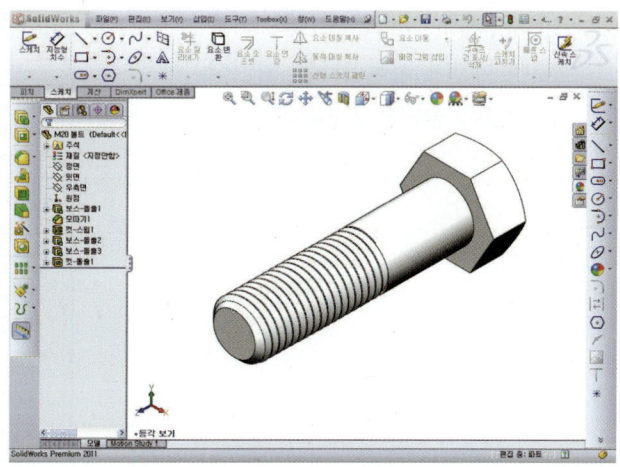

■ 파일 용량을 줄이는 방법

1 모델링한 6각 볼트파일을 불러
오기를 한다.

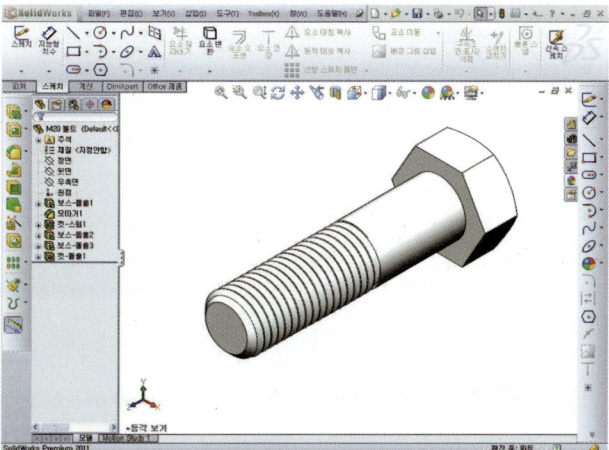

2️⃣ 탐색기에서 마우스 오른쪽 버튼을 클릭하여 등록정보를 확인하면 파일의 용량은 711KB 이다.

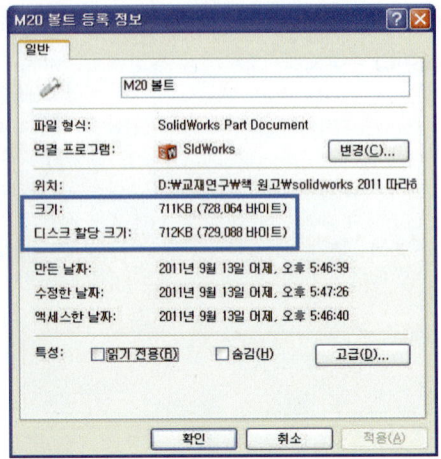

3️⃣ 모델링한 모든 명령어들을 키보드 **Ctrl** 키를 누른 상태에서 선택한 다음 ➡ 마우스 오른쪽 버튼을 눌러 기능 억제(A)를 선택한다.

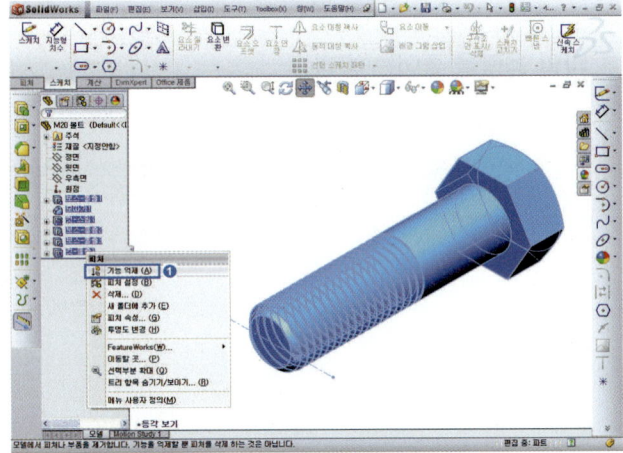

4️⃣ 기능 억제(A)를 선택하면 아래 그림과 같이 모델링한 파트가 보이지 않는다.

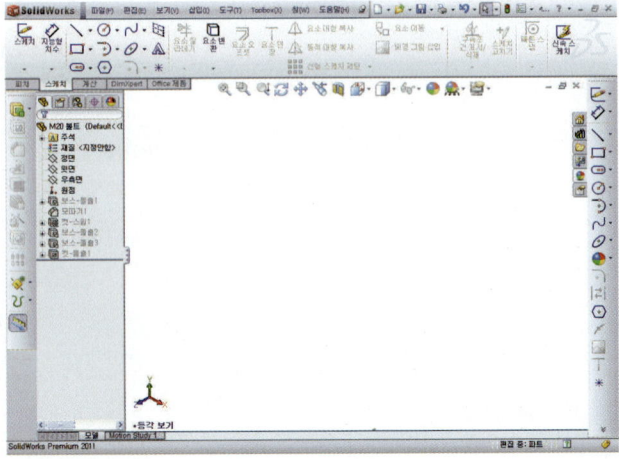

5 기능억제(A)후 파일의 용량은
177KB로 용량이 줄었다.

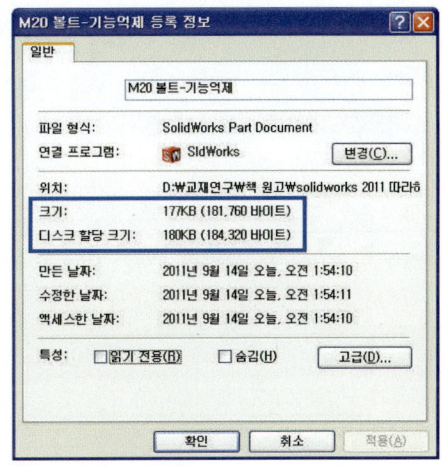

6 기능 억제 해제하면 기본 용량
711KB 상태로 되돌아온다.

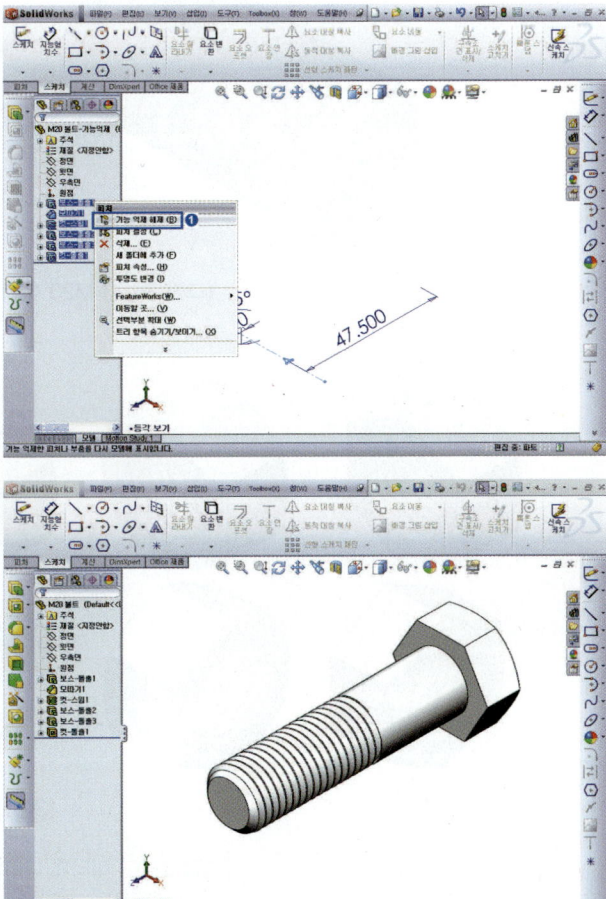

09

너트(Nut) 모델링

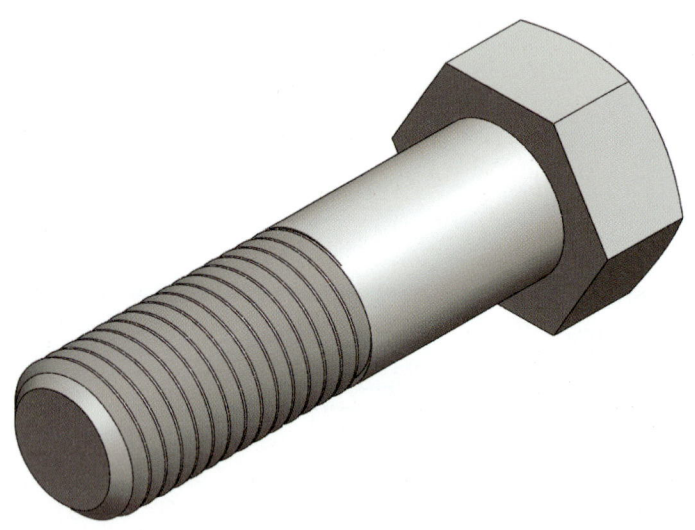

[그림 3-14] M20 미터 볼트

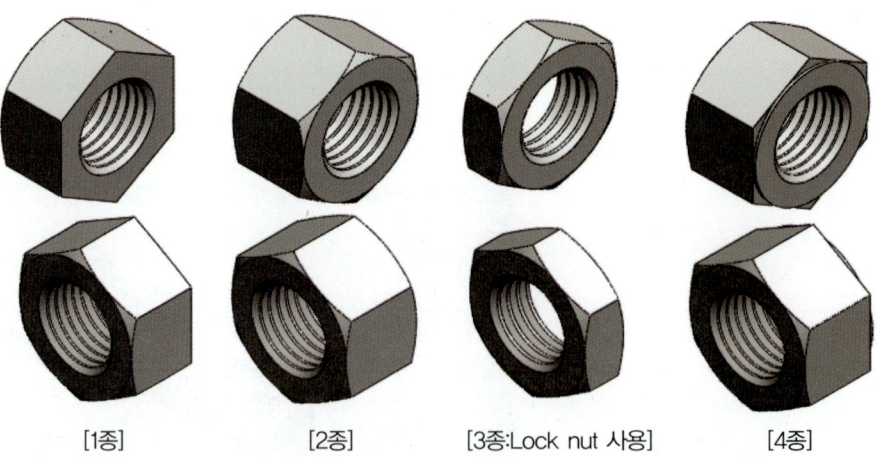

[1종]   [2종]   [3종:Lock nut 사용]   [4종]

[그림 3-15] 미터계 너트의 종류

■ 너트(Nut) 모델링 순서

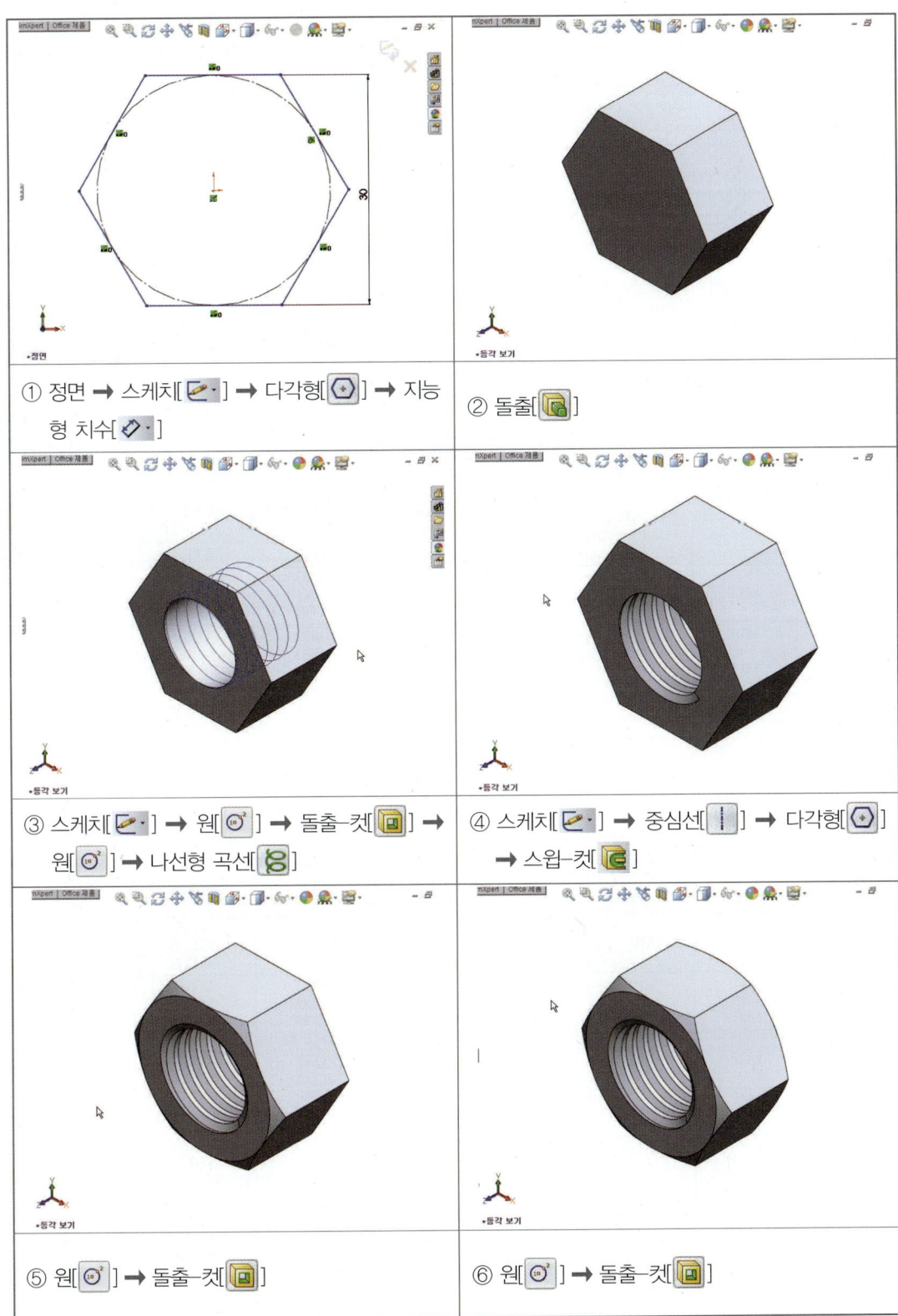

① 정면 ➡ 스케치[✏] ➡ 다각형[⬡] ➡ 지능형 치수[◈]	② 돌출[📦]
③ 스케치[✏] ➡ 원[◎] ➡ 돌출–컷[📦] ➡ 원[◎] ➡ 나선형 곡선[🧬]	④ 스케치[✏] ➡ 중심선[│] ➡ 다각형[⬡] ➡ 스윕–컷[📧]
⑤ 원[◎] ➡ 돌출–컷[📦]	⑥ 원[◎] ➡ 돌출–컷[📦]

미터 보통 나사

[KS B 0201 → 관련 규격 ISO 68, 261, 724]

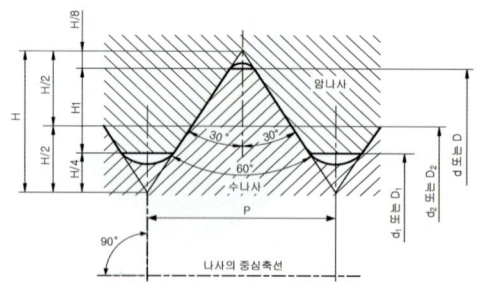

■ 기본치수의 계산식

$H = 0.866025 \times P(피치)$ $D = d$

$H_1 = 0.541266 \times P(피치)$

$d_2 = d - 0.649519 \times P(피치)$ $D_1 = d_1$

$d_1 = d - 1.082532 \times P(피치)$

$D_2 = d_2$

※ 미터 보통 나사의 호칭은 수나사의 바깥지름(d)으로 정함

[미터 보통 나사의 기준 산 모양]

[미터 보통 나사의 기본 치수]   (단위: mm)

나사의 호칭[1]			피치 P	접촉높이 H_1	암 나 사 골지름 D	유효지름 D_2	안지름 D_1
1	2	3			수 나 사 바깥지름 d	유효지름 d_2	골 지 름 d_1
M1			0.25	0.135	1.000	0.838	0.729
	M1.1		0.25	0.135	1.100	0.938	0.829
M1.2			0.25	0.135	1.200	1.038	0.929
	M1.4		0.3	0.162	1.400	1.205	1.075
M1.6			0.35	0.189	1.600	1.373	1.221
	M1.8		0.35	0.189	1.800	1.573	1.421
M2			0.4	0.217	2.000	1.740	1.567
	M2.2		0.45	0.244	2.200	1.908	1.713
M2.5			0.45	0.244	2.500	2.208	2.023
M3			0.5	0.271	3.000	2.675	2.459
	M3.5		0.6	0.325	3.500	3.110	2.850
M4			0.7	0.379	4.000	3.545	3.242
	M4.5		0.75	0.406	4.500	4.013	3.688
M5			0.8	0.433	5.000	4.480	4.134
M6			1	0.541	6.000	5.350	4.917
		M7	1	0.541	7.000	6.350	5.917
M8			1.25	0.677	8.000	7.188	6.647
		M9	1.25	0.677	9.000	8.188	7.647
M10			1.5	0.812	10.000	9.026	8.376
		M11	1.5	0.812	11.000	10.026	9.376
M12			1.75	0.947	12.000	10.863	10.106
	M14		2	1.083	14.000	12.701	11.835
M16			2	1.083	16.000	14.701	13.835
	M18		2.5	1.353	18.000	16.376	15.294
M20			2.5	1.353	20.000	18.376	17.294
	M22		2.5	1.353	22.000	20.376	20.294
M24			3	1.624	24.000	22.051	20.752
	M27		3	1.624	27.000	25.051	23.752
M30			3.5	1.894	30.000	27.727	26.211
	M33		3.5	1.894	33.000	30.727	29.211
M36			4	2.165	36.000	33.402	31.670
	M39		4	2.165	39.000	36.402	34.670
M42			4.5	2.436	42.000	39.077	37.129
	M45		4.5	2.436	45.000	42.077	40.129
M48			5	2.706	48.000	44.752	42.587
	M52		5	2.706	52.000	48.752	46.587
M56			5.5	2.977	56.000	52.428	50.046
	M60		5.5	3.977	60.000	56.428	54.046
M64			6	3.248	64.000	60.103	57.505
	M68		6	3.248	68.000	64.103	61.505

주 (1) 1란을 우선적으로 선택하고, 필요에 따라 2란, 3란, 4란의 순서로 선택한다.

부속서 ISO 4032~4036에 따르지 않는 6각 너트 [KS B 1012]

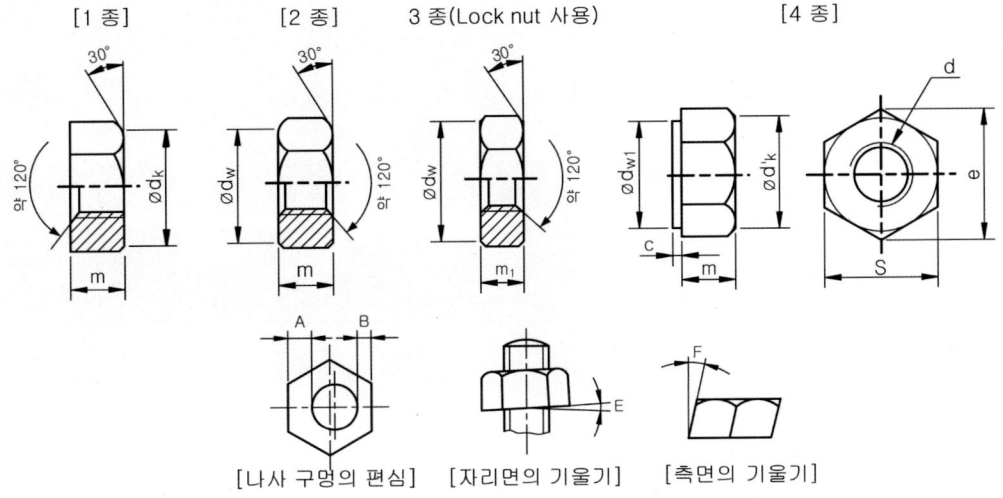

[6각 너트 · 다듬질(상)의 종류 및 모양]

[6각 너트 · 다듬질(상)의 기본치수]　　(단위: mm)

나사의 호칭(d)		m		m₁		S		e	dₖ 및 dw	c	dw1	A-B	E 및 F
보통 나사	가는 나사	기본 치수	허용차	기본 치수	허용차	기본 치수	허용차	약	약	약	최소	최대	최대
M2	–	1.6	0 -0.25	1.2	0 -0.25	4	0 -0.2	4.6	3.8	–	–	0.2	1°
M2.5	–	2		1.6		5		5.8	4.7	–	–	0.2	
M3	–	2.4		1.8		5.5		6.4	5.3	–	–	0.2	
M4	–	3.2	0 -0.30	2.4	0 -0.25	7	0 -0.2	8.1	6.8	–	–	0.2	
M5	–	4		3.2	0 -0.30	8		9.2	7.8	0.4	7.2	0.3	
M6	–	5		3.6		10		11.5	9.8	0.4	9.0	0.3	
M8	M8×1	6.5	0 -0.36	5	0 -0.30	13	0 -0.25	15.0	12.5	0.4	11.7	0.4	
M10	M10×1.25	8		6		17		19.6	16.5	0.4	15.8	0.5	
M12	M12×1.25	10		7	0 -0.36	19	0 -0.35	21.9	18	0.6	17.6	0.5	
M16	M16×1.5	13	0 -0.43	10		24		27.7	23	0.6	22.3	0.8	
M20	M20×1.5	16		12	0 -0.43	30		34.6	29	0.6	28.5	0.9	
M24	M24×2	19	0 -0.52	14		36	0 -0.4	41.6	34	0.6	34.2	1.1	
M30	M30×2	24		18		46		53.1	44	–	–	1.5	
M36	M36×3	29		21	0 -0.52	55	0 -0.45	63.5	53	–	–	1.8	1°
M42	–	32	0 -0.62	25		65		75	62	–	–	2.1	
M48	–	38		29		75		86.5	72	–	–	2.4	
M56	–	45		34		85		98.1	82	–	–	2.8	
M64	–	51		38	0 -0.62	95	0 -0.55	110	92			3	
–	M72×6	58	0 -0.74	42		105		121	102	–	–	3.3	
–	M80×6	64		48		115		133	112	–	–	3.5	
–	M90×6	72		54		130		150	126			4	
–	M100×6	80		60	0 -0.74	145	0 -0.65	167	141	–	–	4.5	
–	M110×6	88	0 -0.87	65		155		179	151	–	–	4.5	
–	M125×6	100		76		180		208	176			5.5	

1 파일 ➡ 새문서(N)[🗋 새 문서]를
  클릭한다.

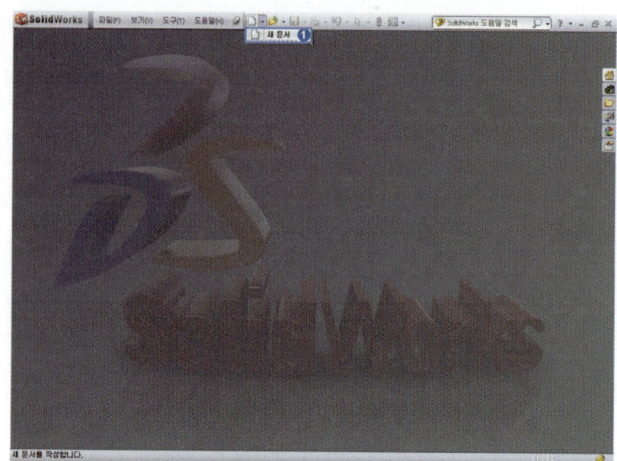

2 새문서 창에서 파트[📄] 선택
  ➡ [확인]을 누른다.

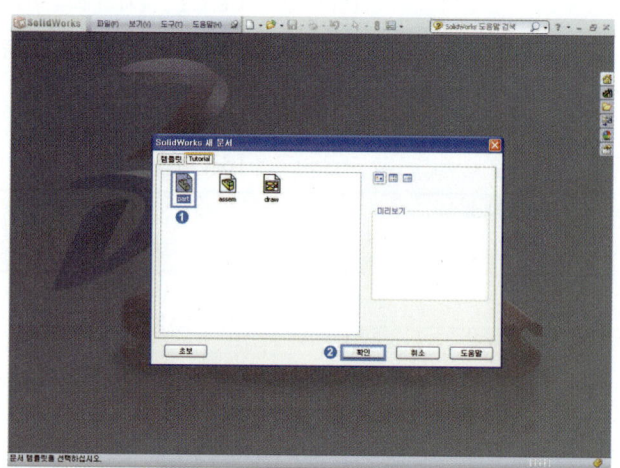

3 스케치를 생성할 작업평면[정면]
  을 선택 ➡ 스케치 도구[✏️▾]
  선택한다.

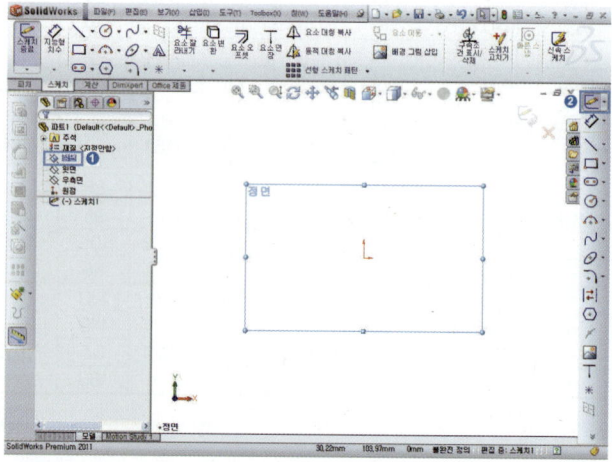

4 다각형[⬡] 선택 ➡ 원점을 중심 내접원으로 하는 6각형 스케치 ➡ 지능형 치수[◆·] 선택 ➡ (KS B 1012 규격 S=30mm) 입력한다.

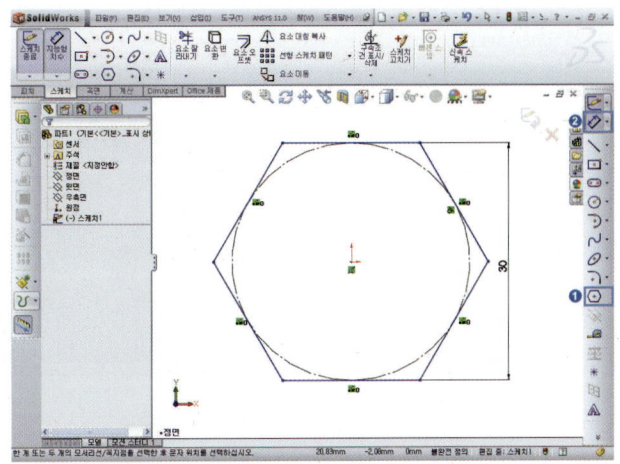

5 Spacebar 누르면 방향창 [등각보기] 더블클릭 ➡ 스케치가 원하는 작업평면에 스케치되어 있는지 확인한다.

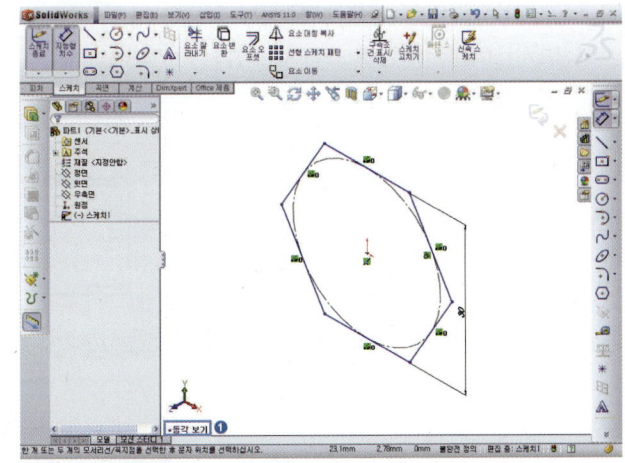

6 돌출[🗊] ➡ 방향 1[↗] [블라인드 형태], [↕] 두께값(2종 m:16mm) 입력 ➡ 확인[✓]을 누른다.

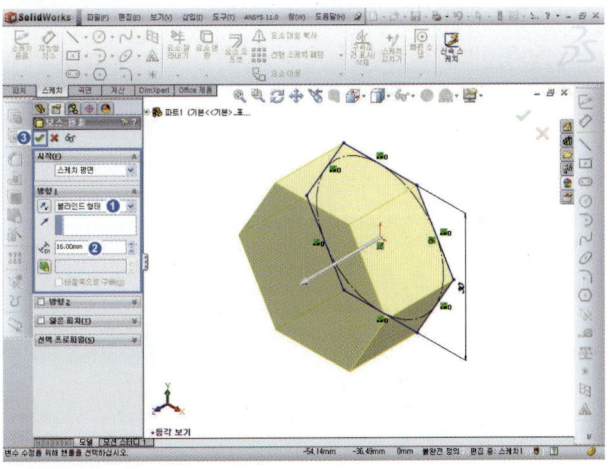

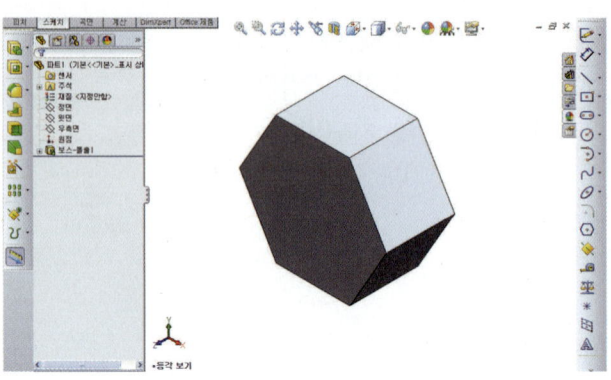

 7 생성된 피처면 선택 ➡ 스케치
도구[ ] 선택 ➡ **Spacebar**
누르면 방향창 [면에 수직으로
보기] 더블클릭 ➡ 스케치 작업
이 편하도록 수직하게 위치한다.

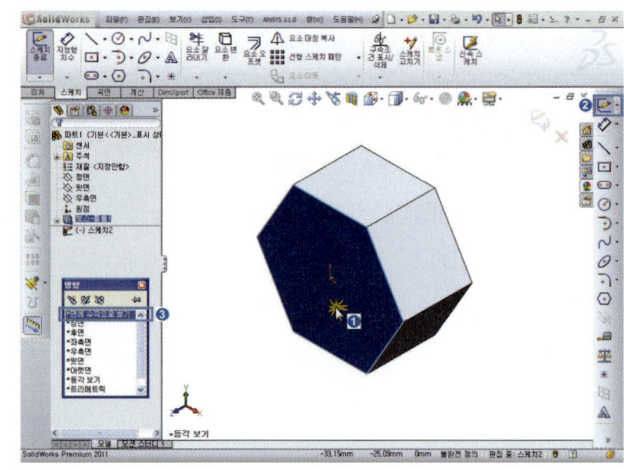

8 원[ ] 선택, 원 스케치 ➡ 지능
형 치수[ ] 선택 M20 미터
보통 나사의 안지름=17.294mm
입력한다.

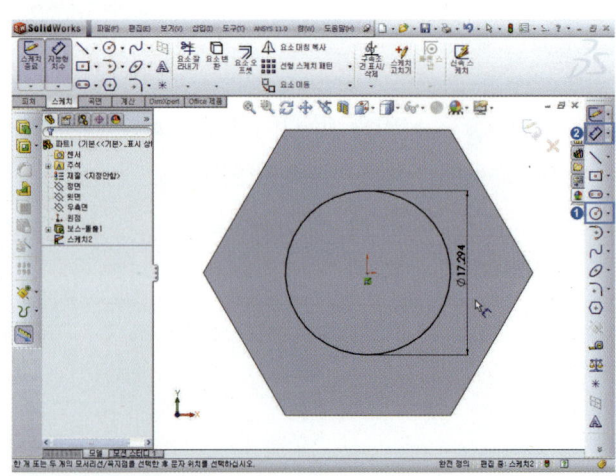

9 Spacebar 누르면 방향창 [등각 보기] 더블클릭 ➡ 스케치가 원하는 작업평면에 스케치되어 있는지 확인한다.

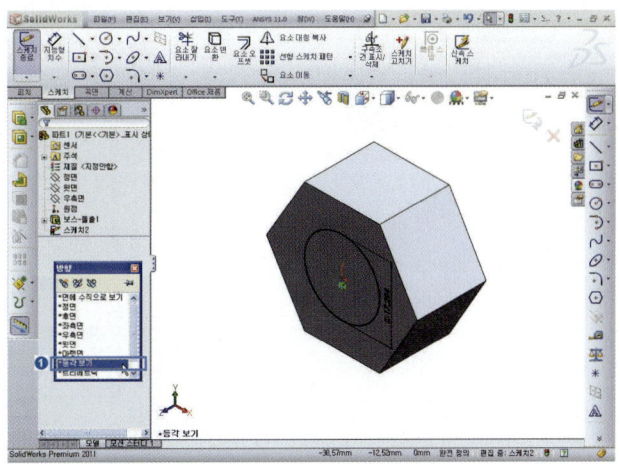

10 돌출─컷[] 선택 ➡ 방향 1 [] [관통] 선택 ➡ 확인[]을 누른다.

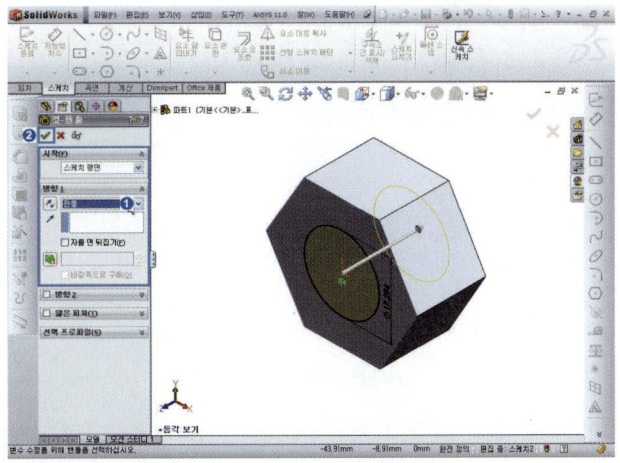

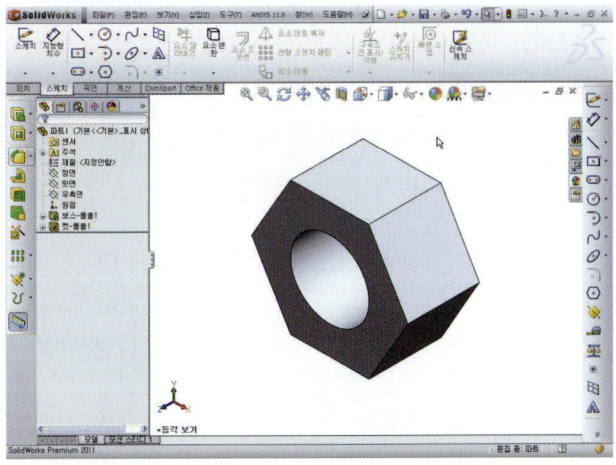

11 **Spacebar** 누르면 방향창 [후면]
더블클릭 ➡ 스케치면(②) 선택
➡ 스케치 도구[✏️] 선택한다.

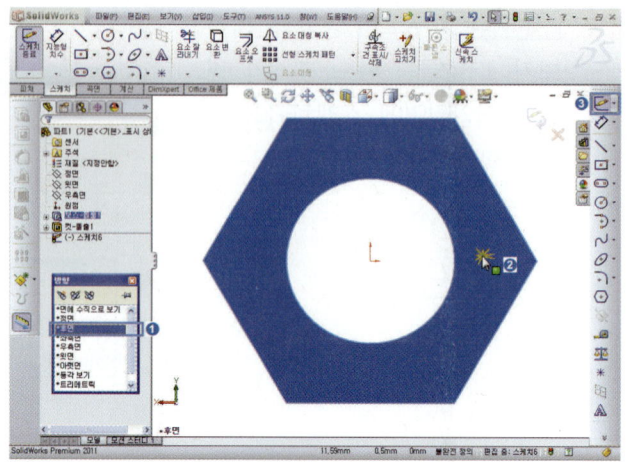

12 원[⊙] 선택 원 스케치 ➡ 지능
형 치수[⌀] 선택 ➡ M20 암
나사 유효지름=18.376mm 입력
한다.

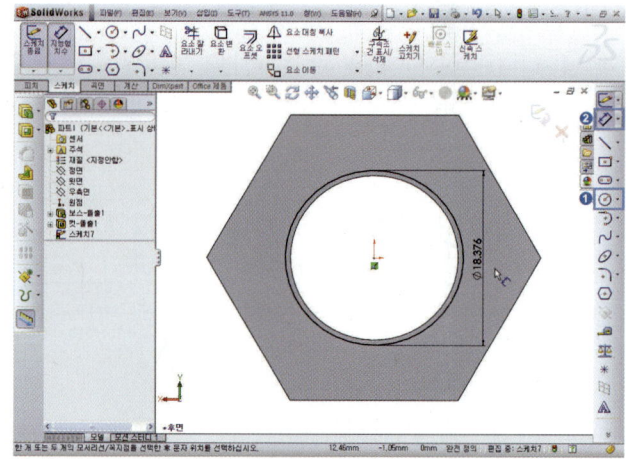

13 **Spacebar** 누르면 방향창 [등각
보기] 더블클릭 ➡ 스케치가 원
하는 작업평면에 스케치되어 있
는지 확인한다.

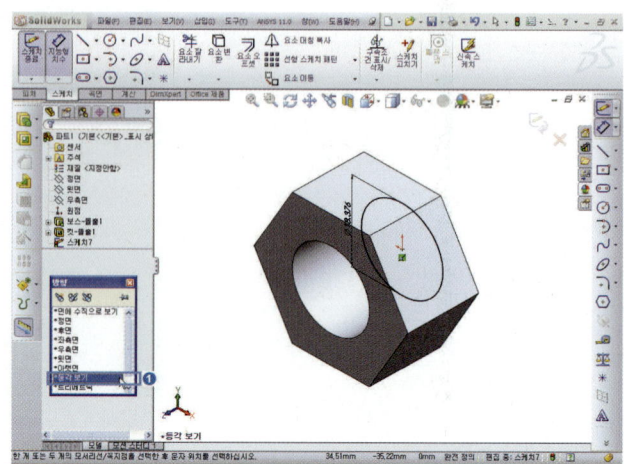

14 삽입 ➜ 곡선 ➜ [나선형 곡선][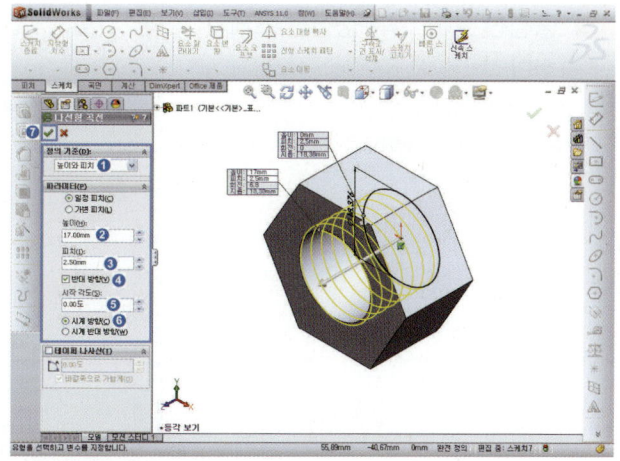] 선택 ➜ 높이(17mm), 피치(2.5mm), 반대방향, 시작각도(0도), 시계방향(오른나사) 지정 ➜ 확인[✅]을 누른다.

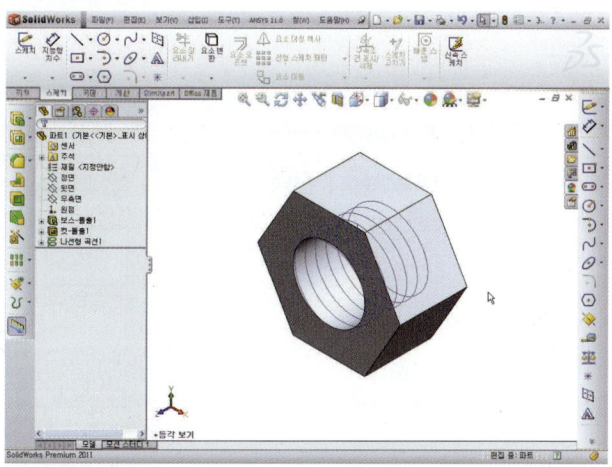

15 윗면 선택 ➜ 스케치 도구[✏️ ▾] 선택 ➜ **Spacebar** 누르면 방향창 [면에 수직으로 보기] 더블클릭 ➜ 스케치 작업이 편하도록 수직하게 위치한다.

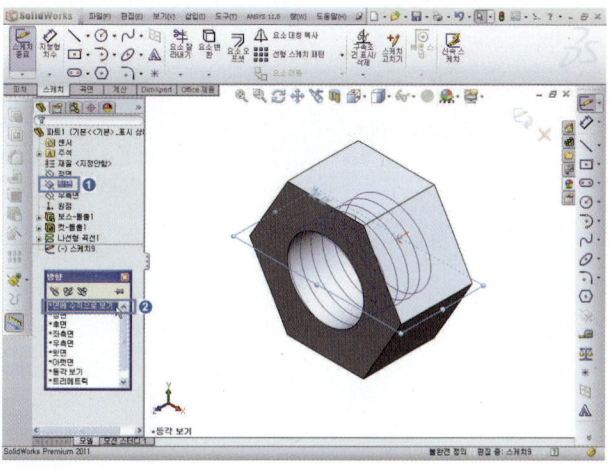

16 중심선[|] 선택 중심선 스케치
한다.

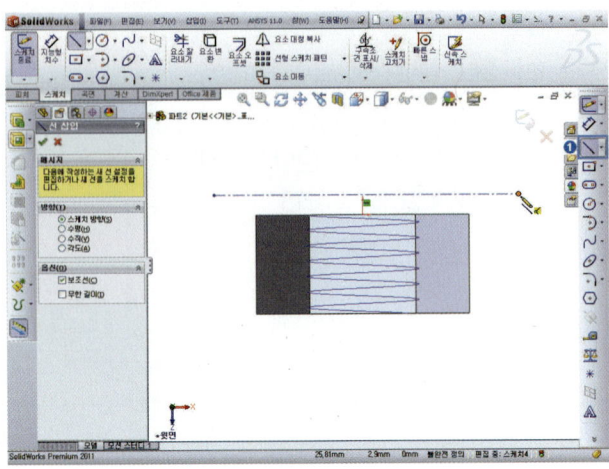

17 키보드 Ctrl 누른 상태에서 모서
리 선(①), 중심선(②), 선택 ➡ 구
속조건[✏ 동일선상(L)] 선택 ➡ 확
인[✔]을 누른다.

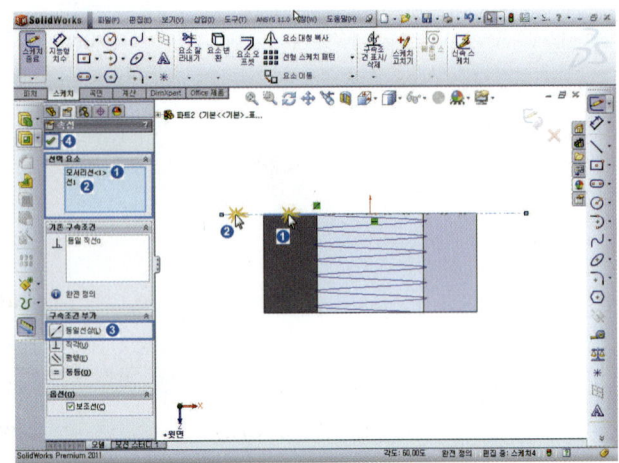

18 다각형[⬡] 선택 ➡ 내접원으로
하는 3각형 스케치한다.

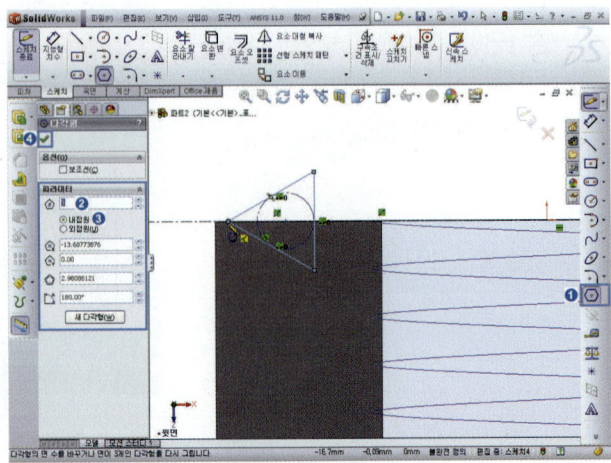

19 키보드 **Ctrl** 누른 상태에서 중심선(①), 삼각형 중심점(②) 선택 → 구속조건[일치(D)] 선택 → 확인[ ]을 누른다.

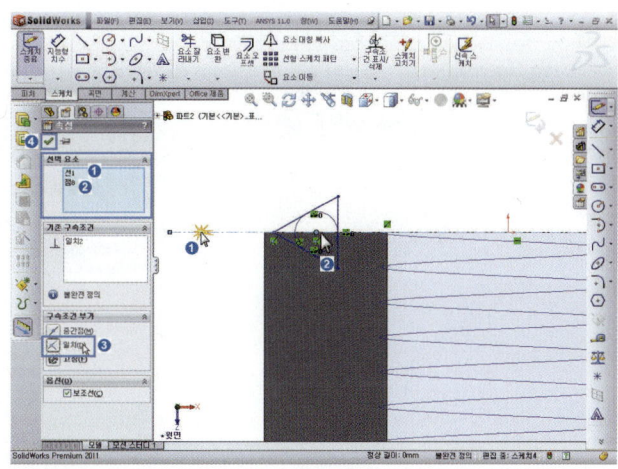

20 지능형 치수[ ] 선택 치수입력 → 치수가 변경되면 재생성[ ] 선택하여 스케치 작업 완료한다.

계산식 H=0.866025×P(피치)=0.866×2.5(M20피치)=2.165, H1=0.541266×P(피치)=0.541×2.5)=1.353

(KS 규격을 참고 원점과의 거리 계산: (유효지름/2)−(H/2)=(18.376/2)−(2.165/2)=8.106, 삼각형 높이: H1+H/4=(1.353)+(2.165/4)=1.894)

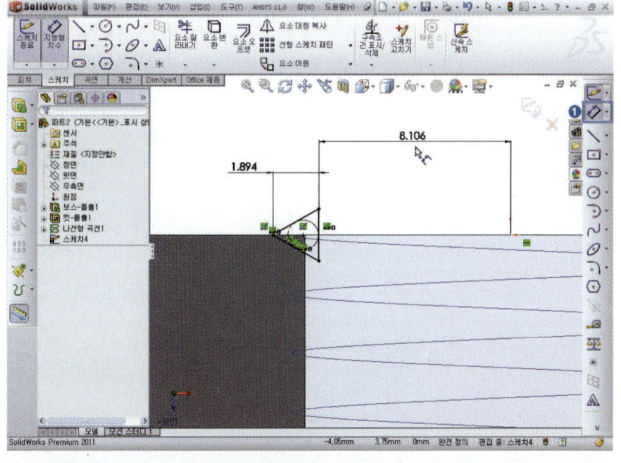

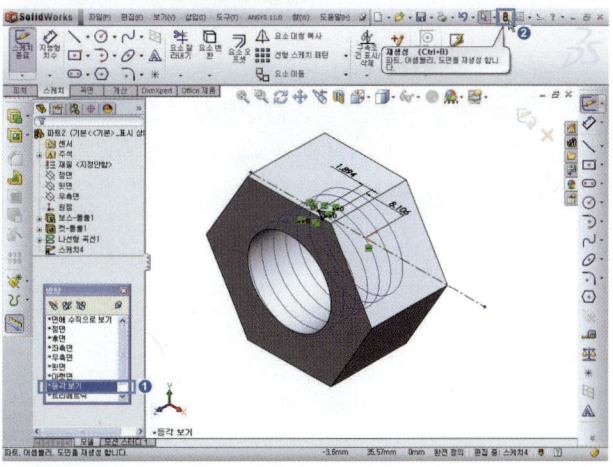

21 스윕-컷[ ] → 스케치 프로파
일[ ]=삼각형, 경로[ ](=나선
형 곡선) 선택 → 확인[ ]을 누
른다.

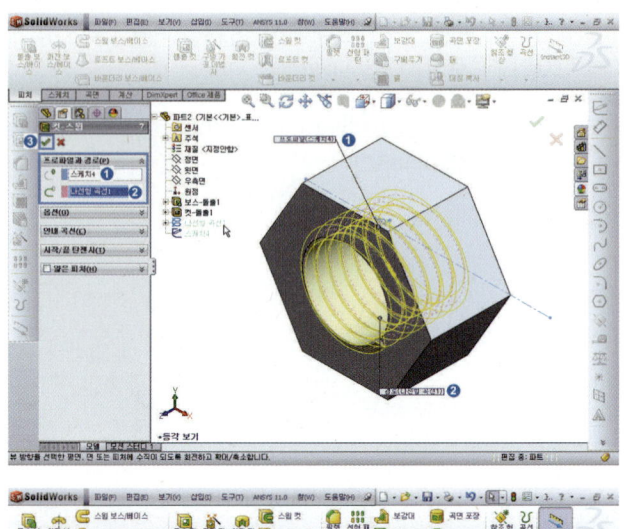

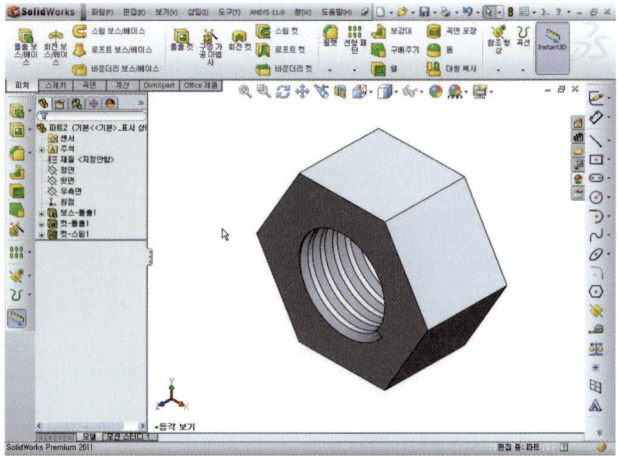

22 피처에 스케치면(①) 선택 → 스
케 치 도 구 [ ] 선 택 →
Spacebar 누르면 방향창 [면에
수직으로 보기] 더블클릭 → 스
케치 작업이 편하도록 수직하게
위치한다.

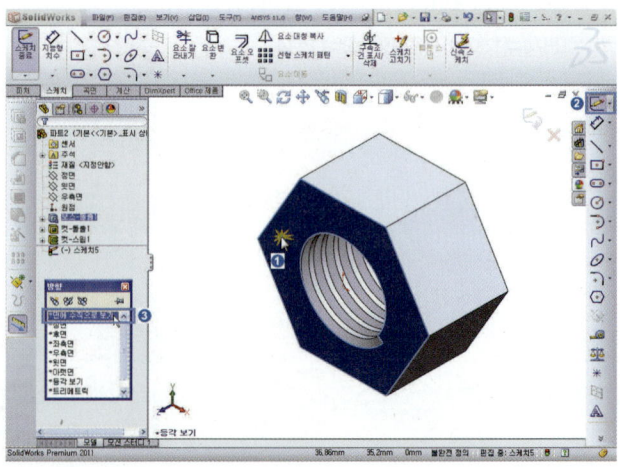

23 원[] 선택 원 스케치한다.

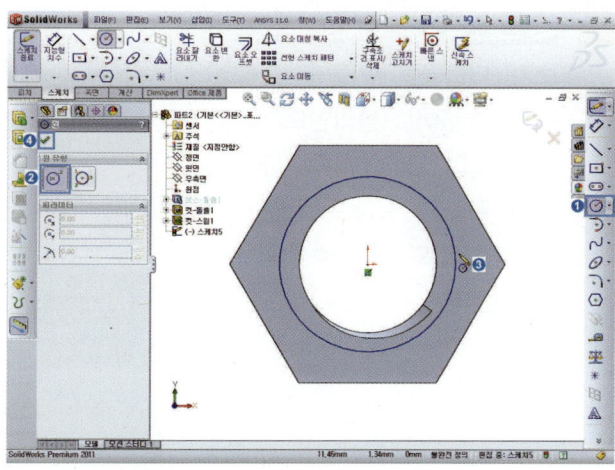

24 키보드 **Ctrl** 누른 상태에 모서리
선(①), 원(②) 선택 ➡ 구속조건
[탄젠트(A)] 선택 ➡ 확인[✓]
을 누른다.

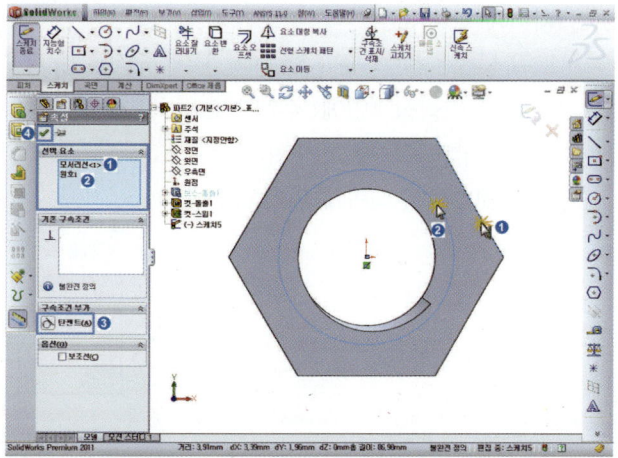

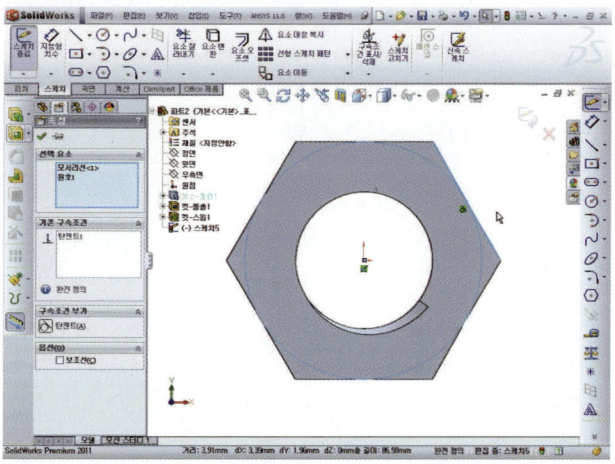

25 **Spacebar** 누르면 방향창 [등각
보기] 더블클릭 ➡ 돌출-컷[▣]
➡ 방향1[↗], [블라인드 형태],
[↗] 길이 10mm 입력, [☑]자
를면 뒤집기, 드래프트[◣] 선
택, 각도 60도 입력 ➡ 확인[✓]
을 누른다.

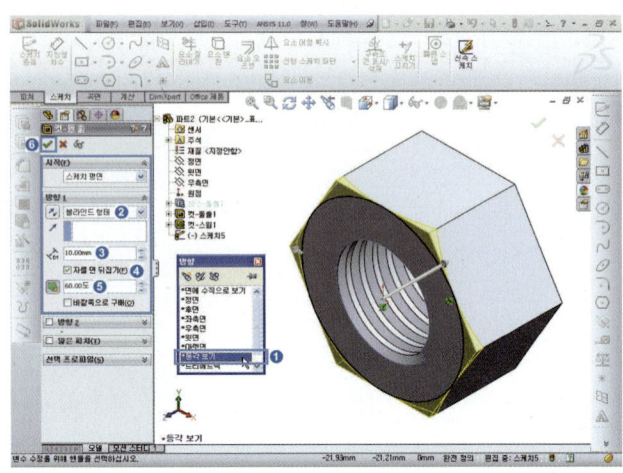

26 피처에 스케치면 선택 ➡ 스케치
도구[✎▾] 선택 ➡ **Spacebar**
누르면 방향창 [면에 수직으로
보기] 더블클릭 ➡ 스케치 작업
이 편하도록 수직하게 위치한다.

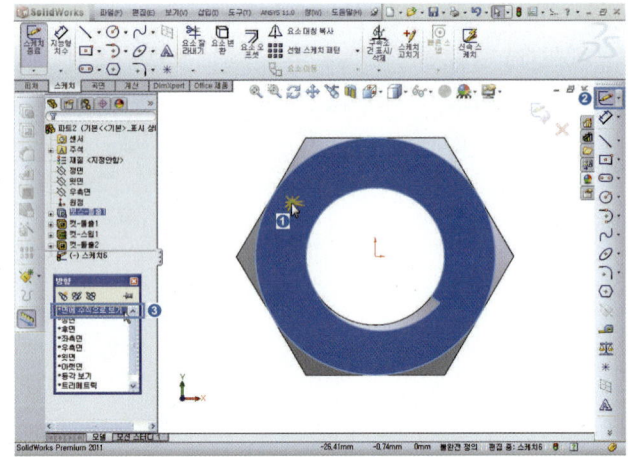

27 원[◎] 선택하여 나사산이 시작
되는 끝점을 중심으로 원 스케치
한다.

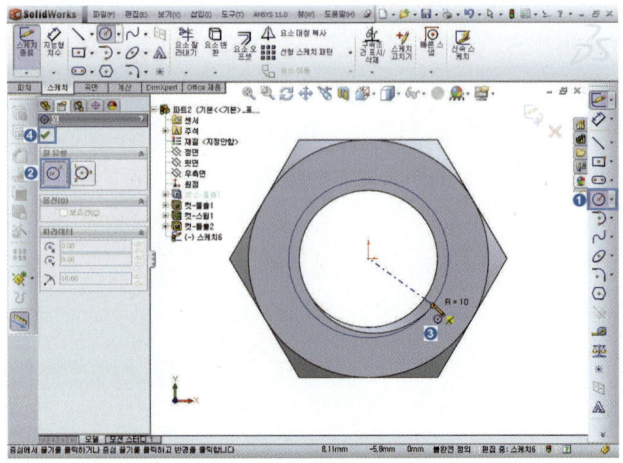

28 **Spacebar** 누르면 방향창 [등각
보기] 더블클릭 ➡ 돌출-컷[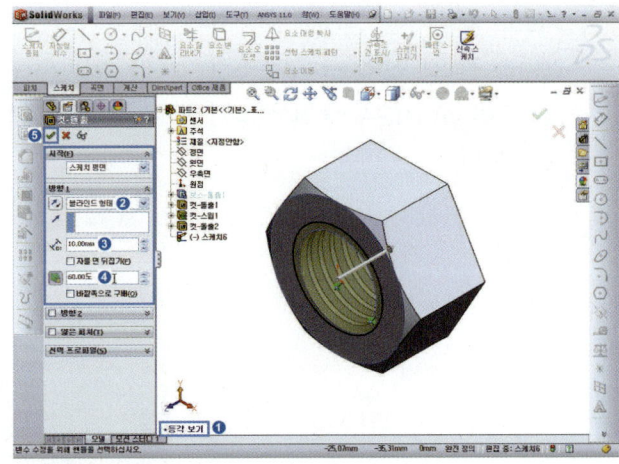]
➡ 방향 1[], [블라인드 형태],
[] 길이 10mm 입력, 드래프
트[] 선택, 각도 60도 입력
➡ 확인[]을 누른다.

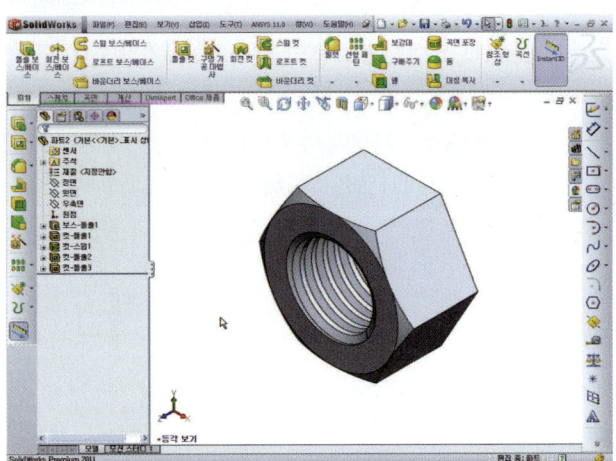

29 **Spacebar** 누르면 방향창 [후
면] 더블클릭 ➡ 스케치면 선택
➡ 스케치 도구[] 선택 ➡
원[] 선택 원 스케치한다.

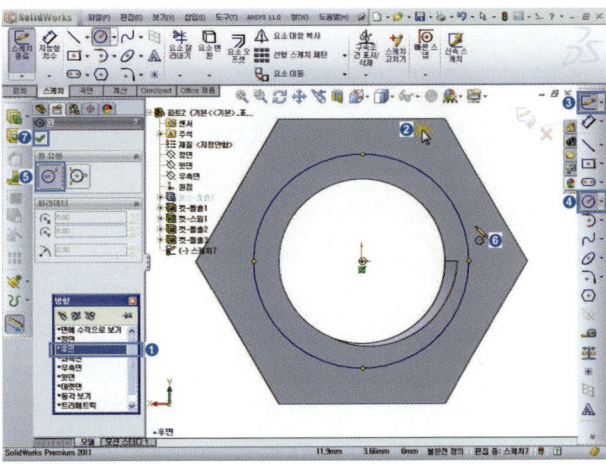

30 키보드 Ctrl 누른 상태에 모서리 선(①), 원(②) 선택 ➔ 구속조건 [⦿ 탄젠트(A)] 선택 ➔ 확인[✔] 을 누른다.

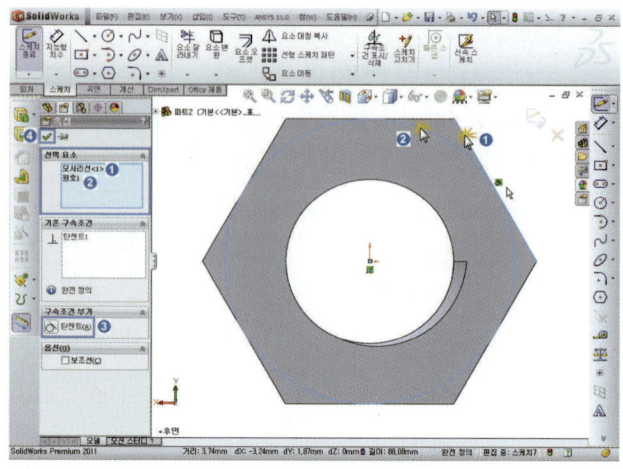

31 뷰 회전[↻] 선택, 가운데 마우 스 휠을 누른 상태에서 하여 뒷 면이 등각보기가 되도록 회전 시 킨다.

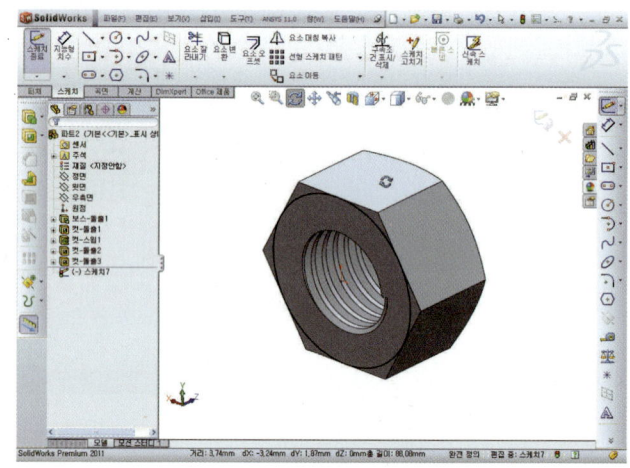

32 돌출 컷[▣] ➔ 방향 1[↘], [블 라인드 형태], [⟪] 길이 10mm 입력, [☑]자를면 뒤집기, 드래 프트 [▨] 선택, 각도 60도 입력 ➔ 확인[✔]을 누른다.

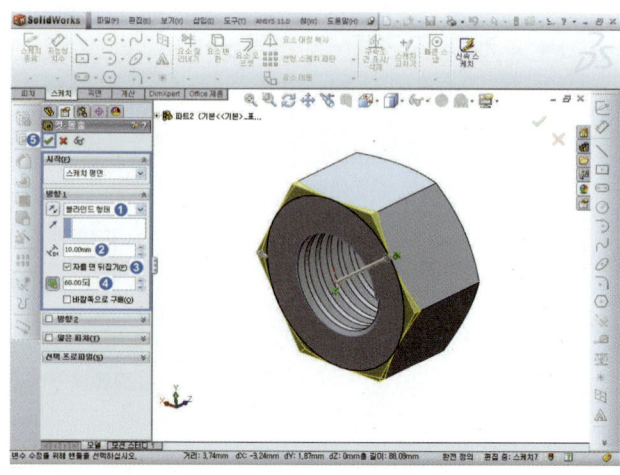

33 피처 스케치면 선택 ➡ 스케치
도구[ ] 선택 ➡ **Spacebar**
누르면 방향창 [면에 수직으로
보기] 더블클릭 ➡ 스케치 작업
이 편하도록 수직하게 위치한다.

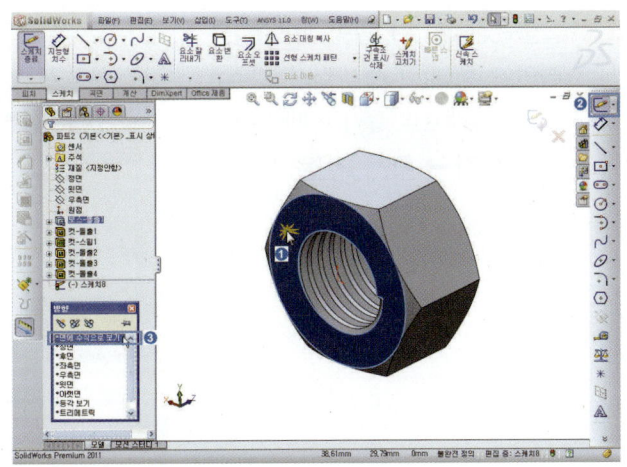

34 원[ ] 선택하여 나사산이 끝나
는 끝점을 중심으로 원 스케치
한다.

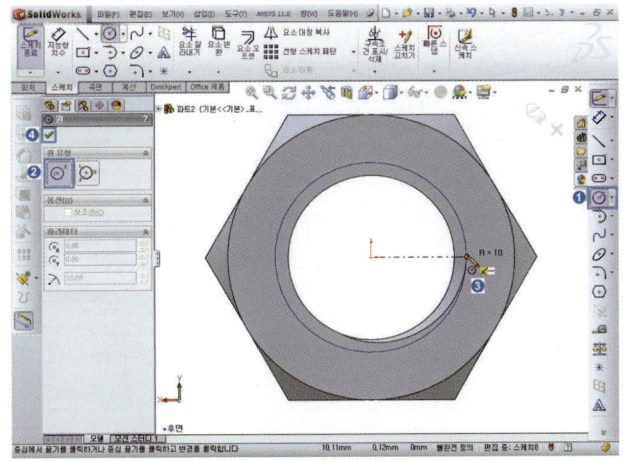

35 뷰 회전[ ] 선택, 가운데 마우
스 휠을 누른 상태에서 하여 뒷
면이 등각보기가 되도록 회전 시
킨다.

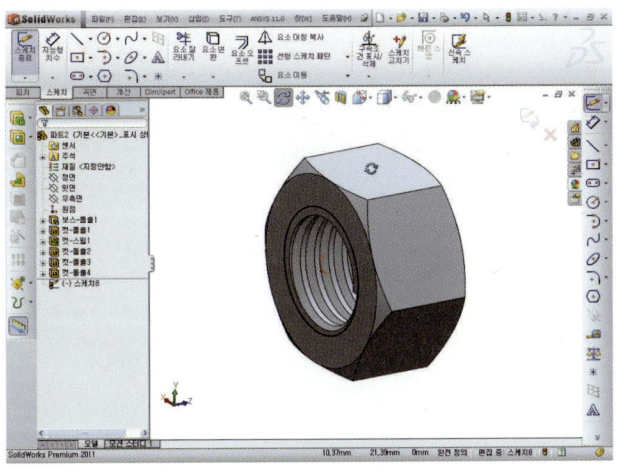

36 돌출컷[📦] ➡ 방향 1[⬈], [블라인드 형태], [⬈] 길이 10mm 입력, 드래프트[📐] 선택, 각도 60도 입력 ➡ 확인[✔]을 누른다.

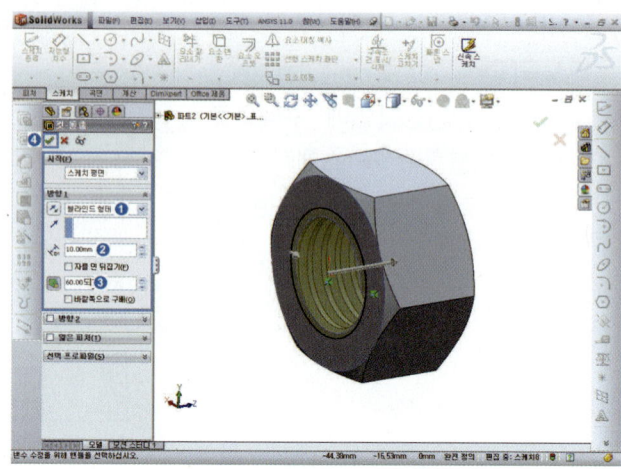

37 Ctrl 누르면 방향창 [등각보기] 하여 M20 너트 모델을 완성한다.

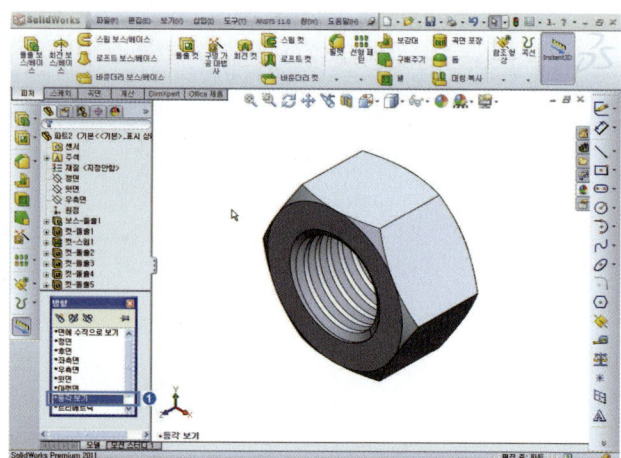

10

평기어(Spur gear) 모델링

[그림 3-16] 평기어(Spur gear) 모델링

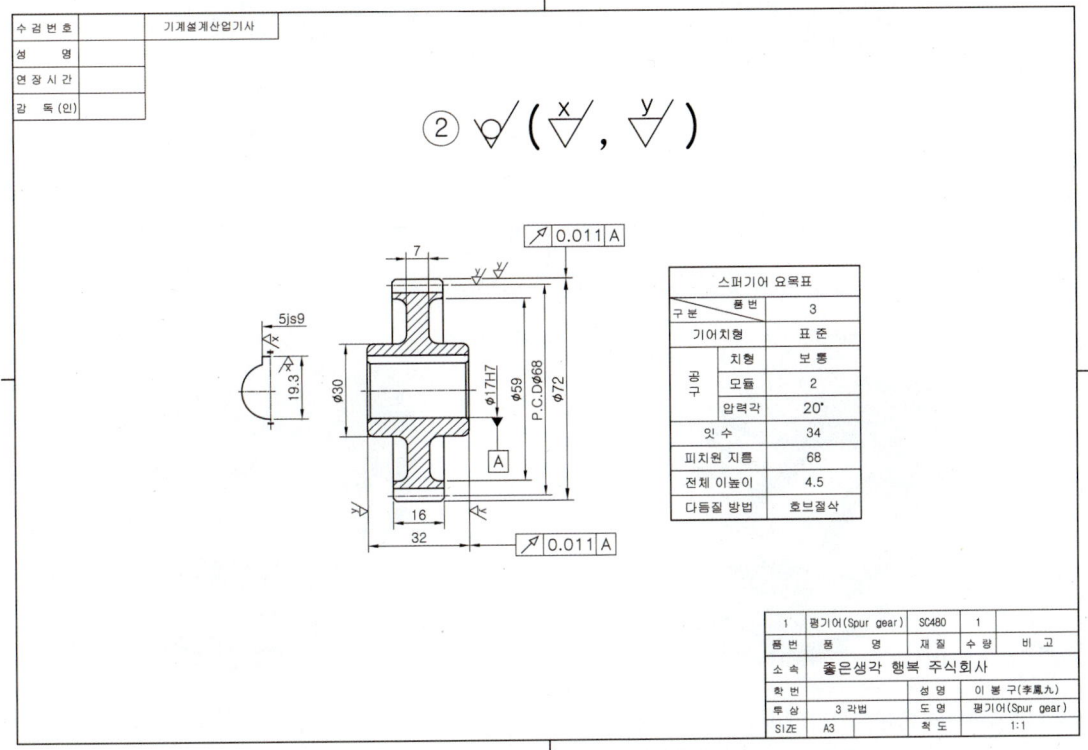

스퍼기어 요목표

구 분		품 번	3
기어치형			표 준
공구	치형		보 통
	모듈		2
	압력각		20°
잇 수			34
피치원 지름			68
전체 이높이			4.5
다듬질 방법			호브절삭

1	평기어(Spur gear)	SC480	1	
품 번	품 명	재 질	수 량	비 고
소 속	좋은생각 행복 주식회사			
학 번		성 명	이 봉 구(李鳳九)	
투 상	3 각법	도 명	평기어(Spur gear)	
SIZE	A3	척 도	1:1	

[그림 3-17] 평기어(Spur gear) 모델 도면

■ 평기어(Spur gear) 모델링 순서

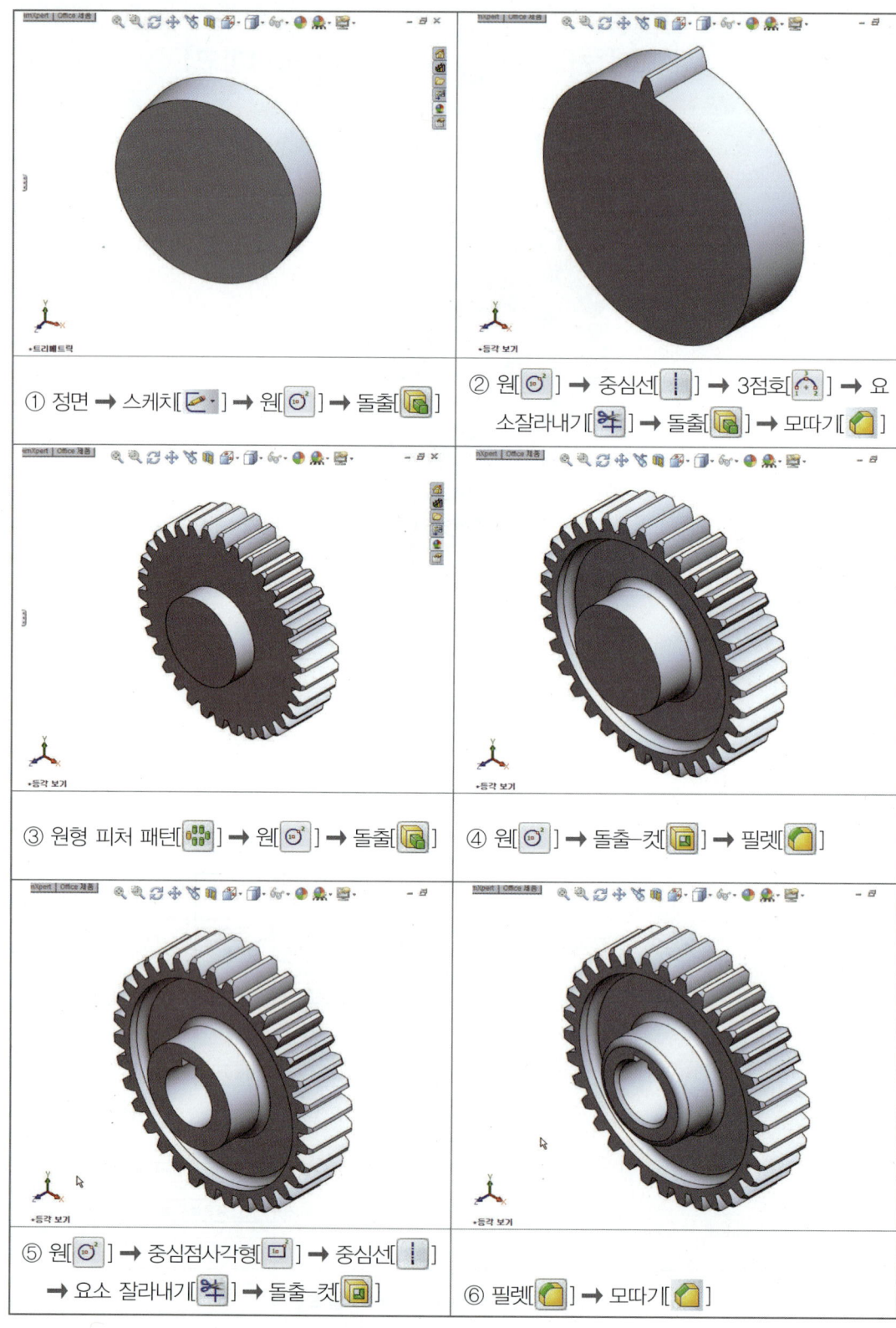

① 정면 → 스케치[ ] → 원[ ] → 돌출[ ]

② 원[ ] → 중심선[ ] → 3점호[ ] → 요소잘라내기[ ] → 돌출[ ] → 모따기[ ]

③ 원형 피처 패턴[ ] → 원[ ] → 돌출[ ]

④ 원[ ] → 돌출-컷[ ] → 필렛[ ]

⑤ 원[ ] → 중심점사각형[ ] → 중심선[ ] → 요소 잘라내기[ ] → 돌출-컷[ ]

⑥ 필렛[ ] → 모따기[ ]

■ 기어의 각부 명칭

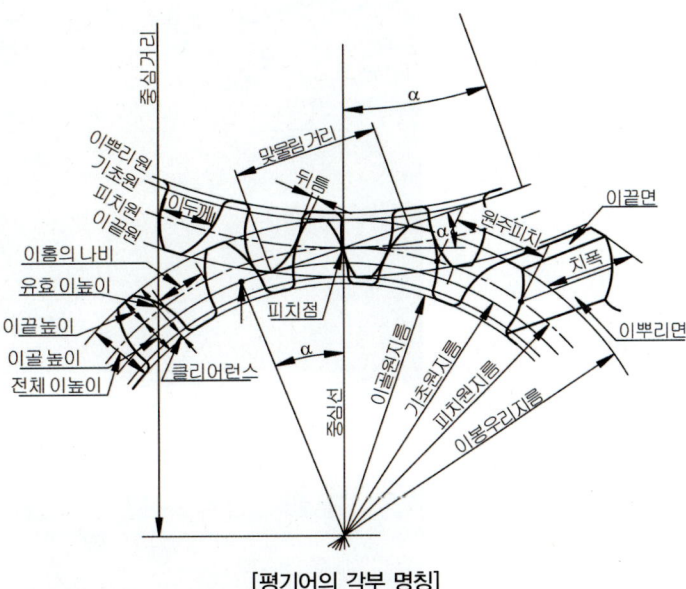

[평기어의 각부 명칭]

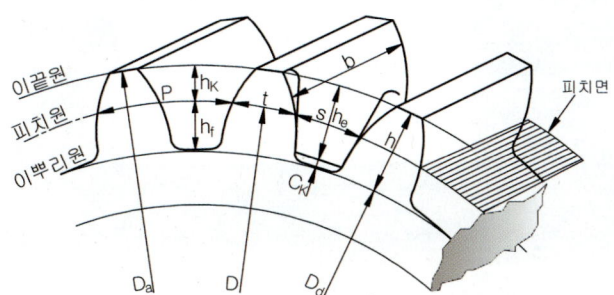

스퍼어 기어 요목표		
기어 치형		표 준
공구	치 형	보 통
	모 듈	2
	압력각	20°
잇 수		34
피치원 지름		Ø68
급 수		KS B 1405,3급

계 산 항 목	평기어(Spur gear) 모델링에 필요한 계산식(반드시 기억)
기어 잇수(Z)	34
모듈(Module)	2
전체 이높이	h= 2.25×모듈(M)=2.25×2=4.5
이끝원(mm)	P.C.D+2M= 68+(2×2) =72
피치원 지름(mm)	P.C.D=모듈(M)×Z(잇수)=68
이뿌리원(mm)	이끝원−(전체 이높이×2)=72−(4.5×2)=63

1 파일 ➡ 새문서(N) [☐ 새 문서] 을 클릭한다.

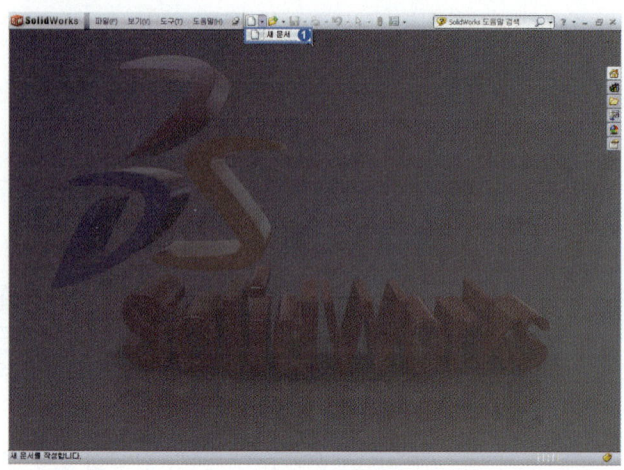

2 새문서 창에서 파트[🔧] 선택 ➡ [확인]을 누른다.

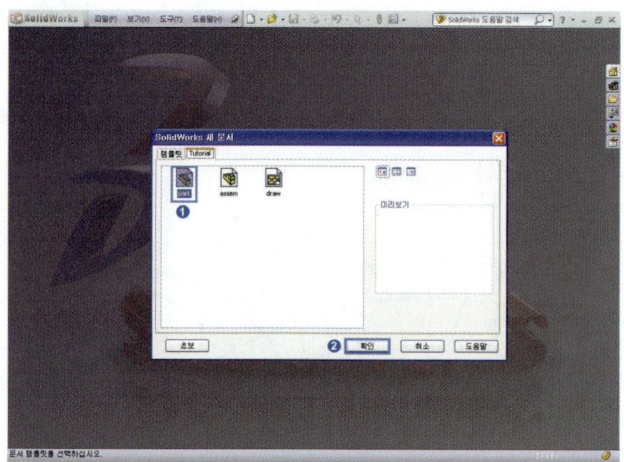

3 스케치를 생성할 작업평면[정면] 을 선택 ➡ 스케치 도구[✏️▾] 선택한다.

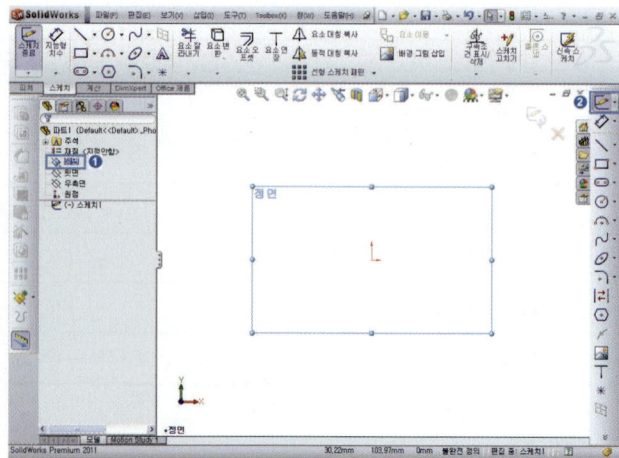

🔓 4 원[◎] 선택 ➡ 지능형 치수
[◇ ·] 선택 ➡ 이뿌리원의 지름
63mm 치수입력한다.

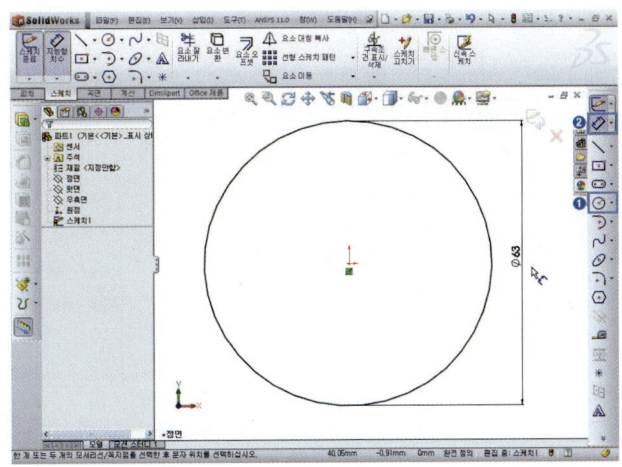

🔓 5 돌출[🗂] ➡ 방향 1[⚲] [중간
평면], [⚲ D1] 기어폭 16mm 입력
➡ 확인[✅]을 누른다.

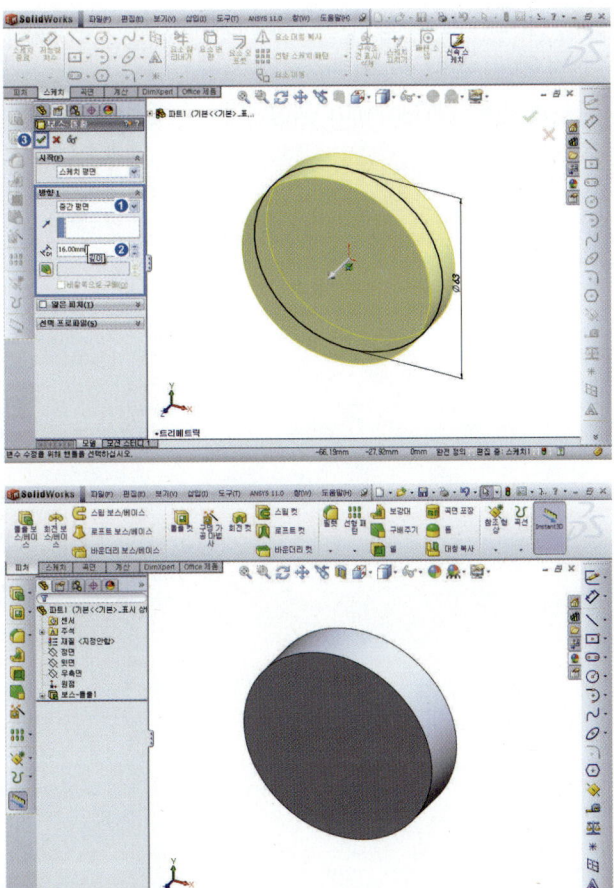

6 생성된 피처에 스케치면 선택 ➡
스케치 도구[🖉] 선택 ➡
[Spacebar] 누르면 방향창 [면에
수직으로 보기] 더블클릭 ➡ 스
케치 작업이 편하도록 수직하게
위치한다.

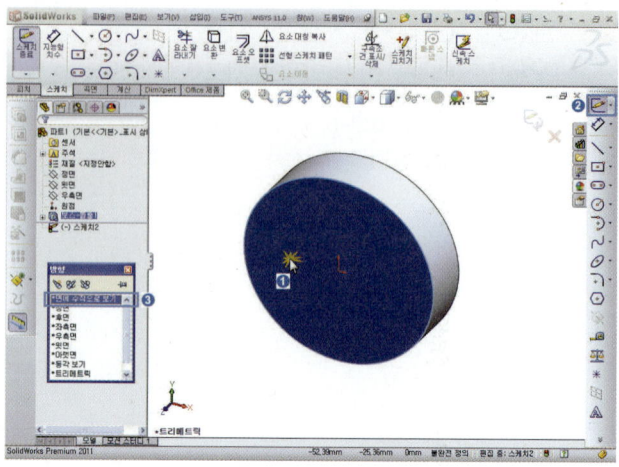

7 피처 모서리 선택 ➡ 요소변환
[🗇] 선택 ➡ 이뿌리원의 지름
과 같은 원(63mm)이 생성된다.

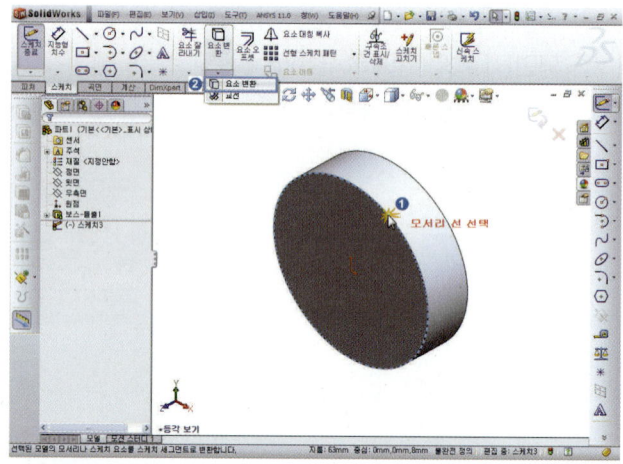

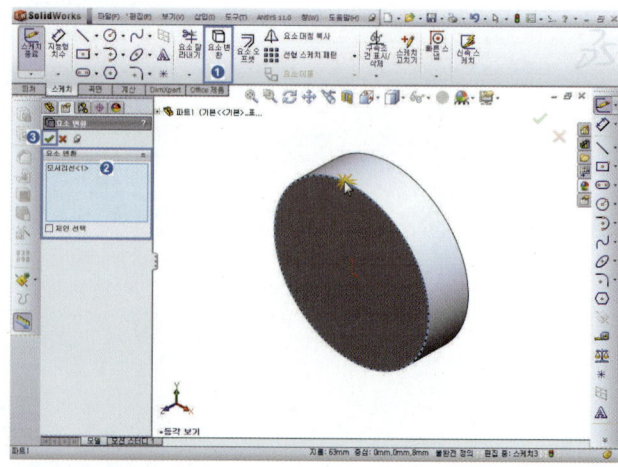

8 기어의 이뿌리원의 지름과 같은 원(63mm)이 생성된 것을 확인할 수 있다.

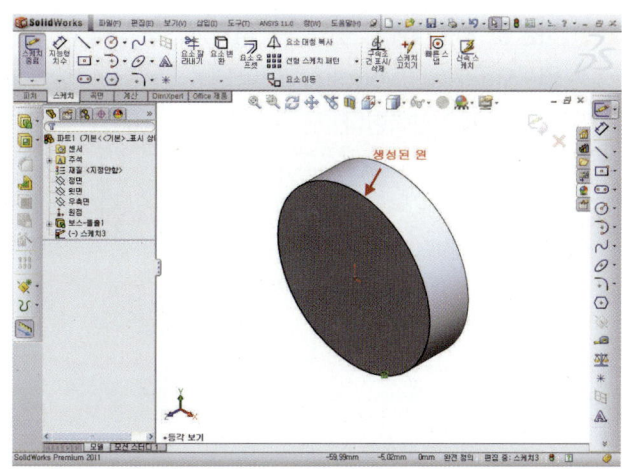

9 피저면 선택 ➡ 스케치 도구 [✏️] 선택 ➡ **Spacebar** 누르면 방향창 [면에 수직으로 보기] 더블클릭 ➡ 스케치 작업이 편하도록 수직하게 위치한다.

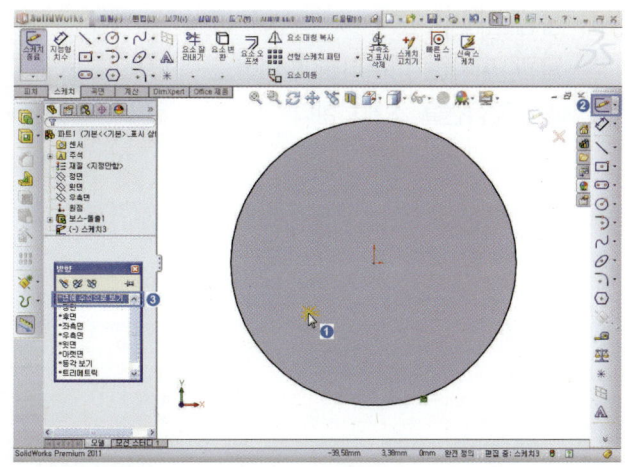

10 원[⊙²] 선택 2개 원 스케치 ➡ 안쪽 1개의 원 선택 ➡ 속성창 ☑ 보조선(C) 선택 ➡ 중심선으로 변한다.

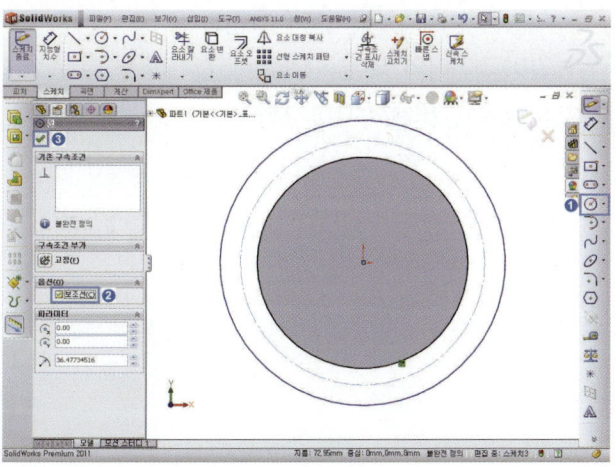

11 지능형 치수[✏ ▾] 선택 ➡ 피치
원 지름(PCD) 68mm, 이끝원
72mm 치수입력한다.

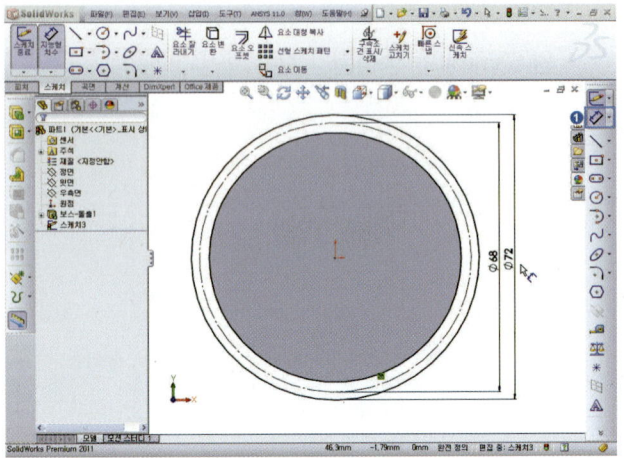

12 중심선[┃] 선택 ➡ 끝점이 이
끝원, 피치원, 이뿌리원에 접하는
4개 중심선을 스케치한다.

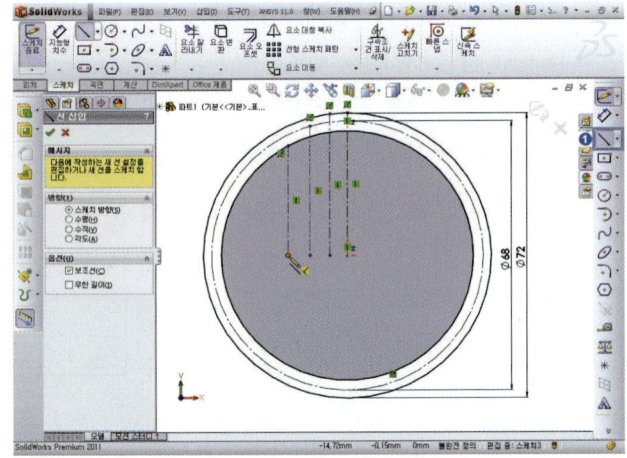

13 지능형 치수[✏ ▾] 선택 그림과
같이(기어이의 폭=(π×M)/2=1.57,
모듈/2=1, 모듈/4=0.5) 치수입력
한다.

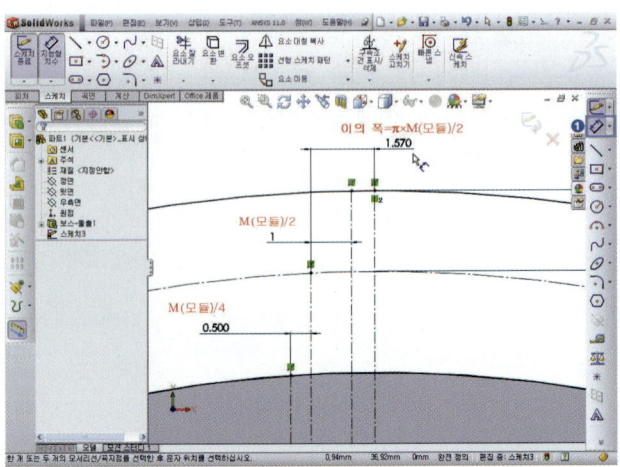

14 3점호[ ] 선택 ➡ ③,④,⑤ 순
서대로 끝점을 선택 ➡ 확인[ ]
을 누른다.

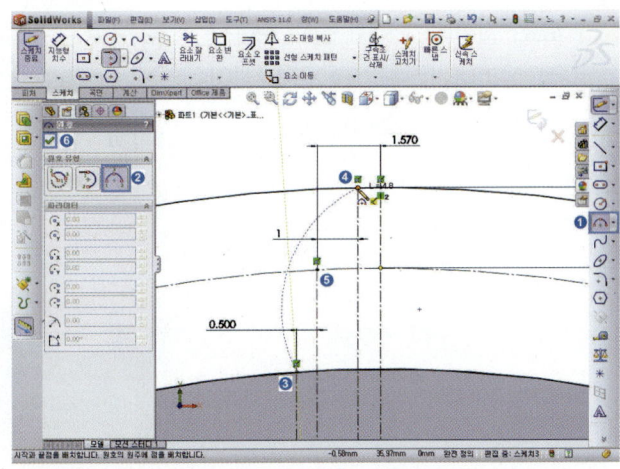

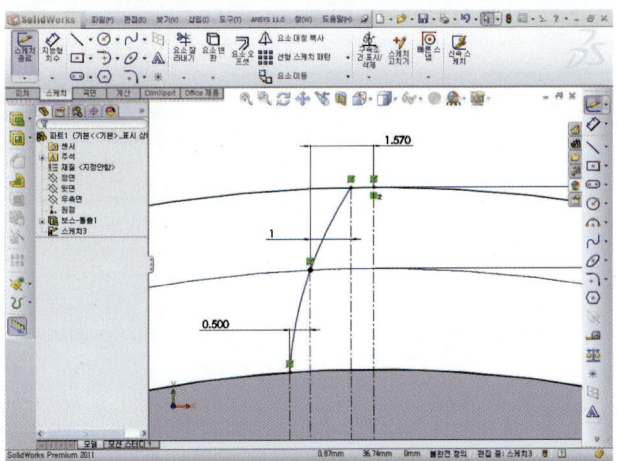

15 대칭복사[ ] ➡ 대칭기준[ ]
=중심선 선택 ➡ ☑ 복사(C) 선
택 ➡ 복사할 요소 선택[ ] ➡
확인[ ]을 누른다.

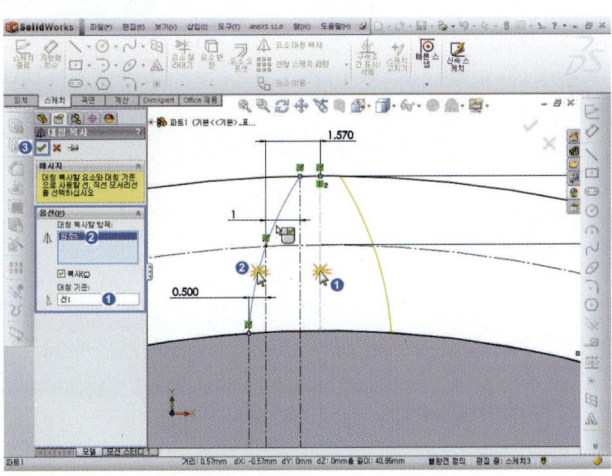

16 요소 잘라내기[✂] 선택 ➡ [근접 잘라내기][╂] ➡ 원과 선이 겹치는 부분을 잘라낸다.

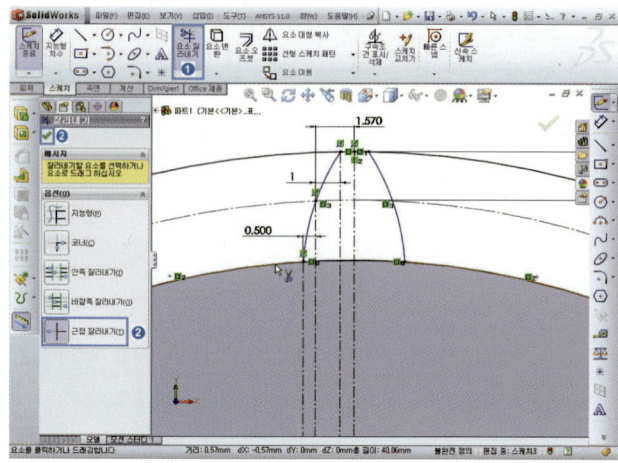

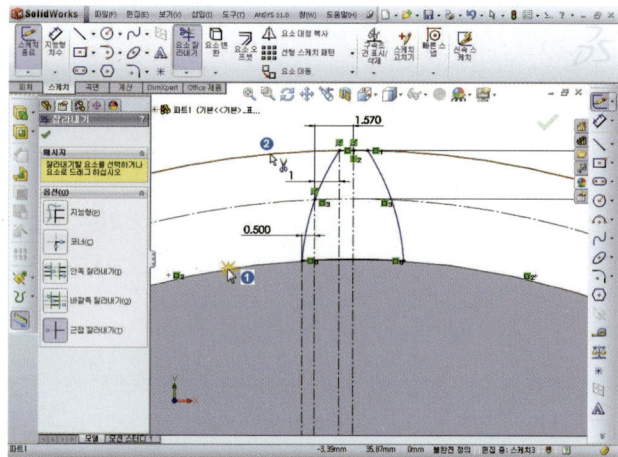

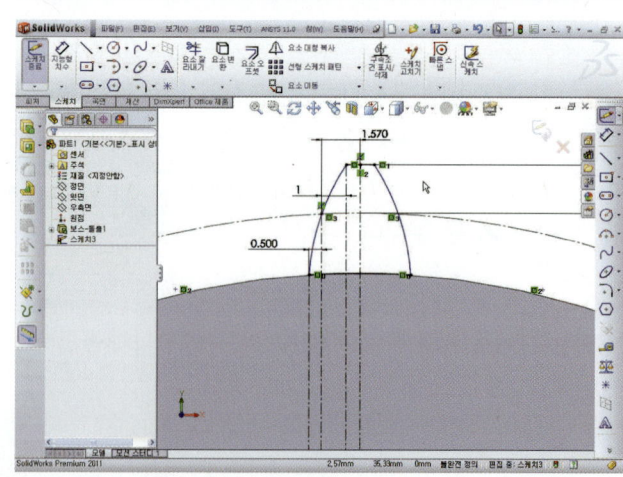

17 **Spacebar** 누르면 방향창 [등각보기] 더블클릭 ➜ 돌출[🗔] ➜ 방향 1[🔼] 반대방향, [블라인드 형태], [🔼] 기어의 폭 16mm 입력 ➜ 확인[✅]을 누른다.

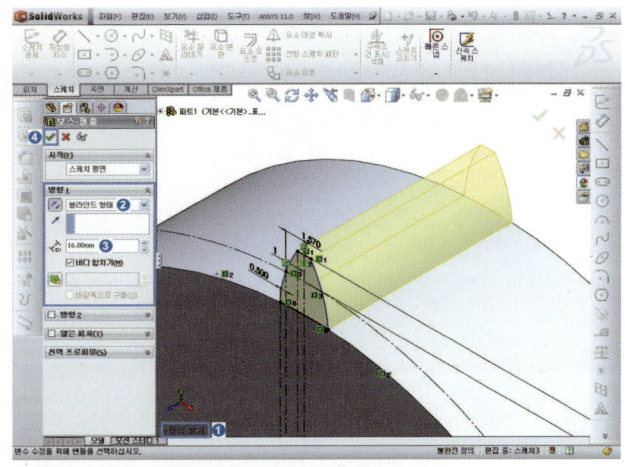

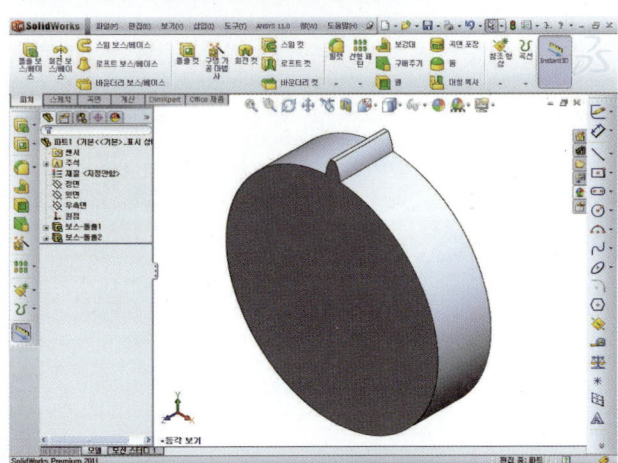

18 도구모음 보기(V) ➜ 임시축[🔩] 선택하여 임시축이 나타나게 한다.

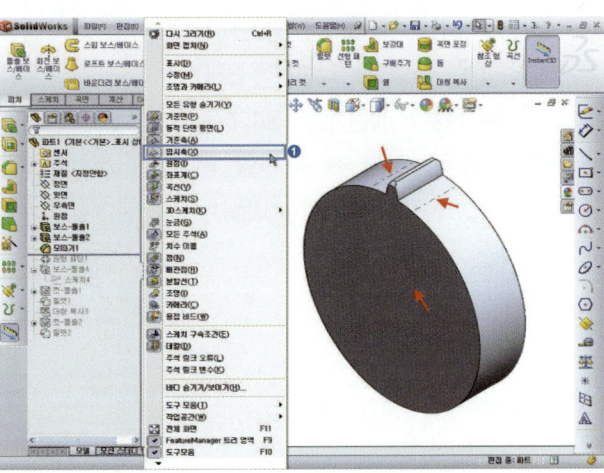

19 모따기[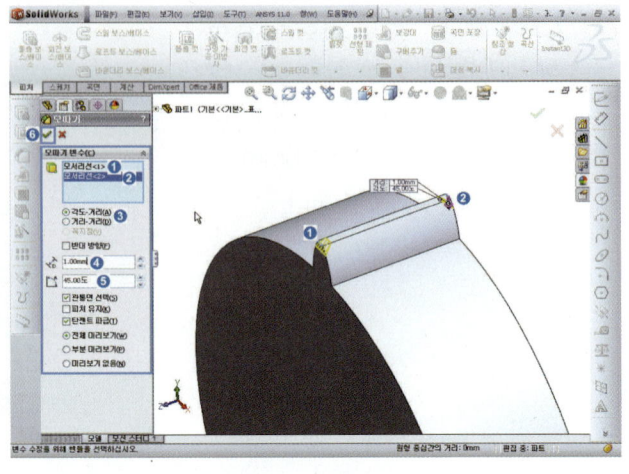] ➡ [ ] 거리 1mm, [ ] 각도 45도 입력 ➡ ①,② 모서리 선택 ➡ 확인[ ]을 누른다.

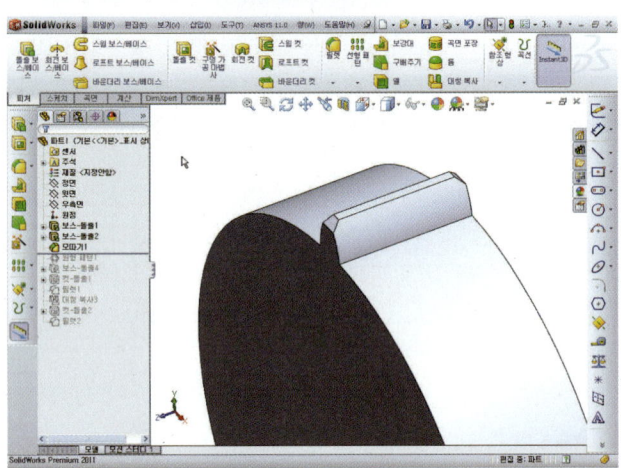

20 원형 피처 패턴[ ] 선택 ➡ 기준축[ ] 선택 ➡ 각도[ ]360도 ➡ [ ] 패턴개수 34개(잇수), ☑동등간격 ➡ 패턴할 피처(⑤,⑥) 선택 ➡ 확인[ ]을 누른다.

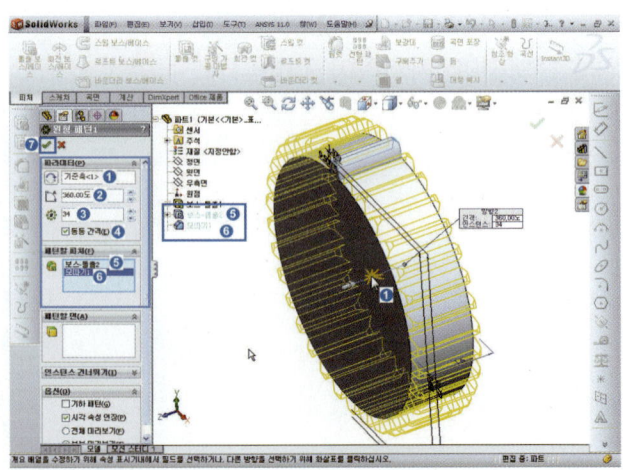

21 도구모음 보기(V) ➡ 임시축[⚙] 선택하여 임시축을 감춘다.

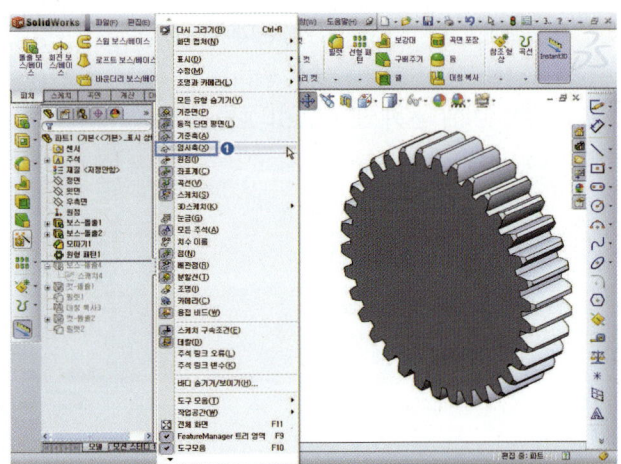

22 정면 선택 ➡ 스케치 도구[✎] 선택 ➡ **Spacebar** 누르면 방향 창 [면에 수직으로 보기] 더블클릭 ➡ 스케치 작업이 편하도록 수직하게 위치한다.

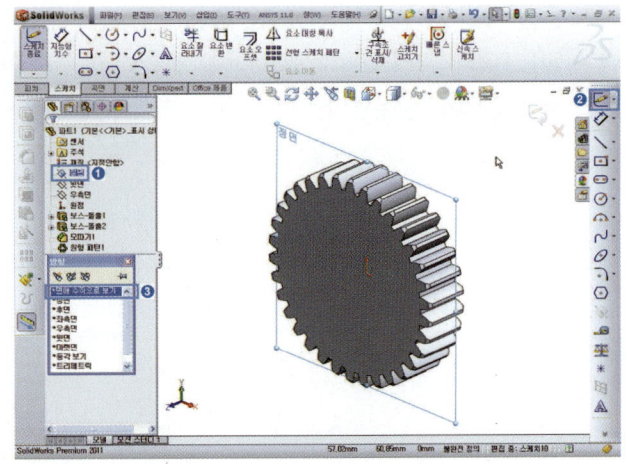

23 원[⊙] 선택 ➡ 지능형 치수 [◇] 선택 ➡ 지름 30mm 치수입력한다.

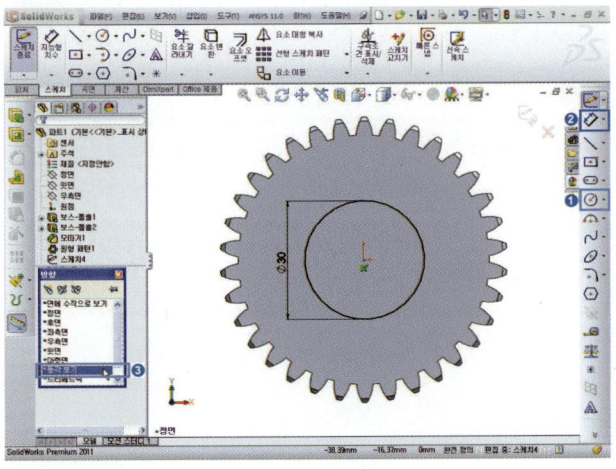

24 **Spacebar** 누르면 방향 창에서 [등각보기] 더블클릭 ➡ 원하는 작업평면에 스케치 작업이 되었는지 확인한다.

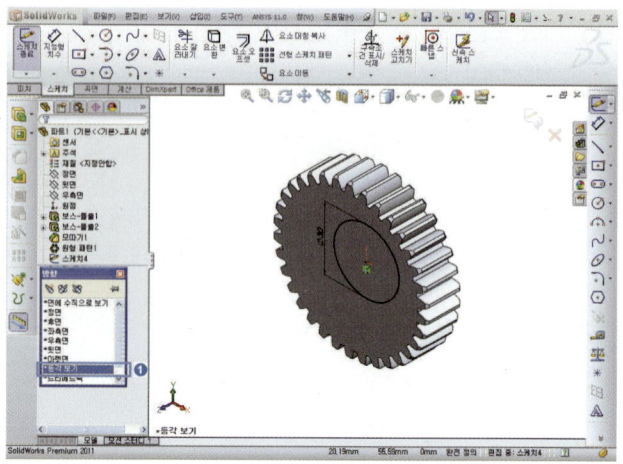

25 돌출[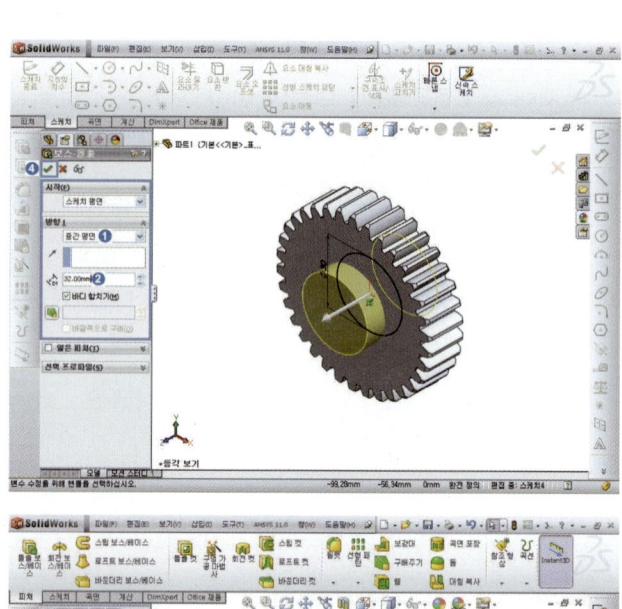] ➡ 방향 1[ ][중간평면], [ ] 거리 32mm를 입력 ➡ 확인[ ]을 누른다.

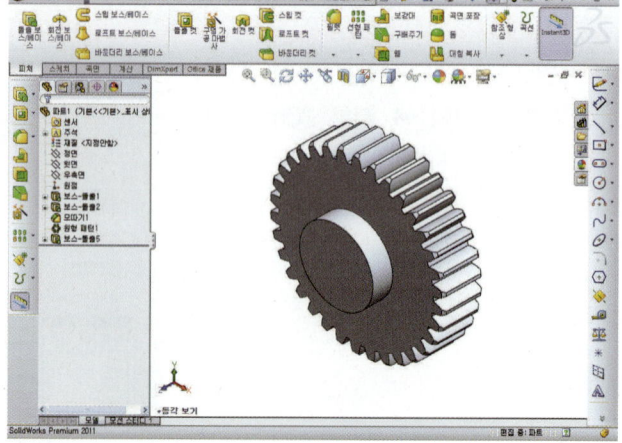

26 생성된 피처에 스케치면 선택 ➡ 스케치 도구[✏] 선택 ➡ **Spacebar** 누르면 방향창 [면에 수직으로 보기] 더블클릭 ➡ 스케치 작업이 편하도록 수직하게 위치한다.

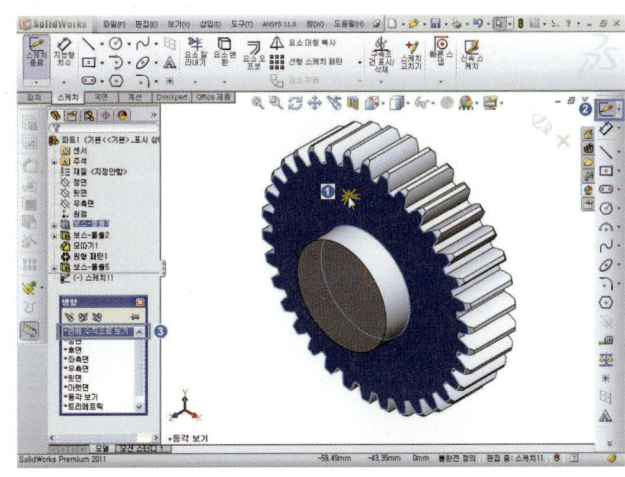

27 원[◎] 선택, 서로다른 원 스케치 ➡ 지능형 치수[✐] 선택 ➡ 지름 30mm, 59mm 치수입력한다.

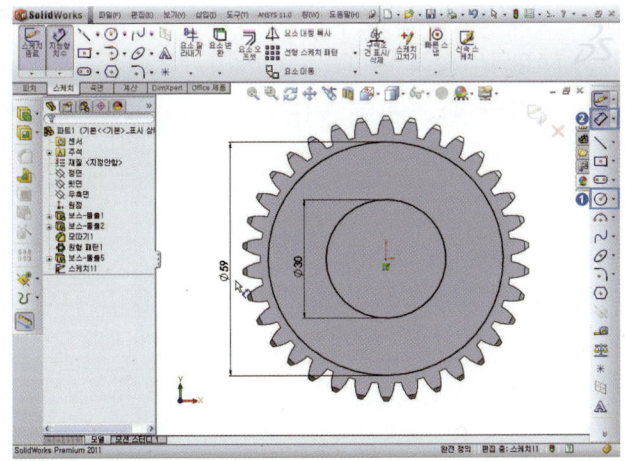

28 돌출-컷[▣] 선택 ➡ 방향 1 [✐] [블라인드 형태], [✐] 거리값 4.5mm 입력 ➡ 확인[✅]을 누른다.

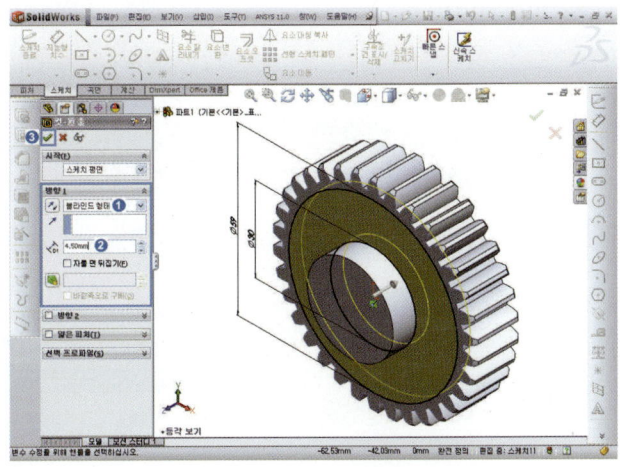

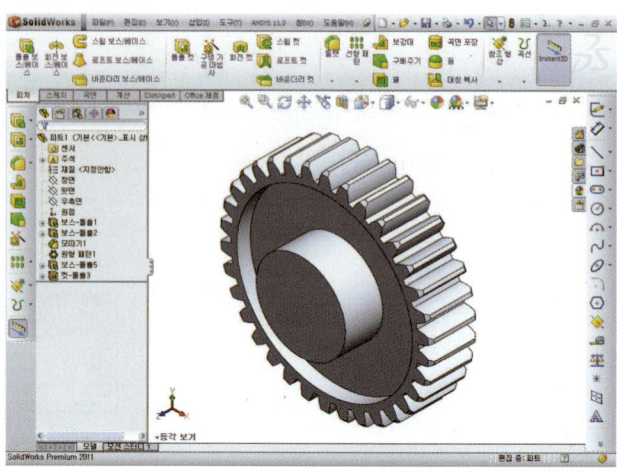

29 필렛[🍋] 선택 ➡ 반지름
R=2mm 입력 ➡ ③, ④모서리
선택 ➡ 확인[✅]을 누른다.

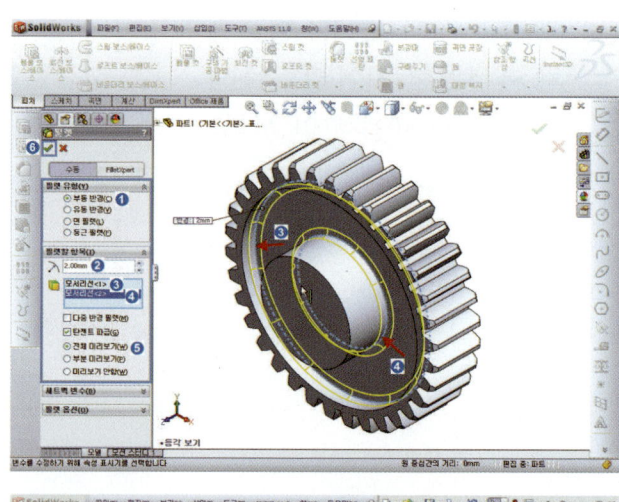

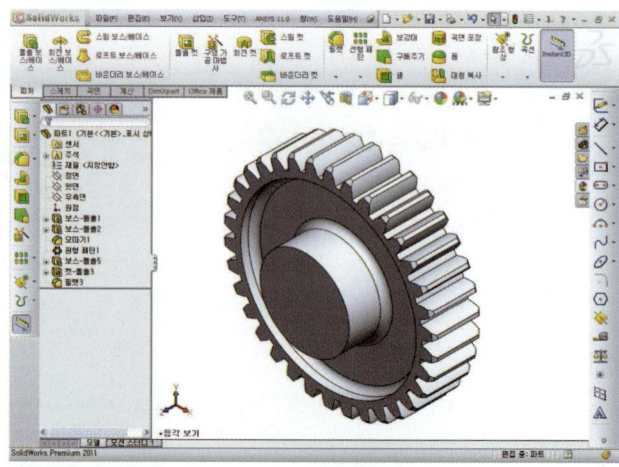

30 대칭복사[🔖] ➡ 면/평면 대칭
복사(M) ➡ 대칭복사 피처(②,③)
선택 ➡ 확인[✅]을 누른다.

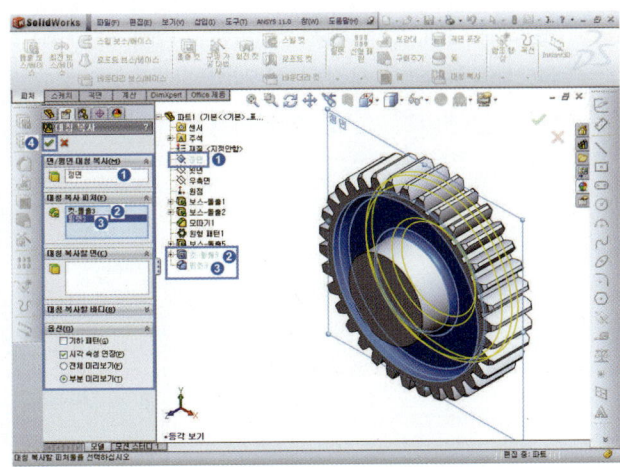

31 뷰 회전[🔄] 선택 ➡ 아래 그림
처럼 회전 ➡ 반대편에 대칭복사
[🔖]가 완성되었는지 확인한다.

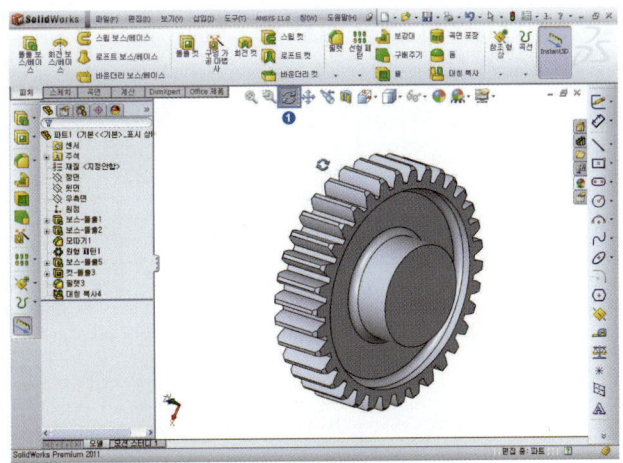

32 피처면 선택 ➡ 스케치 도구
[✏️] 선택 ➡ **Spacebar** 누르
면 방향창 [면에 수직으로 보기]
더블클릭 ➡ 스케치 작업이 편하
도록 수직하게 위치한다.

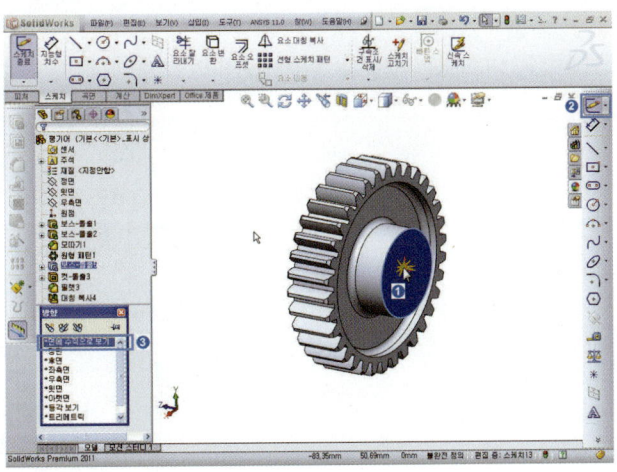

33 원[◎] 선택, 원 스케치 ➡ 중심
점 사각형[▣] 사각형 스케치
➡ 중심선[│] 선택, 중심선을
그린다.

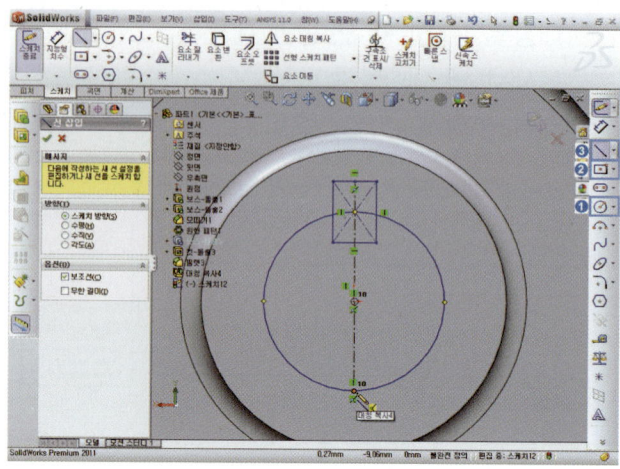

34 지능형 치수[◇·] 선택 치수입
력(도면 참고)한다.

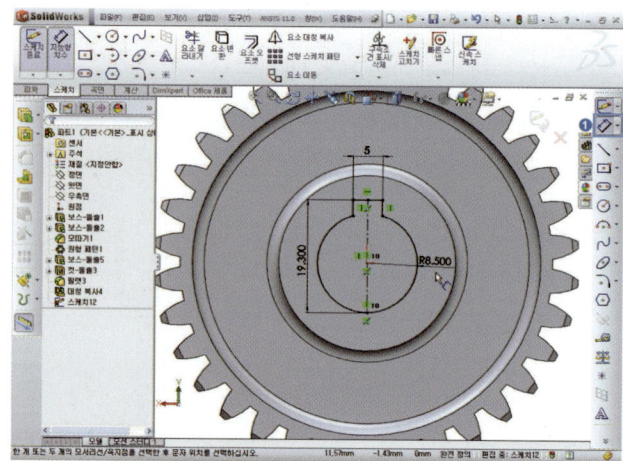

35 돌출-컷[▣] 선택 ➡ 방향 1
[↗] [관통] 선택 ➡ 확인[✓]을
누른다.

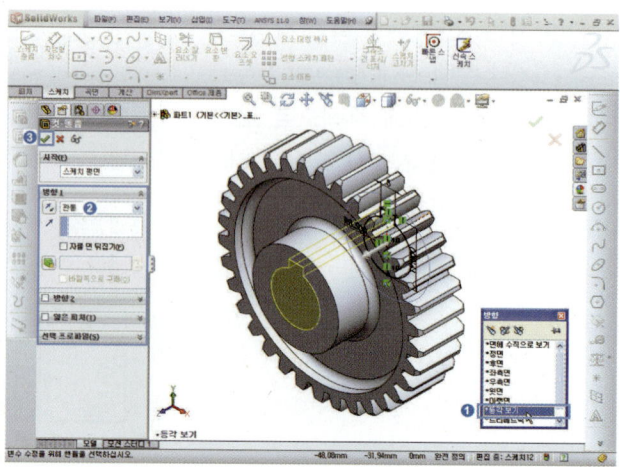

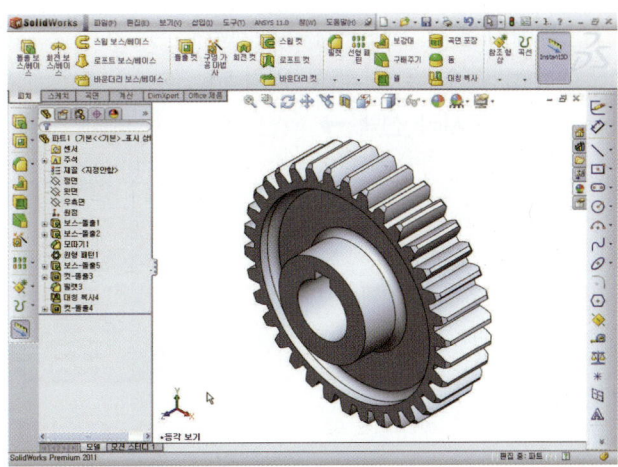

36 필렛[🔲] 선택 ➡ 반지름
R=2mm 입력 ➡ ②, ③모서리
선택 ➡ 확인[✅]을 누른다.

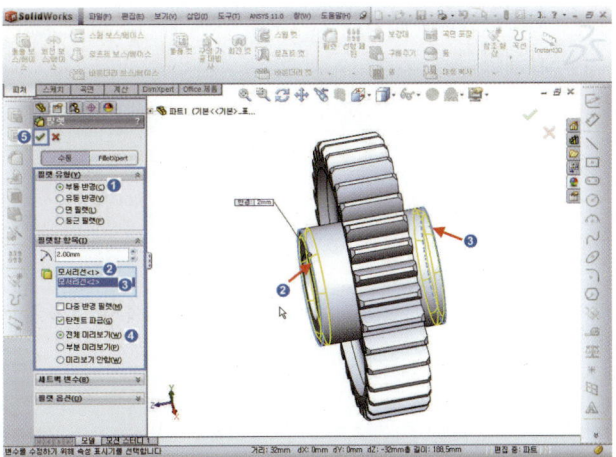

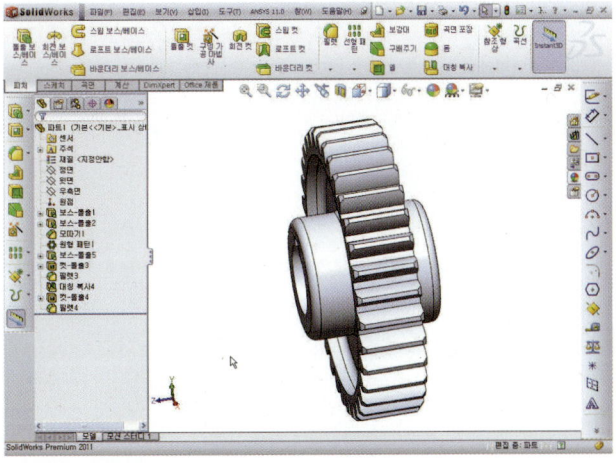

37 모따기[🔶] 선택 ➡ [📐] 거리
1mm, [📐] 각도 45도 입력 ➡
①,② 모서리 선택 ➡ 확인[✅]
을 누른다.

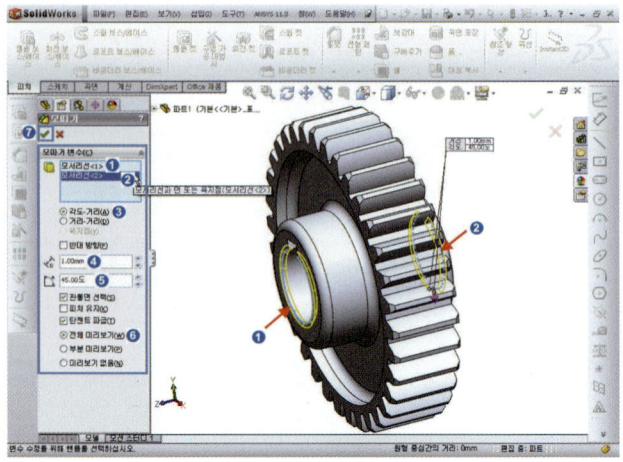

38 스퍼기어(Spur gear) modeling
완성한다.

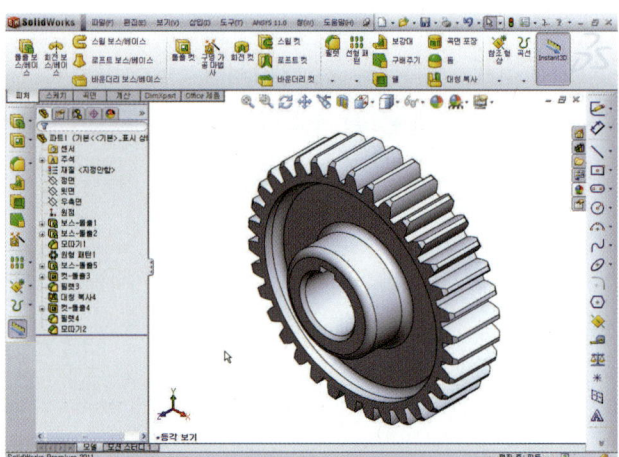

V벨트 풀리(Pulley) 모델링

간접 접촉에 의해 동력전달을 하는 회전체이다. V벨트의 전동효율은 95%~99% 정도이며 크기는 M, A, B, C, D, E 형으로 정의하고 폭이 가장 작은 것은 M형, 가장 큰 것은 E형 이다. M형은 원칙적으로 한 줄만 걸친다.

[그림 3-18] V벨트 풀리(Pulley) 모델링

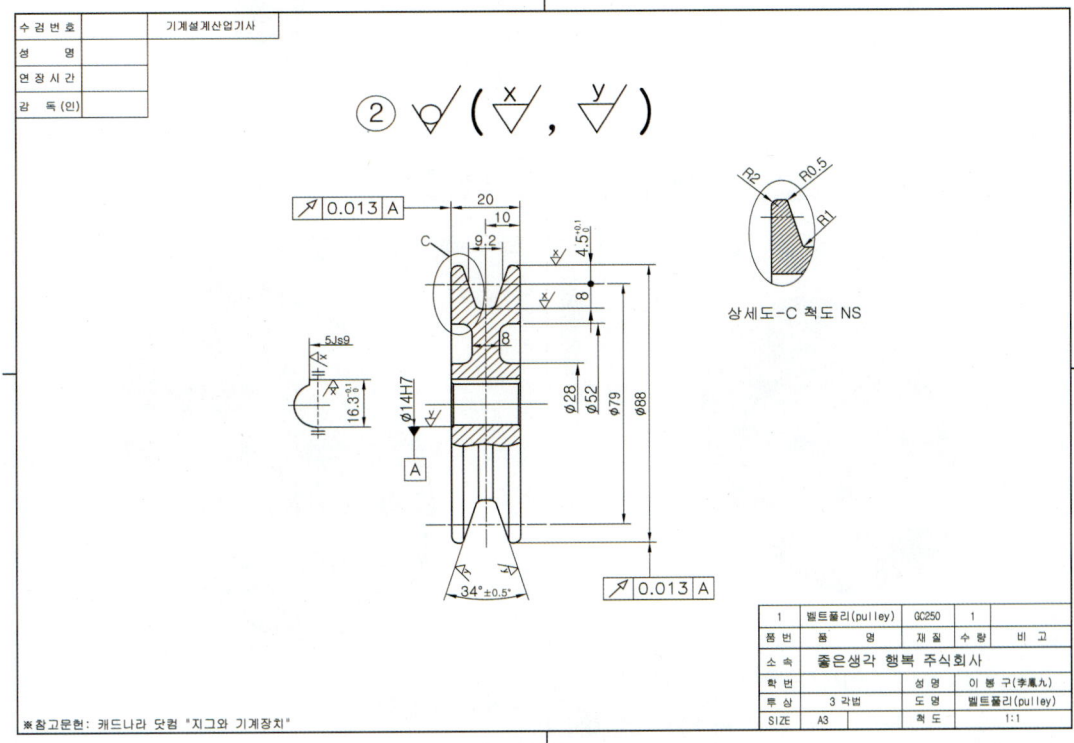

[그림 3-19] V 벨트 풀리(Pulley) 모델 도면

■ V벨트 풀리(Pulley) 모델링 순서

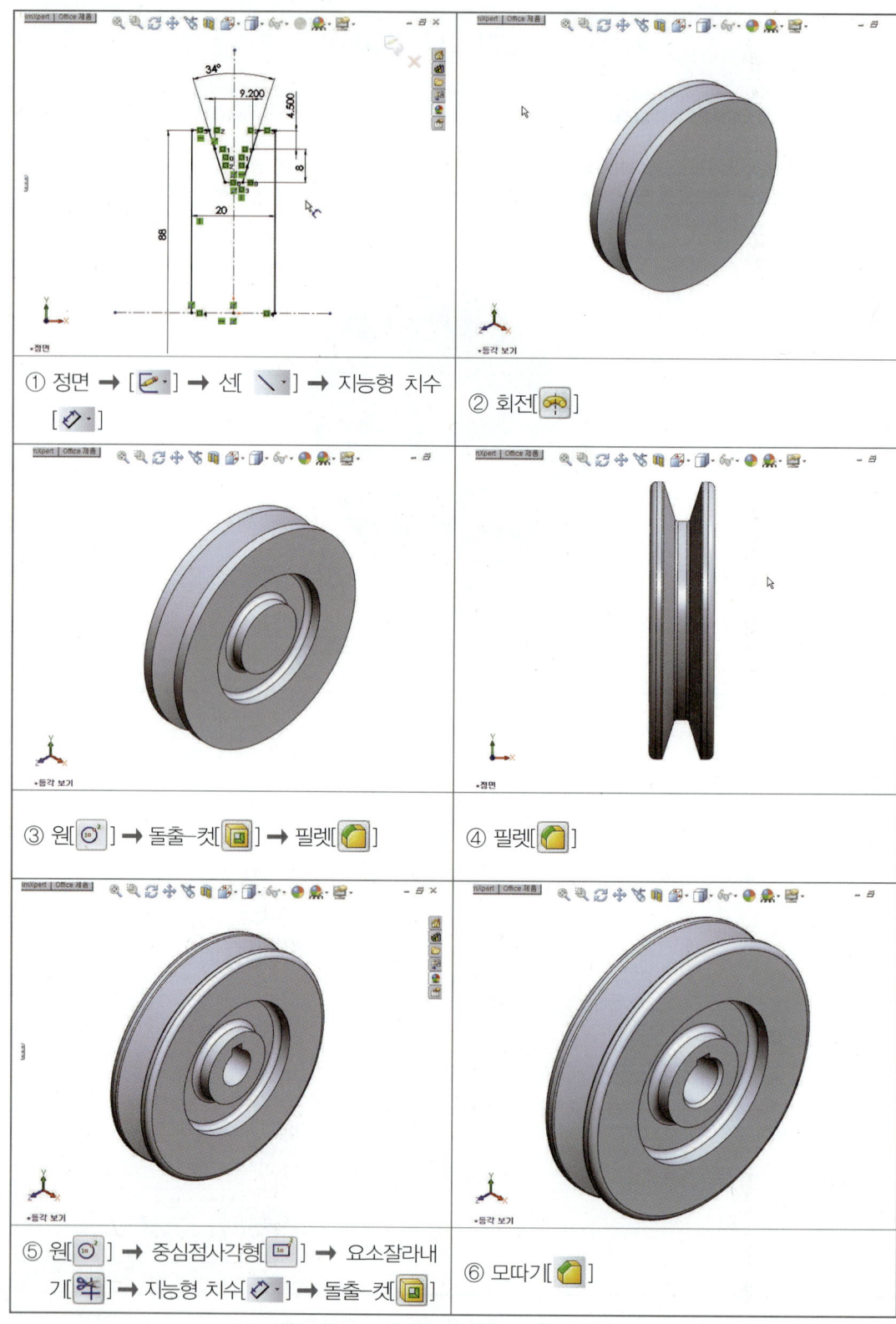

① 정면 ➡ [🖊] ➡ 선[＼] ➡ 지능형 치수 [◇]

② 회전[🔄]

③ 원[◯] ➡ 돌출–컷[▣] ➡ 필렛[🟩]

④ 필렛[🟩]

⑤ 원[◯] ➡ 중심점사각형[▣] ➡ 요소잘라내 기[✂] ➡ 지능형 치수[◇] ➡ 돌출–컷[▣]

⑥ 모따기[🟩]

주철제 V 벨트 풀리 [KS B 1400]

[V 벨트 풀리]

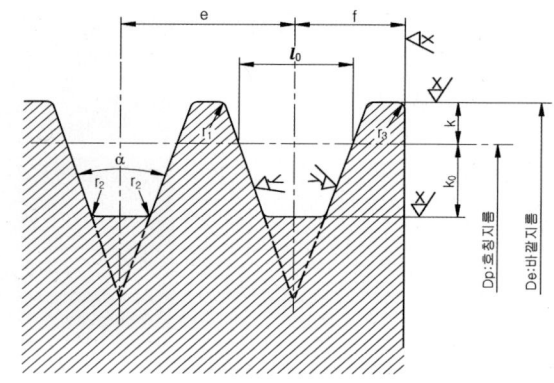

[V 벨트 풀리 홈 부분의 모양 및 치수]

[V 벨트 풀리 홈 부분의 기본치수]

(단위: mm)

V벨트 종류	호칭지름(d_P)	$\alpha(°)$	l_0	k	k_0	e	f	r_1	r_2	r_3	벨트의 두께
M	50 이상 71 이하 71 초과 90 이하 90 초과	34 36 38	8.0	2.7	6.3	−(1)	9.5	0.2~0.5	0.5~1.0	1~2	5.5
A	71 이상 100 이하 100 초과 125 이하 125 초과	34 36 38	9.2	4.5	8.0	15.0	10.0	0.2~0.5	0.5~1.0	1~2	9
B	125 이상 160 이하 160 초과 200 이하 200 초과	34 36 38	12.5	5.5	9.5	19.0	12.5	0.2~0.5	0.5~1.0	1~2	11
C	200 이상 250 이하 250 초과 315 이하 315 초과	34 36 38	16.9	7.0	12.0	25.5	17.0	0.2~0.5	1.0~1.6	2~3	14
D	355 이상 450 이하 450 초과	36 38	24.6	9.5	15.5	37.0	24.0	0.2~0.5	1.6~2.0	3~4	19
E	500 이상 630 이하 630 초과	36 38	28.7	12.7	19.3	44.5	29.0	0.2~0.5	1.6~2.0	4~5	25.5

비고 (1) M형은 원칙적으로 한 줄만 걸친다.

1 파일 ➡ 새문서(N)[🗋 새 문서]를
클릭한다.

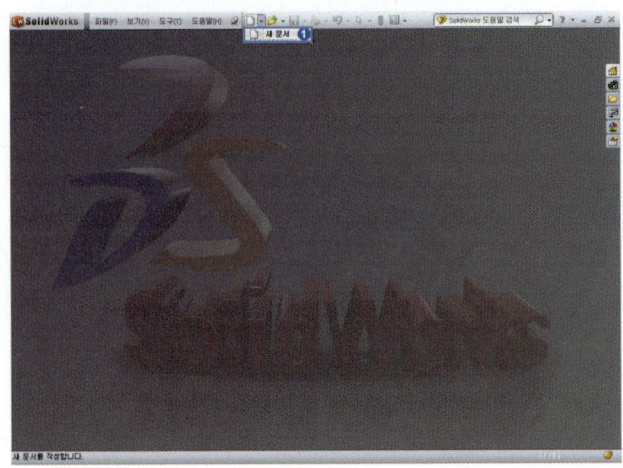

2 새문서 창에서 파트[🗐
Part] 선택 ➡
[확인] 버튼을 누른다.

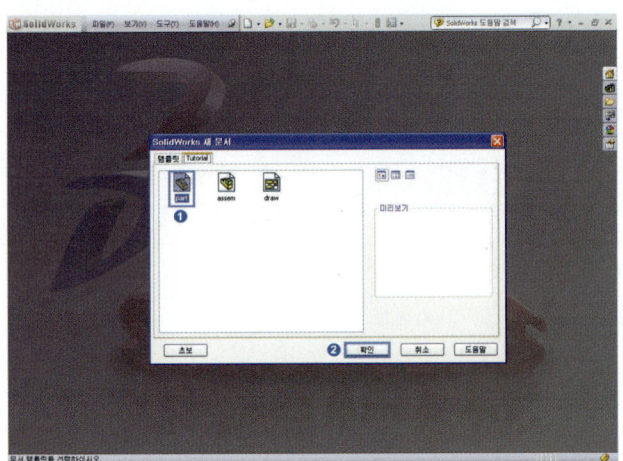

3 스케치를 생성할 작업평면[정면]
을 선택 ➡ 스케치 도구[✏️]
선택한다.

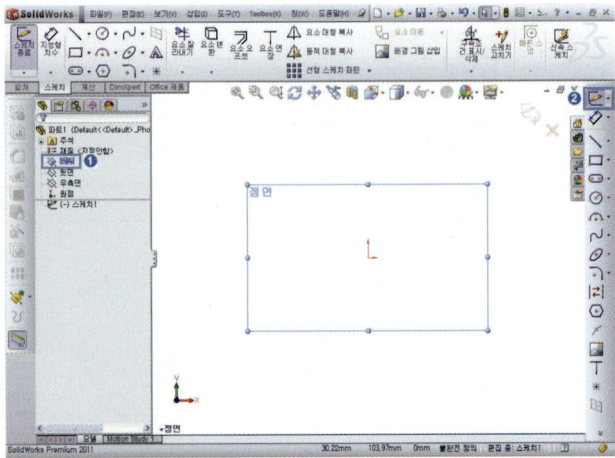

④ 중심선[ ] 선택하여 중심선을
스케치 ➡ 선(Line)[ ] 선택
하여 원점[ ] 기준축으로 아래
그림과 같이 선(Line)을 스케치
한다.

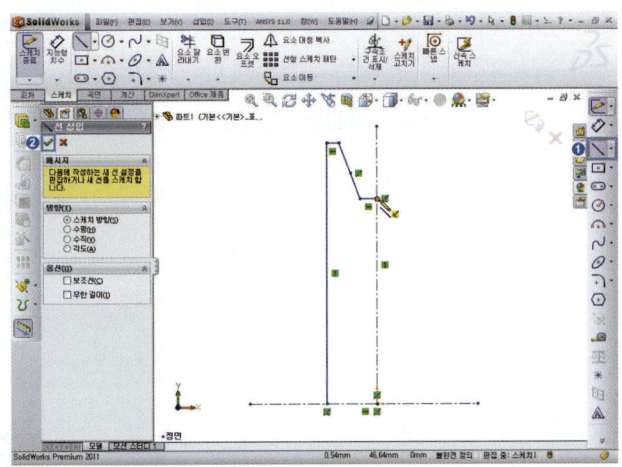

⑤ 대칭복사[ ] 선택 ➡ 대칭복사
기준[ ]=①중심선 선택 ➡ 대
칭 복사할 항목(선5,6,7) 선택
[ ] ➡ 확인[ ]을 누른다.

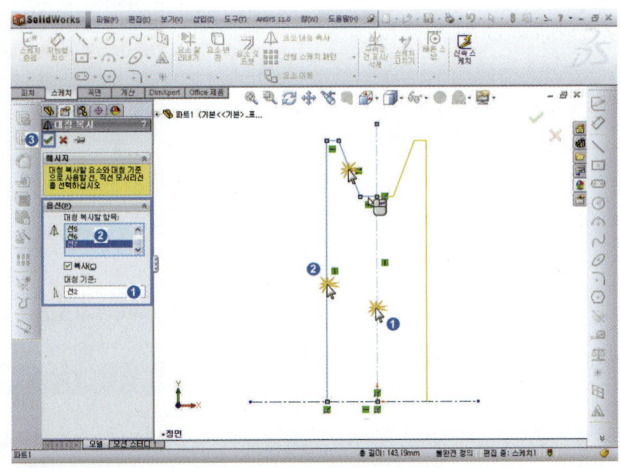

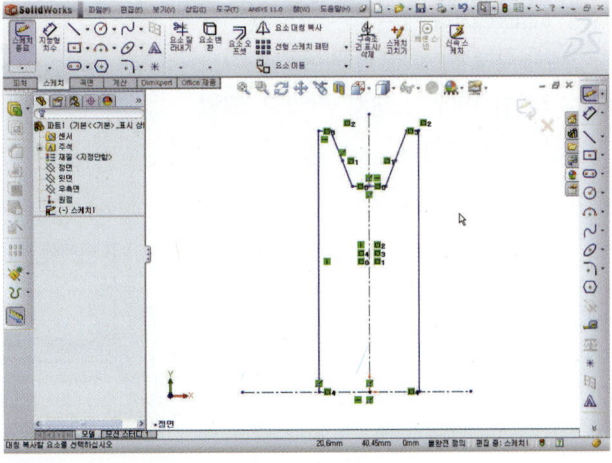

6 지능형 치수[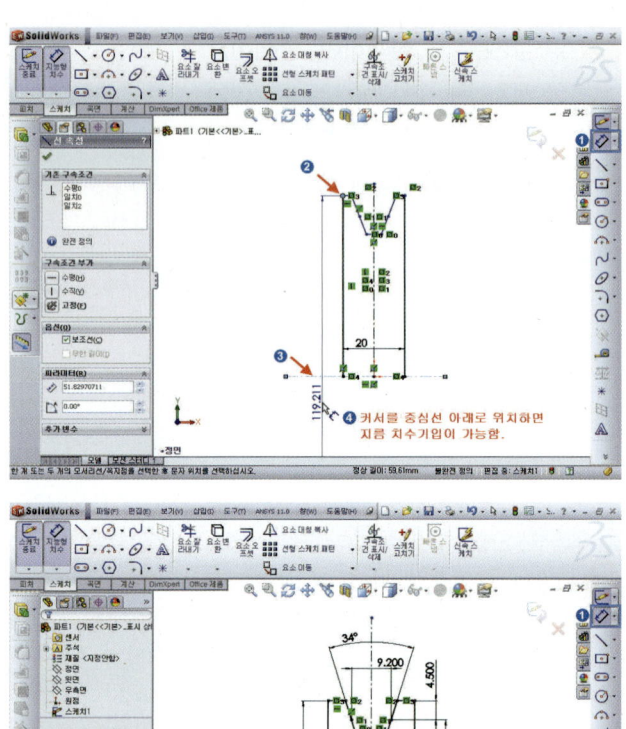] 선택 ➡ 지름
치수 입력(끝점 선택 ➡ 중심선
선택 ➡ 커서의 위치를 아래로)
한다.

7 **Spacebar** 누르면 방향 창에서
[등각보기] 더블클릭 ➡ 원하는
작업평면에 스케치 작업이 되었
는지 확인한다.

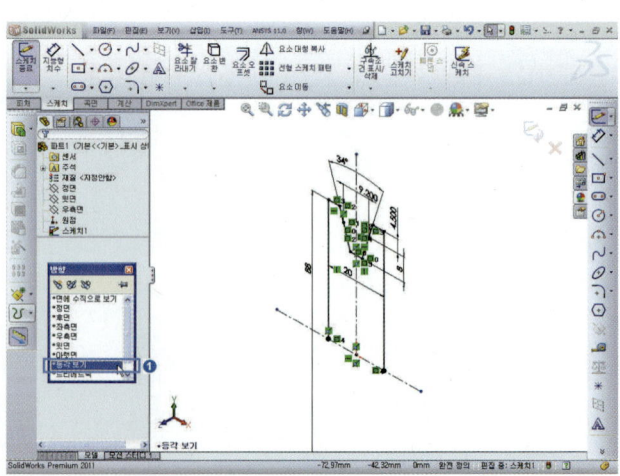

8 회전[ ] 선택 ➡ 스케치가 열려 있으므로 자동으로 스케치를 닫혀 주기 위해 ➡ 예(Y)를 누른다.

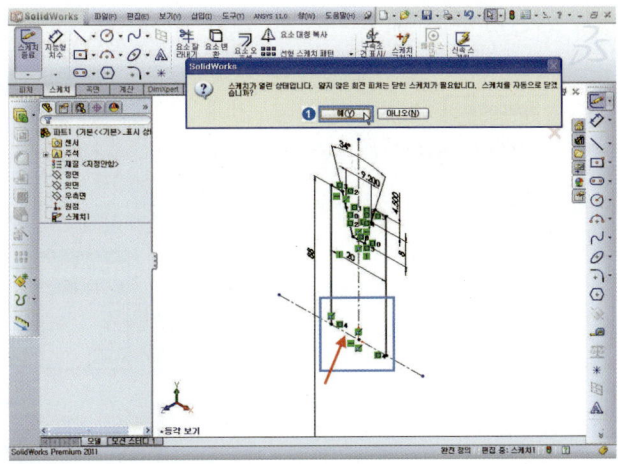

9 회전[ ] 선택 ➡ 회전축[ ] 선택, [ ][블라인드 형태], 각도 [ ]=360도 ➡ 확인[ ]을 누른다.

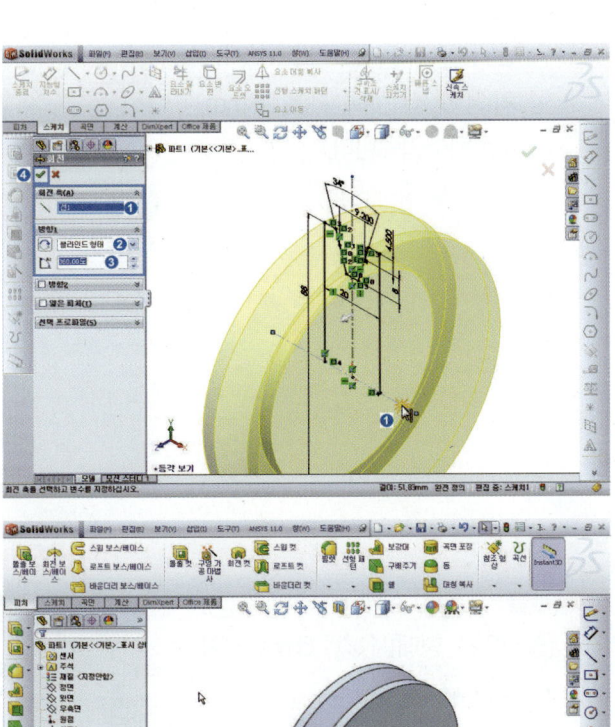

10 생성된 피처에 스케치면 선택
➡ 스케치 도구[✏️▾] 선택 ➡
[Spacebar] 누르면 방향창 [면에
수직으로 보기] 더블클릭 ➡ 스
케치 작업이 편하도록 수직하게
위치한다.

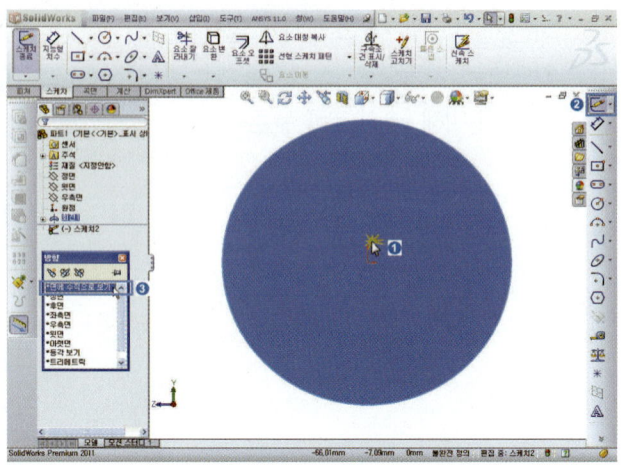

11 원[⊙▾] 선택 원 스케치 ➡ 지능
형 치수[◇▾] 선택 지름 28mm,
52mm 치수입력한다.

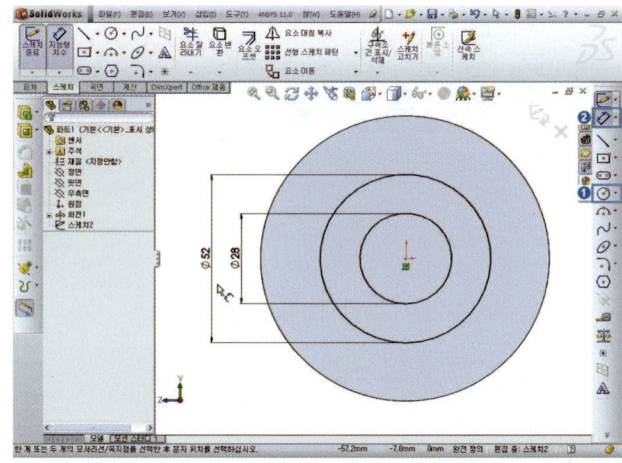

12 돌출 컷[▣] 선택 ➡ 방향 1[↗]
[블라인드 형태], [↕️] 6mm 입력
➡ 확인[✔️]을 누른다.

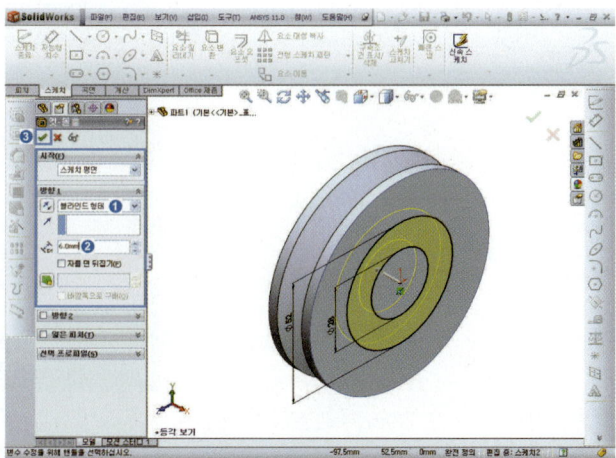

13 필렛[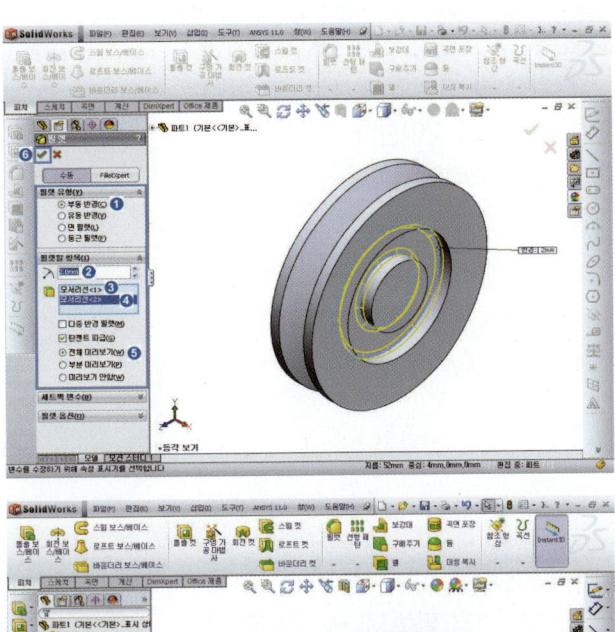] 선택 ➡ 반지름
R=2mm 입력 ➡ ③, ④모서리
선택 ➡ 확인[✔]을 누른다.

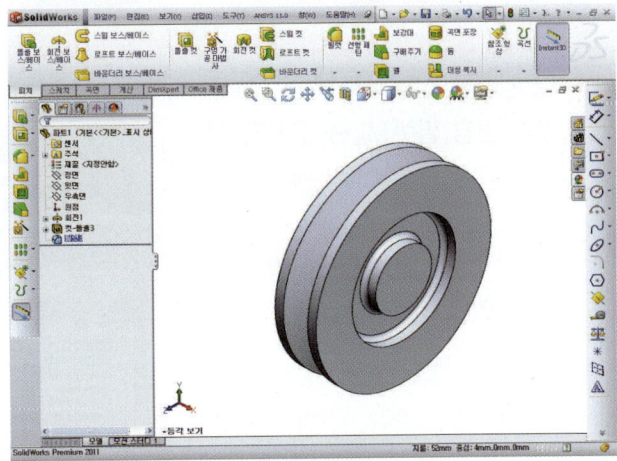

14 대칭복사[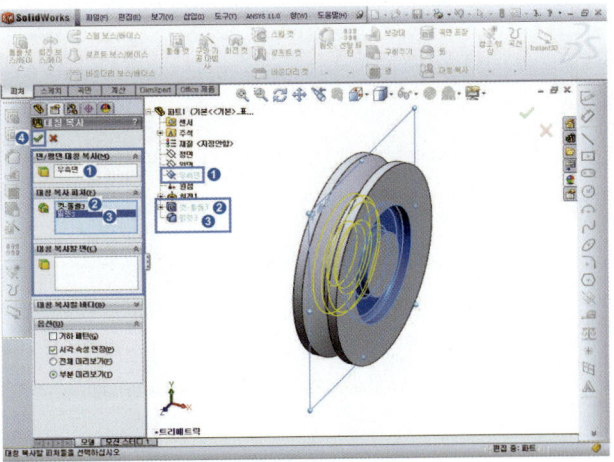] ➡ 면/평면 대칭
복사(M) ➡ 대칭복사 피처(②,③)
선택 ➡ 확인[✔]을 누른다.

15 뷰 회전[🔄] 선택 ➡ 그림처럼
회전 ➡ 모델의 대칭복사가 완성
되었는지 확인한다.

16 필렛[🟢] 선택 ➡ 부동반경(c),
다중 반경 필렛(M) ➡ 모서리 선
택, 반지름 2mm 입력 ➡ 모서리
선택, 반지름 1mm 입력 ➡ 모서
리 선택, 반지름 0.5mm 입력 필
렛 작업을 한다.(필렛 반경값 :
R0.5, R1 ,R2)

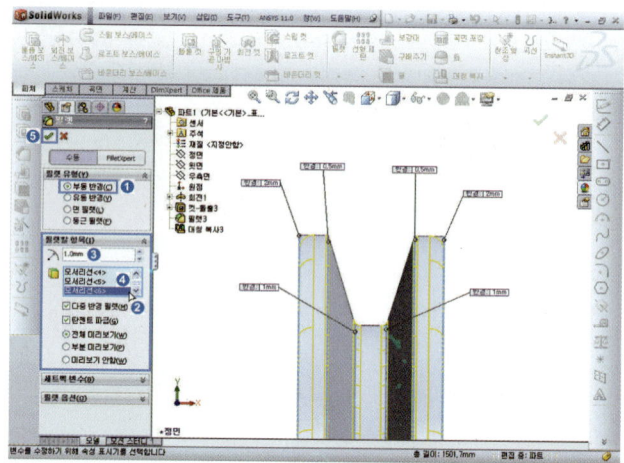

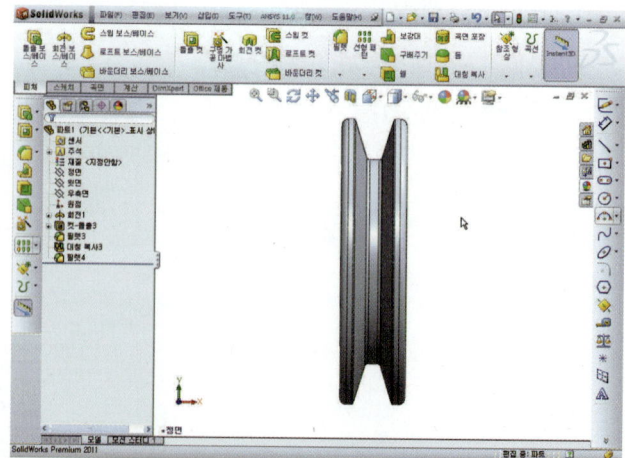

17 생성된 피처에 스케치면 선택
→ 스케치 도구[✏] 선택 →
Spacebar 누르면 방향창 [면에
수직으로 보기] 더블클릭 → 스
케치 작업이 편하도록 수직하게
위치한다.

■ **구멍의 키 홈 추가하기**

18 원[⊙] 선택, 원 스케치 → 중
심점사각형[▫] 스케치 → 중심
선[┃] 선택하여 중심선 스케치
한다.

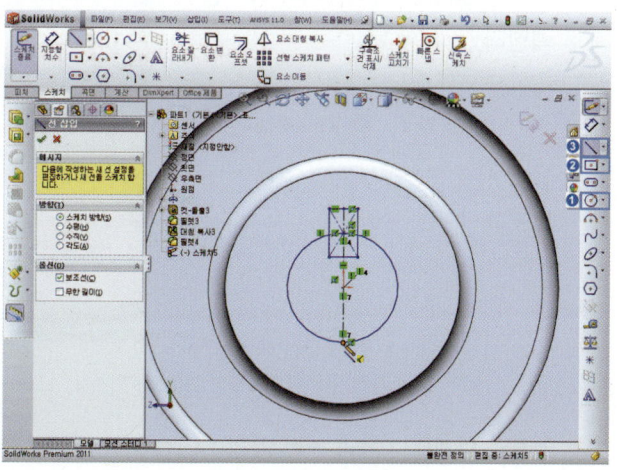

19 요소 잘라내기[✂] 선택 ➡ 근
접 잘라내기[┼] 선택 ➡ 원과
선이 겹치는 부분을 잘라낸다.

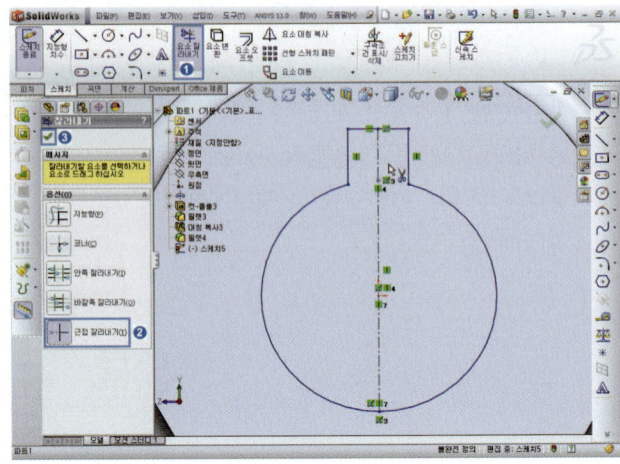

20 지능형 치수[◇·] 선택 ➡ 축의
직경+키홈의깊이=16.3mm, 키홈
의 폭=5mm, 축직경=14mm 입
력한다.

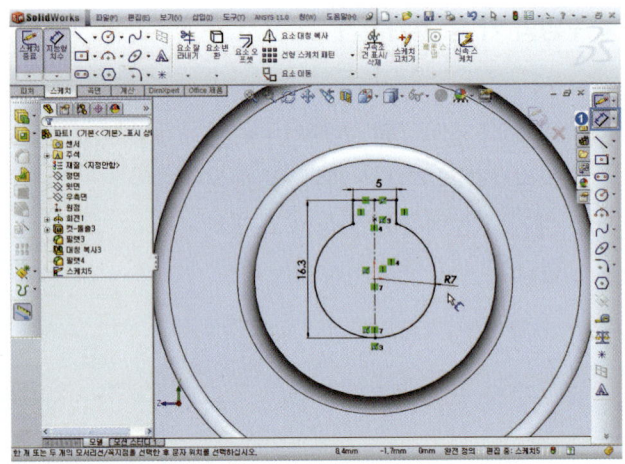

21 돌출-컷[▣] 선택 ➡ 방향 1
[⚲] [다음까지] 선택 ➡ 확인
[✓]을 누른다.

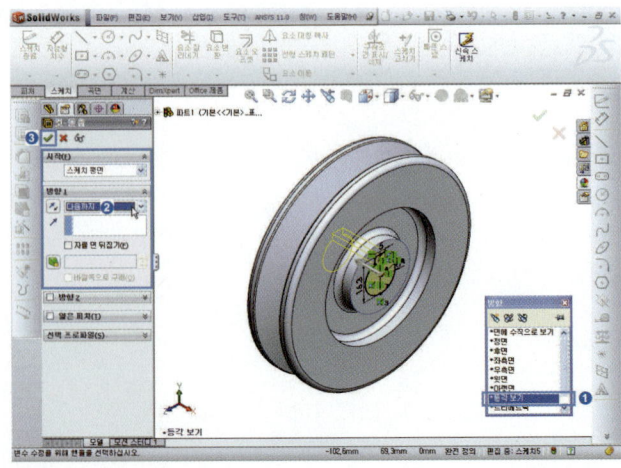

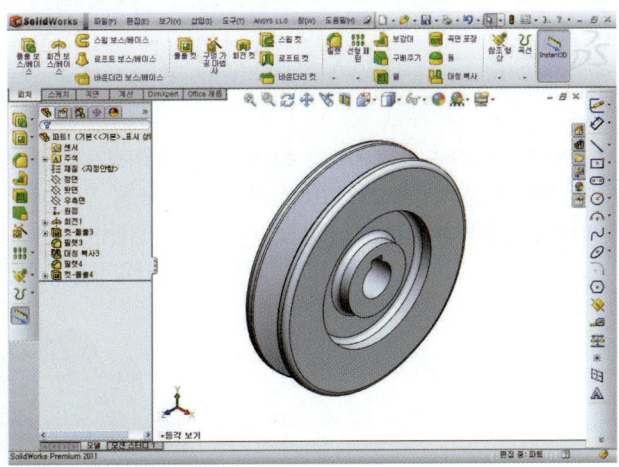

22 모따기[] 선택 ➡ 거리[ ] 1mm, 각도[ ] 45도 입력 ➡ 키홈의 2개 모서리 ➡ 확인[ ] 을 누른다.

23 V 벨트 풀리 모델을 완성한다.

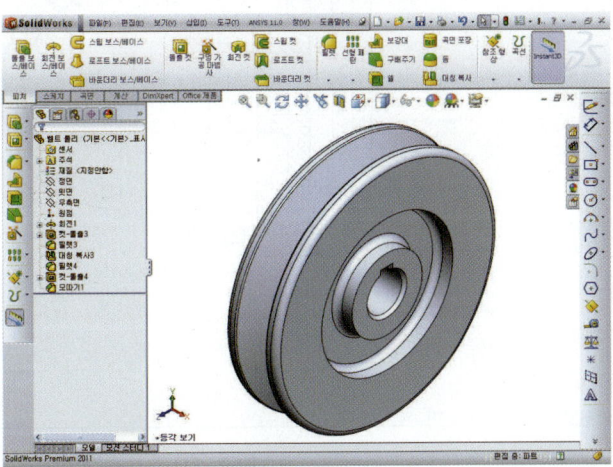

스프로킷(Sprocket) 모델링

동력전달에 이용되는 치차라고 생각하면 쉽게 이해가 된다. 체인 전동은 전동효율이 95%이상으로 속도비가 정확한 장점이 있으나 고속회전용으로는 소음 및 진동 때문에 부적합 한다. 스프로켓 휠의 잇수는 10~70개의 범위가 사용되지만 잇수가 적으면 원활한 운전을 할 수 없고 진동이 발생하여 수명이 단축되므로 보통 17개 이상이 바람직하다. 또한 마모를 균일하게 하려면 홀수개가 더 좋다.

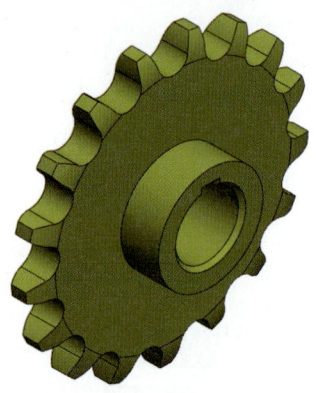

[그림 3-20] 스프로킷(Sprocket) 모델링

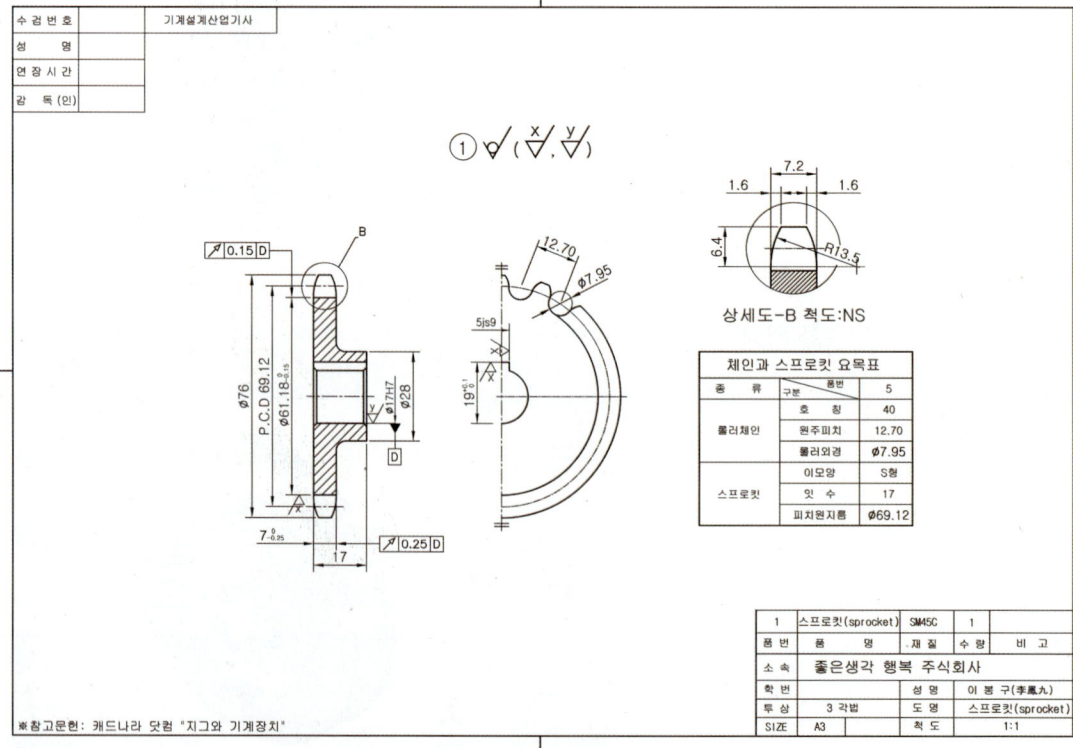

[그림 3-21] 스프로킷(Sprocket) 모델 도면

체인과 스프로킷 요목표		
종 류	구분 / 품번	5
롤러체인	호 칭	40
	원주피치	12.70
	롤러외경	Ø7.95
스프로킷	이모양	S형
	잇 수	17
	피치원지름	Ø69.12

상세도-B 척도:NS

1	스프로킷(sprocket)	SM45C	1	
품번	품 명	재 질	수 량	비 고
소 속	좋은생각 행복 주식회사			
학 번		성 명	이 봉 구(李鳳九)	
투 상	3 각법	도 명	스프로킷(sprocket)	
SIZE	A3	척 도	1:1	

■ 스프로킷(Sprocket) 모델링 순서

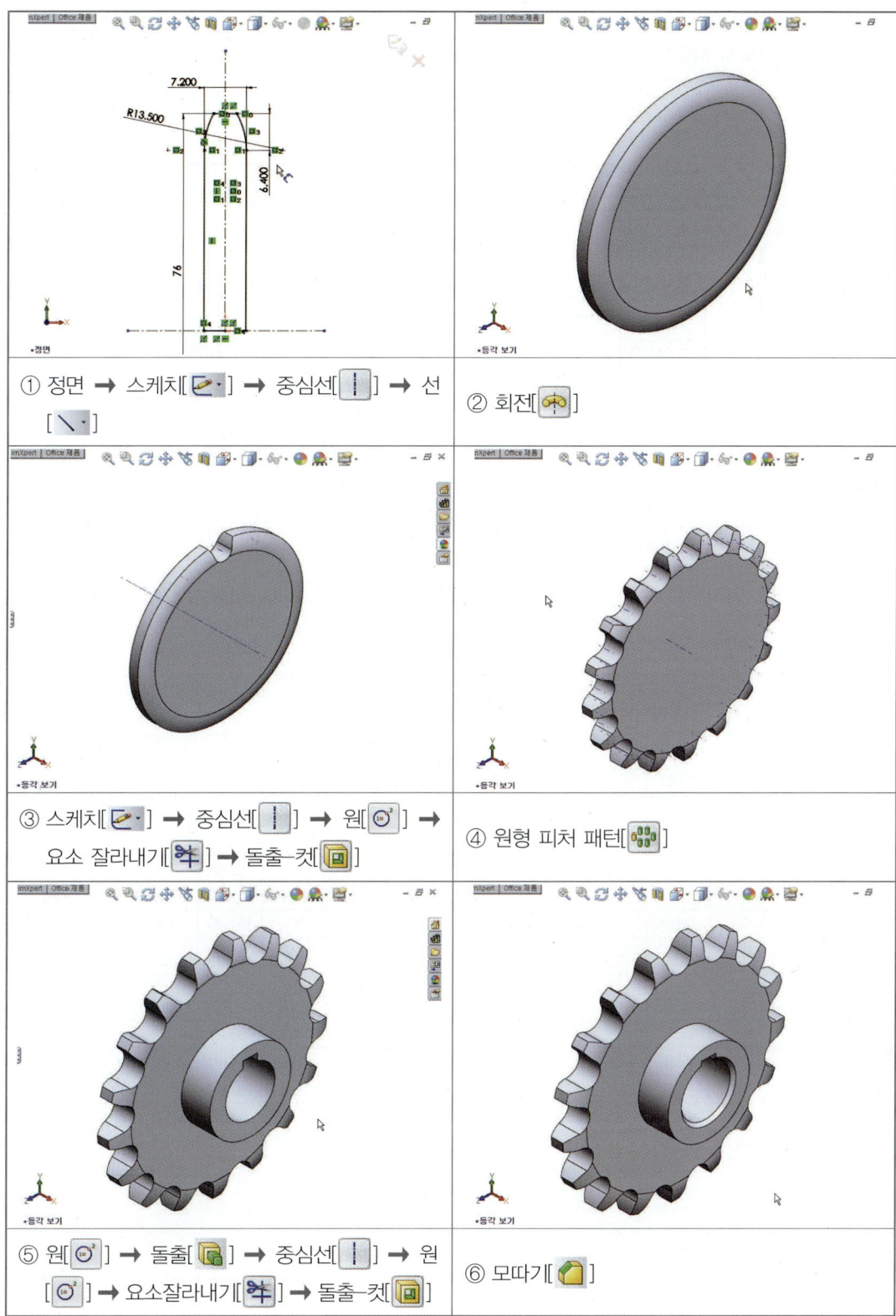

① 정면 ➡ 스케치[ ] ➡ 중심선[ ] ➡ 선
[ ]

② 회전[ ]

③ 스케치[ ] ➡ 중심선[ ] ➡ 원[ ] ➡
요소 잘라내기[ ] ➡ 돌출-컷[ ]

④ 원형 피처 패턴[ ]

⑤ 원[ ] ➡ 돌출[ ] ➡ 중심선[ ] ➡ 원
[ ] ➡ 요소잘라내기[ ] ➡ 돌출-컷[ ]

⑥ 모따기[ ]

롤러 체인용 스프로킷 치형 [KS B 1408]

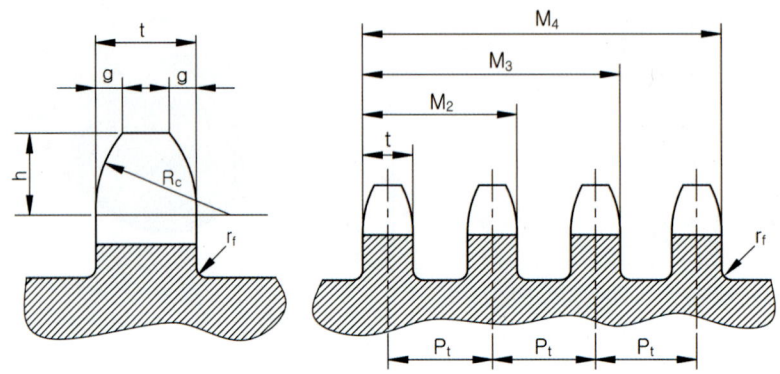

※ 가로치형이란, 톱니를 스프로킷의 축을 포함하는 평면으로 절단했을 때의 단면 모양을 말한다.

[스프로킷의 가로 치형의 모양 및 치수]

[스프로킷의 가로 치형의 기본치수] (단위: mm)

호칭번호	가로치형							가로피치 P_t	적용 롤러 체인 (참고)		
	모떼기나비 g (약)	모떼기깊이 h (약)	모떼기[1]반지름 Rc (최소)	둥글기[2] r_f (최대)	이나비 t (최대)				피치 p	롤러바깥지름 d_1 (최대)	안쪽 링크안쪽 나비 b_1 (최소)
					홀줄	2줄, 3줄	4줄 이상				
25	0.8	3.2	6.8	0.3	2.8	2.7	2.4	6.4	6.35	3.30(3)	3.10
35	1.2	4.8	10.1	0.4	4.3	4.1	3.8	10.1	9.525	5.08(3)	4.68
41(4)	1.6	6.4	13.5	0.5	5.8	–	–	–	12.70	7.77	6.25
40	1.6	6.4	13.5	0.5	7.2	7.0	6.5	14.4	12.70	7.95	7.85
50	2.0	7.9	16.9	0.6	8.7	8.4	7.9	18.1	15.875	10.16	9.40
60	2.4	9.5	20.3	0.8	11.7	11.3	10.6	22.8	19.05	11.91	12.57
80	3.2	12.7	27.0	1.0	14.6	14.1	13.3	29.3	25.40	15.88	15.75
100	4.0	15.9	33.8	1.3	17.6	17.0	16.1	35.8	31.75	19.05	18.90
120	4.8	19.0	40.5	1.5	23.5	22.7	21.5	45.4	38.10	22.23	25.22
140	5.6	22.2	47.3	1.8	23.5	22.7	21.5	48.9	44.45	25.40	26.22
160	6.4	25.4	54.0	2.0	29.4	28.4	27.0	58.5	50.80	28.58	31.55
200	7.9	31.8	67.5	2.5	35.3	34.1	32.5	71.6	63.50	39.68	37.85
240	9.5	38.1	81.0	3.0	44.1	42.7	40.7	87.8	76.70	47.63	47.35

주 (1) Rc 는 일반적으로는 표에 표시한 최소값을 사용하지만 이 값 이상 무한대(이 때 원호는 직선이 된다.)가 되어도 좋다.
　　(2) r_f(최대)는 보스 지름 및 홈지름의 최대값 DH 를 사용했을 때의 값이다.
　　(3) 이 경우 d_1은 부시 바깥지름을 표시한다.
　　(4) 41은 홀줄만으로 한다.

비고 총 이나비 M2, M3, M4, ……, Mn =Pt(n−1)+t n:줄수

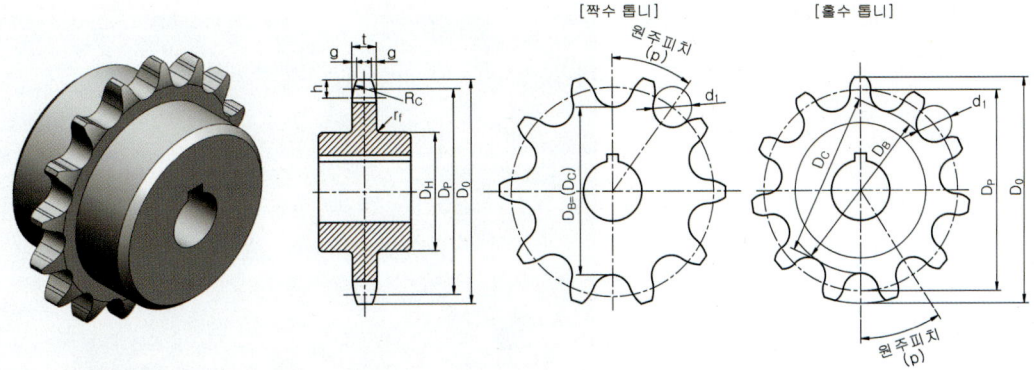

[호칭번호 25]

[롤러 체인용 스프로킷의 기준치수(호칭번호 40)]   (단위: mm)

잇수 N	피치원지름 D_P	바깥지름 D_O	이뿌리원지름 D_B	이뿌리거리 D_C	최대보스지름 D_H	잇수 N	피치원지름 D_P	바깥지름 D_O	이뿌리원지름 D_B	이뿌리거리 D_C	최대보스지름 D_H
11	45.08	51	37.13	36.67	30	56	226.50	234	218.55	218.55	213
12	49.07	55	41.12	41.12	34	57	230.54	238	222.59	222.50	217
13	53.07	59	45.12	44.73	38	58	234.58	242	226.63	226.63	221
14	57.07	63	49.12	49.12	42	59	238.62	246	230.67	230.59	225
15	61.08	67	53.13	52.80	46	60	242.66	250	234.71	234.71	229
16	65.10	71	57.15	57.15	50	61	246.70	254	238.75	238.67	233
17	69.12	76	61.17	60.87	54	62	250.74	258	242.79	242.79	237
18	73.14	80	66.19	65.19	59	63	254.78	262	246.83	246.76	241
19	77.16	84	69.21	68.95	63	64	258.83	266	250.88	250.88	245
20	81.18	88	73.23	73.23	67	65	262.87	270	254.92	254.84	249
21	85.21	92	77.26	77.02	71	66	266.91	274	258.96	258.96	253
22	89.24	96	81.29	81.29	75	67	270.95	278	263.00	262.92	257
23	93.27	100	85.32	85.10	79	68	274.99	282	267.04	267.04	261
24	97.30	104	89.35	89.35	83	69	279.03	286	271.08	271.01	265
25	101.33	108	93.38	93.18	87	70	283.07	290	275.12	275.12	269
26	105.36	112	97.41	97.41	91	71	287.11	294	279.16	279.09	273
27	109.40	116	101.45	101.26	95	72	291.16	299	283.21	283.21	277
28	113.43	120	105.48	105.48	99	73	295.20	303	287.25	287.18	281
29	117.46	124	109.51	109.34	103	74	299.24	307	291.29	291.29	286
30	121.50	128	113.55	113.55	107	75	303.28	311	295.33	295.26	290
31	125.53	133	117.58	117.42	111	76	307.32	315	299.37	299.37	294
32	129.57	137	121.62	121.62	115	77	311.36	319	303.41	303.35	298
33	133.61	141	125.66	125.50	120	78	315.40	323	307.45	307.45	302
34	137.64	145	129.69	129.69	124	79	319.44	327	311.49	311.43	306
35	141.68	149	133.73	133.59	128	80	323.49	331	315.54	315.54	310
36	145.72	153	137.77	137.77	132	81	327.53	335	319.58	319.52	314
37	149.75	157	141.80	141.67	136	82	331.57	339	323.62	323.62	318
38	153.79	161	145.84	145.84	140	83	335.61	343	327.66	327.60	322
39	157.83	165	149.88	149.75	144	84	339.65	347	331.70	331.70	326
40	161.87	169	153.92	153.92	148	85	343.69	351	335.74	335.69	330
41	165.91	173	157.96	157.83	152	86	347.73	355	339.78	339.78	334
42	169.95	177	162.00	162.00	156	87	351.78	359	343.83	343.77	338
43	173.98	181	166.03	165.92	160	88	355.82	363	347.87	347.87	342
44	178.02	185	170.07	170.07	164	89	359.86	367	351.91	351.85	346
45	182.06	189	174.11	174.00	168	90	363.90	371	355.95	355.95	350
46	186.10	193	178.15	178.15	172	91	367.94	375	359.99	359.94	354
47	190.14	197	182.19	182.09	176	92	371.99	379	364.04	364.04	358
48	194.18	201	186.23	186.23	180	93	376.03	383	368.08	368.02	362
49	198.22	205	190.27	190.17	184	94	380.07	387	372.12	372.12	366
50	202.26	209	194.31	194.31	188	95	384.11	392	376.16	376.11	370
51	206.30	214	198.35	198.25	192	96	388.15	396	380.20	380.20	374
52	210.34	218	202.39	202.39	196	97	392.20	400	384.25	384.19	379
53	214.38	222	206.43	206.34	201	98	396.24	404	388.29	388.29	383
54	218.42	226	210.47	210.47	205	99	400.28	408	392.33	392.28	387
55	222.46	230	214.51	214.42	209	100	404.32	412	396.37	396.37	391

1 파일 ➡ 새문서(N)[🗋 새 문서]를
클릭한다.

2 새문서 창에서 파트 [🗐] 선택
➡ [확인]을 누른다.

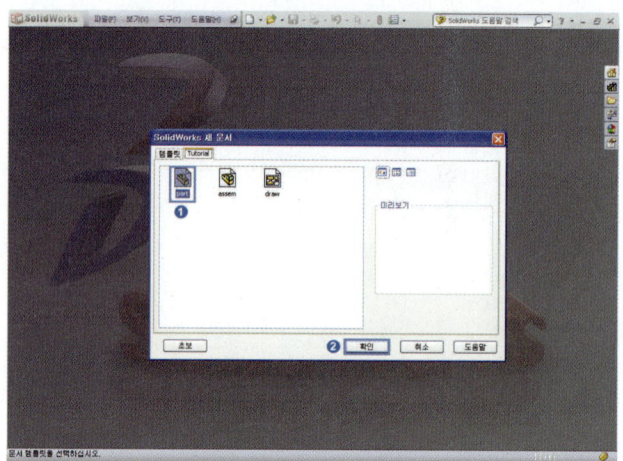

3 스케치를 생성할 작업평면[정면]
을 선택 ➡ 스케치 도구[🖉·]
선택한다.

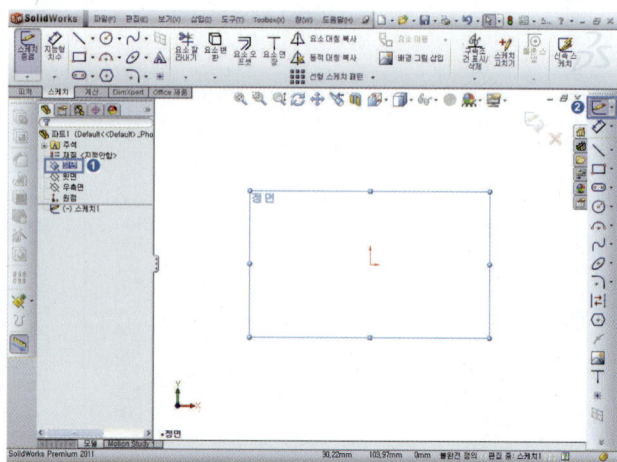

🔓 4 중심선[│] 선택 중심선을 스케
치 ➡ 선[\] 스케치 ➡ 접원
호[🕘] 선택 원호 스케치한다.

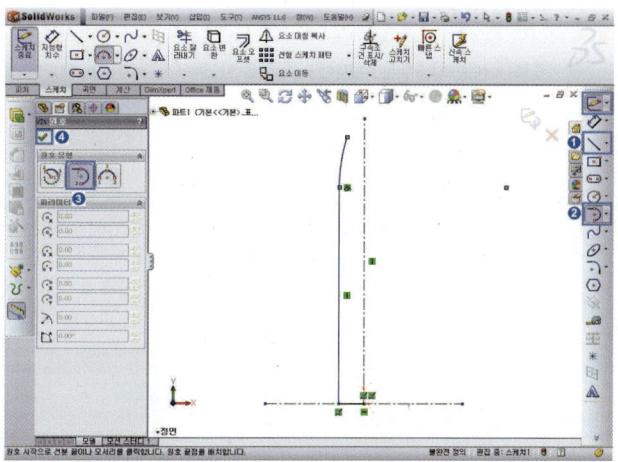

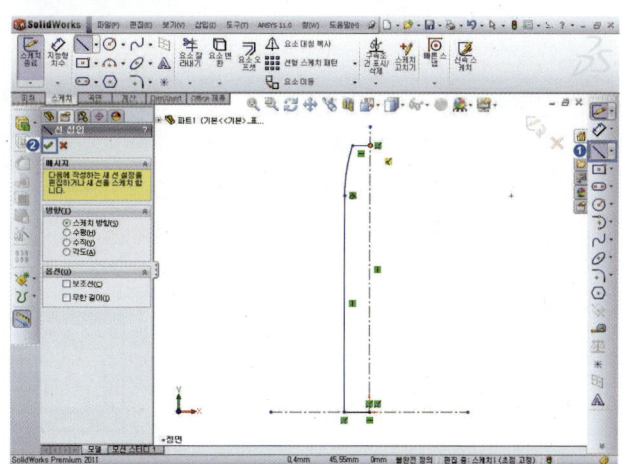

🔓 5 대칭복사[⚠] 선택 ➡ 대칭복사
기준[│]=(①중심선) 선택 ➡ 대
칭 복사할 항목(3개의 선) 선택
[⚠] ➡ 확인[✓]을 누른다.

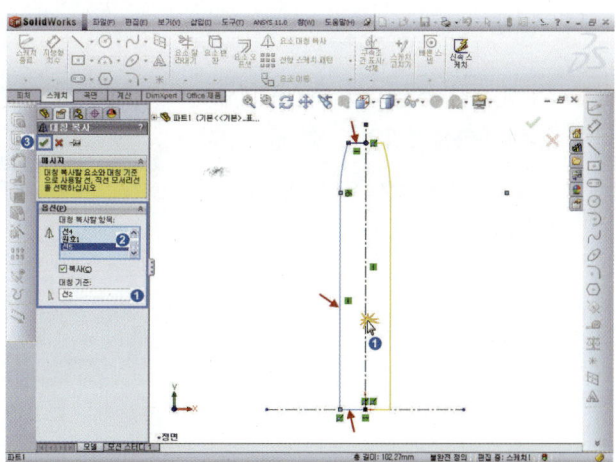

6 지능형 치수[✐] 선택 ➡ 아래
그림처럼 치수입력(KS 규격 및
도면 참고)한다.

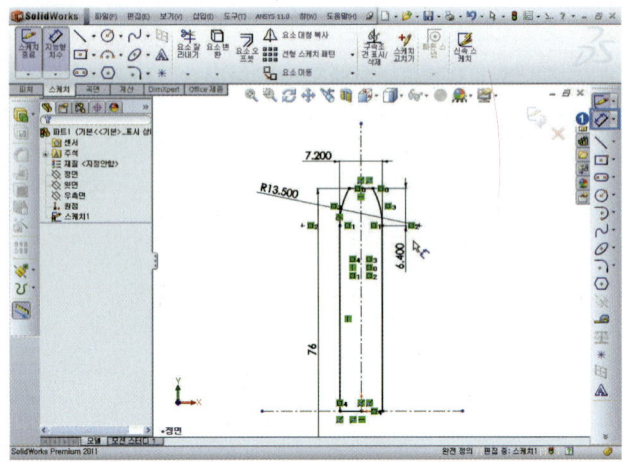

7 [Spacebar] 누르면 방향창 [등
각보기] 더블클릭 ➡ 스케치 작
업[완전정의] 완성되었는지 확인
한다.

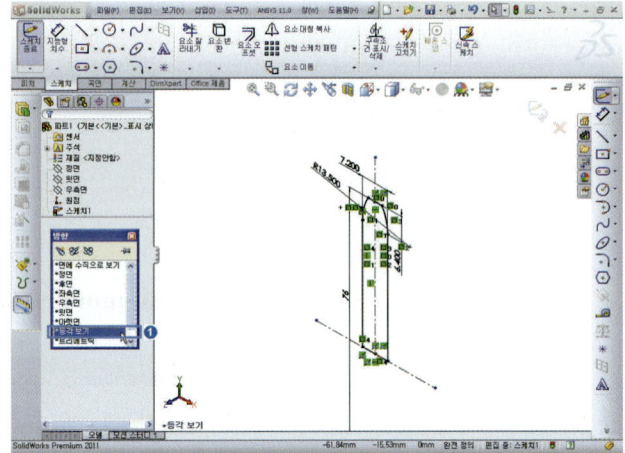

8 회전[🔄] 선택 ➡ 회전축[✐]
선택, [🔄][블라인드 형태], 각도
[🔄]=360도 ➡ 확인[✔]을 누
른다.

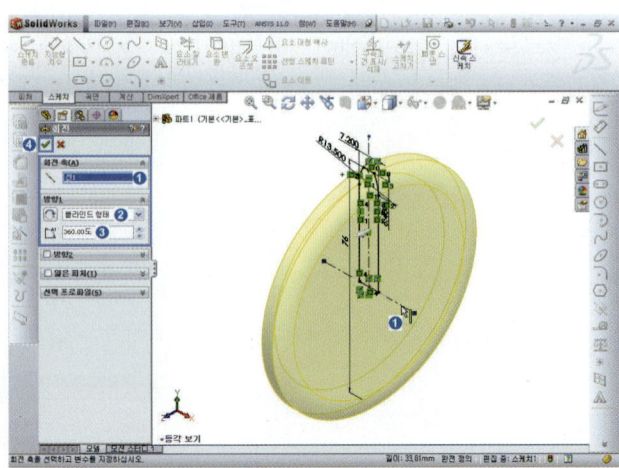

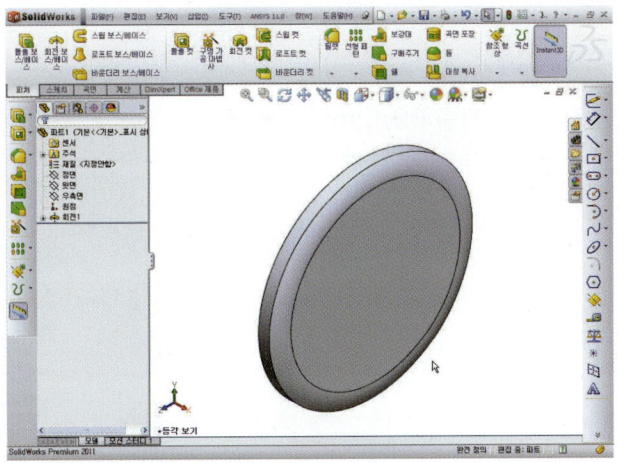

9 피처 스케치면 선택 ➡ 스케치
도구[✏️ ▾] 선택 ➡ [**Spacebar**]
누르면 방향창 [면에 수직으로
보기] 더블클릭 ➡ 스케치 작업
이 편하도록 수직하게 위치한다.

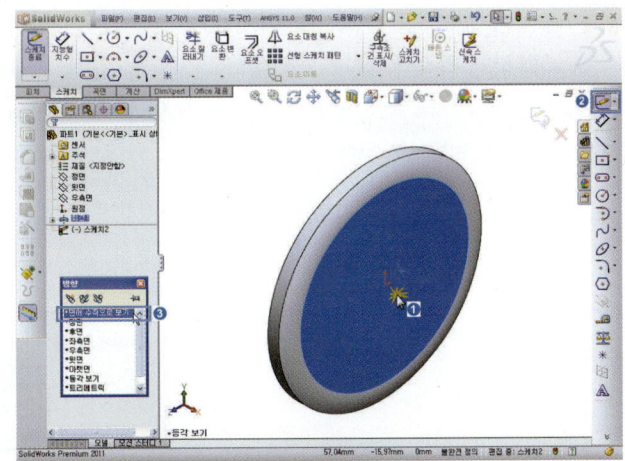

10 원[⊙] 선택 ➡ 원 스케치한다.

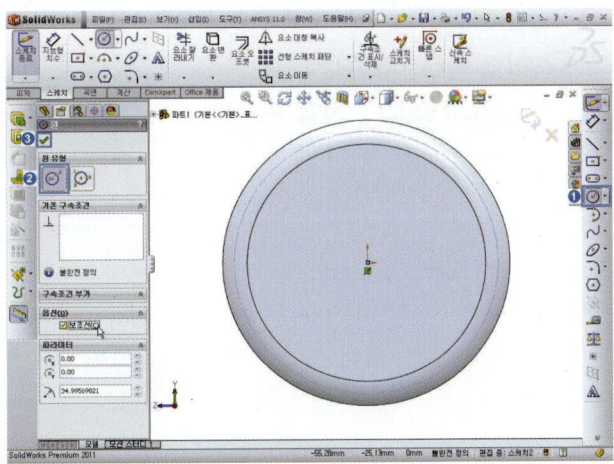

11 원[⊙] 선택 ➡ 지능형 치수
[◇] 선택 ➡ 외경:76mm, 피
치원 지름:69.12mm, 롤러외
경:7.95mm 입력한다.

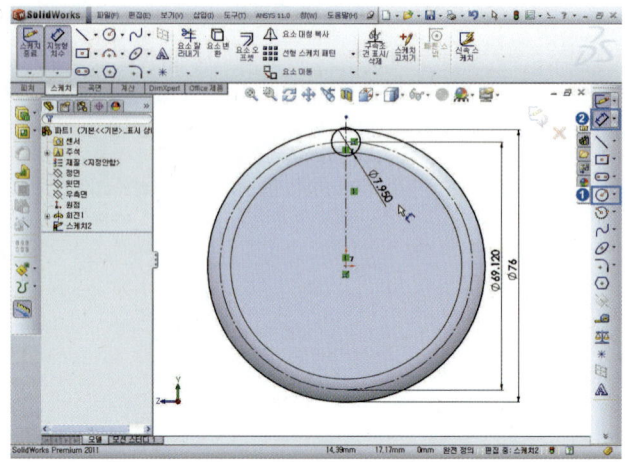

12 중심점 회[⟳] 선택 ➡ 피치원
지름상에 중심점 호 스케치한다.

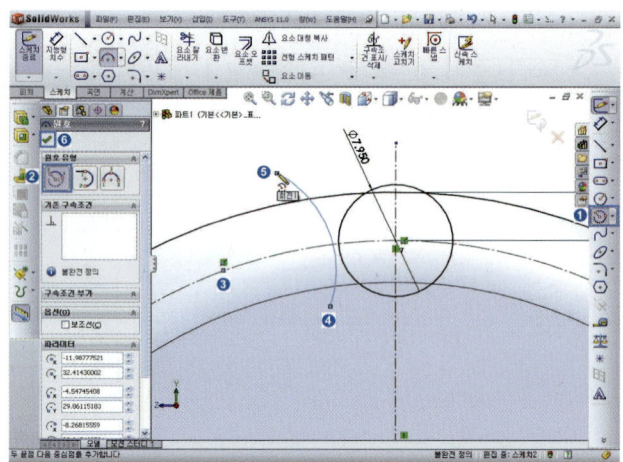

13 키보드 Ctrl 누른 상태에서 원과
중심점 원호(①,②) 선택 ➡ 구속
조건[◇ 탄젠트(A)] 선택 ➡ 2개
요소가 접한다.

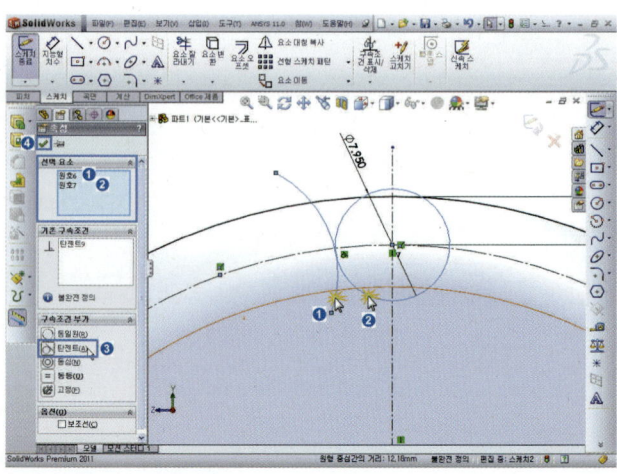

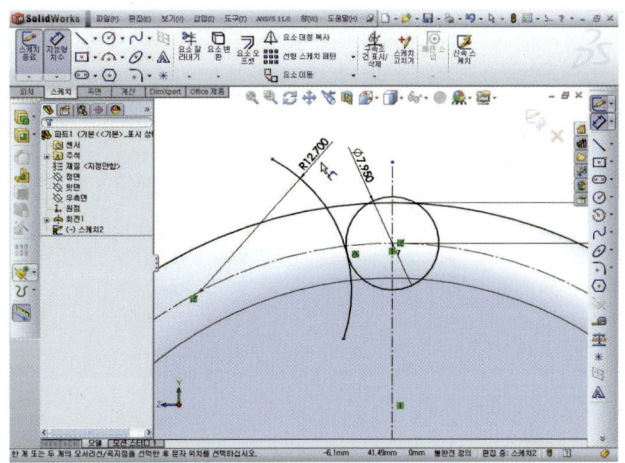

14 요소 잘라내기[✂] 선택 ➡
[╬] 근접 잘라내기(T) 선택 ➡
③중심점 호 선택하여 잘라낸다.

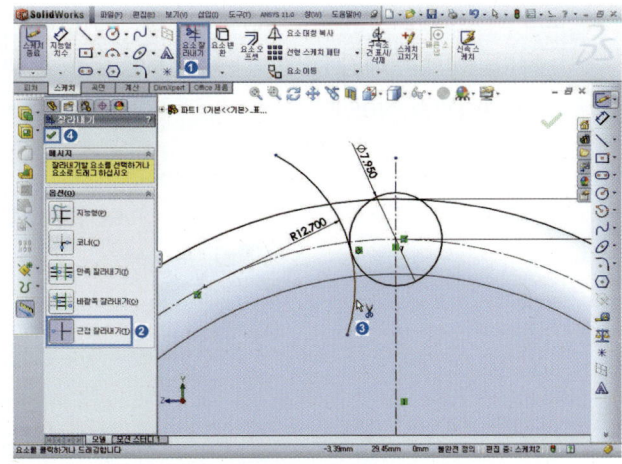

15 대칭복사[▲] 선택 ➡ 대칭복사
기준[╲]=①중심선) 선택 ➡ 대
칭 복사할 항목(선②) 선택[▲]
➡ 확인[✔]을 누른다.

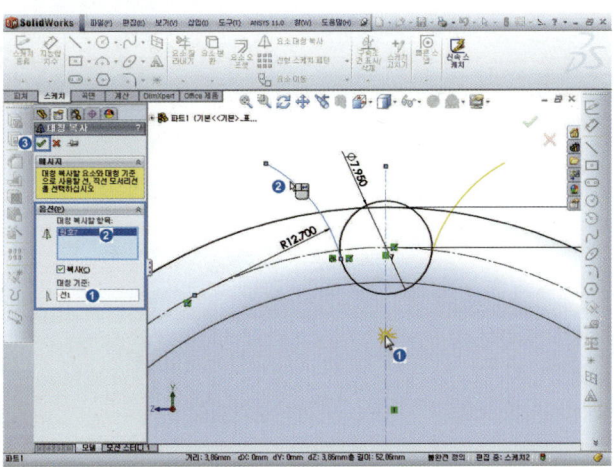

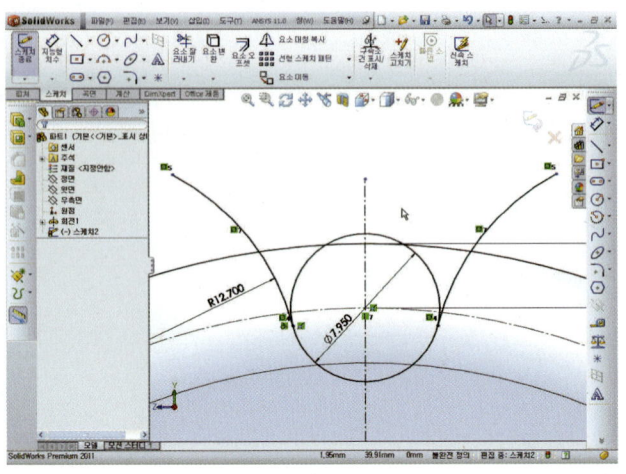

16 요소 잘라내기[🔧] 선택 ➡
[➕] [근접 잘라내기(T)] 선택 ➡
아래 그림처럼 잘라낸다.

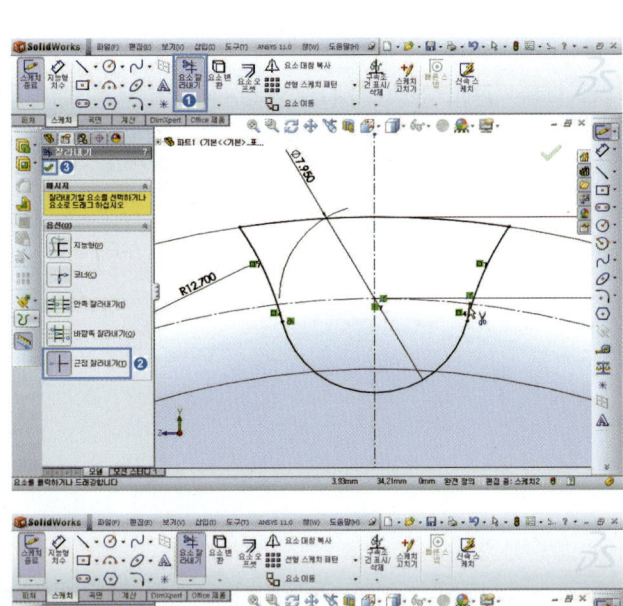

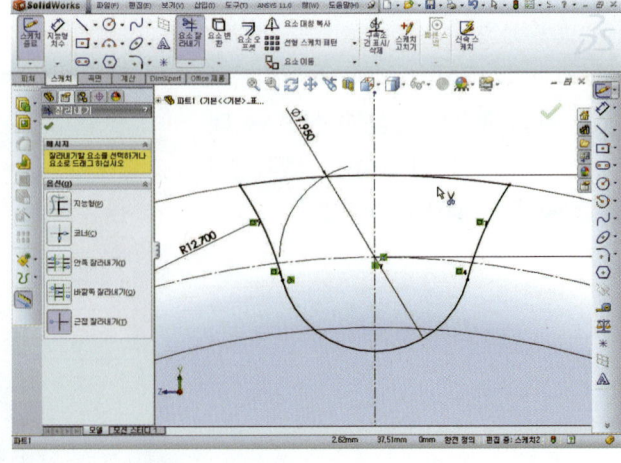

17 **Spacebar** 누르면 방향창 [등
각 보기] 더블클릭 ➡ 스케치 작
업[완전정의] 완성되었는지 확인
한다.

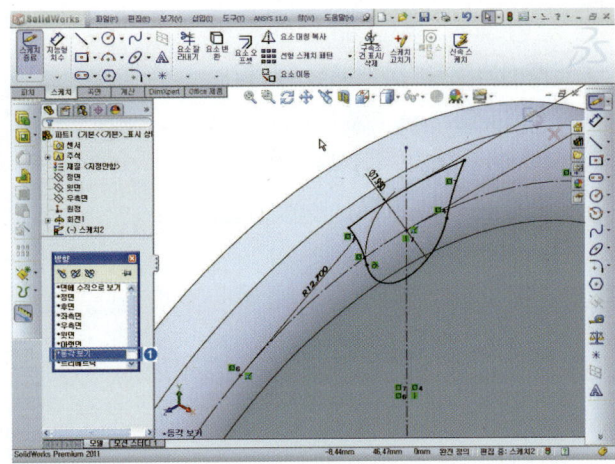

18 돌출-컷[🔲] ➡ 방향 1[↗][관
통] 선택 ➡ 확인[✅]을 누른다.

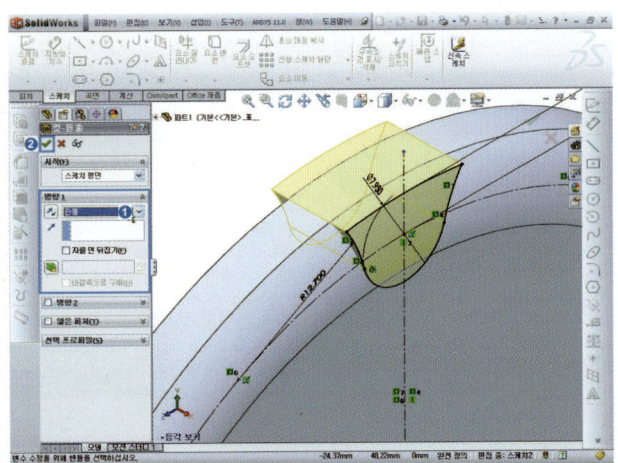

19 도구모음 보기(V) ➡ 임시축[🔅]
선택하여 임시축(③ 임시축)이 나
타나게 한다.

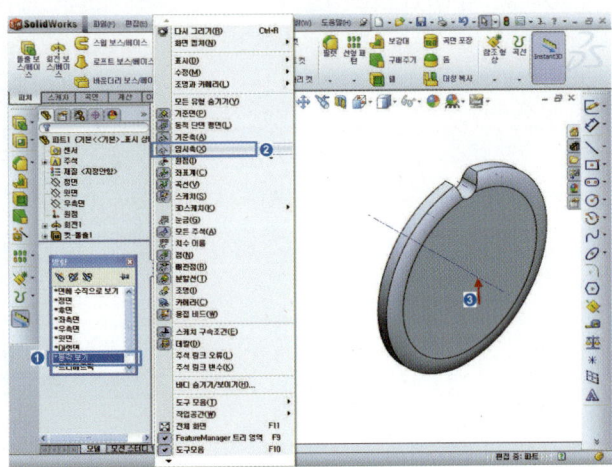

20 원형 피처 패턴[🔲] 선택 ➡
[🔄]기준축(①) 선택 ➡ 각도
[📐]360도 ➡ [🔲] 패턴할 개
수 17개 입력, ☑ 동등 간격(E)
체크 ➡ 패턴할 피처(④컷−돌출
1) 선택한다.

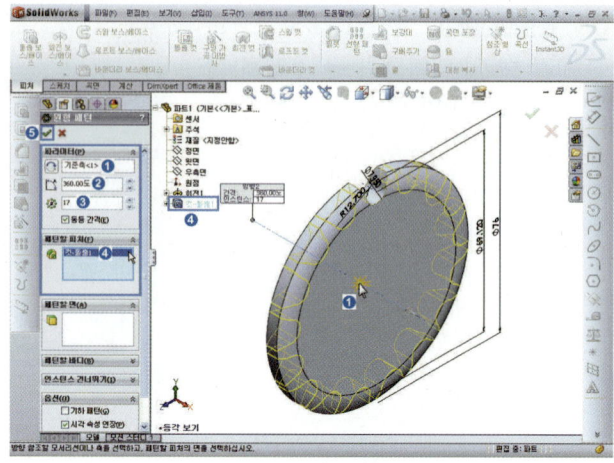

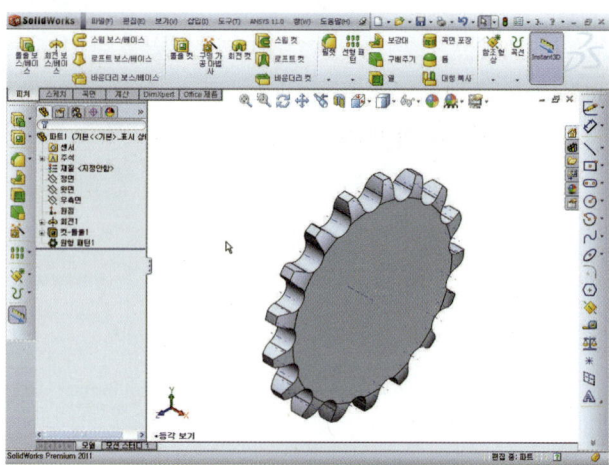

21 도구모음 보기(V) ➡ 임시축[👓]
선택하여 임시축을 감춘다.

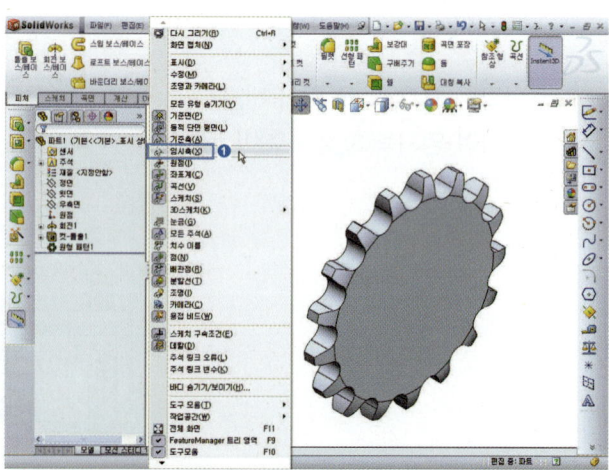

22 피처 스케치면 선택 ➡ 스케치 도구[✎▾] 선택 ➡ [Spacebar] 누르면 방향창 [면에 수직으로 보기] 더블클릭 ➡ 스케치 작업이 편하도록 수직하게 위치한다.

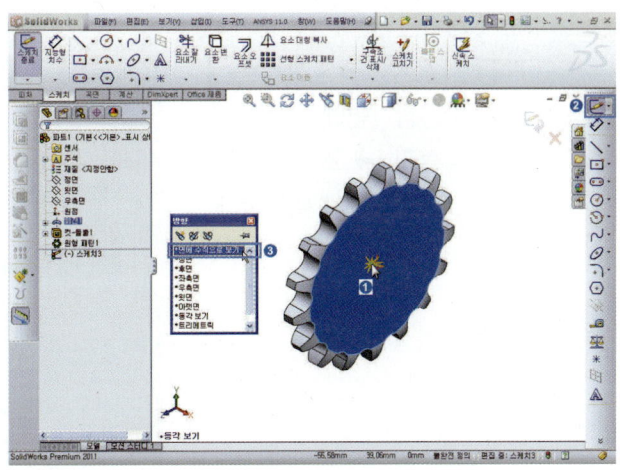

23 원[◯] 선택하여 원 스케치 ➡ 지능형 치수[◇▾] 지름 28mm 입력한다.

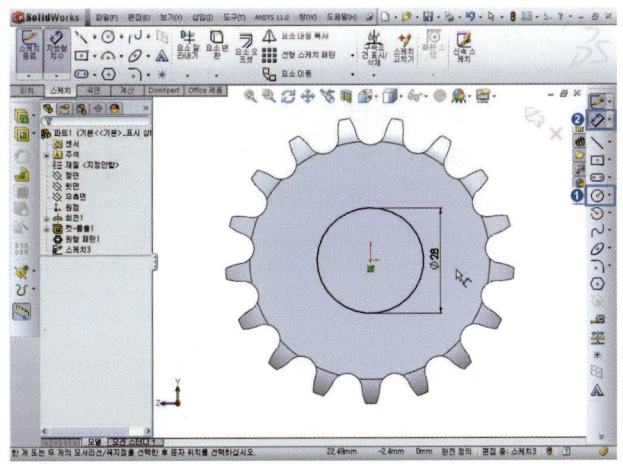

24 [Spacebar] 방향창 [등각보기] ➡ 돌출[▣] ➡ 방향 1[↗], [블라인드 형태], [◇] 높이 10mm 입력 ➡ 확인[✔]을 누른다.

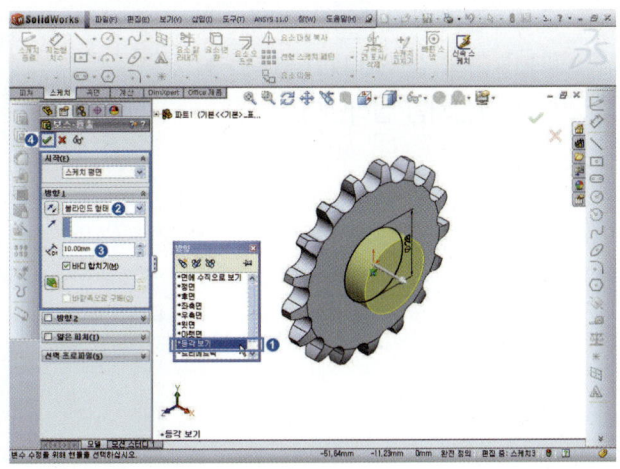

25 피처 스케치면 선택 ➡ 스케치 도구[✏️▾] 선택 ➡ **Spacebar** 누르면 방향창 [면에 수직으로 보기] 더블클릭 ➡ 스케치 작업이 편하도록 수직하게 위치한다.

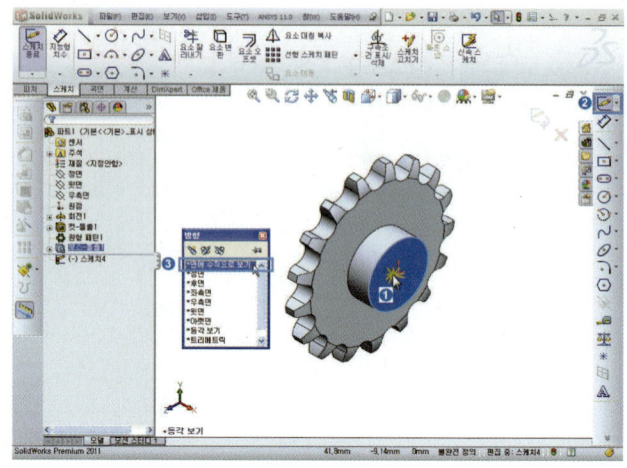

26 피처 스케치면 선택 ➡ 스케치 도구[✏️▾] 선택 ➡ **Spacebar** 누르면 방향창 [면에 수직으로 보기] 더블클릭 ➡ 스케치 작업이 편하도록 수직하게 위치한다.

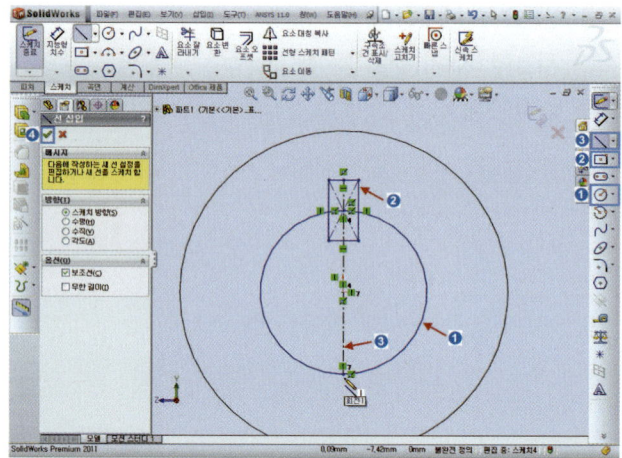

27 요소 잘라내기[✂️] 선택 ➡ [➕] 근접 잘라내기(T) 선택 ➡ 아래 그림처럼 잘라낸다.

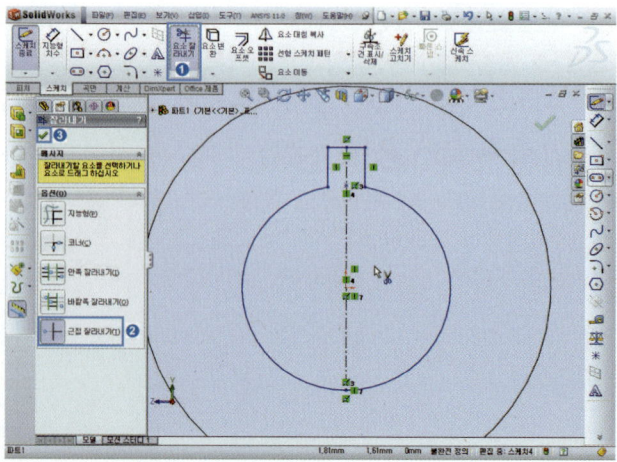

28 지능형 치수[✏ ▾] 선택 ➡ 아래
그림처럼 구멍의 키홈 치수입력
한다.

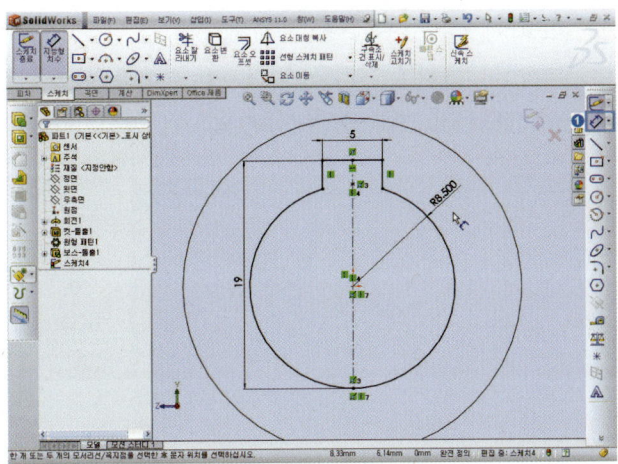

29 **Spacebar** 누르면 [등각보기]
더블클릭 ➡ 돌출-컷[▣], 방향
1[↗], [다음까지] ➡ 확인[✅]
을 누른다.

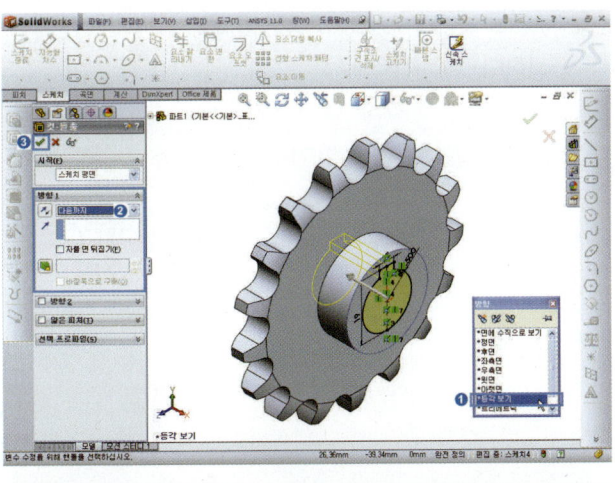

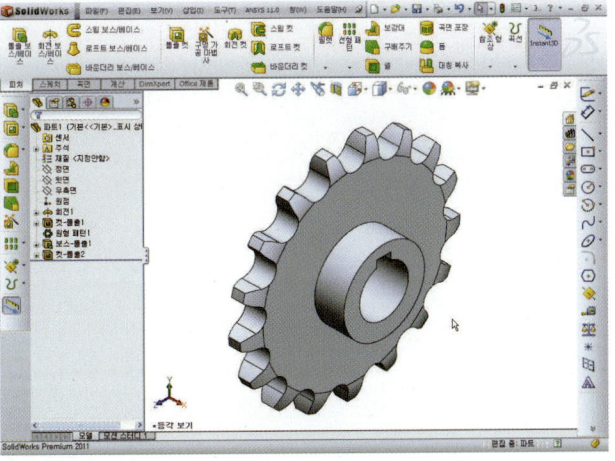

30 모따기[🟨] 선택 ➡ 거리[🔧] 1mm, 각도[📐] 45도 입력 ➡ ④,⑤모서리 선택 ➡ 확인[✅]을 누른다.

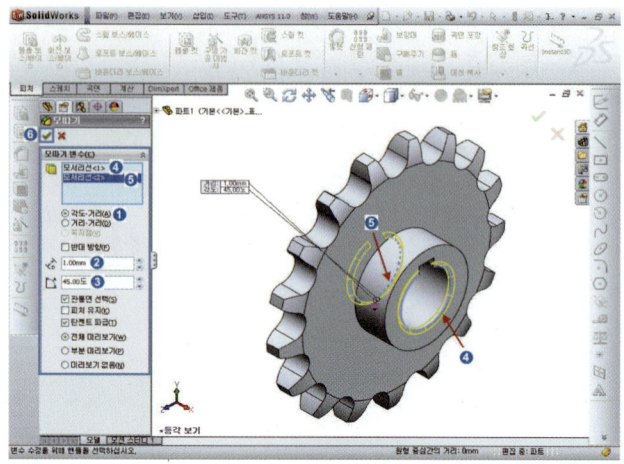

31 스프로킷(Sprocket) 모델링을 완성한다.

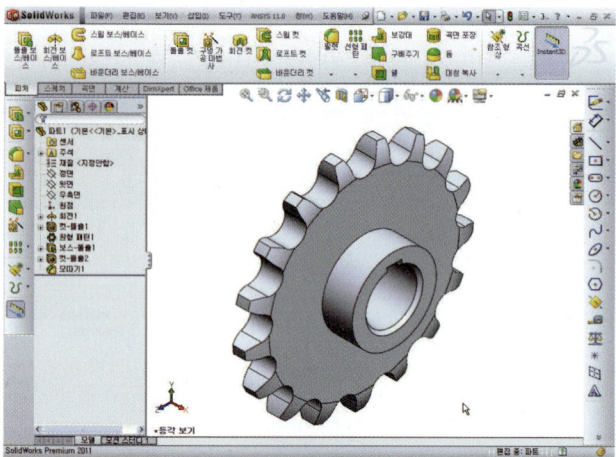

볼 베어링(Ball bearing) 모델링

[그림 3-22] 볼 베어링(Ball bearing) 모델링

■ 깊은 홈 볼베어링(Bearing) 모델링 순서

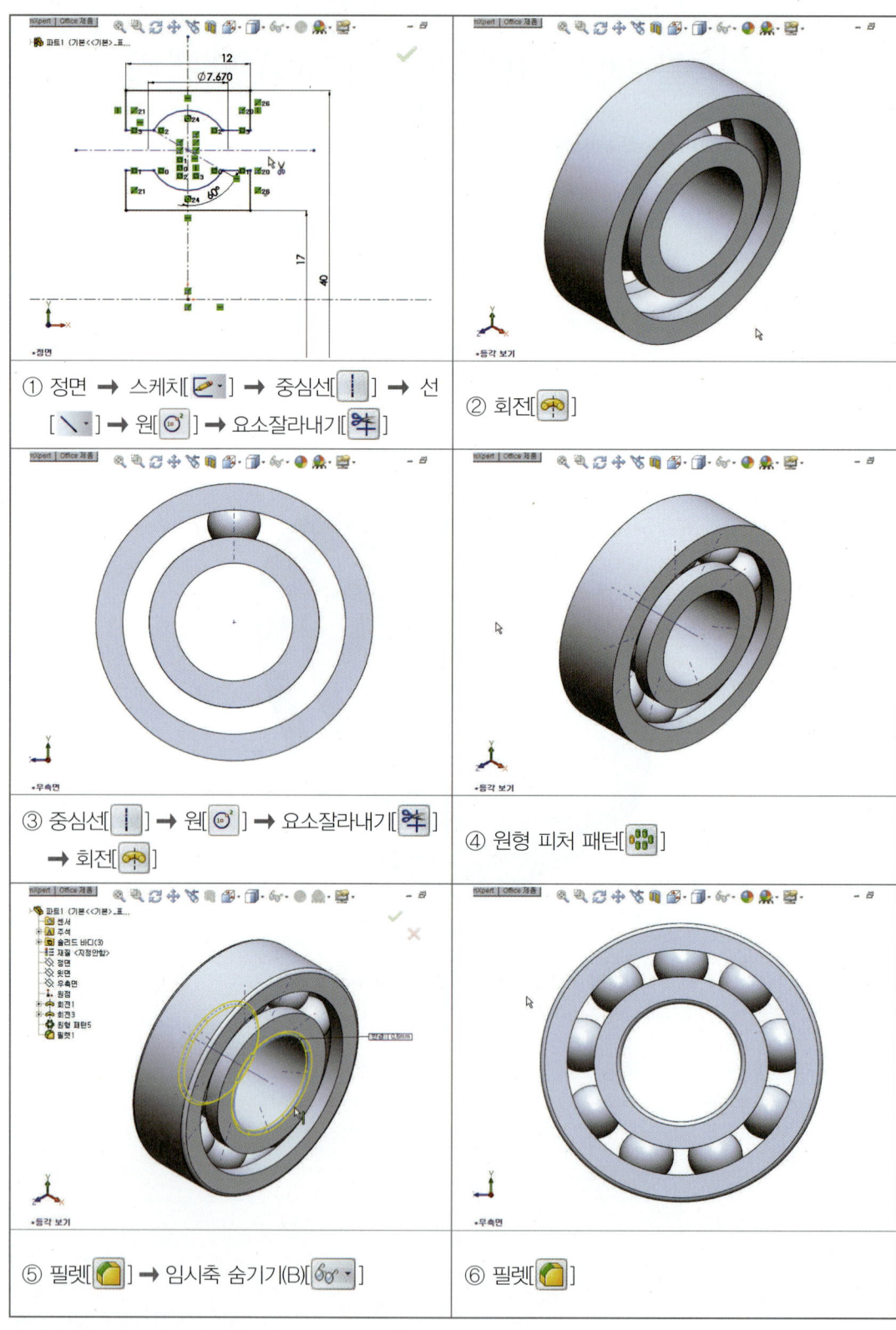

① 정면 ➡ 스케치[ ] ➡ 중심선[ ] ➡ 선
[ ] ➡ 원[ ] ➡ 요소잘라내기[ ]

② 회전[ ]

③ 중심선[ ] ➡ 원[ ] ➡ 요소잘라내기[ ]
➡ 회전[ ]

④ 원형 피처 패턴[ ]

⑤ 필렛[ ] ➡ 임시축 숨기기(B)[ ]

⑥ 필렛[ ]

깊은 홈 볼 베어링(Deep Groove Ball Bearings)   [KS B 2023 ➡ 대응국제규격 ISO 15:1998]

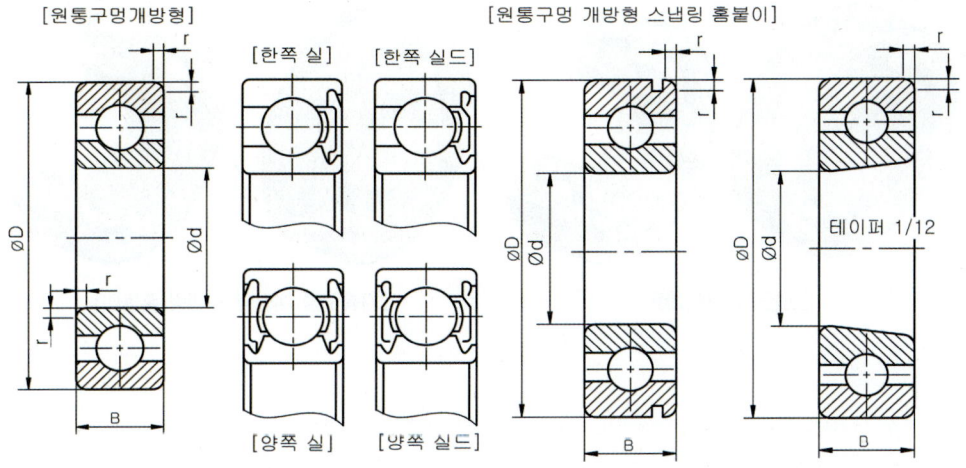

[베어링 계열 62 베어링의 종류 및 모양]

[베어링 계열 62 베어링의 호칭번호 및 치수]   (단위: mm)

베어링번호	치 수								정격 동하중
	내경(d)		외경(D)		두께(B)		r(Min.)		CR(N)
	mm	inch	mm	inch	mm	inch	mm	inch	Newtons
6200	10	0.3937	30	1.1811	9	0.3543	0.6	0.025	5100
6201	12	0.4724	32	1.2598	10	0.3937	0.6	0.025	6800
6202	15	0.5906	35	1.3780	11	0.4331	0.6	0.025	7650
6203	17	0.6693	40	1.5748	12	0.4724	0.6	0.025	9550
6204	20	0.7874	47	1.8504	14	0.5512	1.0	0.04	12800
6205	25	0.9843	52	2.0472	15	0.5906	1.0	0.04	14000
6206	30	1.1811	62	2.4409	16	0.6299	1.0	0.04	19500
6207	35	1.3780	72	2.8346	17	0.6693	1.0	0.04	25700
6208	40	1.5748	80	3.1496	18	0.7087	1.1	0.04	29100
6209	45	1.7717	85	3.3465	19	0.7480	1.1	0.04	32500
6210	50	1.9685	90	3.5433	20	0.7874	1.1	0.04	35000
6211	55	2.1654	100	3.9370	21	0.8268	1.5	0.06	43500
6212	60	2.3622	110	4.3307	22	0.8661	1.5	0.06	52500
6213	65	2.5591	120	4.7244	23	0.9055	1.5	0.06	57000
6214	70	2.7559	125	4.9213	24	0.9449	1.5	0.06	–

깊은 홈 볼 베어링(Deep Groove Ball Bearings) 모델링

[원통구멍 개방형]   [원통구멍 개방형 스냅링 홈붙이]

베어링 제도법 (KS B 0004 폐지된 규격) – 비례치수에 의한 제도법

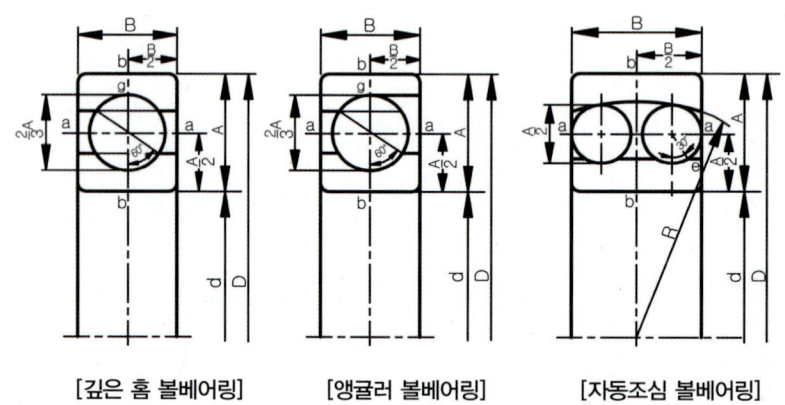

[깊은 홈 볼베어링]   [앵귤러 볼베어링]   [자동조심 볼베어링]

1 파일 ➡ 새문서(N)[📄 새 문서]를
클릭한다.

2 새문서 창에서 파트[🦾] 선택
Part
➡ [확인]을 누른다.

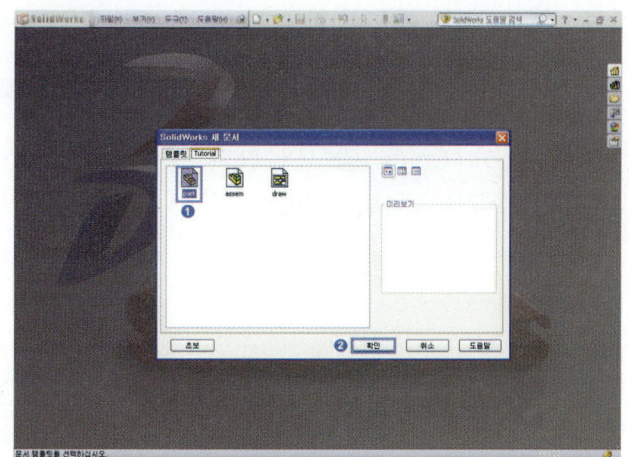

3 스케치를 생성할 작업평면[정면]
을 선택 ➡ 스케치 도구[✏️]
선택한다.

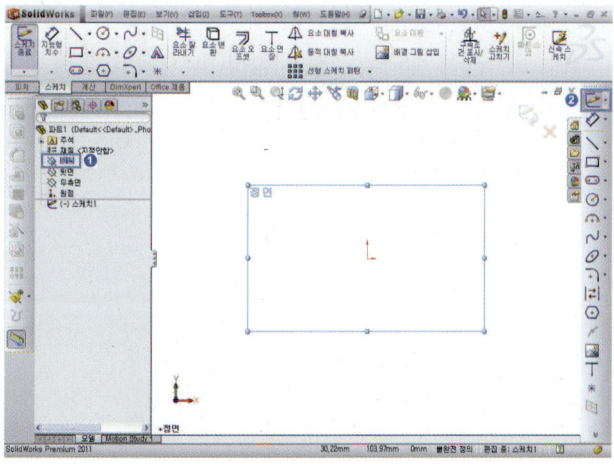

4 중심선[ ] 선택 중심선 스케치
→ 중심점 사각형[ ] 선택, 중
심선을 기준으로 사각형 스케치
한다.

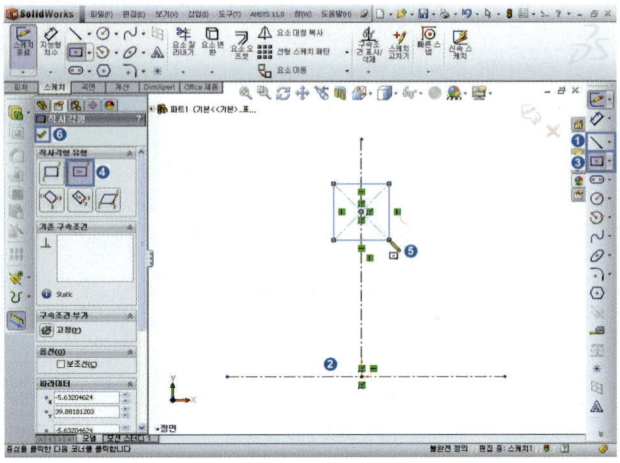

5 지능형 치수[ ] 선택 → 베어
링 형상치수를 규격에 따라 폭
(B):12mm 안지름(d):17mm, 바깥
지름(D):40mm, 강구의 크기
(2/3)A=7.670mm를 입력한다.

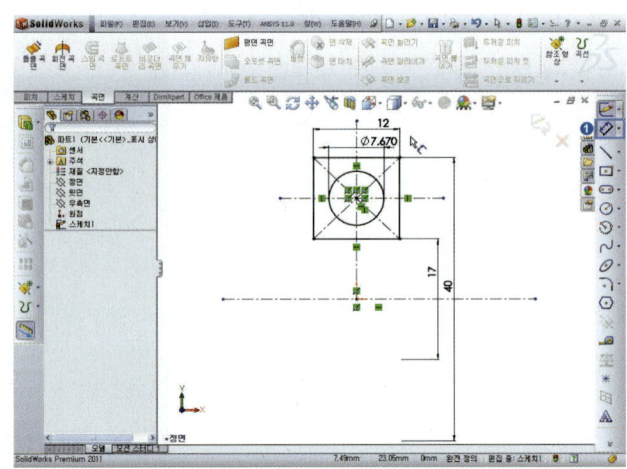

6 요소 잘라내기[ ] 선택 →
[ ] 근접 잘라내기를 지정하여
아래 그림과 같은 스케치를 완성
한다.

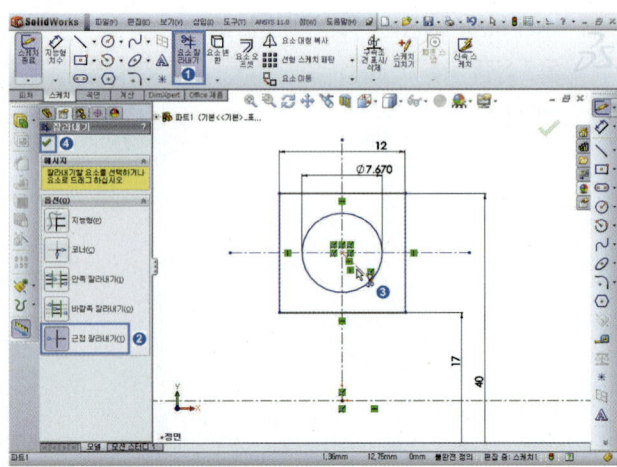

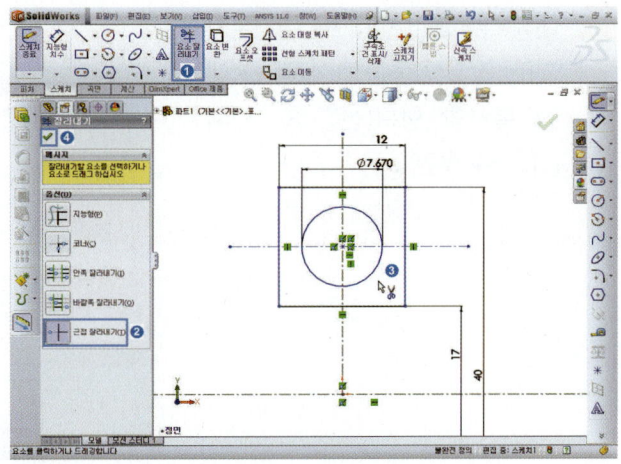

🔓 7 중심선[│] 선택, 중심선 스케
치 ➡ 지능형 치수[◇▾] 선택
각도 60도 치수입력한다.

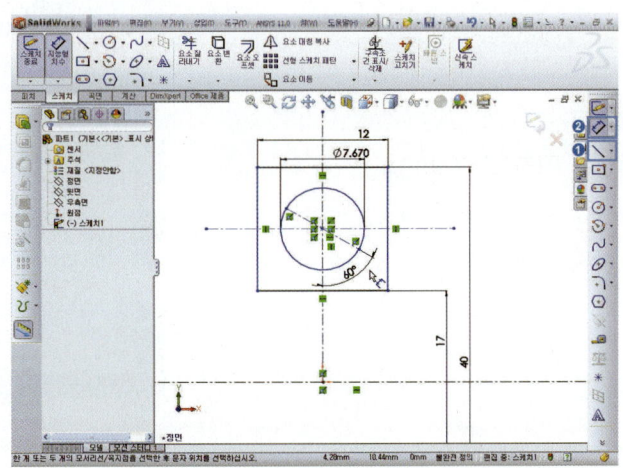

🔓 8 선[＼▾] 선택 ➡ 원과 각도 60
도 중심선이 만나는 점을 연결하
는 선을 스케치한다.

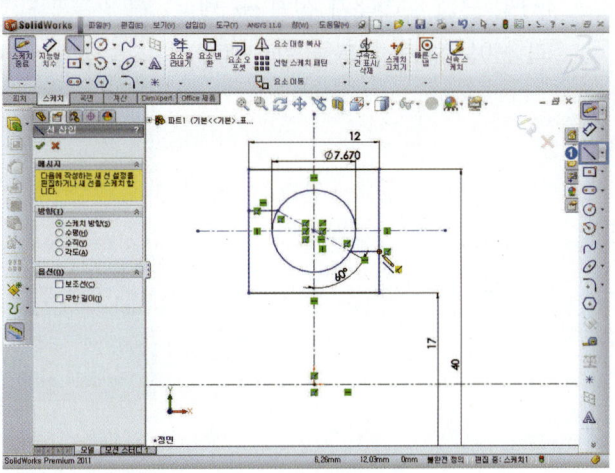

9 대칭복사[⚠] 선택 ➡ 대칭복사 기준[⚟]=①중심선) 선택 ➡ 대칭 복사할 항목(선②,③) 선택 [⚠] ➡ 확인[✅] 누른다.

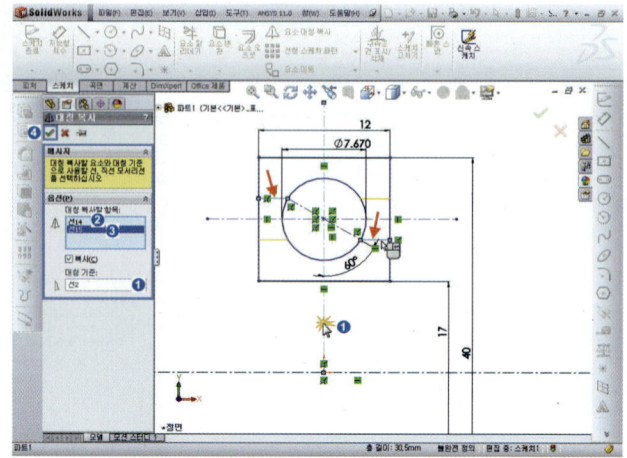

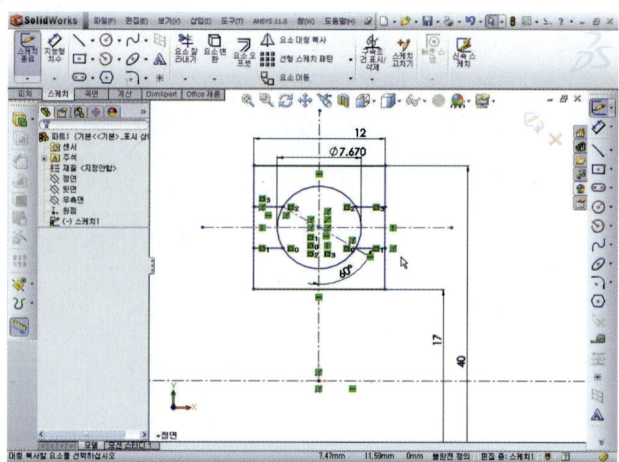

10 요소 잘라내기[✂] 선택 ➡ [⊢] 근접 잘라내기 선택 ➡ 원과 선이 겹치는 부분을 잘라낸다.

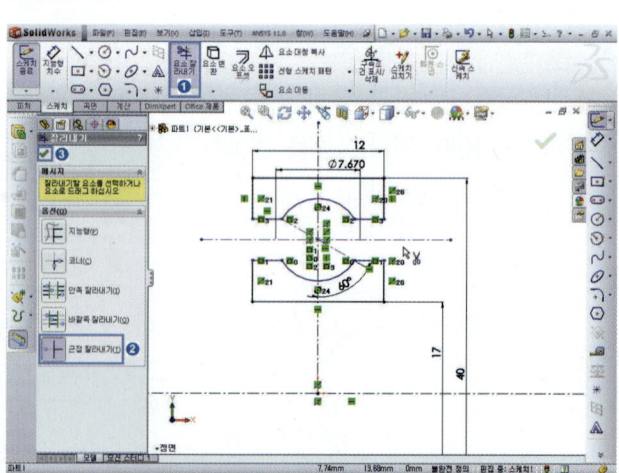

11 **Spacebar** 누르면 방향창 [등각
보기] 더블클릭 ➡ 원하는 작업
평면에 스케치 작업이 되었는지
확인한다.

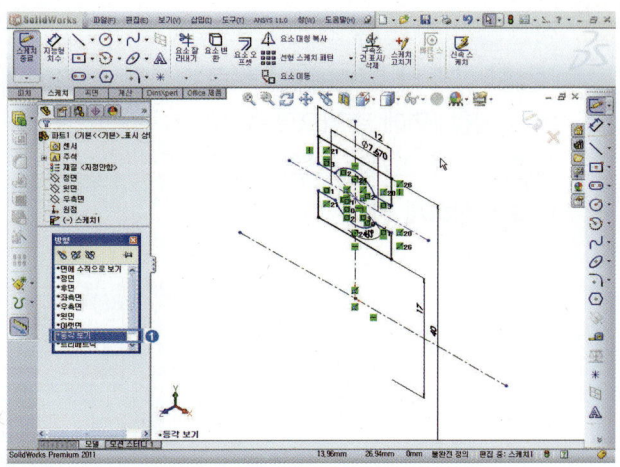

12 회전[ ] 선택 ➡ 회전축[ ]
① 선택, [ ][블라인드 형태],
각도[ ]=360도 ➡ 확인[ ]을
누른다.

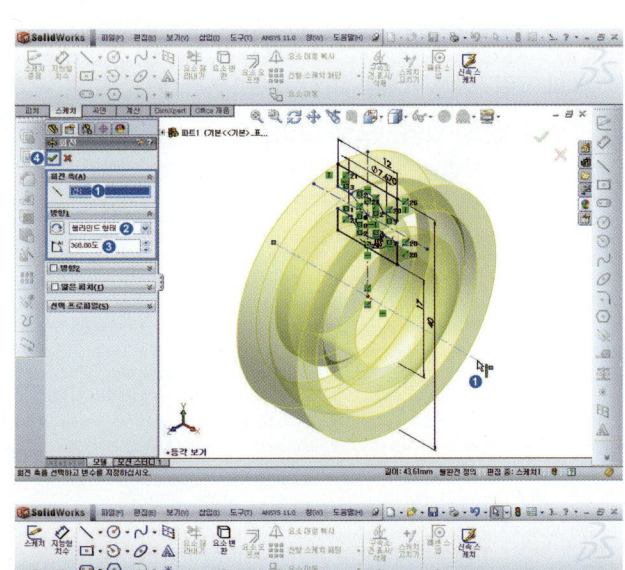

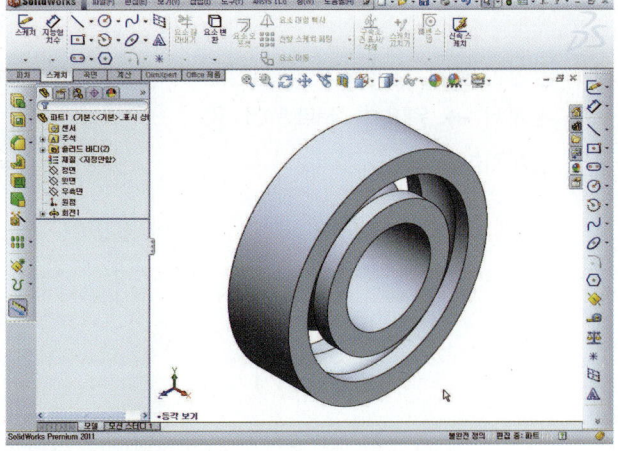

13 정면[ ] 선택 ➡ 스케치 도구
[ ] 선택 ➡ **Spacebar** 누르
면 방향창 [면에 수직으로 보기]
더블클릭 ➡ 스케치 작업이 편하
도록 수직하게 위치한다.

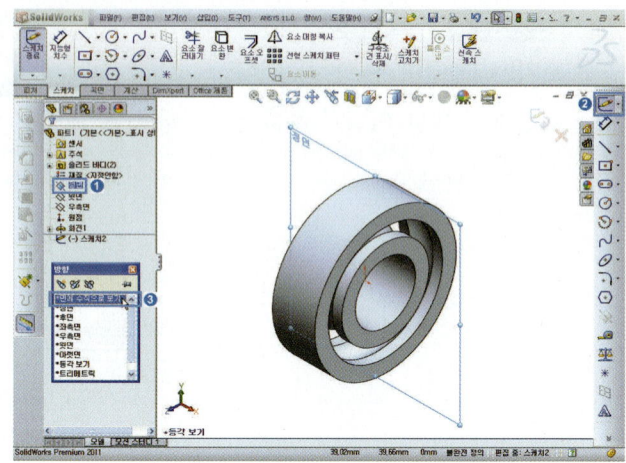

14 표시유형 ➡ 은선 표시[ ] ➡
베어링 외륜, 내륜 피처의 모양
이 은선과 외형선으로 보여진다.

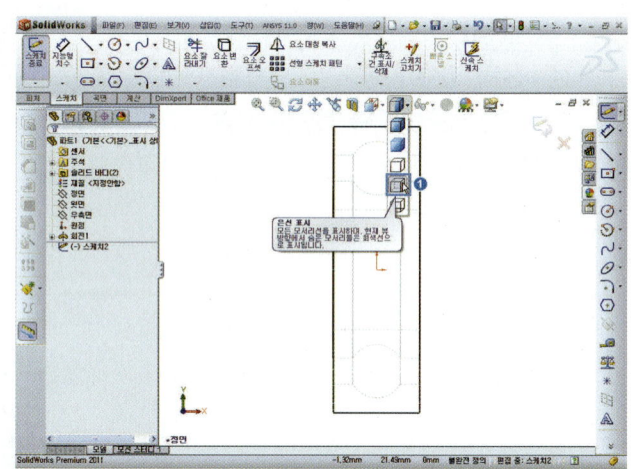

15 중심선[ ] 선택하여 중심선을
스케치 ➡ 원[ ] 선택하여 원
스케치한다.

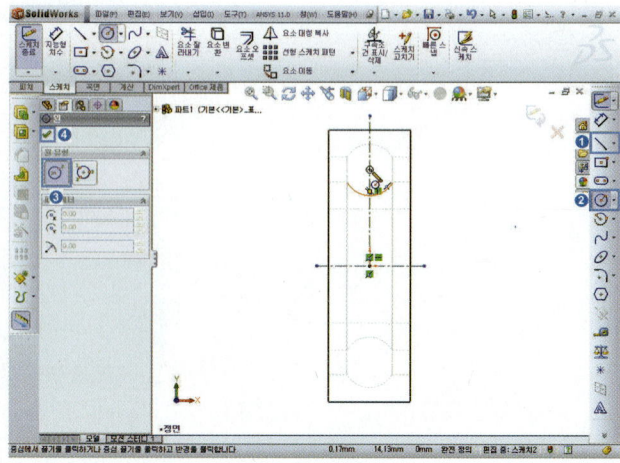

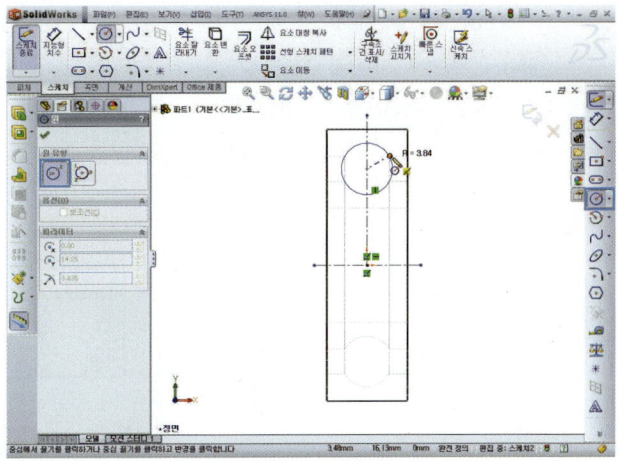

16 요소 잘라내기[✄] 선택 ➡
[┼] 근접 잘라내기 선택 ➡ 원
과 중심선이 겹치는 부분을 잘라
낸다.

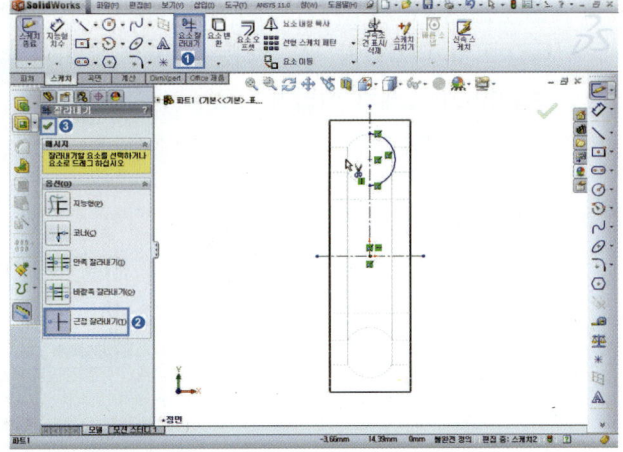

17 선[╲ ▾] 선택 원의 사분점에 선
을 연결하고 닫혀있는 스케치(폐
곡선)가 되도록 한다.

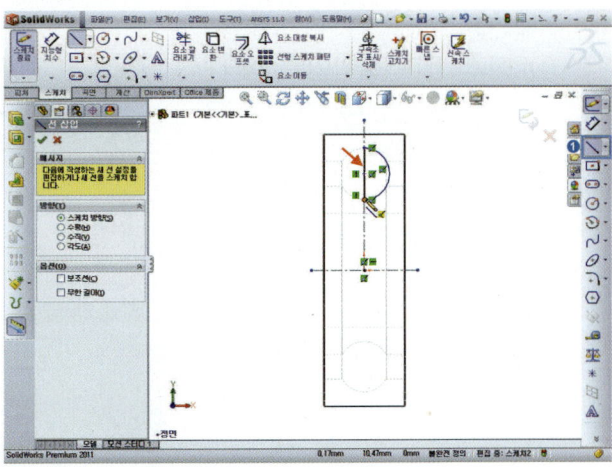

18 표시유형 ➡ 모서리 표시 음영 [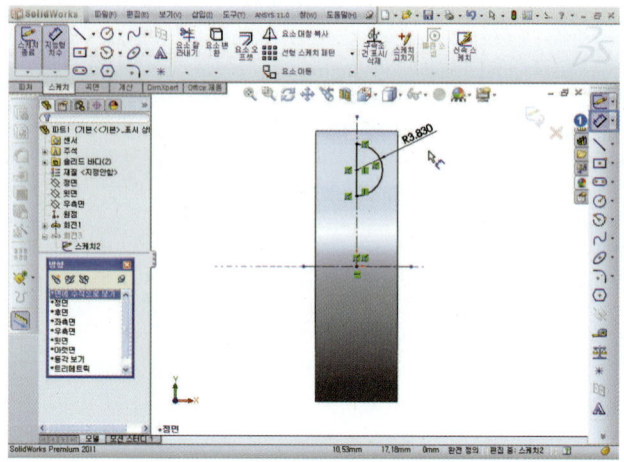] 선택 ➡ 지능형 치수[ ] 지름(7.66/2) R=3.83mm 입력한다.

19 **Spacebar** 누르면 방향 창에서 [등각보기] 더블클릭 ➡ 원하는 작업평면에 스케치 작업이 되었는지 확인한다.

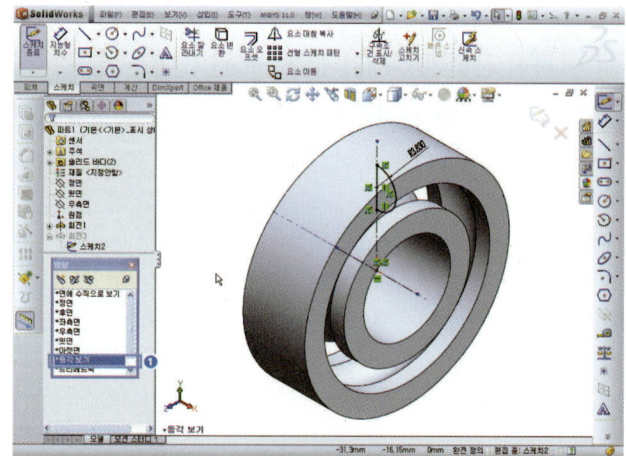

20 회전[ ] 선택 ➡ 회전축[ ] ① 선택, [ ][블라인드 형태], 각도[ ]=360도 ➡ 확인[ ]을 누른다.

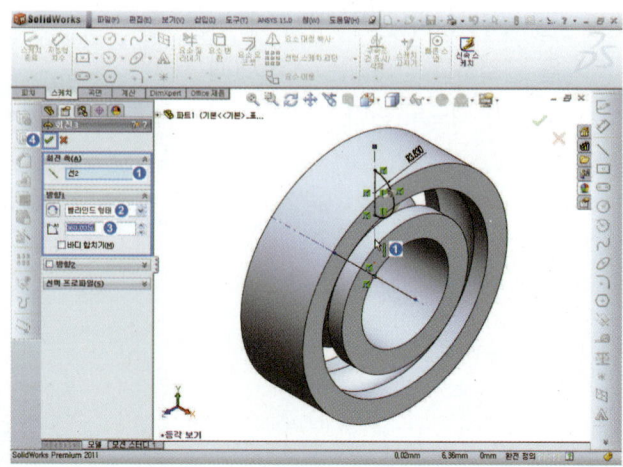

21 **Spacebar** 누르면 방향 창에서 우측면[ ] 더블클릭 ➡ 베어링 볼(강구) 완성되었는지 확인한다.

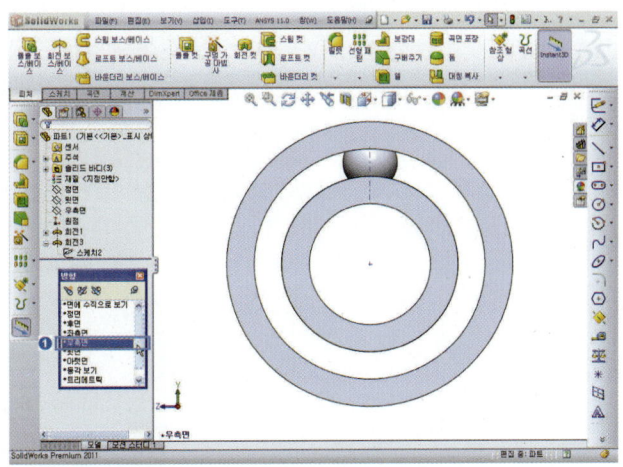

22 **Spacebar** 누르면 방향창 [등각보기] 더블클릭 ➡ 보기(V) ➡ 임시축[ ] 선택하여 임시축이 나타나게 한다.

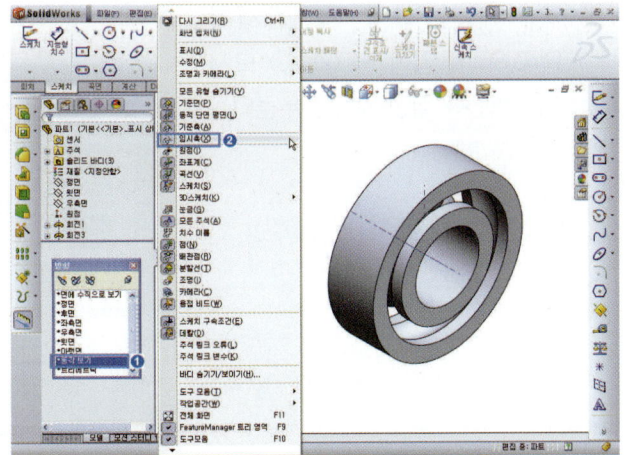

23 원형 피처 패턴[ ] ➡ [ ] 기준축(①) 선택 ➡ 각도[ ] 360도 ➡ [ ] 패턴할 개수 9개 입력, ☑ 동등 간격체크 ➡ 옵션[☑] 기하 패턴 ➡ 패턴할 피처(회전2) 선택한다.

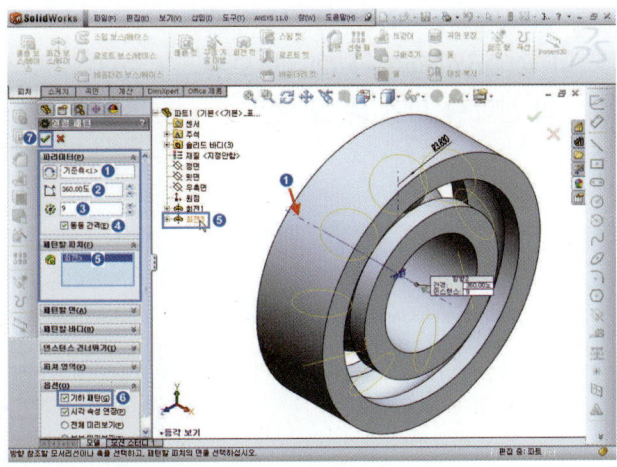

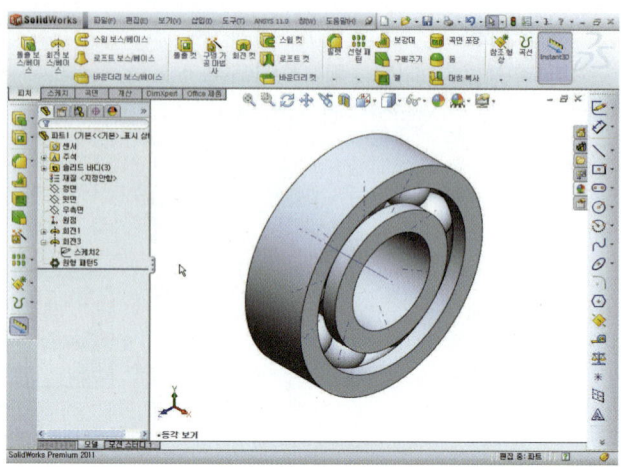

24 필렛[] 선택 ➡ 반지름
R=0.6mm 입력 ➡ ②, ③ 모서
리 선택 ➡ 확인[✓]을 누른다.

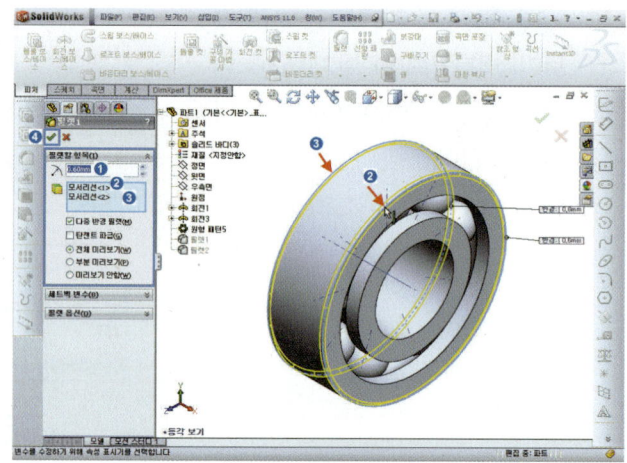

25 필렛[] 선택 ➡ 반지름
R=0.6mm 입력 ➡ ②, ③ 모서
리 선택 ➡ 확인[✓]을 누른다.

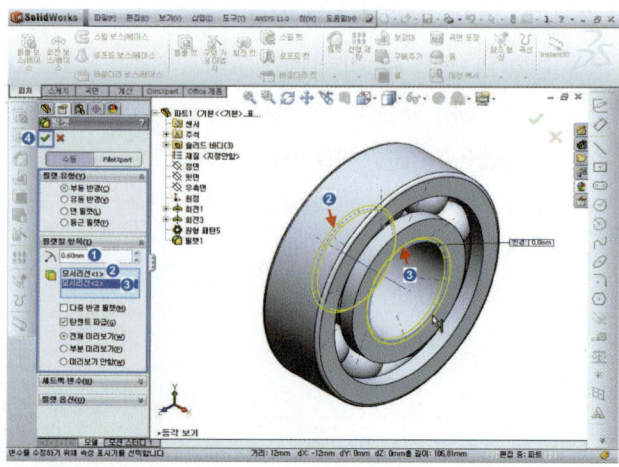

26 보기(V) ➡ 임시축[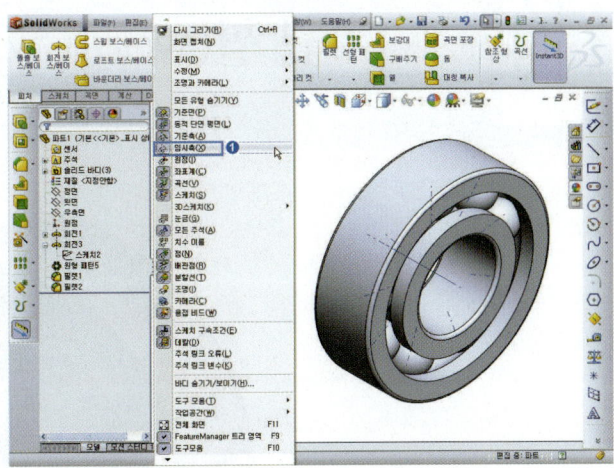] 선택하여 임시축을 표시하지 않는다.

27 6203 깊은 홈 볼베어링 모델을 완성한다.

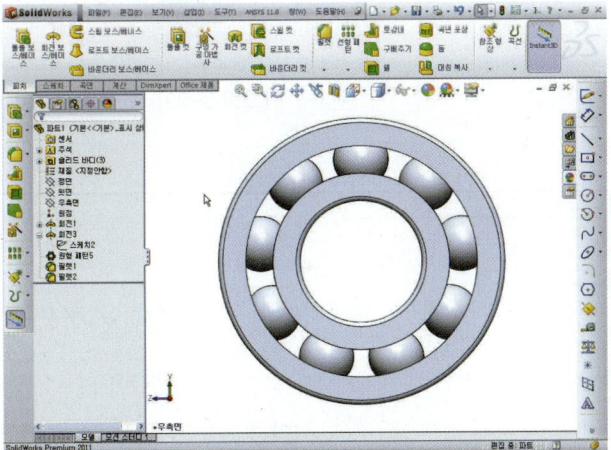

14

웜 휠(Worm wheel) 모델링

[그림 3-23] 웜 휠(Worm wheel) 모델링

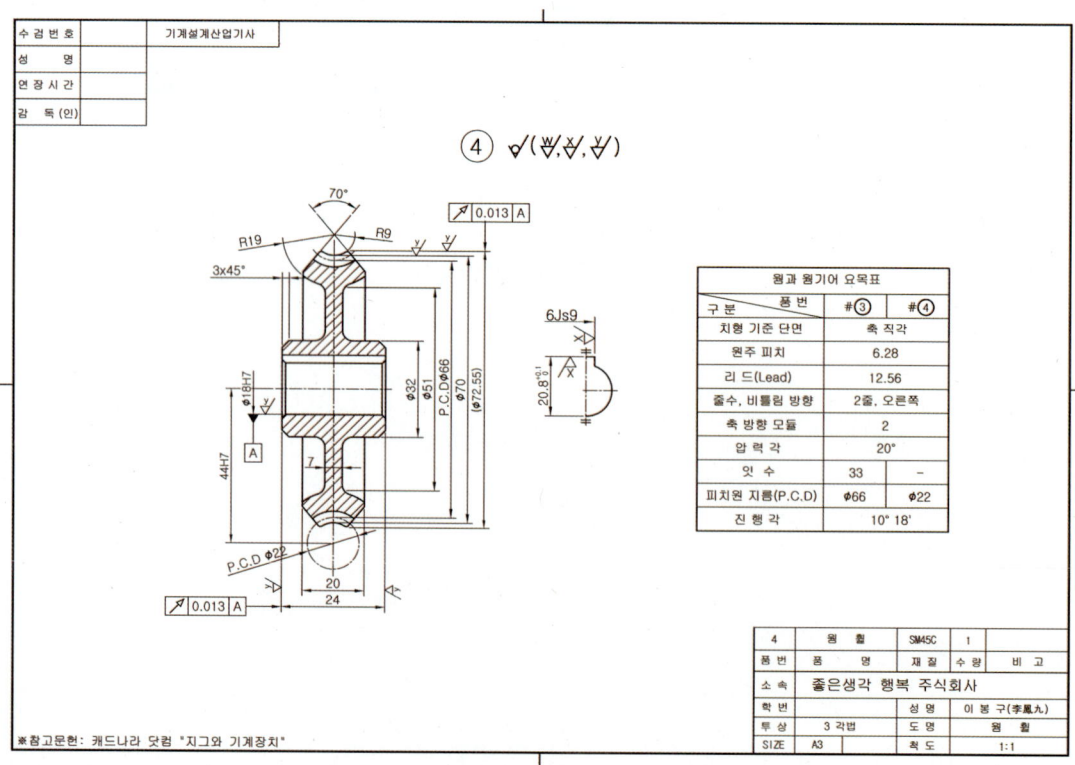

웜과 웜기어 요목표		
구 분 \ 품 번	#③	#④
치형 기준 단면	축 직각	
원주 피치	6.28	
리 드(Lead)	12.56	
줄수, 비틀림 방향	2줄, 오른쪽	
축 방향 모듈	2	
압 력 각	20°	
잇 수	33	–
피치원 지름(P.C.D)	φ66	φ22
진 행 각	10° 18'	

4	웜 휠	SM45C	1	
품 번	품 명	재 질	수 량	비 고
소 속	좋은생각 행복 주식회사			
학 번		성 명	이 봉 구(李鳳九)	
투 상	3 각법	도 명	웜 휠	
SIZE	A3	척 도	1:1	

※참고문헌: 캐드나라 닷컴 "지그와 기계장치"

[그림 3-24] 웜 휠(Worm wheel) 모델 도면

■ 웜휠(Worm wheel) 모델링 순서

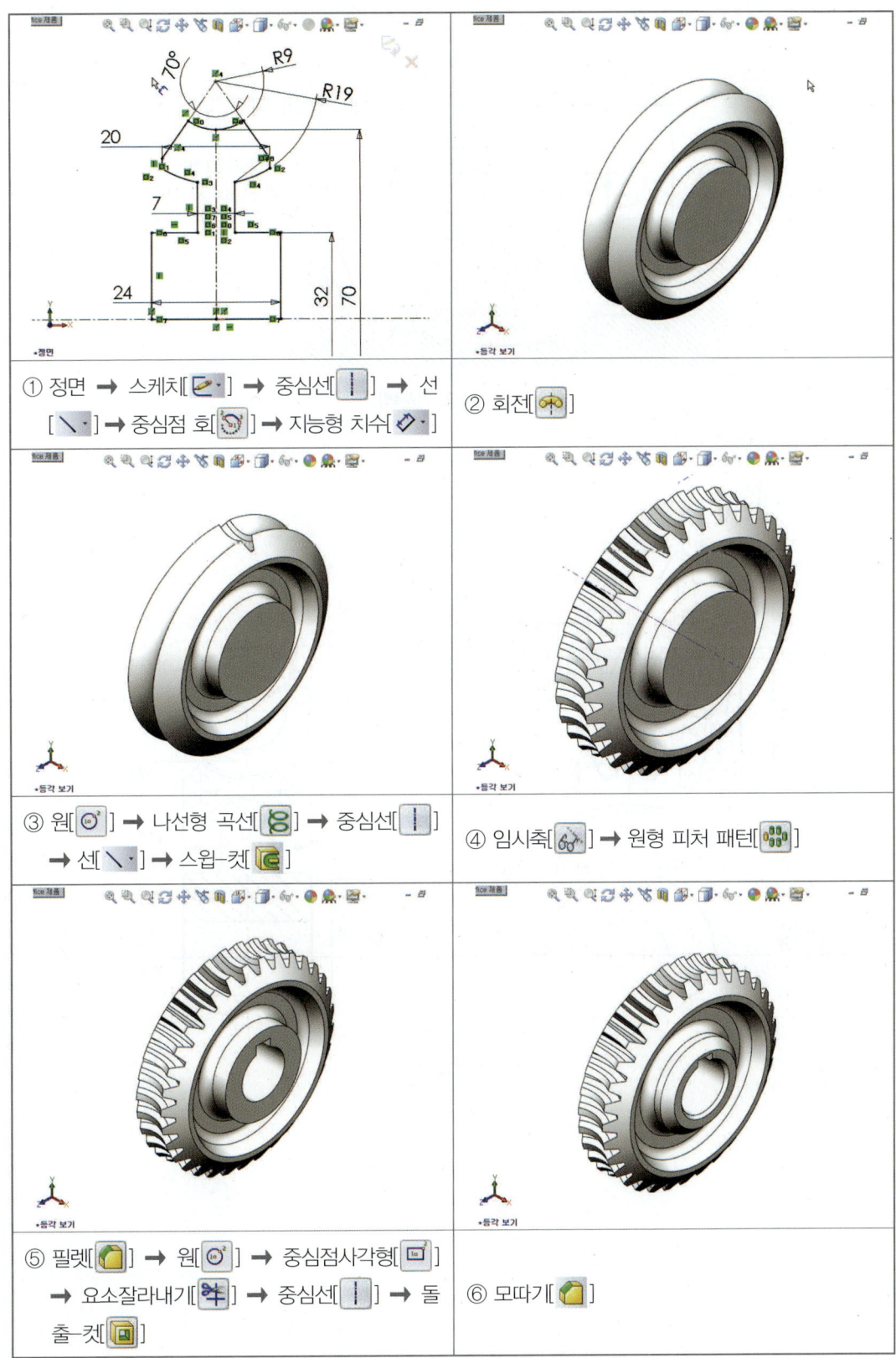

① 정면 ➡ 스케치[🖊·] ➡ 중심선[┃] ➡ 선 [╲·] ➡ 중심점 회[🔄] ➡ 지능형 치수[◇·]

② 회전[🔁]

③ 원[⊙²] ➡ 나선형 곡선[🔾] ➡ 중심선[┃] ➡ 선[╲·] ➡ 스윕-컷[🔁]

④ 임시축[60°] ➡ 원형 피처 패턴[🔵]

⑤ 필렛[🟡] ➡ 원[⊙²] ➡ 중심점사각형[🔲] ➡ 요소잘라내기[✂] ➡ 중심선[┃] ➡ 돌출-컷[🔲]

⑥ 모따기[🟡]

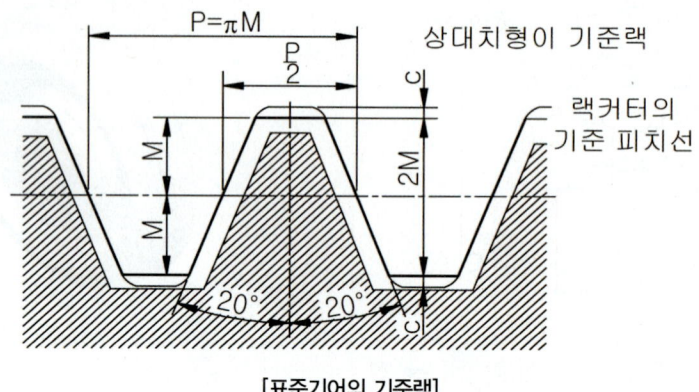

[표준기어의 기준랙]

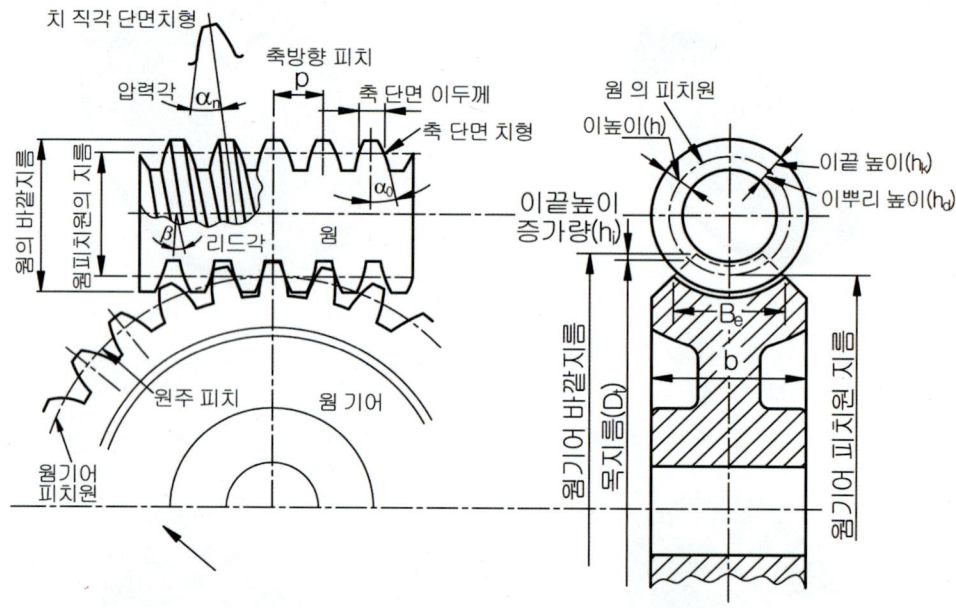

[웜과 웜기어(웜휠)의 용어]

1. 파일 ➡ 새문서(N)[🗋 새 문서]를
   클릭한다.

2. 새문서 창에서 파트[🗐] 선택 ➡
   [확인] 버튼을 누른다.

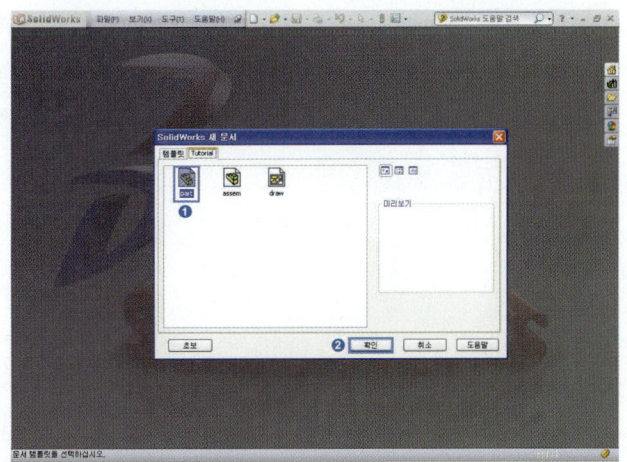

3. 스케치를 생성할 작업평면[정면]
   을 선택 ➡ 스케치 도구[🖋]
   선택한다.

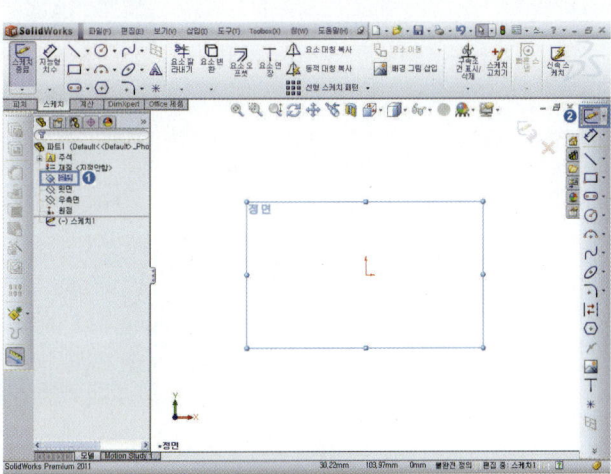

4 중심선[|] 선택 ➡ 중심선을
   스케치 ➡ 선[\ ] 선택, 그림
   과 같이 선스케치 ➡ 중심점 호
   [⟳] 선택 ➡ ④, ⑤, ⑥ 순서대
   로 원호 스케치한다.

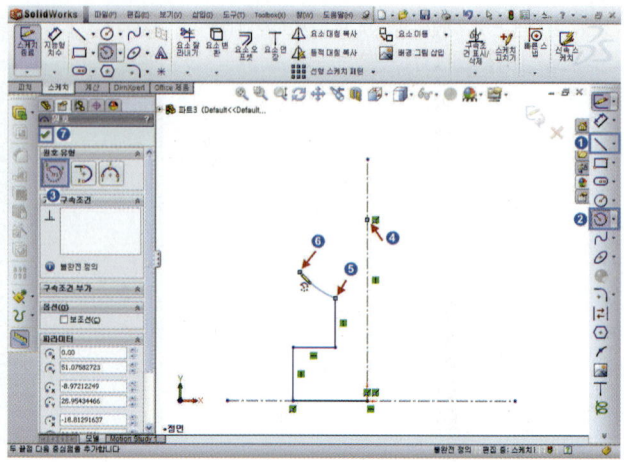

5 선[\ ] 선택, 그림과 같이 ②,
   ③, ④ 순서대로 3개의 선을 스
   케치한다.

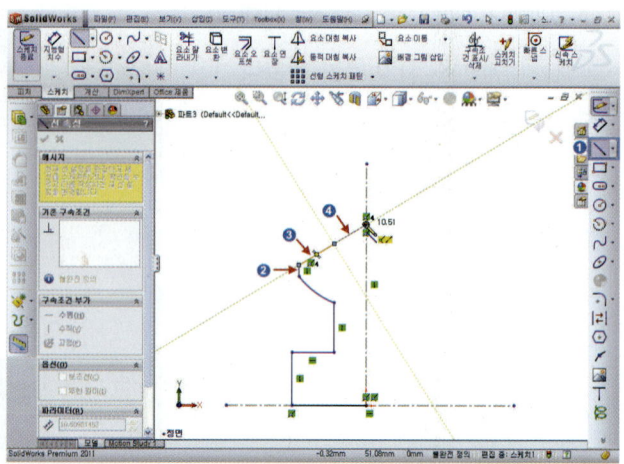

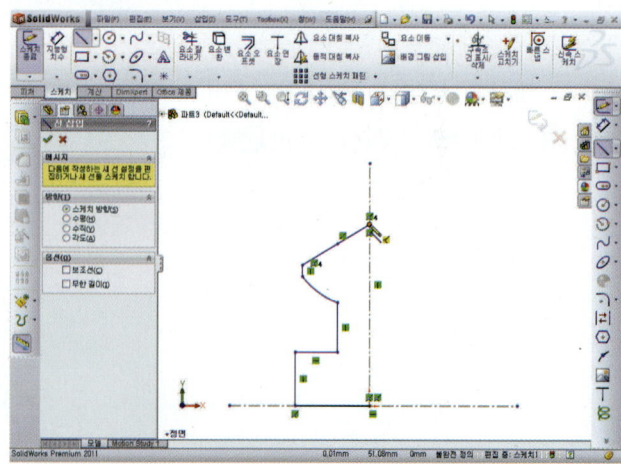

중심점 회[🔄] 선택 ➡ ③, ④,
⑤ 순서대로 원호 스케치한다.

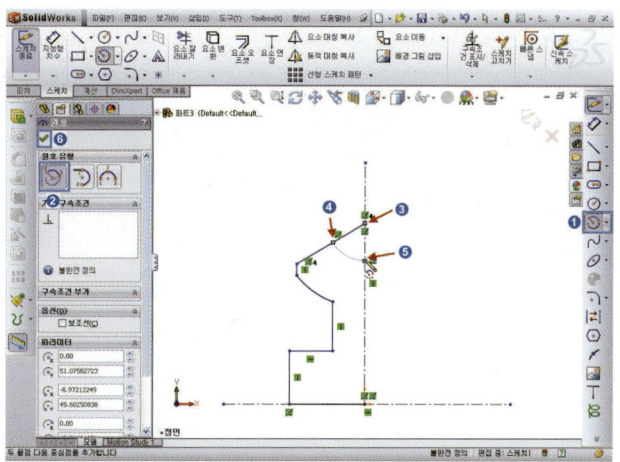

①번 선 선택 ➡ 선 속성 창에서
☑ 보조선(c) 체크 선택 ➡ 선이
중심선으로 바뀐다.

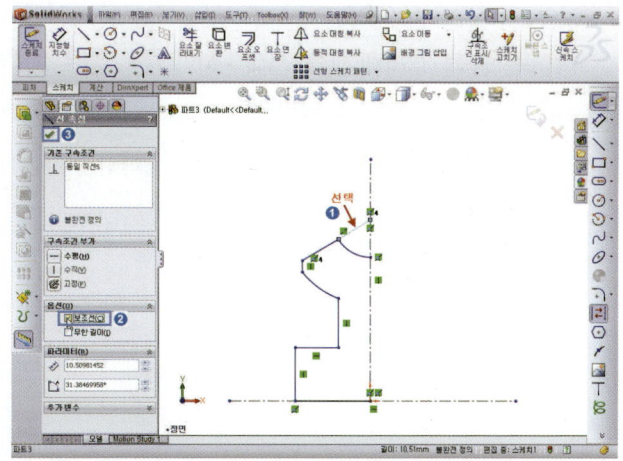

대칭복사[△] 선택 ➡ 대칭복사
기준[ ]=(①중심선) 선택 ➡ 대
칭 복사할 항목(선②~⑩) 선택
[△] ➡ 확인[✅]을 누른다.

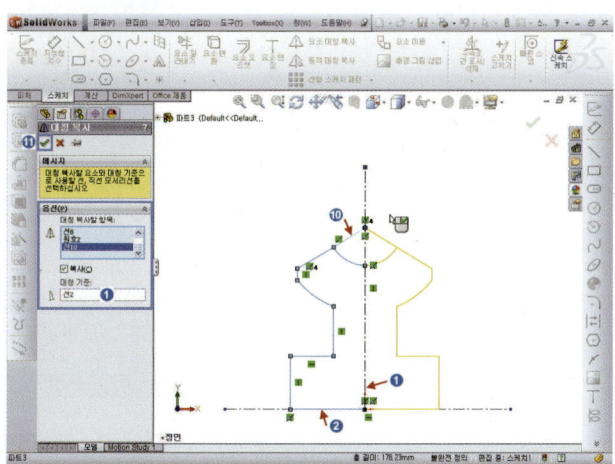

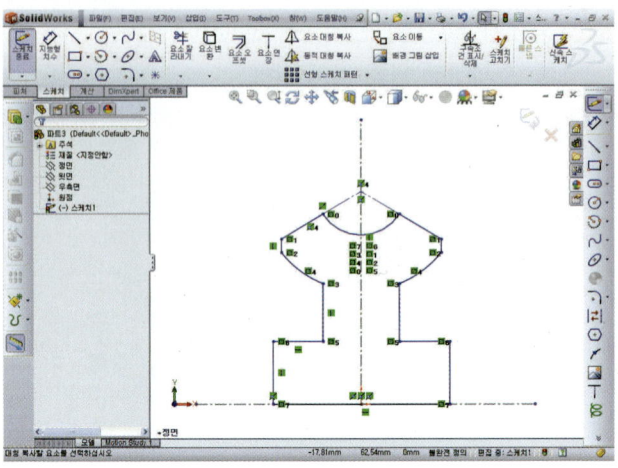

 ⑨ 요소 잘라내기[✂] 선택 ➡
[┼] 근접 잘라내기(T) 선택 ➡
③, ④ 중심선 부분을 잘라낸다.

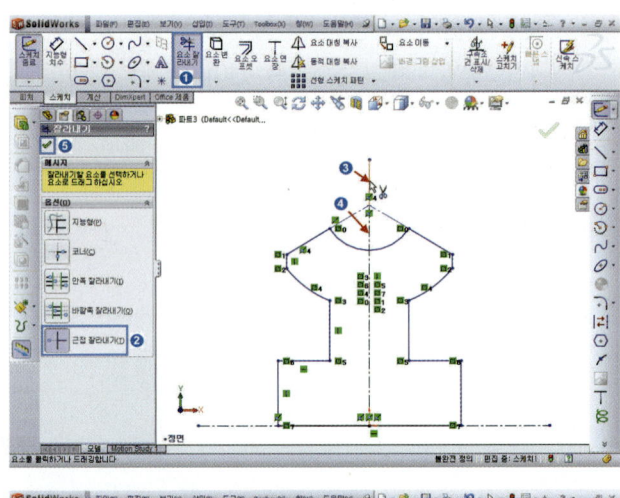

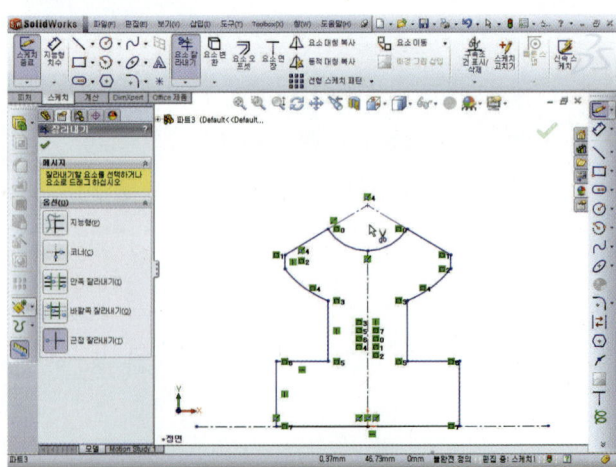

10 지능형 치수[✏ ▾] 클릭하여 치수를 아래 순서에 따라 기입(도면 참고)한다.

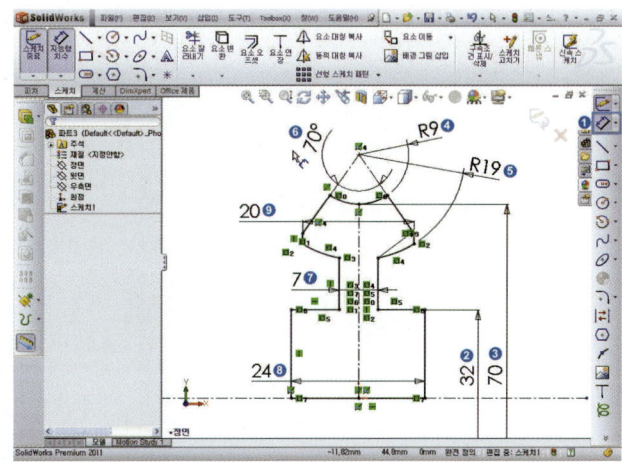

11 **Spacebar** 누르면 방향창 [등각보기] 더블클릭 ➡ 원하는 작업평면에 스케치 작업이 되었는지 확인한다.

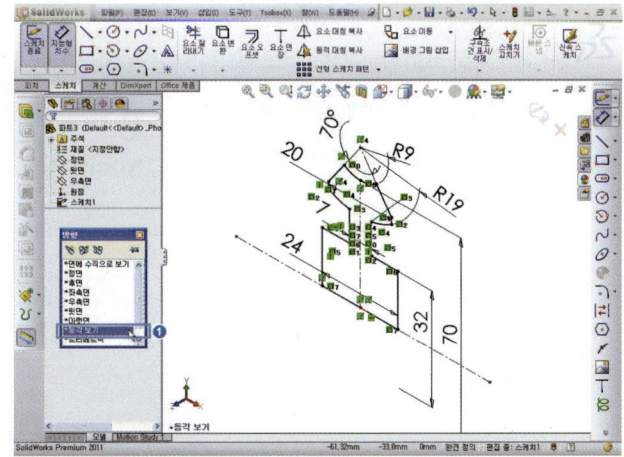

12 회전[⟳] 선택 ➡ 회전축[✎] ① 선택, [⟳][블라인드 형태], 각도[⟳]=360도 ➡ 확인[✔]을 누른다.

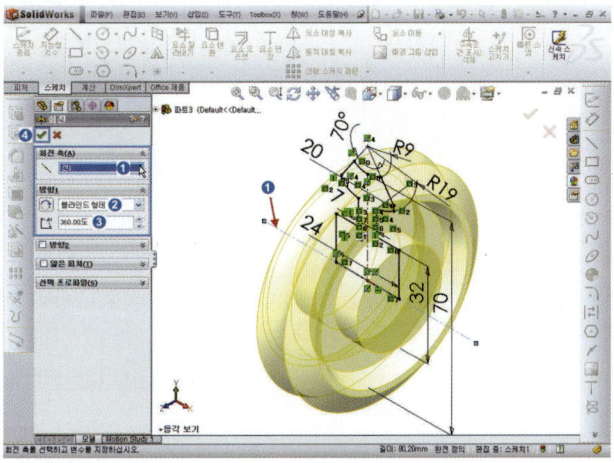

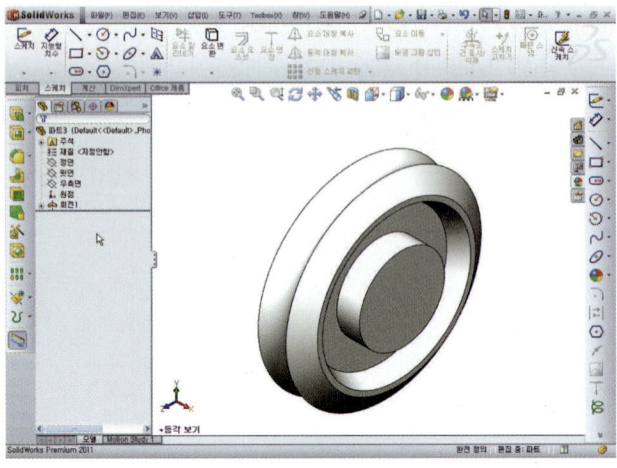

 필렛[] 선택 ➡ 부동반경(c)
➡ 반지름 3mm 입력, 모서리
(③,④,⑤,⑥) 선택 ➡ 확인[✓]을
누른다.

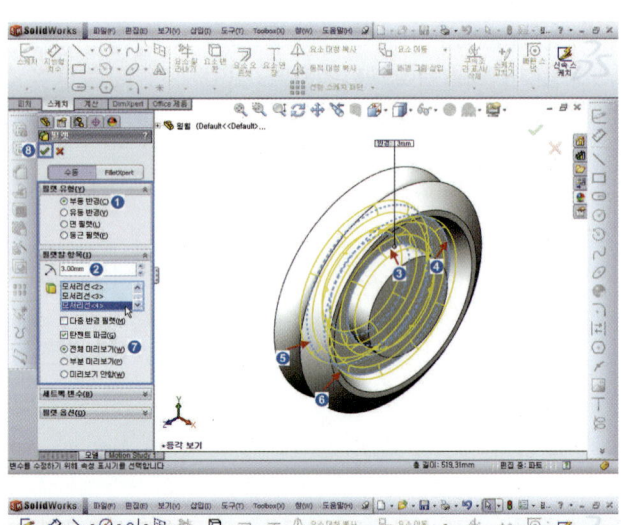

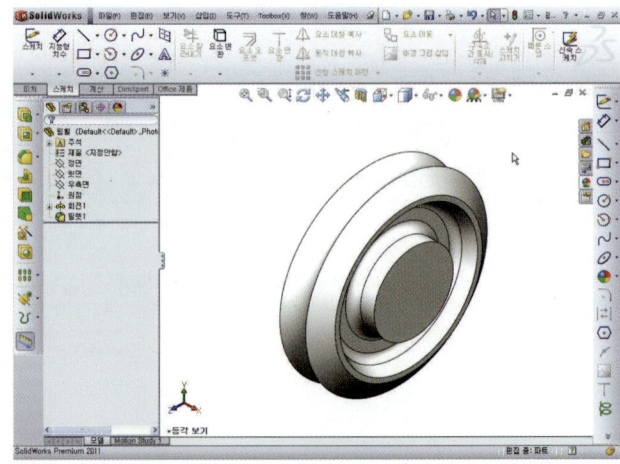

14 정면 선택 ➡ 스케치 도구[✐▼]
선택 ➡ **Spacebar** 누르면 방향
창 [면에 수직으로 보기] 더블클
릭 ➡ 스케치 작업이 편하도록
수직하게 위치한다.

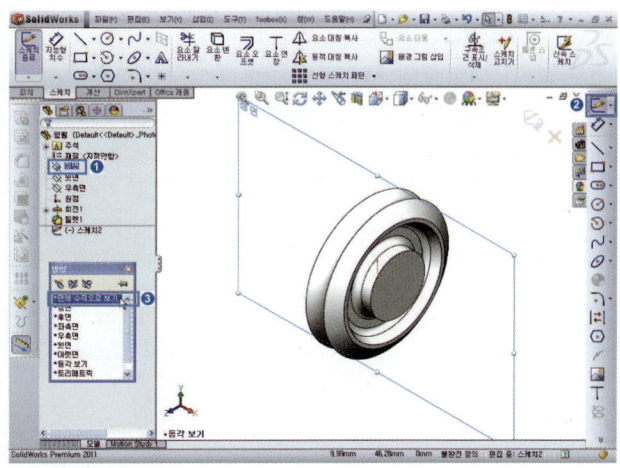

15 원[◎²] 선택 ➡ 원휠의 모서리
점에 원 스케치한다.

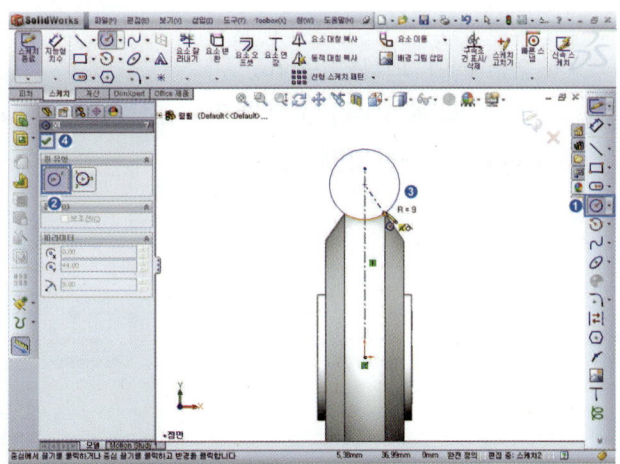

16 지능형 치수[✐▼] 선택 ➡ 지름
18mm(도면 R=9mm) 치수입력
한다.

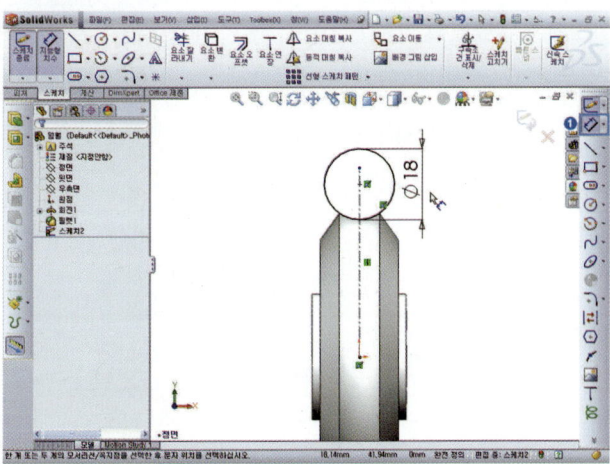

17 **Spacebar** 누르면 방향창 [등각
보기] 더블클릭 ➡ 삽입(I) ➡ 곡
선(U) ➡ 나선형 곡선[🔩] 선택
한다.

18 나선형 곡선[🔩] 선택 ➡ 높이
(6.28mm)와 피치(6.28mm), 반
대방향, 시작각도(90도), 시계방
향(오른나사) ➡ 확인[✅]을 누
른다.

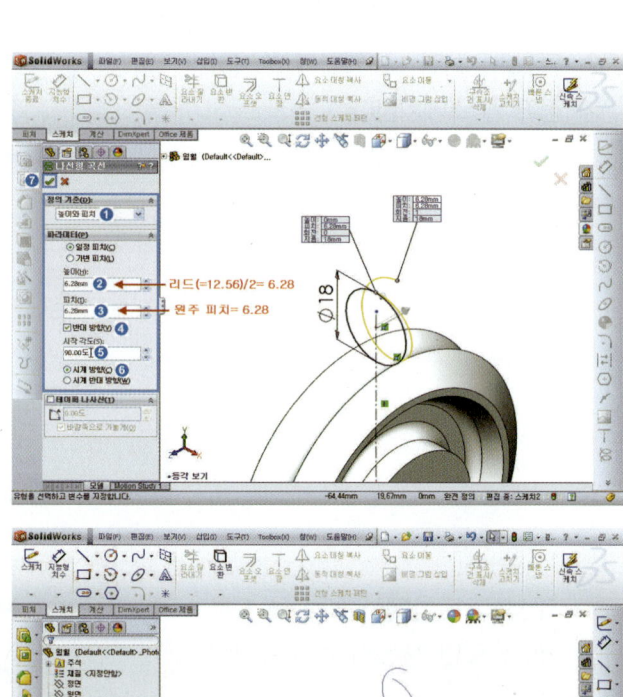

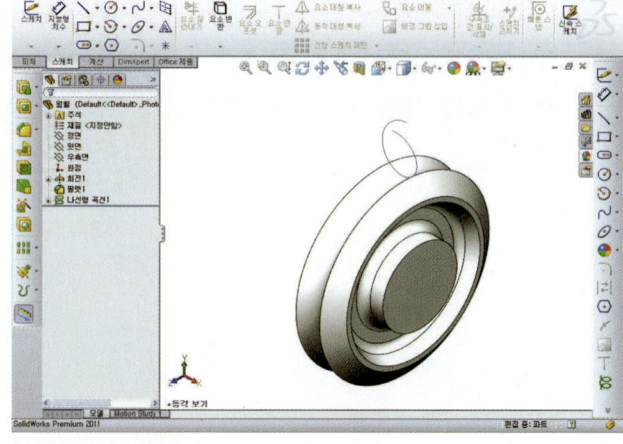

19 우측면 선택 ➡ 스케치 도구 [✏️ ▾] 선택 ➡ Spacebar 누르면 방향창 [면에 수직으로 보기] 더블클릭 ➡ 스케치 작업이 편하도록 수직하게 위치한다.

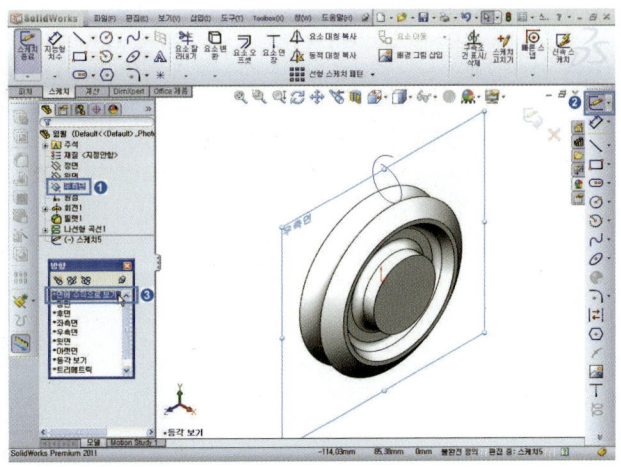

20 숨심선[┃] 선택하여 중심신을 스케치 ➡ 선[＼ ▾]을 아래 그림처럼 스케치한다.

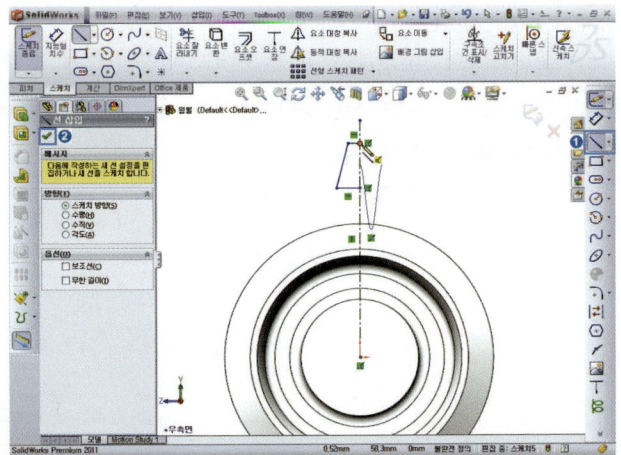

21 요소분할[✦] 선택 ➡ 나누고자 하는 선 선택 ➡ 1개의 선이 2개의 선으로 분할이 된다.

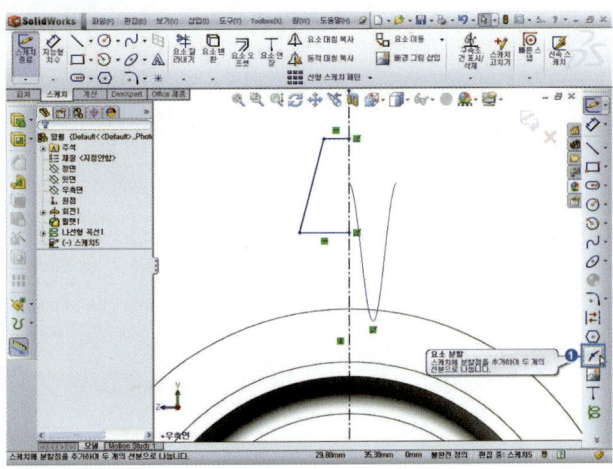

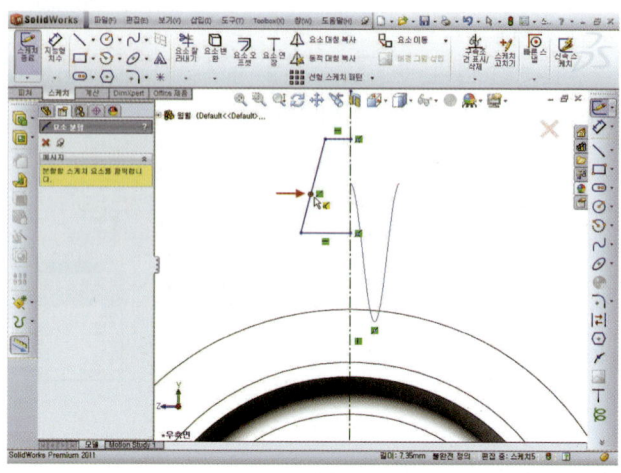

22 키보드 [Ctrl] 누른 상태에서 나선
형 곡선의 모서리선과 스케치
점(①,②) 선택 ➡ 구속조건
[관통(P)] 선택 ➡ 점과 모서
리선이 관통을 하게 된다.

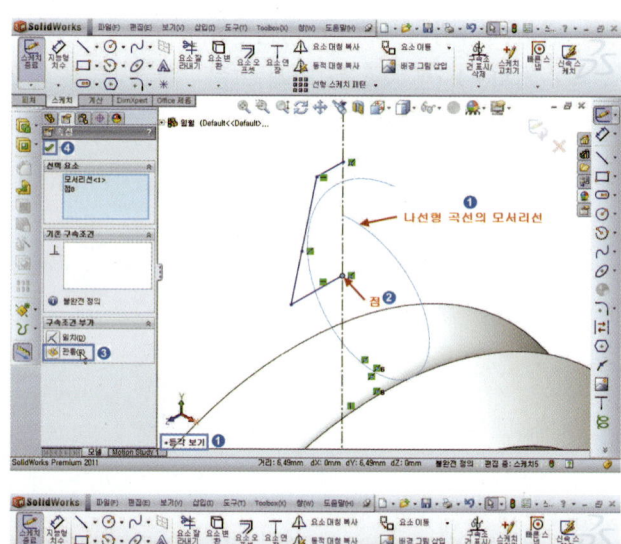

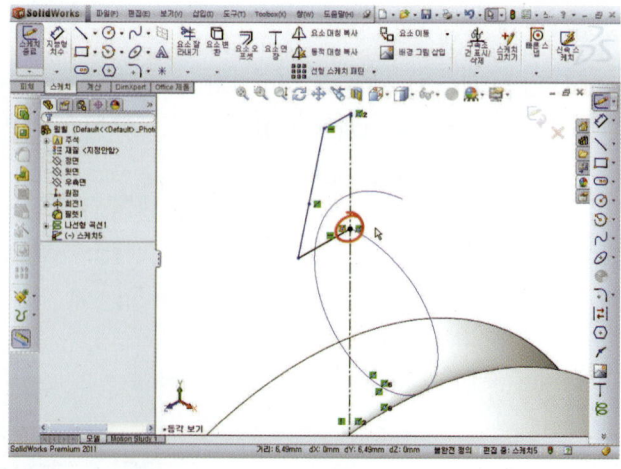

23 **Spacebar** 누르면 방향창 [면에 수직으로 보기] 더블클릭 ➡ 지능형 치수[◇▾] 선택 치수입력한다.

(이두께 : [(π×M)/2=(3.14×2)/2=3.14], 전체 이높이: (H=2.25×M=4.5), 높이: (M=2) 입력)

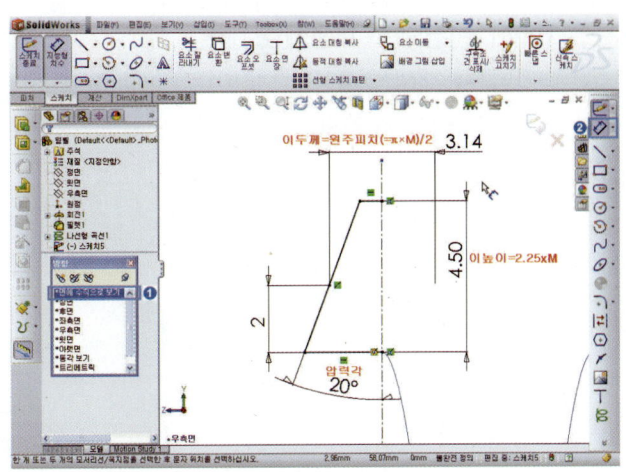

24 대칭복사[⚠] 선택 ➡ 대칭복사 기준[⃒]=(①중심선) 선택 ➡ [⚠]대칭 복사할 선(②,③,④,⑤) 선택 ➡ 확인[✓]을 누른다.

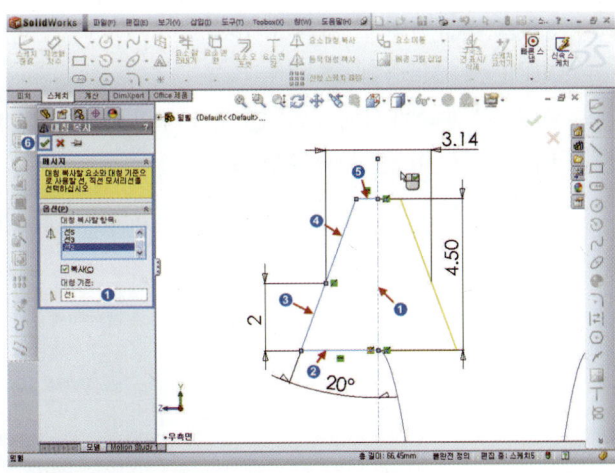

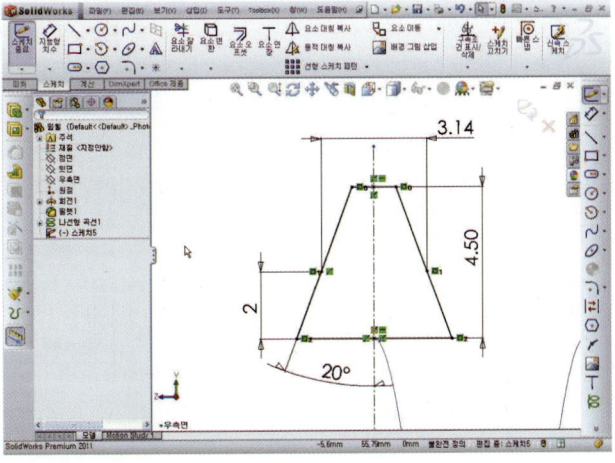

25 치수가 변경되면 재생성[ ]이
나타남 ➡ 재생성[ ] 선택하여
스케치 작업을 완료한다.

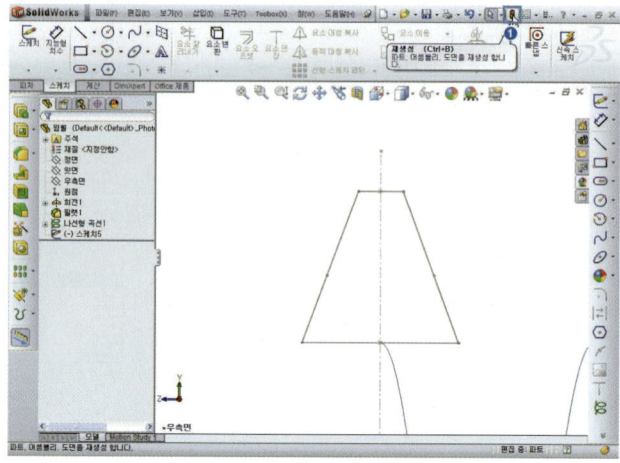

26 [Spacebar] 누르면 방향창 [등각
보기] ➡ 컷-스웹[ ] ➡ 프로
파일[ ](=스케치5), 경로[ ](=
나선형 곡선1) 선택 ➡ 확인[ ]
을 누른다.

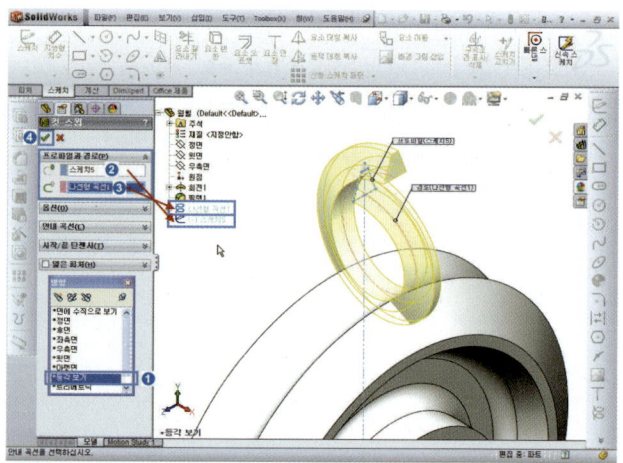

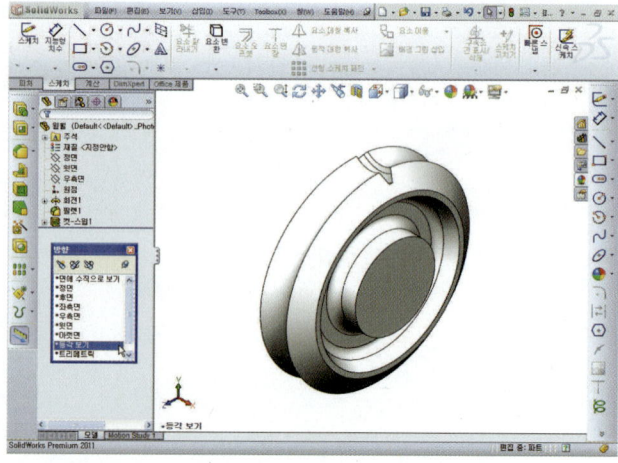

27 도구모음 보기(V) ➡ 임시축[ ]
선택하여 임시축이 나타나게 한다.

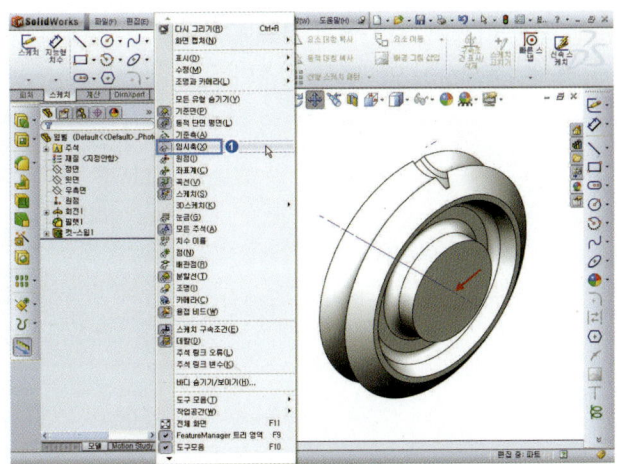

28 원형 피처 패턴[ ] 선택 ➡
[ ]기준축(① 선택) ➡ 각도
[ ]=360도 ➡ [ ] 패턴할 개
수 33개(잇수), ☑ 동등간격 체
크 ➡ 패턴할 피처(컷-스윕1) 선
택한다.

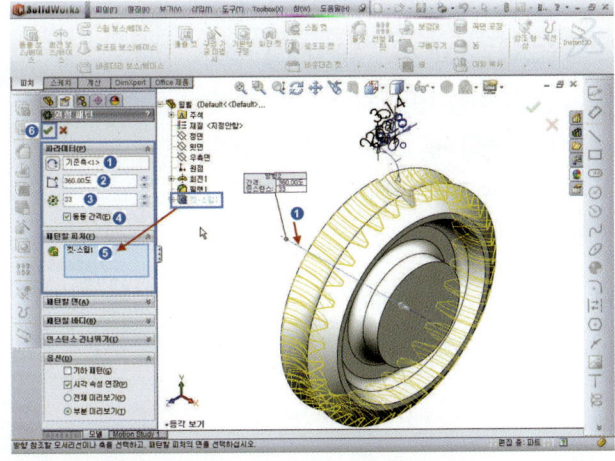

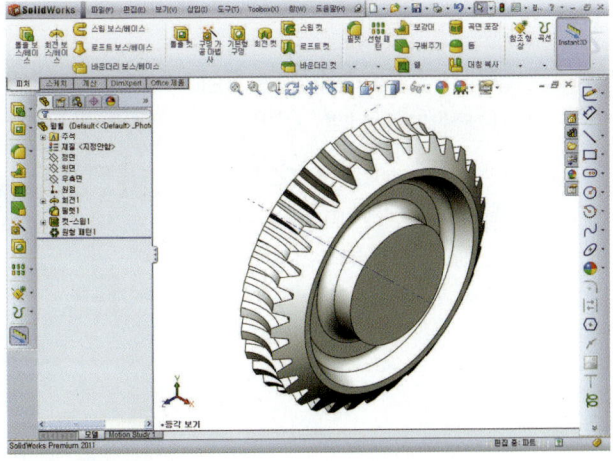

29 도구모음 보기(V) ➡ 임시축[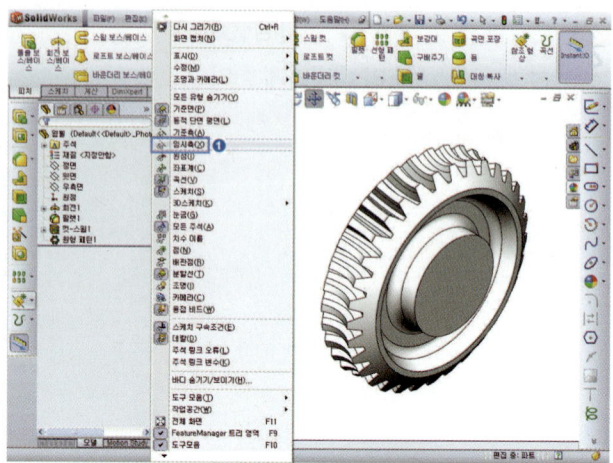]
선택해제하여 임시축을 감춘다.

30 스케치면 선택 ➡ 스케치 도구
[✏] 선택 ➡ **Spacebar** 누르
면 방향창 [면에 수직으로 보기]
더블클릭 ➡ 스케치 작업이 편하
도록 수직하게 위치한다.

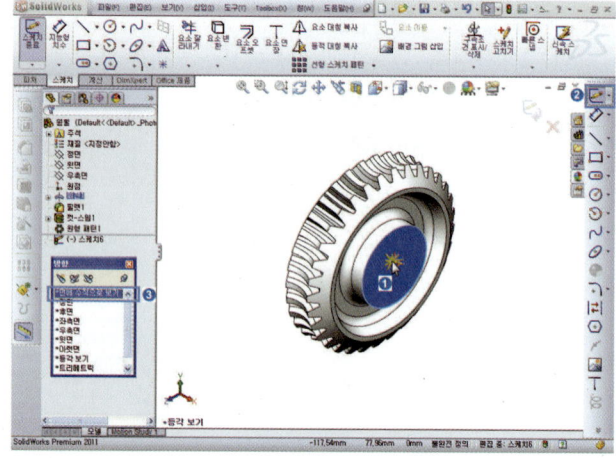

31 원[⊙] 선택, 원 스케치 ➡ 중심
점 사각형[□] 선택, 사각형 스
케치 ➡ 지능형 치수[✦] 선
택, 축의 지름 18mm, 구멍의 키
홈의 너비(6mm) 치수입력한다.

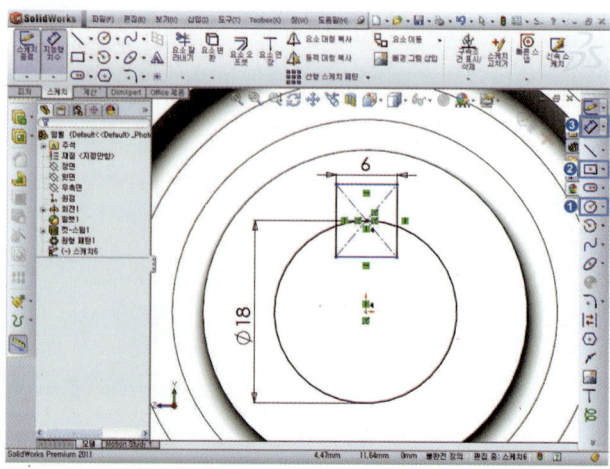

32 요소 잘라내기[✂] 선택 ➡ [╋] 근접 잘라내기 ➡ 원과 선이 겹치는 부분을 잘라낸다.

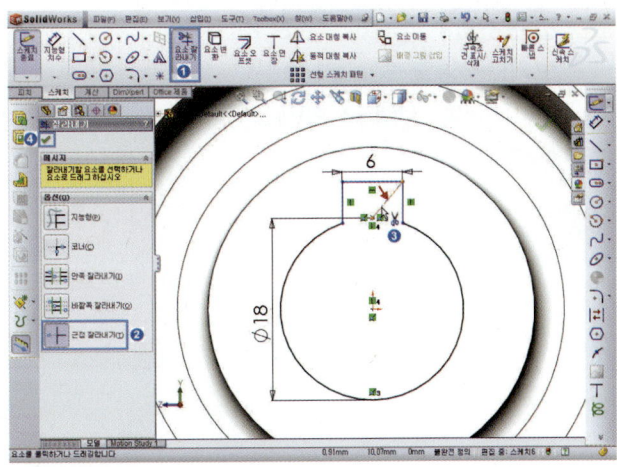

33 중심선[⎮] 선택, 축지름과 키홈의 깊이를 가로 지르는 중심선을 스케치한다.

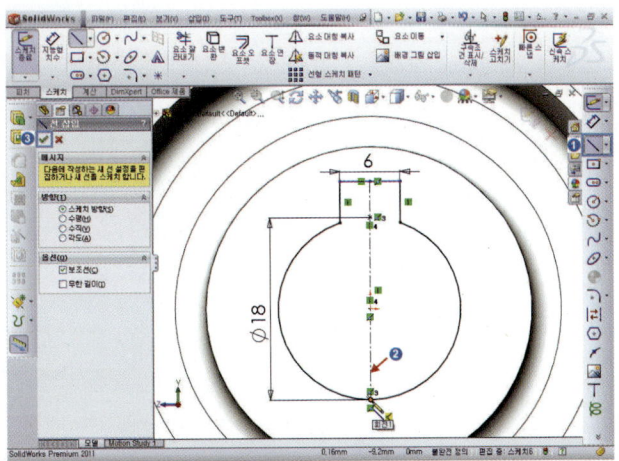

34 지능형 치수[✐] 선택 ➡ 축직경+키홈의 높이=20.8mm 치수입력한다.

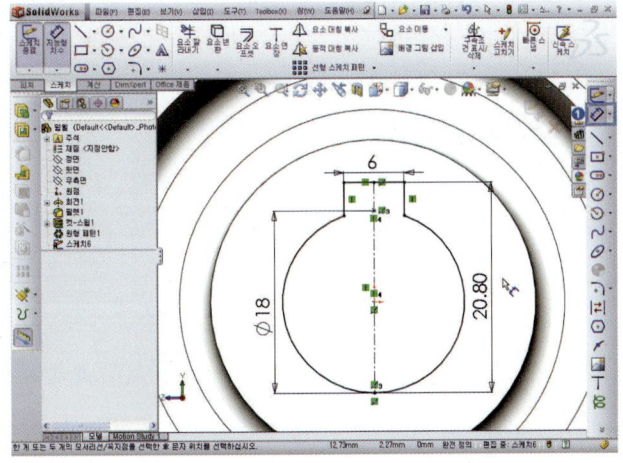

35 **Spacebar** 누르면 방향창 [등각
보기] ➡ 돌출-컷[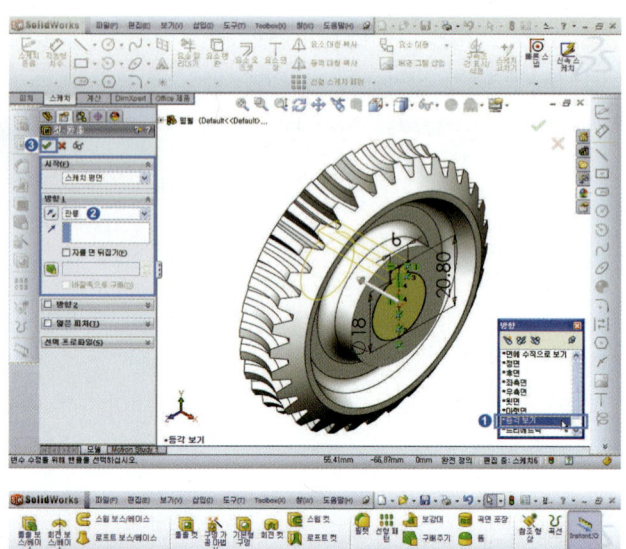] ➡ 방향 1
[ ] [관통] 선택 ➡ 확인[ ]을
누른다.

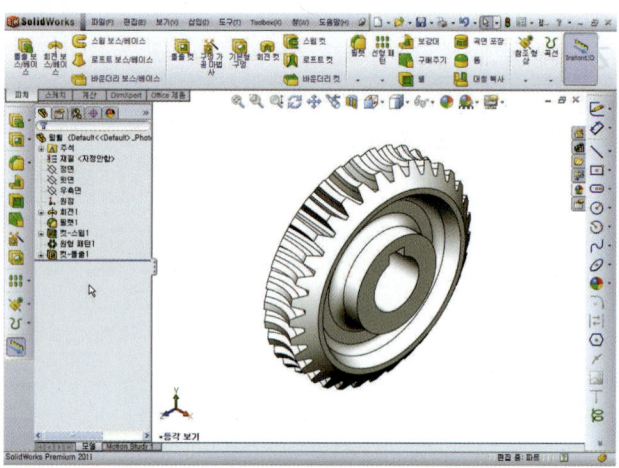

36 **Spacebar** 누르면 방향창 [등각
보기] ➡ 모따기[ ] ➡ [ ]거
리=1mm, 각도[ ] 45도 입력
➡ ②, ③ 모서리 선택 ➡ 확인
[ ]을 누른다.

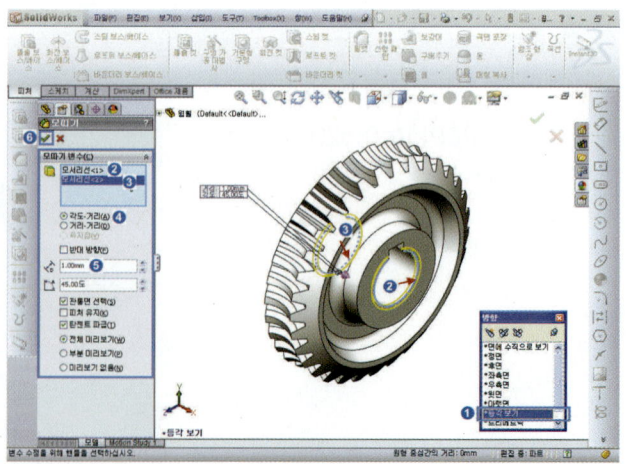

37 모따기[ ] 선택 ➡ [ ]거리
=1mm, 각도[ ] 45도 입력 ➡
②, ③ 모서리 선택 ➡ 확인[ ]
을 누른다.

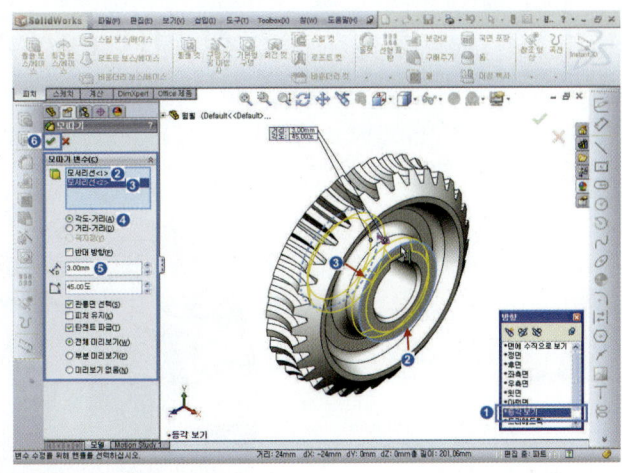

38 웜휠(Worm wheel) 모델링을 완
성한다.

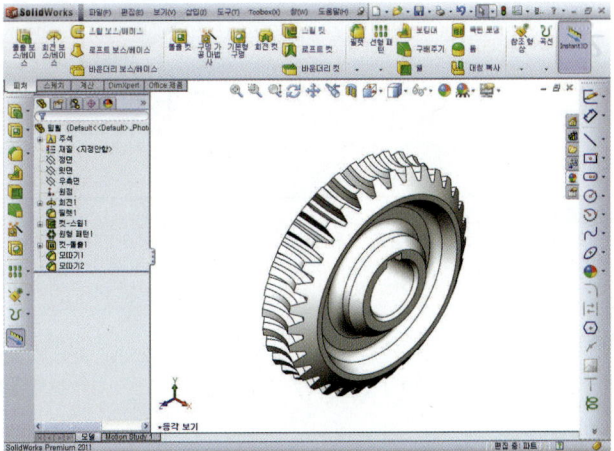

15

커버(Cover) 모델링

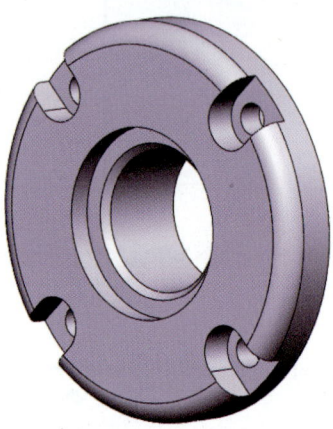

[그림 3-25] 커버(Cover) 모델링

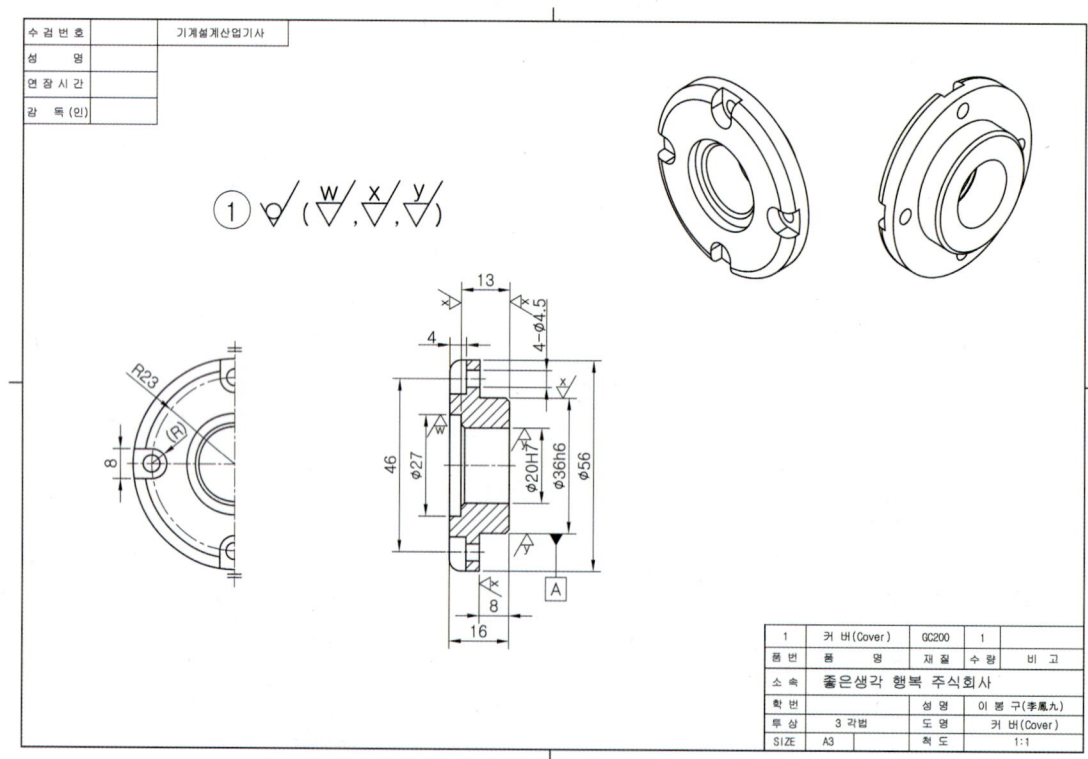

[그림 3-26] 커버(Cover) 모델 도면

■ 커버(Cover) 모델링 순서

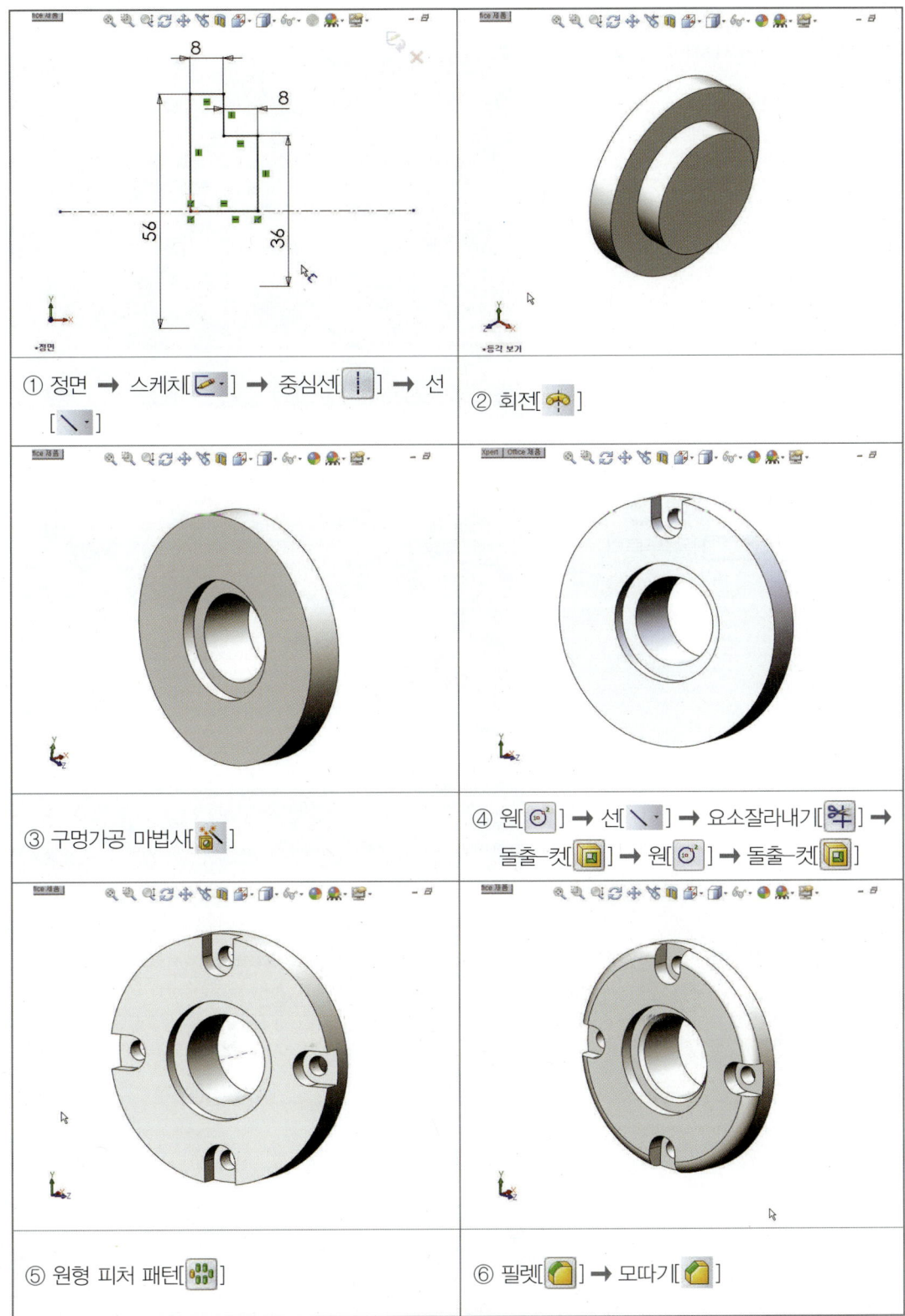

① 정면 ➡ 스케치[✏️] ➡ 중심선[│] ➡ 선
[\]

② 회전[🔄]

③ 구멍가공 마법사[🔩]

④ 원[⊙²] ➡ 선[\] ➡ 요소잘라내기[✂️] ➡
돌출-컷[▤] ➡ 원[⊙¹⁰] ➡ 돌출-컷[▤]

⑤ 원형 피처 패턴[🔳]

⑥ 필렛[🟡] ➡ 모따기[🟡]

1 파일 ➡ 새문서(N)[📄 새 문서]를
클릭한다.

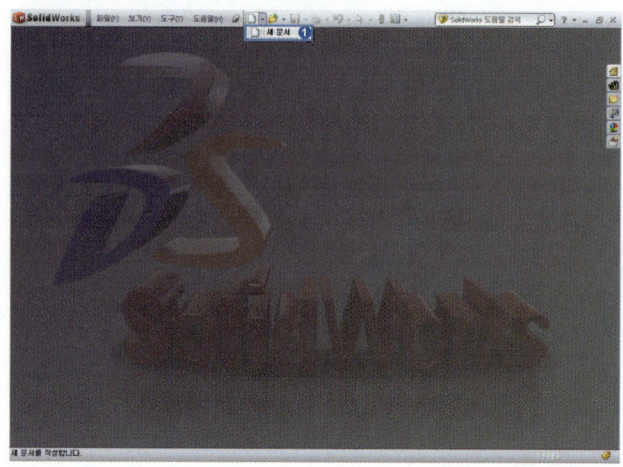

2 새문서 창에서 파트[🗇] 선택
➡ [확인]을 누른다.

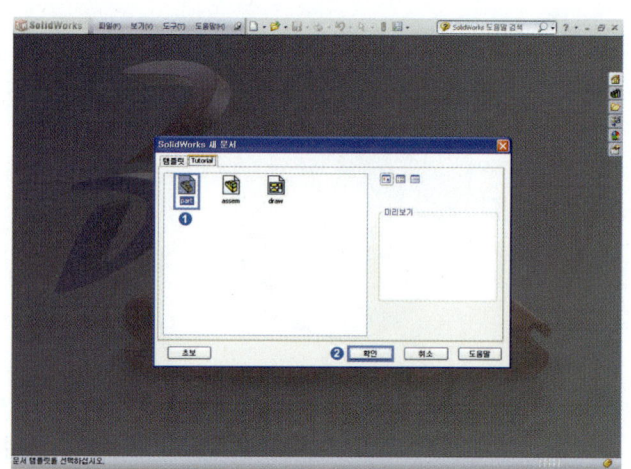

3 스케치를 생성할 작업평면[정면]
을 선택 ➡ 스케치 도구[✏️▼]
선택한다.

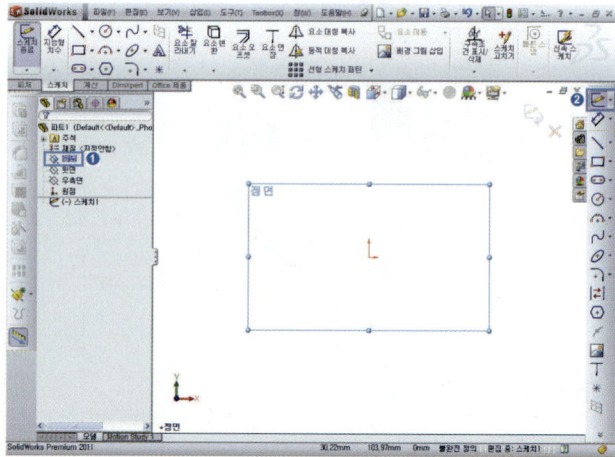

4 중심선[|] 선택, 중심선 스케치 ➡ 선[\ ] 클릭, 원점[┗] 기준으로 아래 그림과 같이 선을 스케치한다.

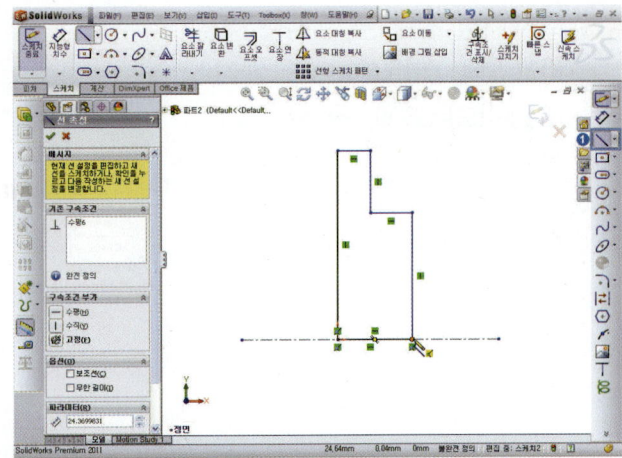

5 지능형 치수[◇] 선택한 후 치수입력(도면 참고)을 한다.

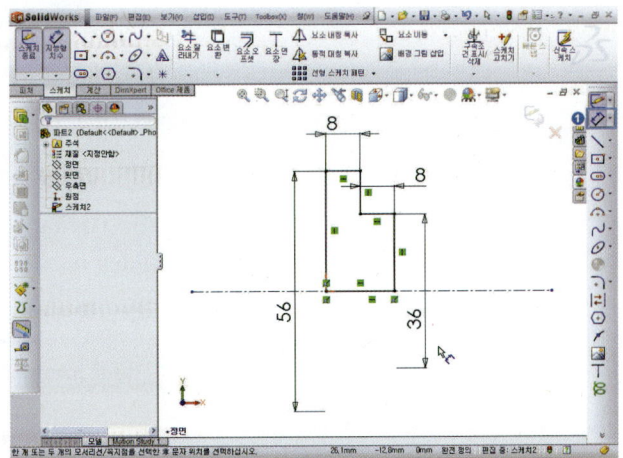

6 **Spacebar** 누르면 방향창 [등각보기] 더블클릭 ➡ 원하는 작업 평면에 스케치 작업이 되었는지 확인한다.

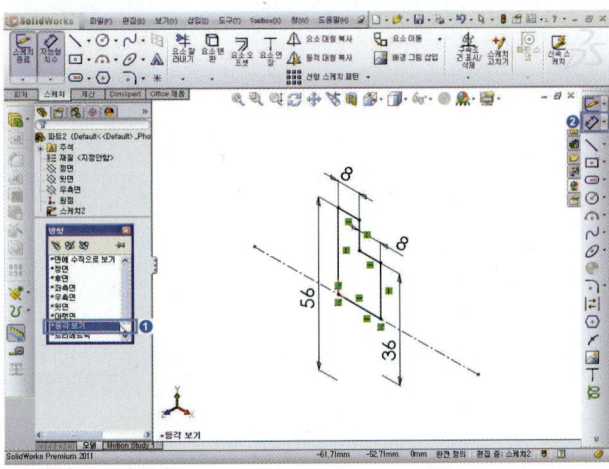

7 회전[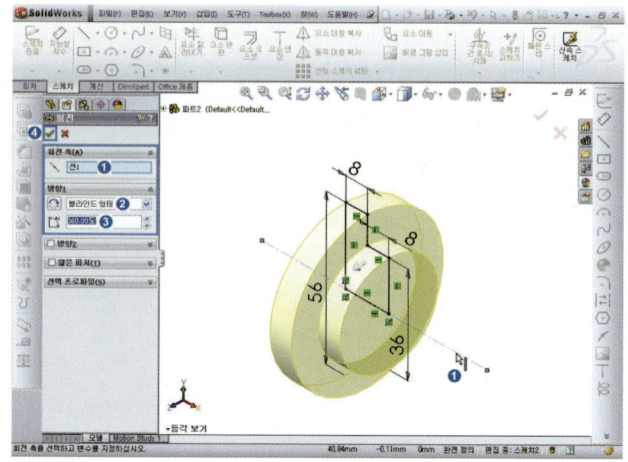] 선택 ➡ 회전축[ ]
① 선택, [ ][블라인드 형태],
[ ][각도]=360도 ➡ 확인[ ]
을 누른다.

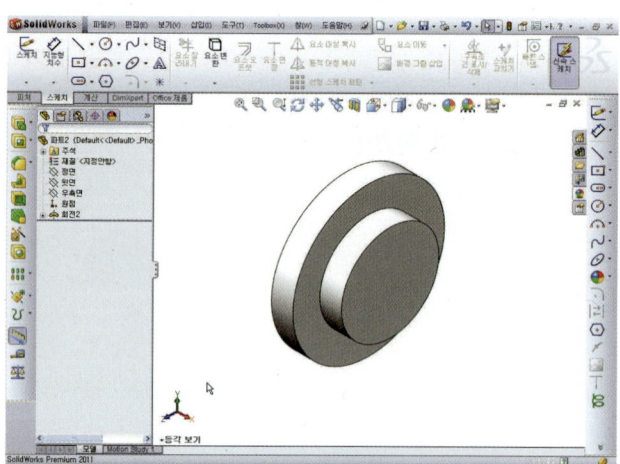

8 뷰 회전[ ] 선택하거나, 가운
데 마우스 휠을 누른 상태에서
드래그하여 아래 그림처럼 회전
한다.

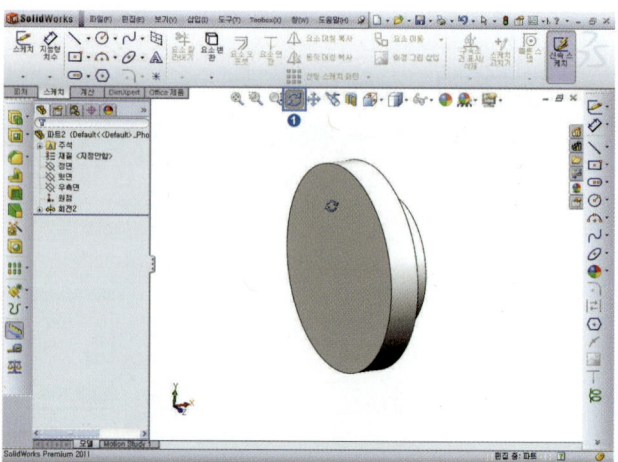

9 구멍가공 마법사[📐] → [[🔧 유형] 선택, 구멍유형[🔩] 선택, ☑ 사용자 정의 크기 체크 선택, 관통구멍 지름[⬇⬆]= 30mm, 카운트 보어지름[⬇⬆]= 35mm, 카운드 보어깊이[⬇⬆] 19mm입력, 마침조건-관통[🔩] 지정 → 위치[🔧 위치]버튼을 누른다.

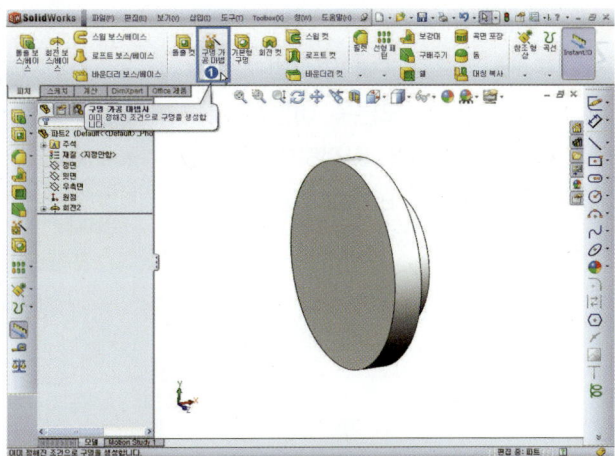

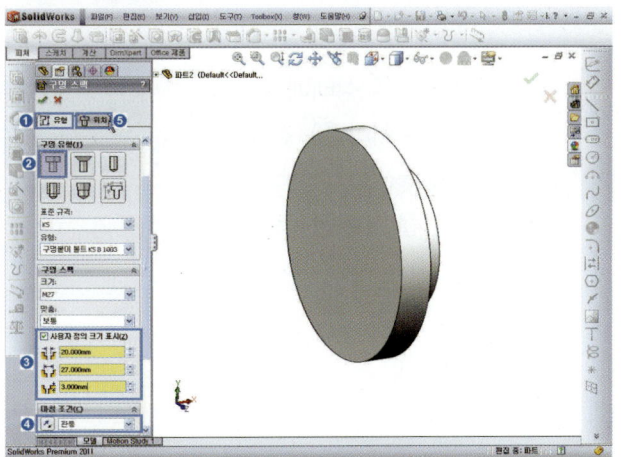

10 위치[🔧 위치](①) 선택 → 구멍 의 위치의 피처면(②) 선택하면 아래그림처럼 구멍의 미리 보기 가 나타난다.

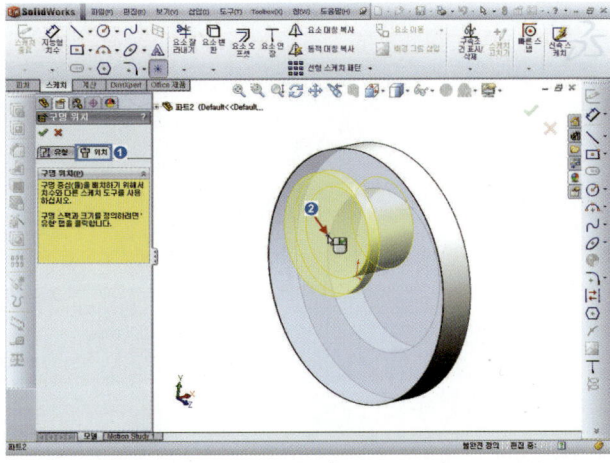

11 커서를 피처 밖으로 이동 시킨 후 ➡ 키보드 **Ctrl** 여러번 누르거나, 마우스 오른쪽 버튼을 누르면 선택(K)를 지정하면 선택 커서 모양으로 바뀐다.

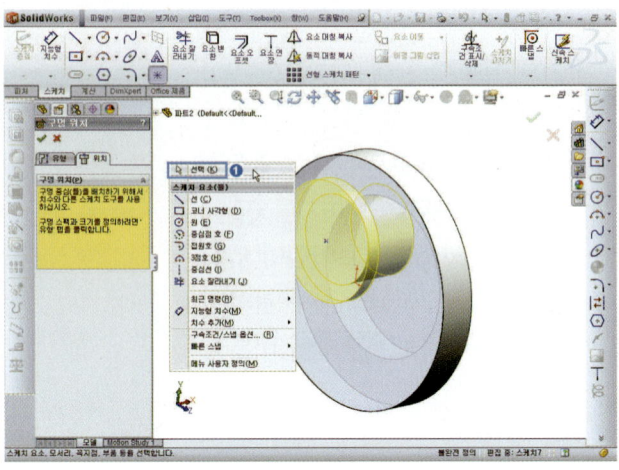

12 키보드 **Ctrl** 누른 상태에서 원호의 중심점, 모서리(①) 선택 ➡ 구속조건[◎ 동심(N)] 선택 ➡ 확인[✓] 버튼을 누르면 동심원으로 구속된다.

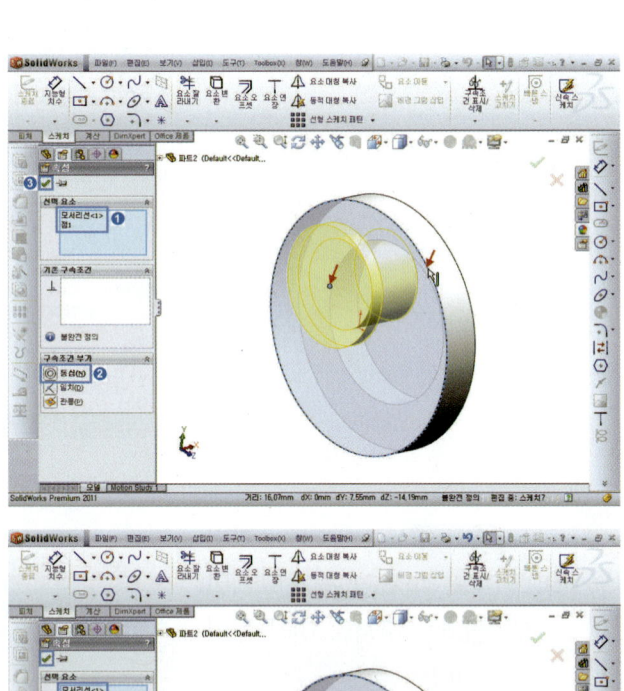

13 확인[✓]을 누르면 구멍의 구속 조건 화면이 닫히고 ➡ 한번 더 확인[✓]을 눌러야 구멍가공 마법사 작업이 완료하게 된다.

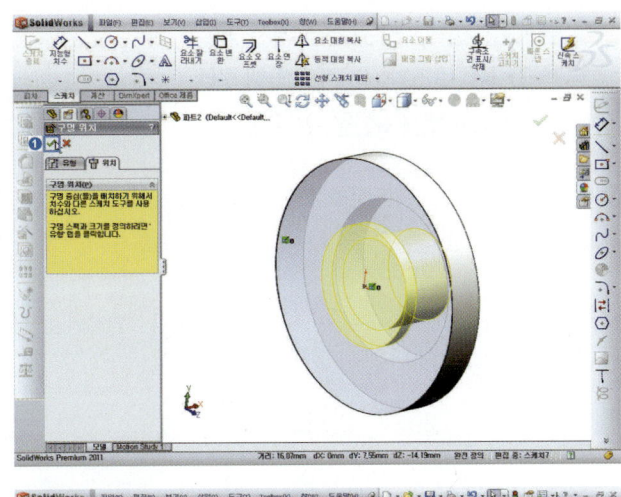

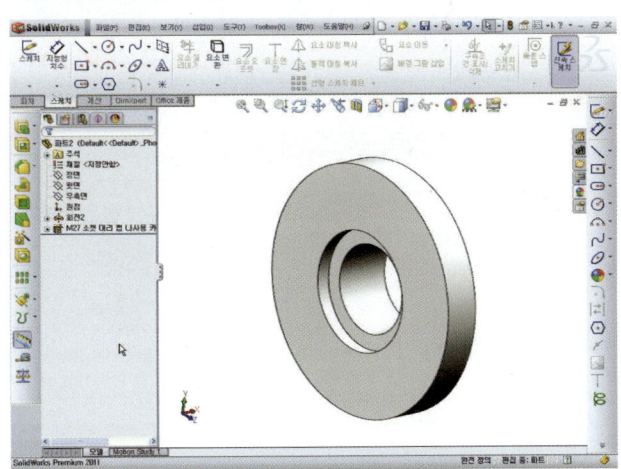

14 피처면(①) 선택 ➡ 스케치 도구 [✏️▾] 선택 ➡ [Spacebar] 누르면 방향창 [면에 수직으로 보기] 더블클릭 ➡ 스케치 작업이 편하도록 수직하게 위치한다.

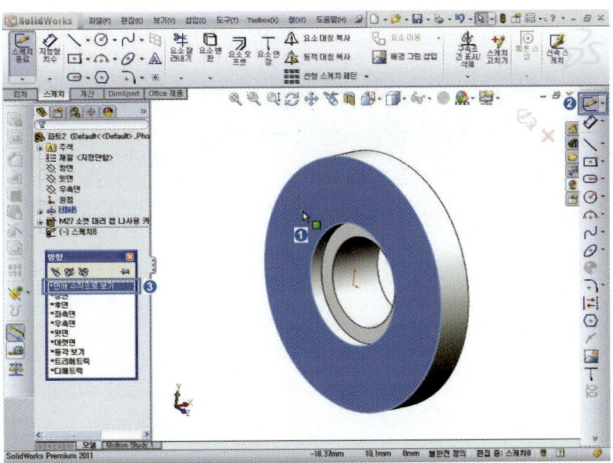

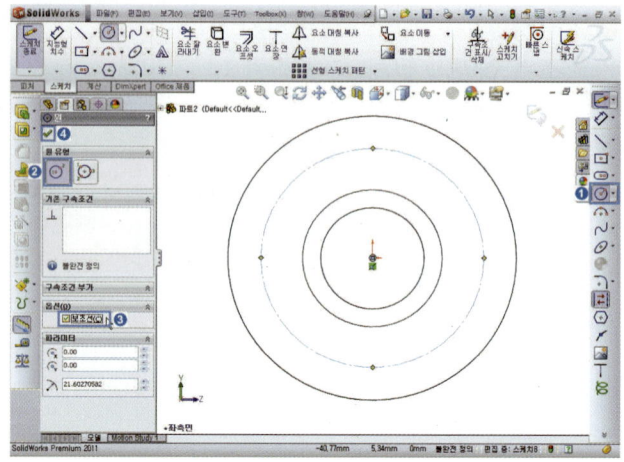

15 원[◎] 선택, 원 속성창에서 옵션(O) ☑ [보조선(C)] 체크하여 원 스케치 ➡ 확인[✓]을 누른다.

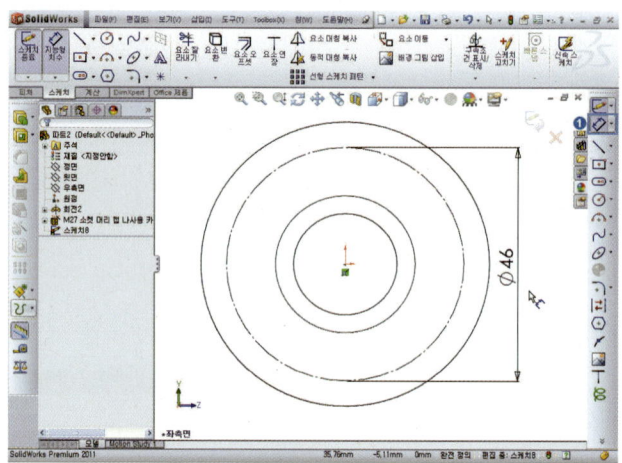

16 지능형 치수[◇▾] 선택 ➡ 지름 46mm 치수입력 ➡ 확인[✓]을 누른다.

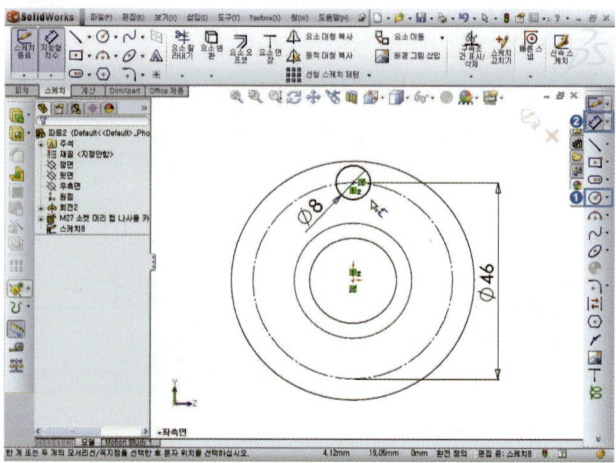

17 원[◎] 선택하여 원 스케치 ➡ 지능형 치수[◇▾] 선택 ➡ 지름 8mm 치수입력한다.

18 요소변환[🔲 ▾] 선택 ➡ 원형피
처의 모서리(②) 선택 ➡ 확인
[✅]을 누른다.

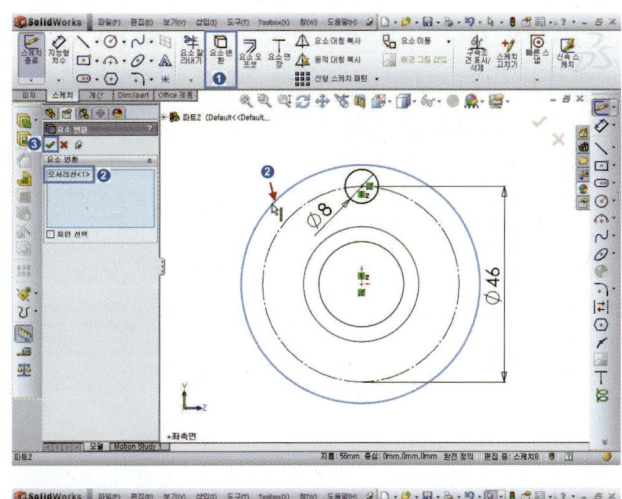

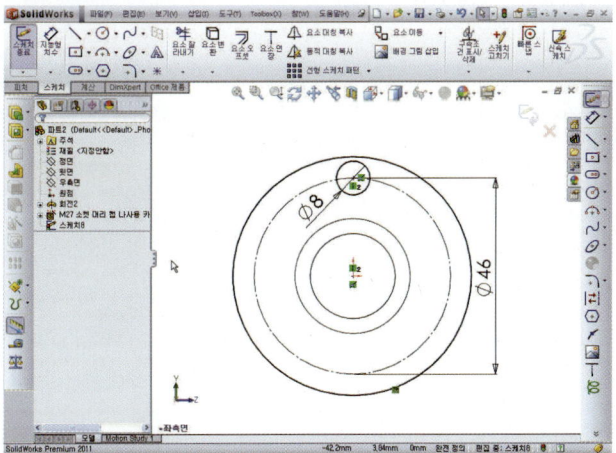

19 도구모음에서 선(Line)[＼ ▾]
클릭하여 아래 그림처럼 스케치
한다.

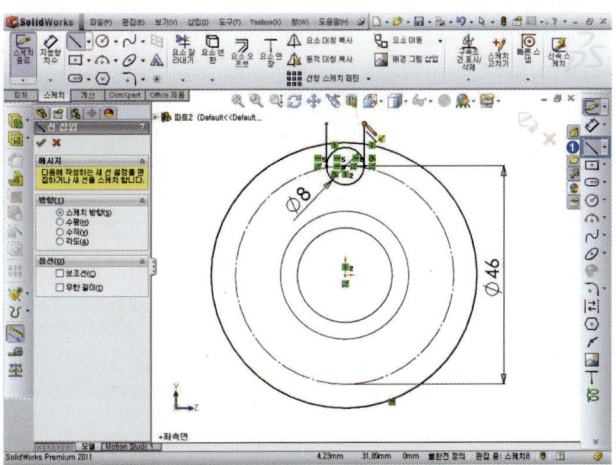

20 요소 잘라내기[ ] 선택 ➔
[ ][근접 잘라내기(T)] ➔ 원과
선이 겹치는 을 잘라낸다.

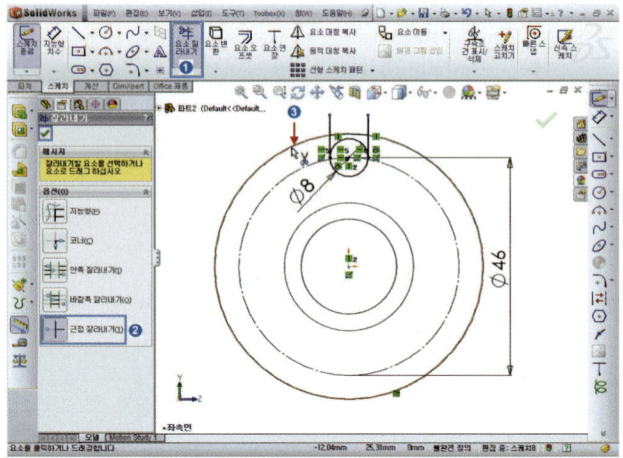

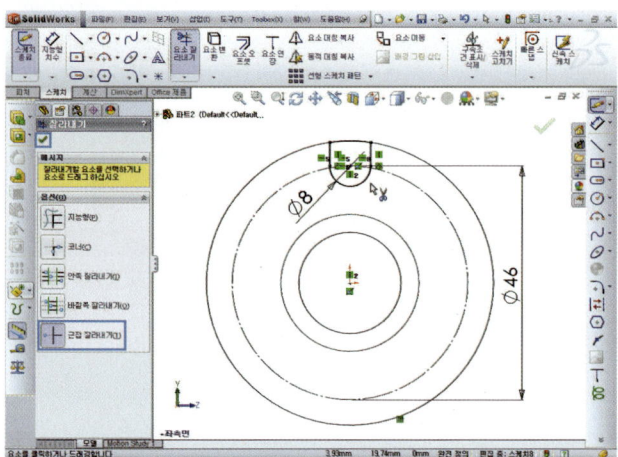

21 뷰 회전[ ] 선택하여 아래 그
림처럼 회전한다.

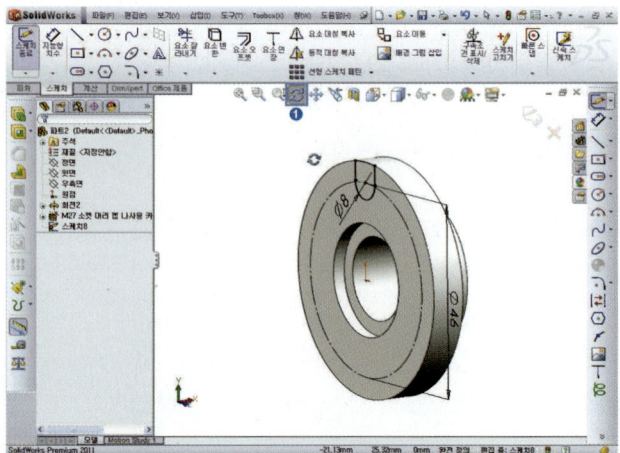

22 돌출-컷[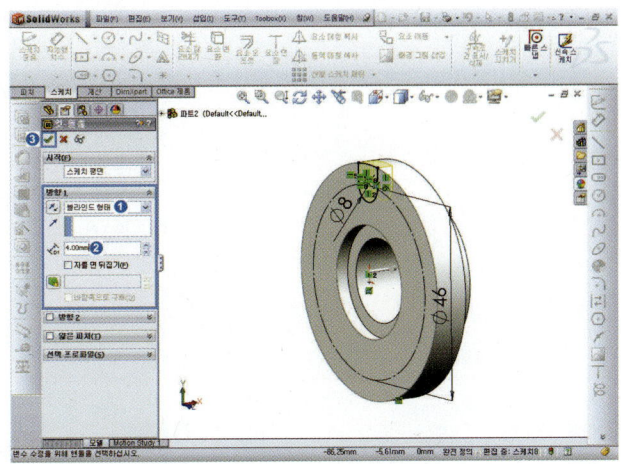] 선택 ➡ 방향 1 [ ], [블라인드 형태], [ ] 거리값 4.0mm 입력 ➡ 확인[ ]을 누른다.

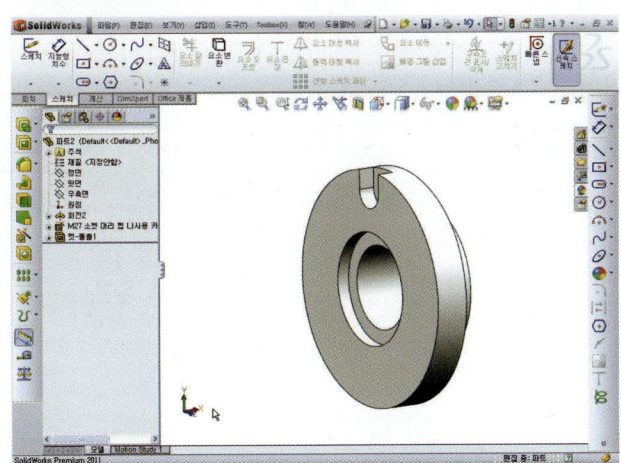

23 원[ ] 선택, 모서리선에 마우스 커서를 위치하면 원의 중심점이 나타나며 중심점을 기준으로 원 스케치 ➡ 지능형 치수[ ] 선택 ➡ 지름 4.50mm 치수입력한다.

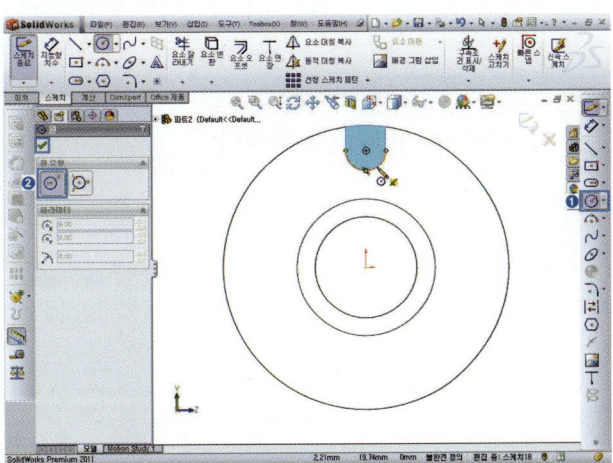

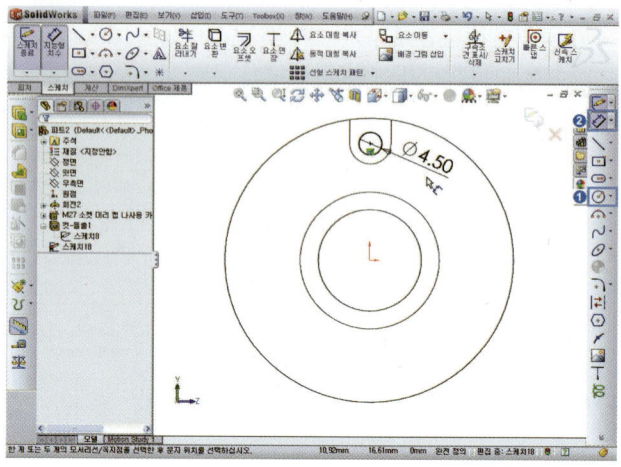

24 뷰 회전[⟳] 선택하여 그림처럼
회전한다.

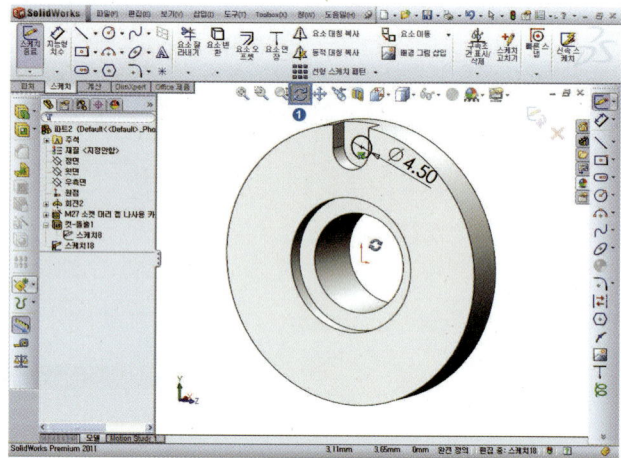

25 돌출-컷[▣] 선택 ➡ 방향 1 [관
통] 선택 ➡ 확인[✓]을 누른다.

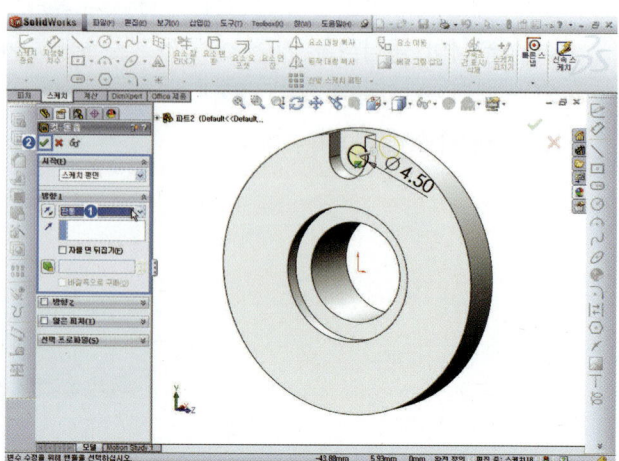

26 도구모음 보기(V) ➡ 임시축[🔗] 선택하여 임시축이 나타나게 한다.

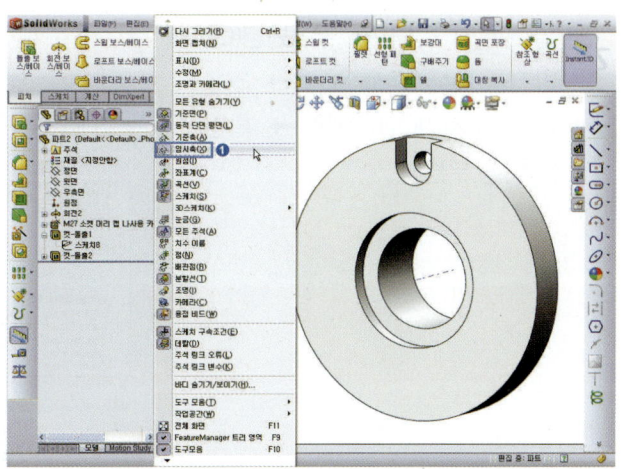

27 원형 피처 패턴[🔳] 선택 ➡ [🔄] 기준축(①) 선택 ➡ 각도 [📐] 360도 ➡ [🔳] 패턴할 갯수 4개, ☑ 동등간격 체크 ➡ 패턴할 피처(2개의 컷–돌출1.2) 선택 ➡ 확인[✅]을 누른다.

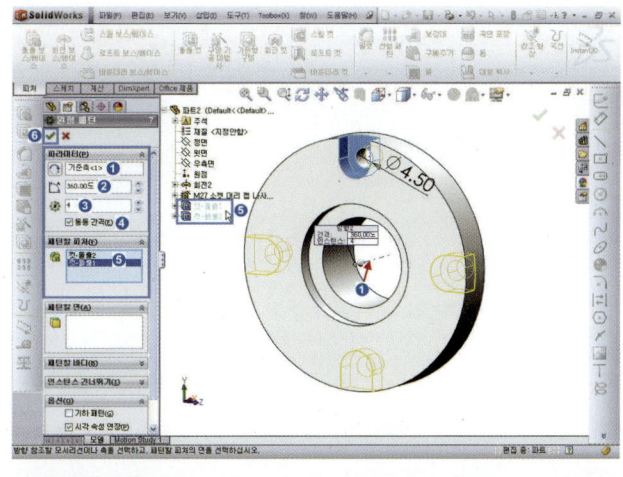

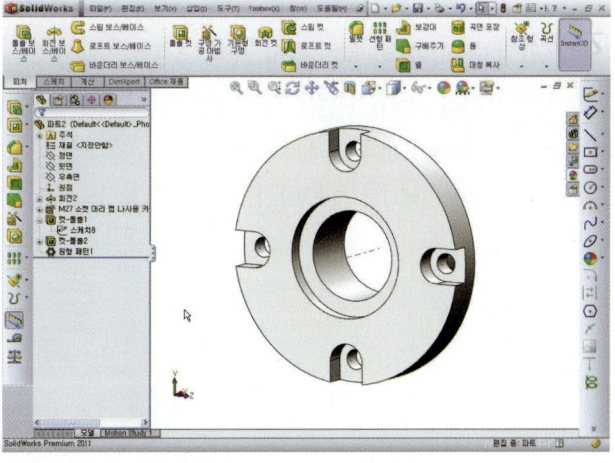

28 필렛[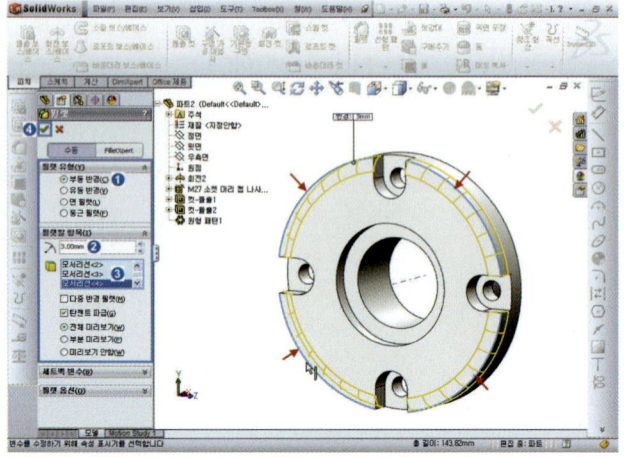] 선택 ➡ 부동반경(C),
반지름 R=3.0mm 입력 ➡ ③ 4
개의 모서리(③) 선택 ➡ 확인
[✅]을 누른다.

29 모따기[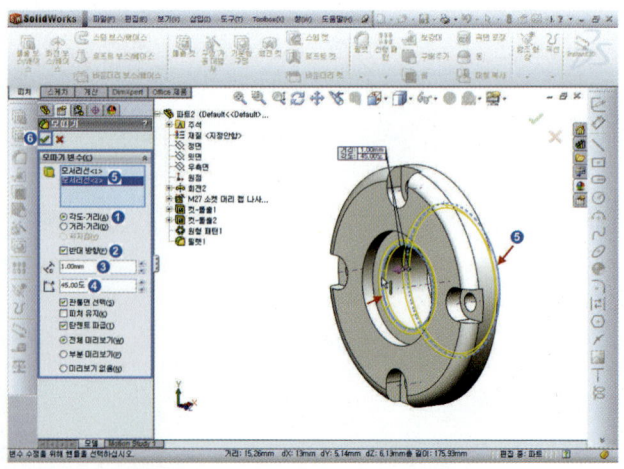] 선택 ➡ 각도-거리
(A) 지정, ☑ [반대방향(F)] 체크,
[ ] 거리 1mm, [ ] 각도 45
도 입력 ➡ 2개의 모서리(⑤) 선
택 ➡ 확인[✅]을 누른다.

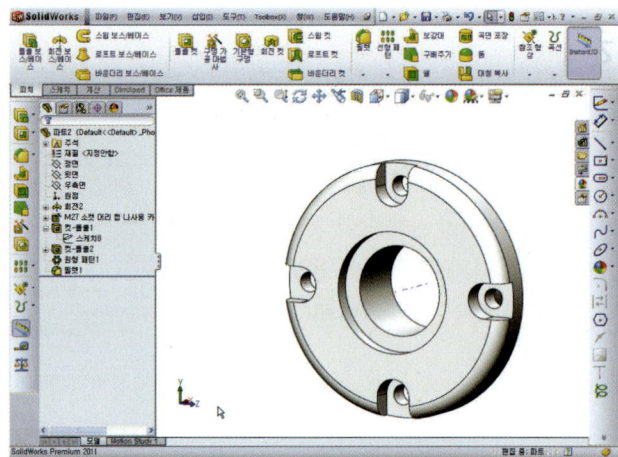

30 도구모음 보기(V) ➡ 임시축[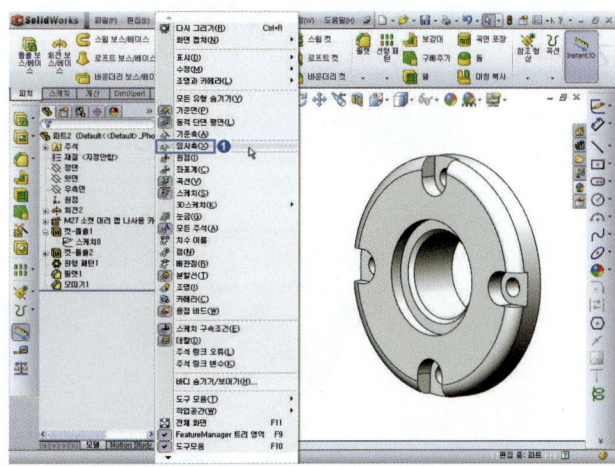] 선택하여 임시축을 숨긴다.

31 커버 모델링을 완성한다.

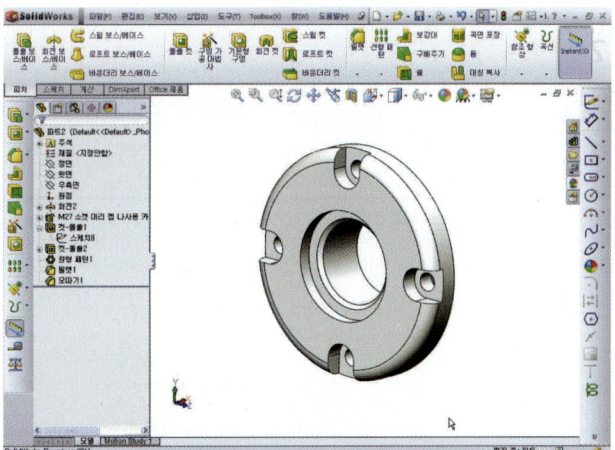

16

피니언(Pinion) 모델링

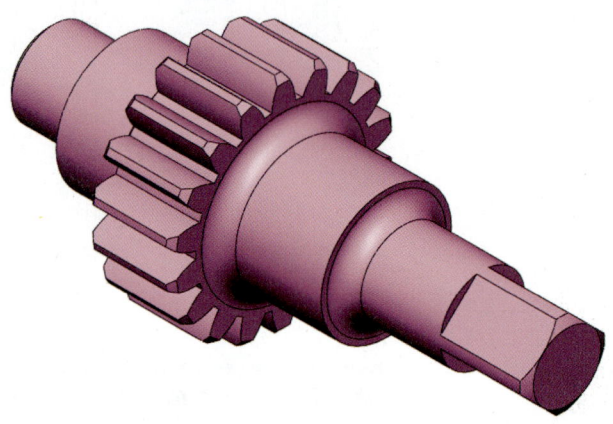

[그림 3-27] 피니언(Pinion) 모델링

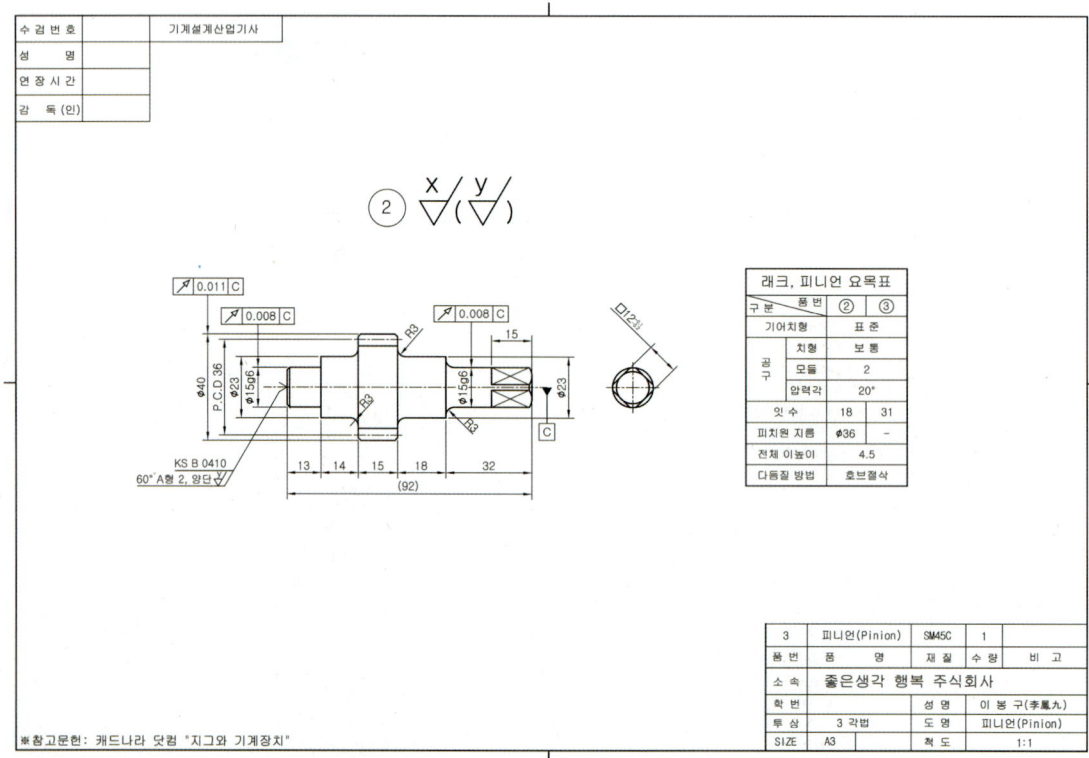

[그림 3-28] 피니언(Pinion) 모델 도면

■ 피니언(Pinion) 모델링 순서

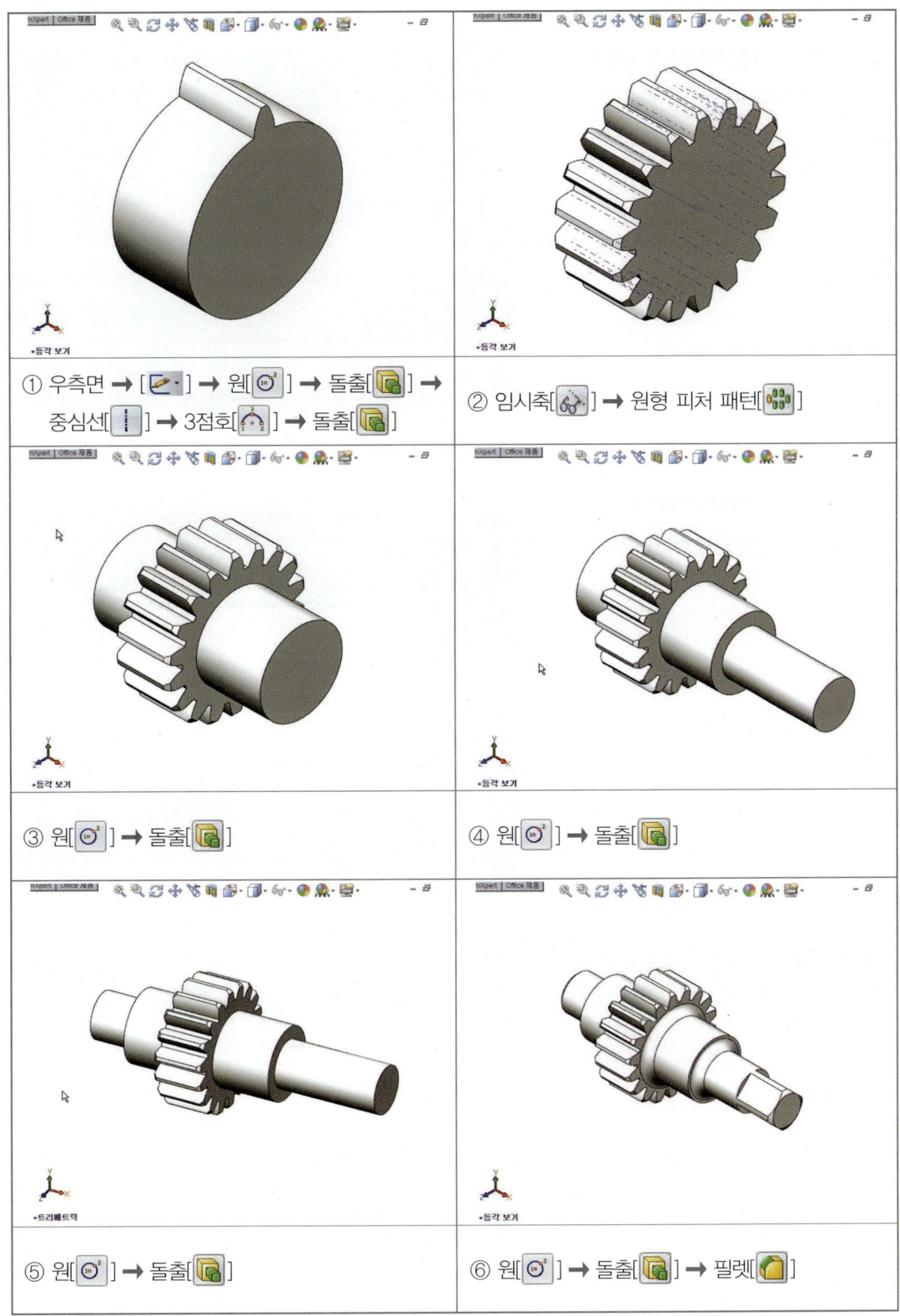

① 우측면 → [✏️] → 원[⊙] → 돌출[📦] →
중심선[┃] → 3점호[⌒] → 돌출[📦]

② 임시축[⚙️] → 원형 피처 패턴[⬡]

③ 원[⊙] → 돌출[📦]

④ 원[⊙] → 돌출[📦]

⑤ 원[⊙] → 돌출[📦]

⑥ 원[⊙] → 돌출[📦] → 필렛[🟩]

1 파일 ➡ 새문서(N)[🗋 새 문서]를 클릭한다.

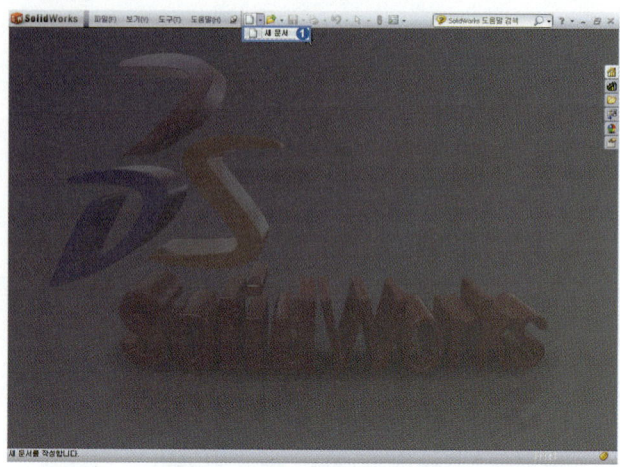

2 새문서 창에서 파트[🖼️] 선택 ➡ [확인]을 누른다.

3 스케치를 생성할 작업평면[우측면]을 선택 ➡ 스케치 도구[✏️▾] 선택한다.

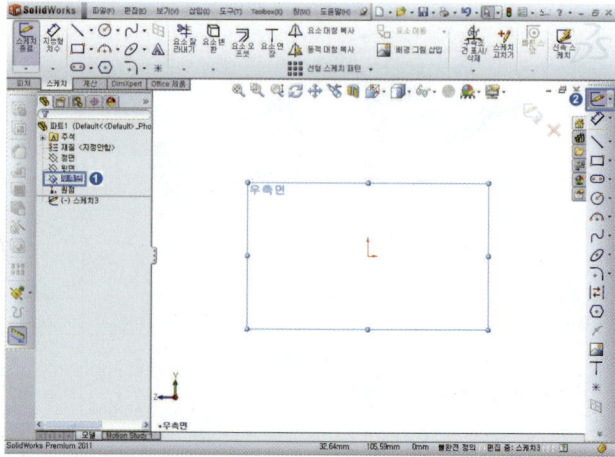

4 **Spacebar** 누르면 방향창 [등각
보기] 더블클릭 ➡ 원하는 작업
평면에 스케치 작업이 되었는지
확인한다.

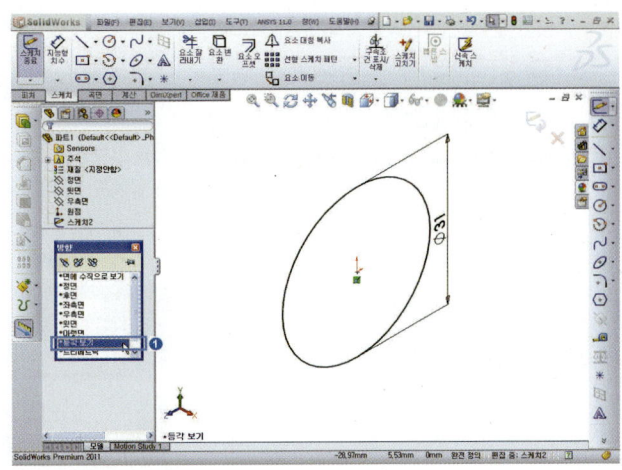

5 돌출[🔲] 선택 ➡ 방향 1[↗]
[중간평면], [D1]기어너비=15mm
입력 ➡ 확인[✓]을 누른다.

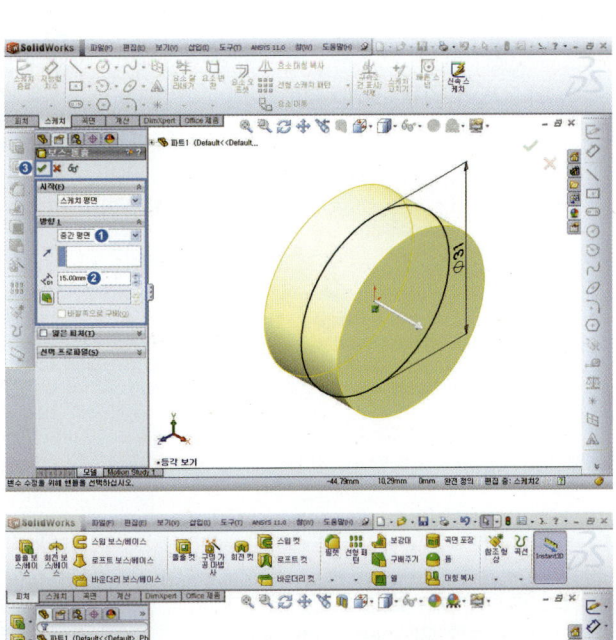

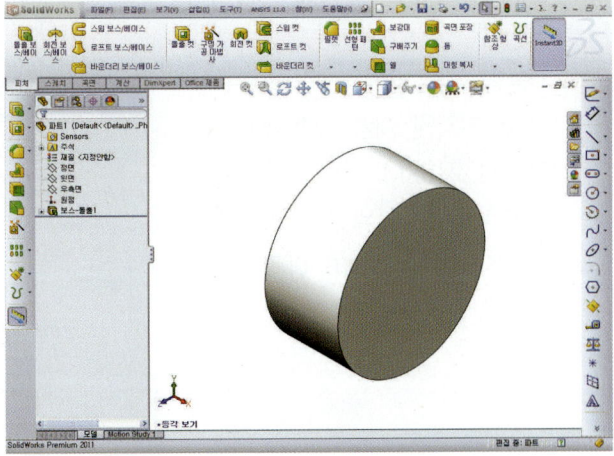

6 피처면 선택 ➡ 스케치 도구
[✏️⋁] 선택 ➡ **Spacebar** 누르
면 방향창 [면에 수직으로 보기]
더블클릭 ➡ 스케치 작업이 편하
도록 수직하게 위치한다.

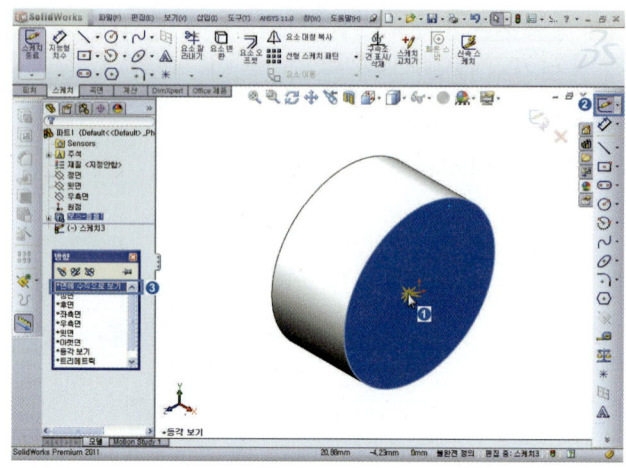

7 원[⊙²] 선택 ➡ 서로 다른 직경
의 3개의 원을 스케치한다.

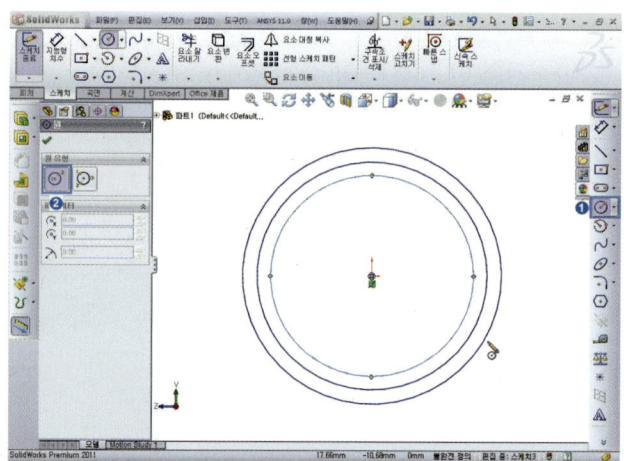

8 지능형 치수[✏️⋁] 선택 ➡ 기어
외경(=피치원 지름+2M) 40mm,
피치원 지름(M×잇수) 36mm,
이뿌리원 (기어외경−((이높이=
2.25×M)×2)) 31mm 원 치수입
력한다.

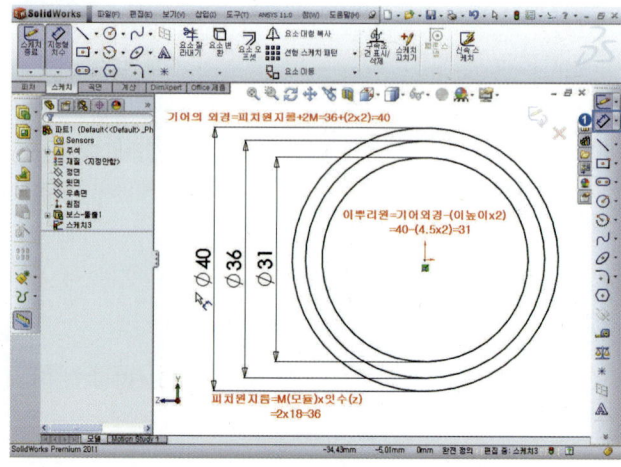

9 피치원을 선택 ➡ 속성창에서
☑ 보조선(C) 체크 지정하면 중
심선인 1점 쇄선으로 변한다.

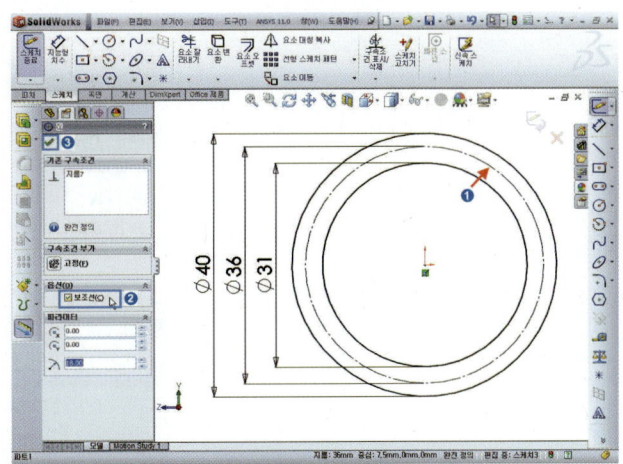

10 중심선[ ]을 선택 ➡ 아래 그
림처럼 각각의 원에 접하는 중심
선을 스케치한다.

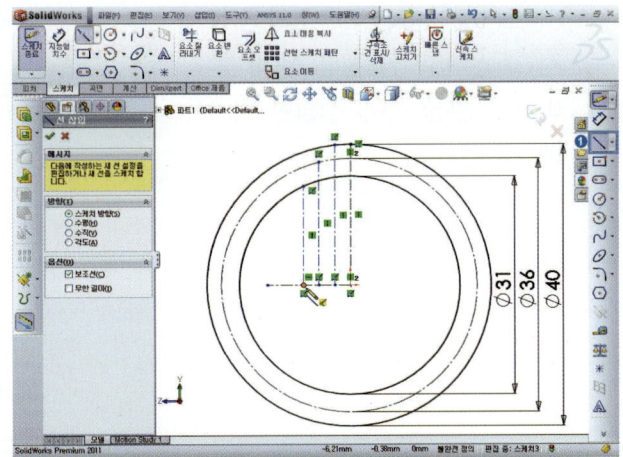

11 지능형 치수[ ] 선택 ➡ 아래
그림과 같이 치수입력을 한다.

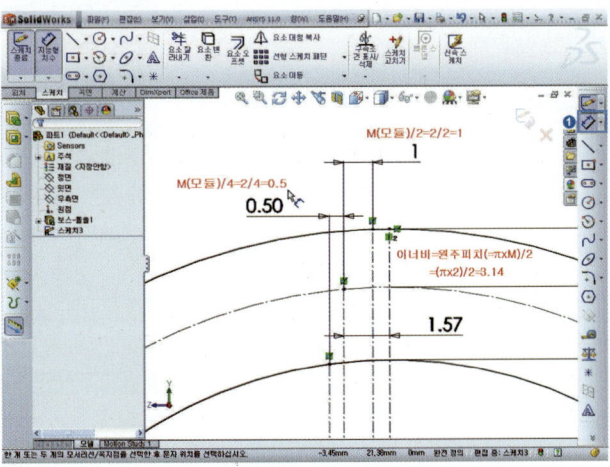

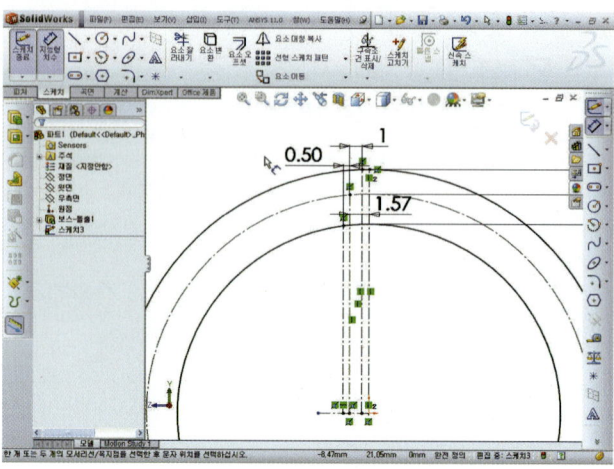

 3점호[] 선택 ➡ 원호의 시작
점(③ 선택)과 끝점(④ 선택) 후
마지막 점(⑤ 선택) 적당한 위치
에 놓는다.

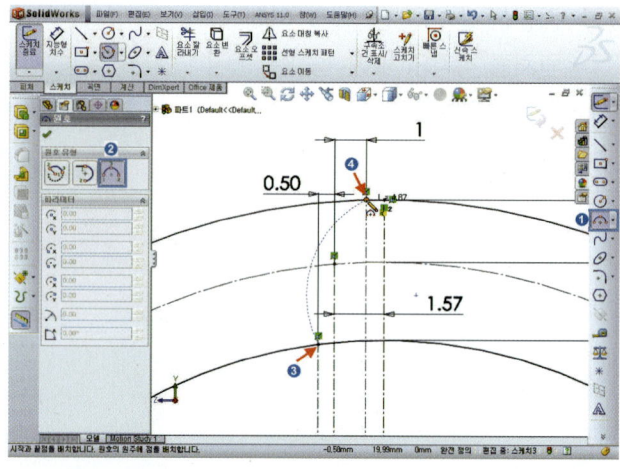

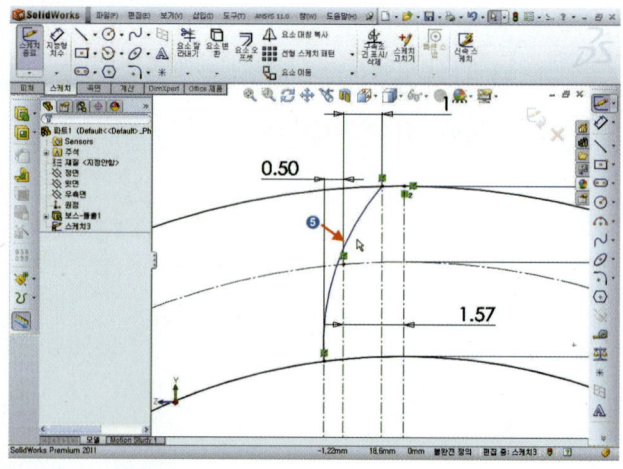

13 키보드 **Ctrl** 누른 상태에서 원호 (① 선택), 점(② 선택) ➡ 구속조 건[☒ **일치(D)**] 선택 ➡ 확인 [✅]을 누른다.

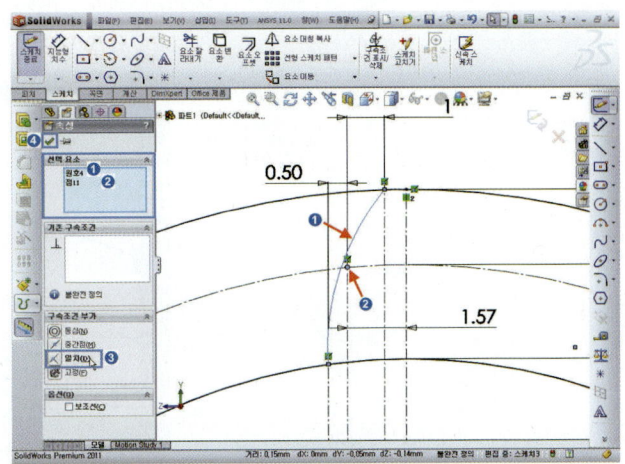

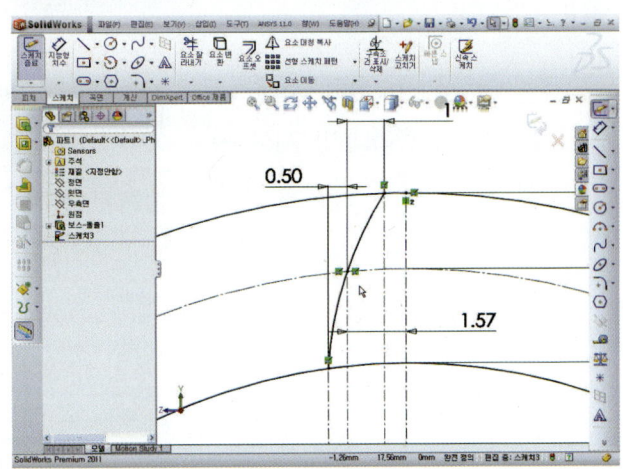

14 대칭복사[△] 선택 ➡ 대칭복사 기준[⌇]=(①중심선) 선택 ➡ [△] 대칭 복사할 항목(원호②) 선택 ➡ 확인[✅]을 누른다.

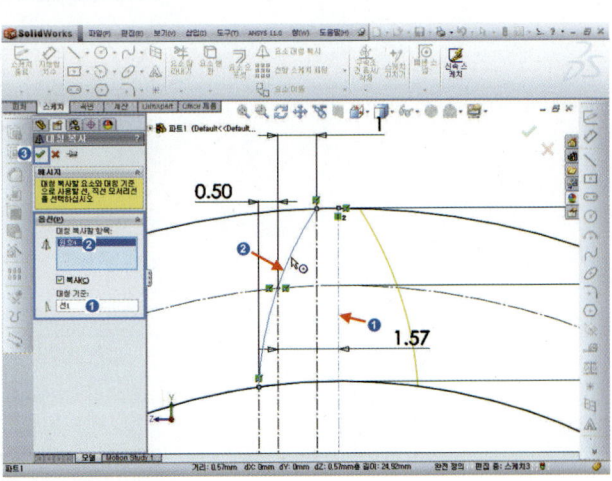

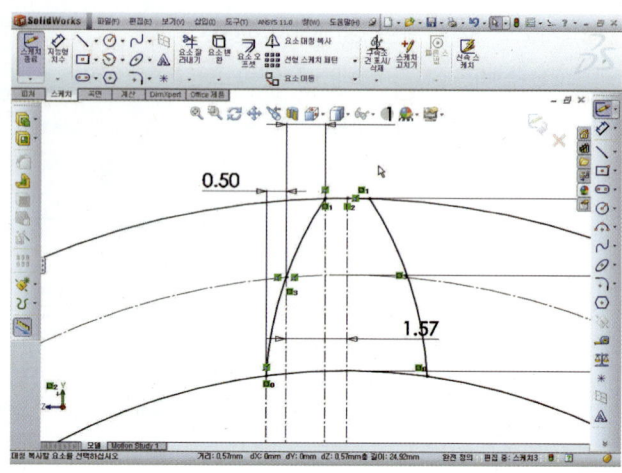

15 요소 잘라내기[ ] 선택 ➡
[ ] [근접 잘라내기] 지정 ➡
원과 호가 겹치는 부분을 잘라
낸다.

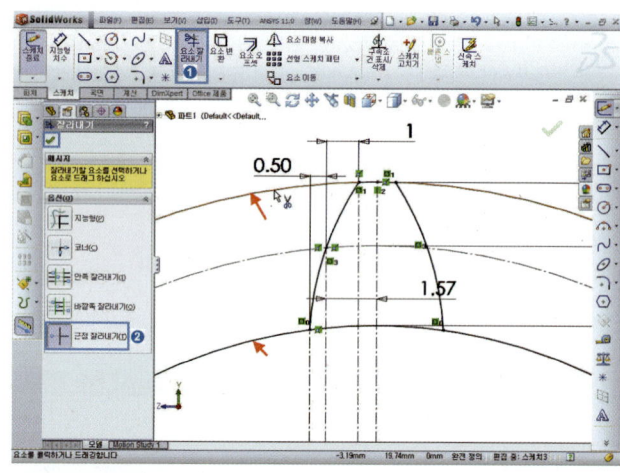

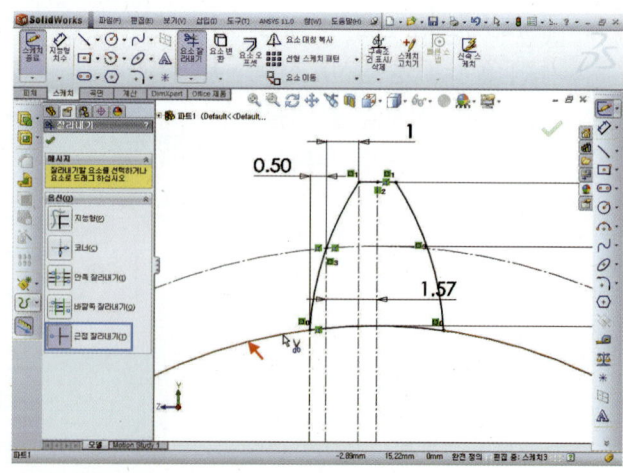

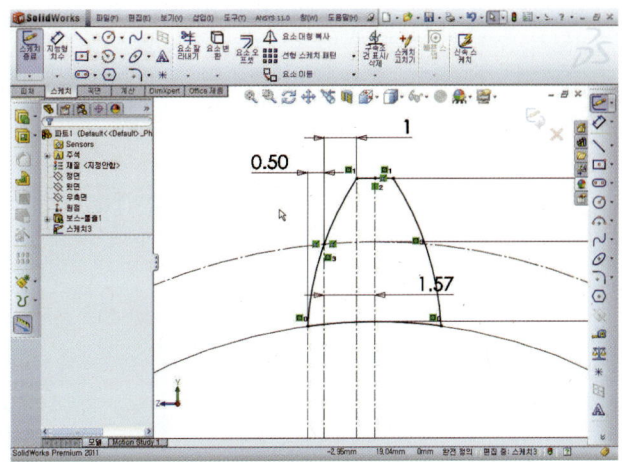

16 **Spacebar** 누르면 방향창 [등각
보기] 더블클릭 ➡ 스케치가 원
하는 작업평면에 스케치되어 있
는지 확인한다.

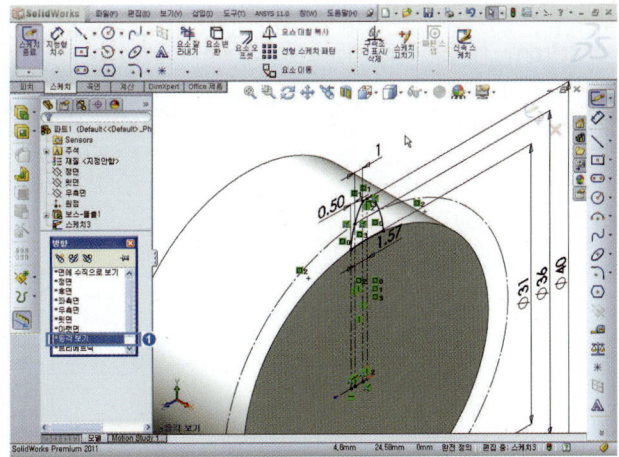

17 돌출[🗐], 방향 1[🖉] [블라인드
형태], [🖉]반대방향 지정, [🖉]
15mm 입력 ➡ 확인[✅]을 누
른다.

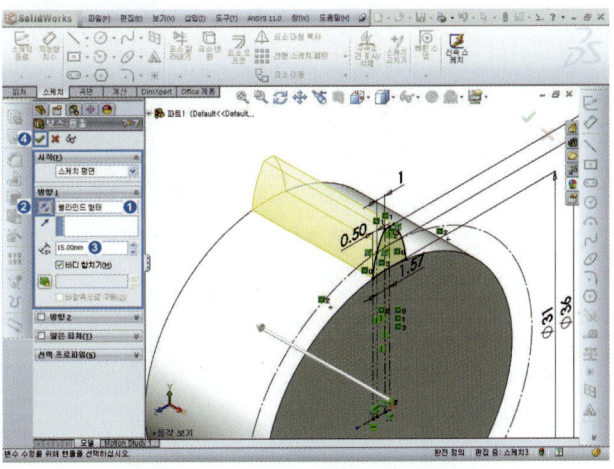

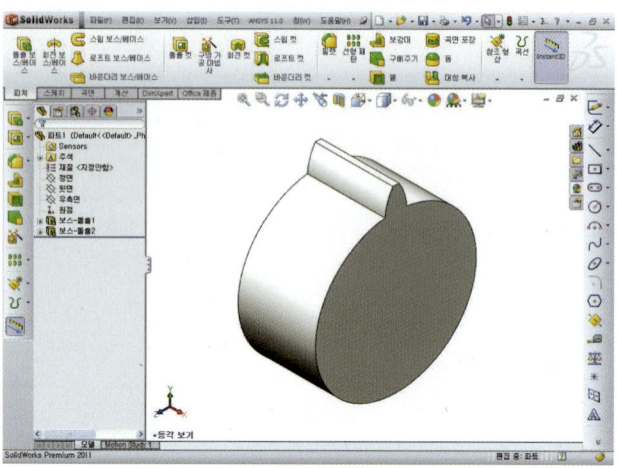

18 모따기[🗒] 선택 ➡ [🔀]거리
1mm, [🔀] 각도 45도 입력 ➡
③, ④ 모서리 선택 ➡ 확인[✅]
을 누른다.

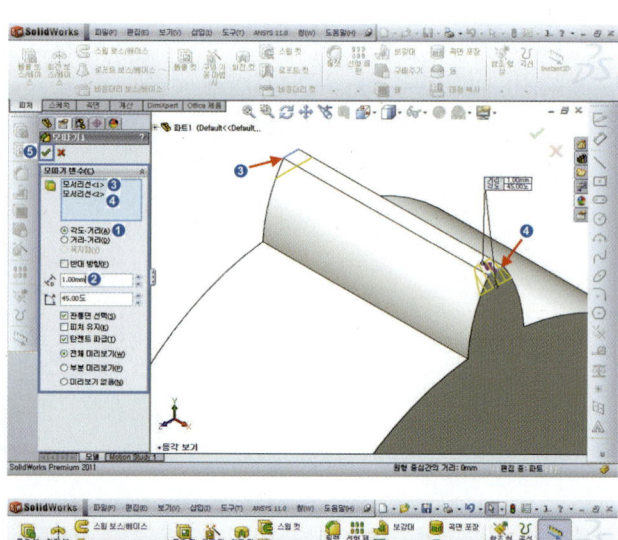

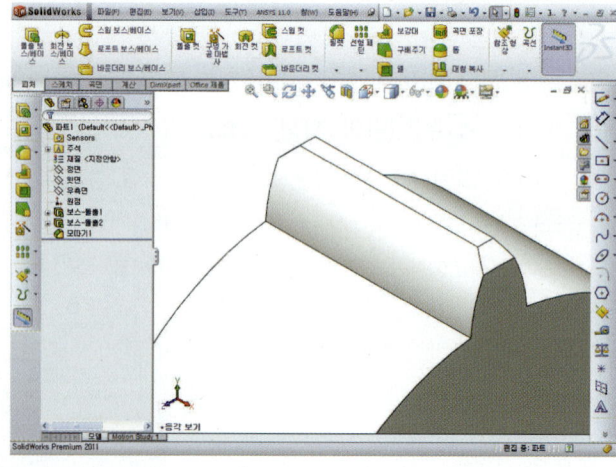

🔓 19 도구모음 보기(V) ➡ 임시축[⟐] 선택하여 임시축이 나타나게 한다.

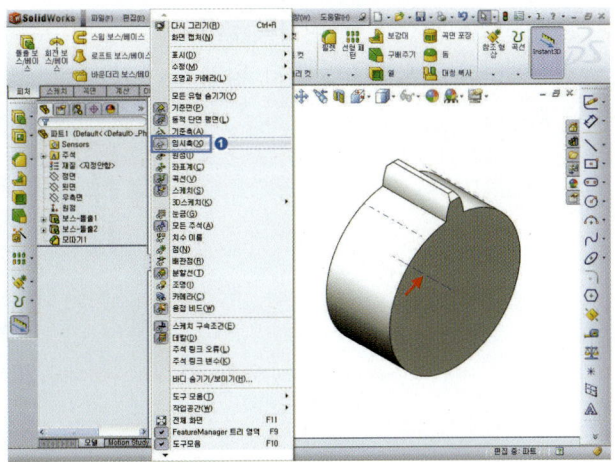

🔓 20 원형 피처 패턴[⟐] 선택 ➡ [⟐]기준축(① 선택) ➡ 각도 [⟐]360도 ➡ [⟐] 기어잇수 18개 입력, ☑ 동등 간격체크 ➡ 패턴할 피처(모따기1, 보스-돌출2) 선택한다.

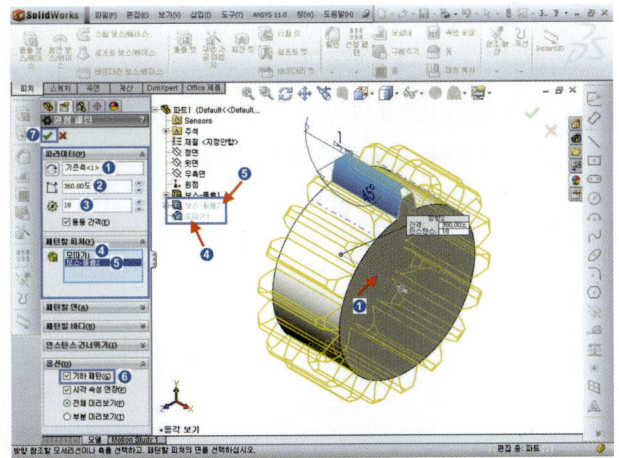

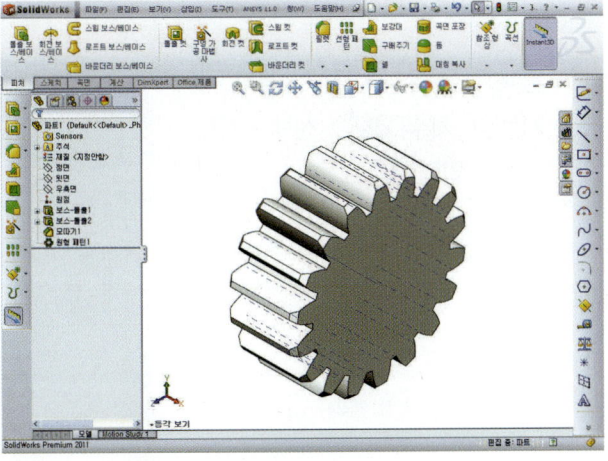

21 도구모음 보기(V) ➡ 임시축[ ] 선택하여 임시축을 보이지 않게 숨긴다.

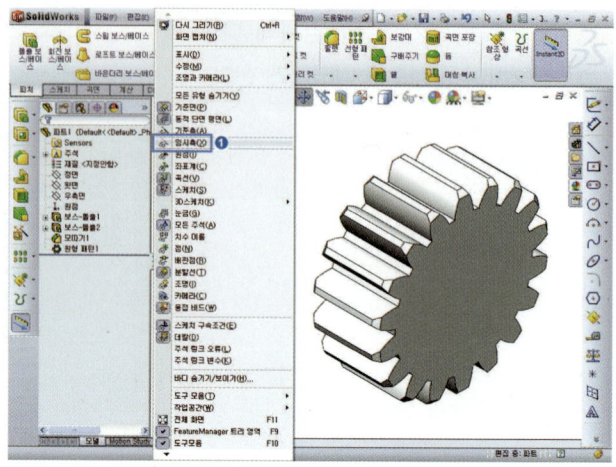

22 피처면 선택 ➡ 스케치 도구 [ ] 선택 ➡ **Spacebar** 누르면 방향창 [면에 수직으로 보기] 더블클릭 ➡ 스케치 작업이 편하도록 수직하게 위치한다.

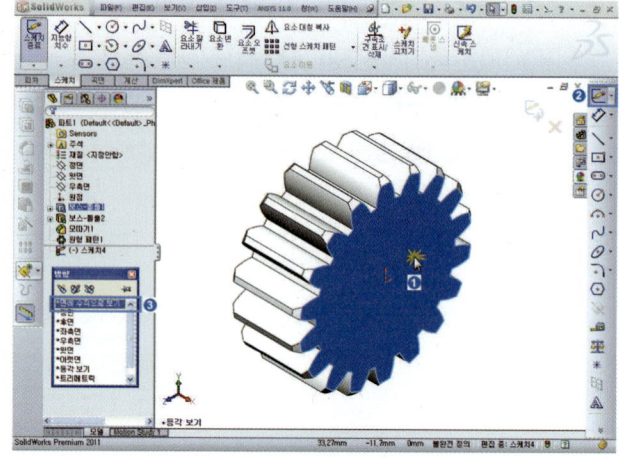

23 원[ ] 선택 ➡ 원 스케치 ➡ 지능형 치수[ ] 선택, 지름 23mm 입력한다.

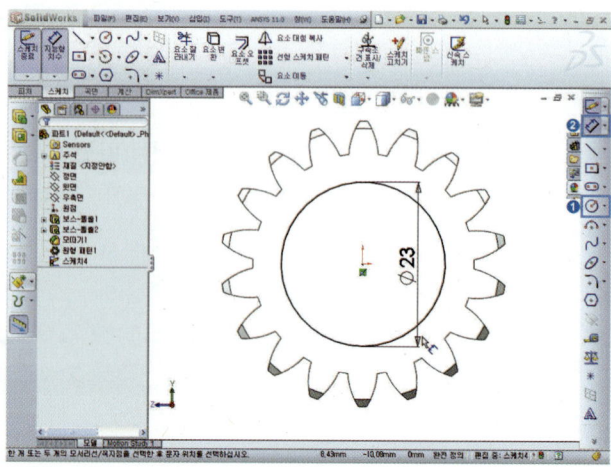

24 **Spacebar** 누르면 방향창 [등
각 보기] 더블클릭 ➡ 스케치 작
업[완전정의] 완성되었는지 확인
한다.

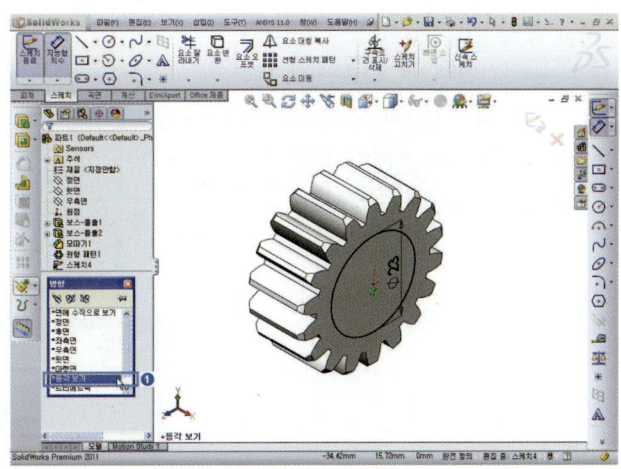

25 돌출[🔲] ➡ 빙향 1[📐] [블라
인드 형태], [⬙] 18mm 입력 ➡
☑ 방향 2 체크, [블라인드 형
태], [⬙] 29mm 입력 ➡ 확인
[✅]을 누른다.

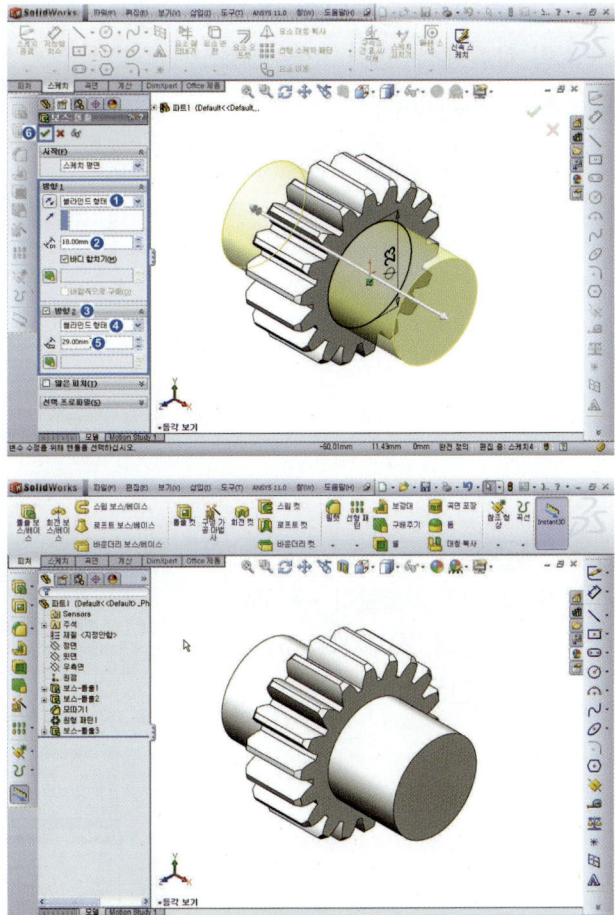

26 피처면 선택 ➡ 스케치 도구 [✏️▾] 선택 ➡ [Spacebar] 누르면 방향창 [면에 수직으로 보기] 더블클릭 ➡ 스케치 작업이 편하도록 수직하게 위치한다.

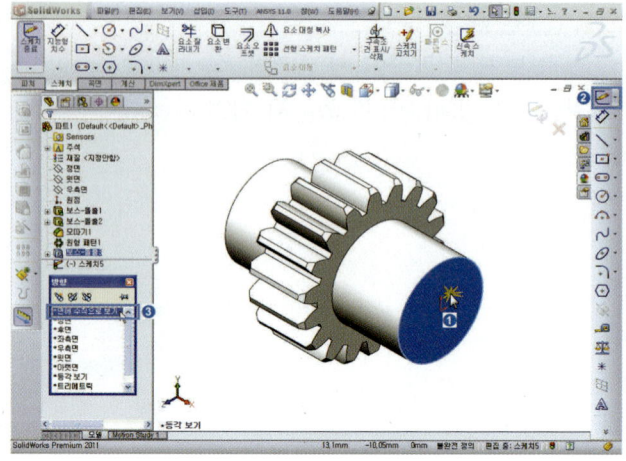

27 원[⊙] 선택, 원 스케치 ➡ 지능형 치수[◇▾] 선택, 지름 15mm 원 치수입력한다.

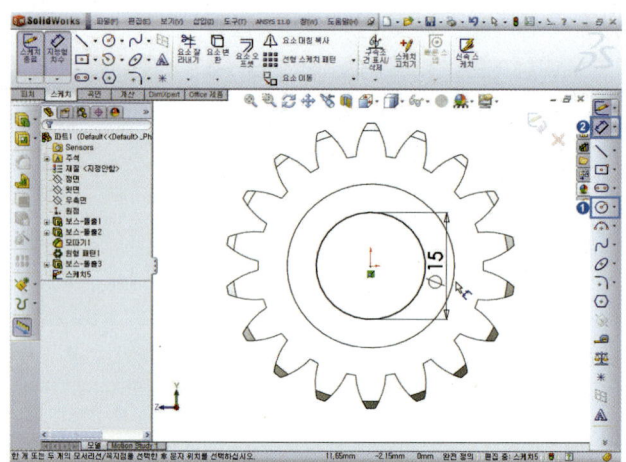

28 [Spacebar] 누르면 방향 창에서 [등각보기] 더블클릭 ➡ 원하는 작업평면에 스케치작업이 되었는지 확인한다.

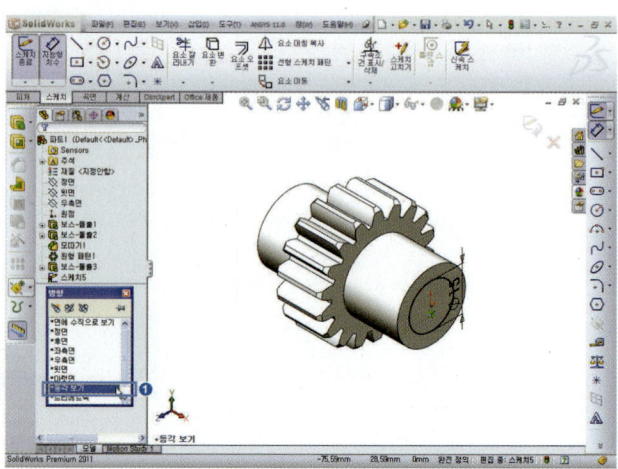

29 돌출[📦] ➡ 방향 1[⚲] [블라인드 형태], [⚲] 거리값 32mm 입력 ➡ 확인[✅]을 누른다.

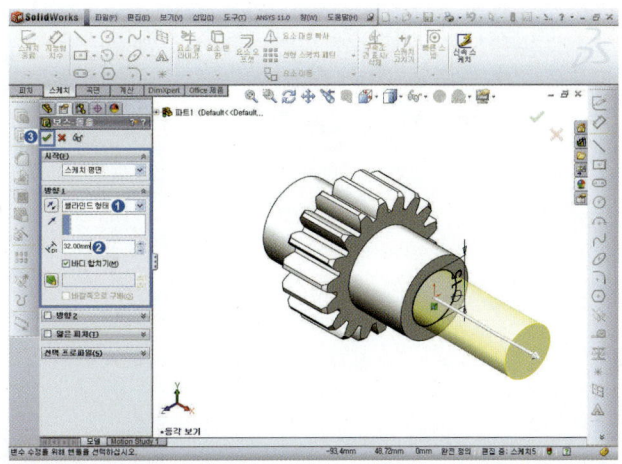

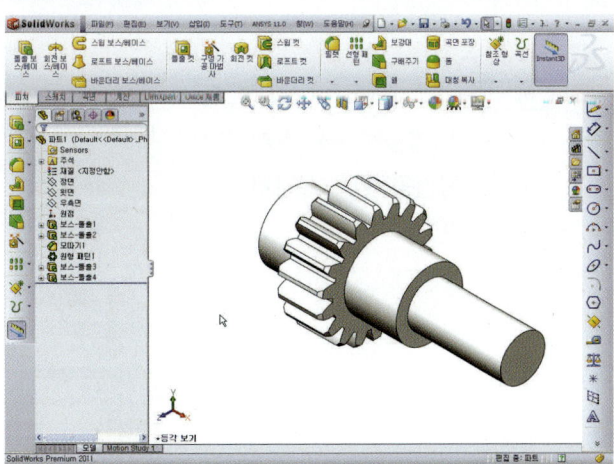

30 **Spacebar** 누르면 방향창 [좌측면] 선택 ➡ 스케치 도구[✏️▾] 선택 ➡ 스케치 작업 준비를 한다.

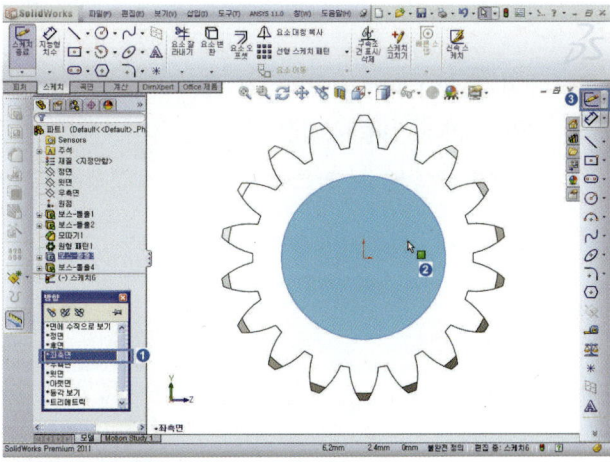

31 원[○²] 선택하여 임의 원 스케
치 ➡ 지능형 치수[◇·] 선택,
지름 15mm 원 치수입력한다.

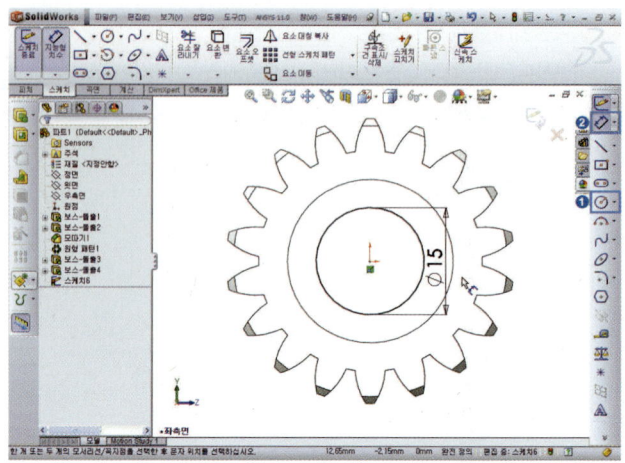

32 [Spacebar] 누르면 방향창 [트리
메트릭] 더블클릭 ➡ 스케치가
원하는 작업평면에 스케치되어
있는지 확인한다.

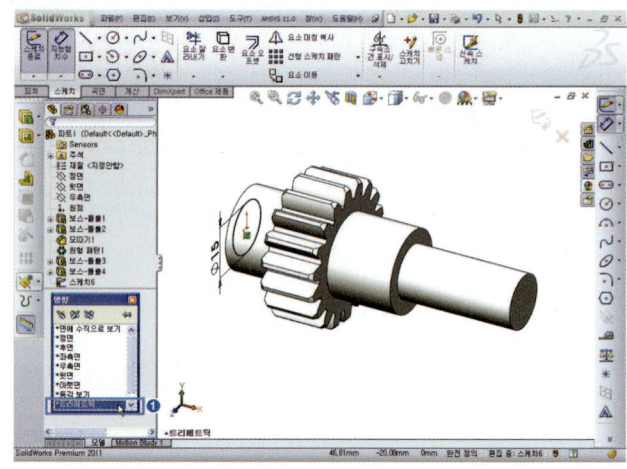

33 돌출[▣] 선택 ➡ 방향 1[✐] [블
라인드 형태], [◈]거리값 13mm
입력 ➡ 확인[✓]을 누른다.

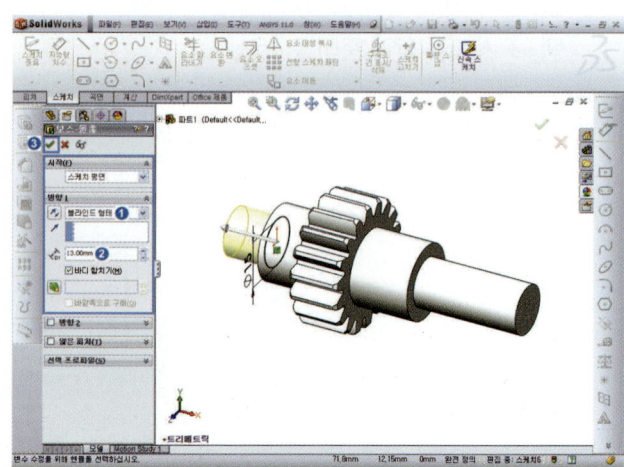

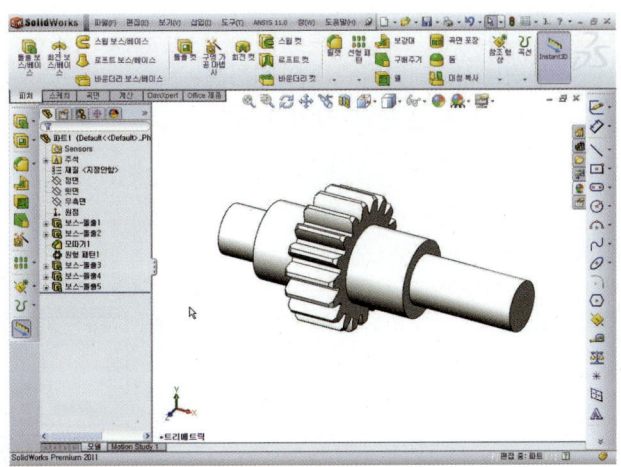

34 피처면 선택 ➡ 스케치 도구
[ ] 선택 ➡ **Spacebar** 누르
면 방향창 [면에 수직으로 보기]
더블클릭 ➡ 스케치 작업이 편하
도록 수직하게 위치한다.

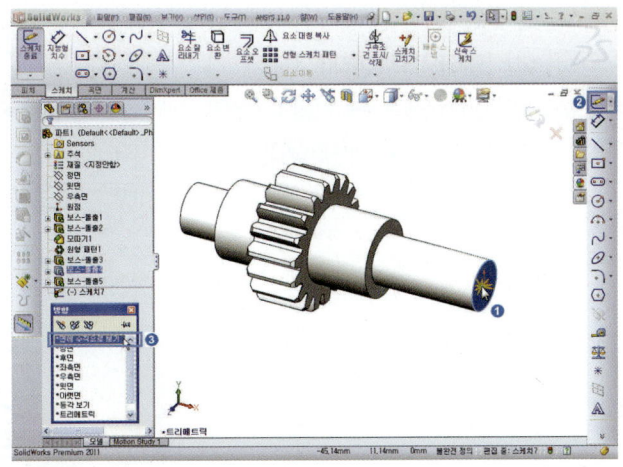

35 중심선[ ], 중심선 스케치 ➡
중심점 사각형[ ] 선택, 사각
형 스케치 ➡ 지능형 치수[ ]
선택, 한변의 길이 12mm 치수입
력한다.

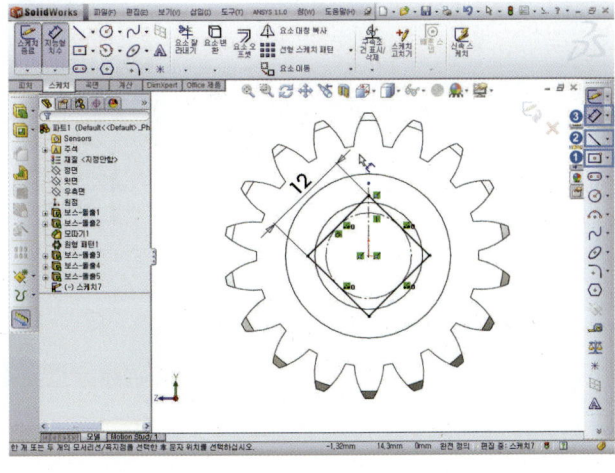

36 **Spacebar** 누르면 방향창에서
[등각보기] 더블클릭 ➡ 원하는
작업평면에 스케치 작업이 되었
는지 확인한다.

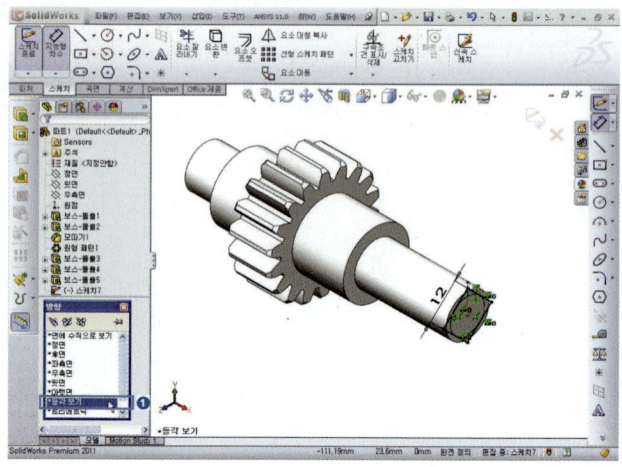

37 돌출–컷[🔲] 선택 ➡ 방향 1
[🔧] [블라인드 형태], [🔧] 거
리값 15mm입력 ➡ [☑]자를면
뒤집기 체크 ➡ 확인[✅]을 누
른다.

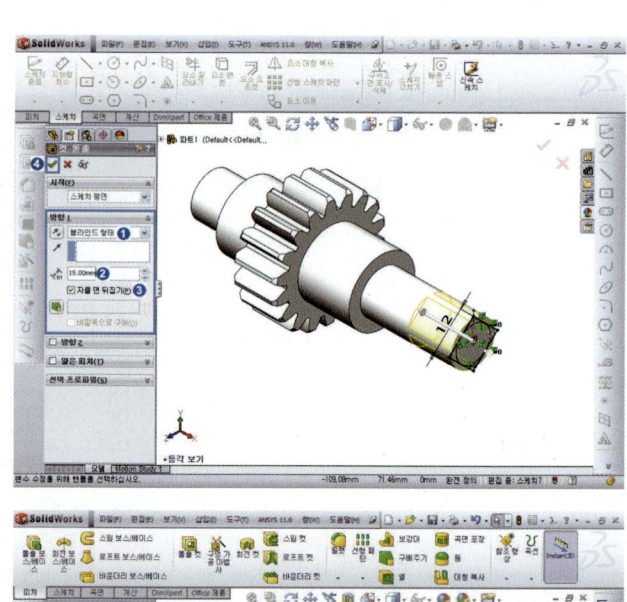

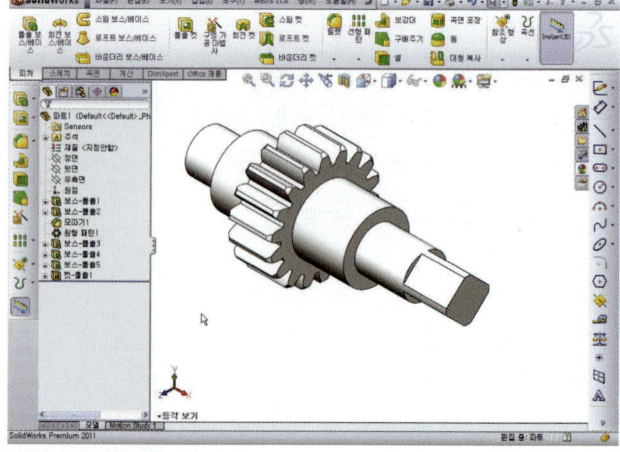

38 피처면 선택 ➡ 스케치 도구
[✏ ▾] 선택 ➡ Spacebar 누르
면 방향창 [면에 수직으로 보기]
더블클릭 ➡ 스케치 작업이 편하
도록 수직하게 위치한다.

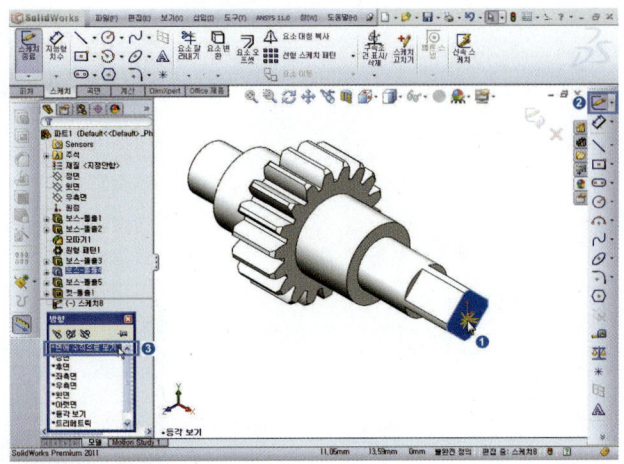

39 원[⊙] 선택하여 임의 원 스케
치한다.

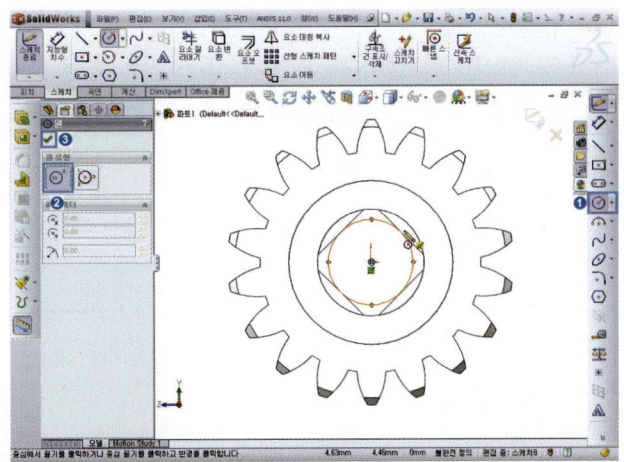

40 키보드 Ctrl 누른 상태에서 모서
리선(①)과 원(②) 선택 ➡ 구속
조건[⟨ 탄젠트(A)] 선택, 모서리
선과 원이 접하게 된다.

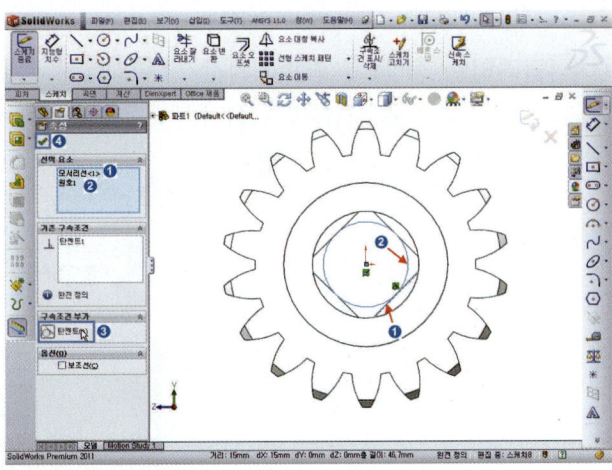

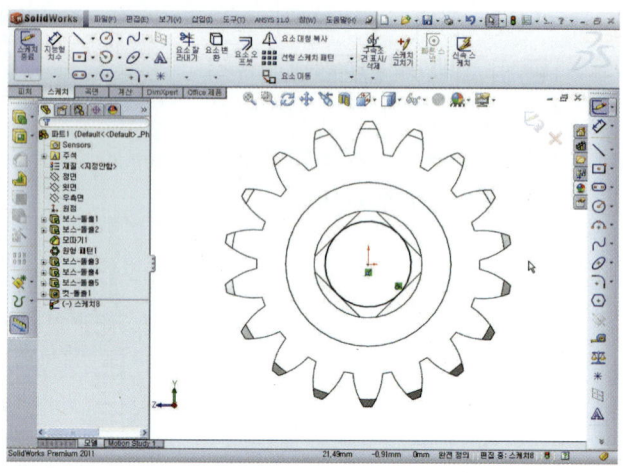

41 **Spacebar** 누르면 방향창 [등각 보기] 더블클릭 ➡ 스케치 작업[완전정의] 완성되었는지 확인한다.

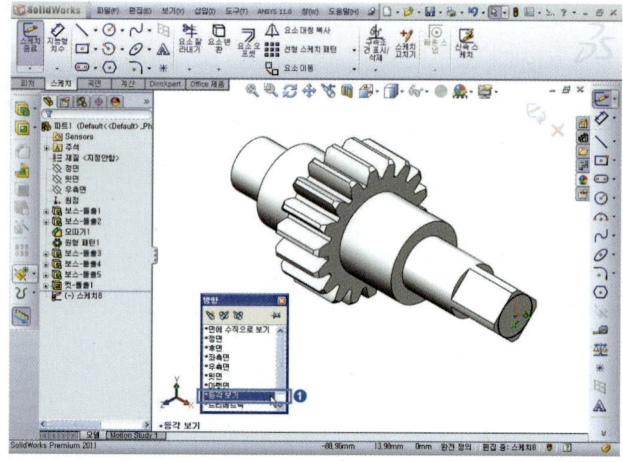

42 돌출-컷[🔲] ➡ 방향 1[⬏], [블라인드 형태], [⬇] 거리값 5mm 입력, [☑] 자를면 뒤집기 (F) 지정 ➡ 드래프트[🟩] 지정, 60도 입력 ➡ 확인[✅]을 누른다.

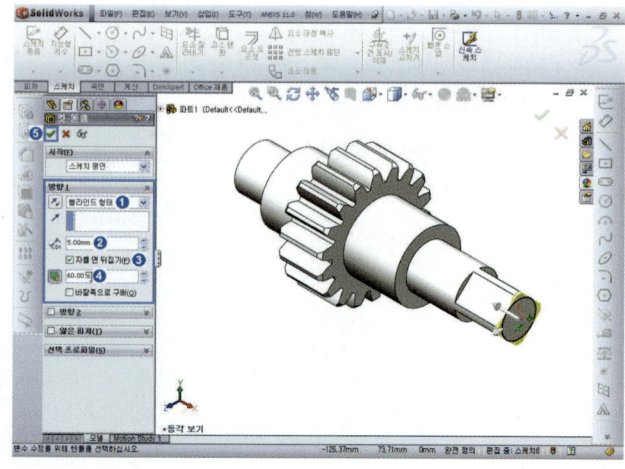

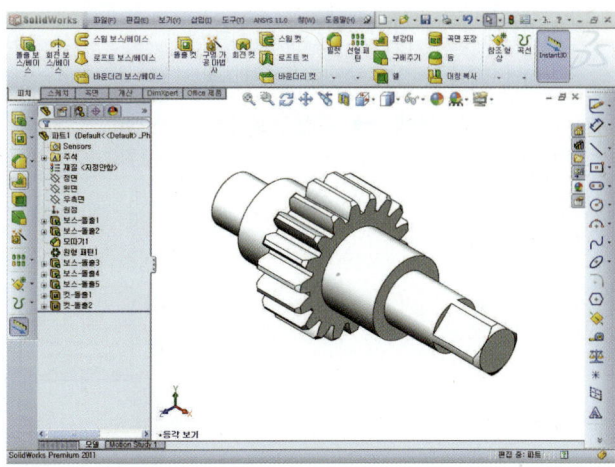

43 필렛[ ] 선택 ➡ 부동반경(c)
➡ 반지름 3mm 입력, 모서리
(③,④,⑤) 선택 ➡ 확인[ ]을
누른다.

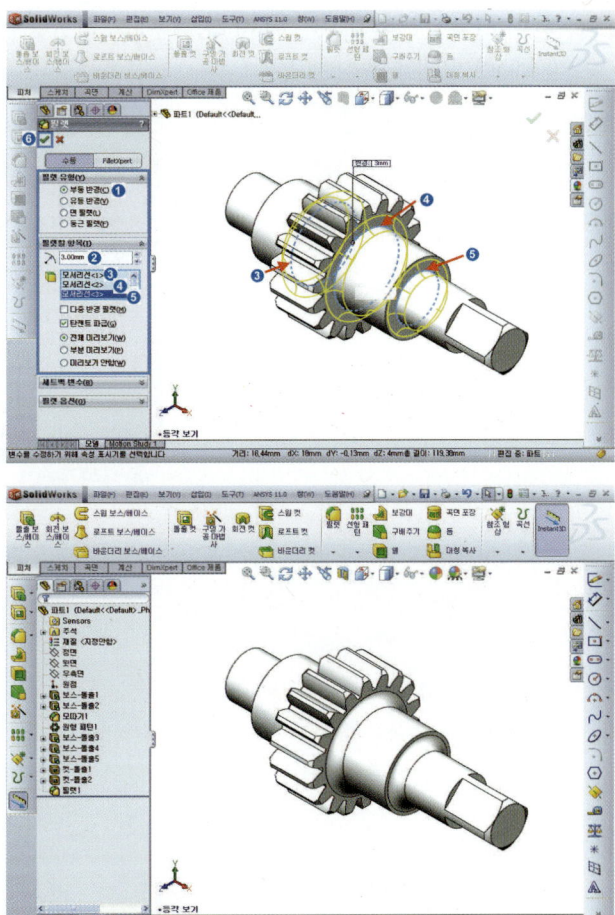

44 모따기[🔶] 선택 ➡ [⊿] 거리 1mm, [△] 각도 45도 입력 ➡ ③모서리 선택 ➡ 확인[✅]을 누른다.

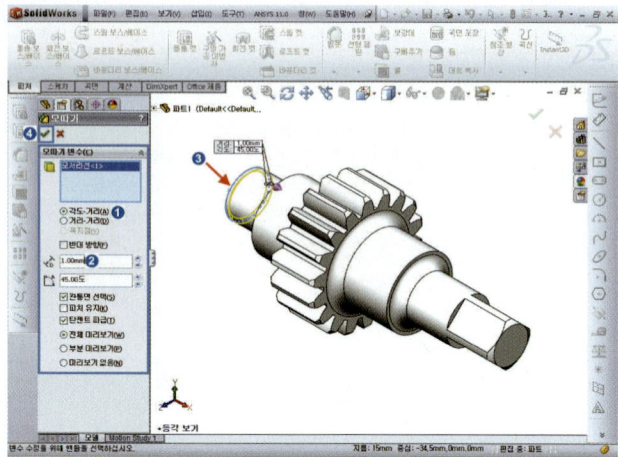

45 모따기를 완료하여 피니언 (Pinion) 모델을 완성한다.

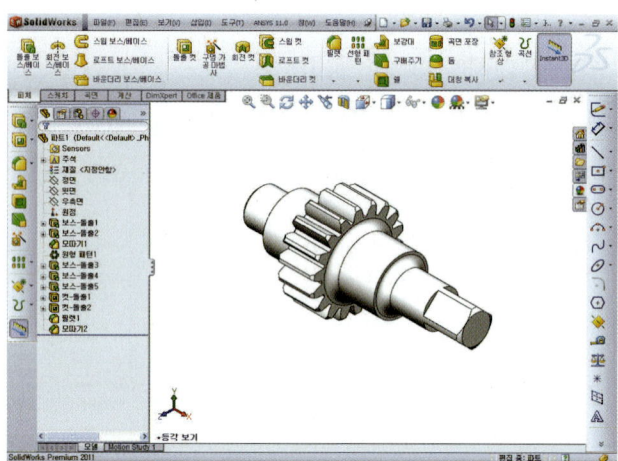

[그림 3-29] 하우징 본체 모델링

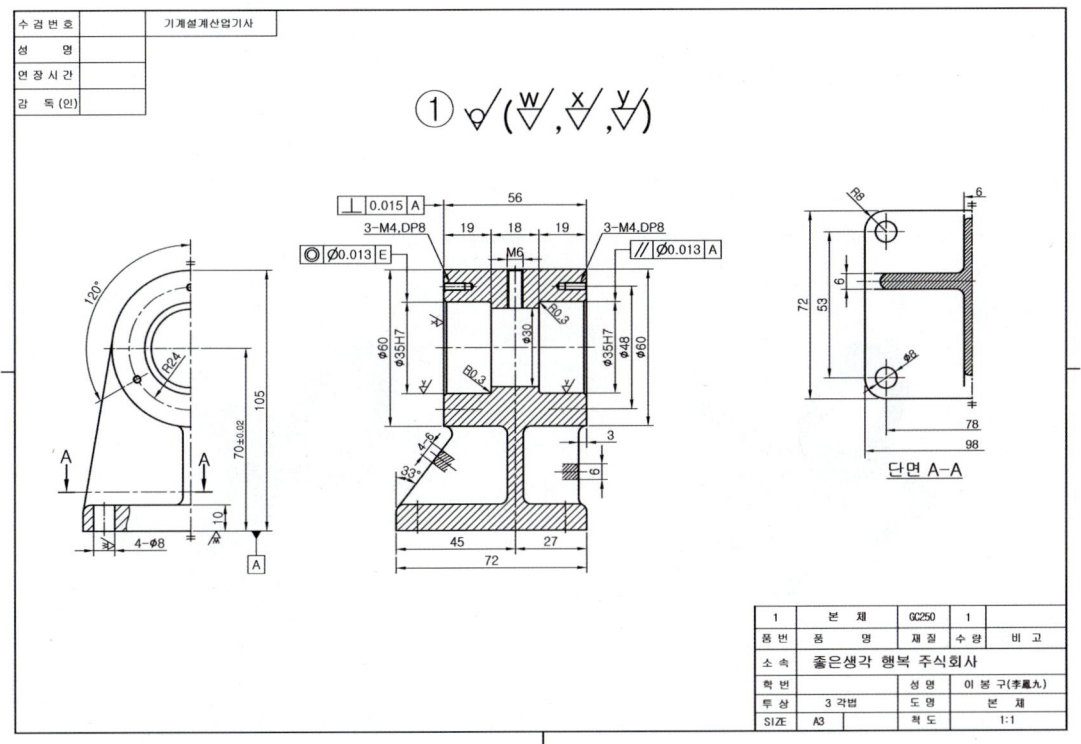

[그림 3-30] 하우징 본체 모델 도면

■ 하우징 본체 모델링 순서

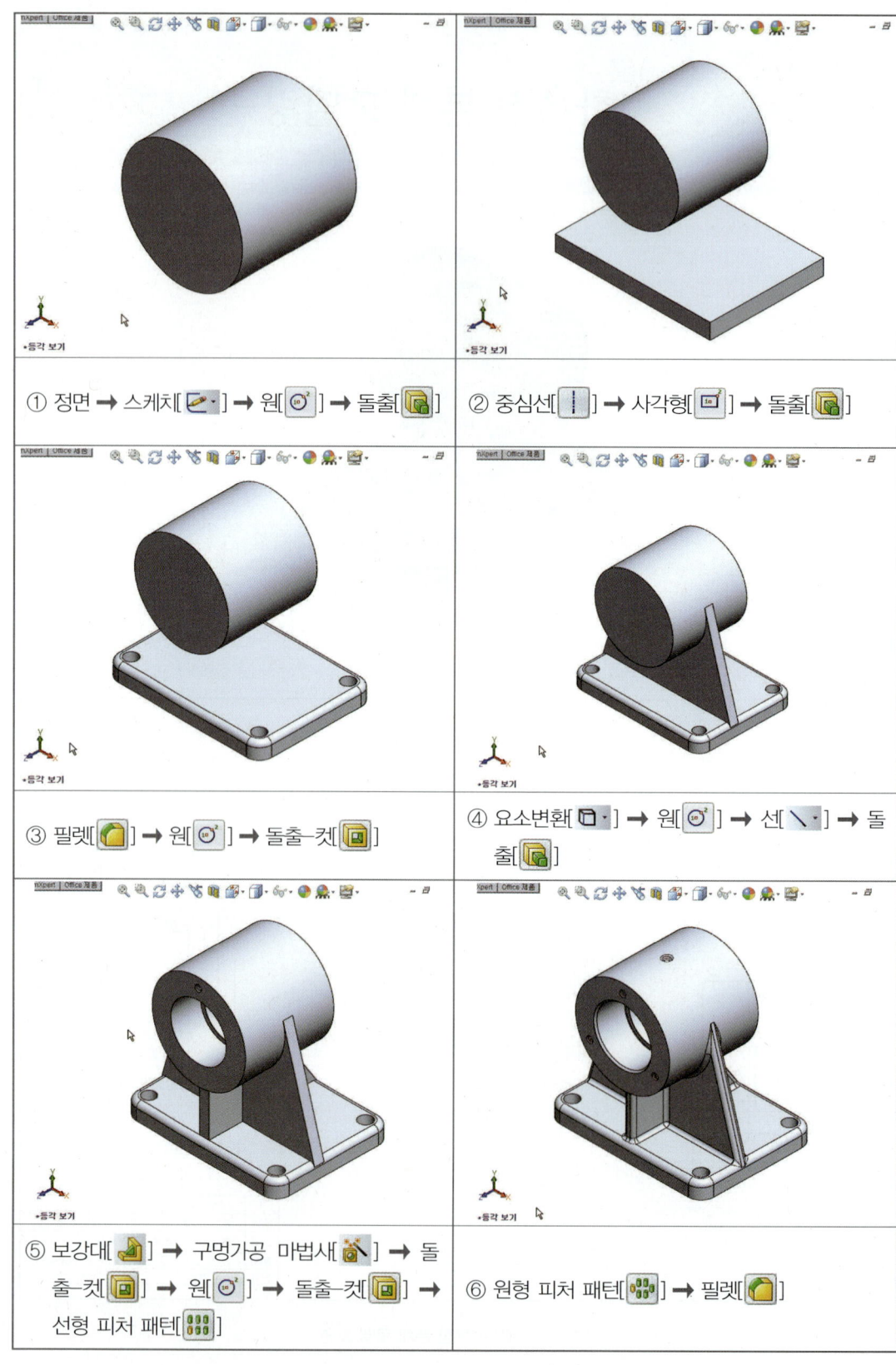

① 정면 ➡ 스케치[✏️ ▾] ➡ 원[⊙²] ➡ 돌출[🗂️]

② 중심선[┃] ➡ 사각형[▭] ➡ 돌출[🗂️]

③ 필렛[🟡] ➡ 원[⊙²] ➡ 돌출–컷[▣]

④ 요소변환[🔲 ▾] ➡ 원[⊙²] ➡ 선[╲ ▾] ➡ 돌출[🗂️]

⑤ 보강대[🧱] ➡ 구멍가공 마법새[🔧] ➡ 돌출–컷[▣] ➡ 원[⊙²] ➡ 돌출–컷[▣] ➡ 선형 피처 패턴[⠿]

⑥ 원형 피처 패턴[🌼] ➡ 필렛[🟡]

1 파일 ➡ 새문서(N)[새 문서]를
클릭한다.

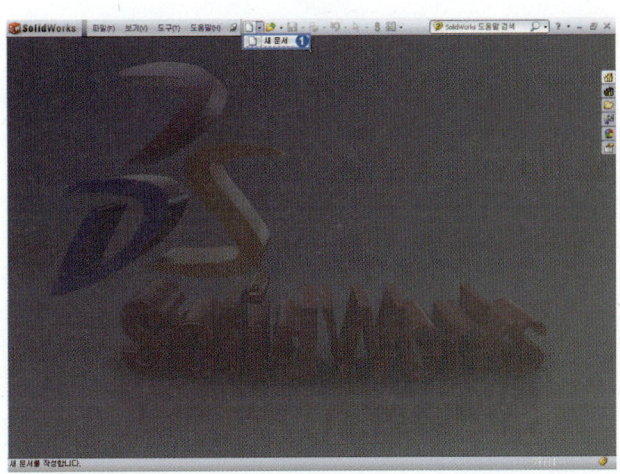

2 새문서 창에서 파트[Part] 선택
➡ [확인]을 누른다.

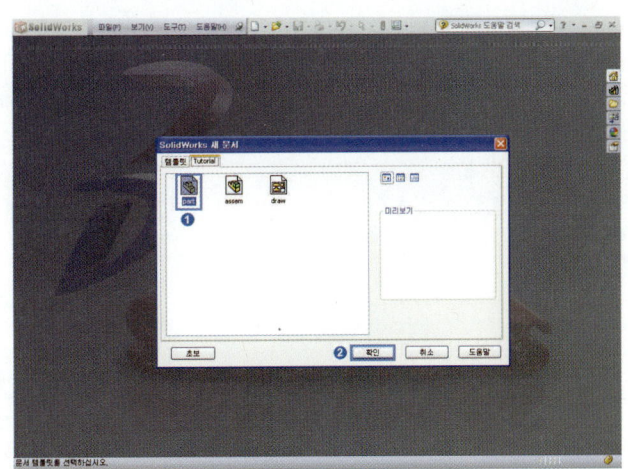

3 스케치를 생성할 작업평면[정면]
을 선택 ➡ 스케치 도구[ ]
선택한다.

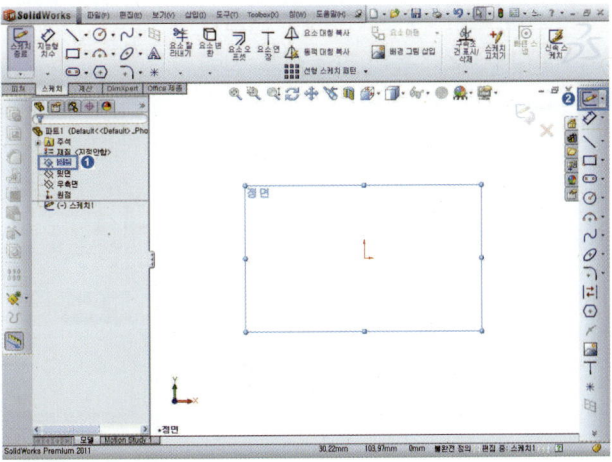

4 원[ ] 선택하여 원 스케치 ➡
지능형 치수[ ] 선택 ➡ 지름
60mm 치수입력한다.

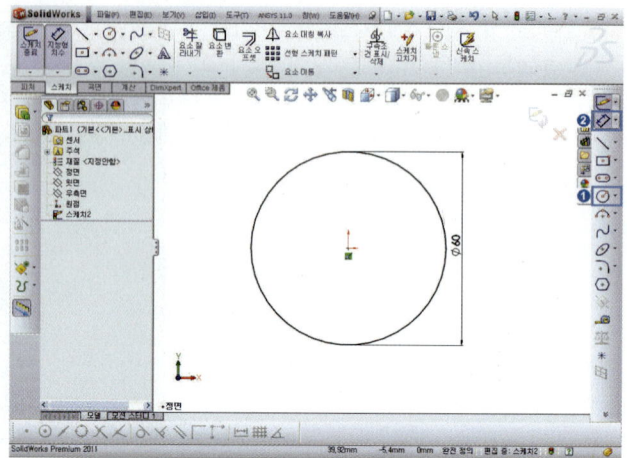

5 Spacebar 누르면 방향창 [등각
보기] 더블클릭 ➡ 원하는 작업
평면에 스케치 작업이 되었는지
확인한다.

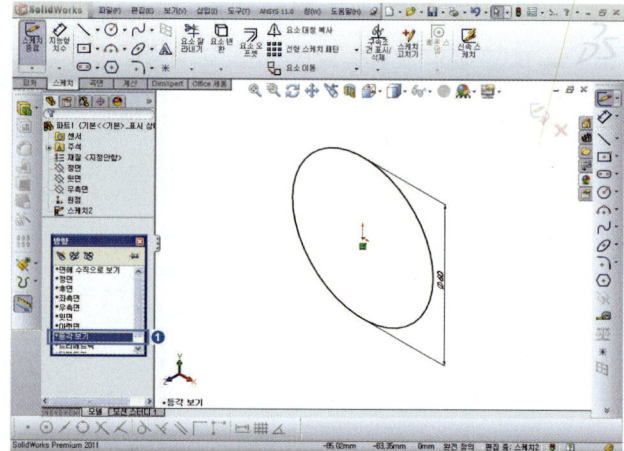

6 돌출[ ] ➡ 방향 1[ ] [중간
평면], [ ] 높이 56mm를 입력
➡ 확인[ ]을 누른다.

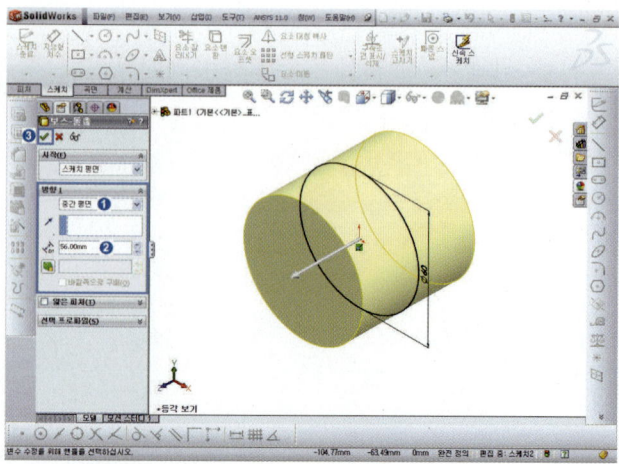

7 정면[◇] 선택 ➡ 스케치 도구
[✏▾] 선택 ➡ **Spacebar** 누르
면 방향창 [면에 수직으로 보기]
더블클릭 ➡ 스케치 작업이 편하
도록 수직하게 위치한다.

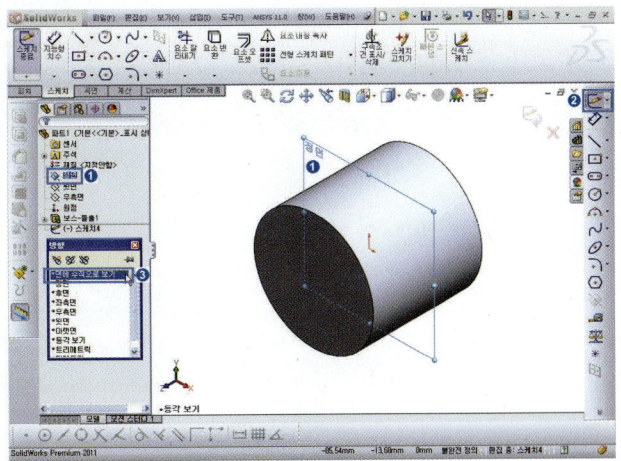

8 중심선[|] 스케치 ➡ 지능형
치수[◇▾] 선택, 바닥면과의 높
이 70mm 치수입력한다.

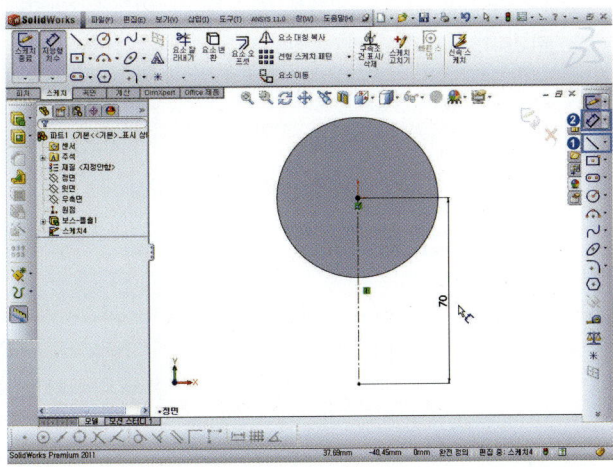

9 키보드 Ctrl 누른 상태에서 스케 치한 사각형의 밑변과 중심선(①) 선택 → 구속조건[✏ 중간점(M)] 선택하면 밑변과 중심점이 중간 에 일치하게 된다.

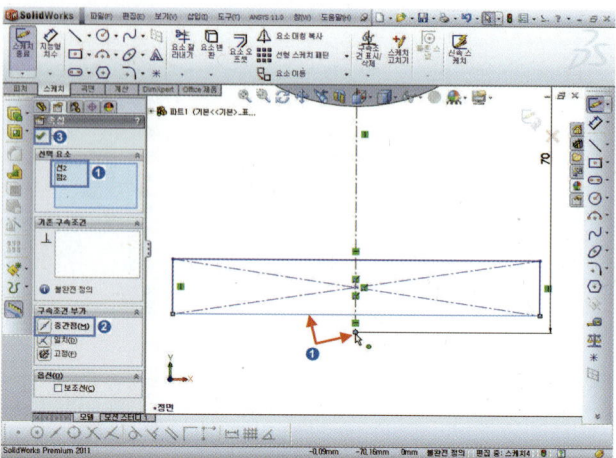

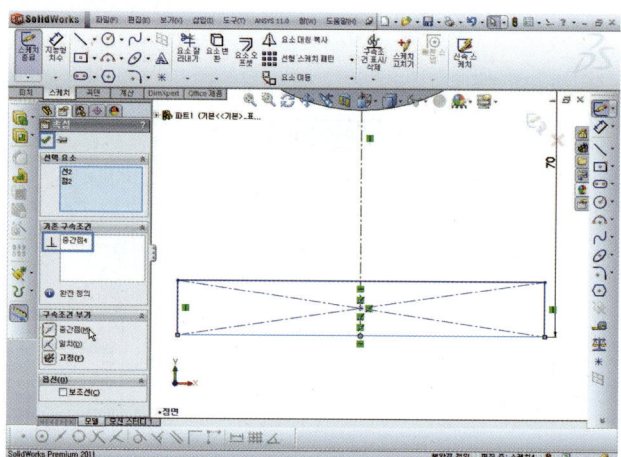

10 지능형 치수[✏] 선택 → 밑 변 98mm, 두께 10mm 치수입 력한다.

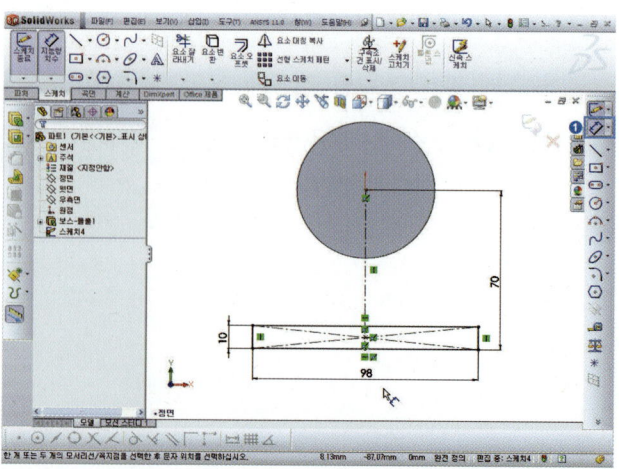

11 **Spacebar** 누르면 방향창 [등각 보기] 더블클릭 ➡ 스케치 작업[완전정의] 완성되었는지 확인한다.

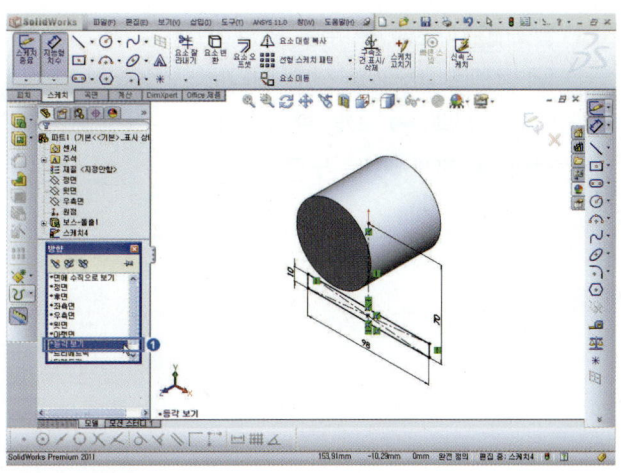

12 돌출[🗔] 선택 ➡ 방향 1[🗲] [블라인드 형태], [🗔] 거리값 27mm ➡ ☑방향2 체크, [블라인드 형태], [블라인드 형태], [🗔] 거리값 45mm 입력 ➡ 확인[✅]을 누른다.

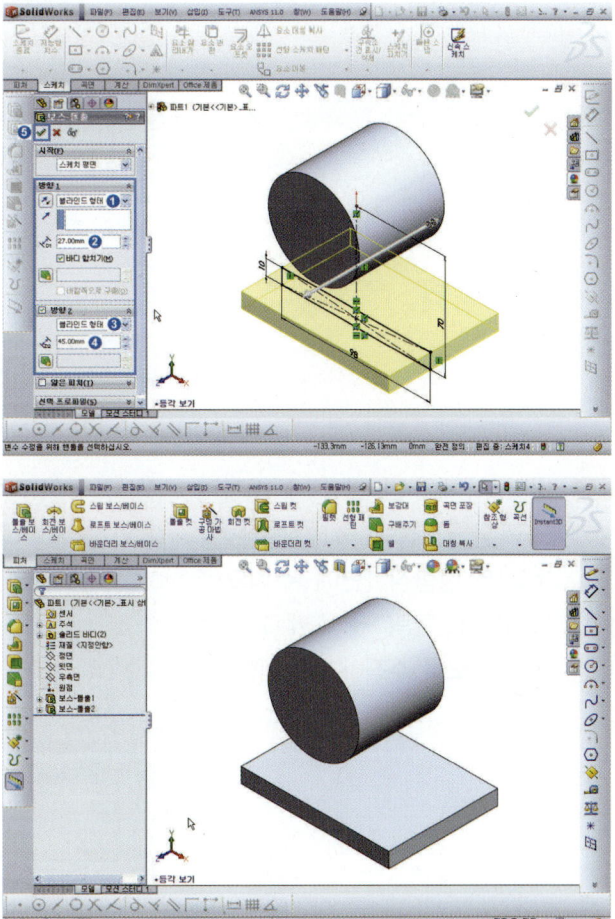

13 필렛[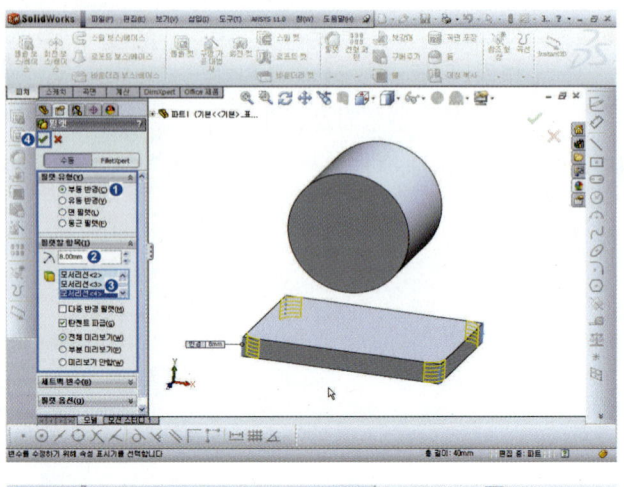] 선택 ➡ 부동 반경(C),
☑ 탄젠트 파급(G), 전체 미리보
기(W) 선택 ➡ 4개 모서리(④)
선택 ➡ 확인[✅]을 누른다.

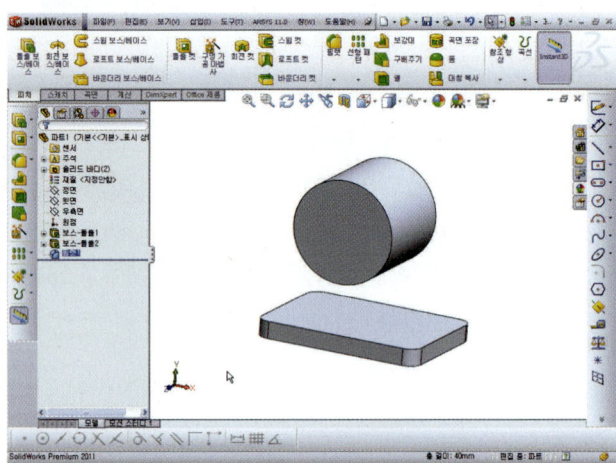

14 바닥 피처(①)면 선택 ➡ 스케치
도구[✏️·] 선택 ➡ **Spacebar**
누르면 방향창 [면에 수직으로
보기] 더블클릭 ➡ 스케치 작업
이 편하도록 수직하게 위치한다.

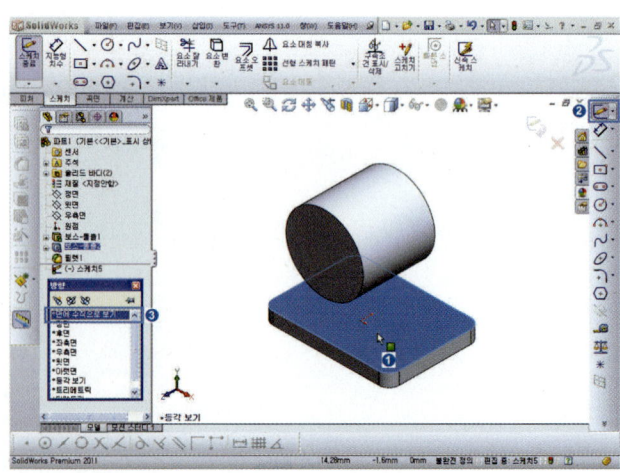

15 원[⊙²] 선택 ➡ 필렛 모서리에 마우스 커서를 가져다 놓으면 나타나는 중심점에 임의의 원 스케치한다.

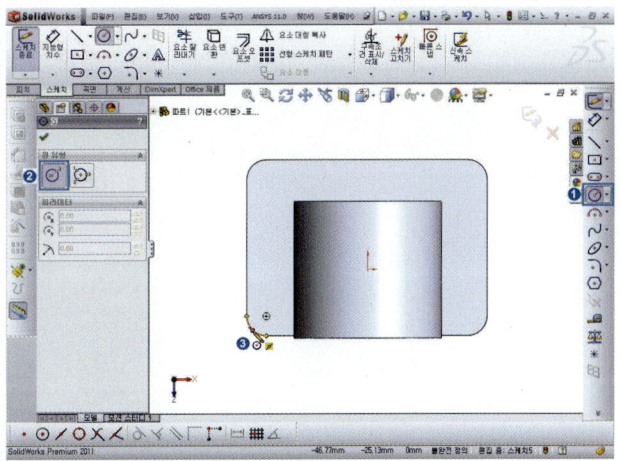

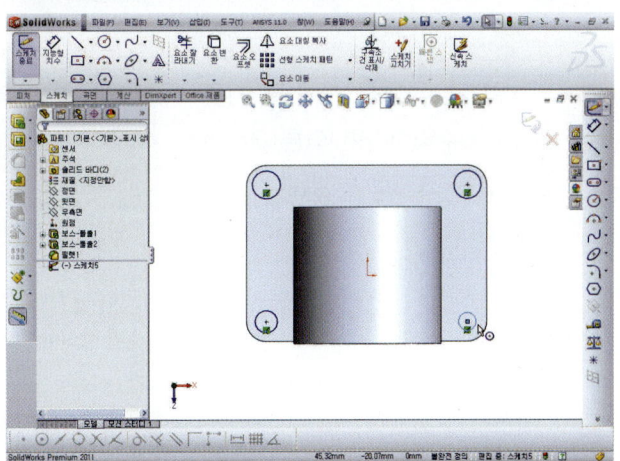

16 키보드 Ctrl 누른 상태에서 스케치한 서로 다른 4 개의 원(①) 선택 ➡ 구속조건[= 동등(0)] 선택하면 서로 다른 4개의 원의 크기가 같아진다.

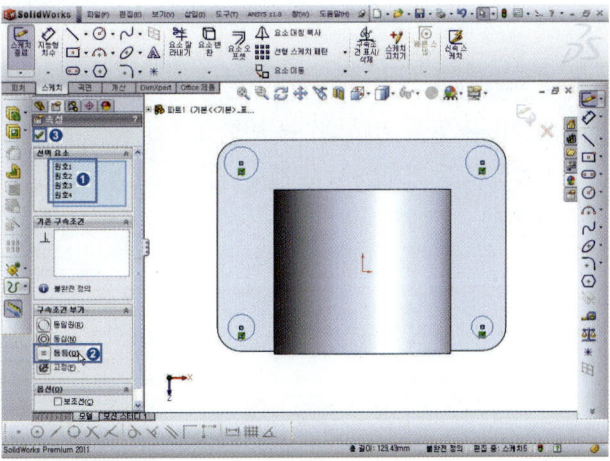

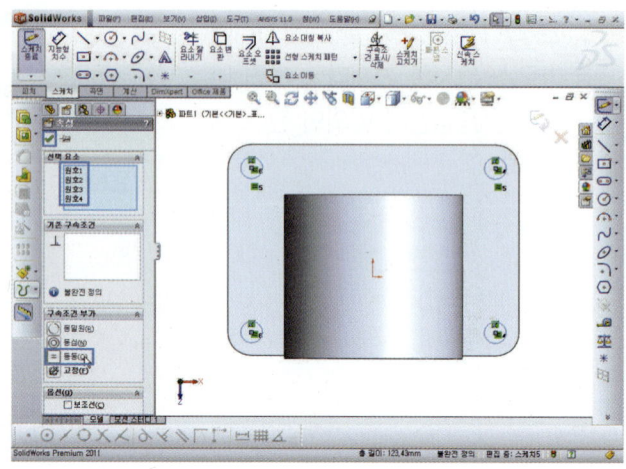

17 지능형 치수[✏️·] 선택 ➡ 지름 8mm 치수입력하면 다른 3개의 원도 같은 크기로 변경된다.

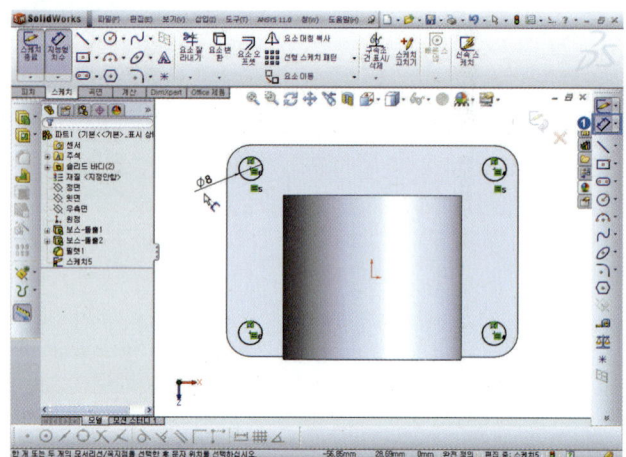

18 Spacebar 누르면 방향창 [등각 보기] ➡ 돌출-컷[🔲] ➡ 방향 1 [↗️] [다음까지] ➡ 확인[✅]을 누른다.

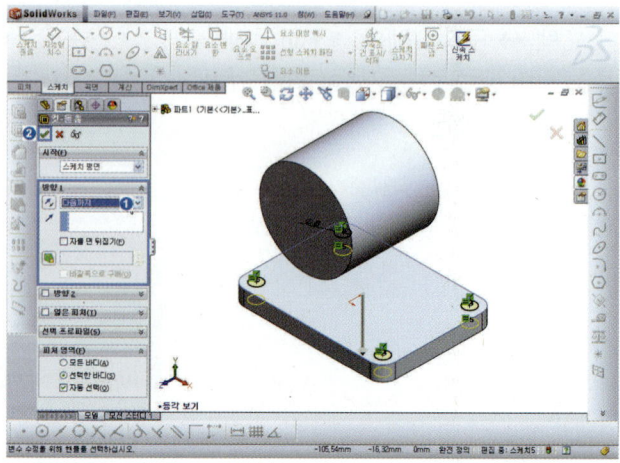

19 필렛[🟨] 선택 ➡ 부동반경(C), 반지름 R=3.0mm 입력 ➡ ③ 모서리 선택 ➡ 확인[✅]을 누른다.

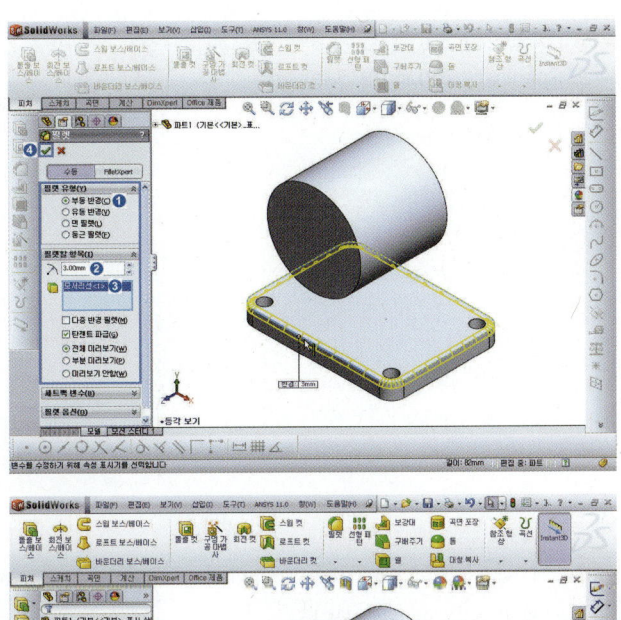

20 정면[🔶](①) 선택 ➡ 스케치 도구[🔲▾] 선택 ➡ [Spacebar] 누르면 방향창 [면에 수직으로 보기] 더블클릭 ➡ 스케치 작업이 편하도록 수직하게 위치한다.

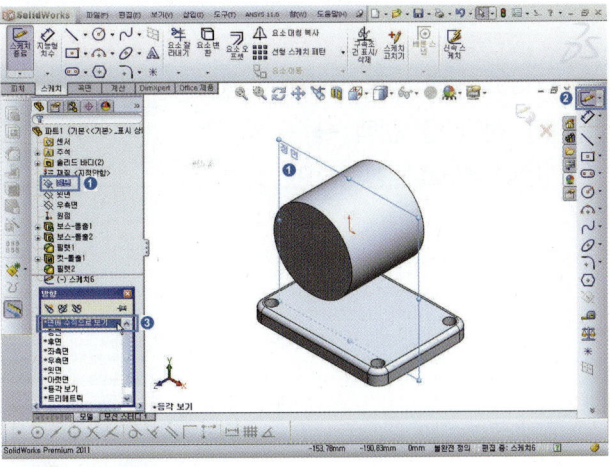

21 요소변환[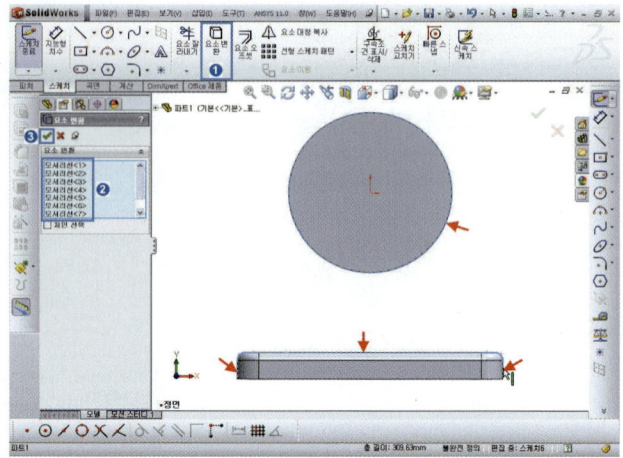] 선택 ➡ 원호와
바닥면의 모서리를 선택한다.

22 선[\] 선택 ➡ 아래 그림처럼
2개의 선을 스케치한다.

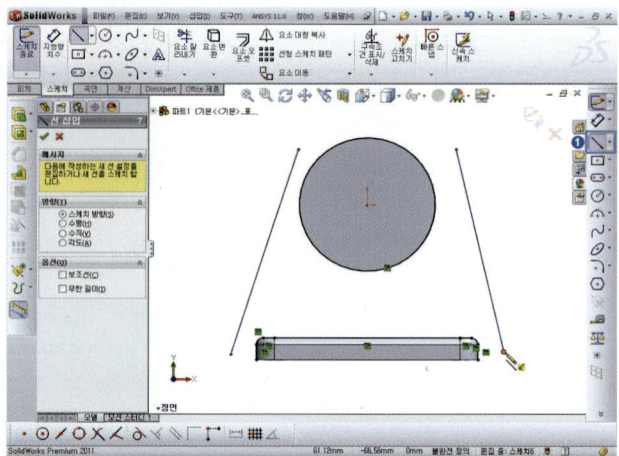

23 키보드 [Ctrl] 누른 상태에서 원호
와 선(①)을 선택 ➡ 구속조건
[⟨탄젠트(A)] 선택하면 접하게
된다.

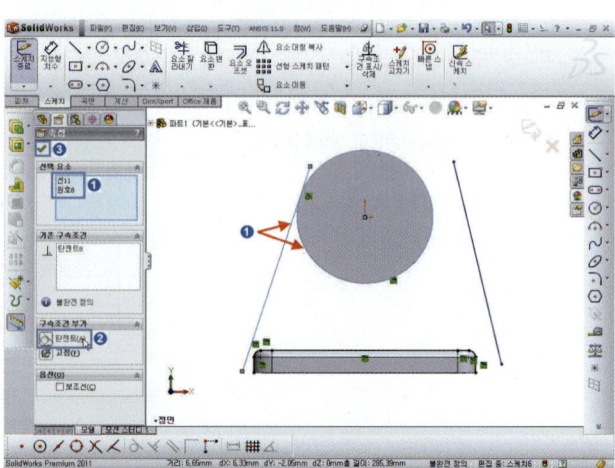

24 같은 방법으로 구속조건 [탄젠트(A)] 선택하여 구속조건을 수행한다.

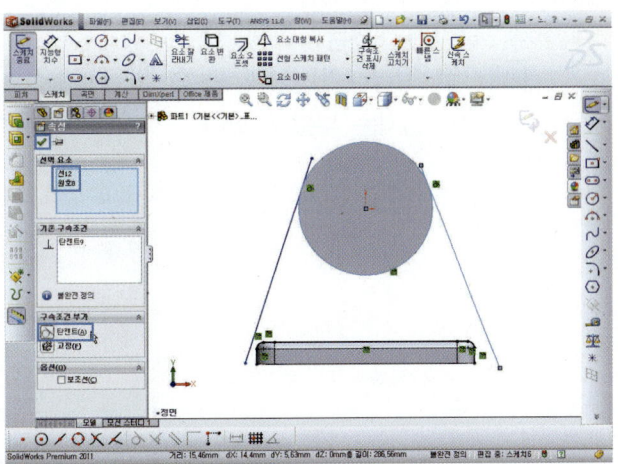

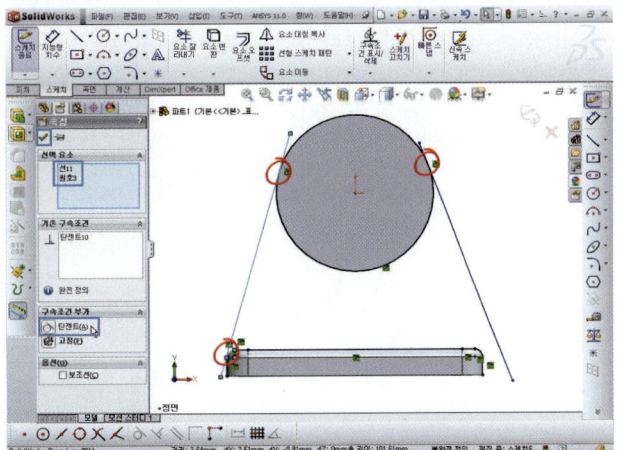

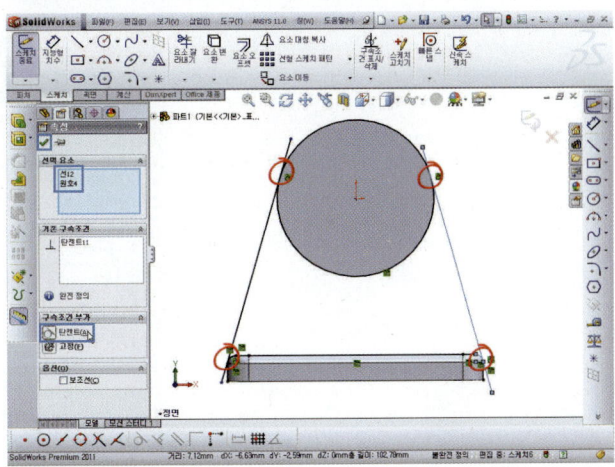

25 요소 잘라내기[✂] 선택 ➡
[┼][근접 잘라내기] 선택 ➡
원과 선이 겹치는 부분을 잘라
낸다.

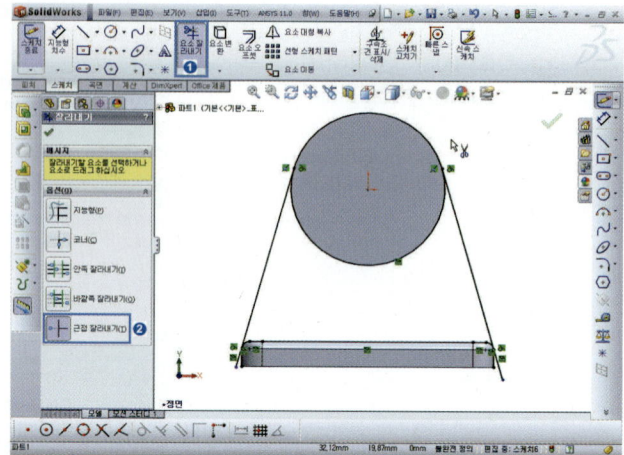

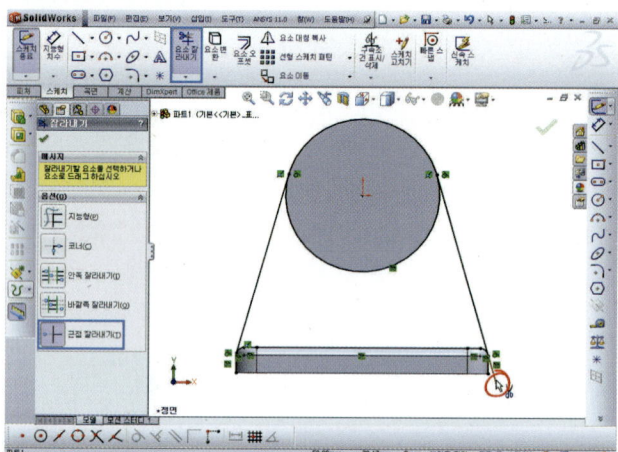

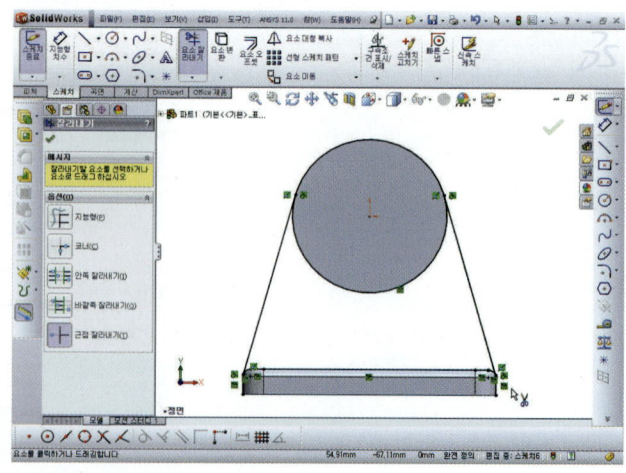

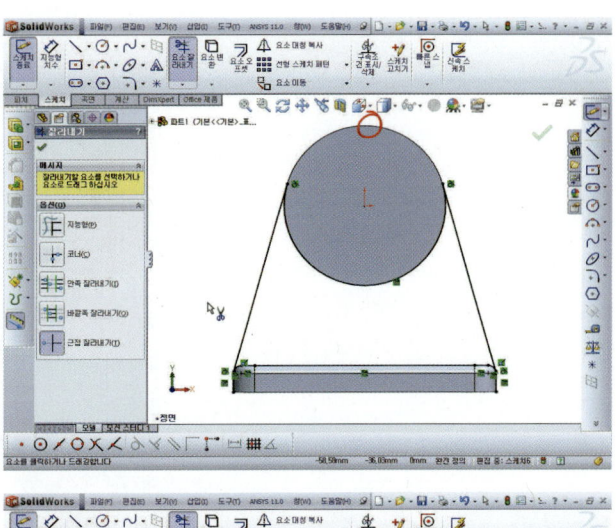

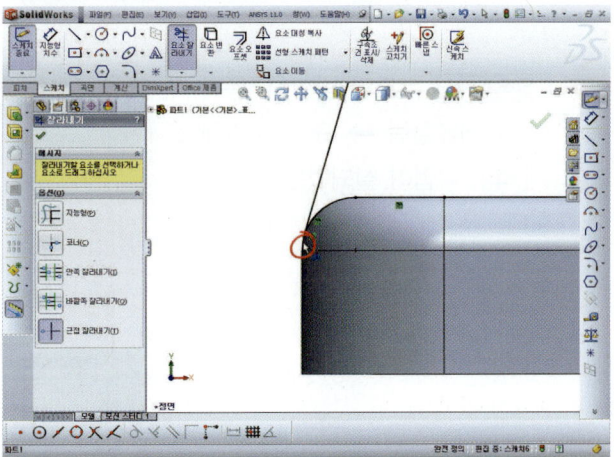

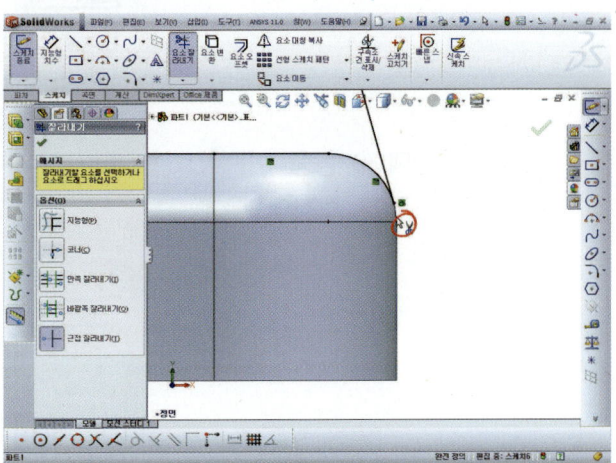

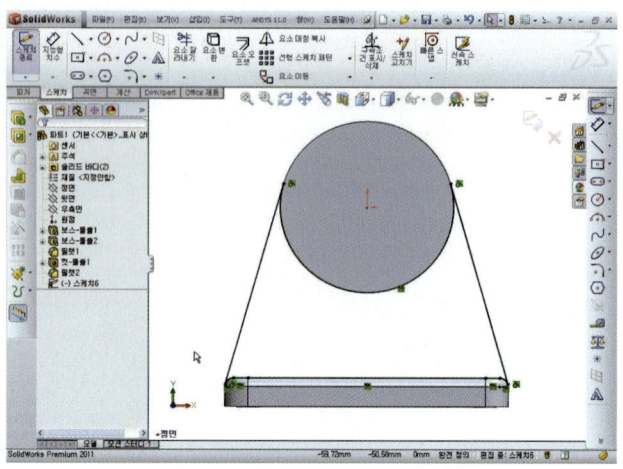

26 Spacebar 누르면 방향창 [등각 보기] 더블클릭 ➡ 요소 잘라내기[✂] 작업이 잘되었는지 확인한다.

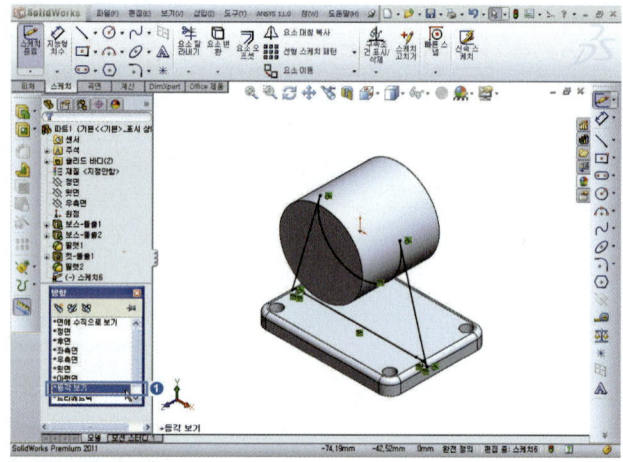

27 돌출[🗔] 선택 ➡ 방향 1 [↗] [중간평면], [🗗] 보강대 두께 6mm를 입력 ➡ 확인[✅]을 누른다.

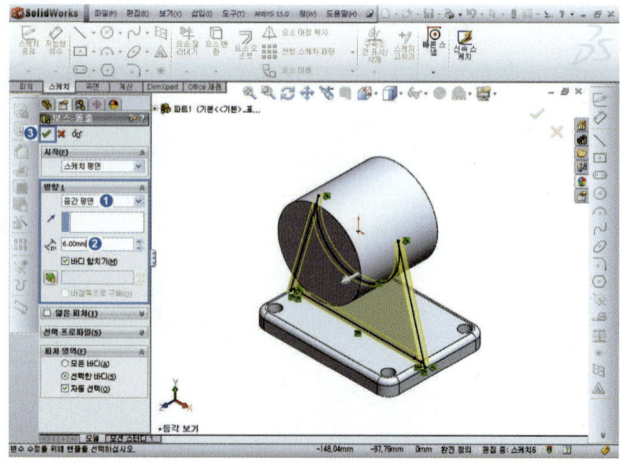

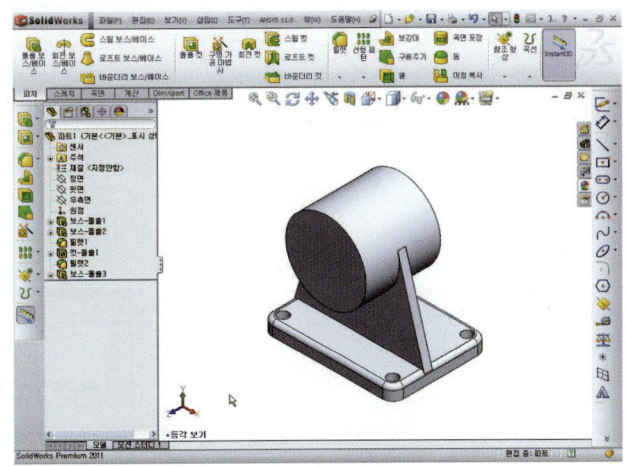

28 우측면[] 선택 ➡ 스케치 도구[] 선택 ➡ [Spacebar] 누르면 방향창 [면에 수직으로 보기] 더블클릭 ➡ 스케치 작업이 편하도록 수직하게 위치한다.

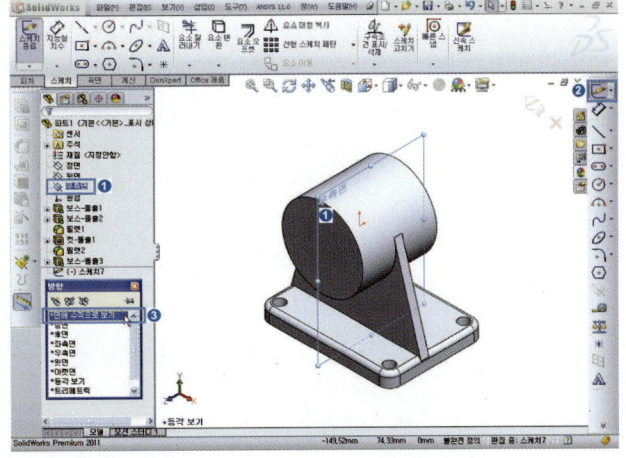

29 선[] 클릭하여 아래 그림과 같이 선을 스케치한다.

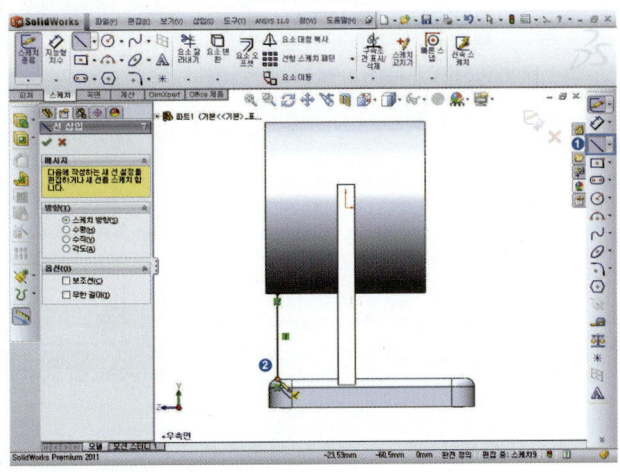

30 보강대[🔨] 선택 ➡ 두께[☰]
선택, [🔧] 6mm 입력 ➡ 돌출
방향[🔷]지정 ➡ 확인[✅]을
누른다.

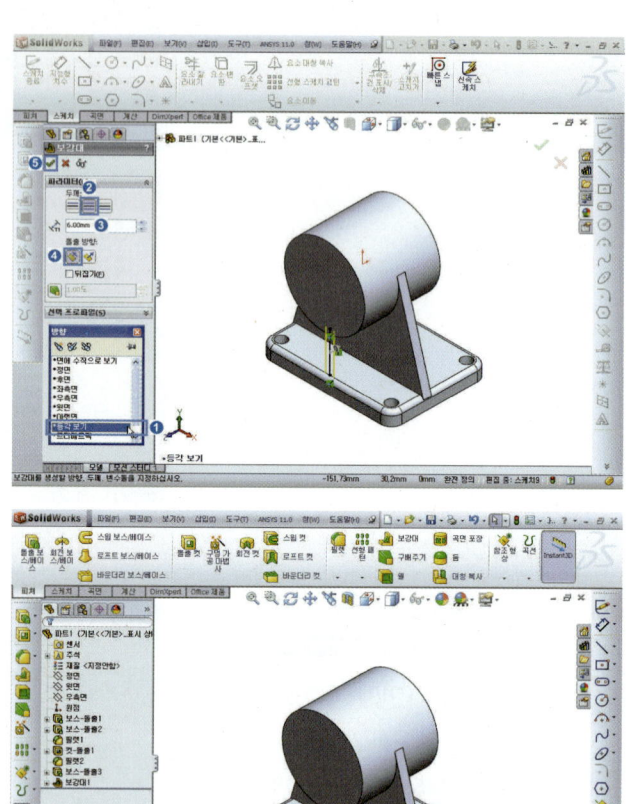

31 우측면[🔷] 선택 ➡ 스케치 도
구[✏️] 선택 ➡ **Spacebar** 누
르면 방향창 [면에 수직으로 보
기] 더블클릭 ➡ 스케치 작업이
편하도록 수직하게 위치한다.

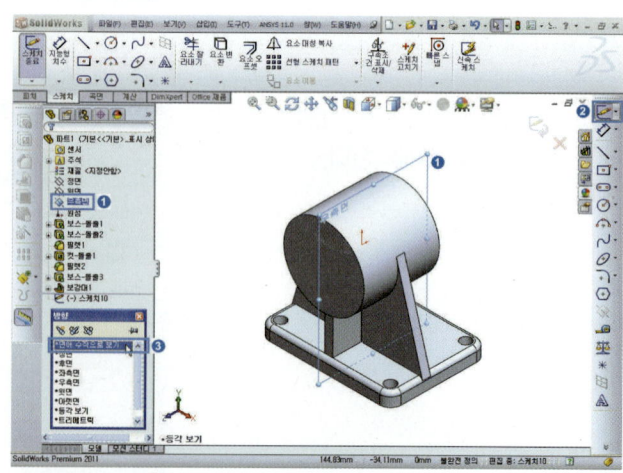

32 선[✎] 클릭 스케치한 후 ➡ 키보드 **Ctrl** 누른 상태에서 모서리 선, 선을 선택 ➡ 구속조건 [🔗 **탄젠트(A)**] ➡ 지능형 치수 [✐] 선택, 각도 57도 입력한다.

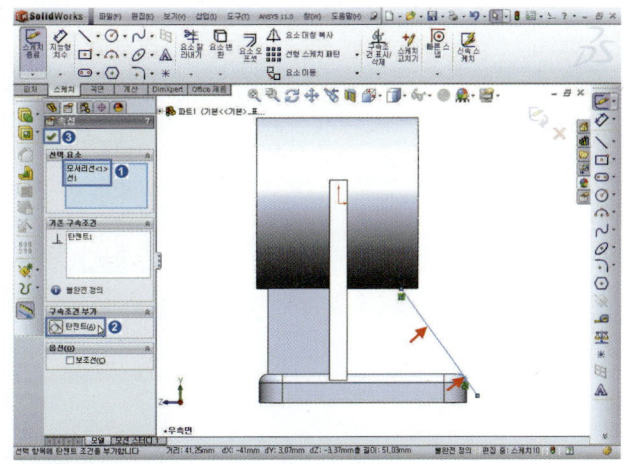

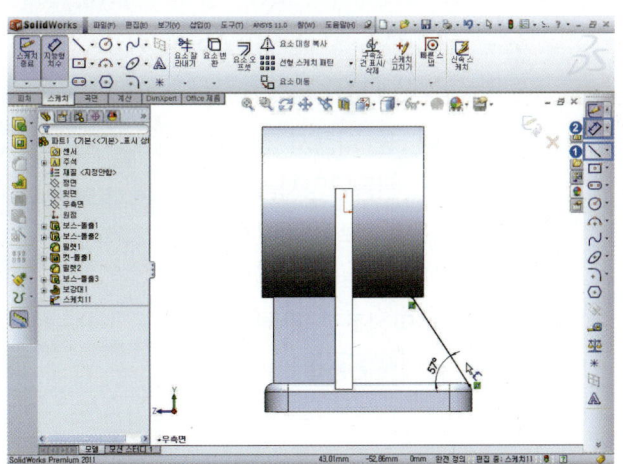

33 보강대[📐] 선택 ➡ 두께[☰] 선택, [✎] 6mm 입력 ➡ 돌출 방향[🔷]지정 ➡ 확인[✔]을 누른다.

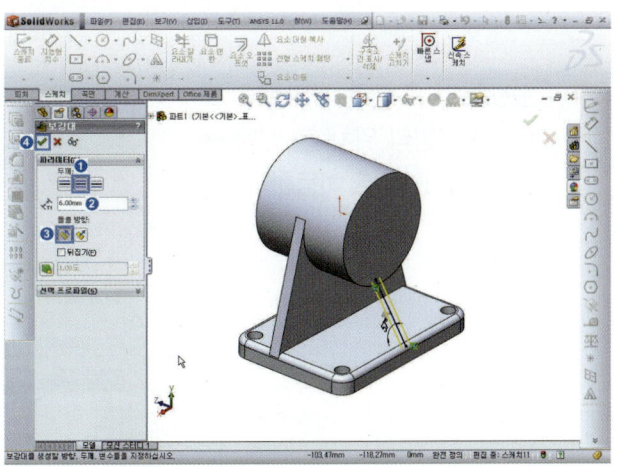

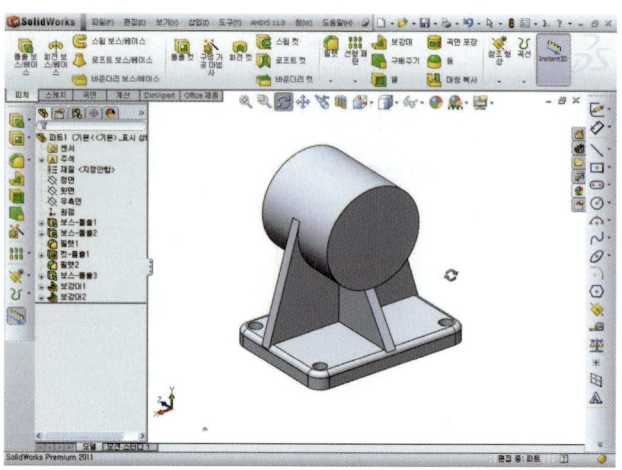

34 구멍가공 마법사[🔧] ➡ 구멍유
형[🔧] 선택, ☑ 사용자 정의크
기표시 선택, 관통구멍지름[🔧]
30mm, 카운트 보어지름[🔧]
35mm, 카운드 보어깊이[🔧]
19mm 입력, 마침조건-관통[🔧]
지정 ➡ 위치[🔧 위치] 버튼을
누른다.

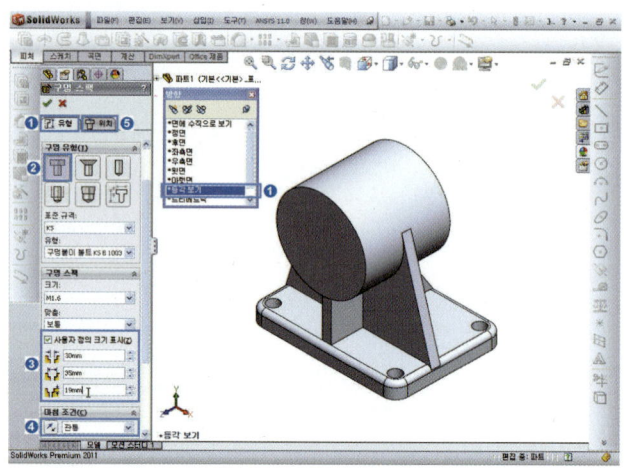

35 Spacebar 누르면 방향창[정면]
선택 ➡ 구멍의 위치(②) 선택 ➡
커서를 피처밖으로 이동한다.

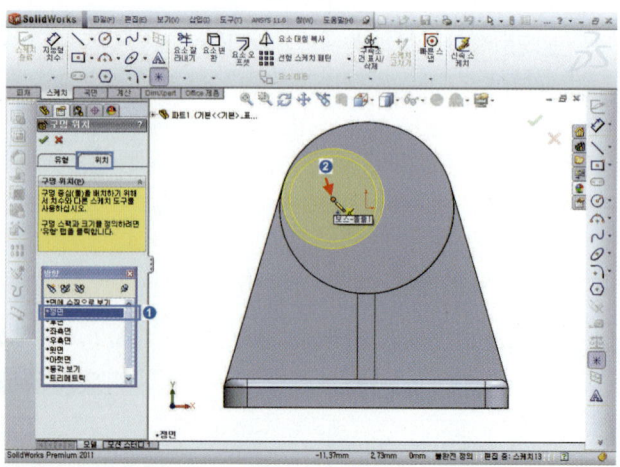

36. 마우스 오른쪽 버튼 클릭한 후
➡ 선택(K)을 지정하면 선택커서
모양으로 바뀐다.

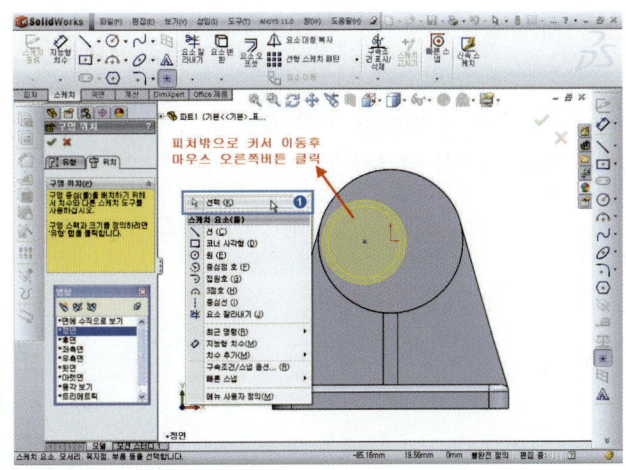

37. 키보드 Ctrl 누른 상태에서 중심
선, 모서리 선 선택 ➡ 구속조건
[⊙ 동심(N)] 선택 ➡ 확인[✅]
을 누른다.

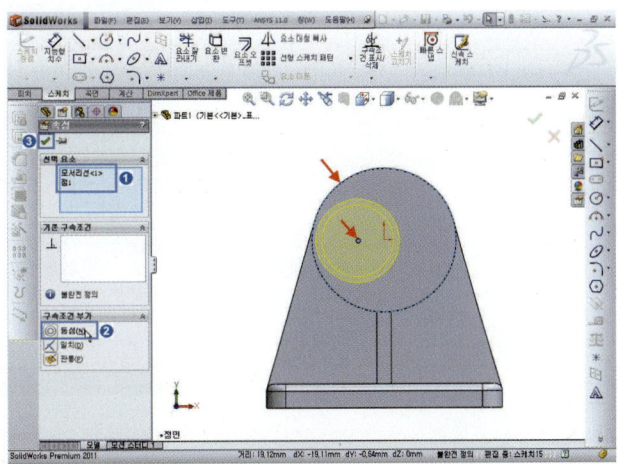

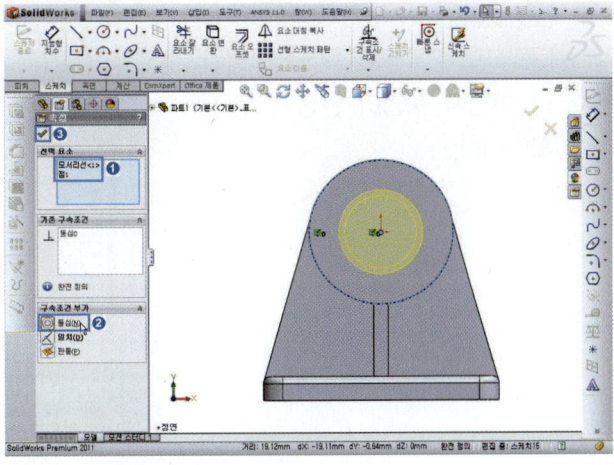

38 확인[✓]을 누르면 구멍의 구속
조건 화면이 닫히고 ➡ 한번 더
확인[✓]을 눌러야 구멍가공 마
법사 작업이 완료하게 된다.

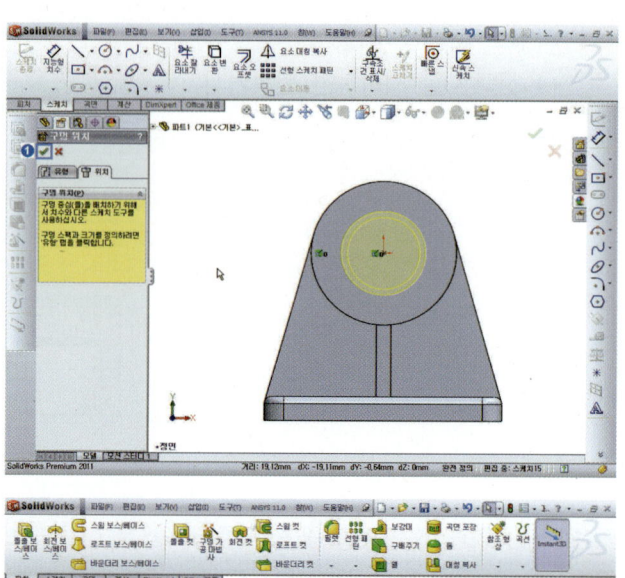

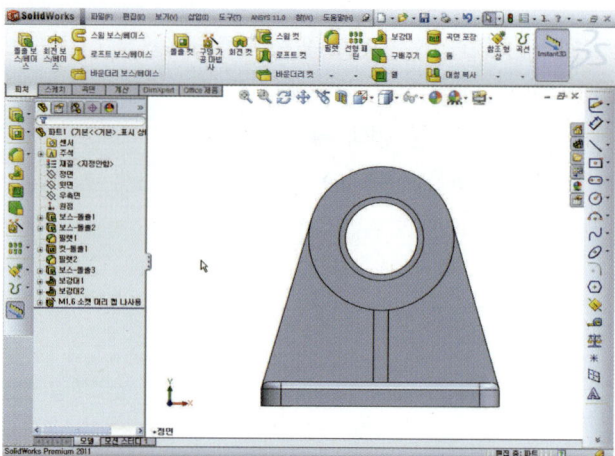

39 **Spacebar** 누르면 방향창에서
[등각 보기] 더블클릭 ➡ 구멍가
공 마법사 작업이 완성되었는지
확인한다.

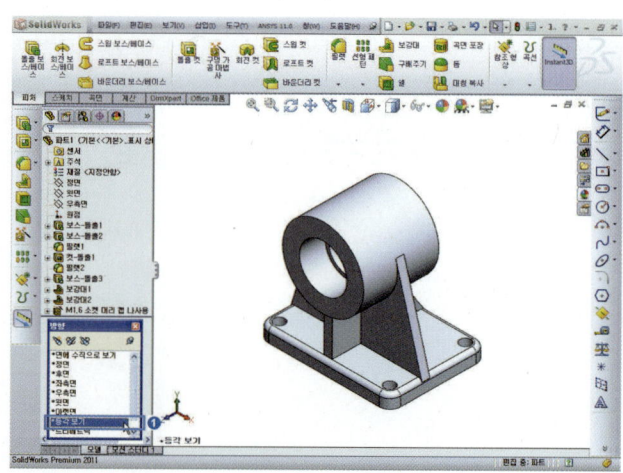

40 뷰 회전[🔄] 선택하여 아래 그림처럼 회전한다.

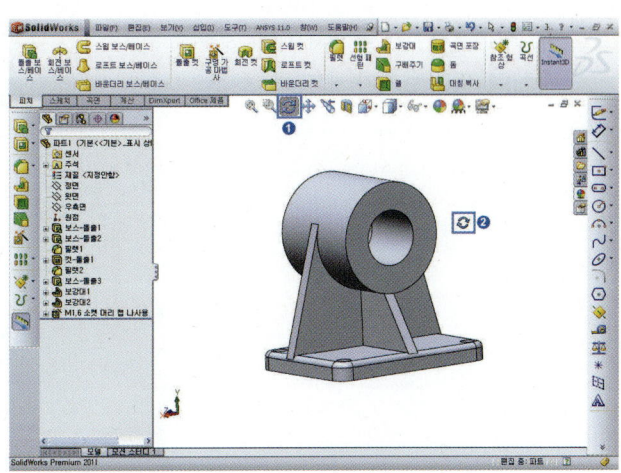

41 생성된 피처(①)면 선택 ➡ 스케치 도구[✏️] 선택 ➡ **Spacebar** 누르면 방향창 [면에 수직으로 보기] 더블클릭 ➡ 스케치 작업이 편하도록 수직하게 위치한다.

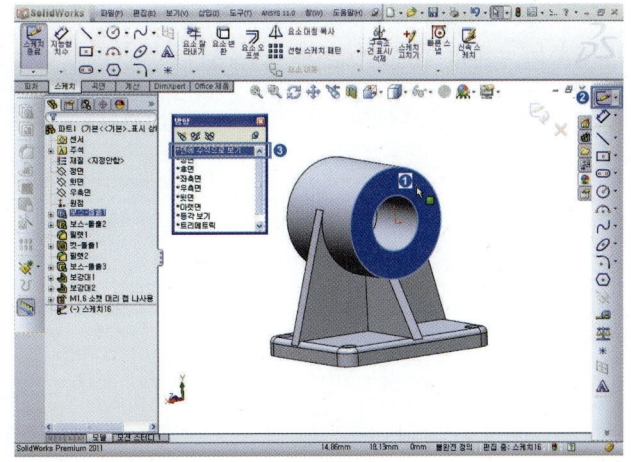

42 원[⊙] 선택하여 원 스케치 ➡ 지능형 치수[◇] 선택 ➡ 지름 35mm 치수입력한다.

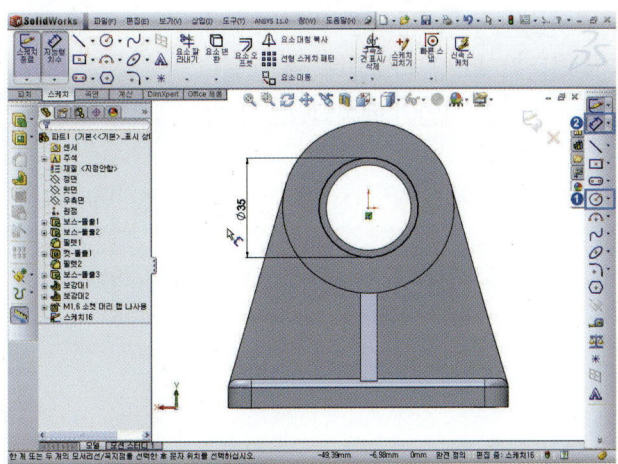

43 뷰 회전[] 선택하여 아래 그림처럼 등각보기가 되도록 회전한다.

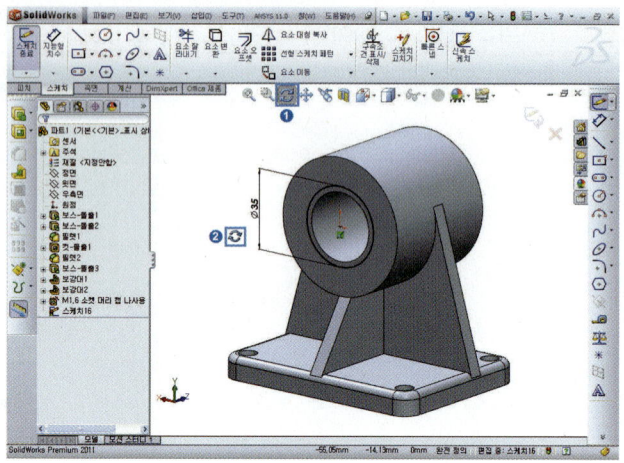

44 돌출─컷[] ➡ 방향1[] [블라인드 형태], [] 거리값 19mm 입력 ➡ 확인[]을 누른다.

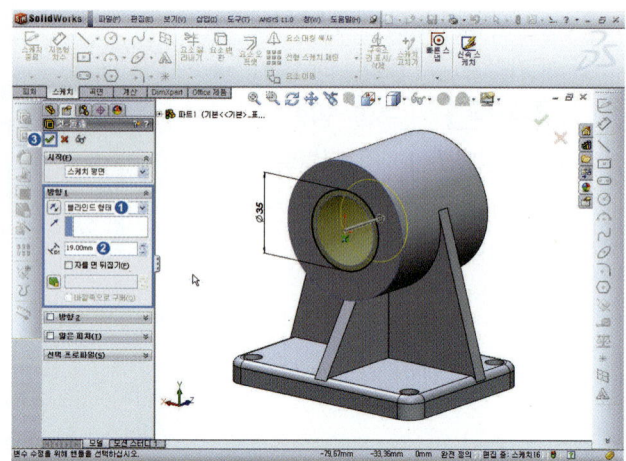

45 [Spacebar] 누르면 방향창에서 [등각 보기] 더블클릭 ➡ 돌출─컷[] 작업이 완성되었는지 확인한다.

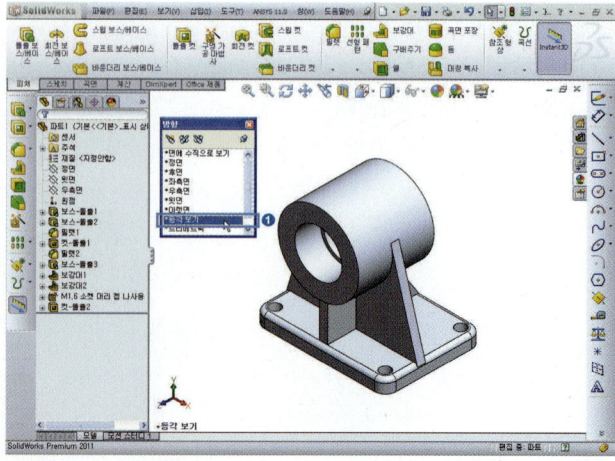

46 피처(①)면 선택 ➡ 스케치 도구 [✏·] 선택 ➡ Spacebar 누르면 방향창 [면에 수직으로 보기] 더블클릭 ➡ 스케치 작업이 편하도록 수직하게 위치한다.

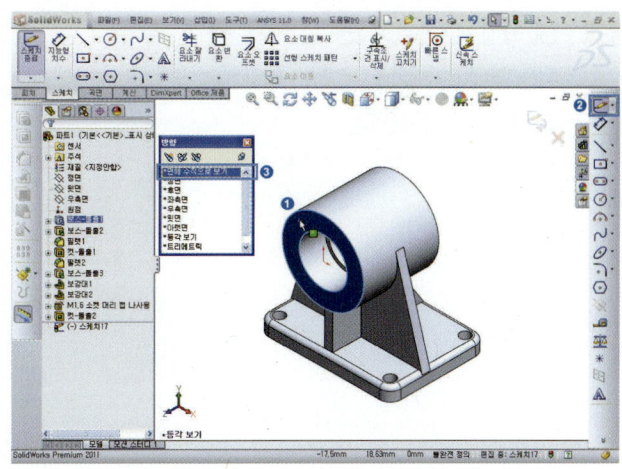

47 포인트[✳] 선택 ➡ ② 포인트를 Y축에 수직한 곳에 스케치한다.

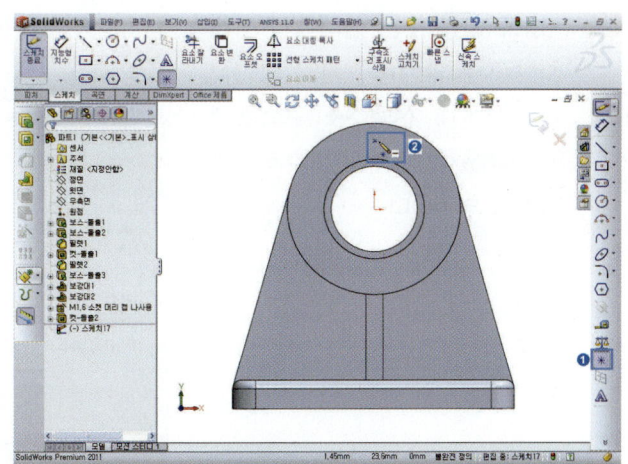

48 지능형 치수[✐·] 선택, 커버와 조립되는 M4의 피치원의 거리 (48mm/2=24mm) 입력한다.

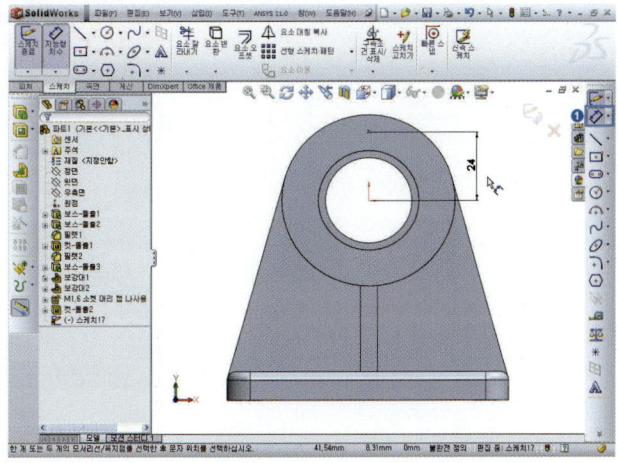

49 원[◎] 선택하여 원 스케치 ➡
지능형 치수[◈·] 선택 ➡ 지름
4mm 치수입력한다.

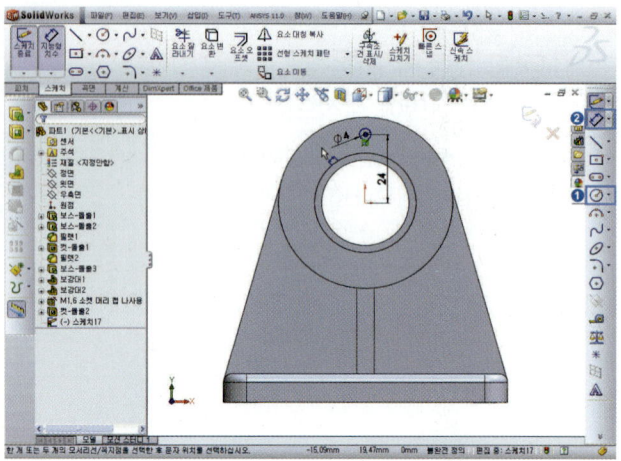

50 키보드 **Ctrl** 누른 상태에서 스케
치한 지름 4mm의 원의 중심점
과 원점(①) 선택 ➡ 구속조건
[│ 수직(v)] 선택하면 수직구속
관계가 부여된다.

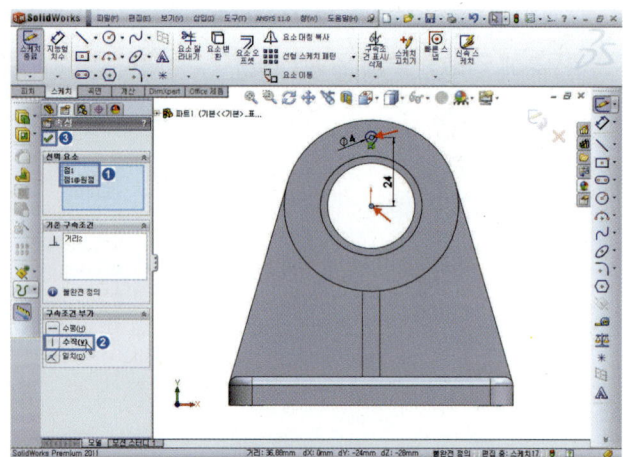

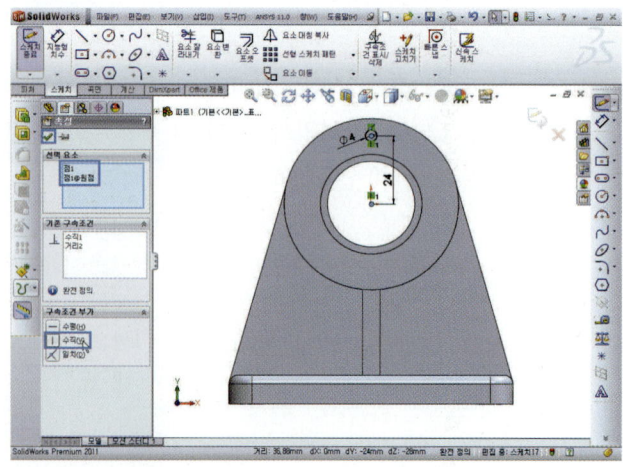

51 돌출-컷[🔲] 선택 ➡ 방향1 [중간평면], [🔧] M4 피치값 0.7mm, 구배켜기[🟩] 60도(삼각나사의 나사각) 입력 ➡ 확인 [✅]을 누른다.

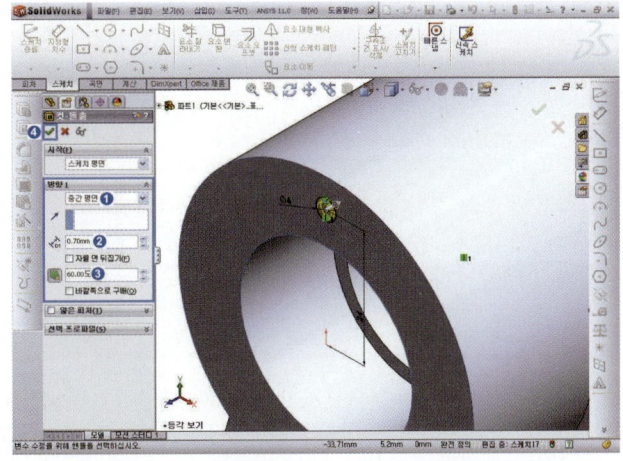

52 선형 피처 패턴[🔳] 선택 ➡ 방향아이콘을 눌러 방향전환[↗], (① 돌출컷의 모서리선) 선택, 거리[🔧] M4의 피치=0.7mm 입력, 갯수[#] 11개(나사산의 개수=리드/피치=8/0.7=11.42) 입력 ➡ 패턴할 피처(F) (④ 컷-돌출3) 선택 ➡ 확인[✅]을 누른다.

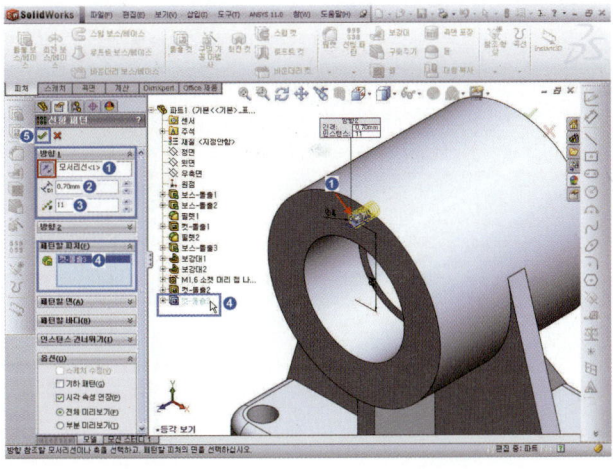

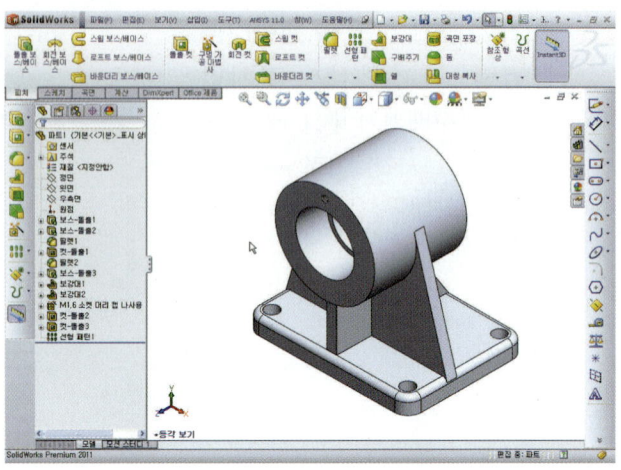

53 도구 ➡ 측정(R)[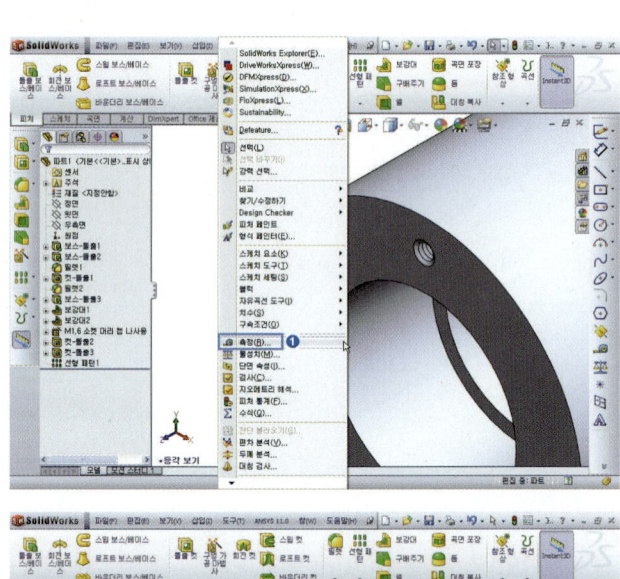] 선택 ➡ 2
번째 원호(모서리)를 선택하면
지름 2.79mm를 보여주며 수치
를 기억한다.

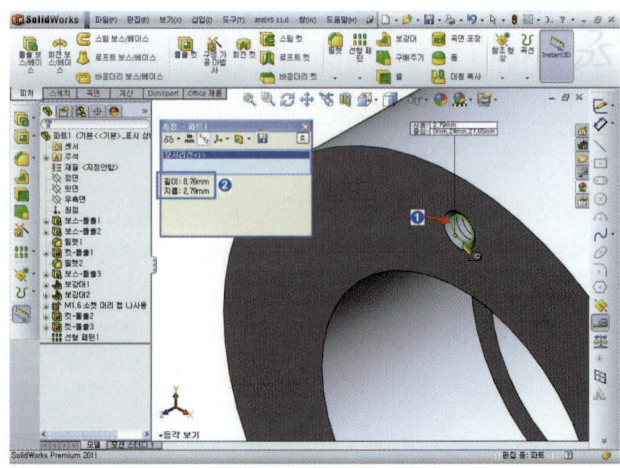

54 구 멍 가 공   마 법 사 [🔧] →
[🔩 유형] 선택, [🔩] 지정,
기본형 드릴(③) 선택, 단면치수
(D) 지름 2.79mm, 깊이 10mm,
드릴각도 118도) 입력, 마침조건
[🔧] [블라인드 형태] → 위치
[🔧 위치]버튼을 누른다.

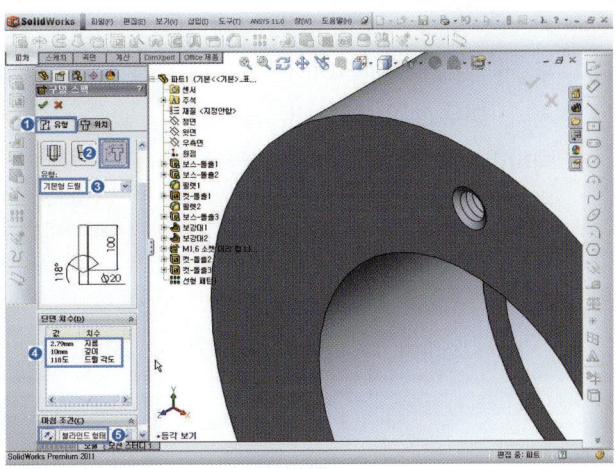

55 Spacebar 누르면 방향창 [정
면] 더블클릭하다.

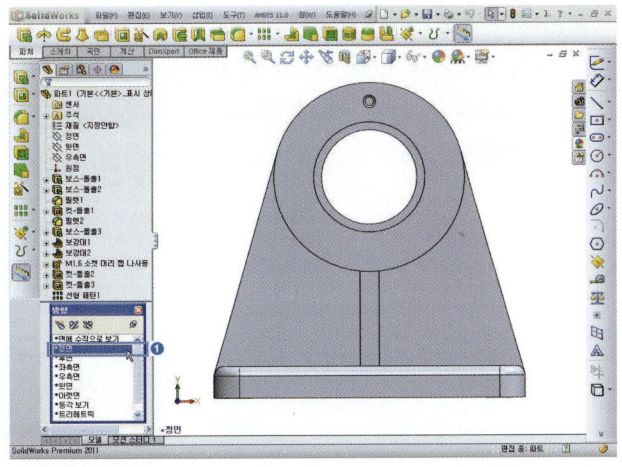

56 위치(①) 선택 ➜ 구멍이 놓일 위
치의 피처면(②) 선택하면 아래
그림처럼 구멍의 미리 보기가 나
타난다.

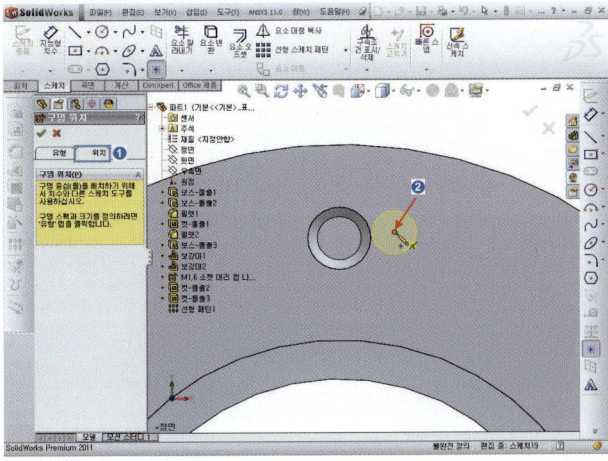

57 커서를 피처 밖으로 이동 시킨 후 ➡ 키보드 **Ctrl** 여러번 누르거나, 마우스 오른쪽 버튼을 선택하면 선택화살표 커서 모양으로 바뀐다.

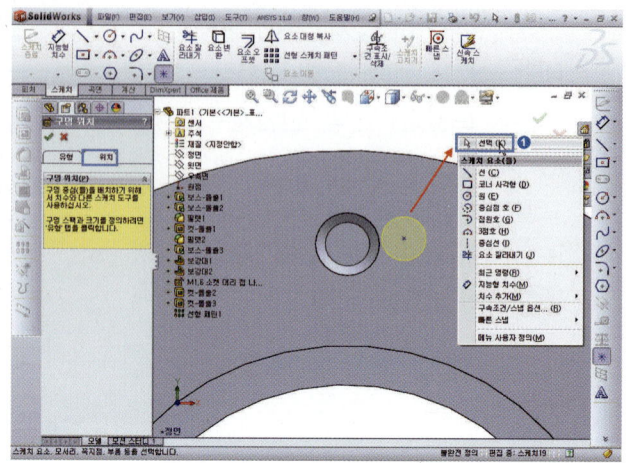

58 키보드 **Ctrl** 누른 상태에서 중심점, 모서리(①) 선택 ➡ 구속조건 [◎ 동심(N)] 선택 ➡ 확인[✔] 을 누른다.

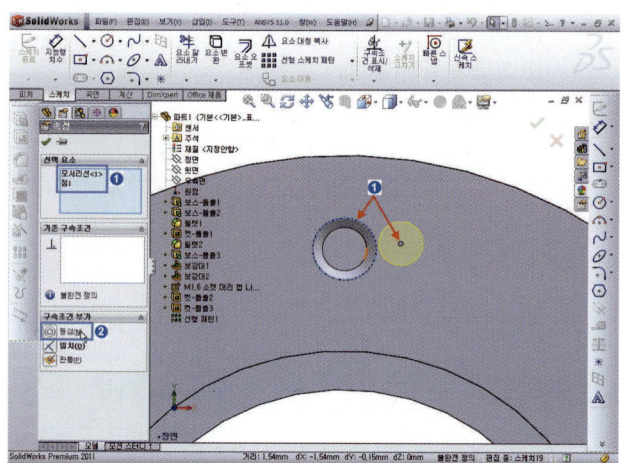

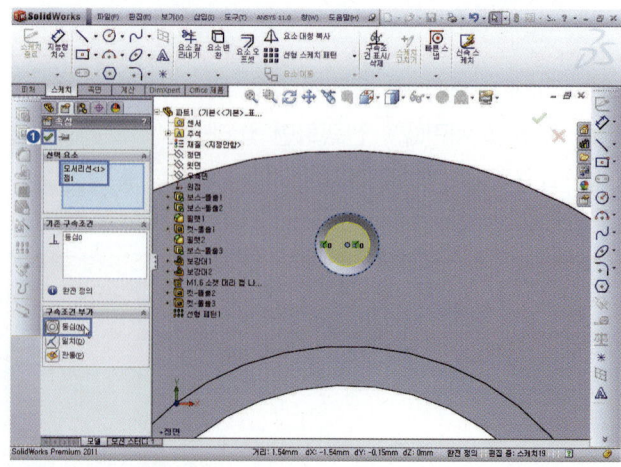

59 확인[✔]을 누르면 구멍의 구속 조건 화면이 닫히고 ➡ 한번 더 확인[✔]을 눌러야 구멍가공 마법사 작업이 완료하게 된다.

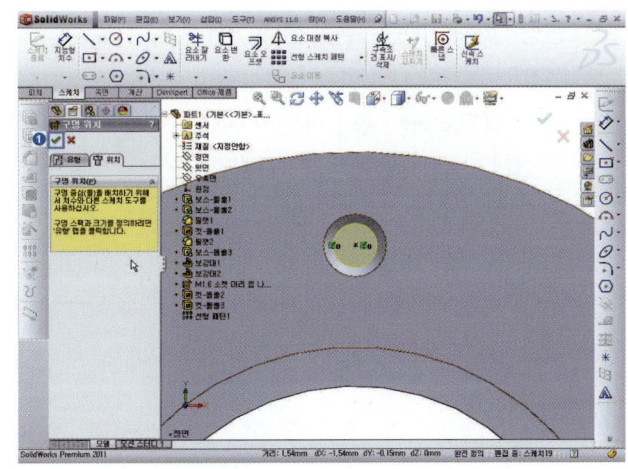

60 [보기] ➡ 은선표시[⬜] 선택하 여 내부의 관통 여부를 확인하 고, 다시 음영모서리[⬛]로 선 택한다.

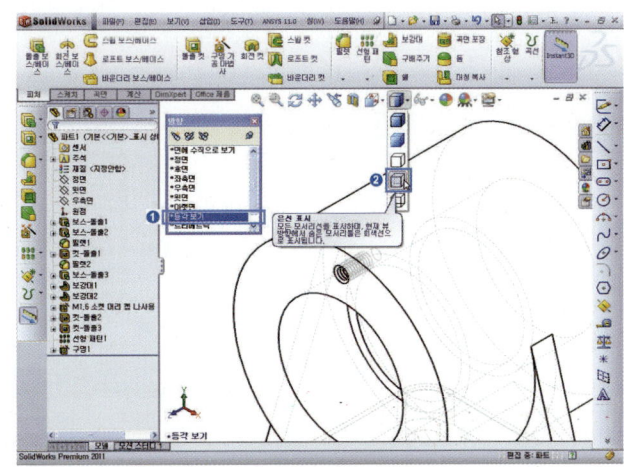

61 도구모음 보기(V) ➡ 임시축[⬚] 선택하여 임시축이 나타나게 한다.

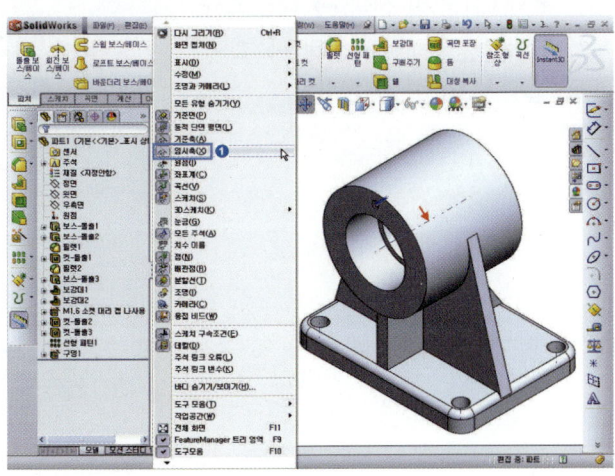

62 원형 피처 패턴[⊞] 선택 ➡
[↻] 기준축(①) 선택 ➡ 각도
[⎔] 360도 ➡ [#] 패턴할 개
수 3개 입력, ☑ 동등간격 체크
➡ 패턴할 피처 선택(구멍1, 선형
패턴, 컷-돌출3)한다.

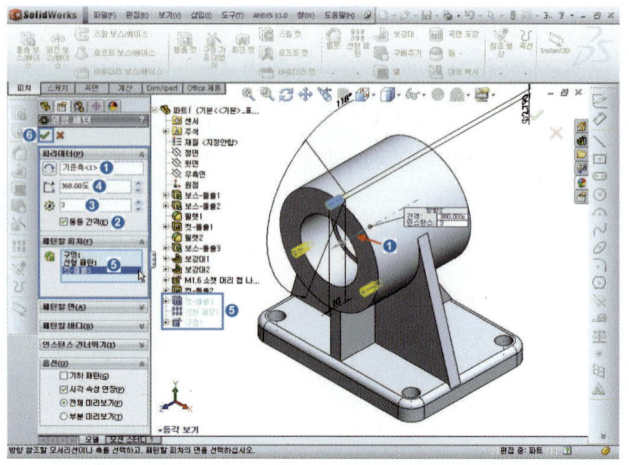

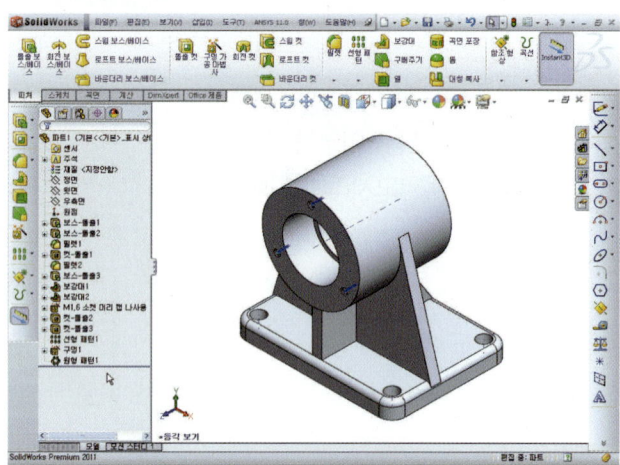

63 대칭복사[⎕] ➡ 면/평면 대칭
복사(M),[정면] 선택 ➡ 대칭복사
피처(②원형 패턴) 선택 ➡ 확인
[✓] 누른다.

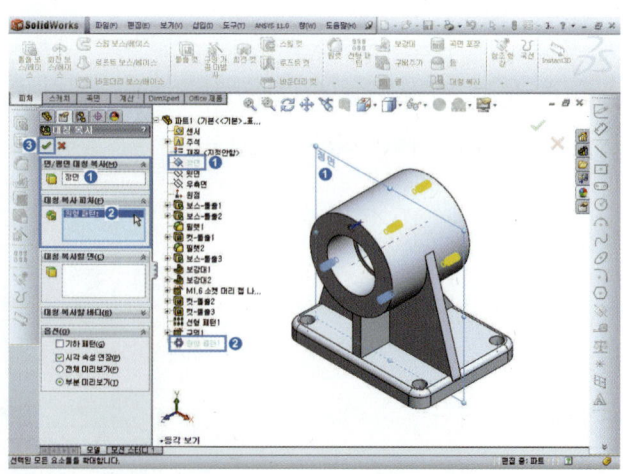

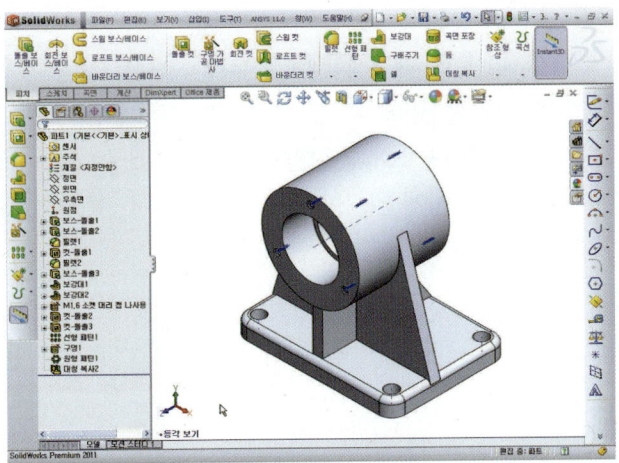

64 도구모음 보기(V) ➡ 임시축[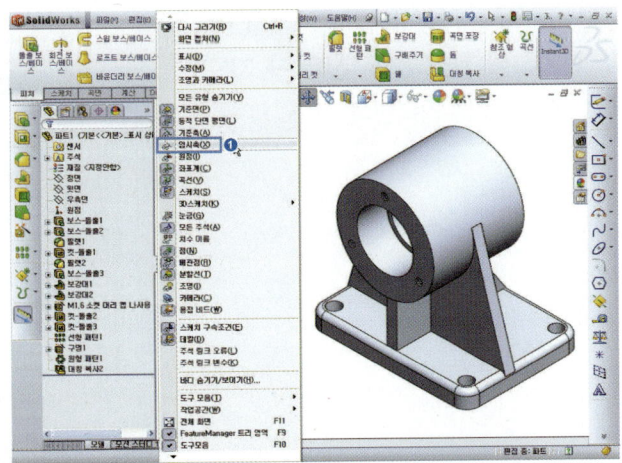] 선택하여 임시축을 사라지게 한다.

65 기준면[ ] 선택 ➡ 윗면 선택 ➡ 거리값 30mm 입력, 갯수 [ ] 1개 입력 ➡ 확인( )을 누른다.

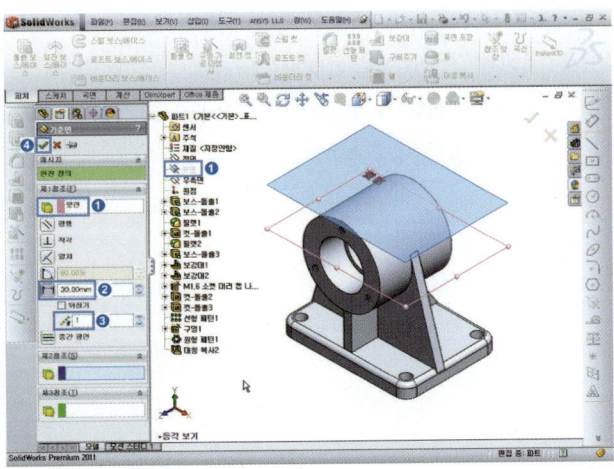

66 평면(①) 선택 ➡ 스케치 도구
[🖉▾] 선택 ➡ **Spacebar** 누르
면 방향창 [면에 수직으로 보기]
더블클릭 ➡ 스케치 작업이 편하
도록 수직하게 위치한다.

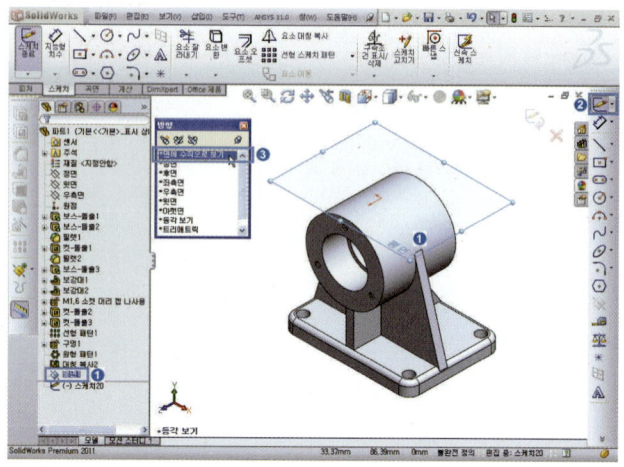

67 원[⊙] 선택하여 원 스케치 ➡
📐 지능형 치수[◇▾] 선택 ➡ 지름
6mm 치수입력한다.

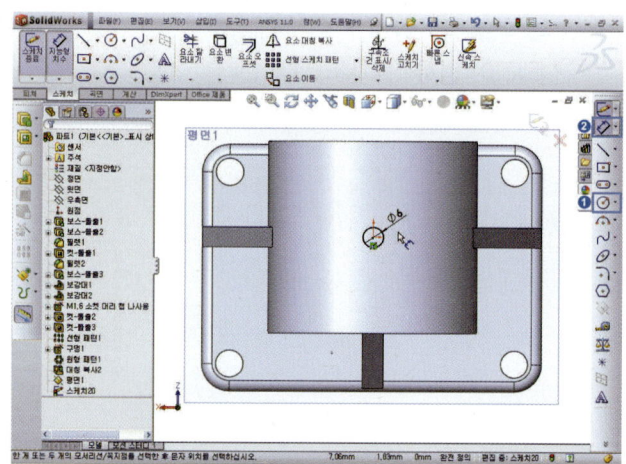

68 돌출—컷[🔲] 선택 ➡ 방향1 [중
간평면], [↙] M6 피치값 1mm,
구배켜기[🟩] 60도(삼각나사의
나사각) 입력 ➡ 확인[✅]을 누
른다.

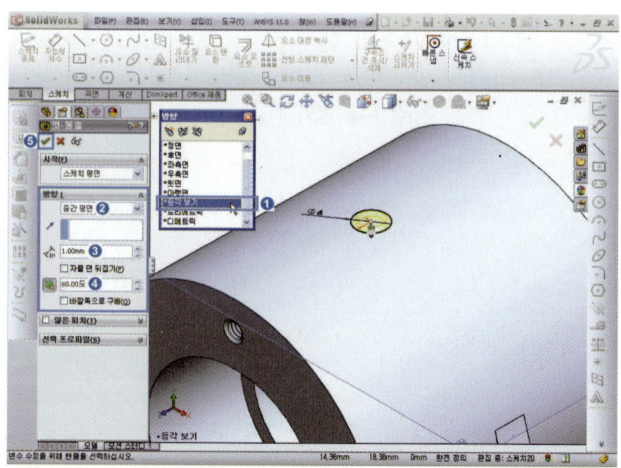

69 선형 피처 패턴[▦] 선택 ➡ 반대방향[↗] (①모서리선) 선택, 거리[◆] M6보통나사의 피치 =1mm 입력, 갯수[⚮] 16개 입력 ➡ 패턴할 피처(F) (④컷–돌출4) 선택 ➡ 확인[✓]을 누른다.

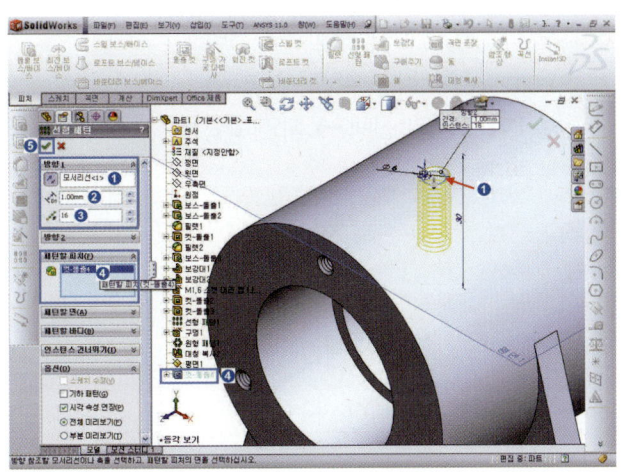

70 [Spacebar] 누르면 방향창 [등각보기]·더블클릭 ➡ 선형 패턴 작업이 완성되었는지 확인한다.

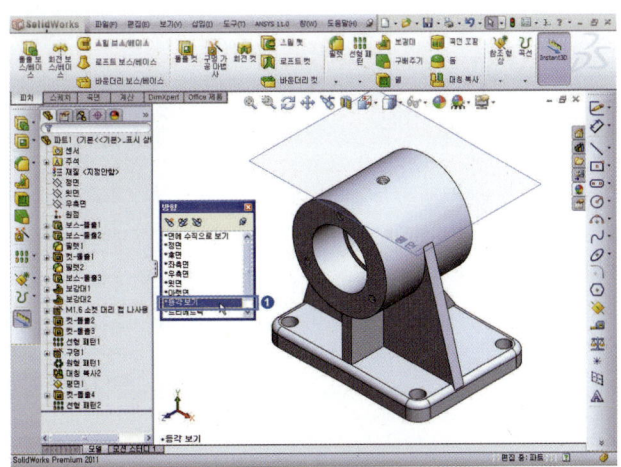

71 평면[◇] 선택 ➡ 마우스 오른쪽 버튼을 선택 ➡ 숨기기(B)[👓▾] 선택하면 평면이 사라진다.

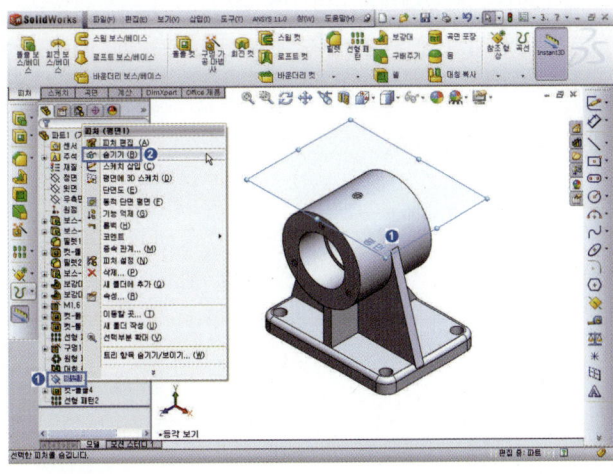

72 모따기[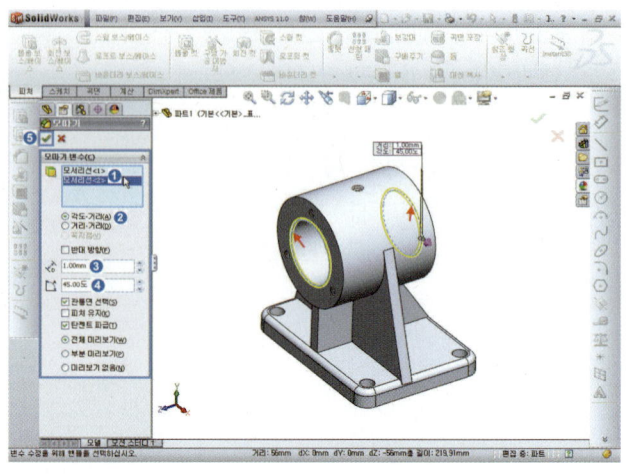] 선택 ➡ [] 거리 1mm, [] 각도 45도 입력 ➡ ① 2개 모서리 선택 ➡ 확인[] 누른다.

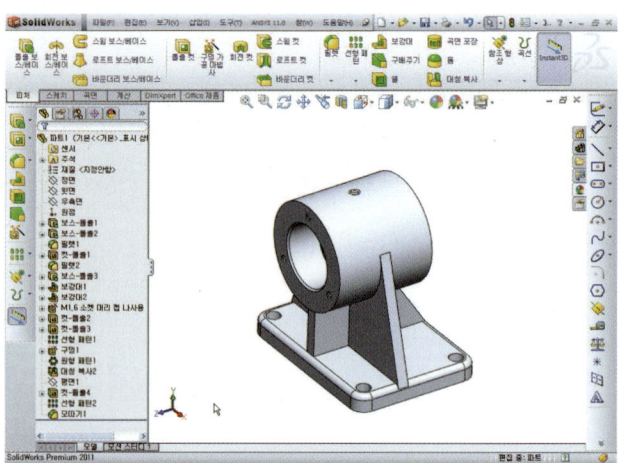

73 필렛[] 선택 ➡ 부동반경(C), 반지름 R=0.3mm 입력 ➡ ③ 2개 모서리 선택 ➡ 확인[]을 누른다.

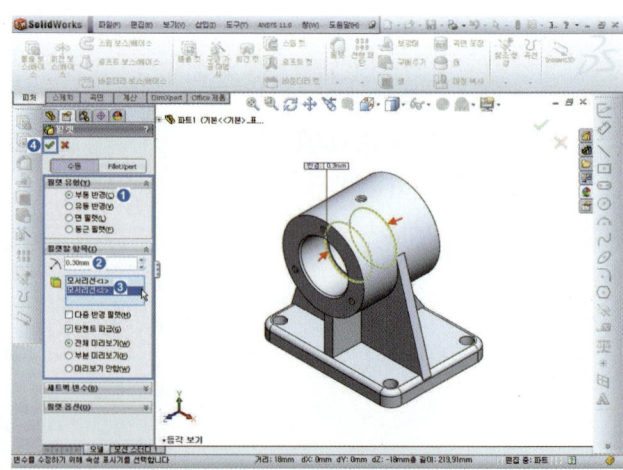

74 필렛[🟩] 선택 ➜ 부동반경(C), 반지름 R=2mm 입력 ➜ 리브의 모서리 선택 ➜ 확인[✅]을 누른다.

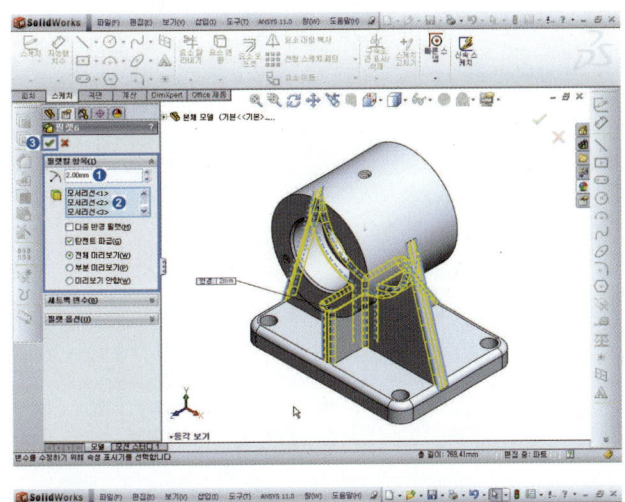

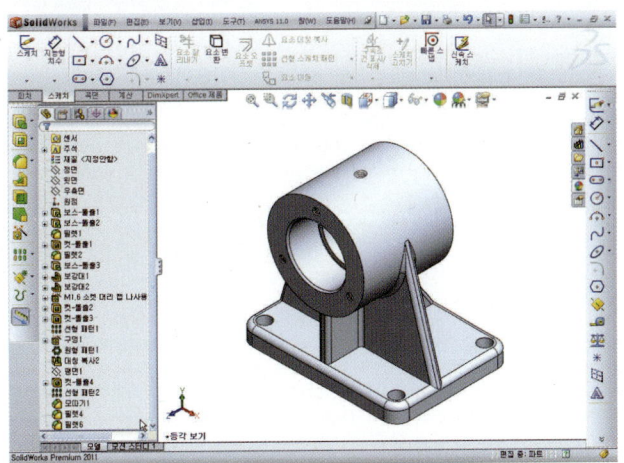

75 필렛[🟩] 선택 ➜ 부동반경(C), 반지름 R=2mm 입력 ➜ 리브의 모서리 선택 ➜ 확인[✅]을 누른다.

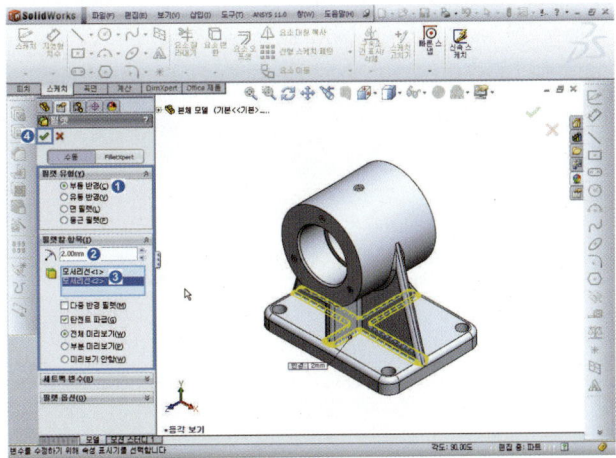

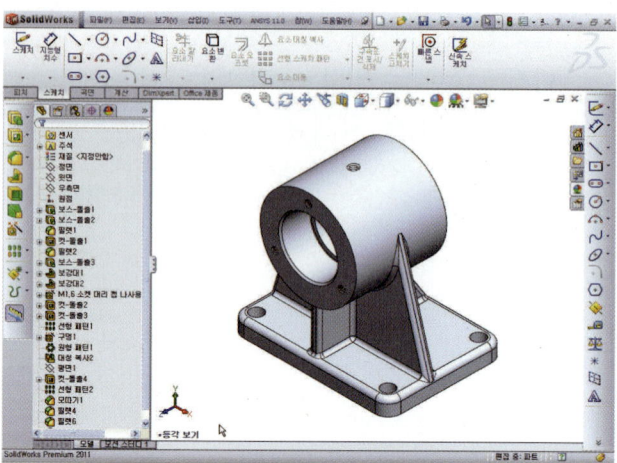

76 하우징 본체 모델링을 완성한다.

하우징 본체 모델링 - 2

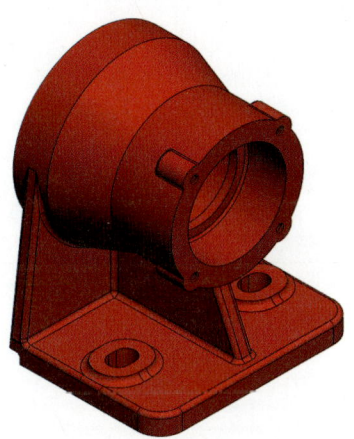

[그림 3-31] 하우징 본체 모델링

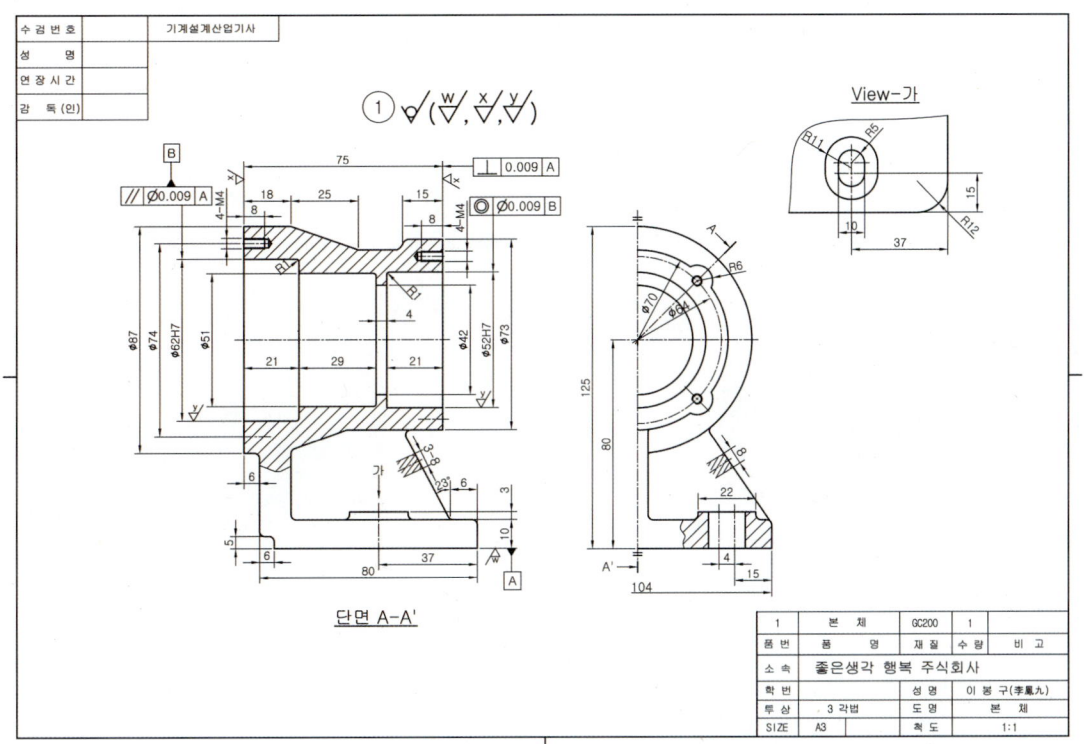

[그림 3-32] 하우징 본체 모델 도면

■ 하우징 본체 모델링 순서

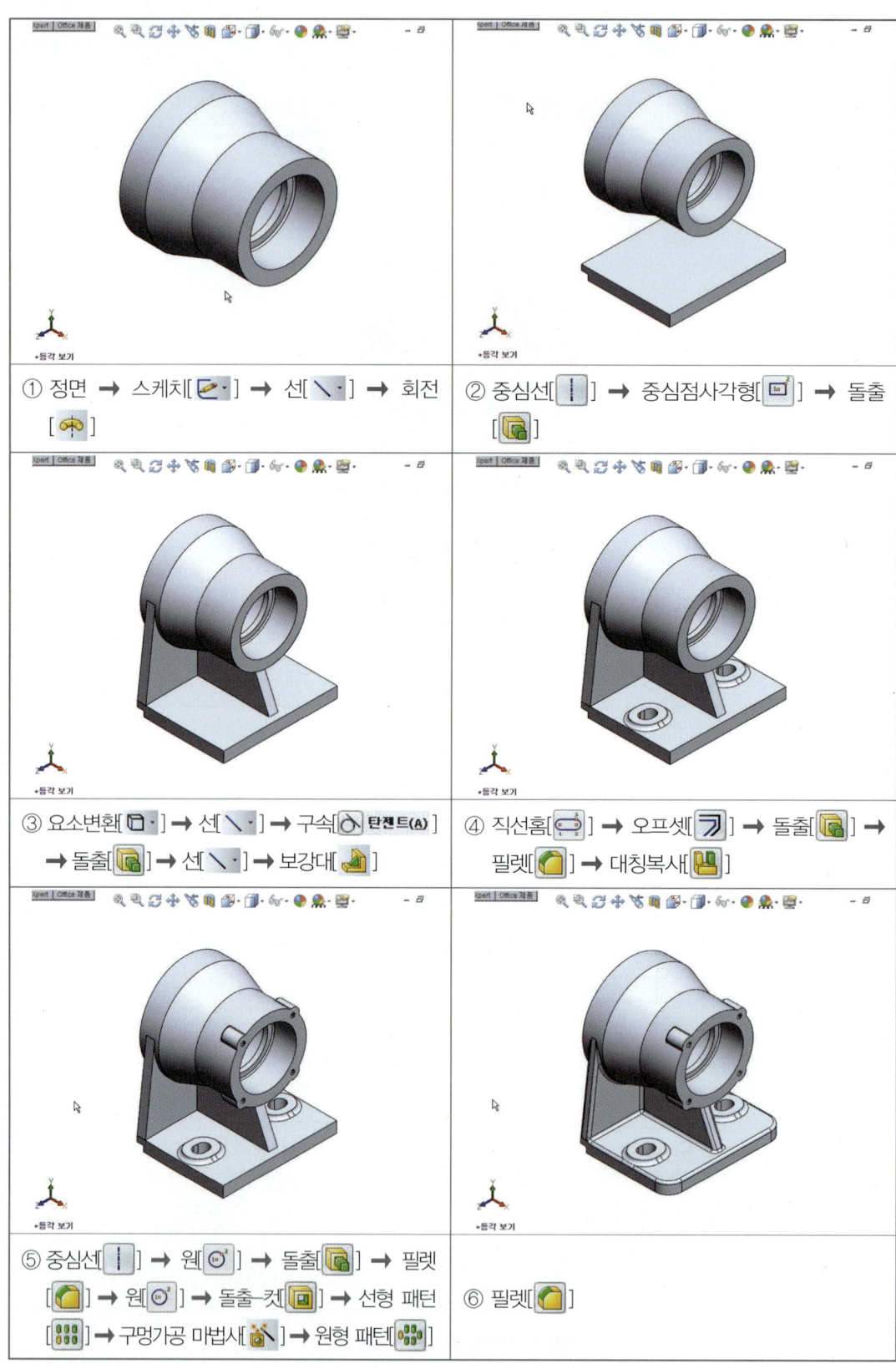

① 정면 ➔ 스케치[✏️] ➔ 선[＼] ➔ 회전 [🔄]

② 중심선[｜] ➔ 중심점사각형[▫️] ➔ 돌출 [🗃️]

③ 요소변환[▫️] ➔ 선[＼] ➔ 구속[🔗 **탄젠트(A)**] ➔ 돌출[🗃️] ➔ 선[＼] ➔ 보강대[👍]

④ 직선홈[⬭] ➔ 오프셋[🡕] ➔ 돌출[🗃️] ➔ 필렛[🟡] ➔ 대칭복사[🔁]

⑤ 중심선[｜] ➔ 원[⊙] ➔ 돌출[🗃️] ➔ 필렛[🟡] ➔ 원[⊙] ➔ 돌출 컷[▣] ➔ 선형 패턴[⠿] ➔ 구멍가공 마법사[🪛] ➔ 원형 패턴[❀]

⑥ 필렛[🟡]

1 파일 ➡ 새문서(N)[🗋 새 문서]를 클릭한다.

2 새 문서 창에서 파트[📄] 선택 Part ➡ [확인]을 누른다.

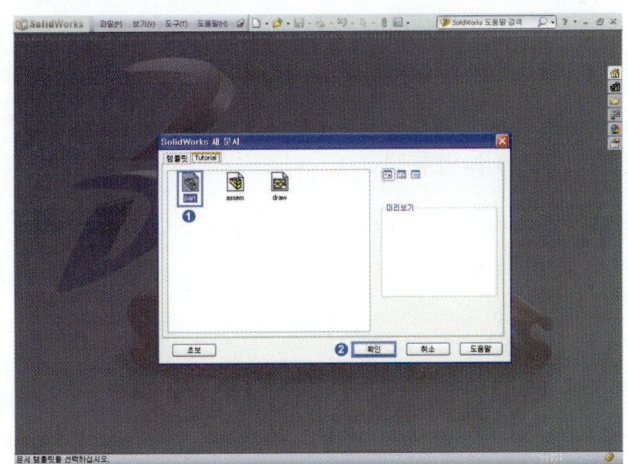

3 스케치를 생성할 작업평면[정면] 을 선택 ➡ 스케치 도구[✏] 선택한다.

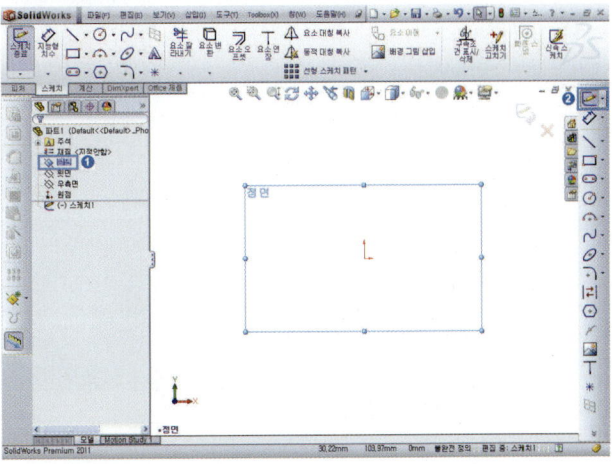

459

4 중심선[ ] 선택, 중심선 스케
치 → 지능형 치수[ ] 선택
80mm 입력 → 선[ ] 선택
스케치한다.

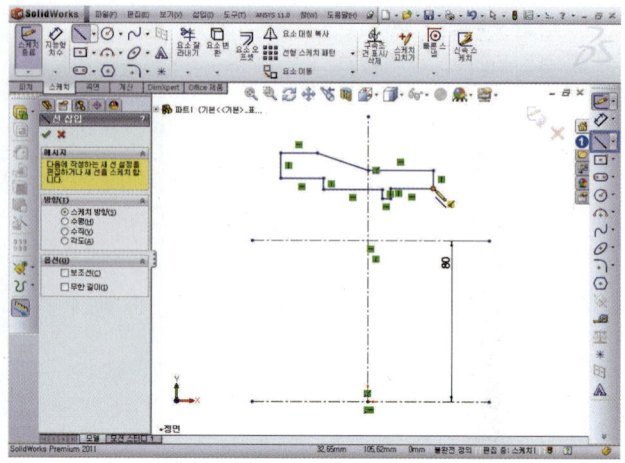

5 스케치 필렛[ ] 선택 → 필렛
변수(P), 반경[ ] 1mm 입력,
필렛을 부여할 3곳을 선택 → 확
인[ ]을 누른다.

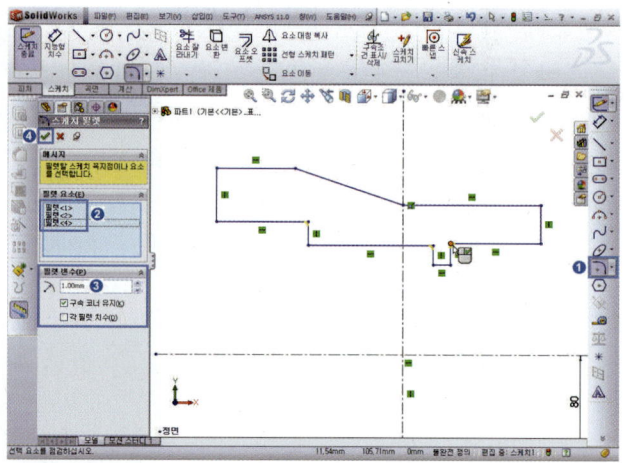

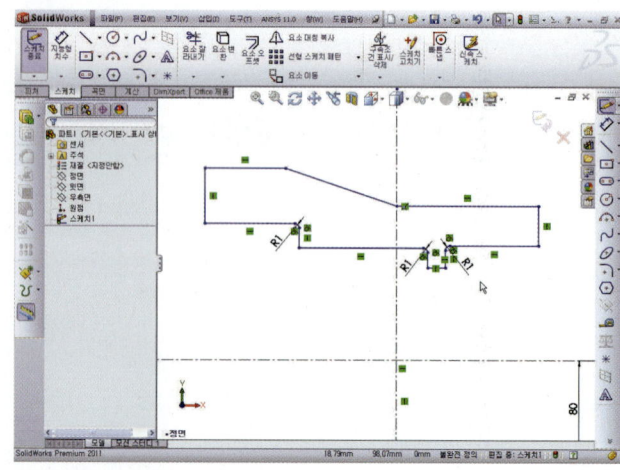

6 지능형 치수[✎] 선택, 도면을 참고하여 아래 그림과 같이 치수를 입력한다.

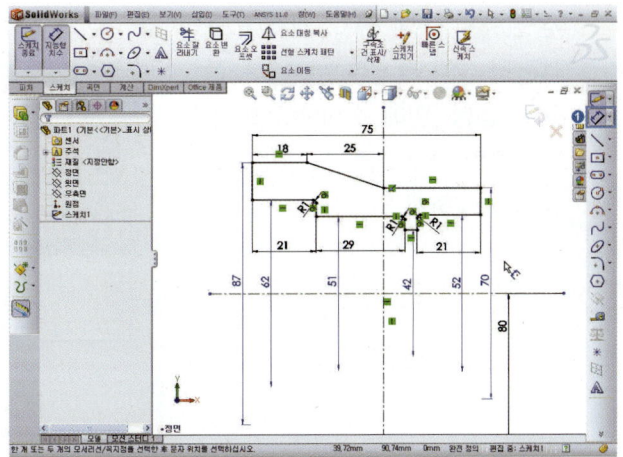

7 **Spacebar** 누르면 방향창 [등각보기] 더블클릭 ➡ 원하는 작업평면에 스케치 작업이 되었는지 확인한다.

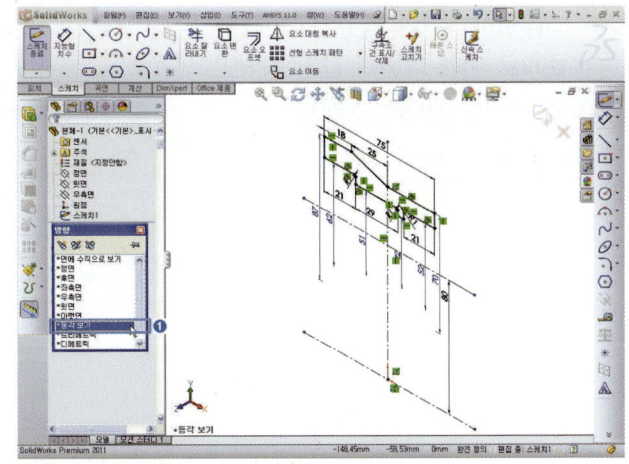

8 회전[⊛] 선택 ➡ 회전축[✎] (①) 선택, [⟳][블라인드 형태], [⬳]각도=360도 ➡ 확인[✅]을 누른다.

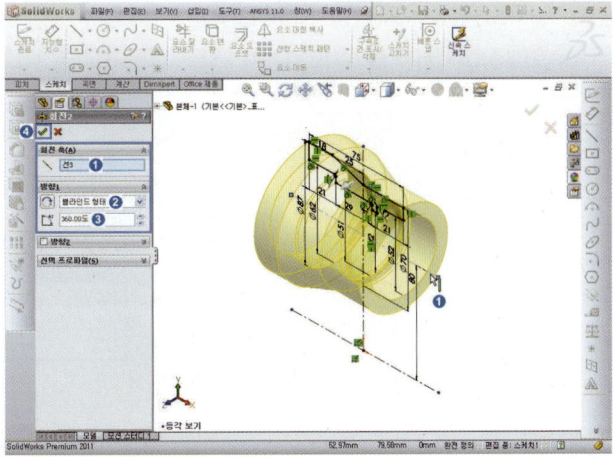

9 정면[◇] 선택 ➡ 스케치 도구
   [✎▾] 선택 ➡ Spacebar 누르
   면 방향창 [면에 수직으로 보기]
   더블클릭 ➡ 스케치 작업이 편하
   도록 수직하게 위치한다.

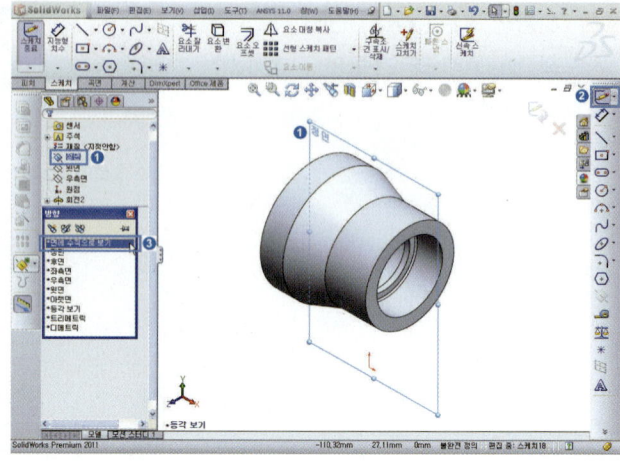

10 선[✎▾] 클릭하여 원점[⌊] 기
   준으로 아래 그림과 같이 바닥면
   의 형상을 선으로 스케치한다.

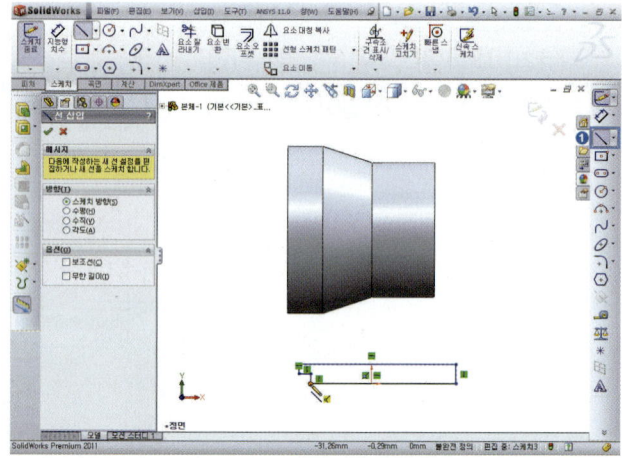

11 도구모음에서 지능형 치수[◇▾]
   클릭하여 치수를 기입(도면 참
   고)한다.

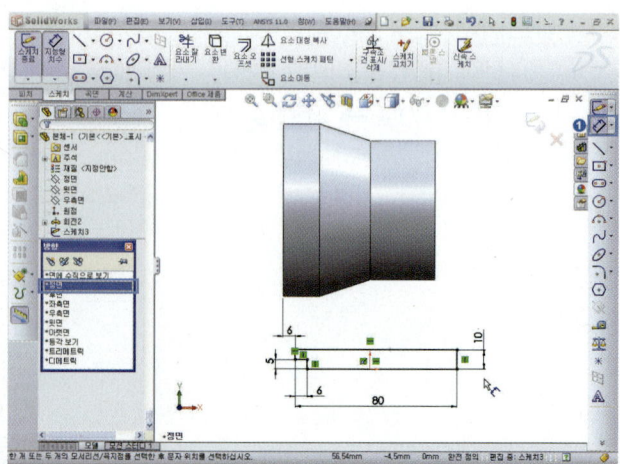

12 **Spacebar** 누르면 방향창 [등각 보기] 더블클릭 ➡ 원하는 작업 평면에 스케치 작업이 되었는지 확인한다.

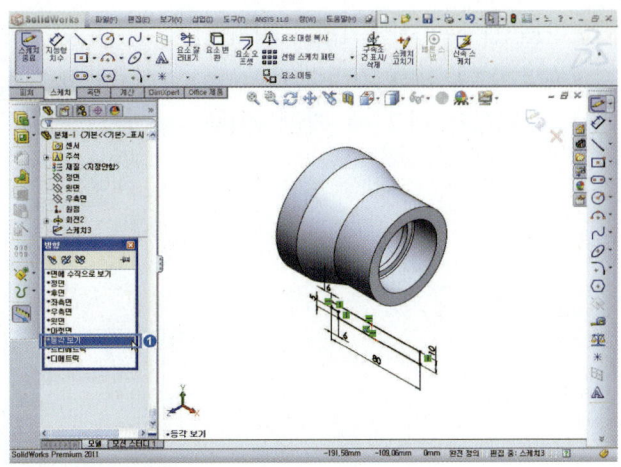

13 돌출[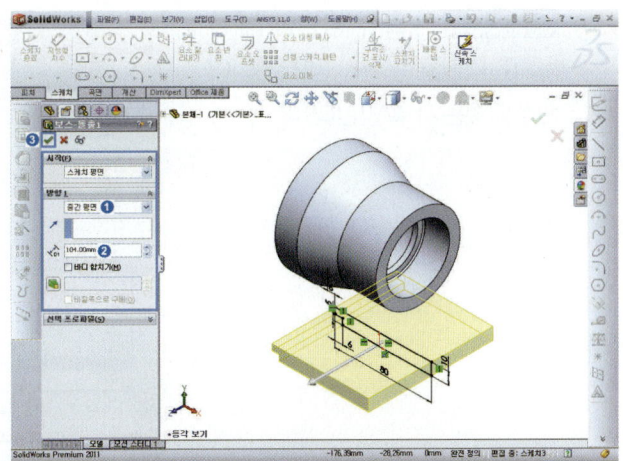] ➡ 방향 1[ ][중간평 면], [ ] 거리값 104mm입력 ➡ 확인[ ]을 누른다.

14 기준면[⬦] 선택, [▣] 피처면
    (①) 선택, [⊞]거리값 69mm,
    ☑ 뒤집기 체크 ➡ 확인[✅]을
    누른다.

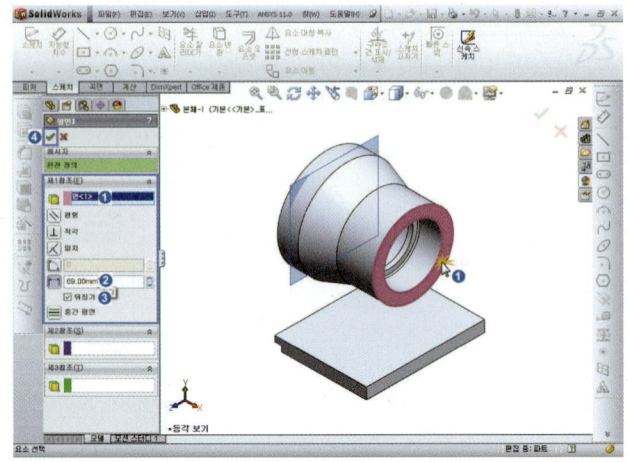

15 Spacebar 누르면 방향창 [등각
    보기] 더블클릭 ➡ 평면[⬦]이
    완성되었는지 확인한다.

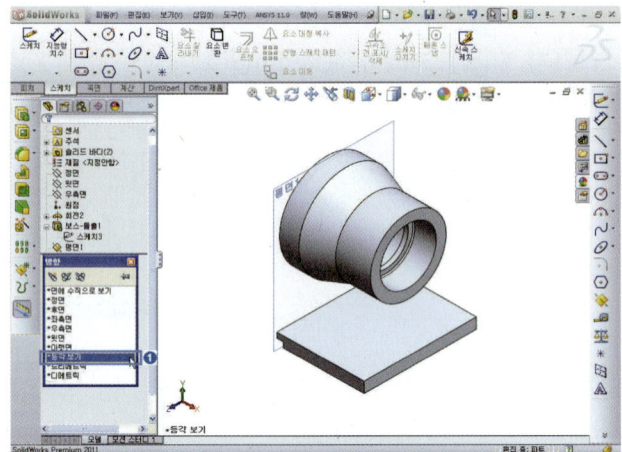

16 요소변환[▣·] 선택 ➡ 2개의
    모서리선(②) 선택하여 새로운
    스케치를 생성한다.

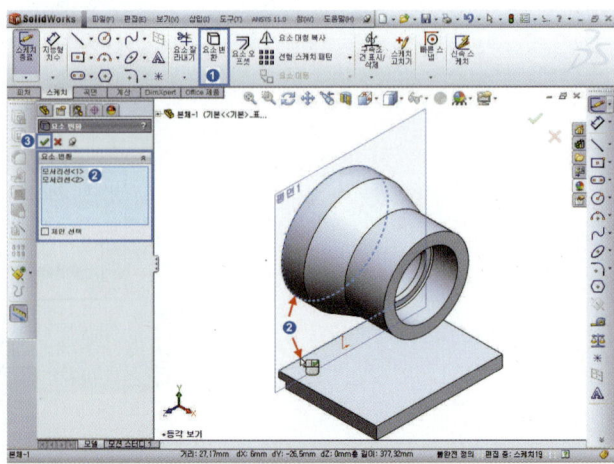

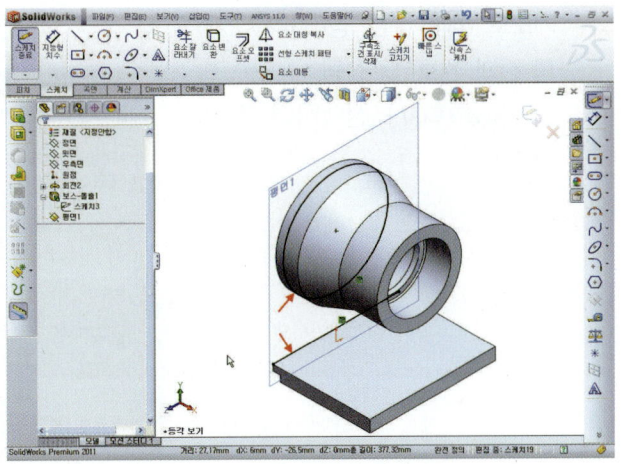

🔓 17 **Spacebar** 누르면 방향창 [좌측 면] 더블클릭 ➡ 선[\ ·] 클릭 아래 그림과 같이 선을 스케치 한다.

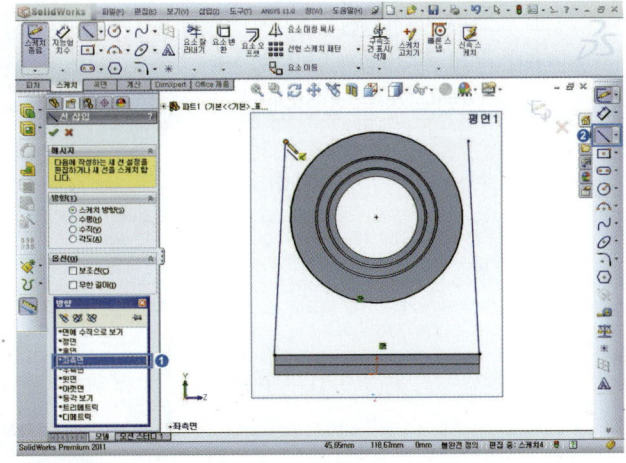

🔓 18 키보드 **Ctrl** 누른 상태에서 2개 의 선과 원호(①) 선택 ➡ 구속조 건[◇ **탄젠트(A)**] 선택하면 접하 게 된다.

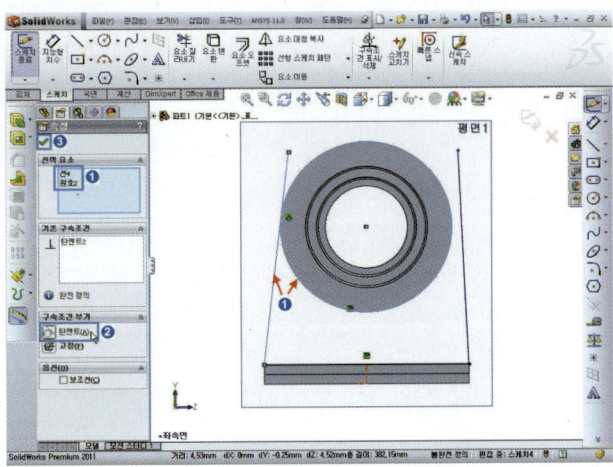

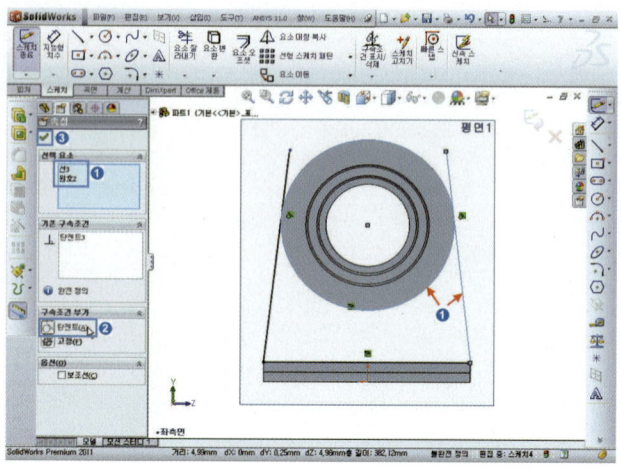

19 키보드 **Ctrl** 누른 상태에서 2개의 선과 원호(①) 선택 ➡ 구속조건[⟋ **탄젠트(A)**] 선택하면 접하게 된다.

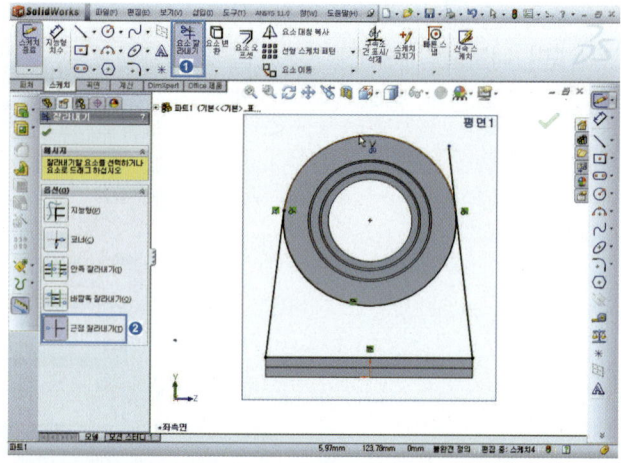

20 요소 잘라내기[✂] 선택 ➡ [┼] 근접 잘라내기(T) 선택 ➡ 원호와 겹치는 선을 잘라낸다.

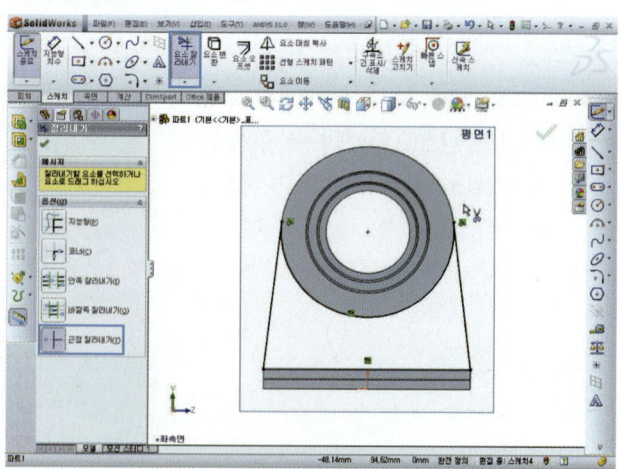

21 **Spacebar** 누르면 방향창 [등각 보기] 더블클릭 ➡ 스케치 작업[완전정의] 완성되었는지 확인한다.

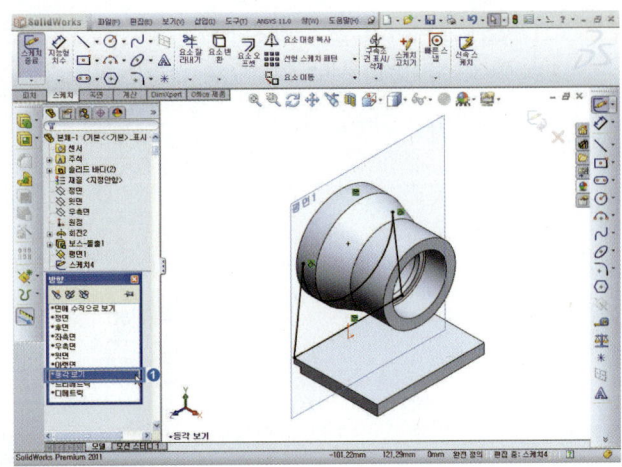

22 돌출[⬚] ➡ 방향 1[↗][블라인드 형태], [⬚] 보강대 두께 8mm 입력 ➡ 확인[✓]을 누른다.

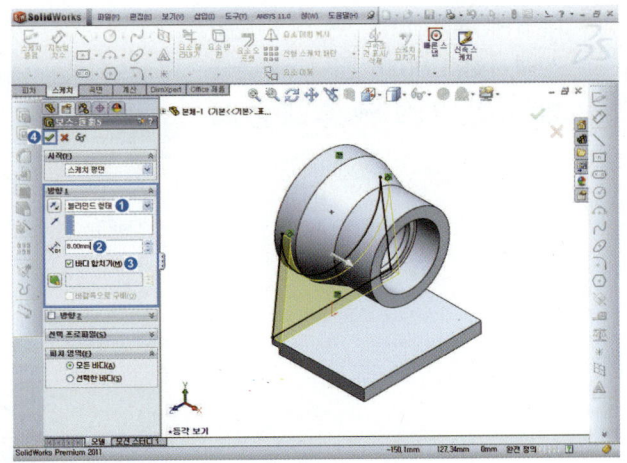

23 정면[◇](①) 선택 ➡ 스케치 도구[✏] 선택 ➡ **Spacebar** 누르면 방향창 [면에 수직으로 보기] 더블클릭 ➡ 스케치 작업이 편하도록 수직하게 위치한다.

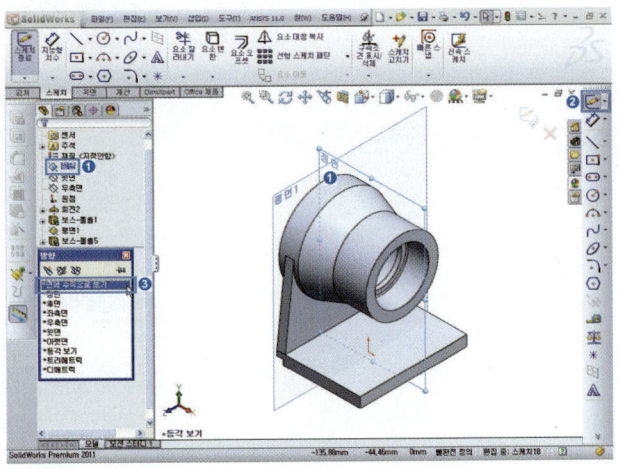

24 선[\] 클릭하여 선 스케치 ➡
지능형 치수[◇] 선택 각도 67
도, 거리 6mm 치수입력한다.

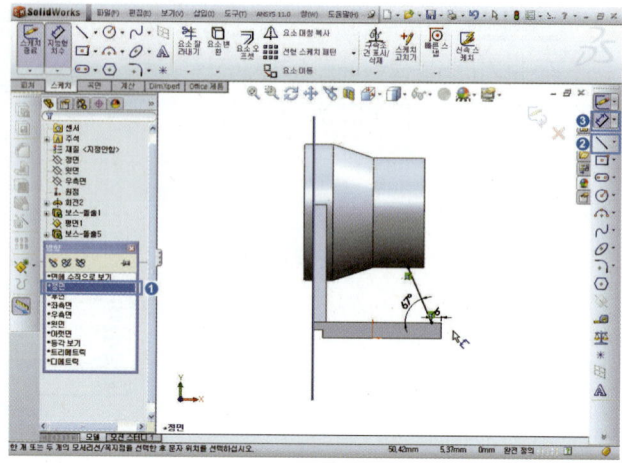

25 보강대[▣] 선택 ➡ 두께[≡]
선택, [🔩] 8mm 입력 ➡ 돌출
방향[🔶] 지정 ➡ 확인[✔]을
누른다.

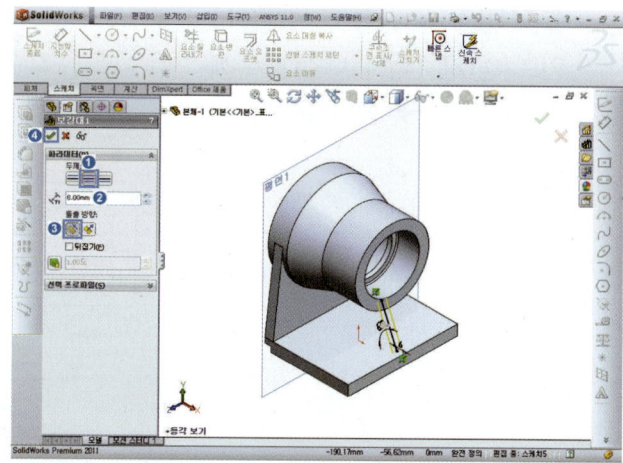

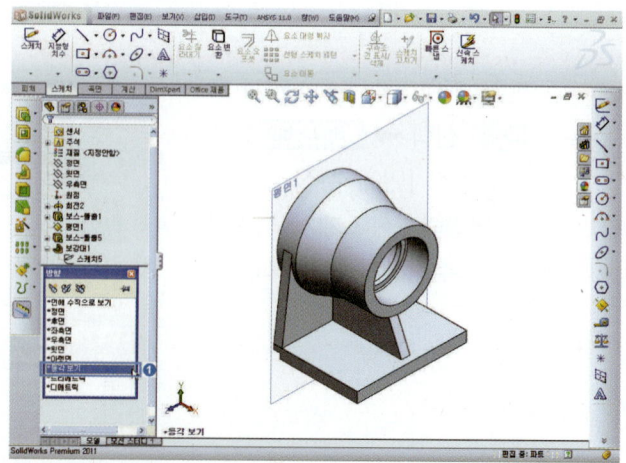

26. 피처의 윗면(①) 선택 ➡ 스케치
도구[✏️▾] 선택 ➡ **Spacebar**
누르면 방향창 [면에 수직으로
보기] 더블클릭 ➡ 스케치 작업
이 편하도록 수직하게 위치한다.

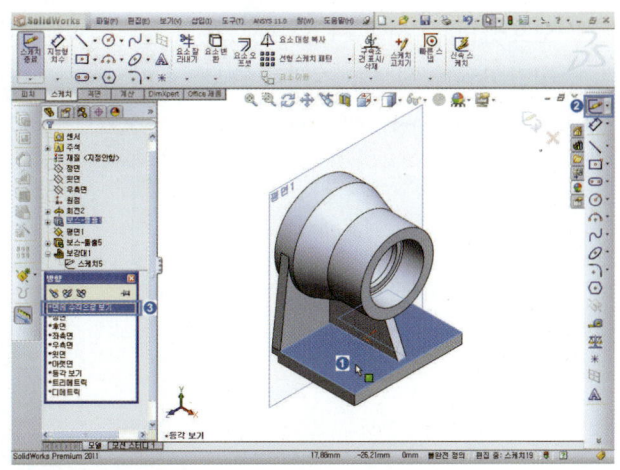

27. 직선홈[⬭] 선택 ➡ 치수부가
(D) 선택 ➡ 번호 순서대로 2개
의 점을 찍고, 마우스 드래그하
면 직선홈 생성 ➡ 스케치된 임
의 치수가 나타난다.

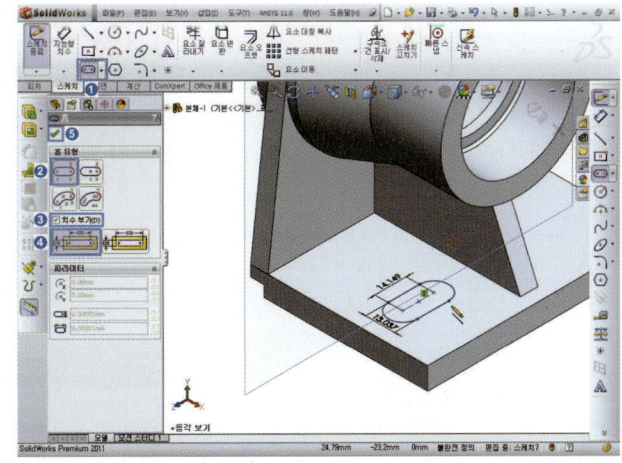

28. 지능형 치수[◇▾] 선택, 아래
그림과 같이 치수입력(도면 참
고)한다.

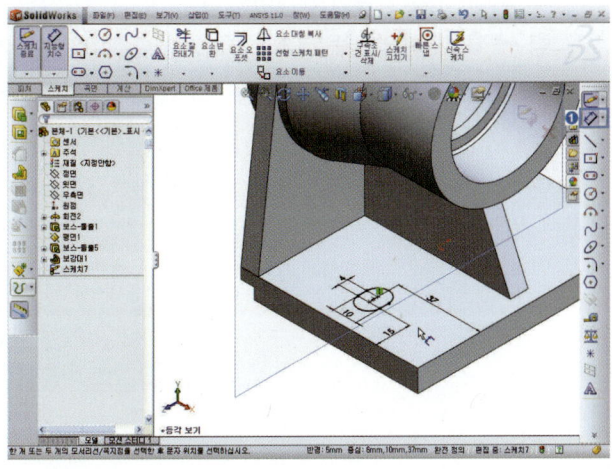

29 오프셋[ ] 선택 ➜ 오프셋 거
리값 6mm, 직선홈 스케치 모서
리(③) 선택 ➜ 확인[✓]을 누
른다.

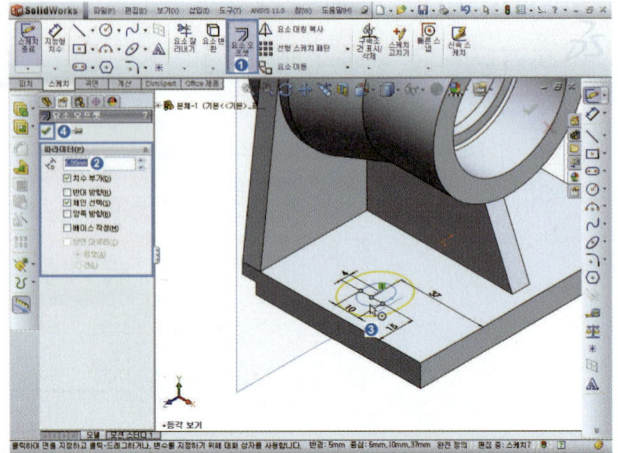

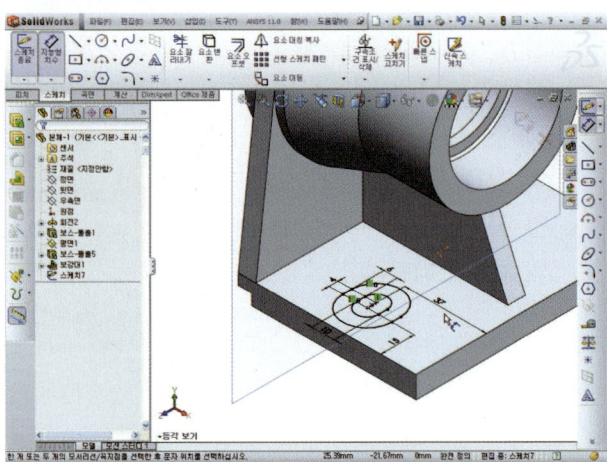

30 돌출[ ] ➜ 방향 1[ ][블라인
드 형태], [ ] 높이 3mm를 입
력 ➜ 확인[✓]을 누른다.

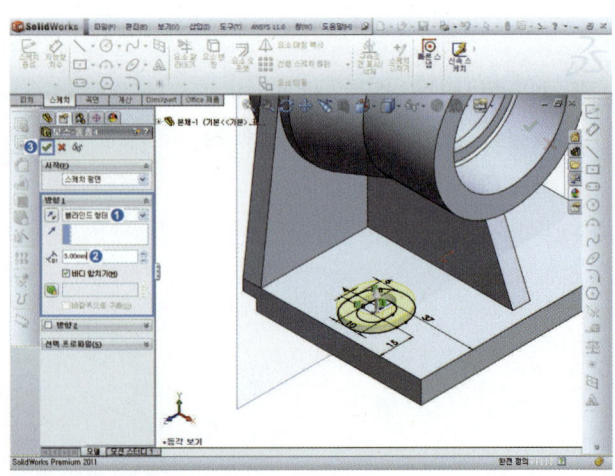

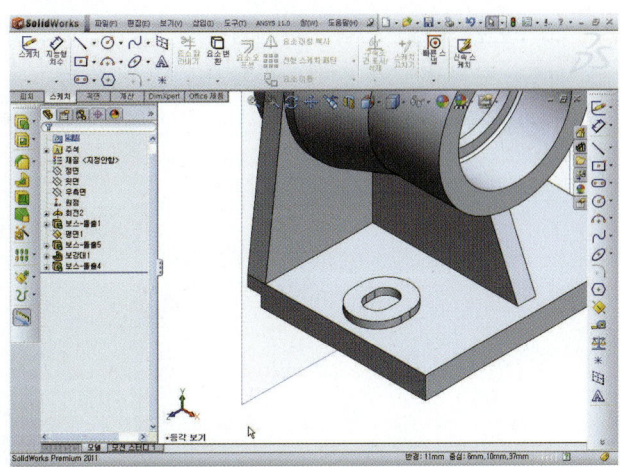

31 필렛[] 선택 ➡ 반지름 R- 3.0mm 입력 ➡ ② 모서리 선택 ➡ 확인[]을 누른다.

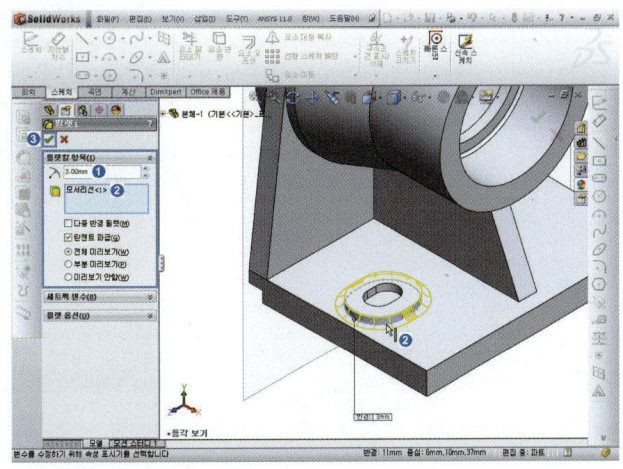

32 피처 바닥면(①) 선택 ➡ 스케치 도구[] 선택 ➡ 요소변환 [] 선택한다.

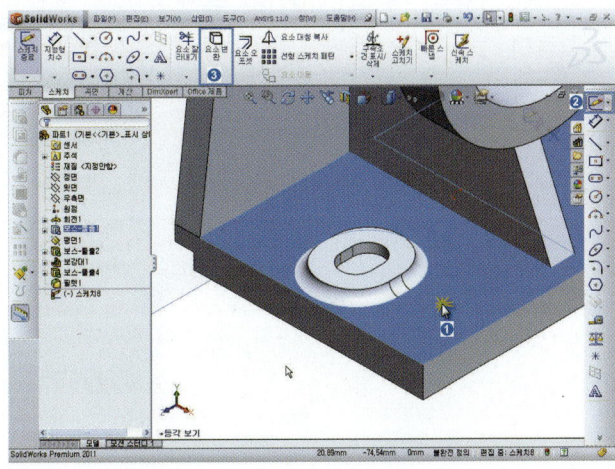

33 요소변환[⬚ ▾] 선택 ➡ 원형피
처의 모서리면(②) 선택 ➡ 확인
[✅]을 누른다.

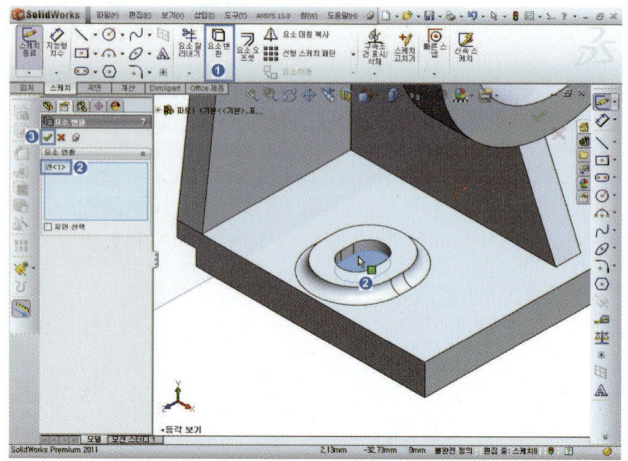

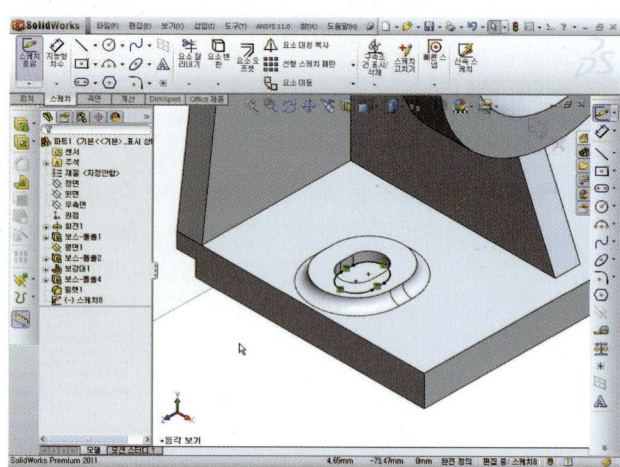

34 돌출-컷[▣] 선택 ➡ 방향 1
[↗] [관통] ➡ 확인[✅]을 누
른다.

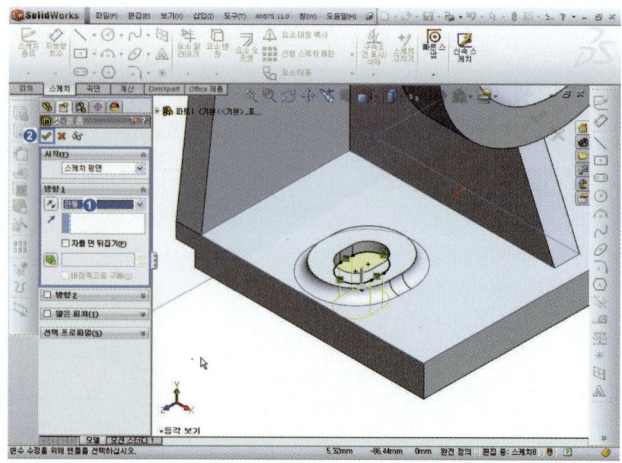

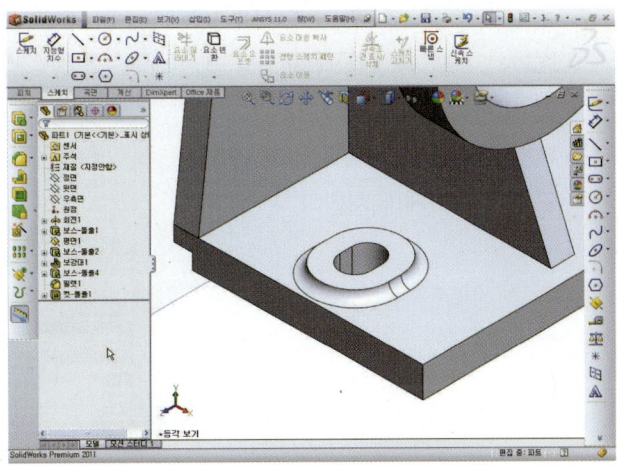

35 대칭복사[ ] ➡ 면/평면 대칭
복사(M)–정면 선택 ➡ 대칭복사
피처(②3개 피처) 선택 ➡ 확인
[ ]을 누른다.

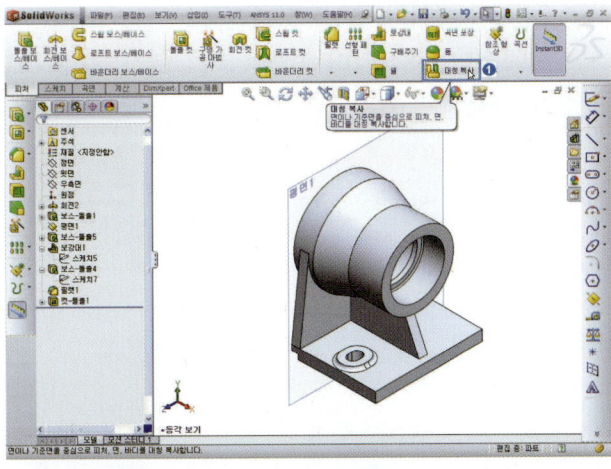

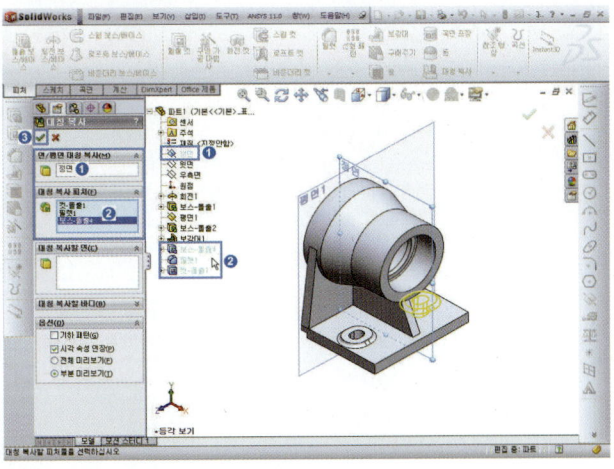

36 피처(①)면 선택 ➡ 스케치 도구
[✏] 선택 ➡ **Spacebar** 누르
면 방향창 [면에 수직으로 보기]
더블클릭 ➡ 스케치 작업이 편하
도록 수직하게 위치한다.

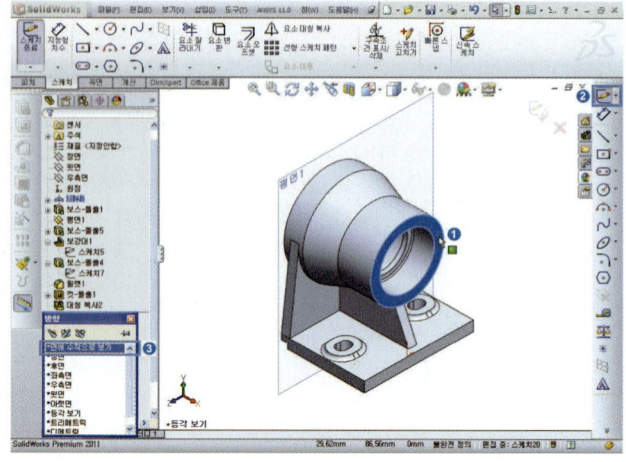

37 원[⊙] 선택한 후 ➡ 모서리를
선택하면 중심점이 나타나며
그 중심점을 기준으로 원 스케
치한다.

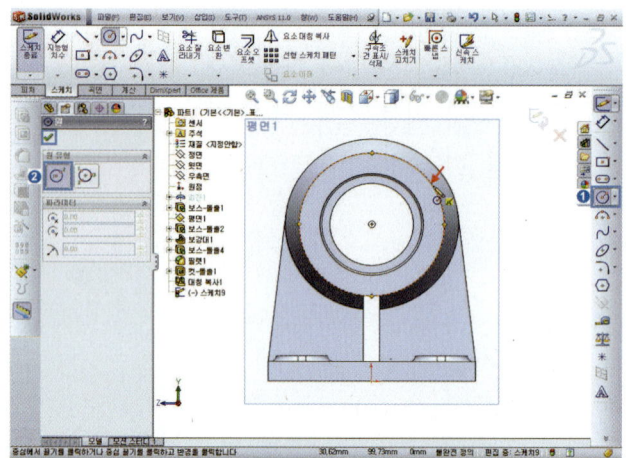

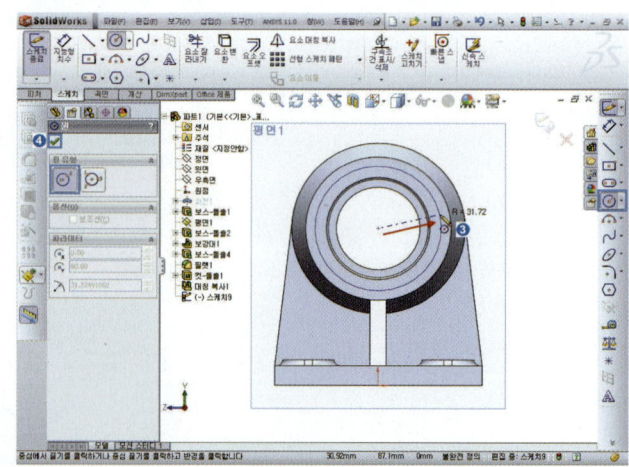

38 지능형 치수[ ] 선택 ➡ 지름 64mm 치수입력한다.

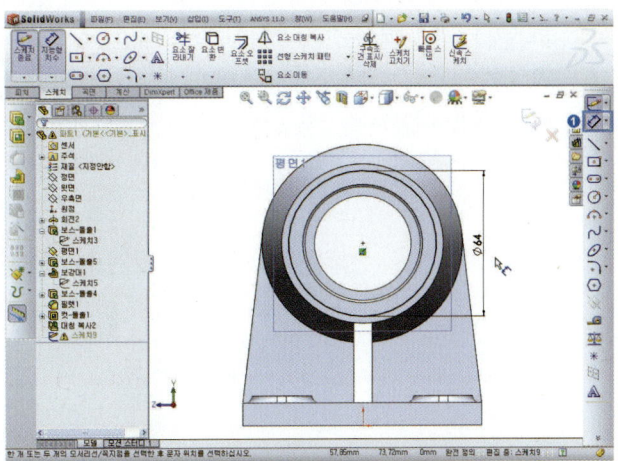

39 스케치한 원[ ] 선택하면 속성창이 나타나며 ➡ 옵션(O)-☑ 보조선(C) 체크하면 중심선으로 바뀐다.

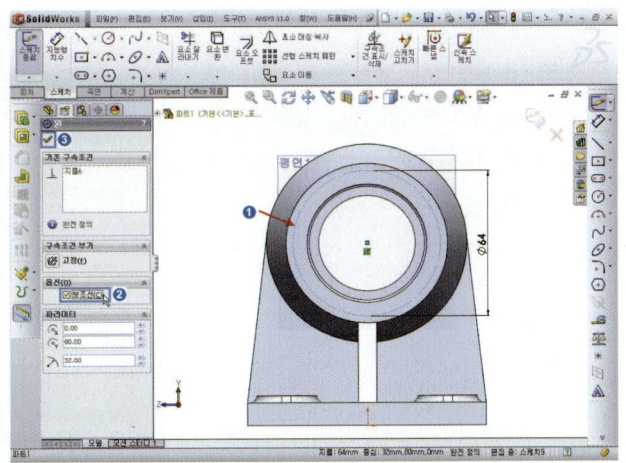

40 중심선[ ] 선택하여 중심선을 스케치 ➡ 지능형 치수[ ] 선택 각도 45도 치수입력한다.

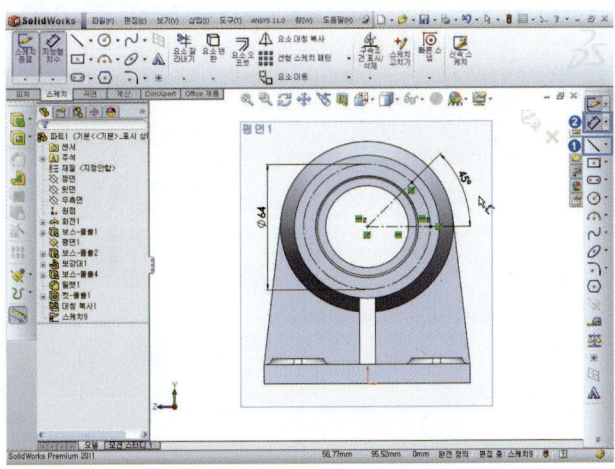

41 원[◎] 선택 원 스케치 ➡ 지능
형 치수[◇▾] 선택 지름 12mm
치수입력한다.

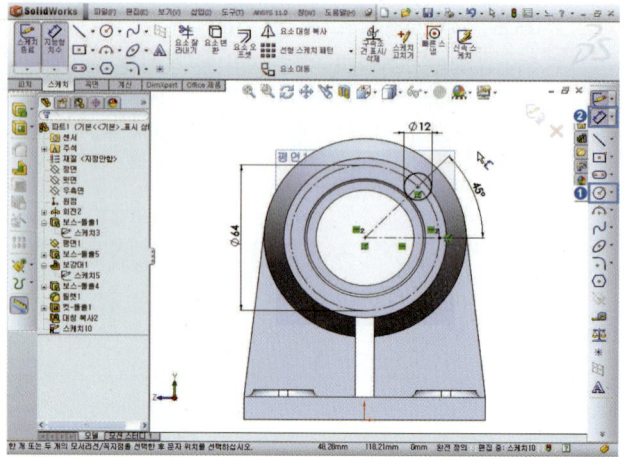

42 Spacebar 누르면 방향창 [등각
보기] 더블클릭 ➡ 돌출[▣] 선
택 ➡ 반대방향[✎], [블라인드
형태], [✎] 거리값 15mm입력
➡ 확인[✔]을 누른다.

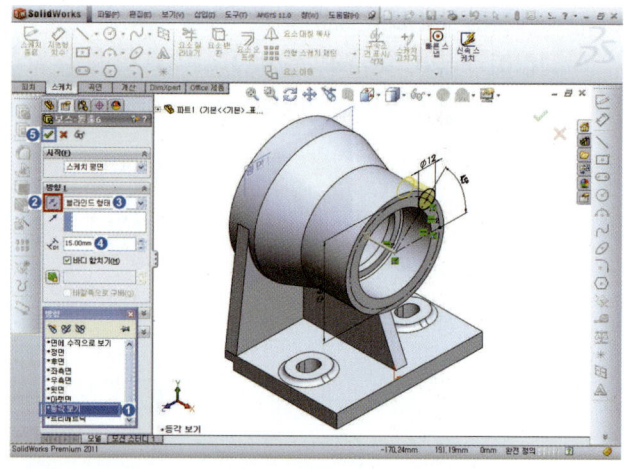

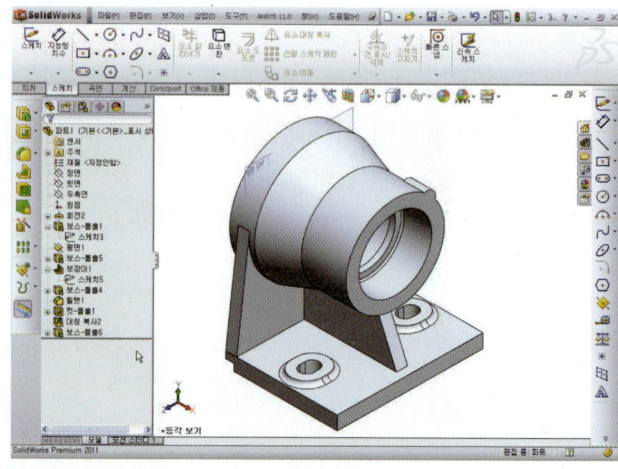

43 뷰 회전[🔄] 선택하거나, 가운
데 마우스 휠을 누른 상태에서
드래그하면 회전이 된다.

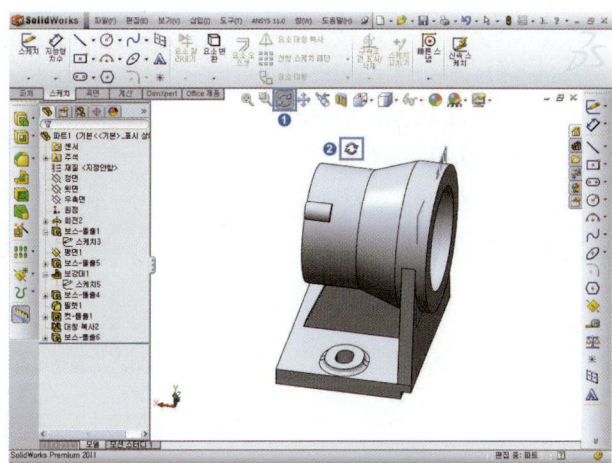

44 필렛[🟡] 선택 → 반경[📐]
1mm 입력, 2개의 모서리선(②)
선택 → 확인[✅]을 누른다.

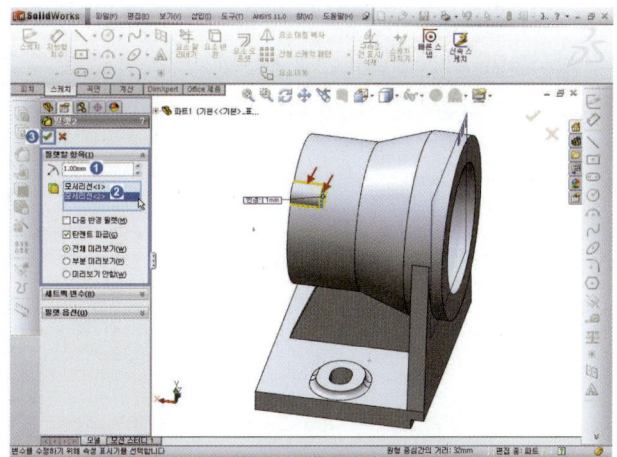

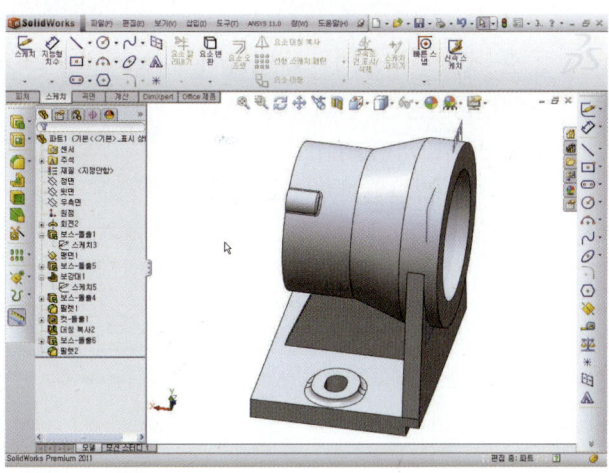

45 피처면(①) 선택 ➡ 스케치 도구
[✏️▾] 선택 ➡ **Spacebar** 누르
면 방향창 [면에 수직으로 보기]
더블클릭 ➡ 스케치 작업이 편하
도록 수직하게 위치한다.

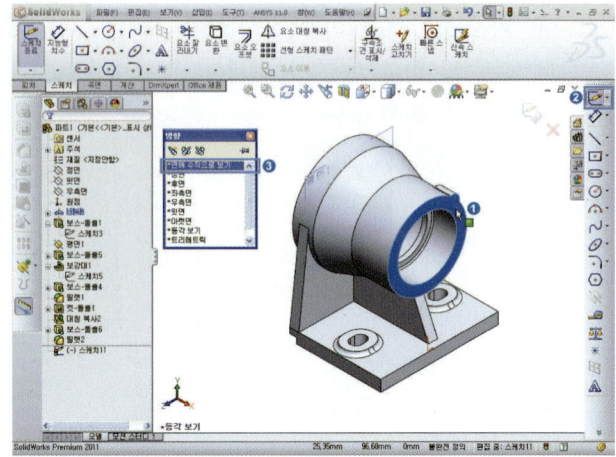

46 원[⊙] 선택하여 원 스케치 ➡
지능형 치수[◇▾] 선택 ➡ M4
암나사의 골지름 4mm 입력한다.

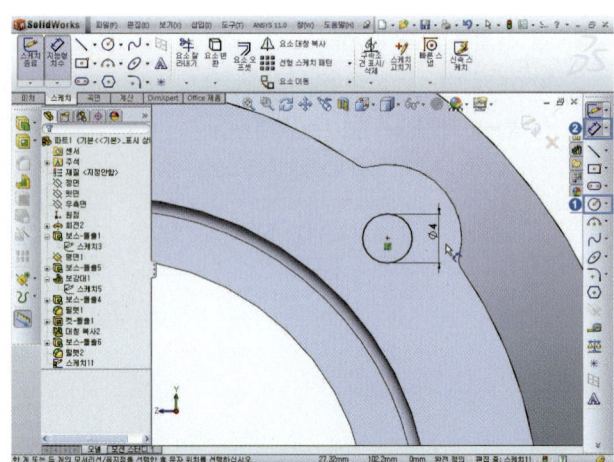

47 돌출–컷[▣] 선택 ➡ 방향 1
[⟋] [중간평면] 선택, [⟋ᴅ] M4
암나사의 피치 0.7mm, 구배켜기
[🟩] 60도(삼각나사) ➡ 확인
[✅]을 누른다.

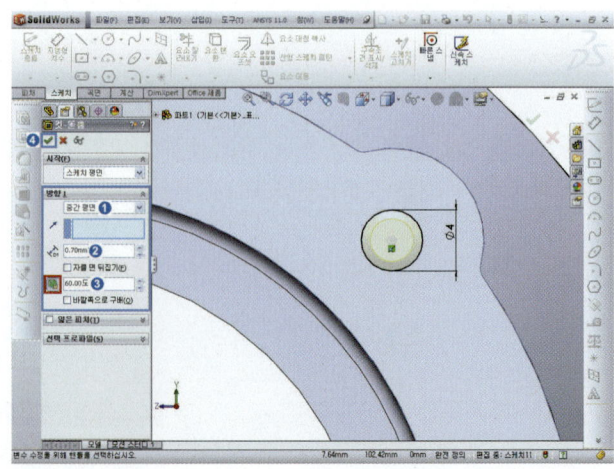

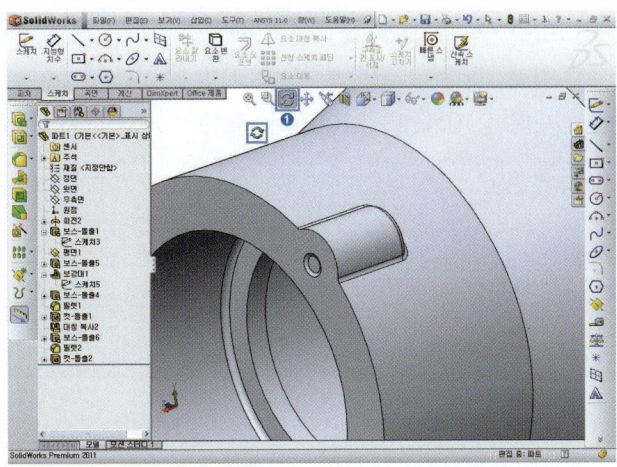

48 선형 피처 패턴[⬚] 선택 ➡ 방
   향 1[⬚](①모서리선) 선택, 거
   리[⬚] M4나사피치 0.7mm 입
   력, 갯쉬[⬚] 나사부 길이/피치=
   회전수(나사산의 갯수)=8/0.7=11
   개 입력 ➡ 컷-돌출(④) 선택 ➡
   확인[✓]을 누른다.

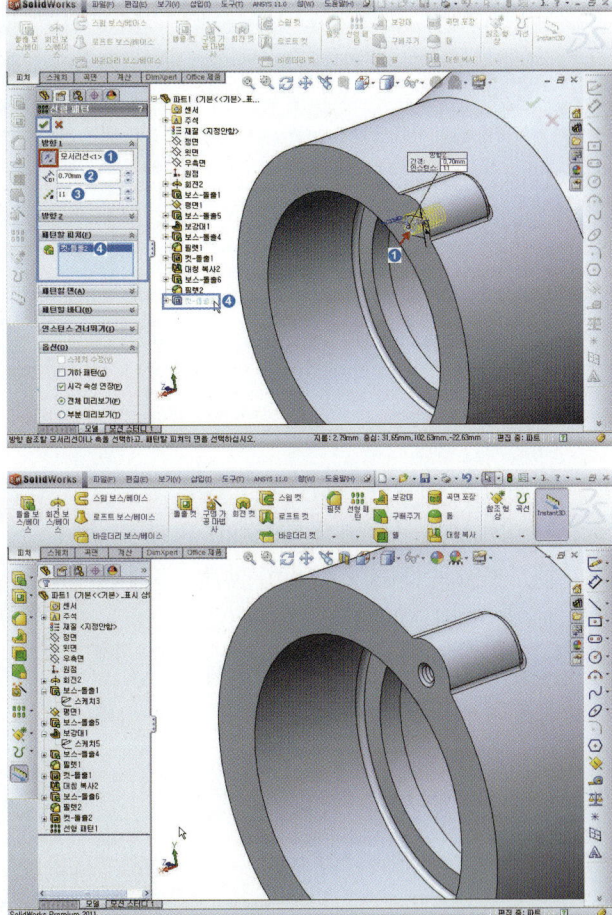

49 도구 ➡ 측정(R)[🔳] 선택 ➡ 2
번째 원호(모서리)를 선택하면
지름 2.79mm를 보여주며 수치
를 기억한다.

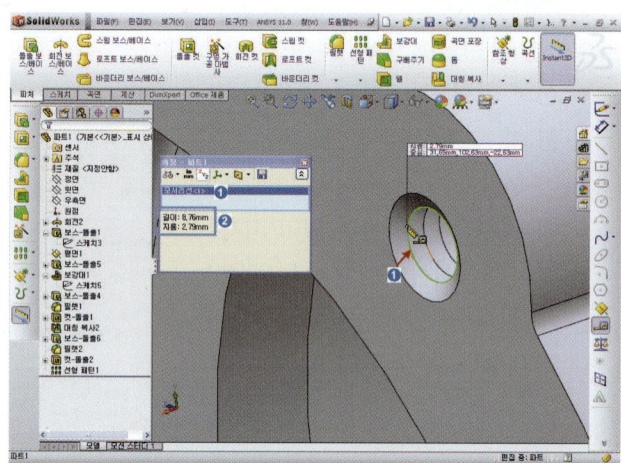

50 구멍가공 마법사[🔧] ➡ 유형
(①,②) 선택, 기본형 드릴(③) 선
택, 단면치수(지름 2.79mm, 깊이
10mm)입력, 마침조건 [블라인드
형태] ➡ 위치[🔩 위치] 버튼을
누른다.

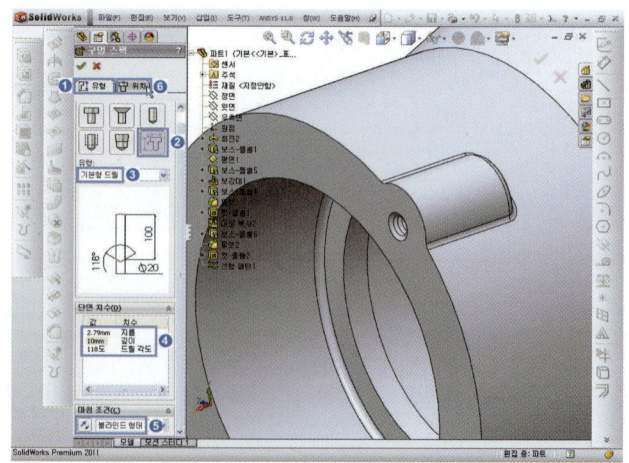

51 위치[[⊕ 위치](①) 선택 ➡ 구멍의 위치의 피처면(②) 선택하면 아래그림처럼 구멍의 미리 보기가 나타난다.

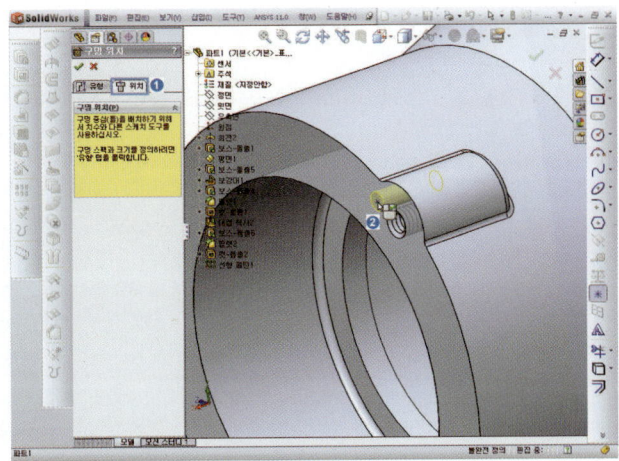

52 커서를 피처 밖으로 이동 시킨 후 ➡ 키보드 Ctrl 여러번 누르거나, 마우스 오른쪽 버튼을 누르면 선택(K)를 지정하면 선택 커서 모양으로 바뀐다.

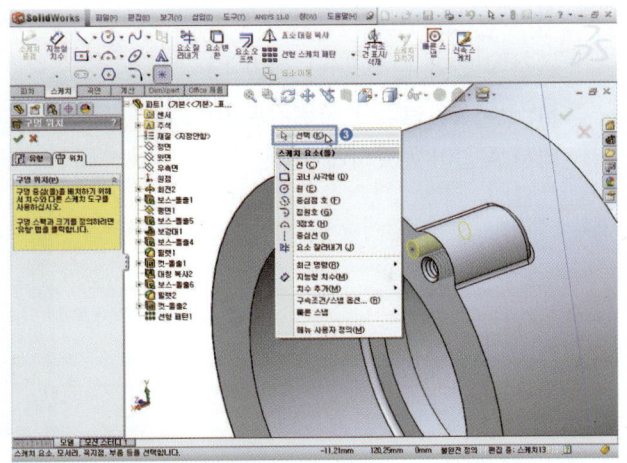

53 키보드 Ctrl 누른 상태에서 원호의 중심점, 모서리(①) 선택 ➡ 구속조건[◎ 동심(N)] 선택 ➡ 확인[✓]을 누르면 동심원으로 구속된다.

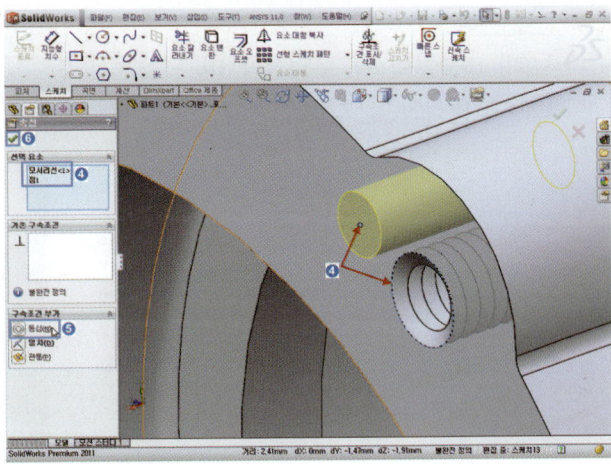

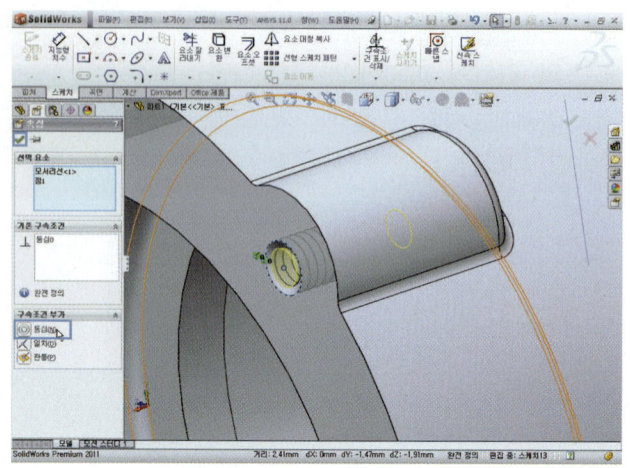

54 확인[✅]을 누르면 구멍의 구속
조건 화면이 닫히고 ➡ 한번 더
확인[✅]을 눌러야 구멍가공 마
법사 작업이 완료하게 된다.

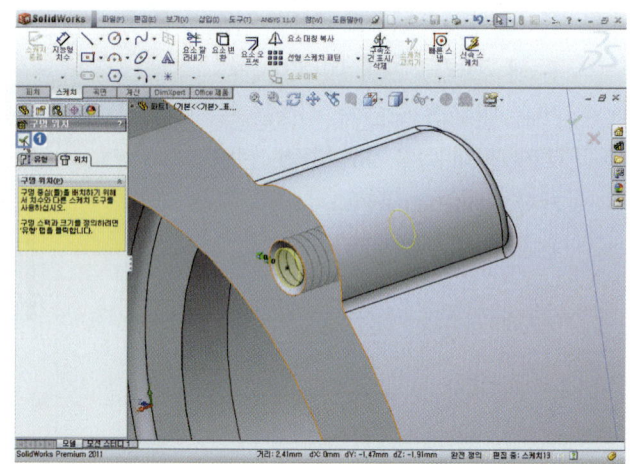

55 [Spacebar] 누르면 방향창 [등각
보기] 더블클릭 ➡ 구멍가공 마
법사가 완성되었는지 확인한다.

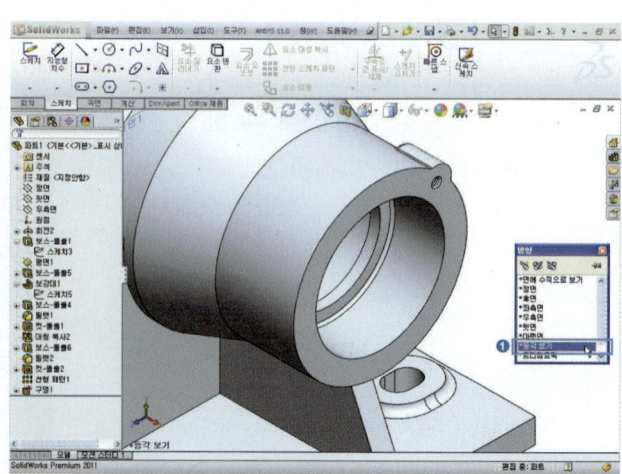

56 도구모음 보기(V) ➡ 임시축[🧭]
선택하여 임시축이 나타나게 한다.

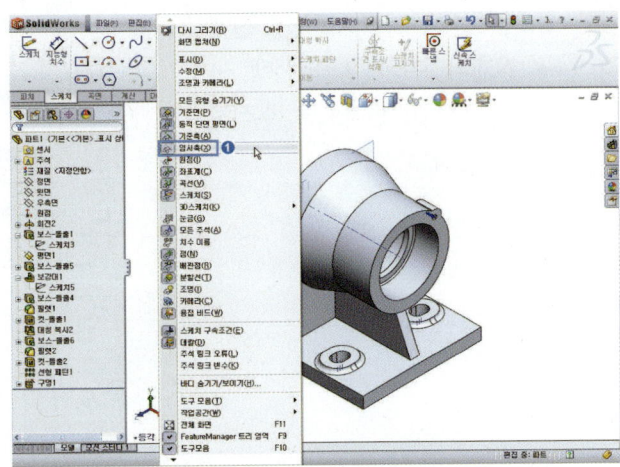

57 원형 피치 패턴[🔵] 선택 ➡
[🔄] 기준축 선택 ➡ 각도[📐]
360도 ➡ [🔵] 패턴할 개수 4
개 입력, ☑ 동등 간격체크 ➡
패턴할 피처 선택(⑤5개의 피처
선택)한다.

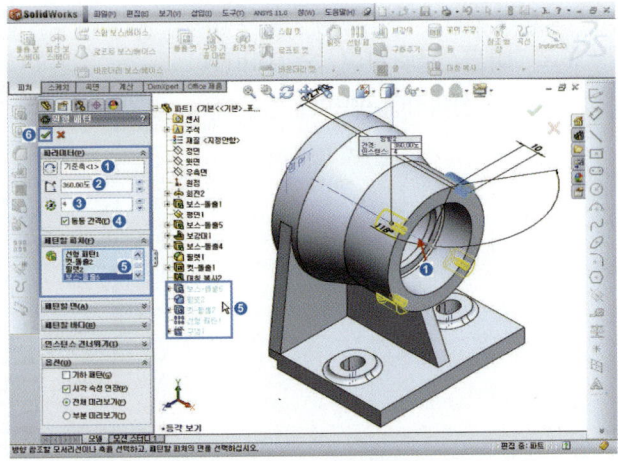

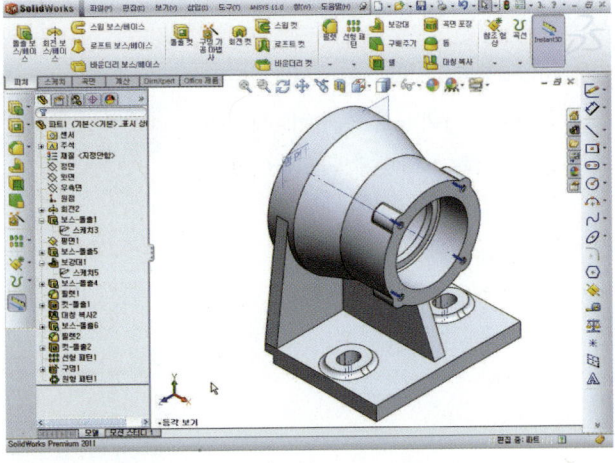

58 좌측면 선택 ➡ 피처(②)면 선택 ➡ 스케치 도구[✏️▾] 선택 ➡ 스케치 작업이 편하도록 수직하게 위치한다.

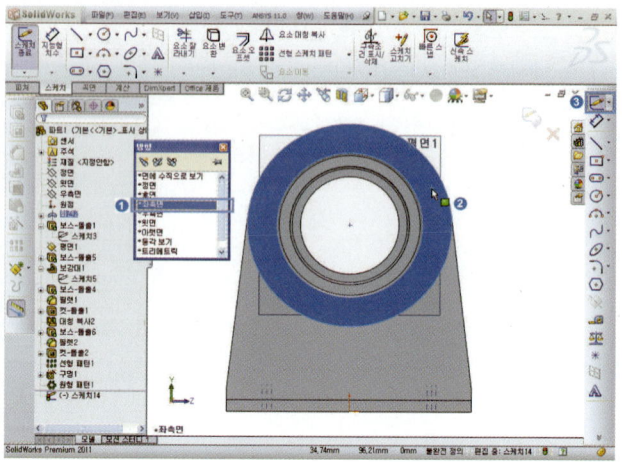

59 평면1[◈] 선택 ➡ 마우스 오른쪽 버튼 클릭하여 숨기기(B) [👓▾] 선택하여 평면1을 감춘다.

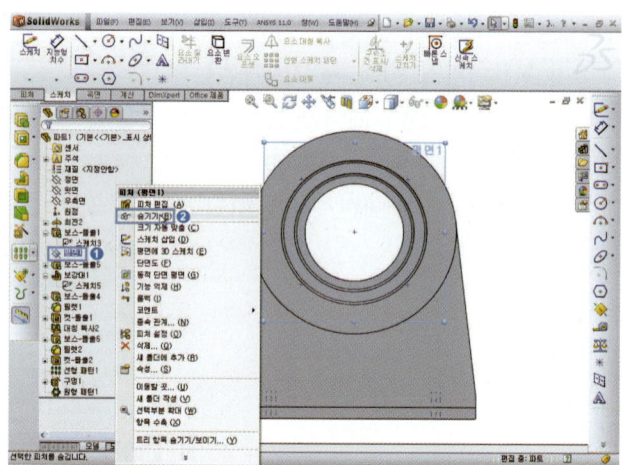

60 피처(①)면 선택 ➡ 스케치 도구 [✏️▾] 선택 ➡ 스케치 작업이 편하도록 수직하게 위치한다.

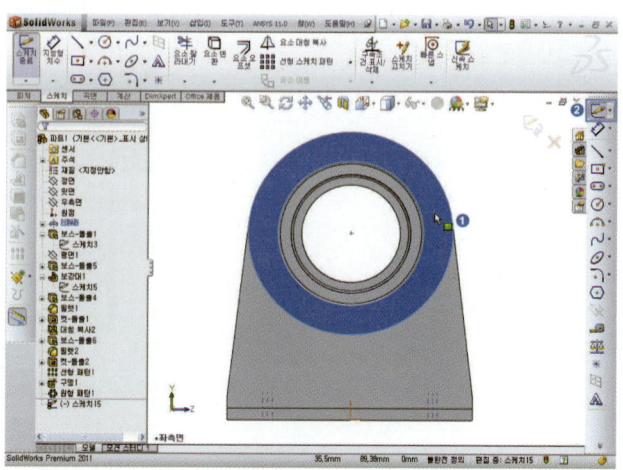

61 원[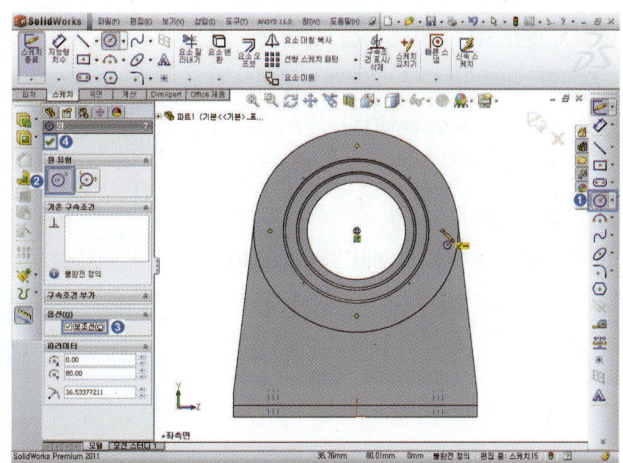] 선택, 옵션(O) ☑ 보조선(C) 체크, 원을 스케치하면 중심선을 사용한 원이 스케치된다.

62 중심선[|] 스케치 ➡ 원[⊙] 스케치 ➡ 지능형 치수[◇・] 아래 그림처럼 치수입력한다.

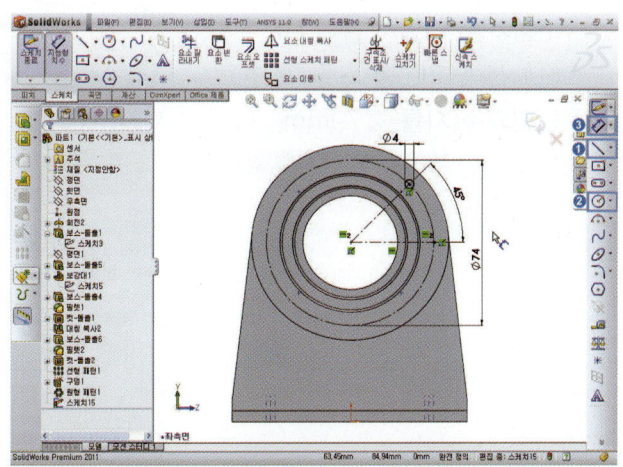

63 돌출-컷[▣] 선택 ➡ 방향 1 [◈] [중간평면] 선택, [◈] M4 암나사의 피치 0.7mm, 구배켜기 [▣] 60도(삼각나사) ➡ 확인 [✔]을 누른다.

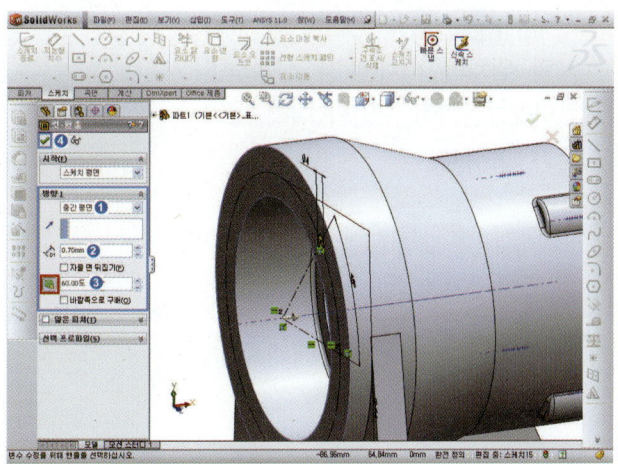

64 선형 피처 패턴[ ] 선택 → 방향 1[ ](①모서리선) 선택, 거리[ ] M4나사피치 0.7mm 입력, 갯수[ ] 나사부 길이/피치=회전수(나사산의 갯수)=8/0.7=11개 입력 → 피처(F)컷-돌출(④) 선택 → 확인[ ]을 누른다.

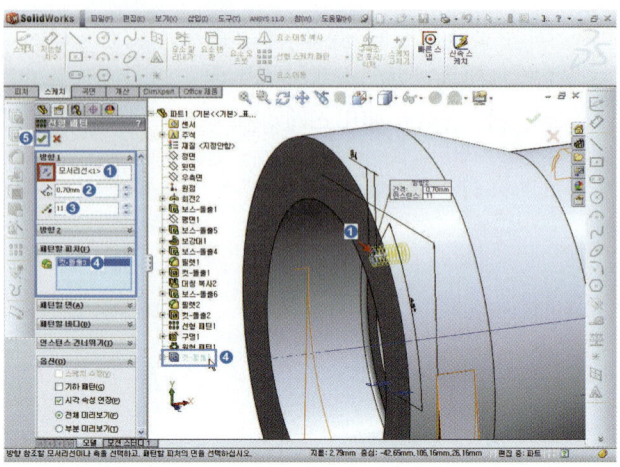

65 구멍가공 마법사[ ] → 유형(①) 선택, 기본형 드릴(②) 선택, 단면치수(지름 2.79mm, 깊이 10mm)입력 → 위치[위치] 버튼을 누른다.

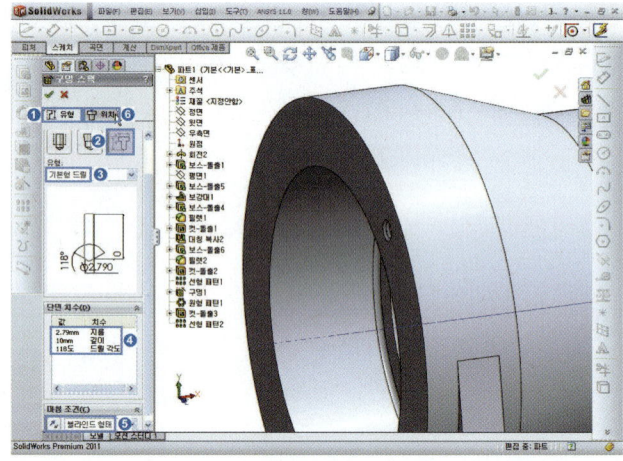

66 위치[위치](①) 선택 → 구멍의 위치의 피처면(②) 선택하면 아래그림처럼 구멍의 미리 보기가 나타난다.

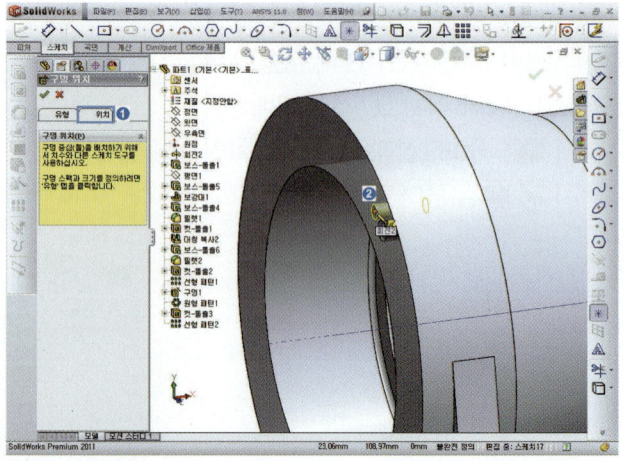

67 커서를 피처 밖으로 이동 시킨 후 ➡ 키보드 **Ctrl** 여러번 누르거나, 마우스 오른쪽 버튼을 누르면 선택(K)를 지정하면 선택 커서 모양으로 바뀐다.

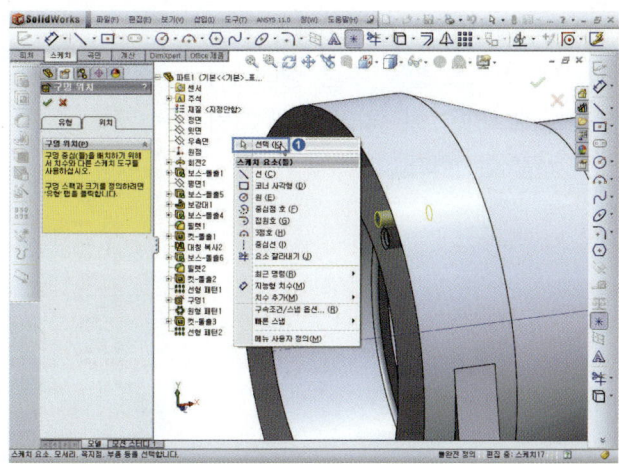

68 키보드 **Ctrl** 누른 상태에서 원호의 중심점, 모서리(①) 선택 ➡ 구속조건[◎ 동심(N)] 선택 ➡ 확인[✔] 버튼을 누르면 동심원으로 구속된다.

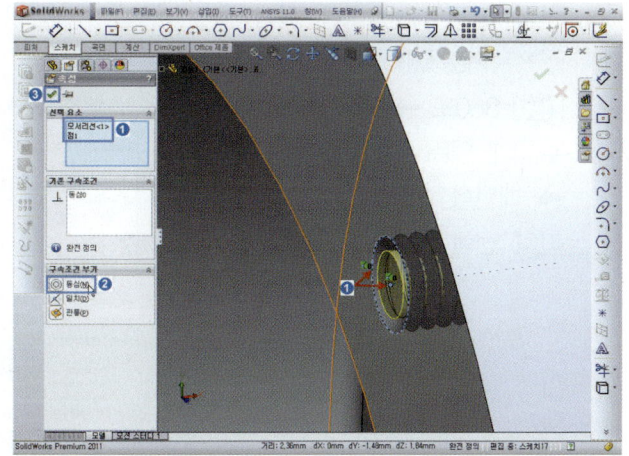

69 확인[✔] 버튼을 누르면 구멍의 구속조건 화면이 닫히고 ➡ 한 번 더 확인[✔]을 눌러야 구멍 가공 마법사 작업이 완료하게 된다.

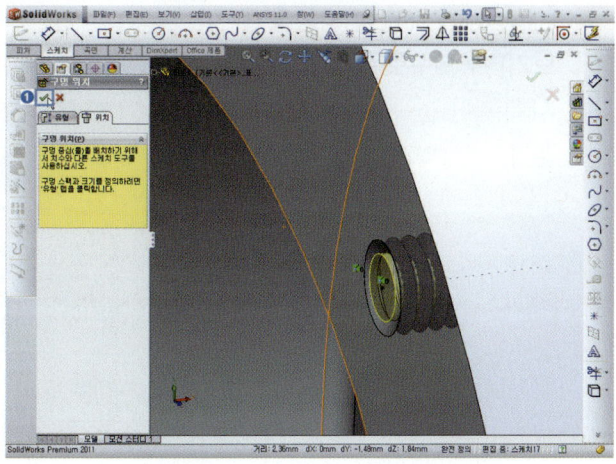

70 뷰 회전[🔄] 선택하거나, 가운데 마우스 휠을 누른 상태에서 드래그하면 회전하여 아래 그림처럼 회전한다.

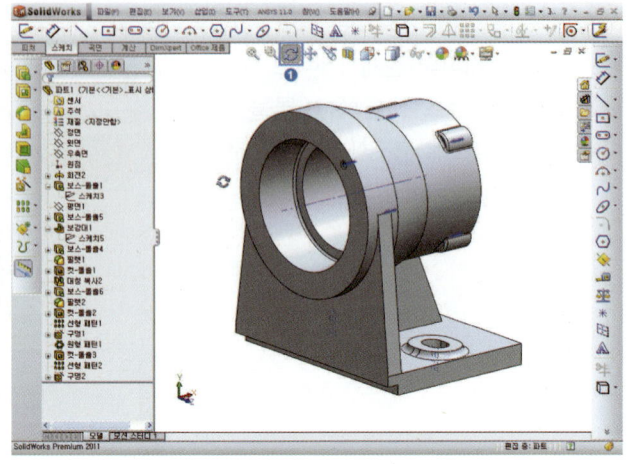

71 원형 피처 패턴[⊞] 선택 ➡ [🔄] 기준축(①) 선택 ➡ 각도 [📐] 360도 ➡ [⊞] 패턴할 갯수 4개 입력, ☑ 동등간격 체크 ➡ 패턴할 피처 선택(⑤ 3개의 피처) 선택한다.

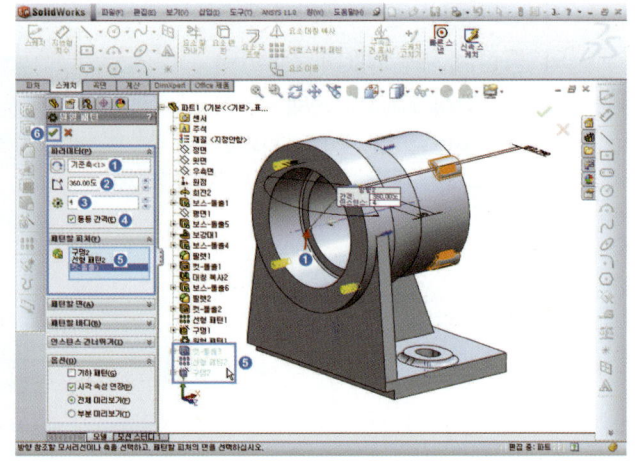

72 **Spacebar** 누르면 방향창 [등각보기] ➡ 도구모음 보기(V) ➡ 임시축[🔩] 선택하여 임시축을 감춘다.

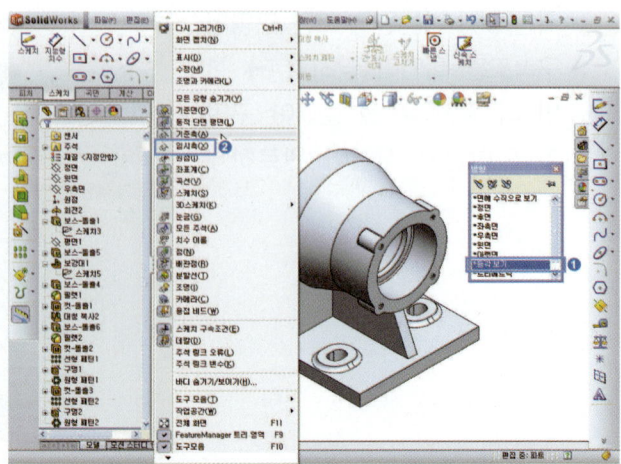

73 필렛[🟨] 선택 ➡ 부동반경(C), 반지름 R=12.0mm 입력 ➡ ③ 2개 모서리 선택 ➡ 확인[✓]을 누른다.

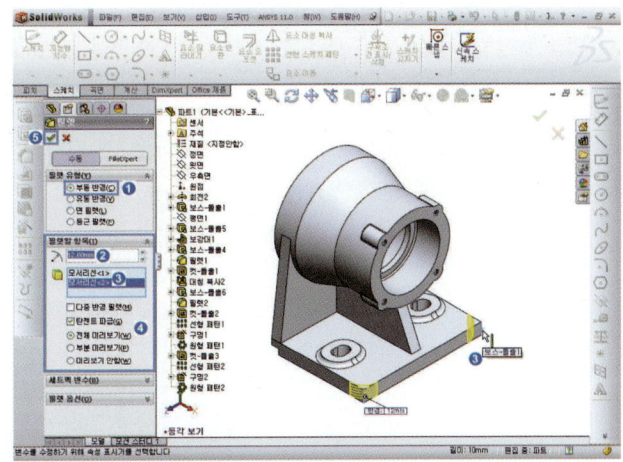

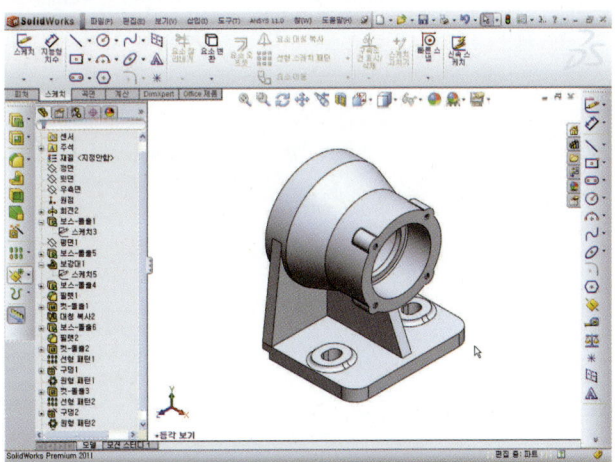

74 필렛[🟨] 선택 ➡ 부동반경(C), 반지름 R=2.0mm 입력 ➡ ② 모서리 선택 ➡ 확인[✓]을 누른다.

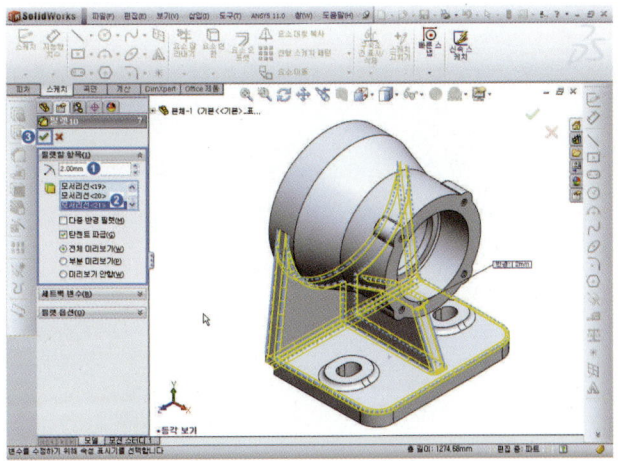

75 하우징 본체 모델링을 완성한다.

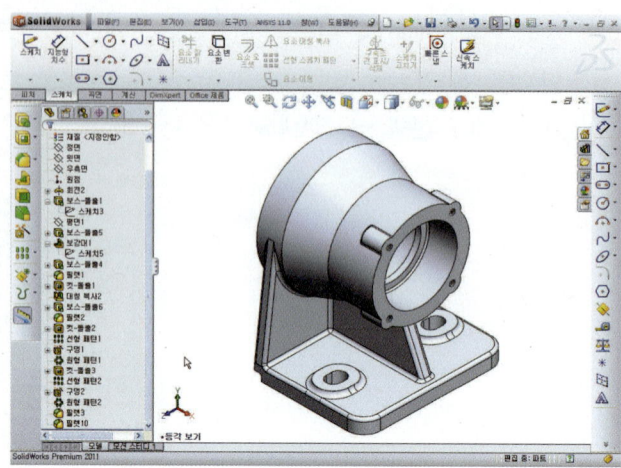

래크(Rack) 모델링

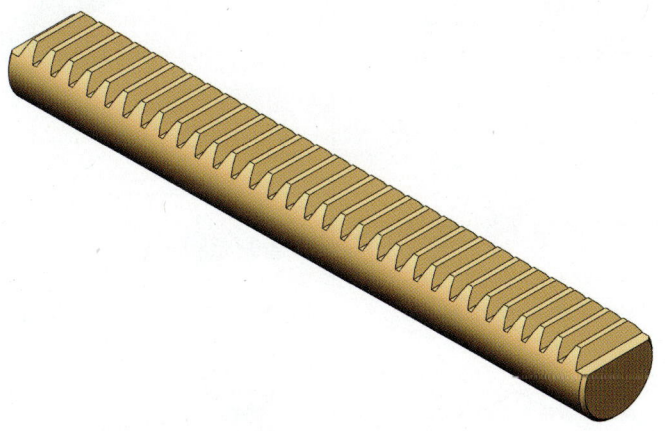

[그림 3-33] 래크(Rack) 모델링

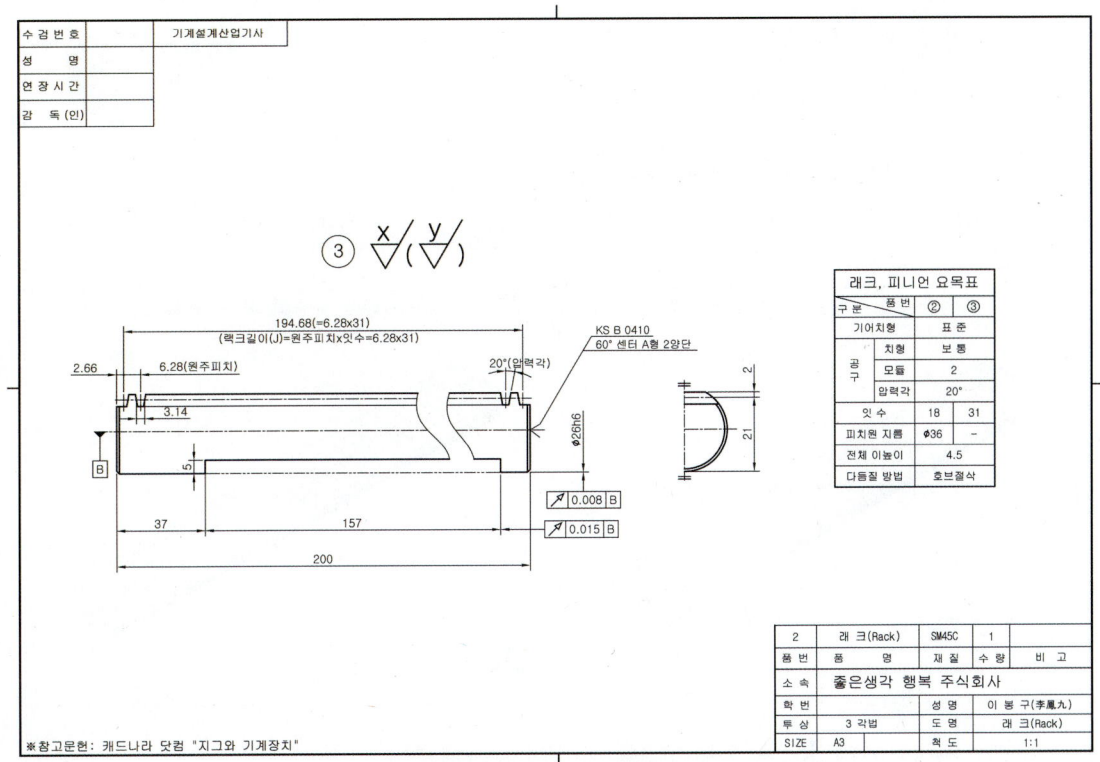

[그림 3-34] 래크(Rack) 모델 도면

■ 래크(Rack)모델링 순서

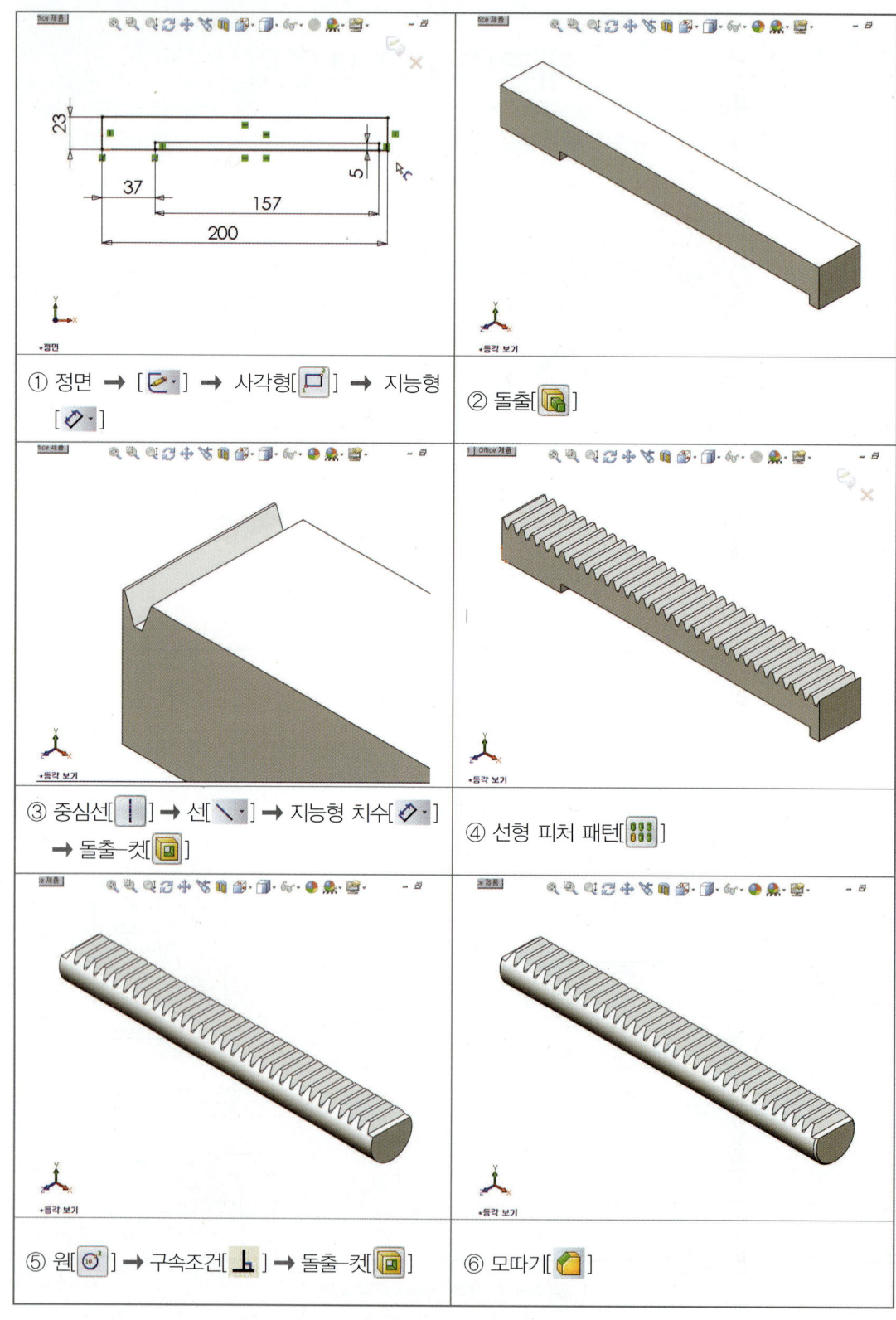

① 정면 ➡ [✏️] ➡ 사각형[▢] ➡ 지능형 [◇▾]

② 돌출[🧱]

③ 중심선[❘] ➡ 선[✎▾] ➡ 지능형 치수[◇▾] ➡ 돌출-컷[▣]

④ 선형 피처 패턴[⊞]

⑤ 원[◎] ➡ 구속조건[⊥] ➡ 돌출-컷[▣]

⑥ 모따기[🔶]

1 파일 ➡ 새문서(N)[☐ 새 문서]를
클릭한다.

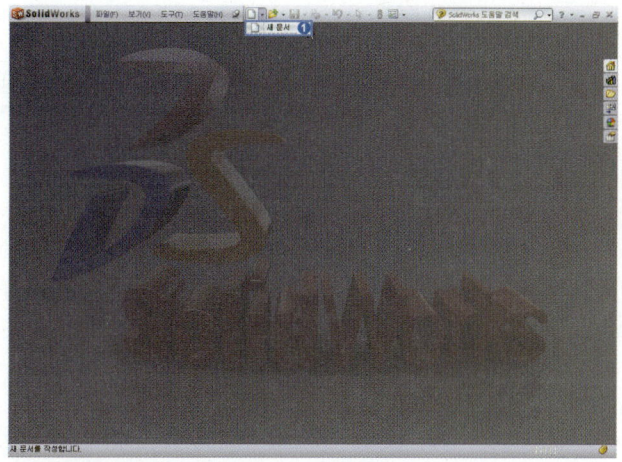

2 새문서 창에서 파트[🗎] 선택 ➡
[확인] 버튼을 누른다.

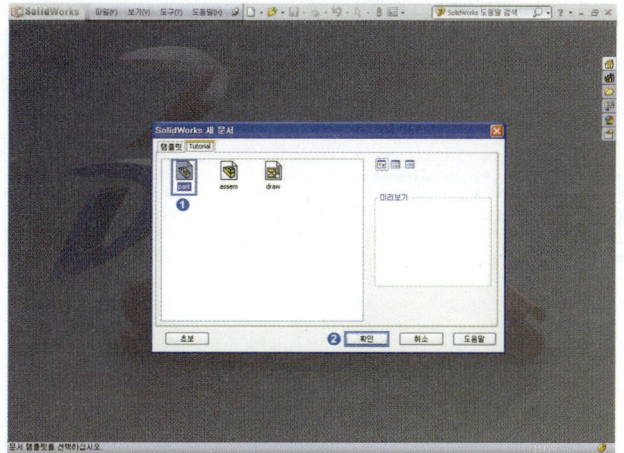

3 스케치를 생성할 작업평면[정면]
을 선택 ➡ 스케치 도구[✏▾]
선택한다.

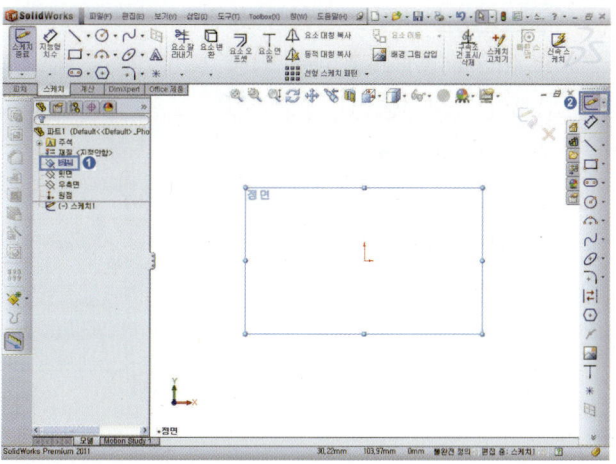

4️⃣ 코너 사각형[□] 선택 ➡ 원점
[⌊] 기준으로 아래 그림과 같이
2개의 사각형을 스케치한다.

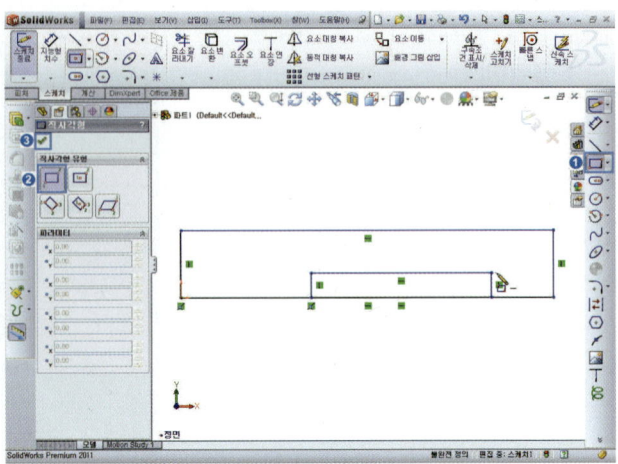

5️⃣ 지능형 치수[◇▾] 선택 ➡ ②~
⑥ 순서대로 치수입력한다.

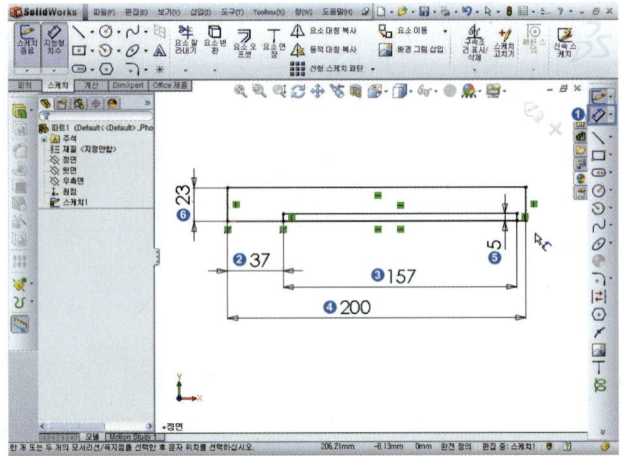

6️⃣ **Spacebar** 누르면 방향창 [등각
보기] ➡ 돌출[🗔] ➡ 방향 1
[↗], [중간평면], [↕]길이
26mm 입력 ➡ 선택 프로파일
(s)(=④면) 선택 ➡ 확인[✅]을
누른다.

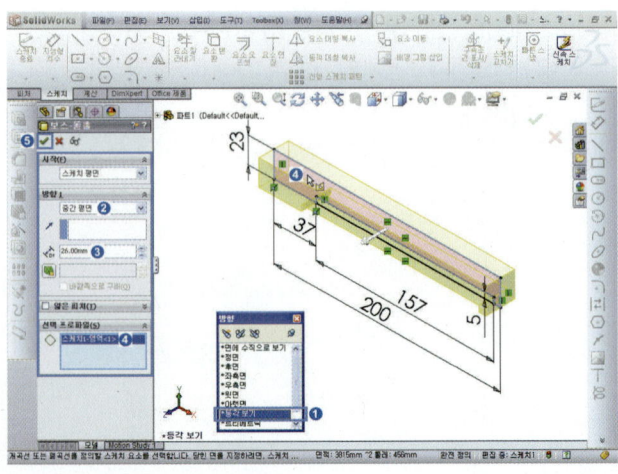

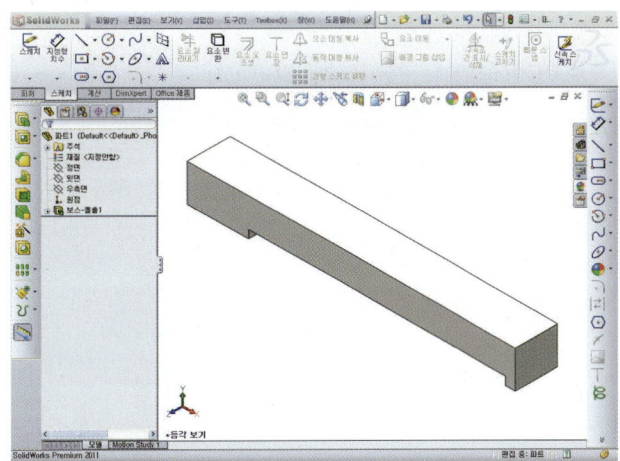

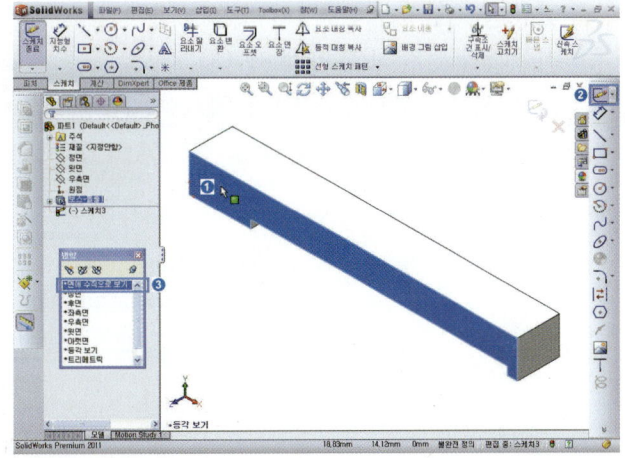

7 피처면 선택 → 스케치 도구 [✏️] 선택 → **Spacebar** 누르면 방향창 [면에 수직으로 보기] 더블클릭 → 스케치 작업이 편하도록 수직하게 위치한다.

8 중심선[┃] 선택하여 ②중심선을 스케치 → 선[＼]을 아래 그림처럼 스케치한다.

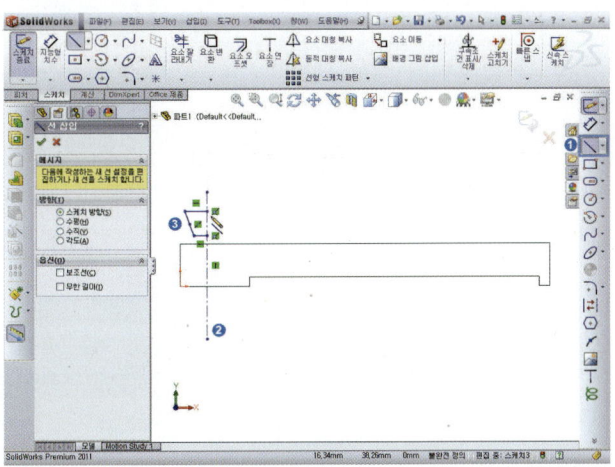

495

9 지능형 치수[⊘ ▾] 선택 ➡ ②압
력각(=20°), ③이두께=(원주피
치)/2=3.14), ④모듈(=2), ⑤이높이
=2.25×M=4.50) 치수입력한다.

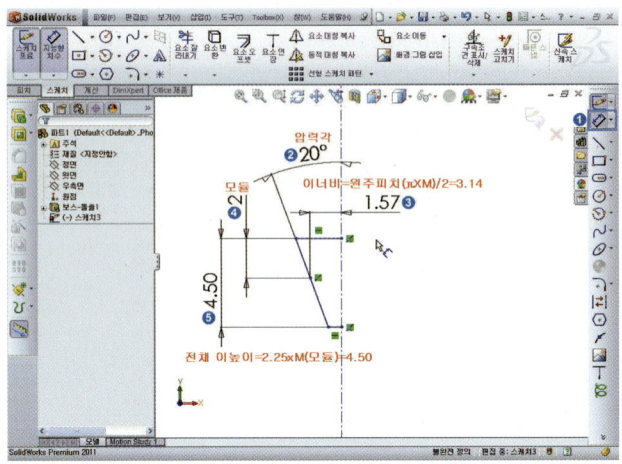

10 대칭복사[⚐] 선택 ➡ 대칭복사
기준[⌇]=(①중심선) 선택 ➡ 대
칭 복사할 항목(선②~⑤) 선택
[⚐] ➡ 확인[✅]을 누른다.

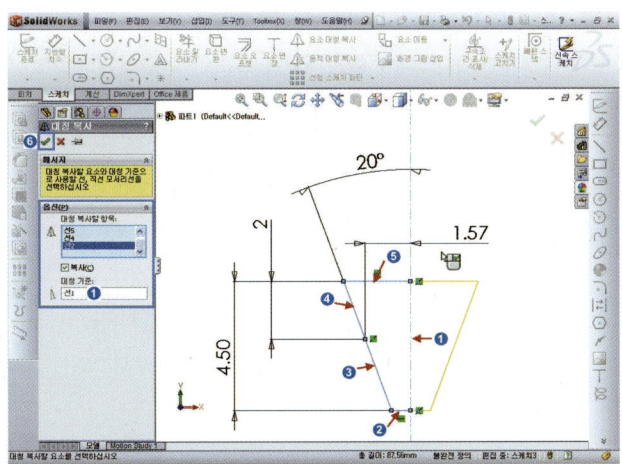

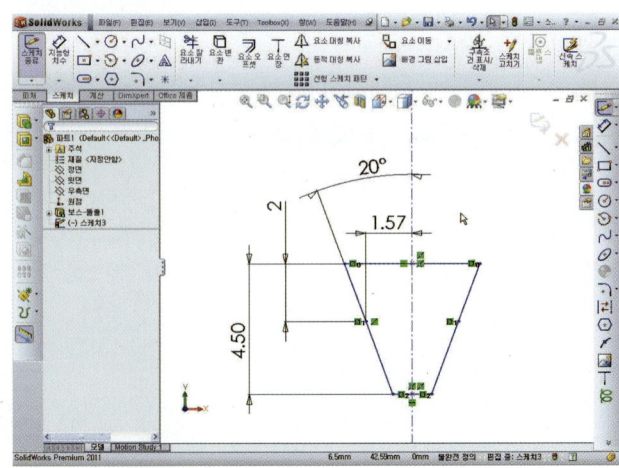

11 키보드 **Ctrl** 누른 상태에서 ①선,
②모서리 선 선택 ➡ 구속조건
[🖉 동일선상(L)] 선택 ➡ 확인[✅]
을 누른다.

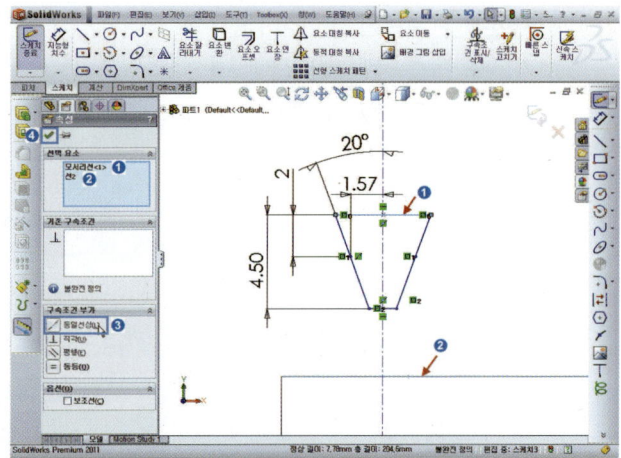

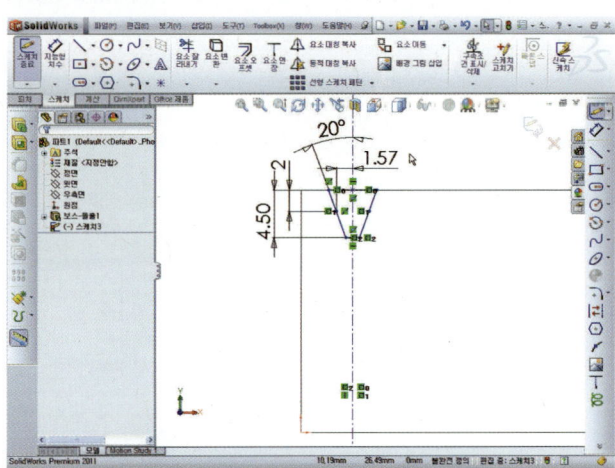

12 지능형 치수[◇ ▾] 선택 ➡
(200-래크의 길이(J=원주피치
×잇수))/2 =2.66mm 치수입력
한다.

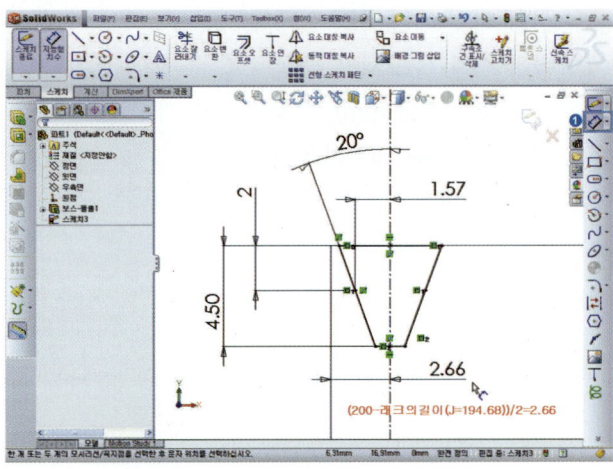

13 Spacebar 누르면 방향창 [등각
보기] ➡ 돌출–컷[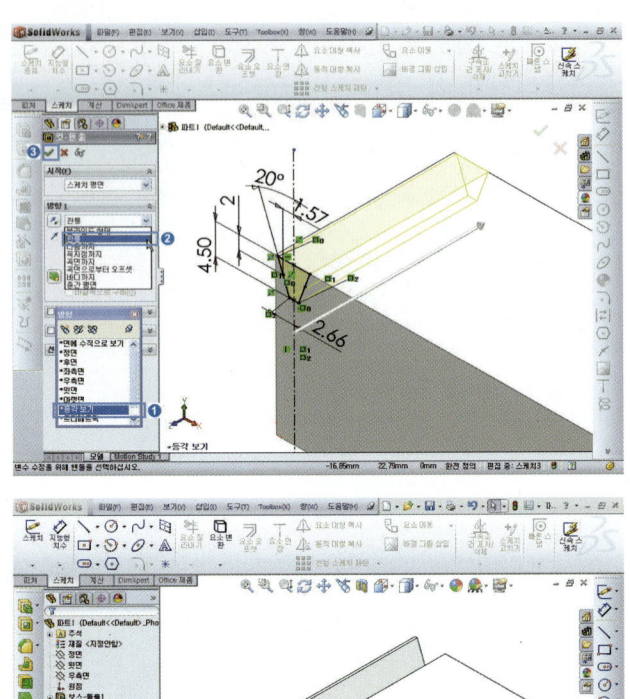] 선택 ➡
방향 1[ ] [관통] ➡ 확인[ ]
을 누른다.

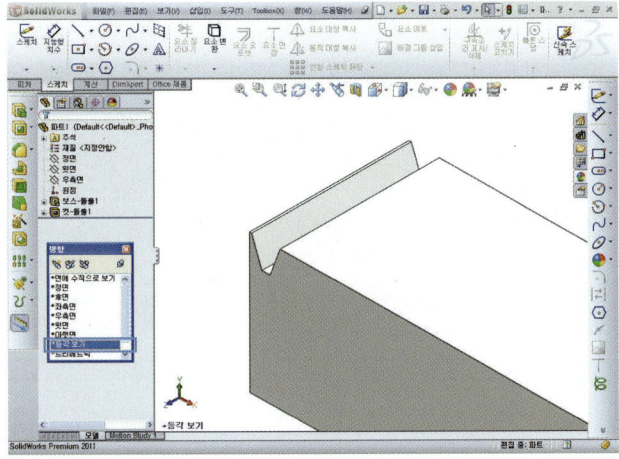

14 선형 피처 패턴[ ] 선택 ➡ 방
향 1[ ], ①모서리 선택, [ ]
(원주피치=6.28mm), [ ](잇수
=31+1=32) ➡ 패턴한 요소 선택
(컷–돌출1)한다.

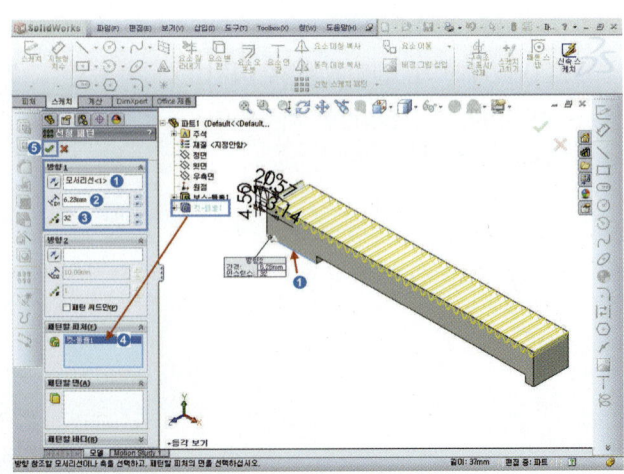

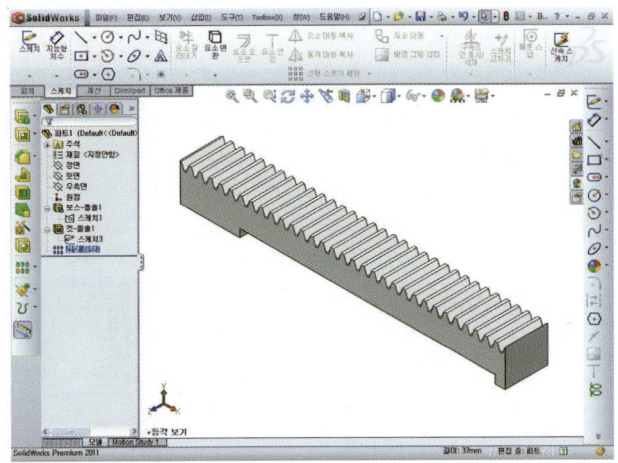

15 피처에 스케치면 선택 ➡ 스케치
도구[✎] 선택 ➡ Spacebar
누르면 방향창 [면에 수직으로
보기] 더블클릭 ➡ 스케치 작업
이 편하도록 수직하게 위치한다.

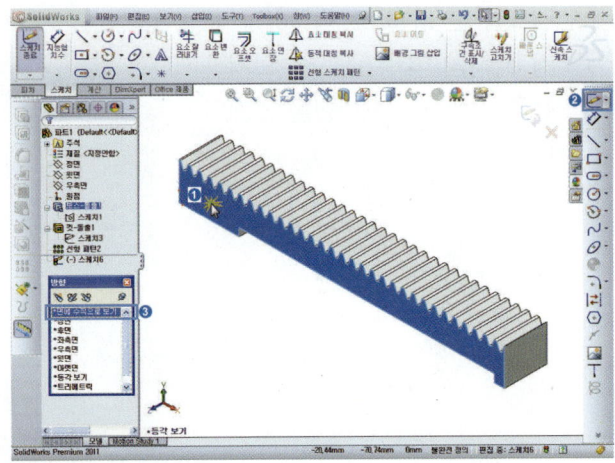

16 코너 사각형[□] 선택 ➡ ③, ④
모서리 점을 선택하여 사각형을
스케치한다.

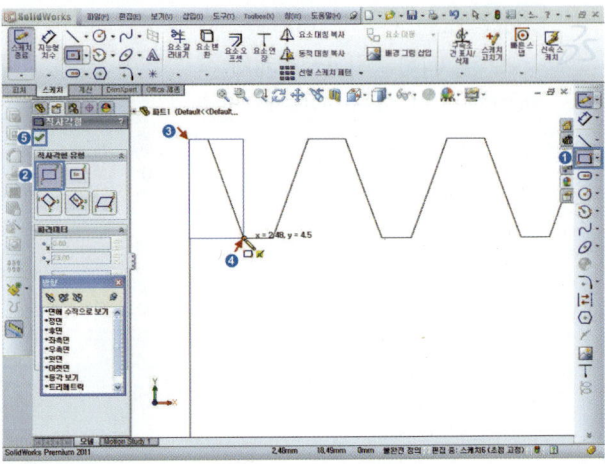

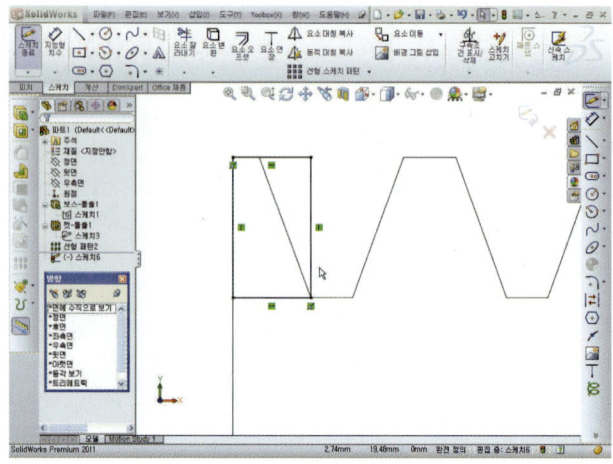

17 래크의 반대편에도 동일하게 코 너 사각형[□] 선택 ➡ 모서리 점을 선택하여 사각형을 스케치 한다.

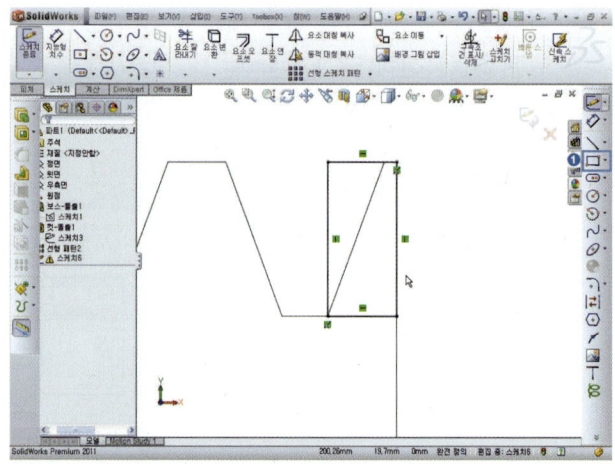

18 [Spacebar] 누르면 방향창 [등 각 보기] 더블클릭 ➡ 스케치 작 업[완전정의] 완성되었는지 확인 한다.

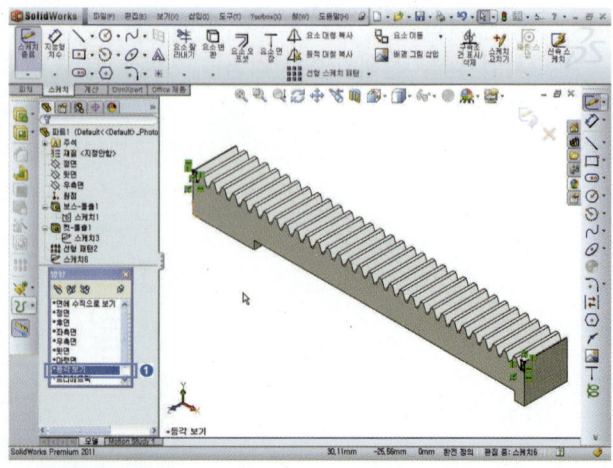

19 돌출–컷[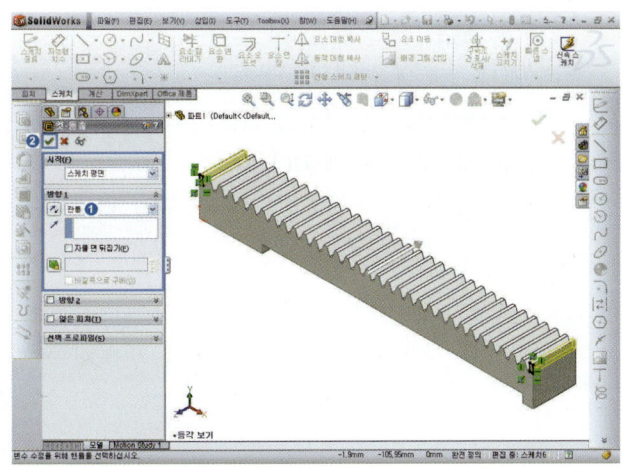] 선택 ➡ 방향 1 [], [관통] 선택 ➡ 확인[] 을 누른다.

20 피처면 선택 ➡ 스케치 도구 [] 선택 ➡ **Spacebar** 누르면 방향창 [면에 수직으로 보기] 더블클릭 ➡ 스케치 작업이 편하도록 수직하게 위치한다.

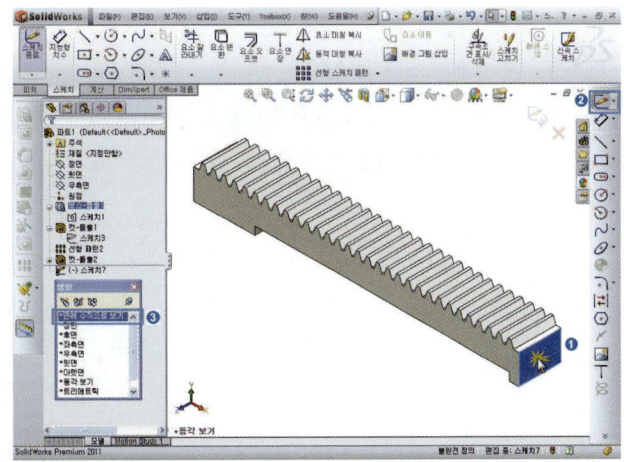

21 원[] 선택 임의의 원 스케치한다.

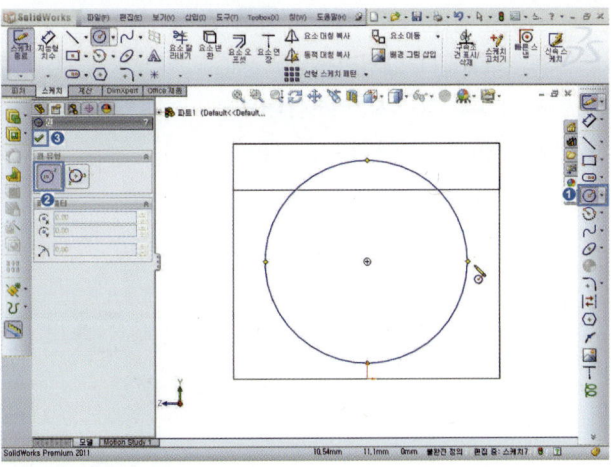

22 키보드 **Ctrl** 누른 상태에서 모서리선(①), 원(②) 선택 ➡ 구속조건[⟨A⟩ **탄젠트(A)**] 선택하면 모서리선과 원호가 접하게 된다.

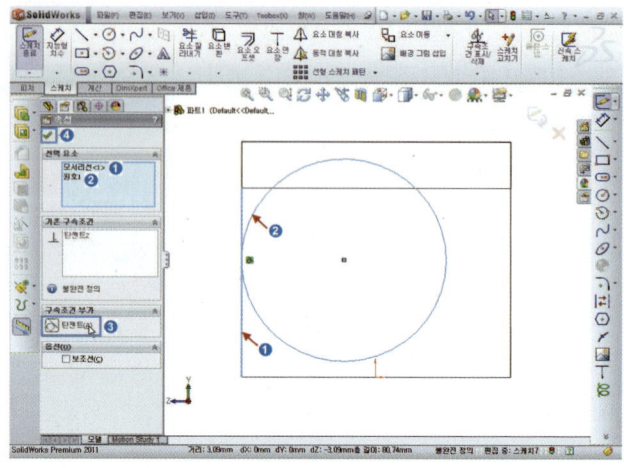

23 동일한 방법으로 키보드 **Ctrl** 누른 상태에서 모서리선(①), 원(②) 선택 ➡ 구속조건[⟨A⟩ **탄젠트(A)**] 선택하면 모서리선과 원호가 접하게 된다.

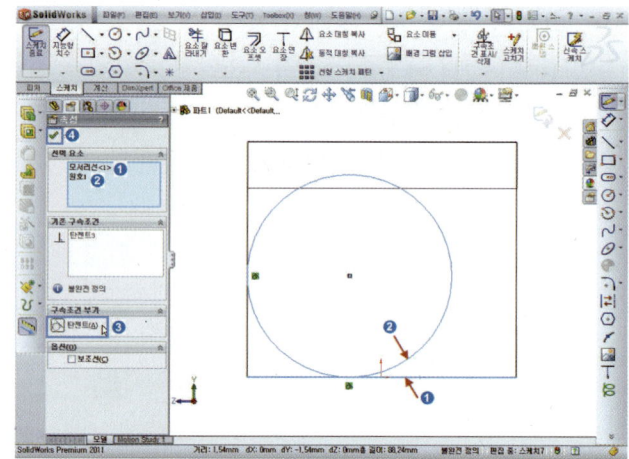

24 동일한 방법으로 키보드 **Ctrl** 누른 상태에서 모서리선(①), 원(②) 선택 ➡ 구속조건[⟨A⟩ **탄젠트(A)**] 선택하면 3개의 모서리선과 원호가 접하게 된다.

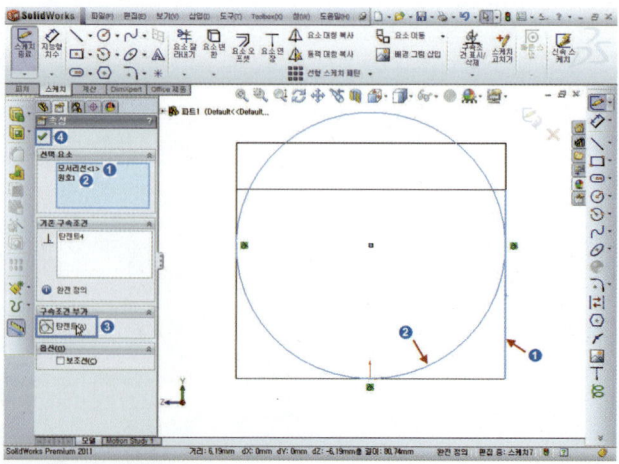

25 3번의 구속조건[탄젠트(A)]을
수행한 후 아래 그림과 같이 모
서리선, 원이 완전 구속됨을 확
인한다.

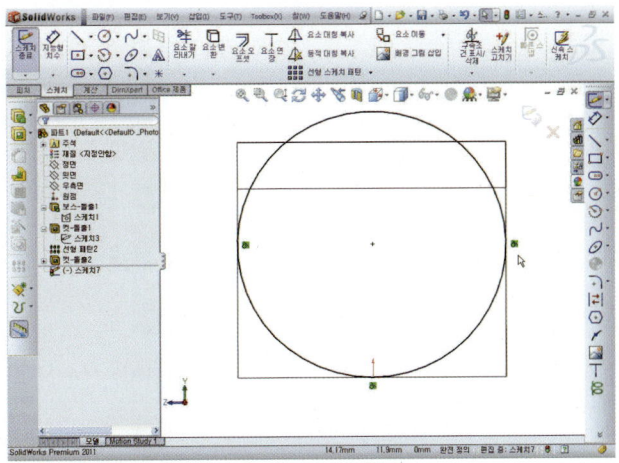

26 Spacebar 누르면 방향창에서
[등각 보기] 더블클릭 ➡ 스케치
작업[완전정의] 완성되었는지 확
인한다.

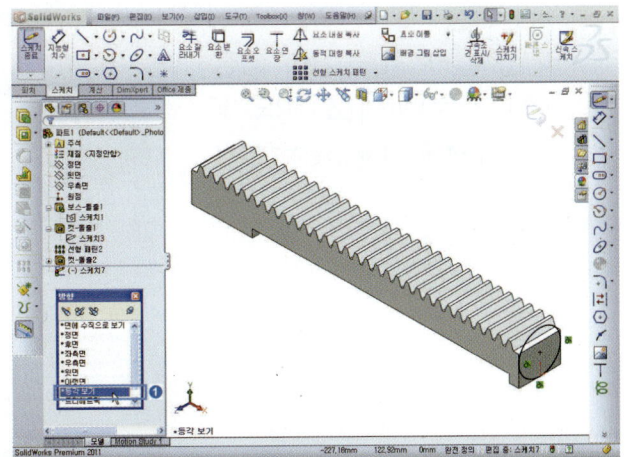

27 돌출-컷[ ] 선택 ➡ 방향 1
[ ] [관통], ☑ 자를 면 뒤집기
체크 ➡ 확인[ ]을 누른다.

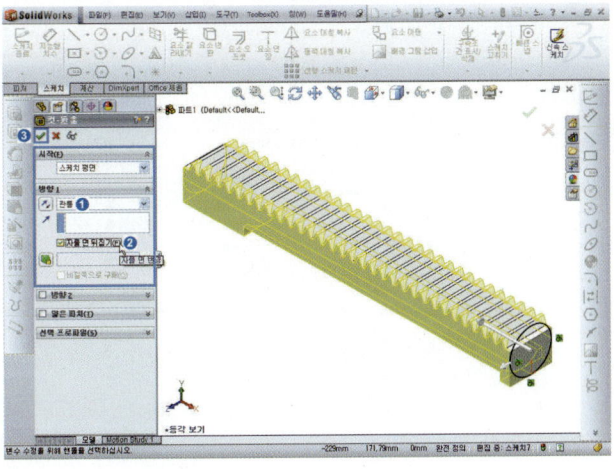

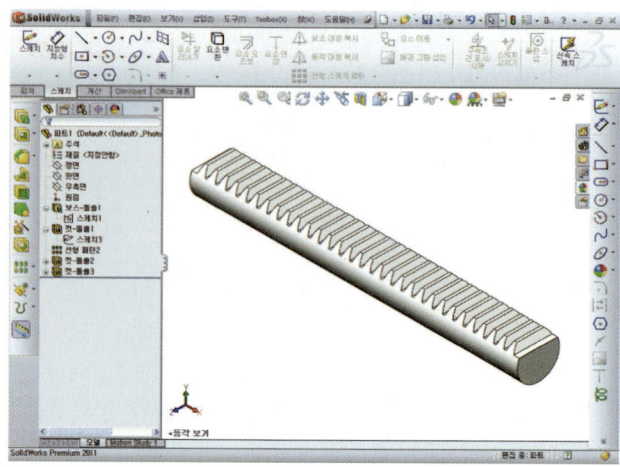

28 모따기[🏠] 선택 ➡ ①,② 모서
리 선택 ➡ 각도-거리 지정,
[📐] 거리=1mm, [📐] 각도=45
도 입력 ➡ 확인[✓]을 누른다.

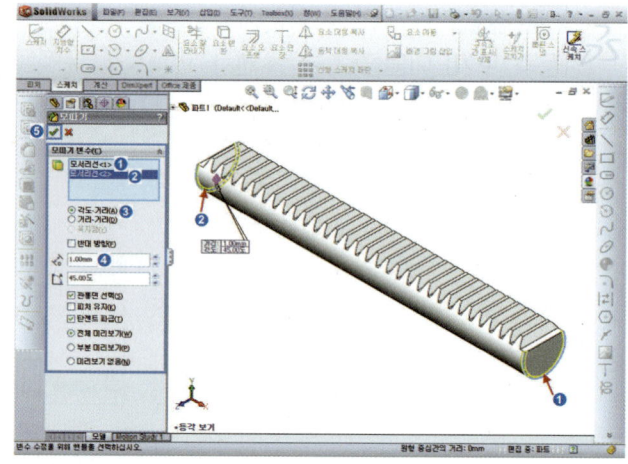

29 래크(Rack) 모델링을 완성한다.

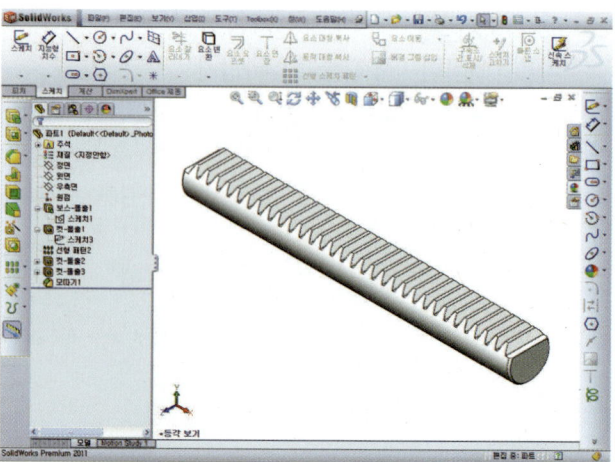

웜 축(Worm shaft) 모델링

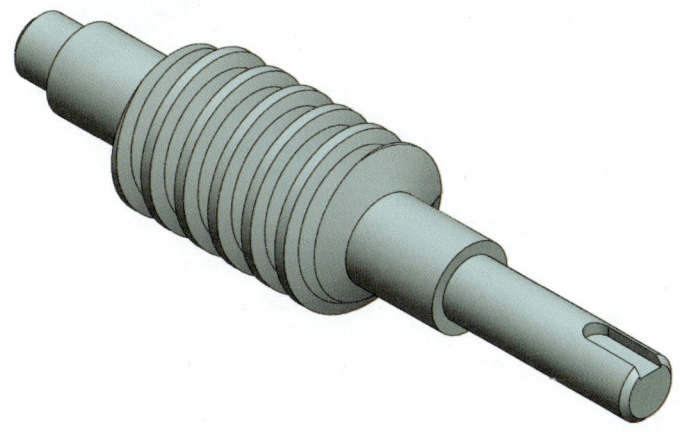

[그림 3-35] 웜 축(Worm shaft) 모델링

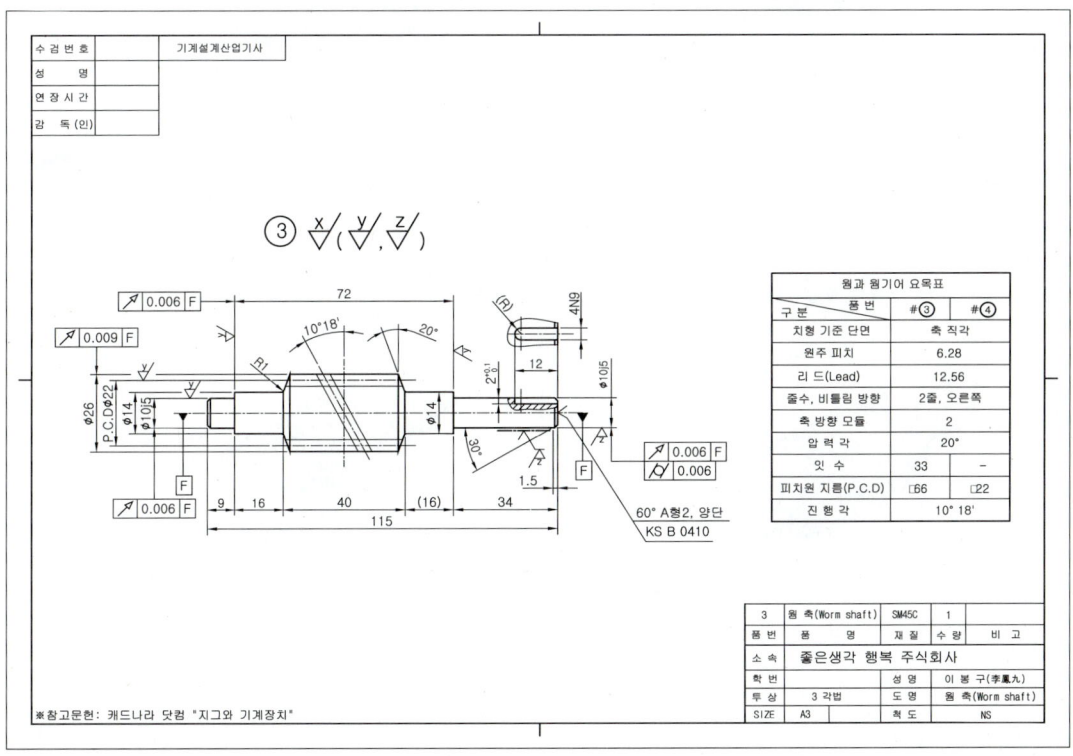

웜과 웜기어 요목표		
구 분　품 번	#③	#④
치형 기준 단면	축 직각	
원주 피치	6.28	
리 드(Lead)	12.56	
줄수, 비틀림 방향	2줄, 오른쪽	
축 방향 모듈	2	
압 력 각	20°	
잇 수	33	–
피치원 지름(P.C.D)	⌀66	⌀22
진 행 각	10° 18'	

3	웜 축(Worm shaft)	SM45C	1	
품 번	품　　명	재 질	수 량	비 고
소 속	좋은생각 행복 주식회사			
학 번		성 명	이 봉 구(李奉九)	
투 상	3 각법	도 명	웜 축(Worm shaft)	
SIZE	A3	척 도	NS	

수검번호		기계설계산업기사
성　명		
연장시간		
감 독(인)		

※참고문헌: 캐드나라 닷컴 "지그와 기계장치"

[그림 3-36] 웜 축(Worm shaft) 모델 도면

■ 웜 축(Worm shaft) 모델링 순서

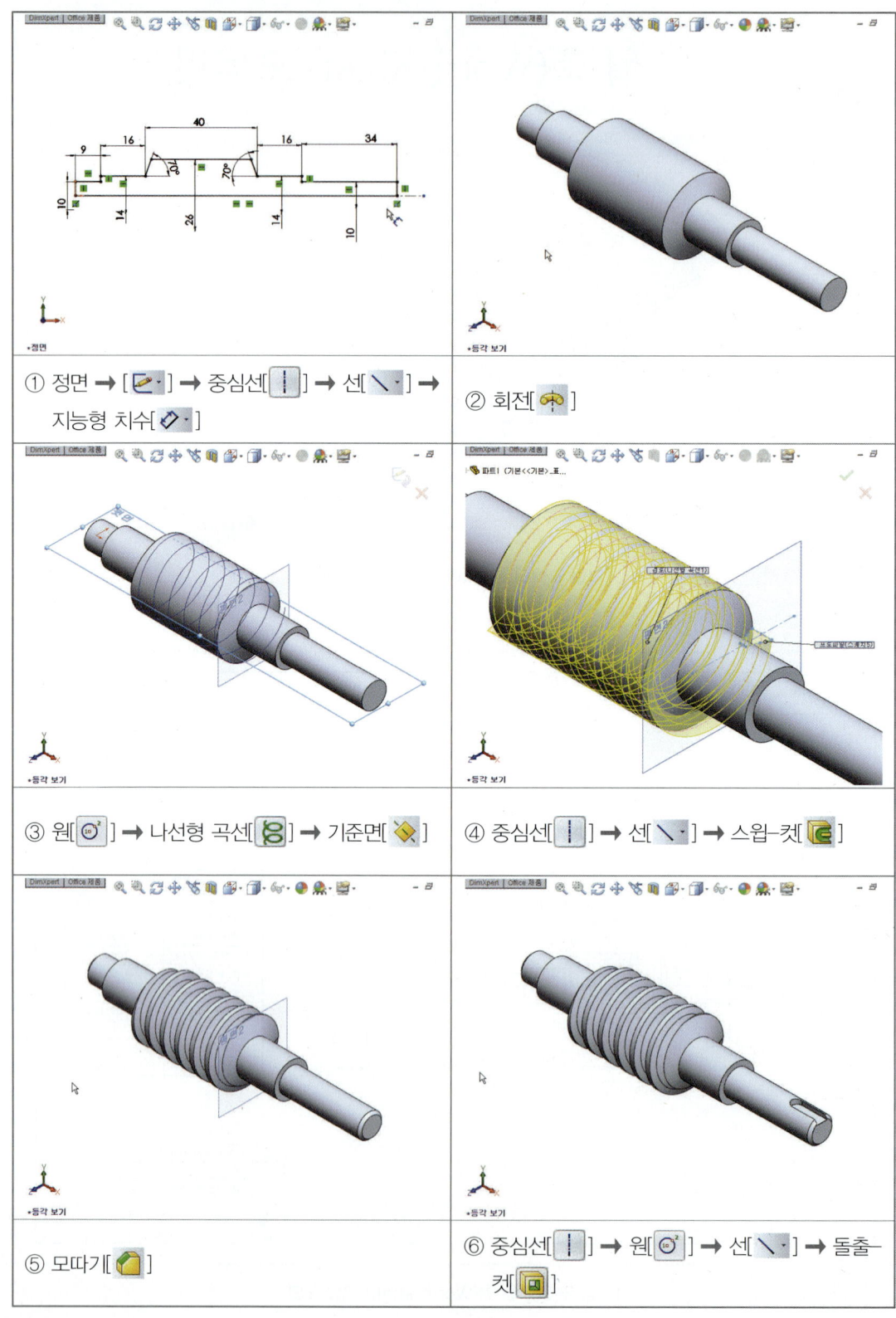

① 정면 → [✏️·] → 중심선[┃] → 선[＼] → 지능형 치수[✐·]

② 회전[🛞]

③ 원[⊙] → 나선형 곡선[🎱] → 기준면[◇]

④ 중심선[┃] → 선[＼·] → 스윕-컷[🟩]

⑤ 모따기[🔶]

⑥ 중심선[┃] → 원[⊙²] → 선[＼·] → 돌출-컷[🟦]

1 파일 ➡ 새문서(N) [🗋 **새 문서**]
을 클릭한다.

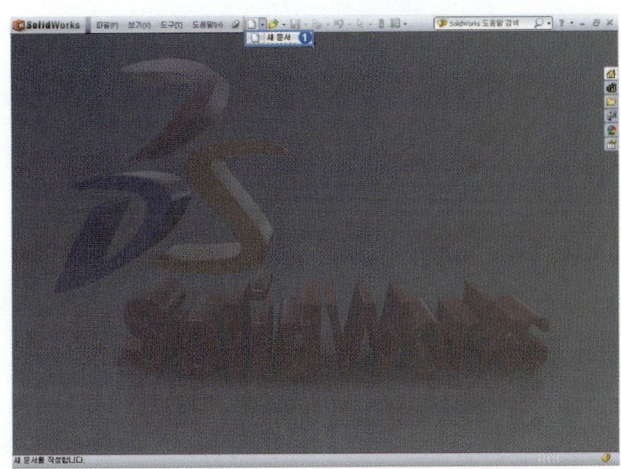

2 새문서 창에서 파트[🗂] 선택
Part
➡ [**확인**]을 누른다.

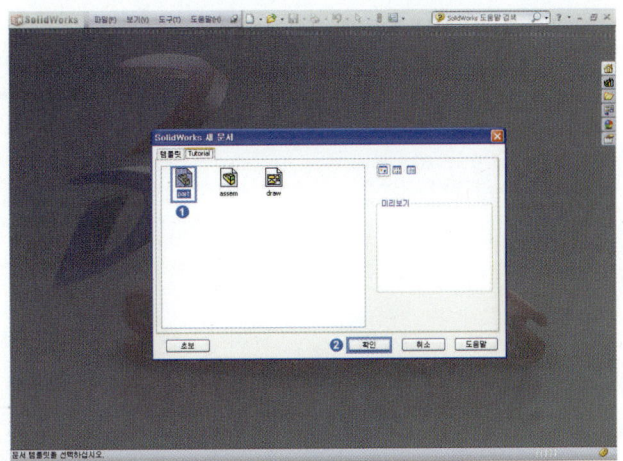

3 스케치를 생성할 작업평면[정면]
을 선택 ➡ 스케치 도구[✏️]
선택한다.

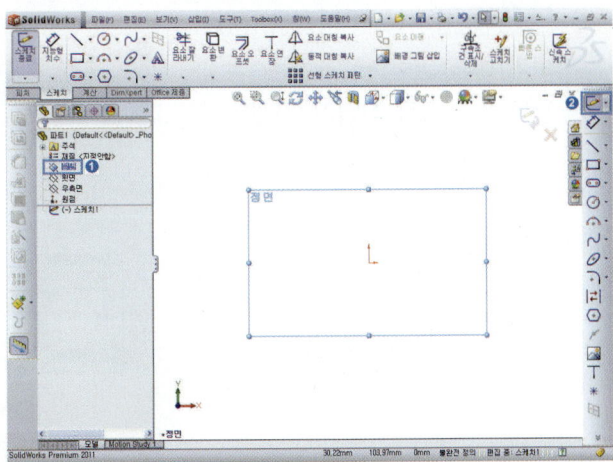

4 중심선[|] 선택, 원점[ ]기준
으로 중심선 스케치 ➡ 선[\ ]
을 그림처럼 축 단면 형상을 스
케치한다.

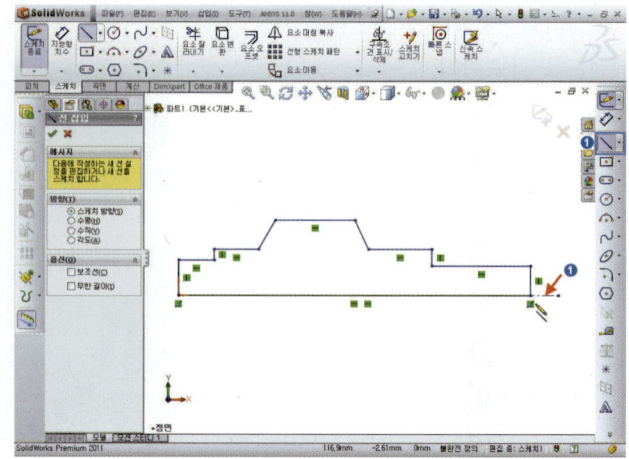

5 도구모음에서 지능형 치수[◇]
클릭하여 축의 단면형상 치수를
기입(도면 참고)한다.

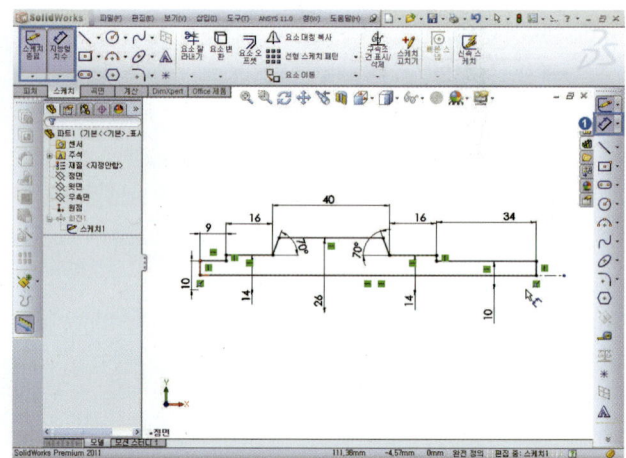

6 Spacebar 누르면 방향창 [등각
보기] 더블클릭 ➡ 원하는 작업
평면에 스케치 작업이 되었는지
확인한다.

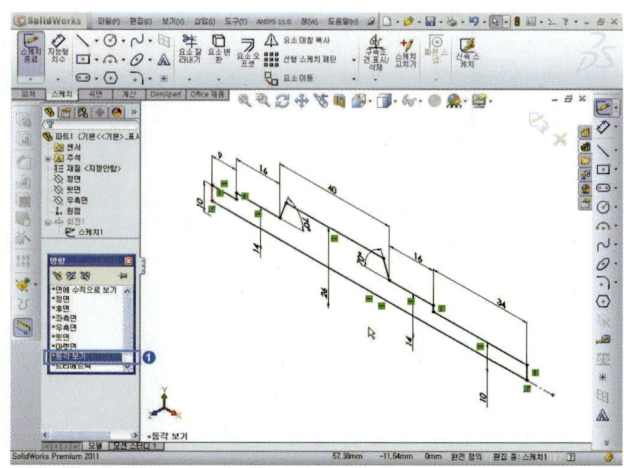

7 회전[🔄] 선택 ➡ 회전축[🔗]
   (① 선택), [🔄][블라인드 형태],
   [📐][각도]=360도 ➡ 확인[✅]
   을 누른다.

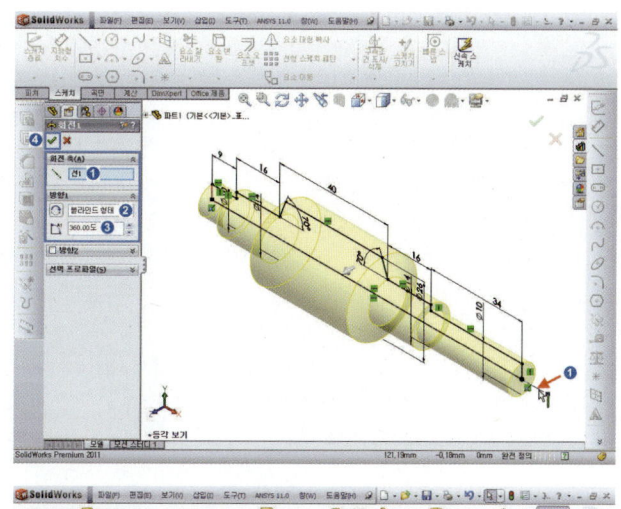

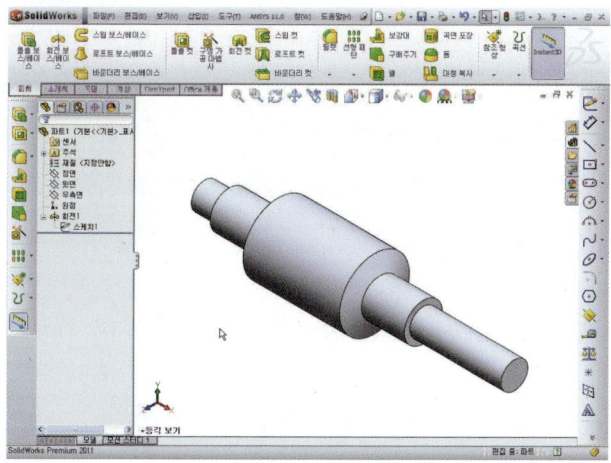

8 기준면[◆] 선택 ➡ 우측면 선
   택 ➡ 우측면에서 떨어진 거리
   65mm 입력하면 새로운 작업평
   면이 나타난다.

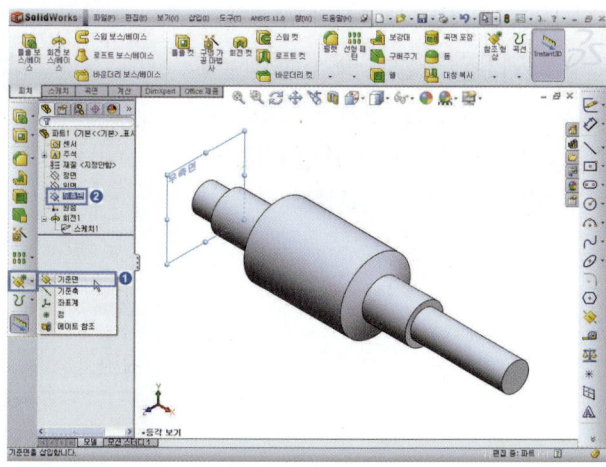

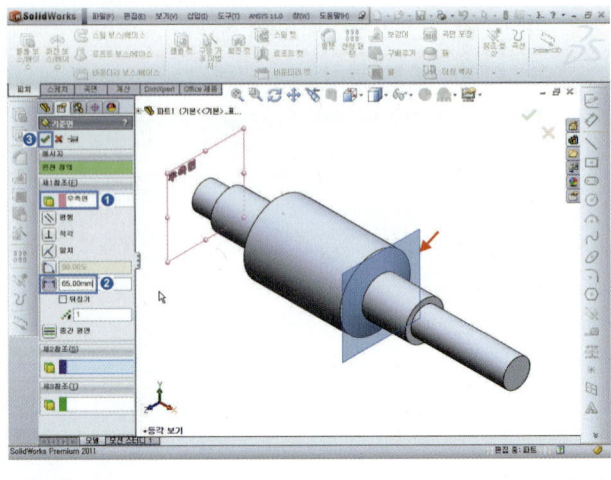

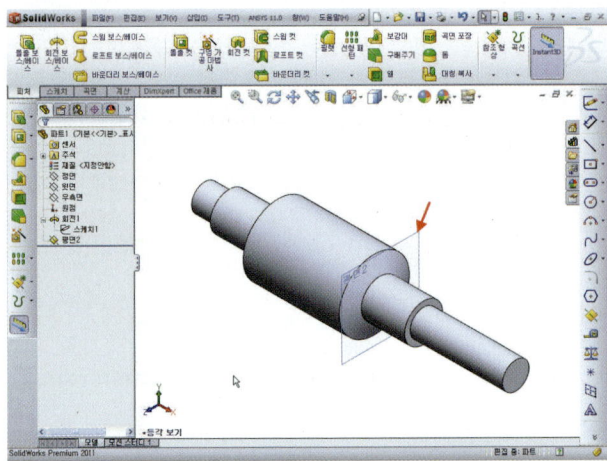

🔓 ⑨ 생성된 [◈]평면1 선택 ➡ 스케치
도구[✏️] 선택 ➡ **Spacebar**
누르면 방향창 [면에 수직으로 보
기] 더블클릭 ➡ 스케치 작업이 편
하도록 수직하게 위치한다.

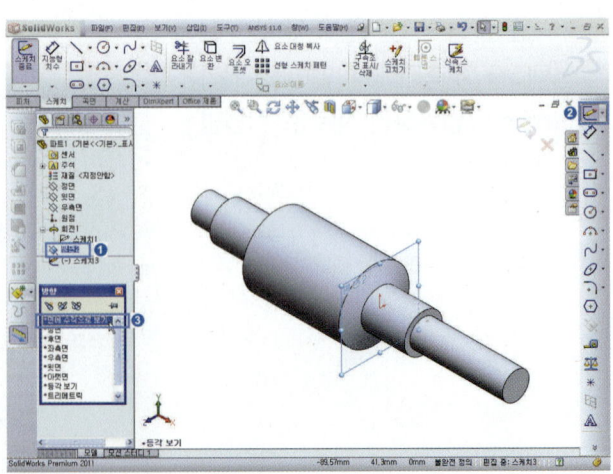

10 원[ ] 선택 원 스케치 → 지능
형 치수[ ] 선택 지름 26mm
치수입력(도면참고)한다.

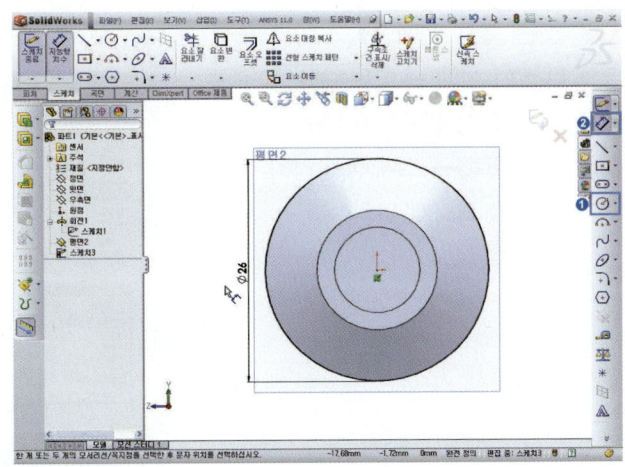

11 **Spacebar** 누르면 방향창 [등각
보기] 더블클릭 → 메뉴 [삽입]
→ 곡선 → [나선형 곡선][ ]
선택한다.

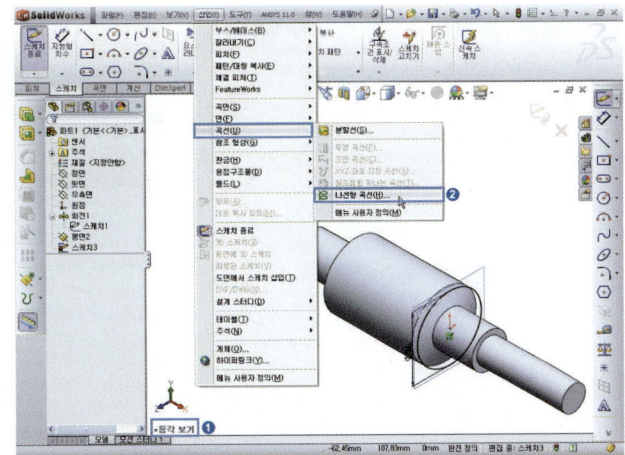

12 [나선형 곡선][ ] → 높이
(40mm)와 피치(6.28mm), ☑ 반
대방향, 시작각도(0도), 시계방향
(오른나사) 지정 → 확인[ ]을
누른다.

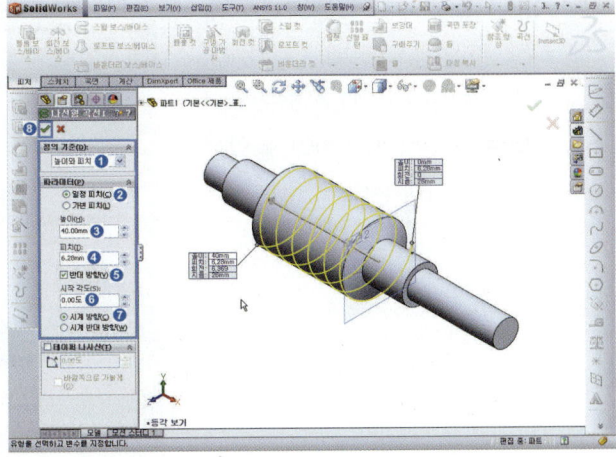

13 윗면[◈] 선택 ➡ 스케치 도구
[✎▾] 선택 ➡ **Spacebar** 누르
면 방향창 [면에 수직으로 보기]
더블클릭 ➡ 스케치 작업이 편하
도록 수직하게 위치한다.

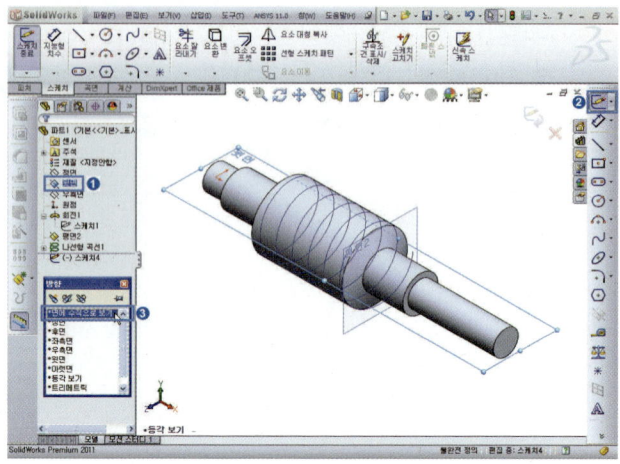

14 중심선[┃] 선택하여 중심선을
스케치한다.

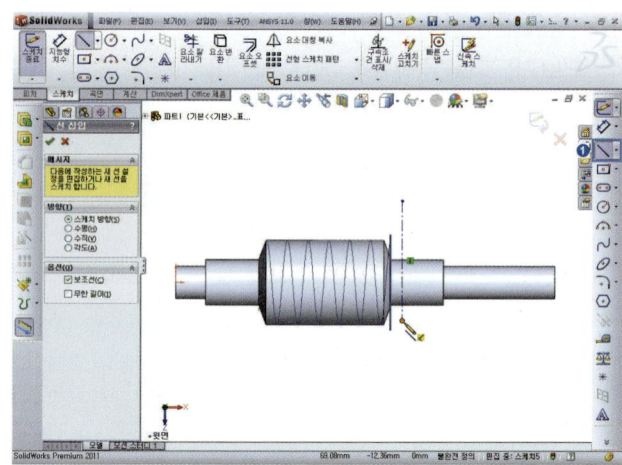

15 키보드 **Ctrl** 누른 상태에서 스케
치한 중심선(① 선택), 평면2(②
선택) ➡ 구속조건[✎ 동일선상(L)]
선택하면 중심선과 선이 동일선
상으로 놓이게 된다.

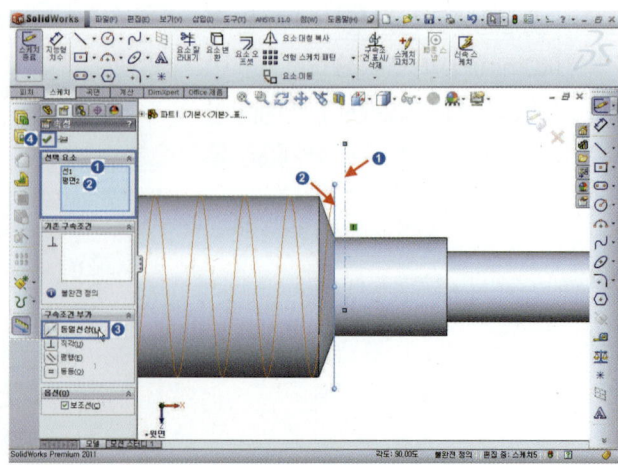

16 선[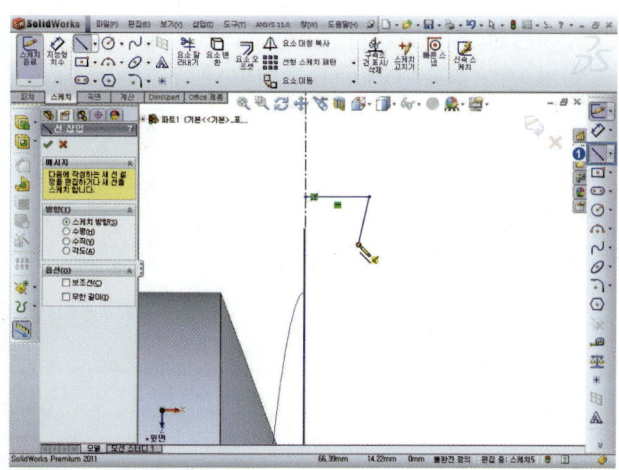] 선택 ➡ 아래 그림처럼
스케치한다.

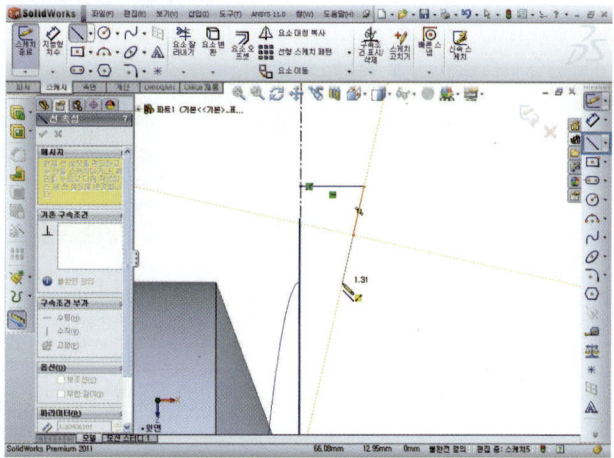

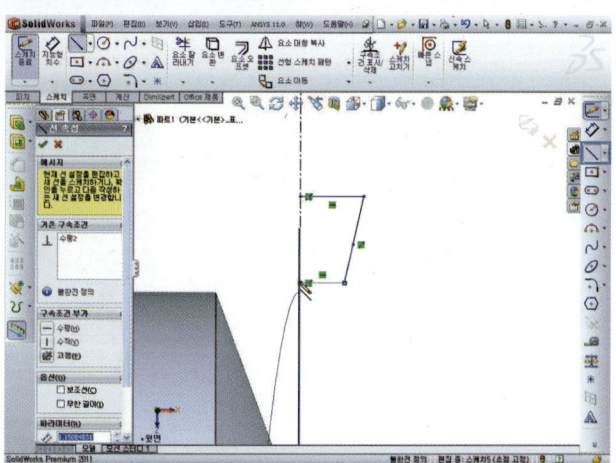

17 지능형 치수[✎·] 선택, 압력
각:20°, 모듈(M):2, 전체 이높이
(h)=2.25×M(모듈)=2.25×
2=4.5mm, 이두께=(원주피치(=π
×M))/2=(π×2)/2=3.14mm(스케
치는 이두께의 절반이므로
3.14/2=1.57mm) 입력한다.

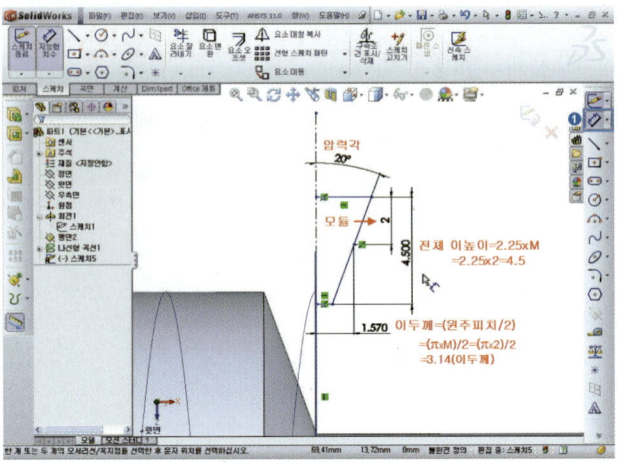

18 대칭복사[⚠] 선택 ➡ [↕]대
칭복사기준=(①중심선) 선택 ➡
[⚠]대칭 복사할 항목(선②,③,
④) 선택 ➡ 확인[✓]을 누른다.

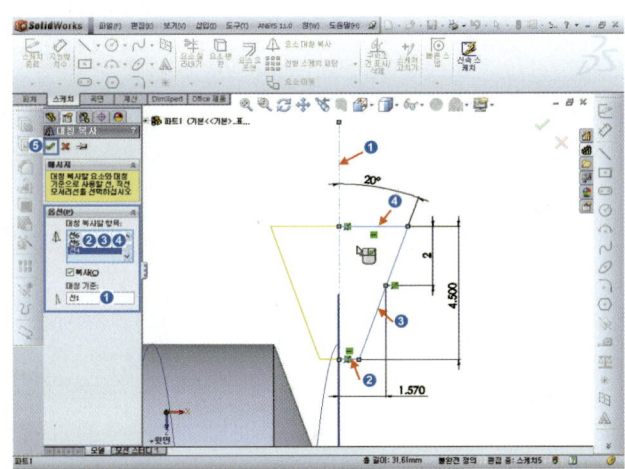

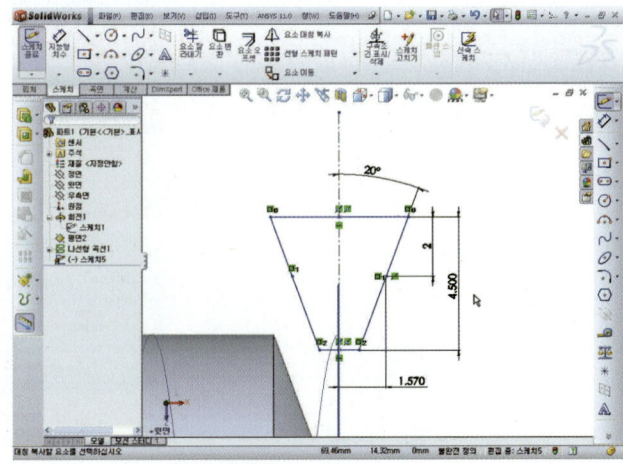

19 키보드 **Ctrl** 누른 상태에서 스케치한 선(① 선택), 모서리선(② 선택) ➡ 구속조건[✏ 동일선상(L)] 선택하면 선과 모서리 선이 동일선상으로 접하게 된다.

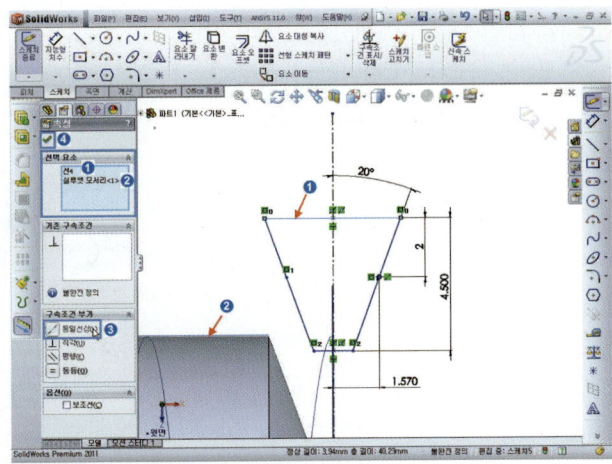

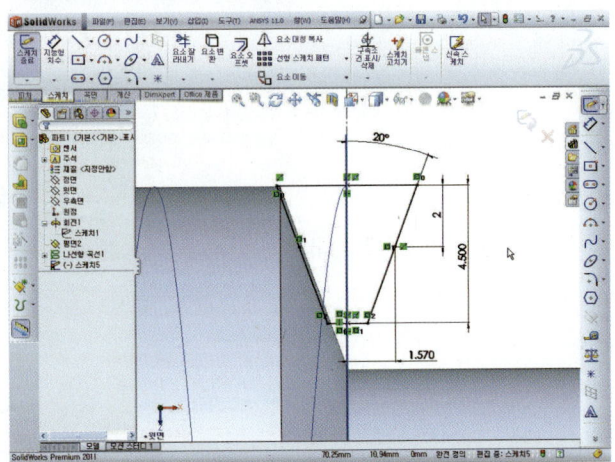

20 도구모음에서 재생성[🚦]을 선택하여 스케치 정의를 완료한다.

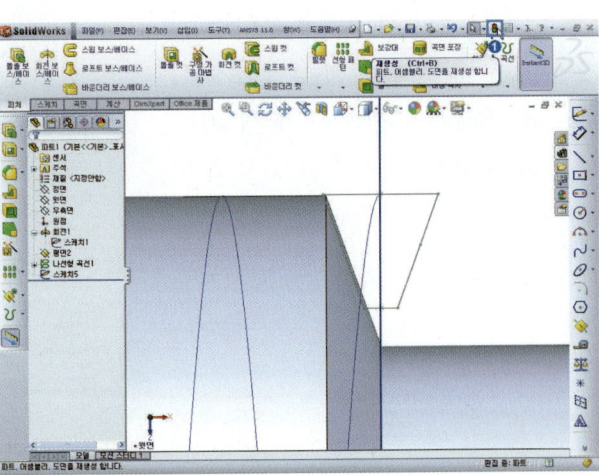

21 스웝-컷[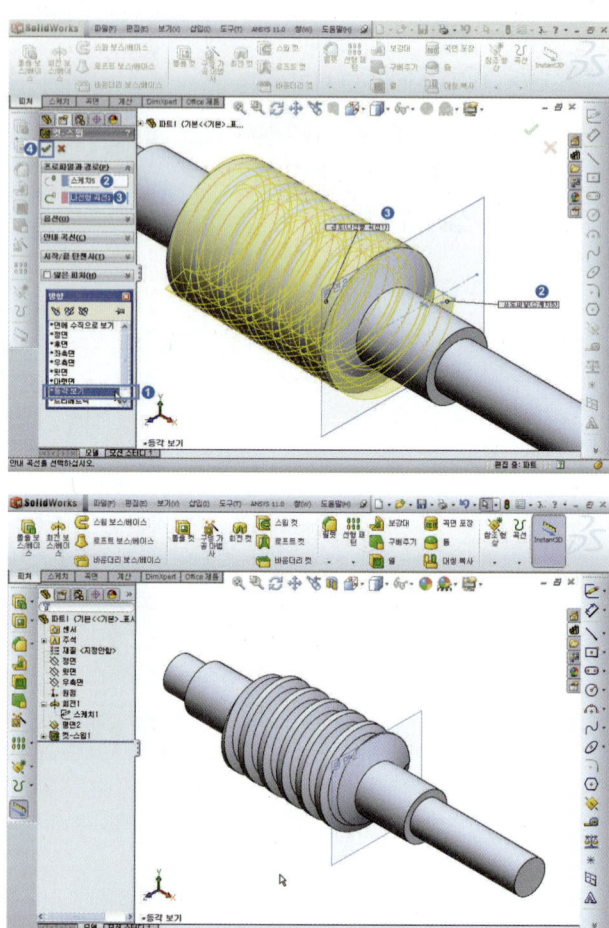] 선택, [ ] 프로파
일(②스케치 선택), [ ] 경로(③
선택) ➡ 확인[ ]을 누른다.

22 모따기[ ] 선택 ➡ [ ] 거리
1mm, [ ] 각도 45도 입력 ➡
④, ⑤모서리 선택 ➡ 확인[ ]
을 누른다.

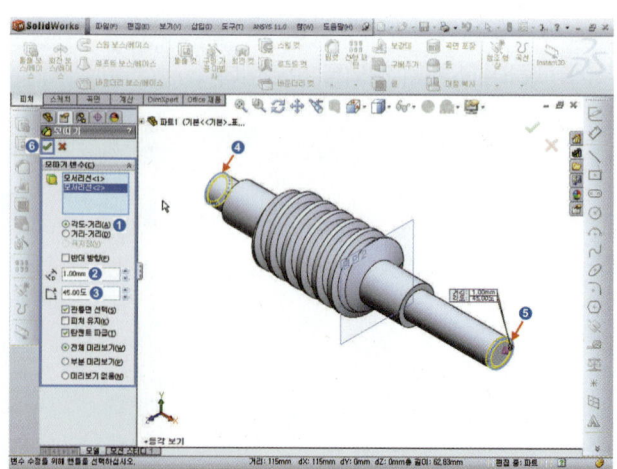

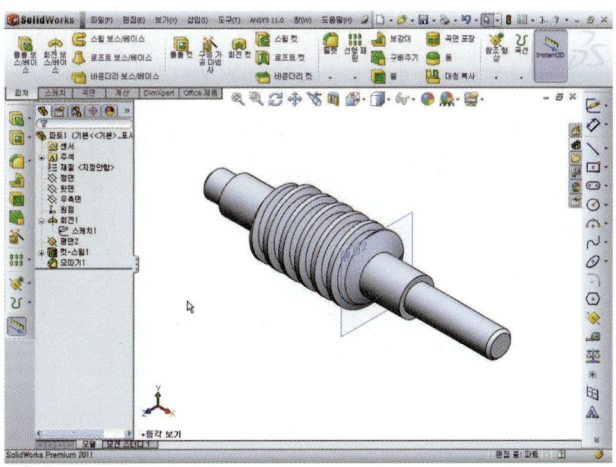

23 윗면 선택 ➡ 기준면[ ] 선택
➡ 축 직경 10mm 이므로 반지
름 5mm 입력 ➡ 확인[ ]을 누
른다.

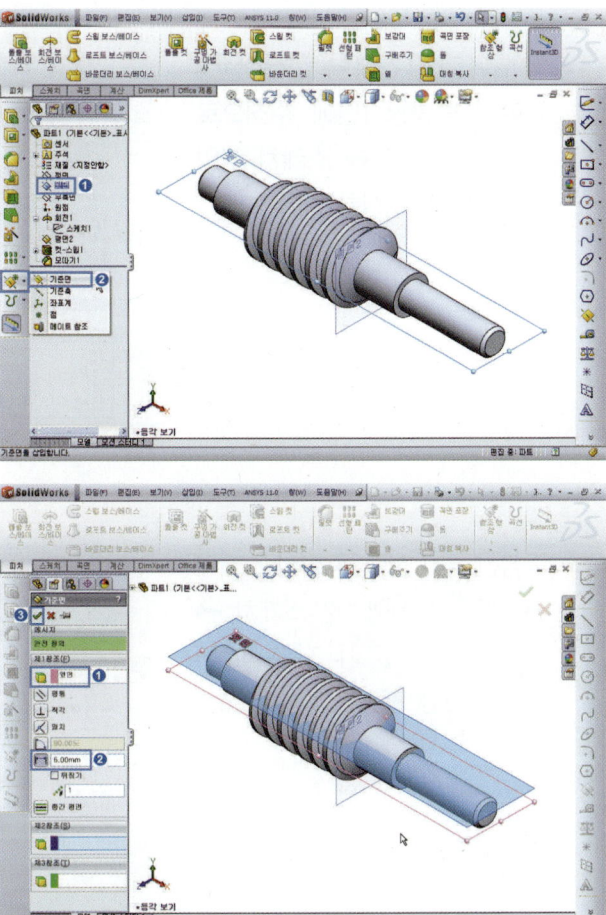

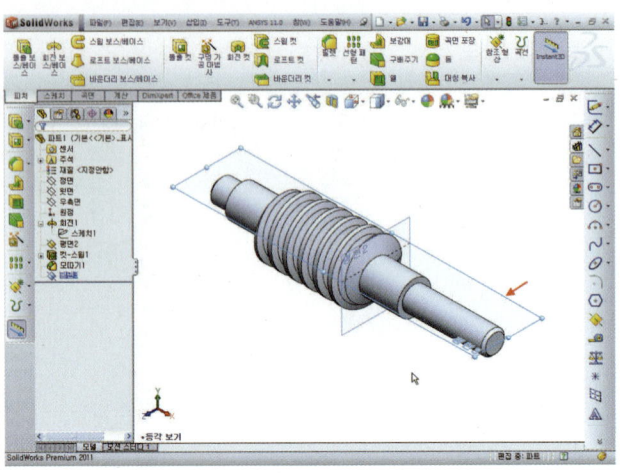

24 생성된 [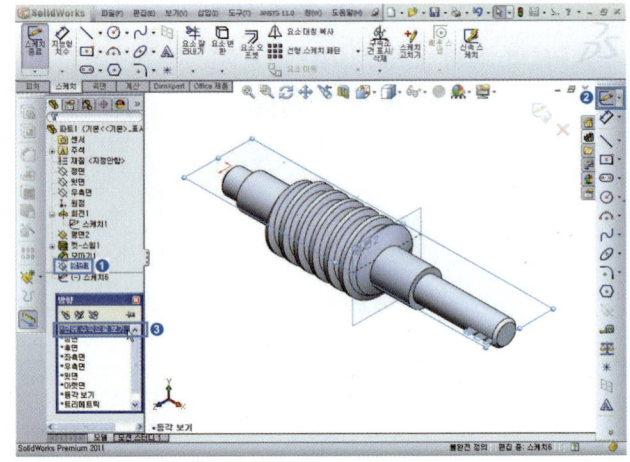] 평면3 선택 ➡ 스케
치 도구[✎▾] 선택 ➡ **Spacebar**
누르면 방향창 [면에 수직으로
보기] 더블클릭 ➡ 스케치 작업
이 편하도록 수직하게 위치한다.

25 중심선[┇] 선택, 중심선 스케치
➡ 원[⊙] 선택, 원 스케치 ➡
지능형 치수[◇▾] 지름 4mm
치수를 기입(도면 참고)한다.

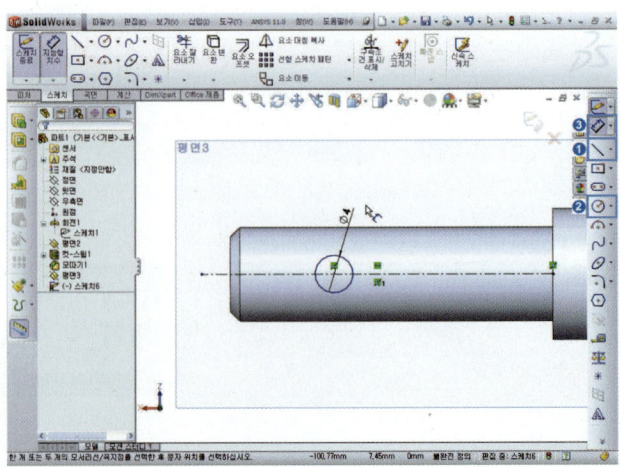

26 선[＼] 선택하여 원의 사분점을 기준으로 아래 그림과 같이 선(Line)을 스케치한다.

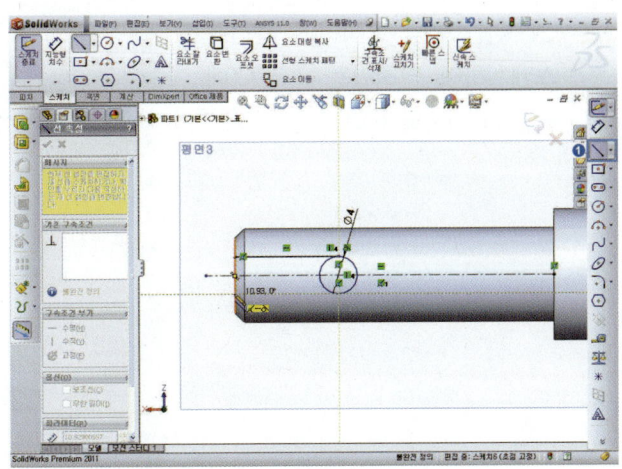

27 요소 잘라내기[✂] 선택 ➡ [┼] 근접 잘라내기(T) ➡ 원과 선이 겹치는 부분을 잘라낸다.

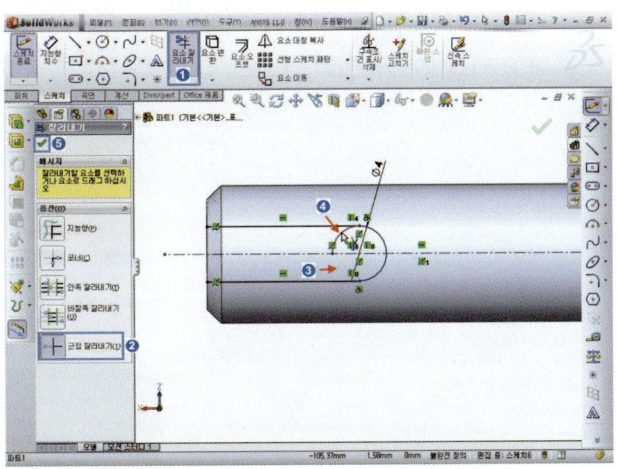

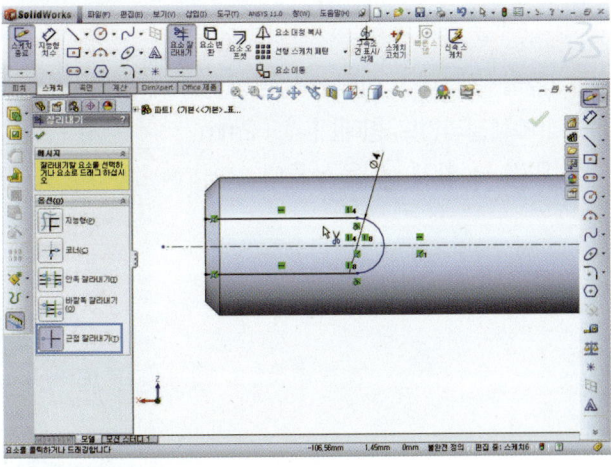

28 선[\ ] 선택 모서리에 라인을
스케치하여 닫혀있는 스케치(폐
곡선)가 되도록 한다.

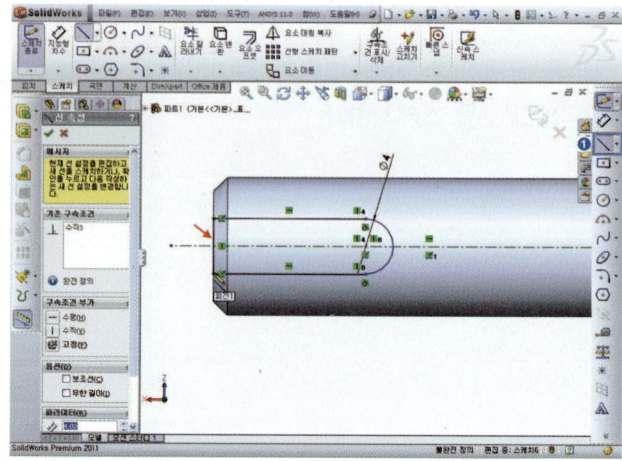

29 지능형 치수[ ] 선택 ➔ 키홈
의 위치값 10mm 입력한다.

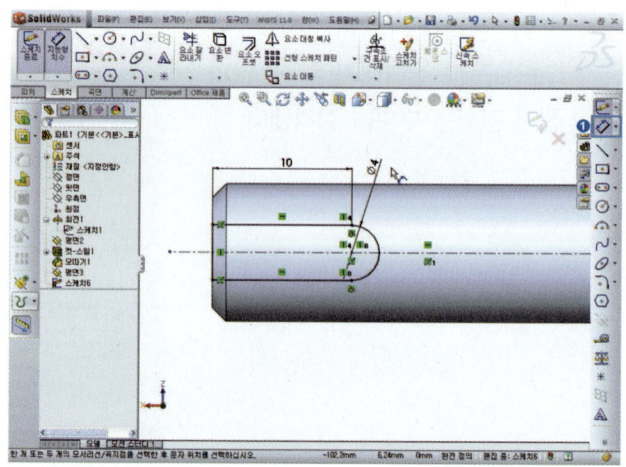

30 돌출-컷[ ] 선택 ➔ 방향 1
[ ][블라인드 형태], [ ] 2mm
입력 ➔ 확인[ ]을 누른다.

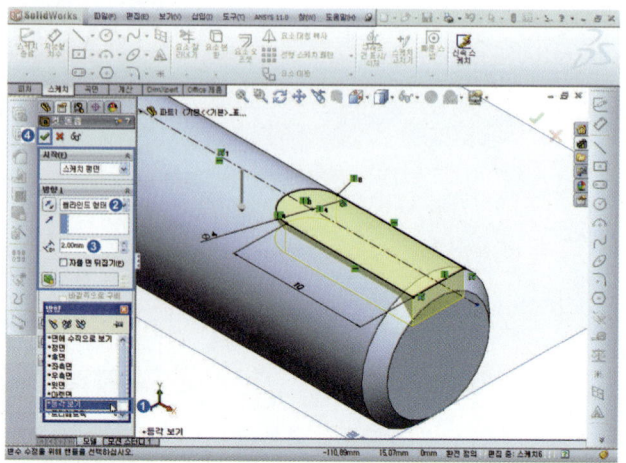

31 키보드 Ctrl 누른 상태에서 평면
2, 평면3 선택 ➡ 마우스 오른쪽
버튼 클릭 ➡ 숨기기[ ] 선택
한다.

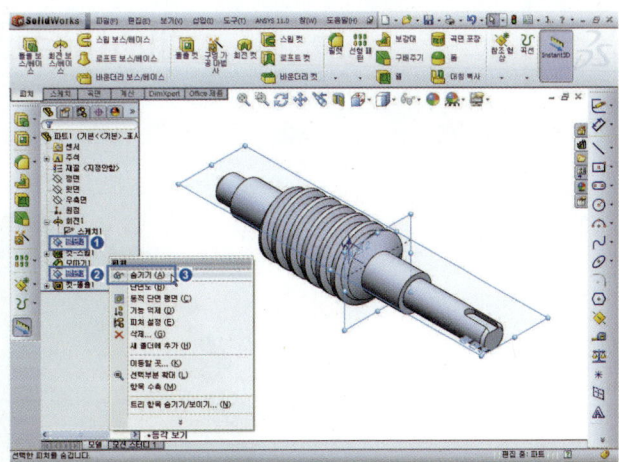

32 웜 축(Worm shaft) 모델을 완성
한다.

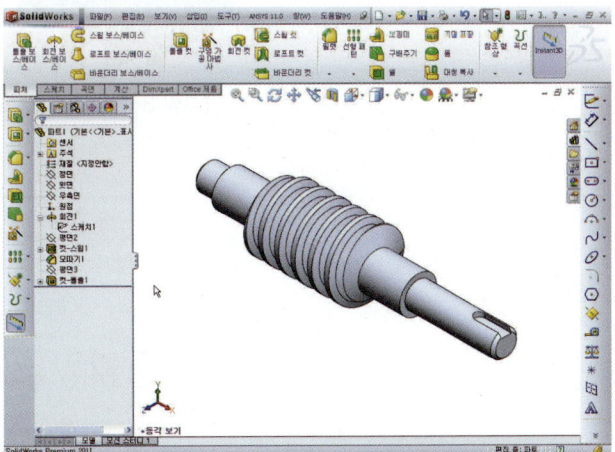

[그림 3-37] 래칫 휠 모델링

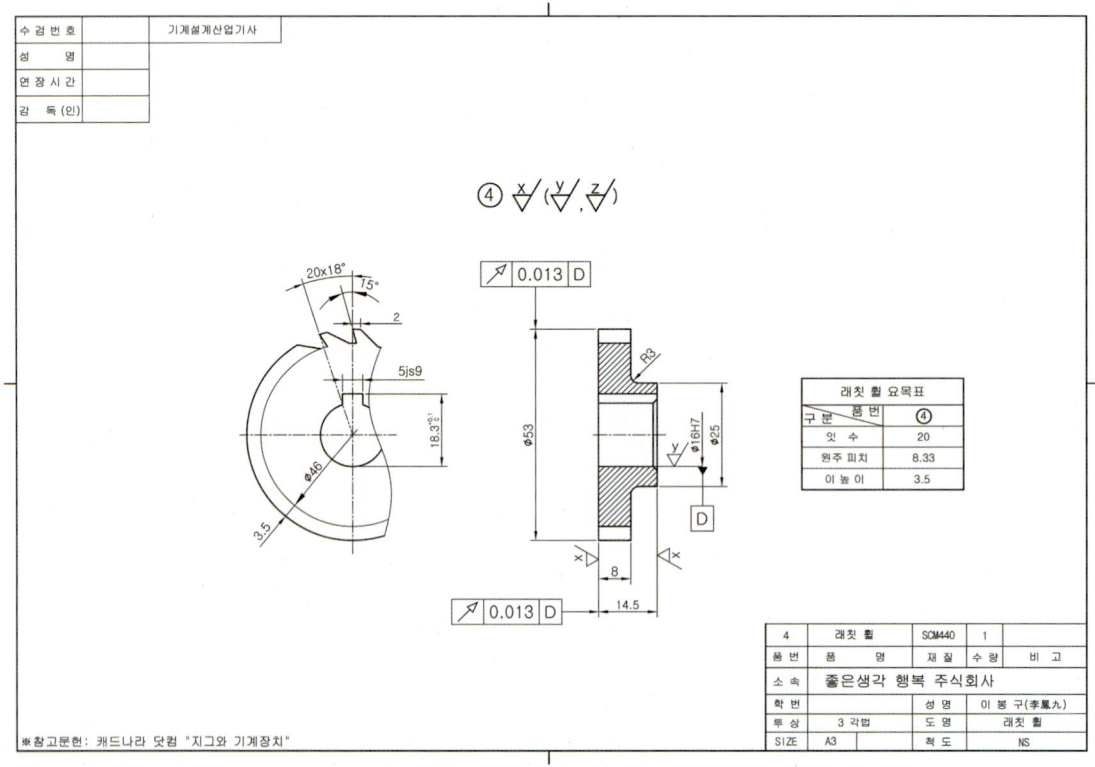

수검번호		기계설계산업기사
성 명		
연 장 시 간		
감 독 (인)		

④ ◁ (◁ , ◁)

◭ 0.013 D

20×18° T5° 2

5js9

18.3°

φ45 3.5

φ53 R3 φ16H7 φ25

Y

D

◭ 0.013 D

X ◁X 8 14.5

래칫 휠 요목표	
구분 품번	④
잇 수	20
원주 피치	8.33
이 높 이	3.5

4	래칫 휠	SCM440	1	
품 번	품 명	재 질	수 량	비 고
소 속	좋은생각 행복 주식회사			
학 번		성 명	이 봉 구(李鳳九)	
투 상	3 각법	도 명	래칫 휠	
SIZE	A3	척 도	NS	

※참고문헌: 캐드나라 닷컴 "지그와 기계장치"

[그림 3-38] 래칫 휠 모델 도면

■ 래칫 휠 모델링 순서

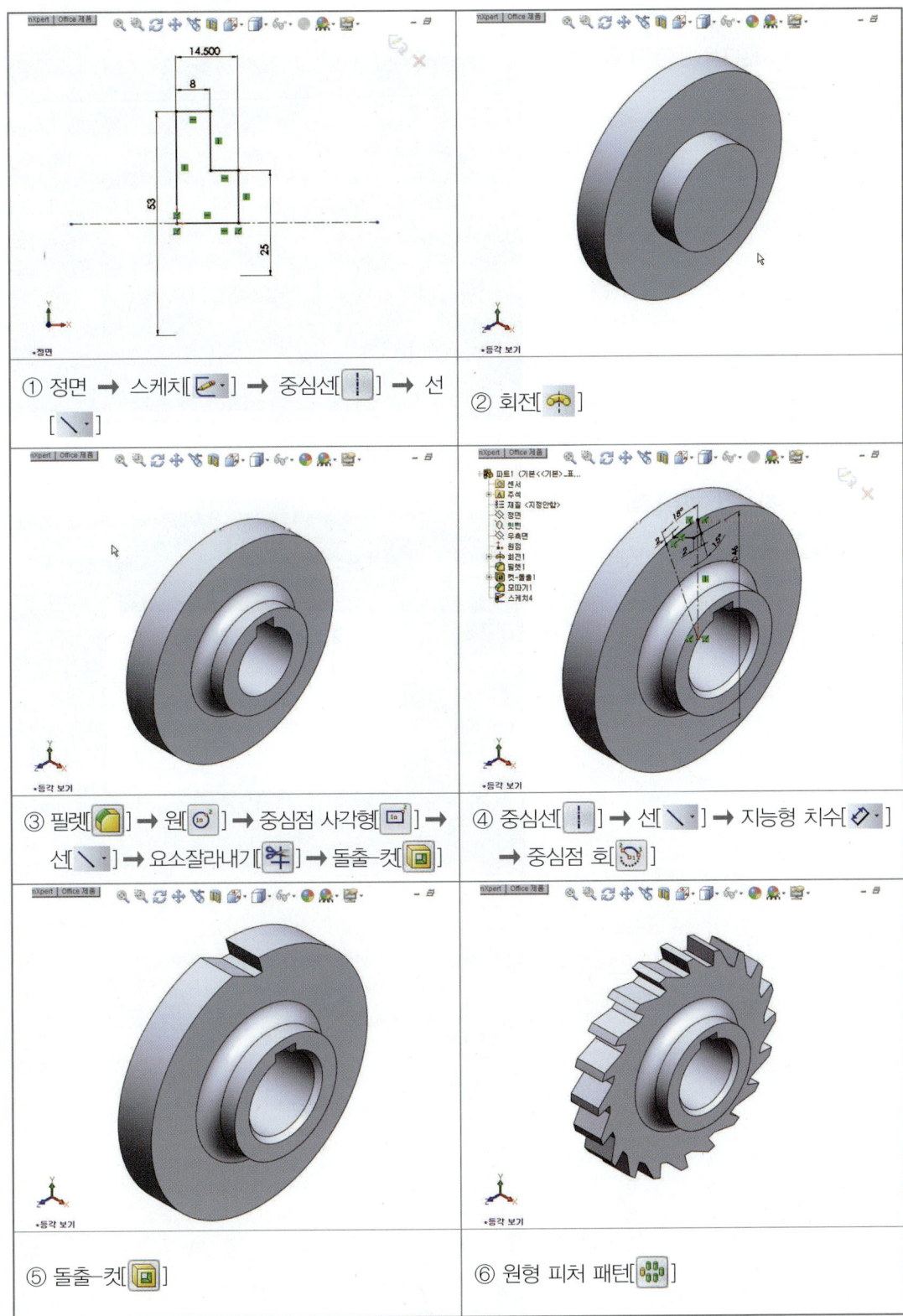

① 정면 ➡ 스케치[✏️] ➡ 중심선[┃] ➡ 선 [＼]

② 회전[🌀]

③ 필렛[🟡] ➡ 원[⭕] ➡ 중심점 사각형[▢] ➡ 선[＼] ➡ 요소잘라내기[✂️] ➡ 돌출-컷[▣]

④ 중심선[┃] ➡ 선[＼] ➡ 지능형 치수[◇] ➡ 중심점 호[🔄]

⑤ 돌출-컷[▣]

⑥ 원형 피처 패턴[🔳]

1 파일 ➡ 새문서(N)[🗋 새 문서]를
클릭한다.

2 새문서 창에서 파트[🗐] 선택
Part
➡ [확인]을 누른다.

3 스케치를 생성할 작업평면[정면]
을 선택 ➡ 스케치 도구[✏️▾]
선택한다.

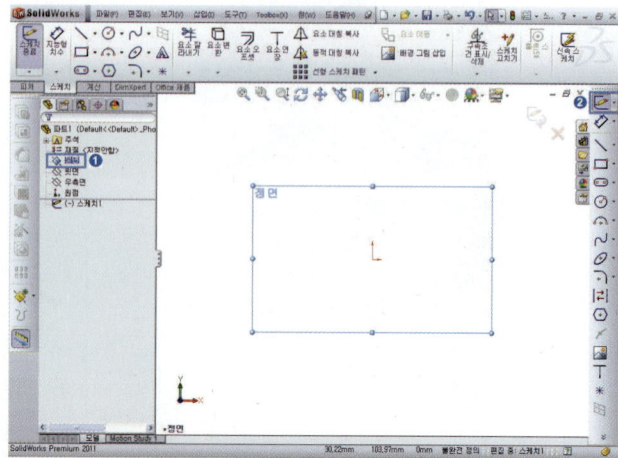

4. 중심선[|] 선택 중심선 스케치 ➔ 선[\ ] 클릭, 원점[ ] 기준으로 아래 그림과 같이 선 스케치한다.

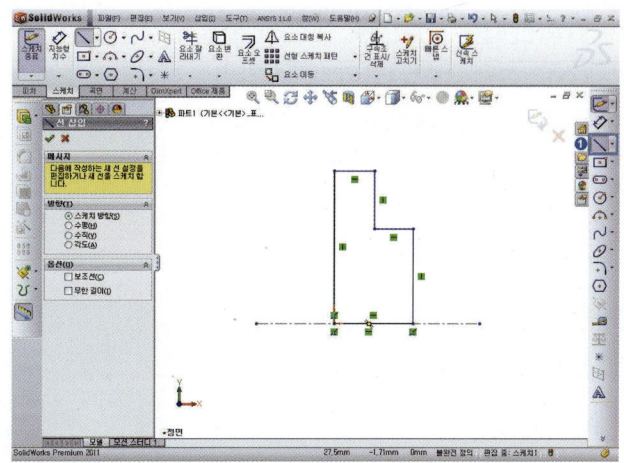

5. 지능형 치수[◇] 클릭 ➔ 아래 그림처럼 치수(도면참고)를 기입한다.

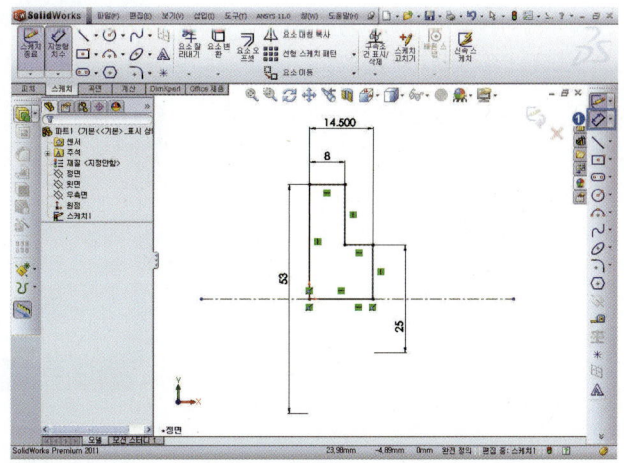

6. **Spacebar** 누르면 방향창에서 [등각보기] 더블클릭 ➔ 원하는 작업평면에 스케치 작업이 되었는지 확인한다.

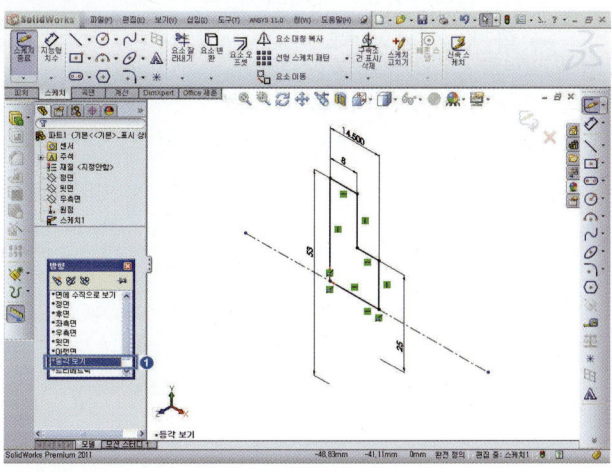

7 회전[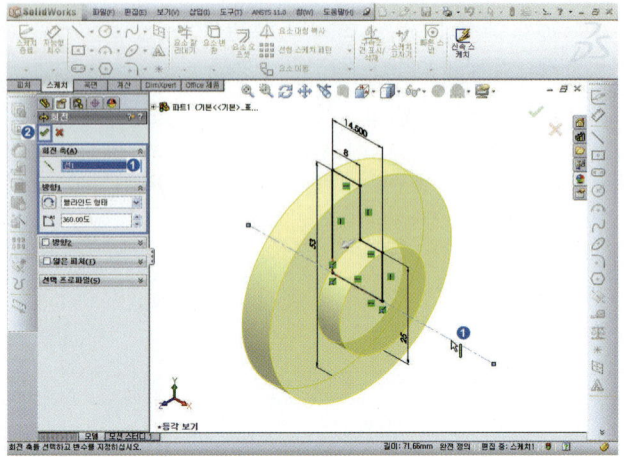] 선택 ➡ 회전축[ ] ① 선택, [ ][블라인드 형태], [ ][각도]=360도 ➡ 확인[ ] 을 누른다.

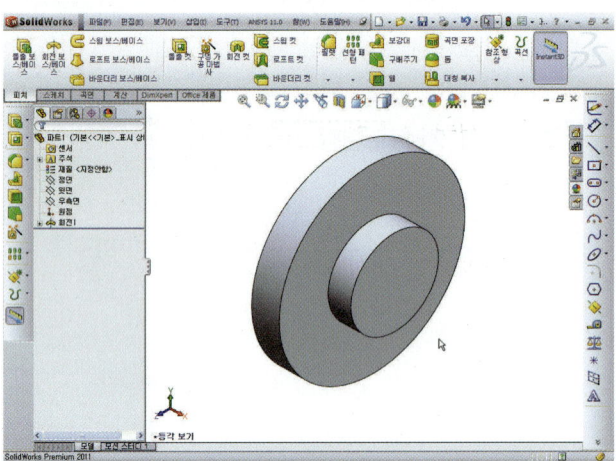

8 필렛[ ] 선택 ➡ 반지름 R= 3mm 입력 ➡ ② 모서리 선택 ➡ 확인[ ]을 누른다.

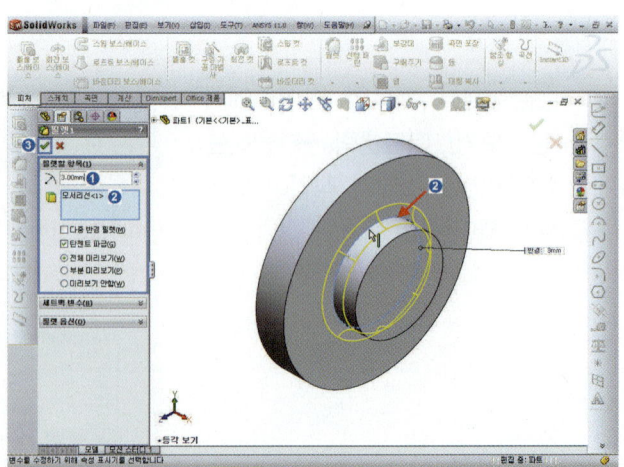

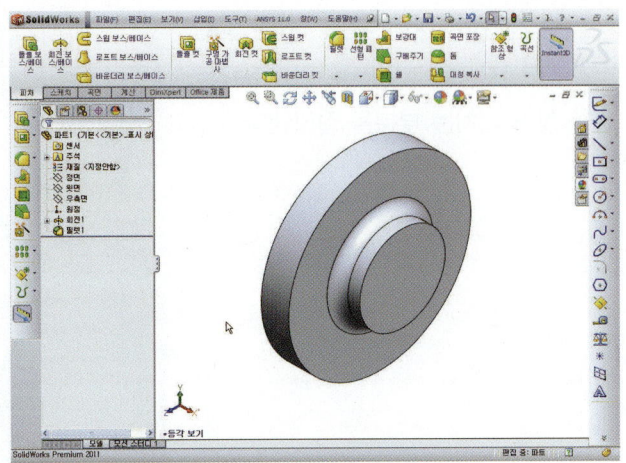

9 피처면 선택 ➡ 스케치 도구
[✏️ ▾] 선택 ➡ **Spacebar** 누르
면 방향창 [면에 수직으로 보기]
더블클릭 ➡ 스케치 작업이 편하
도록 수직하게 위치한다.

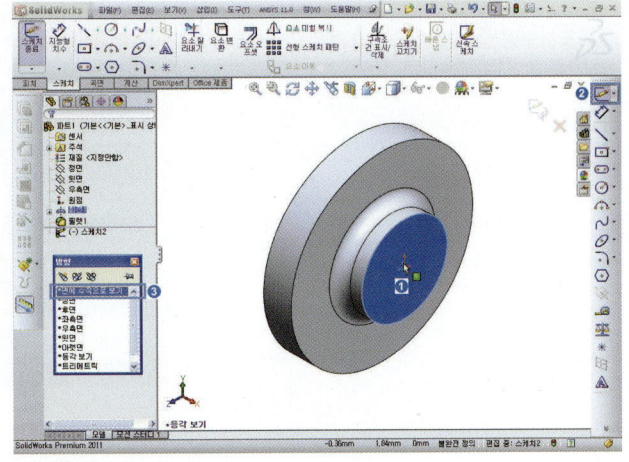

10 원[◎²] 선택하여 원 스케치 ➡
중심점 사각형[▢] 선택 원의
사분점에 접하는 사각형 스케치
한다.

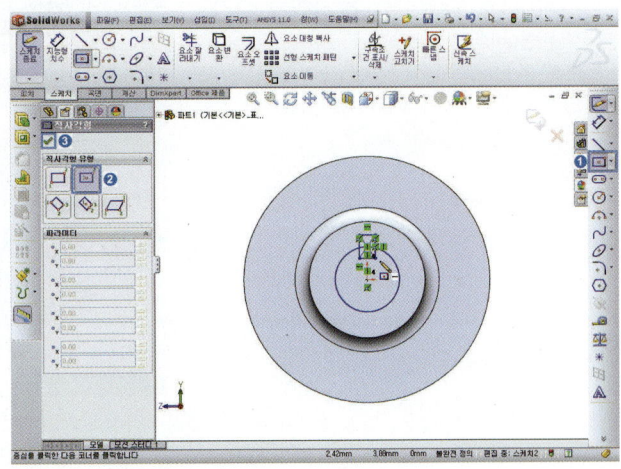

11 요소 잘라내기[✄] 선택 ➡
[⊥]지능형 지정 ➡ 원과 사각
형이 겹치는 부분을 잘라낸다.

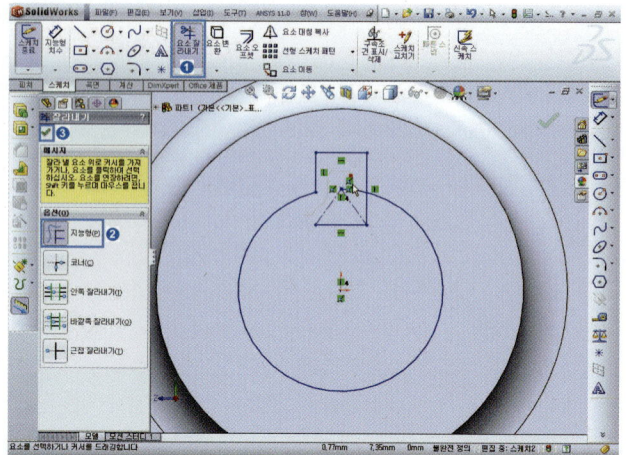

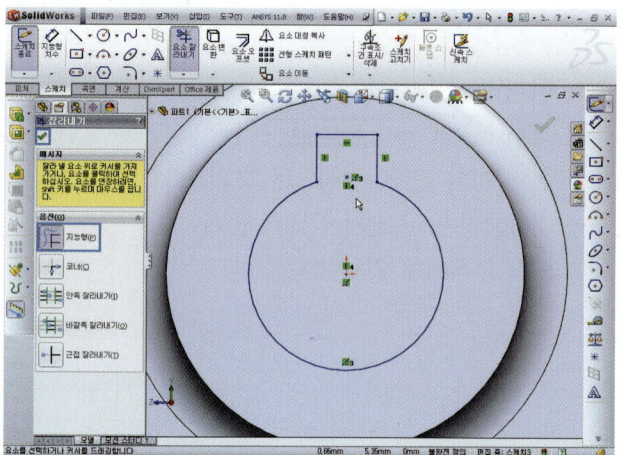

12 중심선[┃] 선택, 중심 사각형
과 원을 연결하는 중심선을 스케
치한다.

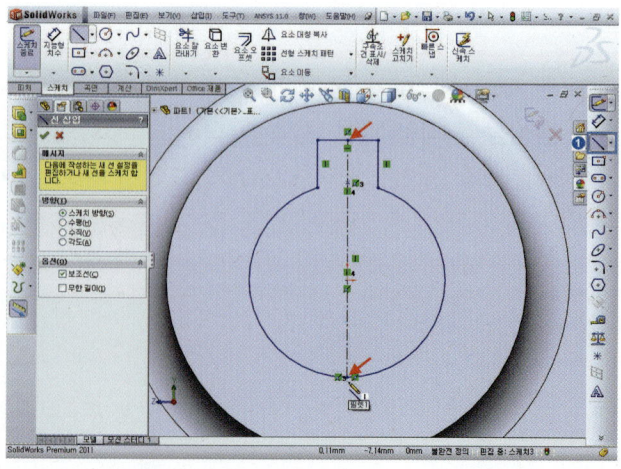

13 지능형 치수[✐▾] 선택, 치수입력(구멍의 지름+키홈의 깊이 =18.3mm), 키홈 너비(5mm) 입력한다.

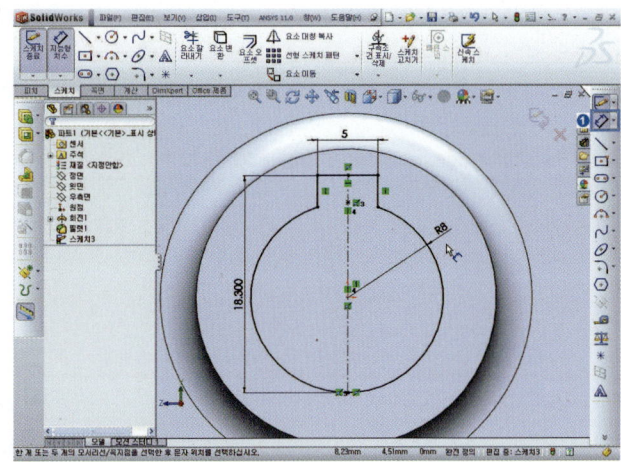

14 Spacebar 누르면 방향창 [등각 보기] 더블클릭 ➡ 원하는 작업 평면에 스케치 작업이 되었는지 확인한다.

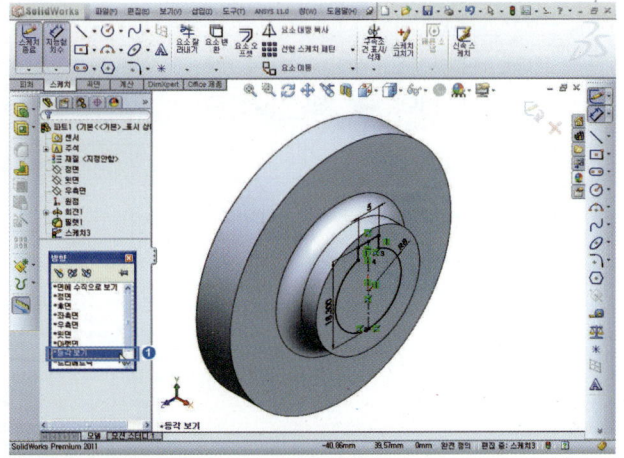

15 돌출-컷[▣] 선택 ➡ 방향 1 [⟋]에 [다음까지] 선택 ➡ 확인 [✔]을 누른다.

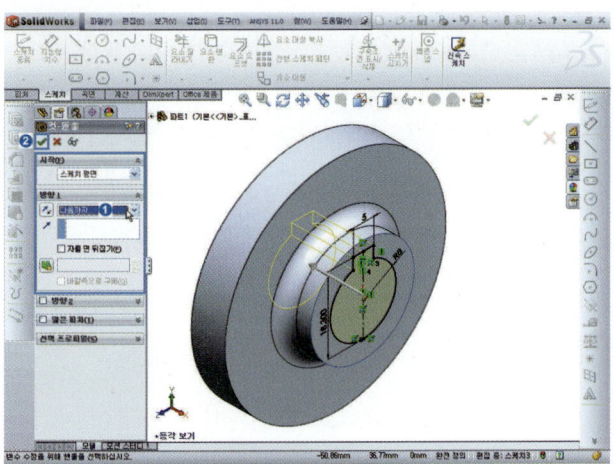

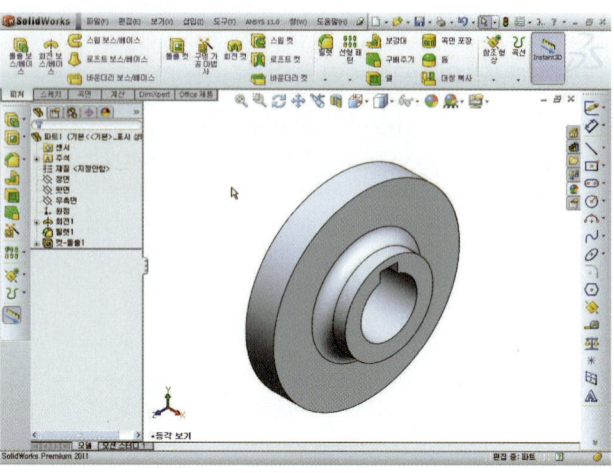

16 모따기[] 선택 ➡ [] 거리 1mm, 각도[] 45도 입력 ➡ ③모서리 선택 ➡ 확인[]을 누른다.

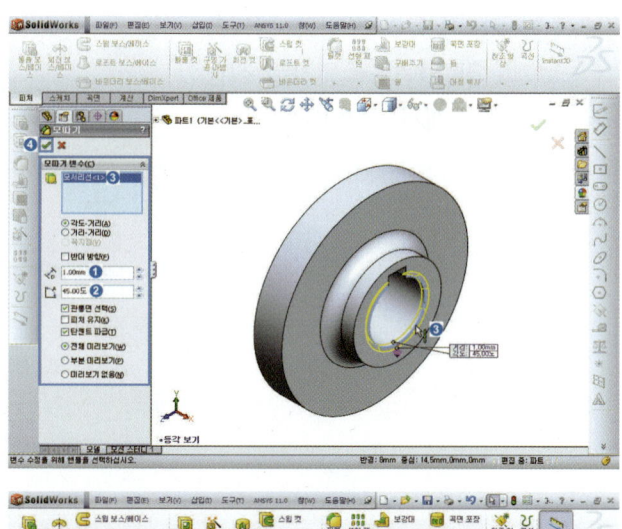

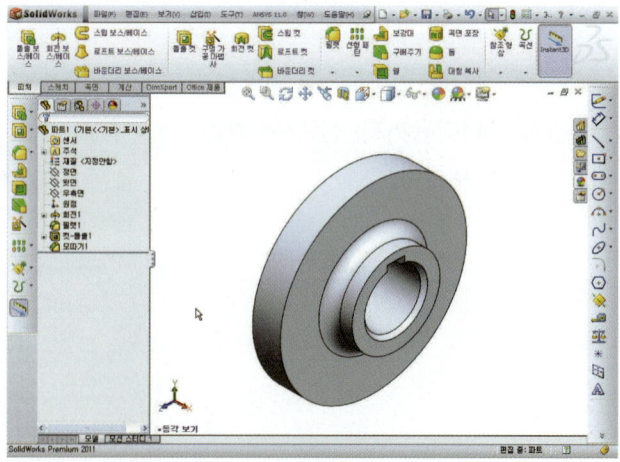

17 피처면 선택 ➡ 스케치 도구
[ ] 선택 ➡ Spacebar 누르
면 방향창 [면에 수직으로 보기]
더블클릭 ➡ 스케치 작업이 편하
도록 수직하게 위치한다.

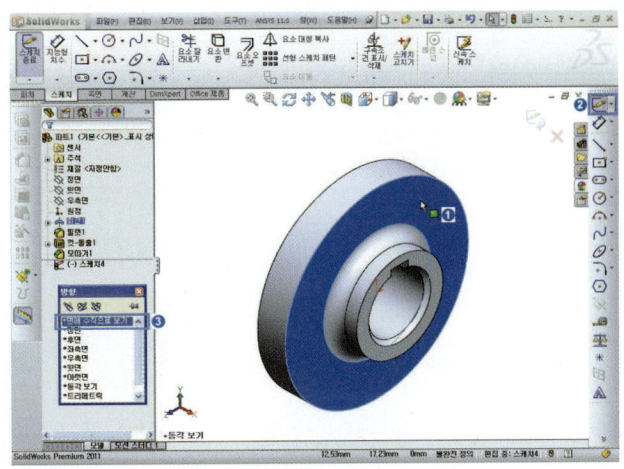

18 원[ ] 선택, 원점[ ] 기준으로
원 스케치 ➡ 중심선[ ] 선택
외경에 접하는 2개 중심선 스케
치한다.

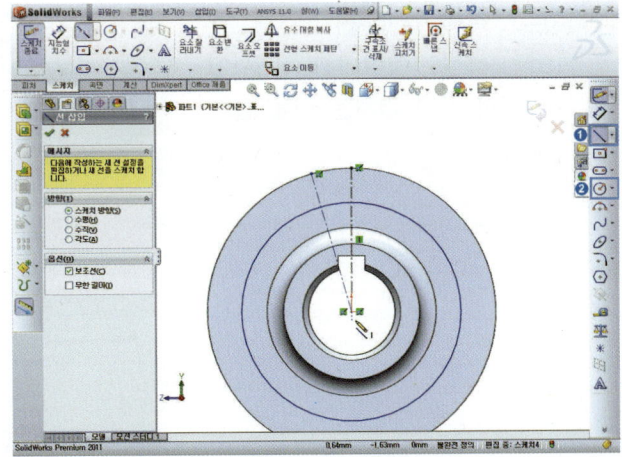

19 선[ ] 선택 ➡ 원에 접하는 2
개 선을 아래 그림처럼 스케치
한다.

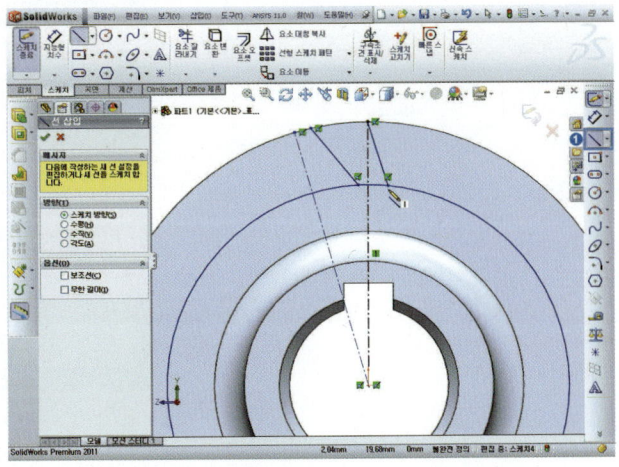

20 지능형 치수[◇ ·] 선택, 아래 그
림처럼 치수입력(도면참고)한다.

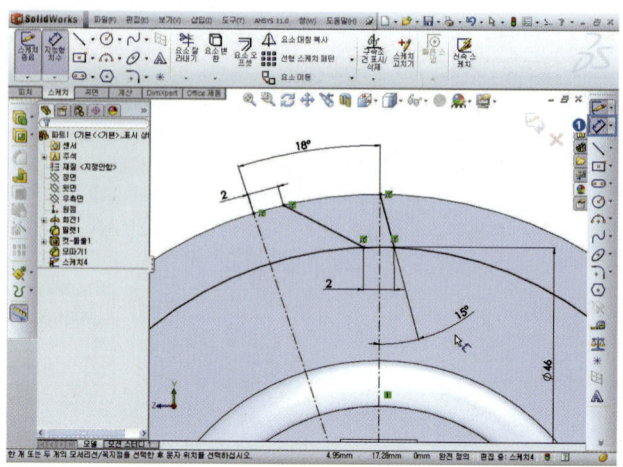

21 요소 잘라내기[✂] 선택 ➡
[├] [근접 잘라내기(T)] 지정
➡ 원과 선이 겹치는 선을 잘라
낸다.

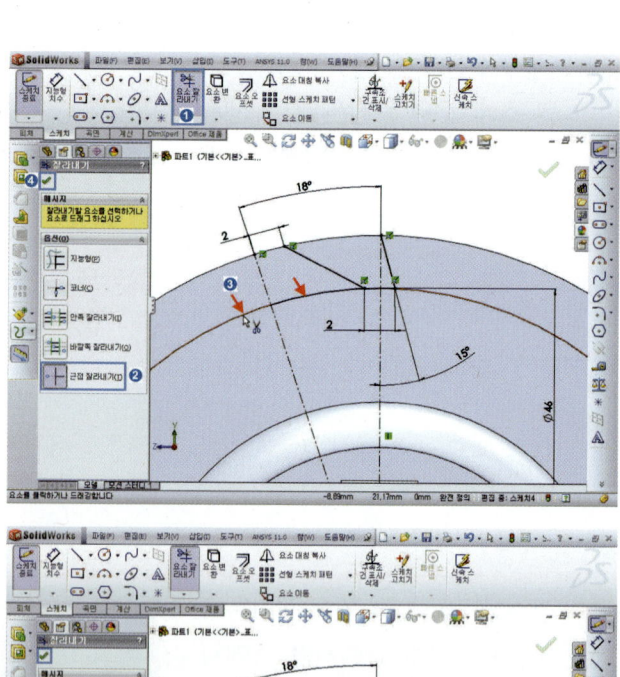

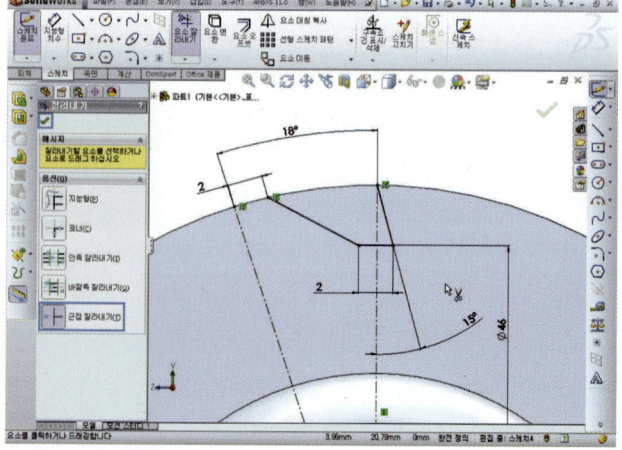

22 중심점 회[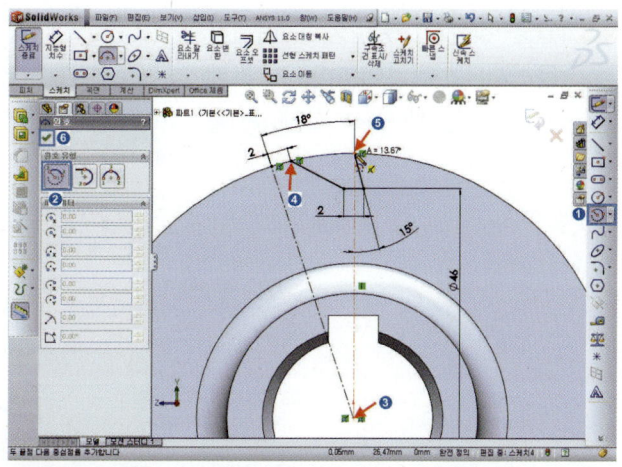] 선택 ➜ ③, ④, ⑤ 점을 선택하여 원호를 스케치 한다.

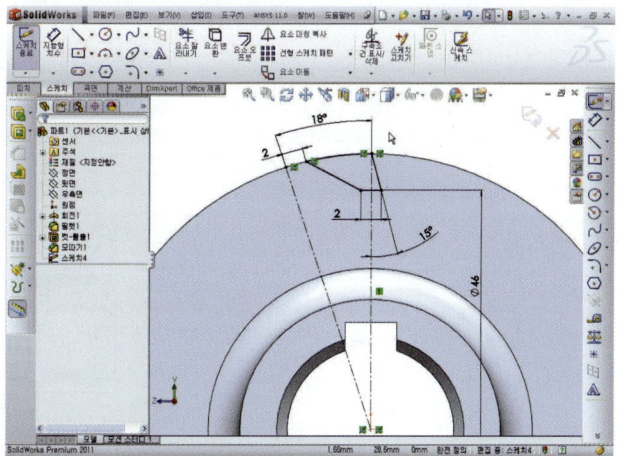

23 **Spacebar** 누르면 방향 창에서 [등각 보기] 더블클릭 ➜ 스케치 작업[완전정의]이 완성되었는지 확인한다.

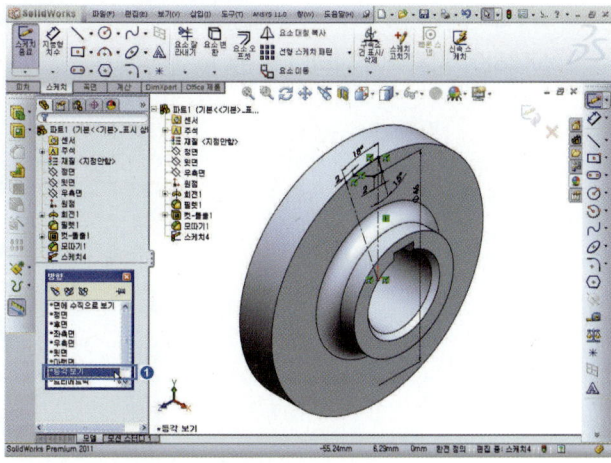

24 돌출-컷[🔲] ➡ 방향 1[⬈] [다음까지], 선택 프로파일(S), 스케치 영역(② 선택) ➡ 확인[✅]을 누른다.

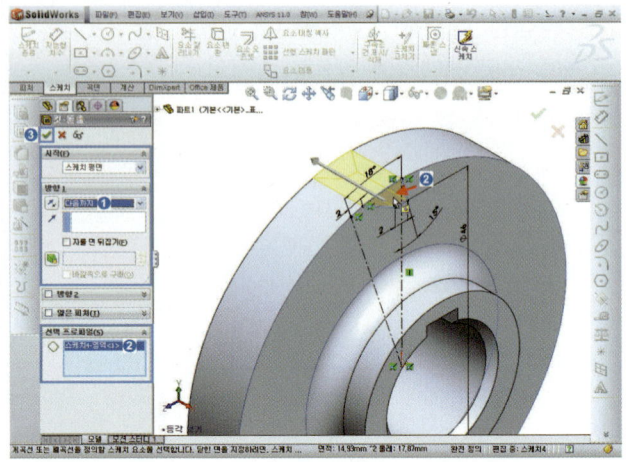

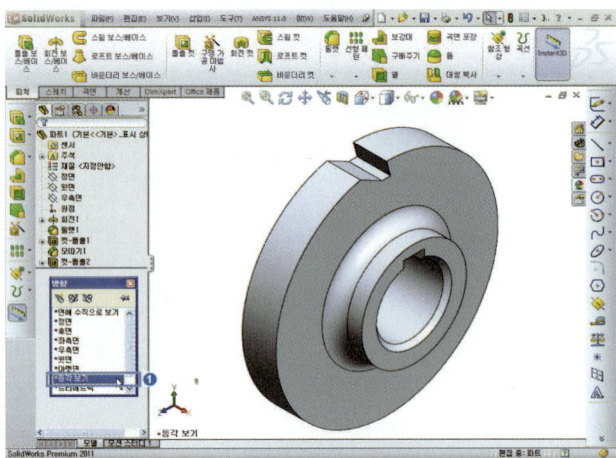

25 도구모음 보기(V) ➡ 임시축[🔩] 선택하여 임시축이 나타나게 한다.

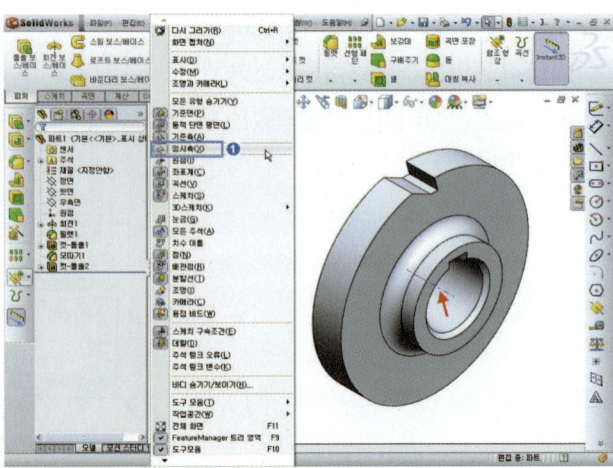

26 원형 피처 패턴[🔳] 선택 ➡
[🔄] 기준축(① 선택) ➡ 각도
[📐] 360도 ➡ [🔳] 패턴할 개
수 20개 입력, ☑ 동등간격체크
➡ 패턴할 피처 선택(컷–돌출2)
한다.

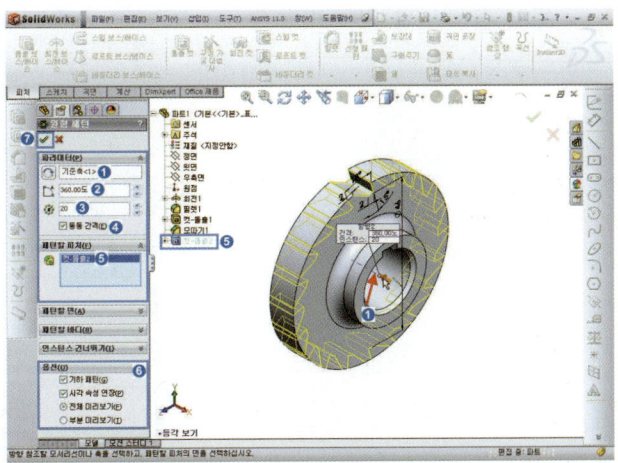

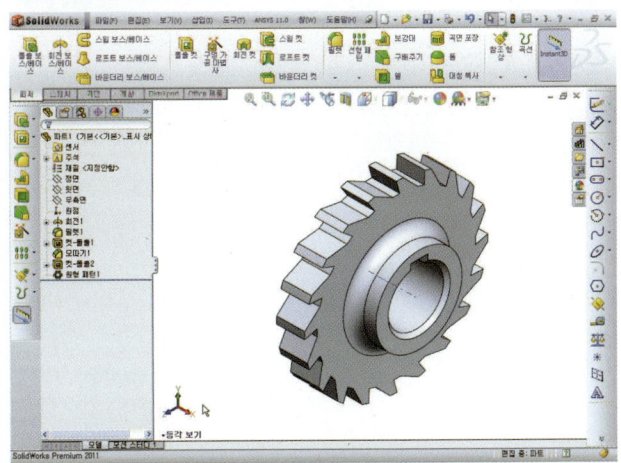

27 도구모음 보기(V) ➡ 임시축[🔍]
선택하여 임시축을 사라지게 감
춘다.

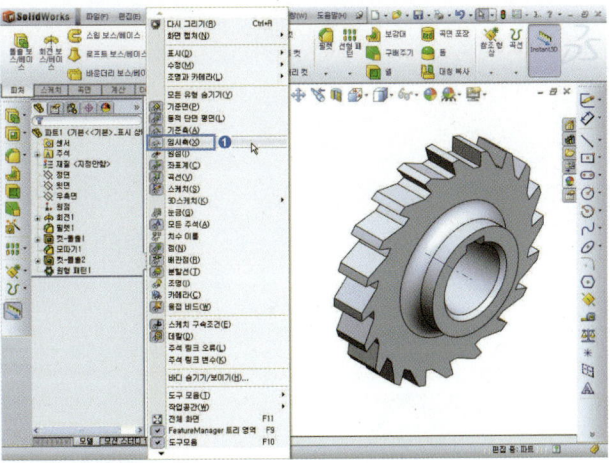

28 래칫 휠 모델을 완성한다.

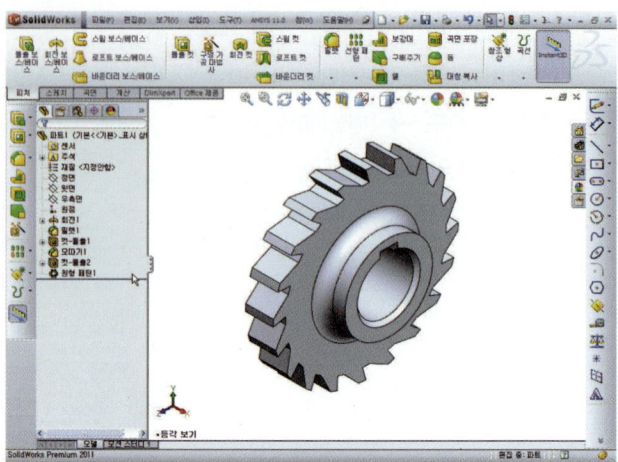

헬리컬 기어(Helical gear) 모델링

[그림 3-39] 헬리컬 기어(Helical gear) 모델링

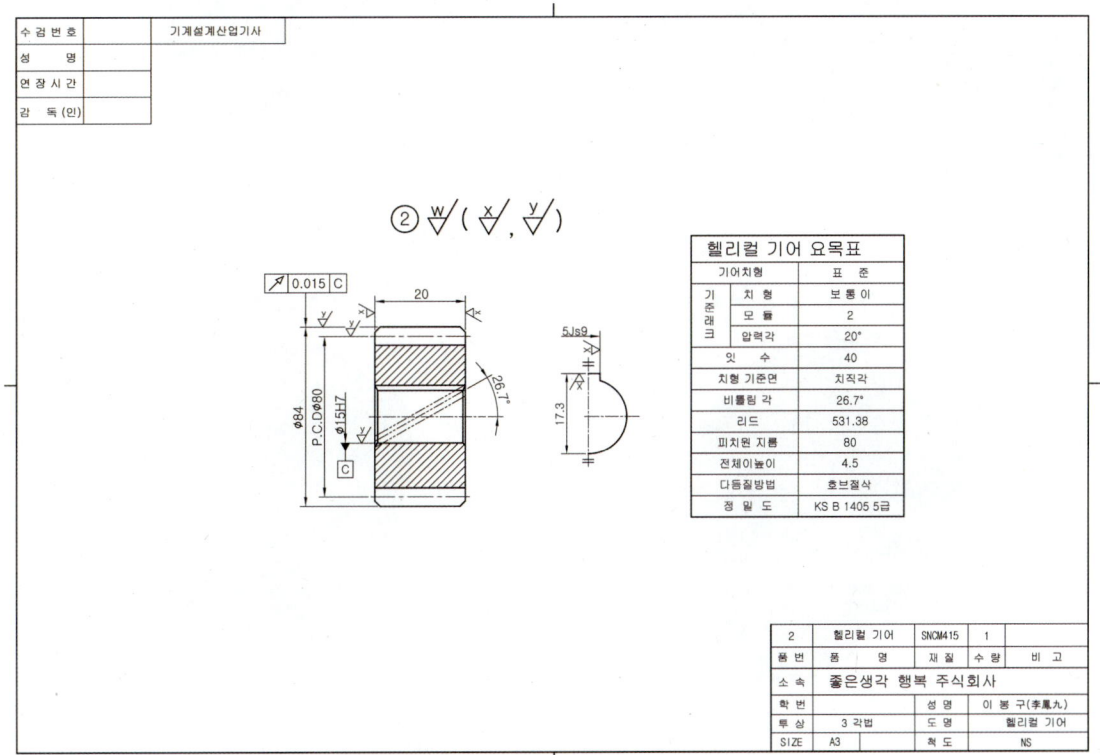

② $\overset{w}{\bigvee}$ ($\overset{x}{\bigvee}$, $\overset{y}{\bigvee}$)

헬리컬 기어 요목표		
기어치형		표준
기준래크	치형	보통이
	모듈	2
	압력각	20°
잇수		40
치형 기준면		치직각
비틀림 각		26.7°
리드		531.38
피치원 지름		80
전체이높이		4.5
다듬질방법		호브절삭
정밀도		KS B 1405 5급

2	헬리컬 기어	SNCM415	1	
품번	품　　명	재질	수량	비고
소속	좋은생각 행복 주식회사			
학번		성명	이 봉 구(李鳳九)	
투상	3 각법	도명	헬리컬 기어	
SIZE	A3	척도	NS	

[그림 3-40] 헬리컬 기어(Helical gear) 모델 도면

■ 헬리컬 기어(Helical gear) 모델링 순서

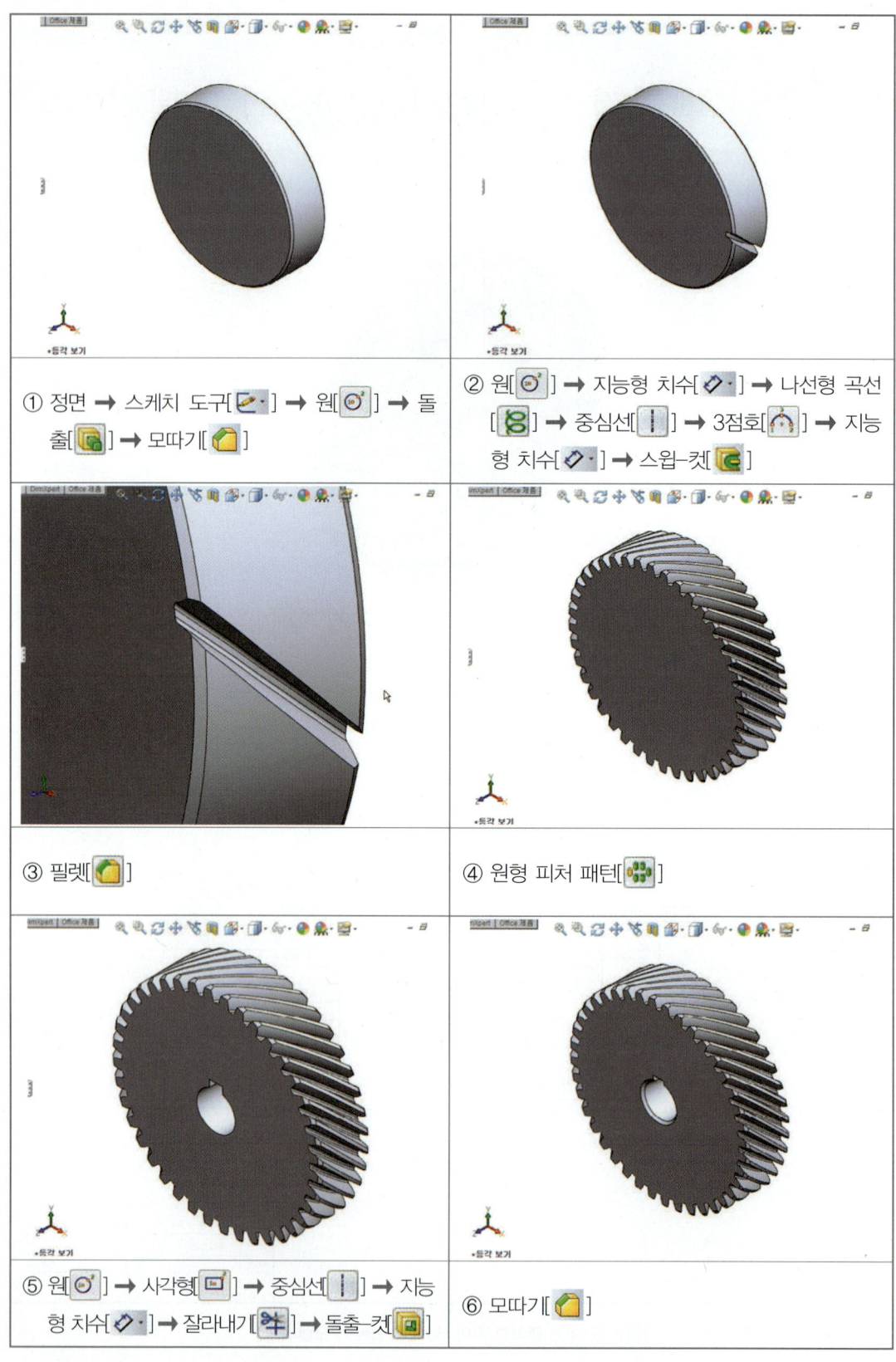

① 정면 ➡ 스케치 도구[✏️] ➡ 원[⊙] ➡ 돌출[🗐] ➡ 모따기[🔶]

② 원[⊙] ➡ 지능형 치수[◈·] ➡ 나선형 곡선 [8] ➡ 중심선[┃] ➡ 3점호[⌓] ➡ 지능형 치수[◈·] ➡ 스윕-컷[🗐]

③ 필렛[🔶]

④ 원형 피처 패턴[🔳]

⑤ 원[⊙] ➡ 사각형[▢] ➡ 중심선[┃] ➡ 지능형 치수[◈·] ➡ 잘라내기[✂] ➡ 돌출-컷[🗐]

⑥ 모따기[🔶]

1 파일 ➡ 새문서(N)[🗋 새 문서]를 클릭한다.

2 새문서 창에서 파트[🗐] 선택 ➡ [확인]을 누른다.

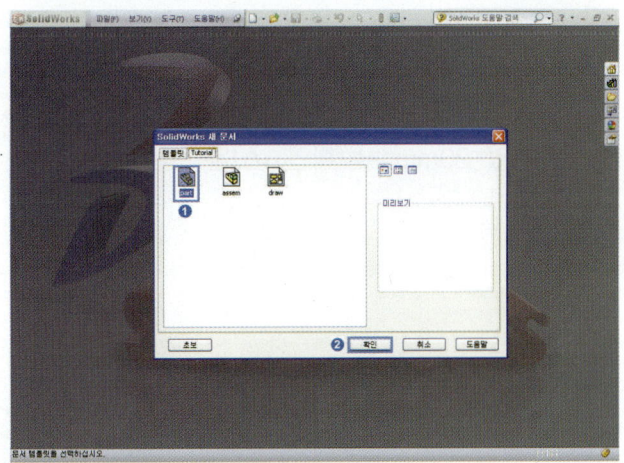

3 스케치를 생성할 작업평면[정면]을 선택 ➡ 스케치 도구[✏️▾] 선택한다.

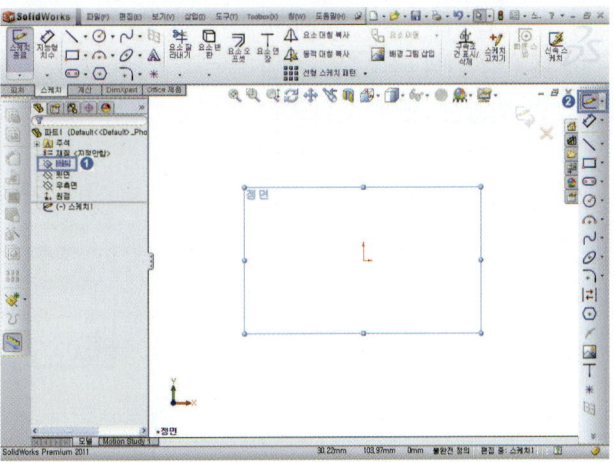

4 원[◎] 선택하여 원 스케치 ➡ 지능형 치수[◇] 지름 84mm 치수입력한다.

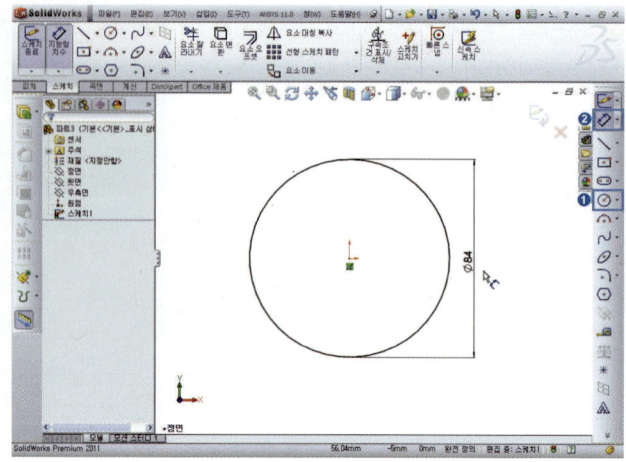

5 **Spacebar** 누르면 방향창 [등각보기] 더블클릭 ➡ 돌출[◎] 방향 1[◎] [중간평면], [◇] 거리값 20mm ➡ 확인[◎]을 누른다.

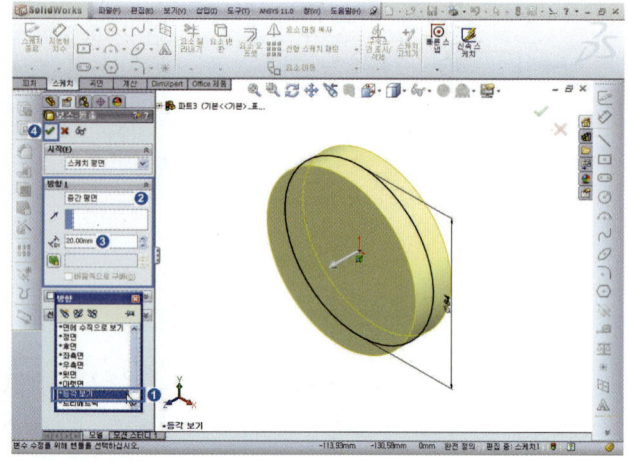

6 피처면 선택 ➡ 스케치 도구 [◎] 선택 ➡ **Spacebar** 누르면 방향창 [면에 수직으로 보기] 더블클릭 ➡ 스케치 작업이 편하도록 수직하게 위치한다.

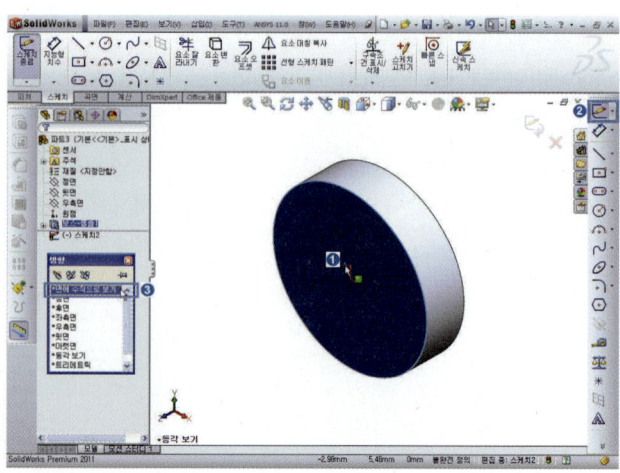

7 요소변환[▢ ▾] 클릭 ➡ 요소변
환 선택창 ②모서리선 선택 ➡
확인[✓]을 누른다.

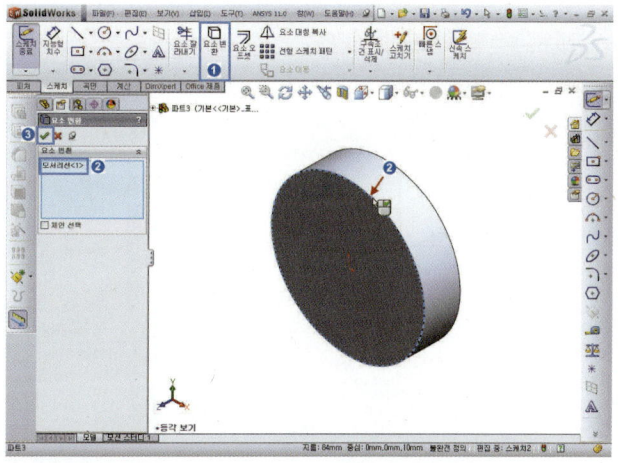

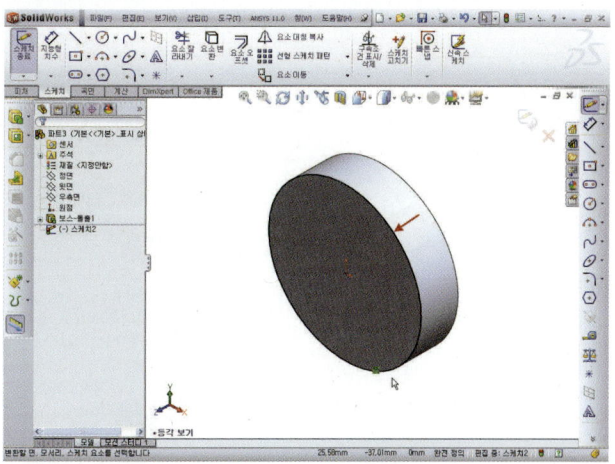

8 메뉴 [삽입(I)] ➡ [곡선] ➡ [🧬]
나선형 곡선(H) ➡ 높이와 회전
지정, 높이=20mm, 회전(=비틀
림각/360도)=0.0746666667 입
력, 시작각도(0도), 시계방향(오
른나사) 지정 ➡ 확인[✓]을 누
른다.

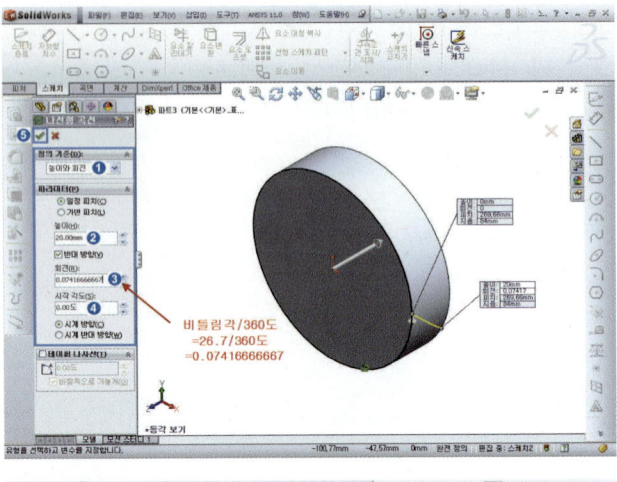

비틀림각/360도
=26.7/360도
=0.07416666667

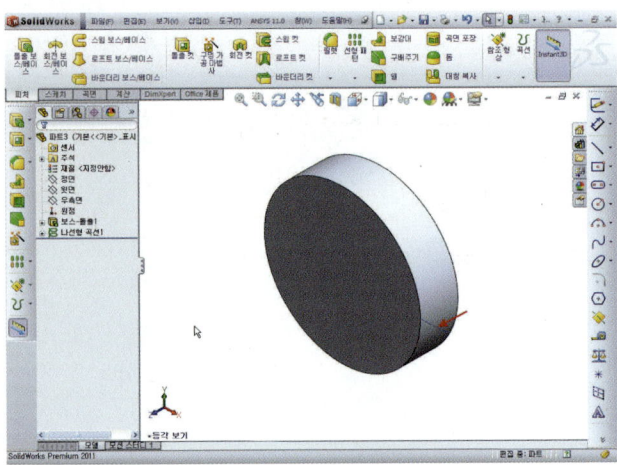

 모따기[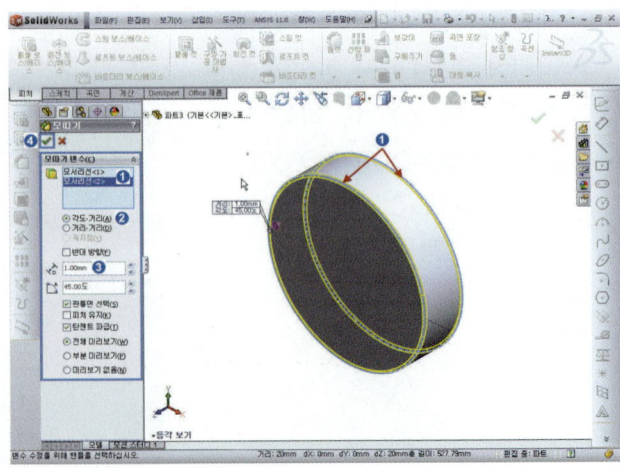] 선택 ➡ [ ] 거리
1mm, [ ] 각도 45도 입력 ➡
① 모서리 선택 ➡ 확인[ ]을
누른다.

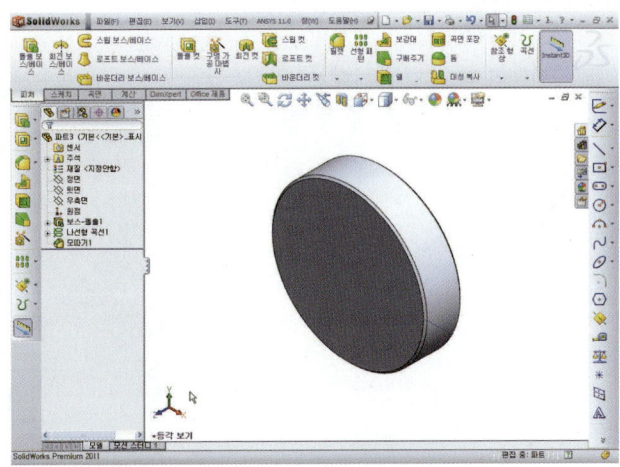

10 피처면 선택 ➡ 스케치 도구 [🖉▾] 선택 ➡ **Spacebar** 누르면 방향창 [면에 수직으로 보기] 더블클릭 ➡ 스케치 작업이 편하도록 수직하게 위치한다.

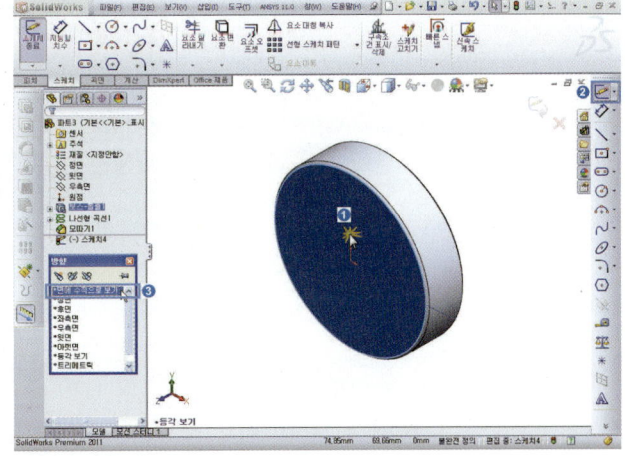

11 원[⊙▾] 선택 ➡ 지능형 치수 [◈▾] 선택 ➡ 이뿌리원 75mm, 피치원 80mm, 이끝원 84mm 치수입력한다.

이뿌리원=이끝원−(이높이×2)=84−(4.5×2)=75, 이높이=2.25×M(모듈), 피치원(P.C.D)=M×잇수(Z)=2×40=80, 이끝원=피치원지름+2M)=80+(2×2)=84(기어의 외경)

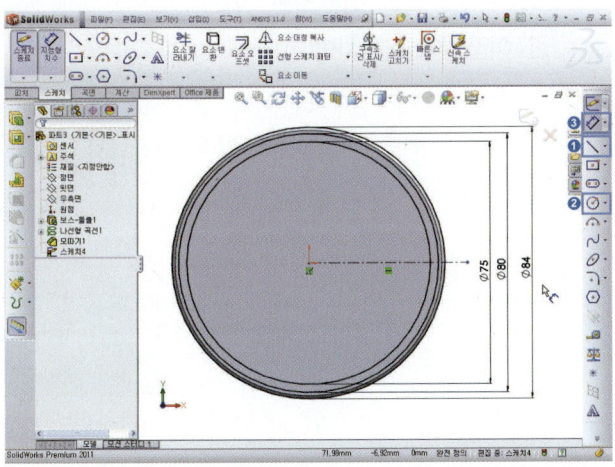

12 피치원(80mm) 선택 ➡ 원 속성
창에서 옵션(O)에 ☑ [보조선(C)]
체크 ➡ 확인[✅]을 누른다.

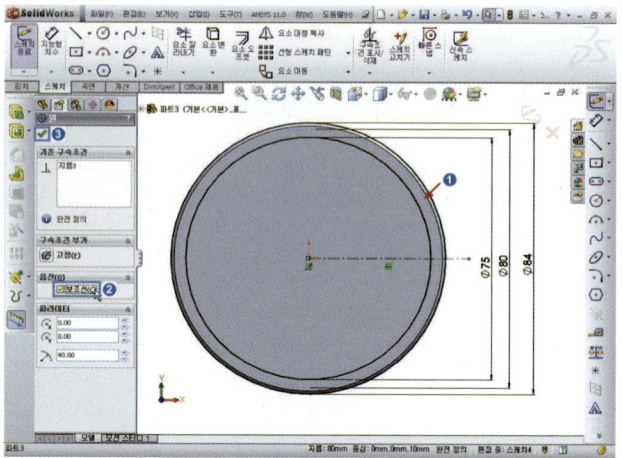

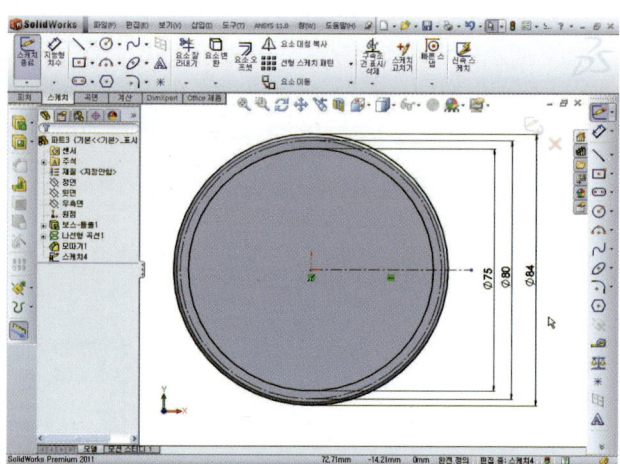

13 포인트[✳] 선택 ➡ ②, ③, ④
3개의 포인트를 이뿌리원, 피치
원, 이끝원에 스케치한다.

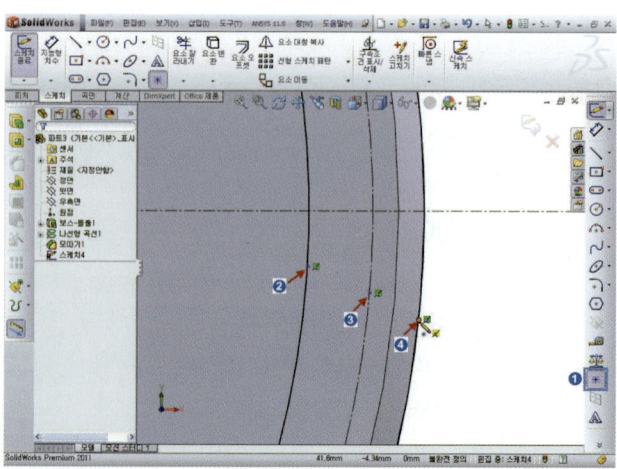

14 지능형 치수[✏] 선택 ➡ M(모
듈)/4=2/4=0.5mm, 이두께=원주
피치(=π×M)/2=3.14mm, M(모
듈)/2=1mm 입력한다. (단 이두
께 치수는 3.14mm인데 중심선
을 기준으로 스케치한 상태이므
로 3.14/2=1.570 값을 입력)

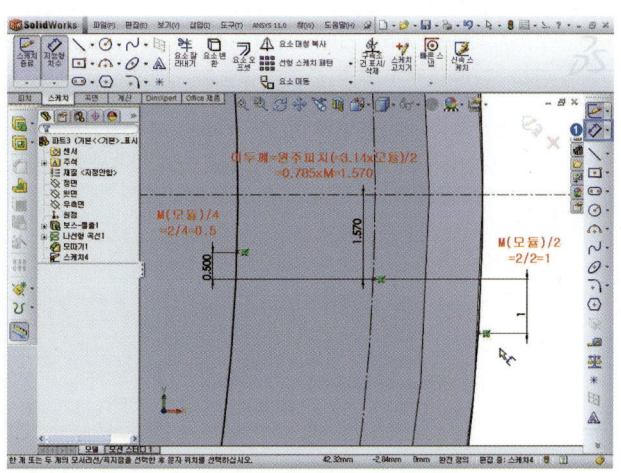

15 3점호[⌒] 선택 ➡ ③점 선택
하고 ④점 선택하고 임의 위치
에 ⑤점 선택하여 원호를 스케
치한다.

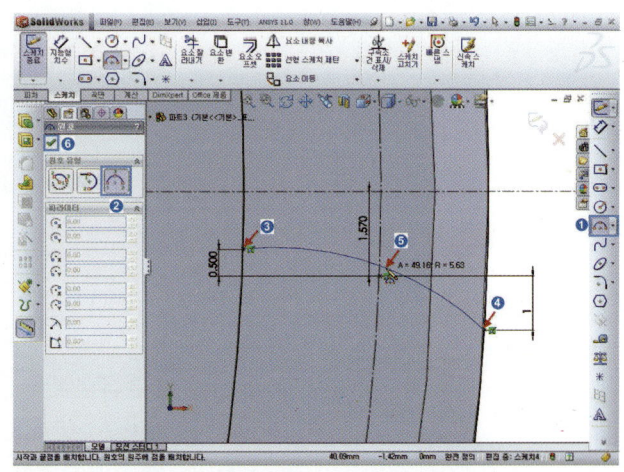

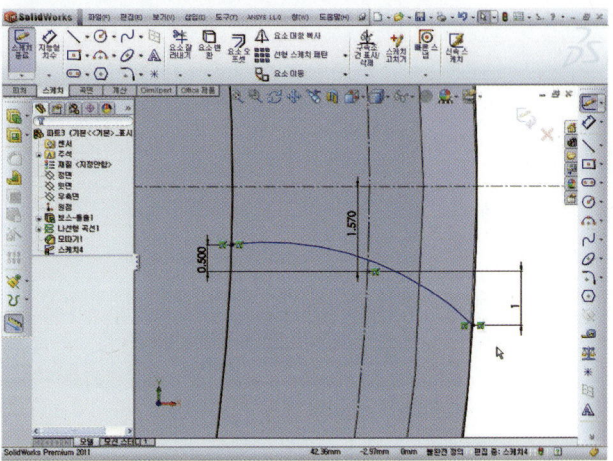

16 키보드 **Ctrl** 누른 상태에서 스케
치한 원호(①)와 포인트(②) 선택
➡ 구속조건[⚡ **일치(D)**] 선택하
면 원호와 포인트가 일치하게
된다.

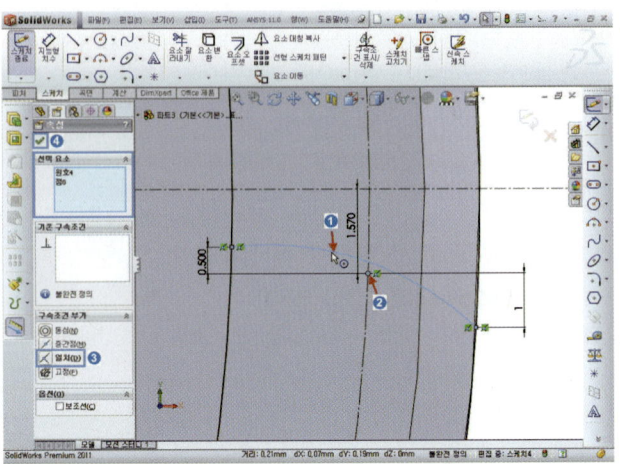

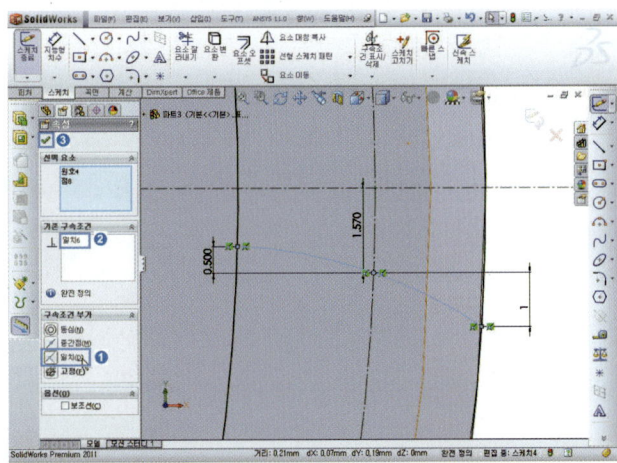

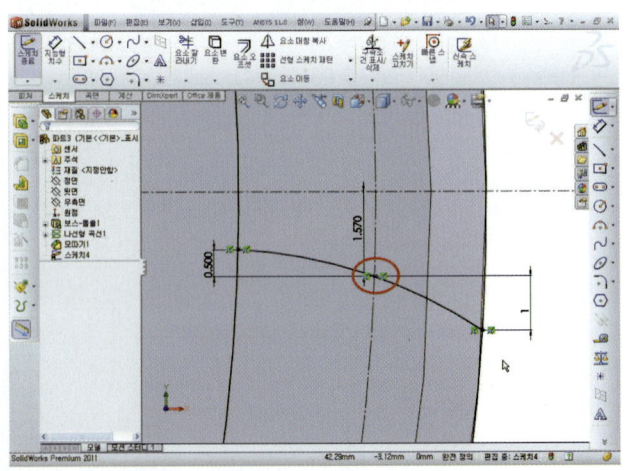

17 대칭복사[⚠] 선택 ➡ [ ] 대
칭복사기준=(①중심선) 선택,
☑ 복사(c)체크 ➡ [⚠] 대칭
복사할 항목(원호②) 선택 ➡ 확
인[✅]을 누른다.

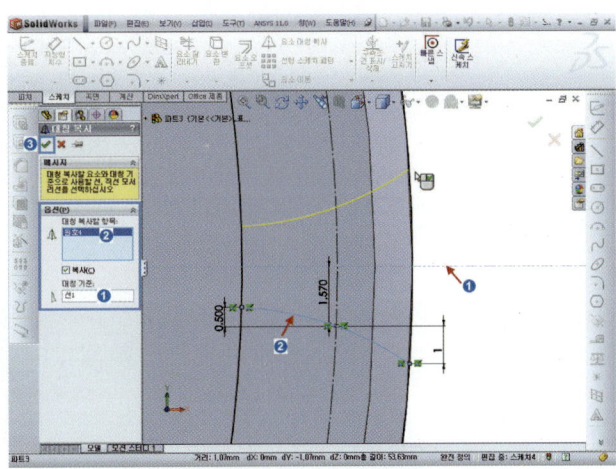

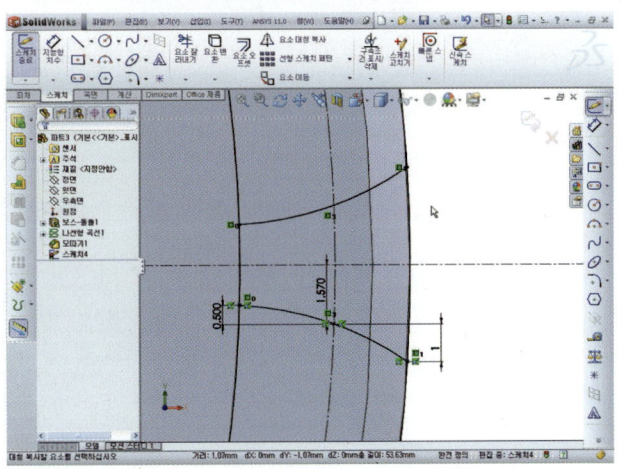

18 요소 잘라내기[✂] 선택 ➡
[┼] 근접 잘라내기(T) 선택 ➡
호와 원이 겹치는 선을 잘라낸다.

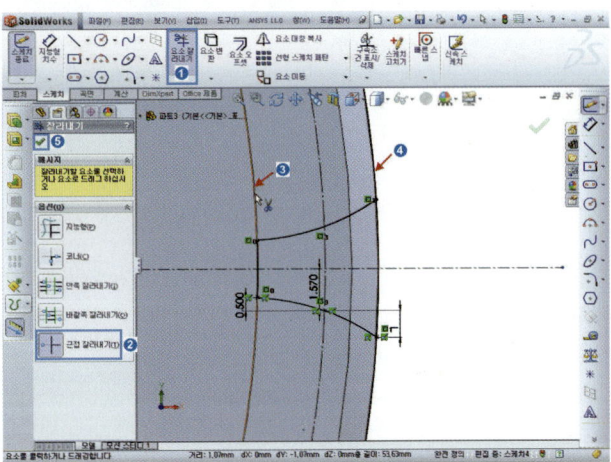

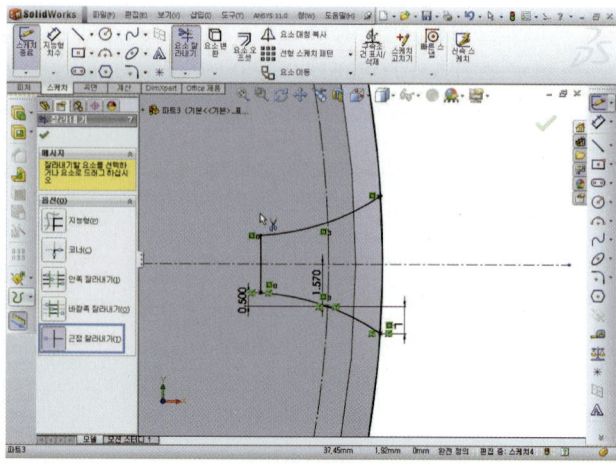

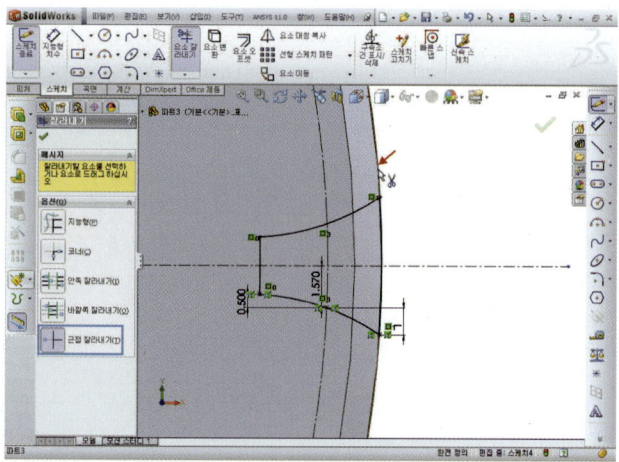

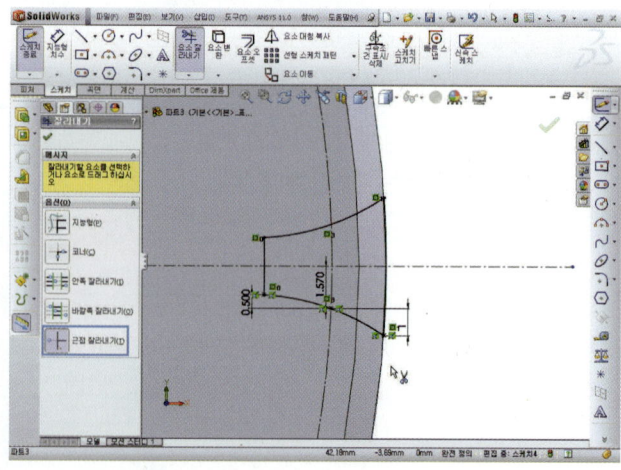

19 **Spacebar** 누르면 방향 창에서 [등각 보기] 더블클릭 ➡ 스케치 작업[완전정의]이 완성되었는지 확인한다.

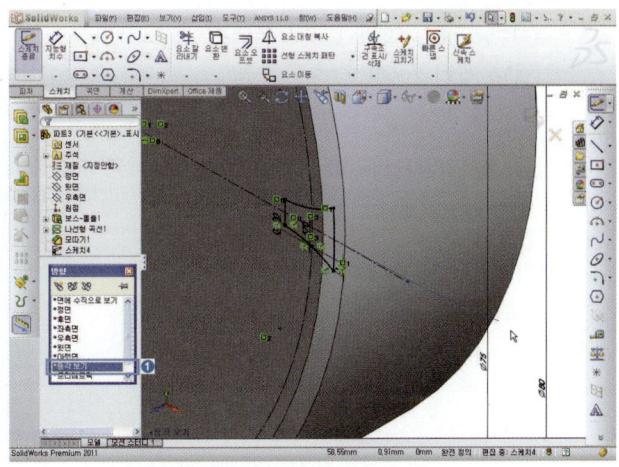

20 재생성[ ] (단축키 **Ctrl**+B) 선택하여 변경된 치수로 스케치 작업을 완료한다.

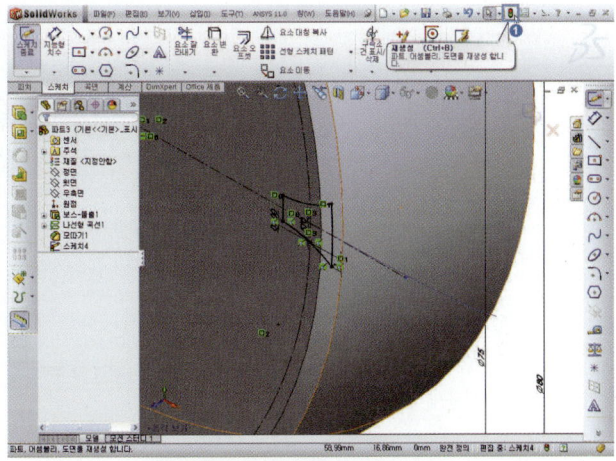

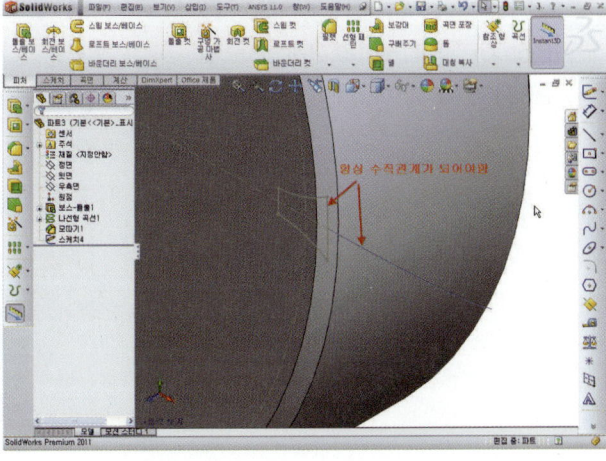

21 스윕-컷[ ] 선택, [ ] 프로파
일(①스케치 선택), [ ] 경로(②
선택) ➡ 확인[ ]을 누른다.
(항상 프로파일(Profile)과 경로(Path)
는 항상 수직관계가 되어야 한다.)

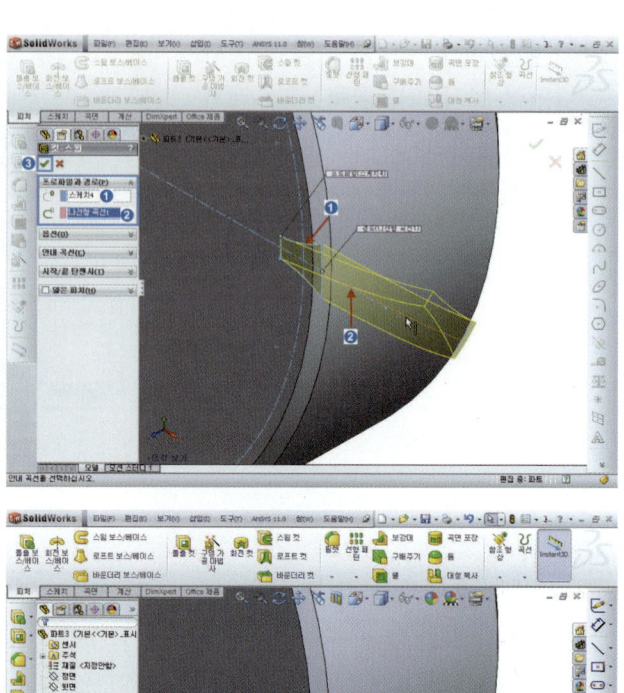

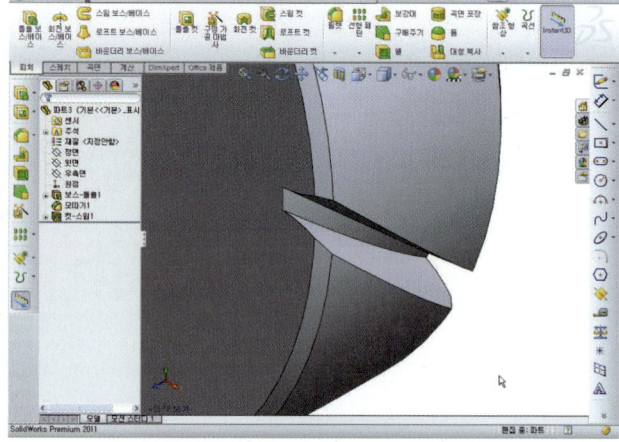

22 필렛[ ] 선택 ➡ 반지름
0.5mm 입력 ➡ ② 2개의 모서
리 선택 ➡ 확인[ ]을 누른다.

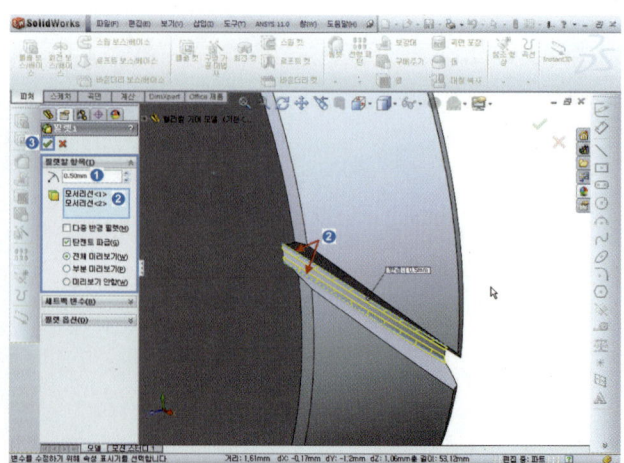

제3장 파트 모델링(Part modeling) 따라잡기

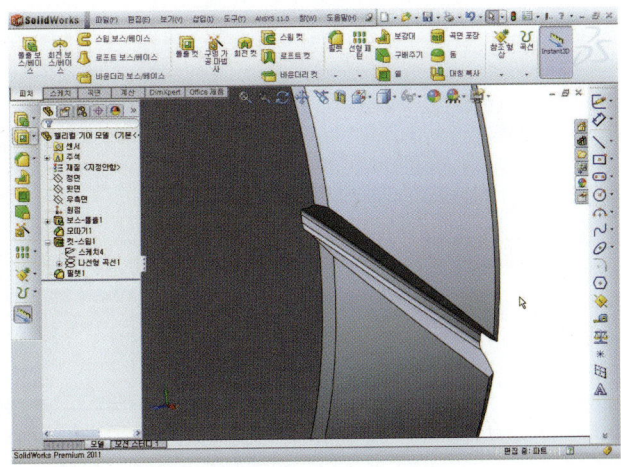

23 메뉴 도구모음 보기(V) ➡ 임시축[🔩] 선택하여 임시축(②)이 나타나게 한다.

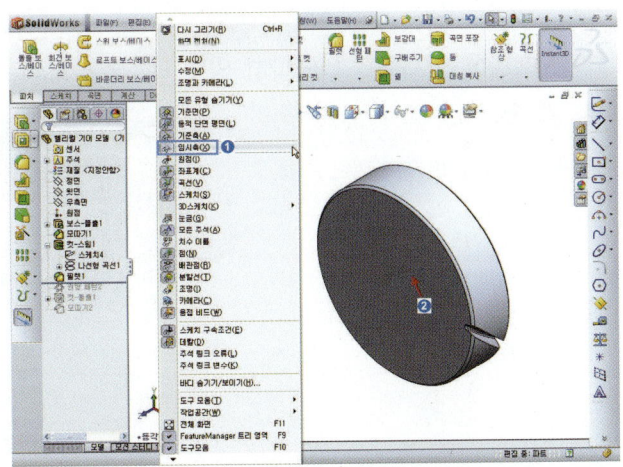

24 원형 피처 패턴[🔳] 선택 ➡ [🔄]기준축(①) 선택 ➡ 각도 [📐] 360도 ➡ [🔳] 패턴할 개수 40개 입력, ☑ 동등간격(E) 체크 ➡ 패턴할 피처((④)스윕컷, 필렛) 선택 ➡ 확인[✅]을 누른다.

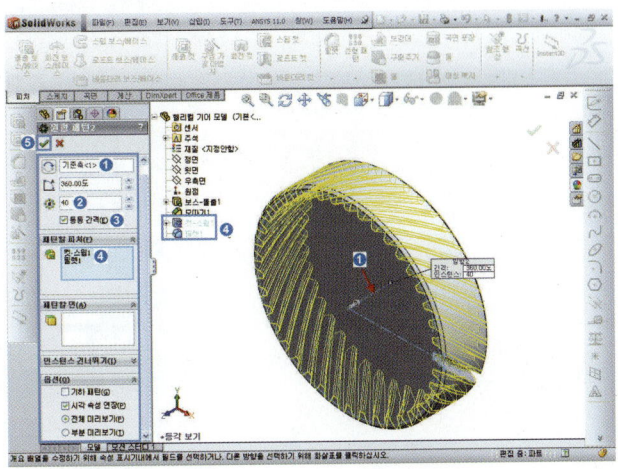

25 도구모음 보기(V) ➡ 임시축[]
선택하여 임시축을 나타나지 않
게 숨긴다.

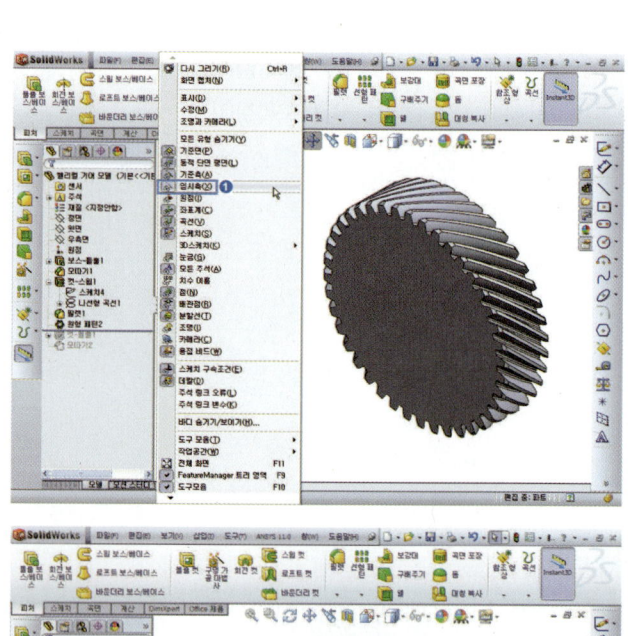

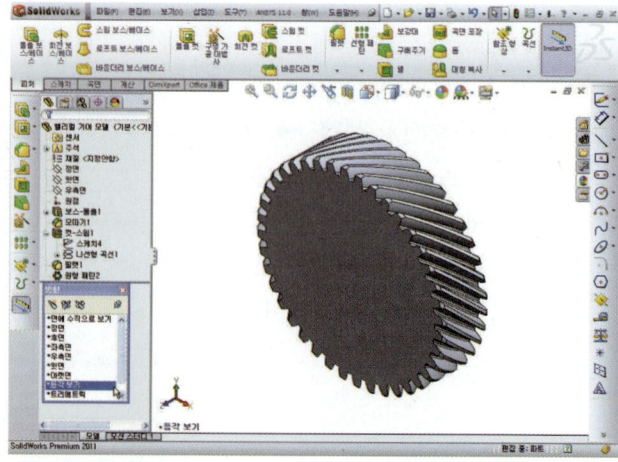

26 피처면 선택 ➡ 스케치 도구
[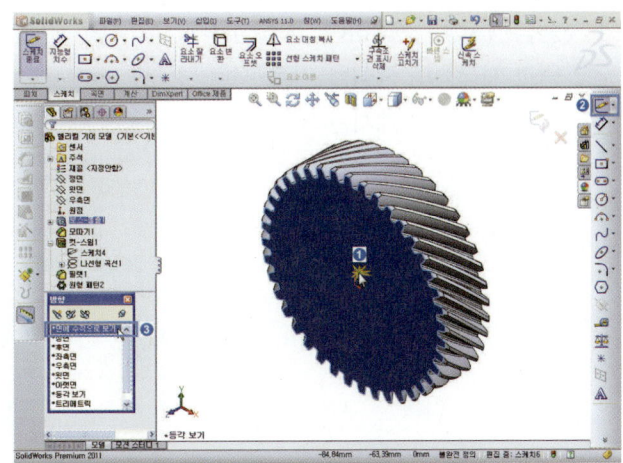] 선택 ➡ **Spacebar** 누르
면 방향창 [면에 수직으로 보기]
더블클릭 ➡ 스케치 작업이 편하
도록 수직하게 위치한다.

27 원[⊙] 선택 원 스케치 ➡ 중심
점 사각형[□] 선택 ➡ 원의 사
분점에 사각형을 스케치한다.

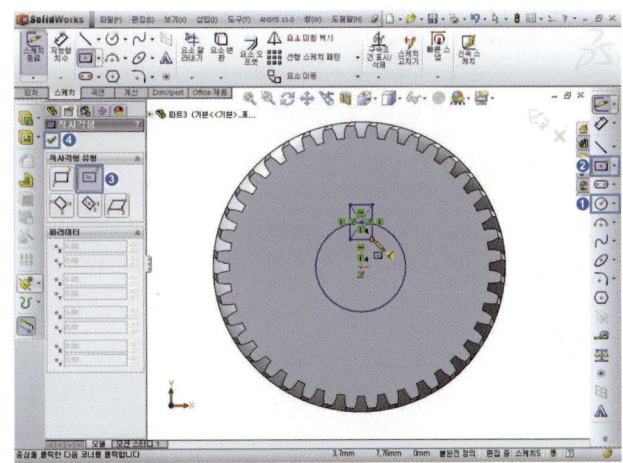

28 28. 요소 잘라내기[✂] 선택 ➡
[╈] 근접 잘라내기(T) 선택 ➡ 사각
형과 원이 겹치는 선을 잘라낸다.

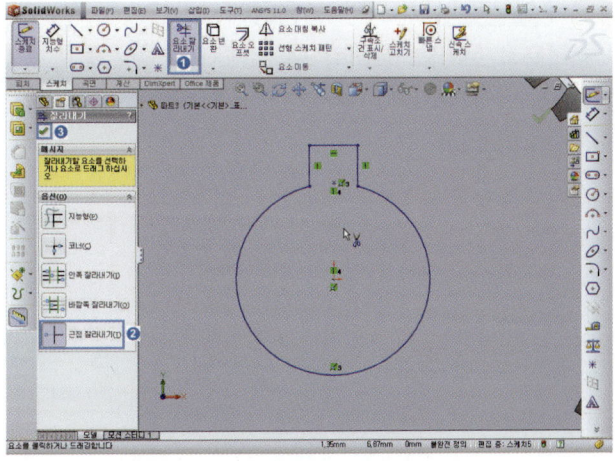

29 중심선[|] 선택하여 중심선을
원과 사각형의 중심을 가로 지르
는 중심선을 스케치한다.

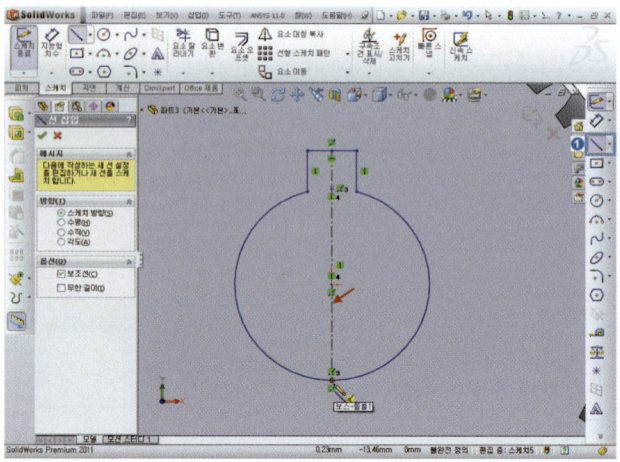

30 지능형 치수[◇] 선택 ➡ 축지
름=15mm, 키홈의 너비=5mm,
축과 키홈의 높이=17.3mm 치수
입력한다.

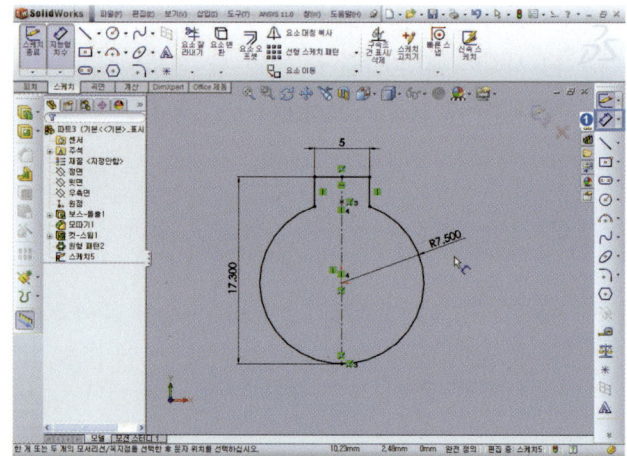

31 [Spacebar] 누르면 방향창에서
[등각 보기] 더블클릭 ➡ 스케치
작업[완전정의]이 완성되었는지
확인한다.

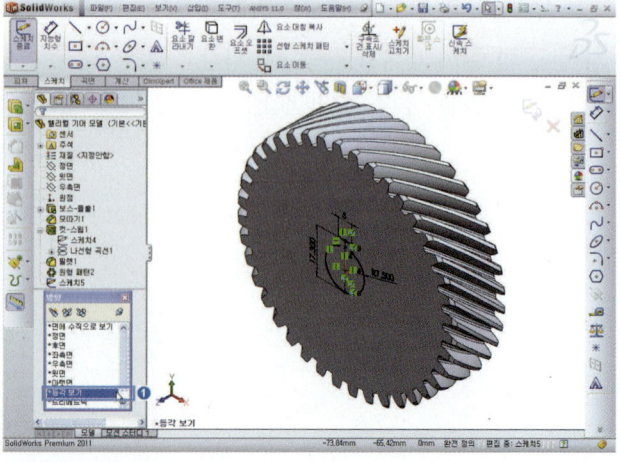

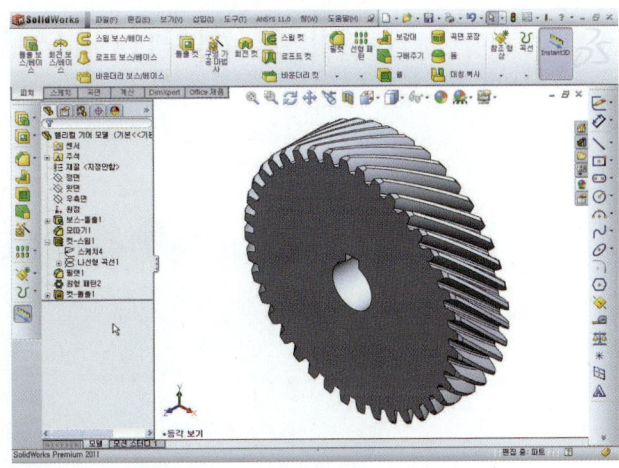

32 모따기[🔶] 선택 ➡ [🔷] 거리 1mm, [🔷] 각도 45도 ➡ 뷰 회전[🔷] 선택하여 ③2개의 모서리 선택 ➡ 확인[✅]을 누른다.

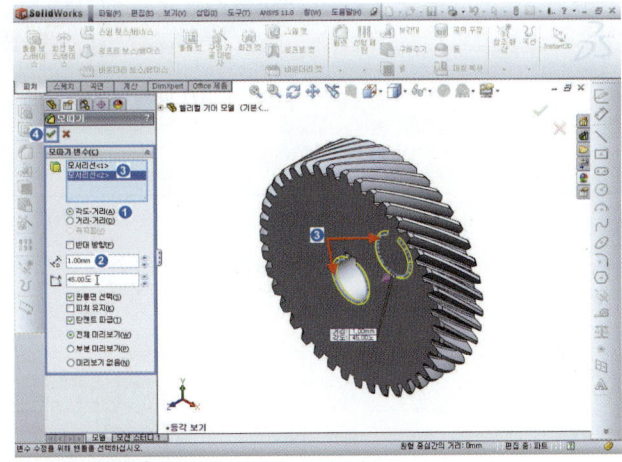

33 헬리컬 기어(Helical gear) 모델을 완성한다.

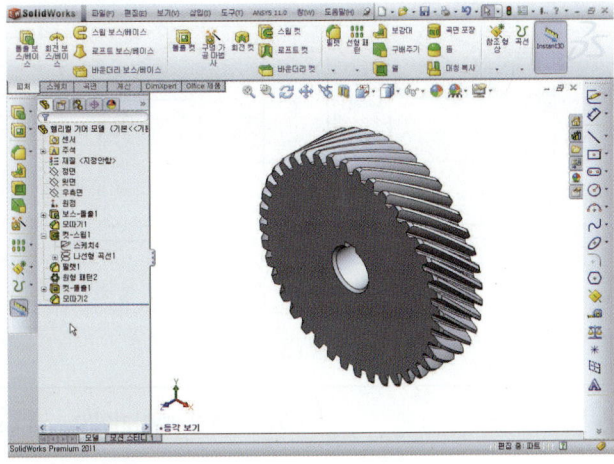

베벨 기어(Bevel gear) 모델링

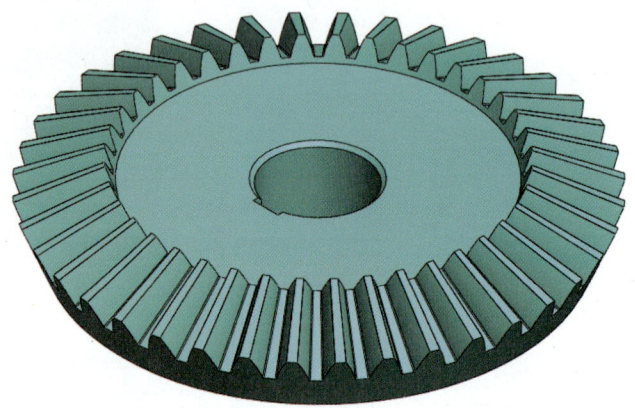

[그림 3-41] 베벨 기어(Bevel gear) 모델링

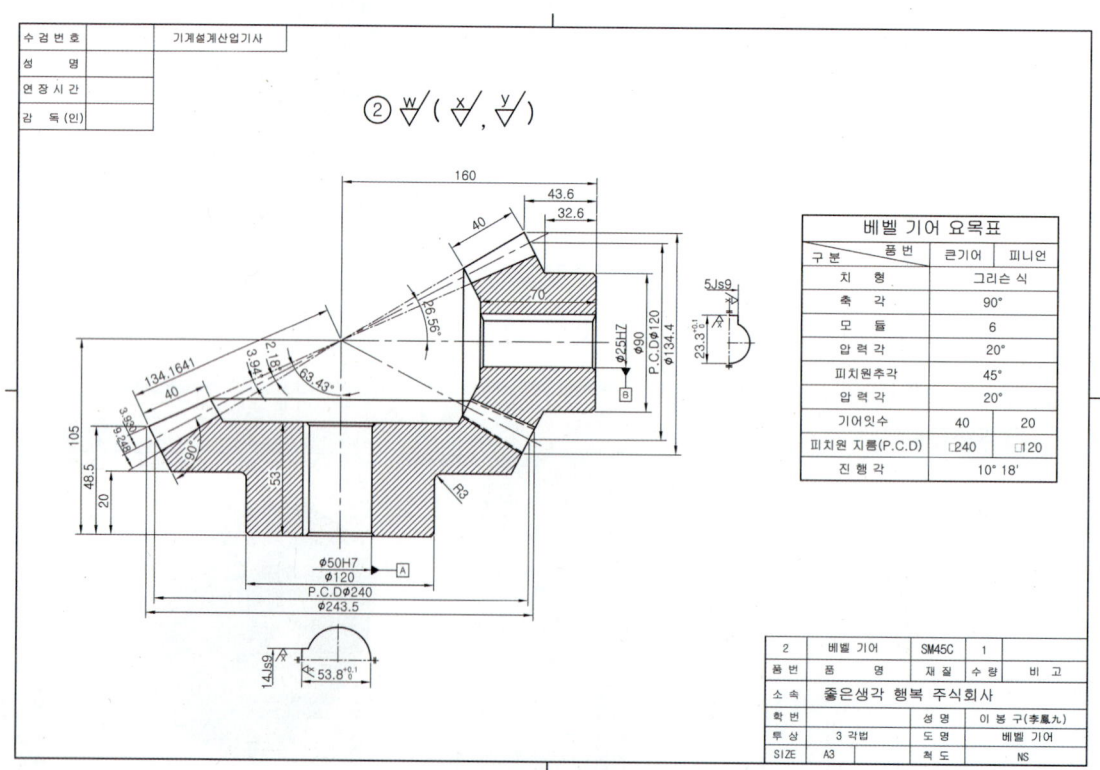

베벨 기어 요목표		
구 분 품 번	큰기어	피니언
치 형	그리슨 식	
축 각	90°	
모 듈	6	
압 력 각	20°	
피치원추각	45°	
압 력 각	20°	
기어잇수	40	20
피치원 지름(P.C.D)	□240	□120
진 행 각	10° 18′	

2	베벨 기어	SM45C	1	
품 번	품 명	재 질	수 량	비 고
소 속	좋은생각 행복 주식회사			
학 번		성 명	이 봉 구(李鳳九)	
투 상	3 각법	도 명	베벨 기어	
SIZE	A3	척 도	NS	

[그림 3-42] 베벨 기어(Bevel gear) 모델 도면

■ 베벨 기어(Bevel gear) 모델링 순서

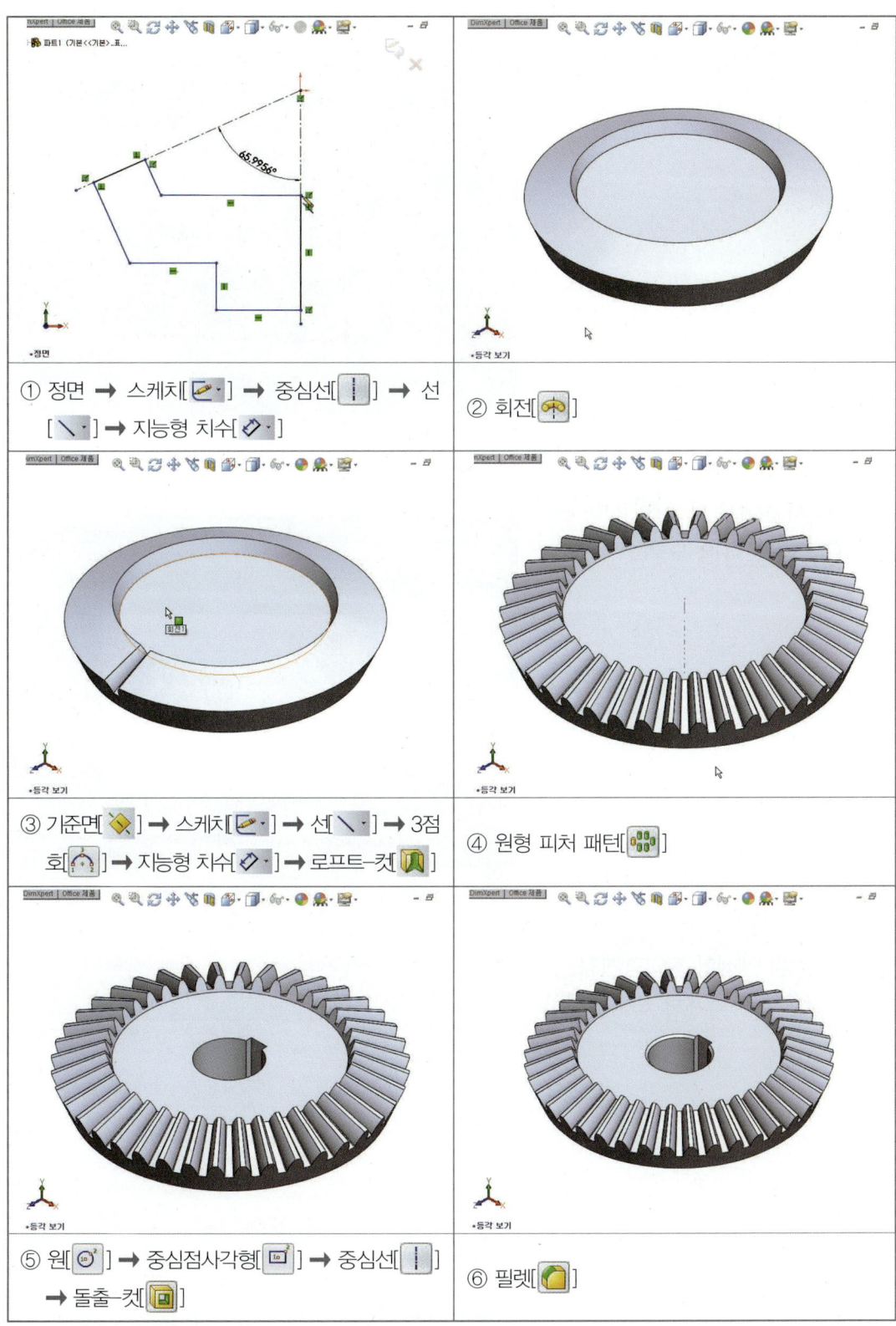

① 정면 ➡ 스케치[✏️] ➡ 중심선[┃] ➡ 선
[＼] ➡ 지능형 치수[◇]

② 회전[🔄]

③ 기준면[◆] ➡ 스케치[✏️] ➡ 선[＼] ➡ 3점
회[🔄] ➡ 지능형 치수[◇] ➡ 로프트-컷[🔩]

④ 원형 피처 패턴[🔲]

⑤ 원[⊙] ➡ 중심점사각형[🔲] ➡ 중심선[┃]
➡ 돌출-컷[🔲]

⑥ 필렛[🔵]

1 파일 ➡ 새문서(N)[🗋 새 문서]를
클릭한다.

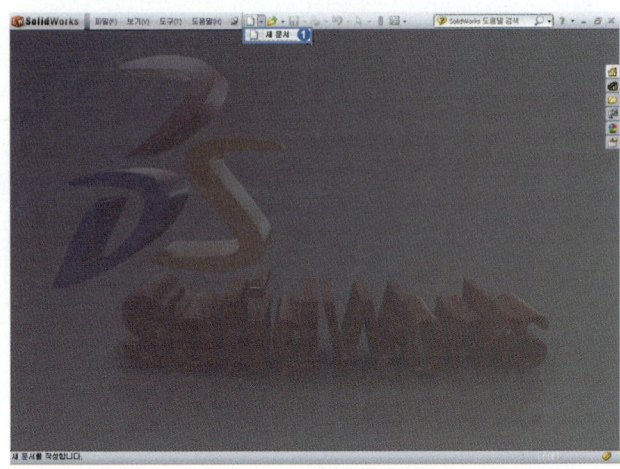

2 새문서 창에서 파트[📄]선택 ➡
[확인]을 누른다.

3 스케치를 생성할 작업평면[정면]
을 선택 ➡ 스케치 도구[🖉]
선택한다.

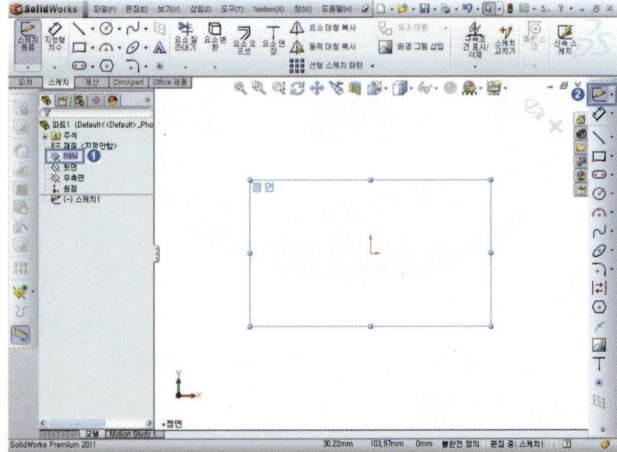

4. 중심선[|] 선택하여 중심선 스 케치 ➡ 지능형 치수[◇] 선택 ➡ 이끝원추각=피치원추각 (63.4349도)+이끝각 (2.5606 도)=65.9956° 치수입력한다.

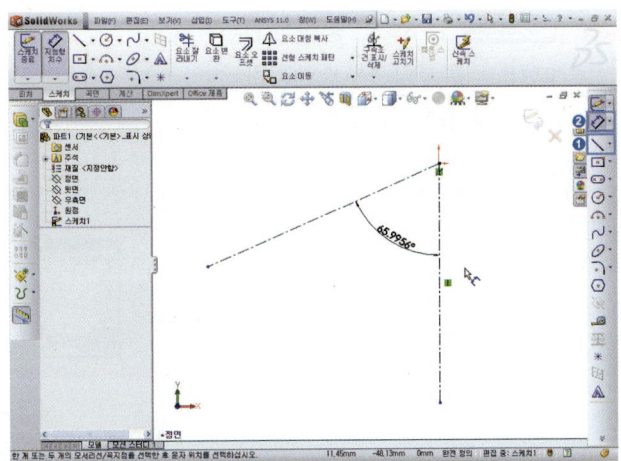

5. 선(Line)[＼] 클릭히여 아래 그 림과 같이 선(Line)을 스케치한다.

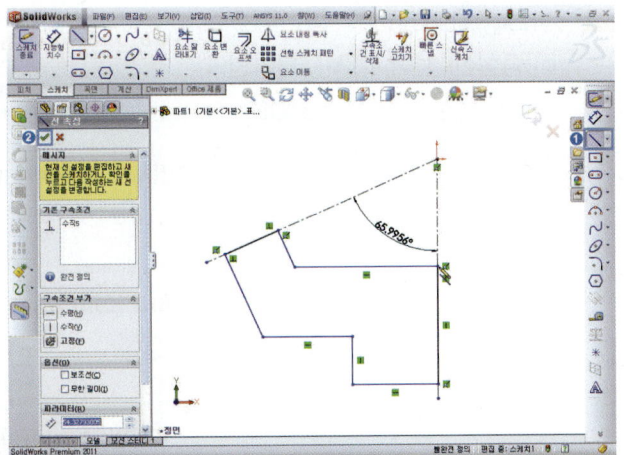

6. 지능형 치수[◇] 선택, 아래 그 림(도면 참고)과 같이 치수입력 한다.

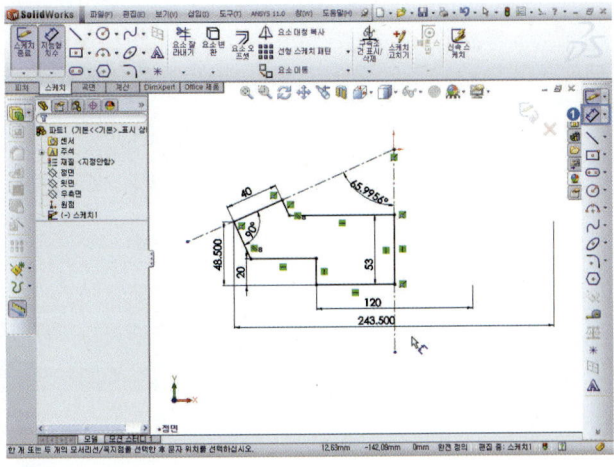

7 **Spacebar** 누르면 방향창 [등각
보기] 더블클릭 → 스케치가 원
하는 작업평면에 스케치되어 있
는지 확인한다.

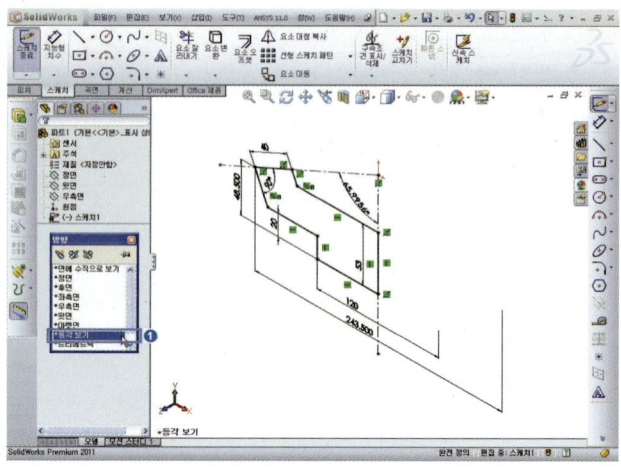

8 회전[ ] 선택 → 회전축[ ]
(①중심선) 선택, [ ] [블라인드
형태], [ ] [각도]=360도 →
확인[ ]을 누른다.

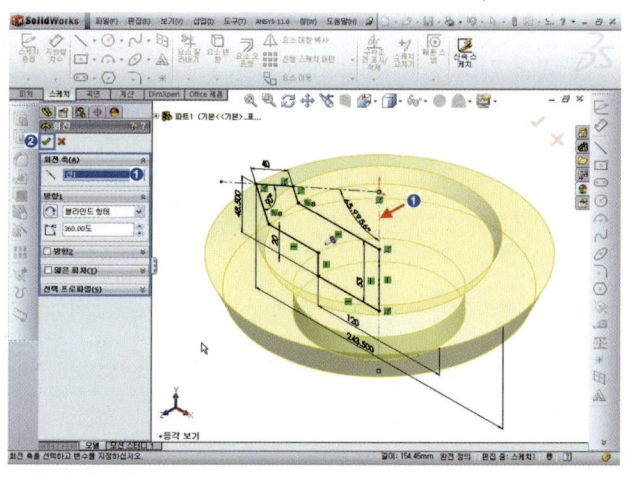

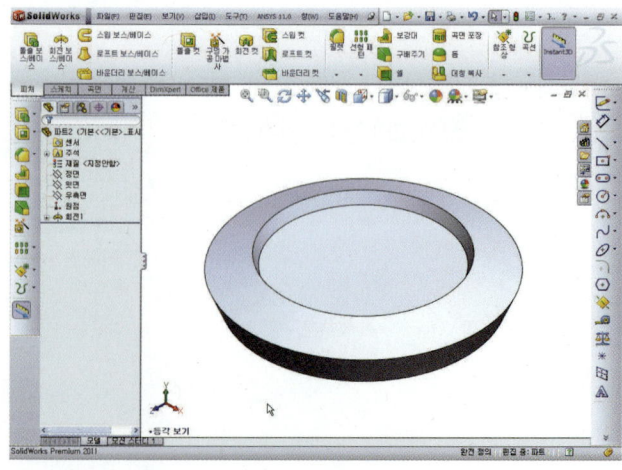

9 우측면 선택 ➡ 기준면[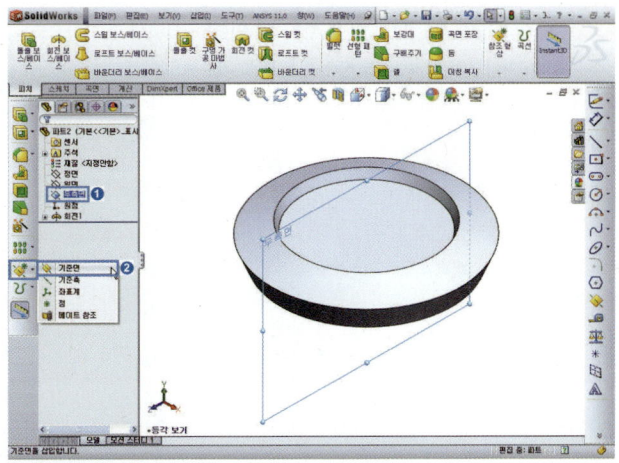] 선택 ➡ 제1참조,[우측면], 구속[직각] 제2참조,③면 선택, 구속[탄젠트] ➡ 확인[✅]을 누른다.

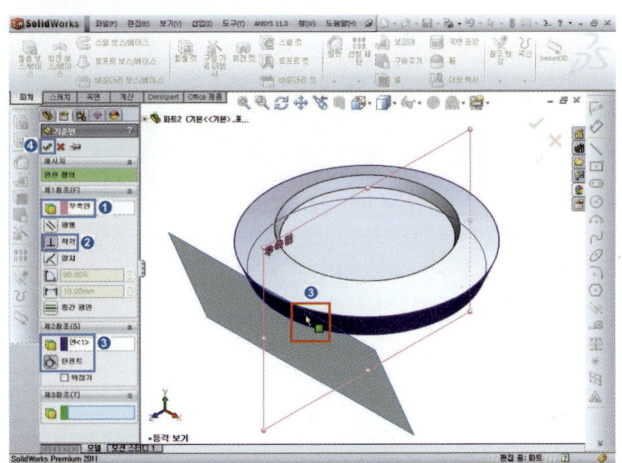

10 생성된 평면 1[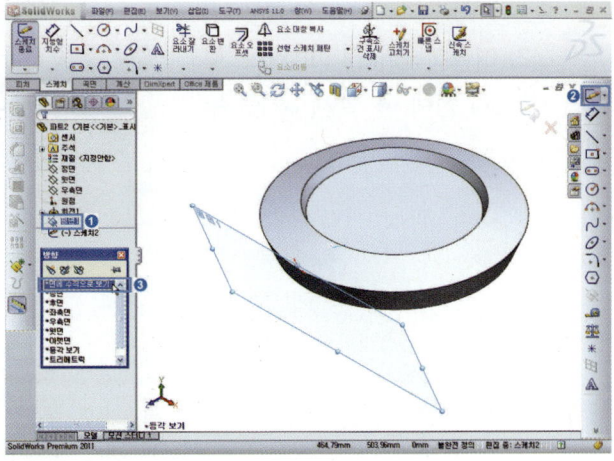] 선택 ➡ 스케치 도구[✏️] 선택 ➡ **Spacebar** 누르면 방향창 [면에 수직으로 보기] 더블클릭 ➡ 스케치 작업이 편하도록 수직하게 위치한다.

11 요소변환[▢ ▾] 선택 ➡ 모서리
선(②) 선택 ➡ 확인[✓]을 누
른다.

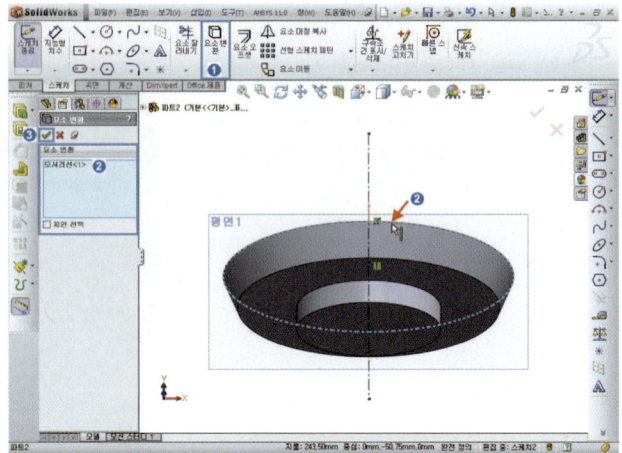

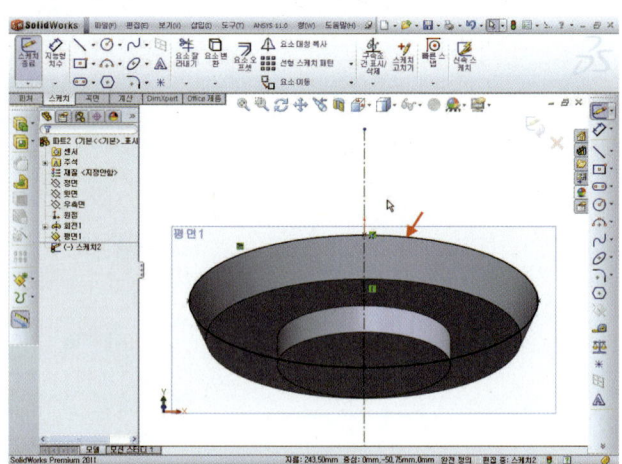

12 오프셋[ㄱ] 선택 ➡ 오프셋 거
리값(어덴덤=6mm), 피처의 모
서리(③) 선택 ➡ 확인[✓]을 누
른다.

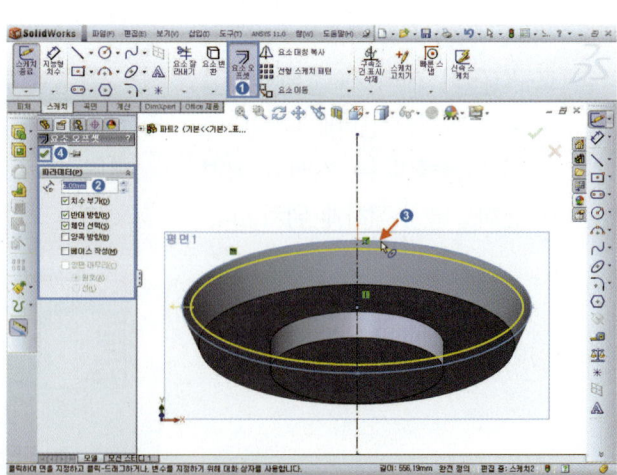

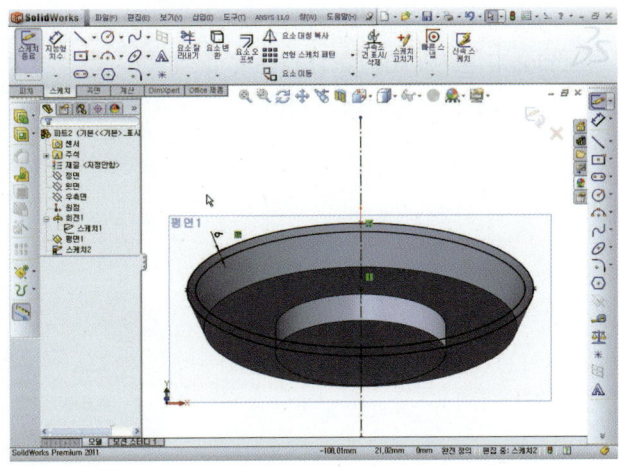

13 오프셋[┓] 선택 ➡ 오프셋 거
리값(총 이높이=13.5mm), 피처
의 모서리(③) 선택 ➡ 확인[✓]
을 누른다.

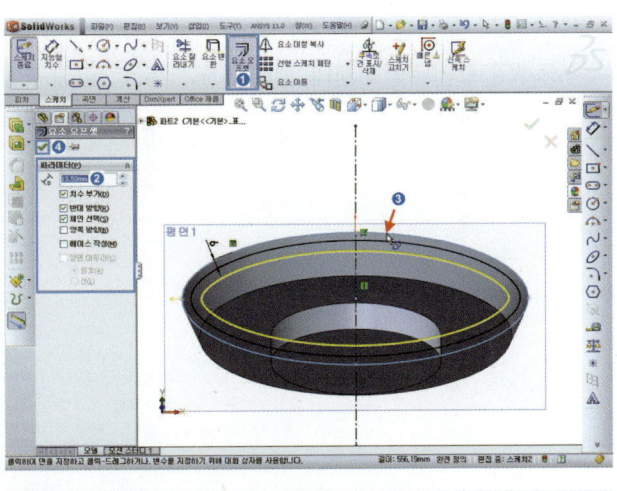

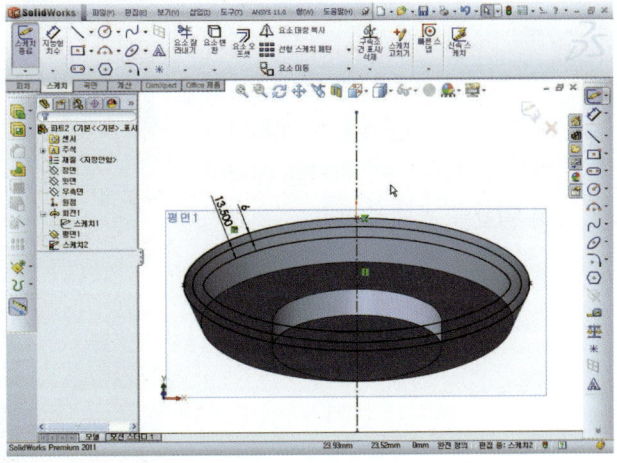

14 가운데 피치원 선택 ➡ 원 속성
창에서 옵션(O)에 ☑[보조선(C)]
체크 ➡ 확인[✓]을 누른다.

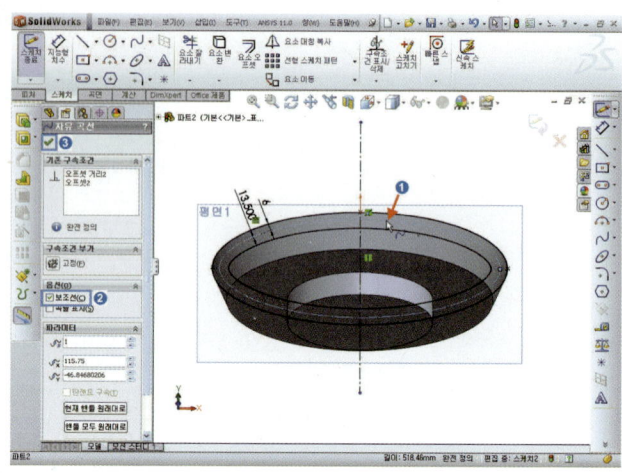

15 포인트[✳] 선택 ➡ ②, ③, ④
3개의 포인트를 3개의 원주상에
스케치한다.

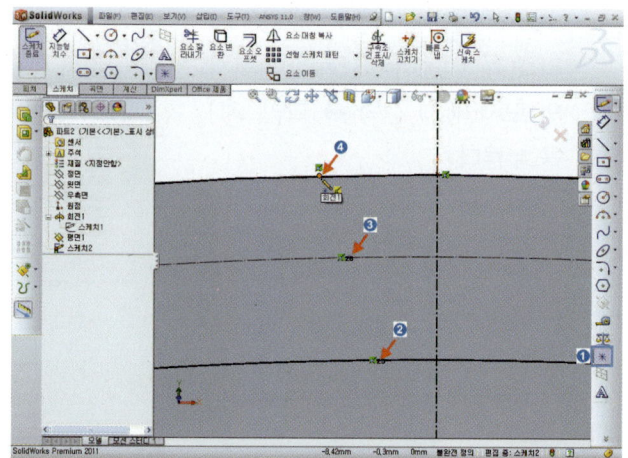

16 3점호[⌒] 선택 ➡ ③, ④포인
트에 접하는 원호를 스케치하고
마지막 점은 임의 위치를 선택하
여 원호를 스케치한다.

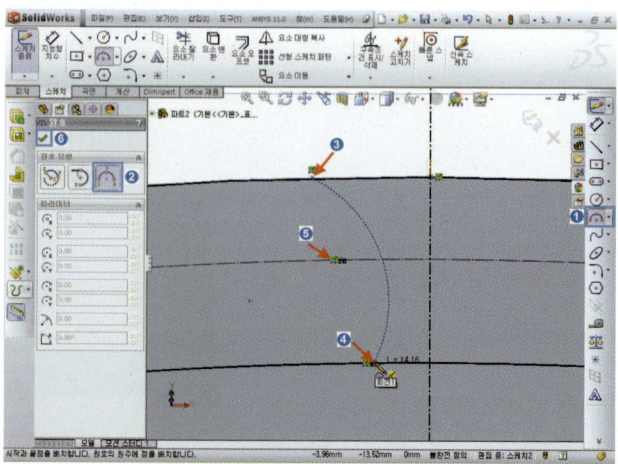

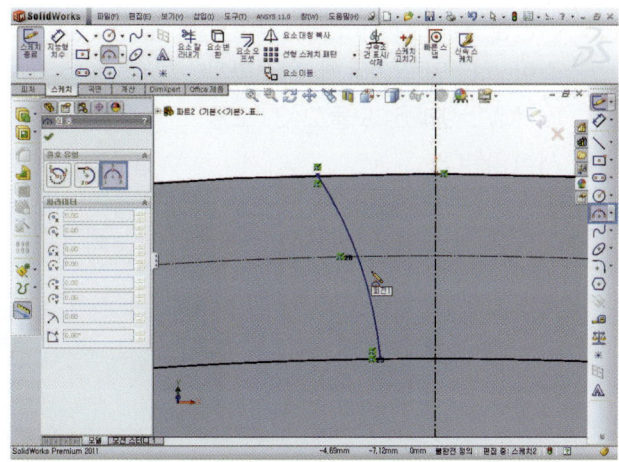

17 키보드 Ctrl 누른 상태에서 스케
치한 원호와 포인트(①, ②) 선택
➡ 구속조건[일치(D)] 선택하
면 원호와 포인트가 일치한다.

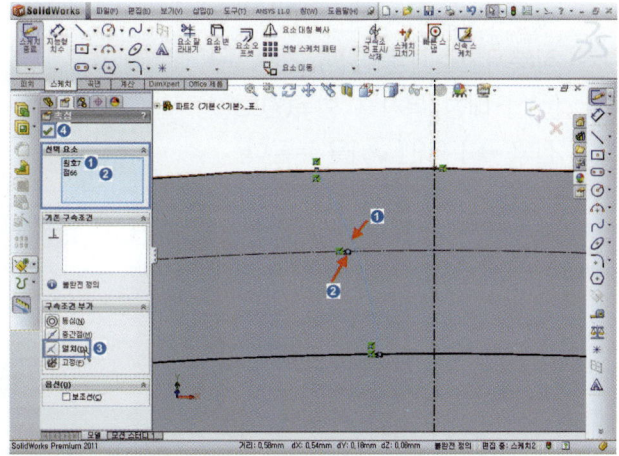

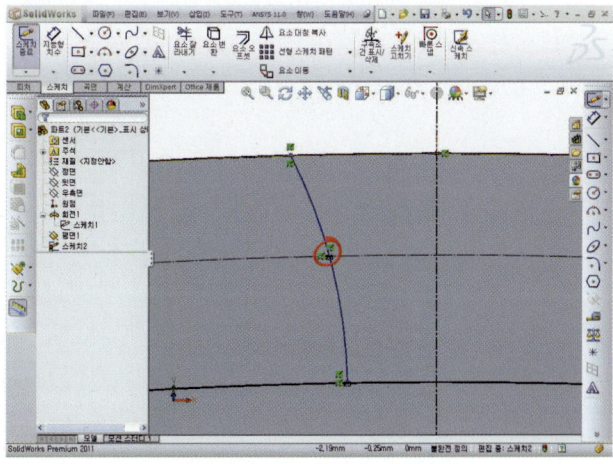

18 지능형 치수[✏️ ▾] 선택, 그림과 같이 치수입력(이두께=원주피치($\pi \times M$)/2=9.425, 모듈/2=3, 모듈/4=1.5)한다.

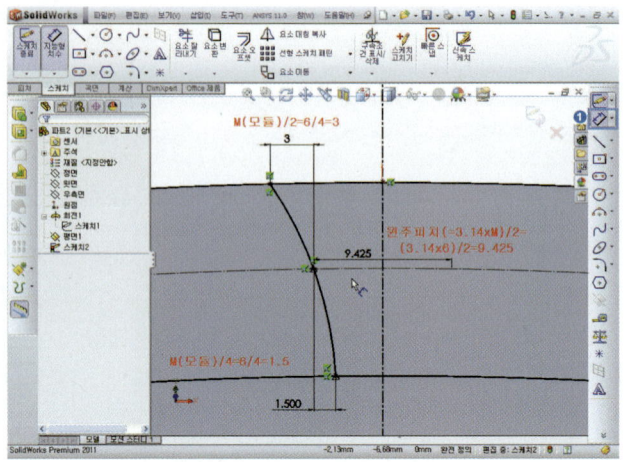

19 대칭복사[⚠️] 선택 ➡ [⚗️] 대칭복사기준(①중심선) 선택 ➡ [⚠️] 대칭 복사할 항목(원호②) 선택 ➡] 확인[✔️]을 누른다.

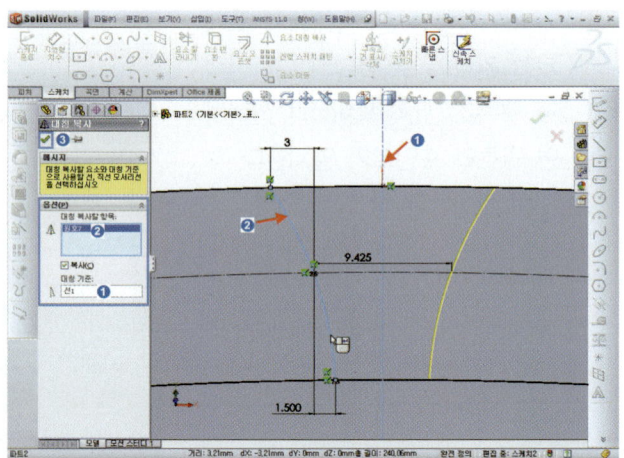

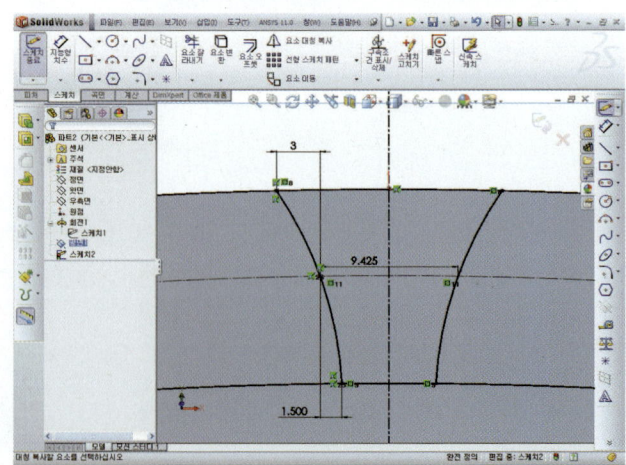

20 요소 잘라내기[✂] 선택 ➡
[┼] 근접 잘라내기(T) 선택 ➡
호와 원이 겹치는 선을 잘라낸다.

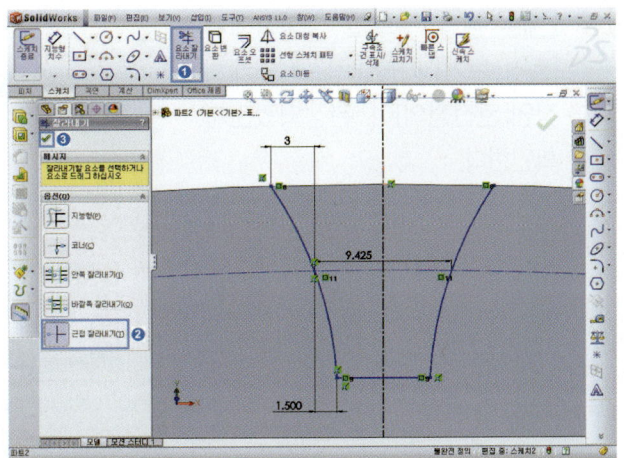

21 선(Line)[╲] 클릭하여 그림처
럼 닫혀있는(폐곡선) 스케치를
완성한다.

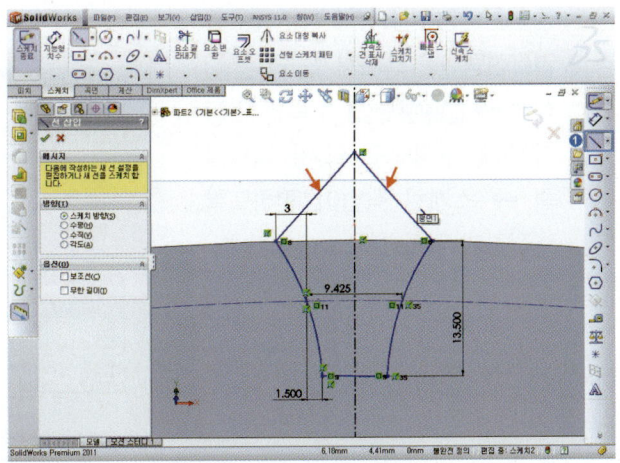

22 재생성[8] (단축키 Ctrl+B) 선
택하여 변경된 치수로 스케치 작
업을 완료한다.

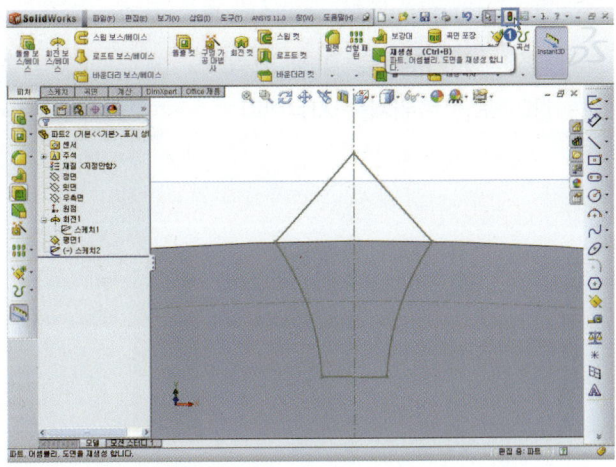

23 **Spacebar** 누르면 방향창에서 [등각 보기] 더블클릭 ➡ 스케치 작업[완전정의]이 완성되었는지 확인한다.

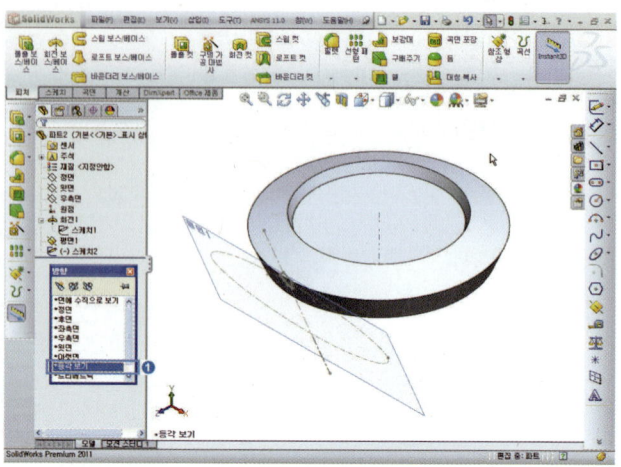

24 생성된 [평면1]과 수직한 [우측면] 선택 ➡ 스케치 도구[✏] 선택 ➡ **Spacebar** 누르면 방향창[면에 수직으로 보기] 더블클릭 ➡ 스케치 작업이 편하도록 수직하게 위치한다.

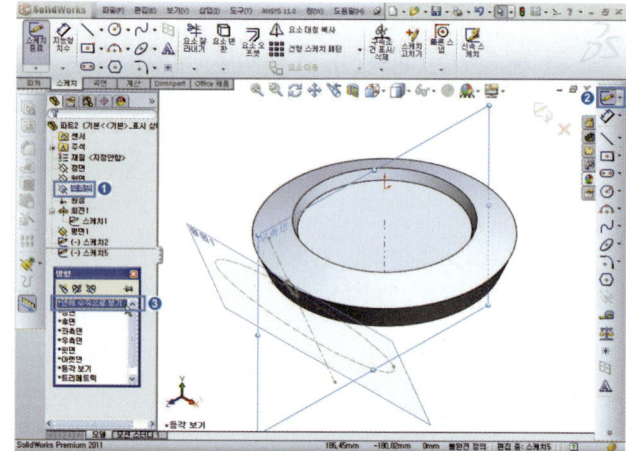

25 포인트[✳] 선택 ➡ ②포인트를 원점[∟] 기준으로 아래 그림과 같이 포인트 위치를 지정한다.

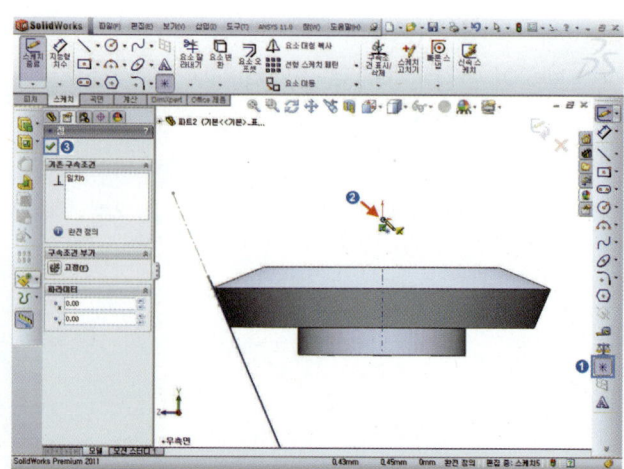

26 재생성[🚦] (단축키 Ctrl+B) 선
택하여 변경된 치수로 스케치 작
업을 완료한다.

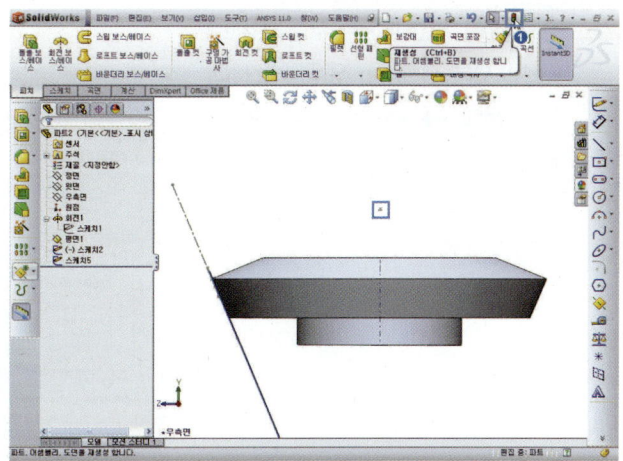

27 Spacebar 누르면 방향 창에서
[등각 보기] 더블클릭 ➡ 로프
트-컷[🖼] 선택한다.

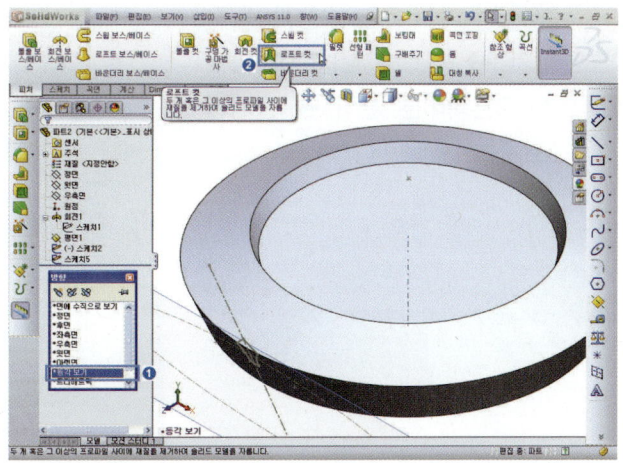

28 로프트-컷[🖼] 화면에서 ➡ 프
로파일(① 선택)과 포인트(점=②
선택) 선택하면 단면적이 다른
피처형상의 미리보기 화면이 나
타난 후 ➡ 확인[✅]을 누른다.

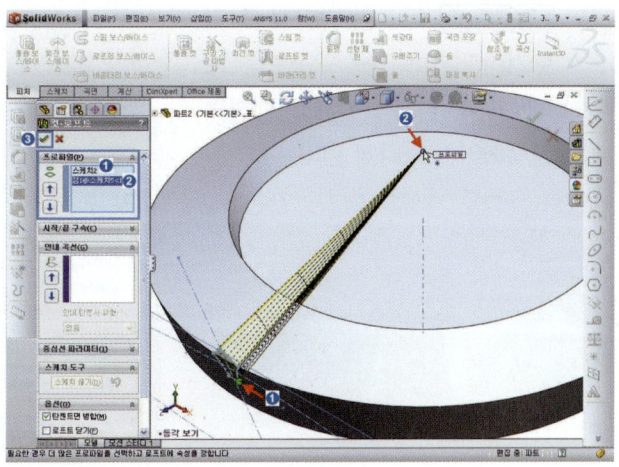

29 필렛[🔲] 선택 ➡ 부동반경(c)
➡ 반지름 0.5mm 입력, 모서리
(④) 선택 ➡ ➡ 확인[✅]을 누
른다.

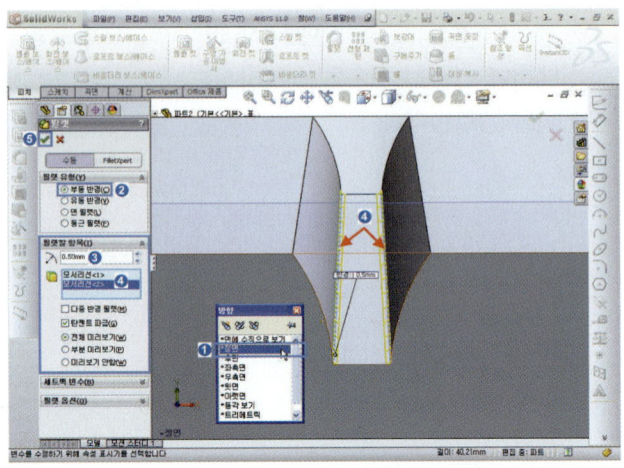

30 Spacebar 누르면 방향창 [등각
보기] ➡ 평면 1[📐] 선택, 마우
스 오른쪽버튼 클릭 ➡ 숨기기
(B)[👓] 선택한다.

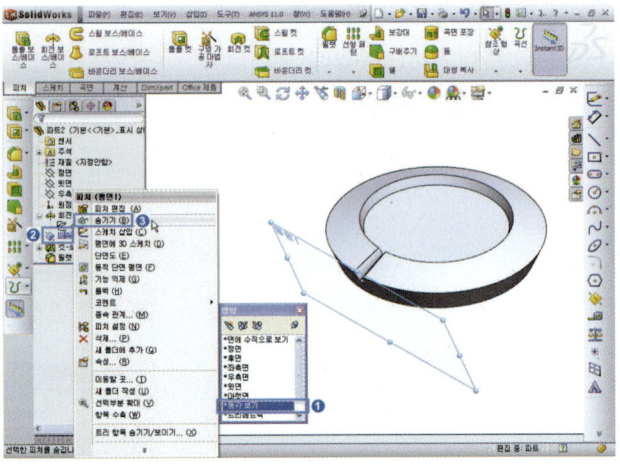

31 Spacebar 누르면 방향창 [등각
보기] 더블클릭 ➡ 도구모음 보
기(V) ➡ 임시축[🪶] 선택하여
임시축이 나타나게 한다.

32 원형 피처 패턴[ ] 선택 ➡ [ ] 기준축(①) 선택 ➡ 각도 [ ] 360도 ➡ [ ] 패턴할 개 수 40개 입력, ☑ [동등간격(E)] 체크 ➡ 패턴할 피처(로프트컷3, 필렛3) 선택한다.

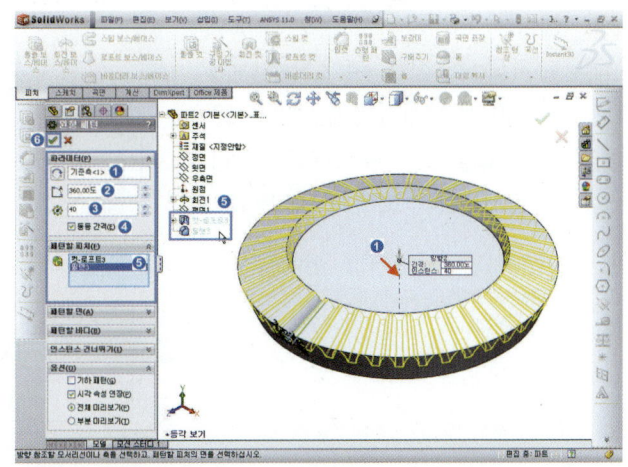

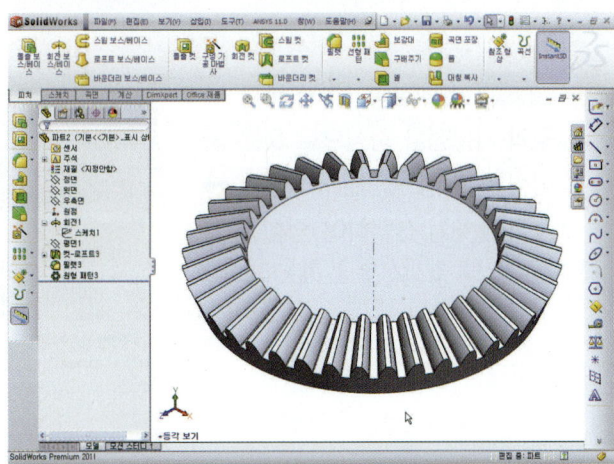

33 도구모음 보기(V) ➡ 임시축[ ] 선택하여 임시축을 숨긴다.

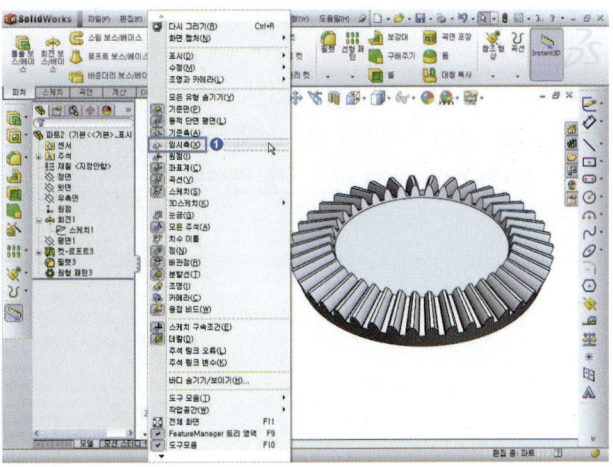

34 생성된 피처면 선택 → 스케치
도구[✏️] 선택 → **Spacebar**
누르면 방향창 [면에 수직으로
보기] 더블클릭 → 스케치 작업
이 편하도록 수직하게 위치한다.

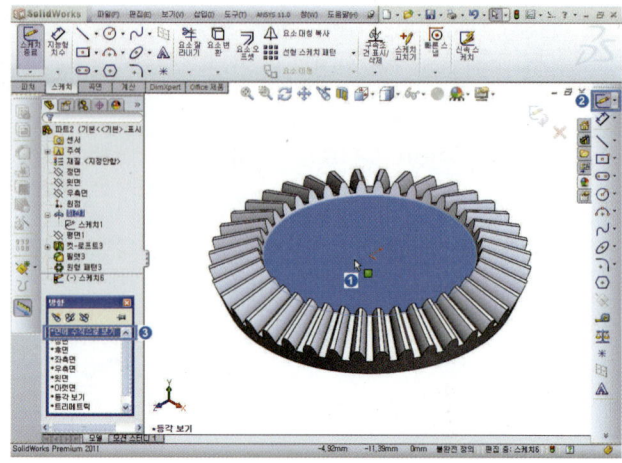

35 원[⊙] 선택하여 원 스케치 →
원의 사분점을 중심으로 하는 중
심점 사각형[⬜]을 스케치 →
중심선[│] 선택하여 중심을 가
로지르는 중심선을 스케치한다.

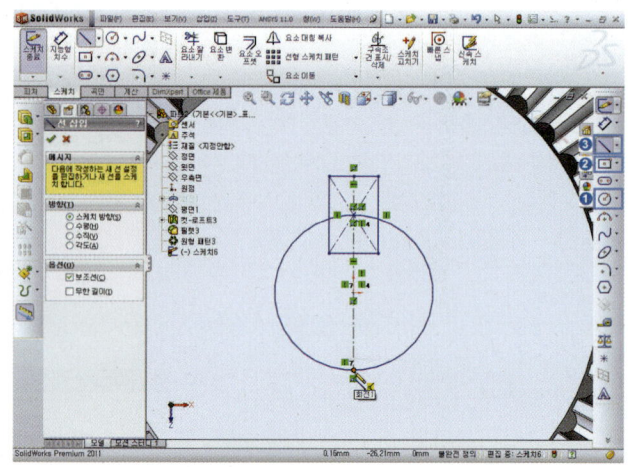

36 요소 잘라내기[✂️] 선택 →
[┼] 근접 잘라내기(T) 선택 →
사각형과 원이 겹치는 선을 잘라
낸다.

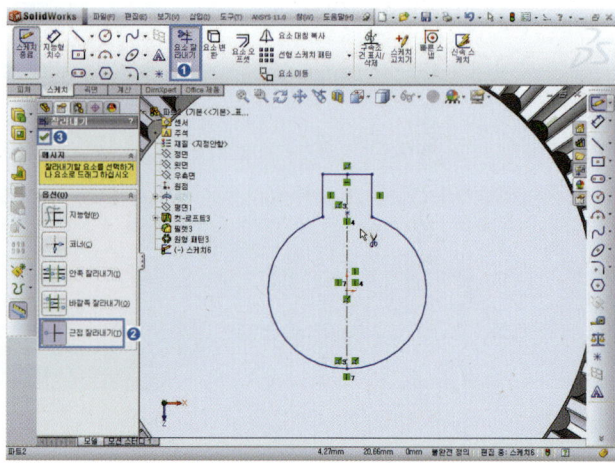

37 지능형 치수[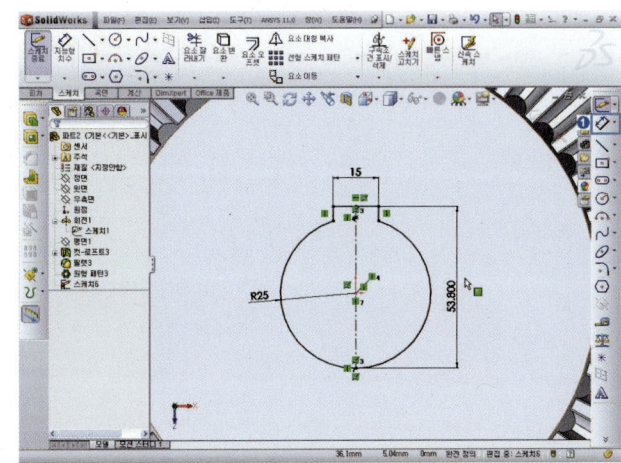] 선택 ➡ 축지름=50mm, 키홈의 너비=15mm, 축과 키홈의 높이=53.8mm 치수 입력한다.

38 [Spacebar] 누르면 방향 창에서 [등각 보기] 더블클릭 ➡ 스케치 작업[완전정의]이 완성되었는지 확인한다.

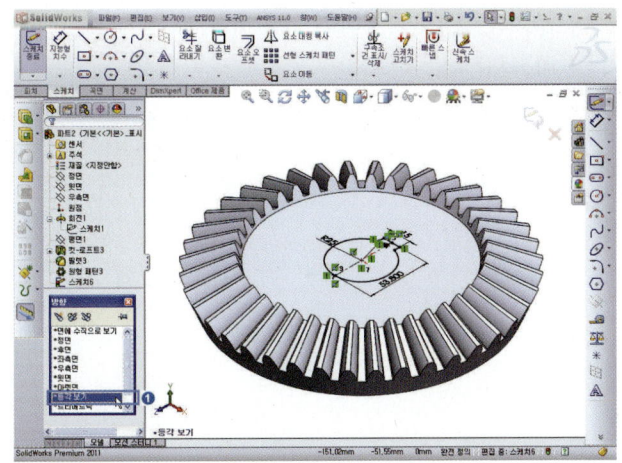

39 돌출 컷[ ] ➡ 방향 1[ ], [관통] 선택 ➡ 확인[ ]을 누른다.

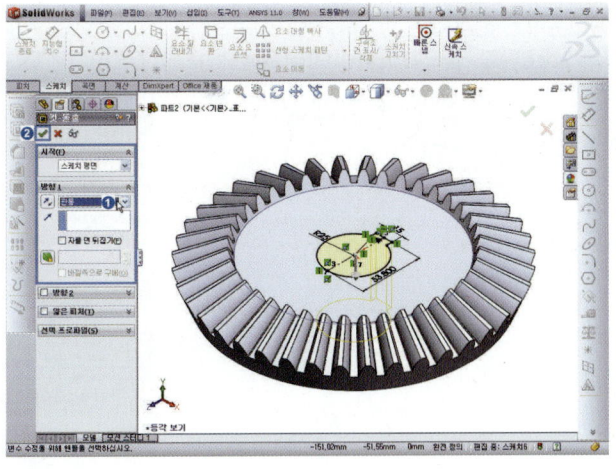

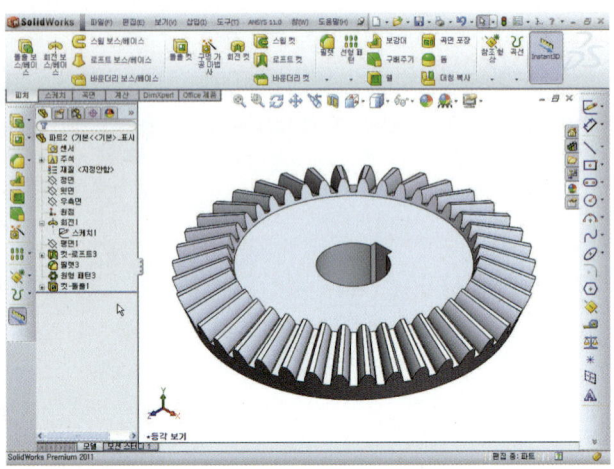

40 뷰 회전[] 선택하여 그림처럼 회전시킨다.

41 필렛[] 선택 ➡ 부동반경(C), 반지름 R=3.0mm 입력 ➡ ③ 모서리 선택 ➡ 확인[]을 누른다.

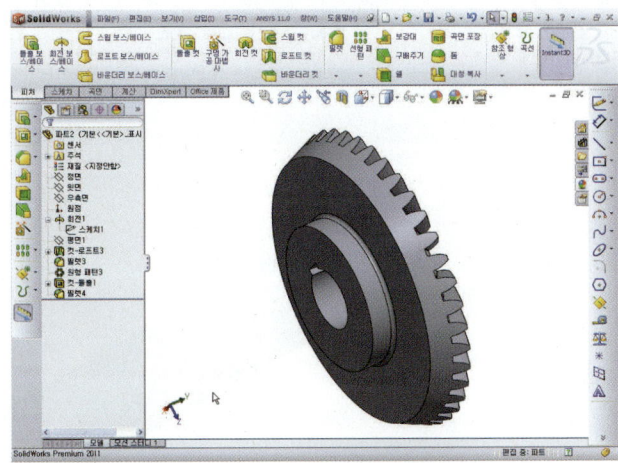

42 모띠기[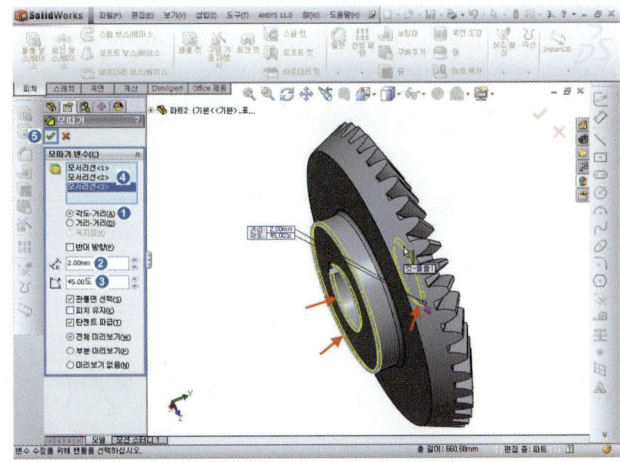] 선택 ➡ [각도−거리][ ] 거리=1mm, [ ] 각도 =45도 입력 ➡ ④3개의 모서리 선택 ➡ 확인[ ]을 누른다.

43 베벨 기어(Bevel gear) 모델을 완성한다.

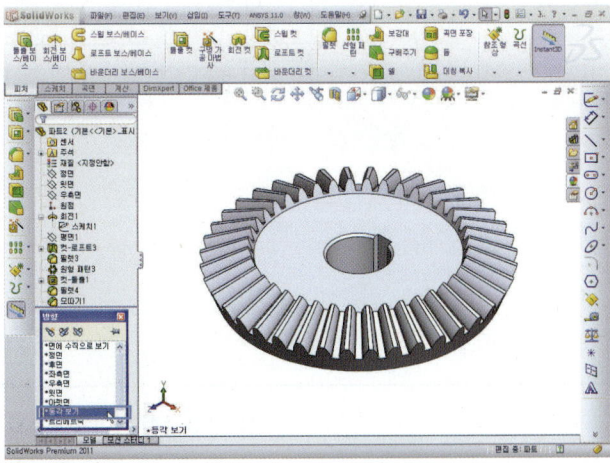

가이드 포스트 모델링 – 방법 1

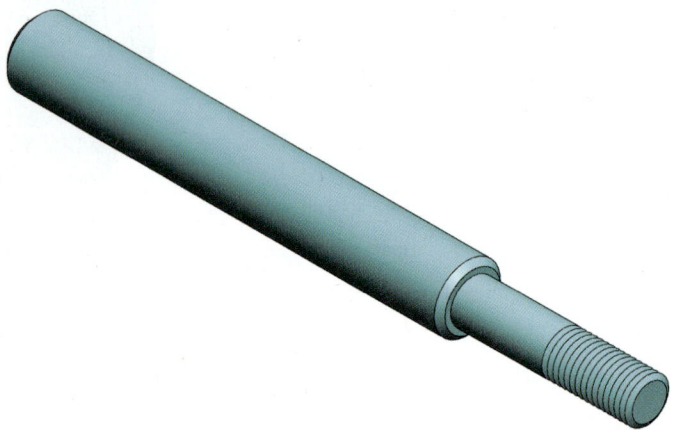

[그림 3-43] 가이드 포스트 모델링

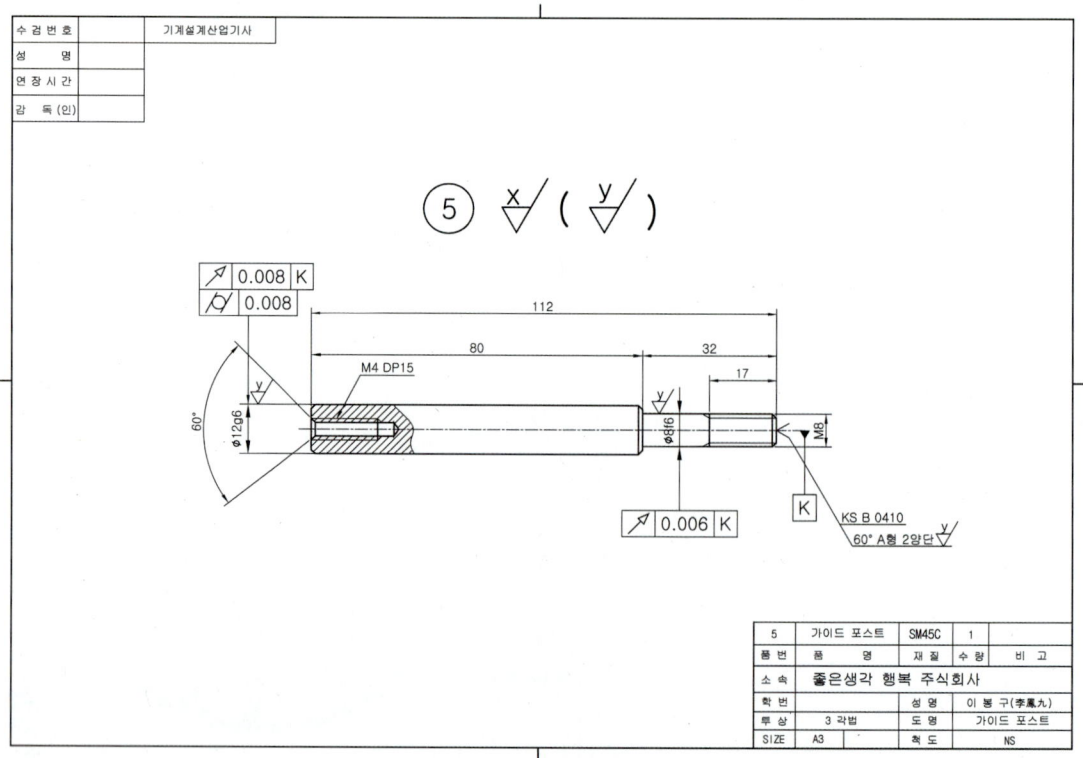

[그림 3-44] 가이드 포스트 모델 도면

■ 가이드 포스트 모델링 순서

① 우측면 ➡ 스케치[✏·] ➡ 원[◎²] ➡ 돌출
[🗋]

② 원[◎²] ➡ 돌출[🗋]

③ 원[◎²] ➡ 돌출[🗋] ➡ 선형 피처 패턴[⠿]

④ 원[◎²] ➡ 돌출-컷[🔲] ➡ 선형 피처 패턴
[⠿]

⑤ 구멍가공 마법사[🔧]

⑥ 모따기[🔶]

 1 파일 ➡ 새문서(N)[🗋 새 문서]를
클릭한다.

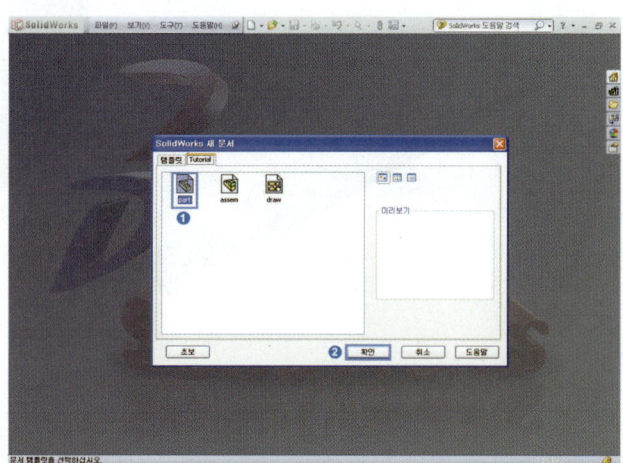 2 새문서 창에서 파트[🗋] 선택
➡ [확인]을 누른다.

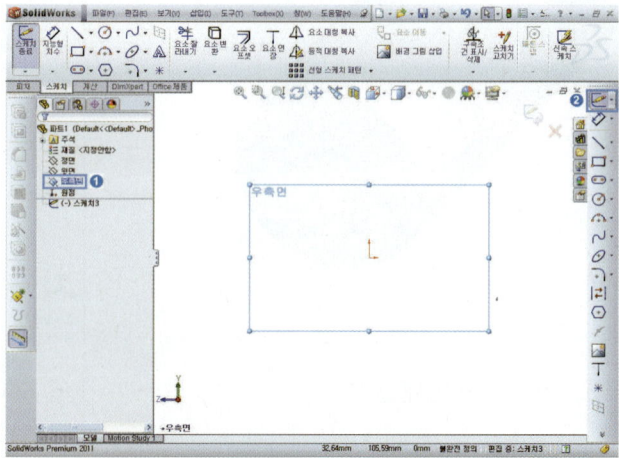 3 스케치를 생성할 작업평면[우측
면]을 선택 ➡ 스케치 도구[✏▾]
선택한다.

4 원[🔘] 선택 원 스케치 ➡ 지능형 치수[◈▾] 선택 지름 12mm 치수입력한다.

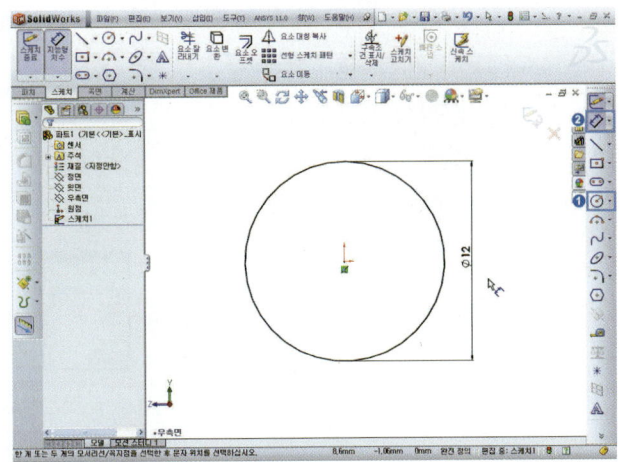

5 **Spacebar** 누르면 방향창에서 [등각보기] 더블클릭 ➡ 원하는 작업평면에 스케치 작업이 되었는지 확인한다.

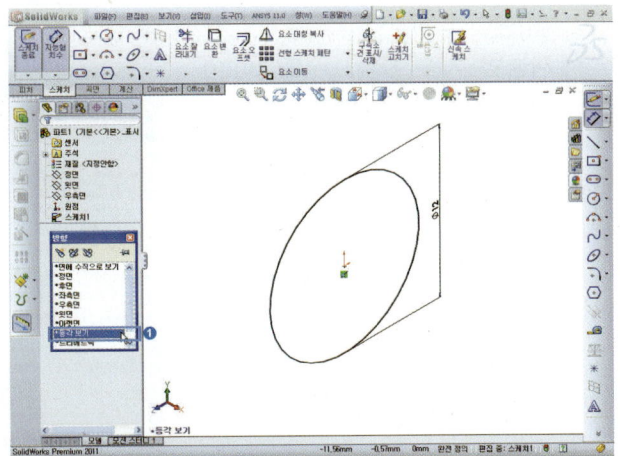

6 돌출[🔲] ➡ 방향 1[📐] [블라인드 형태], [🔽] 높이 80mm를 입력 ➡ 확인[✅]을 누른다.

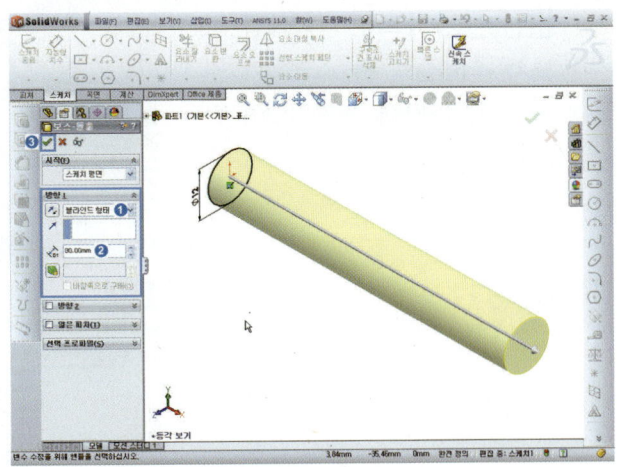

7 생성된 피처면 선택 ➡ 스케치
도구[✏️▾] 선택 ➡ **Spacebar**
누르면 방향창 [면에 수직으로
보기] 더블클릭 ➡ 스케치 작업
이 편하도록 수직하게 위치한다.

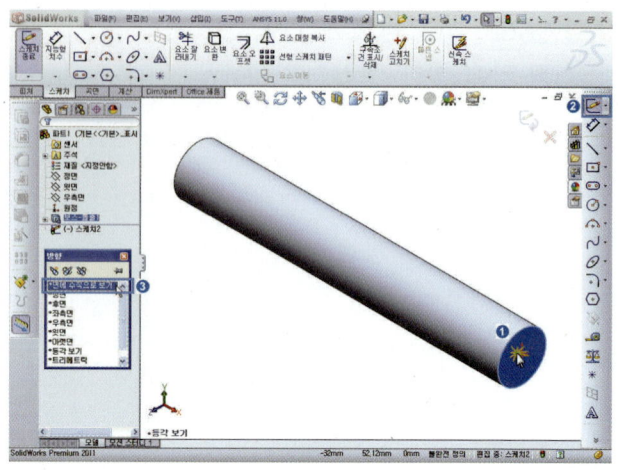

8 원[⊙▾] 선택하여 원 스케치 ➡
지능형 치수[✏️▾] 지름 8mm
입력한다.

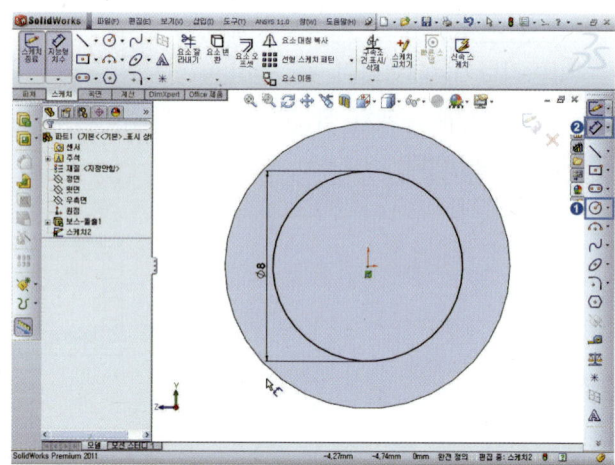

9 **Spacebar** 누르면 방향창 [등각
보기] 더블클릭 ➡ 스케치가 원
하는 작업평면에 스케치되어 있
는지 확인한다.

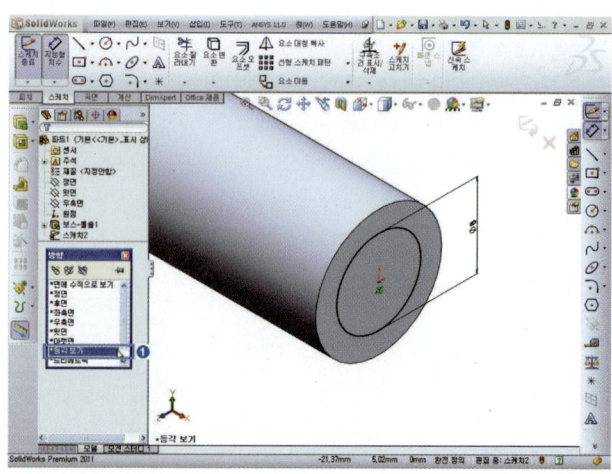

10 돌출[ ] 방향 1[ ] [블라인드 형태], [ ] M8의 피치(1.25/2=0.625), 나사높이 17−0.625=16.375mm 입력 ➡ 확인[ ]을 누른다.

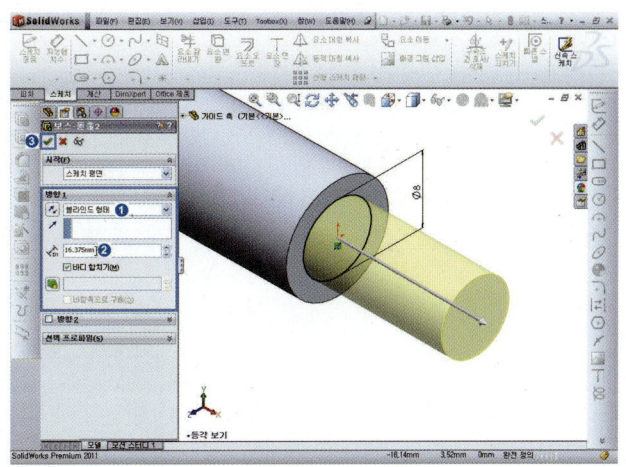

11 생성된 피처면(①) 선택 ➡ 스케치 도구[ ] 선택 ➡ Spacebar 누르면 방향창 [면에 수직으로 보기] 더블클릭 ➡ 스케치 작업이 편하도록 수직하게 위치한다.

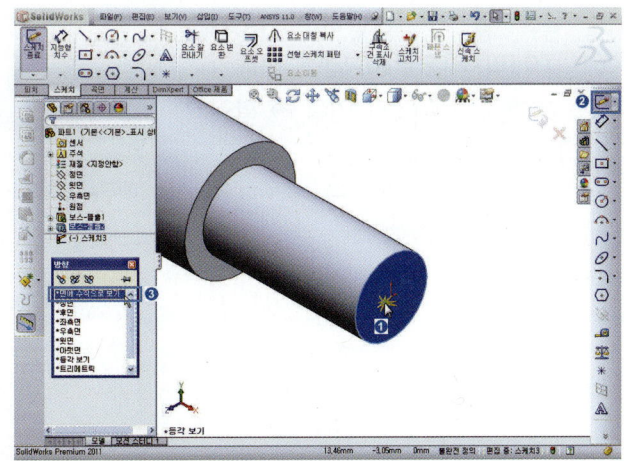

12 요소변환[ ] 선택 ➡ 원형피처의 모서리(②) 선택 ➡ 확인 [ ]을 누른다.

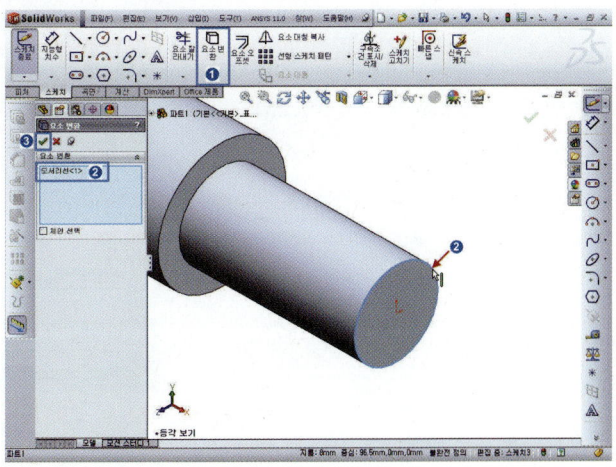

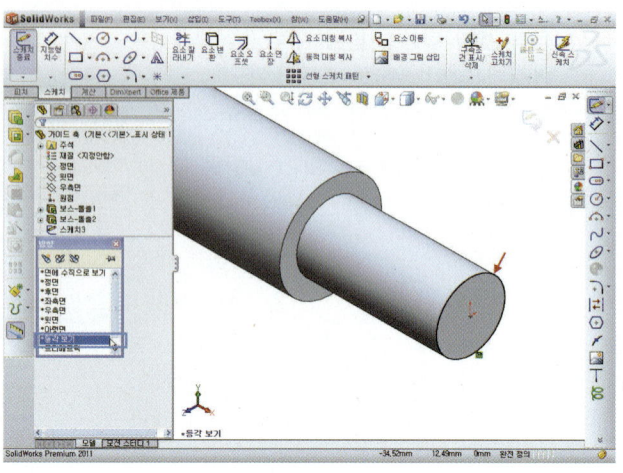

13 돌출[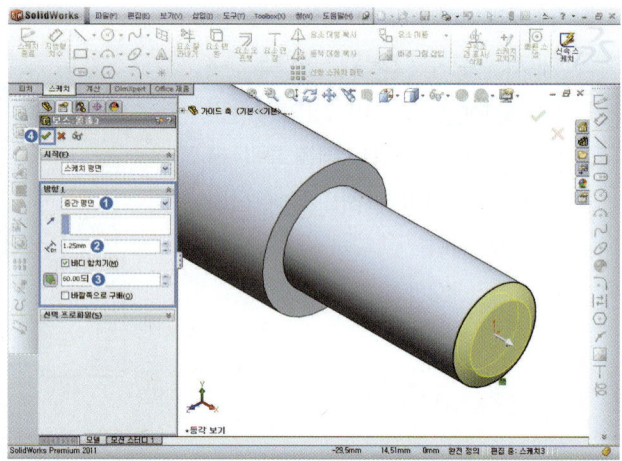] ➡ [중간평면], [ ]
높이(피치 1.25mm) 입력, 구배켜
기[ ] 선택 60도 입력 ➡ 확인
[ ]을 누른다.

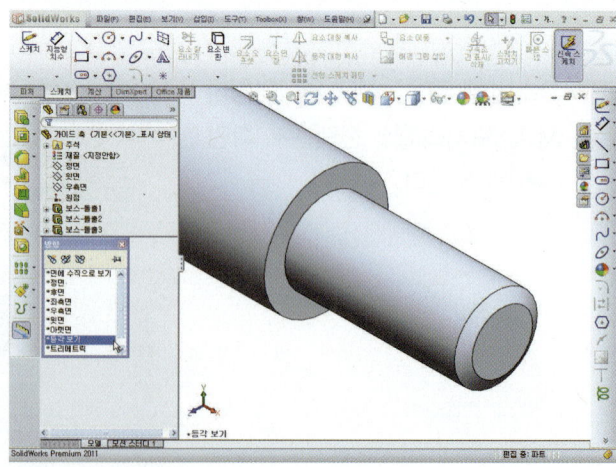

14 도구모음 보기(V) ➜ 임시축[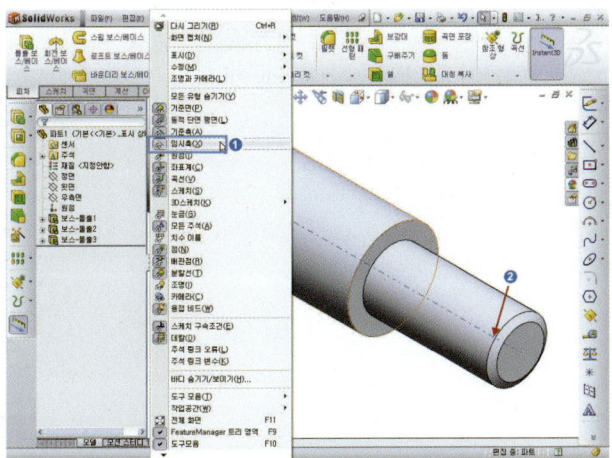] 선택하여 임시축이 나타나게 한다.

15 선형 피처 패턴[ ] 선택 ➜ 방향 1[ ] 중심선 선택, 거리[ ] 피치(1.25mm) 입력, 개수[ ] 13개 입력 ➜ 패턴할 피처(F) (보스-돌출3) 선택한다.

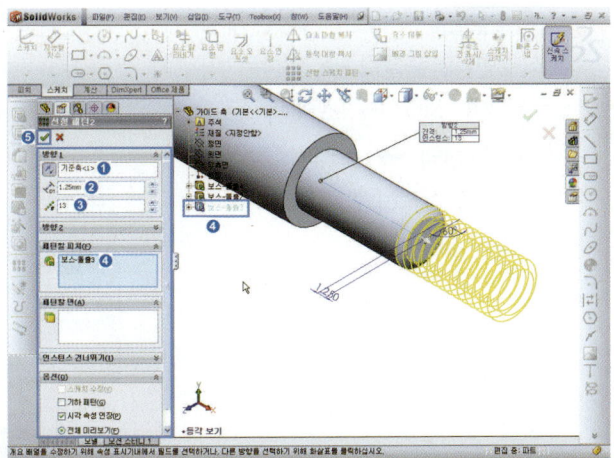

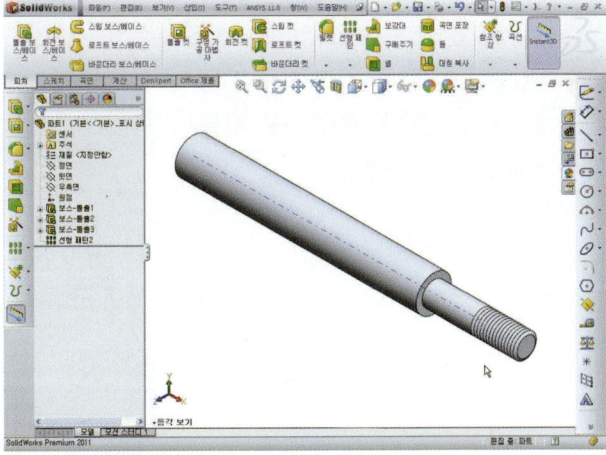

16 도구모음 보기(V) ➡ 임시축[🔩] 선택하여 임시축이 나타나게 한다.

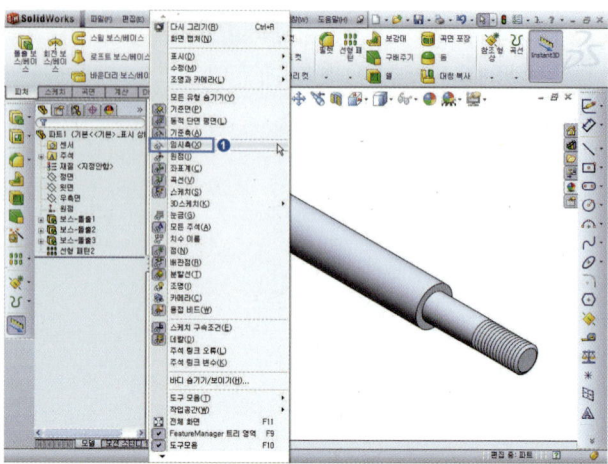

17 `Spacebar` 누르면 방향창에서 [좌측면] 더블클릭 ➡ 생성된 피처(②)면 선택 ➡ 스케치 도구 [✏️] 선택 ➡ 스케치 작업이 편하도록 수직하게 위치한다.

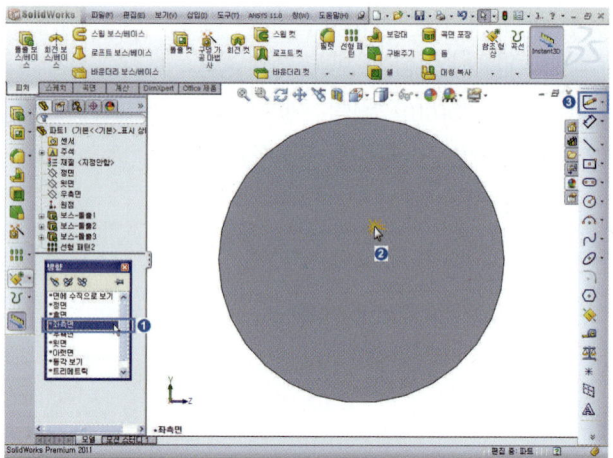

18 원[⭕] 선택, 원 스케치 ➡ 지능형 치수[✏️] 선택 ➡ 지름 4mm 치수입력한다.

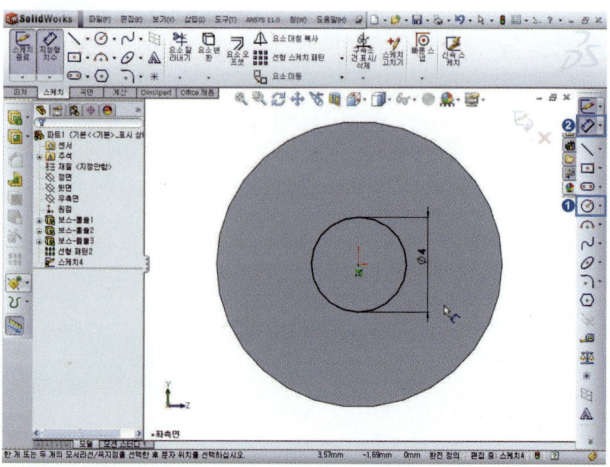

19 뷰 회전[ ] 선택하거나, 가운
데 마우스 휠을 누른 상태에서
드래그하면 회전하여 아래 그림
처럼 회전한다.

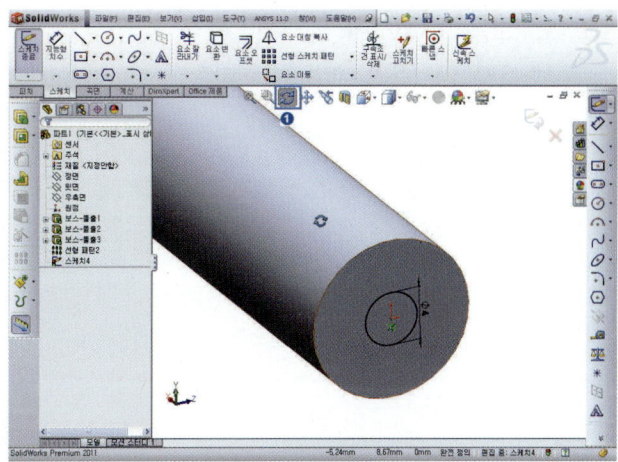

20 돌출-컷[ ] 선택 ➡ 방향 1
[ ] [중간평면] 선택, [ ] 거
리값(피치 0.7mm), 구배켜기[ ]
60도(삼각나사) ➡ 확인[ ]을
누른다.

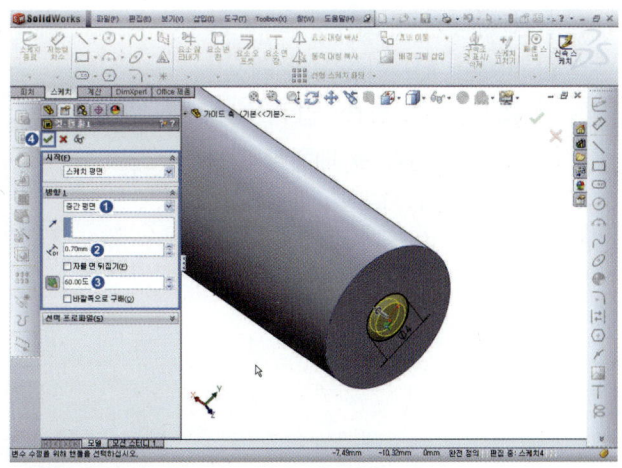

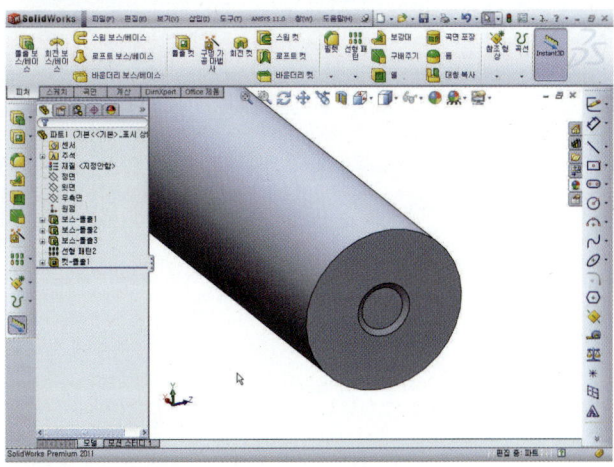

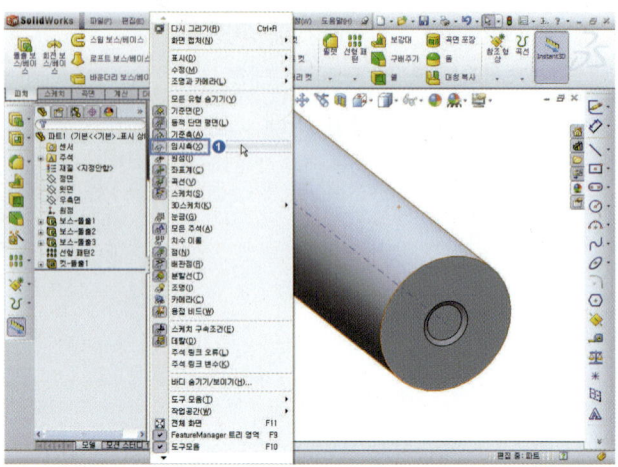

21. 도구모음 보기(V) ➔ 임시축[🔍] 선택하여 임시축이 나타나게 한다.

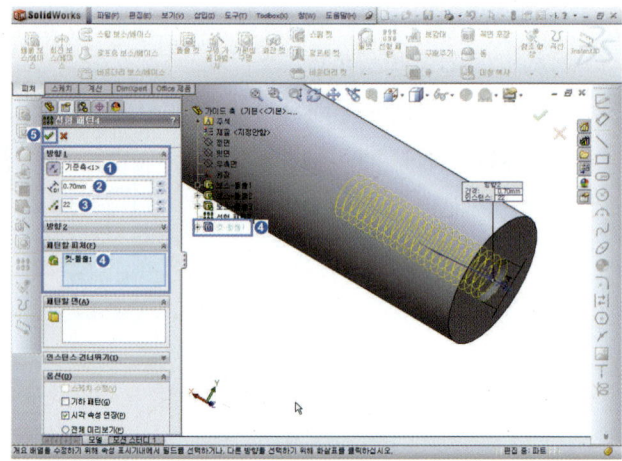

22. 선형 피처 패턴[📇] 선택 ➔ 방향 1[🔗], (① 기준축) 선택, 거리[📐] 피치(0.7mm) 입력, 개수 [📊] 22개 입력 ➔ 패턴할 피처 (F) (컷–돌출) 선택 ➔ 확인[✅] 을 누른다.

23 도구 ➡ 측정(R)[ ] 선택 ➡ 2번째 원호(모서리)를 선택하면 지름 2.79mm를 보여주며 수치를 기억한다.

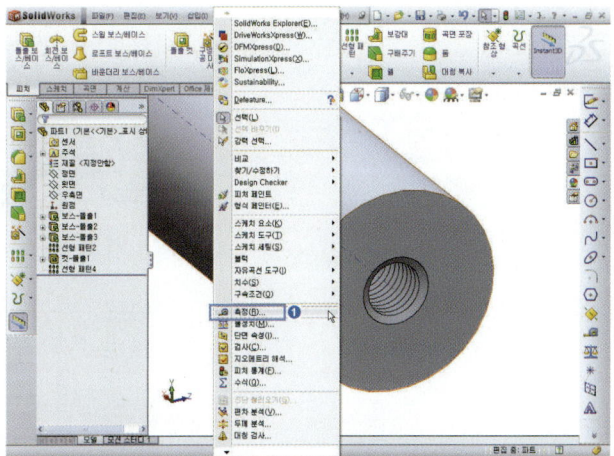

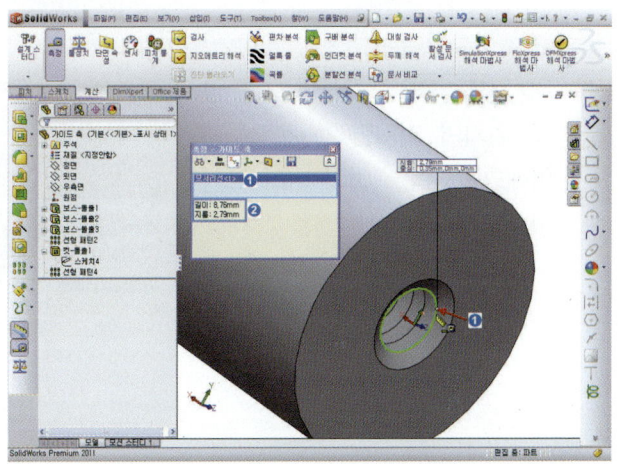

24 구멍가공 마법사[ ] ➡ 유형(①) 선택, 기본형 드릴(②) 선택, 단면치수(지름 2.79mm, 깊이 18mm)입력, 마침조건[블라인드 형태] ➡ 위치[위치]버튼을 누른다.

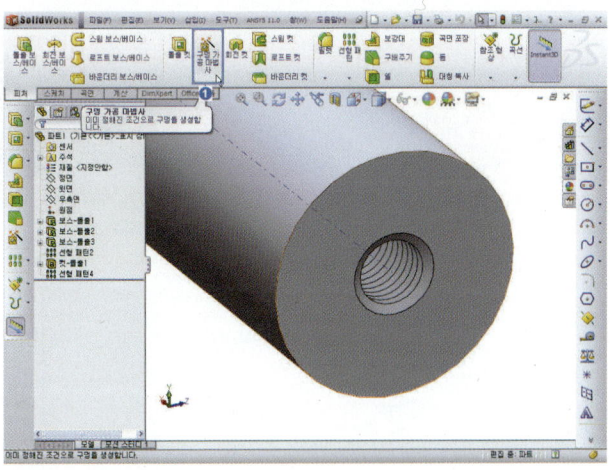

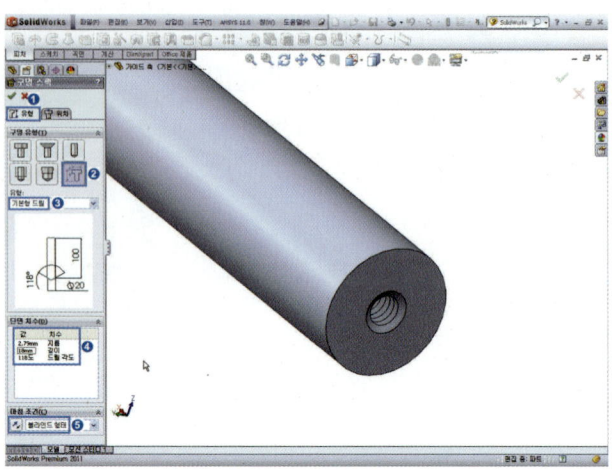

25 위치[🔧 위치](①) 선택 ➡ 구멍
의 위치의 피처면(②) 선택하면
아래그림처럼 구멍의 미리 보기
가 나타난다.

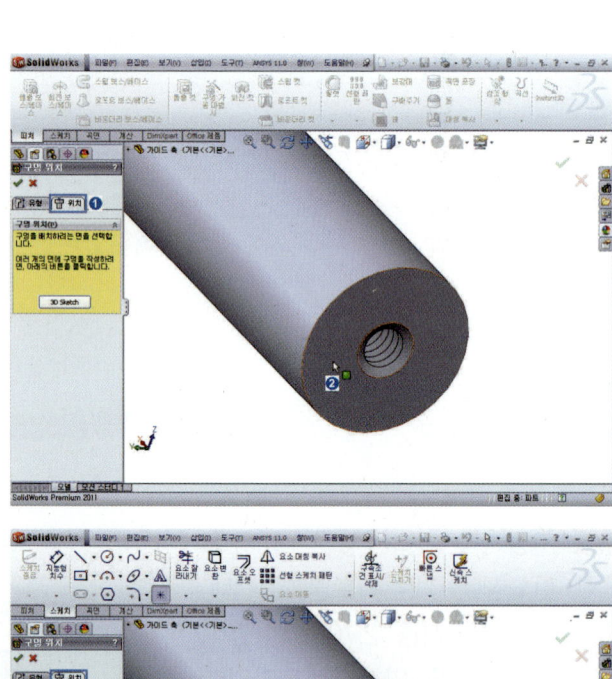

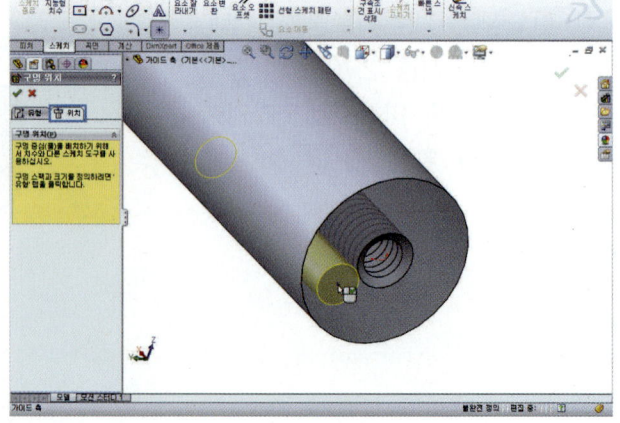

26 커서를 피처 밖으로 이동 시킨 후 ➡ 키보드 [Ctrl] 여러번 누르거나, 마우스 오른쪽 버튼을 누르면 선택(K)를 지정하면 선택 커서 모양으로 바뀐다.

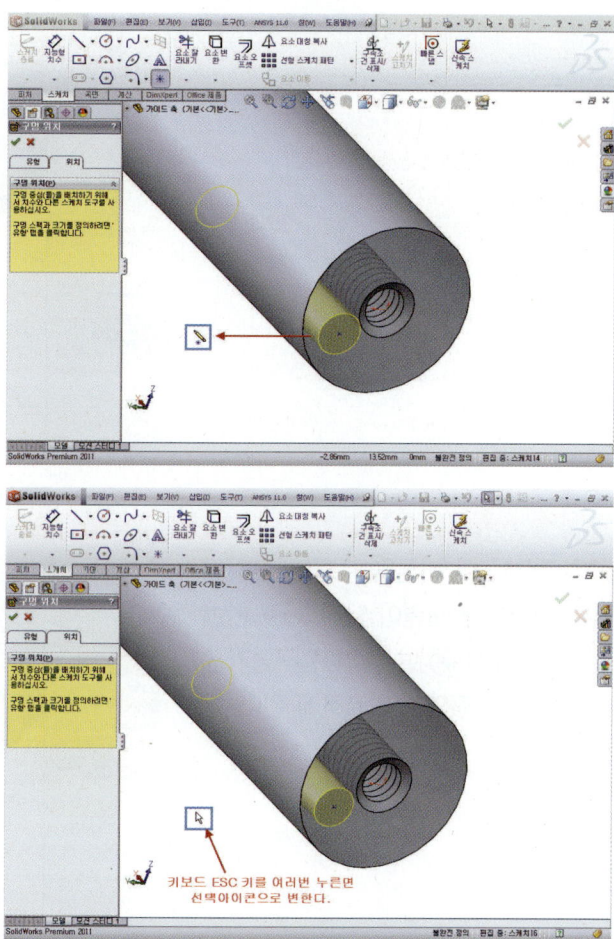

27 키보드 [Ctrl] 누른 상태에서 원호의 중심점, 모서리(①) 선택 ➡ 구속조건[◎ 동심(N)] 선택 ➡ 확인[✅]을 누른다.

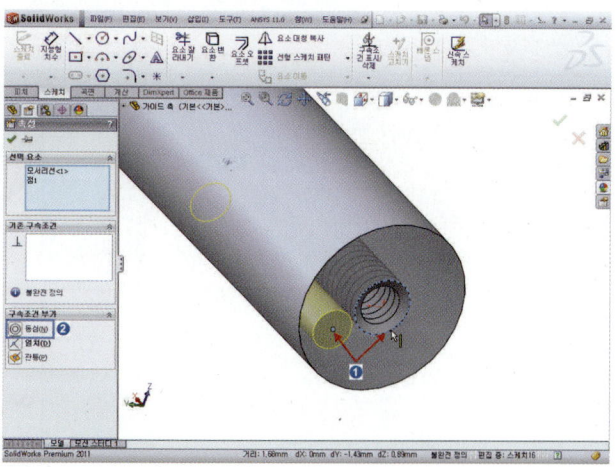

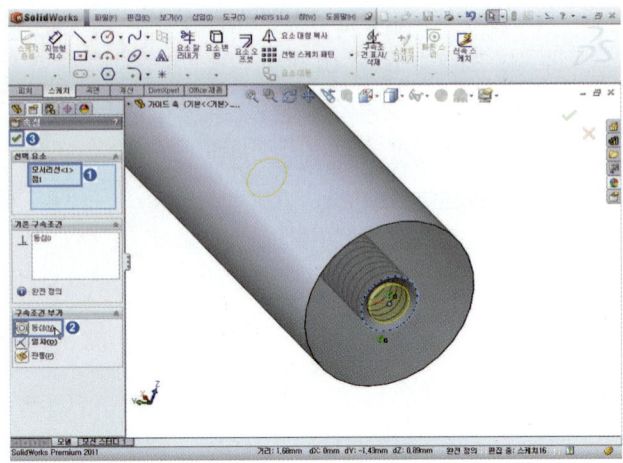

28 확인[✓] 버튼을 누르면 구멍의
구속조건 화면이 닫히고 ➡ 한번
더 확인[✓]을 눌러야 구멍가공
마법사 작업이 완료하게 된다.

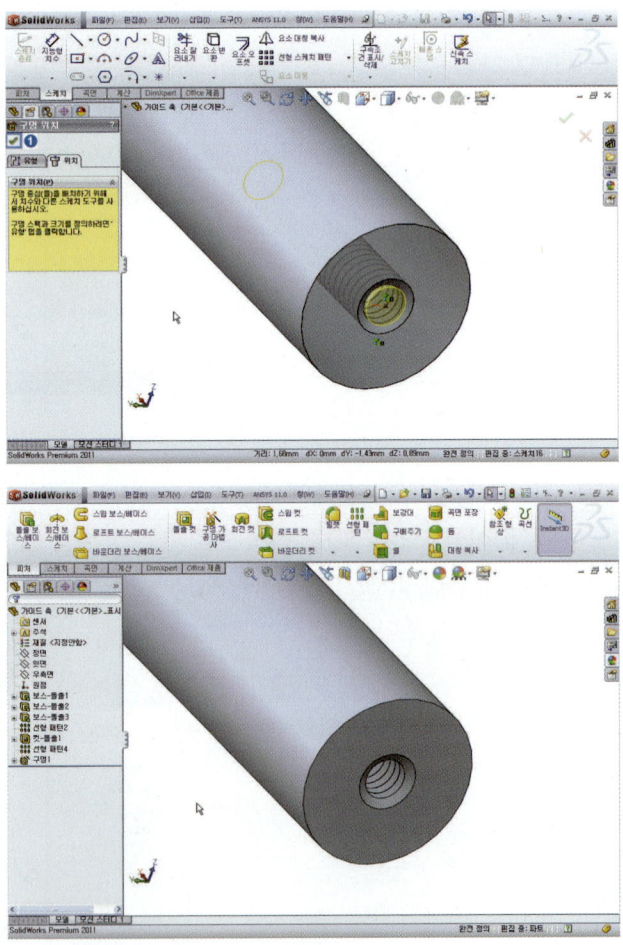

29 모따기[⬠] 선택 ➡ [⬙] 거리
1mm, [⬙] 각도 45도 입력 ➡
②모서리 선택 ➡ 확인[✔]을
누른다.

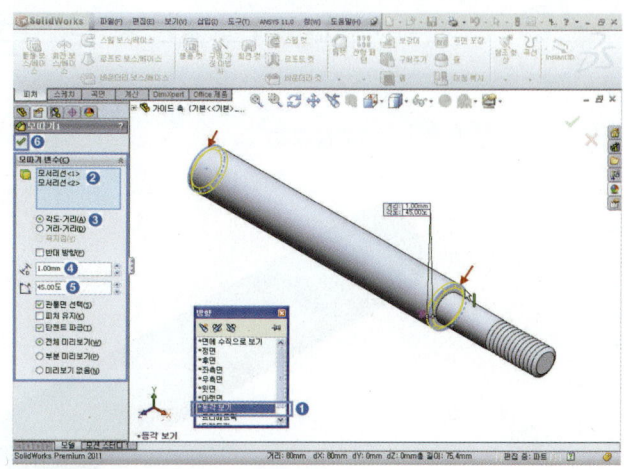

30 가이드 포스트 모델링을 완성
한다.

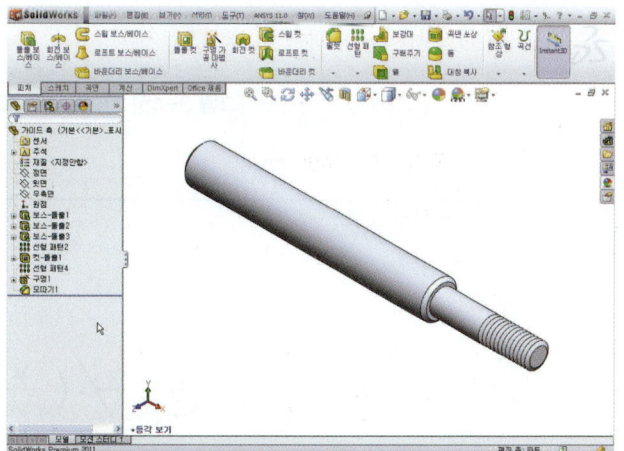

가이드 포스트 모델링 – 방법 2

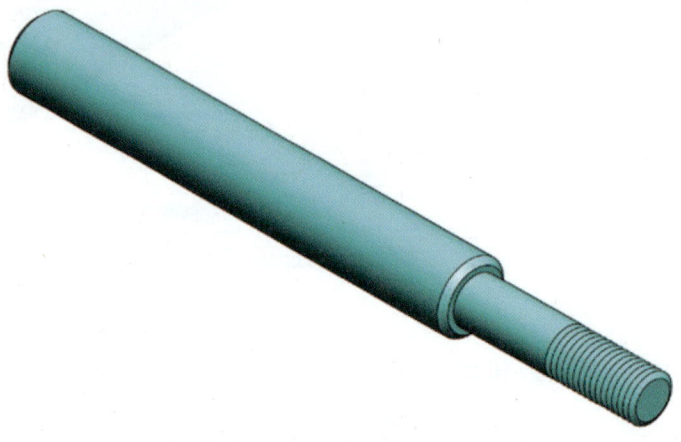

[그림 3-45] 가이드 포스트 모델링

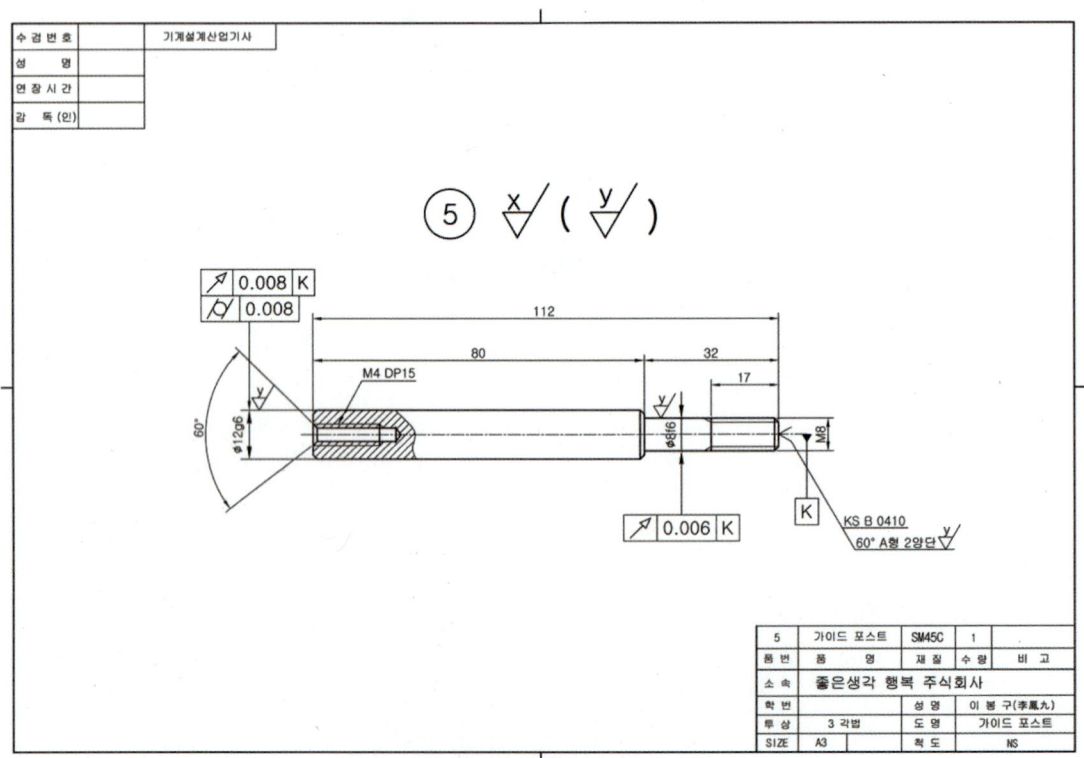

[그림 3-46] 가이드 포스트 모델 도면

■ 가이드 포스트 모델링 순서

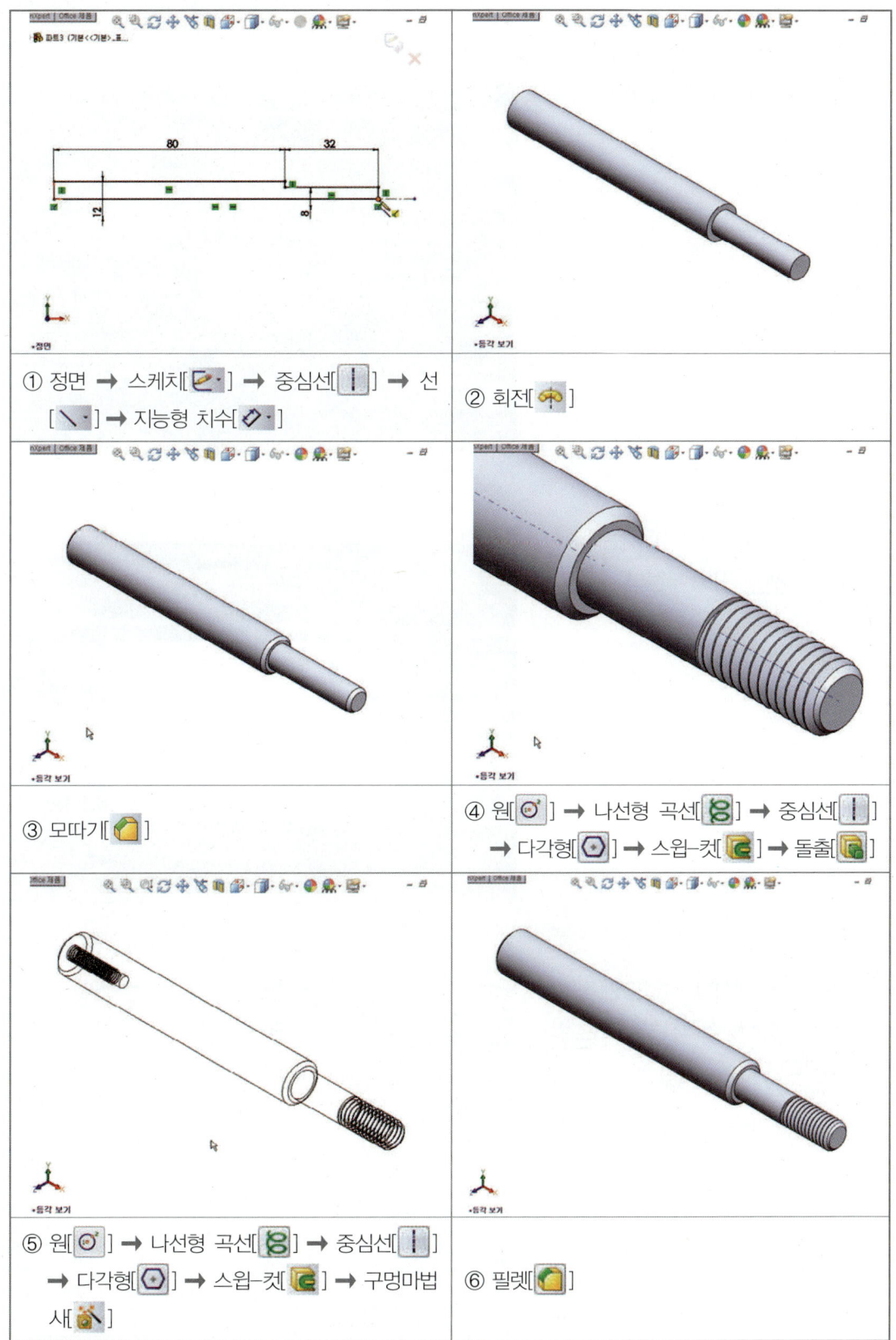

① 정면 ➡ 스케치[✏️] ➡ 중심선[│] ➡ 선
  [＼] ➡ 지능형 치수[◇]

② 회전[🔄]

③ 모따기[🔶]

④ 원[◎] ➡ 나선형 곡선[🔩] ➡ 중심선[│]
  ➡ 다각형[⬡] ➡ 스윕-컷[🌀] ➡ 돌출[🔧]

⑤ 원[◎] ➡ 나선형 곡선[🔩] ➡ 중심선[│]
  ➡ 다각형[⬡] ➡ 스윕-컷[🌀] ➡ 구멍마법
  사[🔩]

⑥ 필렛[🔶]

1. 파일 ➡ 새문서(N)[🗋 새 문서]를 클릭한다.

2. 새문서 창에서 파트[🖼️]선택 ➡ [확인]을 누른다.

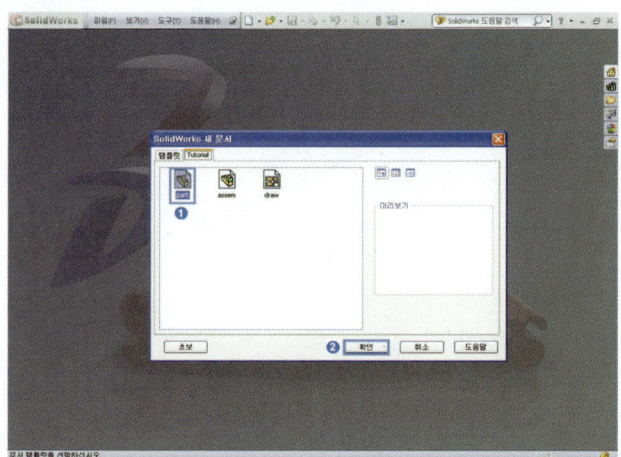

3. 스케치를 생성할 작업평면[정면] 을 선택 ➡ 스케치 도구[✏️] 선택한다.

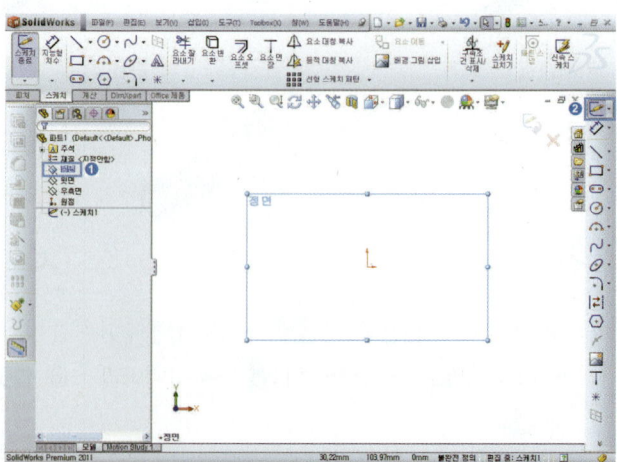

4. 중심선[|] 선택 중심선 스케치
→ 선[\ ] 클릭, 원점[L] 기준
으로 아래 그림과 같이 선을 스
케치한다.

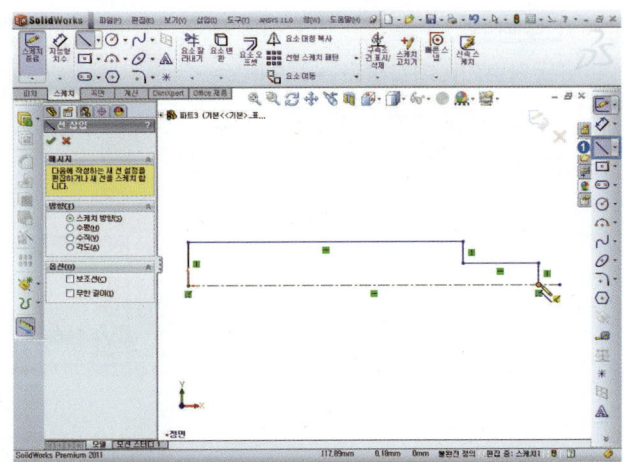

5. 지능형 치수[◇] 선택, 아래 그
림과 같이 치수입력(가이드 포스
트 도면 참고)한다.

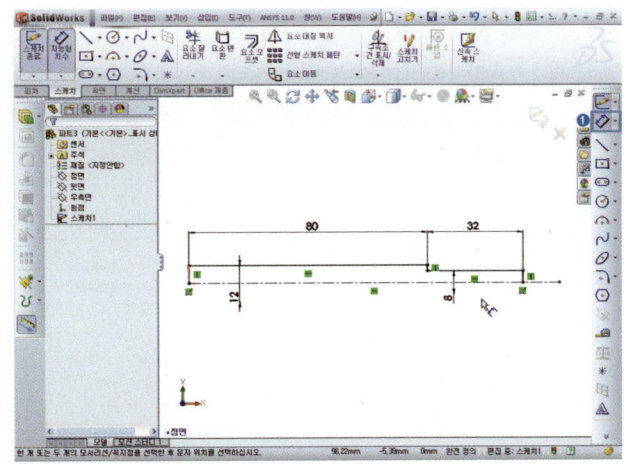

6. 선[\ ] 클릭하여 원점[L] 기
준으로 아래 그림과 같이 스케치
를 닫히도록 스케치한다.

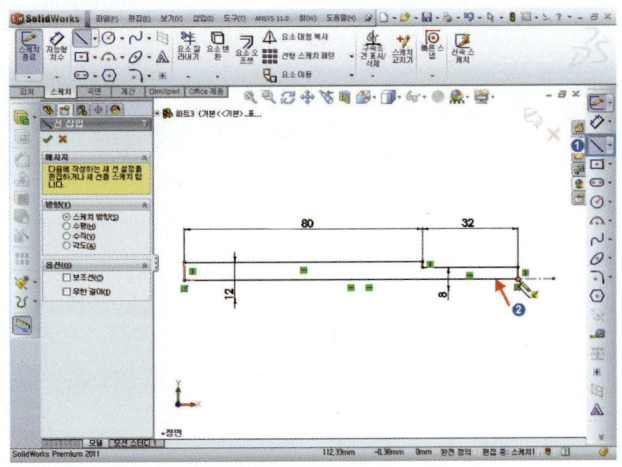

7 **Spacebar** 누르면 방향창에서 [등각보기] 더블클릭 ➡ 원하는 작업평면에 스케치 작업이 되었는지 확인한다.

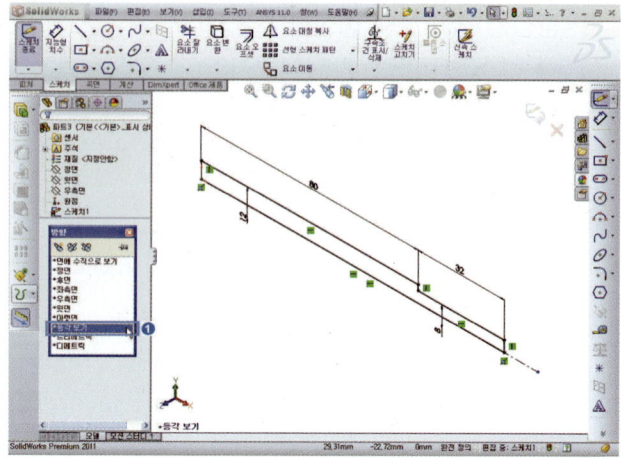

8 회전[🔭] 선택 ➡ 회전축[✎] (① 선택), [🔄] [블라인드 형태], [📐] [각도]=360도 ➡ 확인[✅] 을 누른다.

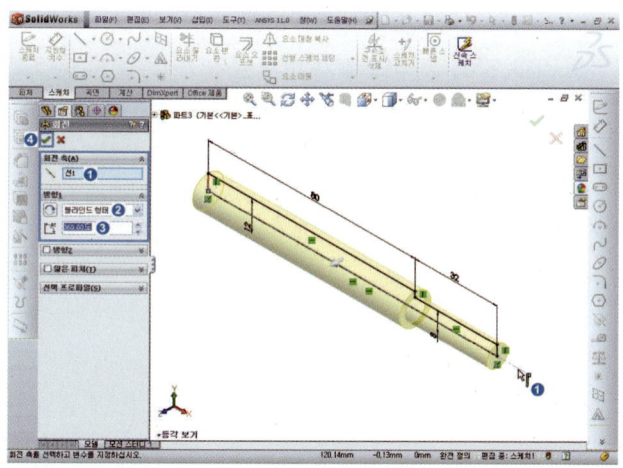

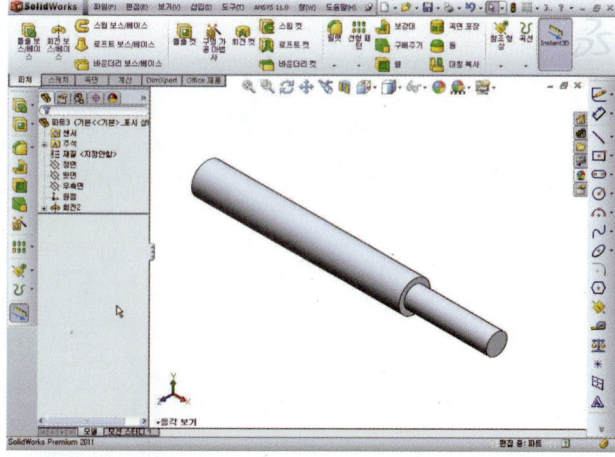

🔓 9 모따기[🔲] 선택 ➡ [🔲] 거리
1mm, [🔲] 각도 45도 입력 ➡
① 3개 모서리 선택 ➡ 확인[✅]
을 누른다.

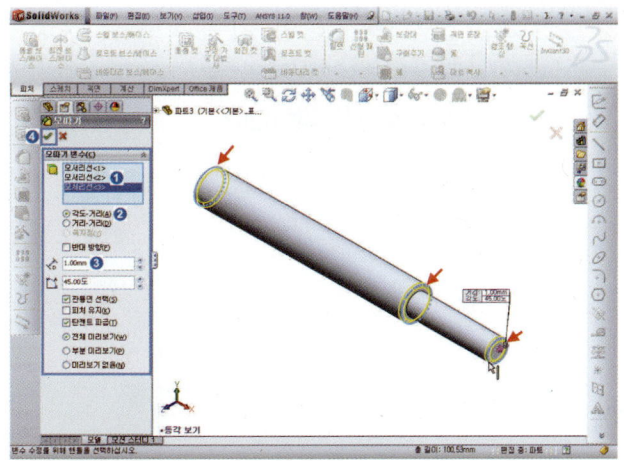

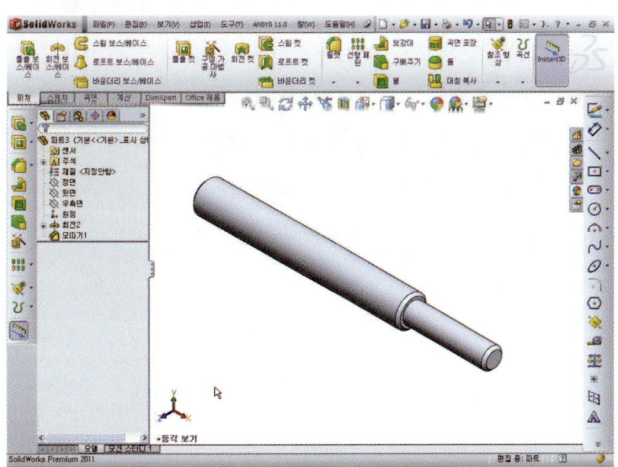

🔓 10 생성된 피처(①)면 선택 ➡ 스케치
도구[📝] 선택 ➡ **Spacebar**
누르면 방향창 [면에 수직으로 보
기] 더블클릭 ➡ 스케치 작업이
편하도록 수직하게 위치한다.

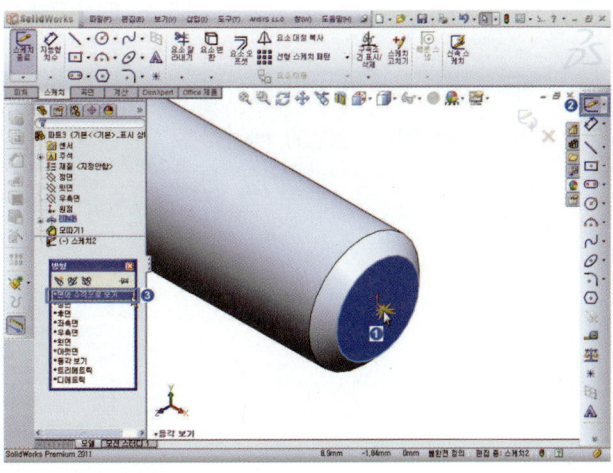

11 원[⬚²] 선택 ➡ 지능형 치수
[◇·] 선택 ➡ M8 수나사의 유
효지름 7.188mm 치수입력한다.

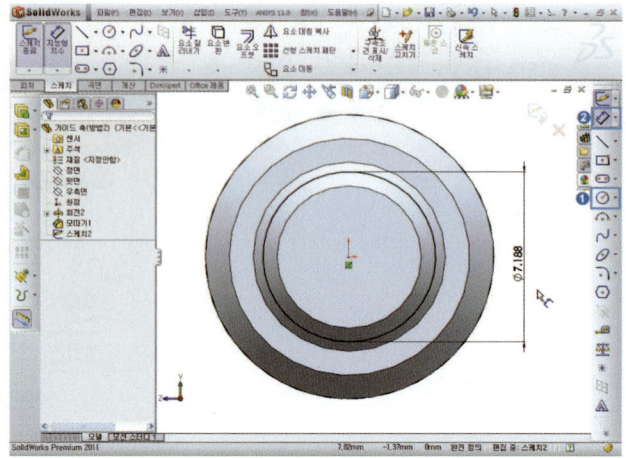

12 [Spacebar] 누르면 방향창 [등각
보기] 더블클릭 ➡ 원하는 작업
평면에 스케치 작업이 되었는지
확인한다.

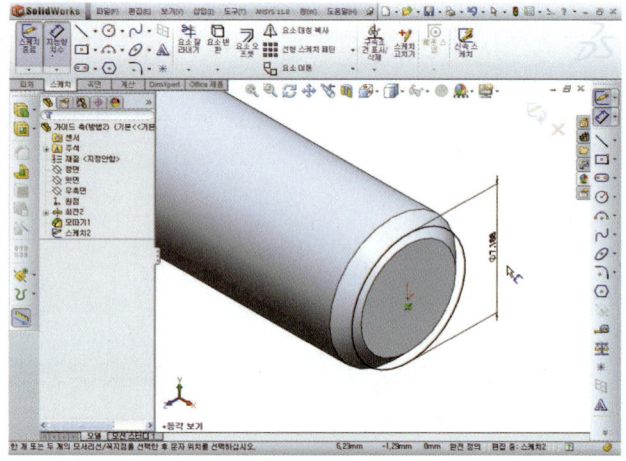

13 [Spacebar] 누르면 방향창 [등
각보기] ➡ 메뉴 [삽입(I)] ➡ [곡
선] ➡ [나선형 곡선][⬚]을 선
택한다.

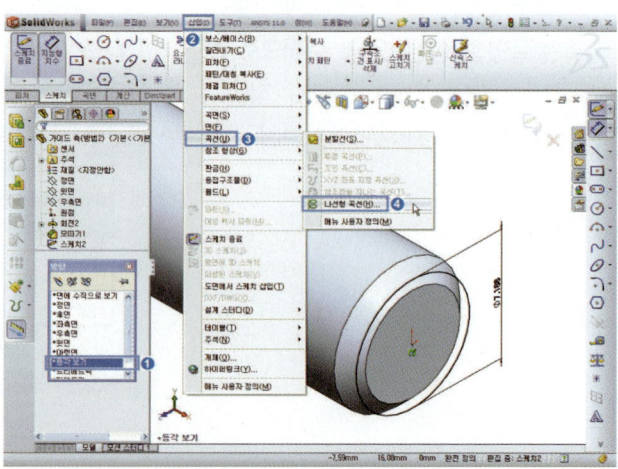

14 나선형 곡선[🔩] 선택, [피치와 회전] ➜ 피치(1.25mm), ☑ 반대 방향 체크, 회전(13.25), 시작각도(0도), 시계방향(오른나사) ➜ 확인[✅]을 누른다. (※나사높이=피치×회전=1.25×13.25=16.56mm)

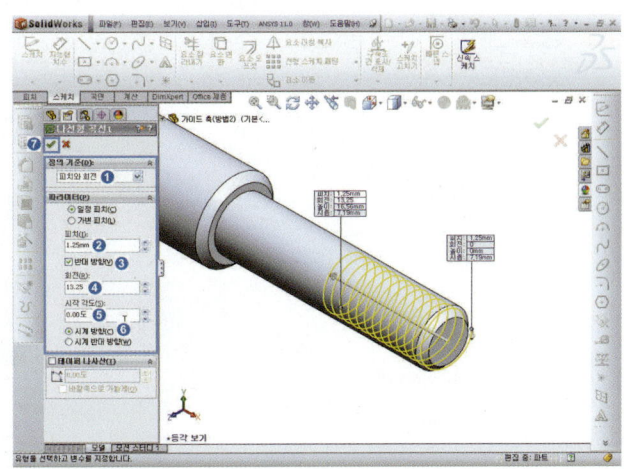

15 도구모음 보기(V) ➜ 임시축[🔩] 선택하여 임시축(①)이 나타나게 한다.

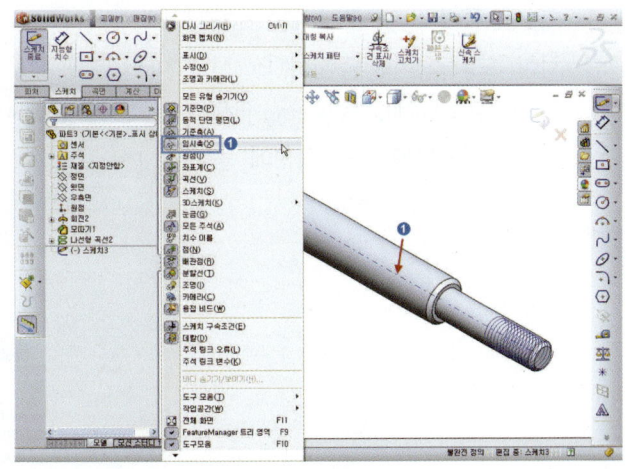

16 윗면(①) 선택 ➜ 스케치[✏️] 선택 ➜ Spacebar 누르면 방향 창 [면에 수직으로 보기] 더블클릭 ➜ 스케치 작업이 편하도록 수직하게 위치한다.

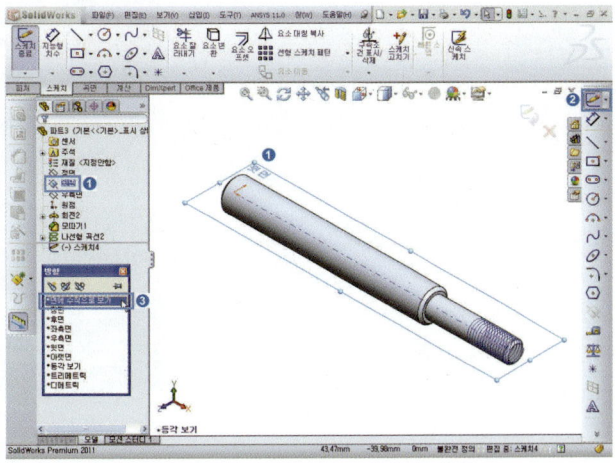

17 중심선[|] 선택 중심선을 스케
치한다.

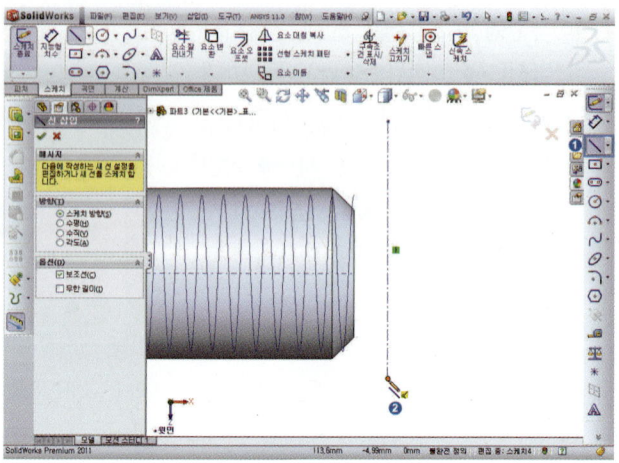

18 키보드 Ctrl 누른 상태에서 스케
치한 모서리선과 중심선(①) 선
택 ➡ 구속조건[/ 동일선상(L)] 선
택하면 중심선이 모서리선에 동
일선상에 놓이게 된다.

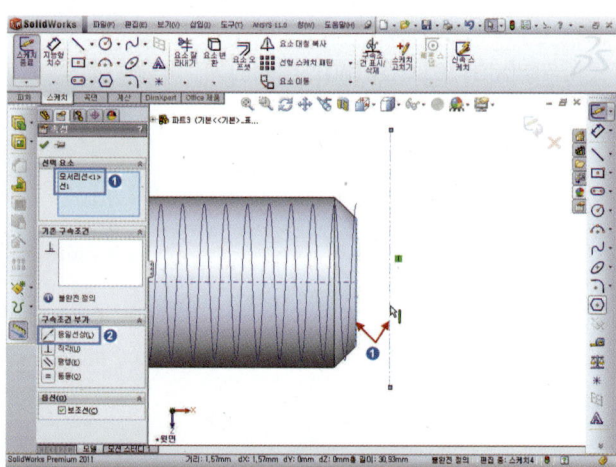

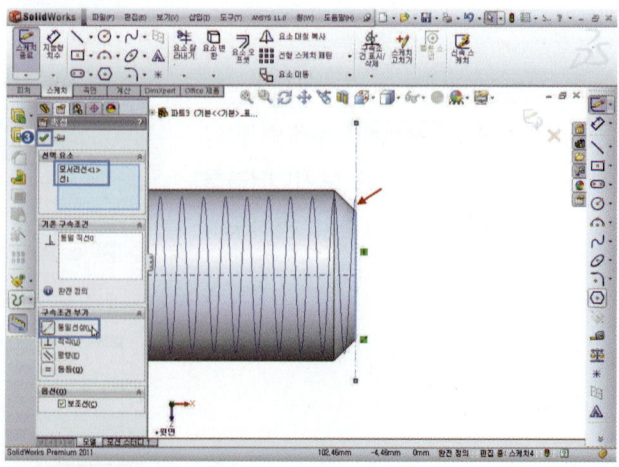

19 다각형[⬡] 선택, [내접원]으로 하는 3각형을 중심선에 스케치 ➡ 확인[✔]을 누른다.

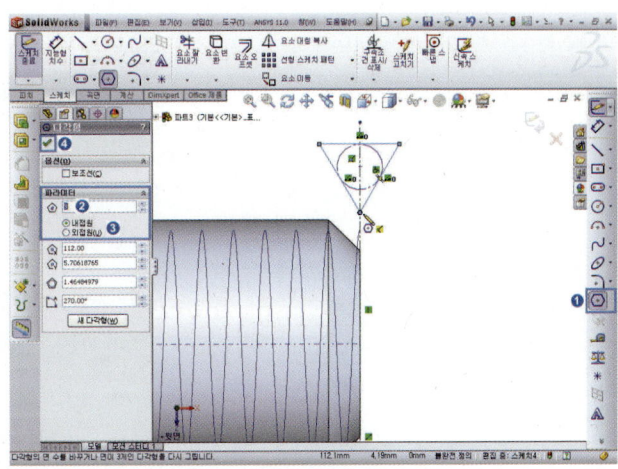

20 지능형 치수[⬦▾] 선택, 치수입력 ➡ 치수가 변경되면 재생성[🚦] 선택하여 스케치 작업 완료한다.

계산식 $H = 0.866025 \times P(\text{피치}) = 0.866 \times 1.25(\text{M8피치}) = 1.0825$,
$H1 = 0.541266 \times P(\text{피치}) = 0.541 \times 1.25 = 0.676$

(KS 규격을 참고 삼각형 높이: $H1 + H/4 = (0.676) + (1.0825/4) = 0.947mm$)

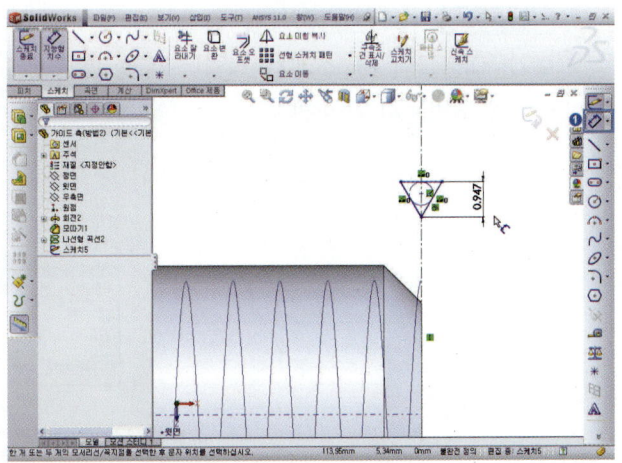

21 키보드 **Ctrl** 누른 상태에서 스케치한 삼각형과 나사의 몸통의 모서리선(①) 선택 ➡ 구속조건 [✐ 동일선상(L)] 선택하면 삼각형의 한변이 모서리선에 동일선상에 놓이게 된다.

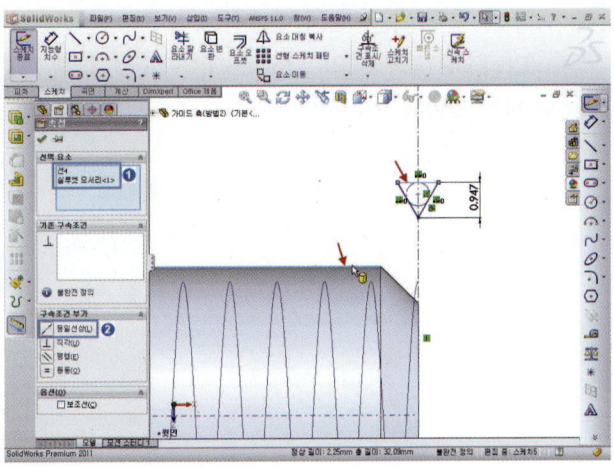

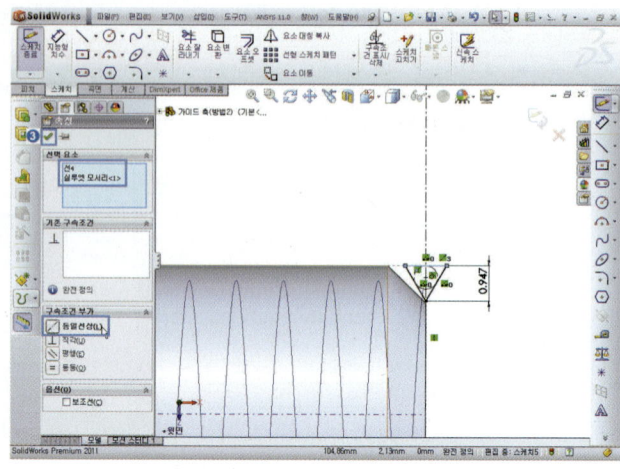

22 **Spacebar** 누르면 방향창 [등각
보기] 더블클릭 ➡ 스케치 작업
이 완성되었는지 확인한다.

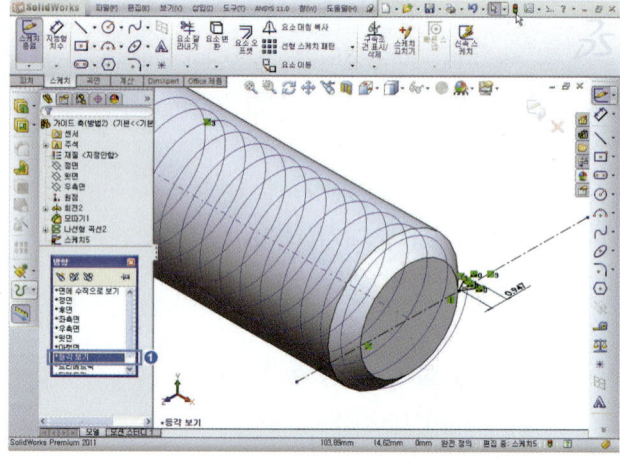

23 치수가 변경되면 재생성[🚦]이
나타남 ➡ 재생성[🚦] 선택하여
스케치 작업을 완료한다.

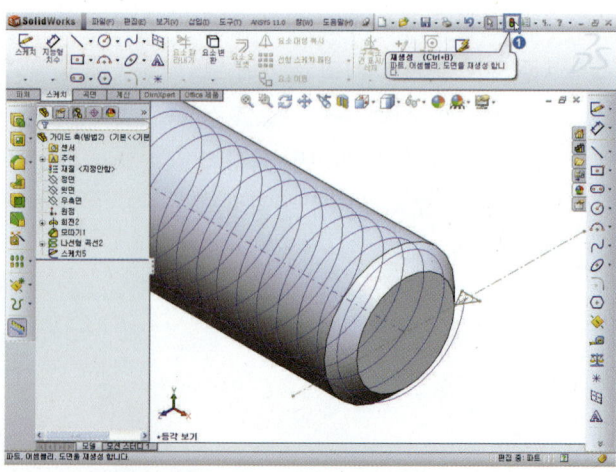

24 스윕-컷[ ] 선택, [ ] 프로파일(①스케치) 선택, [ ] 경로(②선택) → 확인[ ]을 누른다.

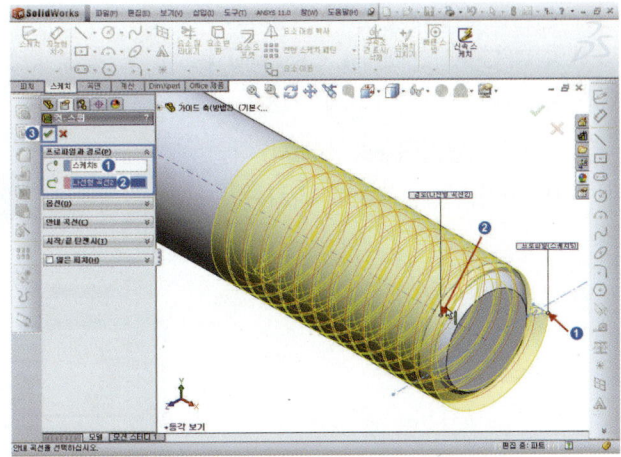

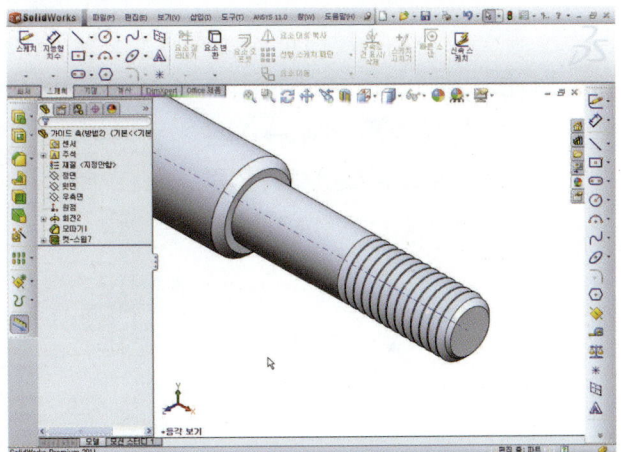

25 나사의 앞면(①) 선택 → 기준면[ ] 선택 → 거리 16mm입력, [ ] [뒤집기]체크 → 확인[ ]을 누른다.

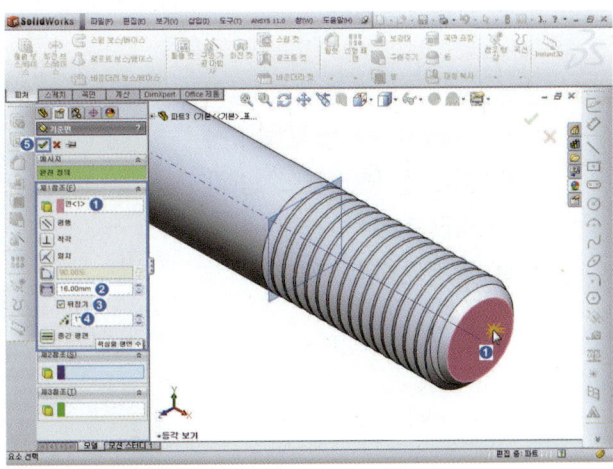

26 생성된 평면1(①) 선택 ➔ 스케치 도구[✏️] 선택 ➔ **Spacebar** 누르면 방향창 [면에 수직으로 보기] 더블클릭 ➔ 스케치 작업이 편하도록 수직하게 위치한다.

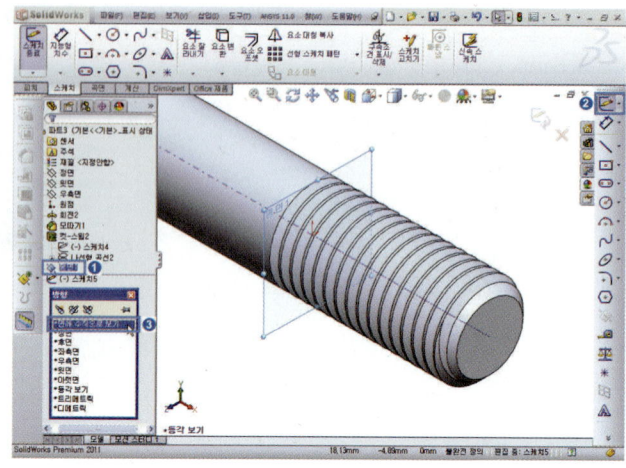

27 원[⊙] 선택, 임의 원스케치 ➔ 지능형 치수[⬧] 선택 ➔ 지름 8mm(M8의 호칭지름) 치수입력한다.

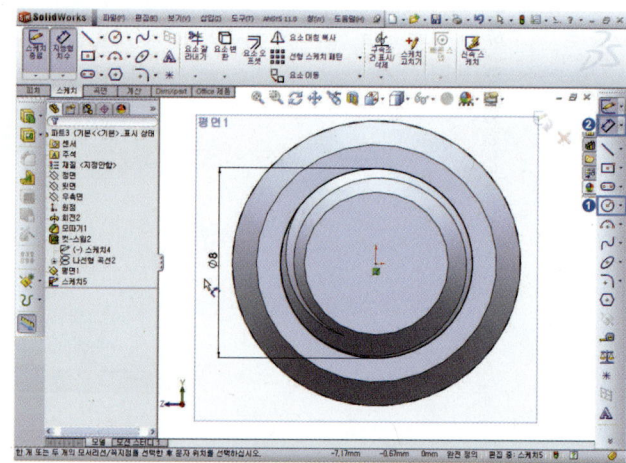

28 **Spacebar** 누르면 방향창 [등각 보기] 더블클릭 ➔ 돌출[🗐] ➔ 반대방향[↗️], [블라인드 형태], [🔧]거리값 1.25mm입력 ➔ 확인[✅]을 누른다.

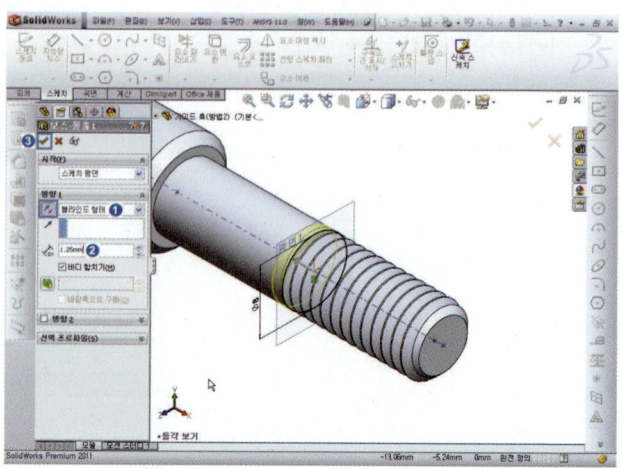

29 뷰 회전[🔄] 선택하여 그림처럼 회전 나사부의 끝부분이 정리가 됨을 확인한다.

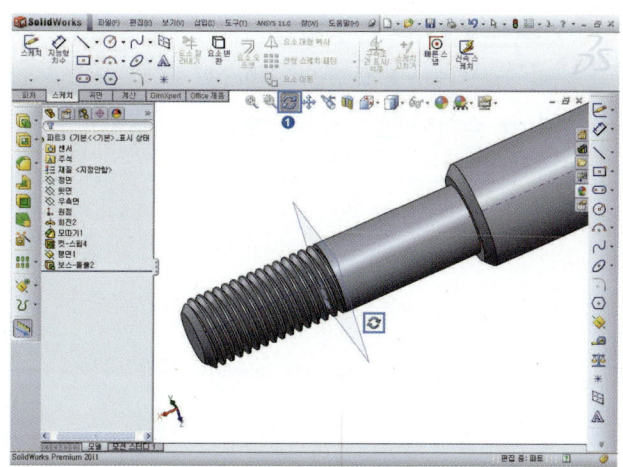

30 [🔶] [평면 2] 신틱, 마우스 오른쪽 버튼 클릭 ➡ 숨기기(B)[👓▾] 선택하여 생성된 [평면 2]가 사라진다.

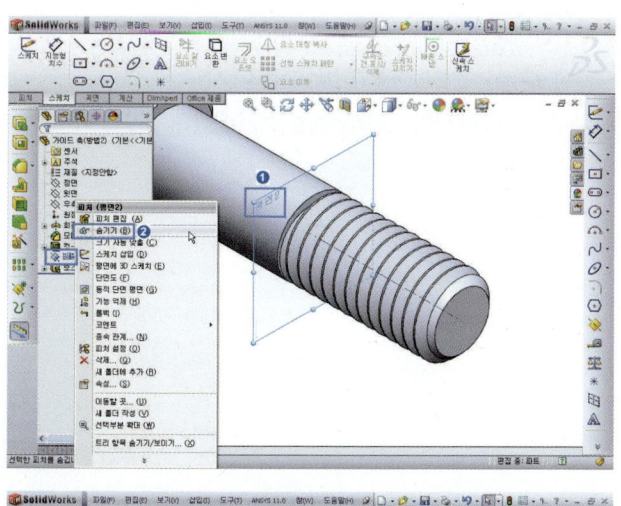

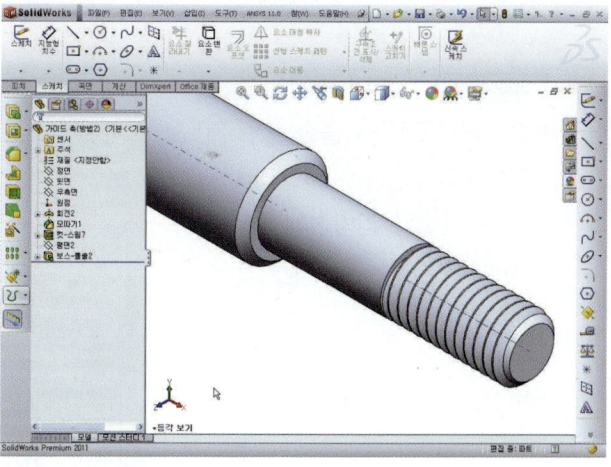

31 Spacebar 누르면 방향창 [좌측면] 더블클릭 ➡ 좌측면(②)면 선택 ➡ 스케치[🖉] 선택 ➡ 스케치한다.

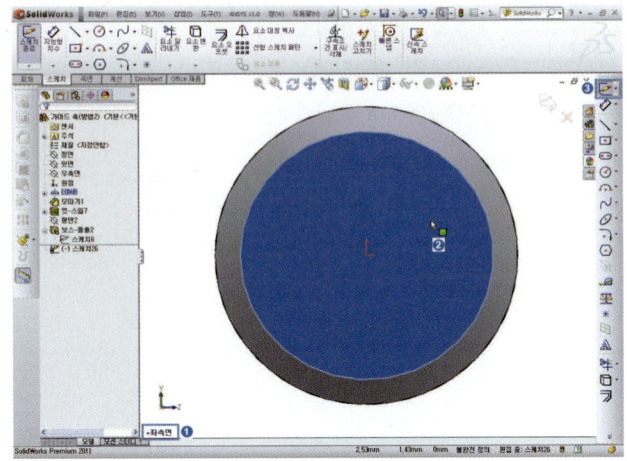

32 원[⊙] 선택 ➡ 지능형 치수 [⟡] 선택 ➡ 미터보통나사 M4의 안지름 3.242mm 치수입력한다.

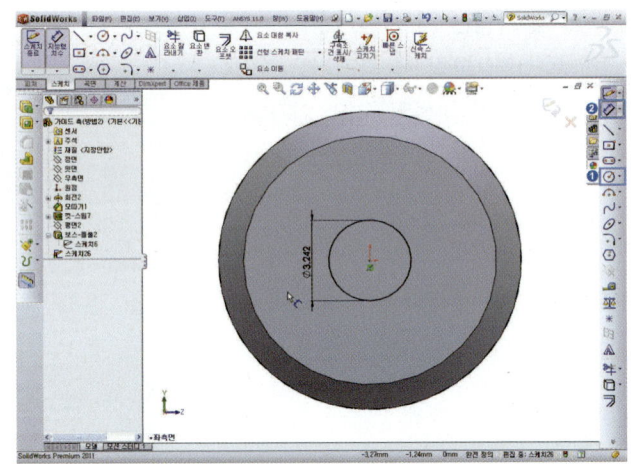

33 Spacebar 누르면 방향창 [등각보기] 더블클릭 ➡ 돌출-컷[▣] 선택 ➡ 방향 1[↗] [블라인드] 선택 ➡ [⬍] 입력창에 거리값 15mm 입력 ➡ 확인[✔]을 누른다.

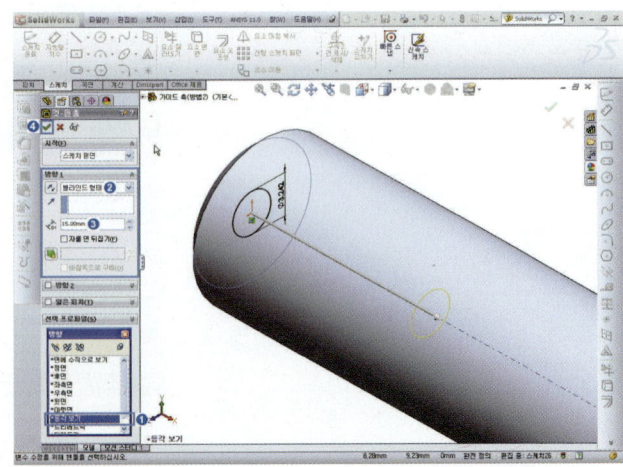

34 [보기] ➡ 실선표시[⊞] 선택하여 내부의 관통 여부를 확인하고, 다시 음영모서리[◻]로 선택한다.

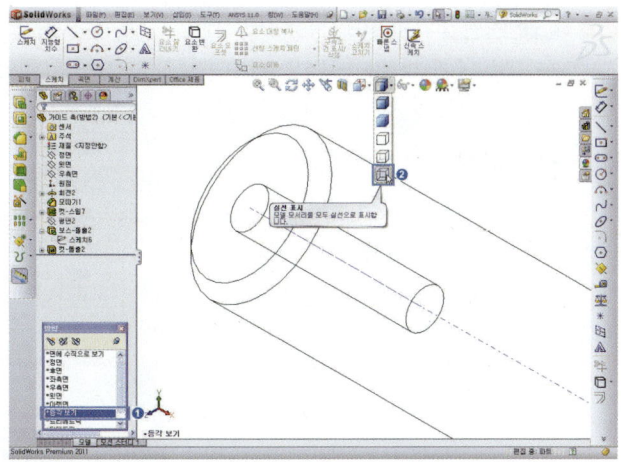

35 좌측면(①) 선택 ➡ 스케치 도구[✏️ ▾] 선택 ➡ **Spacebar** 누르면 방향창 [면에 수직으로 보기] 더블클릭 ➡ 스케치 작업이 편하도록 수직하게 위치한다.

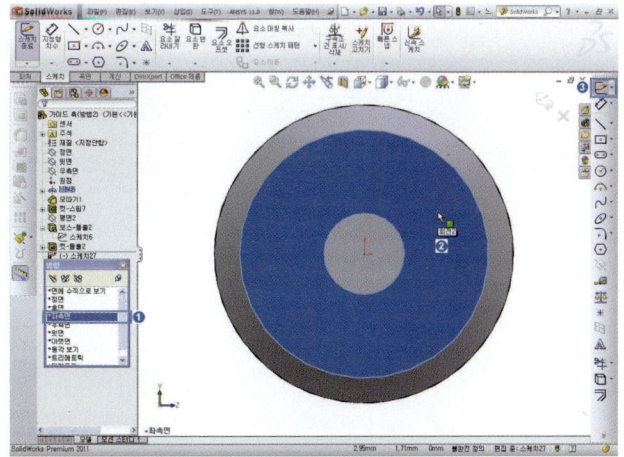

36 원[⊙ ▾] 선택 ➡ 지능형 치수[✏️ ▾] 선택 ➡ 미터보통나사 M4의 유효지름 3.545mm 치수 입력한다.

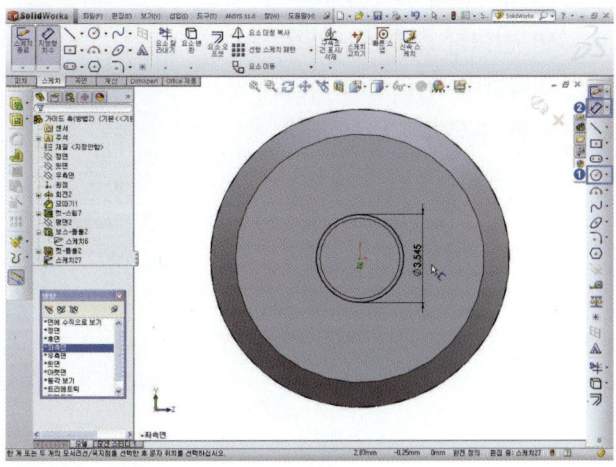

37 Spacebar 방향창 [등각보기]
➡ 메뉴[삽입(I)] ➡ [곡선] ➡ [나
선형 곡선][🔘], [피치와 회전]
➡ [일정피치], 피치(0.7mm),
☑ 반대방향, 회전 21.5, 시작각
도(0도), 시계방향(오른나사) 지
정 ➡ 확인[✅]을 누른다.

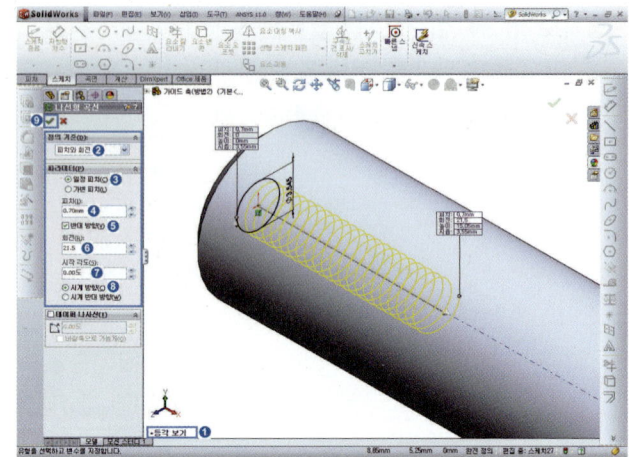

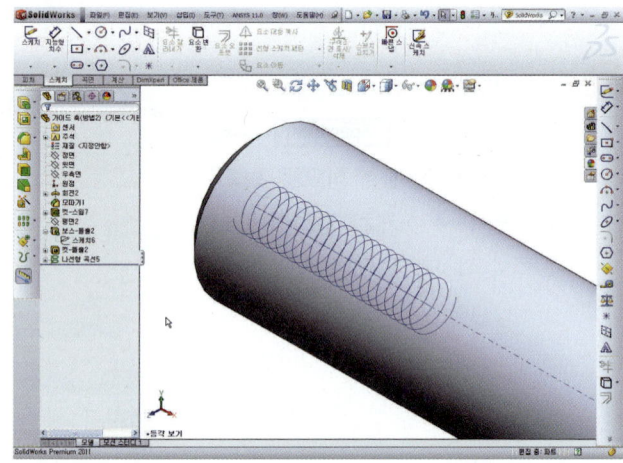

38 윗면(①) 선택 ➡ 스케치 도구
[🔲] 선택 ➡ Spacebar 누르
면 방향창 [면에 수직으로 보기]
더블클릭 ➡ 스케치 작업이 편하
도록 수직하게 위치한다.

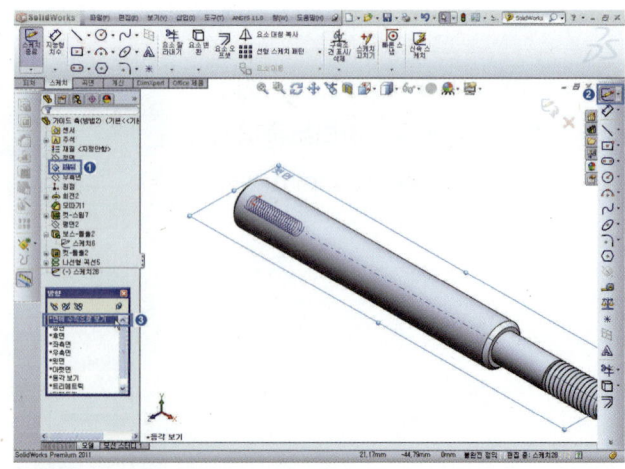

39 중심선[ǀ] 선택하여 중심선을
스케치한다.

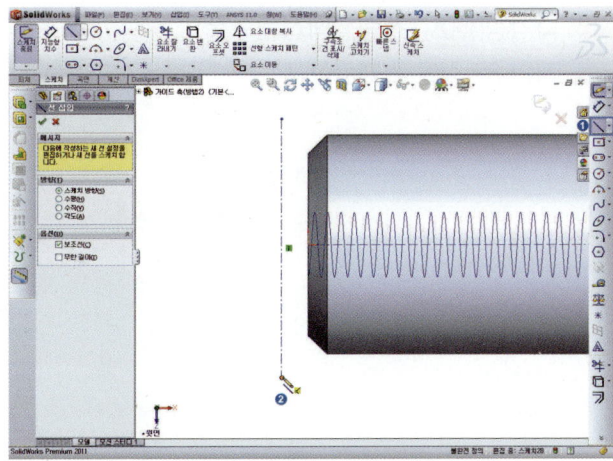

40 키보드 **Ctrl** 누른 상태에서 스케
치한 모서리선과 중심선(①) 선
택 ➡ 구속조건[✎ 동일선상(L)] 선
택하면 중심선이 모서리에 동일
선상에 위치하게 된다.

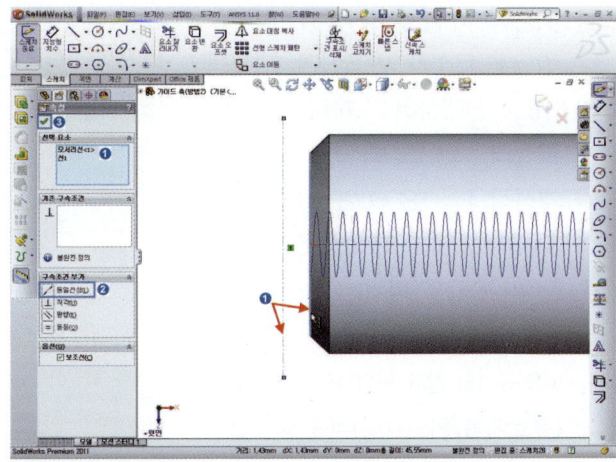

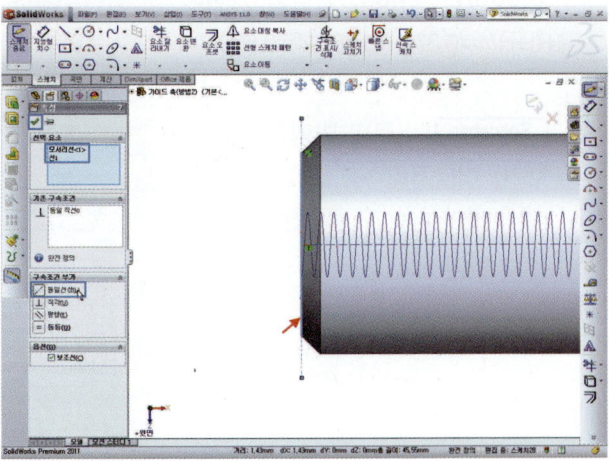

41 다각형[⬡] 선택, 내접원으로 하는 3각형을 스케치한다.

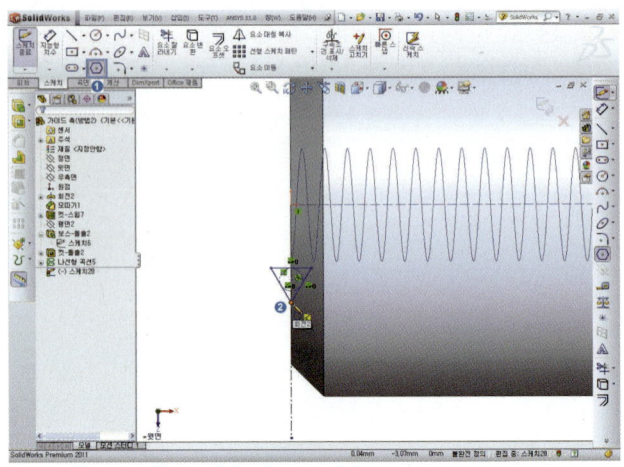

42 지능형 치수[◇▾] 선택, 치수입력 ➡ 치수가 변경되면 재생성 [🚦] 선택하여 스케치 작업 완료한다.

계산식 H=0.866025×P(피치)= 0.866×0.7(M4피치)=0.606 H1= 0.541266×P(피치)=0.541×0.7= 0.378

(KS 규격을 참고 원점과의 거리 계산: (유효지름/2)−(H/2)=(3.545/2)− (0.606/2)=1.469, 삼각형 높이: H1+H/4=(0.378)+(0.606/4)=0.530)

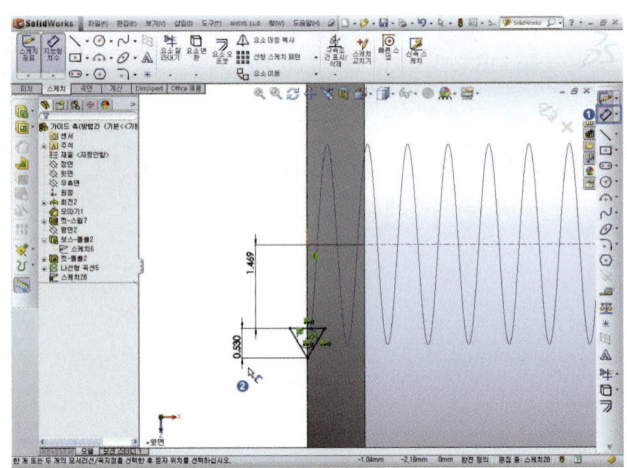

43 Spacebar 누르면 방향창 [등각보기] 더블클릭 ➡ 스케치가 원하는 작업평면에 스케치되어 있는지 확인한다.

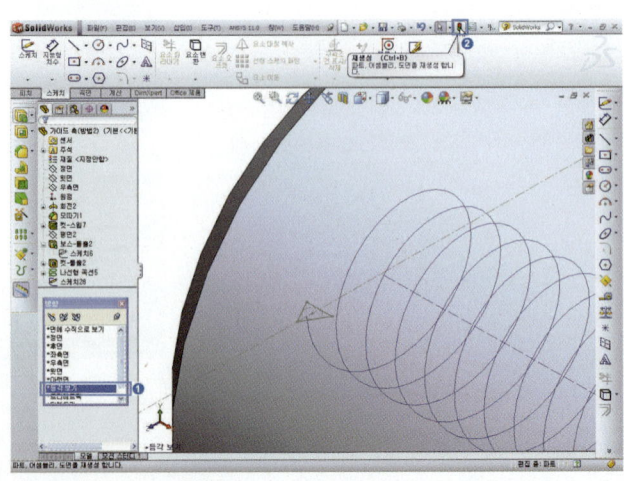

44 스윕-컷[📗] 선택, [🔵] 프로파일(①스케치 선택), [🔵] 경로(② 선택) ➔ 확인[✅]을 누른다.

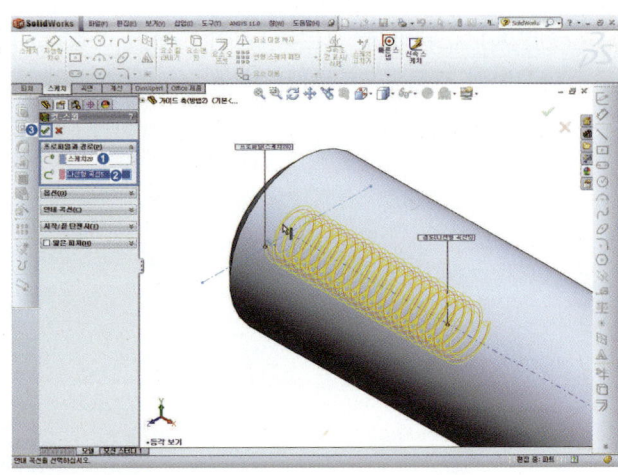

45 [보기] ➔ 실선표시[▣] 선택하여 내부의 관통 여부를 확인하고, 다시 모서리표시음영[▣]로 선택한다.

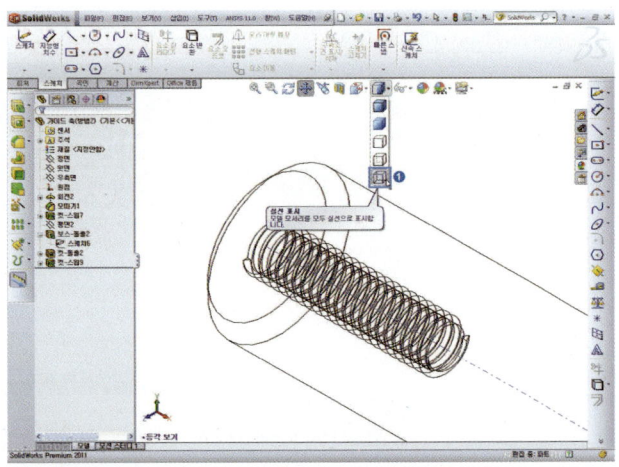

46 원[ ] 선택하여 그림과 같이
나사부의 끝점을 선택하여 원 스
케치한다.

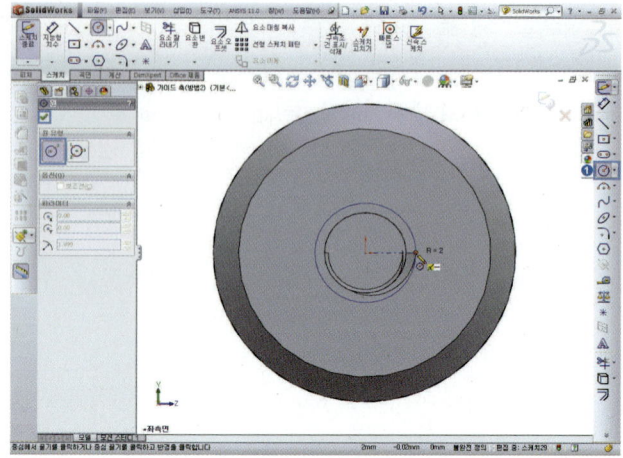

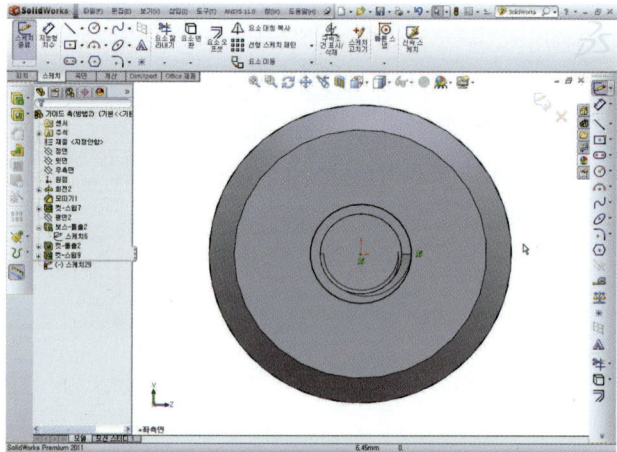

47 **Spacebar** 누르면 방향창 [등각
보기] 더블클릭 ➡ 돌출-컷[ ]
선택 ➡ 방향1 [블라인드 형태],
[ ] 1.25mm입력, 구배켜기[ ]
60도 입력 ➡ 확인[ ] 누른다.

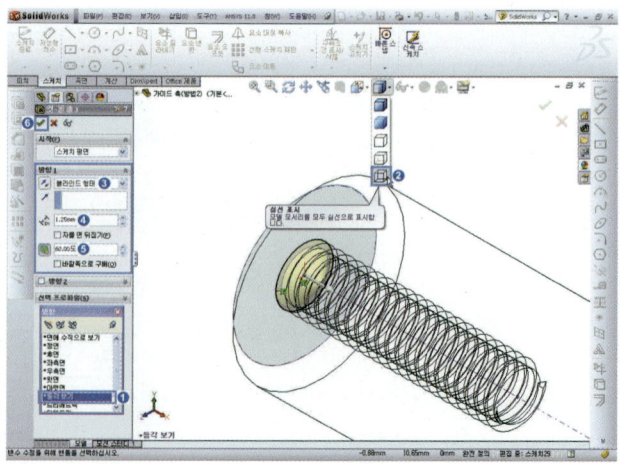

48 [보기] 모서리표시음영[▣]로 선택한다.

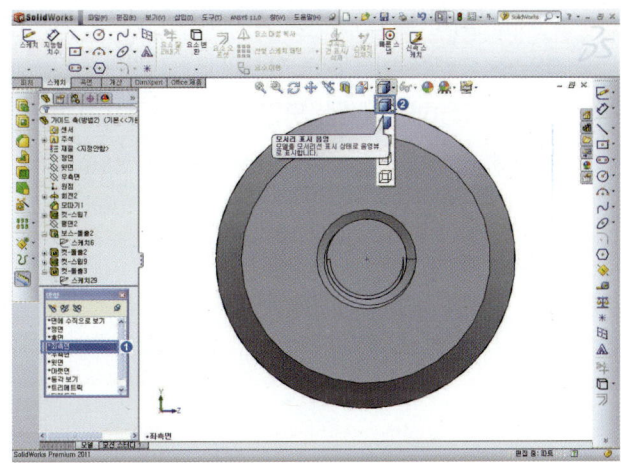

49 구멍가공 마법사[▦] ➡ 유형 (①) 선택, 기본형 드릴(②) 선택, 단면치수(지름 3.25mm, 깊이 18mm) 입력 마침조건[블라인드 형태] ➡ 위치탭을 누른다.

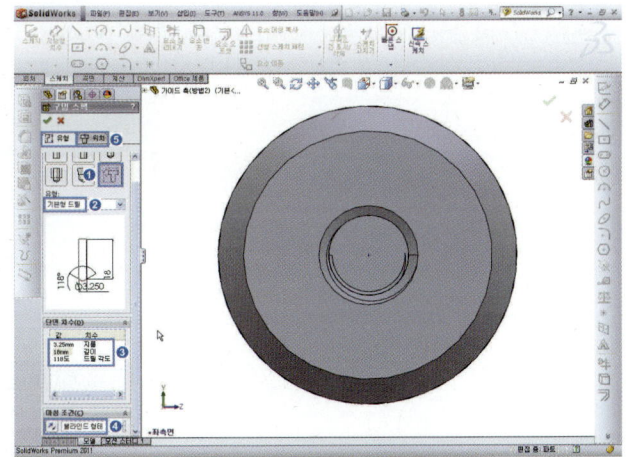

50 위치(①) 선택 ➡ 구멍이 놓일 위치의 피처면(②) 선택하면 아래 그림처럼 구멍의 미리 보기가 나타난다.

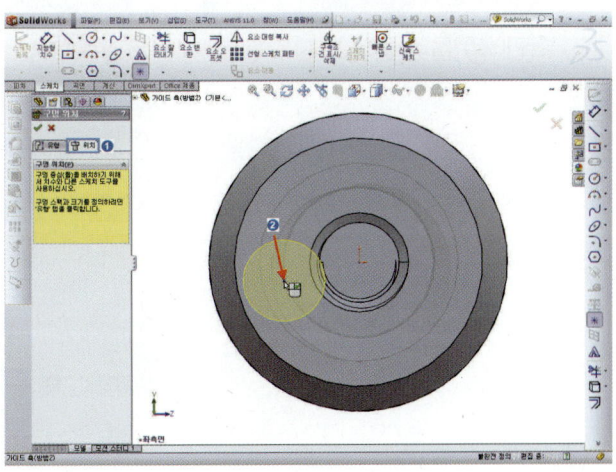

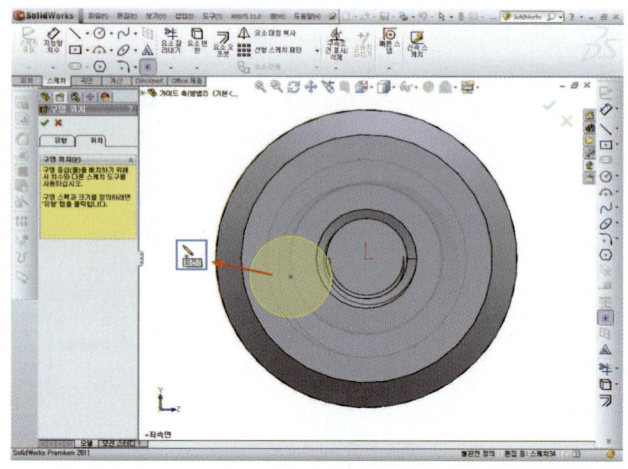

51 커서를 피처 밖으로 이동 후 ➡ 마우스 오른쪽 버튼을 눌러서 선택(K) 지정하면 선택 모양으로 바뀐다.

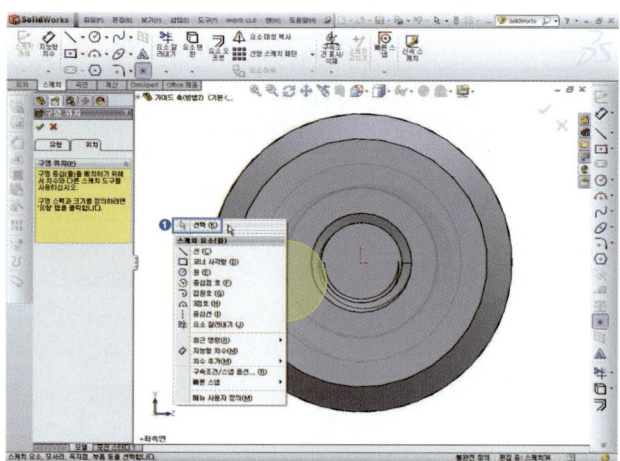

52 원호의 중심점, 모서리(①) 선택 ➡ 구속조건[⊙ 동심(N)] 선택 ➡ 확인[✓]을 누른다.

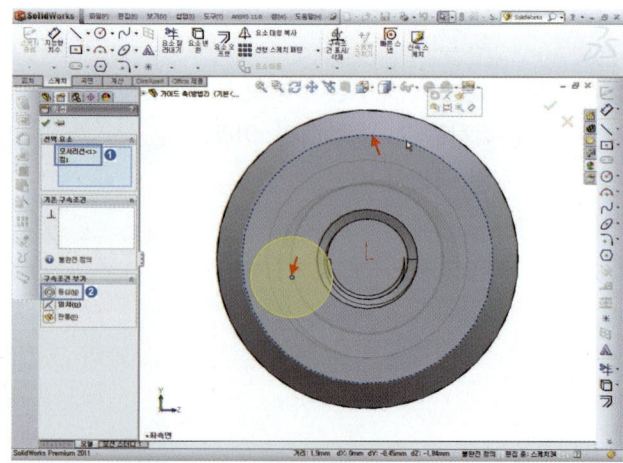

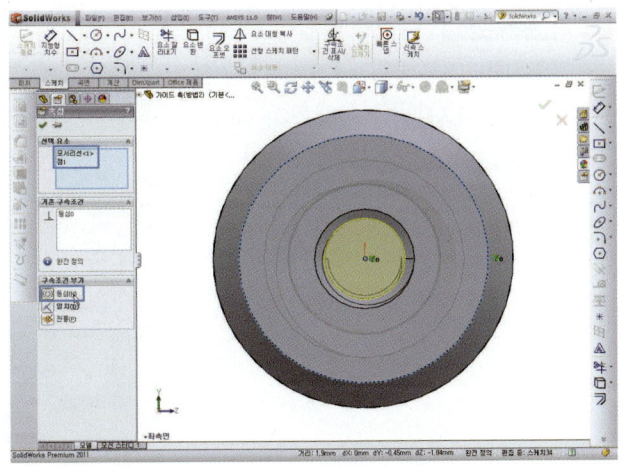

53 확인[✅] 버튼을 누르면 구멍의 구속조건 화면이 닫히고 ➡ 한번 더 확인[✅]을 눌러야 구멍가공 마법사 작업이 완료하게 된다.

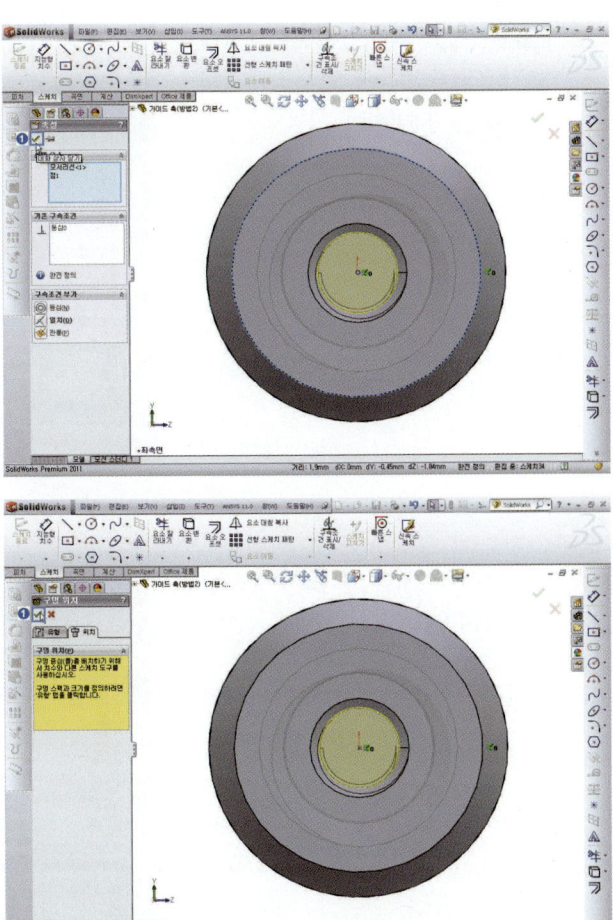

54 **Spacebar** 누르면 방향창 [트리
메트릭] 더블클릭 ➡ 메뉴[보기]
➡ 실선표시[🔲] 선택하여 내부
의 나사부의 모양을 확인한다.

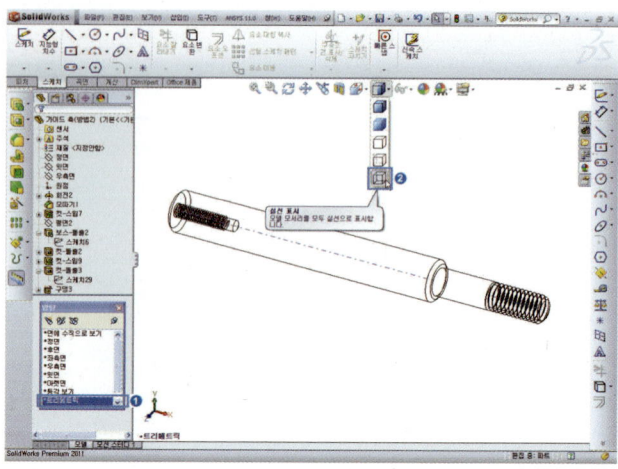

55 **Spacebar** 누르면 방향창 [등각
보기] 더블클릭 ➡ 모서리표시음
영[🔲]로 선택한다.

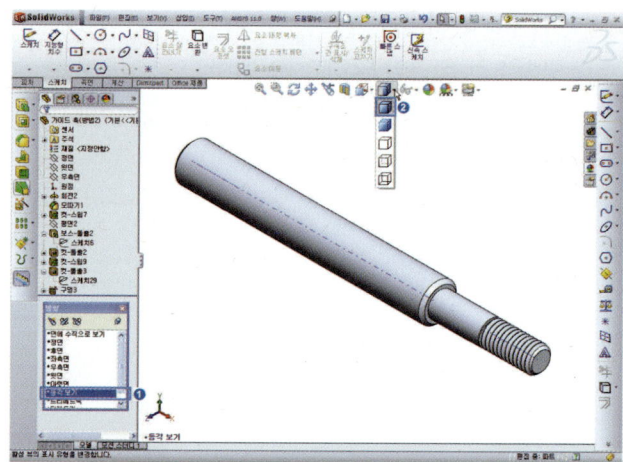

56 도구모음 보기(V) ➡ 임시축[🔗]
선택하여 임시축을 숨긴다.

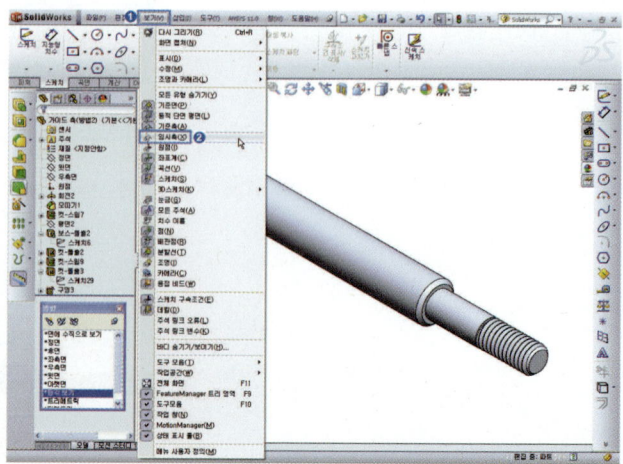

57 가이드 포스트 모델링을 완성
한다.

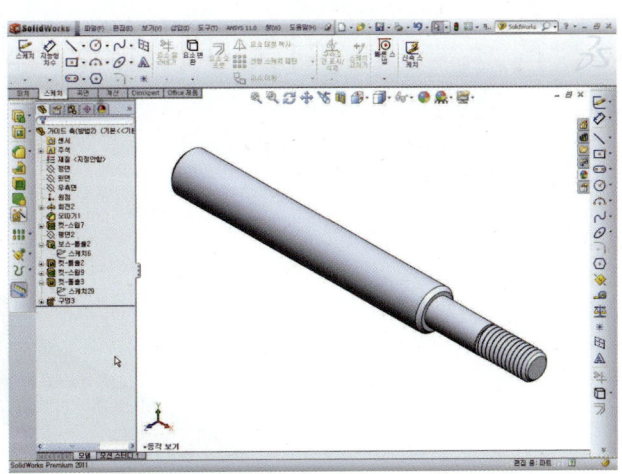

리드 나사축 모델링 – 방법 1

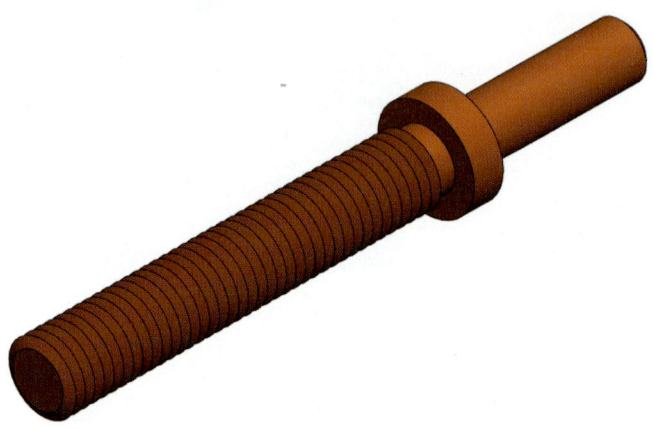

[그림 3-47] 리드 나사축 모델링

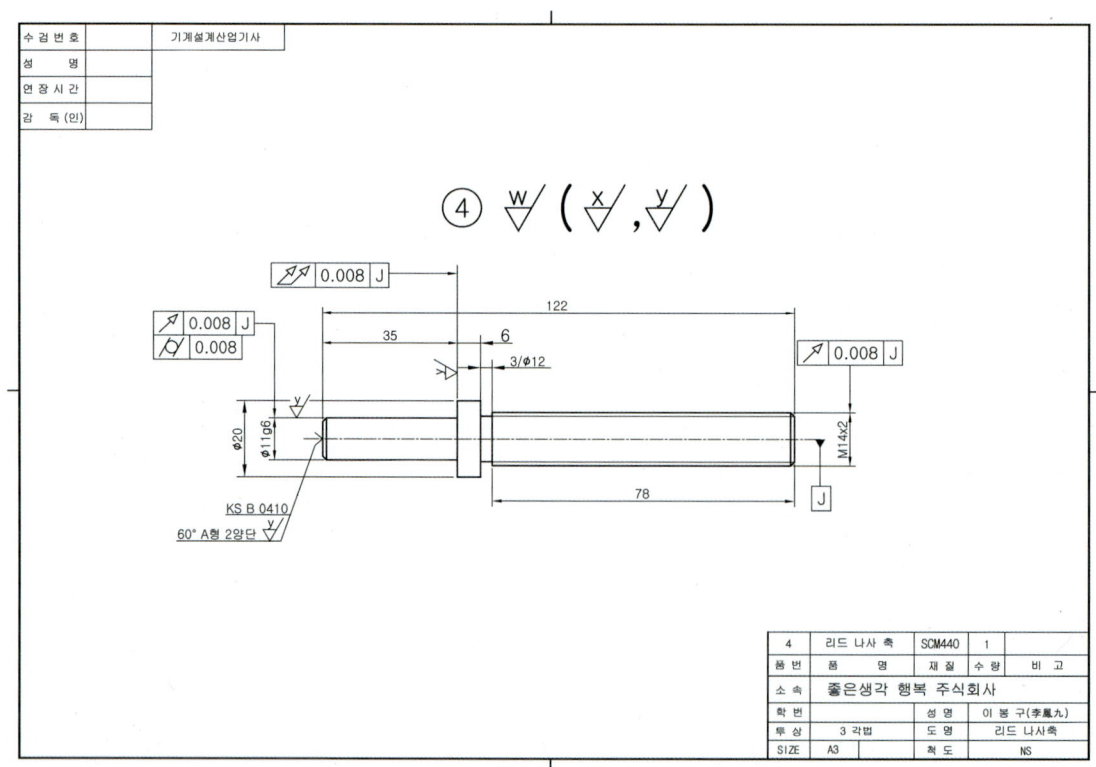

[그림 3-48] 리드 나사축 모델 도면

■ 리드 나사축 모델링 순서

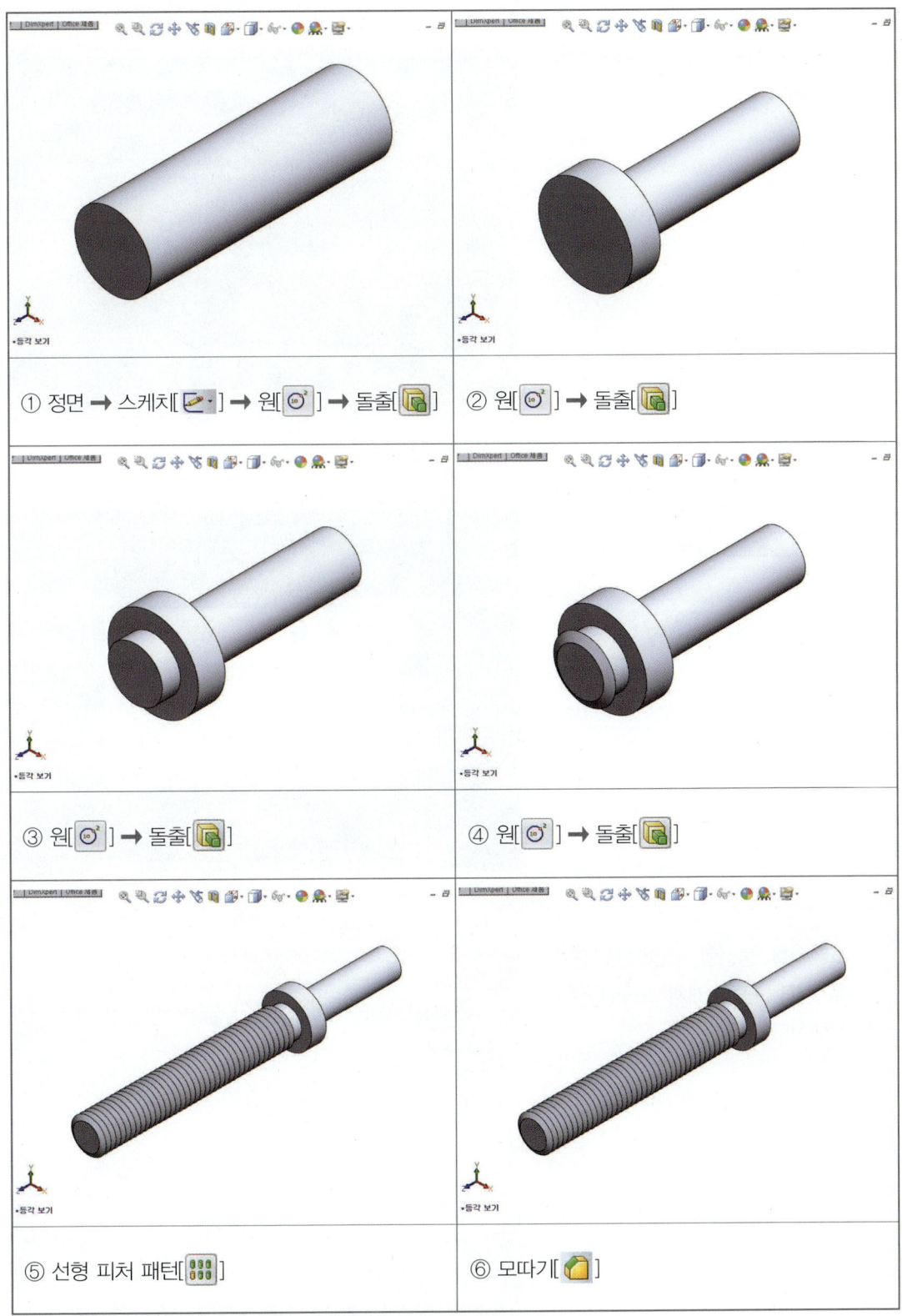

① 정면 ➜ 스케치[ ] ➜ 원[ ] ➜ 돌출[ ]

② 원[ ] ➜ 돌출[ ]

③ 원[ ] ➜ 돌출[ ]

④ 원[ ] ➜ 돌출[ ]

⑤ 선형 피처 패턴[ ]

⑥ 모따기[ ]

1 파일 ➡ 새문서(N)[🗋 새 문서]를
클릭한다.

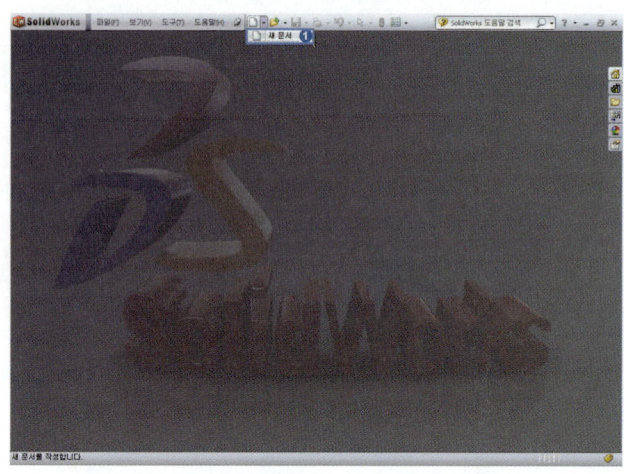

2 새문서 창에서 파트[🔲] 선택
➡ [확인]을 누른다.

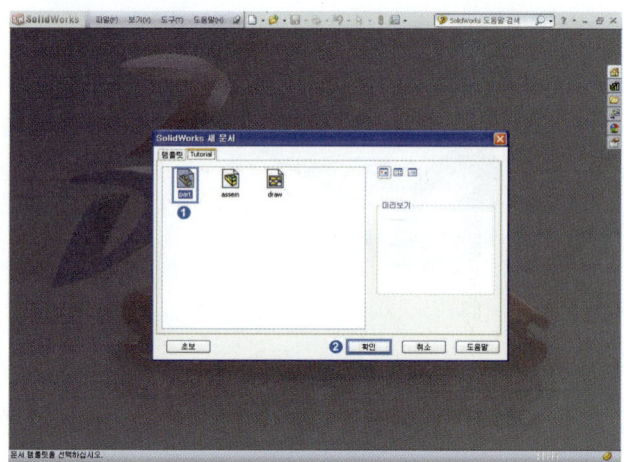

3 스케치를 생성할 작업평면[정면]
을 선택 ➡ 스케치 도구[✏️]
선택한다.

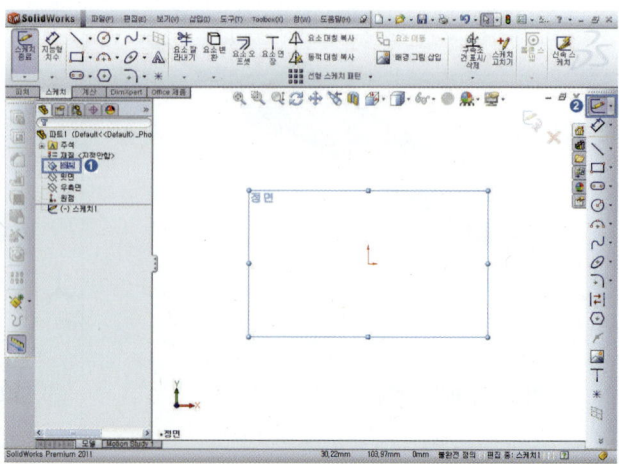

4 원[ⓞ] 선택 ➡ 지능형 치수 [◇·] 선택 ➡ 지름 11mm(그림 24-2 참고) 치수입력한다.

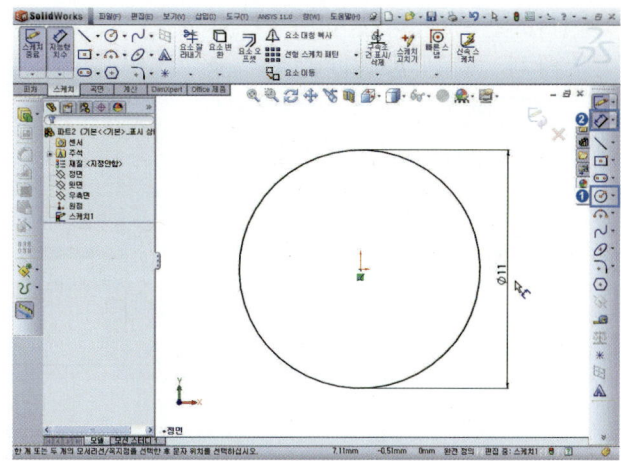

5 Spacebar 누르면 방향창 [등각 보기] 더블클릭 ➡ 원하는 작업 평면에 스케치 작업이 되었는지 확인한다.

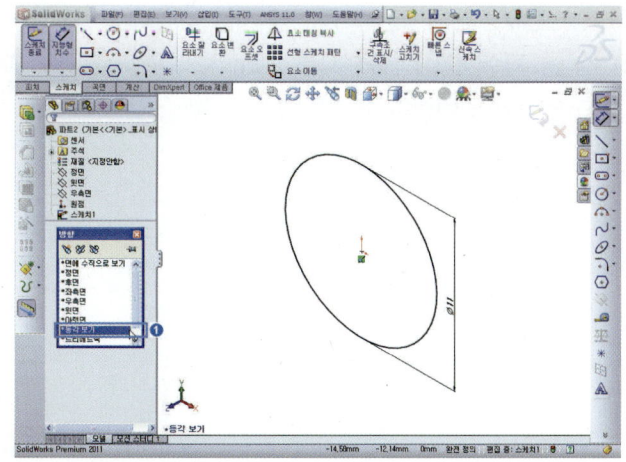

6 돌출[🗔] ➡ 방향 1[⚲] [블라인드 형태], [⟩] 높이 35mm를 입력 ➡ 확인[✓]을 누른다.

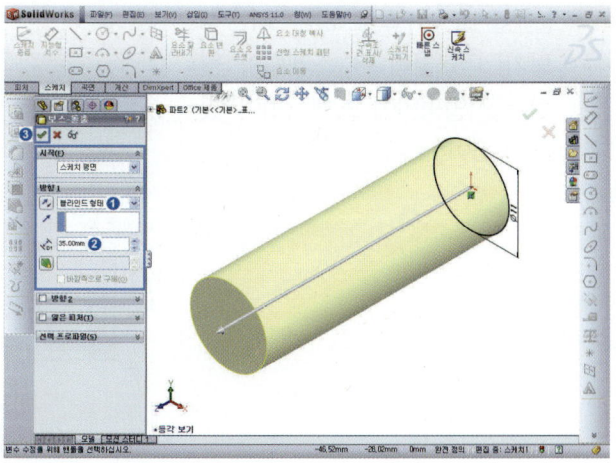

7 생성된 피처(①)면 선택 ➡ 스 케치 도구[✏️ ▾] 선택 ➡ **Spacebar** 누르면 방향창 [면 에 수직으로 보기] 더블클릭 ➡ 스케치 작업이 편하도록 수직하 게 위치한다.

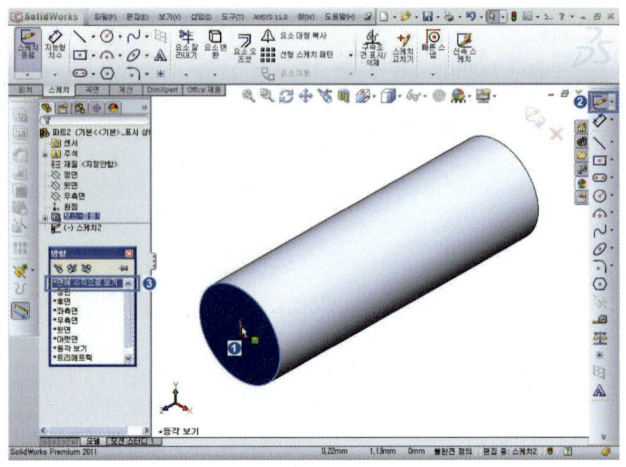

8 원[⊙] 선택, 원 스케치 ➡ 지능 형 치수[◇ ▾] 선택 지름 20mm 원 치수입력한다.

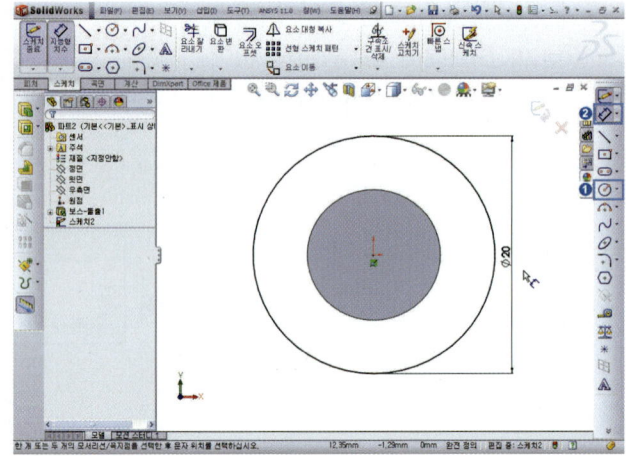

9 **Spacebar** 누르면 방향창 [등각 보기] 더블클릭 ➡ 스케치가 원 하는 작업평면에 스케치되어 있 는지 확인한다.

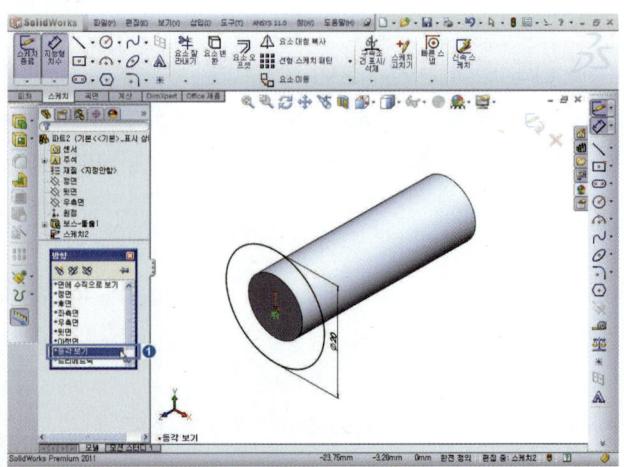

⑩ 돌출[ ] ➡ 방향 1[ ], [블라인드 형태], [ ] 높이 6mm를 입력 ➡ 확인[ ]을 누른다.

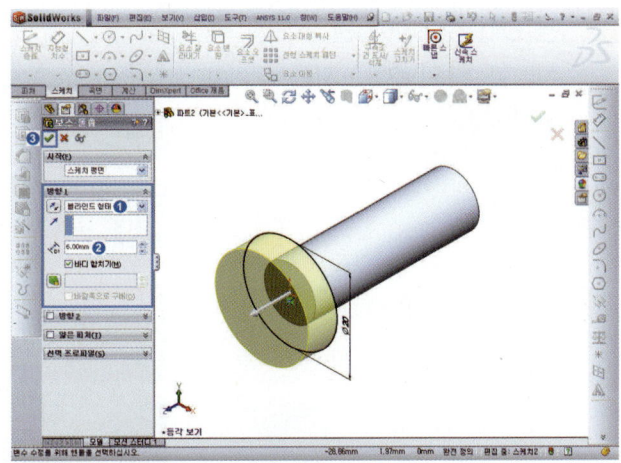

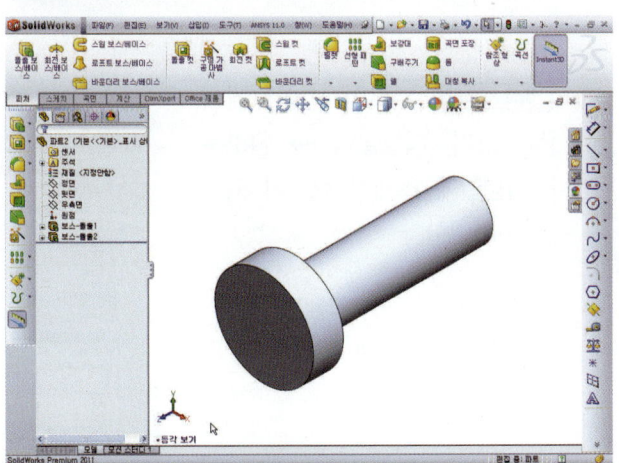

⑪ 생성된 피처(①)면 선택 ➡ 스케치 도구[ ] 선택 ➡ Spacebar 누르면 방향창 [면에 수직으로 보기] 더블클릭 ➡ 스케치 작업이 편하도록 수직하게 위치한다.

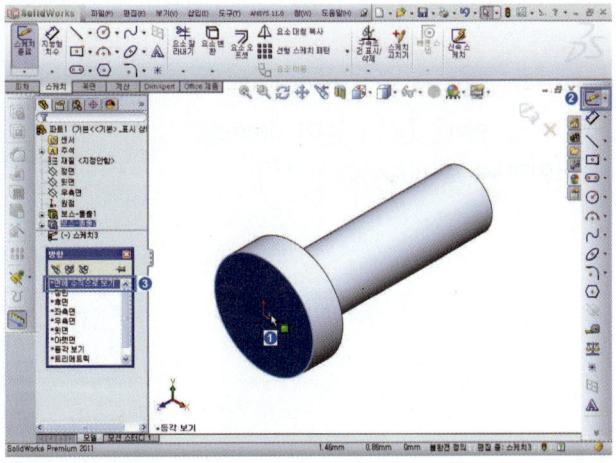

12 원[○] 선택하여 원 스케치 ➡
지능형 치수[⟋·] 지름 12mm
입력한다.

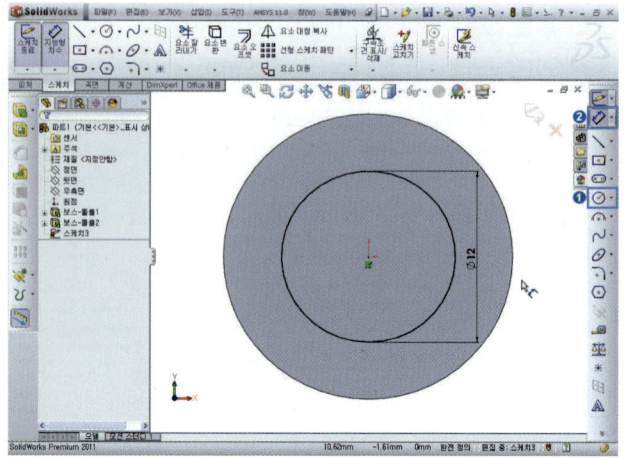

13 **Spacebar** 누르면 방향창에서
[등각보기] 더블클릭 ➡ 원하는
작업평면에 스케치 작업이 되었
는지 확인한다.

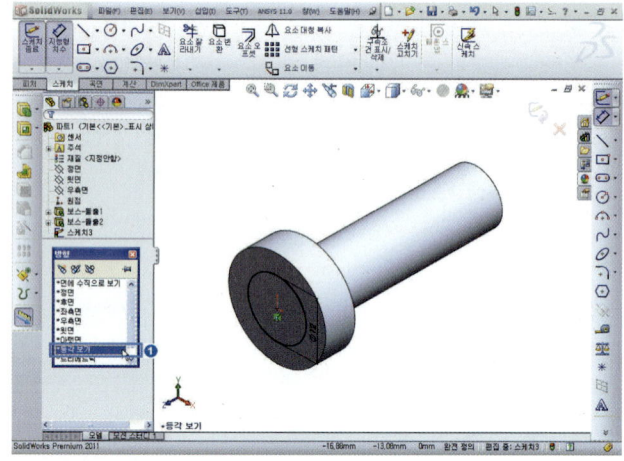

14 돌출[▣] ➡ 방향 1[⟍], [블라
인드 형태], [⟋] 높이 4mm를
입력 ➡ 확인[✓]을 누른다.

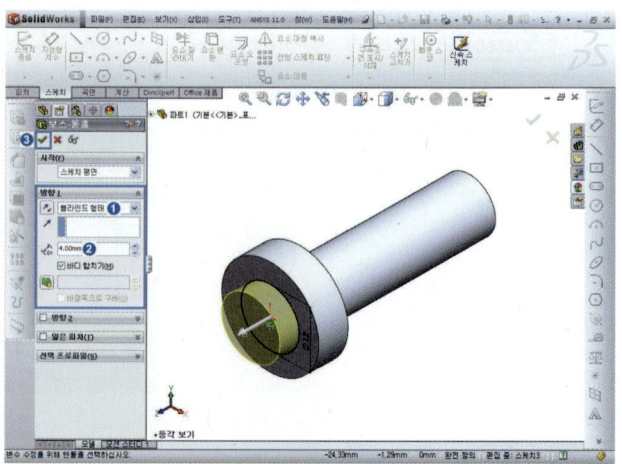

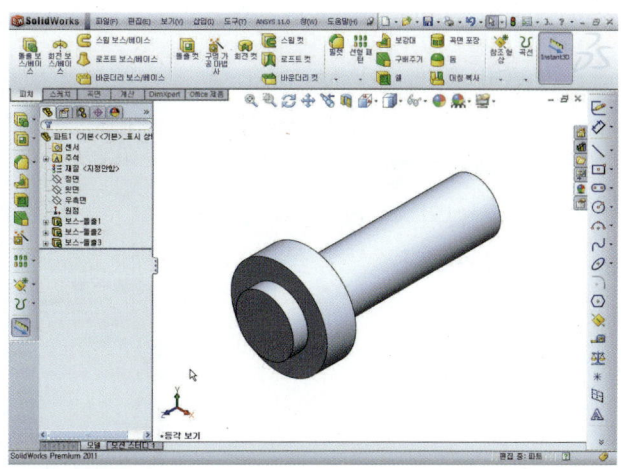

15 생성된 피처(①)면 선택 ➡ 스 케 치 도구[ ] 선택 ➡ **Spacebar** 누르면 방향창 [면 에 수직으로 보기] 더블클릭 ➡ 스케치 작업이 편하도록 수직하 게 위치한다.

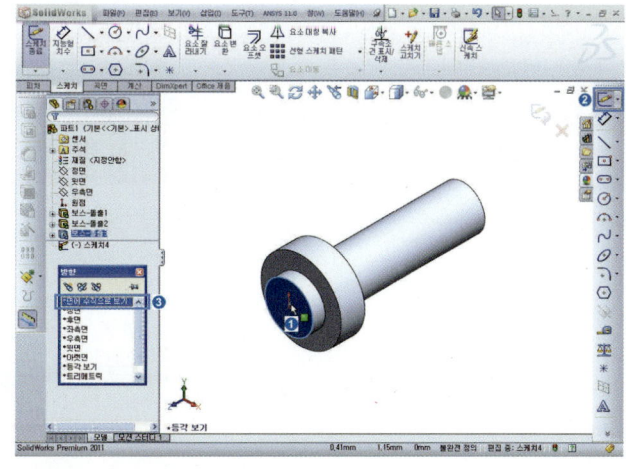

16 원[ ] 선택 원 스케치 ➡ 지능 형 치수[ ] 선택 ➡ 지름 14mm 치수입력한다.

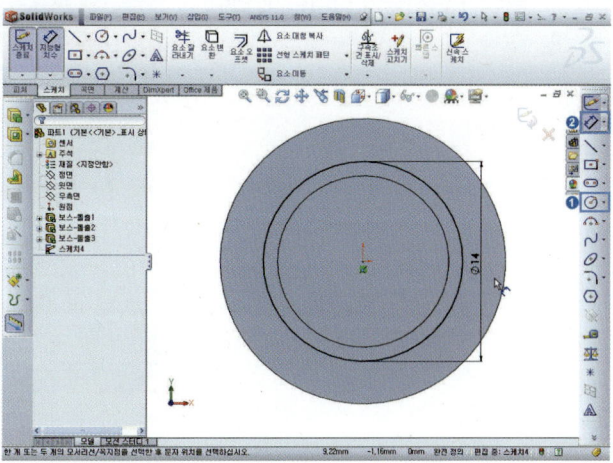

17 돌출[🔲] ➡ 방향 1 [📐], [중
간평면], 거리[📏] (M14미터 보
통나사=피치)거리값 2mm 입력
➡ 구배켜기[🟩] 60도 입력(삼
각 나사산의 각 60°) ➡ 확인
[✅]을 누른다.

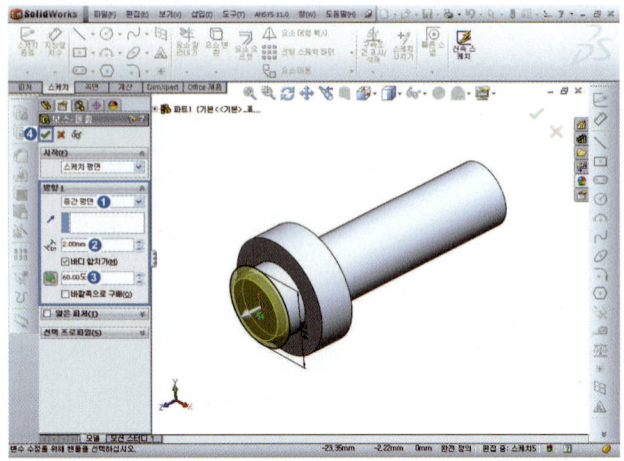

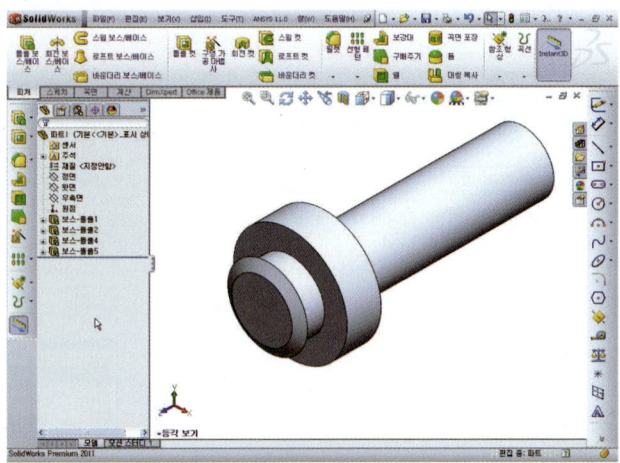

18 도구모음 보기(V) ➡ 임시축[60°]
선택하여 임시축이 나타나게 한다.

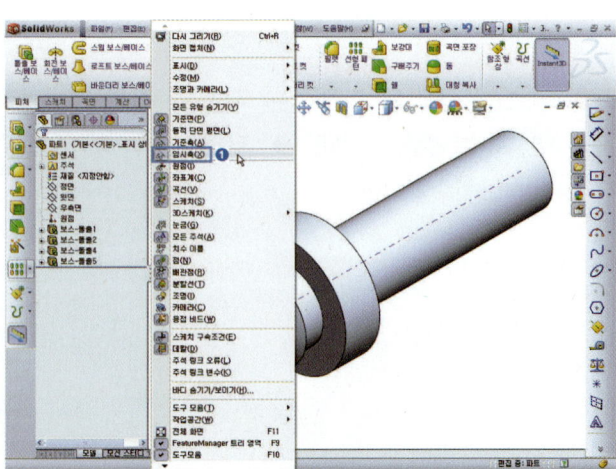

19 선형 피처 패턴[▦] 선택 ➡ 방
향 1[↗], (①중심축) 선택, 거리
[⟨D1] M14 보통나사 피치=2mm
입력, 갯수[⚬#] 39개 입력 ➡
패턴할 피처(F) (④보스-돌출5)
선택 ➡ 확인[✓]을 누른다.

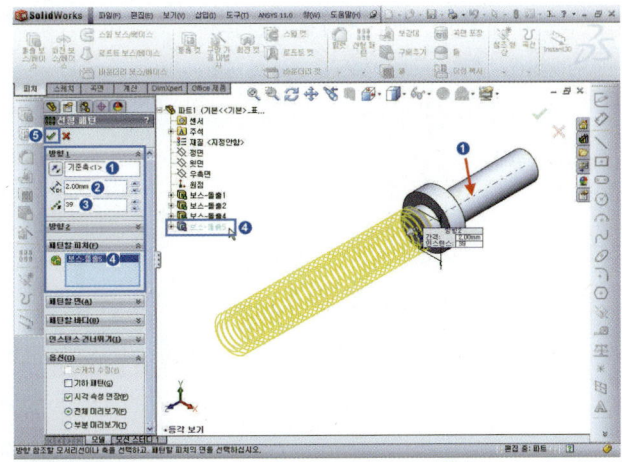

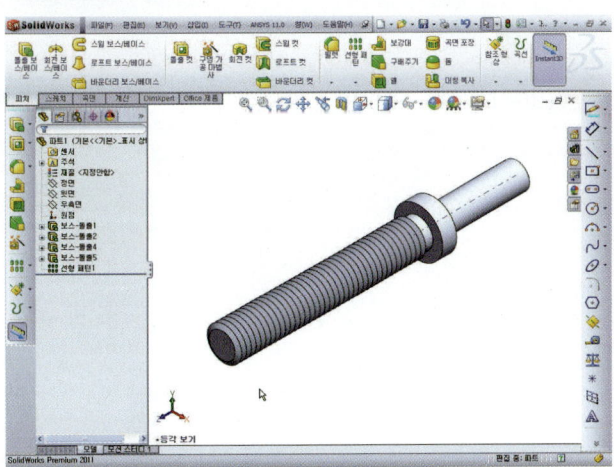

20 도구모음 보기(V) ➡ 임시축[⊘]
선택하여 임시축을 숨긴다.

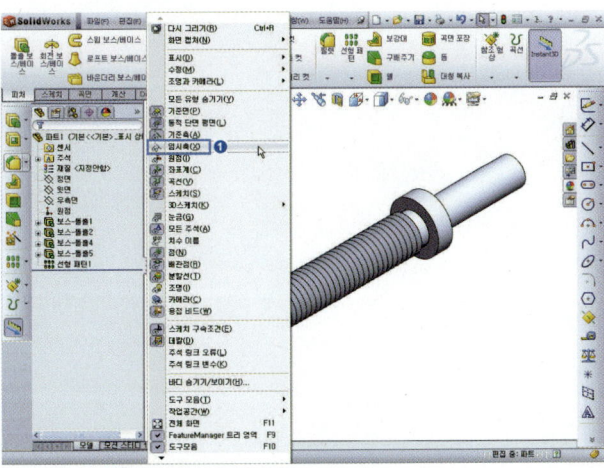

21 모따기[ ] 선택 ➡ [ ] 거리
1mm, [ ] 각도 45도 입력 ➡
④모서리 선택 ➡ 확인[ ]을
누른다.

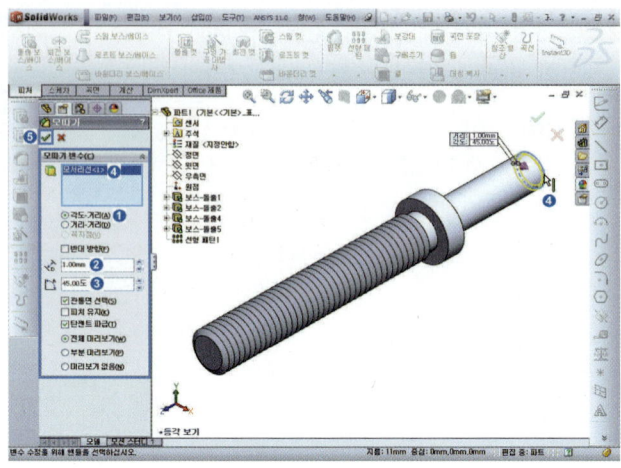

22 리드 나사축 모델링을 완성한다.

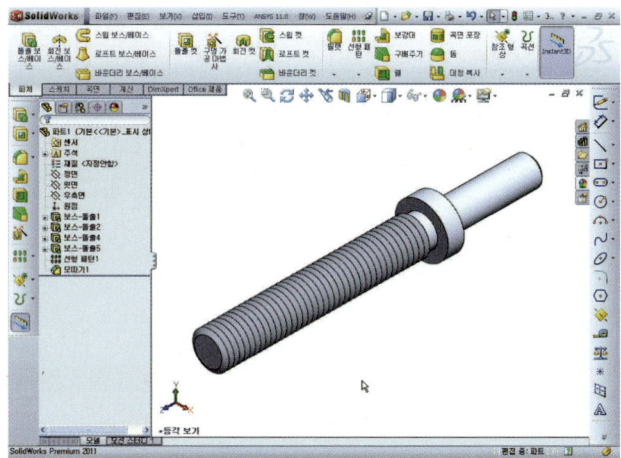

리드 나사축 모델링 – 방법 2

[그림 3-49] 리드 나사축 모델링

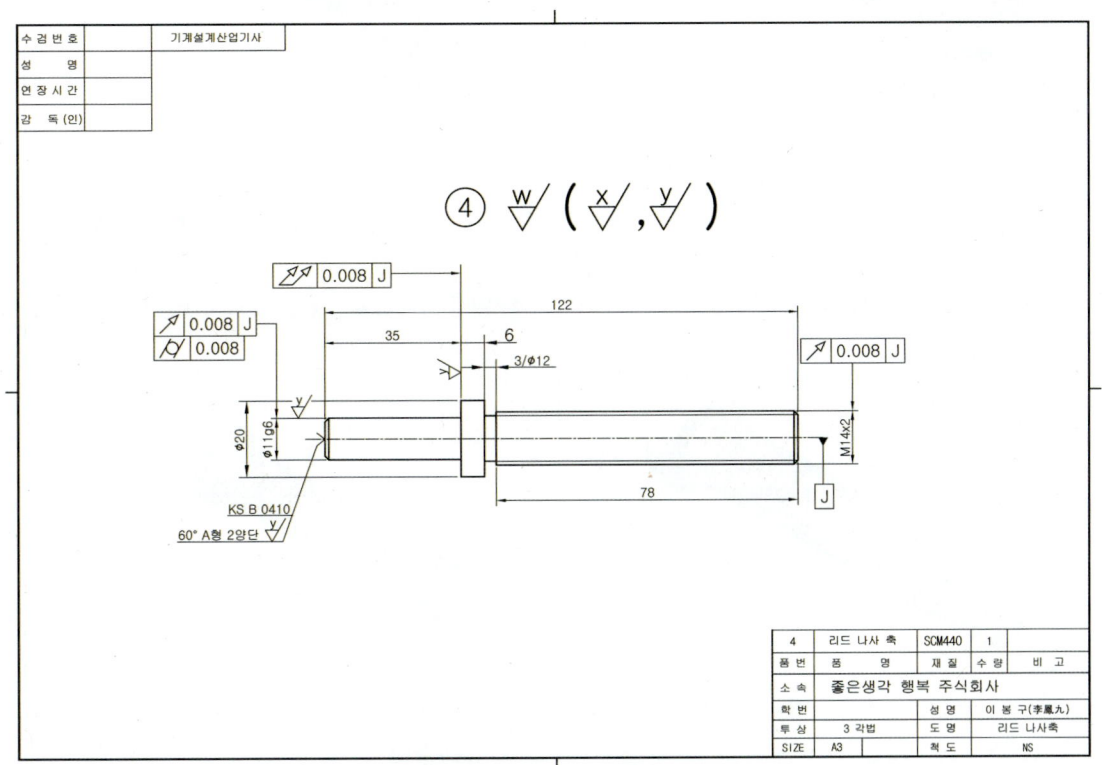

[그림 3-50] 리드 나사축 모델 도면

■ 리드 나사축 모델링 순서

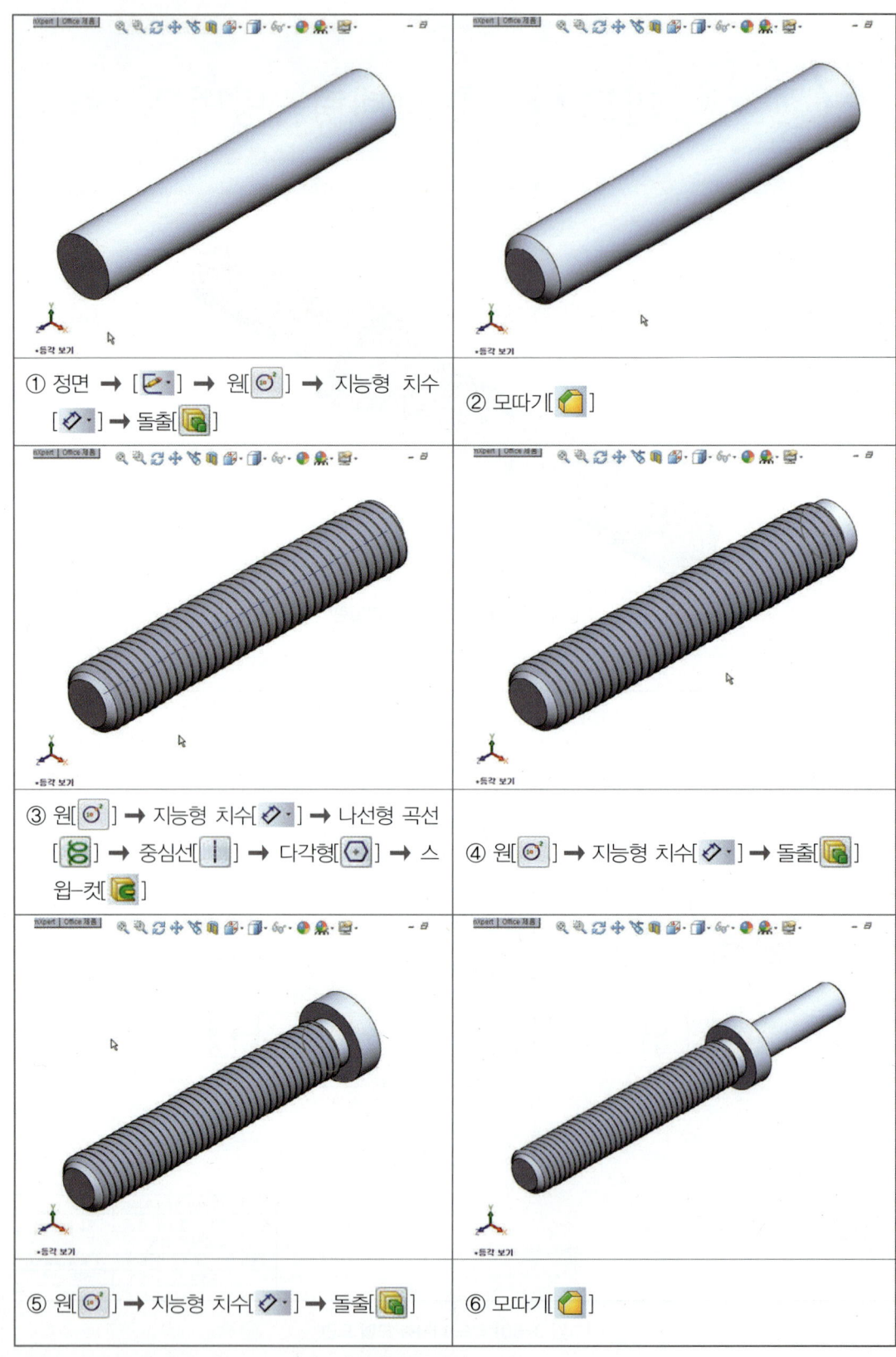

① 정면 ➡ [✏️] ➡ 원[◎] ➡ 지능형 치수 [◇] ➡ 돌출[🗔]	② 모따기[🔶]
③ 원[◎] ➡ 지능형 치수[◇] ➡ 나선형 곡선 [🧬] ➡ 중심선[┃] ➡ 다각형[⬡] ➡ 스 웝-컷[🅲]	④ 원[◎] ➡ 지능형 치수[◇] ➡ 돌출[🗔]
⑤ 원[◎] ➡ 지능형 치수[◇] ➡ 돌출[🗔]	⑥ 모따기[🔶]

1 파일 ➡ 새문서(N)[🗋 새 문서]를
클릭한다.

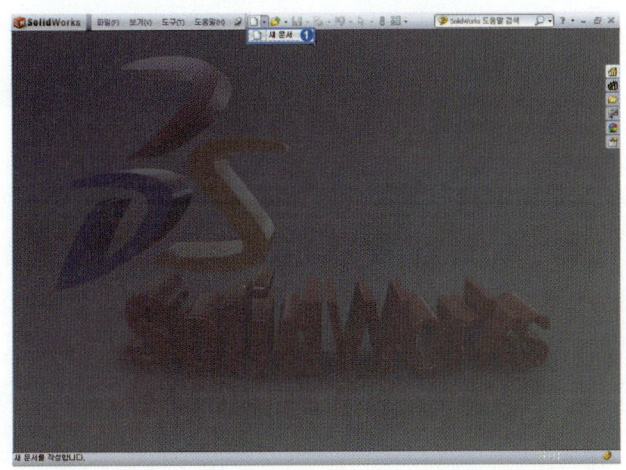

2 새문서 창에서 파트[📄]선택 ➡
[확인]을 누른다.

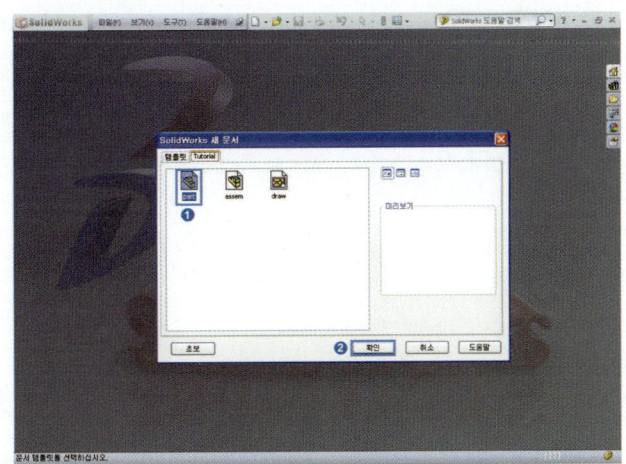

3 스케치를 생성할 작업평면[정면]
을 선택 ➡ 스케치 도구[✏]
선택한다.

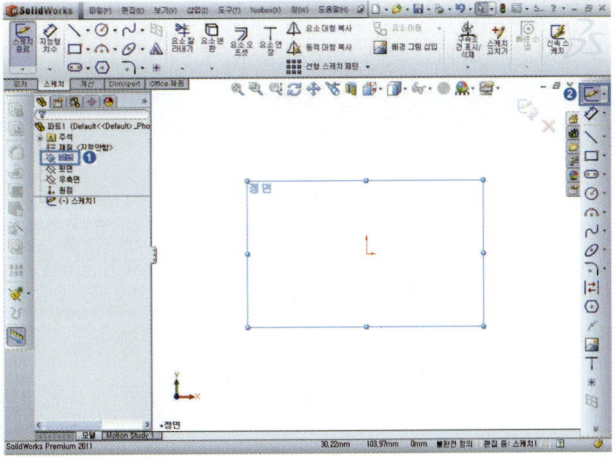

4 원[⊙] 선택하여 원 스케치 ➡ 지능형 치수[◇·] M14 미터 보통나사 바깥지름 14mm 입력한다.

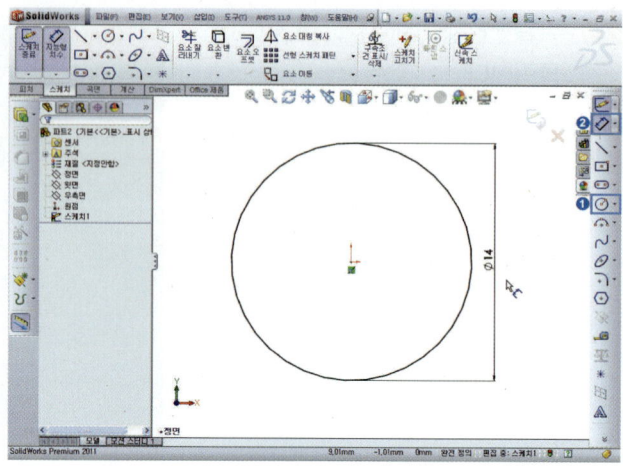

5 **Spacebar** 누르면 방향창 [등각보기] 더블클릭 ➡ 원하는 작업 평면에 스케치 작업이 되었는지 확인한다.

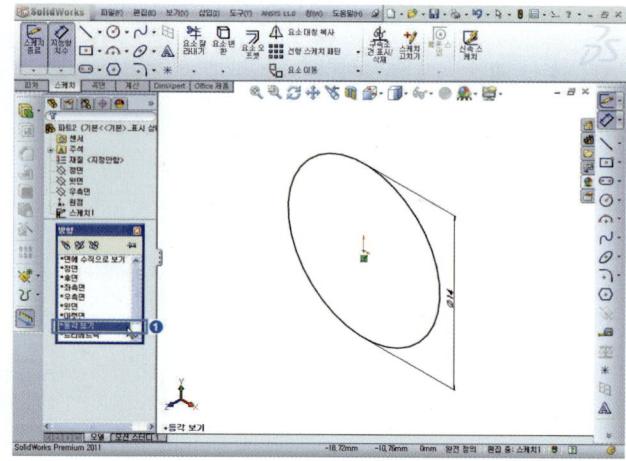

6 돌출[🗗] ➡ 방향 1[⤢],[블라인드 형태], [⤢] 높이 70mm를 입력 ➡ 확인[✓]을 누른다.

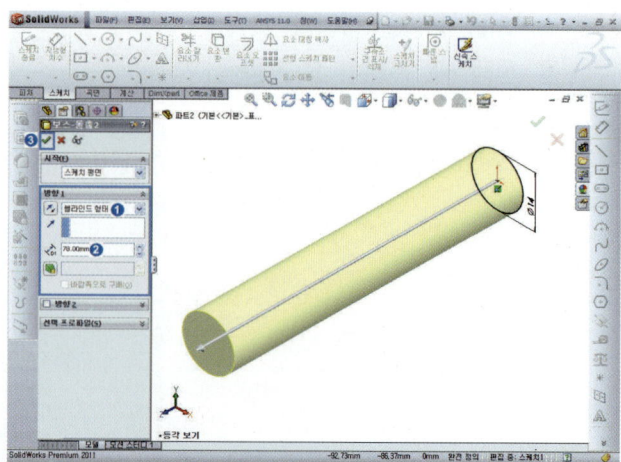

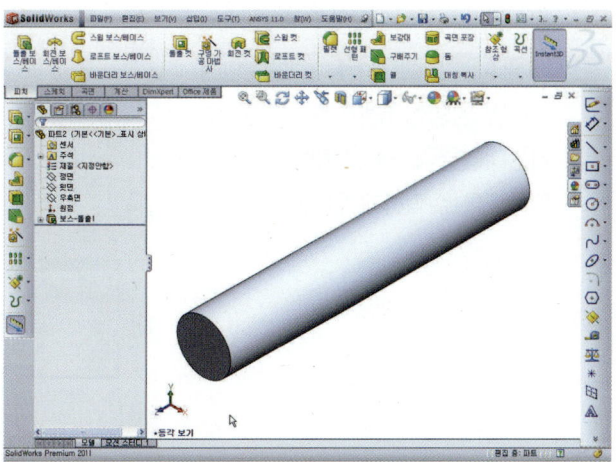

7 모따기[] 선택 ➡ 거리[]
2mm, 각도[] 45도 입력 ➡
④모서리 선택 ➡ 확인[]을
누른다.

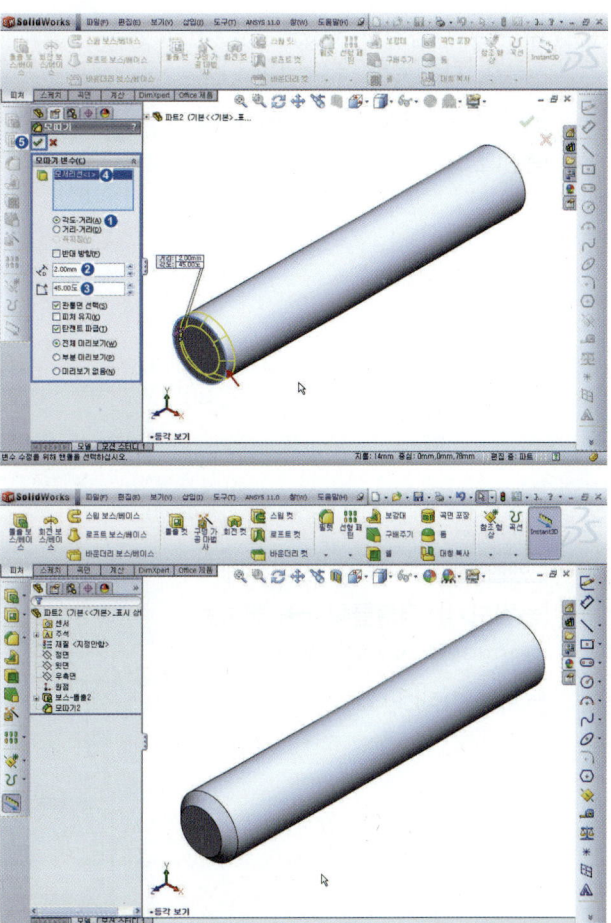

8. 생성된 피쳐(①)면 선택 ➡ 스케치 도구[✏] 선택 ➡ **Spacebar** 누르면 방향창 [면에 수직으로 보기] 더블클릭 ➡ 스케치 작업이 편하도록 수직하게 위치한다.

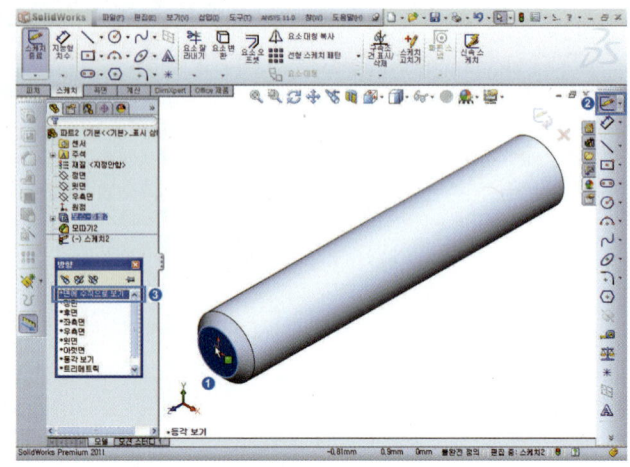

9. 원[⊙] 선택하여 원 스케치 ➡ 지능형 치수[⟋] M14 미터, 보통나사 유효지름 12.701mm 입력한다.

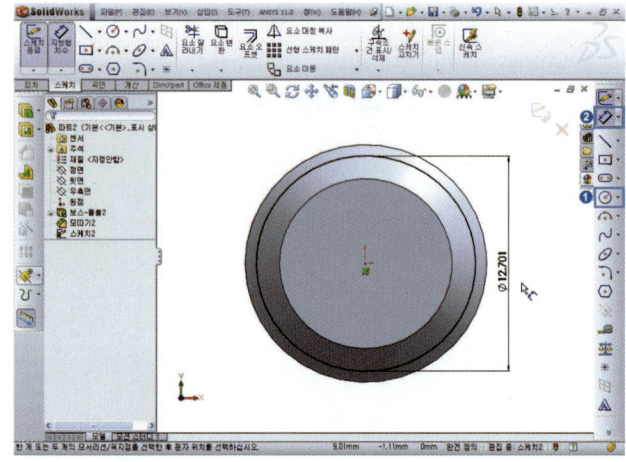

10. **Spacebar** 누르면 방향창에서 [등각보기] 더블클릭 ➡ 원하는 작업평면에 스케치 작업이 되었는지 확인한다.

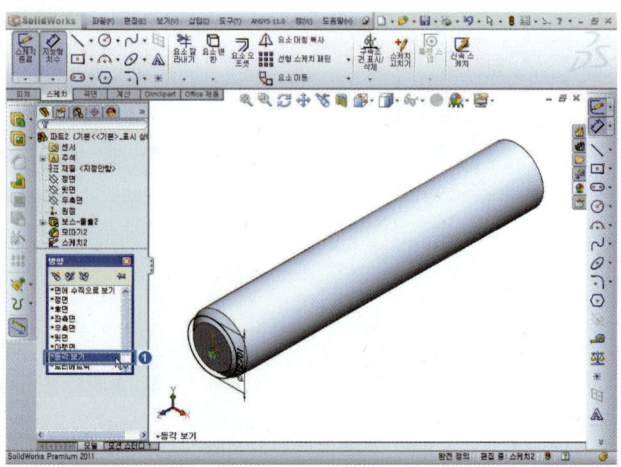

11 메뉴 [삽입(I)] ➡ [곡선(U)] ➡ [나
선형 곡선(H)][] 선택한다.

12 [나선형 곡선][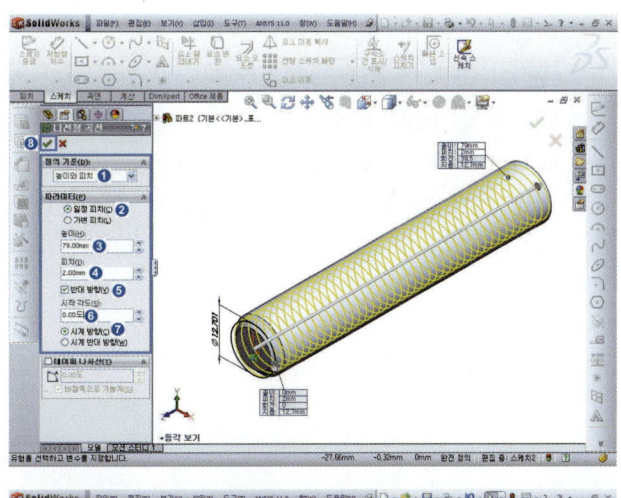] ➡ 높이
(79mm)와 피치(2mm), ☑ 반대
방향, 시작각도(0도), 시계방향(오
른나사) 지정 ➡ 확인[]을 누
른다.

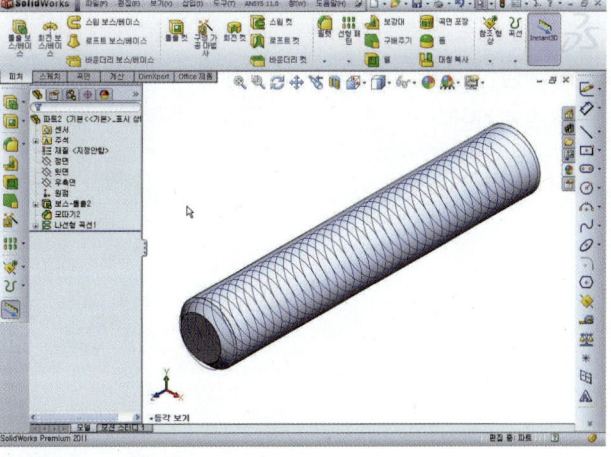

13 도구모음 보기(V) ➡ 임시축[🔭]
선택하여 임시축이 나타나게 한다.

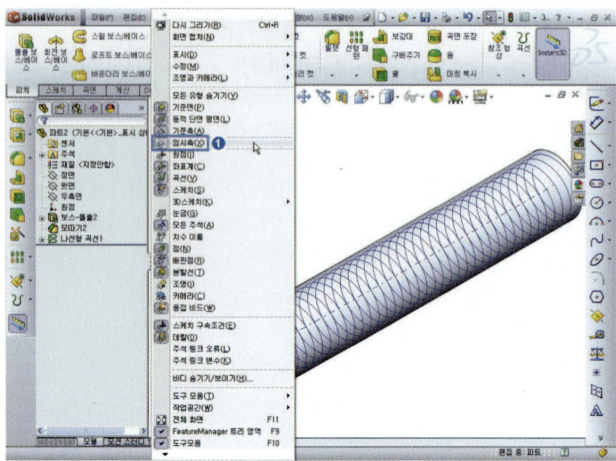

14 윗면(①) 선택 ➡ 스케치 도구
[✏️] 선택 ➡ **Spacebar** 누르
면 방향창 [면에 수직으로 보기]
더블클릭 ➡ 스케치 작업이 편하
도록 수직하게 위치한다.

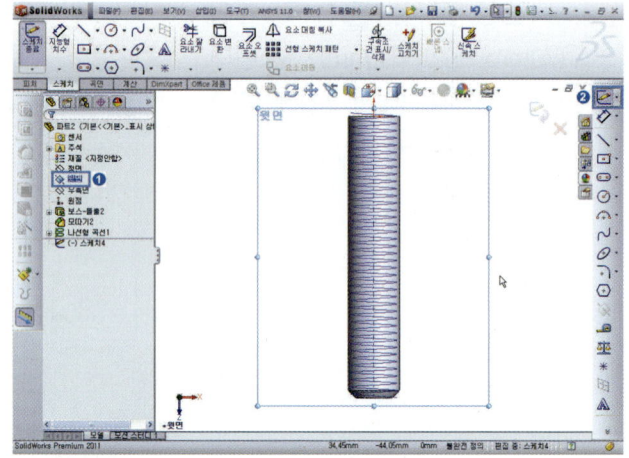

15 중심선[ｌ] 선택하여 중심선을
스케치한다.

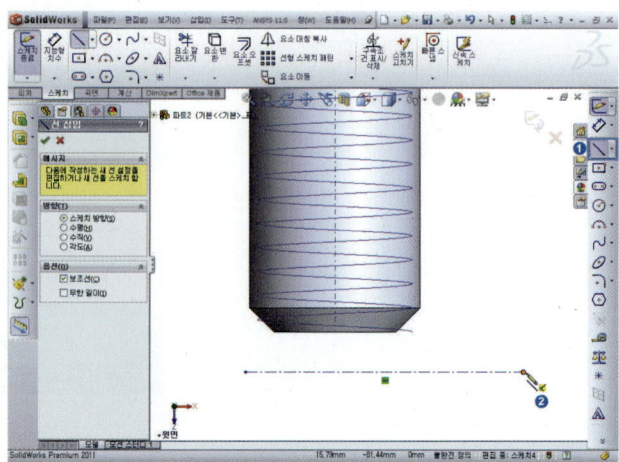

16 키보드 **Ctrl** 누른 상태에서 스케치한 모서리선과 중심선(①) 선택 ➡ 구속조건[✏ 동일선상(L)] 선택하면 중심선이 모서리선의 동일선상에 위치하게 된다.

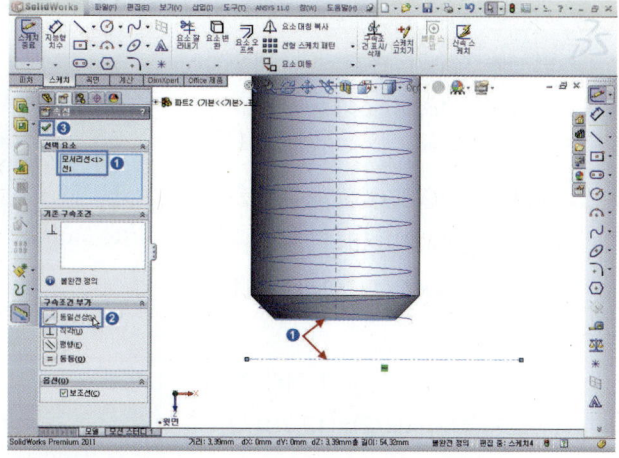

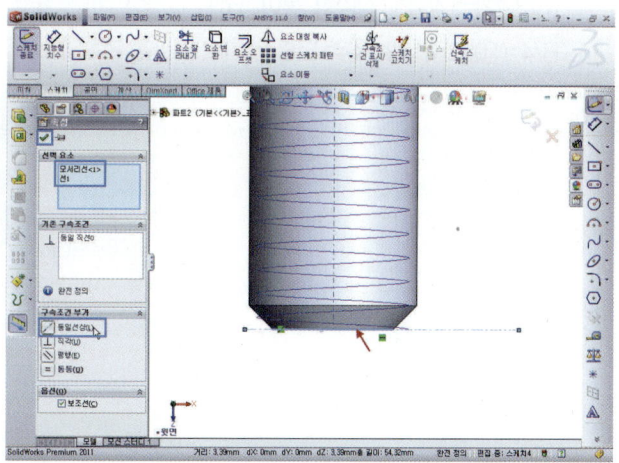

17 다각형[⬡] 선택, 내접원으로 하는 3각형 스케치한다.

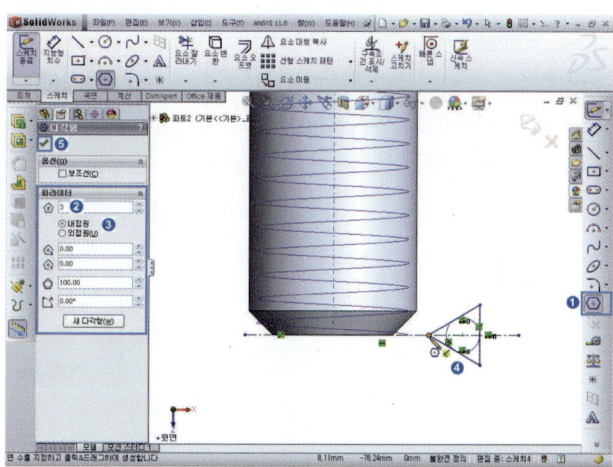

18 지능형 치수[✏️ ·] 선택, 치수입
력 ➡ 치수가 변경되면 재생성
[🚦] 선택하여 스케치 작업 완
료한다.

계산식 H=0.866025×P(피치)=
0.866×2(M14피치)=1.732, H1=
0.541266×P(피치)=0.541×
2=1.082

(KS 규격 참고 원점과의 거리 계산:
(유효지름/2)−(H/2)=(12.701/2)−
(1.732/2)=5.4845, 삼각형 높이: H1+
H/4=(1.082)+(1.732/4)=1.516)

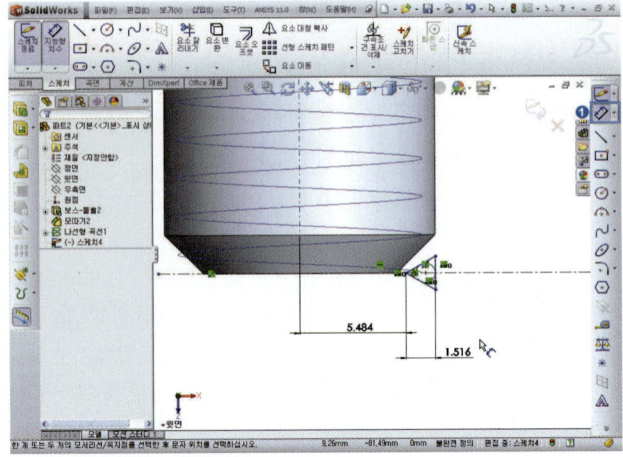

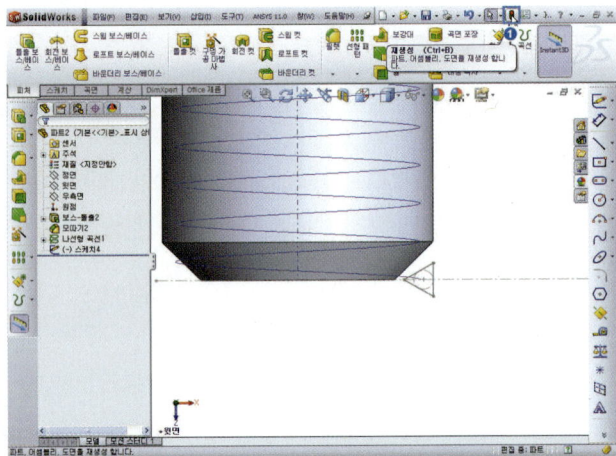

19 Spacebar 누르면 방향창 [등각
보기] 더블클릭 ➡ 스케치가 원
하는 작업평면에 스케치되어 있
는지 확인한다.

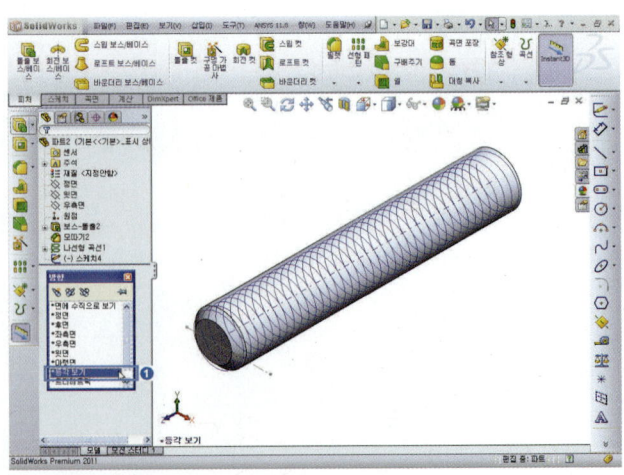

20 스윕-컷[🔲] 선택, [🔲]프로파일(①삼각형) 선택, [🔲] 경로(② 나선형 곡선) 선택 ➡ 확인[✅]을 누른다.

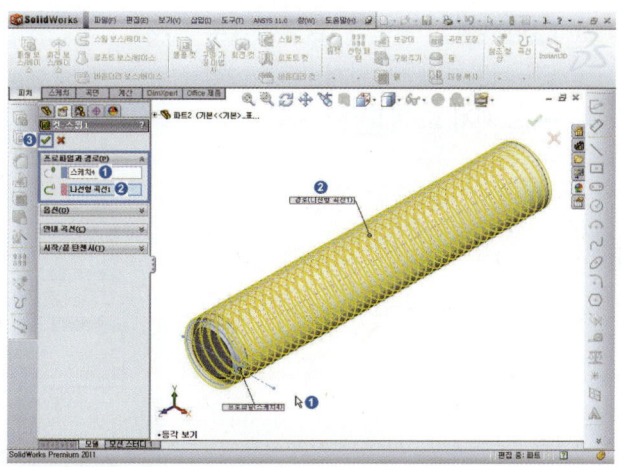

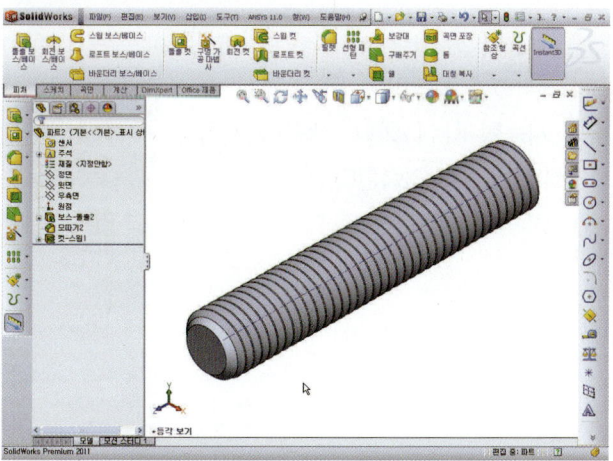

21 도구모음 보기(V) ➡ 임시축[🔲] 선택하여 임시축을 감추게 한다.

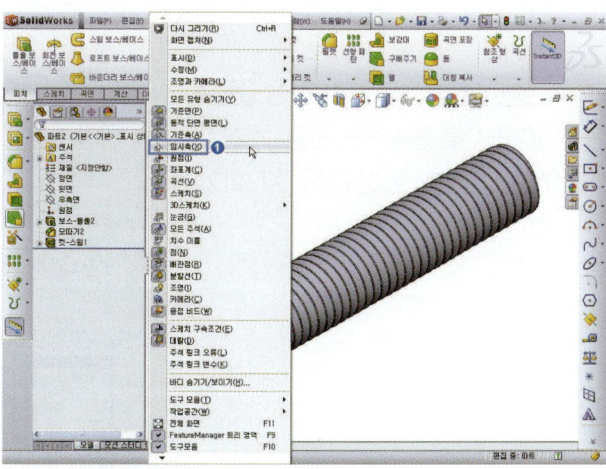

22 Spacebar 누르면 방향창 [후
면] 더블클릭 ➡ 피처면(①) 선택
➡ 스케치 도구[　] 선택한다.

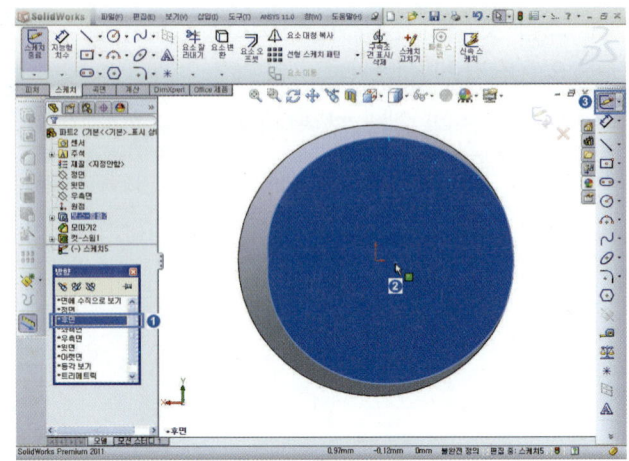

23 원[　] 선택하여 원 스케치 ➡
지능형 치수[　] 선택 ➡ 지름
12mm 치수입력한다.

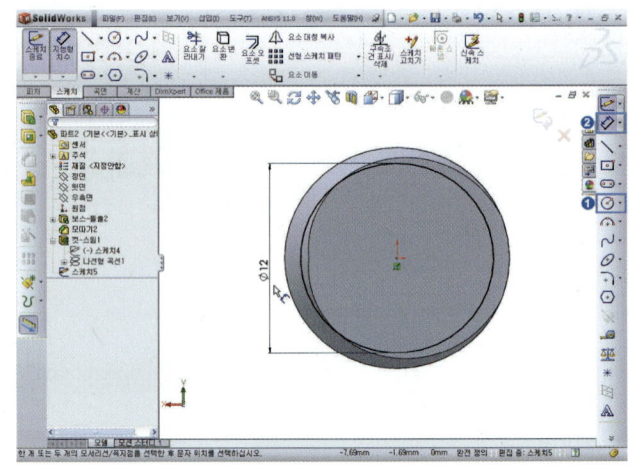

24 Spacebar 누르면 방향창 [등각
보기] 더블클릭 ➡ 선형 스케치
패턴 작업이 완성되었는지 확인
한다.

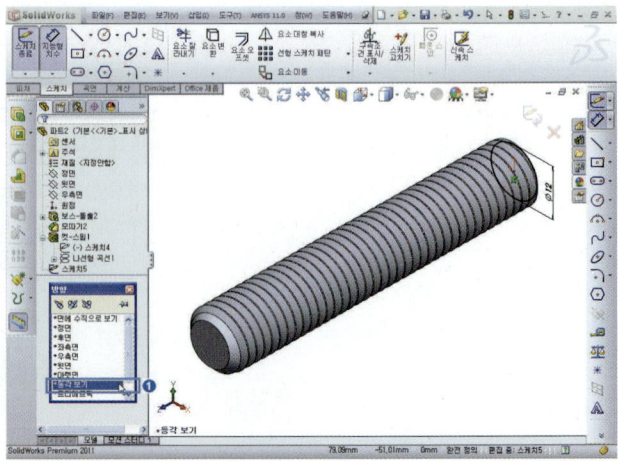

25 돌출[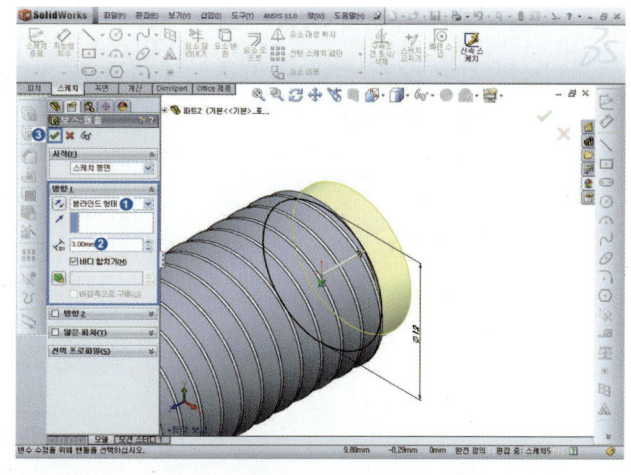] → 방향 1[ ], [블라
인드 형태], [ ] 높이 3mm를
입력 → 확인[ ]을 누른다.

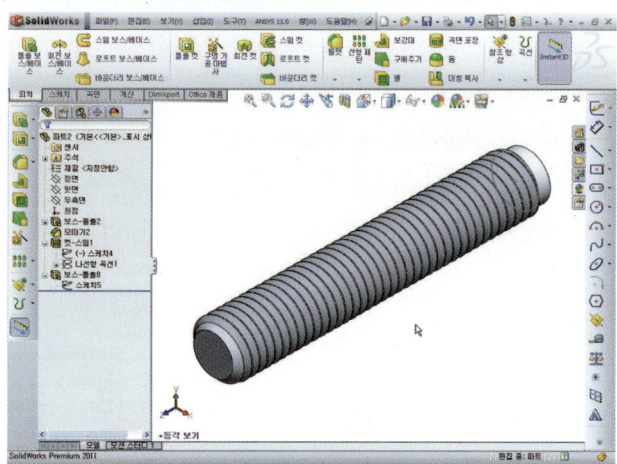

26 Spacebar 누르면 방향창 [후
면] 더블클릭 → 피처(②)면 선택
→ 스케치 도구[ ] 선택한다.

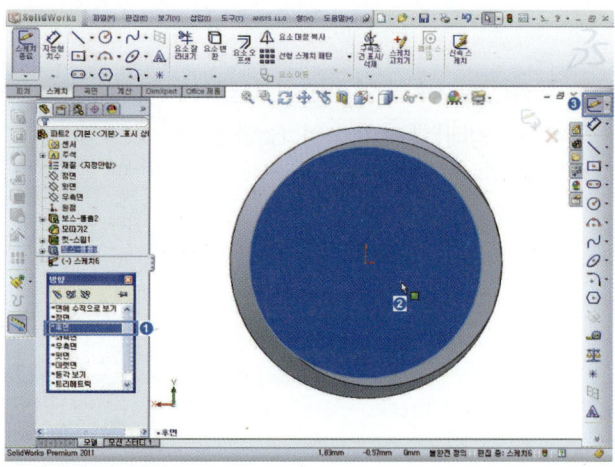

27 원[◎] 선택하여 원 스케치 ➡
지능형 치수[◇] 선택 ➡ 지름
20mm 치수입력한다.

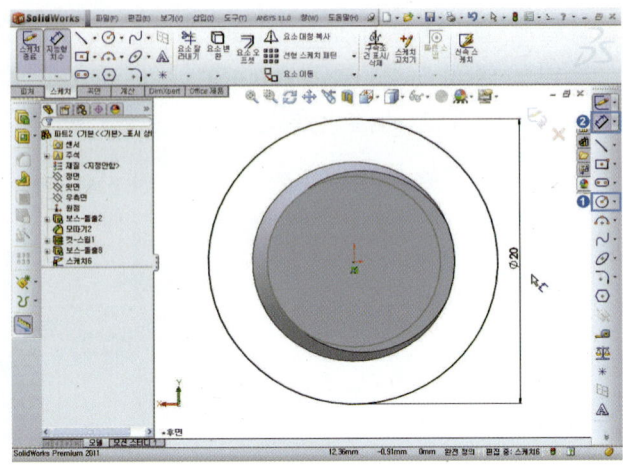

28 Spacebar 누르면 방향창 [등각
보기] 더블클릭 ➡ 원하는 작업
평면에 스케치 작업이 되었는지
확인한다.

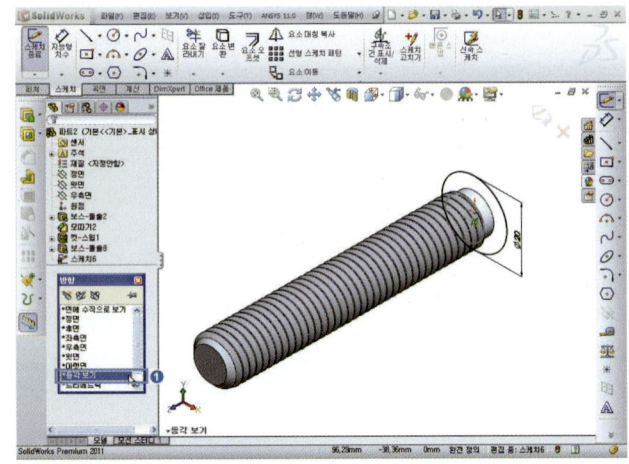

29 돌출[▣] ➡ 방향 1[↗], [블라
인드 형태], [◇] 높이 6mm를
입력 ➡ 확인[✓]을 누른다.

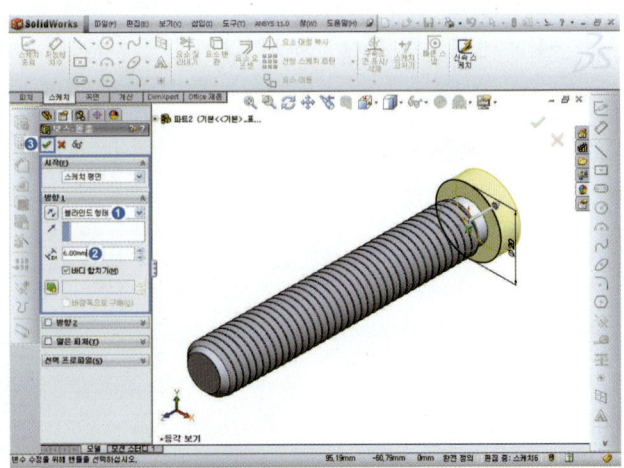

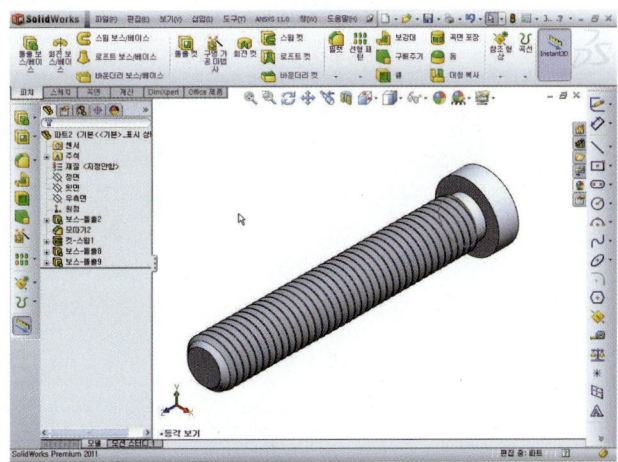

30 원[⊙] 선택하여 원 스케치 ➡ 지능형 치수[◇] 선택 ➡ 지름 11mm 치수입력한다.

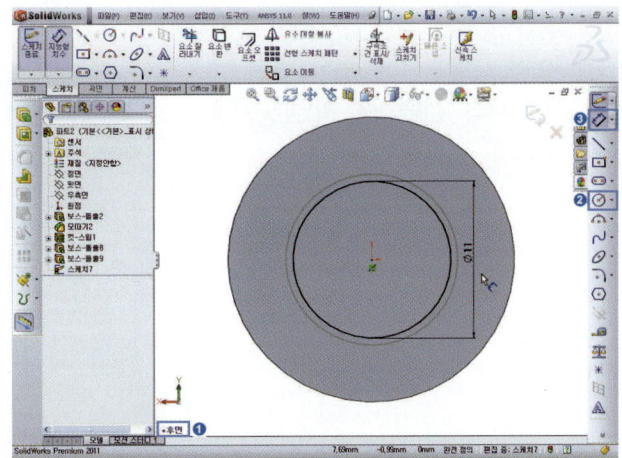

31 돌출[🗔] ➡ 방향 1[↗], [블라 인드 형태], [🔧] 높이 35mm를 입력 ➡ 확인[✓]을 누른다.

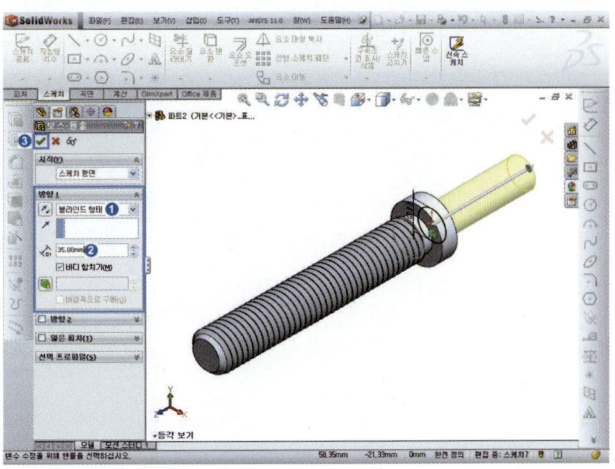

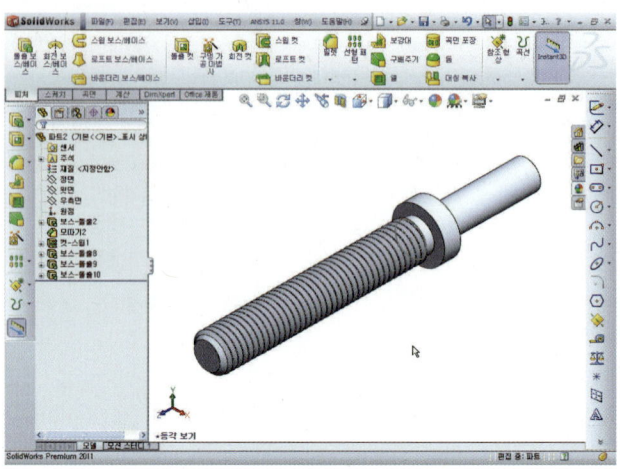

32 모따기[🔶] 선택 ➡ [🔧] 거리
1mm, [📐] 각도 45도 입력 ➡
④모서리 선택 ➡ 확인[✅]을
누른다.

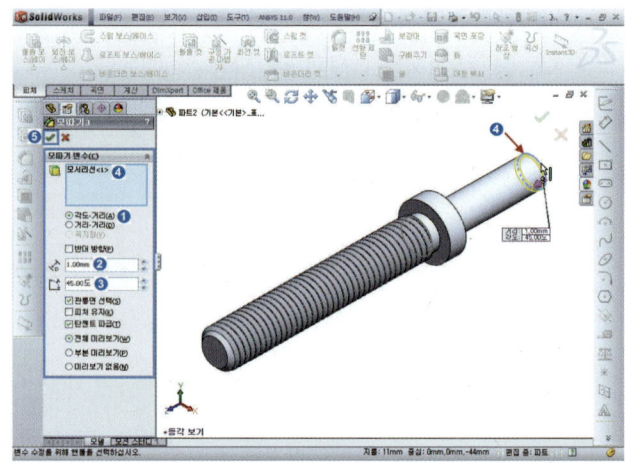

33 나사축 모델링 완성한다.

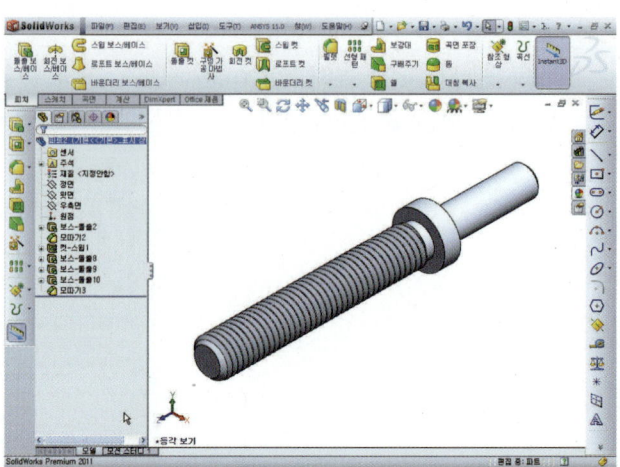

스프링(Spring) 모델링
– 피치가 일정한 경우

[그림 3-51] 스프링(Spring) 모델링

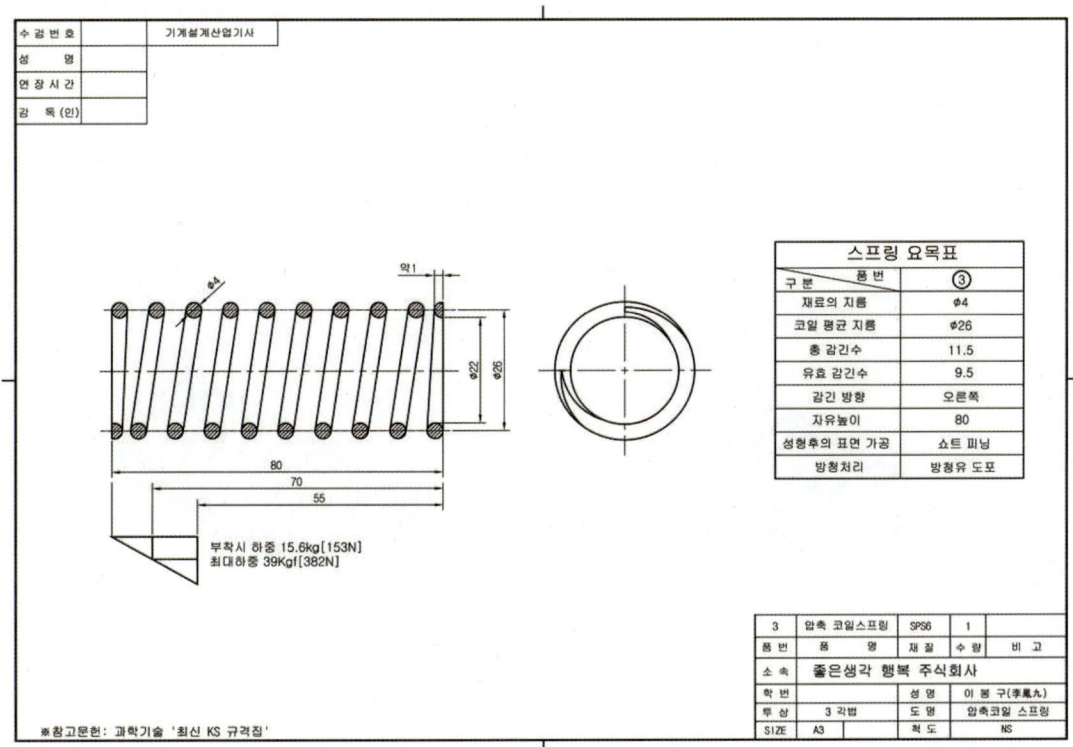

스프링 요목표	
구분 품번	③
재료의 지름	φ4
코일 평균 지름	φ26
총 감긴수	11.5
유효 감긴수	9.5
감긴 방향	오른쪽
자유높이	80
성형후의 표면 가공	쇼트 피닝
방청처리	방청유 도포

부착시 하중 15.6kg[153N]
최대하중 39Kgf[382N]

※참고문헌: 과학기술 '최신 KS 규격집'

3	압축 코일스프링	SPS6	1	
품 번	품 명	재 질	수 량	비 고
소 속	좋은생각 행복 주식회사			
학 번			성 명	이 봉 구(李鳳九)
투 상	3 각법		도 명	압축코일 스프링
SIZE	A3		척 도	NS

[그림 3-52] 스프링(Spring) 모델 도면

■ 스프링(Spring) 모델링 순서

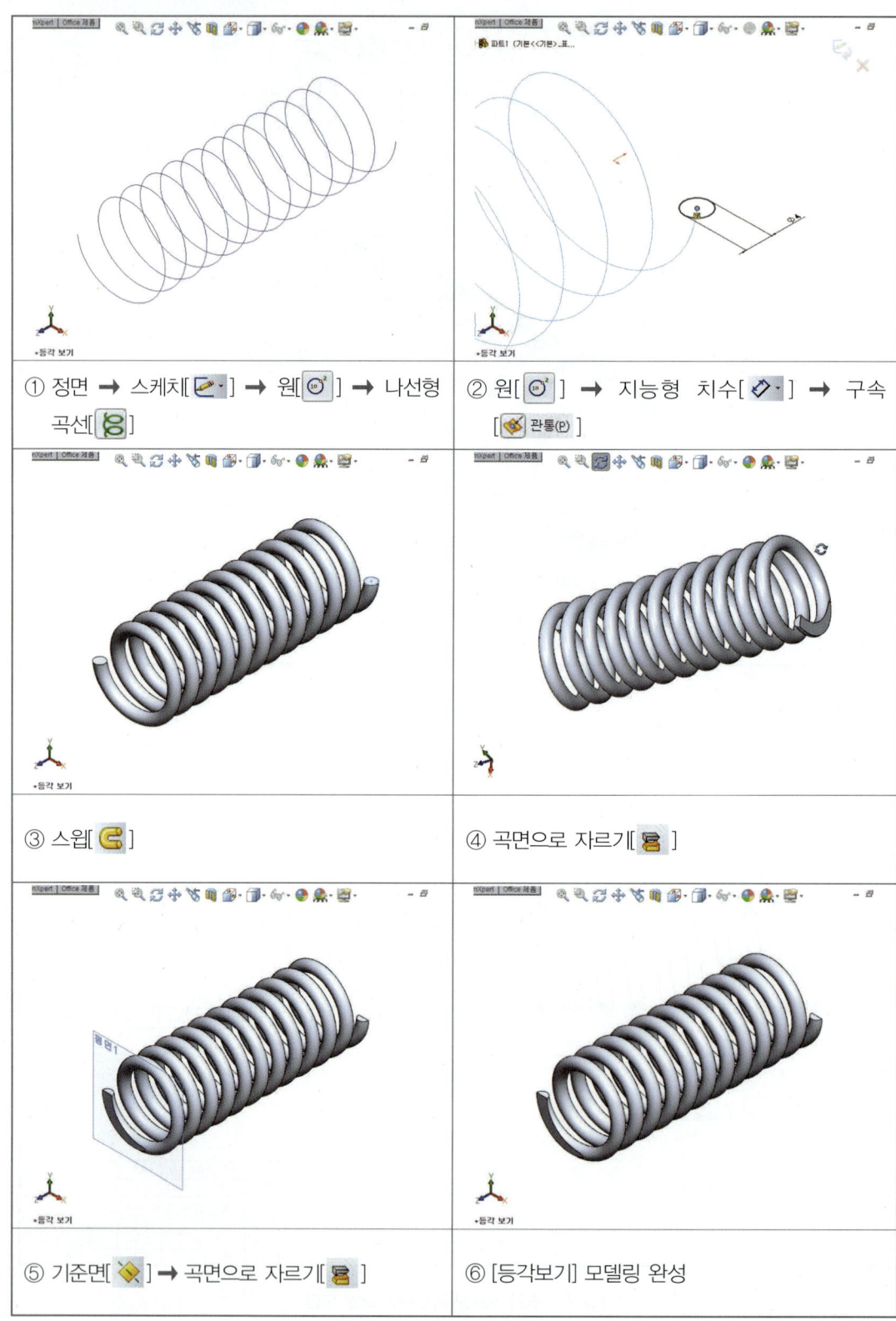

① 정면 ➡ 스케치[ ] ➡ 원[ ] ➡ 나선형 곡선[ ]

② 원[ ] ➡ 지능형 치수[ ] ➡ 구속 [관통(P)]

③ 스윕[ ]

④ 곡면으로 자르기[ ]

⑤ 기준면[ ] ➡ 곡면으로 자르기[ ]

⑥ [등각보기] 모델링 완성

1 파일 ➡ 새문서(N)[🗋 새 문서]를 클릭한다.

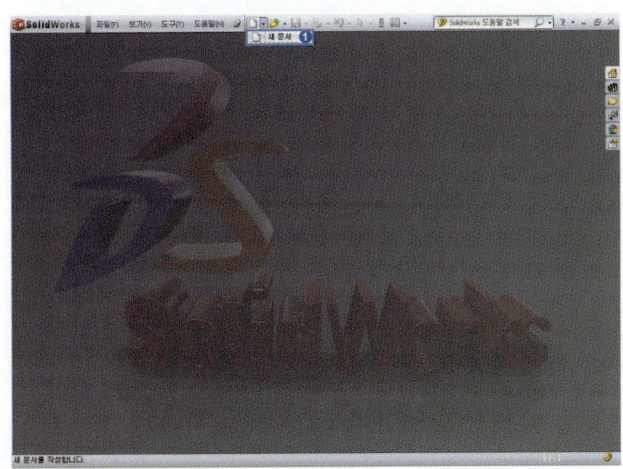

2 새문서 창에시 피트[📄 Part]선택 ➡ [확인]을 누른다.

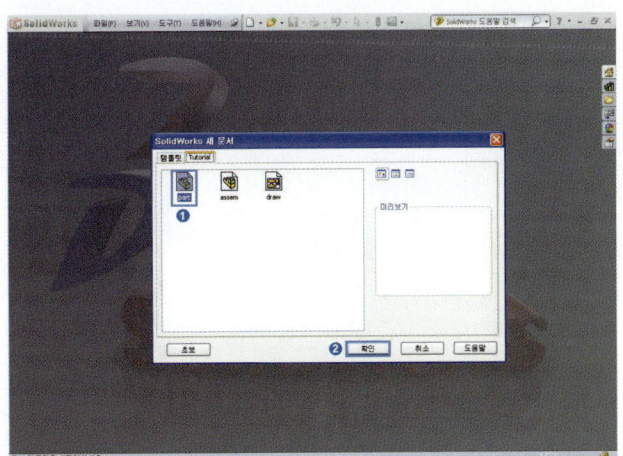

3 스케치를 생성할 작업평면[정면] 을 선택 ➡ 스케치 도구[✏] 선택한다.

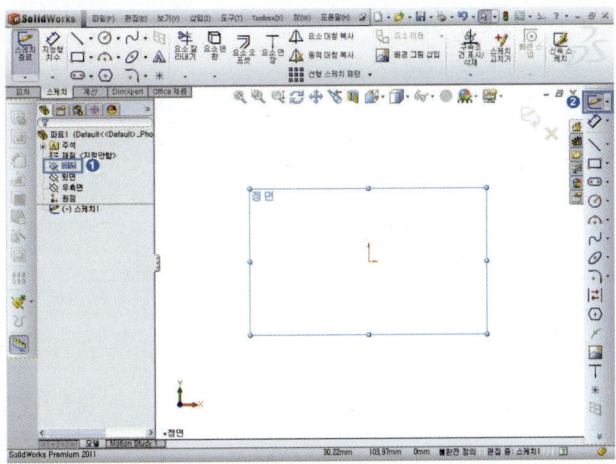

4 원[◎] 선택하여 원 스케치 ➡
지능형 치수[◇▾] 선택 ➡ 지름
26mm 치수입력한다.

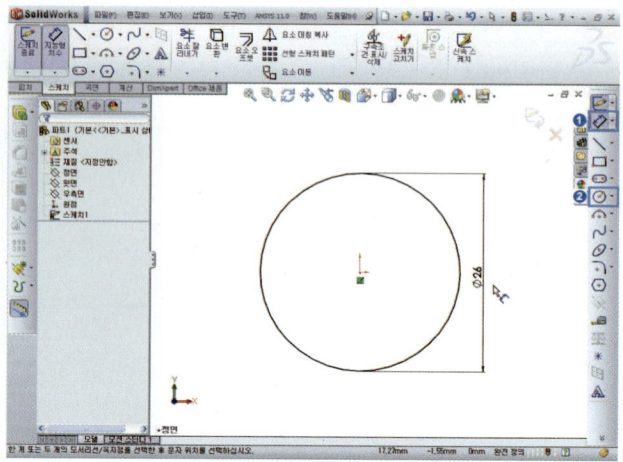

5 Spacebar 누르면 방향창 [등각
보기] 더블클릭 ➡ 원하는 작업
평면에 스케치 작업이 되었는지
확인한다.

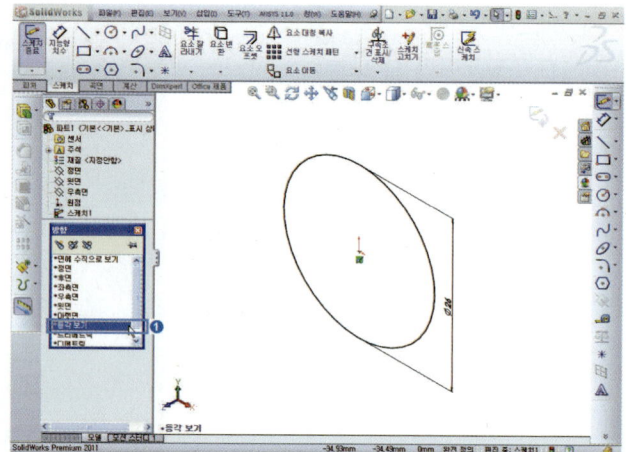

6 메뉴에서 삽입(I) ➡ 곡선 ➡ 나
선형 곡선[🧬] 선택한다.

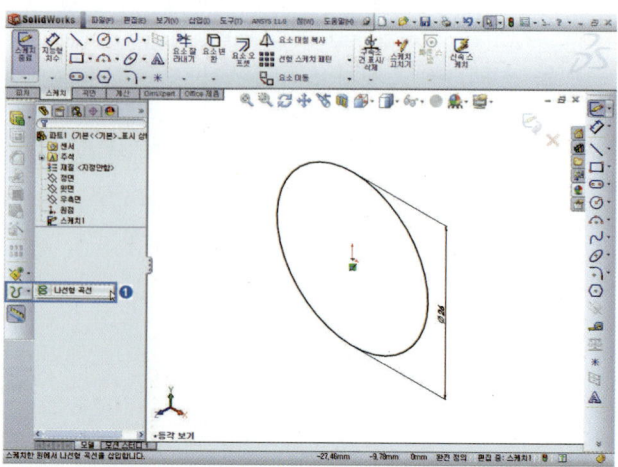

7. 나선형 곡선[🔲] 선택 ➡ 높이
와 회전, 일정피치(C), 높이
(80mm), 회전(11.5mm), 시작각
도(0도), 시계방향 지정 ➡ 확인
[✅]을 누른다.

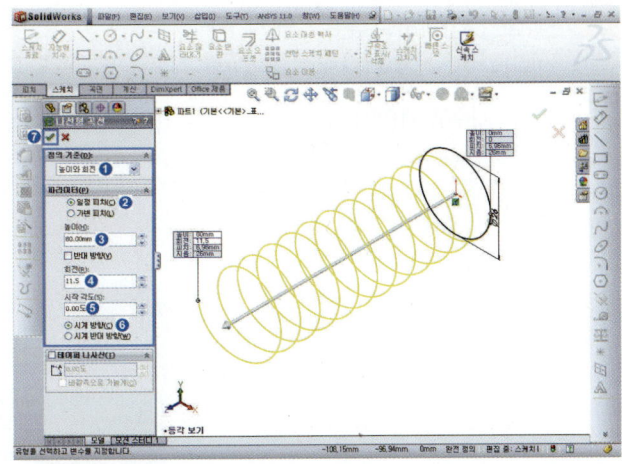

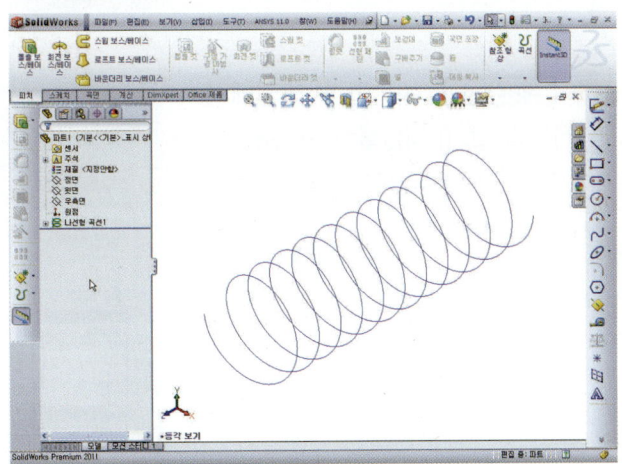

8. 윗면[🔷] 선택 ➡ 스케치 도구
[🔲▾] 선택 ➡ **Spacebar** 누르
면 방향창 [면에 수직으로 보기]
더블클릭 ➡ 스케치 작업이 편하
도록 수직하게 위치한다.

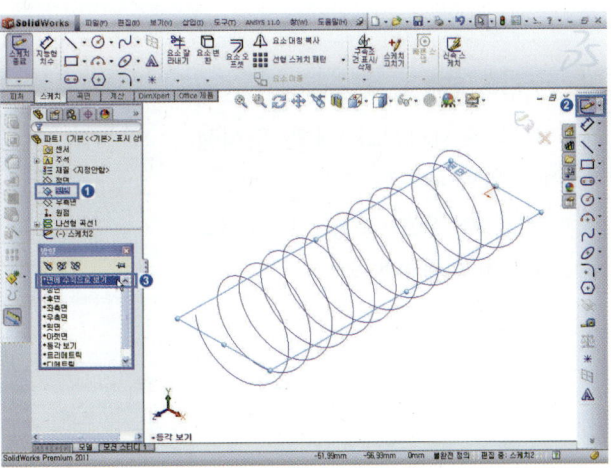

9 원[◎] 선택하여 원 스케치 ➡ 지능형 치수[◇] 선택 ➡ 지름 4mm 치수입력한다.

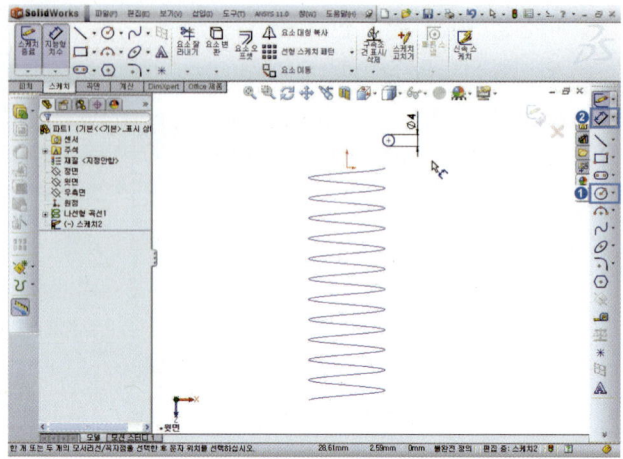

10 **Spacebar** 누르면 방향창에서 [등각 보기] 더블클릭 ➡ 선형 스케치 패턴 작업이 완성되었는지 확인한다.

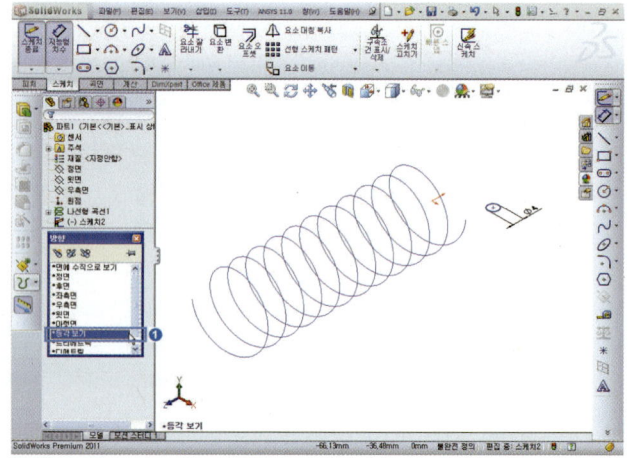

11 키보드 **Ctrl** 누른 상태에서 스케치한 모서리선과 원의 중심점 (①) 선택 ➡ 구속조건[◈ 관통(P)] 선택하면 원의 중심점과 나선형 곡선이 관통하게 된다.

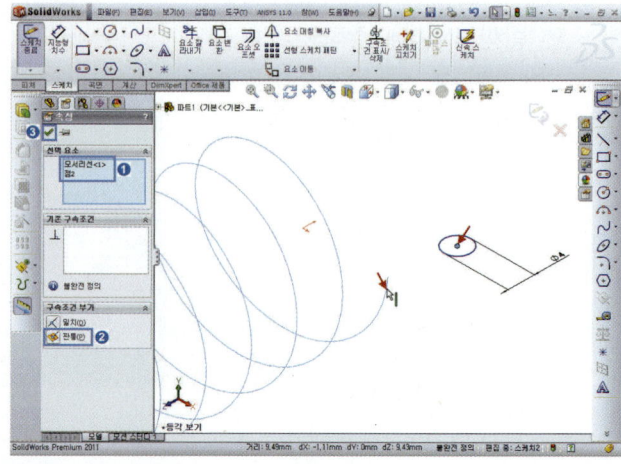

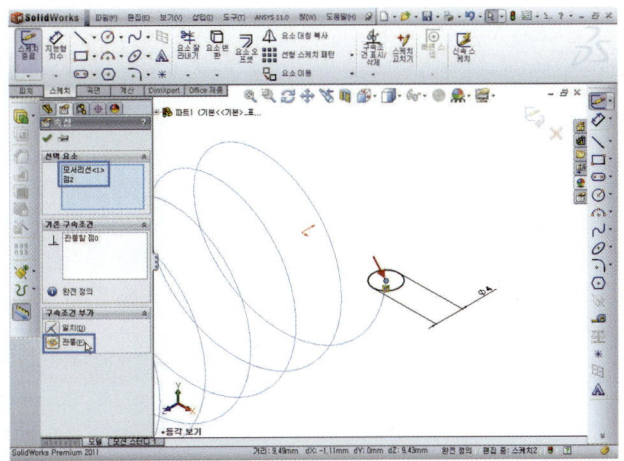

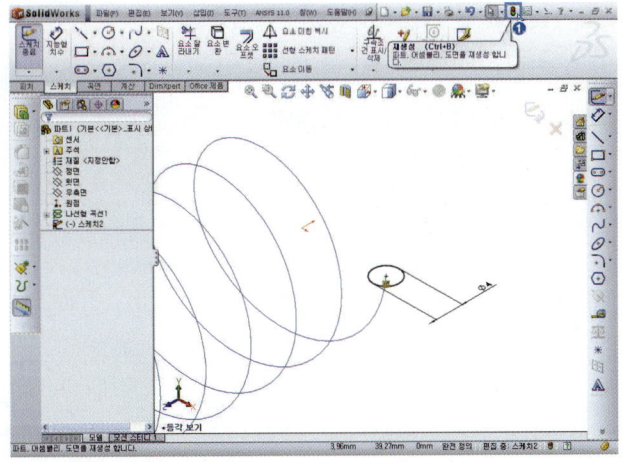

12 재생성[ ] (단축키 Ctrl+B) 선
택하여 변경된 구속조건의 스케
치 작업을 완료한다.

13 스윕[ ] 선택, [ ] 프로파일
(①스케치 선택), [ ] 경로(②
선택) ➡ 확인[ ]을 누른다.

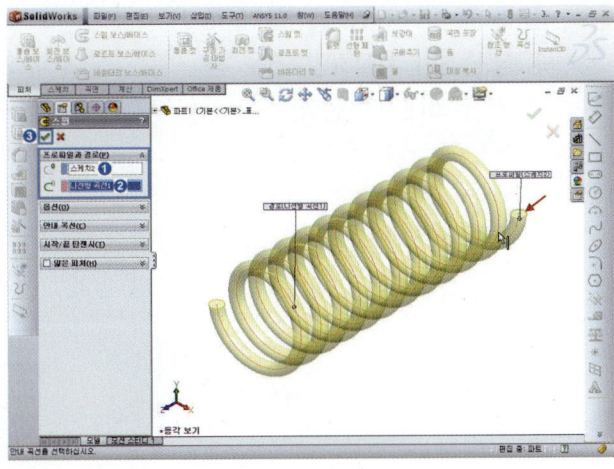

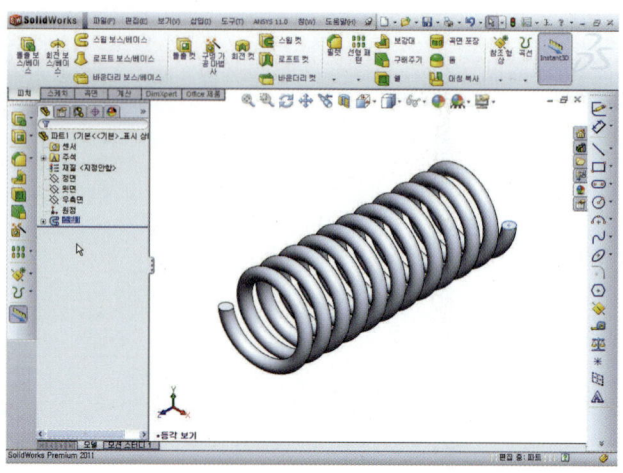

14 [삽입(I)] ➡ [잘라내기(C)] ➡ 곡면으로 자르기(W)[🔧]를 선택한다.

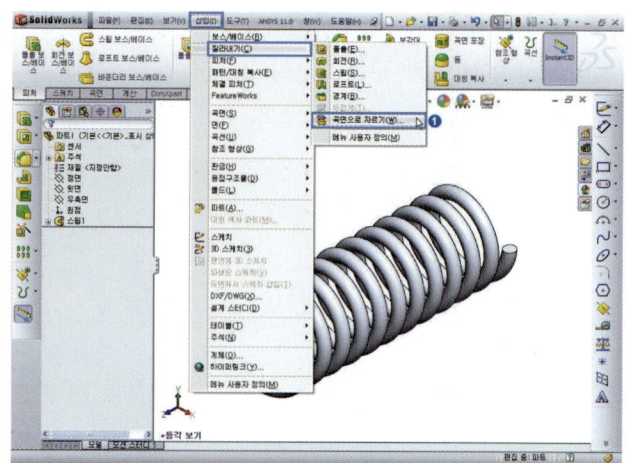

15 곡면으로 자르기(W)[🔧]를 선택 ➡ 정면[🔶] 지정하면 면을 중심으로 잘라내기가 된다.

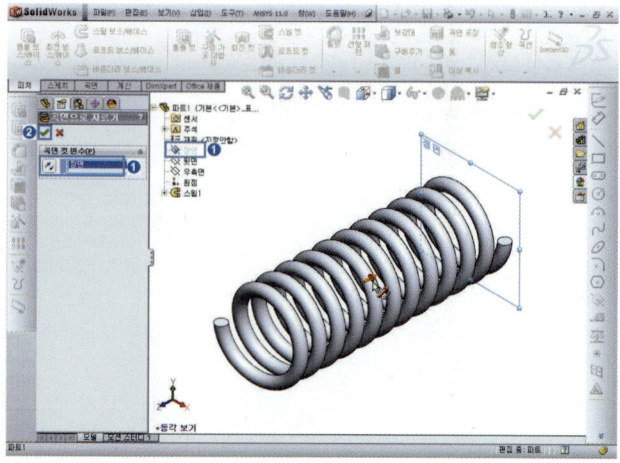

16 뷰 회전[🔄] 선택하여 아래 그림처럼 회전한다.

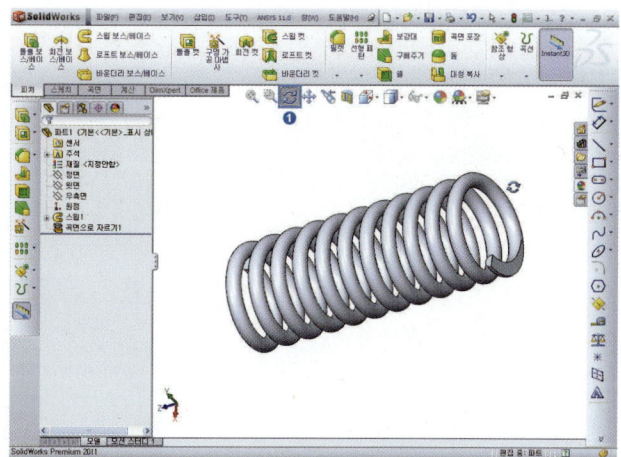

17 **Spacebar** 누르면 방향창 [등각보기] 더블클릭 ➡ 기준면[◈] 선택한다.

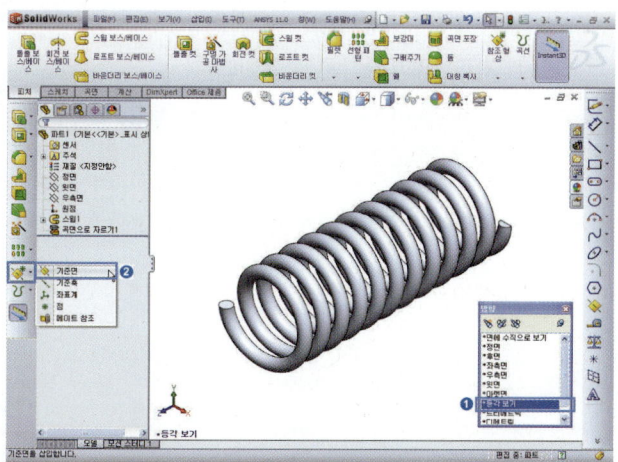

18 기준면[◈] 선택 ➡ 작은평면 [🔲] [정면] 지정, 옵셋거리값 [↔] 80mm 입력 ➡ 확인[✔] 을 누른다.

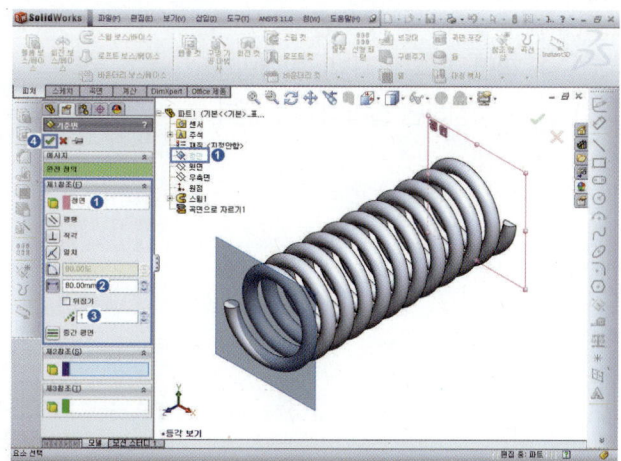

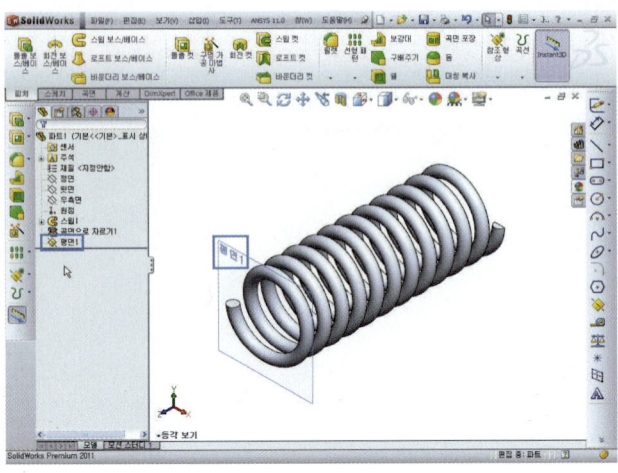

19 삽입(I) ➡ [잘라내기(C)] ➡ 곡면
으로 자르기(W)[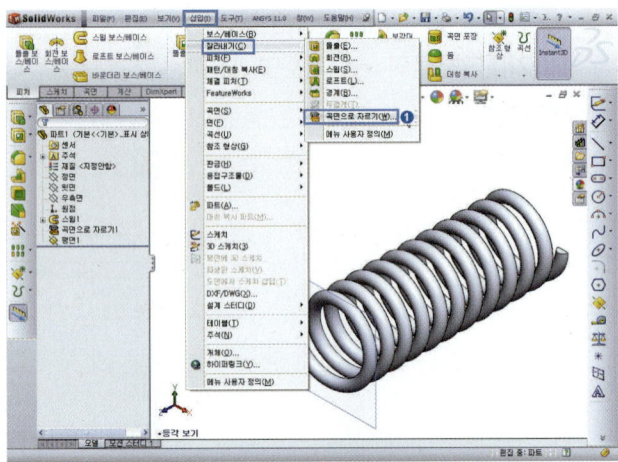]를 선택한다.

20 곡면으로 자르기(W)[ ]를 선택
➡ 평면 1[ ] 지정, 반대방향
[ ] 지정하면 잘라내기가 된다.

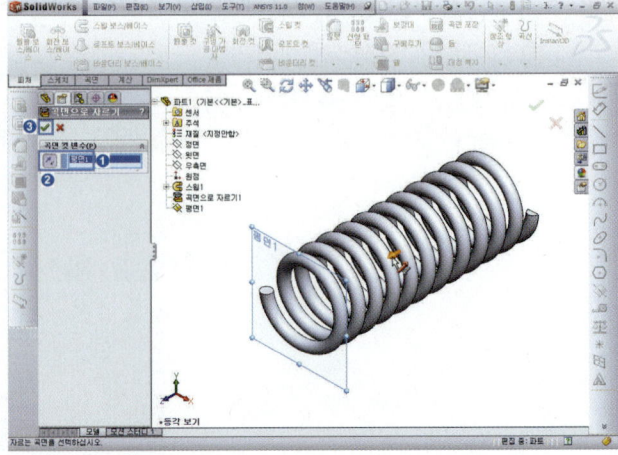

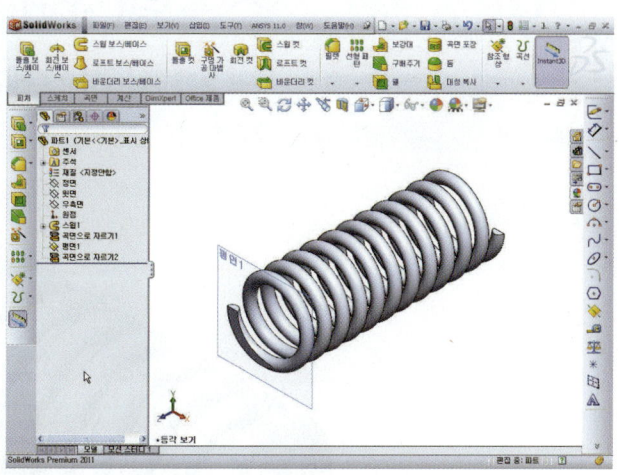

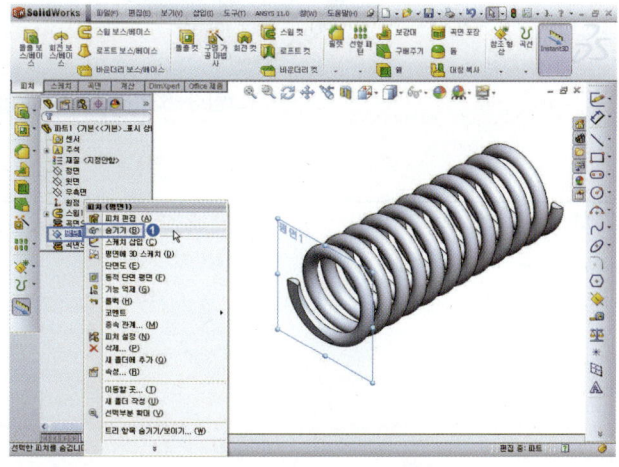

21 평면 1[🔷] 지정, 마우스 오른 쪽 버튼 클릭후 메뉴 ➡ 숨기기 (B)[🔷▾] 선택하여 평면 1을 숨 긴다.

22 스프링(Spring) 모델링을 완성 한다.

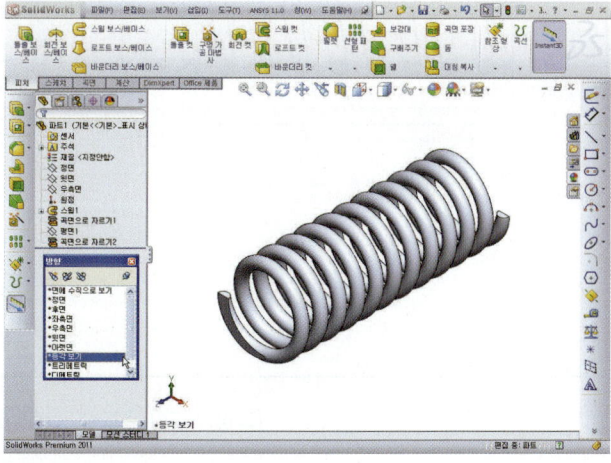

스프링(Spring) 모델링
– 피치가 변하는 경우

[그림 3-53] 스프링(Spring) 모델링

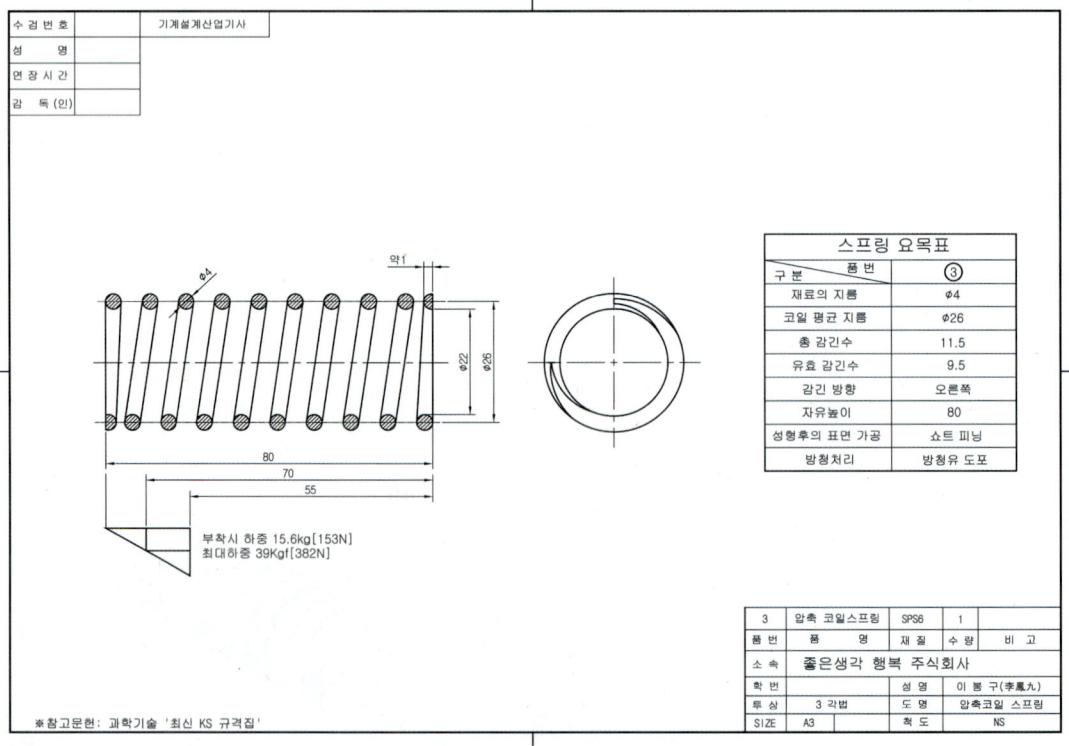

수검번호		기계설계산업기사
성 명		
연장시간		
감 독 (인)		

스프링 요목표

구 분	품 번	③
재료의 지름		φ4
코일 평균 지름		φ26
총 감긴수		11.5
유효 감긴수		9.5
감긴 방향		오른쪽
자유높이		80
성형후의 표면 가공		쇼트 피닝
방청처리		방청유 도포

부착시 하중 15.6kg[153N]
최대하중 39Kgf[382N]

약1
φ4
φ22
φ26
80
70
55

3	압축 코일스프링	SPS6	1	
품 번	품 명	재 질	수 량	비 고
소 속	좋은생각 행복 주식회사			
학 번		성 명	이 봉 구(李鳳九)	
투 상	3 각법	도 명	압축코일 스프링	
SIZE	A3	척 도	NS	

※참고문헌: 과학기술 '최신 KS 규격집'

[그림 3-54] 스프링(Spring) 모델 도면

■ 스프링(Spring) 모델링 순서

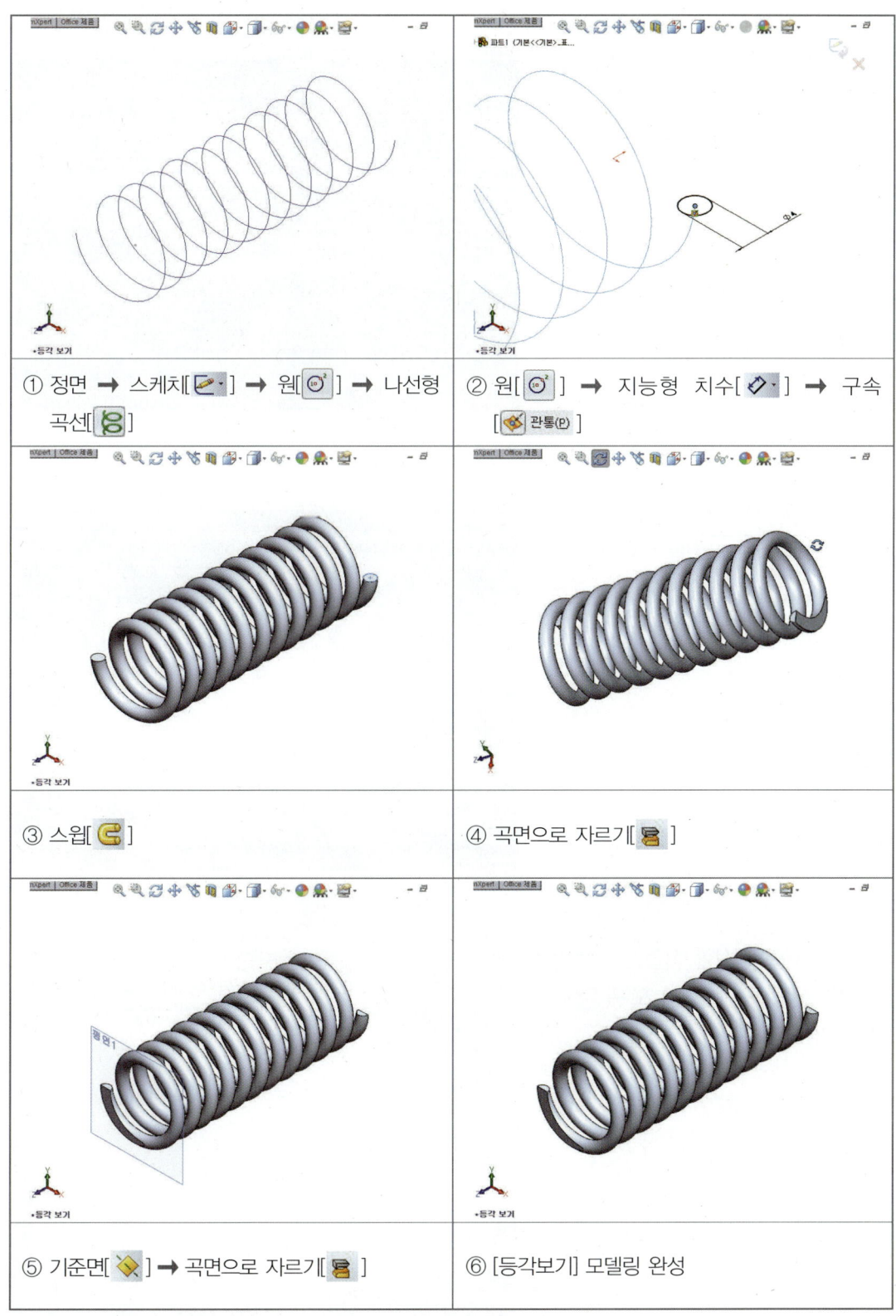

① 정면 ➡ 스케치[✏️·] ➡ 원[⊙²] ➡ 나선형 곡선[⑧]	② 원[⊙²] ➡ 지능형 치수[◇·] ➡ 구속 [💥 관통(P)]
③ 스윕[🗲]	④ 곡면으로 자르기[🍋]
⑤ 기준면[◇] ➡ 곡면으로 자르기[🍋]	⑥ [등각보기] 모델링 완성

1 파일 ➡ 새문서(N)[🗋 새 문서]를
클릭한다.

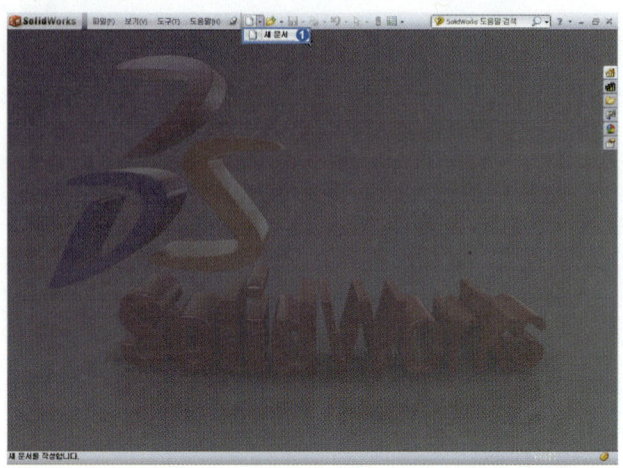

2 새문서 창에서 파트[🗊] 선택
Part
➡ [확인]을 누른다.

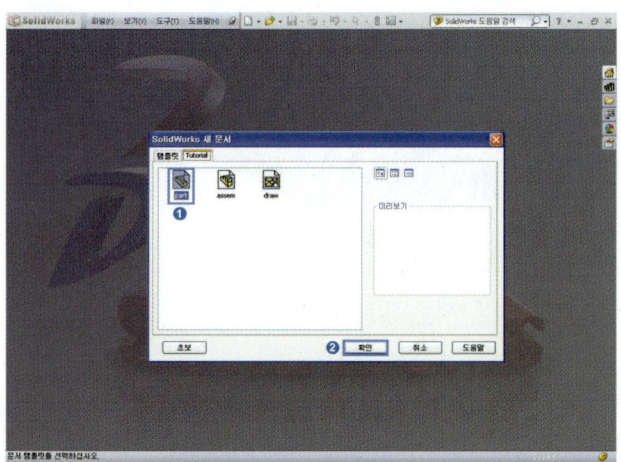

3 스케치를 생성할 작업평면[정면]
을 선택 ➡ 스케치 도구[✏️▾]
선택한다.

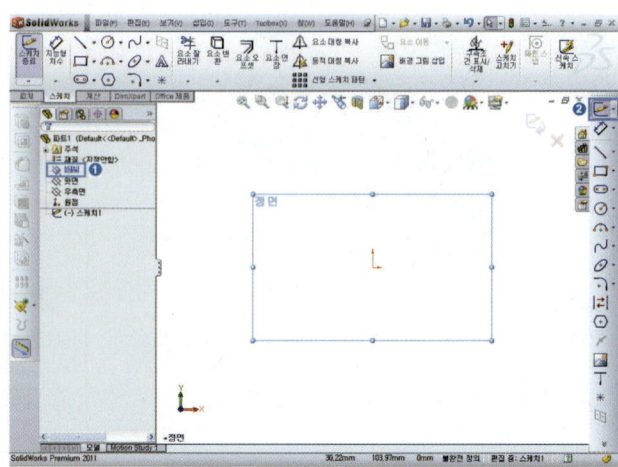

4 원[◎] 선택하여 원 스케치 ➡ 지능형 치수[◇·] 선택 ➡ 지름 20mm 치수입력한다.

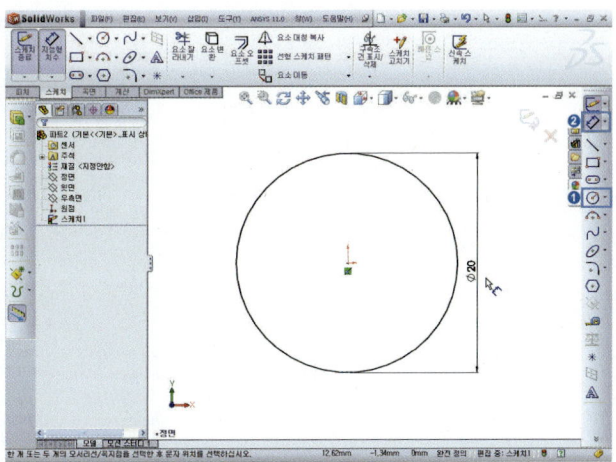

5 **Spacebar** 누르면 방향창 [등가 보기] 더블클릭 ➡ 원하는 작업 평면에 스케치 작업이 되었는지 확인한다.

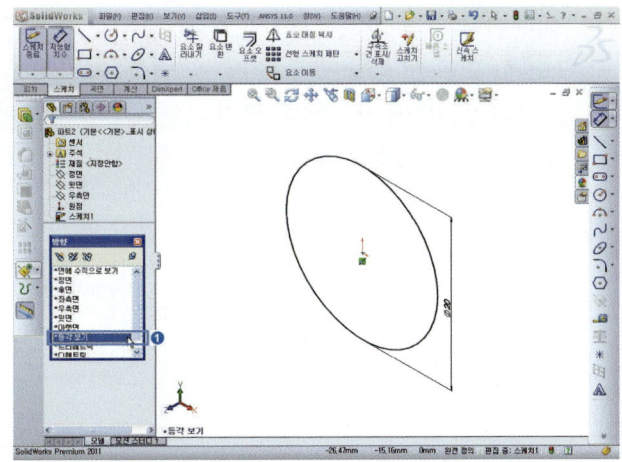

6 삽입 ➡ 곡선 ➡ 나선형 곡선 [🧬] 선택 ➡ 높이와 피치, 가 변피치(C) 지정후, 아래 그림처 럼 치수 입력, 시작각도(0도), 시 계방향 지정 ➡ 확인[✔]을 누 른다.

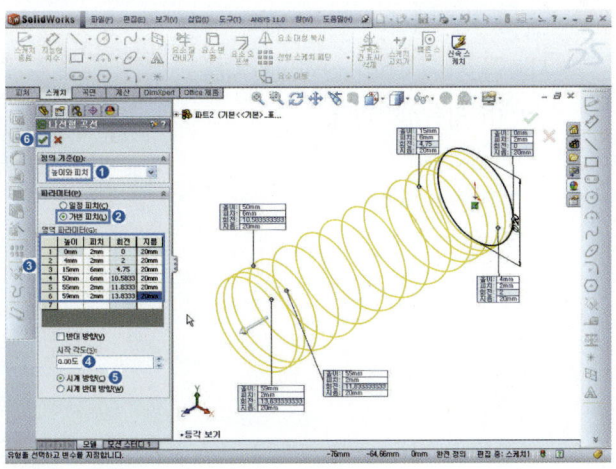

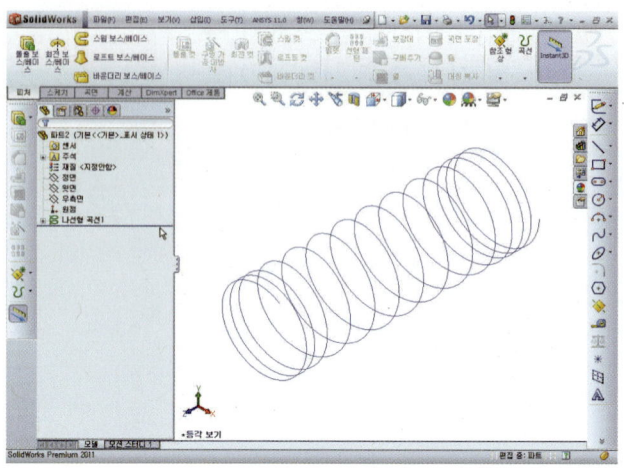

7 윗면[] 선택 ➡ 스케치 도구
[] 선택 ➡ **Spacebar** 누르
면 방향창 [면에 수직으로 보기]
더블클릭 ➡ 스케치 작업이 편하
도록 수직하게 위치한다.

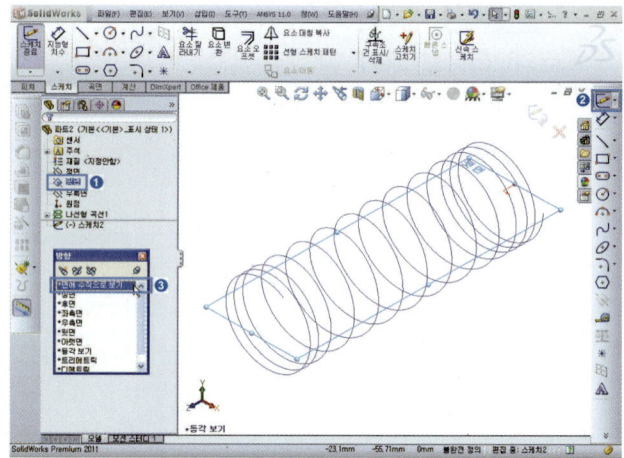

8 원[] 선택하여 원 스케치 ➡
지능형 치수[] 선택 ➡ 지름
1.8mm 치수입력한다.

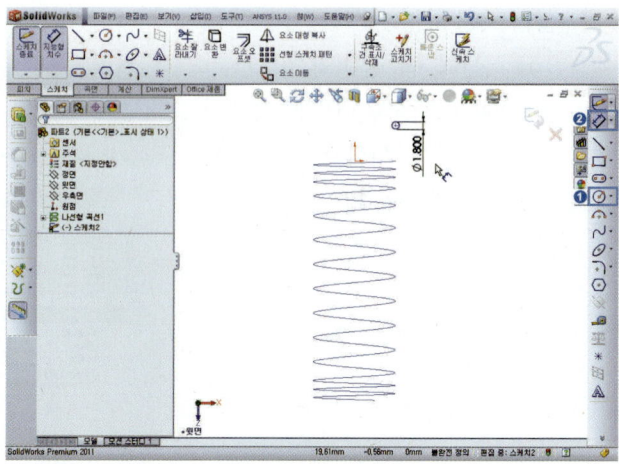

9 **Spacebar** 누르면 방향창에서 [등각 보기] 더블클릭 ➡ 선형 스케치 패턴 작업이 완성되었는지 확인한다.

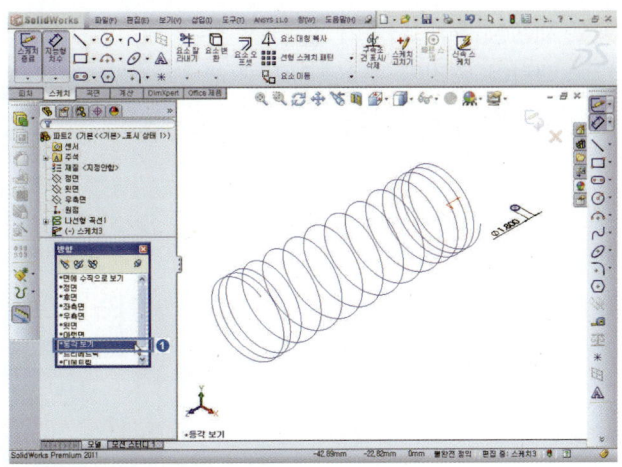

10 키보드 **Ctrl** 누른 상태에서 스케치한 모서리선과 원의 중심점(①) 선택 ➡ 구속조건[관통(P)] 선택하면 원의 중심점과 나선형 곡선이 관통하게 된다.

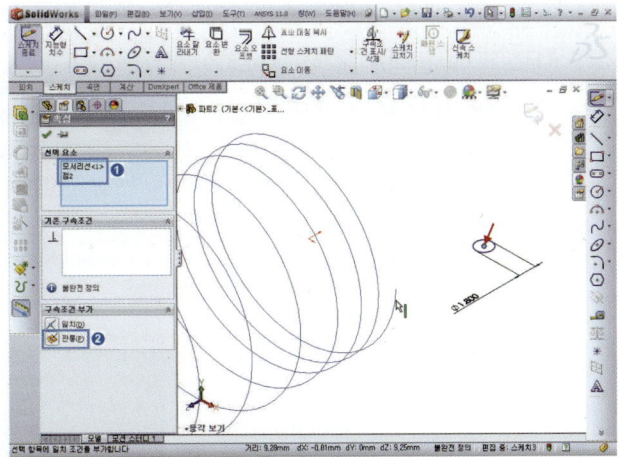

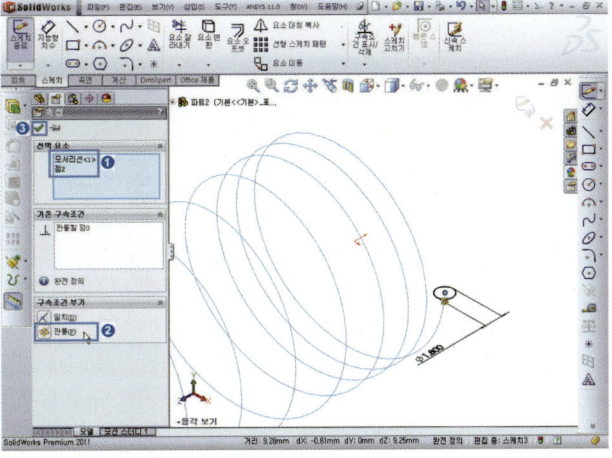

11 재생성[⬜] (단축키 Ctrl +B) 선
택하여 변경된 구속조건의 스케
치 작업을 완료한다.

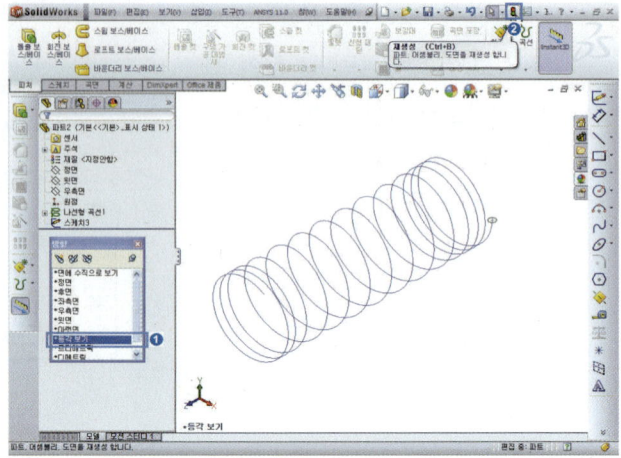

12 스윕[⬜] 선택, [⬜] 프로파일
(①스케치 선택), [⬜] 경로(②
선택) ➡ 확인[✅]을 누른다.

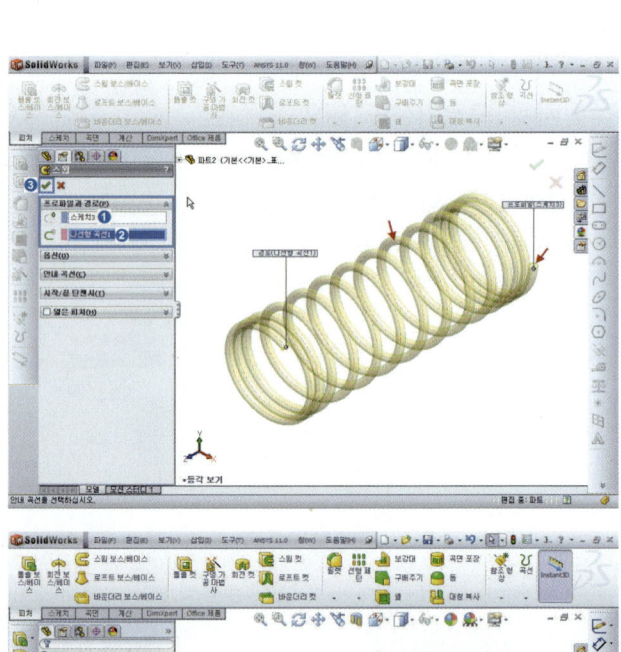

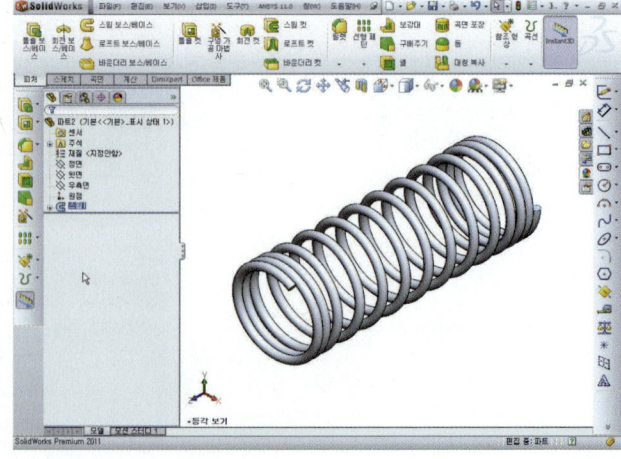

13 우측면[　] 선택 ➡ 스케치 도
구[　] 선택 ➡ Spacebar 누
르면 방향창 [면에 수직으로 보
기] 더블클릭 ➡ 스케치 작업이
편하도록 수직하게 위치한다.

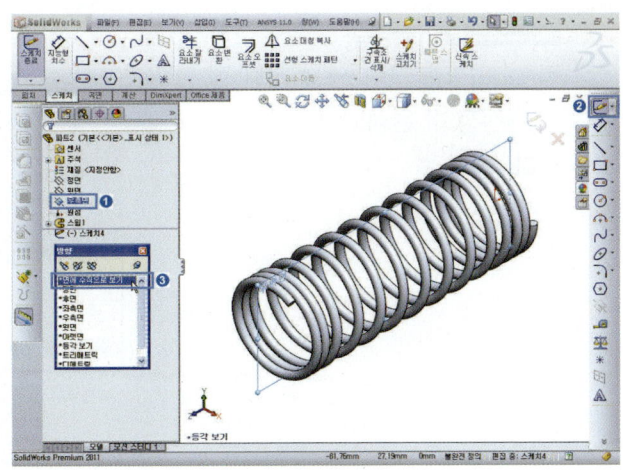

14 코너 사각형[　] 신딕, 사각형
스케치한다.

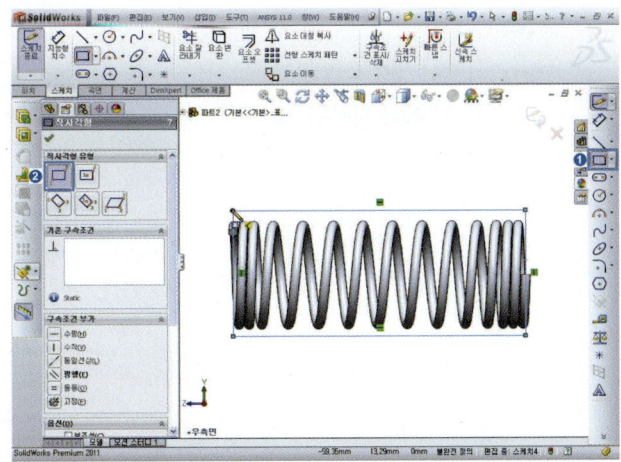

15 지능형 치수[　] 선택, 가로
59mm, 세로 25mm 치수입력
한다.

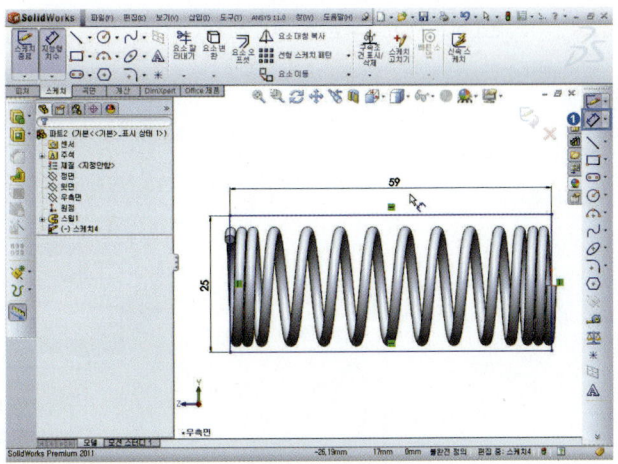

16 Spacebar 누르면 방향창 [등
각 보기] 더블클릭 ➡ 스케치 작
업[완전정의] 완성되었는지 확인
한다.

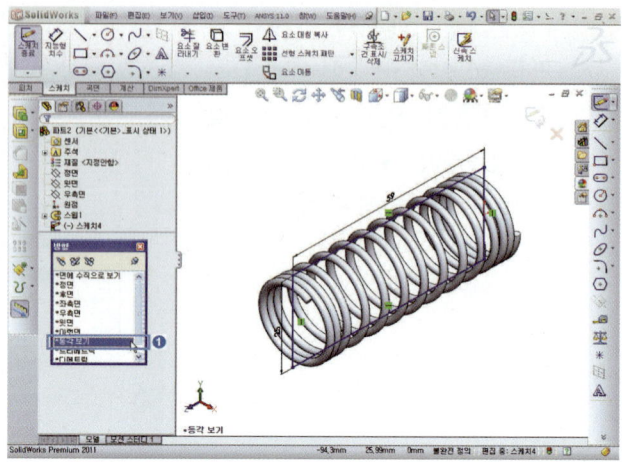

17 돌출-컷[▣] 선택 ➡ 방향 1
[⟋], [관통] ☑ 자르면 뒤집기
(F), 방향 2[⟋] [관통] ➡ 확인
[✔]을 누른다.

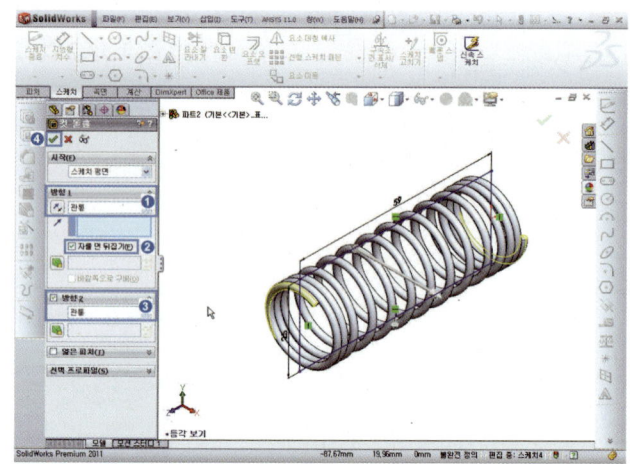

18 스프링(Spring) 모델링을 완성
한다.

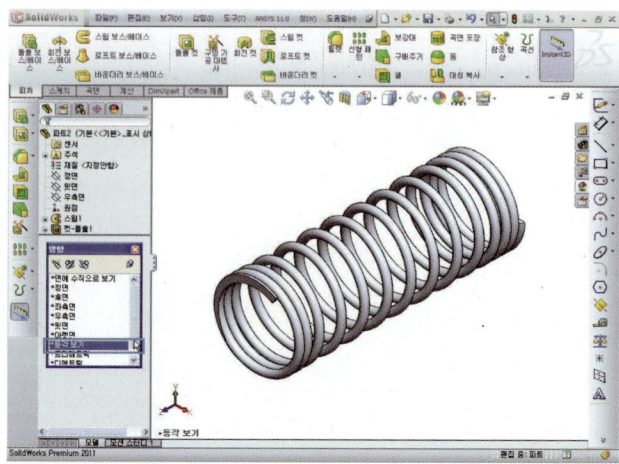

제4장

도면 템플릿
(Drawing template)
작업하기

 도면 템플릿(Template) 옵션 설정하기

사용자 환경에 맞게 시스템 환경을 정의할 수 있으며 모델링 작업시 중요한 옵션에 대하여 알아보고 이를 적용 시키는 방법에 대하여 알아보자. 솔리드 웍스에서 문서라는 의미는 [파트, 어셈블리, 도면]을 의미하고 있으며 하나의 문서가 열려 있어야 시스템 옵션과 문서속성을 동시에 설정할 수 있다.

시스템 옵션	문서[파트, 어셈블리, 도면] 속성
– Solidworks 기본 환경 설정에 관한 내용. – 레지스트리에 저장되고 문서의 일부가 아님 – 변경 내용이 이후 모든 문서에 반영.	– 문서[파트, 어셈블리, 도면] 파일에 대한 환경설정 – 현재 문서만 적용되며 열려있는 문서에 대해서만 문서 속성 탭을 사용할 수 있음. – 새문서는 템플릿의 문서 속성에서 가져온다.

Solidworks 에서 파트, 어셈블리, 도면작업을 수행하기 전에 시스템 옵션과 문서(파트, 어셈블리, 도면)속성 옵션을 설정하여 모델링 작업을 할 수 있다. 이번 장에서는 시스템 및 문서(파트, 어셈블리, 도면) 속성 옵션중에서 이미 앞에서 새롭게 만든 도면 템플릿(Template) 옵션을 설정에 대하여 배우도록 한다.

■ 시스템 옵션

1 Solidworks 메뉴 ➡ 도구(T) ➡ 옵션(P)을 차례로 클릭한다.

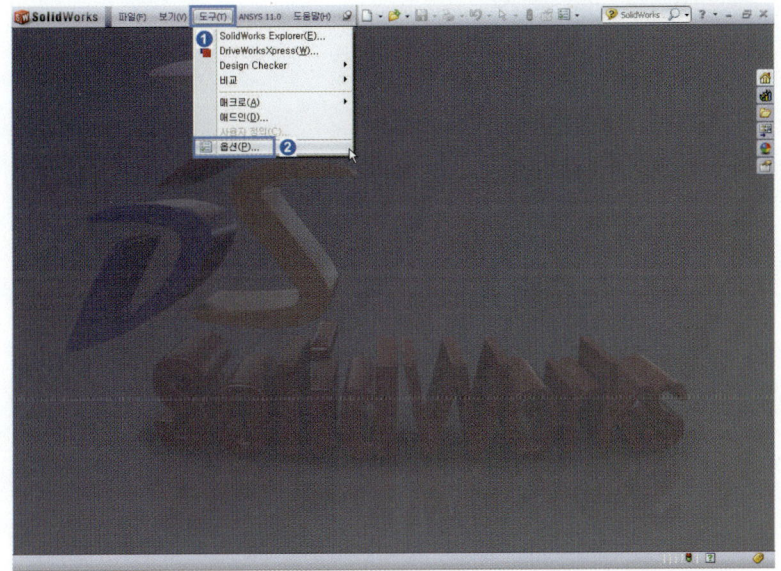

2 시스템 옵션(S)창의 일반 ➡ [✓]치수값 입력(I) 체크, ☐ 선택하여 일회 명령(S) 체크해제를 확인한다.

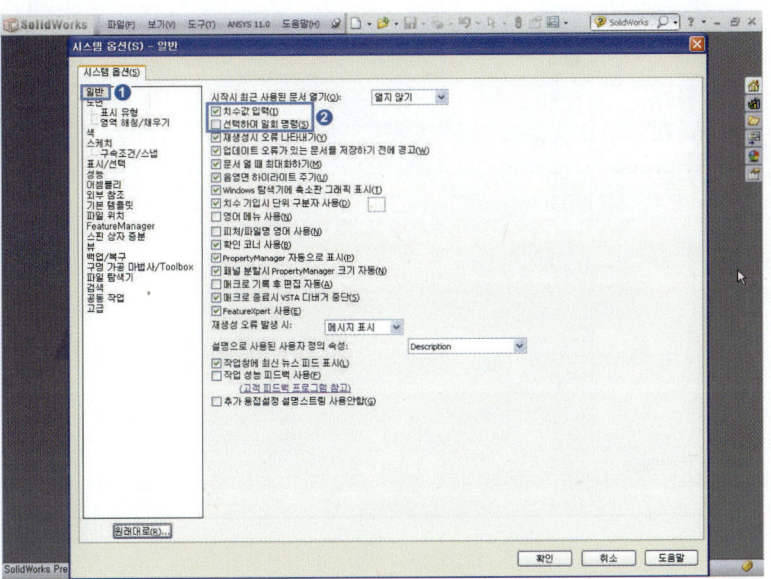

3 도면 ➡ 표시유형을 다름 그림과 같이 설정합니다.

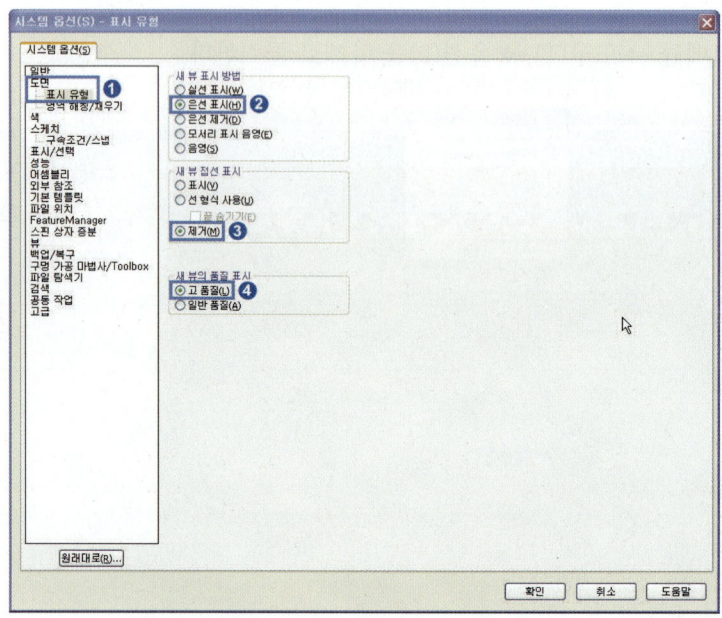

4 도면 ➡ 영역 해칭/채우기를 다음 그림과 같이 설정합니다.

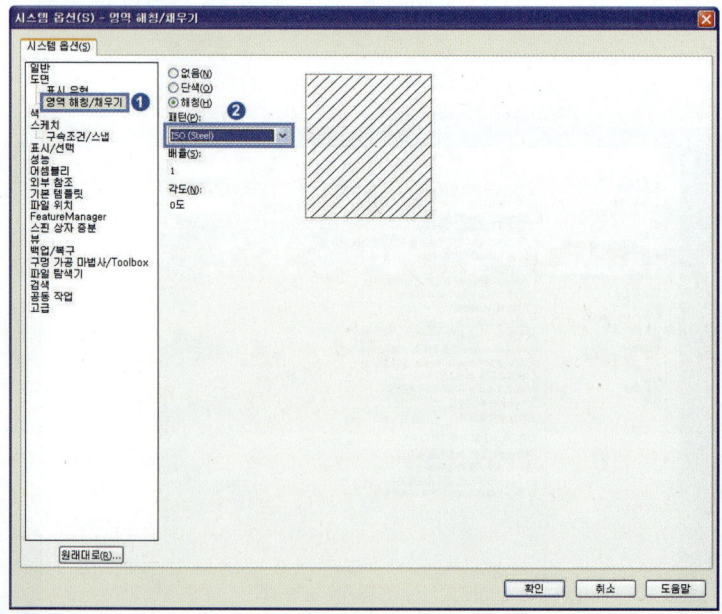

5 스케치 ➡ 다음 그림과 같이 설정한 후 ➡ 확인[확인] 버튼을 누른다.

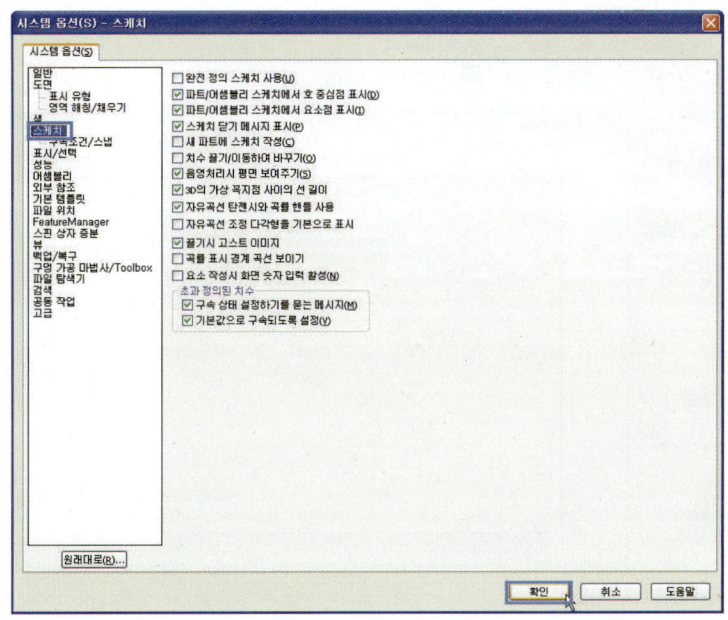

■ 문서([ ]도면(A2)−방법 2) 옵션 설정하기

1 파일 ➡ 새문서(N)[새 문서] 클릭 ➡ 도면(A2)−방법 2 선택 ➡ [확인] 버튼을 누른다.

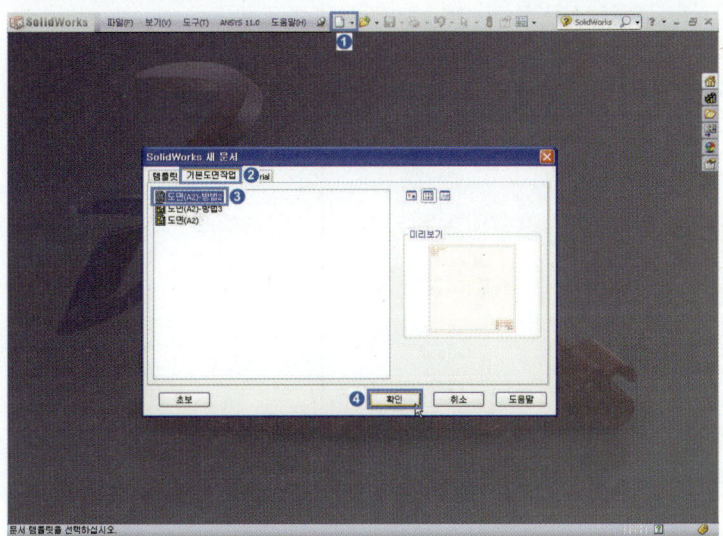

2 [**모델뷰**]창이 나타나면 ➡ 취소[**✕**]를 클릭하여 창을 닫는다.

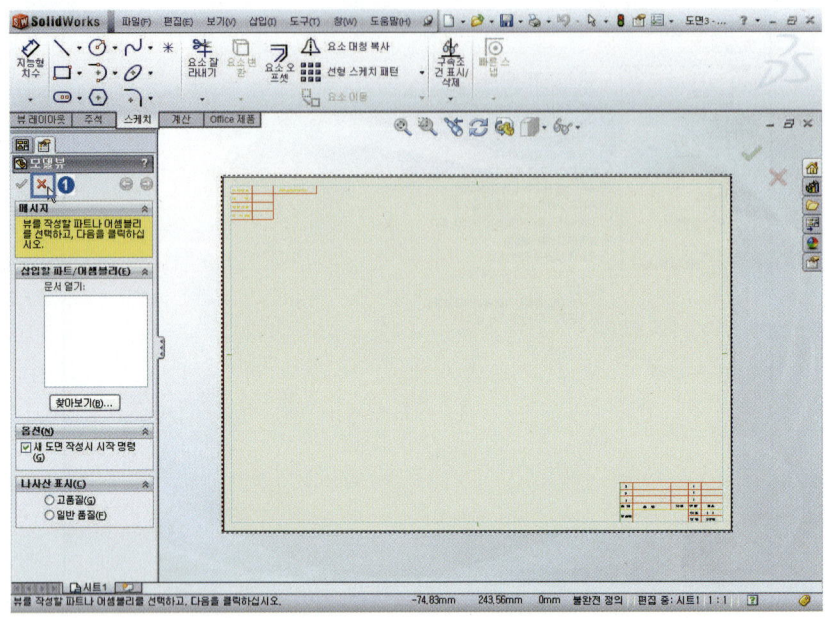

3 도구(T) ➡ 옵션(P) 클릭 ➡ 문서속성[D], 제도표준, 일반제도 표준: ISO(국제표준규격) 선택한다.

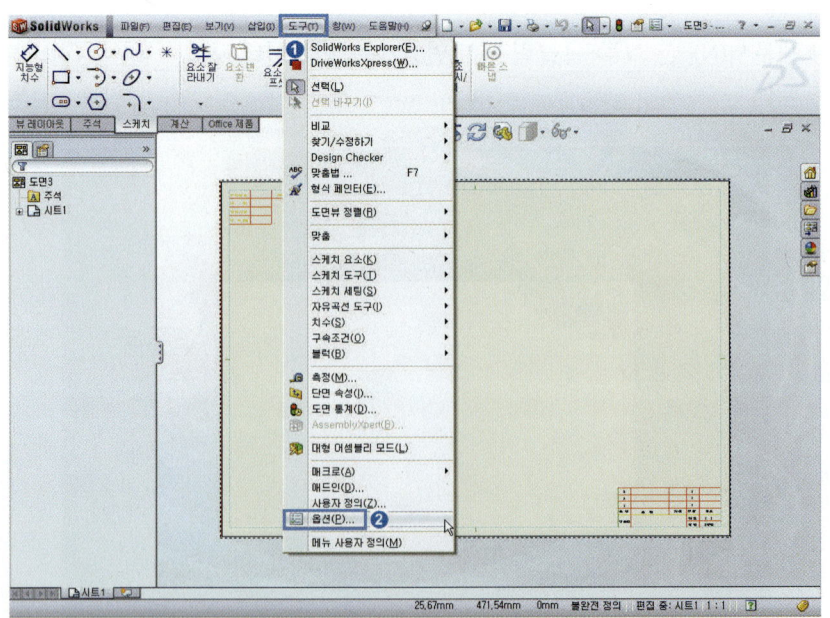

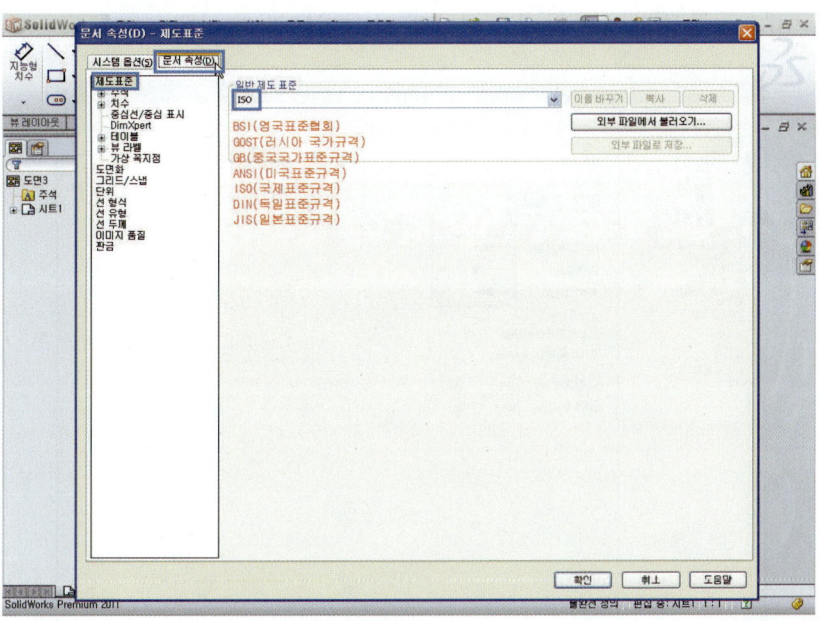

🔓 문서속성[D] ➡ 주석, 글꼴(F), 굴림체, 보통, 높이 3.50mm, 간격 1.0mm 선택 ➡ [확인]
을 누른다.
(주석의 글꼴을 변경하면, 모든 주석 유형의 문서 수준 글꼴이 함께 업데이트 된다.)

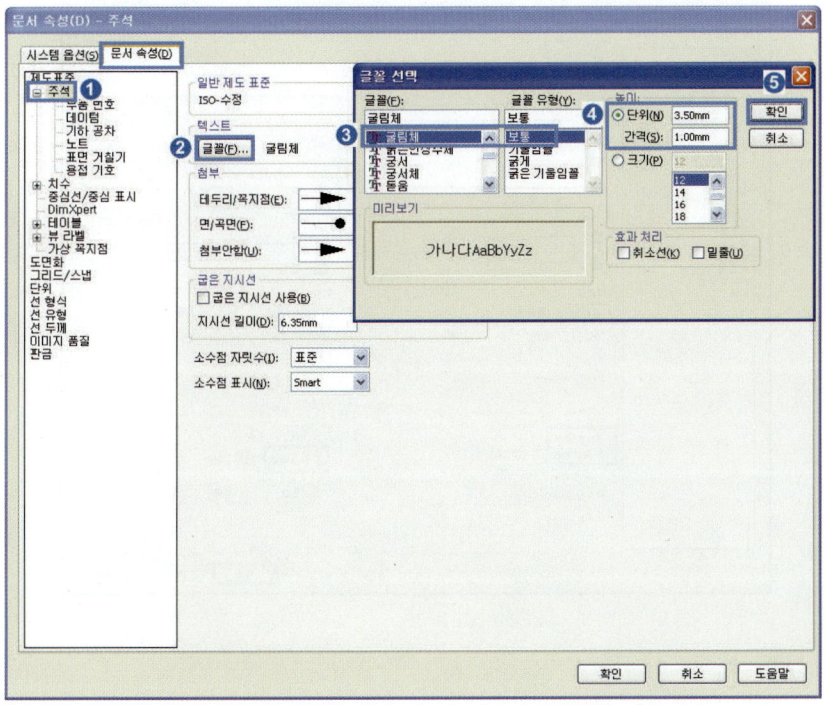

5 문서속성[D] ➡ 주석 설정을 아래 그림과 같이 설정한다.

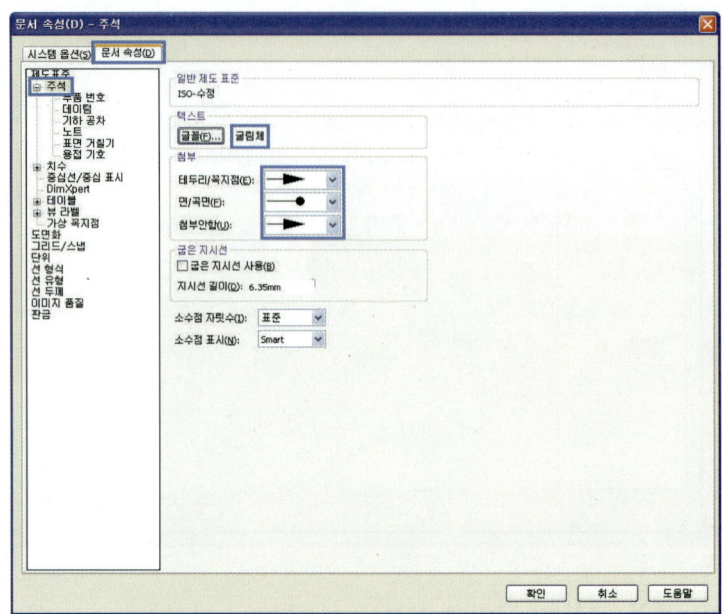

6 주석 ➡ 부품번호 설정을 아래 그림과 같이 설정한다.

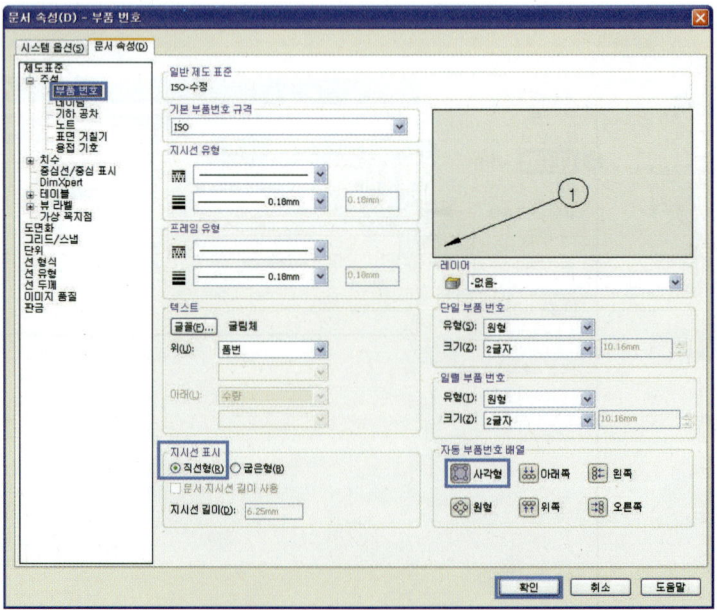

7 데이텀 ➡ 데이텀 기입에 필요한 설정을 아래 그림과 같이 설정한다.

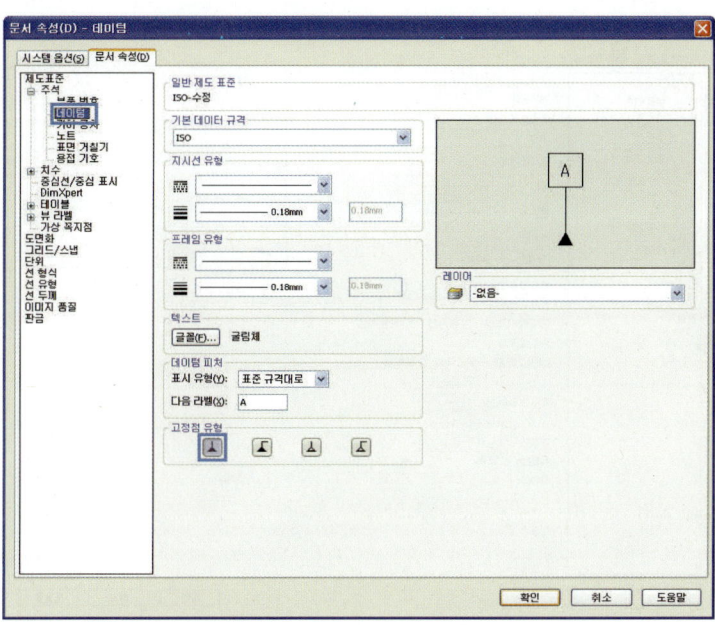

8 기하공차 ➡ 기하공차 기입에 필요한 설정을 아래 그림과 같이 설정한다.

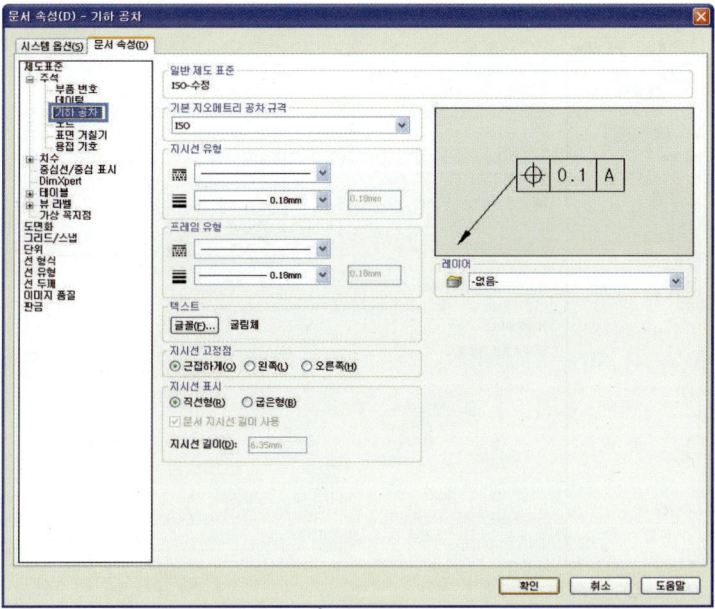

9 노트 ➡ 주석과 같은 노트 기입에 필요한 설정을 아래 그림과 같이 설정한다.

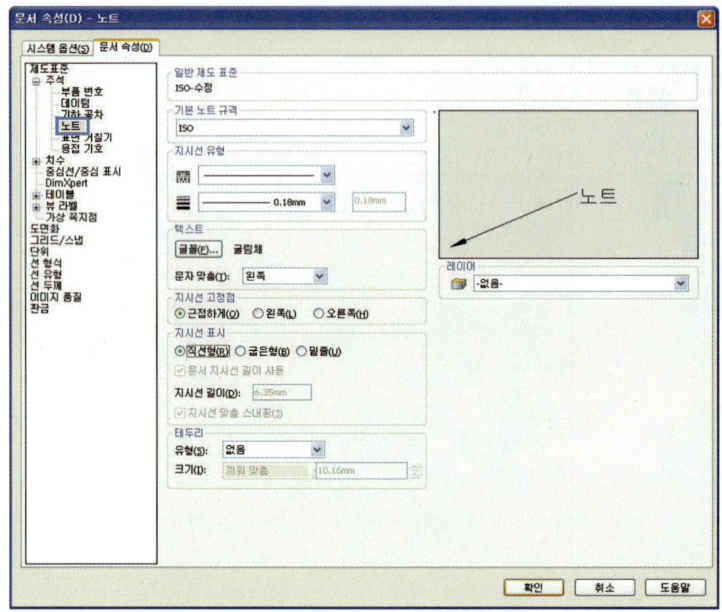

10 표면 거칠기 ➡ 표면처리 방법을 기입하는데 필요한 표준을 설정한다.

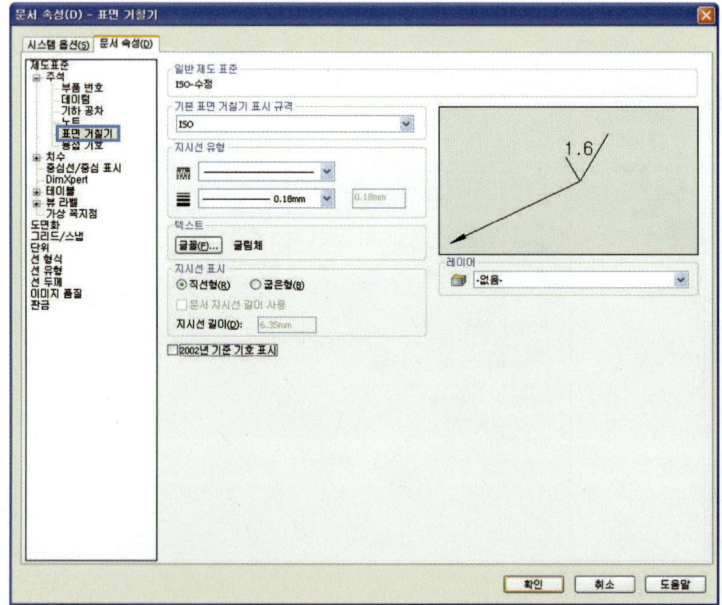

⑪ 용접기호 ➜ 용접기호에 필요한 표준을 설정한다.

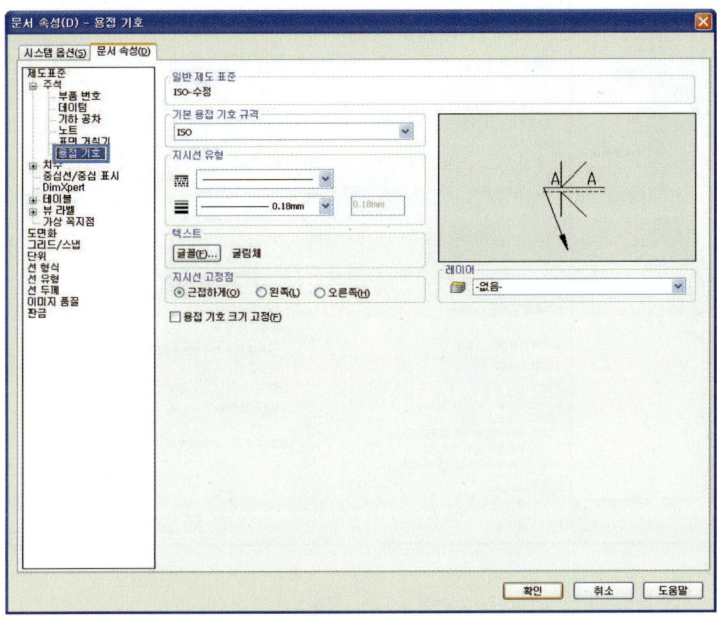

⑫ 치수기입의 표준설정 ➜ 글꼴(F), 굴림체, 보통, 높이 3.50mm, 간격 1.0mm 선택 ➜ [　확인　]을 누른다.

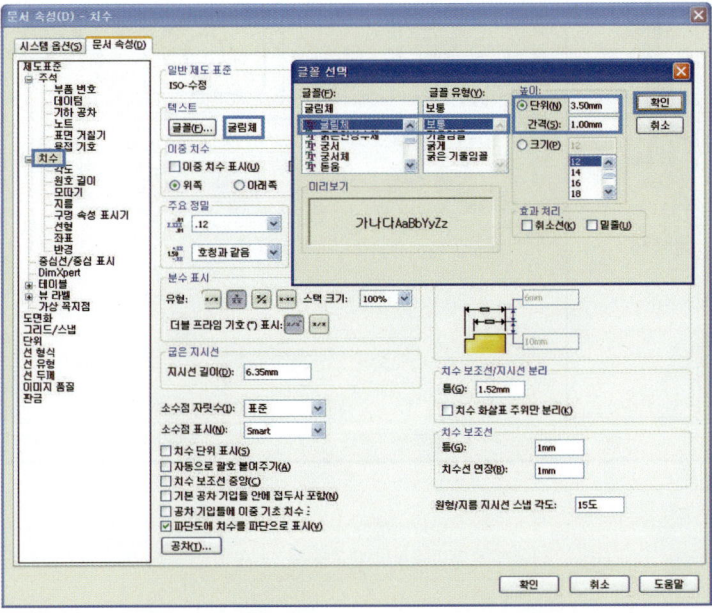

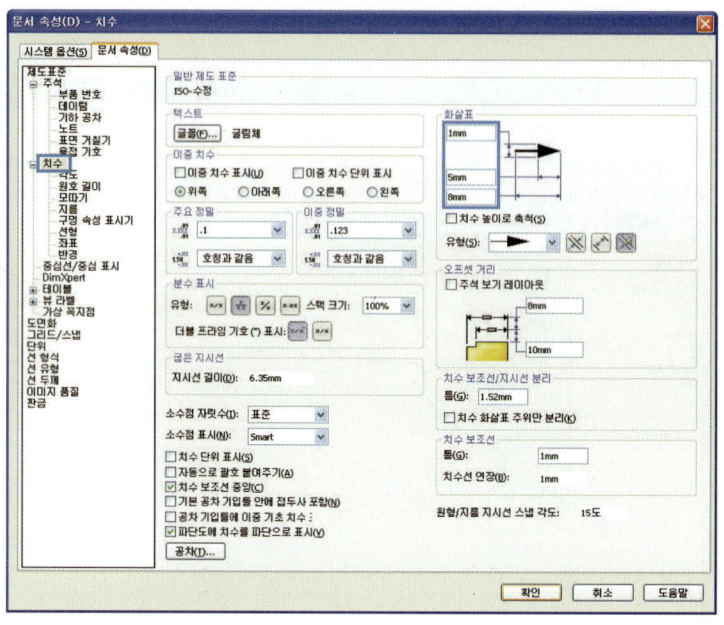

13 각도 ➡ 각도 치수기입에 필요한 표준을 설정한다.

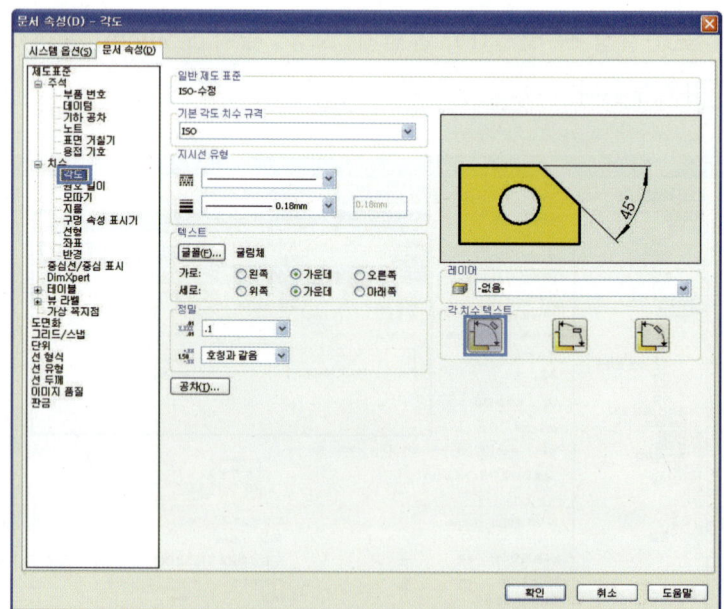

14 원호길이 ➡ 원호 길이 기입에 필요한 표준을 설정한다.

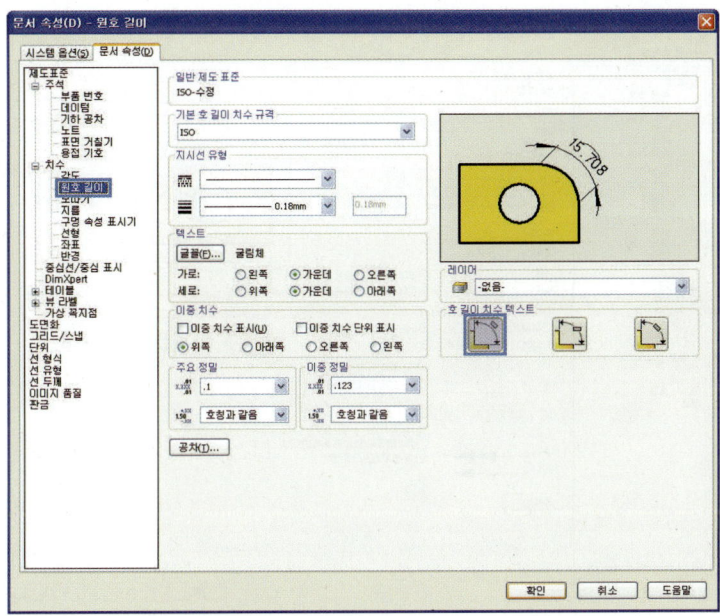

15 모따기 ➡ 모따기 기입에 필요한 표준을 설정한다.

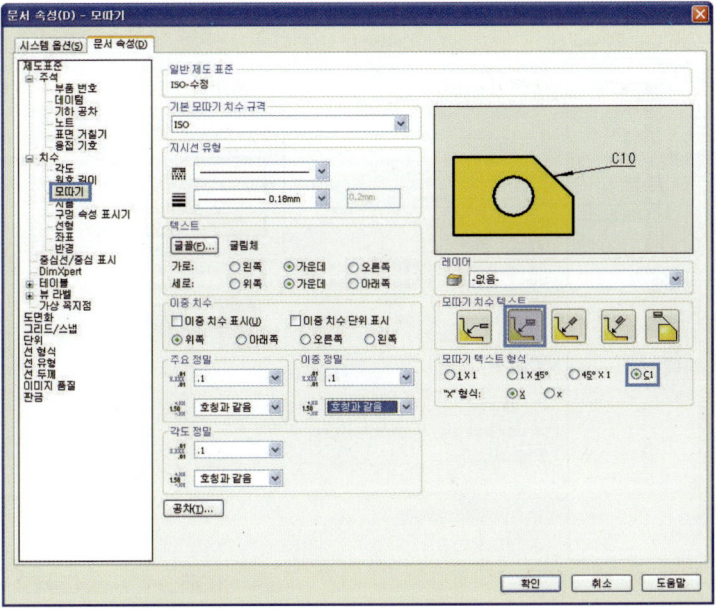

16 지름 ➡ 지름 치수기입에 필요한 표준을 설정한다.

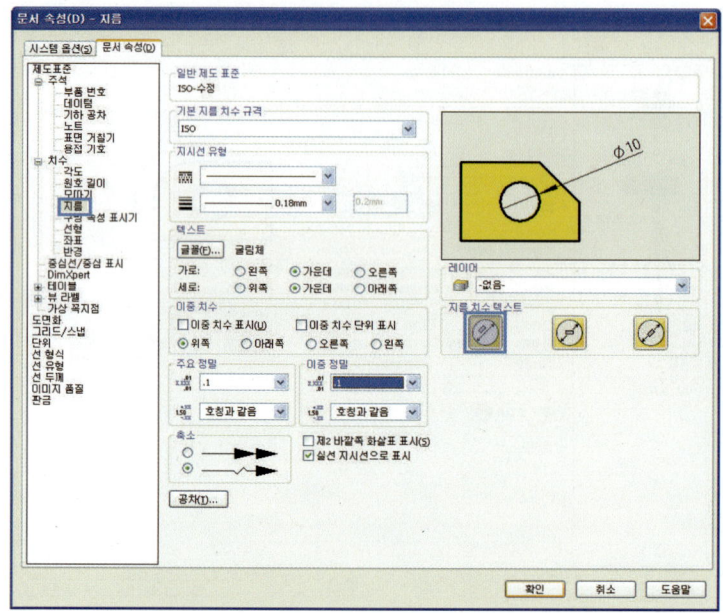

17 구멍속성 표시기 ➡ 구멍속성 치수기입에 필요한 표준을 설정한다.

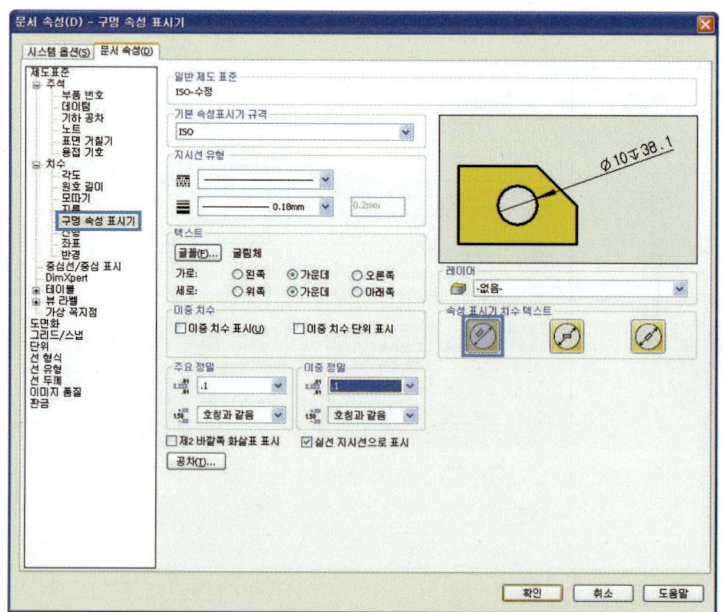

18 선형 ➡ 선형 치수기입에 필요한 표준을 설정한다.

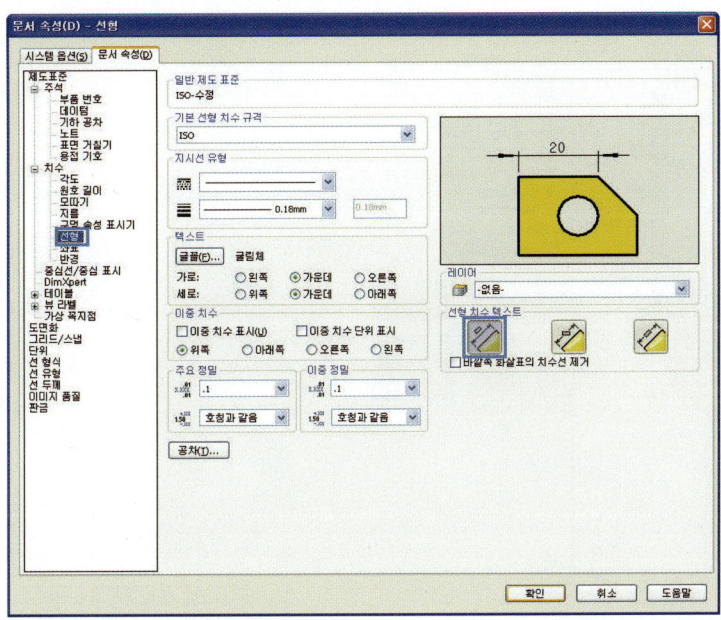

19 좌표 ➡ 좌표 치수기입에 필요한 표준을 설정한다.

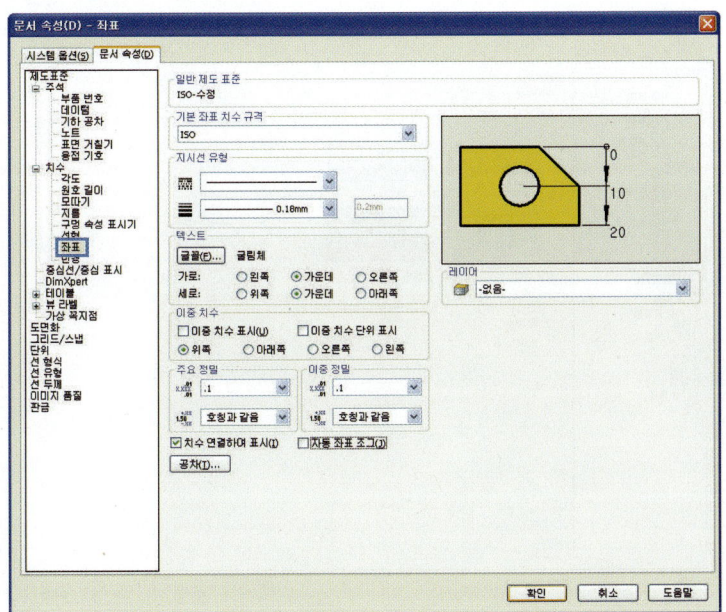

20 중심선/중심 표시 ➜ 중심선/중심 표시기입에 필요한 표준을 설정한다.

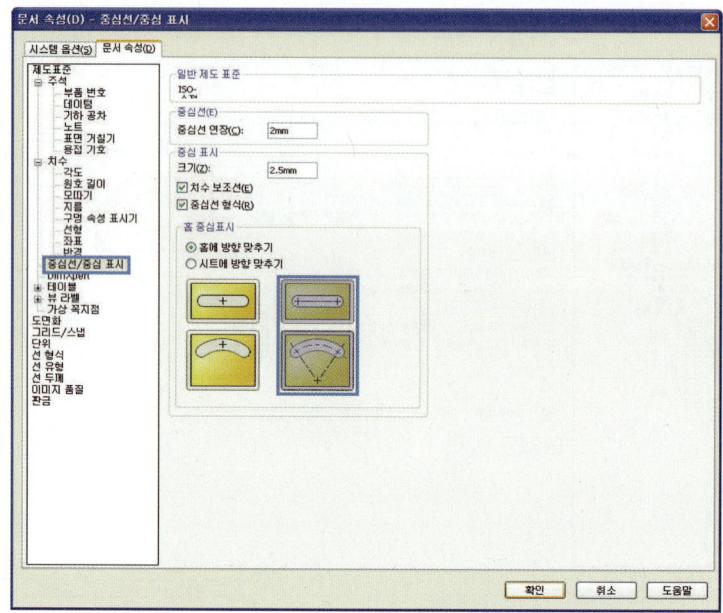

21 DimXpert ➜ 모따기, 홈, 필렛에 DimXpert 도구를 사용하기 위한 표준 설정을 지정한다.

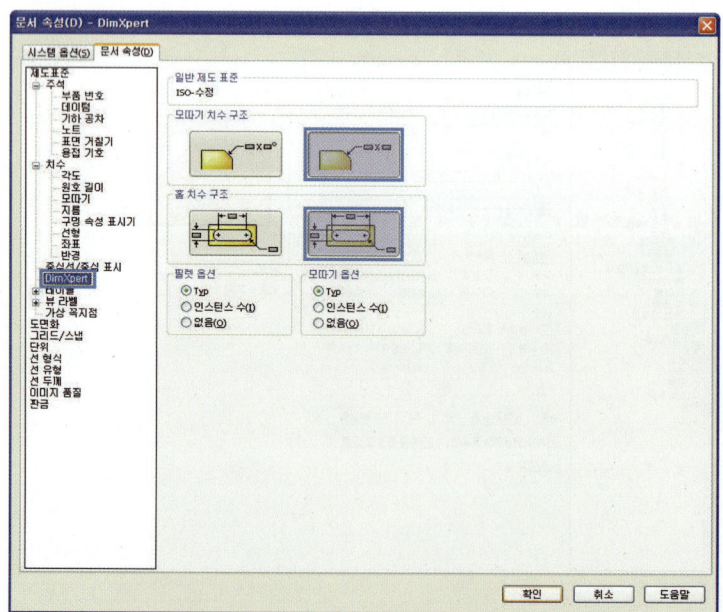

22 테이블 ➡ 테이블 기입에 필요한 표준을 설정한다.

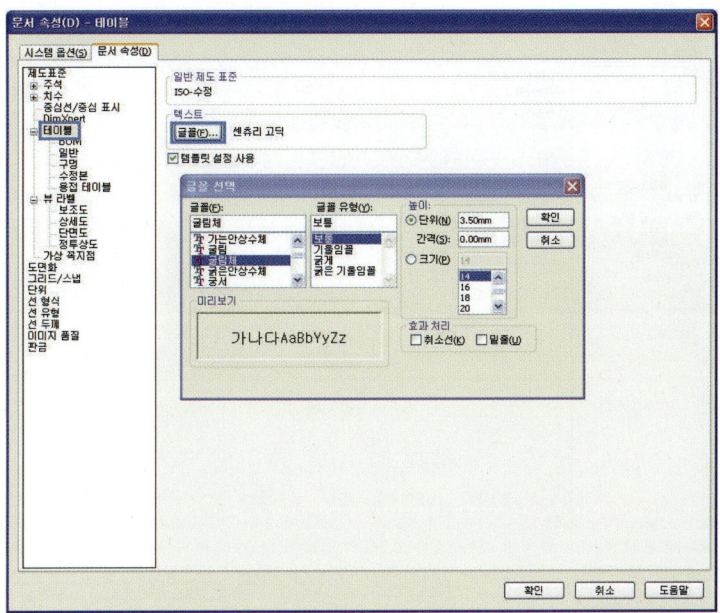

23 BOM ➡ BOM 테이블 기입에 필요한 표준을 설정한다.

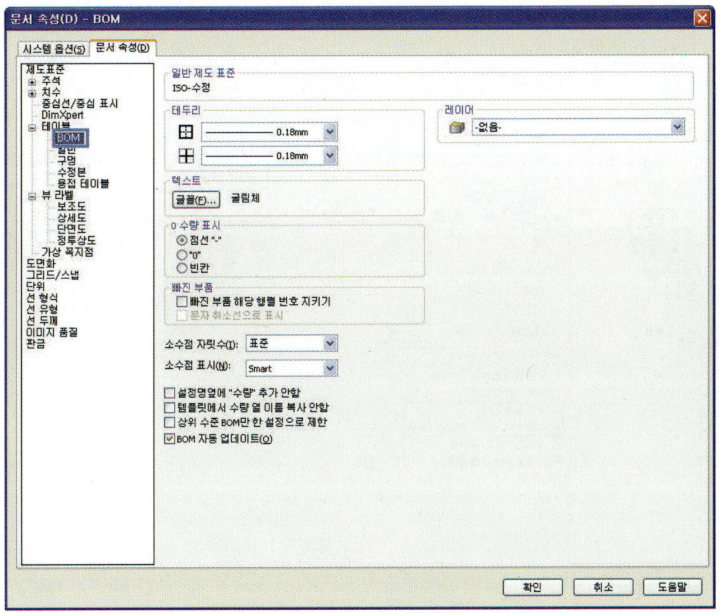

24 일반 ➡ 일반 테이블 기입에 필요한 표준을 설정한다.

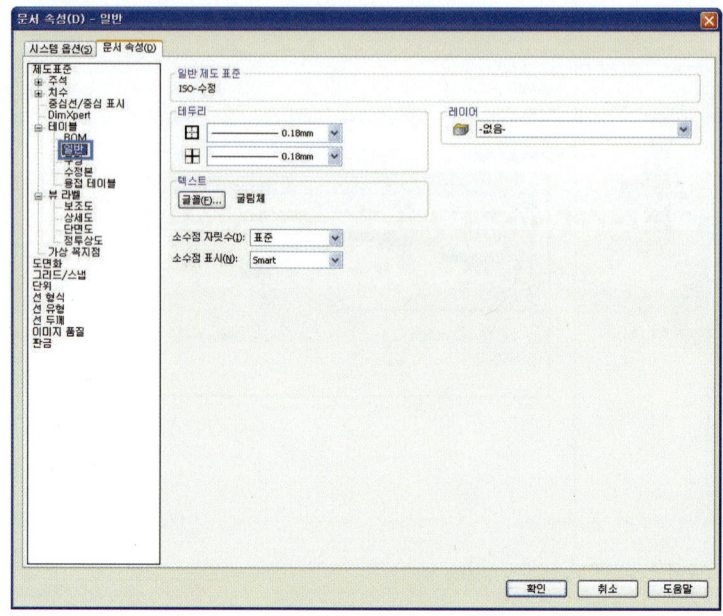

25 구멍 ➡ 구멍 테이블 기입에 필요한 표준을 설정한다.

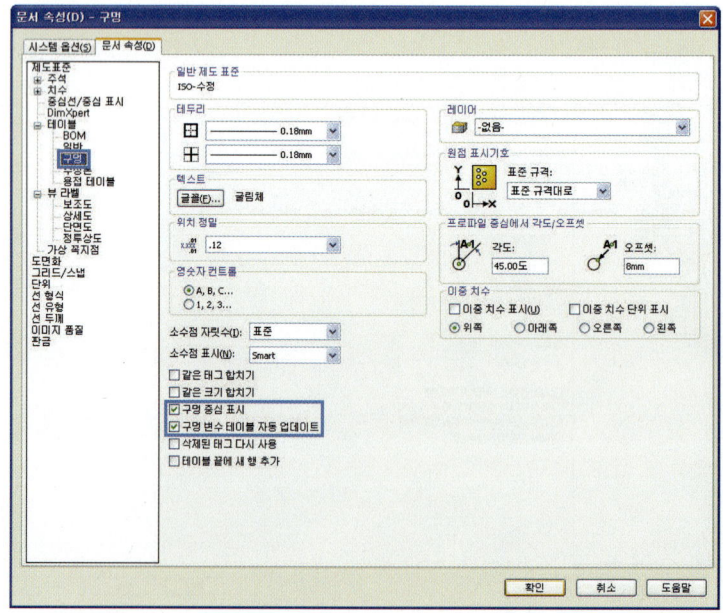

26 수정본 ➜ 수정 내용 기입에 필요한 표준을 설정한다.

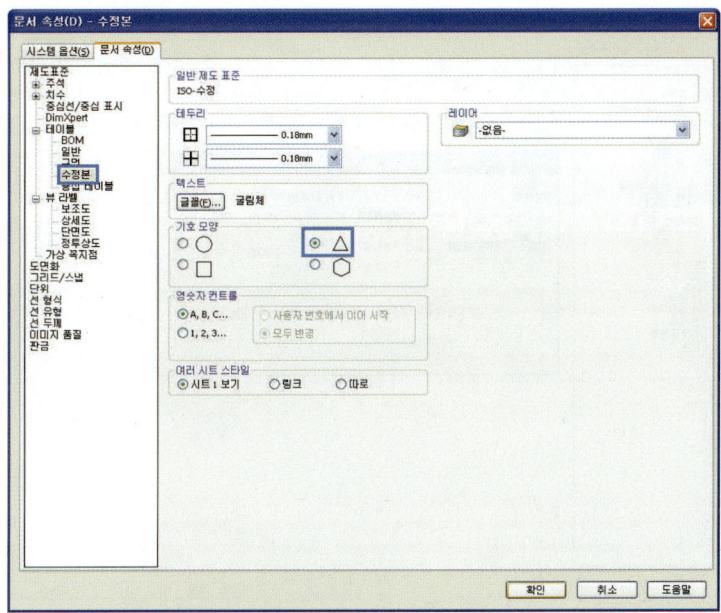

27 용접 테이블 ➜ 용접 테이블 기입에 필요한 표준을 설정한다.

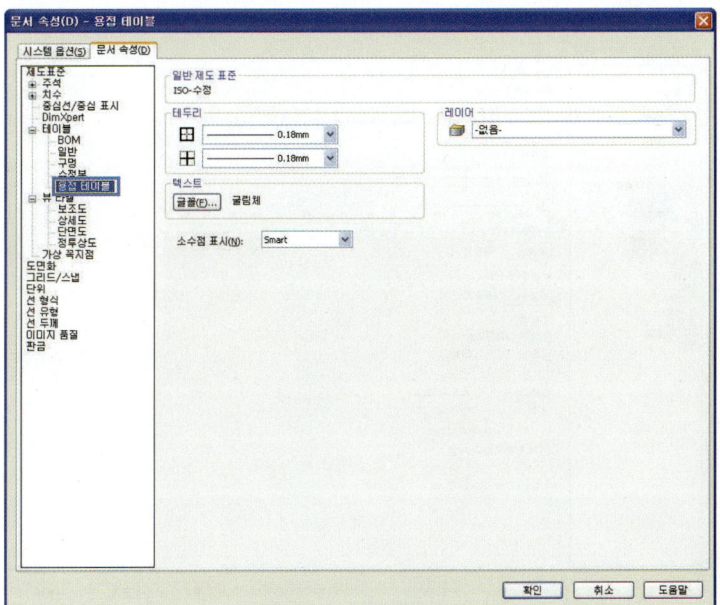

28 뷰 라벨 ➡ 뷰 라벨(보조조, 상세도, 단면도, 정투상도) 기입에 필요한 표준을 설정한다.

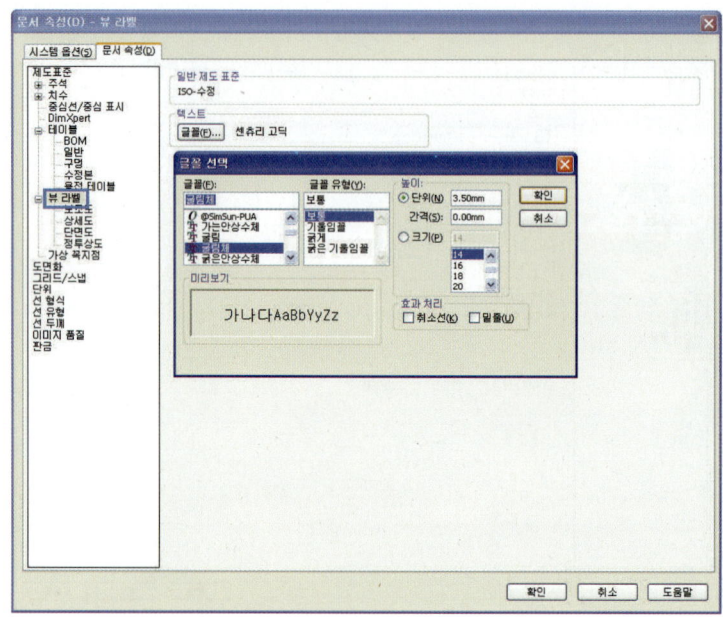

28 29. 보조도 ➡ 보조도 기입에 필요한 표준을 설정한다.

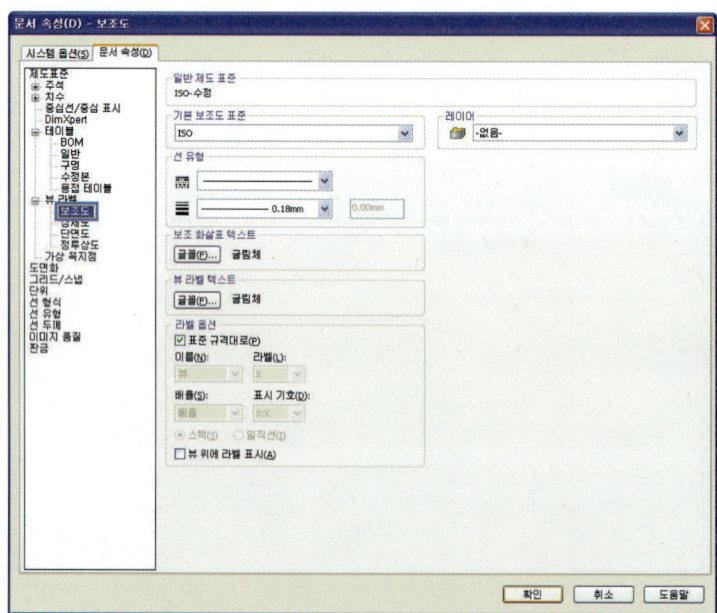

30 상세도 ➡ 상세도 기입에 필요한 표준을 설정한다.

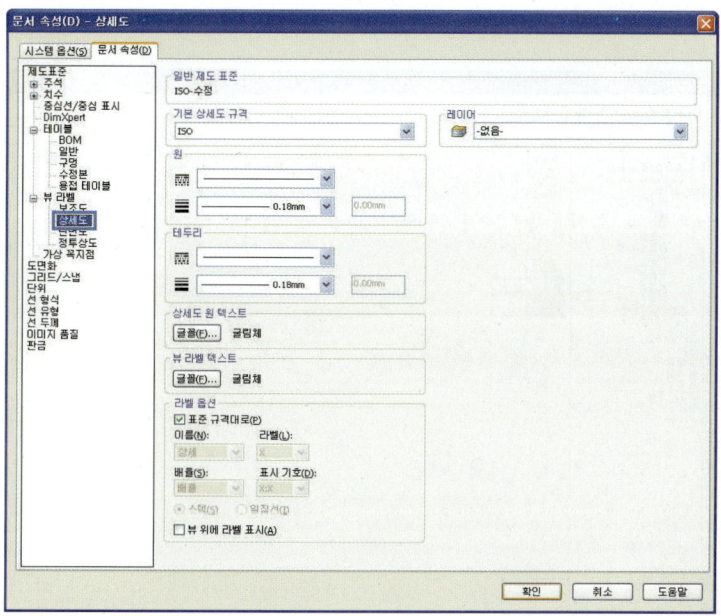

31 단면도 ➡ 단면도 기입에 필요한 표준을 설정한다.

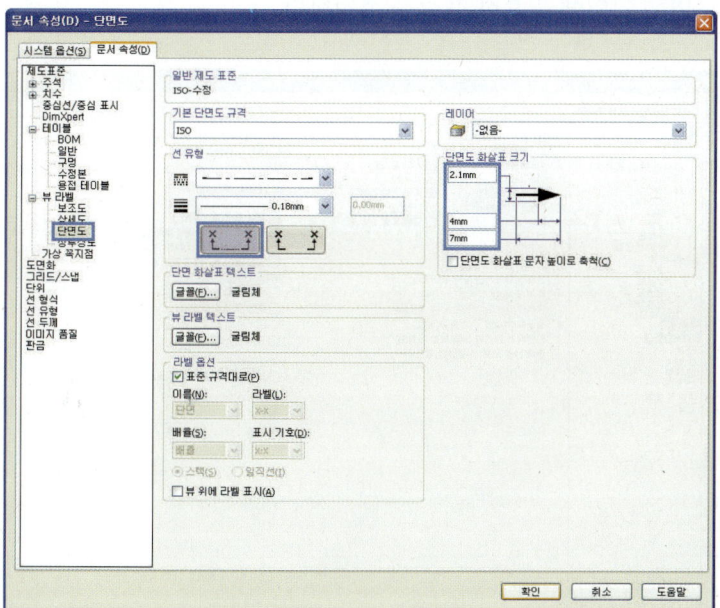

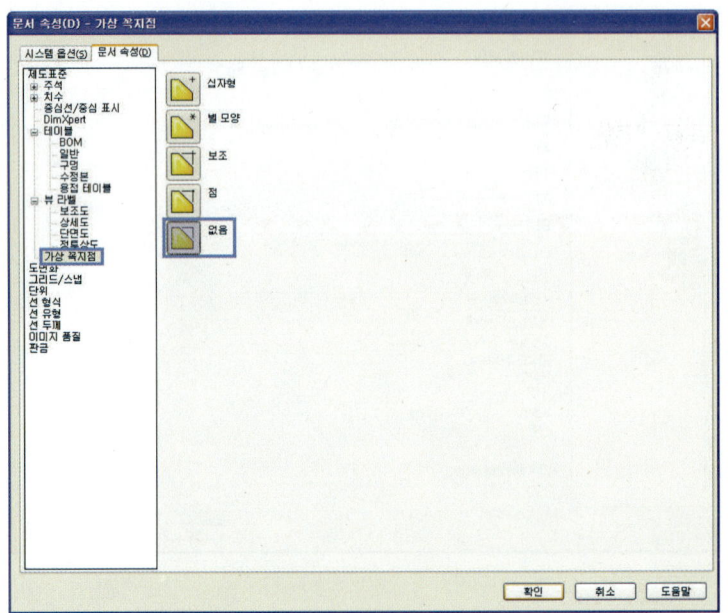

32 가상 꼭지점(두 스케치 요소가 교차하는 점을 의미) ➡ 가상 꼭지점 기입에 필요한 표준을 설정한다.

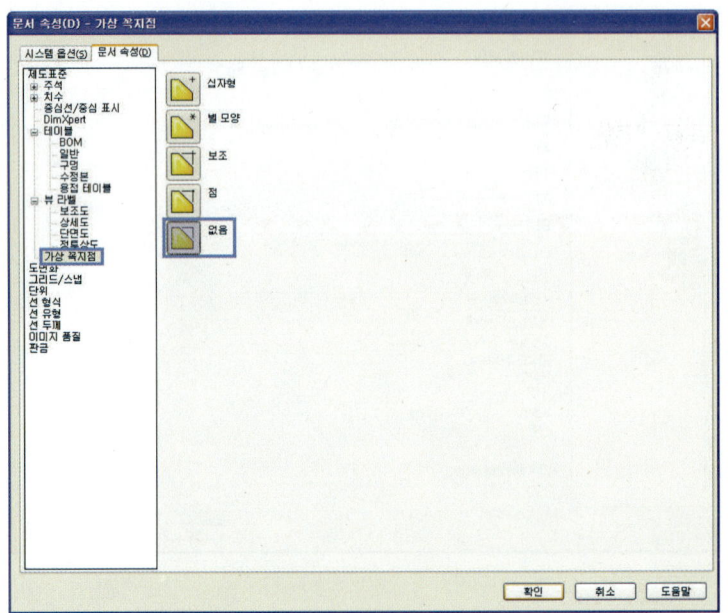

33 도면화 ➡ 도면화 기입에 필요한 표준을 설정한다.

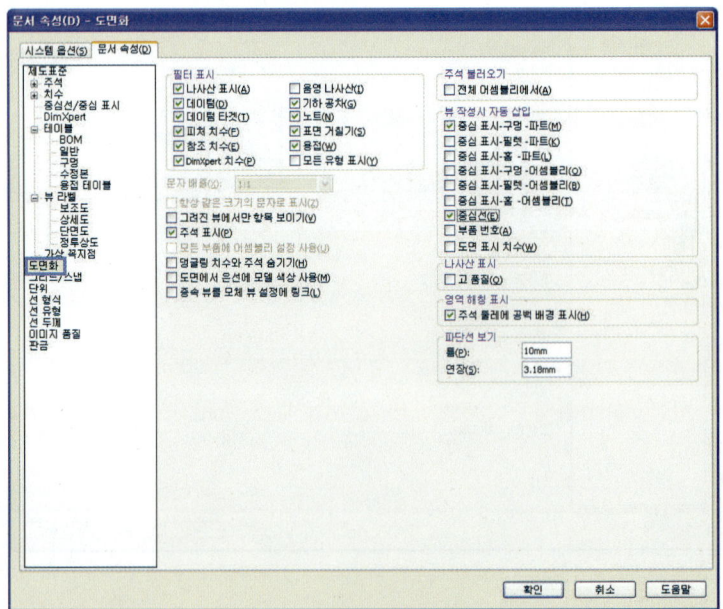

34 그리드/스냅 ➡ 그리드/스냅 기입에 필요한 표준을 설정한다.

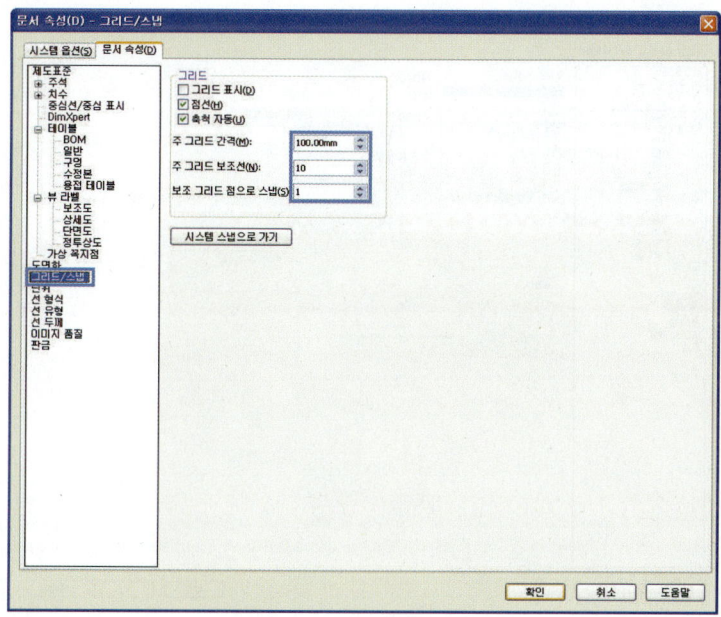

35 단위 ➡ 모델링 작업시 사용하고자 하는 기본 단위계를 설정한다.

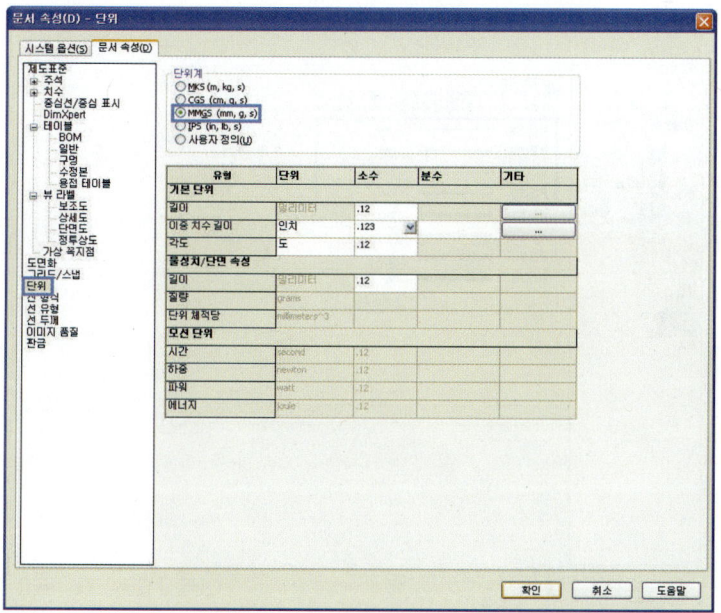

36 선 형식 ➡ 모델링 작업시 사용하고자 하는 선형식을 설정한다.

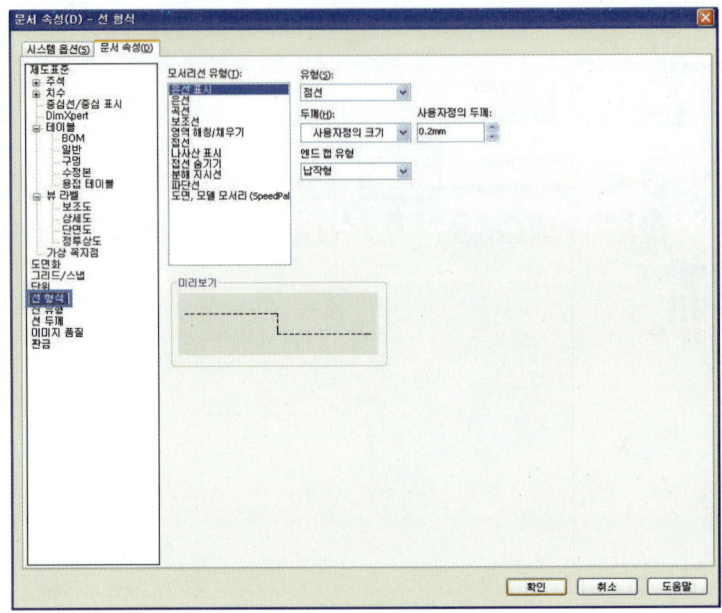

37 선 형식 ➡ 모델링 작업시 사용하고자 하는 선형식을 설정한다.

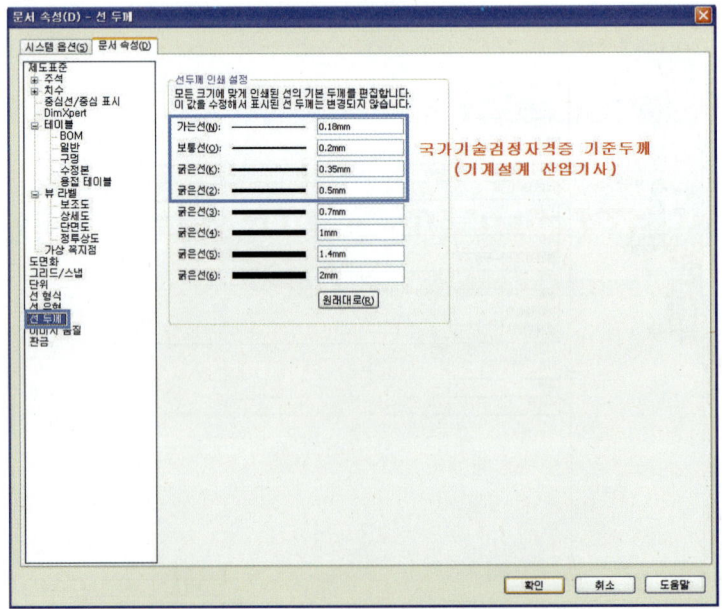

38 이미지 품질 ➡ 모델링 작업시 사용하고자 하는 음영 및 일반품질, 실선, 은선의 해상도를
설정한다.

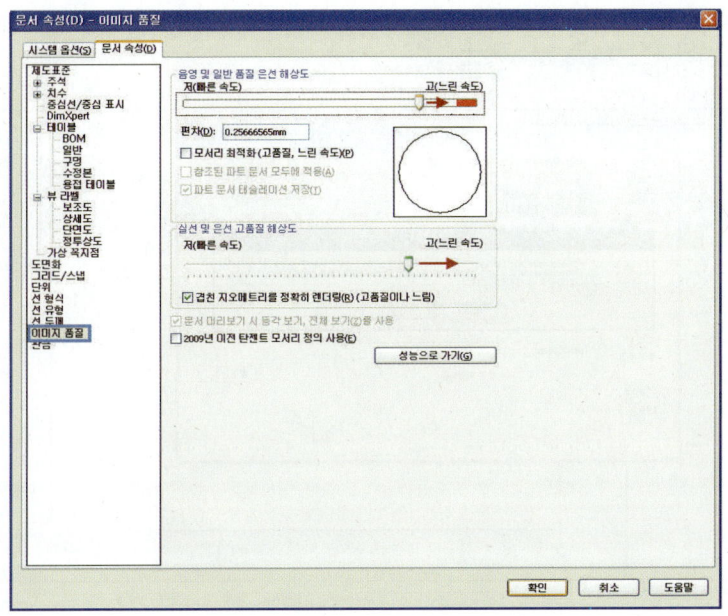

39 지금까지 문서속성 옵션을 저장하려면 파일 ➡ 다른 이름으로 저장 창에서 파일 형식을
도면 템플릿(*.drwdot)으로 변경 ➡ 기본도면작업 폴더 아래 파일이름 도면(A2)−방법 2.
drwdot로 저장한다.

40 도면(A2)-방법 2 파일은 이미 있습니다. 기존의 파일을 바꾸시겠습니까? 라는 메시가 나
오면 '예' 버튼을 선택하여 도면 템플릿 파일의 저장을 완료한다.

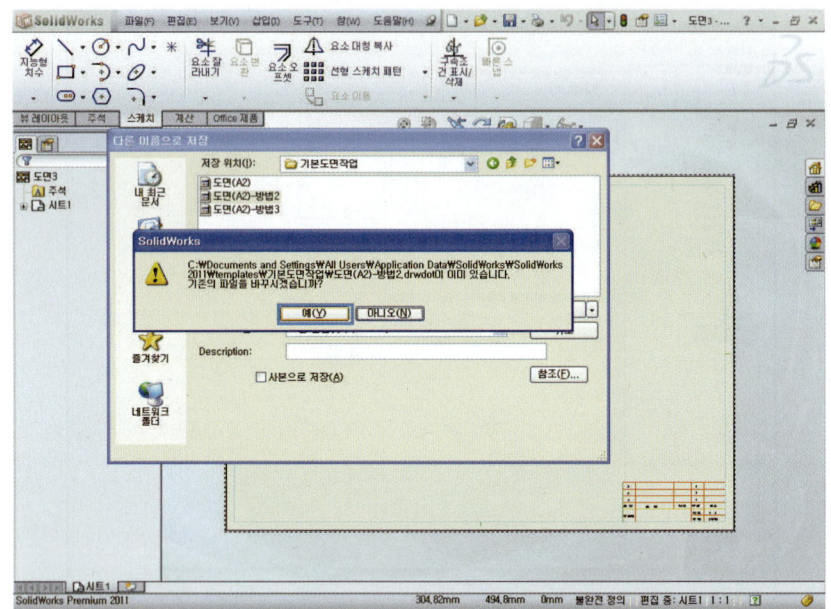

41 메뉴모음에서 파일 ➡ 닫기를 클릭하여 도면 템플릿 파일을 닫는다.

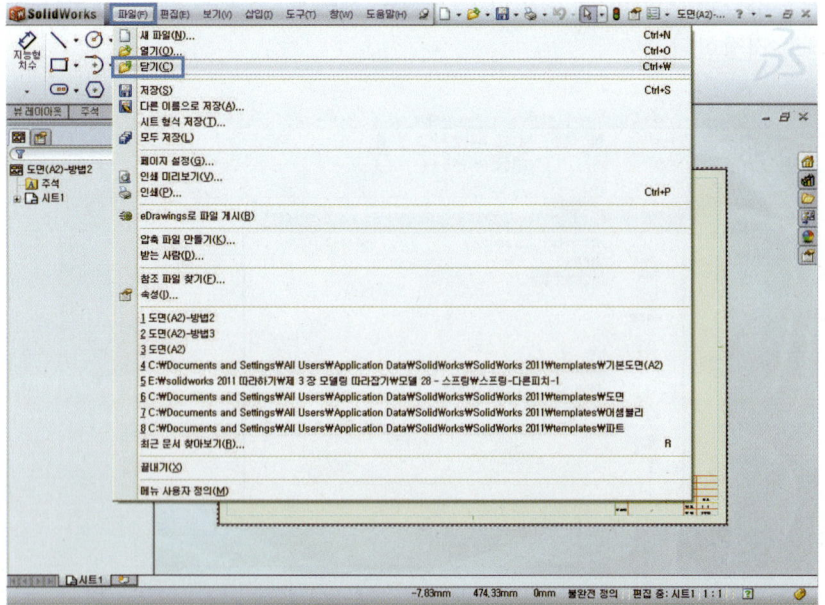

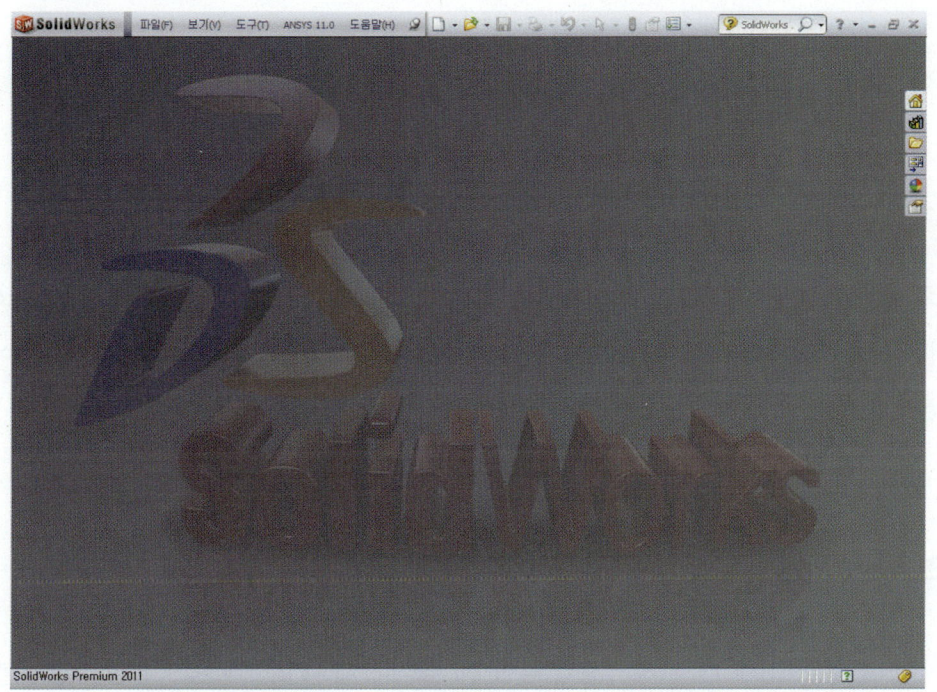

2. AUTO CAD DWG를 블럭으로 하여 도면 템플릿(Template) 쉽게 만들기 – 방법 1

Solidworks 프로그램 안에 기본 내장된 도면 템플릿(Template)을 사용하여 도면 작업을 할 수 도 있다 하지만 도면 양식을 각 기관에 따라 다른 표제란과 부품란의 양식을 사용하기 때문에 여기서는 국가기술자격 시험에 나오는 도면양식을 Auto CAD에서 작성한 DWG 파일을 이용하 여 도면 템플릿을 만드는 작업을 [방법 1, 2, 3]에 따라 배우도록 한다.

■ 도면 템플릿 만들기–방법 1

파일 ➡ 새문서(N)[새 문서] 클릭 ➡ 도면[ ] 선택 ➡ [확인] 버튼을 누른다.

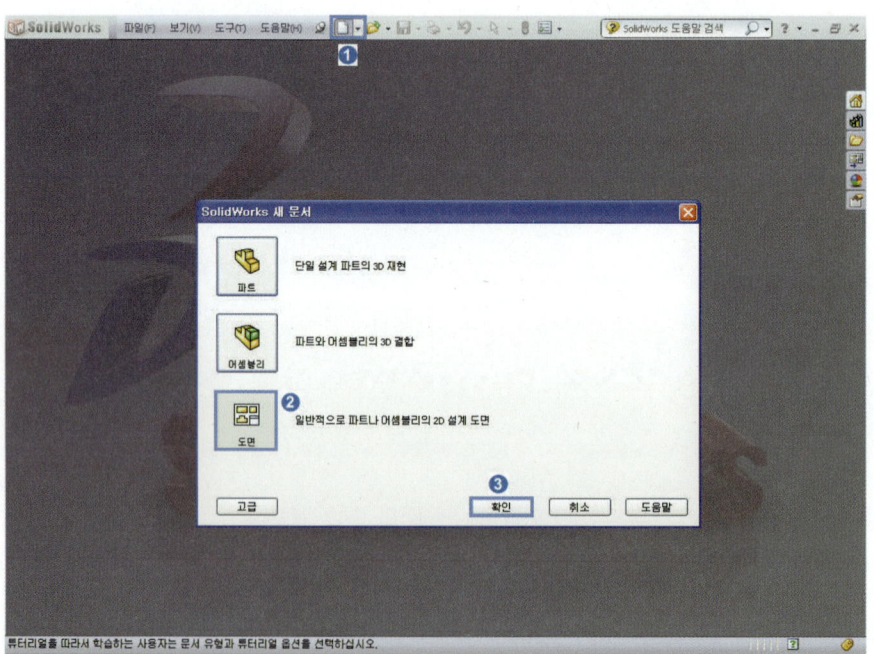

2️⃣ 시트형식/크기(A) ➡ 표준규격 시트크기(A)의 A2(ISO) 선택, ➡ 사용자정의 시트크기(M),
가로(W):594mm, 세로(H):420mm 입력 ➡ [확인]을 누른다.

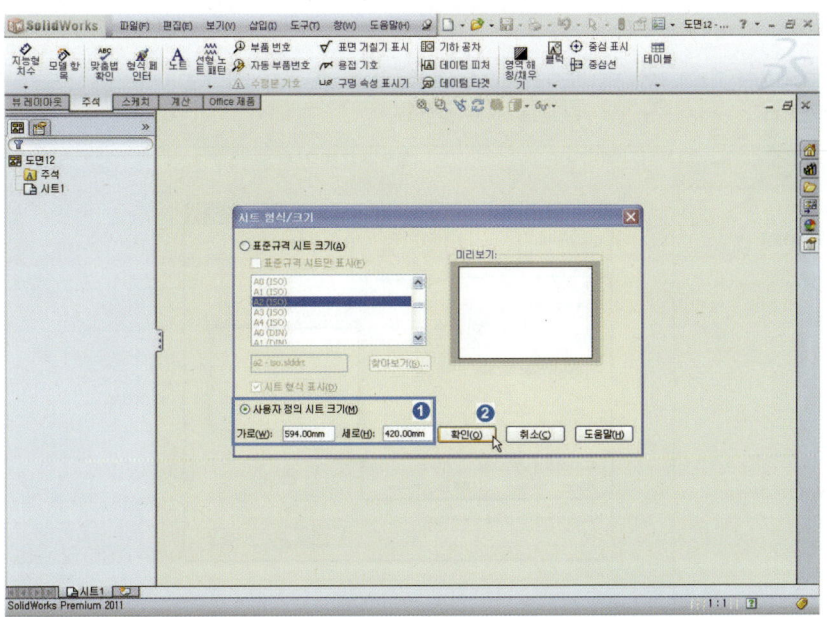

3️⃣ [🖼 모델뷰]창이 나타나면 ➡ 취소[❌]를 클릭하여 창을 닫는다.

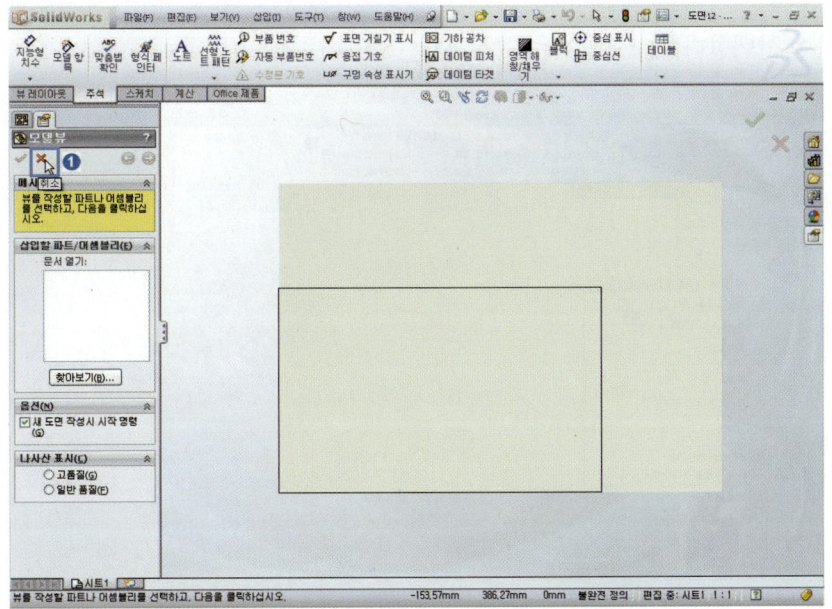

4 시트 속성창에서 배율 1:1 ➡ 투상법 유형: 제3각법 ➡ 표준규격시트 크기의 A2(ISO) 지정 ➡ 사용자정의 시트 크기(M), 가로(W):594mm, 세로(H):420mm 입력 ➡ [확인]을 누른다.

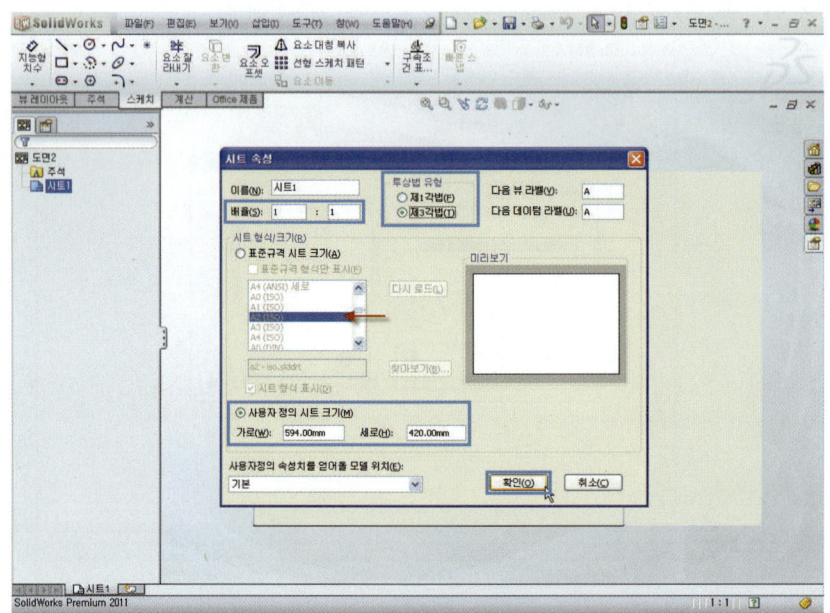

5 시트1에 마우스 커서 위치시키고 ➡ 마우스 오른쪽 버튼을 클릭 ➡ 시트형식 편집(B)을 클릭하여 선택한다.

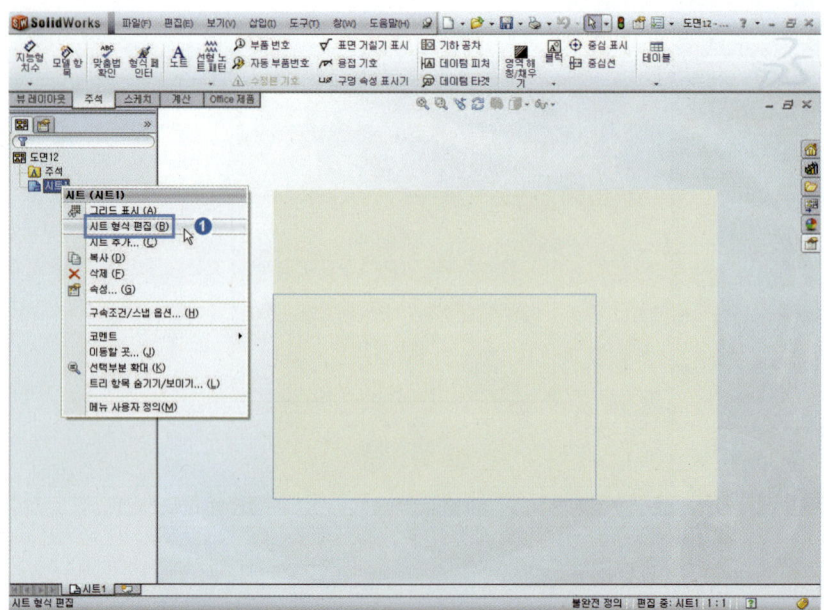

6 CommandManager 에서 주석탭을 클릭 ➡ 블럭[ ]을 클릭 ➡ [블럭 삽입]을 클릭한다.

🔓 **7** 블록 삽입창에서 [찾아보기(B)...] 버튼을 클릭한다.

🔓 **8** 열기창에서 파일형식을 AutoCAD DWG Blocks(*.dwg)으로 변경 ➡ 미리 저장된 기본도
면설정(A2) 선택하고 ➡ [열기(O)] 버튼을 누른다.

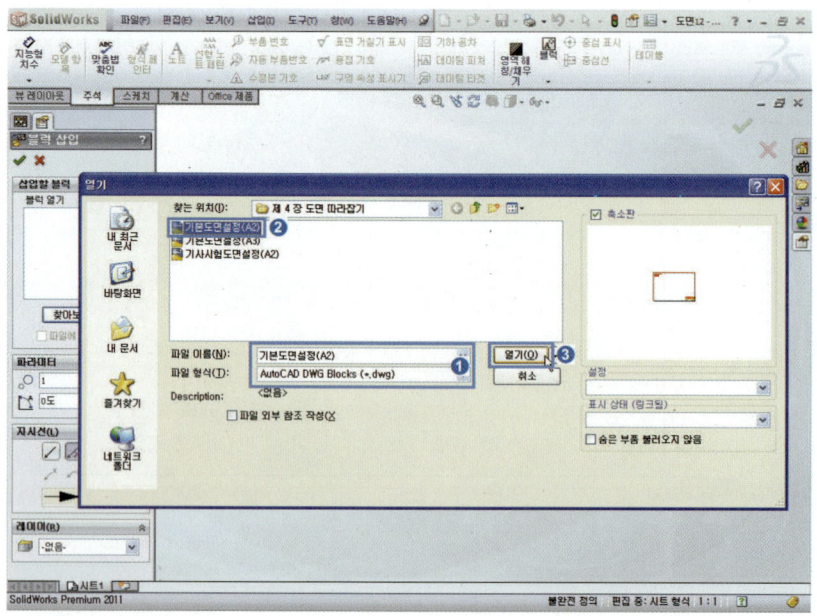

9 좌측 하단부에 있는 점에 기본도면설정(A2) 파일을 마우스 포인터로 위치시키고 클릭 ➡
확인[✓]을 누른다.

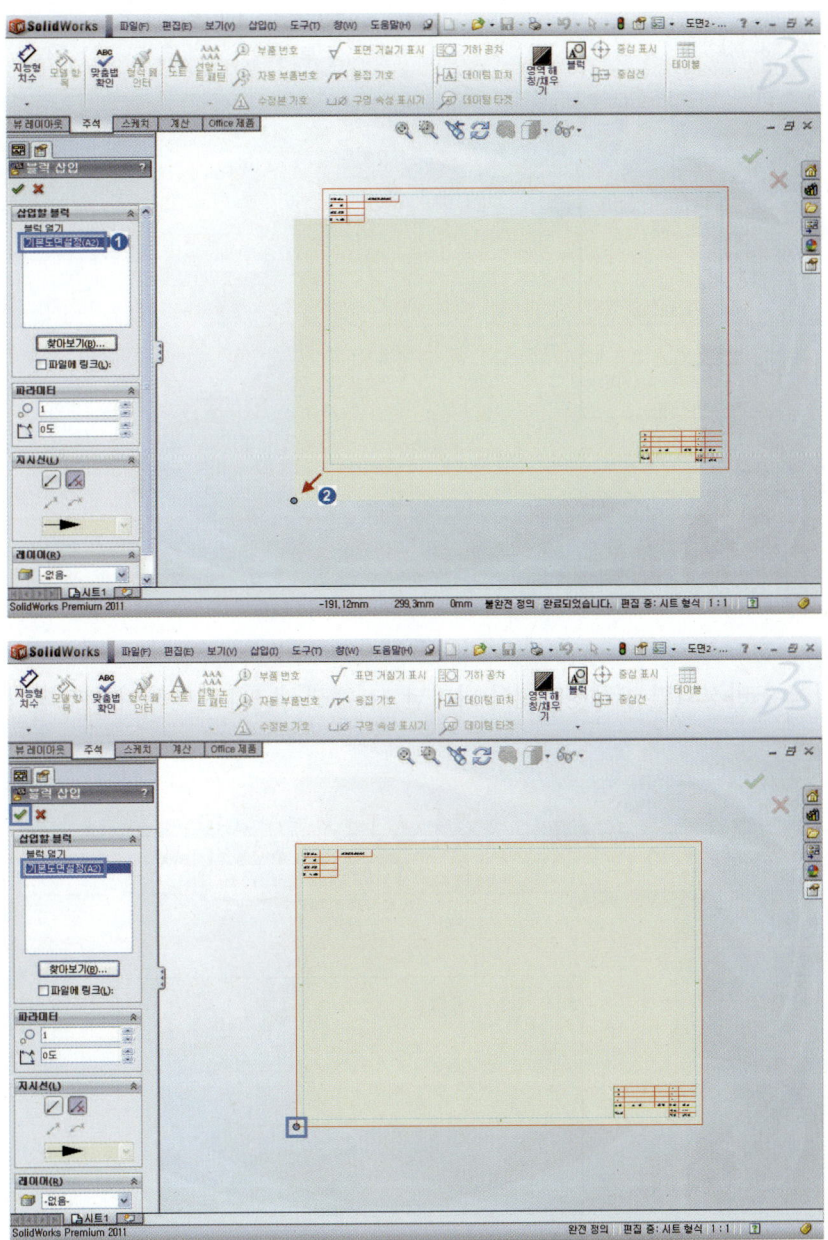

10 시트1에 마우스 커서 위치시키고 ➡ 마우스 오른쪽 버튼을 클릭 ➡ 시트편집(B)을 클릭하여 시트형식에서 시트로 전환되어 도면생성 작업을 할 수 있게 된다.

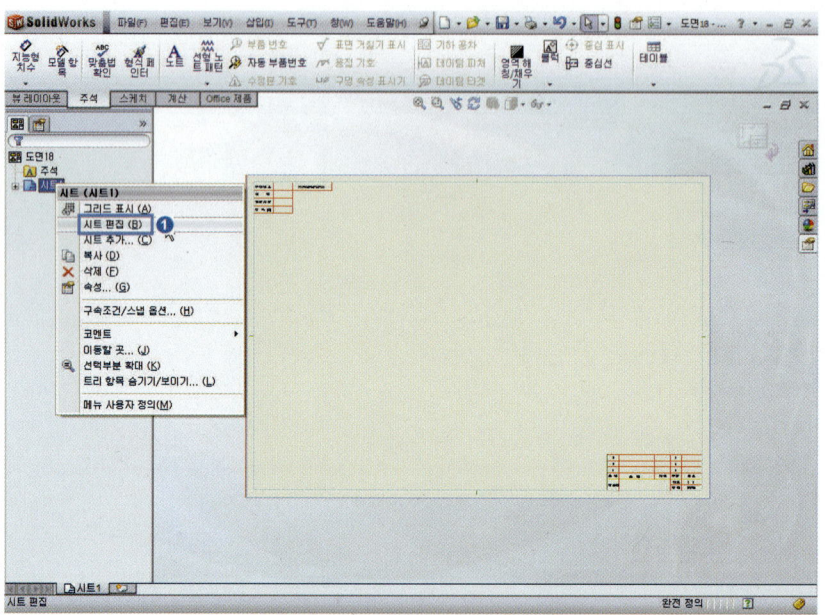

11 시트형식이 변경되면 재생성[🚦]이 나타남 ➡ 재생성[🚦] 선택하여 시트형식 작업을 완료한다.

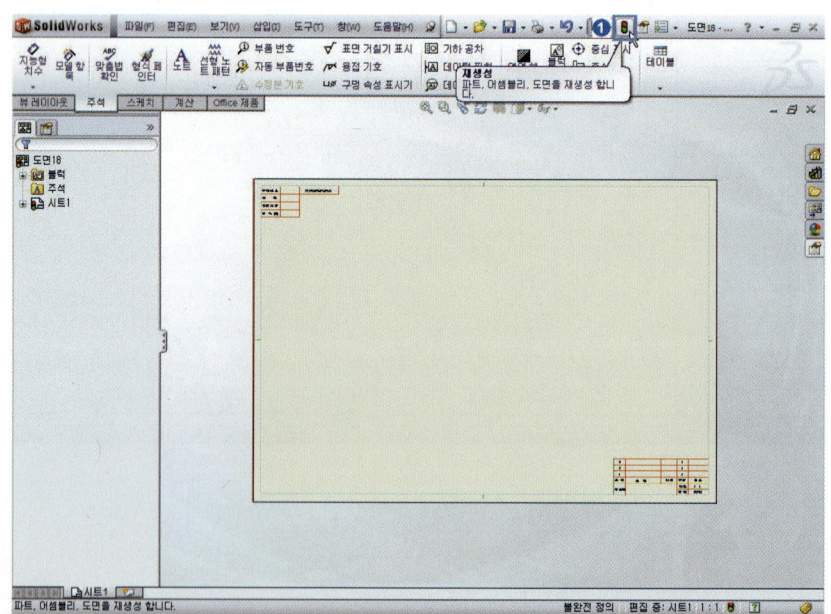

12 다른 이름으로 저장 창에서 파일 형식을 도면 템플릿(*.drwdot)으로 변경 ➡ [ ] 새폴더
만들기를 클릭한다.

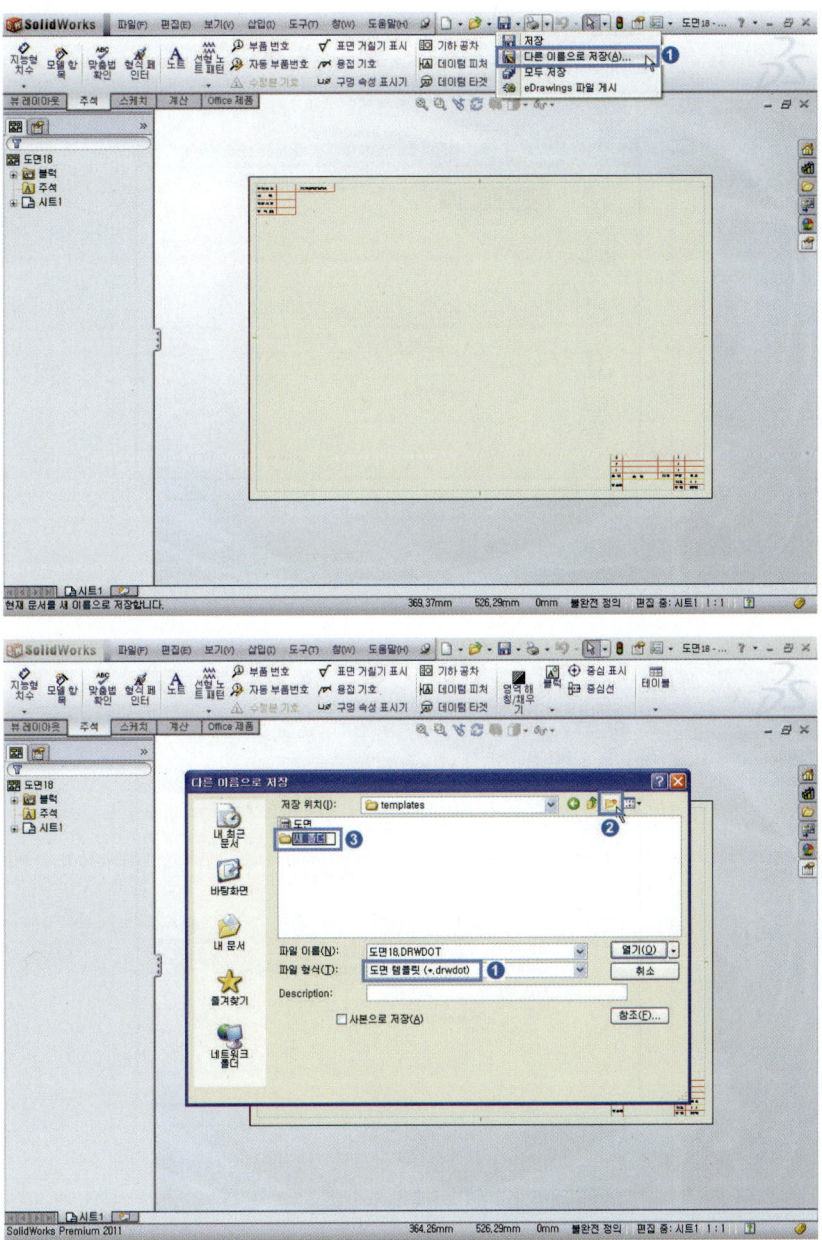

13 새폴더 이름을 ➜ 기본도면작업으로 변경하고 ➜ 기본도면작업 폴더 아래 파일이름 도면
(A2).DRWDOT로 저장한다.

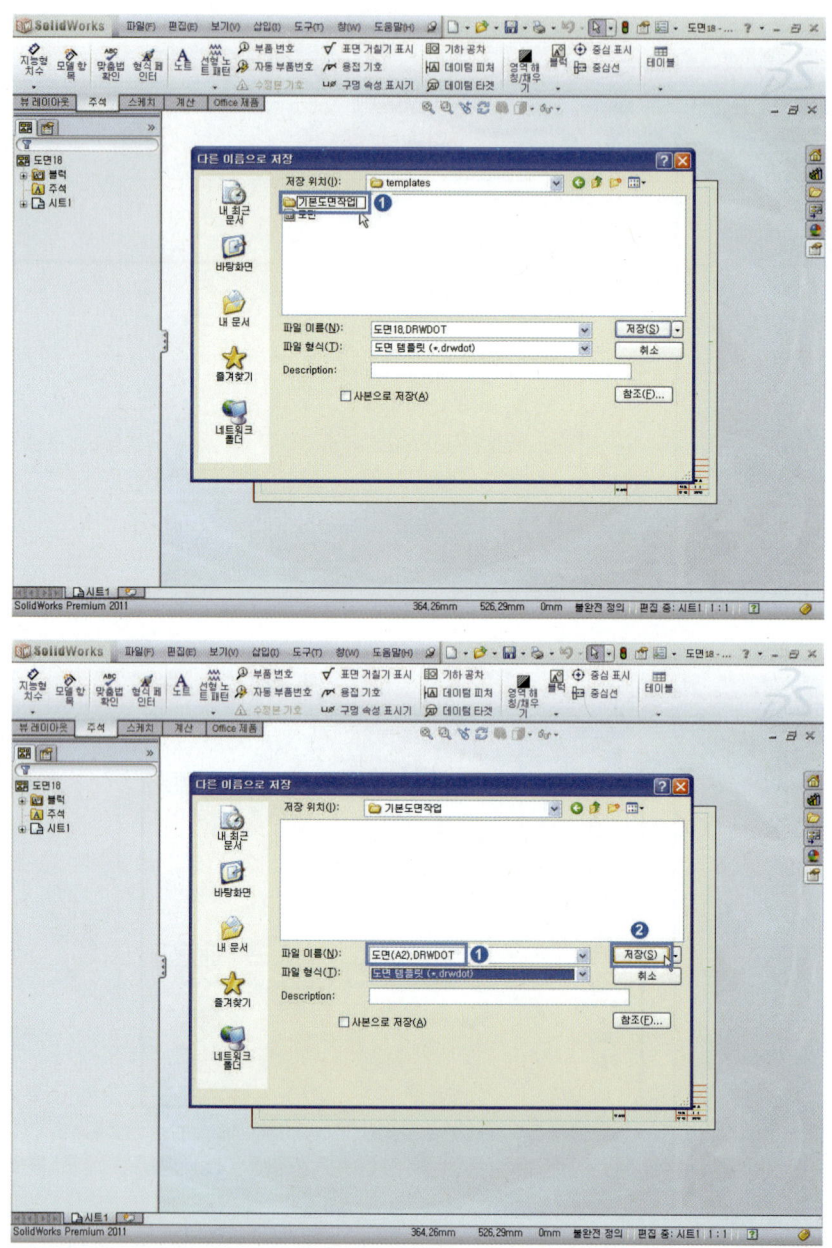

14 SolidWorks 새문서(N)[🗋 새 문서] 창에서 ➡ 생성된 기본도면작업 탭 선택 ➡ 도면
(A2)[🖽] 선택하면 미리보기 창에 시트 형식이 미리보기가 되며 ➡ [확인]을 누
Drawing
른다.

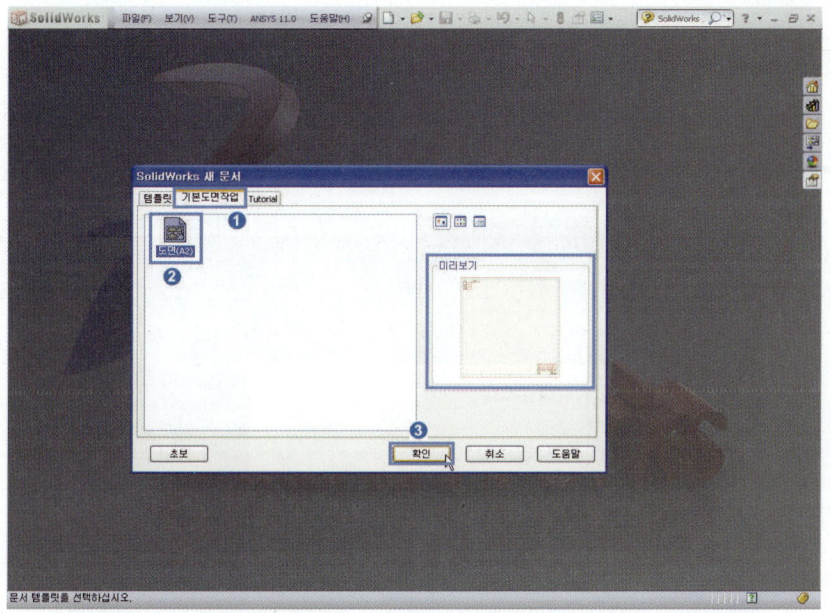

15 생성된 도면 시트형식이 나타나게 된다.

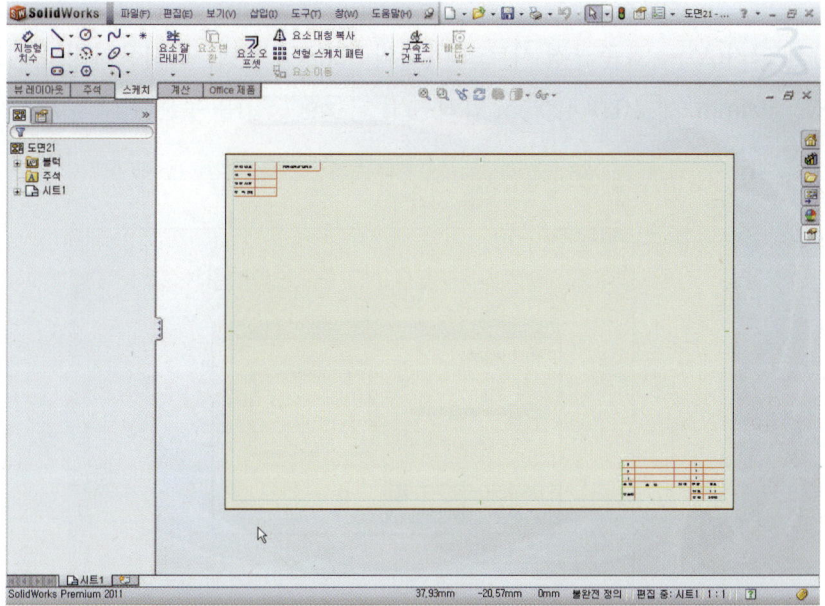

3 **AUTO CAD DWG를 파일로 도면 템플릿(Template) 쉽게 만들기 – 방법 2**

■ 도면 템플릿 만들기 – 방법 2

🔓**1** 파일 ➡ 새문서(N)[🗋 새 문서] 클릭 ➡ 도면[📰] 선택 ➡ [확인] 버튼을 누른다.
　　　　　　　　　　　　　　　　　　　　　　Drawing

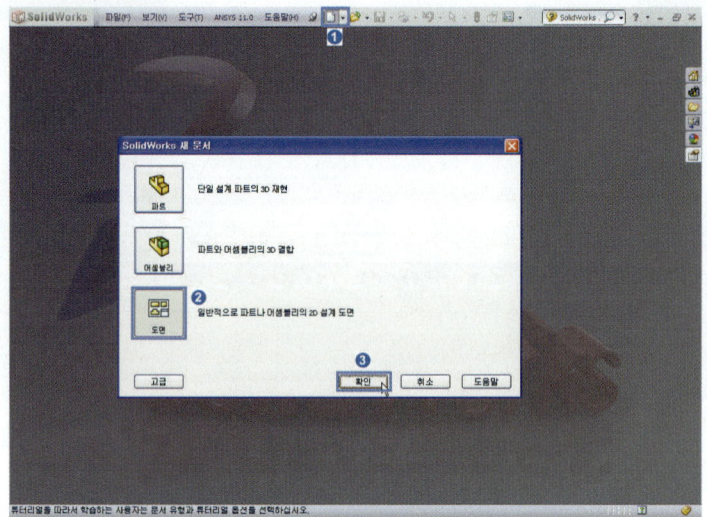

🔓**2** 시트형식/크기(A) ➡ 표준규격 시트크기(A)의 A2(ISO) 선택, ➡ 사용자정의 시트크기(M), 가로(W): 594mm, 세로(H): 420mm 입력 ➡ [확인]을 누른다.

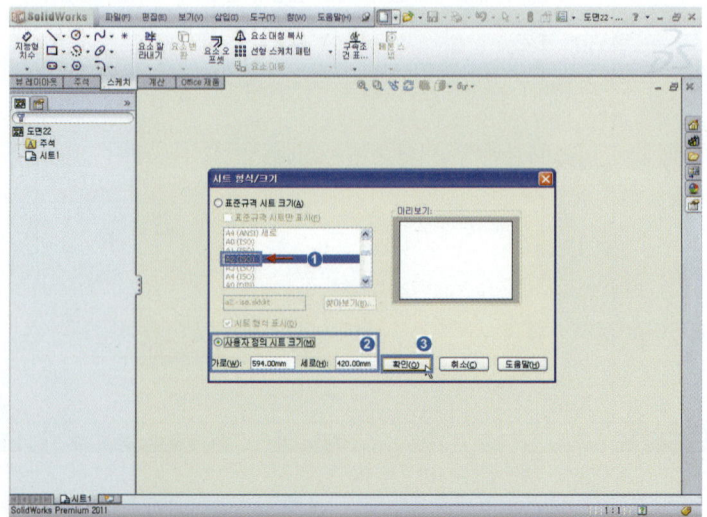

3 [**모델뷰**]창이 나타나면 ➡ 취소[**✕**]를 클릭하여 창을 닫는다.

4 삽입(I) ➡ DXF/DWG(X) 선택한다.

5 열기창에서 파일형식(T)을 Dwg Files(*.dwg)으로 변경 ➡ 미리 저장된 기본도면설정(A2)
선택하고 ➡ [열기(O)] 버튼을 누른다.

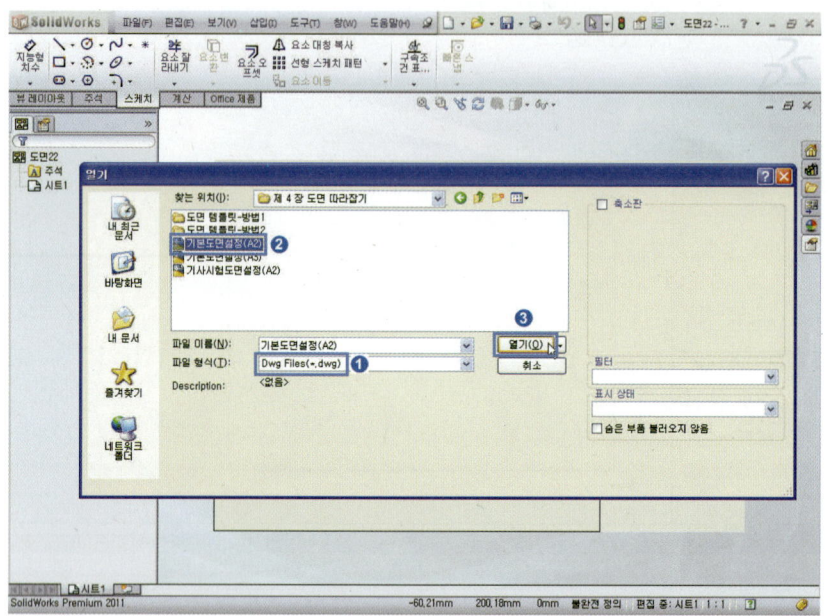

6 DXF/DWG 불러오기 창에서 ☑ 흰 배경색 지정 ➡ [다음(N) >] 버튼을 누른다.

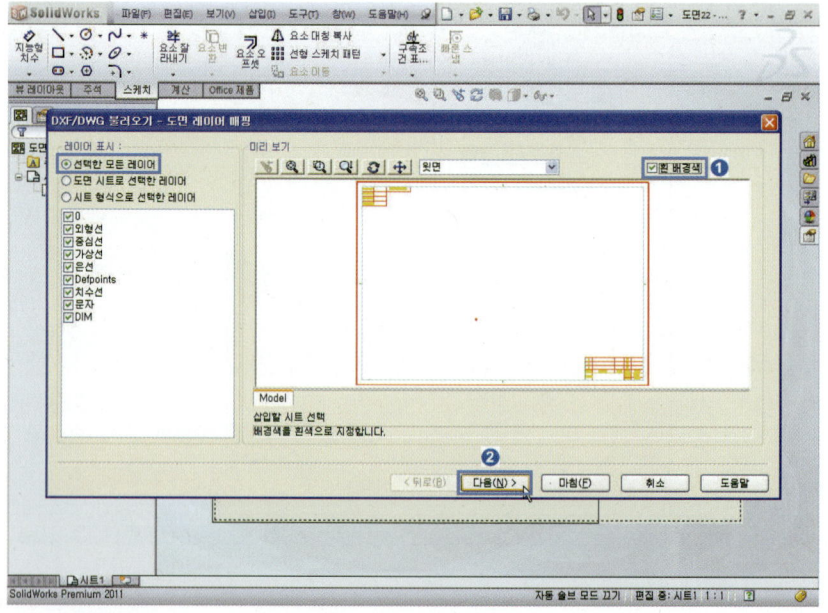

7 데이터 단위: mm, 출력파일 속성: A2−가로방향, 도면 시트 배율: 1:1, 지오메트리 위치: 시트중심(C) ➡ [마침(F)] 버튼을 누른다.

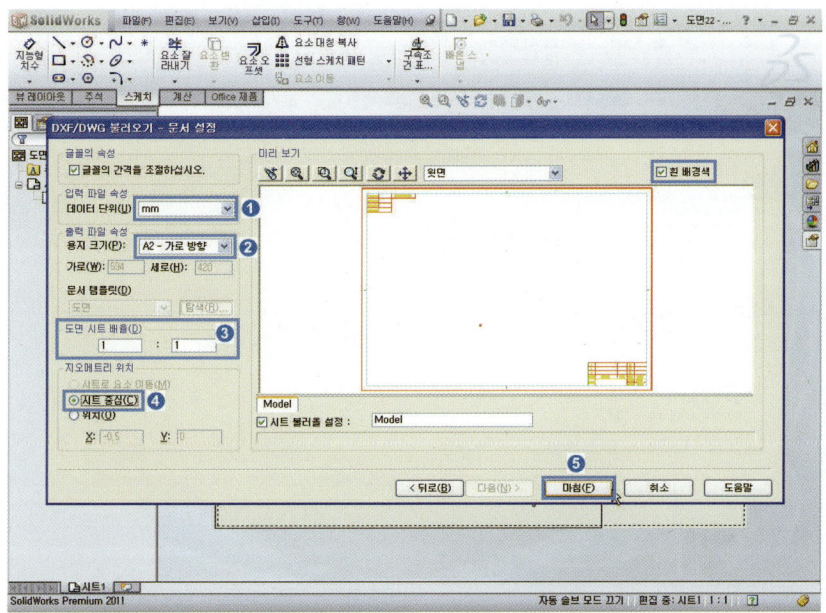

8 도면뷰 창에서 ➡ 확인[✓] 버튼을 눌러서 도면시트 편집 작업을 마친다.

9 시트1에 마우스 커서 위치시키고 ➡ 마우스 오른쪽 버튼을 클릭 ➡ 속성(H)을 클릭하여 선택한다.

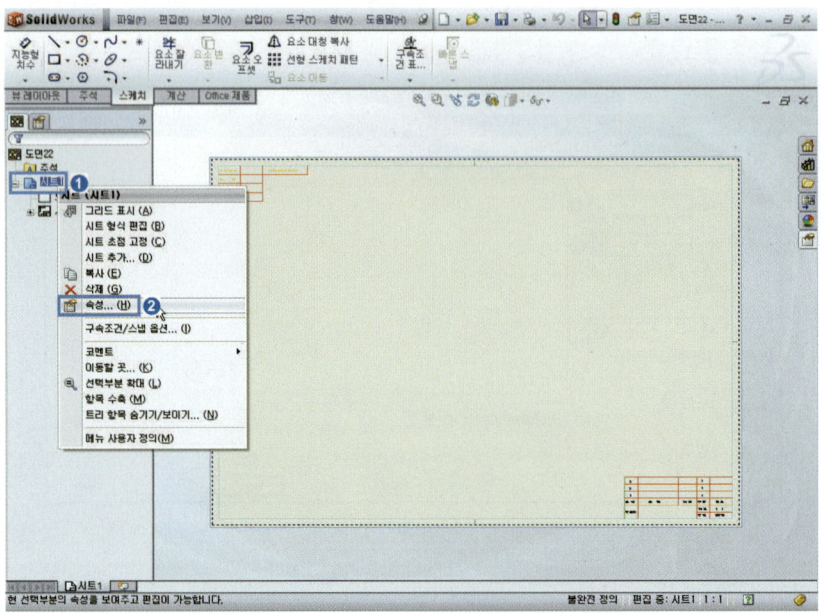

10 시트 속성창에서 배율 1:1 ➡ 투상법 유형: 제3각법 ➡ 표준규격시트 크기의 A2(ISO) 지정 ➡ 사용자정의 시트 크기(M), 가로(W): 594mm, 세로(H): 420mm 입력 ➡ [확인] 을 누른다.

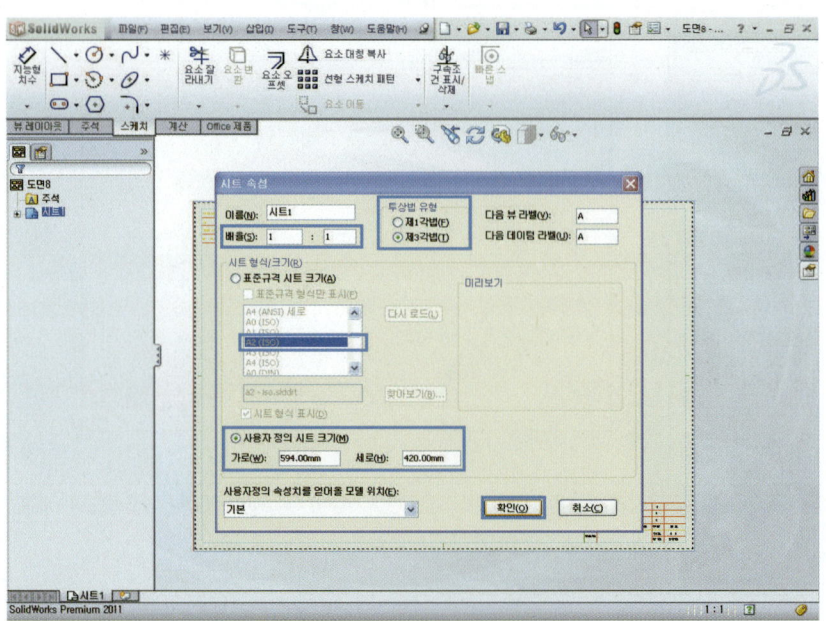

11 다른 이름으로 저장 창에서 파일 형식을 도면 템플릿(*.drwdot)으로 변경 ➡ 도면(A2)-방법 2 저장한다.

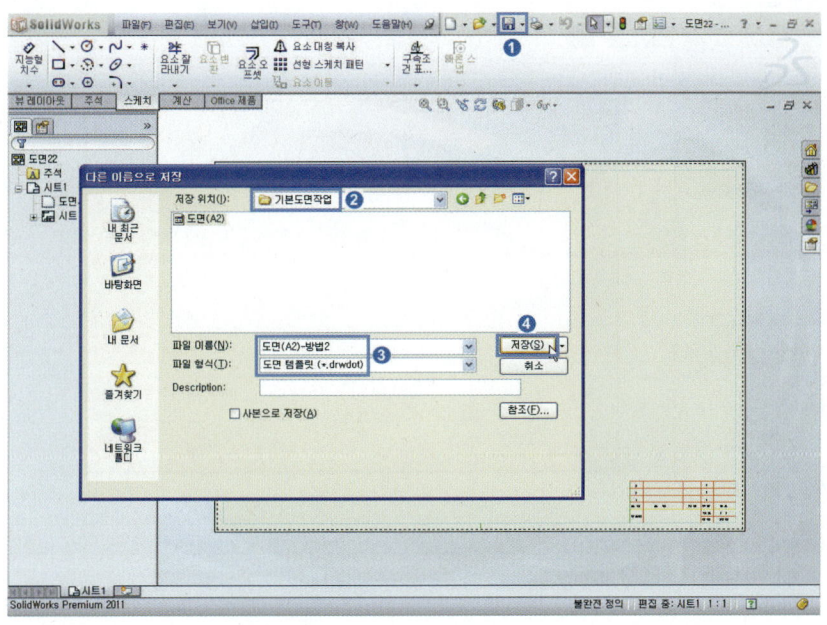

12 SolidWorks 새문서(N)[🗋 새 문서] 창에서 ➡ 생성된 기본도면작업 탭 선택 ➡ 도면(A2)-방법 2[🔲] 선택하면 미리보기 창에 시트 형식이 미리보기가 되며 ➡ [확인]을 누른다.
Drawing

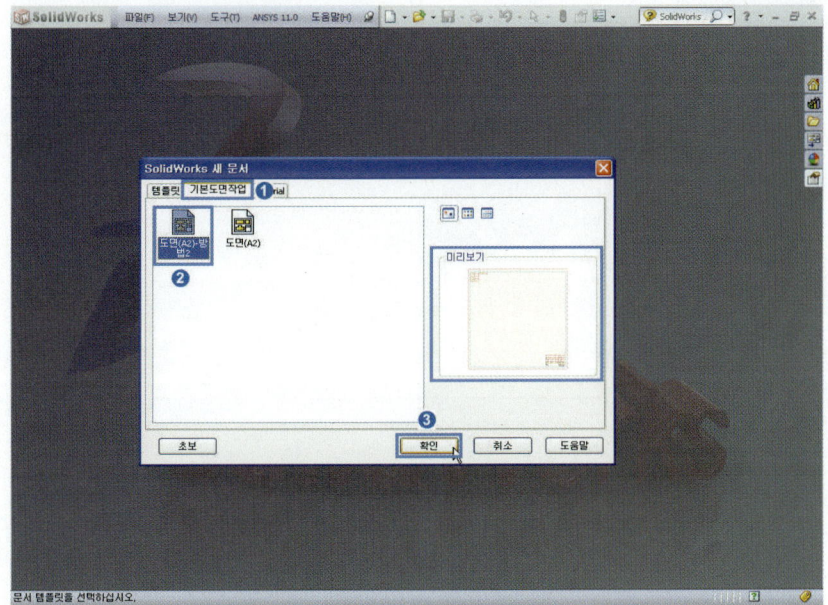

13 [🖼️모델뷰]창이 나타나면 ➡ 취소[❌]를 클릭하여 창을 닫는다.

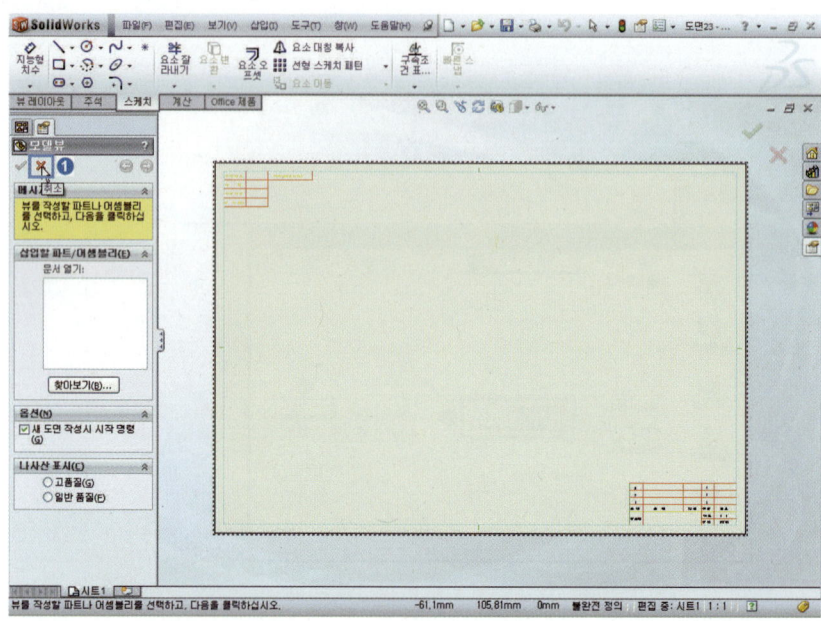

14 생성된 도면 시트형식이 나타나게 된다.

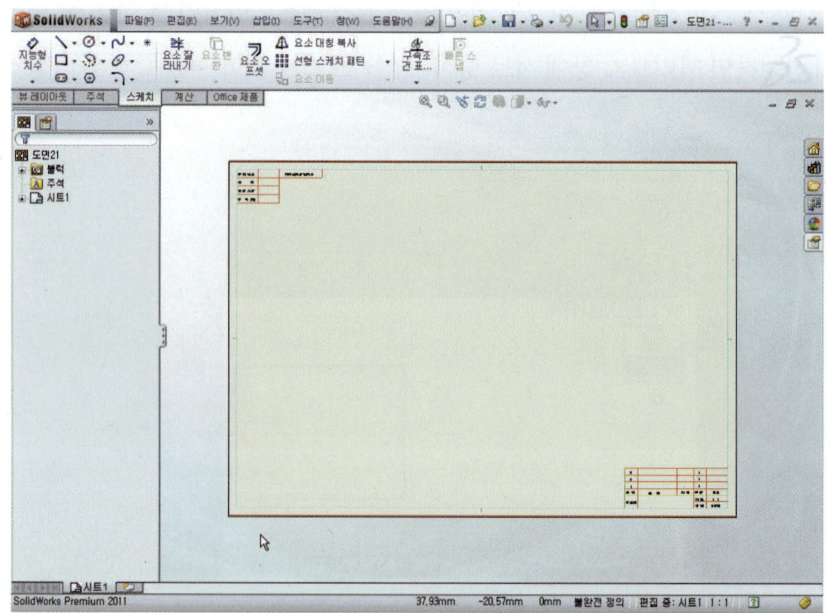

AUTO CAD DWG 파일을 도면 템플릿(Template) 쉽게 만들기-방법 3

■ 도면 템플릿 만들기-방법 3

🔓 파일 ➡ 열기(O)[🖼️▾] 클릭 ➡ 열기창에서 파일형식(T): DWG(*.DWG) 지정 ➡ 저장된
CAD 파일을 선택 ➡ [열기(O)] 버튼을 누른다.

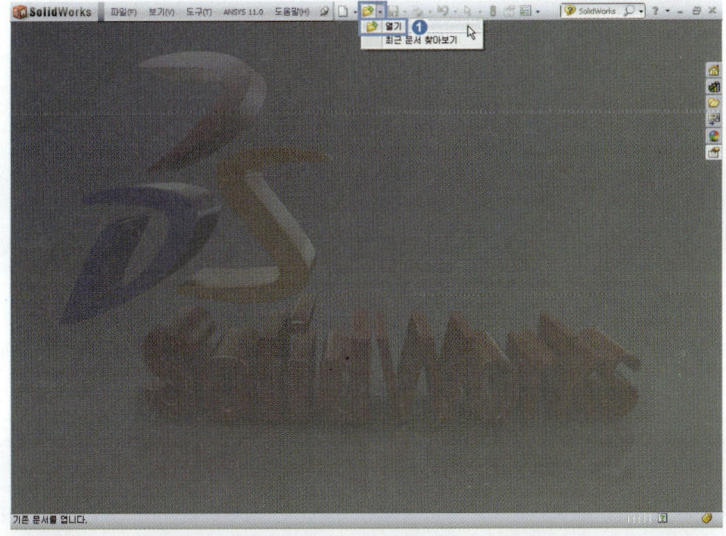

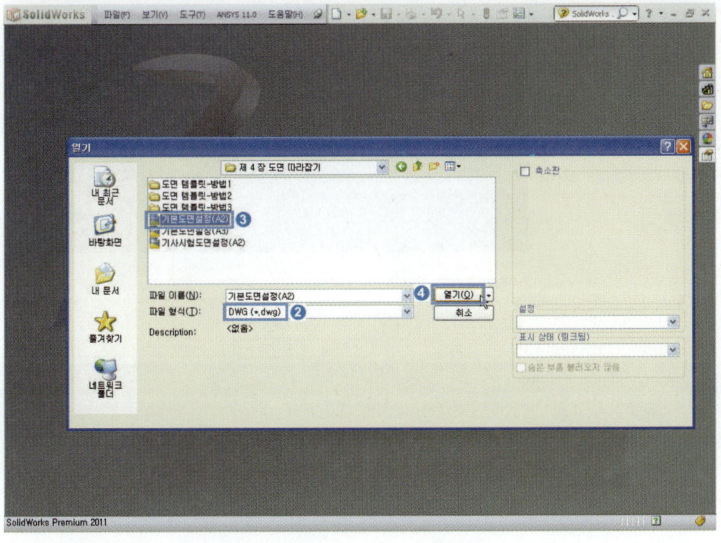

2 DXF/DWG 불러오기 창에서 → Solidworks 새도면 작성, Solidworks 요소로 변환 지정 → [다음(N) >] 버튼을 누른다.

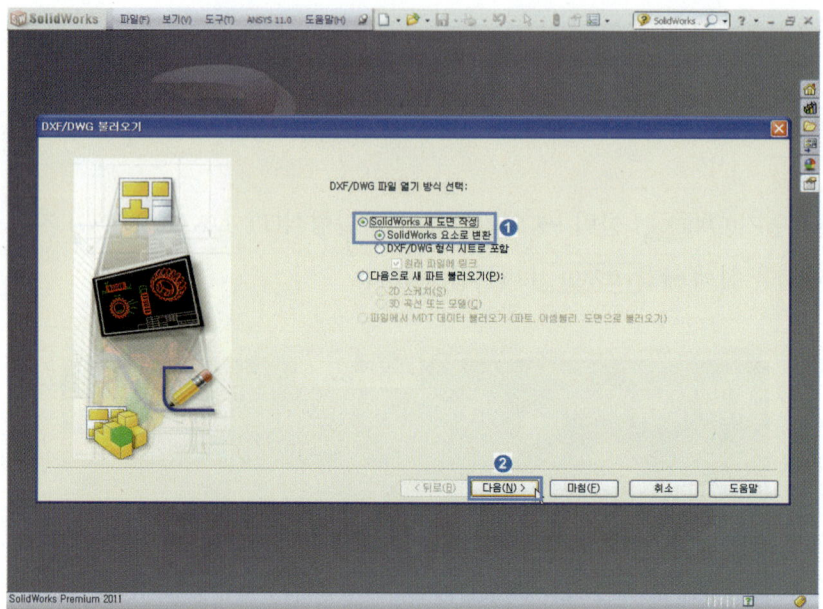

3 DXF/DWG 불러오기 창에서 → 선택한 모든 레이어 지정 → [다음(N) >] 버튼을 누른다.

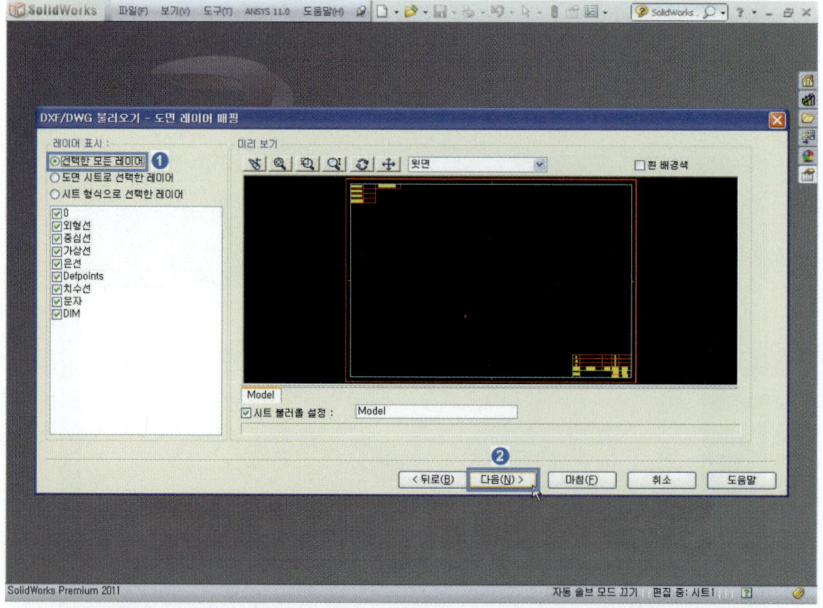

4 데이터 단위:mm, 출력파일 속성: A2−가로방향, 도면 시트 배율: 1:1, 지오메트리 위치: 시트중심(C) ➡ [마침(F)] 버튼을 누른다.

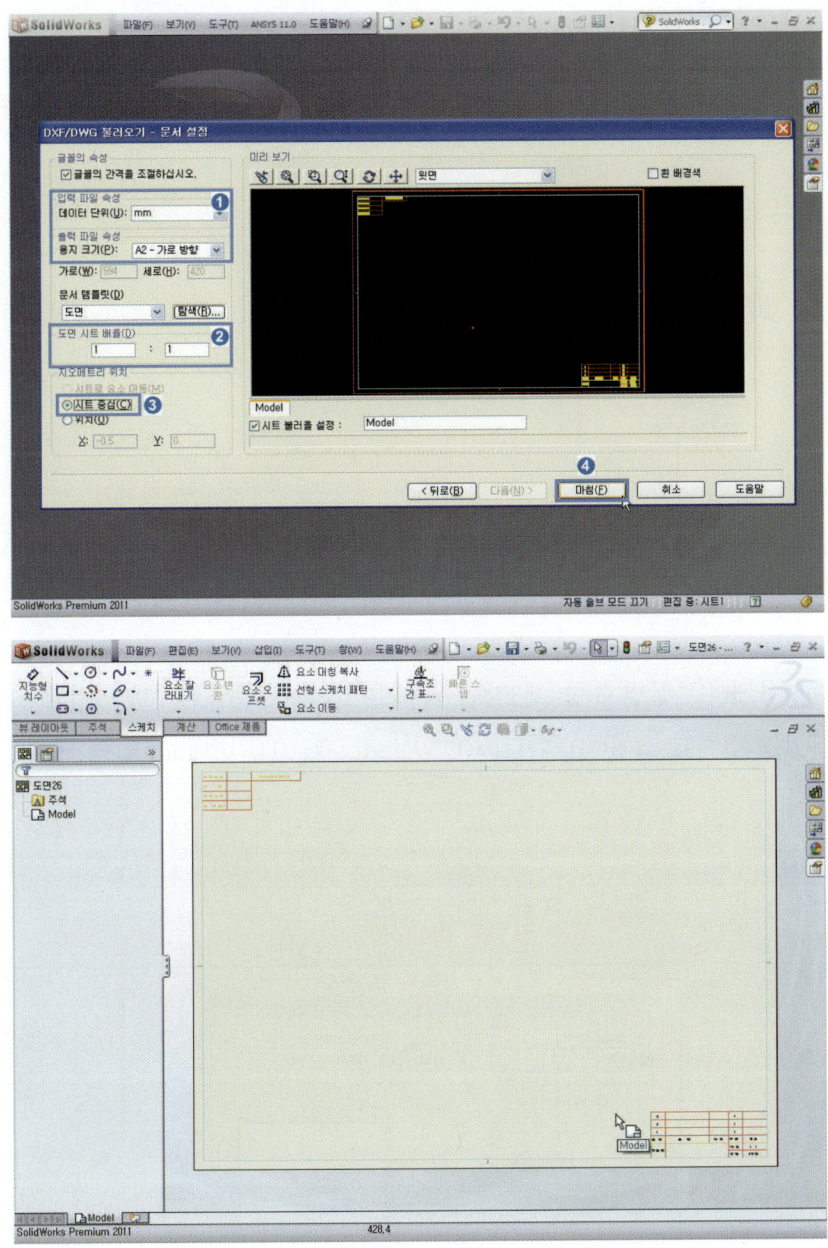

5 Model에 마우스 커서 위치시키고 ➡ 마우스 오른쪽 버튼을 클릭 ➡ 속성(G)을 클릭하여
선택한다.

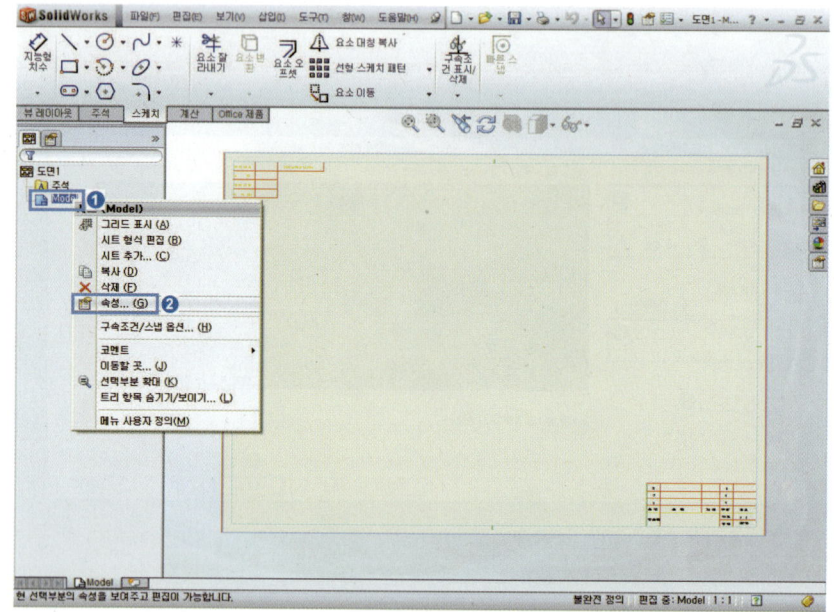

6 시트 속성창에서 투상법 유형: 제3각법 ➡ 배율 1:1 ➡ 표준규격시트 크기의 A2(ISO) 지정
➡ 사용자정의 시트 크기(M), 가로(W): 594mm, 세로(H): 420mm 입력 ➡ [확인]
을 누른다.

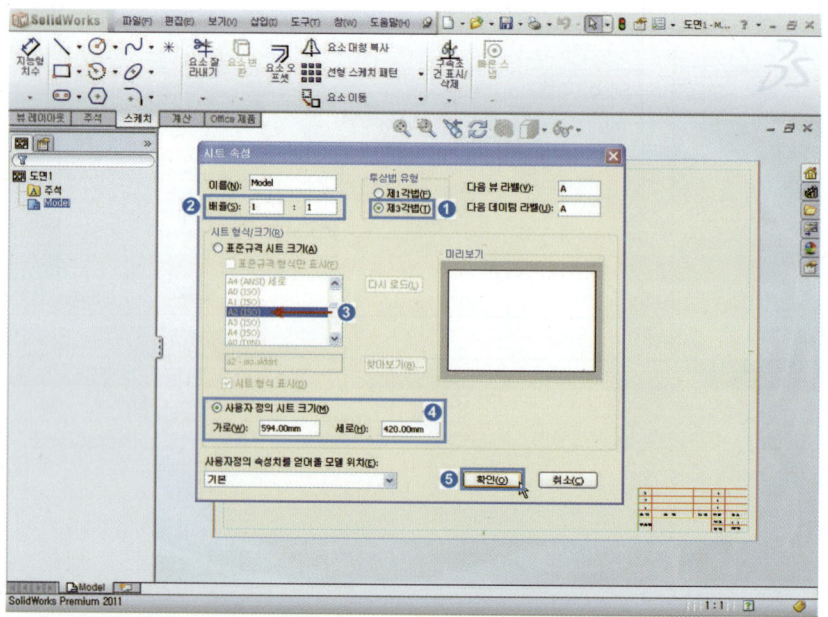

7 다른 이름으로 저장에서 파일 형식을 도면 템플릿(*.drwdot)으로 변경 ➜ 파일이름 도면
(A2) 방법 3. DRWDOT 저장한다.

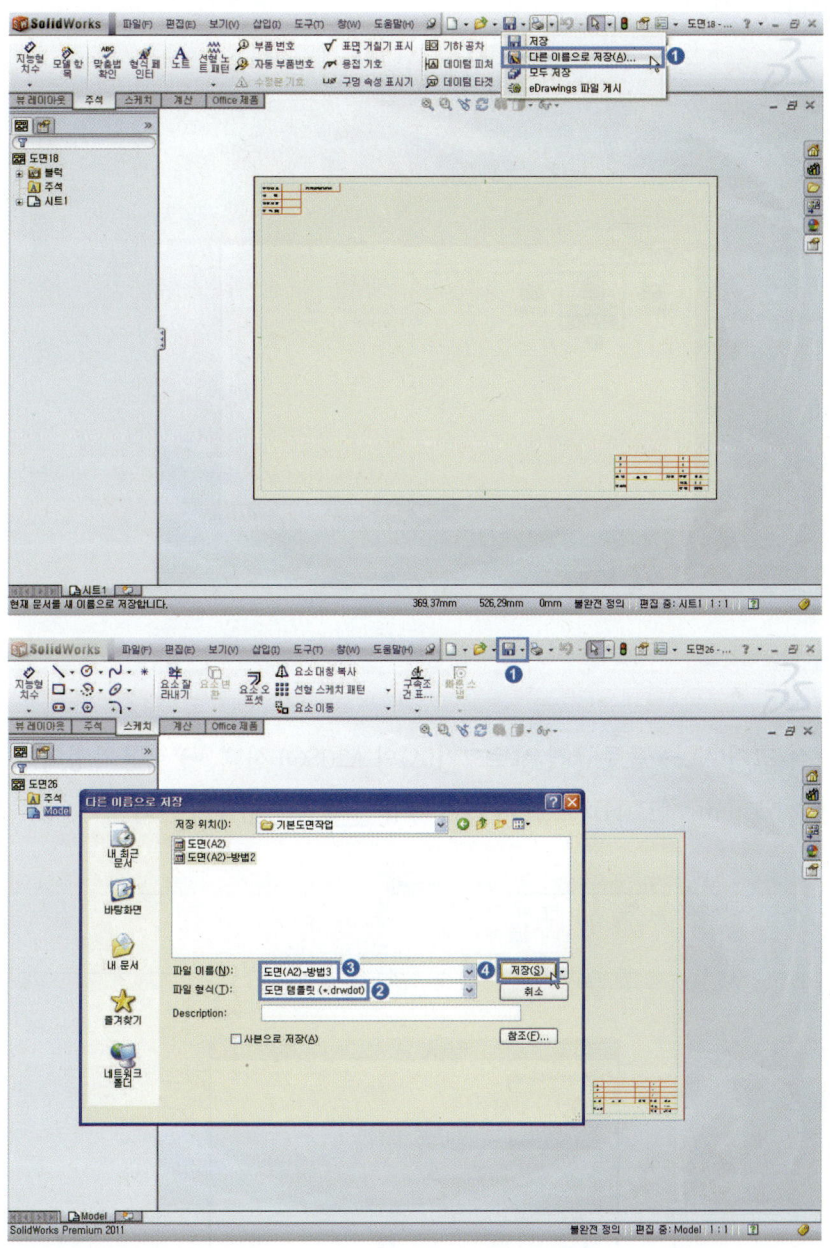

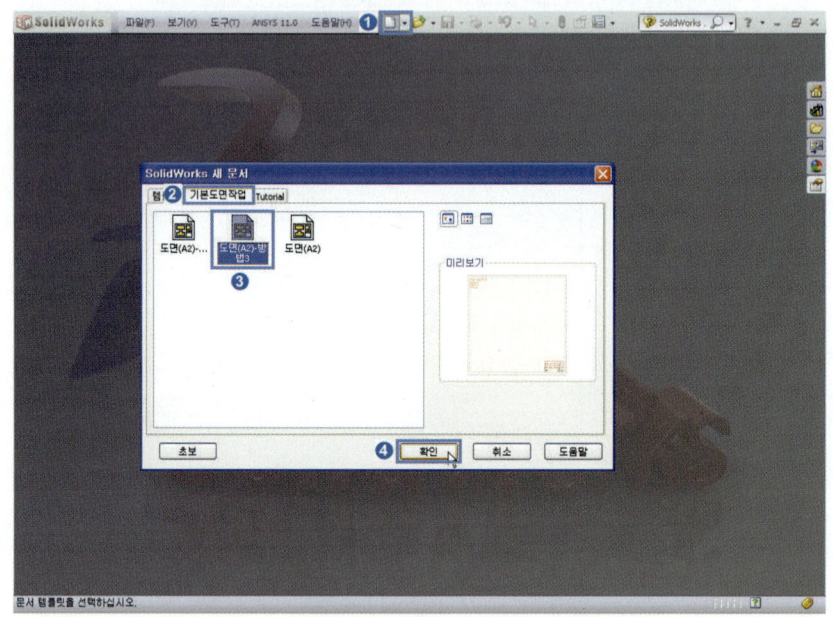 SolidWorks 새문서(N)[새 문서] 창에서 ➡ 생성된 기본도면작업 탭 선택한 후 ➡ 도면
(A2)-방법 3 [Drawing] 선택하면 미리보기 창에 시트형식이 미리보기가 되며 ➡ [확인]
을 누른다.

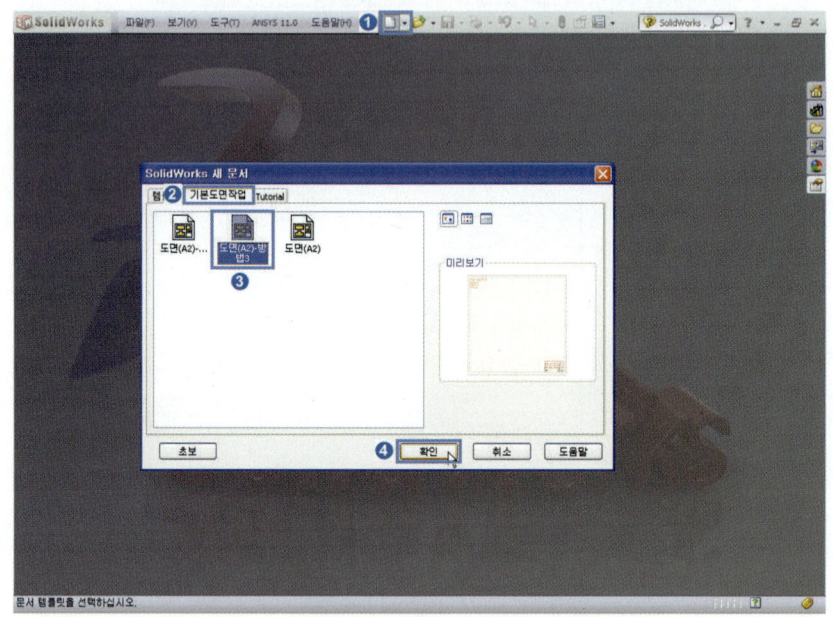

시트형식/크기(A) ➡ 표준규격 시트크기(A)의 A2(ISO) 선택, ➡ 사용자정의 시트크기(M):
가로(W): 594mm, 세로(H): 420mm 입력 ➡ [확인]을 누른다.

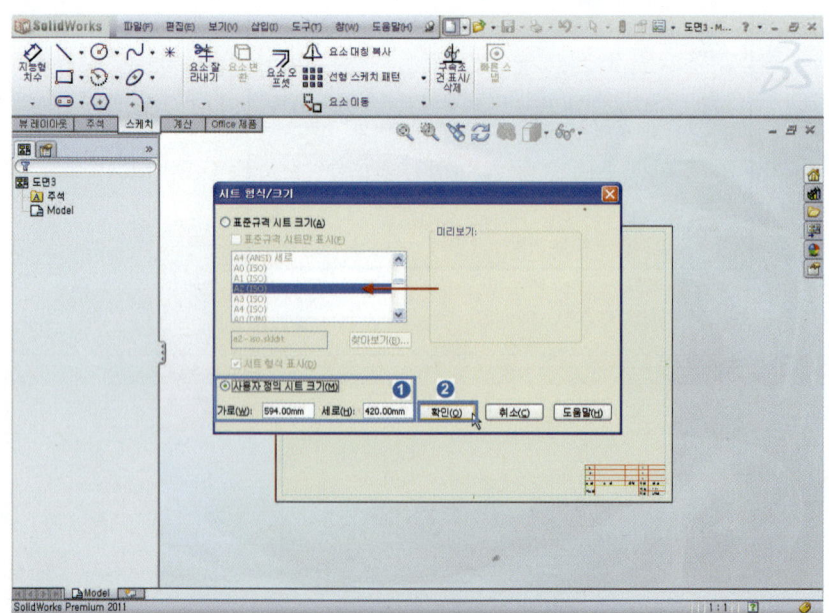

10 [모델뷰]창이 나타나면 ➡ 취소[✖]를 클릭하여 창을 닫는다.

11 생성된 도면 시트형식이 나타나며 도면생성 작업을 위한 준비가 되었다.

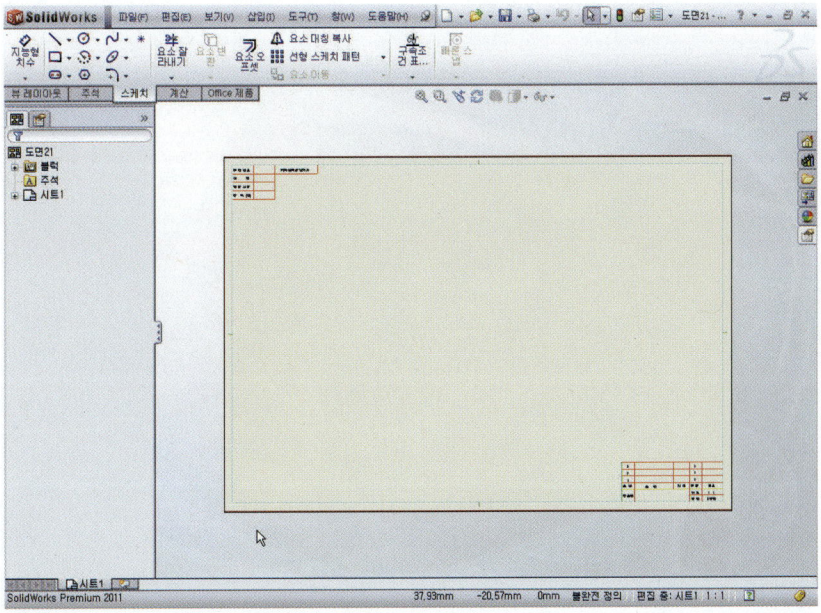

제5장

도면(Drawing)배치 및 3D 출력 작업하기

✓ 도면 작업 따라하기
✓ 도면 배치 및 3D 출력하기

1 도면 작업 따라하기

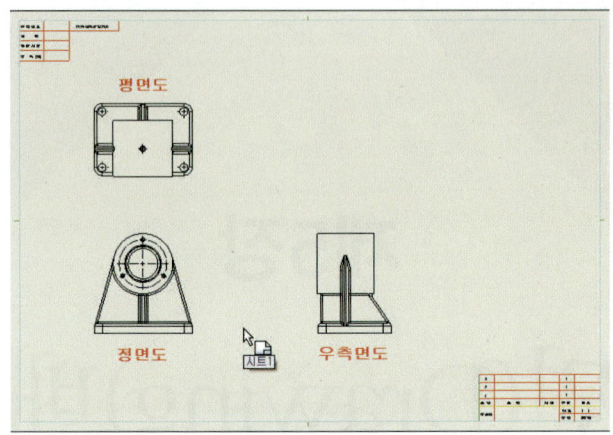

[표준 3면도 작업]

■ 표준 3 면도[표준 3도]

1 파일 ➡ 새문서(N) 아이콘[🗋 새 문서]을 클릭 ➡ 이미 작업한 기본도면작업 폴더 아래 도면(A2) 선택 ➡ [확인] 버튼을 누른다.

2 모델뷰[🖼] 창이 나타나면 ➡ 모델뷰를 닫는다.

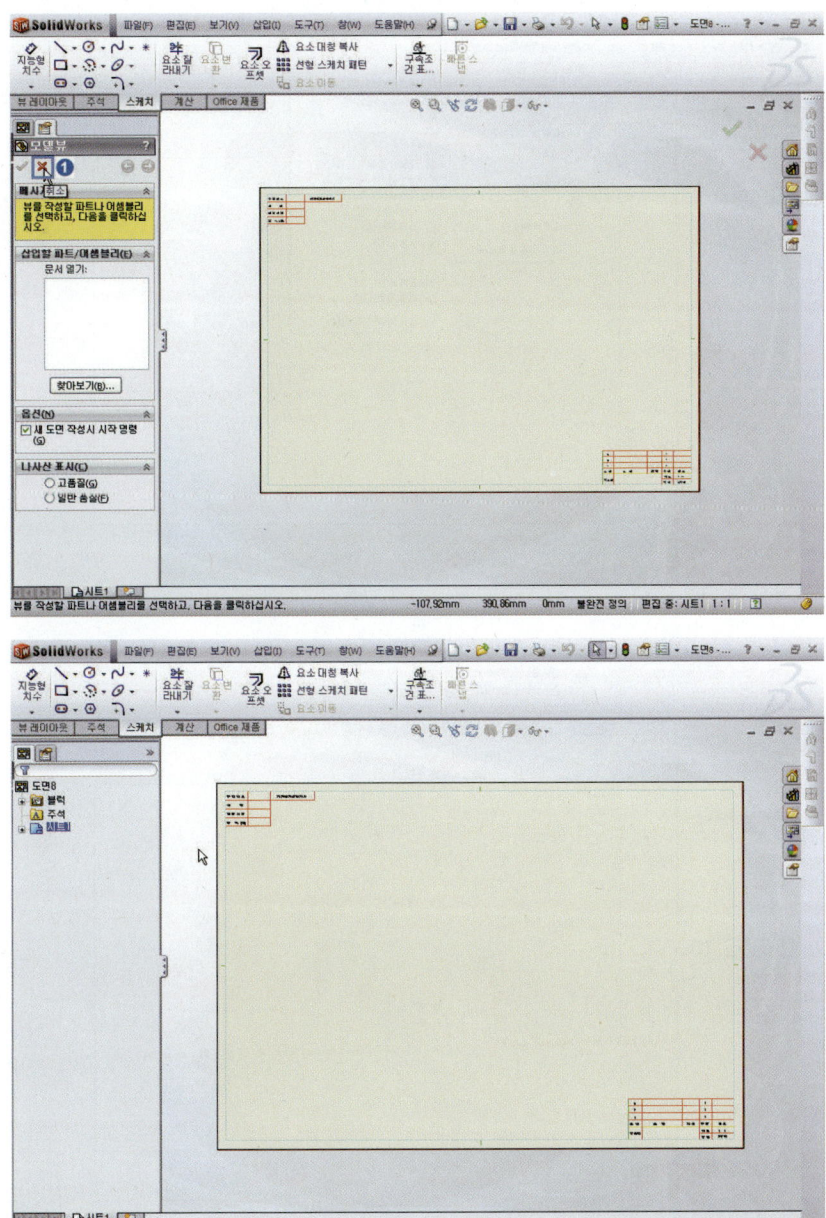

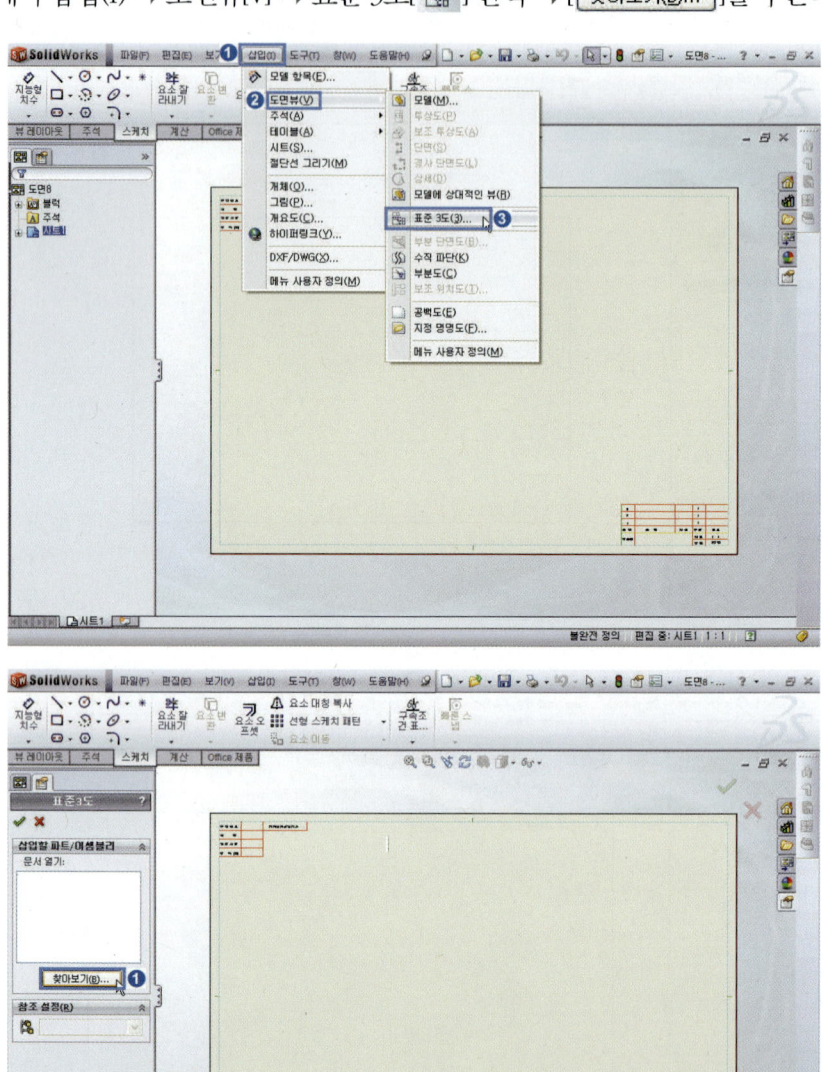

메뉴에서 삽입(I) ➡ 도면뷰[V] ➡ 표준 3도[ ] 선택 ➡ [찾아보기(B)...]를 누른다.

4 앞에서 작업한 [하우징 본체] 선택 ➡ [열기(O)]를 누른다.

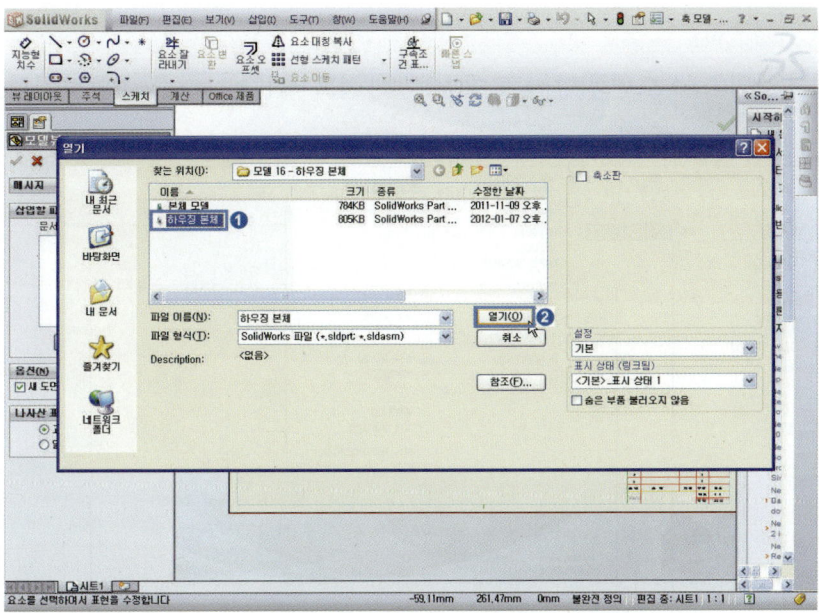

5 아래 그림과 같이 왼쪽 하단을 정면도로 하여, 평면도, 우측면도가 자동으로 배치된다.

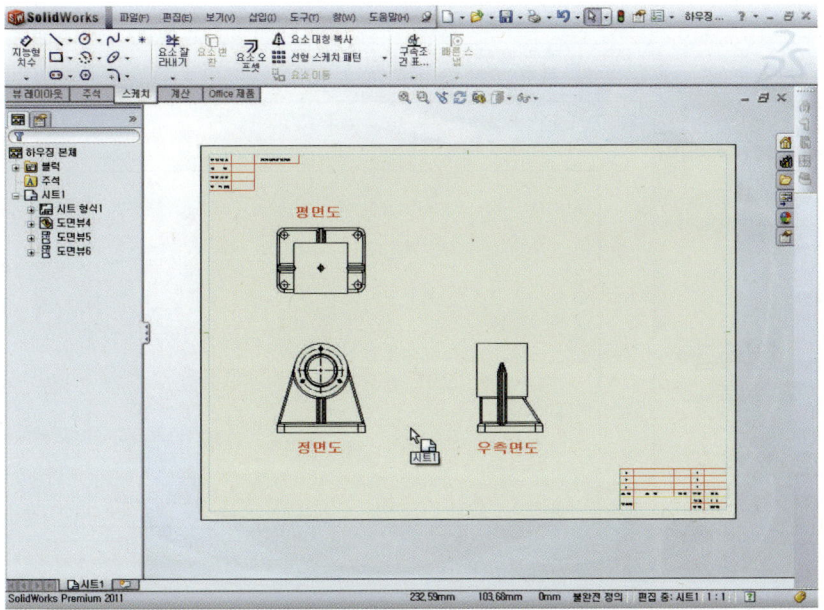

■ 모델뷰[모델 뷰]

🔓 메뉴에서 삽입(I) ➡ 도면뷰[V] ➡ 모델(M)[🖼] 선택 ➡ [**찾아보기(B)...**]를 누른다.

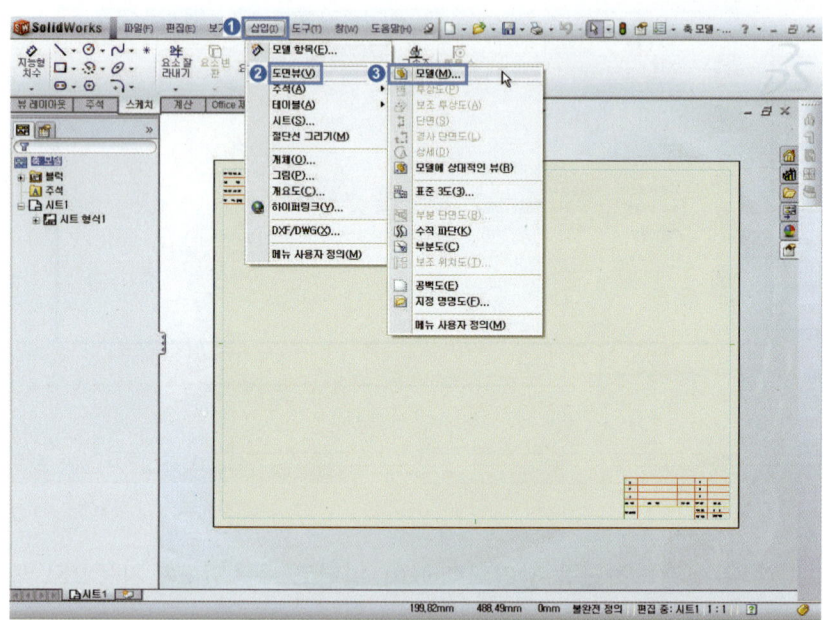

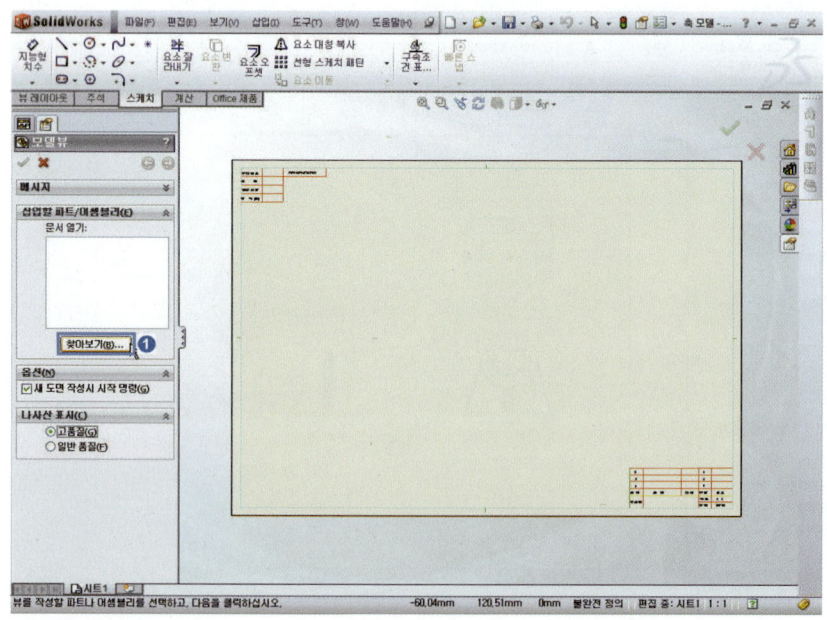

2 앞에서 작업한 [축 모델] 선택 ➡ [열기(O)]를 누른다.

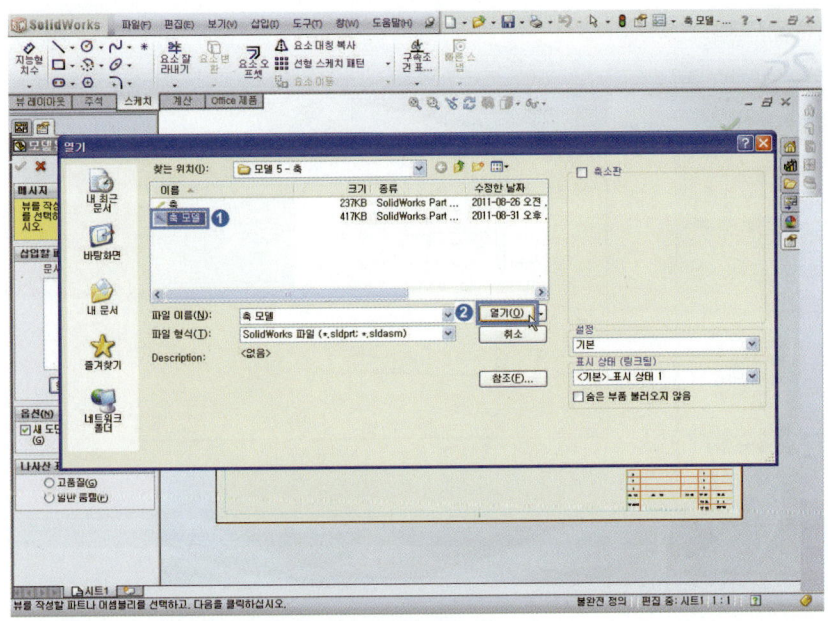

3 표시유형: 은선제거[⬜] ➡ 배율(A): 시트 배율 사용(E) ➡ 나사산 표시: ⦿고품질 ➡ 징면
도 위치를 확인 후 마우스 왼쪽 버튼 클릭 ➡ 마우스 커서를 위쪽으로 향하고 도면 그림이
보이면 마우스 왼쪽 버튼 클릭한다.

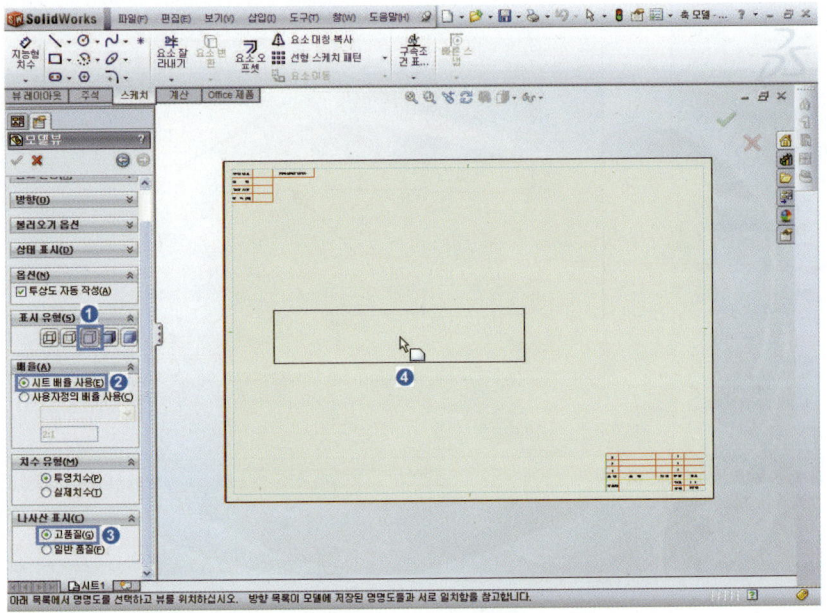

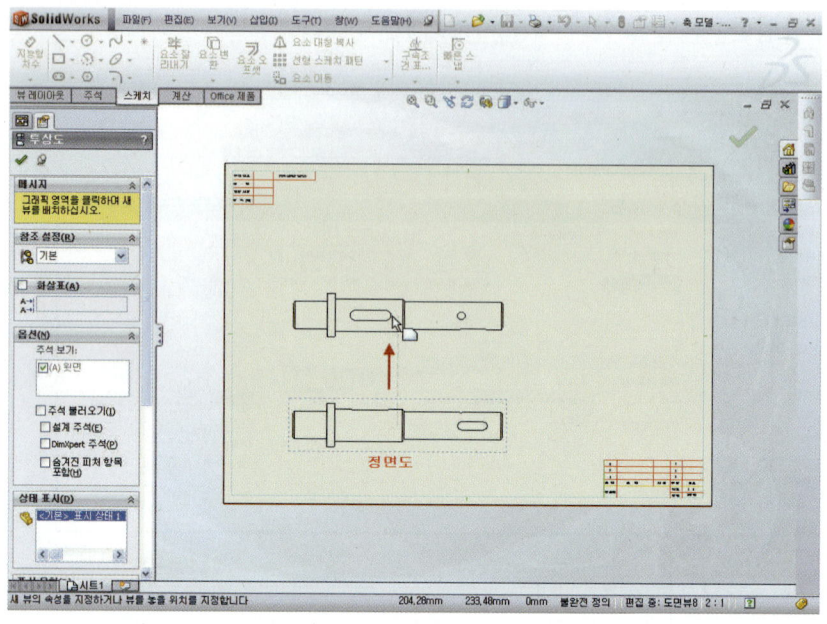

4 마우스 커서를 아래 그림처럼 오른쪽 상단으로 움직이면 [등각투상도]가 표시되면 ➜ 마우스 왼쪽 버튼 클릭한다.

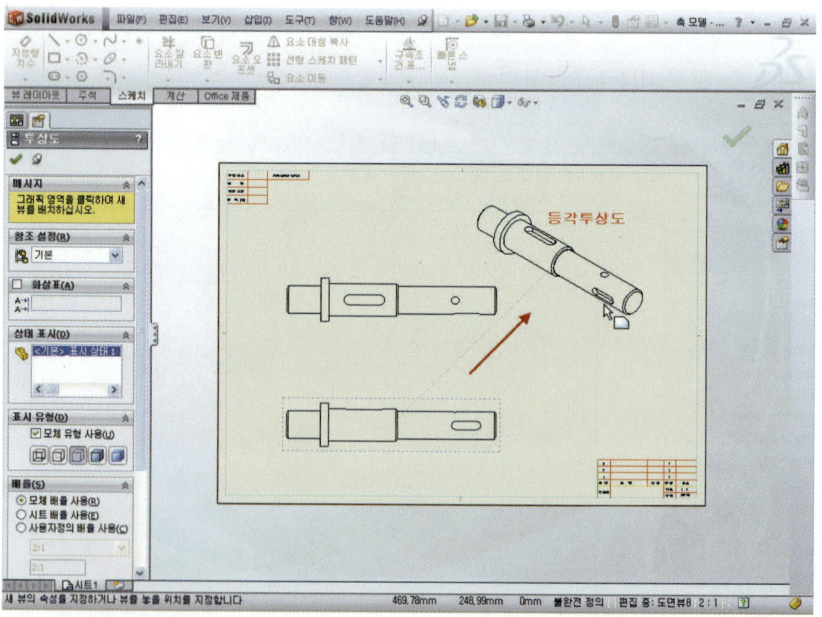

5 마우스 커서를 우측으로 움직이면 [우측면도]가 표시 되면 ➡ 마우스 왼쪽 버튼 클릭한다.

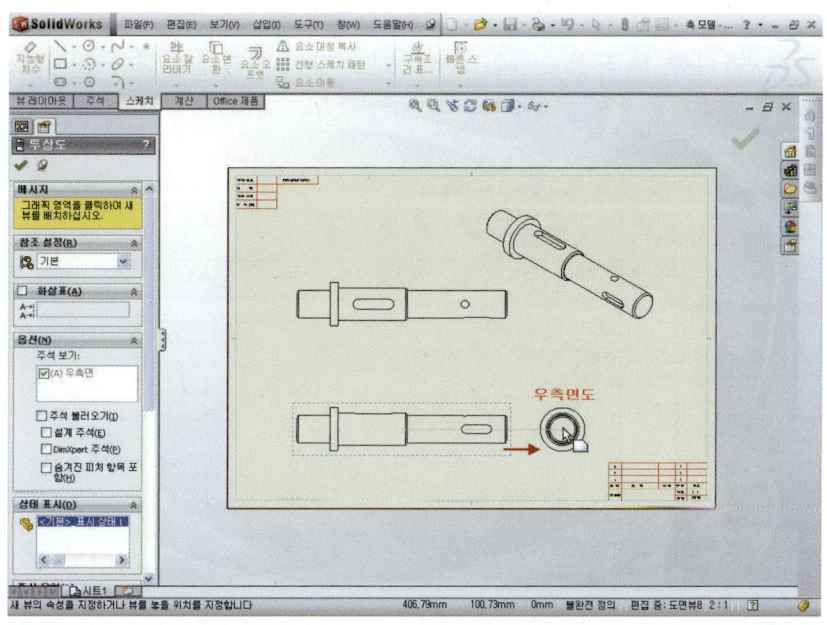

6 표시유형:모서리 표시 음영[ ] 선택 ➡ [등각투상도]가 음영으로 표시된다.

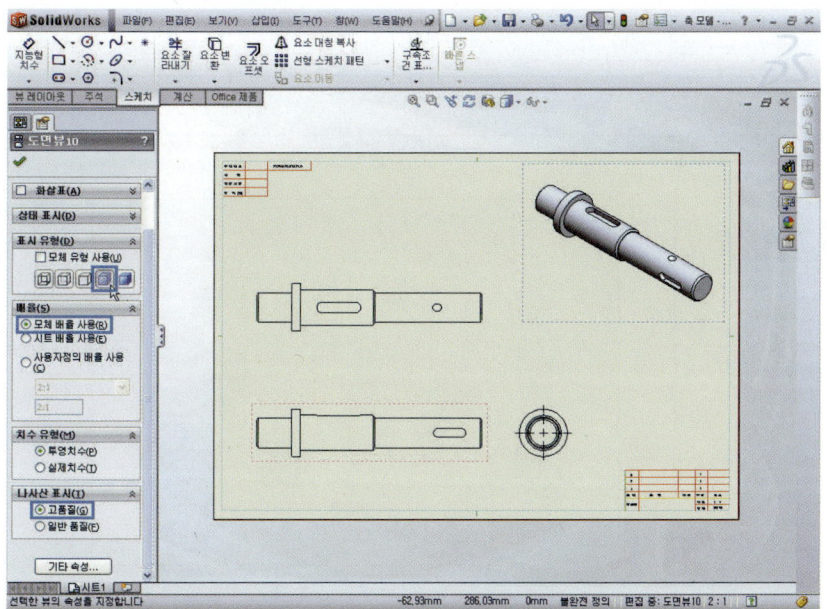

■ 다중 뷰 작성

1 방향(O) → ☑ 다중 뷰 작성(C) 체크 → 아래와 같이 여러개의 뷰를 동시에 작성 할 수 있다.

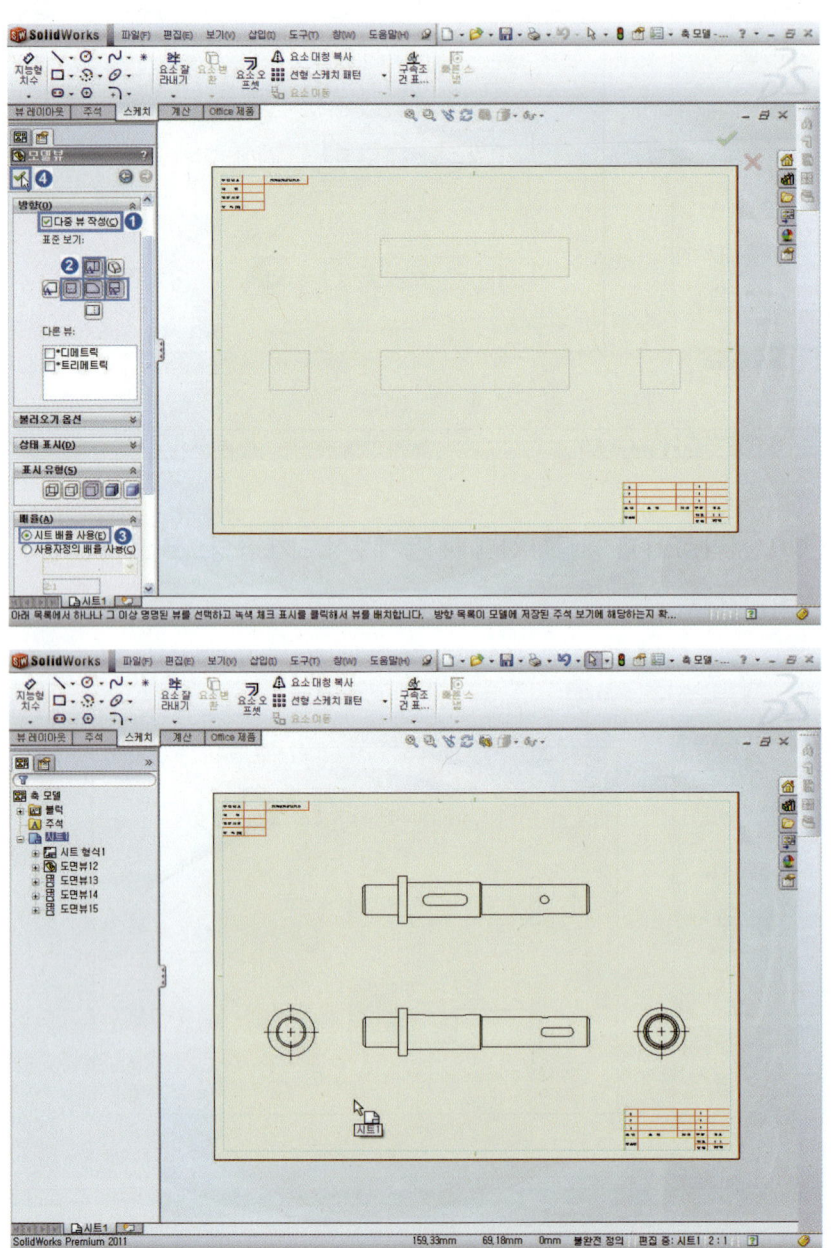

■ 투상도[투상도]: 기존 뷰에서 새로운 뷰를 투영한 도면을 삽입한다.

🔓 메뉴에서 삽입(I) ➡ 도면뷰[V] ➡ 투상도(P)[📑] 선택 ➡ 기존 뷰의 투상도 선택 ➡ 원하는
방향으로 투상도 배치 ➡ 확인[✅] 버튼을 누른다.

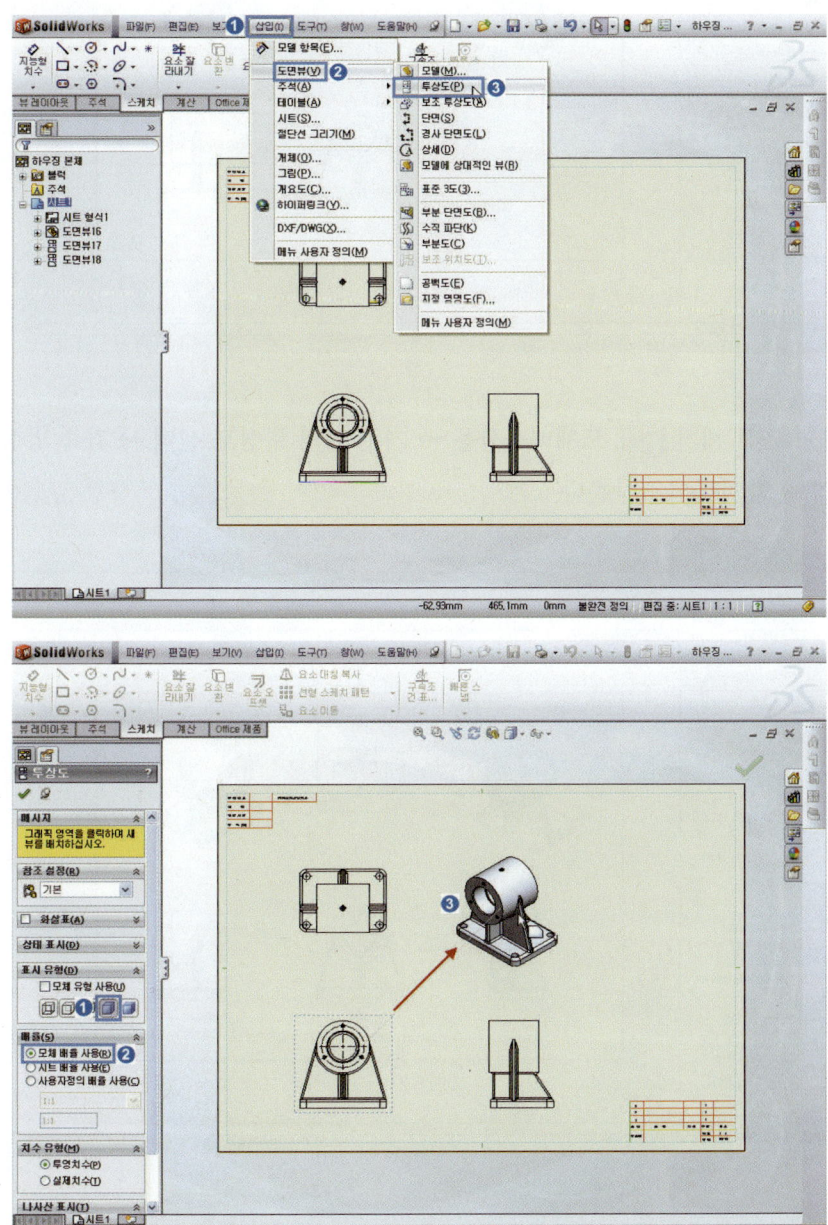

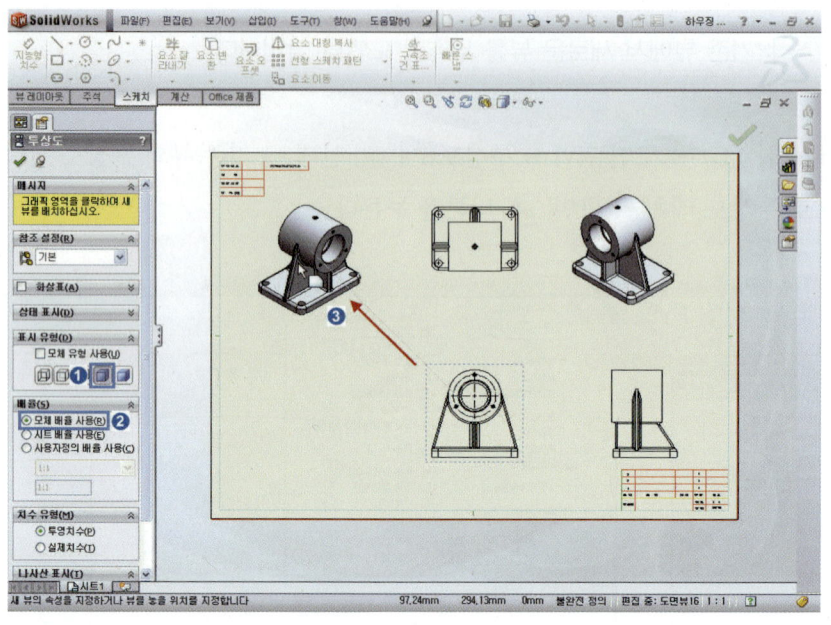

🔓 표시유형:은선 제거[▢], 모체배율사용 ➡ 기존 뷰의 투상도 선택 ➡ 좌측 방향으로 투상
도 배치 ➡ 확인[✓]을 누른다.

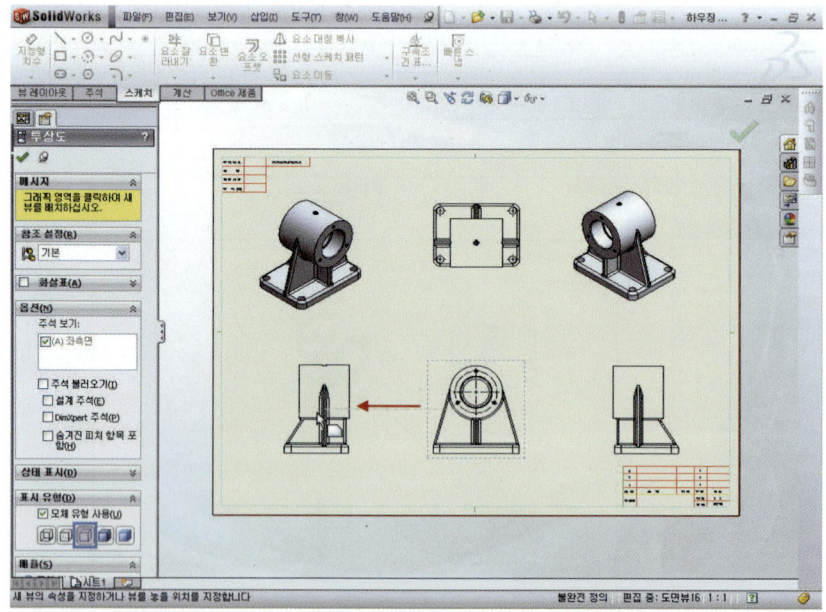

■ 보조 투상도[보조 투 상도]: 경사진 물체의 도면을 새로 삽입한다.

메뉴에서 삽입(I) → 도면뷰[V] → 모델(M)[🔲] 선택 → [찾아보기(B)...]를 누른다.

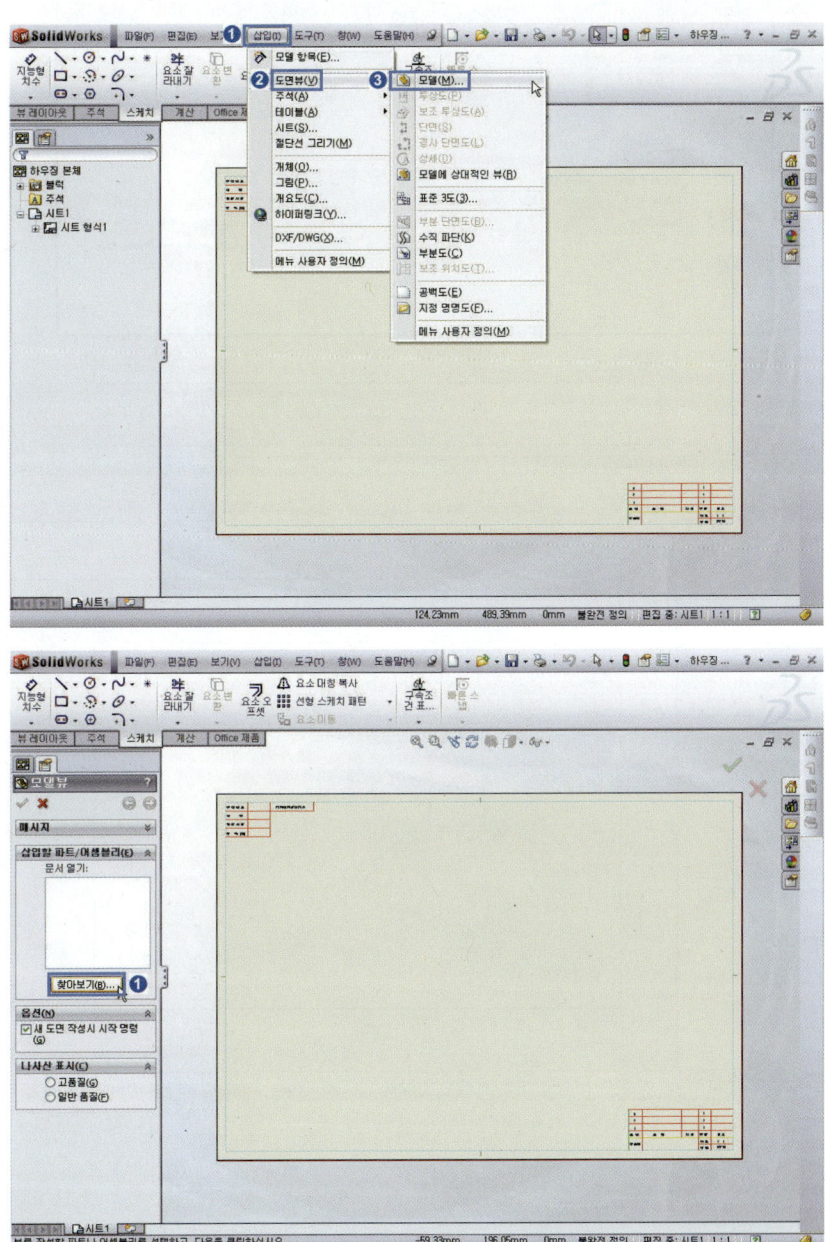

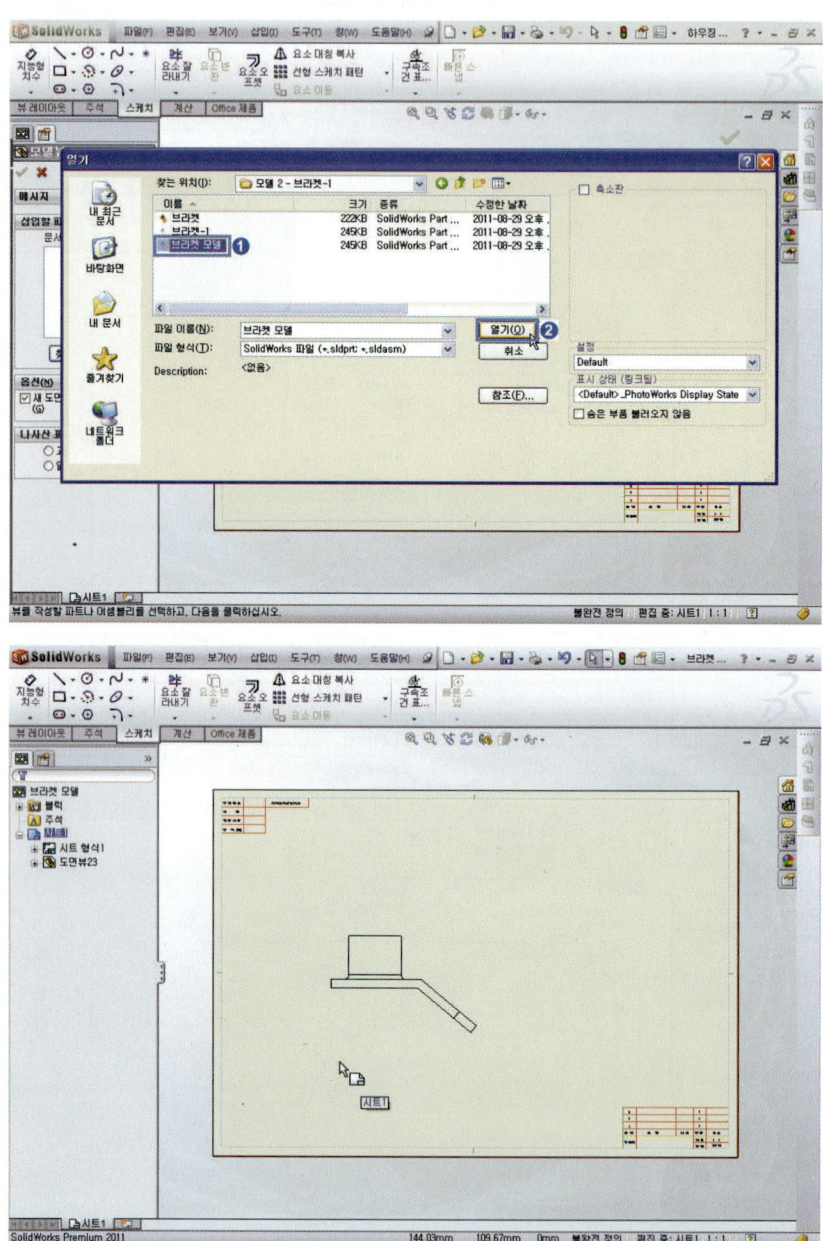

앞에서 작업한 [브라켓 모델] 선택 ➡ [열기(O)]를 누른다.

3 메뉴에서 삽입(I) ➡ 도면뷰[V] ➡ 보조 투상도[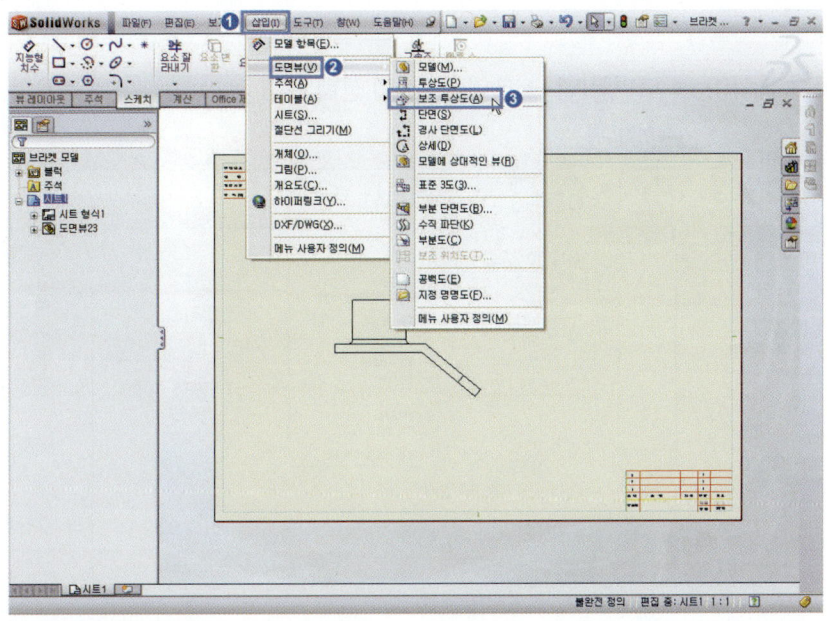] 선택 ➡ [찾아보기(B)...]를 누른다.

4 보조 투상도를 만들고자 하는 투상도 선택 ➡ 경사진 모서리 선택 ➡ 경사면과 평행하게
투상도 인출하고 ➡ 확인[✓]을 누른다.

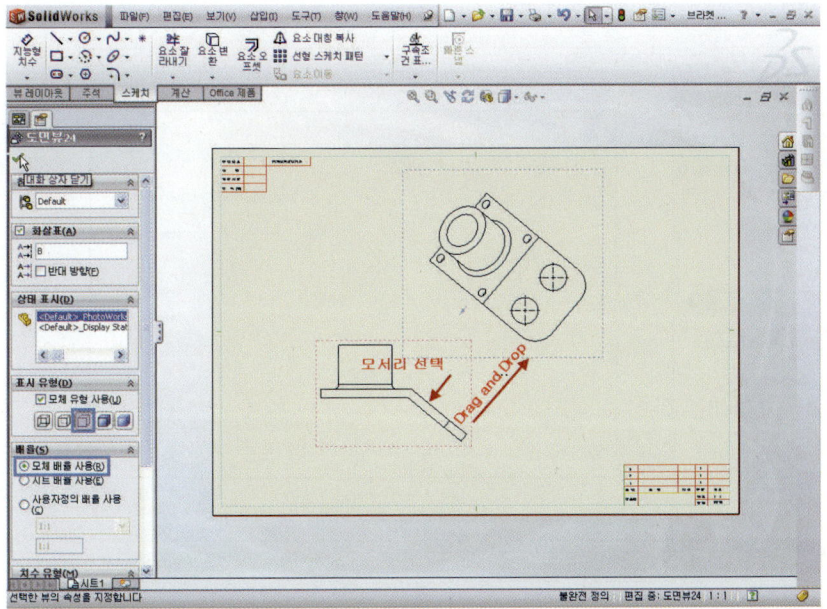

■ 단면도[단면도]

🔓 메뉴에서 삽입(I) ➡ 도면뷰[V] ➡ 모델(M)[📄] 선택 ➡ [찾아보기(B)...]를 누른다.

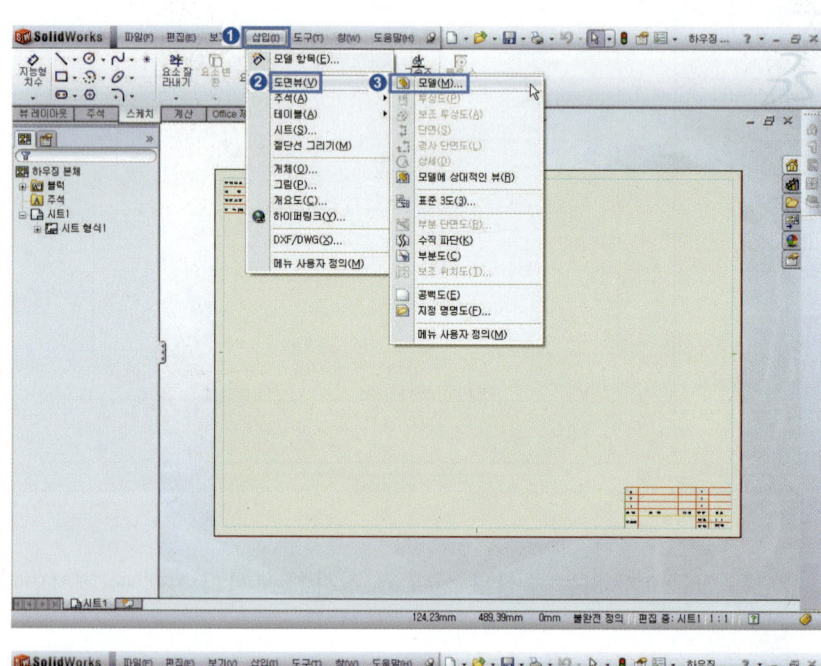

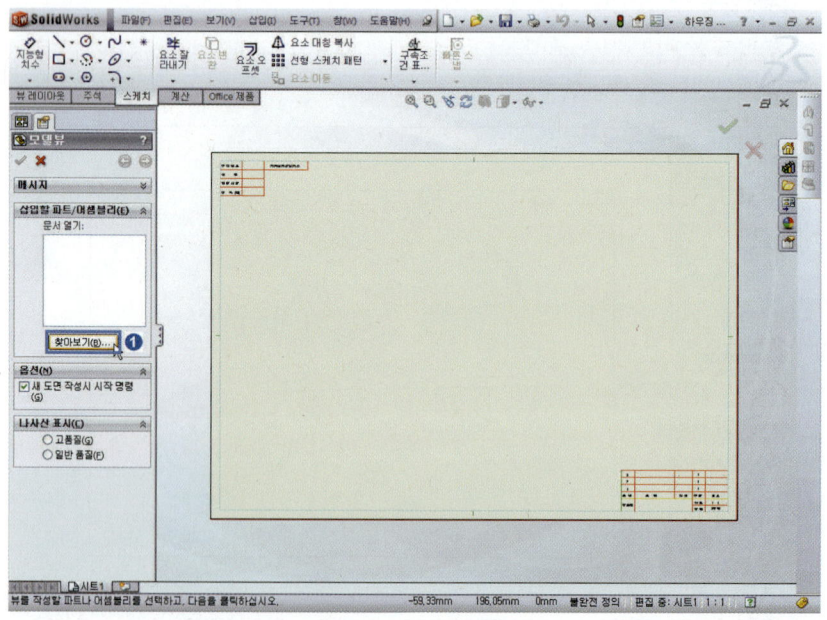

2 앞에서 작업한 [부시 홀더] 선택 ➡ 방향(O)[평면도] 투상도를 불러오기하여 배치한다.

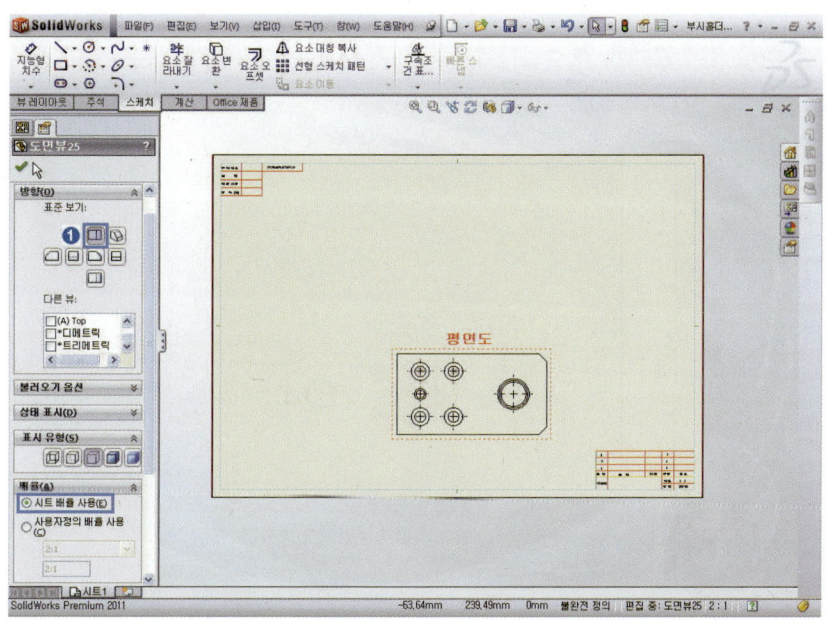

3 메뉴에서 삽입(I) ➡ 도면뷰[V] ➡ 단면도[🔀] 선택한다.

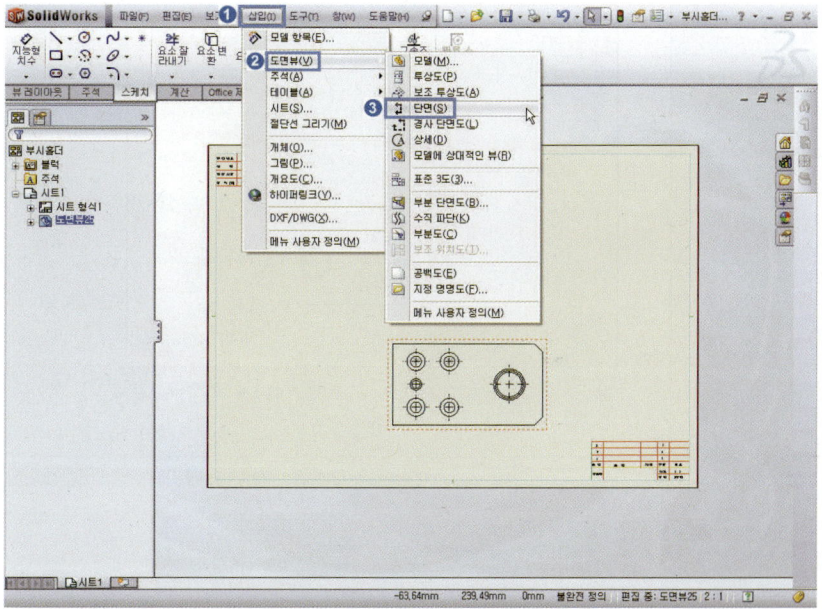

4 메뉴에서 삽입(I) ➜ 도면뷰[V] ➜ 단면도[↕] 선택한다.

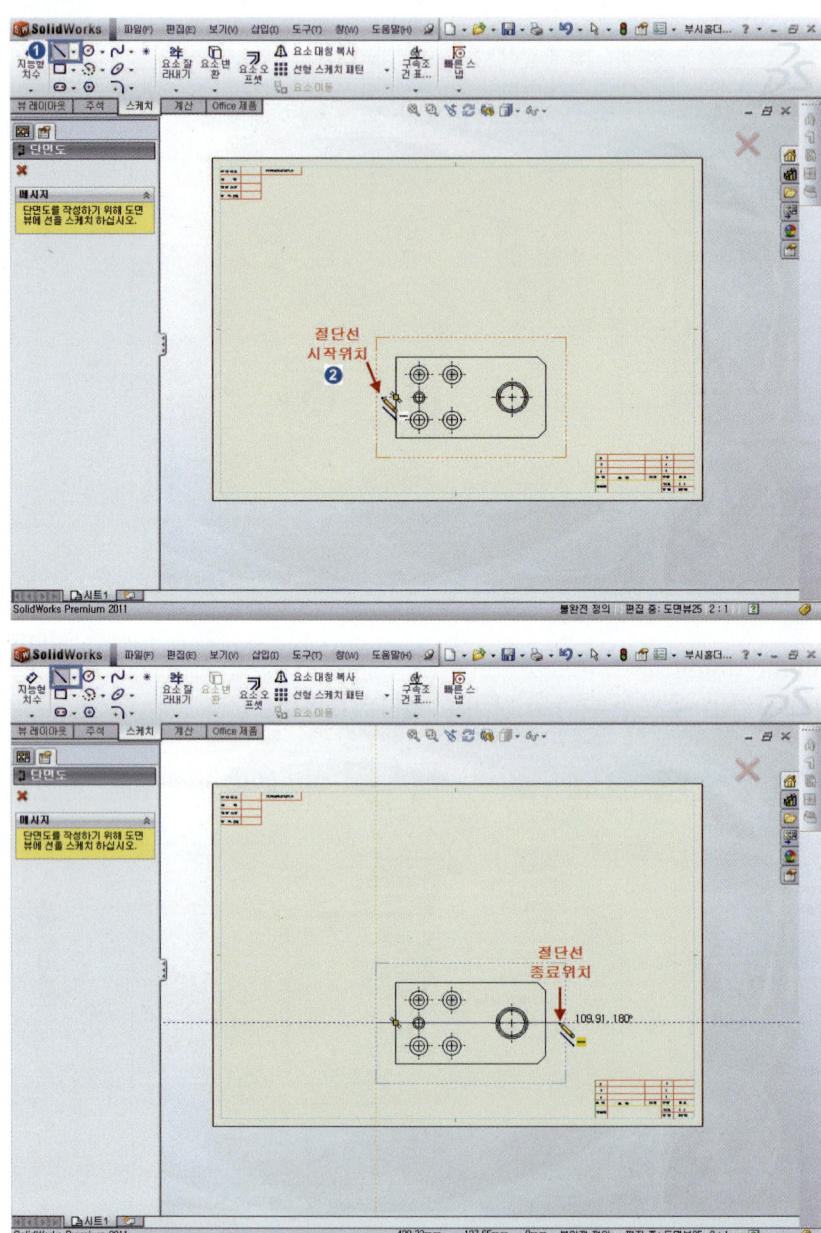

5 절단선 종료위치에서 클릭 ➡ 마우스 커서를 위로 향하고 적당한 위치를 지정 ➡ 단면도 가 삽입된다.

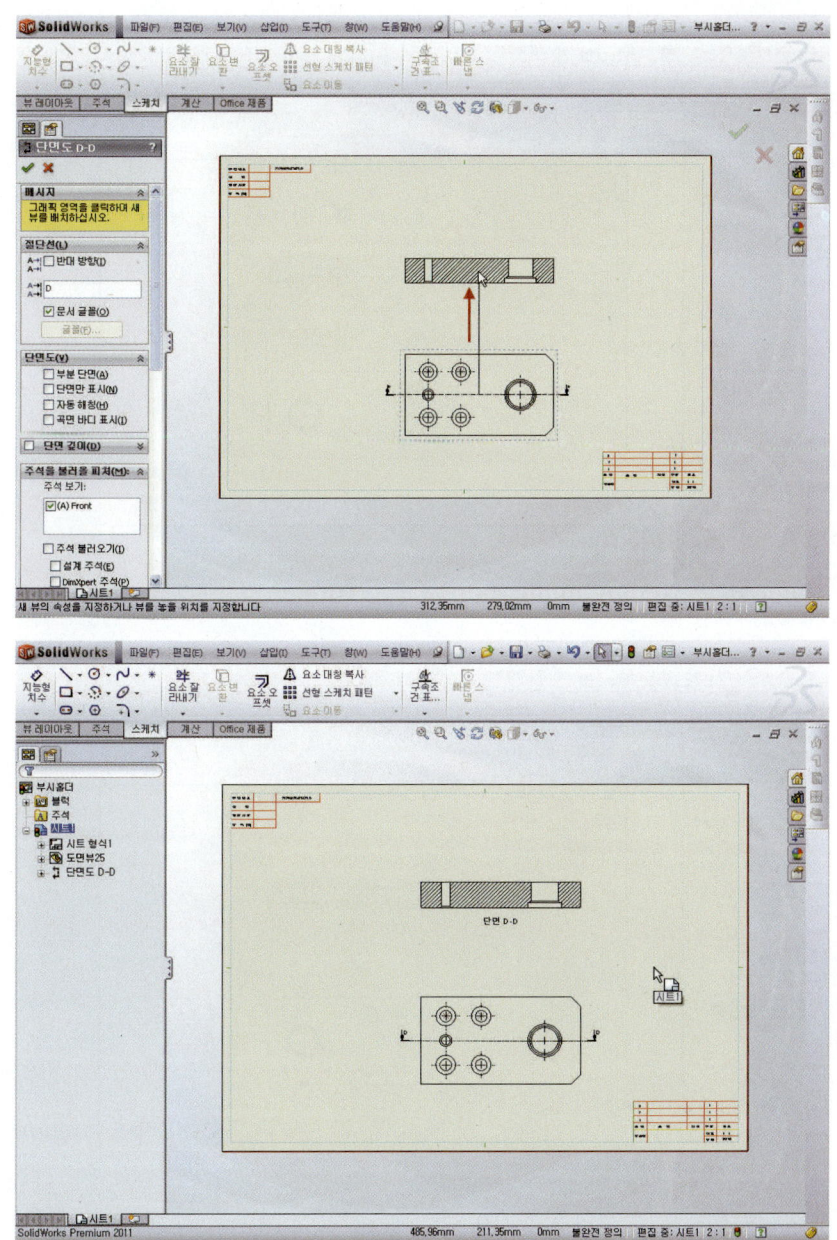

6 해칭 간격이 조밀하므로 해칭선 선택 ➡ 속성창에서 ☐ 재질 해칭(M) 체크 해제 ➡ 해칭

간격:0.5로 조정한 후 ➡ 확인[✔]을 누른다.

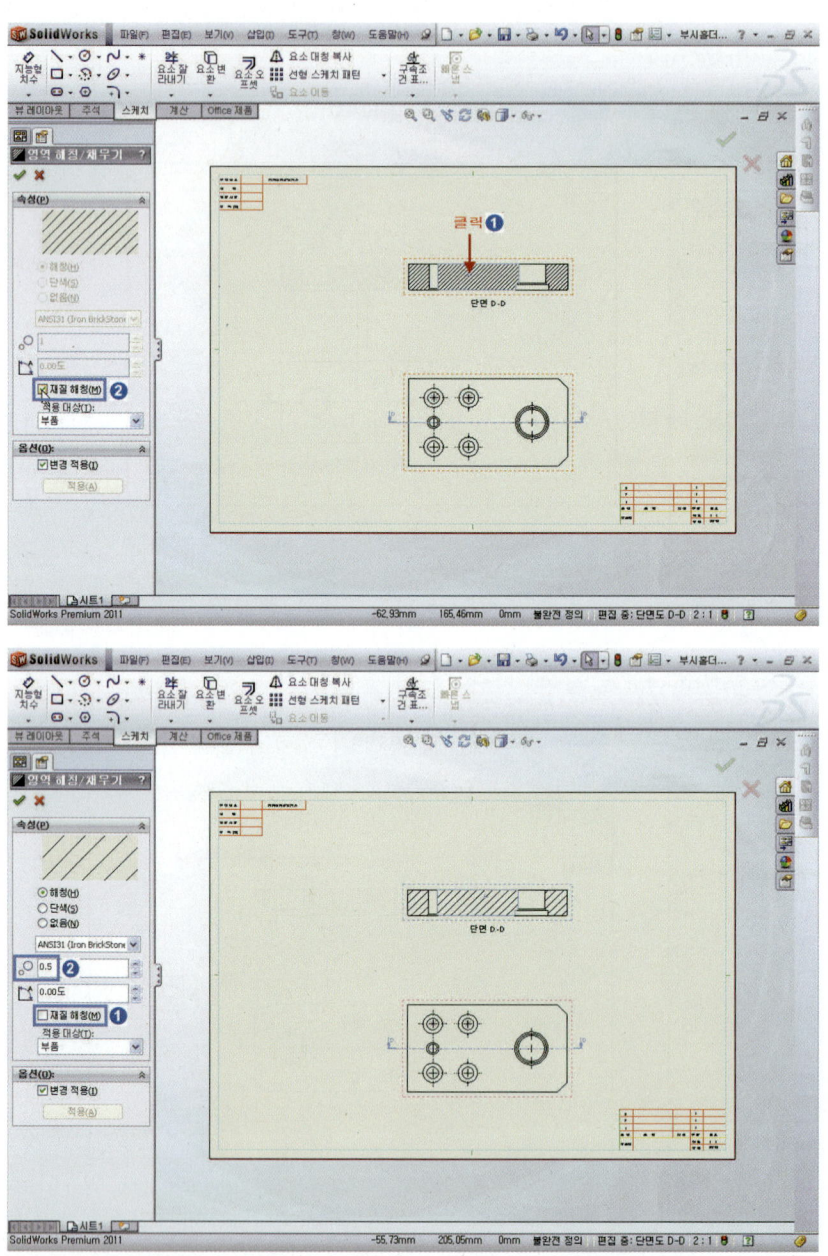

■ 계단 단면도[단면도]

앞에서 작업한 [부시 홀더] 선택 ➡ 방향(O)[평면도] 배치 ➡ 선(Line)[＼-]으로 절단선 위
치 스케치한다.

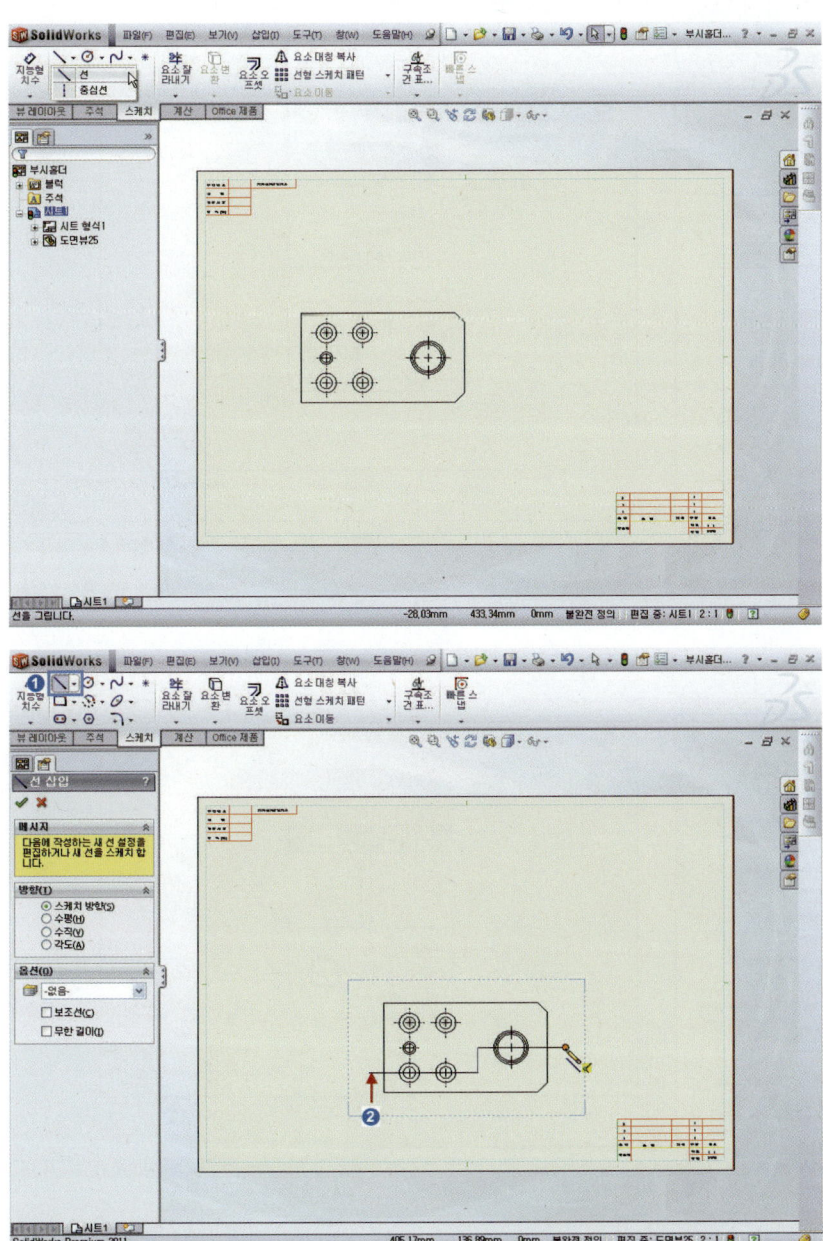

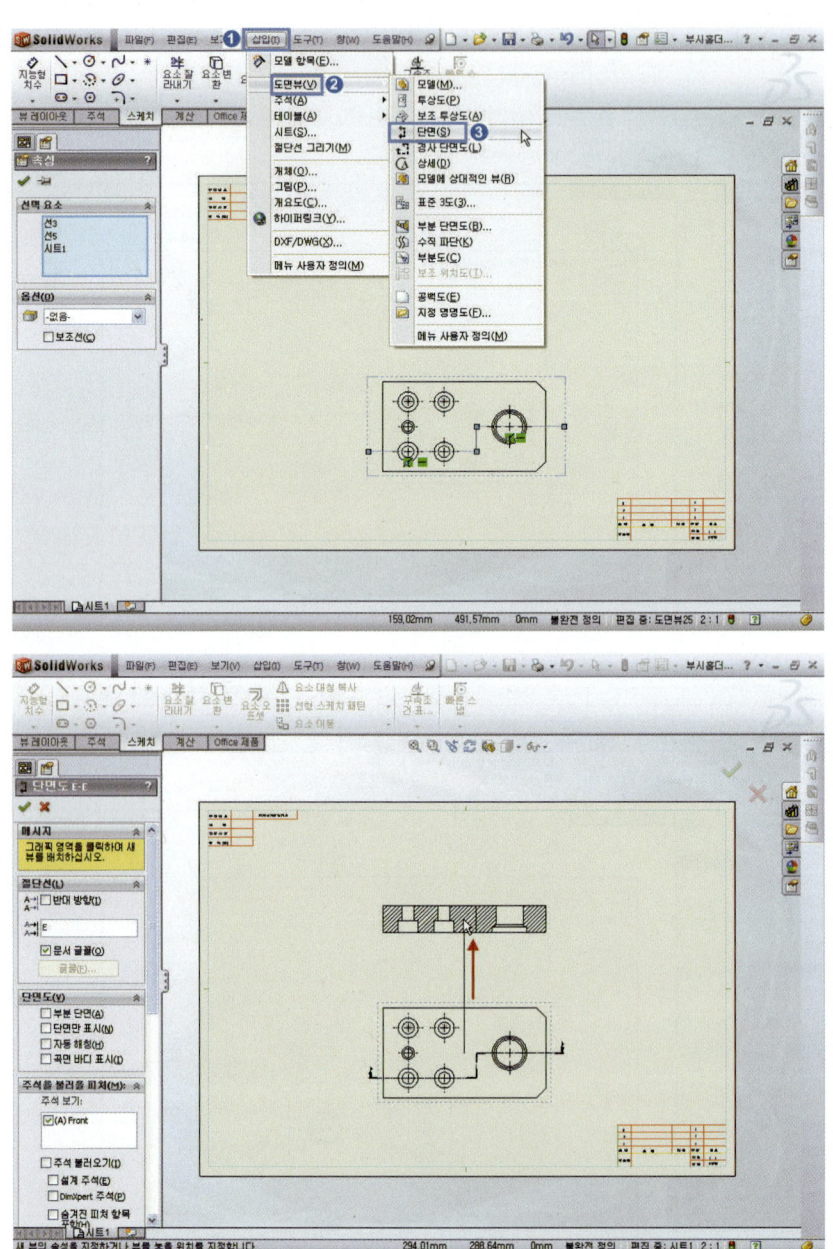

2 키보드 Ctrl 누른 상태에서 절단된 스케치 모두 선택 ➡ 삽입(I) ➡ 도면뷰[V] ➡ 단면도 [⇄] 선택 ➡ 단면도 배치 방향 위로 이동시킨 후 적당한 위치에 클릭 ➡ 확인[✓]을 누른다.

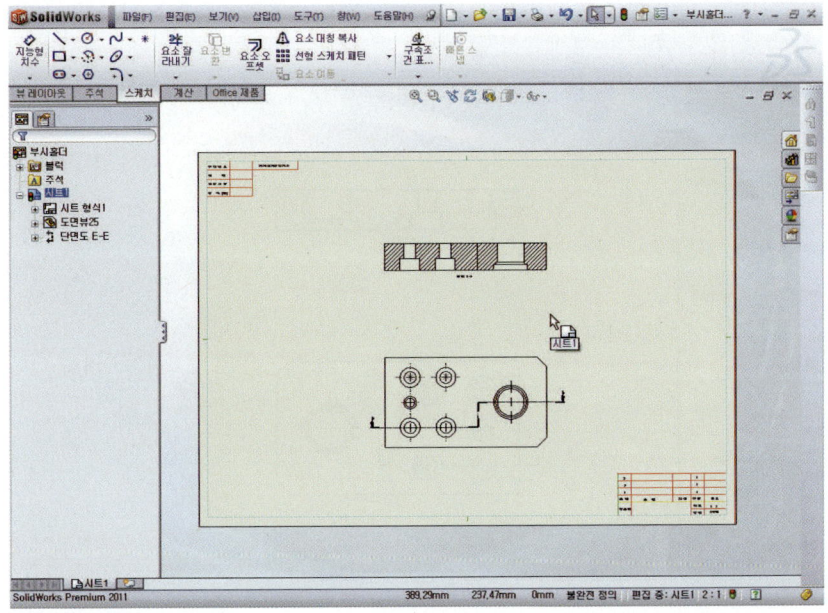

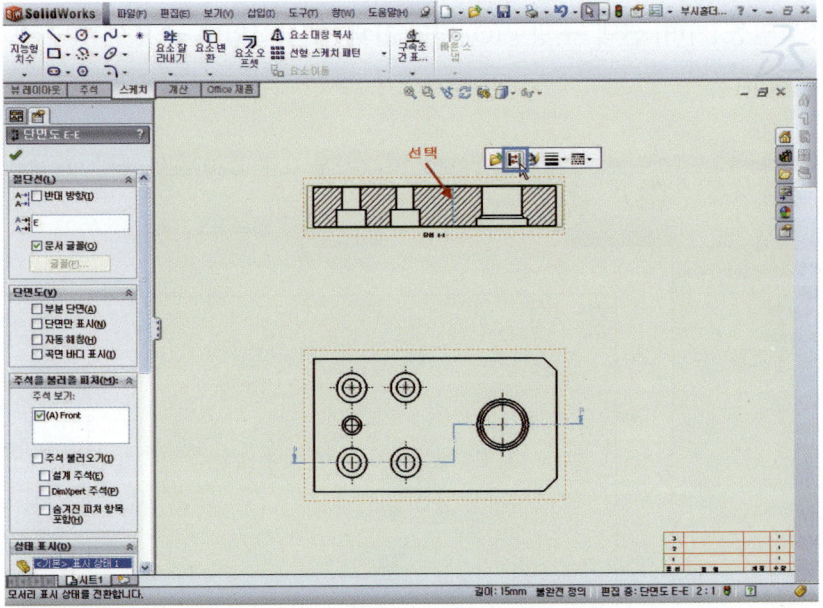

3 절단선의 경계선이 필요 없으므로 수직선 선택 ➡ 모서리 숨기기/표시를 클릭하여 숨겨 놓는다.

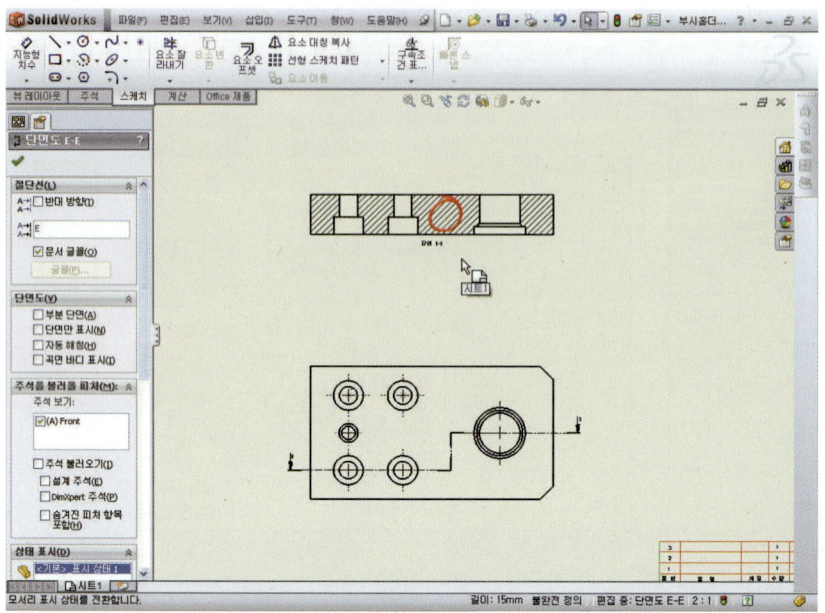

■ 경사 단면도[경사단면도]

🔓 앞에서 작업한 [커버] 선택 ➡ 방향(O)[평면도] 배치 ➡ 삽입(I) ➡ 도면뷰[V] ➡ 경사단면도
[🔩] 선택한다.

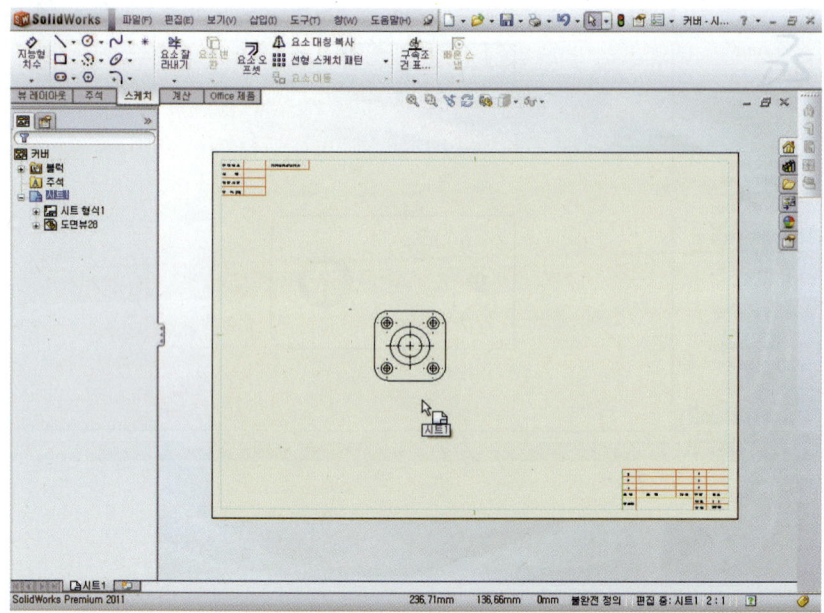

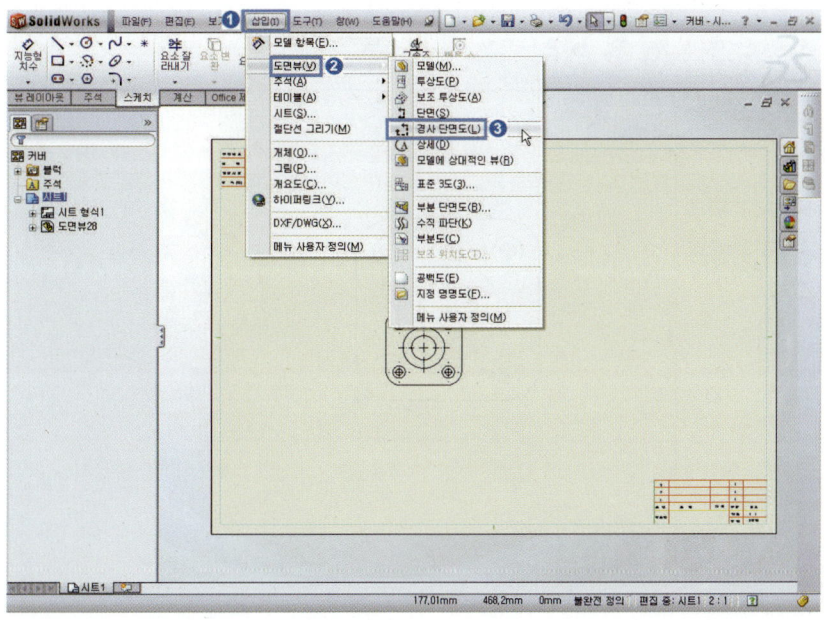

2️⃣ 5시 방향에서 절단선을 시작하여 원점을 거쳐 12방향으로 선(Line)[＼ ▾]으로 절단선 위치 스케치한다.

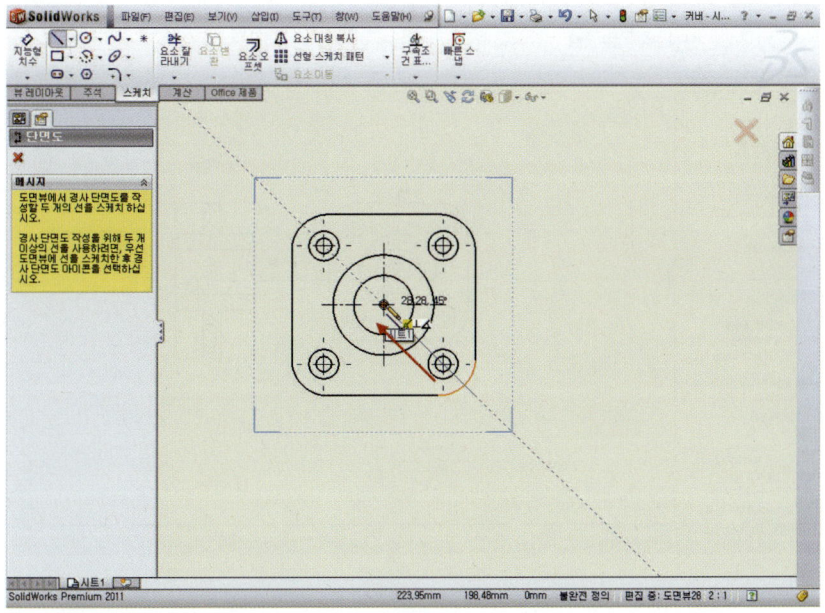

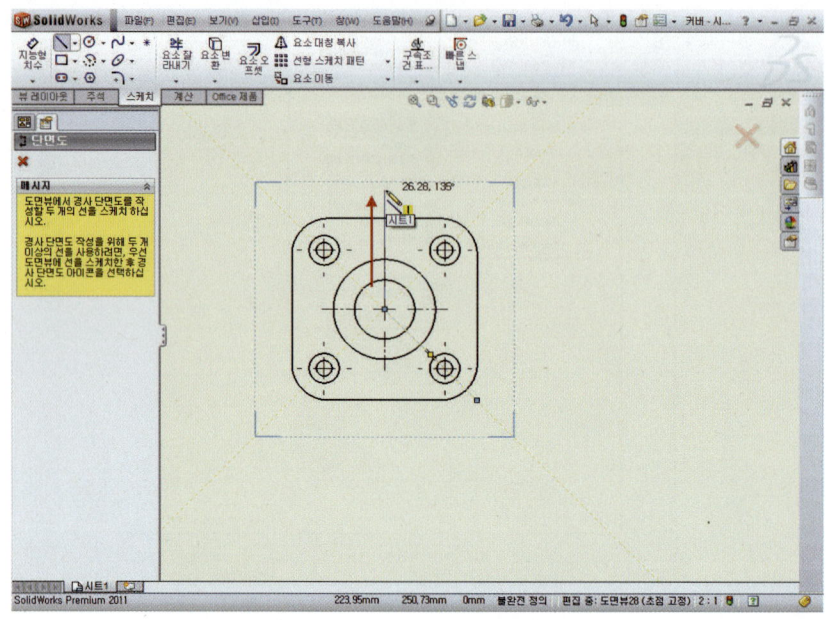

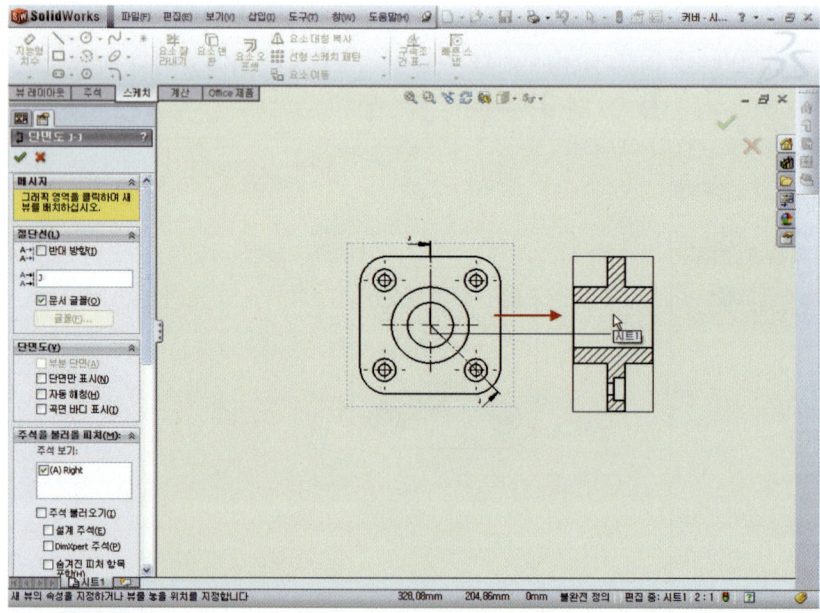

3 단면도를 왼쪽 방향으로 배치 ➡ 확인[] 버튼을 누른다.

■ 상세도[상세도]

🔓 **1** 앞에서 작업한 [풀리] 선택 ➡ 방향(O)[좌측면도] 배치 ➡ 모델 뷰 단면도를 배치한 후 ➡ 삽입(I) ➡ 도면뷰[V] ➡ 상세도[A] 선택한다.

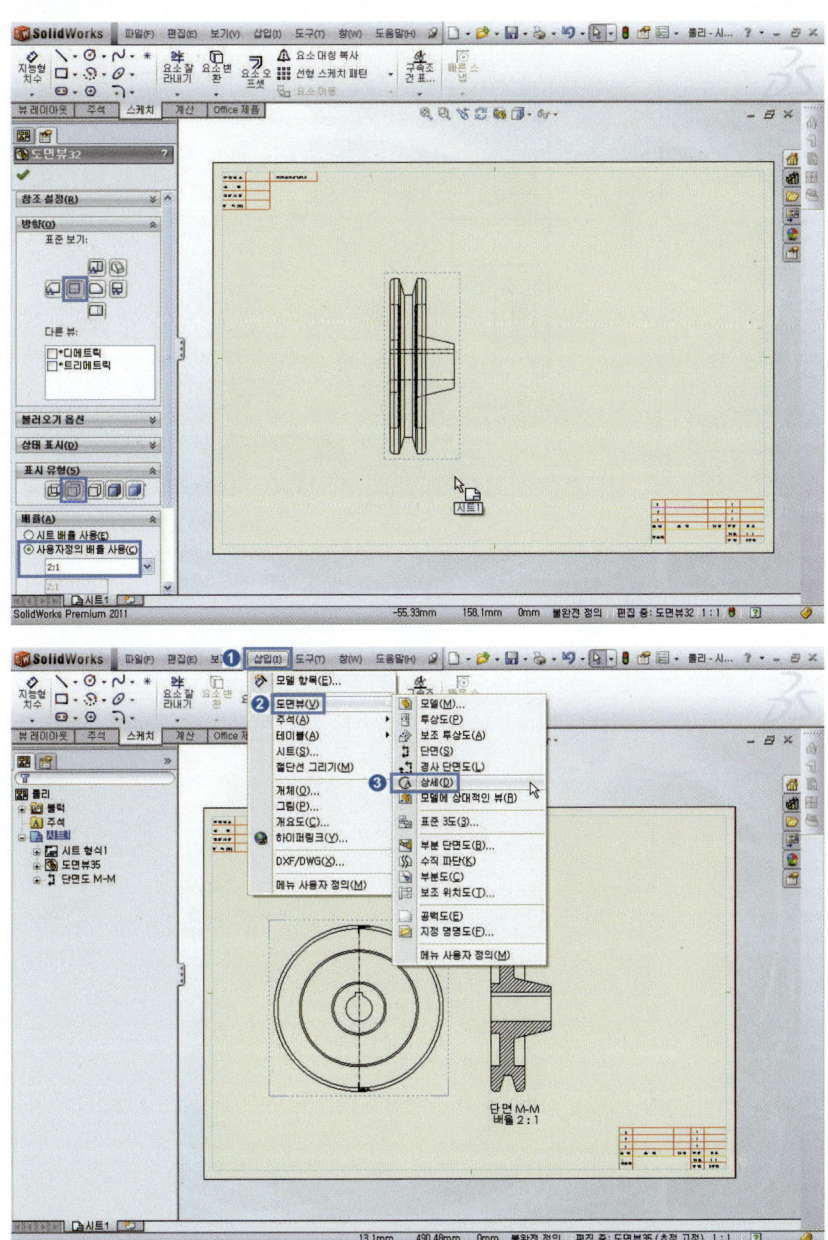

② 상세도를 작성하고자 하는 뷰 선택 ➡ 경계원 스케치한 후 ➡ 상세도 배치 위치지정 ➡ 확인[✅]을 누른다.

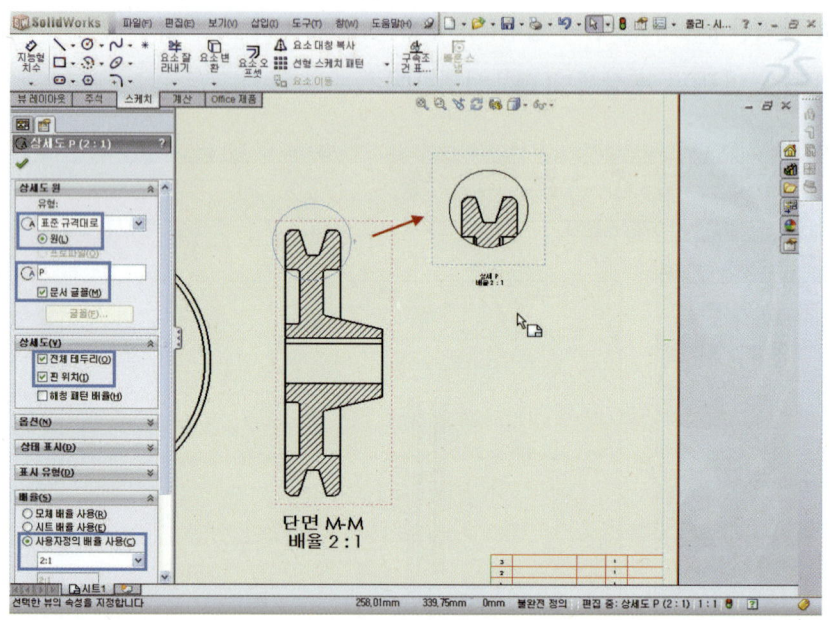

■ 부분 단면도[부분단면도]

앞에서 작업한 [풀리] 선택 ➜ 방향(O)[좌측면도] 배치 ➜ 표시유형 실선[□] ➜ 모델 뷰를
배치한 후 ➜ 자유 곡선(Spline)으로 단면도 프로파일 경계를 스케치한다.

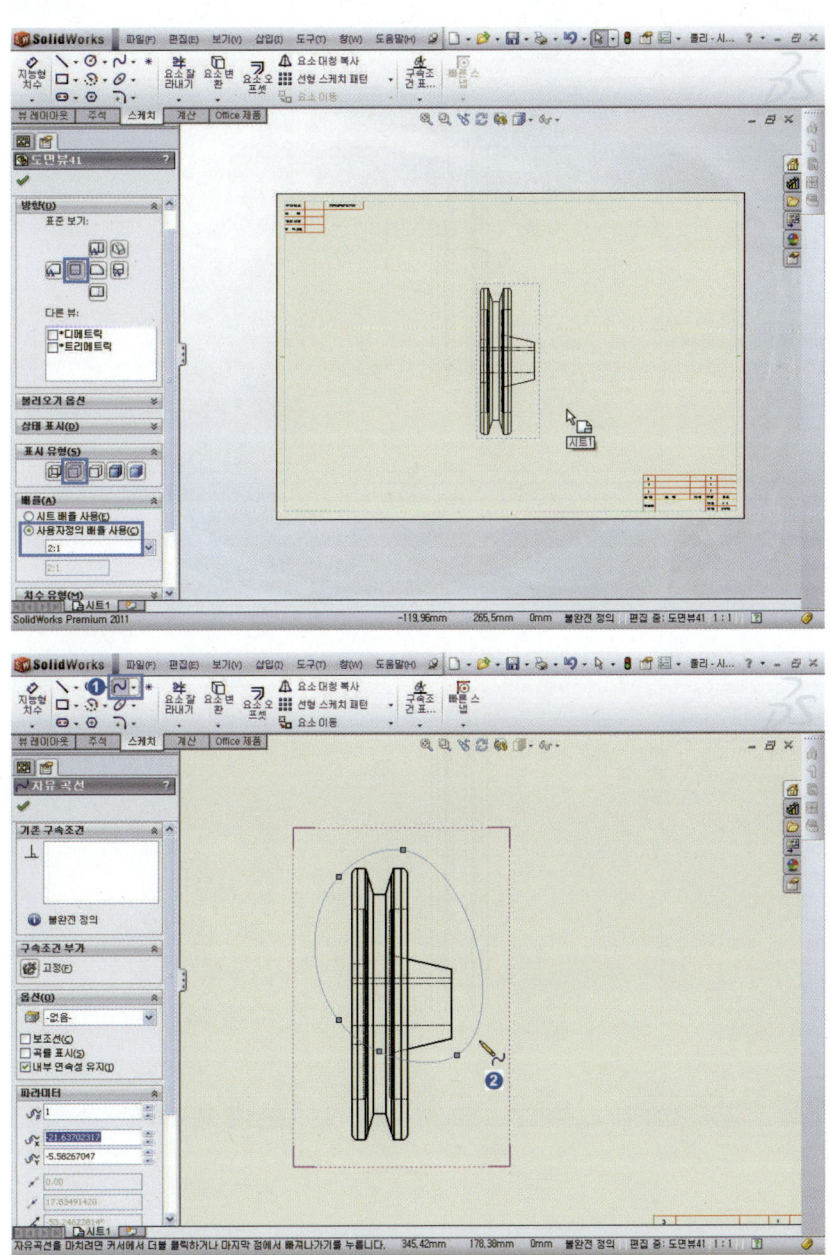

삽입(I) ➡ 도면뷰[V] ➡ 부분 단면도[🖼] 선택 ➡ 깊이: 보스부의 위쪽 모서리 선택 ➡ 확

인[✅]을 누른다.

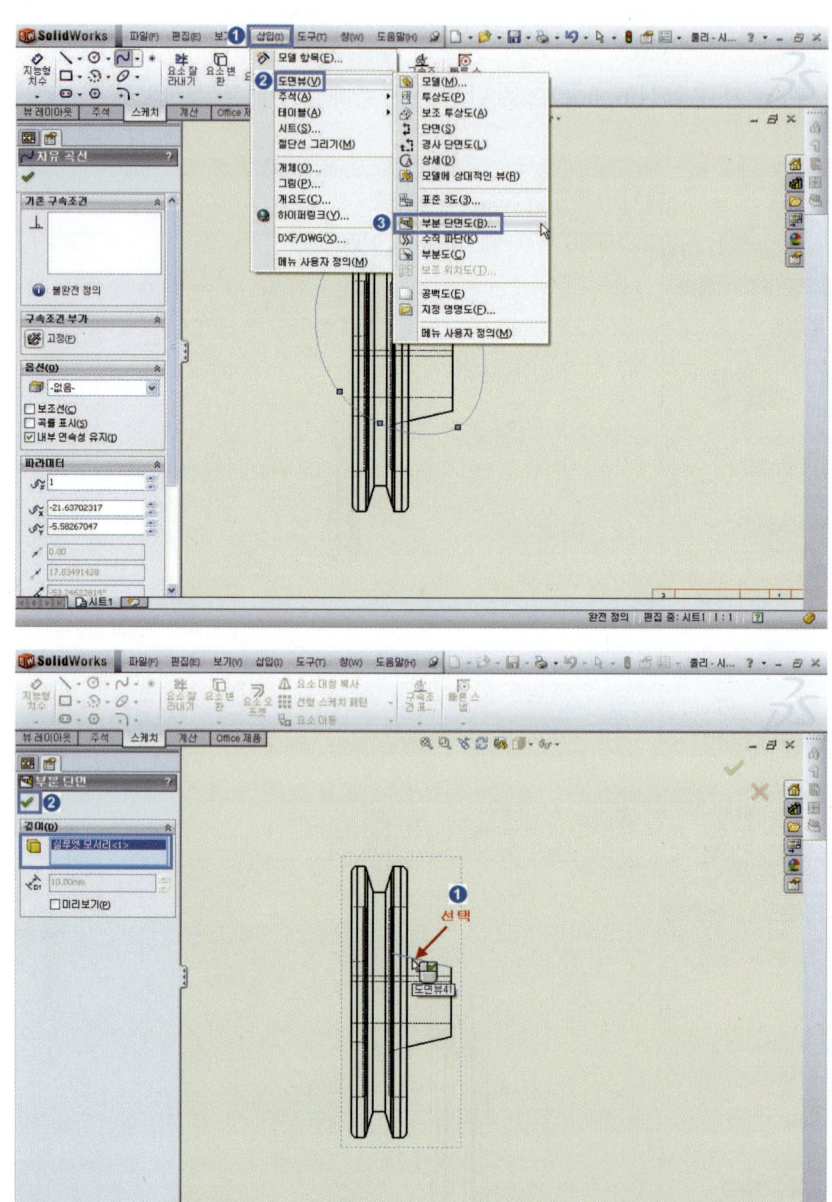

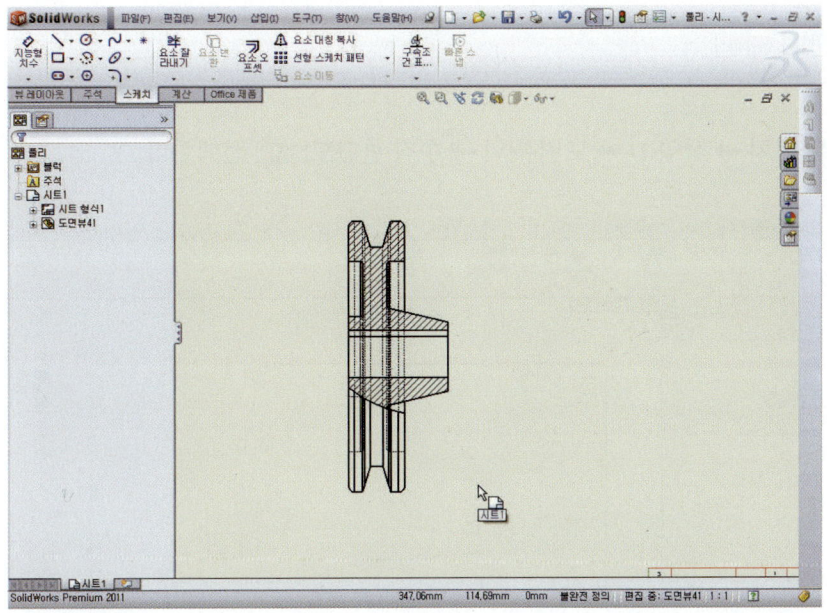

3 표시유형: 은선 제거[▢], 사용자 정의 배율사용 2:1 ➜ 확인[✓]을 누른다.

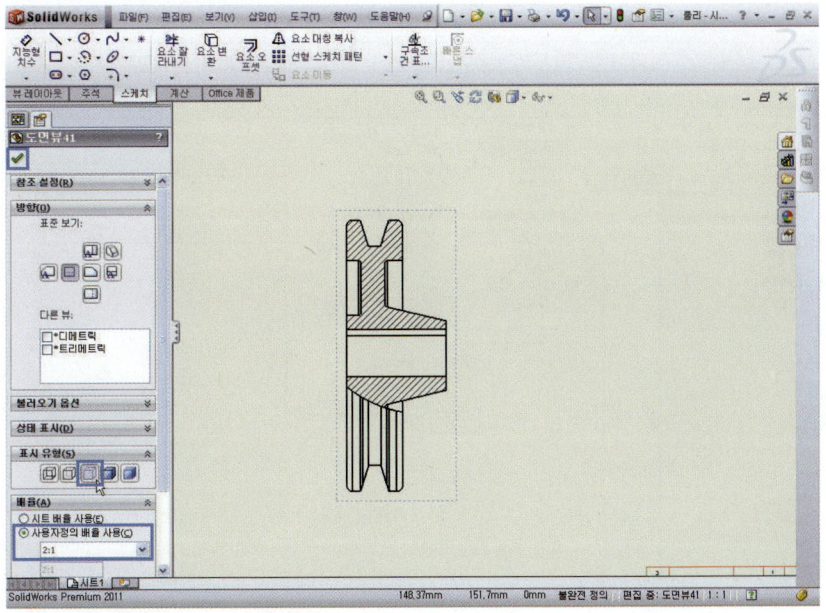

■ 수직 판단도[수직 파 단]

1 모델 뷰 배치 ➡ 삽입(I) ➡ 도면뷰[V] ➡ 수직 판단도[⑤] 선택한다.

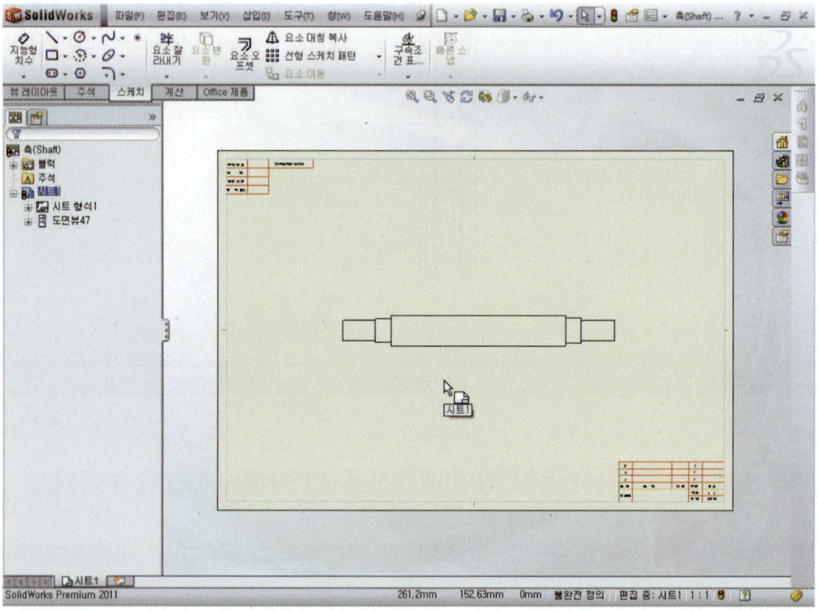

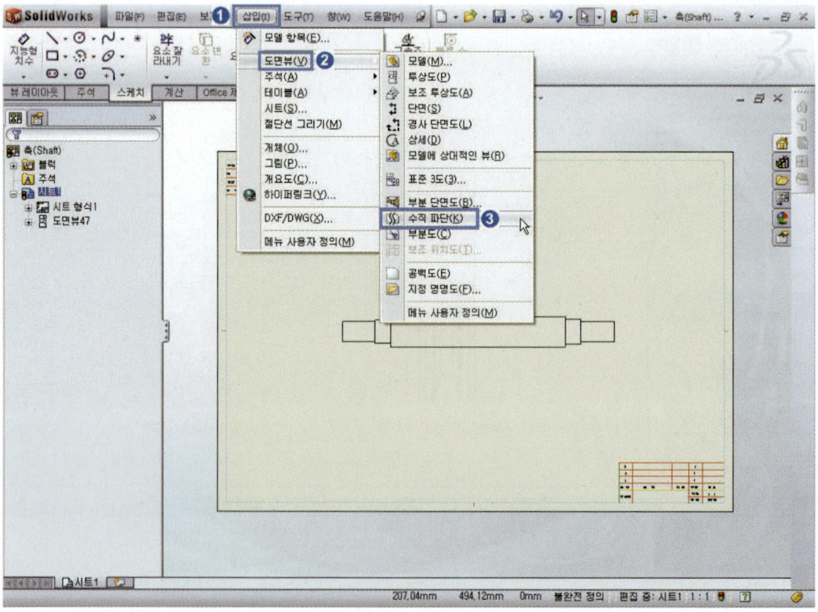

2 파단선 첫 번째 위치 지정 → 파단선 두 번째 위치 지정 → 확인[✓]을 누른다.

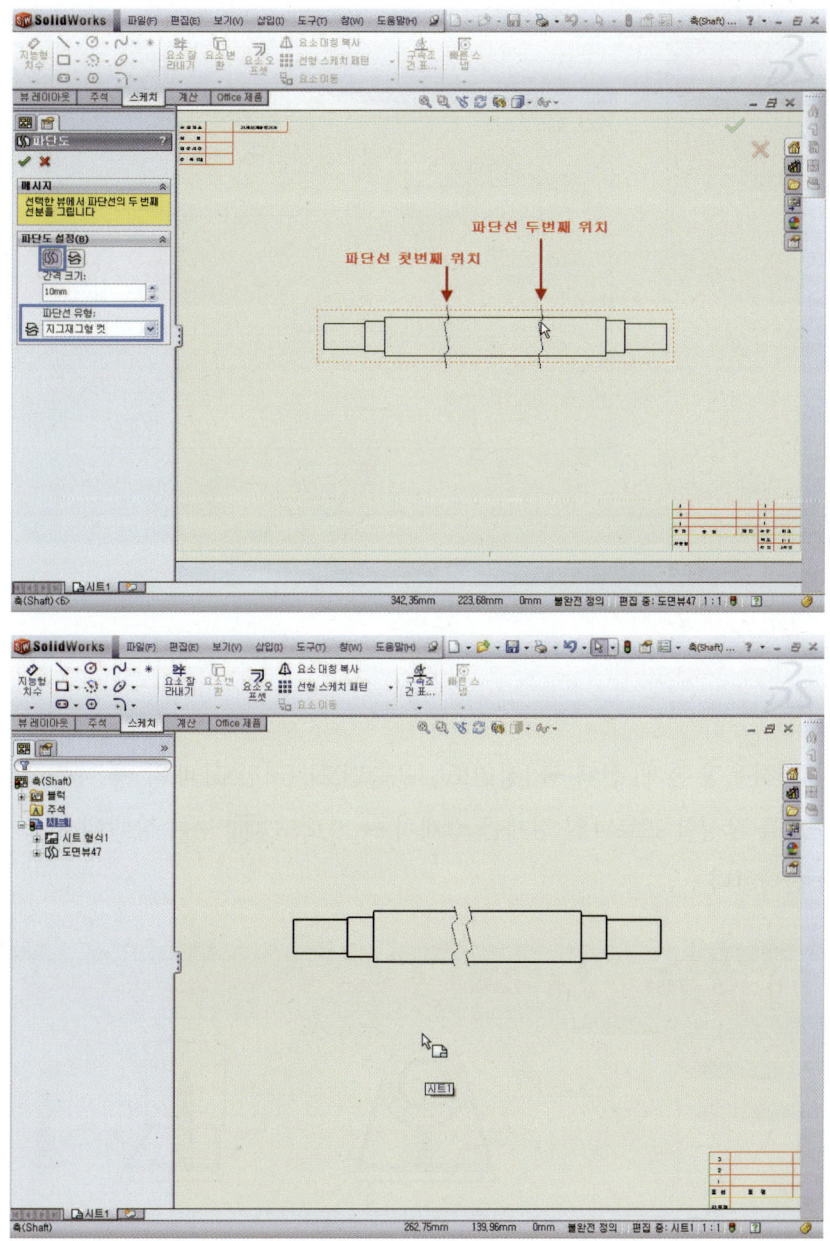

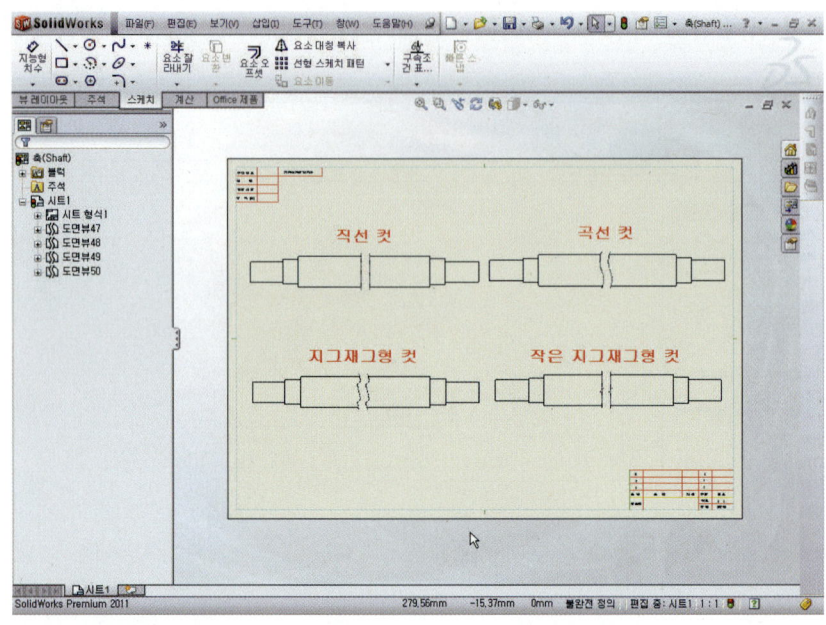

■ 부분도[부분도]

🔓 **1** 모델링한 [하우징 본체] 선택 ➡ [정면도], [우측면도], [저면도] 배치 ➡ 자유곡선(Spline)으로 부분도를 작성할 프로파일 경계를 스케치 ➡ 키보드 Ctrl 누른 상태에서 스케치한 자유곡선을 선택한다.

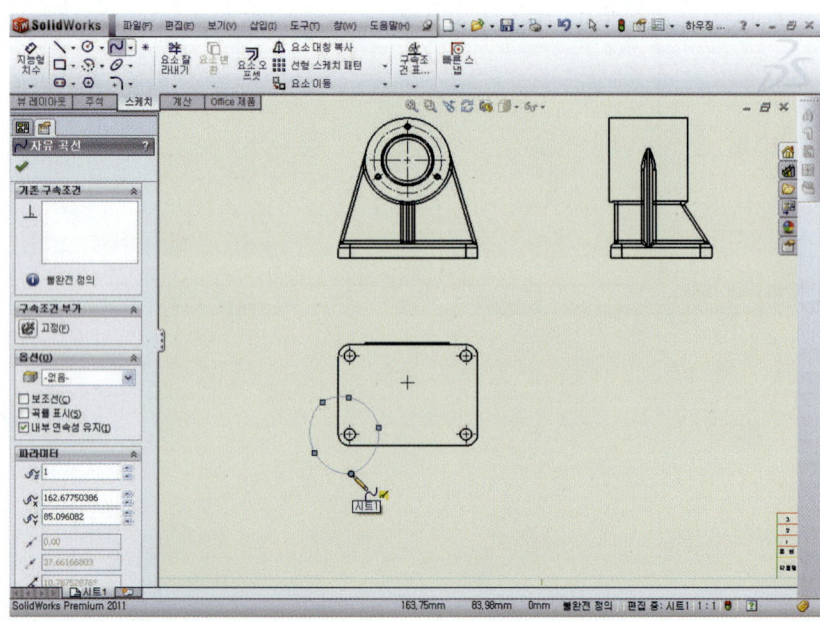

2 메뉴에서 삽입(I) → 도면뷰[V] → 부분도[ ] 선택 → 확인[ ]을 누른다.

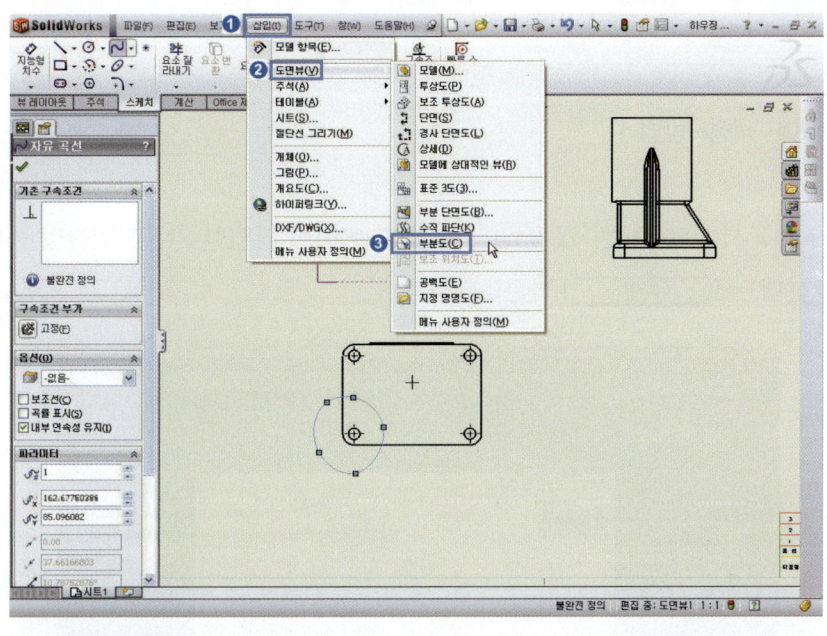

2 도면 배치 및 3D 출력하기

■ 3D 도면 PDF 생성-방법 1

🔓 1 파일 ➔ 새문서(N) 아이콘[📄 새 문서]을 클릭 ➔ 이미 작업한 기본도면작업 폴더 아래 도면(A2) 선택 ➔ [확인] 버튼을 누른다.

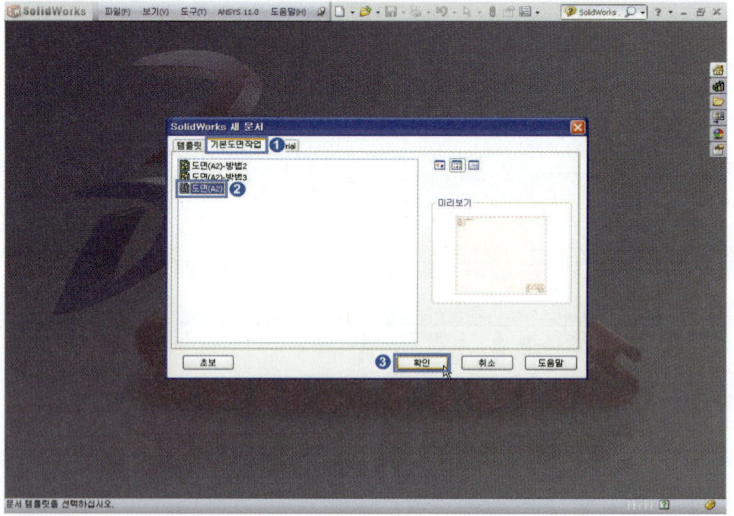

🔓 2 모델뷰[📎]가 나타나면 ➔ [찾아보기(B)...] 선택 ➔ 작업한 [하우징 본체] 선택 ➔ [열기(O)] 누른다.

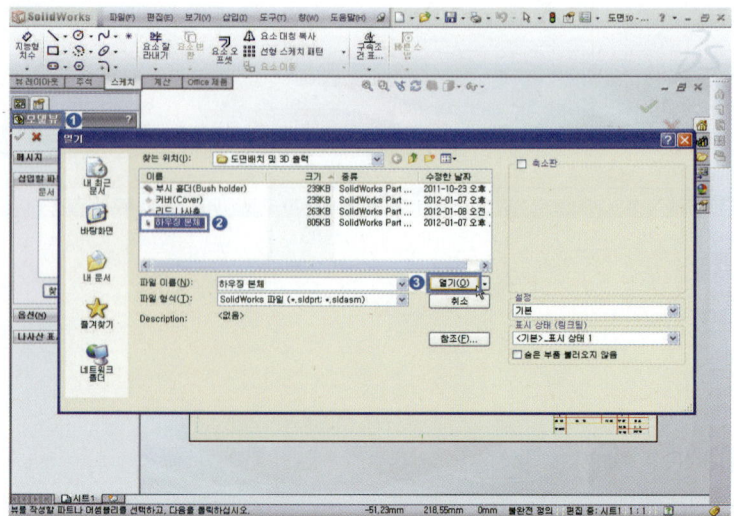

3 아래 그림과 같이 모서리음영표시[🔲], 시트배율 사용, [정면도]를 배치한다.

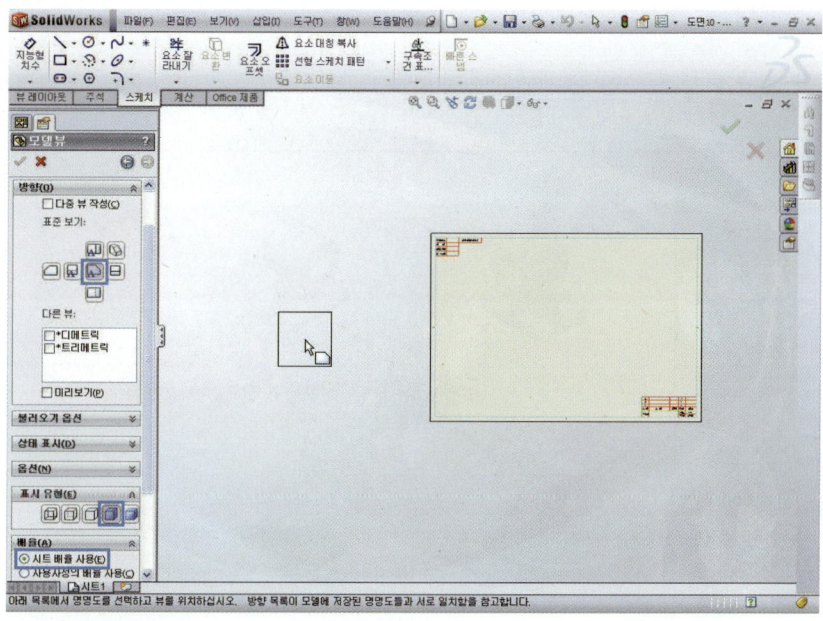

4 삽입(I) ➡ 도면뷰[V] ➡ 투상도(P)[🔳] 선택 ➡ 기존 뷰의 투상도 선택 ➡ 원하는 방향으로
투상도 배치 ➡ 확인[✅] 버튼을 누른다.

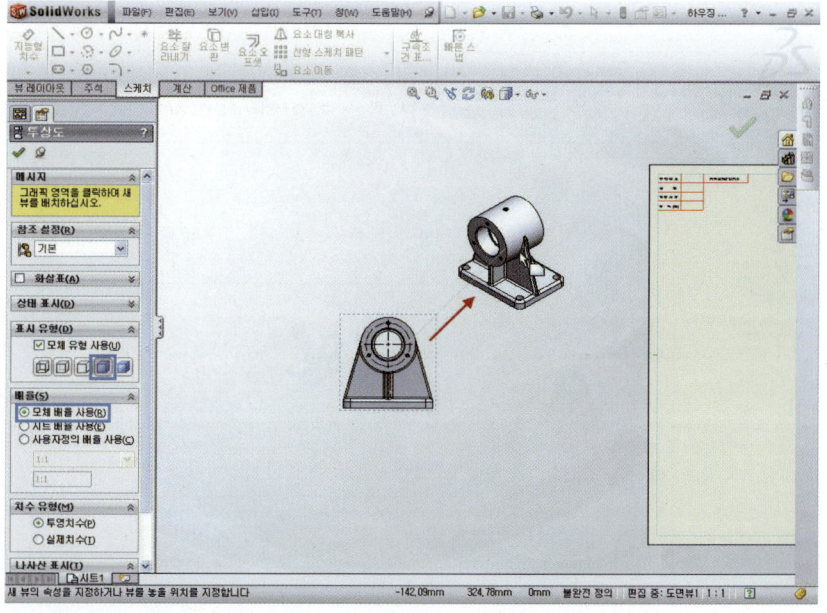

5 투상도(P)[🔳] 선택 ➡ 원하는 방향으로 4개의 투상도를 시트 바깥쪽에 배치 ➡ 확인[✔] 버튼을 누른다.

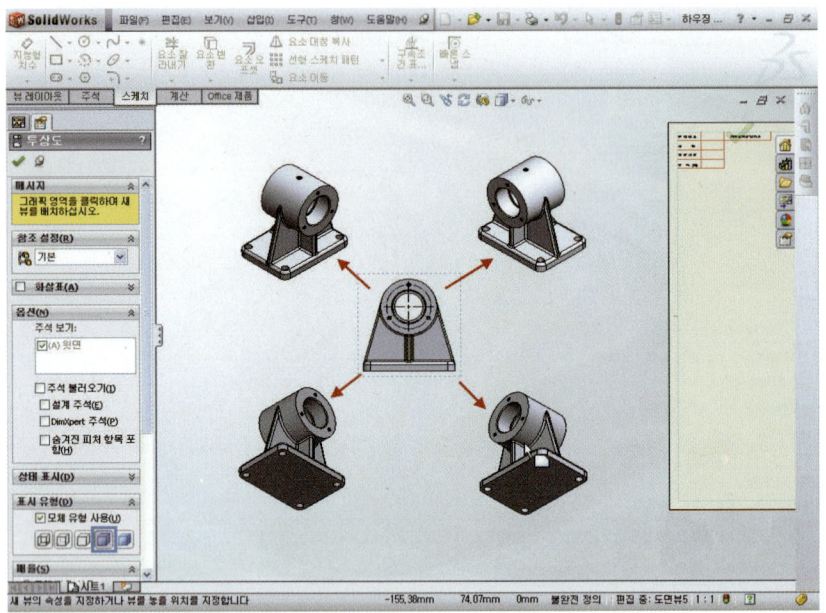

6 부품형상이 명확한 2개의 등각 투상도를 도면시트로 이동 배치 ➡ 필요 없는 투상도는 삭제한다.

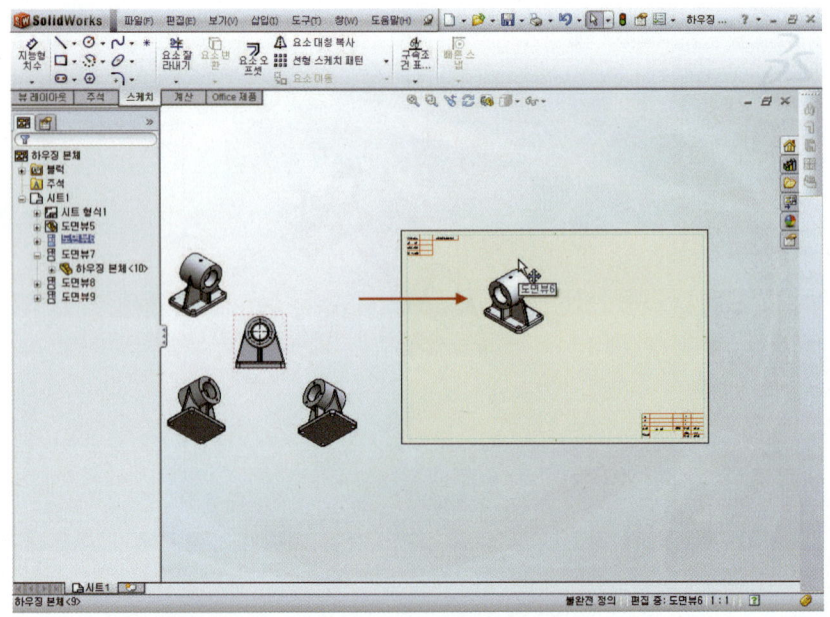

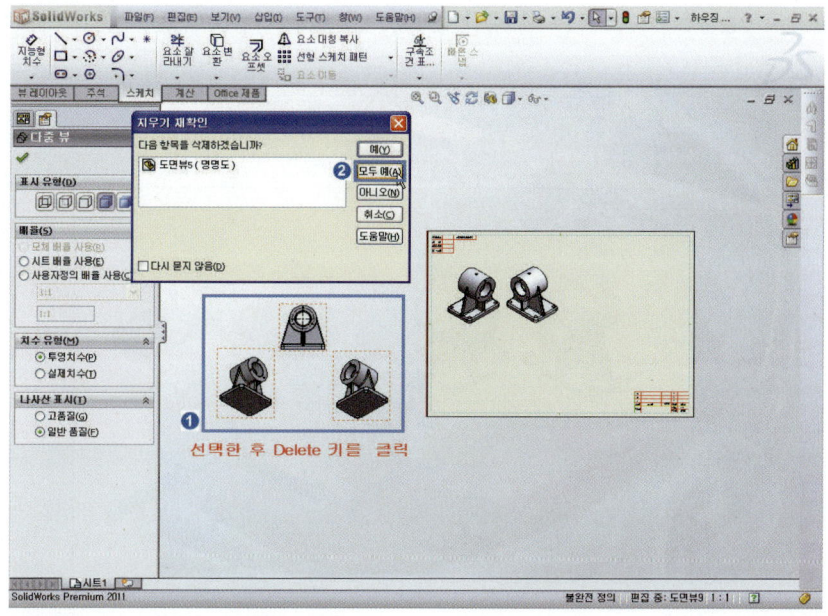

7 나머지 부품[부시 홀더], [커버], [리드 나사축] 부품도 위와 같은 작업을 반복하여 등각 투상도를 배치한다.

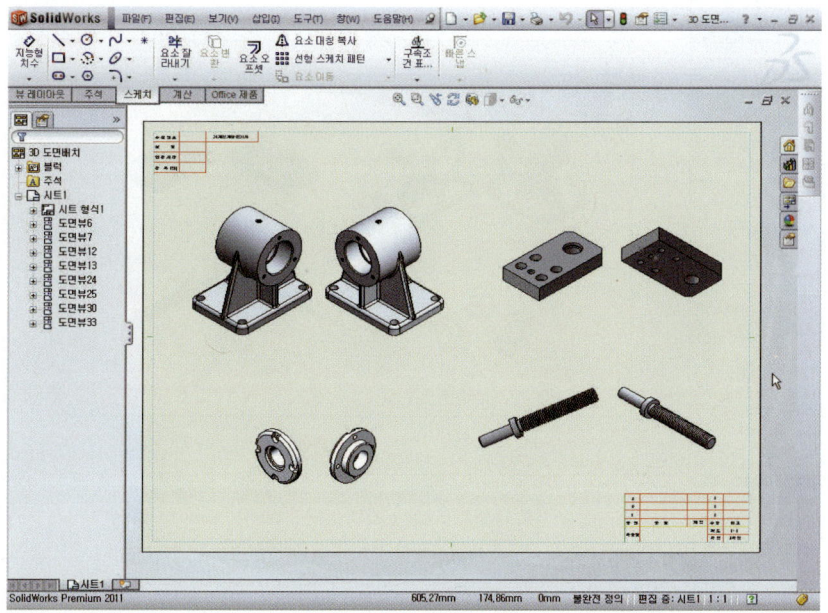

8 주석 ➔ [🔍 부품번호]를 선택한 후 해당 부품을 선택하면 부품번호 기호가 삽입된다.

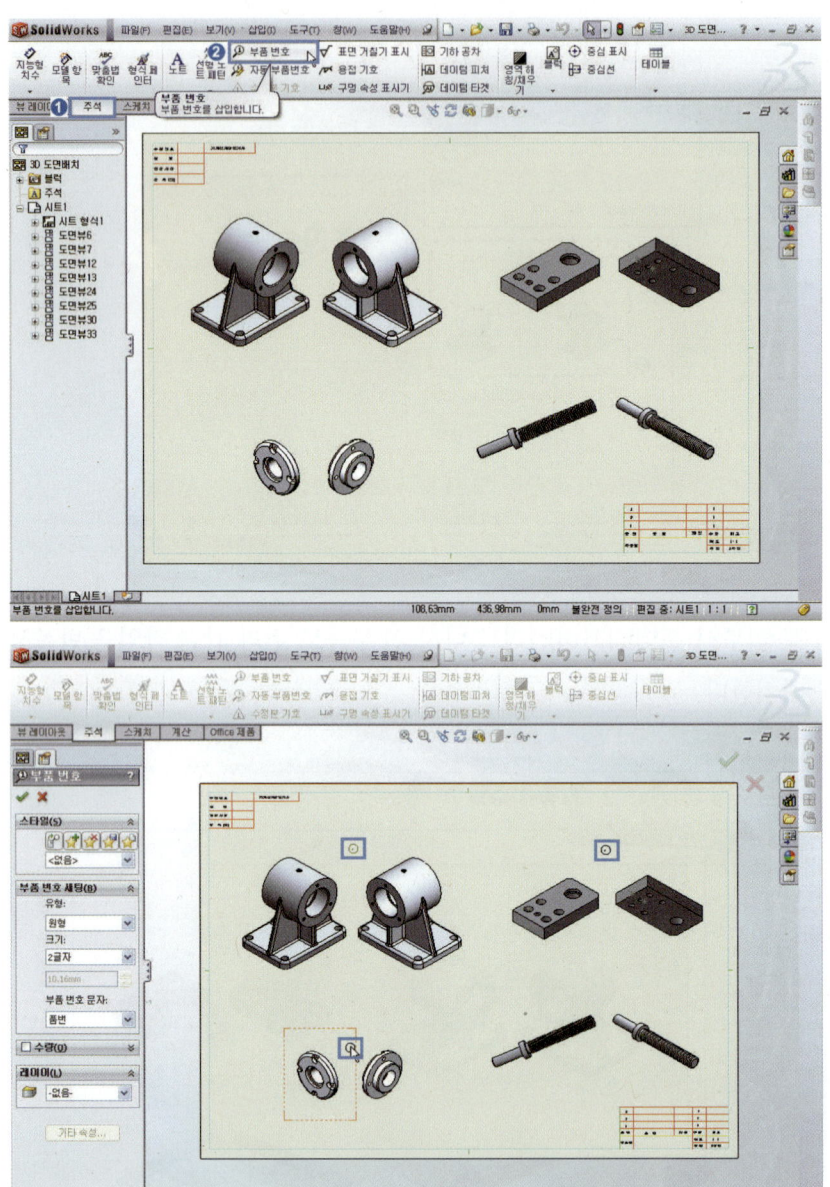

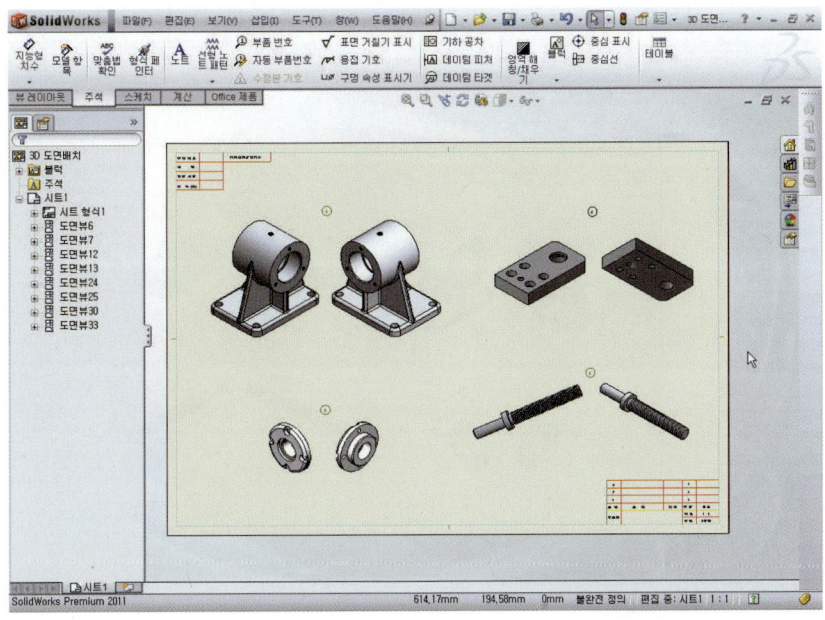

09 생성된 부품번호를 편집하기 위해서 부품번호를 선택 ➡ 속성창에서 부품번호 문자: 텍스트로 지정, 부여하고자 하는 부품번호를 입력한다.

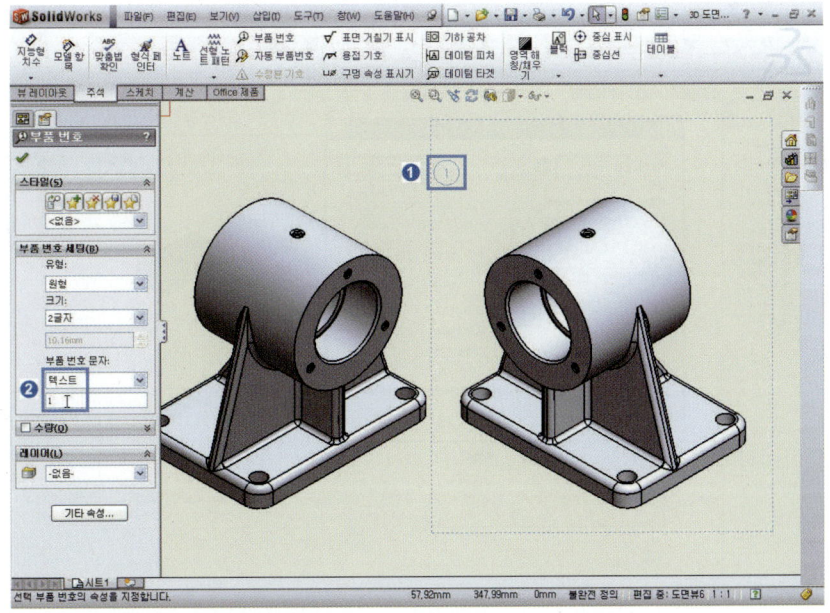

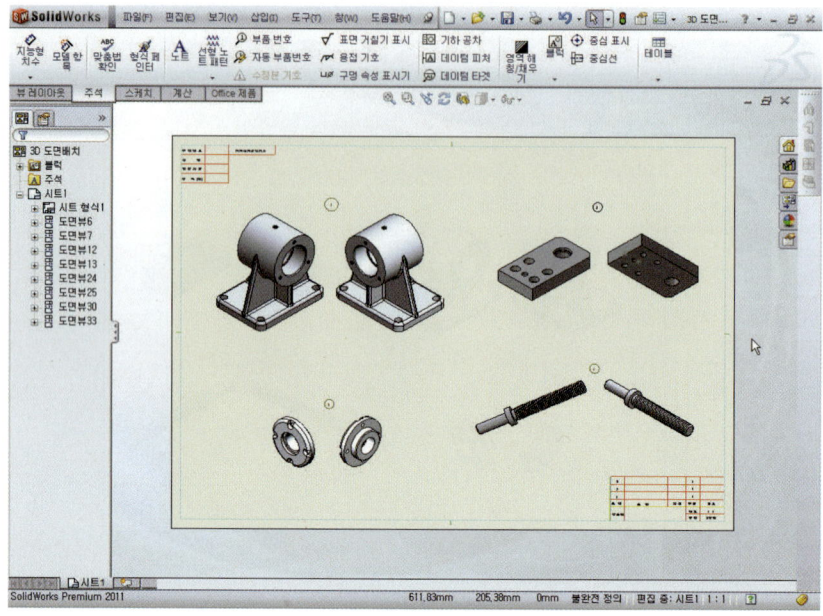

10 메뉴에서 파일(F) ➡ 인쇄[P] ➡ 프린터:Adobe PDF, 인쇄범위: ⊙현재시트 체크 ➡ 속성 클릭한다.

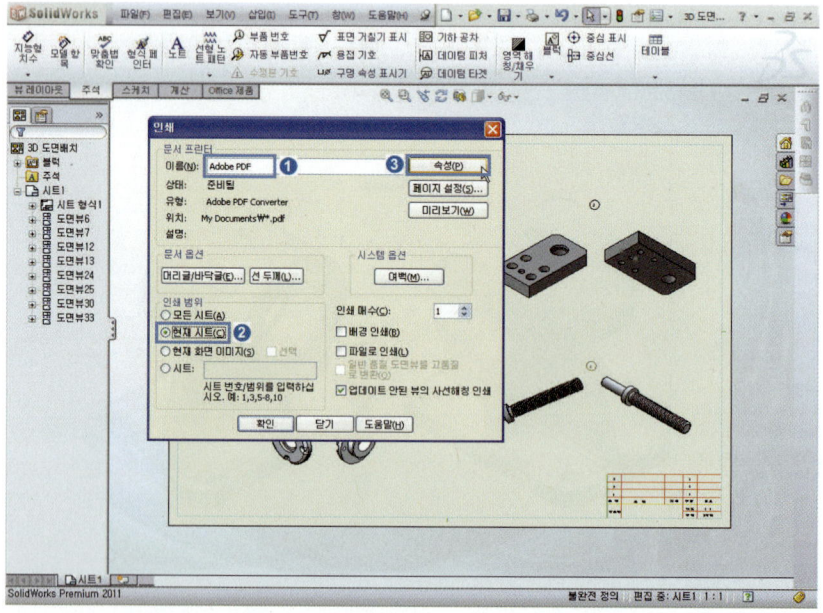

11 Adobe PDF 설정 → Adobe PDF 페이지 크기 :A3 → 용지/품질 → ⊙컬러 → 고급을 클릭한다.

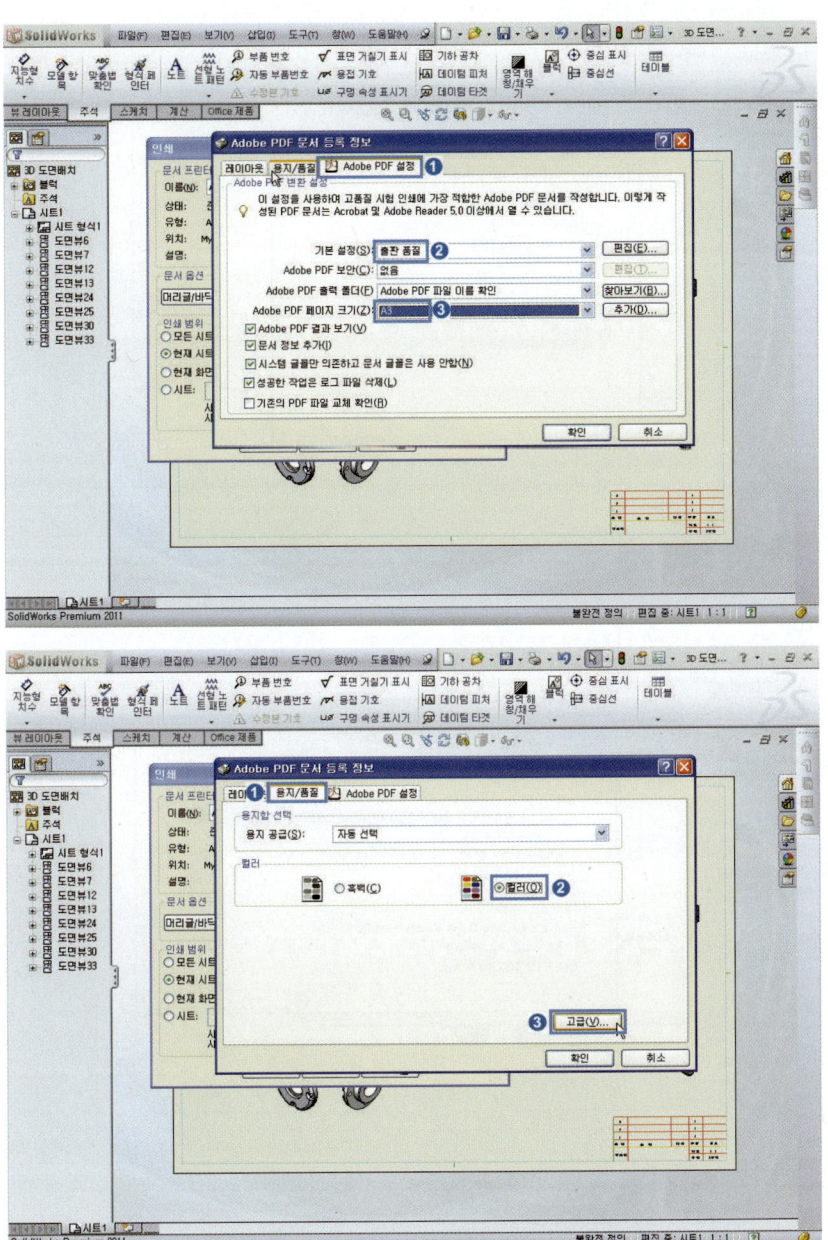

12 용지크기:A3 ➡ 인쇄매수: 1Copy ➡ 인쇄품질:1200dpi 이상 ➡ 확인[✓]을 누른다.

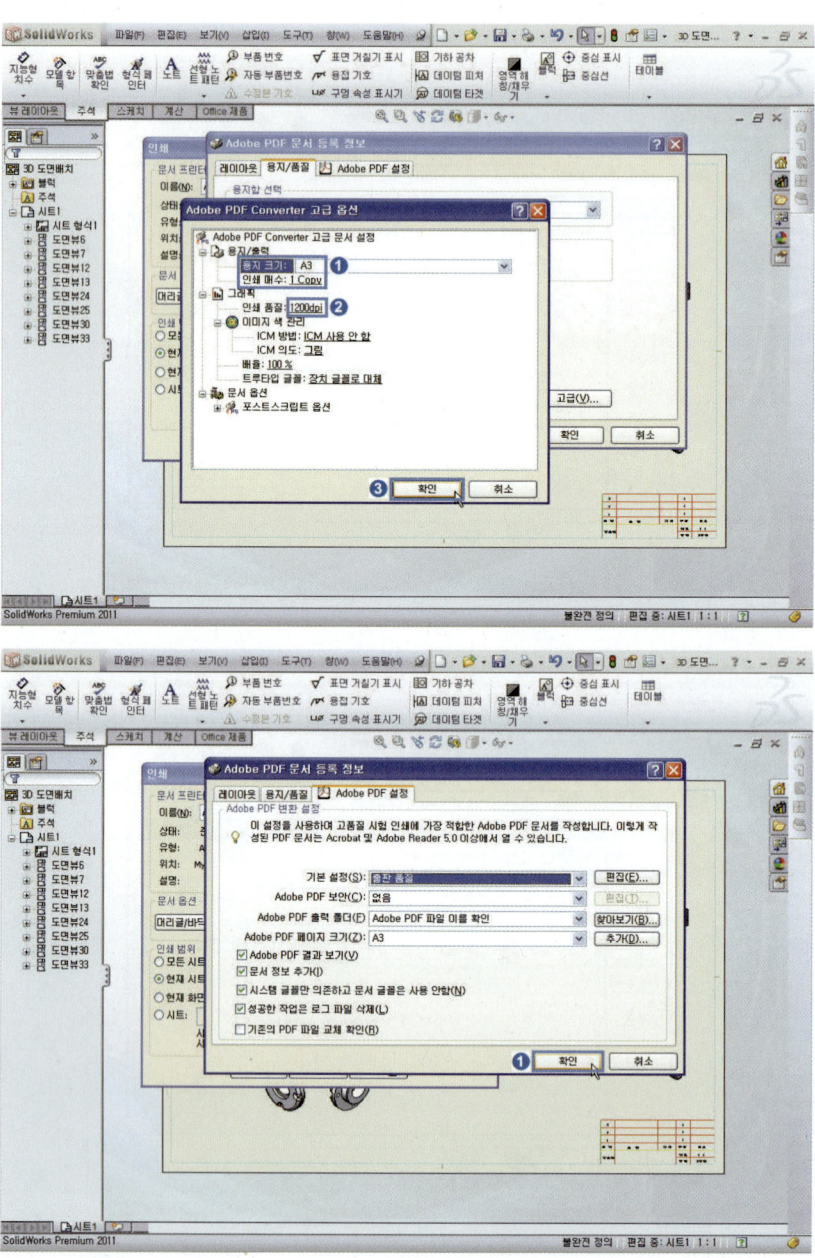

13 페이지 설정 클릭 ➡ ⦿용지에 맞춤, 도면색:흑백, 용지:A3 지정 ➡ 확인[✅]을 누른다.

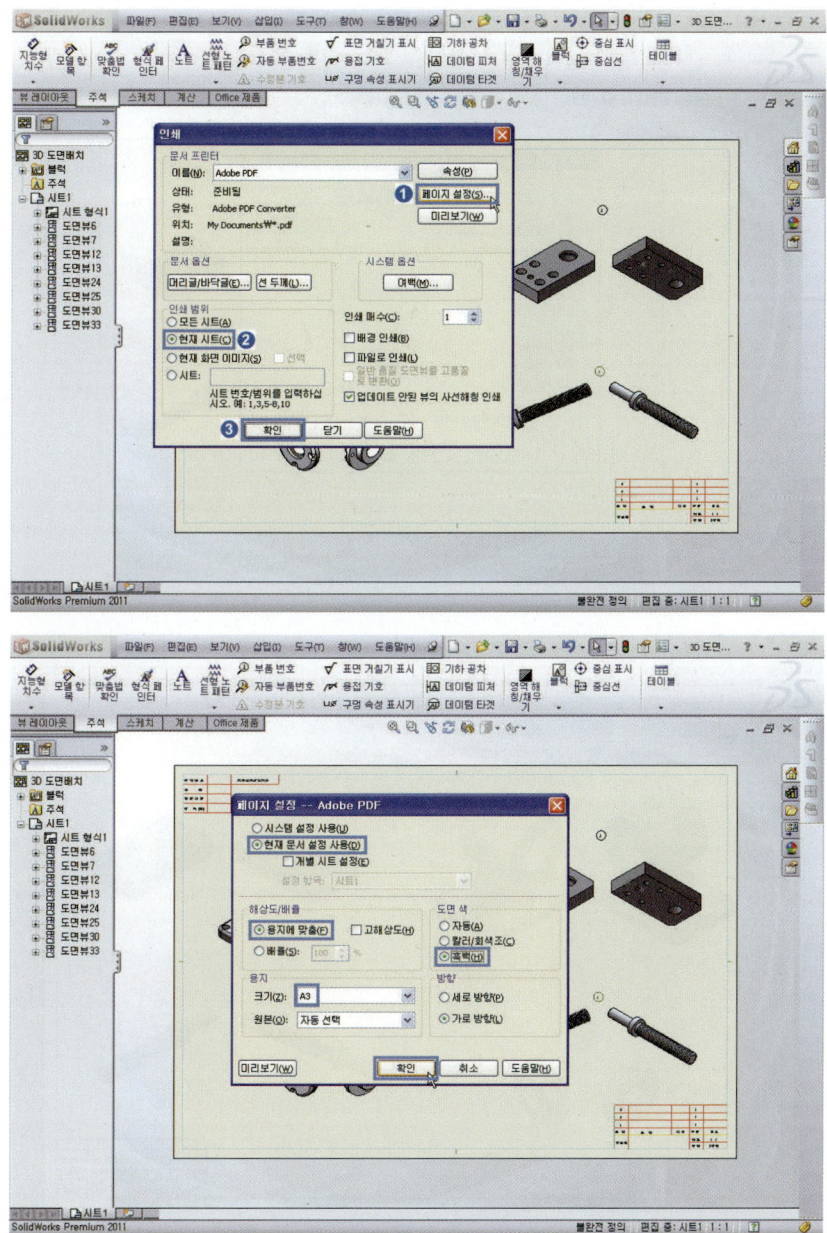

14 미리보기를 생성될 PDF가 이상이 없는지 최종 확인한다.

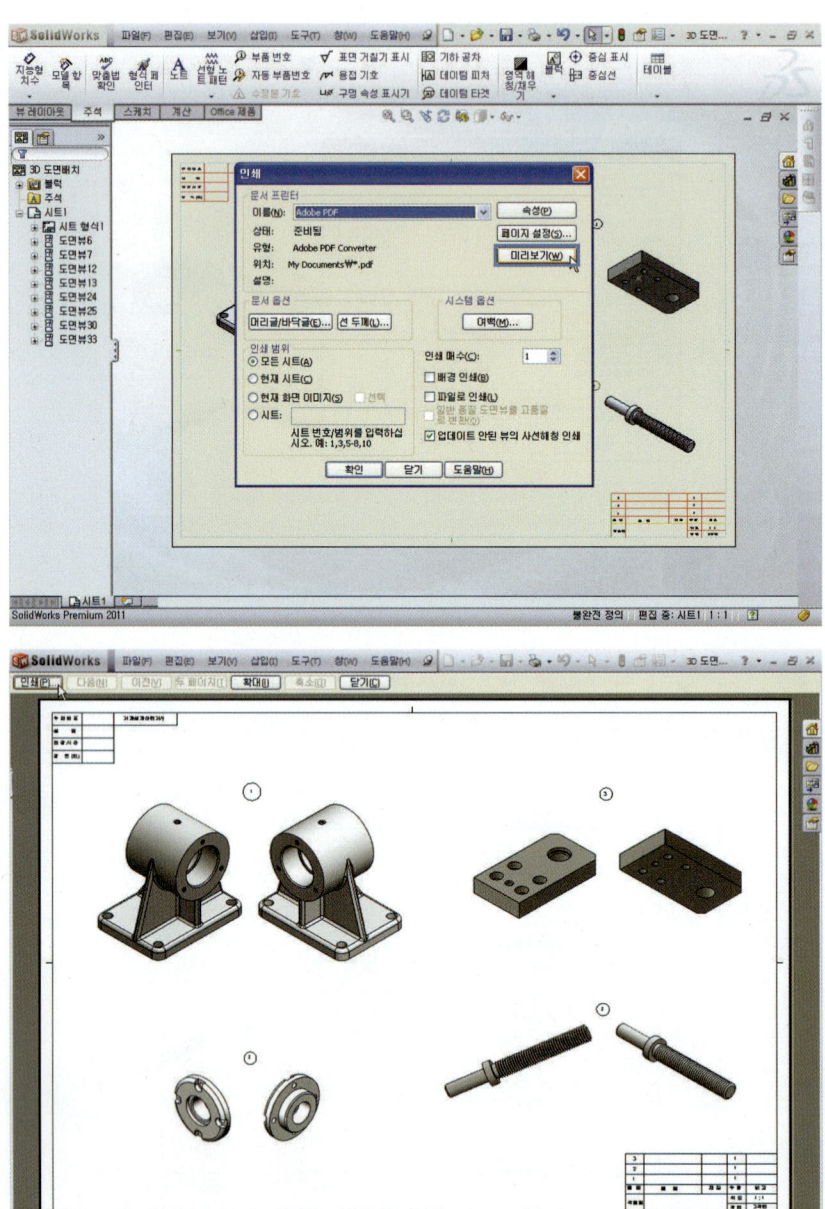

15 이상이 없으면 인쇄 ➡ [확인]을 누르면 ➡ PDF로 출력할 경우 파일명을 입력하는
창이 나오면, 이름을 부여하고 저장을 눌러 PDF 파일을 저장한다.

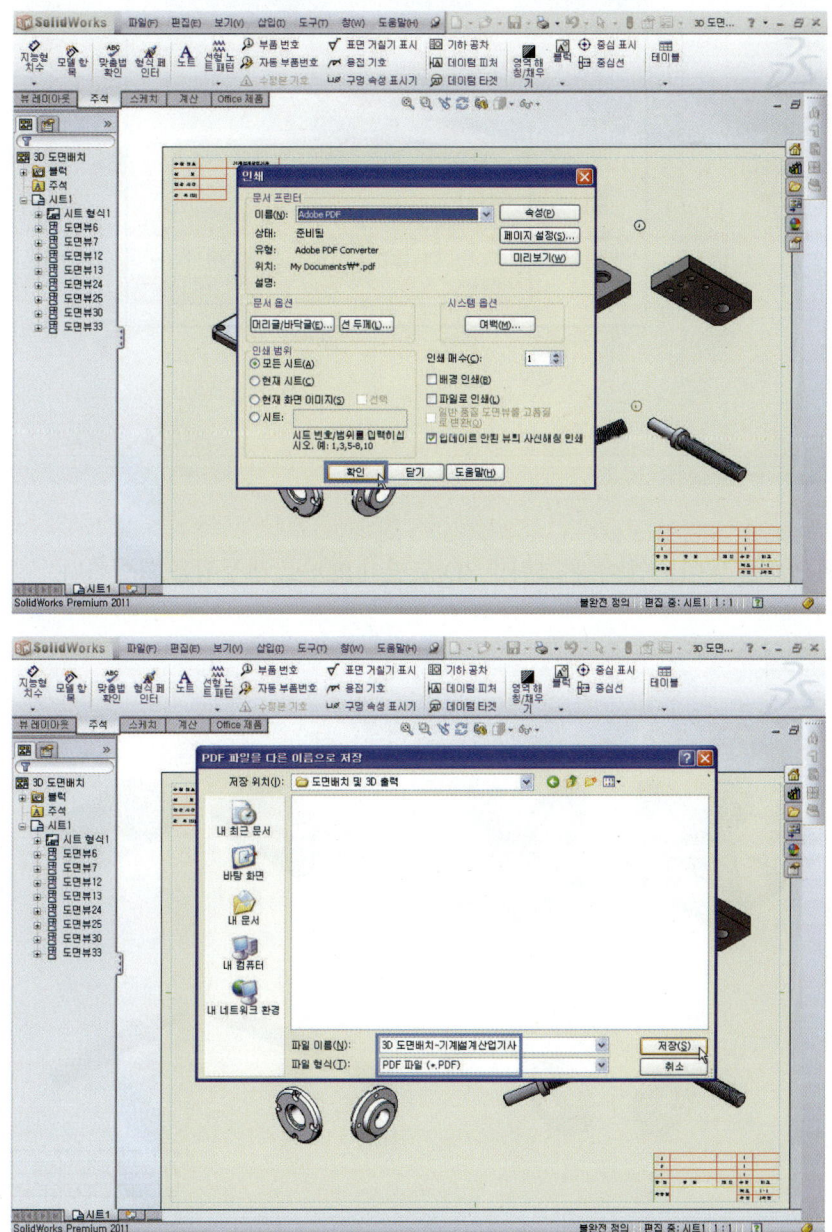

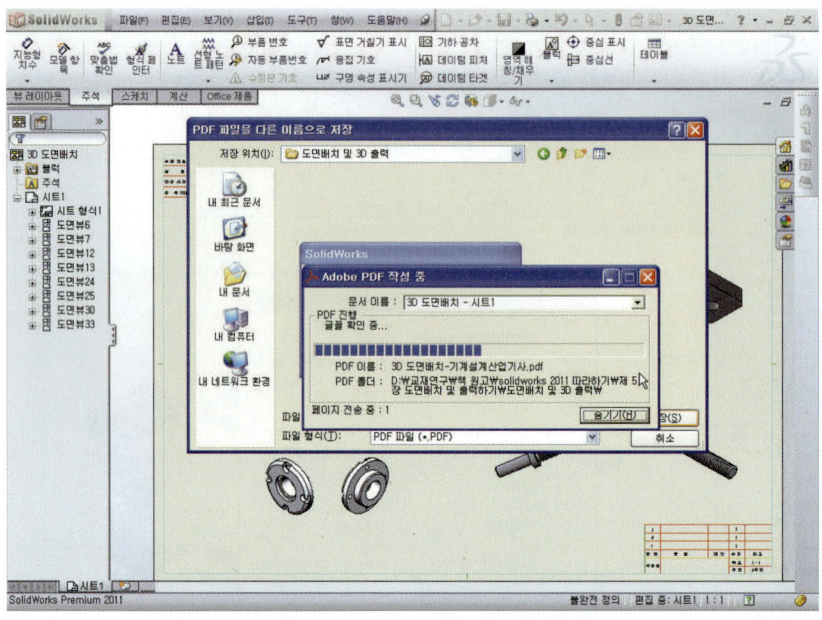

16 생성된 PDF를 열어보면 아래 그림과 3D 도면이 PDF로 생성됨을 확인한다.

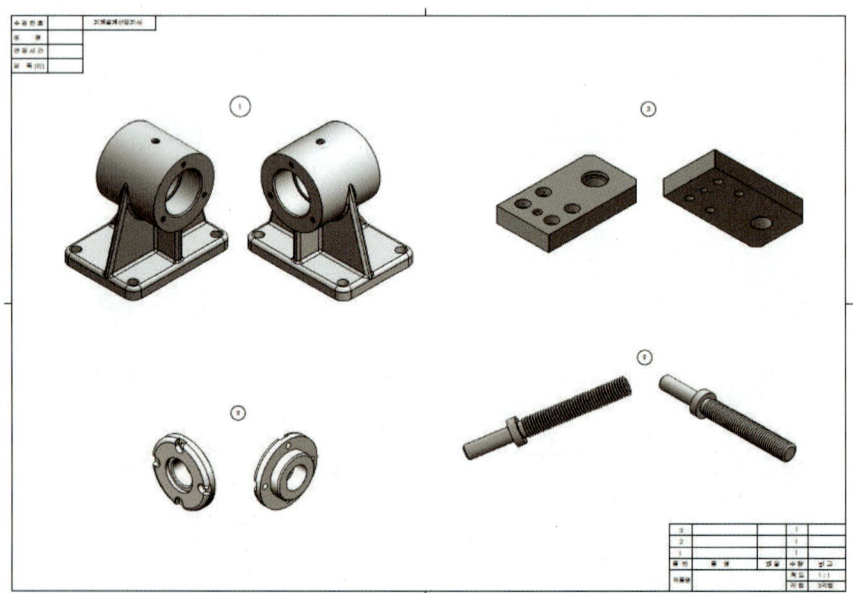

■ 3D 도면 PDF 생성-방법 2

1 파일(F) ➔ 페이지 설정(G) ➔ 아래 그림과 같이 설정한 후 미리보기를 눌러 생성될 도면을 확인한다.

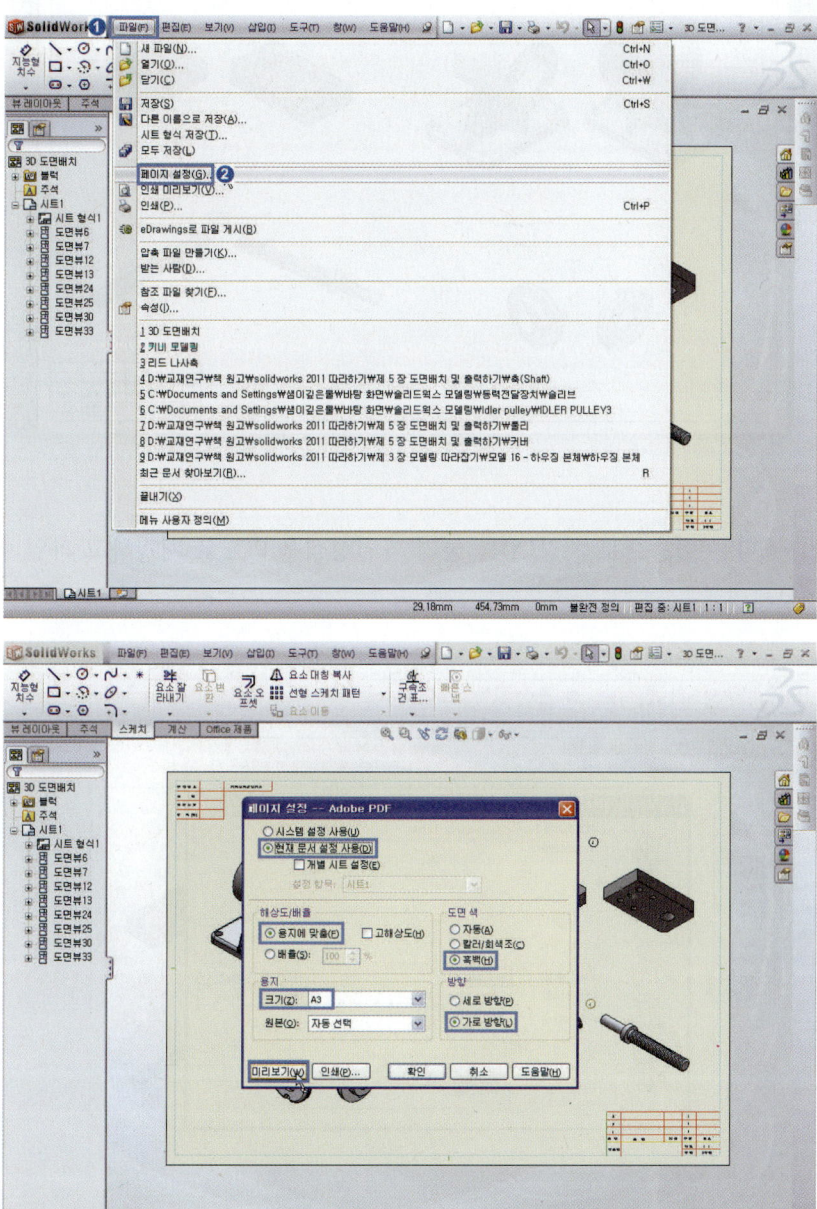

2 미리보기를 하여 이상이 없으면 닫기를 누른다.

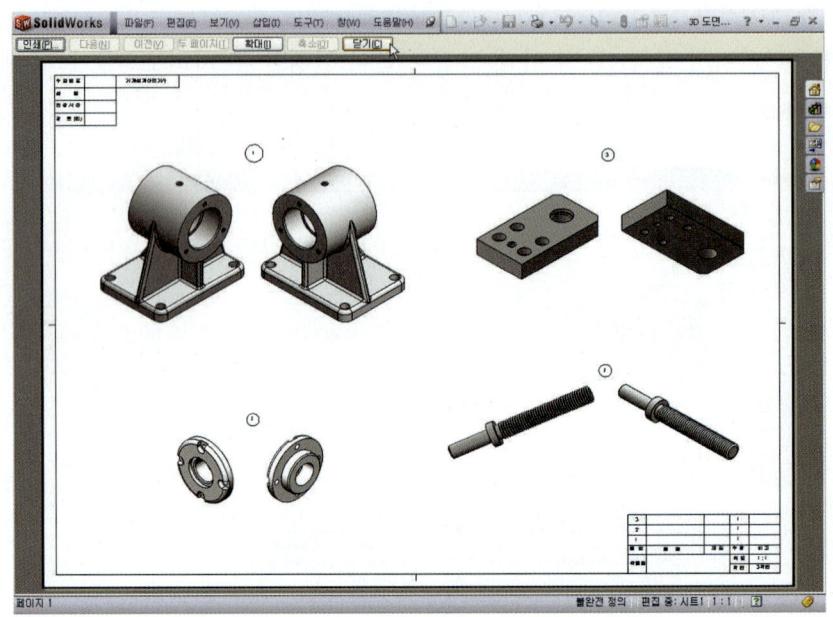

3 파일(F) ➡ 다른 이름으로 저장(A)를 눌러 파일형식을 PDF로 지정하고 파일 이름을 부여
하고 저장한다.

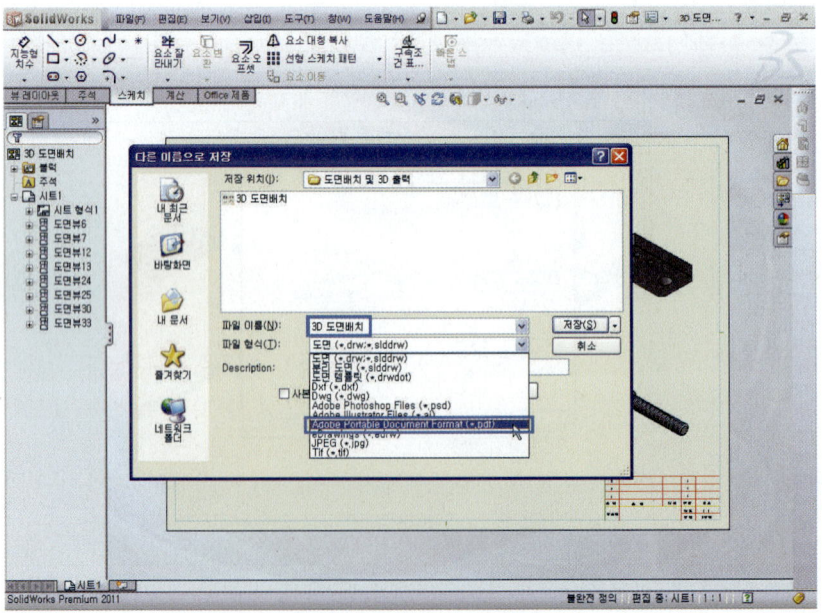

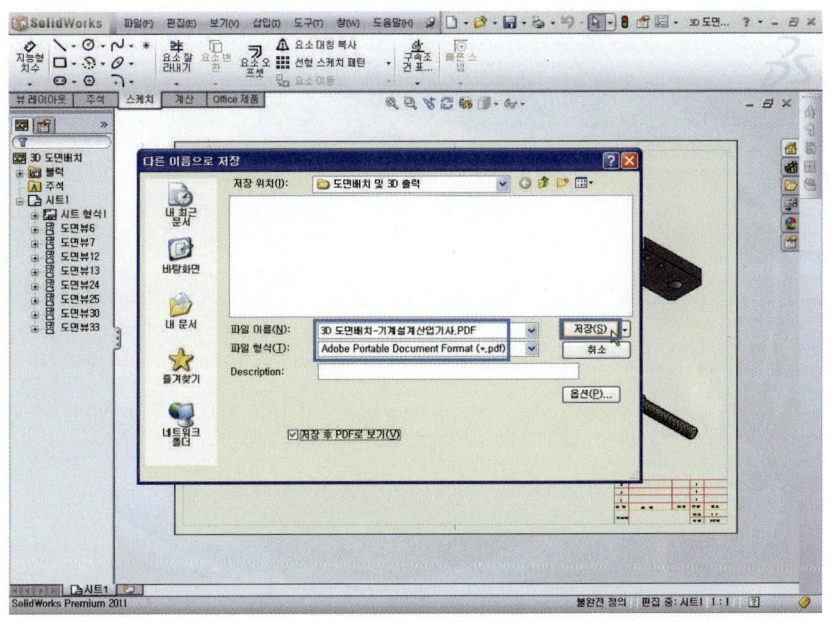

4 저장된 PDF를 열어 생성된 도면을 확인한다.

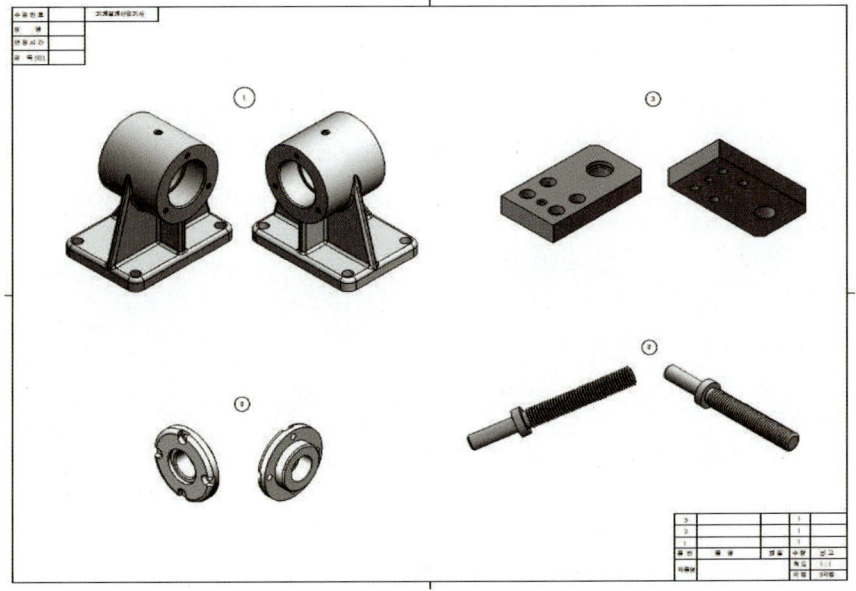